디딤돌수학 개념기본 미적분 I

펴낸날 [초판 1쇄] 2024년 7월 5일
펴낸이 이기열
펴낸곳 (주)디딤돌 교육
주소 (03972) 서울특별시 마포구 월드컵북로 122 청원선와이즈타워
대표전화 02-3142-9000
구입문의 02-322-8451
내용문의 02-336-7918
팩시밀리 02-335-6038
홈페이지 www.didimdol.co.kr
등록번호 제10-718호
구입한 후에는 철회되지 않으며 잘못 인쇄된 책은 바꾸어 드립니다.
이 책에 실린 모든 삽화 및 편집 형태에 대한 저작권은
(주)디딤돌 교육에 있으므로 무단으로 복사 복제할 수 없습니다.
Copyright © Didimdol Co. [2404180]

1

눈으로 이해되는 개념

디딤돌수학 개념기본은 보는 즐거움이 있습니다.
핵심 개념과 문제 속 개념, 수학적 개념이
이미지로 쉽게 이해되고, 오래 기억됩니다.

● **핵심 개념의 이미지화**

　핵심 개념이 이미지로 빠르고
　쉽게 이해됩니다.

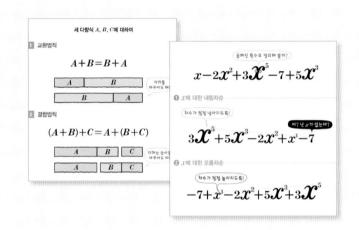

● **문제 속 개념의 이미지화**

　문제 속에 숨어있던 개념들을
　이미지로 드러내 보여줍니다.

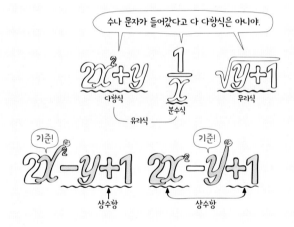

● **수학 개념의 이미지화**

　개념의 수학적 의미가 간단한
　이미지로 쉽게 이해됩니다.

Ⅲ. 다항함수의 적분법

2 손으로 익히는 개념

디딤돌수학 개념기본은 문제를 푸는 즐거움이 있습니다.
학생들에게 가장 필요한 개념을 충분한 문항과 촘촘한 단계별 구성으로
자연스럽게 이해하고 적용할 수 있게 합니다.

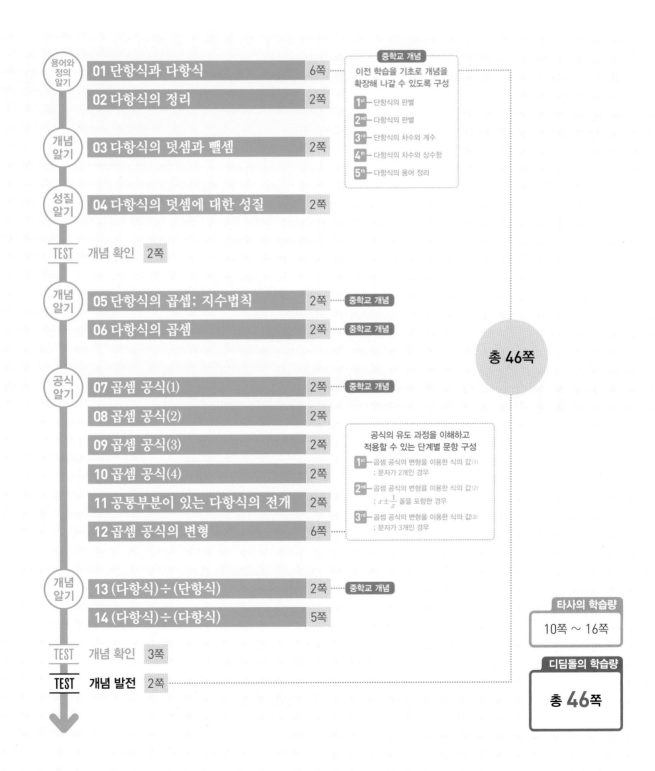

3 머리로 발견하는 개념

디딤돌수학 개념기본은 개념을 발견하는 즐거움이 있습니다.
생각을 자극하는 질문들과 추론을 통해 개념을 발견하고
연결하여 통합적 사고를 할 수 있게 합니다.

우와!
문제 속에 개념이?!!!

내가 발견한 개념

문제를 풀다보면 실전 개념이
저절로 발견됩니다.

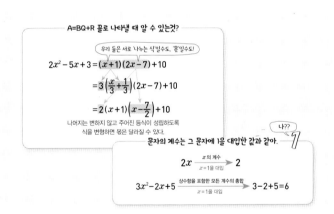

문제 속 실전 개념

실전 개념들을 간결하고
시각적으로 제시하며
문제에 응용할 수 있게 합니다.

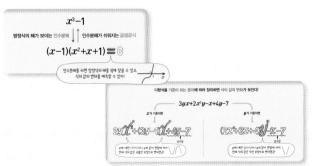

개념의 연결

나열된 개념들을 서로 연결하여
통합적 사고를 할 수 있게 합니다.

학습 내용 간의 개념연결 ▲

수 학 은 개 념 이 다 !

디딤돌 수학

개념기본

미적분 I

 눈으로

 손으로 개념이 발견되는 디딤돌 개념기본

머리로

디딤돌

이미지로 이해하고 문제를 풀다 보면
개념이 저절로 발견되는 디딤돌수학 개념기본

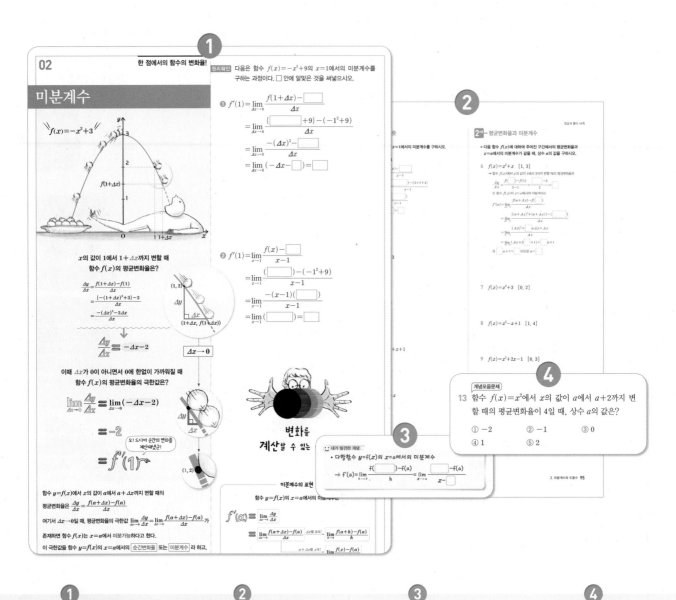

1 이미지로 개념 이해

핵심이 되는 개념을 이미지로
먼저 이해한 후 개념과 정의를
읽어보면 딱딱한 설명도 이해가 쏙!
원리확인 문제로 개념을
바로 적용하면서 개념을 확인!

2 단계별·충분한 문항

문제를 풀기만 하면
저절로 실력이 높아지도록
구성된 단계별 문항!
개념이 자신의 것이 되도록
구성된 충분한 문항!

3 내가 발견한 개념

문제 속에 숨겨져 있는
실전 개념들을 발견해 보자!
숨겨진 보물을 찾듯이
놓치기 쉬운 실전 개념들을
발견하면 흥미와 재미는 덤!
실력은 쑥!

4 개념모음문제

문제를 통해 이해한 개념들은
개념모음문제로 한 번에 정리!
개념의 활용과 응용력을 높이자!

발견된 개념들을 연결하여
통합적 사고를 할 수 있는 디딤돌수학 개념기본

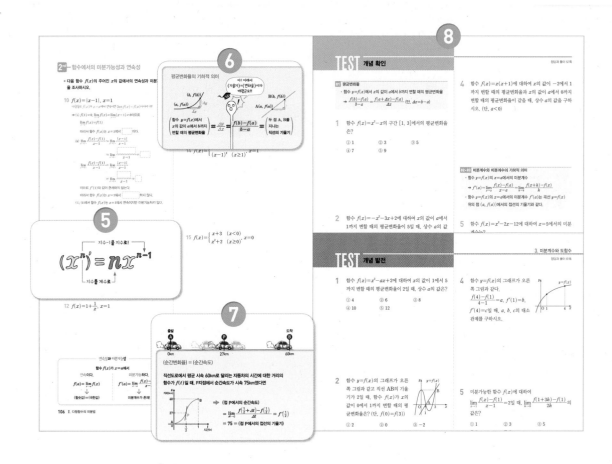

⑤ 그림으로 보는 개념

문제 속에 숨어있던 개념을
적절한 이미지를 통해 눈으로 확인!
개념이 쉽게 확인되고 오래 기억되며
개념의 의미는 더 또렷이 저장!

⑥ 개념 간의 연계

개념의 단원 안에서의 연계와
다른 단원과의 연계,
초·중·고 간의 연계를 통해
통합적 사고를 얻게 되면
흥미와 동기부여는 저절로 쭈욱~!

⑦ 실전 개념

문제를 풀면서 알게되는
원리나 응용 개념들을 간결하고
시각적인 이미지로 확인!!
문제와 개념을 다양한 각도로
연결 해주어 문제 해결 능력이 향상!

⑧ 개념을 확인하는 TEST

소 주제별로 개념의 이해를
확인하는 '개념 확인'

중단원별로 개념과 실력을
확인하는 '개념 발전'

변화의 예측!

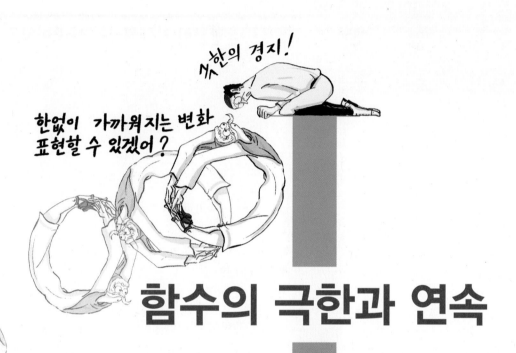

극한의 경지!

한없이 가까워지는 변화
표현할 수 있겠어?

함수의 극한과 연속

1

한없이 가까워지는!
함수의 극한

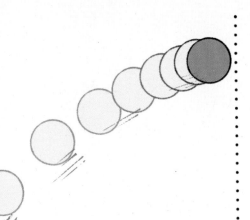

한없이 가까워지는 게 보이지?

일정한 값으로!

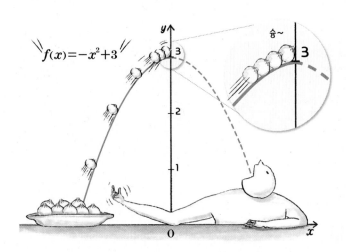

$f(x)=-x^2+3$

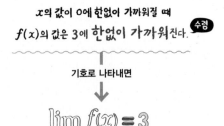

x의 값이 0에 한없이 가까워질 때
$f(x)$의 값은 3에 한없이 가까워진다. 수렴

기호로 나타내면

$$\lim_{x \to 0} f(x) = 3$$

함수의 극한

우리는 주변에서 어떤 값에 가까워지는 자연현상을 쉽게 만날 수 있어. 이 단원에서는 이를 수학적으로 표현하는 방법인 극한에 대해 알아보자. 이제부터 x의 값이 어떤 수에 한없이 가까워질 때 또는 무한히 커지거나 작아질 때 함수의 변화를 관찰해 볼 거야.

함수 $f(x)$에서 x의 값이 a가 아니면서 a에 한없이 가까워질 때, $f(x)$의 값이 일정한 값 L에 한없이 가까워지면 함수 $f(x)$는 L에 수렴한다고 해. 이때 L을 $x=a$에서 함수 $f(x)$의 극한값 또는 극한이라 하고, 이것을 기호로 $\lim_{x \to a} f(x) = L$ 또는 $x \to a$일 때, $f(x) \to L$과 같이 나타내지.

함수의 그래프를 통해 함수가 수렴하는지 발산하는지 알아보고, 이를 기호로 나타내 보자! 또 함수의 우극한과 좌극한의 뜻을 알고 이를 이용하여 극한값의 존재를 확인해 보자!

이 단원에서는 함수의 극한에 대한 성질을 알아보고, 이를 이용하여 여러 가지 함수의 극한을 구해 볼 거야. 이때 함수의 극한에 대한 성질은 극한값이 존재할 때만 성립함에 주의해야 해.

함수의 극한에 대한 성질을 바로 이용할 수 없는 $\dfrac{0}{0}$, $\dfrac{\infty}{\infty}$, $\infty-\infty$, $\infty\times0$ 꼴의 극한을 부정형이라 해. 이런 경우에는 함수의 극한에 대한 성질을 이용할 수 있는 꼴로 변형하여 극한값을 구해야 하지. 여러 가지 함수의 극한을 구하는 연습을 해 보자!

계산이 가능한!

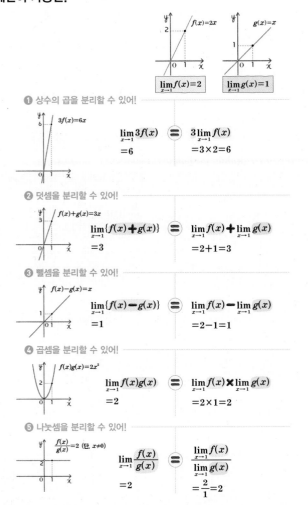

지금까지 극한값을 구하는 방법에 대해 공부했다면 이번에는 주어진 극한값이 나오게 하는 미정계수를 결정하는 방법에 대해 공부해 볼 거야. 이때 함수의 극한값의 존재성만으로도 알 수 있는 것이 있지.

더 나아가 주어진 조건을 만족시키는 다항함수를 결정할 수도 있지.

또 함수의 극한의 대소 관계를 이용하면 이미 극한값을 아는 함수와의 부등식을 이용하여 극한값을 모르는 함수의 극한을 구할 수 있어. 마지막으로 도형에 함수의 극한을 활용하여 문제를 해결해 보자!

극한값이 존재할 때 찾을 수 있는!

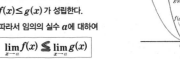

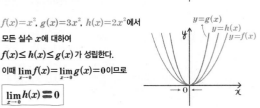

01

일정한 값으로!

$x \longrightarrow a$일 때 함수의 수렴

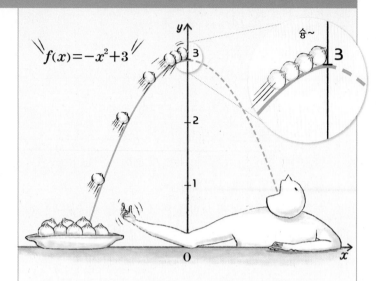

$f(x) = -x^2 + 3$

x의 값이 0에 한없이 가까워질 때
$f(x)$의 값은 3에 한없이 가까워진다. 수렴

기호로 나타내면

$$\lim_{x \to 0} f(x) = 3$$

최고 높이가 3이 되겠네!
잘 받아먹어야 할 텐데...
와! 오우!

함수 $f(x)$에서 x의 값이 a가 아니면서
a에 한없이 가까워질 때, $f(x)$의 값이
일정한 값 L에 한없이 가까워지면 함수 $f(x)$는
L에 수렴 한다고 한다. 이때 L을 $x = a$에서의
함수 $f(x)$의 극한값 또는 극한 이라 한다.

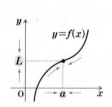

$x \longrightarrow a$일 때 $f(x) \longrightarrow L$ 또는 $\displaystyle\lim_{x \to a} f(x) = L$

'수렴'을 알면 특정 지점에서의
현상을 이해하고 예측할 수 있어!
앞으로 하게 될 미적분의 시작이야!

가까워지는 것을
수학으로..?!..왜 해요?

lim

참고 lim는 극한을 뜻하는 limit의 약자이다.

1st $x \longrightarrow a$일 때 함수의 수렴

● 함수 $y = f(x)$의 그래프가 주어진 그림과 같을 때, 다음 극한값을 구하시오.

1
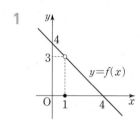

(1) $\displaystyle\lim_{x \to 0} f(x)$

→ $y = f(x)$의 그래프에서 x의 값이
   0이 아니면서 0에 한없이 가까워질
   때, $f(x)$의 값이 □에 한없이 가
   까워지므로

   $\displaystyle\lim_{x \to 0} f(x) = $ □

(2) $\displaystyle\lim_{x \to 1} f(x)$

→ $y = f(x)$의 그래프에서 x의 값이
   1이 아니면서 1에 한없이 가까워질
   때, $f(x)$의 값이 □에 한없이 가
   까워지므로

   $\displaystyle\lim_{x \to 1} f(x) = $ □

2
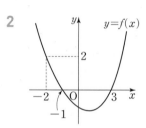

(1) $\displaystyle\lim_{x \to -2} f(x)$

(2) $\displaystyle\lim_{x \to 3} f(x)$

3
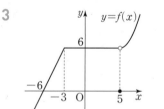

(1) $\displaystyle\lim_{x \to -3} f(x)$

(2) $\displaystyle\lim_{x \to 5} f(x)$

1.고기만두 2.야채만두
4.김치만두 6.새우만두
너희도 쟤들처럼
의견 좀 수렴해 봐!
우린 전부 1!

● 다음 극한값을 그래프를 이용하여 구하시오.

4 $\lim\limits_{x \to -1}\left(\dfrac{1}{x}+2\right)$

→ $f(x)=\dfrac{1}{x}+2$로 놓으면 $y=f(x)$의

그래프는 오른쪽 그림과 같다.

이때 x의 값이 -1이 아니면서 -1에

한없이 가까워질 때, $f(x)$의 값은

□에 한없이 가까워지므로

$\lim\limits_{x \to -1}\left(\dfrac{1}{x}+2\right)=$□

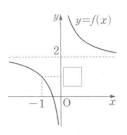

8 $\lim\limits_{x \to 5}(-2)$

상수함수의 극한값

상수함수 $f(x)=c$ (c는 상수)는
모든 실수 x에서 함숫값이 항상 c이므로
a의 값에 관계없이 항상
$$\lim_{x \to a}f(x)=\lim_{x \to a}c=c$$

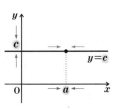

내가 한없이 가까이 갈게~ 아무리 가까이 와도 내가 될 순 없어!

5 $\lim\limits_{x \to 3}\left(\dfrac{1}{3}x+1\right)$

9 $\lim\limits_{x \to -1}\dfrac{1}{x-1}$

6 $\lim\limits_{x \to -2}(-4x-4)$

10 $\lim\limits_{x \to 0}\sqrt{x+2}$

7 $\lim\limits_{x \to 1}(x^2+3)$

11 $\lim\limits_{x \to -1}\dfrac{x^2+3x+2}{x+1}$

모든 극한값이 그 점에서의 함숫값과 항상 같은 건 아니야!

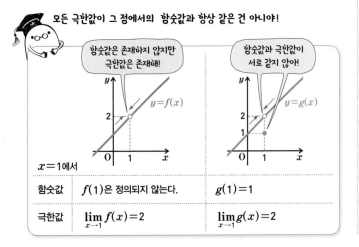

함숫값은 존재하지 않지만 극한값은 존재해!

함숫값과 극한값이 서로 같지 않아!

$x=1$에서

함숫값	$f(1)$은 정의되지 않는다.	$g(1)=1$
극한값	$\lim\limits_{x \to 1}f(x)=2$	$\lim\limits_{x \to 1}g(x)=2$

😊 **내가 발견한 개념** $x \to a$일 때 극한값은?

• 함수 $f(x)$에서 x의 값이 a가 아니면서 a에 한없이 가까워질 때, $f(x)$의 값이 일정한 값 L에 한없이 가까워지면

→ $\lim\limits_{x \to a}f(x)=$□

• $\lim\limits_{x \to a}c=$□ (단, c는 상수이다.)

$x \longrightarrow \infty$, $x \longrightarrow -\infty$일 때 함수의 수렴

일정한 값으로!

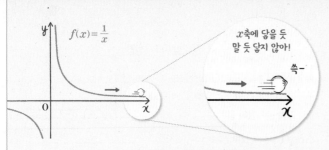

$f(x) = \dfrac{1}{x}$

x축에 닿을 듯 말 듯 닿지 않아!

쓱-

x의 값이 양의 방향으로 한없이 커질 때 $f(x)$의 값은 0에 한없이 가까워진다.

난 한없이 커지는 상태를 나타내!

무한대

$$\lim_{x \to \infty} f(x) = 0$$

함수 $f(x)$에서 x의 값이 한없이 커질 때, $f(x)$의 값이 일정한 값 L에 한없이 가까워지면 함수 $f(x)$는 L에 수렴한다고 한다.

$y = f(x)$

$x \longrightarrow \infty$일 때 $f(x) \longrightarrow L$ 또는 $\displaystyle\lim_{x \to \infty} f(x) = L$

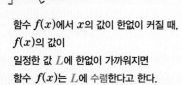

$f(x) = \dfrac{1}{x}$

쓱-

x축에 닿을 듯 말 듯 닿지 않아!

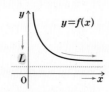

x의 값이 음의 방향으로 그 절댓값이 한없이 커질 때 $f(x)$의 값은 0에 한없이 가까워진다.

$$\lim_{x \to -\infty} f(x) = 0$$

난 음수이면서 그 절댓값이 한없이 커지는 상태를 나타내!

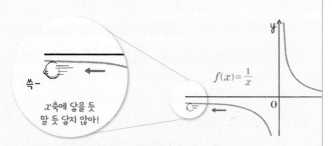

함수 $f(x)$에서 x의 값이 음수이면서 그 절댓값이 한없이 커질 때, $f(x)$의 값이 일정한 값 L에 한없이 가까워지면 함수 $f(x)$는 L에 수렴한다고 한다.

$y = f(x)$

$x \longrightarrow -\infty$일 때 $f(x) \longrightarrow L$ 또는 $\displaystyle\lim_{x \to -\infty} f(x) = L$

1ˢᵗ — $x \longrightarrow \infty$, $x \longrightarrow -\infty$일 때 함수의 수렴

● $y = f(x)$의 그래프가 주어진 그림과 같을 때, 다음 극한값을 구하시오.

1

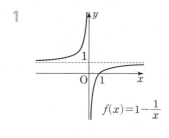

$f(x) = 1 - \dfrac{1}{x}$

(1) $\displaystyle\lim_{x \to \infty} f(x)$

→ $y = f(x)$의 그래프에서 x의 값이 한없이 커질 때, $f(x)$의 값이 □에 한없이 가까워지므로

$\displaystyle\lim_{x \to \infty} f(x) = $ □

(2) $\displaystyle\lim_{x \to -\infty} f(x)$

→ $y = f(x)$의 그래프에서 x의 값이 음수이면서 그 절댓값이 한없이 커질 때, $f(x)$의 값이 □에 한없이 가까워지므로

$\displaystyle\lim_{x \to -\infty} f(x) = $ □

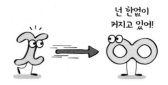

넌 한없이 커지고 있어!

2

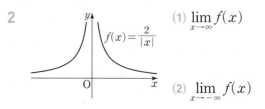

$f(x) = \dfrac{2}{|x|}$

(1) $\displaystyle\lim_{x \to \infty} f(x)$

(2) $\displaystyle\lim_{x \to -\infty} f(x)$

넌 음수지만 절댓값은 한없이 커지고 있어!

3

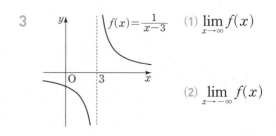

$f(x) = \dfrac{1}{x-3}$

(1) $\displaystyle\lim_{x \to \infty} f(x)$

(2) $\displaystyle\lim_{x \to -\infty} f(x)$

● 다음 극한값을 그래프를 이용하여 구하시오.

4 $\lim\limits_{x \to \infty}\left(2+\dfrac{1}{x}\right)$

→ $f(x)=2+\dfrac{1}{x}$로 놓으면 $y=f(x)$의 그래프는 다음 그림과 같다.

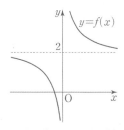

이때 x의 값이 한없이 커질 때, $f(x)$의 값은 ☐ 에 한없이 가까워지므로

$\lim\limits_{x \to \infty}\left(2+\dfrac{1}{x}\right)=$ ☐

5 $\lim\limits_{x \to -\infty}\dfrac{1}{5x}$

6 $\lim\limits_{x \to \infty}\dfrac{1}{|x+1|}$

$y=\dfrac{1}{x}$의 그래프에서 $y<0$인 부분을 x축에 대하여 대칭이동한 후, x축의 방향으로 -1만큼 평행이동하여 그래프를 그린다.

7 $\lim\limits_{x \to -\infty}\left(-\dfrac{2}{|x-4|}\right)$

8 $\lim\limits_{x \to \infty}\sqrt{3}$

9 $\lim\limits_{x \to -\infty}\dfrac{x}{x+3}$

10 $\lim\limits_{x \to \infty}\left(-5+\dfrac{1}{|x|}\right)$

☺ **내가 발견한 개념** $x \to \infty,\ x \to -\infty$일 때 극한값은?

함수 $f(x)$에서

• x의 값이 한없이 커질 때,
  $f(x)$의 값이 일정한 값 L에 한없이 가까워지면

  → $\lim\limits_{x \to \ \boxed{\ }} f(x)=$ ☐

• x의 값이 음수이면서 그 절댓값이 한없이 커질 때,
  $f(x)$의 값이 일정한 값 L에 한없이 가까워지면

  → $\lim\limits_{x \to \ \boxed{\ }} f(x)=$ ☐

극한, 한없이 가까워지는 현상을 표현하는 도구!

온도가 23℃인 공간에서
100℃인 물의 온도 변화

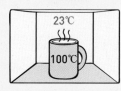

물의 온도는 23℃에
한없이 가까워진다.

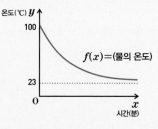

$\lim\limits_{x \to \infty} f(x)=23$

극한으로 변화를 다루면
예측이 가능해지!

03

$x \longrightarrow a$일 때 함수의 발산

함수 $f(x)$에서 x의 값이 a가 아니면서 a에 한없이 가까워질 때, $f(x)$의 값이 어느 값으로도 수렴하지 않으면 함수 $f(x)$는 $\boxed{\text{발산}}$한다고 한다.

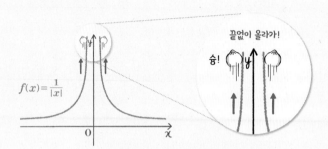

x의 값이 0에 한없이 가까워질 때
$f(x)$의 값은 **한없이 커진다.** 발산

$$\lim_{x \to 0} f(x) = \infty$$

함수 $f(x)$에서 x의 값이 a가 아니면서 a에 한없이 가까워질 때, $f(x)$의 값이 한없이 커지면 함수 $f(x)$는 $\boxed{\text{양의 무한대로 발산}}$한다고 한다.

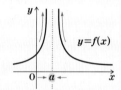

$x \longrightarrow a$일 때 $f(x) \longrightarrow \infty$ 또는 $\displaystyle\lim_{x \to a} f(x) = \infty$

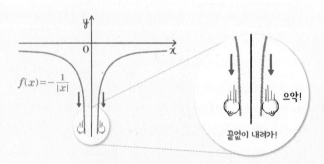

x의 값이 0에 한없이 가까워질 때
$f(x)$의 값은 음수이면서 그 절댓값이 **한없이 커진다.**

$$\lim_{x \to 0} f(x) = -\infty$$

함수 $f(x)$에서 x의 값이 a가 아니면서 a에 한없이 가까워질 때, $f(x)$의 값이 음수이면서 그 절댓값이 한없이 커지면 함수 $f(x)$는 $\boxed{\text{음의 무한대로 발산}}$한다고 한다.

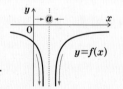

$x \longrightarrow a$일 때 $f(x) \longrightarrow -\infty$ 또는 $\displaystyle\lim_{x \to a} f(x) = -\infty$

1st $\quad x \longrightarrow a$일 때 함수의 발산

● 함수 $y = f(x)$의 그래프가 주어진 그림과 같을 때, 다음 극한을 조사하시오.

1 $\displaystyle\lim_{x \to 0} f(x)$

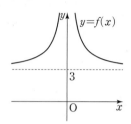

➡ $y = f(x)$의 그래프에서 x의 값이 0이 아니면서 0에 한없이 가까워질 때, $f(x)$의 값은 한없이 커지므로

$$\lim_{x \to 0} f(x) = \boxed{}$$

2 $\displaystyle\lim_{x \to 0} f(x)$

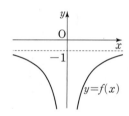

3 $\displaystyle\lim_{x \to -2} f(x)$

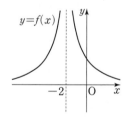

발성이 발산하는군!

● 다음 극한을 그래프를 이용하여 조사하시오.

4 $\lim_{x \to 0} \dfrac{2}{x^2}$

→ $f(x) = \dfrac{2}{x^2}$ 로 놓으면 $y = f(x)$의 그래프는 다음 그림과 같다.

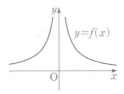

이때 x의 값이 0이 아니면서 0에 한없이 가까워질 때, $f(x)$의 값은 한없이 커지므로

$\lim_{x \to 0} \dfrac{2}{x^2} = \boxed{}$

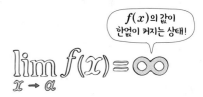

$f(x)$의 값이
한없이 커지는 상태!

$$\lim_{x \to a} f(x) = \infty$$

5 $\lim_{x \to 0} \left(-\dfrac{1}{x^2} \right)$

6 $\lim_{x \to 0} \left(1 + \dfrac{1}{x^2} \right)$

$f(x)$의 값이 음수이면서
그 절댓값이 한없이 커지는 상태!

$$\lim_{x \to a} f(x) = -\infty$$

7 $\lim_{x \to 0} \left(3 - \dfrac{1}{x^2} \right)$

8 $\lim_{x \to -4} \dfrac{1}{(x+4)^2}$

9 $\lim_{x \to 0} \left(\dfrac{1}{|x|} + 1 \right)$

10 $\lim_{x \to 0} \left(\dfrac{1}{|x|} - 2 \right)$

11 $\lim_{x \to 1} \dfrac{1}{|x-1|}$

12 $\lim_{x \to -2} \left(-\dfrac{3}{|x+2|} \right)$

☺ 내가 발견한 개념 $x \to a$일 때 함수의 발산은?

함수 $f(x)$에서 x의 값이 a가 아니면서 a에 한없이 가까워질 때

• $f(x)$의 값이 한없이 커지면

→ $\boxed{}$의 무한대로 발산

→ $\lim_{x \to a} f(x) = \boxed{}$

• $f(x)$의 값이 음수이면서 그 절댓값이 한없이 커지면

→ $\boxed{}$의 무한대로 발산

→ $\lim_{x \to a} f(x) = \boxed{}$

04

일정하지 않은 값으로!

$x \longrightarrow \infty$, $x \longrightarrow -\infty$일 때 함수의 발산

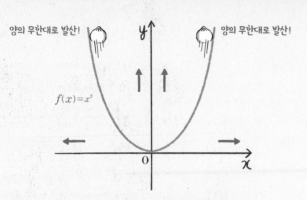

$f(x)=x^2$

x의 값이 양의 방향으로 한없이 커지거나 음의 방향으로 그 절댓값이 한없이 커질 때 $f(x)$의 값은 한없이 커진다.

함수 $f(x)$에서 $x \longrightarrow \infty$ 또는 $x \longrightarrow -\infty$일 때, $f(x)$가 양의 무한대로 발산하는 것을 기호로 나타내면

$$\lim_{x \to \infty} f(x) = \infty \qquad \lim_{x \to -\infty} f(x) = \infty$$

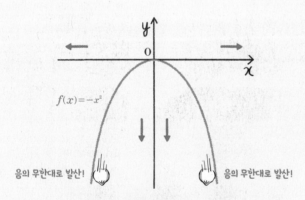

$f(x)=-x^2$

x의 값이 양의 방향으로 한없이 커지거나 음의 방향으로 그 절댓값이 한없이 커질 때 $f(x)$의 값은 음수이면서 그 절댓값이 한없이 커진다.

함수 $f(x)$에서 $x \longrightarrow \infty$ 또는 $x \longrightarrow -\infty$일 때, $f(x)$가 음의 무한대로 발산하는 것을 기호로 나타내면

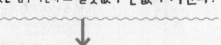

$$\lim_{x \to \infty} f(x) = -\infty \qquad \lim_{x \to -\infty} f(x) = -\infty$$

1st $x \longrightarrow \infty$, $x \longrightarrow -\infty$일 때 함수의 발산

● 함수 $y=f(x)$의 그래프가 주어진 그림과 같을 때, 다음 극한을 조사하시오.

1

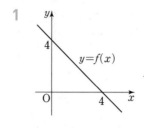

(1) $\displaystyle\lim_{x \to \infty} f(x)$

→ $y=f(x)$의 그래프에서 x의 값이 한없이 커질 때, $f(x)$의 값은 음수이면서 그 절댓값이 한없이 커지므로

$$\lim_{x \to \infty} f(x) = \boxed{}$$

(2) $\displaystyle\lim_{x \to -\infty} f(x)$

→ $y=f(x)$의 그래프에서 x의 값이 음수이면서 그 절댓값이 한없이 커질 때, $f(x)$의 값은 한없이 커지므로

$$\lim_{x \to -\infty} f(x) = \boxed{}$$

2

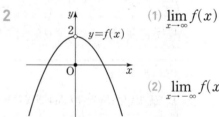

(1) $\displaystyle\lim_{x \to \infty} f(x)$

(2) $\displaystyle\lim_{x \to -\infty} f(x)$

3

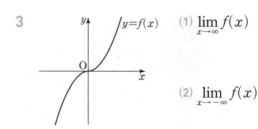

(1) $\displaystyle\lim_{x \to \infty} f(x)$

(2) $\displaystyle\lim_{x \to -\infty} f(x)$

● 다음 극한을 그래프를 이용하여 조사하시오.

4 $\lim\limits_{x \to \infty}(2x-3)$

→ $f(x)=2x-3$으로 놓으면 $y=f(x)$의 그래프는 다음 그림과 같다.

이때 x의 값이 한없이 커질 때, $f(x)$의 값은 한없이 커지므로

$\lim\limits_{x \to \infty}(2x-3)=\boxed{}$

5 $\lim\limits_{x \to \infty}(-x+1)$

6 $\lim\limits_{x \to \infty}(x^2+2)$

7 $\lim\limits_{x \to \infty}(x^2-2x+1)$

8 $\lim\limits_{x \to -\infty}(-2x^2+3)$

9 $\lim\limits_{x \to \infty}\sqrt{x}$

10 $\lim\limits_{x \to \infty}\sqrt{x-4}$

11 $\lim\limits_{x \to -\infty}\sqrt{5-x}$

12 $\lim\limits_{x \to -\infty}|x|$

☺ **내가 발견한 개념** 　　　　$x \to \infty$, $x \to -\infty$일 때 함수의 발산은?

함수 $f(x)$에서 x의 값이 한없이 커질 때

• $f(x)$의 값이 한없이 커지면 → $\lim\limits_{x \to \infty}f(x)=\boxed{}$

• $f(x)$의 값이 음수이면서 그 절댓값이 한없이 커지면

→ $\lim\limits_{x \to \infty}f(x)=\boxed{}$

함수 $f(x)$에서 x의 값이 음수이면서 그 절댓값이 한없이 커질 때

• $f(x)$의 값이 한없이 커지면 → $\lim\limits_{x \to -\infty}f(x)=\boxed{}$

• $f(x)$의 값이 음수이면서 그 절댓값이 한없이 커지면

→ $\lim\limits_{x \to -\infty}f(x)=\boxed{}$

05

우극한과 좌극한

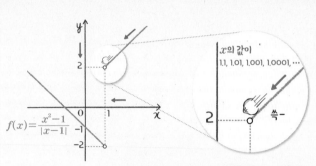

$$f(x) = \frac{x^2-1}{|x-1|}$$

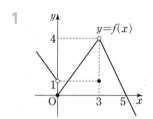

x의 값이
1.1, 1.01, 1.001, 1.0001, …

x의 값이 1보다 크면서 1에 한없이 가까워질 때
f(x)의 값은 2에 한없이 가까워진다.

$$\lim_{x \to 1+} f(x) = 2$$

x의 값이 1보다 크면서 1에 한없이
가까워지는 것을 $x \to 1+$로 나타내!

함수 $f(x)$에서 x의 값이 a보다 크면서
a에 한없이 가까워질 때, $f(x)$의 값이
일정한 값 L에 한없이 가까워지면
L을 $x=a$에서의 함수 $f(x)$의 우극한 이라 한다.

$x \to a+$일 때 $f(x) \to L$ 또는 $\displaystyle\lim_{x \to a+} f(x) = L$

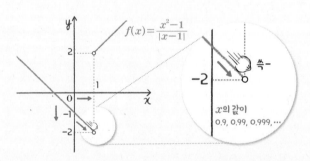

$$f(x) = \frac{x^2-1}{|x-1|}$$

x의 값이 1보다 작으면서 1에 한없이 가까워질 때
f(x)의 값은 -2에 한없이 가까워진다.

$$\lim_{x \to 1-} f(x) = -2$$

x의 값이 1보다 작으면서 1에 한없이
가까워지는 것을 $x \to 1-$로 나타내!

함수 $f(x)$에서 x의 값이 a보다 작으면서
a에 한없이 가까워질 때, $f(x)$의 값이
일정한 값 M에 한없이 가까워지면
M을 $x=a$에서의 함수 $f(x)$의 좌극한 이라 한다.

$x \to a-$일 때 $f(x) \to M$ 또는 $\displaystyle\lim_{x \to a-} f(x) = M$

1st ─ 우극한과 좌극한의 뜻

● 함수 $y=f(x)$의 그래프가 주어진 그림과 같을 때, 다음 극한값을 구하시오.

1

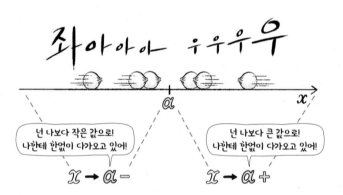

(1) $\displaystyle\lim_{x \to 0+} f(x)$ (2) $\displaystyle\lim_{x \to 0-} f(x)$

(3) $\displaystyle\lim_{x \to 3+} f(x)$ (4) $\displaystyle\lim_{x \to 3-} f(x)$

(5) $\displaystyle\lim_{x \to 5+} f(x)$ (6) $\displaystyle\lim_{x \to 5-} f(x)$

좌아아아 우우우우

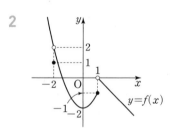

넌 나보다 작은 값으로!
나한테 한없이 다가오고 있어!

넌 나보다 큰 값으로!
나한테 한없이 다가오고 있어!

$x \to a-$ $x \to a+$

2

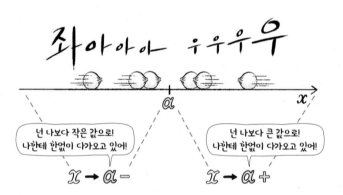

(1) $\displaystyle\lim_{x \to -2+} f(x)$ (2) $\displaystyle\lim_{x \to -2-} f(x)$

(3) $\displaystyle\lim_{x \to 0+} f(x)$ (4) $\displaystyle\lim_{x \to 0-} f(x)$

(5) $\displaystyle\lim_{x \to 1+} f(x)$ (6) $\displaystyle\lim_{x \to 1-} f(x)$

● 함수 $f(x)$에 대하여 $y=f(x)$의 그래프를 이용하여 다음 극한을 조사하시오.

3 $f(x)=\begin{cases} x-3 & (x\geq0) \\ -x+3 & (x<0) \end{cases}$

(1) $\displaystyle\lim_{x\to0+}f(x)$

→ 함수 $y=f(x)$의 그래프는 다음 그림과 같다.

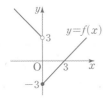

이때 x의 값이 0보다 크면서 0에 한없이 가까워질 때, $f(x)$의 값은 [ ]에 한없이 가까워지므로

$\displaystyle\lim_{x\to0+}f(x)=$ [ ]

(2) $\displaystyle\lim_{x\to0-}f(x)$

→ (1)의 그래프에서 x의 값이 0보다 작으면서 0에 한없이 가까워질 때, $f(x)$의 값은 [ ]에 한없이 가까워지므로

$\displaystyle\lim_{x\to0-}f(x)=$ [ ]

4 $f(x)=\begin{cases} x+1 & (x\geq0) \\ -x+1 & (x<0) \end{cases}$

(1) $\displaystyle\lim_{x\to0+}f(x)$

(2) $\displaystyle\lim_{x\to0-}f(x)$

5 $f(x)=\begin{cases} 2x+1 & (x\geq-1) \\ -2x-1 & (x<-1) \end{cases}$

(1) $\displaystyle\lim_{x\to-1+}f(x)$

(2) $\displaystyle\lim_{x\to-1-}f(x)$

6 $f(x)=\dfrac{1}{x-1}$

(1) $\displaystyle\lim_{x\to1+}f(x)$

(2) $\displaystyle\lim_{x\to1-}f(x)$

7 $f(x)=\dfrac{|x|}{x}$

절댓값 기호 안의 식의 값이 0이 되게 하는 x의 값을 기준으로 구간을 나누어 함수의 식을 구해!

(1) $\displaystyle\lim_{x\to0+}f(x)$

(2) $\displaystyle\lim_{x\to0-}f(x)$

8 $f(x)=\dfrac{x^2-4}{|x-2|}$

(1) $\displaystyle\lim_{x\to2+}f(x)$

(2) $\displaystyle\lim_{x\to2-}f(x)$

2nd [x] 꼴을 포함한 함수의 극한

[x]가 x보다 크지 않은 최대의 정수일 때,
정수 n에 대하여

❶ $n \leq x < n+1$이면 $[x]=n$ ➡ $\lim\limits_{x \to n+}[x]=n$
  예 $1 \leq x < 2$이면 $[x]=1$ ➡ $\lim\limits_{x \to 1+}[x]=1$

❷ $n-1 \leq x < n$이면 $[x]=n-1$ ➡ $\lim\limits_{x \to n-}[x]=n-1$
  예 $0 \leq x < 1$이면 $[x]=0$ ➡ $\lim\limits_{x \to 1-}[x]=0$

● 함수 $f(x)$에 대하여 $y=f(x)$의 그래프를 이용하여 다음 극한 값을 구하시오. (단, [x]는 x보다 크지 않은 최대의 정수이다.)

9 $f(x)=[x]$

→ x의 값에 따른 [x]의 값을 표로 나타내면 다음과 같다.

x	⋯	$-1 \leq x < 0$	$0 \leq x < 1$	$1 \leq x < 2$	⋯
$[x]$	⋯	-1	0	1	⋯

따라서 함수 $y=f(x)$의 그래프는 다음 그림과 같다.

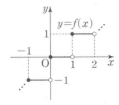

(1) $\lim\limits_{x \to 0+}f(x)$

(2) $\lim\limits_{x \to 0-}f(x)$

(3) $\lim\limits_{x \to 1+}f(x)$

(4) $\lim\limits_{x \to 1-}f(x)$

10 $f(x)=[x]+1$

(1) $\lim\limits_{x \to -1+}f(x)$

(2) $\lim\limits_{x \to -1-}f(x)$

(3) $\lim\limits_{x \to 2+}f(x)$

(4) $\lim\limits_{x \to 2-}f(x)$

11 $f(x)=3-[x]$

(1) $\lim\limits_{x \to -2+}f(x)$

(2) $\lim\limits_{x \to -2-}f(x)$

(3) $\lim\limits_{x \to 0+}f(x)$

(4) $\lim\limits_{x \to 0-}f(x)$

12 $f(x)=2[x]-1$

(1) $\lim\limits_{x \to -1+}f(x)$

(2) $\lim\limits_{x \to -1-}f(x)$

(3) $\lim\limits_{x \to 1+}f(x)$

(4) $\lim\limits_{x \to 1-}f(x)$

13 $f(x)=\left[\dfrac{x}{2}\right]$

(1) $\lim\limits_{x \to 0+}f(x)$

(2) $\lim\limits_{x \to 0-}f(x)$

(3) $\lim\limits_{x \to 2+}f(x)$

(4) $\lim\limits_{x \to 2-}f(x)$

3rd 합성함수의 극한

● 함수 $y=f(x)$의 그래프가 주어진 그림과 같을 때, 다음 극한값을 구하시오.

14

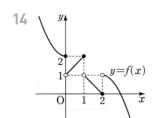

(1) $\lim\limits_{x \to 1+} f(f(x))$

➡ $f(x)=t$로 놓으면 $x \to 1+$일 때 $t \to$ ☐ 이므로

$\lim\limits_{x \to 1+} f(f(x)) = \lim\limits_{t \to ☐} f(t) = $ ☐

(2) $\lim\limits_{x \to 1-} f(f(x))$

(3) $\lim\limits_{x \to 2+} f(f(x))$

(4) $\lim\limits_{x \to 2-} f(f(x))$

15

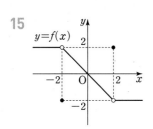

(1) $\lim\limits_{x \to 2+} f(f(x))$

➡ $f(x)=t$로 놓으면 $x \to 2+$일 때 $t =$ ☐ 이므로

$\lim\limits_{x \to 2+} f(f(x)) = f(☐) = $ ☐

(2) $\lim\limits_{x \to 2-} f(f(x))$

(3) $\lim\limits_{x \to -2+} f(f(x))$

(4) $\lim\limits_{x \to -2-} f(f(x))$

16 두 함수 $y=f(x)$, $y=g(x)$의 그래프가 아래 그림과 같을 때, 다음 극한값을 구하시오.

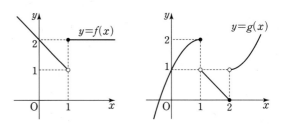

(1) $\lim\limits_{x \to 1+} f(g(x))$

➡ $g(x)=t$로 놓으면 $x \to 1+$일 때 $t \to$ ☐ 이므로

$\lim\limits_{x \to 1+} f(g(x)) = \lim\limits_{t \to ☐} f(t) = $ ☐

(2) $\lim\limits_{x \to 1+} g(f(x))$

(3) $\lim\limits_{x \to 1-} f(g(x))$

(4) $\lim\limits_{x \to 1-} g(f(x))$

17 그래프가 아래 그림과 같은 함수 $y=f(x)$와 함수 $g(x)=x^2$에 대하여 다음 극한값을 구하시오.

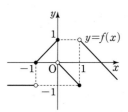

(1) $\lim\limits_{x \to -1+} g(f(x))$

➡ $f(x)=t$로 놓으면 $x \to -1+$일 때 $t \to$ ☐ 이므로

$\lim\limits_{x \to -1+} g(f(x)) = \lim\limits_{t \to ☐} g(t) = \lim\limits_{t \to ☐} t^2 = $ ☐

(2) $\lim\limits_{x \to -1-} g(f(x))$

(3) $\lim\limits_{x \to 0-} g(f(x))$

(4) $\lim\limits_{x \to 1+} g(f(x))$

06

(좌극한 값)=(우극한 값)

극한값이 존재할 조건

$x=0$에서의 극한값이 존재하는 **함수는?**

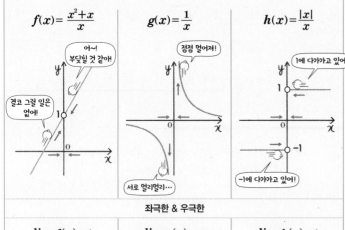

$f(x)=\dfrac{x^2+x}{x}$	$g(x)=\dfrac{1}{x}$	$h(x)=\dfrac{\|x\|}{x}$

좌극한 & 우극한

$\displaystyle\lim_{x\to 0+} f(x)=1$ $\displaystyle\lim_{x\to 0-} f(x)=1$	$\displaystyle\lim_{x\to 0+} g(x)=\infty$ $\displaystyle\lim_{x\to 0-} g(x)=-\infty$	$\displaystyle\lim_{x\to 0+} h(x)=1$ $\displaystyle\lim_{x\to 0-} h(x)=-1$
$\displaystyle\lim_{x\to 0} f(x)=1$ 로 극한값이 존재한다.	극한값이 존재하지 않는다.	

1 극한값 $\displaystyle\lim_{x\to a} f(x)$가 존재하려면?

함수 $f(x)$에 대하여 극한값 $\displaystyle\lim_{x\to a} f(x)=L$로 존재하면
$x=a$에서 $f(x)$의 우극한과 좌극한이 모두 존재하고 그 값이 L로 같다.
역으로, $x=a$에서의 우극한과 좌극한이 모두 존재하고 그 값이 L로 같으면
극한값 $\displaystyle\lim_{x\to a} f(x)$가 존재한다.

$$\lim_{x\to a} f(x) = L \iff \lim_{x\to a+} f(x) = \lim_{x\to a-} f(x) = L$$

2 극한값 $\displaystyle\lim_{x\to a} f(x)$가 존재하지 않으려면?

- 우극한 $\displaystyle\lim_{x\to a+} f(x)$의 값이 존재하지 않거나
- 좌극한 $\displaystyle\lim_{x\to a-} f(x)$의 값이 존재하지 않거나
- 우극한 값과 좌극한 값이 모두 존재하지만 서로 다르다.
  $$\Rightarrow \lim_{x\to a+} f(x) \ne \lim_{x\to a-} f(x)$$

• 함수 $f(x)$에 대하여 $y=f(x)$의 그래프를 이용하여 다음 극한을 조사하시오.

1

$$f(x)=\begin{cases} -x+2 & (x\ge -2) \\ \dfrac{1}{2}x+1 & (x<-2) \end{cases}$$

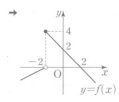

$y=f(x)$

(1) $\displaystyle\lim_{x\to -2+} f(x)$

→ x의 값이 -2보다 크면서 -2에 한없이 가까워질 때, $f(x)$의 값은 ☐ 에 한없이 가까워지므로

$\displaystyle\lim_{x\to -2+} f(x)=$ ☐

(2) $\displaystyle\lim_{x\to -2-} f(x)$

→ x의 값이 -2보다 작으면서 -2에 한없이 가까워질 때, $f(x)$의 값은 ☐ 에 한없이 가까워지므로

$\displaystyle\lim_{x\to -2-} f(x)=$ ☐

(3) $\displaystyle\lim_{x\to -2} f(x)$

→ $\displaystyle\lim_{x\to -2+} f(x) \bigcirc \lim_{x\to -2-} f(x)$이므로
$\displaystyle\lim_{x\to -2} f(x)$의 값은 존재하지 않는다.

2

$$f(x)=\begin{cases} x-4 & (x\ge 4) \\ -x+4 & (x<4) \end{cases}$$

(1) $\displaystyle\lim_{x\to 4+} f(x)$

(2) $\displaystyle\lim_{x\to 4-} f(x)$

(3) $\displaystyle\lim_{x\to 4} f(x)$

3 $f(x)=\dfrac{1}{x-3}$

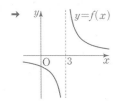

(1) $\displaystyle\lim_{x\to 3+}f(x)$

→ x의 값이 3보다 크면서 3에 한없이 가까워질 때, $f(x)$의 값은 한없이 커지므로 $\displaystyle\lim_{x\to 3+}f(x)=$ ☐

(2) $\displaystyle\lim_{x\to 3-}f(x)$

→ x의 값이 3보다 작으면서 3에 한없이 가까워질 때, $f(x)$의 값은 음수이면서 그 절댓값이 한없이 커지므로 $\displaystyle\lim_{x\to 3-}f(x)=$ ☐

(3) $\displaystyle\lim_{x\to 3}f(x)$

→ $\displaystyle\lim_{x\to 3+}f(x)\ \bigcirc\ \lim_{x\to 3-}f(x)$이므로 $\displaystyle\lim_{x\to 3}f(x)$의 값은 존재하지 않는다.

4 $f(x)=\dfrac{1}{1-x}$

(1) $\displaystyle\lim_{x\to 1+}f(x)$

(2) $\displaystyle\lim_{x\to 1-}f(x)$

(3) $\displaystyle\lim_{x\to 1}f(x)$

😊 내가 발견한 개념 극한값의 존재 여부는?

함수 $f(x)$에 대하여

• $\displaystyle\lim_{x\to a+}f(x)=L$, $\displaystyle\lim_{x\to a-}f(x)=L$이면 $\displaystyle\lim_{x\to a}f(x)=$ ☐

• 우극한 또는 좌극한이 존재하지 않거나 존재하더라도 그 값이 서로 다르면 극한값이 ☐

5 $f(x)=\dfrac{|x-1|}{x-1}$

→ $|x-1|=\begin{cases} x-1 & (x\geq 1) \\ -x+1 & (x<1) \end{cases}$

이므로

$f(x)=\begin{cases} 1 & (x>1) \\ \boxed{} & (x<1) \end{cases}$

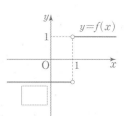

(1) $\displaystyle\lim_{x\to 1+}f(x)$

→ x의 값이 1보다 크면서 1에 한없이 가까워질 때, $f(x)$의 값은 ☐에 한없이 가까워지므로 $\displaystyle\lim_{x\to 1+}f(x)=$ ☐

(2) $\displaystyle\lim_{x\to 1-}f(x)$

→ x의 값이 1보다 작으면서 1에 한없이 가까워질 때, $f(x)$의 값은 ☐에 한없이 가까워지므로 $\displaystyle\lim_{x\to 1-}f(x)=$ ☐

(3) $\displaystyle\lim_{x\to 1}f(x)$

→ $\displaystyle\lim_{x\to 1+}f(x)\ \bigcirc\ \lim_{x\to 1-}f(x)$이므로 $\displaystyle\lim_{x\to 1}f(x)$의 값은 ☐.

6 $f(x)=\dfrac{x-3}{|3-x|}$

(1) $\displaystyle\lim_{x\to 3+}f(x)$

(2) $\displaystyle\lim_{x\to 3-}f(x)$

(3) $\displaystyle\lim_{x\to 3}f(x)$

7 $f(x)=\dfrac{x^2+x}{|x+1|}$

(1) $\displaystyle\lim_{x\to -1+}f(x)$

(2) $\displaystyle\lim_{x\to -1-}f(x)$

(3) $\displaystyle\lim_{x\to -1}f(x)$

• 함수 $f(x)$에서

① x의 값이 a가 아니면서 a에 한없이 가까워질 때, $f(x)$의 값이 일정한 값 L에 한없이 가까워지면 $\lim\limits_{x \to a} f(x) = L$

② x의 값이 한없이 커질 때, $f(x)$의 값이 일정한 값 L에 한없이 가까워지면 $\lim\limits_{x \to \infty} f(x) = L$

1 함수 $y = f(x)$의 그래프가 오른쪽 그림과 같을 때, $\lim\limits_{x \to 0} f(x) + \lim\limits_{x \to 3} f(x)$의 값은?

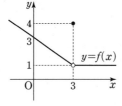

① 3　　　　② 4

③ 5　　　　④ 6

⑤ 7

2 $\lim\limits_{x \to 1}\left(\dfrac{1}{x} - 3\right) + \lim\limits_{x \to 6}\sqrt{2x+4}$의 값은?

① -4　　　② -2　　　③ 0

④ 2　　　　⑤ 4

3 $\lim\limits_{x \to \infty}\left(3 - \dfrac{1}{|x|}\right) + \lim\limits_{x \to -\infty}(-2)$의 값은?

① -5　　　② -1　　　③ 1

④ 3　　　　⑤ 5

• 함수 $f(x)$에서

① x의 값이 a가 아니면서 a에 한없이 가까워질 때, $f(x)$의 값이 한없이 커지면(음수이면서 그 절댓값이 한없이 커지면)

$\lim\limits_{x \to a} f(x) = \infty \ \left(\lim\limits_{x \to a} f(x) = -\infty\right)$

② x의 값이 한없이 커지거나 x의 값이 음수이면서 그 절댓값이 한없이 커질 때, $f(x)$가 양의 무한대(음의 무한대)로 발산하면

$\lim\limits_{x \to \infty} f(x) = \infty, \ \lim\limits_{x \to -\infty} f(x) = \infty$

$\left(\lim\limits_{x \to \infty} f(x) = -\infty, \ \lim\limits_{x \to -\infty} f(x) = -\infty\right)$

4 함수 $y = f(x)$의 그래프가 오른쪽 그림과 같을 때, $\lim\limits_{x \to \infty} f(x)$의 극한을 조사하시오.

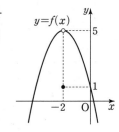

5 $\lim\limits_{x \to 4}\dfrac{2}{|x-4|}$의 극한을 조사하시오.

6 $\lim\limits_{x \to -\infty}\sqrt{3-x}$의 극한을 조사하시오.

05 **우극한과 좌극한**

- $x=a$에서의 함수 $f(x)$의 우극한이 L ➡ $\lim_{x \to a+} f(x)=L$

- $x=a$에서의 함수 $f(x)$의 좌극한이 M ➡ $\lim_{x \to a-} f(x)=M$

7 함수 $y=f(x)$의 그래프가 다음 그림과 같을 때,

$\lim_{x \to -2-} f(x) + \lim_{x \to 3+} f(x)$의 값은?

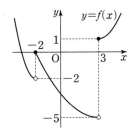

① -7 ② -5 ③ -4

④ -2 ⑤ -1

8 함수 $f(x)=\begin{cases} 3x+5 & (x<-2) \\ -3x-2 & (x \geq -2) \end{cases}$에 대하여

$\lim_{x \to -2-} f(x)=a$, $\lim_{x \to -2+} f(x)=b$일 때, 실수 a, b에 대하여 $2a+3b$의 값을 구하시오.

9 $\lim_{x \to 1-} \dfrac{x-1}{|x-1|} + \lim_{x \to -1+} \dfrac{|x+1|}{x^2-1}$의 값은?

① $-\dfrac{3}{2}$ ② $-\dfrac{1}{2}$ ③ 0

④ $\dfrac{1}{2}$ ⑤ $\dfrac{3}{2}$

06 **극한값이 존재할 조건**

- $\lim_{x \to a} f(x)=L \iff \lim_{x \to a+} f(x) = \lim_{x \to a-} f(x) = L$

10 극한값이 존재하는 것만을 **보기**에서 있는 대로 고른 것은?

보기

ㄱ. $\lim_{x \to 5} |x-5|$ ㄴ. $\lim_{x \to 2} \dfrac{|x-2|}{x^2-2x}$ ㄷ. $\lim_{x \to 6} \left[\dfrac{x}{3} \right]$

① ㄱ   ② ㄴ   ③ ㄱ, ㄴ

④ ㄱ, ㄷ   ⑤ ㄴ, ㄷ

11 다음 중 $\lim_{x \to 0} f(x)$의 값이 존재하는 것은?

① 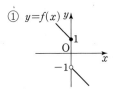   ②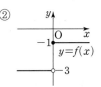

③ 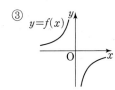   ④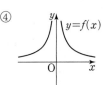

⑤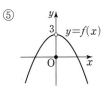

12 함수 $f(x)=\begin{cases} 2x+7 & (x \geq -1) \\ k & (x<-1) \end{cases}$에 대하여

$\lim_{x \to -1} f(x)$의 값이 존재하도록 하는 상수 k의 값을 구하시오.

1. 함수의 극한 **25**

함수의 극한에 대한 성질

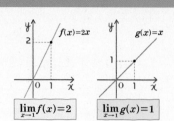

$$\lim_{x \to 1} f(x) = 2 \qquad \lim_{x \to 1} g(x) = 1$$

❶ 상수의 곱을 분리할 수 있어!

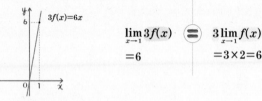

$$\lim_{x \to 1} 3f(x) \equiv 3\lim_{x \to 1} f(x)$$
$$=6 \qquad\qquad =3 \times 2 = 6$$

❷ 덧셈을 분리할 수 있어!

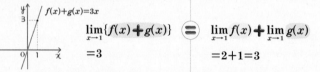

$$\lim_{x \to 1}\{f(x) + g(x)\} \equiv \lim_{x \to 1} f(x) + \lim_{x \to 1} g(x)$$
$$=3 \qquad\qquad =2+1=3$$

❸ 뺄셈을 분리할 수 있어!

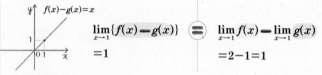

$$\lim_{x \to 1}\{f(x) - g(x)\} \equiv \lim_{x \to 1} f(x) - \lim_{x \to 1} g(x)$$
$$=1 \qquad\qquad =2-1=1$$

❹ 곱셈을 분리할 수 있어!

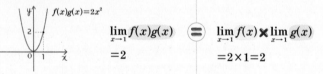

$$\lim_{x \to 1} f(x)g(x) \equiv \lim_{x \to 1} f(x) \times \lim_{x \to 1} g(x)$$
$$=2 \qquad\qquad =2 \times 1 = 2$$

❺ 나눗셈을 분리할 수 있어!

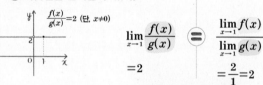

$$\lim_{x \to 1} \frac{f(x)}{g(x)} \equiv \frac{\lim_{x \to 1} f(x)}{\lim_{x \to 1} g(x)}$$
$$=2 \qquad\qquad =\frac{2}{1}=2$$

두 함수의 극한값이 존재해야만 해!

두 함수 $f(x)$, $g(x)$에 대하여 $\lim_{x \to a} f(x) = \alpha$, $\lim_{x \to a} g(x) = \beta$ (α, β는 실수)일 때

❶ $\lim_{x \to a} cf(x) \equiv c\lim_{x \to a} f(x) \equiv c\alpha$ (단, c는 상수)

❷ $\lim_{x \to a}\{f(x) + g(x)\} \equiv \lim_{x \to a} f(x) + \lim_{x \to a} g(x) \equiv \alpha + \beta$

❸ $\lim_{x \to a}\{f(x) - g(x)\} \equiv \lim_{x \to a} f(x) - \lim_{x \to a} g(x) \equiv \alpha - \beta$

❹ $\lim_{x \to a} f(x)g(x) \equiv \lim_{x \to a} f(x) \times \lim_{x \to a} g(x) \equiv \alpha\beta$

❺ $\lim_{x \to a} \frac{f(x)}{g(x)} \equiv \frac{\lim_{x \to a} f(x)}{\lim_{x \to a} g(x)} \equiv \frac{\alpha}{\beta}$ (단, $\beta \neq 0$)

참고 $x \to \infty$, $x \to -\infty$, $x \to a+$, $x \to a-$일 때도 모두 성립한다.

1st ─ 함수의 극한에 대한 성질을 이용한 극한값

● 두 함수 $f(x)$, $g(x)$에 대하여 $\lim_{x \to 2} f(x) = -3$, $\lim_{x \to 2} g(x) = 9$
일 때, 다음 극한값을 구하시오.

1 $\lim_{x \to 2} f(x)g(x)$

  → $\lim_{x \to 2} f(x)g(x) = \lim_{x \to 2} f(x) \times \lim_{x \to 2} g(x)$

  $= (-3) \times \boxed{} = \boxed{}$

2 $\lim_{x \to 2} 4g(x)$

3 $\lim_{x \to 2}\{f(x) - g(x)\}$

4 $\lim_{x \to 2} \frac{g(x)}{f(x)}$

5 $\lim_{x \to 2}\{3f(x) + 2g(x)\}$

이제 그래프를 그리지 않고 함수의
극한값을 계산할 수 있어
대수로 예측을 계산할 수 있게 된 거야!

● 다음 극한값을 구하시오.

6   $\lim\limits_{x \to -4}(2x+7)$

    → $\lim\limits_{x \to -4}(2x+7)=2\lim\limits_{x \to -4}x+\lim\limits_{x \to -4}\boxed{}$

                 $=2\times(\boxed{})+\boxed{}$

                 $=\boxed{}$

7   $\lim\limits_{x \to 1}(x^2-2x+2)$

8   $\lim\limits_{x \to -1}(x+3)(4x-1)$

9   $\lim\limits_{x \to 2}(2x^2+1)(x-3)$

10   $\lim\limits_{x \to 4}\dfrac{2x+1}{x^2-4}$

11   $\lim\limits_{x \to 3}\dfrac{\sqrt{x+6}}{x^2-6}$

● 함수 $f(x)$에 대하여 다음을 구하시오.

12   $\lim\limits_{x \to -1}(x+1)f(x)=2$일 때, $\lim\limits_{x \to -1}(x^2+3x+2)f(x)$의 값

    → $\lim\limits_{x \to -1}(x^2+3x+2)f(x)=\lim\limits_{x \to -1}(x+\boxed{})(x+1)f(x)$

                       $=\lim\limits_{x \to -1}(x+\boxed{})\{(x+1)f(x)\}$

                       $=\lim\limits_{x \to -1}(x+\boxed{})\times\lim\limits_{x \to -1}(x+1)f(x)$

                       $=\boxed{}\times 2$

                       $=\boxed{}$

13   $\lim\limits_{x \to 1}(x-1)f(x)=\dfrac{1}{3}$일 때, $\lim\limits_{x \to 1}(x^2+x-2)f(x)$의 값

14   $\lim\limits_{x \to 2}(x-2)f(x)=\dfrac{3}{5}$일 때, $\lim\limits_{x \to 2}(x^2+x-6)f(x)$의 값

15   $\lim\limits_{x \to -2}(x+2)f(x)=\dfrac{2}{7}$일 때, $\lim\limits_{x \to -2}(x^2-3x-10)f(x)$의 값

☺ 내가 발견한 개념   함수의 극한에 대한 성질은?

두 함수 $f(x)$, $g(x)$에서
$\lim\limits_{x \to a}f(x)=\alpha$, $\lim\limits_{x \to a}g(x)=\beta$ (α, β는 실수)일 때

• $\lim\limits_{x \to a}cf(x)=c\lim\limits_{x \to a}f(x)=\boxed{}$ (단, c는 상수)

• $\lim\limits_{x \to a}\{f(x)\pm g(x)\}=\lim\limits_{x \to a}f(x)\pm\lim\limits_{x \to a}g(x)=\boxed{}$

                                    (복부호 동순)

• $\lim\limits_{x \to a}f(x)g(x)=\lim\limits_{x \to a}f(x)\times\lim\limits_{x \to a}g(x)=\boxed{}$

• $\lim\limits_{x \to a}\dfrac{f(x)}{g(x)}=\dfrac{\lim\limits_{x \to a}f(x)}{\lim\limits_{x \to a}g(x)}=\boxed{}$ (단, $\beta\neq 0$)

계산이 가능한!

함수의 극한에 대한 성질의 활용

두 함수 $f(x)$, $g(x)$에 대하여

$$\boxed{\lim_{x \to \infty} f(x) = 2},\ \boxed{\lim_{x \to \infty}\{f(x) - g(x)\} = 3}\ \text{일 때,}$$

$$\boxed{\lim_{x \to \infty} \frac{f(x) + g(x)}{3f(x) - 2g(x)}}\ \text{의 값은?}$$

$\lim\limits_{x \to \infty} g(x)$의 값을 몰라서 함수의
극한의 성질을 바로 이용할 수 없어!

↓

함수의 극한에 대한 성질을 이용하기 위해
극한값이 존재하는 함수식이 필요해!

$$\boxed{\lim_{x \to \infty} f(x) = 2}$$

$f(x) - g(x) = h(x)$로 놓으면

$$\boxed{\lim_{x \to \infty} h(x) = 3}$$

주어진 식을 극한값이 존재하는
$f(x)$와 $h(x)$로 나타내면

$g(x) = f(x) - h(x)$ ······ ㉠

주어진 식에 ㉠을 대입하여 정리하면

$$\lim_{x \to \infty} \frac{f(x) + g(x)}{3f(x) - 2g(x)} = \lim_{x \to \infty} \frac{f(x) + \{f(x) - h(x)\}}{3f(x) - 2\{f(x) - h(x)\}}$$

$$= \boxed{\lim_{x \to \infty} \frac{2f(x) - h(x)}{f(x) + 2h(x)}}$$

$\lim\limits_{x \to \infty} f(x) = 2$, $\lim\limits_{x \to \infty} h(x) = 3$이므로
함수의 극한에 대한 성질을
이용할 수 있다.

↓

$$= \frac{2\lim\limits_{x \to \infty} f(x) - \lim\limits_{x \to \infty} h(x)}{\lim\limits_{x \to \infty} f(x) + 2\lim\limits_{x \to \infty} h(x)}$$

$$= \frac{2 \times 2 - 3}{2 + 2 \times 3}$$

↓

$$\frac{1}{8}$$

함수의 극한에 대한 성질은 극한값이 존재할 때만
성립하므로 구하려는 식을 극한값이 존재하는
식으로 나타내는 것이 핵심이야!

1st — 함수의 극한에 대한 성질의 활용

● 함수 $f(x)$에 대하여 다음을 구하시오.

1 $\lim\limits_{x \to 0} \dfrac{f(x)}{x} = 5$일 때, $\lim\limits_{x \to 0} \dfrac{6x^2 + f(x)}{4x^2 - f(x)}$의 값

$$\to \lim_{x \to 0} \frac{6x^2 + f(x)}{4x^2 - f(x)} = \lim_{x \to 0} \frac{6x + \dfrac{f(x)}{x}}{4x - \dfrac{f(x)}{x}} = \frac{\boxed{} + 5}{\boxed{} - 5} = \boxed{}$$

2 $\lim\limits_{x \to 0} \dfrac{f(x)}{x^2} = -2$일 때, $\lim\limits_{x \to 0} \dfrac{5x^2 - 2f(x)}{-3x^2 + f(x)}$의 값

3 $\lim\limits_{x \to 3} \dfrac{f(x)}{x^2} = 2$일 때, $\lim\limits_{x \to 3} \dfrac{7x^3 + 2f(x)}{4x^3 - 3f(x)}$의 값

4 $\lim\limits_{x \to 2} \dfrac{f(x)}{x^2} = 3$일 때, $\lim\limits_{x \to 2} \dfrac{-4x^2 + f(x)}{6x^2 + 5f(x)}$의 값

● 두 함수 $f(x)$, $g(x)$에 대하여 다음을 구하시오.

5 $\lim_{x \to \infty} f(x) = 2$, $\lim_{x \to \infty} \{f(x) + 2g(x)\} = -8$일 때,

   $\lim_{x \to \infty} g(x)$의 값

   ➡ $f(x) + 2g(x) = h(x)$로 놓으면 $\lim_{x \to \infty} h(x) = \boxed{}$이고

   $g(x) = \dfrac{h(x) - f(x)}{2}$이므로

   $\lim_{x \to \infty} g(x) = \lim_{x \to \infty} \dfrac{h(x) - f(x)}{2} = \dfrac{\boxed{} - 2}{2} = \boxed{}$

6 $\lim_{x \to 0} f(x) = -3$, $\lim_{x \to 0} \{4f(x) + 3g(x)\} = 3$일 때,

   $\lim_{x \to 0} g(x)$의 값

7 $\lim_{x \to 0} f(x) = 10$, $\lim_{x \to 0} \{2f(x) + 3g(x)\} = 2$일 때,

   $\lim_{x \to 0} \dfrac{2f(x) + 5g(x)}{f(x) - 2g(x)}$의 값

8 $\lim_{x \to \infty} f(x) = -5$, $\lim_{x \to \infty} \{3f(x) + g(x)\} = -7$일 때,

   $\lim_{x \to \infty} \dfrac{-2f(x) - g(x)}{3f(x) + 2g(x)}$의 값

2nd — 치환을 이용한 함수의 극한

● 함수 $f(x)$에 대하여 다음을 구하시오.

9 $\lim_{x \to 1} f(x-1) = 3$일 때,

   $\lim_{x \to 0} \dfrac{3f(x) - 2}{2f(x) + 3}$의 값

   ➡ $\lim_{x \to 1} f(x-1) = 3$에서 $x - 1 = t$로 놓으면

   $x \to 1$일 때 $t \to \boxed{}$이므로 $\lim_{t \to \boxed{}} f(t) = 3$, 즉 $\lim_{x \to \boxed{}} f(x) = 3$

   따라서 $\lim_{x \to \boxed{0}} \dfrac{3f(x) - 2}{2f(x) + 3} = \dfrac{3 \times \boxed{} - 2}{2 \times \boxed{} + 3} = \boxed{}$

10 $\lim_{x \to -3} f(x+3) = -1$일 때, $\lim_{x \to 0} \dfrac{5 - 4f(x)}{5f(x) - 1}$의 값

11 $\lim_{x \to 0} \dfrac{f(x)}{x} = 8$일 때, $\lim_{x \to 1} \dfrac{f(x-1)}{x^2 - 1}$의 값

   ➡ $\lim_{x \to 1} \dfrac{f(x-1)}{x^2 - 1} = \lim_{x \to 1} \dfrac{f(x-1)}{(x-1)(x+1)}$에서 $x - 1 = t$로 놓으면

   $x \to 1$일 때 $t \to \boxed{}$이므로

   $\lim_{x \to 1} \dfrac{f(x-1)}{x^2 - 1} = \lim_{t \to \boxed{}} \dfrac{f(t)}{t(t + \boxed{})}$

   $= \lim_{t \to \boxed{}} \dfrac{f(t)}{t} \times \dfrac{1}{t + \boxed{}}$

   $= 8 \times \dfrac{1}{\boxed{}} = \boxed{}$

12 $\lim_{x \to 0} \dfrac{f(x)}{x} = -12$일 때, $\lim_{x \to 2} \dfrac{f(x-2)}{x^2 - 4}$의 값

09

함수의 극한에 대한 성질을 바로 이용할 수 없는!

$\dfrac{0}{0}$ 꼴의 함수의 극한

두 함수 $f(x)$, $g(x)$에 대하여 $\boxed{\lim\limits_{x \to a} f(x) = 0}$, $\boxed{\lim\limits_{x \to a} g(x) = 0}$ 일 때,

$$\boxed{\lim_{x \to a} \frac{f(x)}{g(x)}} \text{ 는 } \frac{0}{0} \text{ 꼴의 함수의 극한이다.}$$

> 분모의 극한값이 0이라
> 극한값끼리 나눗셈을 할 수 없어!

 (분모의 극한값)≠0이 되도록
식을 변형해야겠군!

1 분모와 자가 모두 다항식인 경우

주어진 식을 **인수분해한 후 약분** 하여
분모의 극한값이 0이 되지 않도록 변형해!

$$\lim_{x \to 1} \frac{x^2-1}{x-1} = \lim_{x \to 1} \frac{(x+1)(x-1)}{x-1}$$
$$= \lim_{x \to 1}(x+1)$$
$$= 2$$

2 분모 또는 분자에 근호가 포함된 식이 있는 경우

주어진 식에서 **근호가 포함된 식을 유리화한 후 약분** 하여
분모의 극한값이 0이 되지 않도록 변형해!

$$\lim_{x \to 1} \frac{x-1}{\sqrt{x}-1} = \lim_{x \to 1} \frac{(x-1)(\sqrt{x}+1)}{(\sqrt{x}-1)(\sqrt{x}+1)}$$
$$= \lim_{x \to 1} \frac{(x-1)(\sqrt{x}+1)}{x-1}$$
$$= \lim_{x \to 1}(\sqrt{x}+1)$$
$$= 2$$

1st $\dfrac{0}{0}$ 꼴의 극한; 분모, 분자가 모두 다항식인 경우

● 다음 극한값을 구하시오.

1 $\displaystyle\lim_{x \to 1} \frac{x^2+2x-3}{x-1}$

$\frac{0}{0}$ 꼴이고 분모와 분자가 모두 다항식이면 분모, 분자를 각각 인수분해하여 약분해!

$$\to \lim_{x \to 1} \frac{x^2+2x-3}{x-1} = \lim_{x \to 1} \frac{(x-1)(x+\boxed{})}{x-1}$$
$$= \lim_{x \to 1}(x+\boxed{})$$
$$= 1 + \boxed{} = \boxed{}$$

2 $\displaystyle\lim_{x \to -2} \frac{x^2-4}{x+2}$

3 $\displaystyle\lim_{x \to 2} \frac{x^2-4x+4}{x^2-4}$

> 우린 숫자 0이 아니라
> 0에 한없이 가까워지는
> 상태를 의미해!

4 $\displaystyle\lim_{x \to -3} \frac{x^3+27}{x+3}$

5 $\displaystyle\lim_{x \to 0} \frac{-x^2+10x}{2x}$

6 $\displaystyle\lim_{x \to 3} \frac{x-3}{x^2-5x+6}$

10 $\displaystyle\lim_{x \to 2} \frac{x-2}{\sqrt{x+14}-4}$

11 $\displaystyle\lim_{x \to -3} \frac{\sqrt{x^2-5}-2}{x+3}$

12 $\displaystyle\lim_{x \to 1} \frac{\sqrt{x+8}-3}{2x-2}$

2nd — $\frac{0}{0}$ 꼴의 극한; 분모 또는 분자에 근호가 포함된 식이 있는 경우

● 다음 극한값을 구하시오.

7 $\displaystyle\lim_{x \to 9} \frac{x-9}{\sqrt{x}-3}$

$\frac{0}{0}$ 꼴이고 분모나 분자에 근호가 있으면 근호가 있는 쪽을 유리화해!

$$\to \lim_{x \to 9} \frac{x-9}{\sqrt{x}-3} = \lim_{x \to 9} \frac{(x-9)(\sqrt{x}+\boxed{})}{(\sqrt{x}-3)(\sqrt{x}+\boxed{})}$$

$$= \lim_{x \to 9} \frac{(x-9)(\sqrt{x}+\boxed{})}{x-\boxed{}}$$

$$= \lim_{x \to 9} (\sqrt{x}+\boxed{})$$

$$= \sqrt{9}+\boxed{} = \boxed{}$$

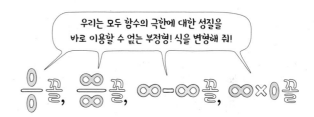

우리는 모두 함수의 극한에 대한 성질을 바로 이용할 수 없는 부정형! 식을 변형해 줘!

$\frac{0}{0}$ 꼴, $\frac{\infty}{\infty}$ 꼴, $\infty-\infty$ 꼴, $\infty\times0$ 꼴

8 $\displaystyle\lim_{x \to 4} \frac{\sqrt{x}-2}{x-4}$

개념모음문제

13 $\displaystyle\lim_{x \to 3} \frac{3x^2-8x-3}{x^2-9} + \lim_{x \to -2} \frac{x+2}{\sqrt{x^2+5}-3}$의 값은?

① $-\dfrac{1}{3}$ ② $-\dfrac{1}{6}$ ③ 0

④ $\dfrac{1}{6}$ ⑤ $\dfrac{1}{3}$

9 $\displaystyle\lim_{x \to 1} \frac{x^2-1}{\sqrt{x}-1}$

함수의 극한에 대한 성질을 바로 이용할 수 없는!

$\dfrac{\infty}{\infty}$ 꼴의 함수의 극한

두 함수 $f(x)$, $g(x)$에 대하여 $\boxed{\lim\limits_{x\to\infty} f(x)=\infty}$, $\boxed{\lim\limits_{x\to\infty} g(x)=\infty}$일 때,

$$\boxed{\lim_{x\to\infty}\dfrac{f(x)}{g(x)}}\ \text{는}\ \dfrac{\infty}{\infty}\ \text{꼴}\text{의 함수의 극한이다.}$$

> 분모, 분자 모두 함수가
> 수렴하지 않아! 나눗셈을 할 수 없어!

 $\dfrac{1}{\infty}$이 0에 가까워짐을 이용하면 돼!
일단 식을 변형하자!

주어진 식에서 **분모의 최고차항으로 분모, 분자를** 나누어

식을 변형한 후, $\lim\limits_{x\to\infty}\dfrac{1}{x^n}=0$ (n은 자연수) 을 이용해!

1 (분모의 차수)$=$(분자의 차수)인 경우

극한값은 최고차항의 계수의 비와 같다.

$$\boxed{\lim_{x\to\infty}\dfrac{3x+1}{2x-1}}=\lim_{x\to\infty}\dfrac{\dfrac{3x+1}{x}}{\dfrac{2x-1}{x}}=\lim_{x\to\infty}\dfrac{3+\dfrac{1}{x}}{2-\dfrac{1}{x}}$$

x로 분모, 분자를 나누면

$$=\dfrac{\lim\limits_{x\to\infty}\left(3+\dfrac{1}{x}\right)}{\lim\limits_{x\to\infty}\left(2-\dfrac{1}{x}\right)}=\dfrac{3}{2}$$

$\lim\limits_{x\to\infty}\dfrac{1}{x}=0$

2 (분모의 차수)$>$(분자의 차수)인 경우

극한값은 0이다.

$$\boxed{\lim_{x\to\infty}\dfrac{3x+1}{2x^2-1}}=\lim_{x\to\infty}\dfrac{\dfrac{3x+1}{x^2}}{\dfrac{2x^2-1}{x^2}}=\lim_{x\to\infty}\dfrac{\dfrac{3}{x}+\dfrac{1}{x^2}}{2-\dfrac{1}{x^2}}$$

x^2으로 분모, 분자를 나누면

$$=\dfrac{\lim\limits_{x\to\infty}\left(\dfrac{3}{x}+\dfrac{1}{x^2}\right)}{\lim\limits_{x\to\infty}\left(2-\dfrac{1}{x^2}\right)}=\dfrac{0+0}{2-0}=0$$

$\lim\limits_{x\to\infty}\dfrac{1}{x}=0$, $\lim\limits_{x\to\infty}\dfrac{1}{x^2}=0$

3 (분모의 차수)$<$(분자의 차수)인 경우

발산한다.

$$\boxed{\lim_{x\to\infty}\dfrac{3x^2+1}{2x-1}}=\lim_{x\to\infty}\dfrac{\dfrac{3x^2+1}{x}}{\dfrac{2x-1}{x}}=\lim_{x\to\infty}\dfrac{3x+\dfrac{1}{x}}{2-\dfrac{1}{x}}$$

x로 분모, 분자를 나누면

$$=\dfrac{\lim\limits_{x\to\infty}\left(3x+\dfrac{1}{x}\right)}{\lim\limits_{x\to\infty}\left(2-\dfrac{1}{x}\right)}=\infty$$

$\lim\limits_{x\to\infty}\dfrac{1}{x}=0$

1st — $\dfrac{\infty}{\infty}$ 꼴의 극한

● 다음 극한을 조사하시오.

1 $\lim\limits_{x\to\infty}\dfrac{5x+1}{x-2}$

$\dfrac{\infty}{\infty}$ 꼴이면 분모의 최고차항으로 분모, 분자를 나눠!

→ $\boxed{}$로 분모, 분자를 나누면

$$\lim_{x\to\infty}\dfrac{5x+1}{x-2}=\lim_{x\to\infty}\dfrac{\boxed{}+\dfrac{1}{x}}{1-\dfrac{2}{x}}=\dfrac{\boxed{}+0}{1-0}=\boxed{}$$

2 $\lim\limits_{x\to\infty}\dfrac{6x^2+4x+1}{-2x^2+5x}$

3 $\lim\limits_{x\to\infty}\dfrac{8+16x^3}{4x^3-5x^2+1}$

4 $\lim\limits_{x\to\infty}\dfrac{9x(2x+1)}{(x+1)(3x+1)}$

5 $\lim\limits_{x\to\infty}\dfrac{\sqrt{x^2+1}+4}{2x}$

정답과 풀이 12쪽

6 $\displaystyle\lim_{x\to\infty}\frac{10x}{\sqrt{x^2-3}+x}$

10 $\displaystyle\lim_{x\to\infty}\frac{2-3x}{x^2+5x+3}$

7 $\displaystyle\lim_{x\to-\infty}\frac{5x-1}{2x+3}$

➡ $x=-t$로 놓으면 $x\to-\infty$일 때 $t\to\boxed{}$이므로

$$\lim_{x\to-\infty}\frac{5x-1}{2x+3}=\lim_{t\to\infty}\frac{\boxed{}t-1}{-2t+3}$$

t로 분모, 분자를 나누면

$$\lim_{t\to\infty}\frac{\boxed{}t-1}{-2t+3}=\lim_{t\to\infty}\frac{\boxed{}-\frac{1}{t}}{-2+\frac{3}{t}}=\boxed{}$$

11 $\displaystyle\lim_{x\to\infty}\frac{x^2-9x}{x+3}$

➡ $\boxed{}$로 분모, 분자를 나누면

$$\lim_{x\to\infty}\frac{x^2-9x}{x+3}=\lim_{x\to\infty}\frac{x-\boxed{}}{1+\boxed{}}=\boxed{}$$

12 $\displaystyle\lim_{x\to\infty}\frac{8x^2+4x-1}{2x+5}$

8 $\displaystyle\lim_{x\to-\infty}\frac{1+3x}{\sqrt{x^2-4}+1}$

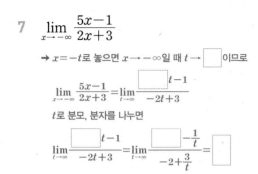

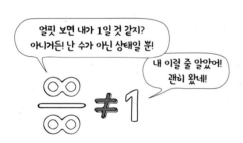

$\dfrac{\infty}{\infty}$ 꼴의 함수의 극한에서

• (분모의 차수) ◯ (분자의 차수)

  ➡ 극한값은 최고차항의 계수의 비이다.

• (분모의 차수) ◯ (분자의 차수)

  ➡ 극한값은 0이다.

• (분모의 차수) ◯ (분자의 차수)

  ➡ 발산한다.

9 $\displaystyle\lim_{x\to\infty}\frac{2x+7}{3x^2+1}$

➡ $\boxed{}$으로 분모, 분자를 나누면

$$\lim_{x\to\infty}\frac{2x+7}{3x^2+1}=\lim_{x\to\infty}\frac{\frac{2}{x}+\boxed{}}{3+\boxed{}}=\boxed{}$$

개념모음문제

13 $\displaystyle\lim_{x\to\infty}\frac{2x^2+5}{x^3+2x+1}=a$, $\displaystyle\lim_{x\to\infty}\frac{\sqrt{9x^2+1}+3}{2x-1}=b$,

$\displaystyle\lim_{x\to\infty}\frac{6x^2-3}{4x^2+5x}=c$일 때, 다음 중 옳은 것은?

① $a=b$ ② $a>c$ ③ $b>c$

④ $a=b-c$ ⑤ $a=b+c$

함수의 극한에 대한 성질을 바로 이용할 수 없는!

$\infty - \infty$ 꼴의 함수의 극한

두 함수 $f(x)$, $g(x)$에 대하여 $\lim\limits_{x \to \infty} f(x) = \infty$, $\lim\limits_{x \to \infty} g(x) = \infty$ 일 때,

$\lim\limits_{x \to \infty} \{f(x) - g(x)\}$ 는 $\infty - \infty$ 꼴의 함수의 극한

우리 둘 다 수렴하지 않아!
뺄셈을 할 수 없어!

 이것도 $\dfrac{1}{\infty}$ 은 0에 가까워짐을 이용해.
일단 식을 변형하자!

1 다항식인 경우

주어진 식을 최고차항으로 묶어 $\infty \times c$ ($c \neq 0$인 상수) 꼴 로 변형해!

최고차항인
x^2으로 묶는다.

$$\lim_{x \to \infty}(x^2 - x) = \lim_{x \to \infty} x^2 \left(1 - \frac{1}{x}\right)$$

$$= \infty \ (발산)$$

2 무리식인 경우

주어진 식을 유리화하여 $\dfrac{\infty}{\infty}$ 꼴 로 변형한 후,

분모의 최고차항으로 분모, 분자를 나누고

$\lim\limits_{x \to \infty} \dfrac{1}{x^n} = 0$ (n은 자연수) 을 이용해!

분모를 1로 보고 분자를 유리화

$$\lim_{x \to \infty}(\sqrt{x^2 - 2x} - x) = \lim_{x \to \infty} \frac{(\sqrt{x^2 - 2x} - x)(\sqrt{x^2 - 2x} + x)}{\sqrt{x^2 - 2x} + x}$$

$$= \lim_{x \to \infty} \frac{-2x}{\sqrt{x^2 - 2x} + x}$$

$\dfrac{\infty}{\infty}$ 꼴이므로
분모의 최고차항인 x로
분모, 분자를 나눈다.

$$= \lim_{x \to \infty} \frac{-2}{\sqrt{1 - \frac{2}{x}} + 1}$$

$$= \frac{-2}{1 + 1} = -1$$

● 다음 극한을 조사하시오.

1 $\lim\limits_{x \to \infty}(x^3 - 5x)$

→ 최고차항인 $\boxed{}$ 으로 묶으면

$$\lim_{x \to \infty}(x^3 - 5x) = \lim_{x \to \infty} \boxed{}\left(1 - \frac{5}{x^2}\right) = \boxed{}$$

2 $\lim\limits_{x \to \infty}(2x^3 - x^2 + 6x)$

3 $\lim\limits_{x \to \infty}(x^4 - 10x^2)$

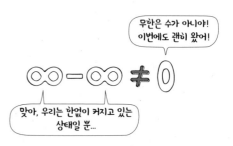

무한은 수가 아니야!
이번에도 괜히 왔어!

맞아, 우리는 한없이 커지고 있는
상태일 뿐...

4 $\lim\limits_{x \to \infty}(1 - 5x^2 - 7x^3)$

2nd ∞−∞ 꼴의 극한; 무리식인 경우

● 다음 극한값을 구하시오.

5 $\lim_{x \to \infty}(\sqrt{x^2+5x}-x)$

$\to \lim_{x \to \infty}(\sqrt{x^2+5x}-x)=\lim_{x \to \infty}\dfrac{(\sqrt{x^2+5x}-x)(\sqrt{x^2+5x}+x)}{\sqrt{x^2+5x}+x}$

$=\lim_{x \to \infty}\dfrac{\boxed{}}{\sqrt{x^2+5x}+x}$

$=\lim_{x \to \infty}\dfrac{\boxed{}}{\sqrt{1+\dfrac{5}{x}}+1}$

$=\dfrac{\boxed{}}{\sqrt{1+\boxed{}}+1}=\boxed{}$

6 $\lim_{x \to \infty}(\sqrt{x^2+2}-x)$

7 $\lim_{x \to \infty}(\sqrt{x^2+3x}-\sqrt{x^2-3})$

8 $\lim_{x \to -\infty}(\sqrt{x^2-6x}+x)$

$x=-t$로 놓고 정리해 봐!

9 $\lim_{x \to \infty}\dfrac{1}{\sqrt{x^2+2x}-x}$

$\to \lim_{x \to \infty}\dfrac{1}{\sqrt{x^2+2x}-x}=\lim_{x \to \infty}\dfrac{\sqrt{x^2+2x}+x}{(\sqrt{x^2+2x}-x)(\sqrt{x^2+2x}+x)}$

$=\lim_{x \to \infty}\dfrac{\sqrt{x^2+2x}+x}{\boxed{}}$

$=\lim_{x \to \infty}\dfrac{\sqrt{1+\boxed{}}+1}{\boxed{}}$

$=\dfrac{\sqrt{1+\boxed{}}+1}{\boxed{}}=\boxed{}$

10 $\lim_{x \to \infty}\dfrac{1}{\sqrt{x^2-7x}-x}$

11 $\lim_{x \to \infty}\dfrac{1}{\sqrt{x^2-2x+3}-x}$

12 $\lim_{x \to \infty}\dfrac{1}{\sqrt{x^2+4x}-\sqrt{x^2-4x}}$

개념모음문제

13 $\lim_{x \to \infty}\dfrac{1}{x-\sqrt{x^2-4x+5}}+\lim_{x \to -\infty}(\sqrt{1+x+9x^2}+3x)$
의 값은?

① $-\dfrac{2}{3}$ ② $-\dfrac{1}{3}$ ③ 0

④ $\dfrac{1}{3}$ ⑤ $\dfrac{2}{3}$

함수의 극한에 대한 성질을 바로 이용할 수 없는!

∞×0 꼴의 함수의 극한

두 함수 $f(x)$, $g(x)$에 대하여 $\lim\limits_{x\to a}f(x)=\infty$, $\lim\limits_{x\to a}g(x)=0$일 때,

$\lim\limits_{x\to a}f(x)g(x)$ 는 ∞×0 꼴의 함수의 극한이다.

> 내가 수렴하지 않으므로 곱셈을 할 수 없어!

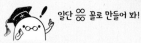 일단 $\dfrac{\infty}{\infty}$ 꼴로 만들어 봐!

1 (유리식)×(유리식)인 경우

주어진 식을 **통분**하여 $\dfrac{\infty}{\infty}$ 꼴 로 변형한 후,

인수분해 하여 공통인수를 약분해!

$$\lim_{x\to 0}\frac{1}{x}\left(1-\frac{1}{x+1}\right)=\lim_{x\to 0}\frac{1}{x}\times\frac{x+1-1}{x+1}\quad\text{통분}$$

$$=\lim_{x\to 0}\frac{x}{x(x+1)}$$

$$=\lim_{x\to 0}\frac{x}{x(x+1)}\quad\text{약분}$$

$$=\lim_{x\to 0}\frac{1}{x+1}$$

$$=1$$

2 근호가 포함된 식이 있는 경우

주어진 식에서 **근호가 포함된 식**을 유리화하여 $\dfrac{\infty}{\infty}$ 꼴 로 변형한 후,

분모의 최고차항으로 분모, 분자를 나누고

$\lim\limits_{x\to\infty}\dfrac{1}{x^n}=0$ (n은 자연수) 을 이용해!

$$\lim_{x\to\infty}x\left(1-\frac{\sqrt{x+1}}{\sqrt{x}}\right)=\lim_{x\to\infty}x\times\frac{(\sqrt{x}-\sqrt{x+1})}{\sqrt{x}}\quad\text{통분}$$

$$=\lim_{x\to\infty}\frac{x(\sqrt{x}-\sqrt{x+1})}{\sqrt{x}}$$

$$=\lim_{x\to\infty}\frac{x(\sqrt{x}-\sqrt{x+1})(\sqrt{x}+\sqrt{x+1})}{\sqrt{x}\,(\sqrt{x}+\sqrt{x+1})}\quad\text{분자를 유리화}$$

$$=\lim_{x\to\infty}\frac{-x}{\sqrt{x}\,(\sqrt{x}+\sqrt{x+1})}$$

$$=\lim_{x\to\infty}\frac{-\sqrt{x}}{\sqrt{x}+\sqrt{x+1}}\quad\begin{array}{l}\text{$\dfrac{\infty}{\infty}$ 꼴 이므로}\\\text{분모의 최고차항인 $\sqrt{x}$로}\\\text{분모, 분자를 나눈다.}\end{array}$$

$$=\lim_{x\to\infty}\frac{-1}{1+\sqrt{1+\frac{1}{x}}}$$

$$=\frac{-1}{1+1}=-\frac{1}{2}$$

● 다음 극한값을 구하시오.

1 $\lim\limits_{x\to 0}\dfrac{1}{x}\left(1-\dfrac{5}{x+5}\right)$

$$\to \lim_{x\to 0}\frac{1}{x}\left(1-\frac{5}{x+5}\right)=\lim_{x\to 0}\frac{1}{x}\times\frac{\boxed{}}{x+5}$$

$$=\lim_{x\to 0}\frac{\boxed{}}{x+5}$$

$$=\frac{\boxed{}}{0+5}=\boxed{}$$

2 $\lim\limits_{x\to 0}\dfrac{18}{x}\left(\dfrac{1}{3}-\dfrac{1}{x+3}\right)$

3 $\lim\limits_{x\to -4}\dfrac{1}{x+4}\left(\dfrac{1}{x-4}+\dfrac{1}{8}\right)$

4 $\lim\limits_{x\to 4}\dfrac{3}{x-4}\left(\dfrac{1}{x-5}+1\right)$

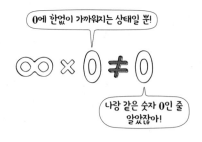

0에 한없이 가까워지는 상태일 뿐!

∞ × 0 ≠ 0

나랑 같은 숫자 0인 줄 알았잖아!

5 $\lim\limits_{x\to\infty}x\left(1-\dfrac{x+2}{x-2}\right)$

2nd — ∞×0 꼴의 극한; 근호가 포함된 식이 있는 경우

● 다음 극한값을 구하시오.

6 $\lim\limits_{x\to 0}\dfrac{1}{x}\left(\dfrac{1}{\sqrt{3-x}}-\dfrac{1}{\sqrt{3}}\right)$

$\to \lim\limits_{x\to 0}\dfrac{1}{x}\left(\dfrac{1}{\sqrt{3-x}}-\dfrac{1}{\sqrt{3}}\right)=\lim\limits_{x\to 0}\dfrac{1}{x}\times\dfrac{\boxed{}}{\sqrt{3}(\sqrt{3-x})}$

$=\lim\limits_{x\to 0}\dfrac{\boxed{}}{\sqrt{3}(\sqrt{3-x})}$

$=\dfrac{\boxed{}}{\sqrt{3}\times(\sqrt{3-0})}=\boxed{}$

7 $\lim\limits_{x\to 0}\dfrac{1}{x}\left(\dfrac{1}{x-\sqrt{5}}+\dfrac{1}{\sqrt{5}}\right)$

8 $\lim\limits_{x\to 0}\dfrac{1}{x}\left(\dfrac{1}{\sqrt{2}}-\dfrac{1}{\sqrt{2-2x}}\right)$

9 $\lim\limits_{x\to\infty}x\left(\dfrac{\sqrt{4x+1}}{\sqrt{x}}-2\right)$

$\to \lim\limits_{x\to\infty}x\left(\dfrac{\sqrt{4x+1}}{\sqrt{x}}-2\right)$

$=\lim\limits_{x\to\infty}x\times\dfrac{\sqrt{4x+1}-\boxed{}}{\sqrt{x}}$

$=\lim\limits_{x\to\infty}\dfrac{x(\sqrt{4x+1}-\boxed{})(\sqrt{4x+1}+\boxed{})}{\sqrt{x}(\sqrt{4x+1}+\boxed{})}$

$=\lim\limits_{x\to\infty}\dfrac{\boxed{}}{\sqrt{4x^2+x}+\boxed{}}=\lim\limits_{x\to\infty}\dfrac{\boxed{}}{\sqrt{4+\frac{1}{x}}+\boxed{}}$

$=\dfrac{\boxed{}}{\sqrt{4+0}+\boxed{}}=\boxed{}$

10 $\lim\limits_{x\to\infty}2x\left(\dfrac{\sqrt{x}}{\sqrt{x+2}}-1\right)$

개념모음문제

11 $\lim\limits_{x\to -\frac{1}{2}}\dfrac{1}{2x+1}\left(2-\dfrac{1}{x+1}\right)+\lim\limits_{x\to 0}\dfrac{1}{x}\left\{\left(\dfrac{2}{x-2}\right)^2-1\right\}$
의 값은?

① -3 ② -1 ③ 0

④ 1 ⑤ 3

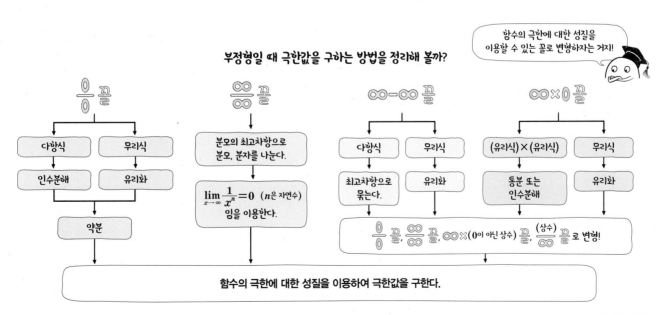

부정형일 때 극한값을 구하는 방법을 정리해 볼까?

함수의 극한에 대한 성질을 이용할 수 있는 꼴로 변형하자는 거지!

$\dfrac{0}{0}$ 꼴 — 다항식 → 인수분해 / 무리식 → 유리화 → 약분

$\dfrac{\infty}{\infty}$ 꼴 — 분모의 최고차항으로 분모, 분자를 나눈다. $\lim\limits_{x\to\infty}\dfrac{1}{x^n}=0$ (n은 자연수) 임을 이용한다.

$\infty-\infty$ 꼴 — 다항식 → 최고차항으로 묶는다. / 무리식 → 유리화

$\infty\times 0$ 꼴 — (유리식)×(유리식) → 통분 또는 인수분해 / 무리식 → 유리화

$\dfrac{0}{0}$ 꼴, $\dfrac{\infty}{\infty}$ 꼴, $\infty\times(0$이 아닌 상수$)$ 꼴, $\dfrac{(상수)}{\infty}$ 꼴로 변형!

함수의 극한에 대한 성질을 이용하여 극한값을 구한다.

07~08 함수의 극한에 대한 성질

• 두 함수 $f(x)$, $g(x)$에서
$\lim\limits_{x \to a} f(x) = \alpha$, $\lim\limits_{x \to a} g(x) = \beta$ (α, β는 실수)일 때

① $\lim\limits_{x \to a} cf(x) = c\lim\limits_{x \to a} f(x) = c\alpha$ (단, c는 상수)

② $\lim\limits_{x \to a} \{f(x) \pm g(x)\} = \lim\limits_{x \to a} f(x) \pm \lim\limits_{x \to a} g(x) = \alpha \pm \beta$

(복부호 동순)

③ $\lim\limits_{x \to a} f(x)g(x) = \lim\limits_{x \to a} f(x) \times \lim\limits_{x \to a} g(x) = \alpha\beta$

④ $\lim\limits_{x \to a} \dfrac{f(x)}{g(x)} = \dfrac{\lim\limits_{x \to a} f(x)}{\lim\limits_{x \to a} g(x)} = \dfrac{\alpha}{\beta}$ (단, $\beta \neq 0$)

1 두 함수 $f(x)$, $g(x)$에 대하여
$\lim\limits_{x \to 1} f(x) = 2$, $\lim\limits_{x \to 1} g(x) = -3$일 때,
$\lim\limits_{x \to 1} \dfrac{2f(x) - g(x)}{1 - f(x)g(x)}$의 값을 구하시오.

2 $\lim\limits_{x \to -2} \dfrac{3x^2 - 4}{x + 1} + \lim\limits_{x \to 4} \dfrac{8x + 13}{x^2 - 1}$의 값은?

① -11 ② -8 ③ -5

④ 5 ⑤ 11

3 함수 $f(x)$에 대하여 $\lim\limits_{x \to 5} xf(x) = \dfrac{1}{5}$일 때,
$\lim\limits_{x \to 5} (x^3 + 5x)f(x)$의 값은?

① 4 ② 5 ③ 6

④ 7 ⑤ 8

09 $\dfrac{0}{0}$ 꼴의 함수의 극한

• 분모와 분자가 모두 다항식인 경우: 분모 또는 분자를 인수분해한 후 공통인수를 약분한다.

• 분모 또는 분자에 근호가 포함된 식이 있는 경우: 근호가 포함된 식을 유리화한다.

4 $\lim\limits_{x \to 3} \dfrac{x^3 - 27}{x - 3}$의 값은?

① 1 ② 3 ③ 9

④ 18 ⑤ 27

5 $\lim\limits_{x \to 3} \dfrac{2x - 6}{\sqrt{x + 6} - 3}$의 값은?

① 3 ② 6 ③ 9

④ 12 ⑤ 15

6 $\lim\limits_{x \to 1} \dfrac{x^2 - 1}{3x^2 - 2x - 1} + \lim\limits_{x \to -1} \dfrac{3x + 3}{\sqrt{x^2 + 3} - 2}$의 값은?

① $-\dfrac{13}{2}$ ② $-\dfrac{11}{2}$ ③ $-\dfrac{9}{2}$

④ $\dfrac{11}{2}$ ⑤ $\dfrac{13}{2}$

10 $\dfrac{\infty}{\infty}$ 꼴의 함수의 극한

- 분모의 최고차항으로 분모, 분자를 각각 나눈다.

  이때 $\displaystyle\lim_{x\to\infty}\dfrac{k}{x^n}=0$ (k는 상수, n은 자연수)임을 이용하여 극한값을 구한다.

7 $\displaystyle\lim_{x\to\infty}\dfrac{2x}{x^2+5}+\lim_{x\to\infty}\dfrac{4x^2}{(2x+1)(3x-1)}$의 값은?

① $-\dfrac{8}{3}$ ② $-\dfrac{2}{3}$ ③ 0

④ $\dfrac{2}{3}$ ⑤ $\dfrac{8}{3}$

8 $\displaystyle\lim_{x\to-\infty}\dfrac{-7+11x+17x^2}{4-3x+x^2}$의 값은?

① -17 ② $-\dfrac{7}{4}$ ③ 0

④ $\dfrac{7}{4}$ ⑤ 17

9 $\displaystyle\lim_{x\to\infty}\dfrac{\sqrt{x^2+1}}{\sqrt{4x^2-x}+x}\times\lim_{x\to\infty}\dfrac{5-12x}{\sqrt{x^2-2}+3}$의 값은?

① -4 ② $-\dfrac{4}{3}$ ③ $\dfrac{5}{9}$

④ $\dfrac{4}{3}$ ⑤ 4

11~12 $\infty-\infty$, $\infty\times0$ 꼴의 함수의 극한

- $\infty-\infty$ 꼴
  ① 다항식인 경우: 최고차항으로 묶어 $\infty\times$ (0이 아닌 상수) 꼴로 변형한다.
  ② 무리식인 경우: 유리화한다.
- $\infty\times0$ 꼴: 통분 또는 유리화를 이용한다.

10 $\displaystyle\lim_{x\to\infty}(\sqrt{x^2+5x}-x)+\lim_{x\to\infty}\dfrac{1}{x-\sqrt{x^2+10x}}$의 값은?

① $-\dfrac{27}{10}$ ② $-\dfrac{23}{10}$ ③ $-\dfrac{19}{10}$

④ $\dfrac{23}{10}$ ⑤ $\dfrac{27}{10}$

11 $\displaystyle\lim_{x\to-3}\dfrac{6}{x+3}\left(x-\dfrac{18}{x-3}\right)$의 값을 구하시오.

12 $\displaystyle\lim_{x\to0}\dfrac{180}{x}\left(\dfrac{1}{6}-\dfrac{1}{\sqrt{x+36}}\right)=\dfrac{b}{a}$일 때, ab의 값을 구하시오. (단, a, b는 서로소인 자연수)

13

극한값이 존재할 때 찾을 수 있는!

미정계수의 결정

두 함수 $f(x)$, $g(x)$에 대하여 극한값 $\boxed{\lim\limits_{x \to a} \dfrac{f(x)}{g(x)}}$ 가

존재하고, (분모)$\to 0$ 이면 (분자)$\to 0$ 이다.

$\lim\limits_{x \to a} \dfrac{f(x)}{g(x)} = \alpha$ (α는 실수), $\lim\limits_{x \to a} g(x) = 0$이면

$x \to a$일 때 두 함수 $\dfrac{f(x)}{g(x)}$, $g(x)$는 각각 수렴하므로

함수의 극한의 성질에 의하여

$\lim\limits_{x \to a} f(x) = \lim\limits_{x \to a} \left\{ \dfrac{f(x)}{g(x)} \times g(x) \right\} = \underbrace{\lim\limits_{x \to a} \dfrac{f(x)}{g(x)}}_{=\alpha} \times \underbrace{\lim\limits_{x \to a} g(x)}_{=0} = 0$

$\lim\limits_{x \to a} \dfrac{f(x)}{g(x)} = \alpha$ (α는 실수)이고 $\lim\limits_{x \to a} g(x) = 0$ 이면 $\lim\limits_{x \to a} f(x) \equiv 0$

두 함수 $f(x)$, $g(x)$에 대하여 극한값 $\boxed{\lim\limits_{x \to a} \dfrac{f(x)}{g(x)}}$ 가

0이 아닌 값으로 존재하고, (분자)$\to 0$ 이면 (분모)$\to 0$ 이다.

$\lim\limits_{x \to a} \dfrac{f(x)}{g(x)} = \alpha$ ($\alpha \neq 0$인 실수), $\lim\limits_{x \to a} f(x) = 0$이면

$x \to a$일 때 두 함수 $\dfrac{f(x)}{g(x)}$, $f(x)$는 각각 수렴하므로

함수의 극한의 성질에 의하여

$\lim\limits_{x \to a} g(x) = \lim\limits_{x \to a} \left\{ f(x) \div \dfrac{f(x)}{g(x)} \right\} = \underbrace{\lim\limits_{x \to a} f(x)}_{=0} \div \underbrace{\lim\limits_{x \to a} \dfrac{f(x)}{g(x)}}_{=\alpha} = 0$

$\lim\limits_{x \to a} \dfrac{f(x)}{g(x)} = \alpha$ ($\alpha \neq 0$인 실수)이고 $\lim\limits_{x \to a} f(x) = 0$ 이면 $\lim\limits_{x \to a} g(x) \equiv 0$

$\alpha \neq 0$인 이유는?

$\lim\limits_{x \to a} \dfrac{f(x)}{g(x)} = 0$이고 $\lim\limits_{x \to a} f(x) = 0$일 때 $\lim\limits_{x \to a} g(x) \neq 0$일 수 있다.

1st — 미정계수가 1개인 경우

● 다음 등식이 성립하도록 하는 상수 a의 값을 구하시오.

1 $\lim\limits_{x \to -3} \dfrac{2x+a}{x+3} = 2$

→ $x \to -3$일 때 극한값이 존재하고 (분모) $\to 0$이므로 (분자) $\to 0$이다.

즉 $\lim\limits_{x \to -3}(2x+a) = \boxed{}$ 이므로 $-6+a = \boxed{}$

따라서 $a = \boxed{}$

2 $\lim\limits_{x \to 1} \dfrac{ax+13}{2x^2+x-3} = -\dfrac{13}{5}$

3 $\lim\limits_{x \to 2} \dfrac{x^2-ax+4}{x-2} = 0$

4 $\lim\limits_{x \to 5} \dfrac{x-5}{x^2-a} = \dfrac{1}{10}$

5 $\lim\limits_{x \to -1} \dfrac{x+1}{x^2+ax+6} = \dfrac{1}{5}$

극한값의 존재를 알면 함수식에서 그 값이 정해지지 않은 미정계수를 찾을 수 있어!

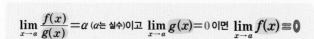

$\lim\limits_{x \to a} \dfrac{\boxed{분자}}{\boxed{분모}} = \alpha!$

- $\alpha \neq 0$이고 $\boxed{분자}$ → 0이면 $\boxed{분모}$ → $\boxed{0}$
- $\boxed{분모}$ → 0이면 $\boxed{분자}$ → $\boxed{0}$

2nd — 미정계수가 2개인 경우

● 두 상수 a, b에 대하여 주어진 등식이 성립할 때, 다음 물음에 답하시오.

6

$$\lim_{x \to 2} \frac{x^2+ax+b}{x-2}=9$$

(1) b를 a에 대한 식으로 나타내시오.

→ $x \to 2$일 때 극한값이 존재하고 (분모) → 0이므로

(분자) → ☐이다.

즉 $\lim_{x \to 2}(x^2+ax+b)=$ ☐이므로 $4+2a+b=$ ☐

따라서 $b=$ ☐

(2) a, b의 값을 구하시오.

→ $\lim_{x \to 2} \frac{x^2+ax+b}{x-2}=\lim_{x \to 2} \dfrac{x^2+ax+(\boxed{})}{x-2}$

$=\lim_{x \to 2} \dfrac{(x-2)(x+\boxed{})}{x-2}$

$=\lim_{x \to 2}(x+\boxed{})=$ ☐

즉 ☐ $=9$이므로 $a=$ ☐ , $b=$ ☐

7

$$\lim_{x \to -1} \frac{x^2+ax+b}{x+1}=4$$

(1) b를 a에 대한 식으로 나타내시오.

(2) a, b의 값을 구하시오.

8

$$\lim_{x \to 4} \frac{2x^2+ax+b}{x-4}=11$$

(1) b를 a에 대한 식으로 나타내시오.

(2) a, b의 값을 구하시오.

9

$$\lim_{x \to 1} \frac{x-1}{x^2+ax+b}=\frac{1}{12}$$

(1) b를 a에 대한 식으로 나타내시오.

→ $x \to 1$일 때 0이 아닌 극한값이 존재하고 (분자) → 0이므로

(분모) → ☐이다.

즉 $\lim_{x \to 1}(x^2+ax+b)=$ ☐이므로 $1+a+b=$ ☐

따라서 $b=$ ☐

(2) a, b의 값을 구하시오.

→ $\lim_{x \to 1} \dfrac{x-1}{x^2+ax+b}=\lim_{x \to 1} \dfrac{x-1}{x^2+ax+(\boxed{})}$

$=\lim_{x \to 1} \dfrac{x-1}{(x-1)(x+\boxed{})}$

$=\lim_{x \to 1} \dfrac{1}{x+\boxed{}}=\boxed{}$

즉 ☐ $=\dfrac{1}{12}$이므로 $a=$ ☐ , $b=$ ☐

10

$$\lim_{x \to -2} \frac{x+2}{x^2+ax+b}=-\frac{1}{9}$$

(1) b를 a에 대한 식으로 나타내시오.

(2) a, b의 값을 구하시오.

😊 **내가 발견한 개념** 　　　　극한값이 존재하려면?

두 함수 $f(x)$, $g(x)$에 대하여 $\lim\limits_{x \to a} \dfrac{f(x)}{g(x)}=a$ (a는 실수)일 때

• $\lim\limits_{x \to a} g(x)=0 \Rightarrow \lim\limits_{x \to a} f(x)=$ ☐

• $\lim\limits_{x \to a} f(x)=0 \Rightarrow \lim\limits_{x \to a} g(x)=$ ☐ (단, $a \neq 0$)

개념모음문제

11 $\lim\limits_{x \to 1} \dfrac{\sqrt{8+x^2}-3x}{ax+b}=8$일 때, 상수 a, b에 대하여 $b-a$의 값은?

① 0 　　　② $\dfrac{1}{3}$ 　　　③ $\dfrac{2}{3}$

④ 1 　　　⑤ $\dfrac{4}{3}$

14

극한값이 존재할 때 찾을 수 있는!

다항함수의 결정

다항함수 $f(x)$가

$$\boxed{\lim_{x\to\infty}\frac{f(x)}{x+4}=3}, \quad \boxed{\lim_{x\to1}f(x)=2}$$ 를 만족시킬 때,

$$\boxed{f(x)} \text{는?}$$

$\lim_{x\to\infty}\frac{f(x)}{x+4}=3$ 에서

$f(x)$는 다항함수이므로 $\frac{\infty}{\infty}$ 꼴의 극한이고, 극한값은 3이다.

(분모의 차수)=(분자의 차수)일 때,
극한값은 최고차항의 계수의 비!

$\lim_{x\to\infty}\frac{3x+\bullet}{x+4}=3$

$f(x)$는 일차항의 계수가 3인 일차식이다.

$$f(x)=3x+a \ (a\text{는 상수})$$

$\lim_{x\to1}f(x)=2$ 에서

$$\lim_{x\to1}(3x+a)=3+a=2$$
$$a=-1$$

$$f(x)=3x-1$$

1st — 다항함수의 결정

● 다음을 만족시키는 다항함수 $f(x)$를 구하시오.

1 $\lim_{x\to\infty}\frac{f(x)}{3x+1}=2, \ \lim_{x\to-2}f(x)=3$

→ $\lim_{x\to\infty}\frac{f(x)}{3x+1}=2$에서 $f(x)$는 일차항의 계수가 $\boxed{}$ 인 일차식이다.

$f(x)=\boxed{}x+a \ (a\text{는 상수})$로 놓을 수 있으므로

$\lim_{x\to-2}f(x)=\lim_{x\to-2}(\boxed{}x+a)=\boxed{}+a$

즉 $\boxed{}+a=3$이므로 $a=\boxed{}$

따라서 $f(x)=\boxed{}x+\boxed{}$

2 $\lim_{x\to\infty}\frac{f(x)}{-6x+11}=\frac{1}{3}, \ \lim_{x\to1}f(x)=2$

3 $\lim_{x\to\infty}\frac{f(x)}{2x-5}=-4, \ \lim_{x\to2}f(x)=-7$

4 $\lim_{x\to\infty}\frac{f(x)}{x^2+3x+1}=3, \ \lim_{x\to2}\frac{f(x)}{x^2+x-6}=6$

→ $\lim_{x\to\infty}\frac{f(x)}{x^2+3x+1}=3$에서 $f(x)$는 이차항의 계수가 $\boxed{}$인 이차식이다.

또 $\lim_{x\to2}\frac{f(x)}{x^2+x-6}=6$에서

$x\to2$일 때 극한값이 존재하고
(분모) $\to0$이므로 (분자) $\to0$이다.

$\lim_{x\to a}\frac{f(x)}{g(x)}=\alpha \ (\alpha\text{는 실수})$
이고 $g(x)=0$이면
➡ $f(x)=0$

이때 $\lim_{x\to2}f(x)=f(2)=\boxed{}$

즉 $f(x)=\boxed{}(x-2)(x+a) \ (a\text{는 상수})$로 놓을 수 있으므로

$\lim_{x\to2}\frac{f(x)}{x^2+x-6}=\lim_{x\to2}\frac{\boxed{}(x-2)(x+a)}{(x-2)(x+3)}$

$=\lim_{x\to2}\frac{\boxed{}(x+a)}{x+3}$

$=\frac{\boxed{}(2+a)}{5}$

$\frac{\boxed{}(2+a)}{5}=6$이므로 $a=\boxed{}$

따라서 $f(x)=\boxed{}(x-2)(x+\boxed{})=\boxed{}$

5 $\lim_{x\to\infty}\frac{f(x)}{x^2-5x+10}=1, \ \lim_{x\to1}\frac{f(x)}{x^2-1}=-4$

6 $\displaystyle\lim_{x\to\infty}\frac{f(x)}{2x^2+3x-1}=-1,\ \lim_{x\to-3}\frac{f(x)}{3x^2+14x+15}=2$

7 $\displaystyle\lim_{x\to\infty}\frac{f(x)}{3x^2-x+5}=2,\ \lim_{x\to-1}\frac{f(x)}{5x^2-2x-7}=\frac{1}{4}$

8 $\displaystyle\lim_{x\to\infty}\frac{f(x)-x^3}{x^2-4}=-1,\ \lim_{x\to1}\frac{f(x)}{x^2-1}=3$

→ $\displaystyle\lim_{x\to\infty}\frac{f(x)-x^3}{x^2-4}=-1$에서 $f(x)-x^3$은 이차항의 계수가 $\boxed{}$ 인 이차식이므로

$f(x)=x^3-x^2+ax+b\ (a,b$는 상수$)$ …… ㉠

로 놓을 수 있다.

또 $\displaystyle\lim_{x\to1}\frac{f(x)}{x^2-1}=3$에서 $x\to1$일 때 극한값이 존재하고 (분모) $\to0$이 므로 (분자) $\to0$이다.

즉 $\displaystyle\lim_{x\to1}f(x)=f(1)=\boxed{}$

㉠에서 $1-1+a+b=\boxed{}$ 이므로 $b=\boxed{}$

$f(x)=x^3-x^2+ax-\boxed{}$ 이므로

$\displaystyle\lim_{x\to1}\frac{f(x)}{x^2-1}=\lim_{x\to1}\frac{x^3-x^2+ax-\boxed{}}{x^2-1}$

$=\displaystyle\lim_{x\to1}\frac{(x-1)(x^2+\boxed{})}{(x-1)(x+1)}$

$=\displaystyle\lim_{x\to1}\frac{x^2+\boxed{}}{x+1}=\frac{1+\boxed{}}{2}$

따라서 $\dfrac{1+\boxed{}}{2}=3$에서 $a=\boxed{}$ 이므로

$f(x)=\boxed{}$

9 $\displaystyle\lim_{x\to\infty}\frac{f(x)-x^3}{x^2+3x}=2,\ \lim_{x\to0}\frac{f(x)}{x}=-5$

10 $\displaystyle\lim_{x\to\infty}\frac{f(x)-2x^3}{x^2-4}=-4,\ \lim_{x\to-2}\frac{f(x)}{x^2-4}=-8$

11 $\displaystyle\lim_{x\to\infty}\frac{f(x)+x^3}{2x^2+3x+1}=1,\ \lim_{x\to-1}\frac{f(x)}{2x^2+3x+1}=4$

☺ **내가 발견한 개념**　　　　　　극한에 따른 두 함수의 차수는?

두 다항함수 $f(x)$, $g(x)$에 대하여

$\displaystyle\lim_{x\to\infty}\frac{f(x)}{g(x)}=a\ (a\ne0$인 실수$)$이면

• $f(x)$와 $g(x)$의 차수가 $\boxed{}$.

• $f(x)$와 $g(x)$의 최고차항의 계수의 비는 $\boxed{}$: 1이다.

[개념모음문제]

12 다항함수 $f(x)$가

$\displaystyle\lim_{x\to\infty}\frac{f(x)-3x^3}{4x^2+2x-3}=\frac{1}{2},\ \lim_{x\to-2}\frac{f(x)}{x^2+5x+6}=15$

를 만족시킬 때, $f(-1)$의 값은?

① -2　　　② -1　　　③ 0

④ 1　　　⑤ 2

15

극한값이 존재할 때 알 수 있는!

함수의 극한의 대소 관계

① $f(x)=x^2$, $g(x)=3x^2$ 에서

모든 실수 x에 대하여

$f(x)\leq g(x)$ 가 성립한다.

따라서 임의의 실수 a에 대하여

$$\boxed{\lim_{x\to a}f(x)\leqq\lim_{x\to a}g(x)}$$

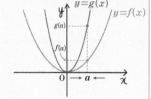

② $f(x)=x^2$, $g(x)=3x^2$, $h(x)=2x^2$ 에서

모든 실수 x에 대하여

$f(x)\leq h(x)\leq g(x)$ 가 성립한다.

이때 $\lim_{x\to 0}f(x)=\lim_{x\to 0}g(x)=0$이므로

$$\boxed{\lim_{x\to 0}h(x)=0}$$

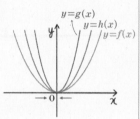

극한값이 존재할 때!

두 함수 $f(x)$, $g(x)$에 대하여 $\lim_{x\to a}f(x)=\alpha$, $\lim_{x\to a}g(x)=\beta\,(\alpha,\beta$는 실수$)$ 일 때,

a에 가까운 모든 x의 값에 대하여

❶ $f(x)\leq g(x)$이면 $\lim_{x\to a}f(x)\leqq\lim_{x\to a}g(x)$

❷ 함수 $h(x)$에 대하여 $f(x)\leq h(x)\leq g(x)$이고 $\alpha=\beta$이면

$$\lim_{x\to a}h(x)=\alpha$$

참고 $x\to\infty$, $x\to-\infty$, $x\to a+$, $x\to a-$일 때도 모두 성립한다.

$f(x)<g(x)$인 경우,
반드시 $\lim_{x\to a}f(x)<\lim_{x\to a}g(x)$인 것은 아니다.

$f(x)=\dfrac{1}{x+1}$, $g(x)=\dfrac{1}{x}$의

그래프는 오른쪽 그림과 같으므로

모든 양수 x에 대하여 $f(x)<g(x)$이지만

$\lim_{x\to\infty}\dfrac{1}{x+1}=0$, $\lim_{x\to\infty}\dfrac{1}{x}=0$

즉 $\lim_{x\to\infty}f(x)=\lim_{x\to\infty}g(x)$

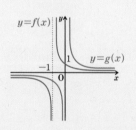

→ $f(x)<g(x)$이면 $\lim_{x\to\infty}f(x)\leqq\lim_{x\to\infty}g(x)$

부등식의 양변에 lim을 붙이면 등호가 생겨!

● 모든 실수 x에 대하여 함수 $f(x)$가 다음을 만족시킬 때,
$\lim_{x\to 1}f(x)$의 값을 구하시오.

1 $-2x+3\leq f(x)\leq 2x^2-6x+5$

→ $\lim_{x\to 1}(-2x+3)=\boxed{}$, $\lim_{x\to 1}(2x^2-6x+5)=\boxed{}$ 이므로

함수의 극한의 대소 관계에 의하여

$\lim_{x\to 1}f(x)=\boxed{}$

2 $-x^2+2x-1\leq f(x)\leq x^2-2x+1$

3 $-2x^2+8x\leq f(x)\leq x^2+2x+3$

● 모든 양의 실수 x에 대하여 함수 $f(x)$가 다음을 만족시킬 때,
$\lim_{x\to\infty}f(x)$의 값을 구하시오.

4 $5-\dfrac{2}{x}\leq f(x)\leq 5+\dfrac{10}{x}$

→ $\lim_{x\to\infty}\left(5-\dfrac{2}{x}\right)=\boxed{}$, $\lim_{x\to\infty}\left(5+\dfrac{10}{x}\right)=\boxed{}$ 이므로

함수의 극한의 대소 관계에 의하여

$\lim_{x\to\infty}f(x)=\boxed{}$

5 $\dfrac{2x-8}{x}\leq f(x)\leq\dfrac{4x-1}{2x+1}$

6 $\dfrac{4x-3}{x+5} < f(x) < \dfrac{4x+3}{x+5}$

7 $\dfrac{x^2-8}{x^2+1} \leq f(x) \leq \dfrac{x^2+10}{x^2+2}$

8 $\dfrac{6x-11}{2x} \leq f(x) \leq \dfrac{3x^2+5}{x^2+10}$

9 $\dfrac{-5x^2+1}{x^2} < f(x) < \dfrac{-25x^2+17}{5x^2}$

10 $\dfrac{x^2+2}{9x^2+1} \leq f(x) \leq \dfrac{x^2+11}{9x^2+4}$

● 모든 양의 실수 x에 대하여 함수 $f(x)$가 다음을 만족시킬 때, 주어진 식의 값을 구하시오.

11 $7x-2 \leq f(x) \leq 7x+5$일 때, $\displaystyle\lim_{x\to\infty}\dfrac{f(x)}{x}$

→ $7x-2 \leq f(x) \leq 7x+5$의 각 변을 x로 나누면

$\dfrac{7x-2}{x} \leq \dfrac{f(x)}{x} \leq \dfrac{7x+5}{x}$

이때 $\displaystyle\lim_{x\to\infty}\dfrac{7x-2}{x} = \boxed{}$, $\displaystyle\lim_{x\to\infty}\dfrac{7x+5}{x} = \boxed{}$ 이므로

함수의 극한의 대소 관계에 의하여

$\displaystyle\lim_{x\to\infty}\dfrac{f(x)}{x} = \boxed{}$

12 $-6x-1 \leq f(x) \leq -6x+8$일 때, $\displaystyle\lim_{x\to\infty}\dfrac{f(x)}{3x+5}$

13 $2x^2-1 < f(x) < 2x^2+5$일 때, $\displaystyle\lim_{x\to\infty}\dfrac{f(x)}{x^2}$

14 $-2x+1 < f(x) < -2x+9$일 때, $\displaystyle\lim_{x\to\infty}\dfrac{f(x)}{x^2+1}$

☺ **내가 발견한 개념**   함수의 극한의 대소 관계는?

두 함수 $f(x)$, $g(x)$에서

$\displaystyle\lim_{x\to a}f(x)=\alpha$, $\displaystyle\lim_{x\to a}g(x)=\beta$ (α, β는 실수)일 때,

a에 가까운 모든 x의 값에 대하여

• $f(x) \leq g(x)$이면 α ◯ β

• 함수 $h(x)$에 대하여 $f(x) \leq h(x) \leq g(x)$이고 $\alpha=\beta$이면

$\displaystyle\lim_{x\to a}h(x) = \boxed{}$

극한값이 존재할 때 알 수 있는!

함수의 극한의 활용

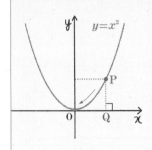

곡선 $y=x^2$ 위의 점 P에서
x축에 내린 수선의 발을 Q라 하자.
점 P가 원점에 한없이 가까워질 때,

$$\dfrac{\overline{OP}}{\overline{OQ}}$$ 의 값은?

극한값을
구하라는 거야!

(단, O는 원점이고, 점 P의 x좌표는 양수이다.)

❶
$\overline{OP}$, $\overline{OQ}$를 식으로 나타낸다.

원점 O(0, 0), 점 P(a, a^2) ($a>0$)이라 하면
Q(a, 0)이므로
$$\overline{OP}=\sqrt{(a-0)^2+(a^2-0)^2}=\sqrt{a^2+a^4}=a\sqrt{1+a^2}$$
$$\overline{OQ}=\sqrt{(a-0)^2+(0-0)^2}=\sqrt{a^2}=a$$

❷
함수의 극한에 대한 성질을 이용하여 극한값을 구한다.

점 P(a, a^2)이 원점에 한없이 가까워질 때,
$a \to 0+$이므로
$$\lim_{a \to 0+}\dfrac{\overline{OP}}{\overline{OQ}}=\lim_{a \to 0+}\dfrac{a\sqrt{1+a^2}}{a}$$
$$=\lim_{a \to 0+}\sqrt{1+a^2}$$
$$=1$$

이제 찰나의 순간도
다룰 수 있어!

1

1st ─ 함수의 극한의 활용

1 오른쪽 그림과 같이 함수
$y=2x^2$의 그래프 위의 원
점 O가 아닌 점 P(t, $2t^2$)
에 대하여 점 P를 지나고
직선 OP와 수직인 직선 l
이 y축과 만나는 점의 y좌
표를 $f(t)$라 할 때, 다음을 구하시오.

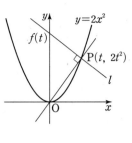

(1) 직선 l의 방정식

→ 직선 OP의 기울기는 [　　] 이므로 직선 l의 기울기는

[　　] 이고, 점 P(t, $2t^2$)을 지나므로 직선 l의 방정식은

$$y-[\quad]=[\quad](x-t)$$

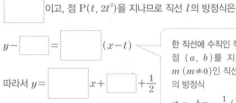
한 직선에 수직인 직선의 방정식
점 $(a$, $b)$를 지나고 기울기가
m $(m \neq 0)$인 직선과 수직인 직선
의 방정식
→ $y-b=-\dfrac{1}{m}(x-a)$

따라서 $y=[\quad]x+[\quad]+\dfrac{1}{2}$

(2) $f(t)$

→ 직선 l이 y축과 만나는 점의 y좌표 $f(t)$는 $x=0$일 때의 y의 값
이므로 $x=0$을 직선 l의 방정식에 대입하면

$$y=[\quad], \ \text{즉} \ f(t)=[\quad]$$

(3) 점 P가 함수 $y=2x^2$의 그래프를 따라 원점 O에 한없
이 가까워질 때, t의 값이 한없이 가까워지는 값

→ 점 P가 함수 $y=2x^2$의 그래프를 따라 원점 O에 한없이 가까워질
때, 점 P의 x좌표는 [　　]에 한없이 가까워지므로 t는 [　　]에 한
없이 가까워진다.

(4) 점 P가 함수 $y=2x^2$의 그래프를 따라 원점 O에 한없
이 가까워질 때, $f(t)$의 값이 한없이 가까워지는 값

→ 구하는 값은 $\lim_{t \to [\quad]} f(t)=[\quad]$

2 오른쪽 그림과 같이 두 점 A$(6, 0)$, B$(0, 6)$에 대하여 선분 AB 위를 움직이는 점 P(x, y)에서 x축, y축에 내린 수선의 발을 각각 Q, R라 하자. 직사각형 OQPR의 넓이를 $f(x)$라 할 때, 다음을 구하시오. (단, O는 원점이다.)

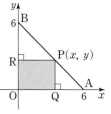

(1) 두 점 A, B를 지나는 직선의 방정식

(2) $f(x)$

(3) $\displaystyle\lim_{x \to 6-} \dfrac{f(x)}{36 - x^2}$

3 오른쪽 그림과 같이 곡선 $y = x^2$ 위의 원점이 아닌 점 P에 대하여 점 P와 원점 O를 지나고 y축 위의 점 Q를 중심으로 하는 원이 있다. 다음 물음에 답하시오.

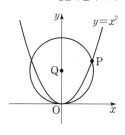

(1) 점 P의 좌표를 (a, a^2), 점 Q의 좌표를 $(0, b)$라 할 때, b를 a에 대한 식으로 나타내시오.

(2) 점 P가 곡선 $y = x^2$을 따라 원점 O에 한없이 가까워질 때, a의 값이 한없이 가까워지는 값을 구하시오.

(3) 점 P가 곡선 $y = x^2$을 따라 원점 O에 한없이 가까워질 때, 점 Q는 점 $(0, t)$에 한없이 가까워진다. t의 값을 구하시오.

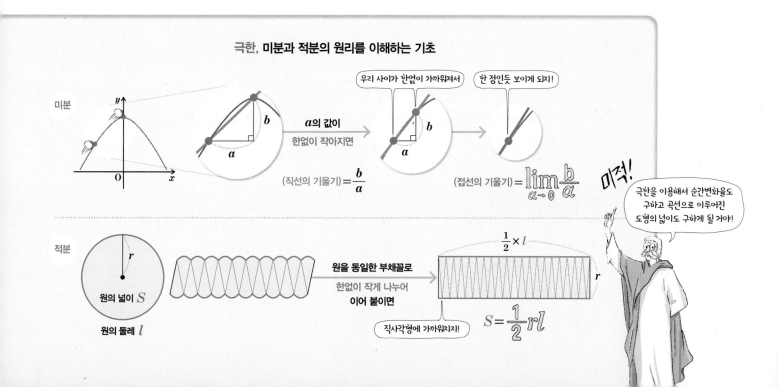

극한, 미분과 적분의 원리를 이해하는 기초

미분

우리 사이가 한없이 가까워져서

한 점인듯 보이게 되지!

a의 값이 한없이 작아지면

(직선의 기울기) $= \dfrac{b}{a}$

(접선의 기울기) $= \displaystyle\lim_{a \to 0} \dfrac{b}{a}$

미직!

극한을 이용해서 순간변화율도 구하고 곡선으로 이루어진 도형의 넓이도 구하게 될 거야!

적분

원의 넓이 S

원의 둘레 l

원을 동일한 부채꼴로 한없이 작게 나누어 이어 붙이면

직사각형에 가까워지!

$\dfrac{1}{2} \times l$

$S = \dfrac{1}{2} rl$

13 미정계수의 결정

- 두 함수 $f(x)$, $g(x)$에 대하여

① $\lim\limits_{x \to a} \dfrac{f(x)}{g(x)} = \alpha$ (α는 실수)이고 $\lim\limits_{x \to a} g(x) = 0$이면

$\lim\limits_{x \to a} f(x) = 0$

② $\lim\limits_{x \to a} \dfrac{f(x)}{g(x)} = \alpha$ (α는 0이 아닌 실수)이고 $\lim\limits_{x \to a} f(x) = 0$이면

$\lim\limits_{x \to a} g(x) = 0$

1 $\lim\limits_{x \to -3} \dfrac{x^2 + ax + b}{x + 3} = -2$일 때, 상수 a, b에 대하여 $a + b$의 값은?

① 3   ② 4   ③ 5

④ 6   ⑤ 7

2 $\lim\limits_{x \to -2} \dfrac{\sqrt{x^2 + 12} + a}{x + 2} = b$일 때, 상수 a, b에 대하여 ab의 값은?

① -8 ② -4 ③ 2

④ 4   ⑤ 8

3 $\lim\limits_{x \to 2} \dfrac{x^2 + (a-2)x - 2a}{x^2 - b} = b$일 때, 상수 a, b에 대하여 $2a - 3b$의 값은? (단, $b \neq 0$)

① 12   ② 16   ③ 20

④ 24   ⑤ 28

14 다항함수의 결정

- 두 다항함수 $f(x)$, $g(x)$에 대하여

$\lim\limits_{x \to \infty} \dfrac{f(x)}{g(x)} = \alpha$ (α는 0이 아닌 실수)이면

① $f(x)$와 $g(x)$의 차수가 같다.

② $f(x)$와 $g(x)$의 최고차항의 계수의 비는 $\alpha : 1$

4 x에 대한 다항함수 $f(x)$가

$\lim\limits_{x \to \infty} \dfrac{f(x)}{3x - 2} = -1$, $\lim\limits_{x \to -2} f(x) = 5$

를 만족시킬 때, $f(-1)$의 값은?

① 0   ② 1   ③ 2

④ 3   ⑤ 4

5 함수 $f(x) = \dfrac{ax^3 + bx^2 + cx + d}{x^2 - 25}$가

$\lim\limits_{x \to \infty} f(x) = 2$, $\lim\limits_{x \to 5} f(x) = -1$

을 만족시킬 때, 상수 a, b, c, d에 대하여 $ad - bc$의 값을 구하시오.

6 x에 대한 삼차함수 $f(x)$가

$\lim\limits_{x \to 0} \dfrac{f(x)}{x} = 4$, $\lim\limits_{x \to 2} \dfrac{f(x)}{x - 2} = -12$

를 만족시킬 때, $\lim\limits_{x \to -1} \dfrac{f(x)}{x + 1}$의 값은?

① -8 ② -6 ③ -4

④ 6   ⑤ 8

15 함수의 극한의 대소 관계

• 두 함수 $f(x)$, $g(x)$에서
$\lim\limits_{x \to a} f(x) = \alpha$, $\lim\limits_{x \to a} g(x) = \beta$ (α, β는 실수)일 때, a에 가까운 모든 x의 값에 대하여

① $f(x) \leq g(x)$이면 $\alpha \leq \beta$

② 함수 $h(x)$에 대하여 $f(x) \leq h(x) \leq g(x)$이고 $\alpha = \beta$이면
$\lim\limits_{x \to a} h(x) = \alpha$

7 함수 $f(x)$가 모든 실수 x에 대하여
$$2x^2 - 9 < f(x) < 2x^2 + 11$$
을 만족시킬 때, $\lim\limits_{x \to \infty} \dfrac{f(x)}{x^2 + 3}$의 값은?

① 1   ② 2   ③ 3

④ 4   ⑤ 5

8 두 함수 $f(x)$, $g(x)$가 $f(x) = -x^2 + 3x$,
$g(x) = \dfrac{1}{4}x^2 - 2x + 5$일 때, 함수 $h(x)$가 모든 실수 x에 대하여 $f(x) \leq h(x) \leq g(x)$를 만족시킨다. $\lim\limits_{x \to 2} h(x)$의 값을 구하시오.

9 함수 $f(x)$가 모든 양의 실수 x에 대하여
$$3x + 1 < f(x) < 3x + 5$$
를 만족시킬 때, $\lim\limits_{x \to \infty} \dfrac{\{f(x)\}^2}{3x^2 + 1}$의 값은?

① 3   ② 6   ③ 12

④ 15   ⑤ 18

16 함수의 극한의 활용

• 함수의 극한을 이용한 여러 가지 도형에 대한 문제는 다음과 같은 순서로 해결한다.

(i) 구하는 점의 좌표 또는 선분의 길이 또는 도형의 넓이를 식으로 나타낸다.

(ii) 함수의 극한에 대한 성질을 이용하여 극한값 구한다.

10 두 점 $A(-3, 0)$, $B(3, 0)$과 곡선 $y = \sqrt{6x}$ 위의 점 $P(t, \sqrt{6t})$에 대하여 $\lim\limits_{t \to \infty} (\overline{AP} - \overline{BP})$의 값은?

① -12 ② -6 ③ -3

④ 6   ⑤ 12

11 오른쪽 그림과 같이 직선 $y = x + 2$ 위에 두 점 $A(-2, 0)$, $P(t, t+2)$가 있다. 점 P를 지나고 직선 $y = x + 2$에 수직인 직선이 y축과 만나는 점을 Q라 할 때, $\lim\limits_{t \to \infty} \dfrac{\overline{AQ}}{\overline{AP}}$의 값은?

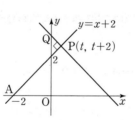

① $\sqrt{2}$ ② $\sqrt{3}$ ③ 2

④ $\sqrt{5}$ ⑤ $\sqrt{6}$

TEST 개념 발전

1 $\lim\limits_{x \to 7-} \dfrac{x^2-49}{|x-7|}$ 의 값은?

① -14 ② -7 ③ 1

④ 7 ⑤ 14

2 함수 $f(x)$의 그래프가 다음 그림과 같을 때,
$$\lim_{x \to -1-} f(x) + \lim_{x \to 2-} f(x) + \lim_{x \to 2+} f(x)$$
의 값을 구하시오.

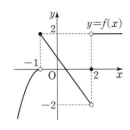

3 다음 중 극한값이 존재하는 것은?

① $\lim\limits_{x \to \infty} \sqrt{x+9}$ ② $\lim\limits_{x \to 1} [x]$

③ $\lim\limits_{x \to -1} \dfrac{|x+1|}{x+1}$ ④ $\lim\limits_{x \to \infty} \dfrac{1}{2x+3}$

⑤ $\lim\limits_{x \to 0} \dfrac{3}{x}$

4 함수 $f(x) = \begin{cases} -5x+6 & (x \geq 3) \\ x^2-2x+k & (x < 3) \end{cases}$ 에 대하여
$\lim\limits_{x \to 3} f(x)$의 값이 존재하도록 하는 상수 k의 값은?

① -12 ② -9 ③ -6

④ -3 ⑤ 0

5 함수 $f(x)$에 대하여 $\lim\limits_{x \to 0} \dfrac{f(x)}{x} = 3$일 때,
$\lim\limits_{x \to 0} \dfrac{2f(x)+x^2}{5x^2-3f(x)}$의 값은?

① -1 ② $-\dfrac{2}{3}$ ③ $-\dfrac{1}{3}$

④ $\dfrac{1}{3}$ ⑤ $\dfrac{2}{3}$

6 두 함수 $f(x)$, $g(x)$에 대하여
$$\lim_{x \to 5} f(x) = \infty, \ \lim_{x \to 5} g(x) = 10$$
일 때, $\lim\limits_{x \to 5} \dfrac{f(x)+g(x)}{2f(x)-5g(x)}$의 값은?

① $-\dfrac{1}{2}$ ② $-\dfrac{1}{5}$ ③ 0

④ $\dfrac{1}{5}$ ⑤ $\dfrac{1}{2}$

7 $\displaystyle\lim_{x \to 5} \frac{x^3-125}{x-5} + \lim_{x \to 25} \frac{x-25}{\sqrt{x}-5}$ 의 값은?

① 70   ② 75   ③ 80

④ 85   ⑤ 90

8 $\displaystyle\lim_{x \to -\infty} \frac{\sqrt{9x^2+5}-6}{2x+3}$ 의 값은?

① -3 ② -2 ③ $-\dfrac{3}{2}$

④ 1 ⑤ $\dfrac{3}{2}$

9 $\displaystyle\lim_{x \to \infty}(\sqrt{x^2+2x}-\sqrt{x^2-2x})$ 의 값은?

① -2 ② -1 ③ 0

④ 1 ⑤ 2

10 $\displaystyle\lim_{x \to 0} \frac{1}{2x}\left(1+\frac{1}{4x-1}\right)$ 의 값은?

① -2 ② $-\dfrac{1}{2}$ ③ $\dfrac{1}{2}$

④ 1 ⑤ 3

11 $\displaystyle\lim_{x \to \infty} 6x\left(\frac{3x}{3x+2}-1\right)$ 의 값은?

① -6 ② -4 ③ 0

④ 4 ⑤ 6

12 $\displaystyle\lim_{x \to -3} \frac{x+3}{2x+a}=b$ 일 때, 상수 a, b에 대하여 ab의 값은? (단, $b \neq 0$)

① -6 ② -3 ③ 1

④ 3 ⑤ 6

13 $\lim\limits_{x \to a} \dfrac{x^2 - a^2}{x - a} = 8$이고

$\lim\limits_{x \to \infty} (\sqrt{x^2 + ax} - \sqrt{x^2 + bx}) = -5$일 때,

상수 a, b에 대하여 $a + b$의 값은?

① -18 ② -9 ③ 0

④ 9 ⑤ 18

14 함수 $f(x) = x^2 + ax + b$에 대하여 $\lim\limits_{x \to 2} \dfrac{f(x)}{x - 2} = 5$일 때, $f(-3)$의 값은? (단, a, b는 상수이다.)

① -6 ② -3 ③ 0

④ 3 ⑤ 6

15 $\lim\limits_{x \to 1} \dfrac{a\sqrt{3x - 2} + b}{x - 1} = 3$일 때, 상수 a, b에 대하여 $a - b$의 값은?

① 0 ② 2 ③ 4

④ 6 ⑤ 8

16 다항함수 $f(x)$가

$$\lim\limits_{x \to \infty} \dfrac{f(x) - x^3}{x^2} = 2, \quad \lim\limits_{x \to 0} \dfrac{f(x) - 6}{x} = -3$$

을 만족시킬 때, $f(-1)$의 값을 구하시오.

17 함수 $f(x) = \dfrac{ax^2 + bx + c}{x^2 + x - 6}$가

$$\lim\limits_{x \to \infty} f(x) = -3, \quad \lim\limits_{x \to 2} f(x) = 1$$

을 만족시킬 때, 상수 a, b, c에 대하여 $3a + 2b + c$의 값은?

① -13 ② -3 ③ 0

④ 3 ⑤ 13

18 함수 $f(x)$가 모든 실수 x에 대하여

$$2x^2 - 3 < (6x^2 + 1)f(x) < 2x^2 + 11$$

을 만족시킬 때, $\lim\limits_{x \to \infty} f(x)$의 값은?

① $\dfrac{1}{6}$ ② $\dfrac{1}{3}$ ③ $\dfrac{1}{2}$

④ 2 ⑤ 3

19 이차함수 $f(x)$와 다항함수 $g(x)$가
$$\lim_{x \to \infty} \{3f(x) - 5g(x)\} = 2$$
를 만족시킬 때, $\lim\limits_{x \to \infty} \dfrac{8f(x) - 5g(x)}{5g(x)}$의 값은?

① $\dfrac{2}{3}$ ② 1   ③ $\dfrac{5}{3}$

④ 2   ⑤ $\dfrac{7}{3}$

20 함수 $f(x)$에 대하여 $\lim\limits_{x \to 0} \dfrac{f(x)}{x} = 12$일 때,
$\lim\limits_{x \to 3} \dfrac{f(x-3)}{x^2 - 9}$의 값은?

① -2 ② -1 ③ 0

④ 1   ⑤ 2

21 다항함수 $f(x)$가
$$\lim_{x \to \infty} \frac{f(x) - 2x^2}{x+3} = a, \quad \lim_{x \to 1} \frac{f(x)}{x-1} = 10$$
을 만족시킬 때, 실수 a의 값을 구하시오.(단, $a \neq 0$)

22 최고차항의 계수가 1인 이차함수 $f(x)$가
$$f(-2) = f(2) = 3$$
을 만족시킬 때, **보기**에서 극한값이 존재하는 것만을 있는 대로 고른 것은?

> **보기**
>
> ㄱ. $\lim\limits_{x \to 2} \dfrac{f(x) - 3}{x-2}$ ㄴ. $\lim\limits_{x \to 2} \dfrac{f(x-2)}{x-2}$
>
> ㄷ. $\lim\limits_{x \to 2} \dfrac{x-2}{f(x-2)}$ ㄹ. $\lim\limits_{x \to 2} \dfrac{f(x) - 3}{f(x-2)}$

① ㄱ, ㄷ   ② ㄱ, ㄹ

③ ㄱ, ㄷ, ㄹ   ④ ㄴ, ㄷ, ㄹ

⑤ ㄱ, ㄴ, ㄷ, ㄹ

23 오른쪽 그림과 같이 곡선 $y = 2x^2$ 위를 움직이는 점 $P(a, 2a^2)$에서 x축, y축에 내린 수선의 발을 각각 Q, R 라 하자. 직사각형 OQPR의 넓이를 $S(a)$, 둘레의 길이를 $L(a)$라 할 때, $\lim\limits_{a \to \infty} \dfrac{aL(a)}{S(a)}$의 값은? (단, O는 원점이다.)

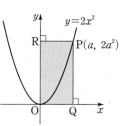

① 1   ② 2   ③ 3

④ 4   ⑤ 5

2

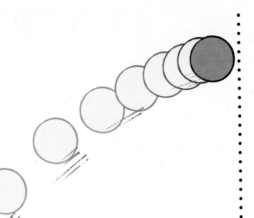

예측이 가능한!
함수의 연속

**연속적인 변화이기 때문에
예측이 가능한 거야!**

우리는 주변에서 연속적으로 변하는 자연현상을 쉽게 만날 수 있어. 이 단원에서는 연속한 변화를 수학적으로 표현하고 판단하는 방법을 배울 거야.

함수 $f(x)$가 $x=a$에서 극한값을 갖고, 그 극한값과 $f(a)$가 같을 때 함수 $f(x)$가 $x=a$에서 연속이라 해.

연속의 뜻을 알아본 후에 함수의 그래프와 식을 보고 연속과 불연속을 판단하는 연습을 해 보자!

함숫값과 극한값으로 알아보는!

$x=1$에서 그래프가 이어진 상태는?

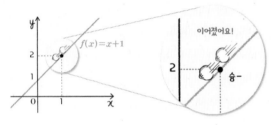

$f(1)=2$이고 $\lim\limits_{x \to 1} f(x)=2$이므로

$$\lim\limits_{x \to 1} f(x)=f(1)$$

함수 $f(x)$는 $x=1$에서 **연속** 이다.

일반적으로 함수 $f(x)$가 실수 a에 대하여 다음 조건을 모두 만족시킬 때, 함수 $f(x)$는 $x=a$에서 **연속** 이라 한다.

❶ 함수 $f(x)$는 $x=a$에서 정의되어 있다. ···· 함숫값 존재

❷ 극한값 $\lim\limits_{x \to a} f(x)$가 존재한다. ········ 극한값 존재

❸ $\lim\limits_{x \to a} f(x)=f(a)$ ········· (극한값)=(함숫값)

위 세 조건 중 하나라도 만족시키지 않으면 함수 $f(x)$는 $x=a$에서 **불연속** 이라 한다.

구간의 모든 실수에서 연속인!

함수 $f(x)$가 어떤 구간에 속하는 모든 실수에서 연속일 때,
함수 $f(x)$는 그 구간에서 연속이라 하고,
어떤 구간에서 연속인 함수를 연속함수 라 한다.

❶ 열린 구간 (a, b) 　❷ 닫힌 구간 $[a, b]$ 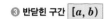　❸ 반닫힌 구간 $[a, b)$

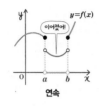　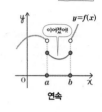　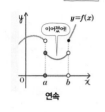

연속　　　　연속　　　　연속

구간에서의 연속

03 구간
04 연속함수
05 연속함수의 성질

두 실수 사이의 범위로 표현된 집합을 구간이라 불러. 구간의 기호를 이용하면 무수히 많은 수의 집합을 간단히 표현할 수 있지.

또 구간에 속한 모든 점에서 연속인 함수를 연속함수라 불러. 연속함수의 성질을 이용하면 복잡한 함수가 연속인지 불연속인지 판단할 수 있어. 간단한 함수부터 차근차근 연습해 보자!

닫힌 구간에서 연속일 때 존재하는!

1 최대·최소 정리

함수 $f(x)$가 **닫힌 구간** $[a, b]$에서 **연속**이면 $f(x)$는 이 구간에서 반드시 최댓값과 최솟값을 갖는다.

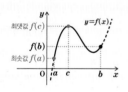

2 사잇값 정리

함수 $f(x)$가 **닫힌 구간** $[a, b]$에서 **연속**이고 $f(a) \neq f(b)$이면 $f(a)$와 $f(b)$ 사이에 있는 임의의 k에 대하여 $f(c) = k$인 c가 열린 구간 (a, b)에 적어도 하나 존재한다.

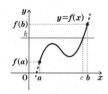

연속함수의 활용

06 최대·최소 정리
07 사잇값 정리

이제 닫힌 구간에서 연속인 함수의 두 가지 성질에 대해 배울 거야.

닫힌 구간 $[a, b]$에서 연속인 함수는 반드시 최댓값과 최솟값을 가져. 이 성질을 최대·최소 정리라 해.

뿐만 아니라 $f(a) \neq f(b)$일 때, k가 $f(a)$와 $f(b)$ 사이의 값이면 $f(c) = k$인 c가 a와 b 사이에 반드시 존재해. 이 성질을 사잇값 정리라 하지.

최대·최소 정리와 사잇값 정리를 활용하면 다양한 명제를 증명할 수 있어. 우선은 방정식의 해의 존재 판단과 부등식을 증명해 볼 거야.

함숫값과 극한값으로 알아보는!

$x=a$에서 함수의 연속과 불연속

$x=1$에서 그래프가 이어진 상태는?

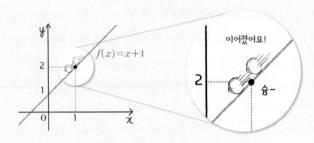

$f(1)=2$이고 $\lim\limits_{x \to 1} f(x)=2$이므로

$$\lim\limits_{x \to 1} f(x)=f(1)$$

함수 $f(x)$는 $x=1$에서 **연속** 이다.

일반적으로 함수 $f(x)$가 실수 a에 대하여 다음 조건을 모두 만족시킬 때, 함수 $f(x)$는 $x=a$에서 **연속** 이라 한다.

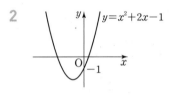

❶ 함수 $f(x)$는 $x=a$에서 정의되어 있다. ⋯⋯ 함숫값 존재
❷ 극한값 $\lim\limits_{x \to a} f(x)$가 존재한다. ⋯⋯ 극한값 존재
❸ $\lim\limits_{x \to a} f(x)=f(a)$ ⋯⋯ (극한값)=(함숫값)

위 세 조건 중 하나라도 만족시키지 않으면 함수 $f(x)$는 $x=a$에서 **불연속** 이라 한다.

함수 $f(x)$가 $x=a$에서 불연속인 경우

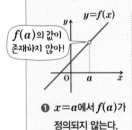
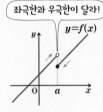
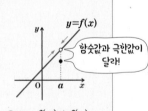

❶ $x=a$에서 $f(a)$가 정의되지 않는다.
❷ $\lim\limits_{x \to a} f(x)$의 값이 존재하지 않는다.
❸ $\lim\limits_{x \to a} f(x) \neq f(a)$

연속, 미래를 예측하는 도구!

자연 현상이나 실생활에서 일어나는 많은 현상들은 시간의 흐름에 따라 연속적으로 변한다.
변화가 연속일 때, 매우 짧은 순간의 변화를 들여다보면 그 변화의 폭이 매우 작고, 급격한 변화가 없기 때문에 미래에 대한 예측을 가능하게 한다.

1ˢᵗ — $x=a$에서 함수의 연속의 판단

● 그래프를 보고 옳은 것에 ○를 하시오.

1

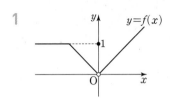

(1) $x=0$에서 함숫값 $f(0)$이 정의되어 (있다, 있지 않다).

(2) 극한값 $\lim\limits_{x \to 0} f(x)$가 존재(한다, 하지 않는다).

(3) $f(0)$의 값과 $\lim\limits_{x \to 0} f(x)$의 값은 (같다, 같지 않다).

(4) 함수 $f(x)$는 $x=0$에서 (연속, 불연속)이다.

2

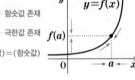

$y=x^2+2x-1$

(1) $x=0$에서 함숫값 $f(0)$이 정의되어 (있다, 있지 않다).

(2) 극한값 $\lim\limits_{x \to 0} f(x)$가 존재(한다, 하지 않는다).

(3) $f(0)$의 값과 $\lim\limits_{x \to 0} f(x)$의 값은 (같다, 같지 않다).

(4) 함수 $f(x)$는 $x=0$에서 (연속, 불연속)이다.

● 다음 함수 $f(x)$가 $x=1$에서 연속인지 불연속인지 조사하고, 불연속이면 불연속인 이유를 보기에서 고르시오.

┌─ 보기 ─────────────────────────┐

ㄱ. 함수 $f(x)$는 $x=1$에서 정의되어 있지 않다.

ㄴ. 극한값 $\lim\limits_{x \to 1} f(x)$가 존재하지 않는다.

ㄷ. $\lim\limits_{x \to 1} f(x) \neq f(1)$

└─────────────────────────────┘

3

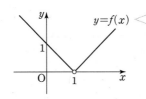

다음 순서대로 확인하여 모두 옳을 때만 연속이다.
① $f(1)$이 정의되었는가?
② $\lim\limits_{x \to 1} f(x)$의 값이 존재하는가?
③ $f(1)$의 값과 $\lim\limits_{x \to 1} f(x)$의 값이 같은가?

→ $f(\boxed{})$의 값이 존재(한다 , 하지 않는다).

따라서 $\boxed{}$에 의하여 함수 $f(x)$는 $x=1$에서 $\boxed{}$이다.

4

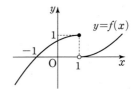

5

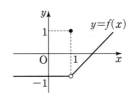

6

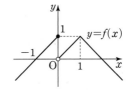

2nd ― 주어진 x의 값에서 함수의 연속의 판단

● 다음 함수 $f(x)$가 주어진 x의 값에서 연속인지 불연속인지 조사하시오.

7

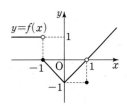

(1) $x=0$

→ (i) $f(0) = \boxed{}$로 함숫값이 존재한다.

　(ii) $\lim\limits_{x \to 0} f(x) = \boxed{}$로 극한값이 존재한다.

　(iii) $\lim\limits_{x \to 0} f(x) \bigcirc f(0)$

　따라서 함수 $f(x)$는 $x=0$에서 $\boxed{}$이다.

(2) $x=1$

→ (i) $f(1) = \boxed{}$로 함숫값이 존재한다.

　(ii) $\lim\limits_{x \to 1} f(x) = \boxed{}$으로 극한값이 존재한다.

　(iii) $\lim\limits_{x \to 1} f(x) \bigcirc f(1)$

　따라서 함수 $f(x)$는 $x=0$에서 $\boxed{}$이다.

(3) $x=-1$

→ (i) $f(-1) = \boxed{}$으로 함숫값이 존재한다.

　(ii) 극한값 $\lim\limits_{x \to -1} f(x)$가 존재(한다 , 하지 않는다).

　따라서 함수 $f(x)$는 $x=-1$에서 $\boxed{}$이다.

8

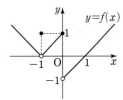

(1) $x=0$

(2) $x=1$

(3) $x=-1$

9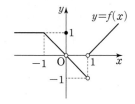

(1) $x=0$

(2) $x=1$

(3) $x=-1$

함수 $f(x)$는 $x=a$에서 연속이다.

> $f(x)$가 $f(a)$의 값으로 한없이 가까워짐을 예측할 수 있다.

$$\lim_{x \to a} f(x) = f(a)$$

> x가 a에 한없이 가까워질 때

10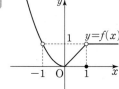

(1) $x=0$

(2) $x=1$

(3) $x=-1$

● 다음 함수 $f(x)$가 [ ] 안의 값에서 연속인지 불연속인지 조사하시오.

11 $f(x)=2x+3$ $\qquad [x=2]$

→ (i) $x=2$에서의 함숫값은 $f(2)=\boxed{}$

(ii) $\displaystyle\lim_{x\to 2} f(x) = \boxed{}$

(i), (ii)에서 $\displaystyle\lim_{x\to 2} f(x) \bigcirc f(2)$

따라서 함수 $f(x)$는 $x=2$에서 $\boxed{}$ 이다.

12 $f(x)=x^2-2x+3$ $\qquad [x=1]$

13 $f(x)=2\sqrt{2x-1}+2$ $\qquad [x=1]$

14 $f(x)=\sqrt{3-x}+1$ $\qquad [x=4]$

15 $f(x)=\dfrac{2}{x-1}+3$ $\qquad [x=2]$

16 $f(x)=\dfrac{3x-2}{x+3}$ $\qquad [x=-3]$

😊 **내가 발견한 개념** $\qquad$ $x=a$에서 함수의 연속은?

● 함수 f(x)가 x=a에서 연속이면

① $x=\boxed{}$ 에서 함수 f($\boxed{}$)가 정의되어 있고

② $\displaystyle\lim_{x\to a+} f(x) \bigcirc \lim_{x\to a-} f(x)$,

즉 극한값 $\boxed{}$ 가 존재하며

③ $\displaystyle\lim_{x\to a} f(x) \bigcirc f(\boxed{})$

17 $f(x)=\begin{cases} \dfrac{x^2-x-2}{x+1} & (x\neq-1) \\ -2 & (x=-1) \end{cases}$ $[x=-1]$

→ $x\neq-1$일 때,

$f(x)=\dfrac{x^2-x-2}{x+1}=\dfrac{(x-2)(x+\boxed{})}{x+1}=x-\boxed{}$

(i) $x=-1$에서의 함숫값은

　$f(-1)=\boxed{}$

(ii) $\lim\limits_{x\to-1}f(x)=\lim\limits_{x\to-1}(x-\boxed{})$

　　　$=\boxed{}$

(i), (ii)에서

$\lim\limits_{x\to-1}f(x)\bigcirc f(-1)$

따라서 함수 $f(x)$는 $x=-1$에서 $\boxed{}$이다.

18 $f(x)=\begin{cases} \dfrac{2x^2-5x+3}{x-1} & (x\neq1) \\ 2 & (x=1) \end{cases}$ $[x=1]$

19 $f(x)=\begin{cases} x^2-4x+6 & (x\geq1) \\ 2x+1 & (x<1) \end{cases}$ $[x=1]$

20 $f(x)=\begin{cases} \dfrac{3x^2-5x-2}{x-2} & (x>2) \\ 2x+3 & (x\leq2) \end{cases}$ $[x=2]$

21 $f(x)=\begin{cases} \sqrt{x-3} & (x\geq3) \\ -1 & (x<3) \end{cases}$ $[x=3]$

22 $f(x)=\begin{cases} -\sqrt{x-1}+2 & (x\geq1) \\ x+1 & (x<1) \end{cases}$ $[x=1]$

☺ 내가 발견한 개념　　　$x=k$에서 함수의 연속이란?

· 함수 $f(x)$가

$f(x)=\begin{cases} g(x) & (x=k) \\ h(x) & (x\neq k) \end{cases}$ 일 때

→ $g(\boxed{})=\lim\limits_{x\to k}h(x)$이면 함수 $f(x)$는 $x=\boxed{}$에서 연속이다.

개념모음문제

23 다음 중 $x=0$에서 연속인 함수를 모두 고르면?

(정답 2개)

① $f(x)=\dfrac{2}{x}$

② $f(x)=\sqrt{x-2}$

③ $f(x)=x^2+x+1$

④ $f(x)=\begin{cases} x+1 & (x\geq0) \\ 2x+1 & (x<0) \end{cases}$

⑤ $f(x)=\begin{cases} \dfrac{3x^2+2x}{x} & (x\neq0) \\ 5 & (x=0) \end{cases}$

● 함수 $y=f(x)$의 그래프가 아래 그림과 같을 때, 다음 중 옳은 것은 ○를, 옳지 않은 것은 ✕를 ( ) 안에 써넣으시오.

24

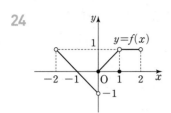

(1) $x=0$에서 함수 $f(x)$의 극한값이 존재한다.
( )

(2) $x=-1$에서 함수 $f(x)$는 연속이다. ( )

(3) $x=1$에서 함수 $f(x)$는 불연속이다. ( )

(4) $-2<x<2$에서 함수 $f(x)$가 불연속인 x의 값의 개수는 3이다. ( )

25

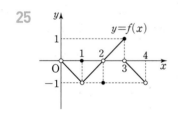

(1) $x=1$에서 함수 $f(x)$의 극한값이 존재한다.
( )

(2) $x=2$에서 함수 $f(x)$는 연속이다. ( )

(3) $x=3$에서 함수 $f(x)$는 불연속이다. ( )

(4) $0<x<4$에서 함수 $f(x)$가 불연속인 x의 값의 개수는 3이다. ( )

26

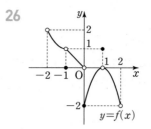

(1) $x=1$에서 함수 $f(x)$의 극한값이 존재한다.
( )

(2) $x=-1$에서 함수 $f(x)$는 연속이다. ( )

(3) $x=0$에서 함수 $f(x)$는 불연속이다. ( )

(4) $-2<x<2$에서 함수 $f(x)$가 불연속인 x의 값의 개수는 2이다. ( )

27

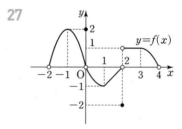

(1) $x=2$에서 함수 $f(x)$의 극한값이 존재한다.
( )

(2) $x=-1$에서 함수 $f(x)$는 연속이다. ( )

(3) $x=3$에서 함수 $f(x)$는 불연속이다. ( )

(4) $-2<x<4$에서 함수 $f(x)$가 불연속인 x의 값의 개수는 2이다. ( )

4th ─ 함수의 그래프와 연속 (2)

● 두 함수 $y=f(x)$, $y=g(x)$의 그래프가 아래 그림과 같을 때, 다음 함수가 $x=a$에서 연속인지 불연속인지 조사하시오.

28 $\boxed{a=0}$

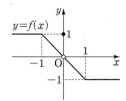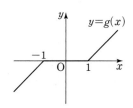

(1) $f(x)+g(x)$

→ (ⅰ) $f(0)+g(0)=\boxed{}+\boxed{}=\boxed{}$

(ⅱ) $\lim\limits_{x\to0}f(x)=\boxed{}$, $\lim\limits_{x\to0}g(x)=\boxed{}$

이므로 $\lim\limits_{x\to0}\{f(x)+g(x)\}=\boxed{}$

(ⅰ), (ⅱ)에서

$\lim\limits_{x\to0}\{f(x)+g(x)\}\bigcirc f(0)+g(0)$

따라서 함수 $f(x)+g(x)$는 $x=0$에서 $\boxed{}$이다.

(2) $f(x)g(x)$

→ (ⅰ) $f(0)g(0)=\boxed{}\times\boxed{}=\boxed{}$

(ⅱ) $\lim\limits_{x\to0}f(x)=\boxed{}$, $\lim\limits_{x\to0}g(x)=\boxed{}$

이므로 $\lim\limits_{x\to0}f(x)g(x)=\boxed{}$

(ⅰ), (ⅱ)에서

$\lim\limits_{x\to\boxed{}}f(x)g(x)\bigcirc f(0)g(0)$

따라서 함수 $f(x)g(x)$는 $x=0$에서 $\boxed{}$이다.

(3) $f(g(x))$

→ (ⅰ) $f(g(\boxed{}))=f(\boxed{})=\boxed{}$

(ⅱ) $\lim\limits_{x\to\boxed{}}g(x)=\boxed{}$이므로

$\lim\limits_{x\to\boxed{}}f(g(x))=f(\boxed{})=\boxed{}$

(ⅰ), (ⅱ)에서 $\lim\limits_{x\to\boxed{}}f(g(x))\bigcirc f(g(0))$

따라서 함수 $f(g(x))$는 $x=0$에서 $\boxed{}$이다.

29 $\boxed{a=1}$

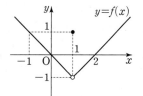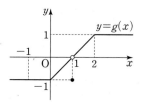

(1) $f(x)+g(x)$

(2) $f(x)g(x)$

(3) $f(g(x))$

(4) $g(f(x))$

한 점에서의 연속과 불연속

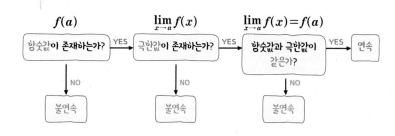

함숫값과 극한값으로 알아보는!

$x=a$에서 연속인 함수의 미정계수의 결정

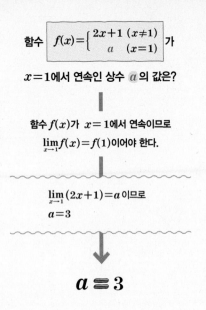

함수 $f(x)=\begin{cases} 2x+1 & (x\neq1) \\ a & (x=1) \end{cases}$ 가

$x=1$에서 연속인 상수 a의 값은?

함수 $f(x)$가 $x=1$에서 연속이므로
$\lim_{x\to1}f(x)=f(1)$이어야 한다.

$\lim_{x\to1}(2x+1)=a$이므로
$a=3$

$$a\equiv3$$

함수 $f(x)=\begin{cases} \dfrac{x^2-3x+a}{x-1} & (x\neq1) \\ b & (x=1) \end{cases}$ 가

$x=1$에서 연속인 상수 a, b의 값은?

함수 $f(x)$가 $x=1$에서 연속이므로
$\lim_{x\to1}f(x)=f(1)$이어야 한다.

$\lim_{x\to1}\dfrac{x^2-3x+a}{x-1}=b$ ......㉠

㉠에서 $x\to1$일 때 (분모)$\to0$이고 극한값이 존재하므로 (분자)$\to0$이다.

즉 $\lim_{x\to1}(x^2-3x+a)=0$에서 $a=2$ ......㉡

㉠에 ㉡을 대입하면

$b=\lim_{x\to1}\dfrac{x^2-3x+2}{x-1}=\lim_{x\to1}\dfrac{(x-2)(x-1)}{x-1}=\lim_{x\to1}(x-2)=-1$

$$a\equiv2,\ b\equiv-1$$

● 다음 함수 $f(x)$가 [ ] 안의 값에서 연속이 되도록 하는 상수 a의 값을 구하시오.

1 $f(x)=\begin{cases} x^2-2x+a & (x\geq3) \\ 3x & (x<3) \end{cases}$ $\qquad[x=3]$

→ 함수 $f(x)$가 $x=3$에서 연속이려면

$\lim_{x\to3+}f(x)\bigcirc\lim_{x\to3-}f(x)\bigcirc f(\boxed{})$

이어야 한다. 이때

$\lim_{x\to3+}f(x)=\lim_{x\to3+}(x^2-\boxed{}+\boxed{})=\boxed{}+\boxed{}$

$\lim_{x\to3-}f(x)=\lim_{x\to3-}\boxed{}=\boxed{}$

$f(3)=a+\boxed{}$

따라서 $a+\boxed{}=9$에서 $a=\boxed{}$

2 $f(x)=\begin{cases} \sqrt{x-1}+a & (x\geq1) \\ x+1 & (x<1) \end{cases}$ $\qquad[x=1]$

3 $f(x)=\begin{cases} \dfrac{x^2+2x-3}{x-1} & (x\neq1) \\ a & (x=1) \end{cases}$ $\qquad[x=1]$

→ 함수 $f(x)$가 $x=1$에서 연속이려면

$\lim_{x\to1}f(x)\bigcirc f(\boxed{})$이어야 하므로

$a=\lim_{x\to1}\dfrac{x^2+\boxed{}-\boxed{}}{x-1}$

$=\lim_{x\to1}\dfrac{(x-1)(x+\boxed{})}{x-1}$

$=\lim_{x\to1}(x+\boxed{})=\boxed{}$

4 $f(x)=\begin{cases} \dfrac{\sqrt{x+2}-2}{x-2} & (x\neq2) \\ a & (x=2) \end{cases}$ $\qquad[x=2]$

2ⁿᵈ — 미정계수가 2개인 경우

● 다음 함수 $f(x)$가 [ ] 안의 값에서 연속이 되도록 하는 상수 a, b의 값을 구하시오.

5 $f(x)=\begin{cases} \dfrac{x^2+ax-6}{x-2} & (x\neq2) \\ b & (x=2) \end{cases}$ $[x=2]$

→ 함수 $f(x)$가 $x=2$에서 연속이려면

$\displaystyle\lim_{x\to2}f(x)\bigcirc f(\boxed{})$이어야 하므로

$\displaystyle\lim_{x\to2}\dfrac{x^2+ax-6}{x-2}=\boxed{}$ ...... ㉠

㉠에서 $x\to2$일 때, 극한값이 존재하고 (분모) $\to\boxed{}$이므로

(분자) $\to\boxed{}$이다.

즉 $\displaystyle\lim_{x\to2}(x^2+ax-6)=\boxed{}$에서 $a=\boxed{}$ ...... ㉡

㉡을 ㉠에 대입하면

$b=\displaystyle\lim_{x\to2}\dfrac{x^2+\boxed{}-6}{x-2}=\lim_{x\to2}\dfrac{(x-2)(\boxed{})}{x-2}$

$=\displaystyle\lim_{x\to2}(\boxed{})=\boxed{}$

따라서 $a=\boxed{}$, $b=\boxed{}$

6 $f(x)=\begin{cases} \dfrac{x^2+x+a}{x} & (x\neq0) \\ b & (x=0) \end{cases}$ $[x=0]$

7 $f(x)=\begin{cases} \dfrac{x^2+ax-3}{x-1} & (x>1) \\ b & (x\leq1) \end{cases}$ $[x=1]$

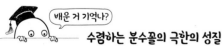

배운 거 기억나?

수렴하는 분수꼴의 극한의 성질

두 함수 $f(x)$, $g(x)$ 에 대하여

❶ $\displaystyle\lim_{x\to a}\dfrac{f(x)}{g(x)}=\alpha$ (α는 실수)이고 $\displaystyle\lim_{x\to a}g(x)=0$이면 $\displaystyle\lim_{x\to a}f(x)=0$

❷ $\displaystyle\lim_{x\to a}\dfrac{f(x)}{g(x)}=\alpha$ (α는 0이 아닌 실수)이고 $\displaystyle\lim_{x\to a}f(x)=0$이면 $\displaystyle\lim_{x\to a}g(x)=0$

수렴하는 분수꼴의 극한에서 미정계수를 구할 때 사용되는 성질이다.

8 $f(x)=\begin{cases} \dfrac{3x^2+ax-b}{x+3} & (x\neq-3) \\ 2 & (x=-3) \end{cases}$ $[x=-3]$

9 $f(x)=\begin{cases} \dfrac{\sqrt{x+1}-a}{x-3} & (x>3) \\ b & (x\leq3) \end{cases}$ $[x=3]$

10 $f(x)=\begin{cases} \dfrac{\sqrt{x+3}+a}{x+2} & (x\neq-2) \\ b & (x=-2) \end{cases}$ $[x=-2]$

☺ **내가 발견한 개념**   함수가 연속이려면?

● 함수 $f(x)=\begin{cases} g(x) & (x\neq a) \\ k & (x=a) \end{cases}$ 가 $x=a$에서 연속이려면

→ $\displaystyle\lim_{x\to a}g(x)=\boxed{}$

개념모음문제

11 함수 $f(x)=\begin{cases} \dfrac{a\sqrt{x+1}-4}{x-1} & (x>1) \\ b & (x\leq1) \end{cases}$ 이 $x=1$에서

연속일 때, 상수 a, b에 대하여 a^2+b^2의 값은?

① 2   ② 5   ③ 8

④ 9   ⑤ 16

연속적인 실수의 집합의 표현!

구간

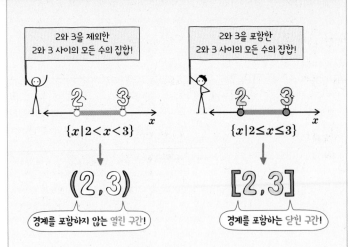

$a, b \, (a<b)$가 실수일 때, 다음 집합을 구간 이라 하며 각각 기호로 다음과 같이 나타낸다.

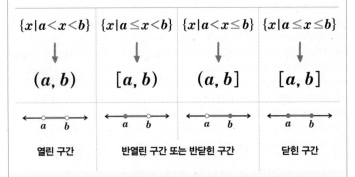

실수 a보다 크거나 작거나 같은 실수에 대하여

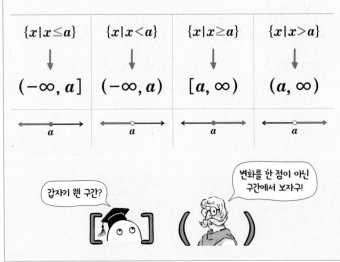

● 다음 구간의 기호를 수직선 위에 나타내시오.

1 $[-2, 3)$

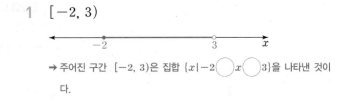

→ 주어진 구간 $[-2, 3)$은 집합 $\{x \mid -2 \bigcirc x \bigcirc 3\}$을 나타낸 것이다.

2 $[-1, 4]$

3 $(1, 5]$

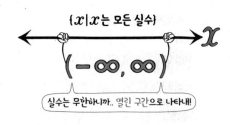

4 $(-\infty, 7]$

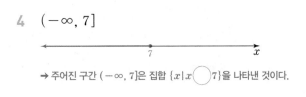

→ 주어진 구간 $(-\infty, 7]$은 집합 $\{x \mid x \bigcirc 7\}$을 나타낸 것이다.

5 $[1, \infty)$

6 $(-\infty, 4)$

● 다음과 같은 실수의 집합을 구간의 기호를 사용하여 나타내시오.

7 $\{x \mid 1 \leq x \leq 5\}$ → _____

8 $\{x \mid 2 < x < 4\}$ → _____

9 $\{x \mid -2 \leq x < 2\}$ → _____

10 $\{x \mid 3 < x \leq 5\}$ → _____

11 $\{x \mid x < 1\}$ → _____

> 무한대(∞)는 반드시 열린 구간

12 $\{x \mid x \geq 3\}$ → _____

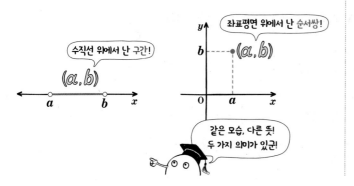

2nd — 구간으로 표현하는 정의역

● 다음 함수의 정의역을 구간의 기호를 사용하여 나타내시오.

13 $f(x) = \sqrt{x+1} + 1$ → 정의역: _____

→ 무리함수 $f(x)$가 정의되려면 근호 안의 식의 값이 ☐ 이 아닌 실수

이어야 하므로

$x+1 \geq$ ☐ , 즉 $x \geq$ ☐

따라서 정의역은 $\{x \mid x \bigcirc$ ☐ $\}$이므로 이를 구간의 기호로 나타

내면 ☐ 이다.

14 $f(x) = \sqrt{3-x} + 1$ → 정의역: _____

15 $f(x) = -\sqrt{1-x} + 3$ → 정의역: _____

16 $f(x) = \dfrac{2x+1}{x-2}$ → 정의역: _____

유리함수는 분모가 0이 아닐 때에만 정의돼!

17 $f(x) = \dfrac{3-x}{x+3}$ → 정의역: _____

04

구간의 모든 실수에서 연속인!

연속함수

함수 $f(x)$가 어떤 구간에 속하는 모든 실수 x에서 연속일 때,
함수 $f(x)$는 그 구간에서 연속이라 하고,
어떤 구간에서 연속인 함수를 연속함수 라 한다.

❶ 열린 구간 (a, b) 에서 그래프가 이어진 상태는?

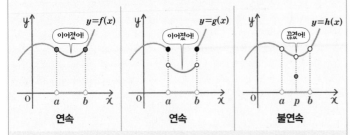

함수 $f(x)$가 열린 구간 (a, b)에 속하는 모든 실수 x에 대하여 연속일 때,
$f(x)$는 열린 구간 (a, b)에서 연속이라 한다.

❷ 닫힌 구간 $[a, b]$ 에서 그래프가 이어진 상태는?

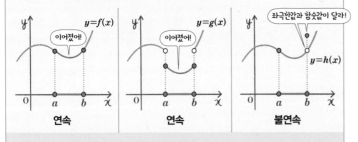

함수 $f(x)$가 ❶ 열린 구간 (a, b)에서 연속

❷ $\lim\limits_{x \to a+} f(x) = f(a)$, $\lim\limits_{x \to b-} f(x) = f(b)$

를 만족시킬 때, $f(x)$는 닫힌 구간 $[a, b]$에서 연속이라 한다.

❸ 반닫힌 구간 $[a, b)$ 에서 그래프가 이어진 상태는?

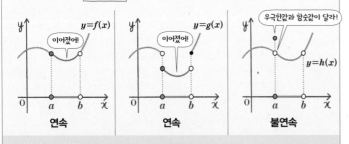

함수 $f(x)$가 ❶ 열린 구간 (a, b)에서 연속

❷ $\lim\limits_{x \to a+} f(x) = f(a)$

를 만족시킬 때, $f(x)$는 반닫힌 구간 $[a, b)$에서 연속이라 한다.

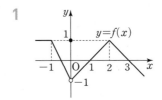

1ˢᵗ ― 구간에서 연속인 함수의 그래프

● 함수 $y = f(x)$의 그래프가 다음 그림과 같을 때, 주어진 구간에서 연속함수인 것은 ○를, 연속함수가 아닌 것은 ✕를 ( ) 안에 써넣으시오.

1

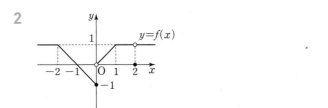

(1) $(-1, 1)$ (   )

(2) $[1, 3]$ (   )

(3) $(0, 2)$ (   )

2

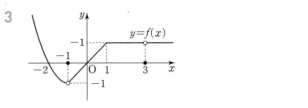

(1) $(-2, -1)$ (   )

(2) $[1, 2]$ (   )

(3) $(0, 2)$ (   )

3

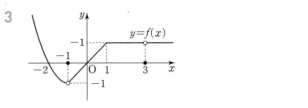

(1) $(-2, 0)$ (   )

(2) $[0, 2]$ (   )

(3) $(-1, 1)$ (   )

2nd — 구간에서의 함수의 연속

● 다음 함수가 연속인 구간을 구하시오.

4 $f(x)=\sqrt{x-1}+2$

→ 함수 $y=f(x)$의 그래프는 함수
$y=\sqrt{x}$의 그래프를 x축의 방향으로

☐ 만큼, y축의 방향으로 ☐ 만큼

평행이동한 것이다.

따라서 주어진 함수 $f(x)$가 연속인 구
간을 구간의 기호로 나타내면

☐ 이다.

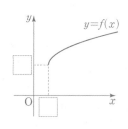

5 $f(x)=\sqrt{x-2}-1$

6 $f(x)=\sqrt{2-3x}-2$

7 $f(x)=-\sqrt{x+1}-1$

8 $f(x)=\dfrac{x+1}{x-1}$

→ $f(x)=\dfrac{\boxed{}}{x-1}+\boxed{}$ 이므로 함수

$y=f(x)$의 그래프는 함수 $y=\dfrac{\boxed{}}{x}$의

그래프를 x축의 방향으로 ☐ 만큼,

y축의 방향으로 ☐ 만큼 평행이동한

것이다.

따라서 주어진 함수 $f(x)$가 연속인 구간을 구간의 기호로 나타내면

$(-\infty,\ \boxed{}),\ (\boxed{},\ \infty)$이다.

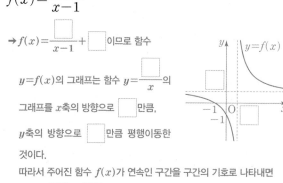

9 $f(x)=-\dfrac{3}{x-2}+1$

10 $f(x)=\dfrac{2x-3}{x+1}$

11 $f(x)=-x^2-x+3$

😊 내가 발견한 개념   함수가 연속인 구간은?

• 다항함수는 ☐ 에서 연속이다.

  → 연속인 구간은 $(\boxed{},\ \infty)$

• 유리함수는 분모가 ☐ 이 아닌 모든 실수에서 연속이다.

• 무리함수는 근호 안의 식의 값이 ☐ 이 아닌 실수에서 연속
이다.

● 다음 함수 $f(x)$가 모든 실수 x에서 연속이 되도록 하는 상수 a의 값을 구하시오.

12 $f(x)=\begin{cases} x^2+x-2 & (x\geq 1) \\ 2x+a & (x<1) \end{cases}$

→ 함수 $f(x)$가 모든 실수 x에서 연속이려면 $x=\boxed{}$에서도 연속이어야 하므로

$\displaystyle\lim_{x\to 1+} f(x) \bigcirc \lim_{x\to 1-} f(x) \bigcirc f(\boxed{})=0$

이어야 한다. 즉

$\displaystyle\lim_{x\to 1+}(x^2+\boxed{}-\boxed{})=\lim_{x\to 1-}(\boxed{}+a)=0$

따라서 $a=\boxed{}$

13 $f(x)=\begin{cases} \sqrt{2x-1}+3 & (x\geq 1) \\ ax-2 & (x<1) \end{cases}$

14 $f(x)=\begin{cases} 2x^2+ax+1 & (x\geq -1) \\ 3x-2 & (x<-1) \end{cases}$

15 $f(x)=\begin{cases} \sqrt{x-3}+a & (x\geq 3) \\ ax+4 & (x<3) \end{cases}$

● 다음 함수 $f(x)$가 모든 실수 x에서 연속이 되도록 하는 상수 a, b의 값을 구하시오.

16 $f(x)=\begin{cases} \dfrac{x^2-3x+a}{x-1} & (x\neq 1) \\ b & (x=1) \end{cases}$

$\boxed{\displaystyle\lim_{x\to a}\dfrac{f(x)}{g(x)}=a~(a\text{는 실수})\text{이고} \\ \lim_{x\to a}g(x)=0\text{이면} \\ \lim_{x\to a}f(x)=0\text{임을 이용한다.}}$

→ $f(x)$가 모든 실수 x에서 연속이려면 $x=\boxed{}$에서도 연속이어야 하므로 $\displaystyle\lim_{x\to 1}f(x)\bigcirc f(\boxed{})$이어야 한다.

즉 $\displaystyle\lim_{x\to 1}\dfrac{x^2-3x+a}{x-1}=\boxed{}$ ······ ㉠

$x\to 1$일 때, 극한값이 존재하고 (분모) $\to\boxed{}$이므로 (분자) $\to\boxed{}$이다.

즉 $\displaystyle\lim_{x\to 1}(x^2-3x+a)=\boxed{}$에서 $a=\boxed{}$

$a=\boxed{}$를 ㉠에 대입하면

$b=\displaystyle\lim_{x\to 1}\dfrac{x^2-3x+\boxed{}}{x-1}=\lim_{x\to 1}\dfrac{(x-1)(x-\boxed{})}{x-1}$

$=\displaystyle\lim_{x\to 1}(x-\boxed{})=\boxed{}$

따라서 $a=\boxed{}$, $b=\boxed{}$

17 $f(x)=\begin{cases} \dfrac{x^2+ax-2}{x-2} & (x\neq 2) \\ b & (x=2) \end{cases}$

18 $f(x)=\begin{cases} \dfrac{\sqrt{x^2+a}-3}{x-2} & (x\neq 2) \\ b & (x=2) \end{cases}$

그래프가 끊임없이 이어져있어!

앗 호오!

(모든 실수) = {열린 구간 $(-\infty,\infty)$}에서 연속이야!

:) 내가 발견한 개념   모든 실수에서 연속이란?

● 모든 실수 x에서 연속인 함수 $f(x)$가

$f(x)=\begin{cases} g(x) & (x=k) \\ h(x) & (x\neq k) \end{cases}$

와 같이 정의되면 $x=k$에서도 연속이다.

→ $g(\boxed{})=\displaystyle\lim_{x\to k}h(x)$

4th — $(x-a)f(x)=g(x)$ 꼴로 정의된 함수 $f(x)$의 연속성

● 실수 전체의 집합에서 연속인 함수 $f(x)$가 주어진 등식을 만족시킬 때, 다음을 구하시오. (단, k는 상수이다.)

19 $(x-2)f(x)=x^2-3x+k$일 때, $f(2)$의 값

→ $x\neq2$일 때, $f(x)=\dfrac{x^2-3x+k}{x-2}$

함수 $f(x)$가 실수 전체의 집합에서 연속이므로

$\lim\limits_{x\to2}\dfrac{x^2-3x+k}{x-2}=f(\boxed{})$ ...... ㉠

㉠에서 $x\to2$일 때, 극한값이 존재하고 (분모) $\to$ $\boxed{}$ 이므로

(분자) $\to$ $\boxed{}$ 이다.

즉 $\lim\limits_{x\to2}(x^2-3x+k)=\boxed{}$에서 $k=\boxed{}$

$k=\boxed{}$를 ㉠에 대입하면

$f(\boxed{})=\lim\limits_{x\to2}\dfrac{x^2-3x+\boxed{}}{x-2}=\lim\limits_{x\to2}\dfrac{(x-2)(x-\boxed{})}{x-2}$

$=\lim\limits_{x\to2}(x-\boxed{})=\boxed{}$

20 $(x-1)f(x)=x^2+3x+k$일 때, $f(1)$의 값

21 $(x+3)f(x)=2x^2+kx+3$일 때, $f(-3)$의 값

● 실수 전체의 집합에서 연속인 함수 $f(x)$가 주어진 등식을 만족시킬 때, 상수 a, b의 값을 구하시오.

22 $(x-1)(x-2)f(x)=x^3+ax+b$

→ $x\neq1$, $x\neq2$일 때, $f(x)=\dfrac{x^3+ax+b}{(x-1)(x-2)}$

함수 $f(x)$가 실수 전체의 집합에서 연속이므로

$\lim\limits_{x\to1}\dfrac{x^3+ax+b}{(x-1)(x-2)}=f(\boxed{})$ ...... ㉠

$\lim\limits_{x\to2}\dfrac{x^3+ax+b}{(x-1)(x-2)}=f(\boxed{})$ ...... ㉡

㉠에서 $x\to1$일 때, 극한값이 존재하고 (분모) $\to$ $\boxed{}$ 이므로

(분자) $\to$ $\boxed{}$ 이다.

즉 $\lim\limits_{x\to1}(x^3+ax+b)=\boxed{}$에서 $a+b=\boxed{}$

㉡에서 같은 방법으로 $2a+b=\boxed{}$

위의 두 식을 연립하여 풀면

$a=\boxed{}$, $b=\boxed{}$

23 $(x-1)(x+2)f(x)=x^3+x^2+ax+b$

24 $(x^2+5x+6)f(x)=x^3+2x^2+ax+b$

개념모음문제

25 모든 실수 x에서 연속인 함수 $f(x)$가

$$(x-1)f(x)=x^3-a$$

를 만족시킬 때, $a+f(1)$의 값은?

(단, a는 상수이다.)

① 3 ② 4 ③ 5

④ 6 ⑤ 7

:) 내가 발견한 개념   실수 전체의 집합에서 연속은?

• 실수 전체의 집합에서 연속인 함수 $f(x)$가

$(x-a)f(x)=(x-a)g(x)$를 만족시키면

→ $f(\boxed{})=\lim\limits_{x\to a}g(x)$

05

구간의 모든 실수에서 연속인!

연속함수의 성질

두 함수 $f(x)$, $g(x)$ 가 $x=a$에서 연속이면?

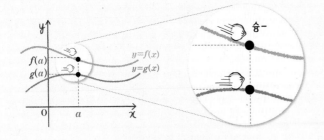

$$\lim_{x \to a} f(x) = f(a)$$
$$\lim_{x \to a} g(x) = g(a)$$

두 함수 $f(x)$, $g(x)$가 $x=a$에서 극한값이 존재하므로
함수의 극한의 성질에 의하여
두 함수를 사칙계산한 함수도 $x=a$에서 극한값이 존재한다.

$\lim_{x \to a} cf(x) = c \lim_{x \to a} f(x) = cf(a)$ (단, c는 상수이다.)

$\lim_{x \to a} \{f(x)+g(x)\} = \lim_{x \to a} f(x) + \lim_{x \to a} g(x) = f(a)+g(a)$

$\lim_{x \to a} \{f(x)-g(x)\} = \lim_{x \to a} f(x) - \lim_{x \to a} g(x) = f(a)-g(a)$

$\lim_{x \to a} f(x)g(x) = \lim_{x \to a} f(x) \lim_{x \to a} g(x) = f(a)g(a)$

$\lim_{x \to a} \dfrac{f(x)}{g(x)} = \dfrac{\lim_{x \to a} f(x)}{\lim_{x \to a} g(x)} = \dfrac{f(a)}{g(a)}$ (단, $g(a) \neq 0$)

> 두 함수가 연속함수이면
> 두 함수를 사칙계산한 함수도 연속이네!

두 함수 $f(x)$, $g(x)$가 $x=a$에서 연속이면 다음 함수도 $x=a$에서 연속이다.

❶ $cf(x)$ (단, c는 상수이다.) ❷ $f(x) \pm g(x)$

❸ $f(x)g(x)$ ❹ $\dfrac{f(x)}{g(x)}$ (단, $g(a) \neq 0$)

1st — 연속함수의 성질 (1)

● 다음 함수 $f(x)$에 대하여 구간 $[-2, 2]$에서의 연속성을 조사하시오.

1 $f(x) = |x| + 1$

→ $x \geq 0$이면 $f(x) = \boxed{} + 1$이므로 구간 $[0, 2]$에서 연속인 함수이다.

$x < 0$이면 $f(x) = \boxed{} + 1$이므로 구간 $[-2, 0)$에서 연속인 함수이다.

또 $\lim_{x \to \boxed{}+} f(x) = \lim_{x \to \boxed{}-} f(x) = f(\boxed{}) = \boxed{}$이므로

함수 $f(x)$는 $x = \boxed{}$에서 연속이다.

따라서 주어진 함수 $f(x)$는 구간 $[-2, 2]$에서 $\boxed{}$이다.

2 $f(x) = \begin{cases} x^2 - 2x + 2 & (x \geq 0) \\ x + 2 & (x < 0) \end{cases}$

경계가 되는 지점에서의 연속성을 확인해!

3 $f(x) = \begin{cases} \sqrt{x-1} & (x \geq 1) \\ x - 1 & (x < 1) \end{cases}$

4 $f(x) = \dfrac{x^2 - 1}{x - 1}$

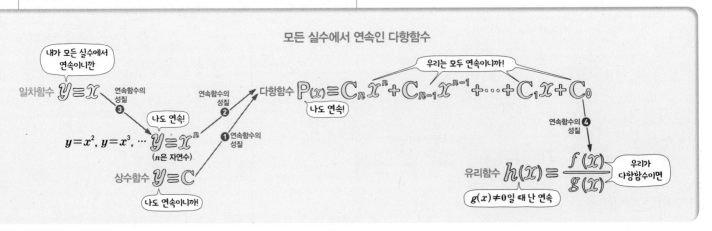

모든 실수에서 연속인 다항함수

● 다음 함수 $f(x)$가 연속인 구간을 구하시오.

5 $f(x)=\dfrac{x^2+2x}{x-1}$

→ 두 함수 $y=x^2+2x$, $y=x-1$은 모두 다항함수이므로 각각 모든 실수 x에서 $\boxed{}$이다.

따라서 주어진 함수 $f(x)$는 $x-\boxed{}\neq0$, 즉 $x\neq\boxed{}$인 모든 실수 x에서 연속이므로 열린 구간 $(-\infty, \boxed{})$, $(\boxed{}, \infty)$에서 연속이다.

6 $f(x)=x^2+x$

7 $f(x)=x|x|$

8 $f(x)=\dfrac{x+3}{x^2-3x+2}$

9 $f(x)=\dfrac{3}{|x|-1}$

2ⁿᵈ — 연속함수의 성질 (2)

● 두 함수 $f(x)$, $g(x)$가 다음과 같이 주어질 때, 각 함수가 연속인 구간을 구하시오.

10 $f(x)=x-2,\ g(x)=x^2-x+2$

(1) $3f(x)$

→ $f(x)$는 다항함수이므로 $3f(x)$도 $\boxed{}$함수이다.

따라서 함수 $3f(x)$는 열린 구간 $(\boxed{}, \boxed{})$에서 연속이다.

(2) $f(x)+g(x)$

→ $f(x)$, $g(x)$는 모두 다항함수이므로 $f(x)+g(x)$도 $\boxed{}$함수이다.

따라서 함수 $f(x)+g(x)$는 열린 구간 $(\boxed{}, \boxed{})$에서 연속이다.

(3) $f(x)g(x)$

→ $f(x)$, $g(x)$는 모두 다항함수이므로 $f(x)g(x)$는 $\boxed{}$함수이다.

따라서 함수 $f(x)g(x)$는 열린 구간 $(\boxed{}, \boxed{})$에서 연속이다.

(4) $\dfrac{g(x)}{f(x)}$

→ $\dfrac{g(x)}{f(x)}=\dfrac{x^2-x+2}{x-2}$

따라서 함수 $\dfrac{g(x)}{f(x)}$는 $\boxed{}-\boxed{}\neq\boxed{}$, 즉 $x\neq\boxed{}$인 모든 실수 x에서 연속이므로 열린 구간 $(-\infty, \boxed{})$, $(\boxed{}, \infty)$에서 연속이다.

(5) $\dfrac{f(x)}{g(x)}$

→ $\dfrac{f(x)}{g(x)}=\dfrac{x-2}{x^2-x+2}$

이때 모든 실수 x에 대하여

$g(x)=x^2-x+2=\left(x-\boxed{}\right)^2+\boxed{}\bigcirc0$

따라서 함수 $\dfrac{f(x)}{g(x)}$는 열린 구간 $(\boxed{}, \boxed{})$에서 연속이다.

11 $f(x)=x^2-3x+2,\ g(x)=x+1$

(1) $f(x)+g(x)$

(2) $f(x)-2g(x)$

(3) $\{f(x)\}^2$

(4) $\dfrac{f(x)}{g(x)}$

(5) $\dfrac{g(x)}{f(x)}$

12 $f(x)=x^2-2x-2,\ g(x)=x^2+1$

(1) $2f(x)-g(x)$

(2) $f(x)-g(x)$

(3) $f(x)g(x)$

(4) $\dfrac{f(x)}{g(x)}$

(5) $\dfrac{1}{2f(x)-g(x)}$

13 $f(x)=x^2-5x+6,\ g(x)=x^2-4$

(1) $f(x)+3g(x)$

(2) $\{g(x)\}^2$

(3) $\dfrac{f(x)}{g(x)}$

(4) $\dfrac{1}{f(x)+g(x)}$

(5) $\dfrac{1}{g(x)-f(x)}$

개념모음문제

14 두 함수 $f(x)=x^2+x+1,\ g(x)=x-3$에 대하여 다음 중 모든 실수 x에서 연속인 함수가 <u>아닌</u> 것은?

① $f(x)+g(x)$ ② $f(x)g(x)$ ③ $\{f(x)\}^2$

④ $\dfrac{g(x)}{f(x)}$ ⑤ $\dfrac{f(x)}{g(x)}$

합성함수의 연속

함수 $f(x)$가 $x=a$에서 연속이고, $g(x)$가 $x=f(a)$에서 연속이면 합성함수 $g(f(x))$에 대하여

$$\lim_{x\to a} g(f(x)) = g\left(\lim_{x\to a} f(x)\right) = g(f(a))$$ 이므로

$\underbrace{\qquad}_{\lim\limits_{x\to a} f(x)=f(a)}$

합성함수 $(g \cdot f)(x)$ 는 $\boxed{x=a\text{에서 연속}}$ 이다.

15 실수 전체의 집합에서 정의된 두 함수 $f(x)$, $g(x)$가 모두 $x=a$에서 연속일 때, 다음 중 $x=a$에서 반드시 연속인 함수인 것은 ○를, 그렇지 않은 함수인 것은 ×를 ( ) 안에 써넣으시오.

(1) $f(x)+g(x)$ (   )

➔ $\lim\limits_{x \to a} f(x)=$ ⬚ , $\lim\limits_{x \to a} g(x)=$ ⬚ 이므로

$\lim\limits_{x \to a} \{f(x)+g(x)\}=\lim\limits_{x \to a} f(x)+\lim\limits_{x \to a}$ ⬚

$=f(a)+$ ⬚

즉 함수 $f(x)+g(x)$는 $x=a$에서 반드시 연속
(이다 , 이라 할 수 없다).

(2) $2f(x)+g(x)$ (   )

(3) $f(x)-3g(x)$ (   )

(4) $\{f(x)\}^2$ (   )

(5) $f(x)g(x)$ (   )

(6) $\dfrac{1}{f(x)}$ (   )

➔ 함수 $\dfrac{1}{f(x)}$ 은 $f(x)$ ◯ 0일 때에만 연속이다.

즉 $f($⬚$)=0$이면 ⬚ 이므로 $x=a$에서 반드시 연속
(이다 , 이라 할 수 없다).

(7) $\dfrac{f(x)}{g(x)}$ (   )

(8) $\dfrac{1}{f(x)-g(x)}$ (   )

● 두 함수 $y=f(x)$, $y=g(x)$의 그래프가 아래 그림과 같을 때, 다음 설명 중 옳은 것은 ○를, 옳지 않은 함수는 ×를 ( ) 안에 써넣으시오.

16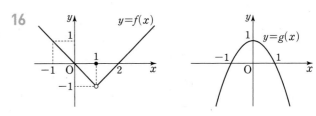

(1) 함수 $f(x)+g(x)$는 $x=0$에서 연속이다.
                                              (   )

(2) 함수 $f(x)g(x)$는 $x=1$에서 연속이다.
                                              (   )

(3) 함수 $\dfrac{g(x)}{f(x)}$는 $x=1$에서 연속이다.   (   )

17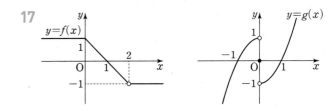

(1) 함수 $f(x)+g(x)$는 $x=1$에서 연속이다.
                                              (   )

(2) 함수 $f(x)g(x)$는 $x=1$에서 연속이다.
                                              (   )

(3) 함수 $\dfrac{g(x)}{f(x)}$는 $x=0$에서 연속이다.   (   )

개념모음문제
18 두 함수 $f(x)=|x|+1$, $g(x)=x-1$에 대하여 $x=1$에서 연속이 <u>아닌</u> 것은?

① $f(x)+g(x)$ ② $f(x)-g(x)$ ③ $f(x)g(x)$

④ $\dfrac{1}{f(x)}$ ⑤ $\dfrac{f(x)}{g(x)}$

01~02 **$x=a$에서 함수의 연속**

- 함수의 연속: 함수 $f(x)$가 실수 a에 대하여 다음 세 조건을 만족시킬 때, 함수 $f(x)$는 $x=a$에서 연속이라 한다.
  ① $x=a$에서 함수 $f(x)$가 정의되어 있다.
  ② 극한값 $\lim\limits_{x\to a} f(x)$가 존재한다.
  ③ $\lim\limits_{x\to a} f(x)=f(a)$
- 함수의 불연속: 함수 $f(x)$가 $x=a$에서 연속이 아닐 때, 함수 $f(x)$는 $x=a$에서 불연속이라 한다.

1 보기의 함수 중 $x=0$에서 연속인 것만을 있는 대로 고른 것은?

> **보기**
>
> ㄱ. $f(x)=\dfrac{1-x}{x}$　　ㄴ. $g(x)=\sqrt{x+1}$
>
> ㄷ. $h(x)=\begin{cases} \dfrac{|x|}{x} & (x\neq 0) \\ 2 & (x=0) \end{cases}$

① ㄱ　　　　② ㄴ　　　　③ ㄷ
④ ㄱ, ㄴ　　⑤ ㄴ, ㄷ

2 함수 $f(x)=\begin{cases} x^2+3 & (x\geq a) \\ 3-x & (x<a) \end{cases}$가 $x=a$에서 연속이 되도록 하는 모든 실수 a의 값의 합은?

① -4　　　② -3　　　③ -2
④ -1　　　⑤ 0

3 $0<x<5$에서 함수 $y=f(x)$의 그래프가 오른쪽 그림과 같다. 함수 $f(x)$의 극한값이 존재하지 않는 x의 값의 개수를 a, 함수 $f(x)$가 불연속인 x의 값의 개수를 b라 할 때, $a+b$의 값을 구하시오.

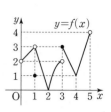

4 $-2<x<3$에서 정의된 함수 $y=f(x)$의 그래프가 오른쪽 그림과 같을 때, 보기에서 옳은 것만을 있는 대로 고른 것은?

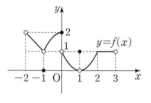

> **보기**
>
> ㄱ. $\lim\limits_{x\to 0} f(x)=2$
>
> ㄴ. $f(x)$는 $x=1$에서 연속이다.
>
> ㄷ. $f(x)$가 불연속인 x의 값의 개수는 3이다.

① ㄱ　　　　② ㄷ　　　　③ ㄱ, ㄴ
④ ㄱ, ㄷ　　⑤ ㄴ, ㄷ

03~04 **정해진 구간에서 함수의 연속**

- 연속함수: 함수 $f(x)$가 어떤 구간에 속하는 모든 실수 x에서 연속일 때, $f(x)$를 그 구간에서 연속 또는 연속함수라 한다.

5 함수 $f(x)=\begin{cases} 3x^2+ax-5 & (x\geq 1) \\ 2x-1 & (x<1) \end{cases}$이 모든 실수 x에서 연속이 되도록 하는 상수 a의 값은?

① 1　　　② 2　　　③ 3
④ 4　　　⑤ 5

6 함수 $f(x)=\begin{cases} \dfrac{x^2+ax-3}{x-1} & (x\neq 1) \\ b & (x=1) \end{cases}$ 가 모든 실수 x에서 연속일 때, 상수 a, b에 대하여 $a+b$의 값을 구하시오.

7 함수 $f(x)=\begin{cases} \dfrac{\sqrt{x+4}+a}{x} & (x\neq 0) \\ b & (x=0) \end{cases}$ 가 $x>-4$인 모든 실수 x에서 연속이 되도록 하는 상수 a, b에 대하여 $\dfrac{a}{b}$의 값은?

① -16 ② -8 ③ -4
④ 4 ⑤ 8

8 모든 실수 x에서 연속인 함수 $f(x)$가
$$(x-2)f(x)=x^3+ax^2-x-10$$
을 만족시킬 때, $f(a)$의 값은? (단, a는 상수이다.)

① 6 ② 8 ③ 9
④ 10 ⑤ 12

9 실수 전체의 집합에서 연속인 함수 $f(x)$가
$$(2x-1)f(x)=2x^2+ax+b, \quad f\left(\dfrac{1}{2}\right)=\dfrac{5}{2}$$
를 만족시킬 때, $a-b$의 값을 구하시오.
(단, a, b는 상수이다.)

05 연속함수의 성질

• 두 함수 $f(x)$, $g(x)$가 $x=a$에서 연속이면 다음 함수도 모두 $x=a$에서 연속이다.
① $cf(x)$ (단, c는 상수)   ② $f(x)\pm g(x)$
③ $f(x)g(x)$ ④ $\dfrac{f(x)}{g(x)}$ (단, $g(a)\neq 0$)

10 두 함수 $f(x)$, $g(x)$가 $x=a$에서 연속일 때, 다음 중 $x=a$에서 항상 연속인 함수가 아닌 것은?

① $f(x)+2g(x)$ ② $f(x)g(x)$
③ $\{f(x)\}^2$ ④ $\{g(x)\}^2$
⑤ $\dfrac{1}{f(x)-g(x)}$

11 두 함수 $f(x)=x^2+2x+2$, $g(x)=x^2-2x-3$에 대하여 다음 중 모든 실수 x에서 연속인 함수가 아닌 것은?

① $f(x)+g(x)$ ② $f(x)g(x)$
③ $\{f(x)\}^2$ ④ $\dfrac{g(x)}{f(x)}$
⑤ $\dfrac{f(x)}{f(x)-g(x)}$

12 두 함수 $f(x)$, $g(x)$에 대하여 **보기**에서 옳은 것만을 있는 대로 고른 것은?

| 보기 |
ㄱ. $f(x)$, $f(x)+g(x)$가 모든 실수 x에서 연속이면 함수 $g(x)$도 모든 실수 x에서 연속이다.
ㄴ. $f(x)$, $f(x)g(x)$가 모든 실수 x에서 연속이면 함수 $g(x)$도 모든 실수 x에서 연속이다.
ㄷ. $f(x)$, $g(x)$가 모든 실수 x에서 연속이면 함수 $\dfrac{g(x)}{|f(x)|+1}$도 모든 실수 x에서 연속이다.

① ㄱ   ② ㄱ, ㄴ   ③ ㄱ, ㄷ
④ ㄴ, ㄷ   ⑤ ㄱ, ㄴ, ㄷ

닫힌 구간에서 연속일 때 반드시 존재하는!

최대 · 최소 정리

주어진 구간에서 함수 $f(x)=x^2-2x$ 가 가지는 값 중
최댓값과 최솟값은?

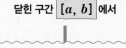

닫힌 구간 $[a, b]$ 에서

열린 구간 (a, b) 에서

예를 들어, 닫힌 구간 $[-1, 2]$에서

예를 들어, 열린 구간 $(-1, 2)$에서

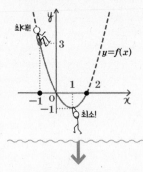

최대!

계속 가까워져!

최소!

$x=-1$일 때 최댓값 $f(-1)=3$
$x=1$일 때 최솟값 $f(1)=-1$

최댓값은 없다.
$x=1$일 때 최솟값 $f(1)=-1$

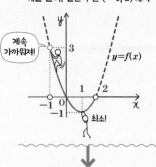

함수 $f(x)$가 **닫힌 구간** $[a, b]$에서 **연속**이면
$f(x)$는 이 구간에서 반드시
최댓값과 최솟값을 갖는다.

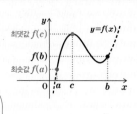

최댓값 $f(c)$
$f(b)$
최솟값 $f(a)$

 최대·최소 정리를 이용하면 그래프를
그려보지 않아도 함수 $f(x)$가
최댓값과 최솟값을 가짐을 알 수 있지!

최대 · 최소 정리가 성립하지 않는 경우

❶ 닫힌 구간이 아닌 연속함수인 경우

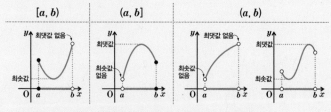

$[a, b)$ $(a, b]$ (a, b)

최댓값 없음   최댓값   최댓값 없음   최댓값

최솟값   최솟값 없음   최솟값 없음   최솟값

➡ 최댓값 또는 최솟값이 존재할 수도 있고 존재하지 않을 수도 있다.

❷ 닫힌 구간이어도 연속함수가 아닌 경우

$[a, b]$

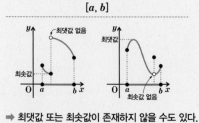

최댓값 없음   최댓값

최솟값   최솟값 없음

어떤 구간에서 함수가
최댓값과 최솟값을 반드시 가지려면
조건이 중요해! 그 구간이
닫힌 구간이면서
연속함수이어야 하지!

➡ 최댓값 또는 최솟값이 존재하지 않을 수도 있다.

1st 최대 · 최소 정리

● 다음 함수 $f(x)$에 대하여 주어진 구간에서의 $f(x)$의 최댓값, 최솟값을 각각 구하시오.

1 $f(x)=x^2-1$, 구간 $[-2, 1]$

→ 닫힌 구간 $[-2, 1]$에서 함수 $y=f(x)$
의 그래프는 오른쪽 그림과 같다.
따라서 함수 $f(x)$는

$x=\boxed{}$ 에서 최댓값 $\boxed{}$,

$x=\boxed{}$ 에서 최솟값 $\boxed{}$

을 갖는다.

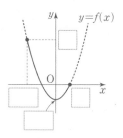

2 $f(x)=|x|$, 구간 $[1, 4]$

3 $f(x)=\dfrac{1}{x+2}$, 구간 $[-1, 2]$

4 $f(x)=\sqrt{x}+1$, 구간 $[1, 4]$

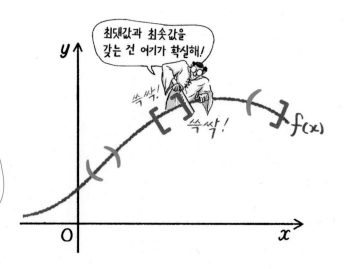

최댓값과 최솟값을
갖는 건 여기가 확실해!

쓱싹!   쓱싹! $f(x)$

2nd 최댓값, 최솟값의 존재

5 함수 $y=f(x)$의 그래프가 다음 그림과 같을 때, 주어진 구간에서 함수 $f(x)$의 최댓값, 최솟값이 존재하면 그 값을 구하시오.

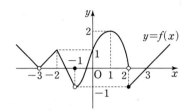

(1) $[0, 1]$

닫힌 구간에서 연속이면 최대·최소 정리가 성립해!

(2) $[-1, 1]$

→ 함수 $f(x)$는 $x=$ ☐ 에서 최댓값 $f($ ☐ $)=$ ☐ 를 갖고

최솟값은 ☐ 다.

> 함수 $f(x)$가 닫힌 구간 $[a, b]$에서 연속이 아니면 최댓값 또는 최솟값이 존재하지 않을 수 있다.

(3) $[-2, 1]$

(4) $(-1, 2)$

→ $x=$ ☐ 에서 최댓값 $f($ ☐ $)=$ ☐ 를 갖고

최솟값은 ☐ 다.

> $f(x)$가 열린 구간 (a, b)에서 연속이어도 최댓값 또는 최솟값이 존재하지 않을 수 있다.

(5) $(-3, -1)$

● 다음 함수 $f(x)$에 대하여 주어진 구간에서의 $f(x)$의 최댓값, 최솟값이 존재하면 그 값을 구하시오.

6 $f(x)=x^2-2x+3$, 구간 $[-1, 2]$

→ 이차함수 $f(x)$는 닫힌 구간 $[-1, 2]$에서 ☐ 이므로 이 구간에서

반드시 최댓값과 ☐ 을 갖는다.

이때 구간 $[-1, 2]$에서 함수 $y=f(x)$의

그래프는 오른쪽 그림과 같다.

따라서 함수 $f(x)$는

$x=$ ☐ 에서 최댓값 ☐ ,

$x=$ ☐ 에서 최솟값 ☐

를 갖는다.

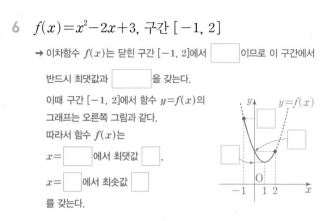

7 $f(x)=|x|+1$, 구간 $[-2, 2]$

8 $f(x)=\dfrac{x}{x-1}$, 구간 $[-2, 0]$

9 $f(x)=2\sqrt{x-1}+1$, 구간 $[2, 5]$

개념모음문제

10 두 함수 $f(x)=\dfrac{2x+1}{1-x}$, $g(x)=\sqrt{3-x}-4$에 대하여 닫힌 구간 $[-6, 0]$에서 $f(x)$의 최댓값을 a, $g(x)$의 최댓값을 b라 할 때, $a-b$의 값은?

① 2   ② 3   ③ 4

④ 5   ⑤ 6

07

닫힌 구간에서 연속일 때 반드시 존재하는!

사잇값 정리

주어진 구간에서 두 함수 $f(x)$, $g(x)$ 가 가지는 값은?

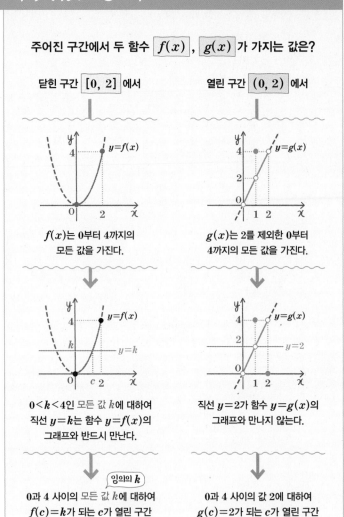

닫힌 구간 $[0, 2]$ 에서

$f(x)$는 0부터 4까지의 모든 값을 가진다.

$0<k<4$인 모든 값 k에 대하여 직선 $y=k$는 함수 $y=f(x)$의 그래프와 반드시 만난다.

임의의 k

0과 4 사이의 모든 값 k에 대하여 $f(c)=k$가 되는 c가 열린 구간 $(0, 2)$에 적어도 하나 존재한다.

열린 구간 $(0, 2)$ 에서

$g(x)$는 2를 제외한 0부터 4까지의 모든 값을 가진다.

직선 $y=2$가 함수 $y=g(x)$의 그래프와 만나지 않는다.

0과 4 사이의 값 2에 대하여 $g(c)=2$가 되는 c가 열린 구간 $(0, 2)$에 존재하지 않는다.

함수 $f(x)$가 **닫힌 구간 $[a, b]$에서 연속**이고 $f(a) \neq f(b)$이면 $f(a)$와 $f(b)$ 사이에 있는 임의의 값 k에 대하여 $f(c)=k$인 c가 열린 구간 (a, b)에 적어도 하나 존재한다.

사잇값 정리를 이용하여 방정식이 실근을 가짐을 알 수 있다.

함수 $f(x)$가 닫힌 구간 $[a, b]$에서 연속이고 $f(a)$와 $f(b)$의 부호가 서로 다를 때, $f(a)f(b)<0$ $f(c)=0$인 c가 열린 구간 (a, b)에 적어도 하나 존재한다.
즉 방정식 $f(x)=0$은 열린 구간 (a, b)에서 적어도 하나의 실근을 갖는다.

> 사잇값 정리는 그래프를 직접 그리지 않고도 방정식의 실근이 존재함을 판별할 때 이용돼!

● 다음 빈칸에 알맞은 것을 써넣으시오.

1 다음은 함수 $f(x)=x^2+x$에 대하여 $f(c)=10$인 c가 열린 구간 $(0, 3)$에 적어도 하나 존재함을 증명한 것이다.

함수 $f(x)=x^2+x$는 모든 실수에서 ☐이므로 닫힌 구간 $[0, 3]$에서 ☐이다.

이때 $f(0)=$☐, $f(3)=$☐이므로

$f(0) \bigcirc f(3)$

또 $f(0)<$☐$<f(3)$이므로 ☐ 정리에 의하여 $f(c)=10$인 c가 열린 구간 $(0, 3)$에 적어도 하나 존재한다.

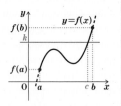

2 다음은 함수 $f(x)=x^3+x+1$에 대하여 $f(c)=3$인 c가 열린 구간 $(0, 2)$에 적어도 하나 존재함을 증명한 것이다.

함수 $f(x)=x^3+x+1$은 모든 실수에서 ☐이므로 닫힌 구간 $[0, 2]$에서 ☐이다.

이때 $f(0)=$☐, $f(2)=$☐이므로

$f(0) \bigcirc f(2)$

또 $f(0) \bigcirc 3 \bigcirc f(2)$이므로 ☐ 정리에 의하여 $f(c)=3$인 c가 열린 구간 $(0, 2)$에 적어도 하나 존재한다.

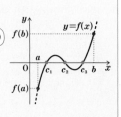

3 다음은 함수 $f(x)=\dfrac{x+1}{x-1}$에 대하여 $f(c)=\dfrac{7}{4}$인 c가 열린 구간 $(3, 5)$에 적어도 하나 존재함을 증명한 것이다.

함수 $f(x)=\dfrac{x+1}{x-1}$은 $x\neq1$인 모든 실수에서 〔　〕

이므로 닫힌 구간 $[3, 5]$에서 〔　〕이다.

이때 $f(3)=$〔　〕, $f(5)=$〔　〕이므로

$f(3)\bigcirc f(5)$, $f($〔　〕$)<\dfrac{7}{4}<f($〔　〕$)$

따라서 〔　〕 정리에 의하여 $f(c)=\dfrac{7}{4}$인 c가 열린 구간 $(3, 5)$에 적어도 하나 존재한다.

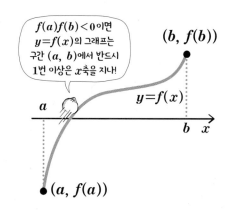

$f(a)f(b)<0$이면 $y=f(x)$의 그래프는 구간 (a, b)에서 반드시 1번 이상은 x축을 지나!

$(b, f(b))$

a

$y=f(x)$

b　x

$(a, f(a))$

2nd — 방정식과 사잇값 정리

● 다음 빈칸에 알맞은 것을 써넣으시오.

4 다음은 방정식 $x^3-x^2-1=0$이 열린 구간 $(1, 2)$에서 적어도 하나의 실근을 가짐을 증명한 것이다.

$f(x)=x^3-x^2-1$이라 하면 함수 $f(x)$는 닫힌 구간 $[1, 2]$에서 〔　〕이고

$f(1)\bigcirc0$, $f(2)\bigcirc0$

따라서 $f(1)f(2)\bigcirc0$이므로 〔　〕 정리에 의하여 방정식 $x^3-x^2-1=0$은 열린 구간 $(1, 2)$에서 적어도 하나의 실근을 갖는다.

5 다음은 방정식 $2x^3-6x^2+x+4=0$이 열린 구간 $(1, 2)$에서 적어도 하나의 실근을 가짐을 증명한 것이다.

$f(x)=2x^3-6x^2+x+4$라 하면 함수 $f(x)$는 닫힌 구간 $[1, 2]$에서 〔　〕이고

$f(1)\bigcirc0$, $f(2)\bigcirc0$

따라서 $f(1)f(2)\bigcirc0$이므로 〔　〕 정리에 의하여 방정식 $2x^3-6x^2+x+4=0$은 열린 구간 $(1, 2)$에서 적어도 하나의 실근을 갖는다.

6 다음은 방정식 $x^4+x^3-8x+3=0$이 열린 구간 $(1, 3)$에서 적어도 하나의 실근을 가짐을 증명한 것이다.

$f(x)=x^4+x^3-8x+3$이라 하면 함수 $f(x)$는 닫힌 구간 $[1, 3]$에서 〔　〕이고

$f(1)\bigcirc0$, $f(3)\bigcirc0$

따라서 $f(1)f(3)\bigcirc0$이므로 〔　〕 정리에 의하여 방정식 $x^4+x^3-8x+3=0$은 열린 구간 $(1, 3)$에서 적어도 하나의 실근을 갖는다.

생활 속 사잇값 정리

우리의 키가 정확히 같았을 때가 존재해.

내가 더 커

지금은 내가 더 커!

작년 → 올해

온도가 $0\,^\circ\!C$인 시각이 적어도 한 번은 있어.

$-3\,^\circ\!C$　$0\,^\circ\!C$　$10\,^\circ\!C$

아침 → 점심

시간에 따라 연속적으로 변할 때 쉽게 찾아 볼 수 있어.

● 모든 실수 x에서 연속인 함수 $f(x)$가 다음 조건을 만족시킬 때, 방정식 $f(x)=0$이 주어진 구간에서 적어도 n개의 실근을 갖는다. n의 값을 구하시오.

7 $f(-2)=2,\ f(-1)=-2,\ f(1)=-1,\ f(3)=3$
일 때, 열린 구간 $(-2, 3)$

→ $f(-2)f(\boxed{})=\boxed{}\bigcirc 0,$

$f(\boxed{})f(1)=\boxed{}\bigcirc 0,$

$f(1)f(\boxed{})=\boxed{}\bigcirc 0$

이므로 사잇값 정리에 의하여 방정식 $f(x)=0$은 열린 구간

$(-2,\ \boxed{}),\ (\boxed{},\ 3)$에서 각각 적어도 하나의 실근을 갖는다.

즉 방정식 $f(x)=\boxed{}$은 열린 구간 $(-2, 3)$에서 적어도 $\boxed{}$개의 실근을 갖는다.

따라서 $n=\boxed{}$

8 $f(-3)=-1,\ f(-2)=1,\ f(0)=-1,\ f(1)=2$
일 때, 열린 구간 $(-3, 1)$

9 $f(-2)=1,\ f(-1)=-2,\ f(0)=\dfrac{1}{2},\ f(1)=2,$
$f(2)=-1$일 때, 열린 구간 $(-2, 2)$

10 $f(-3)=2,\ f(-2)=-1,\ f(-1)=1,\ f(0)=2,$
$f(1)=-\dfrac{1}{2},\ f(2)=-2,\ f(3)=1$일 때, 열린 구간 $(-3, 3)$

😊 내가 발견한 개념　　　　　　　　　　사잇값 정리를 방정식에 활용하면?

● 함수 $f(x)$가 닫힌 구간 $[a, b]$에서 $\boxed{}$이고

$$f(a)f(b)\bigcirc 0$$

이면 방정식 $f(x)=0$은 열린 구간 (a, b)에서 적어도 하나의 실근을 갖는다.

개념모음문제

11 방정식 $x^3+x-4=0$은 오직 하나의 실근 $x=\alpha$를 갖는다. 다음 열린 구간 중 α가 존재하는 구간은?

① $(-2, -1)$　　② $(-1, 0)$　　③ $(0, 1)$
④ $(1, 2)$　　⑤ $(2, 3)$

사잇값 정리로 알 수 있는 것

❶ 연속함수 $f(x)$에 대하여 $f(a)f(b)<0$이면 방정식 $f(x)=0$은 열린 구간 (a, b)에서

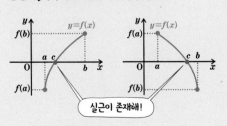

실근이 존재해!

❷ 이차항의 계수가 양수인 이차함수 $f(x)$에 대하여 $f(p)<0$인 p가 존재하면 방정식 $f(x)=0$은

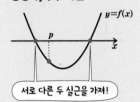

서로 다른 두 실근을 가져!

❸ 도형의 넓이를 둘로 나눌 때

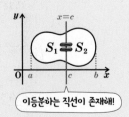

이등분하는 직선이 존재해!

06 최대 · 최소 정리

• 함수 $f(x)$가 닫힌 구간 $[a, b]$에서 연속이면 함수 $f(x)$는 이 구간에서 반드시 최댓값과 최솟값을 갖는다.

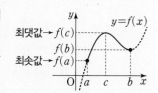

07 사잇값 정리

• 함수 $f(x)$가 닫힌 구간 $[a, b]$에서 연속이고 $f(a) \neq f(b)$이면 $f(a)$와 $f(b)$ 사이의 임의의 값 k에 대하여

$$f(c) = k$$

를 만족시키는 c가 열린 구간 (a, b)에 적어도 하나 존재한다.

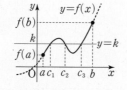

1 열린 구간 $(-4, 4)$에서 정의된 함수 $y = f(x)$의 그래프가 오른쪽 그림과 같을 때, **보기**에서 옳은 것만을 있는 대로 고른 것은?

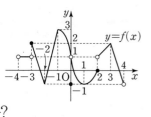

| 보기 |

ㄱ. 닫힌 구간 $[-3, -1]$에서 최댓값을 갖는다.
ㄴ. 열린 구간 $(-1, 0)$에서 최솟값을 갖는다.
ㄷ. 닫힌 구간 $[0, 2]$에서 최솟값을 갖는다.

① ㄱ   ② ㄷ   ③ ㄱ, ㄴ
④ ㄱ, ㄷ   ⑤ ㄱ, ㄴ, ㄷ

4 방정식 $x^2 - x + a = 0$이 열린 구간 $(2, 3)$에서 적어도 하나의 실근을 갖도록 하는 정수 a의 개수는?

① 0   ② 1   ③ 2
④ 3   ⑤ 4

5 연속함수 $f(x)$에 대하여

$$f(0) = 2, \ f(1) = -1, \ f(2) = 3,$$
$$f(3) = 1, \ f(4) = -2, \ f(5) = 4$$

일 때, 방정식 $f(x) = 0$은 열린 구간 $(0, 5)$에서 적어도 k개의 실근을 갖는다. k의 값은?

① 4   ② 5   ③ 6
④ 7   ⑤ 8

2 함수 $f(x) = \dfrac{3x-1}{x+1}$, $g(x) = \sqrt{x+1} + 1$에 대하여 닫힌 구간 $[0, 3]$에서 $f(x)$의 최댓값을 a, $g(x)$의 최솟값을 b라 할 때, $a^2 + b^2$의 값을 구하시오.

3 함수 $f(x) = \dfrac{x}{x-2}$에 대하여 다음 중 최솟값이 존재하지 <u>않는</u> 구간은?

① $(-\infty, -2]$ ② $(-2, 0]$ ③ $[0, 1]$
④ $[1, 2)$ ⑤ $(2, 3)$

6 방정식 $x^3 - x^2 + x + 1 = 0$은 오직 하나의 실근 $x = \alpha$를 갖는다. 다음 열린 구간 중 α가 존재하는 구간은?

① $(-3, -2)$ ② $(-2, -1)$ ③ $(-1, 0)$
④ $(0, 1)$ ⑤ $(1, 2)$

TEST 개념 발전

1 함수 $y=f(x)$의 그래프가 다음 그림과 같을 때, 함수 $f(x)$가 $x=a$에서 불연속인 이유를 **보기**에서 골라 바르게 짝지은 것은?

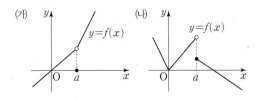

보기

ㄱ. $x=a$에서 정의되어 있지 않다.

ㄴ. $\lim\limits_{x \to a} f(x)$의 값이 존재하지 않는다.

ㄷ. $f(a) \neq \lim\limits_{x \to a} f(x)$

① (가)-ㄱ, (나)-ㄱ   ② (가)-ㄱ, (나)-ㄴ

③ (가)-ㄴ, (나)-ㄷ   ④ (가)-ㄷ, (나)-ㄴ

⑤ (가)-ㄷ, (나)-ㄷ

2 $-3 < x < 3$에서 정의된 함수 $y=f(x)$의 그래프가 오른쪽 그림과 같다. 함수 $f(x)$의 극한값이 존재하지 않는 x의 값의 개수를 a, 함수 $f(x)$가 불연속인 x의 값의 개수를 b라 할 때, a^2+b^2의 값을 구하시오.

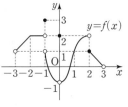

3 다음 중 함수 $f(x)=\dfrac{x+1}{x^2+ax+4}$이 모든 실수 x에서 연속이 되도록 하는 정수 a가 아닌 것은?

① -2 ② 0 ③ 1

④ 2 ⑤ 4

4 다음 중 모든 실수 x에서 연속인 함수를 모두 고르면? (정답 2개)

① $f(x)=\begin{cases} x+1 & (x \geq 0) \\ 2-x & (x < 0) \end{cases}$

② $f(x)=\begin{cases} \sqrt{x} & (x \geq 0) \\ -\sqrt{-x} & (x < 0) \end{cases}$

③ $f(x)=\begin{cases} x^2-2x & (x \neq 2) \\ 0 & (x=2) \end{cases}$

④ $f(x)=\begin{cases} \dfrac{x}{x-1} & (x \neq 1) \\ 1 & (x=1) \end{cases}$

⑤ $f(x)=\begin{cases} \dfrac{x^2-1}{x-1} & (x \neq 1) \\ 1 & (x=1) \end{cases}$

5 모든 실수 x에서 연속인 함수 $f(x)$가
$$(x-1)f(x)=ax^2+bx+3, \quad f(1)=-1$$
을 만족시킬 때, 상수 a, b에 대하여 $a-b$의 값을 구하시오.

6 두 함수 $f(x)=|x|+1$, $g(x)=x^2+3x+2$에 대하여 다음 중 모든 실수 x에서 연속인 함수가 아닌 것은?

① $\dfrac{g(x)}{f(x)}$ ② $\dfrac{f(x)}{g(x)}$ ③ $f(x)+g(x)$

④ $f(x)g(x)$ ⑤ $2f(x)-3g(x)$

7 열린 구간 $(0, 5)$에서 정의된 함수 $y=f(x)$의 그래프가 오른쪽 그림과 같을 때, 함수 $f(x)$에 대한 다음 설명 중 옳지 **않은** 것은?

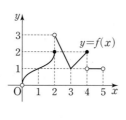

① $\lim\limits_{x \to 1} f(x)=1$

② 극한값 $\lim\limits_{x \to 4} f(x)$가 존재하지 않는다.

③ 불연속이 되는 x의 값의 개수는 2이다.

④ 닫힌 구간 $[1, 2]$에서 최솟값을 갖는다.

⑤ 열린 구간 $(2, 3)$에서 최댓값을 갖는다.

8 다음 중 방정식 $x^3-3x+1=0$이 적어도 하나의 실근을 갖는 구간을 모두 고르면? (정답 2개)

① $(0, 1)$ ② $(1, 2)$ ③ $(2, 3)$

④ $(3, 4)$ ⑤ $(4, 5)$

9 연속함수 $f(x)$에 대하여

$$f(1)=a-2,\ f(2)=a-5$$

일 때, 방정식 $f(x)=1$이 열린 구간 $(1, 2)$에서 반드시 실근을 갖도록 하는 모든 정수 a의 값의 합은?

① 4   ② 6   ③ 7

④ 9   ⑤ 11

10 두 함수 $f(x)=\begin{cases} 2 & (x \geq 1) \\ x^2-2x+4 & (x<1) \end{cases}$,

$g(x)=3x+a$에 대하여 함수 $\dfrac{g(x)}{f(x)}$가 실수 전체의 집합에서 연속일 때, 상수 a의 값은?

① -3 ② -1 ③ 1

④ 3   ⑤ 6

11 열린 구간 $(-3, 2)$에서 함수 $y=f(x)$의 그래프가 오른쪽 그림과 같을 때, **보기**에서 옳은 것만을 있는 대로 고른 것은?

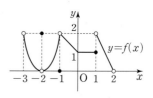

┌**보기**┐

ㄱ. $\lim\limits_{x \to -1} f(x)=2$

ㄴ. $x=1$에서 함수 $f(x)$의 극한값이 존재하지 않는다.

ㄷ. 함수 $f(x)$가 불연속인 x의 값의 개수는 3이다.

① ㄱ   ② ㄱ, ㄴ   ③ ㄱ, ㄷ

④ ㄴ, ㄷ   ⑤ ㄱ, ㄴ, ㄷ

문제를 보다!

실수 전체의 집합에서 연속인 함수 $f(x)$가 모든 실수 x에 대하여

$4\{f(x)\}^3 + 4\{f(x)\}^2 - x^2 f(x) - x^2 = 0$을 만족시킨다.

함수 $f(x)$의 최댓값이 0이고 최솟값이 -1일 때,

$f(-1) + f\left(\dfrac{1}{2}\right) + f(2)$의 값은? [4점]

[수능 기출 변형]

① -2　　② $-\dfrac{7}{4}$　　③ $-\dfrac{3}{2}$　　④ $-\dfrac{5}{4}$　　⑤ -1

자, 잠깐만! 당황하지 말고
문제를 잘 보면 문제의 구성이 보여!
출제자가 이 문제를 왜 냈는지를 봐야지!

내가 아는 것 ①
$4\{f(x)\}^3 + 4\{f(x)\}^2 - x^2 f(x) - x^2 = 0$

인수분해 →

내가 찾은 것 ❶
$\{f(x)+1\}\{2f(x)+x\}\{2f(x)-x\} = 0$

➡ $f(x) = -1$ 또는
$f(x) = -\dfrac{1}{2}x$ 또는
$f(x) = \dfrac{1}{2}x$

내가 아는 것 ②
실수 전체의 집합에서
함수 $f(x)$는 연속

내가 아는 것 ③
함수 $f(x)$의
최댓값 : 0
최솟값 : -1

내가 찾은 것 ❷

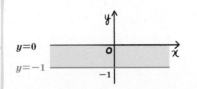

이 영역에서 함수 $f(x)$의 그래프가
이어지게 그려진다.

이 문제는

함수 $f(x)$의 함숫값을 구하기 위하여 함수 $f(x)$의 그래프를 찾는 문제야!

함수 $f(x)$의 그래프는 어떻게 그릴 수 있을까?

네가 알고 있는 것(주어진 조건)은 뭐야?

함수 $f(x)$의 그래프

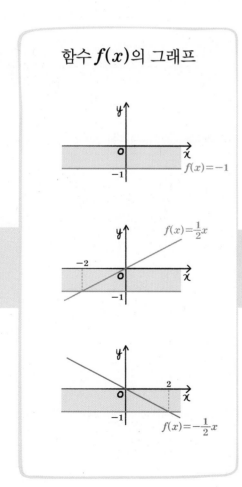

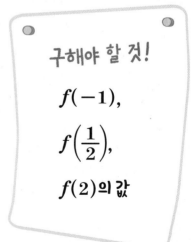

구해야 할 것!

$f(-1)$,

$f\left(\dfrac{1}{2}\right)$,

$f(2)$의 값

내게 더 필요한 것은?

$$f(x) = -1$$

$$또는 f(x) = -\frac{1}{2}x$$

$$또는 f(x) = \frac{1}{2}x$$

함수 $f(x)$는 연속이라는 조건을
어렵게 생각하지 말고
그래프가 연결되도록 그리면 되는 거네!

함수 $f(x)$의 그래프가 연속이면서
최댓값이 0이고 최솟값이 -1이 될 수 있는 경우를 찾아!

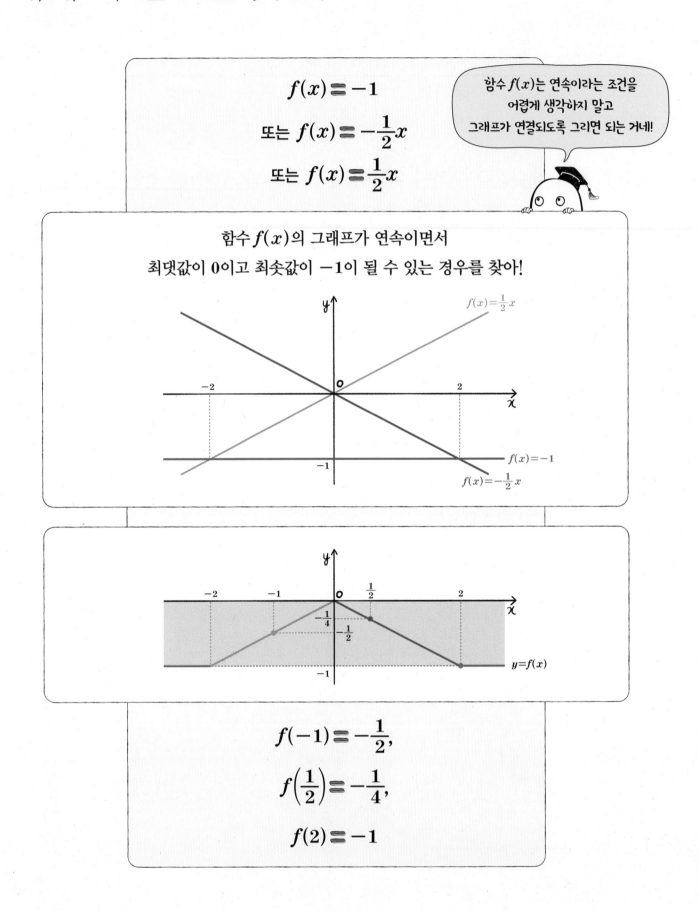

$$f(-1) = -\frac{1}{2},$$

$$f\left(\frac{1}{2}\right) = -\frac{1}{4},$$

$$f(2) = -1$$

0

실수 전체의 집합에서 연속인 함수 $f(x)$가 모든 실수 x에 대하여
$\{f(x)\}^3 - x^3\{f(x)\}^2 - f(x) + x^3 = 0$을 만족시킨다.
함수 $f(x)$의 최댓값이 1이고 최솟값이 -1일 때,
$f(-2) + f\left(\dfrac{1}{2}\right) + f(1)$의 값은?

① $-\dfrac{1}{2}$ ② $-\dfrac{1}{8}$ ③ 0 ④ $\dfrac{1}{8}$ ⑤ $\dfrac{1}{2}$

문제를 보라고 했지?
구하려는 것과 주어진 것,
그리고 더 필요한 것은?

변화의 순간!

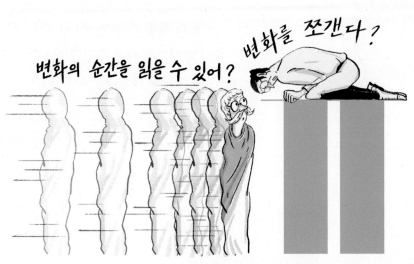

변화의 순간을 읽을 수 있어? 변화를 쪼갠다?

다항함수의 미분법

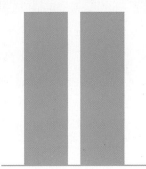

3

변화를 쪼개는!
미분계수와
도함수

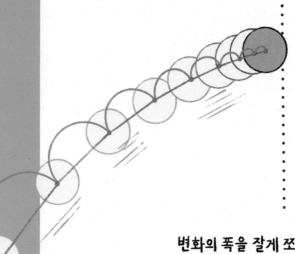

변화의 폭을 잘게 쪼개보니
찰나의 변화를 다룰 수 있겠어!
그 찰나를 계산해 볼까?

드디어 수학의 꽃이라 불리는 '미분'에 대해 공부할 시간이야. 우리 주변의 모든 것들은 매 순간 변하고 있어. 미분은 이러한 순간적인 변화를 설명하는 도구이면서 변화를 예측하는 방법으로써 우리 주변의 다양한 분야에서 활용되고 있지.

이 단원에서는 순간적인 변화를 알기 위해 구간에 대한 변화인 평균변화율을 먼저 배울 거야. 평균변화율 및 이전 단원에서 배운 함수의 극한과 연속의 개념을 바탕으로 순간변화율인 미분계수에 대해 알아보자.

미분계수는 기하적으로 접선의 기울기를 나타내. 앞으로 배우는 개념들이 기하적으로 어떤 의미를 가지는지 매우 중요하니 꼭 기억하자!

한 점에서의 함수의 변화율!

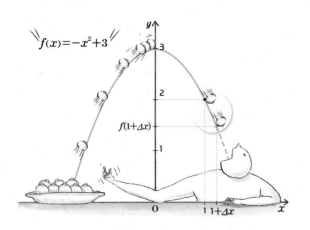

$f(x)=-x^2+3$

x의 값이 1에서 $1+\Delta x$까지 변할 때
함수 $f(x)$의 평균변화율은?

$$\frac{\Delta y}{\Delta x} = \frac{f(1+\Delta x)-f(1)}{\Delta x}$$
$$= \frac{\{-(1+\Delta x)^2+3\}-2}{\Delta x}$$
$$= \frac{-(\Delta x)^2-2\Delta x}{\Delta x}$$

$$\frac{\Delta y}{\Delta x} = -\Delta x-2$$

$\Delta x \to 0$

이때 Δx가 0이 아니면서 0에 한없이 가까워질 때
함수 $f(x)$의 평균변화율의 극한값은?

$$\lim_{\Delta x \to 0}\frac{\Delta y}{\Delta x} = \lim_{\Delta x \to 0}(-\Delta x-2)$$

$$= -2$$

오! 드디어 순간의 변화를
계산해냈군!

$$= f'(1)$$

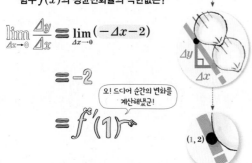

미분가능성과 연속성

순간변화율이 있으면 그래프가 이어지는!

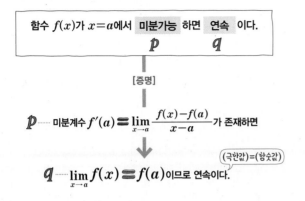

함수 $f(x)$가 $x=a$에서 미분가능 하면 연속 이다.
$\quad\quad\quad\quad\quad\quad\quad\quad\quad$ p $\quad\quad$ q

[증명]

p …… 미분계수 $f'(a) \equiv \lim\limits_{x \to a} \dfrac{f(x)-f(a)}{x-a}$ 가 존재하면

(극한값)=(함숫값)

q …… $\lim\limits_{x \to a} f(x) \equiv f(a)$ 이므로 연속이다.

순간의 변화를 파악하는 것은 연속적인 변화를 분석하고 이해하는 데 중요해. 연속적인 변화를 분석하기 위해 미분을 하는 것이지.
어떤 함수가 어느 한 점에서 미분가능하다는 것은 그 점에서 미분계수가 존재한다는 것을 의미해.
이를 이용하면 함수 $f(x)$가 $x=a$에서 미분가능하면 $f(x)$는 $x=a$에서 연속이라는 것을 알 수 있어.
함수 $f(x)$가 $x=a$에서 미분가능하다는 것은 기하적으로는 곡선 $y=f(x)$ 위의 점 $(a, f(a))$에서의 접선이 존재한다는 의미이기도 하지!

도함수

순간변화율을 나타내는 함수!

함수 $\boxed{f(x)=x^2}$ 의 $x=a$에서의
미분계수 $\boxed{f'(a)}$ 는?

$$f'(a) \equiv 2a$$

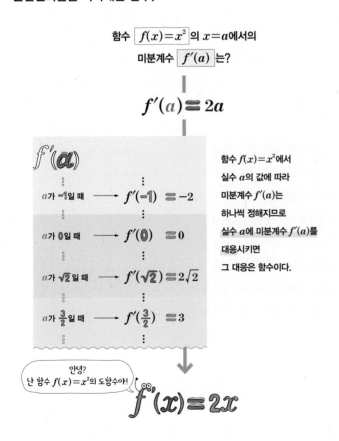

$f'(\textcircled{a})$
$\vdots$
a가 -1일 때 $\longrightarrow$ $f'(\textcircled{-1}) \equiv -2$
$\vdots$
a가 0일 때 $\longrightarrow$ $f'(\textcircled{0}) \equiv 0$
$\vdots$
a가 $\sqrt{2}$일 때 $\longrightarrow$ $f'(\textcircled{$\sqrt{2}$}) \equiv 2\sqrt{2}$
$\vdots$
a가 $\frac{3}{2}$일 때 $\longrightarrow$ $f'(\textcircled{$\frac{3}{2}$}) \equiv 3$
$\vdots$

함수 $f(x)=x^2$에서 실수 a의 값에 따라 미분계수 $f'(a)$는 하나씩 정해지므로 실수 a에 미분계수 $f'(a)$를 대응시키면 그 대응은 함수이다.

안녕?
난 함수 $f(x)=x^2$의 도함수야!

$$f'(x) = 2x$$

함수 $f(x)$가 $x=a$에서 미분가능할 때, 미분계수 $f'(a)$는 유일하게 결정되므로 $x \to f'(x)$의 대응 관계는 함수야.
이 단원에서는 정의역의 원소에 미분계수를 대응시킨 새로운 함수인 도함수에 대해 알아볼 거야. 이때 함수 $f(x)$에서 도함수 $f'(x)$를 구하는 것을 함수 $f(x)$를 x에 대하여 미분한다고 해.
함수 $y=x^n$과 상수함수의 도함수를 구하고, 함수의 실수배, 합, 차의 미분을 할 수 있으면 모든 다항함수를 미분할 수 있어.
이때 함수의 곱의 미분법은 조금 다르니 주의하여 여러 가지 함수의 도함수를 구해 보자!
또 다양하게 미분계수와 도함수를 이용해 보자!

01

두 점에서의 함수의 변화율!

평균변화율

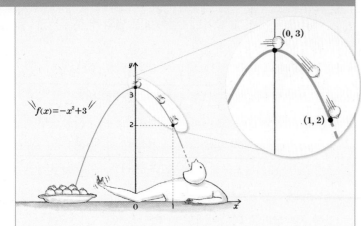

$f(x)=-x^2+3$

$(0, 3)$

$(1, 2)$

x의 값이 0에서 1까지 변할 때
y의 값은 3에서 2까지 변한다.

기호로 나타내면

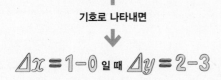

$\varDelta x = 1-0$ 일 때 $\varDelta y = 2-3$

함수 $y=f(x)$에서 x의 값이 a에서 b까지 변할 때,
함숫값은 $f(a)$에서 $f(b)$까지 변한다.

이때 x의 값의 변화량 $b-a$를 $\boxed{x\text{의 증분}}$,
y의 값의 변화량 $f(b)-f(a)$를 $\boxed{y\text{의 증분}}$ 이라 하고,
이것을 기호로 각각 $\varDelta x$, $\varDelta y$와 같이 나타낸다.

$$\varDelta x = b-a, \quad \varDelta y = f(b)-f(a) = f(a+\varDelta x) - f(a)$$

$y=f(x)$
$f(b)$
$f(a)$
$\varDelta y$
$\varDelta x$
$0 \quad a \quad b \quad x$

x의 값의 변화량에 대한
y의 값의 변화량의 비는?

$$\frac{\varDelta y}{\varDelta x} = \frac{2-3}{1-0} = -1$$

x의 증분에 대한 y의 증분의 비율 $\dfrac{\varDelta y}{\varDelta x}$ 를
x의 값이 a에서 b까지 변할 때의 함수 $y=f(x)$의 $\boxed{\text{평균변화율}}$ 이라 한다.

$$\frac{\varDelta y}{\varDelta x} = \frac{f(b)-f(a)}{b-a} = \frac{f(a+\varDelta x)-f(a)}{\varDelta x}$$

참고 $\varDelta$는 차를 뜻하는 Difference의 첫글자 D에 해당하는 그리스 문자로 델타(delta)라 읽는다.

1st ― 평균변화율의 뜻

● 함수 $f(x)=x^2+2x$에 대하여 x의 값이 다음과 같이 변할 때의 평균변화율을 구하시오.

1 1에서 3까지 변할 때

→ $f(1)=3$, $f(3)=15$이고 평균변화율은 $\dfrac{\varDelta y}{\varDelta x}$ 이므로

$$\frac{\varDelta y}{\varDelta x} = \frac{f(3)-\boxed{}}{\boxed{}-1} = \frac{\boxed{}-3}{\boxed{}} = \boxed{}$$

2 0에서 2까지 변할 때

3 3에서 5까지 변할 때

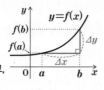

나, 델타라 해!

4 −4에서 0까지 변할 때

5 −2에서 2까지 변할 때

평균변화율의 기하적 의미

아! 이래서
(기울기)=(변화율)이라
배웠군요!!!

$(b, f(b))$
$(a, f(a))$
$\varDelta y$
$\varDelta x$

$\left(\begin{array}{l}\text{함수 } y=f(x)\text{에서} \\ x\text{의 값이 } a\text{에서 } b\text{까지} \\ \text{변할 때의 평균변화율}\end{array}\right) = \dfrac{\varDelta y}{\varDelta x} = \dfrac{f(b)-f(a)}{b-a} = \left(\begin{array}{l}\text{두 점 A, B를} \\ \text{지나는} \\ \text{직선의 기울기}\end{array}\right)$

B$(b, f(b))$
A$(a, f(a))$

● 다음 함수 $f(x)$의 주어진 구간에서의 평균변화율을 구하시오.

6 $f(x)=x^2$ $[0,\ 3]$

→ $f(0)=0$, $f(3)=9$이고 평균변화율은 $\dfrac{\Delta y}{\Delta x}$이므로

$$\dfrac{\Delta y}{\Delta x}=\dfrac{f(3)-\boxed{}}{\boxed{}-0}=\dfrac{9-\boxed{}}{\boxed{}}=\boxed{}$$

7 $f(x)=x^2-4x+2$ $[1,\ 3]$

8 $f(x)=x^2$ $[2,\ 2+h]$

9 $f(x)=-x^2+1$ $[1,\ 1+\Delta x]$

2ⁿᵈ 평균변화율을 이용하여 구하는 미지수의 값

● 주어진 조건을 만족시키는 a의 값을 구하시오.

10 함수 $f(x)=x^2+2x+3$의 구간 $[0,\ a]$에서의 평균변화율이 4

→ $f(0)=3$, $f(a)=a^2+2a+3$이고 평균변화율은 $\dfrac{\Delta y}{\Delta x}$이므로

$$\dfrac{\Delta y}{\Delta x}=\dfrac{f(a)-\boxed{}}{\boxed{}-0}=\dfrac{(a^2+2a+3)-\boxed{}}{\boxed{}}=\boxed{}$$

즉 $\boxed{}=4$이므로 $a=\boxed{}$

---

11 함수 $f(x)=x^2-4x+2$의 구간 $[1,\ a]$에서의 평균변화율이 2

12 함수 $f(x)=x^2-x+2$의 구간 $[a,\ 2]$에서의 평균변화율이 3

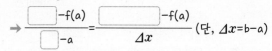

😊 **내가 발견한 개념**　　　　　　　平均변화율은?

• 함수 $y=f(x)$에서 x의 값이 a에서 b까지 변할 때의 평균변화율

$$\rightarrow \dfrac{\boxed{}-f(a)}{\boxed{}-a}=\dfrac{\boxed{}-f(a)}{\Delta x}\ \ (\text{단},\ \Delta x=b-a)$$

개념모음문제

13 함수 $f(x)=x^2$에서 x의 값이 a에서 $a+2$까지 변할 때의 평균변화율이 4일 때, 상수 a의 값은?

① -2　　　② -1　　　③ 0
④ 1　　　⑤ 2

출발 A　　　　　　　　　도착 B

0km　　　27km　　　60km

(평균변화율) = (평균속도)

직선도로에서 평균 시속 60km로 달리는 자동차의 시간에 대한 거리의 함수의 그래프가 다음과 같을 때

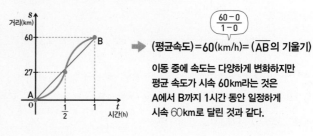

$\dfrac{60-0}{1-0}$

➡ (평균속도)=60(km/h)=($\overline{AB}$의 기울기)

이동 중에 속도는 다양하게 변화하지만 평균 속도가 시속 60km라는 것은 A에서 B까지 1시간 동안 일정하게 시속 60km로 달린 것과 같다.

미분계수

한 점에서의 함수의 변화율!

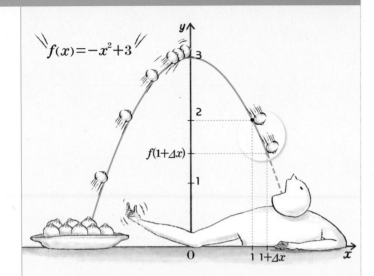

$f(x)=-x^2+3$

x의 값이 1에서 $1+\Delta x$까지 변할 때
함수 $f(x)$의 평균변화율은?

$$\frac{\Delta y}{\Delta x}=\frac{f(1+\Delta x)-f(1)}{\Delta x}$$
$$=\frac{\{-(1+\Delta x)^2+3\}-2}{\Delta x}$$
$$=\frac{-(\Delta x)^2-2\Delta x}{\Delta x}$$

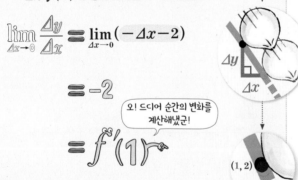

$(1, 2)$

Δy

Δx

$(1+\Delta x, f(1+\Delta x))$

$$\frac{\Delta y}{\Delta x}=-\Delta x-2$$

이때 Δx가 0이 아니면서 0에 한없이 가까워질 때
함수 $f(x)$의 평균변화율의 극한값은?

$$\lim_{\Delta x\to 0}\frac{\Delta y}{\Delta x}=\lim_{\Delta x\to 0}(-\Delta x-2)$$

$$=-2$$

오! 드디어 순간의 변화를
계산해냈군!

$$=f'(1)$$

$\Delta x \to 0$

$(1, 2)$

함수 $y=f(x)$에서 x의 값이 a에서 $a+\Delta x$까지 변할 때의

평균변화율은 $\dfrac{\Delta y}{\Delta x}=\dfrac{f(a+\Delta x)-f(a)}{\Delta x}$

여기서 $\Delta x\to 0$일 때, 평균변화율의 극한값 $\lim\limits_{\Delta x\to 0}\dfrac{\Delta y}{\Delta x}=\lim\limits_{\Delta x\to 0}\dfrac{f(a+\Delta x)-f(a)}{\Delta x}$가

존재하면 함수 $f(x)$는 $x=a$에서 미분가능하다고 한다.

이 극한값을 함수 $y=f(x)$의 $x=a$에서의 순간변화율 또는 미분계수 라 하고,

이것을 기호로 $f'(a)$와 같이 나타낸다.

원리확인 다음은 함수 $f(x)=-x^2+9$의 $x=1$에서의 미분계수를 구하는 과정이다. □ 안에 알맞은 것을 써넣으시오.

❶ $f'(1)=\lim\limits_{\Delta x\to 0}\dfrac{f(1+\Delta x)-\boxed{}}{\Delta x}$

$=\lim\limits_{\Delta x\to 0}\dfrac{\{\boxed{}+9\}-(-1^2+9)}{\Delta x}$

$=\lim\limits_{\Delta x\to 0}\dfrac{-(\Delta x)^2-\boxed{}}{\Delta x}$

$=\lim\limits_{\Delta x\to 0}(-\Delta x-\boxed{})=\boxed{}$

❷ $f'(1)=\lim\limits_{x\to 1}\dfrac{f(x)-\boxed{}}{x-1}$

$=\lim\limits_{x\to 1}\dfrac{(\boxed{})-(-1^2+9)}{x-1}$

$=\lim\limits_{x\to 1}\dfrac{-(x-1)(\boxed{})}{x-1}$

$=\lim\limits_{x\to 1}(\boxed{})=\boxed{}$

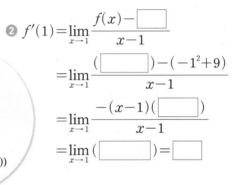

변화를
계산할 수 있는 능력!

미분계수의 표현

함수 $y=f(x)$의 $x=a$에서의 미분계수는

$f'(a)=\lim\limits_{\Delta x\to 0}\dfrac{\Delta y}{\Delta x}$

$=\lim\limits_{\Delta x\to 0}\dfrac{f(a+\Delta x)-f(a)}{\Delta x}$ $\xrightarrow{\Delta x를 h로!}$ $\lim\limits_{h\to 0}\dfrac{f(a+h)-f(a)}{h}$

$\xrightarrow{a+\Delta x를 x로!}$ $\lim\limits_{x\to a}\dfrac{f(x)-f(a)}{x-a}$

1st — 미분계수의 뜻

● 다음 함수 $f(x)$의 $x=1$에서의 미분계수를 구하시오.

1 $f(x)=3x+4$

$$\rightarrow f'(1)=\lim_{x\to 1}\frac{f(x)-\boxed{}}{x-1}$$

$$=\lim_{x\to 1}\frac{(\boxed{})-(3\times 1+4)}{x-1}$$

$$=\lim_{x\to 1}\frac{3(\boxed{})}{x-1}$$

$$=\lim_{x\to 1}\boxed{}=\boxed{}$$

2 $f(x)=\dfrac{1}{3}x-3$

3 $f(x)=x^2-x$

4 $f(x)=-2x^2+x+1$

5 $f(x)=\dfrac{1}{2}x^2+x$

2nd — 평균변화율과 미분계수

● 다음 함수 $f(x)$에 대하여 주어진 구간에서의 평균변화율과 $x=a$에서의 미분계수가 같을 때, 상수 a의 값을 구하시오.

6 $f(x)=x^2+x$　$[1,\,3]$

→ 함수 $f(x)$에서 x의 값이 1에서 3까지 변할 때의 평균변화율은

$$\frac{\Delta y}{\Delta x}=\frac{f(\boxed{})-f(1)}{3-1}=\frac{\boxed{}-2}{2}=\boxed{}$$

또 함수 $f(x)$의 $x=a$에서의 미분계수는

$$f'(a)=\lim_{\Delta x\to 0}\frac{f(a+\Delta x)-f(\boxed{})}{\Delta x}$$

$$=\lim_{\Delta x\to 0}\frac{\{(a+\Delta x)^2+(a+\Delta x)\}-(\boxed{})}{\Delta x}$$

$$=\lim_{\Delta x\to 0}\frac{(\Delta x)^2+\boxed{}a\Delta x+\Delta x}{\Delta x}$$

$$=\lim_{\Delta x\to 0}(\Delta x+2\boxed{}+1)=\boxed{}a+1$$

즉 $\boxed{}a+1=\boxed{}$ 이므로 $a=\boxed{}$

7 $f(x)=x^2+3$　$[0,\,2]$

8 $f(x)=x^2-x+1$　$[1,\,4]$

9 $f(x)=x^2+2x-1$　$[0,\,3]$

미적분 치과　　　미적분 안과

요, 요즘은
본을 안 떠요?

추처

보이지 않는 변화의
세계를 보여드려요!

먼저 비어있는 공간을
미분 촬영한 다음
적분 성형할 거라서 …
금방 끝나!

한 점에서의 함수의 변화율!

미분계수의 기하적 의미

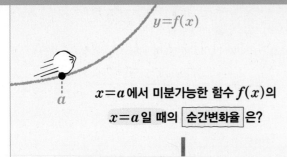

$y=f(x)$

$x=a$에서 미분가능한 함수 $f(x)$의

$x=a$일 때의 순간변화율 은?

↓

x의 값이 a에서 $a+\Delta x$까지 변할 때의 평균변화율에서

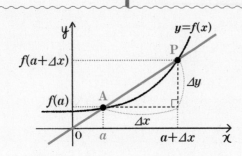

$$\frac{\Delta y}{\Delta x} = \frac{f(a+\Delta x)-f(a)}{\Delta x} = (\overline{\text{AP}}\text{의 기울기})$$

↓

$\Delta x \rightarrow 0$ 이면

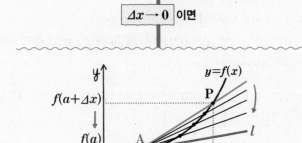

$$f'(a) = \lim_{\Delta x \to 0} \frac{\Delta y}{\Delta x}$$
$$= \lim_{\Delta x \to 0} \frac{f(a+\Delta x)-f(a)}{\Delta x} = (\text{직선 } l\text{의 기울기})$$

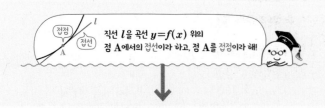

직선 l을 곡선 $y=f(x)$ 위의
점 A에서의 접선이라 하고, 점 A를 접점이라 해!

↓

$x=a$에서 미분가능한 함수 $y=f(x)$의

$x=a$에서의 미분계수 $f'(a)$는 곡선 $y=f(x)$

위의 점 $(a, f(a))$에서의 접선의 기울기 와 같다.

● 다음 곡선 $y=f(x)$ 위의 주어진 점 P에서의 접선의 기울기를 구하시오.

1 $f(x)=x^2-x$, P(2, 2)

→ 점 P(2, 2)에서의 접선의 기울기는 $f'(2)$와 같으므로

$$f'(2)=\lim_{h \to 0} \frac{f(2+h)-\boxed{}}{h}$$
$$=\lim_{h \to 0} \frac{\boxed{}-(2+h)-2}{h}$$
$$=\lim_{h \to 0} \frac{\boxed{}}{h}$$
$$=\lim_{h \to 0} (\boxed{})=\boxed{}$$

2 $f(x)=x^2+3x$, P(1, 4)

3 $f(x)=2x^2-x+1$, P(0, 1)

4 $f(x)=-x^2+x+3$, P(-1, 1)

(순간변화율) = (순간속도)

직선도로에서 평균 시속 60km로 달리는 자동차의 시간에 대한 거리의 함수가 $f(t)$일 때, P지점에서 순간속도가 시속 75km였다면

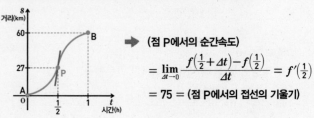

➡ (점 P에서의 순간속도)

$$= \lim_{\Delta t \to 0} \frac{f\left(\frac{1}{2}+\Delta t\right)-f\left(\frac{1}{2}\right)}{\Delta t} = f'\left(\frac{1}{2}\right)$$

$= 75 =$ (점 P에서의 접선의 기울기)

● 다음 곡선 $y=f(x)$ 위의 주어진 점 P에서의 접선의 기울기를 m, 점 P에서의 접선과 수직으로 만나는 직선의 기울기를 n이라 하자. m, n의 값을 구하시오.

5 $f(x)=x^2+x$, P(1, 2)

→ 점 P(1, 2)에서의 접선의 기울기는 $f'(1)$과 같으므로

$$m=f'(1)=\lim_{h\to 0}\frac{f(1+h)-\boxed{}}{h}$$

$$=\lim_{h\to 0}\frac{(1+h)^2+(\boxed{})-2}{h}=\lim_{h\to 0}\frac{\boxed{}}{h}$$

$$=\lim_{h\to 0}(\boxed{})=\boxed{}$$

서로 수직인 두 직선의 기울기의 곱은 $\boxed{}$ 이므로 $n=\boxed{}$

접선에 수직인 직선의 기울기

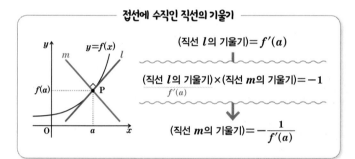

(직선 l의 기울기)$=f'(a)$

(직선 l의 기울기)$\times$(직선 m의 기울기)$=-1$

↓

(직선 m의 기울기)$=-\dfrac{1}{f'(a)}$

---

6 $f(x)=-x^2-x+3$, P(0, 3)

7 $f(x)=x^2-2x+4$, P(-1, 7)

8 $f(x)=-2x^2+3x$, P(2, -2)

😊 **내가 발견한 개념** ☞ 미분계수의 기하적 의미는?

● 곡선 $y=f(x)$ 위의 점 $(a, f(a))$에서의 접선의 기울기

→ $\boxed{}=\lim_{\varDelta x\to 0}\dfrac{\varDelta y}{\varDelta x}$

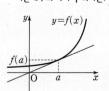

2nd — 평균변화율과 미분계수의 기하적 의미

● 주어진 곡선 $y=f(x)$와 두 점 P, Q에 대하여 다음을 구하시오.

9

곡선 $f(x)=x^2-x$ 위의 두 점
P(-1, 2), Q(1, 0)

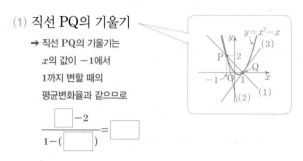

(1) 직선 PQ의 기울기

→ 직선 PQ의 기울기는 x의 값이 -1에서 1까지 변할 때의 평균변화율과 같으므로

$$\frac{\boxed{}-2}{1-(\boxed{})}=\boxed{}$$

(2) 점 P에서의 접선의 기울기

→ 점 P(-1, 2)에서의 접선의 기울기는 $f'(-1)$과 같으므로

$$f'(-1)=\lim_{h\to 0}\frac{f(-1+h)-\boxed{}}{h}$$

$$=\lim_{h\to 0}\frac{\boxed{}-(-1+h)-2}{h}$$

$$=\lim_{h\to 0}\frac{\boxed{}}{h}=\lim_{h\to 0}(\boxed{})=\boxed{}$$

(3) 점 Q에서의 접선의 기울기

10

곡선 $f(x)=-x^2+2x+3$ 위의 두 점
P(1, 4), Q(2, 3)

(1) 직선 PQ의 기울기

(2) 점 P에서의 접선의 기울기

(3) 점 Q에서의 접선의 기울기

04

한 점에서의 함수의 변화율!

미분계수를 이용한 극한값의 계산

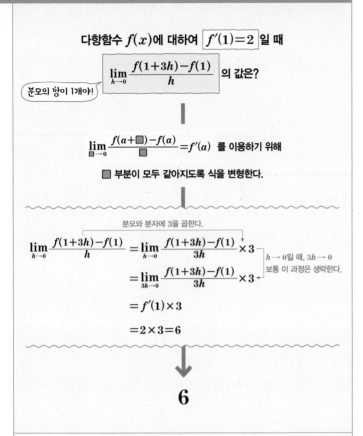

다항함수 $f(x)$에 대하여 $\boxed{f'(1)=2}$ 일 때

$$\boxed{\lim_{h\to 0}\frac{f(1+3h)-f(1)}{h}}$$ 의 값은?

분모의 항이 1개야!

$$\lim_{\blacksquare\to 0}\frac{f(a+\blacksquare)-f(a)}{\blacksquare}=f'(a)$$ 를 이용하기 위해

■ 부분이 모두 같아지도록 식을 변형한다.

분모와 분자에 3을 곱한다.

$$\lim_{h\to 0}\frac{f(1+3h)-f(1)}{h}=\lim_{h\to 0}\frac{f(1+3h)-f(1)}{3h}\times 3$$

$$=\lim_{3h\to 0}\frac{f(1+3h)-f(1)}{3h}\times 3$$

$h\to 0$일 때, $3h\to 0$
보통 이 과정은 생략한다.

$$=f'(1)\times 3$$

$$=2\times 3=6$$

6

다항함수 $f(x)$에 대하여 $\boxed{f'(1)=2}$ 일 때

$$\boxed{\lim_{x\to 1}\frac{f(x)-f(1)}{x^2-1}}$$ 의 값은?

분모의 항이 2개야!

$$\lim_{\blacksquare\to\bullet}\frac{f(\blacksquare)-f(\bullet)}{\blacksquare-\bullet}=f'(\bullet)$$ 를 이용하기 위해

'■' 부분끼리, '●' 부분끼리 모두 같아지도록 식을 변형한다.

분모를 인수분해!

$$\lim_{x\to 1}\frac{f(x)-f(1)}{x^2-1}=\lim_{x\to 1}\frac{f(x)-f(1)}{(x-1)(x+1)}$$

$$=\lim_{x\to 1}\frac{f(x)-f(1)}{x-1}\times\frac{1}{x+1}$$

$$=f'(1)\times\frac{1}{2}$$

$$=2\times\frac{1}{2}=1$$

1

1st — 미분계수를 이용한 극한값의 계산;
분모의 항이 1개인 경우

● 미분가능한 함수 $f(x)$에 대하여 다음 극한값을 $f'(a)$로 나타내시오.

1
$$\lim_{h\to 0}\frac{f(a+2h)-f(a)}{h}$$

$$\to\lim_{h\to 0}\frac{f(a+2h)-f(a)}{h}$$

$$=\lim_{h\to 0}\frac{f(a+2h)-f(a)}{\boxed{}}\times 2$$

$$=\boxed{}\times 2=\boxed{}$$

2
$$\lim_{h\to 0}\frac{f(a+h)-f(a)}{2h}$$

3
$$\lim_{h\to 0}\frac{f(a+2h)-f(a)}{3h}$$

4
$$\lim_{h\to 0}\frac{f(a+4h)-f(a)}{-3h}$$

5
$$\lim_{h\to 0}\frac{f(a-h)-f(a)}{3h}$$

● 미분가능한 함수 $f(x)$에 대하여 $f'(2)=3$일 때, 다음 극한값을 구하시오.

6 $\lim\limits_{h\to 0}\dfrac{f(2+2h)-f(2)}{h}$

$\to \lim\limits_{h\to 0}\dfrac{f(2+2h)-f(2)}{h}$

$=\lim\limits_{h\to 0}\dfrac{f(2+2h)-f(2)}{\boxed{}}\times 2$

$=\boxed{}\times 2=\boxed{}$

7 $\lim\limits_{h\to 0}\dfrac{f(2+h)-f(2)}{3h}$

8 $\lim\limits_{h\to 0}\dfrac{f(2+4h)-f(2)}{2h}$

$\lim\limits_{\blacksquare\to 0}\dfrac{f(a+\blacksquare)-f(a)}{\blacksquare}=f'(a)$

극한값을 미분계수로 구할 수 있어!

분모의 항이 1개일 때 이 모양으로 만들면

9 $\lim\limits_{h\to 0}\dfrac{f(2+2h)-f(2)}{-4h}$

10 $\lim\limits_{h\to 0}\dfrac{f(2-h)-f(2)}{3h}$

● 미분가능한 함수 $f(x)$에 대하여 다음 극한값을 $f'(a)$로 나타내시오.

11 $\lim\limits_{h\to 0}\dfrac{f(a+h)-f(a-h)}{h}$

분자에 $f(a)$를 빼고 더하여 $\lim\limits_{h\to 0}\dfrac{f(a+h)-f(a)}{h}=f'(a)$를 이용할 수 있도록 식을 변형해!

$\to \lim\limits_{h\to 0}\dfrac{f(a+h)-f(a-h)}{h}$

$=\lim\limits_{h\to 0}\dfrac{f(a+h)-f(a)+\boxed{}-f(a-h)}{h}$

$=\lim\limits_{h\to 0}\left\{\dfrac{f(a+h)-\boxed{}}{h}-\dfrac{f(a-h)-f(a)}{\boxed{}}\right\}$

$=\lim\limits_{h\to 0}\dfrac{f(a+h)-\boxed{}}{h}+\lim\limits_{h\to 0}\dfrac{f(a-h)-\boxed{}}{\boxed{}}$

$=f'(a)+\boxed{}=\boxed{}$

12 $\lim\limits_{h\to 0}\dfrac{f(a+3h)-f(a+2h)}{h}$

13 $\lim\limits_{h\to 0}\dfrac{f(a+3h)-f(a-2h)}{h}$

14 $\lim\limits_{h\to 0}\dfrac{f(a+2h)-f(a-4h)}{h}$

--- 미분가능과 미분가능한 함수 ---

함수 $f(x)$가

• $x=a$에서 미분가능 하면 ➡ $f'(a)=\lim\limits_{h\to 0}\dfrac{f(a+h)-f(a)}{h}$ 가 존재해! (미분계수)

• 어떤 구간에서 미분가능 하면 ➡ 그 구간에 속하는 모든 x에서 미분가능해!

• 미분가능한 함수 이면 ➡ 정의역에 속하는 모든 x에서 미분가능해!

● 미분가능한 함수 $f(x)$에 대하여 $f'(1)=2$일 때, 다음 극한값을 구하시오.

15 $\displaystyle\lim_{h \to 0}\frac{f(1+h)-f(1-h)}{h}$

$\to \displaystyle\lim_{h \to 0}\frac{f(1+h)-f(1-h)}{h}$

$= \displaystyle\lim_{h \to 0}\frac{f(1+h)-f(1)+\boxed{}-f(1-h)}{h}$

$= \displaystyle\lim_{h \to 0}\left\{\frac{f(1+h)-\boxed{}}{h}-\frac{f(1-h)-f(1)}{\boxed{}}\right\}$

$= \displaystyle\lim_{h \to 0}\left\{\frac{f(1+h)-\boxed{}}{h}+\frac{f(1-h)-\boxed{}}{\boxed{}}\right\}$

$= \displaystyle\lim_{h \to 0}\frac{f(1+h)-\boxed{}}{h}+\lim_{h \to 0}\frac{f(1-h)-\boxed{}}{\boxed{}}$

$= f'(1)+\boxed{}=\boxed{}=\boxed{}$

16 $\displaystyle\lim_{h \to 0}\frac{f(1+h)-f(1-2h)}{h}$

17 $\displaystyle\lim_{h \to 0}\frac{f(1-3h)-f(1-2h)}{3h}$

18 $\displaystyle\lim_{h \to 0}\frac{f(1+2h)-f(1-2h)}{2h}$

19 $\displaystyle\lim_{h \to 0}\frac{f(1+3h)-f(1+2h)}{2h}$

20 $\displaystyle\lim_{h \to 0}\frac{f(1-3h)-f(1+2h)}{5h}$

:) **내가 발견한 개념** 　　　　분모의 항이 1개인 경우 미분계수를 이용한 극한값의 계산은?

• $\displaystyle\lim_{h \to 0}\frac{f(a+h)-f(a)}{h}=\boxed{}$

• $\displaystyle\lim_{h \to 0}\frac{f(a+ph)-f(a)}{h}=\boxed{}f'(a)$

• $\displaystyle\lim_{h \to 0}\frac{f(a+ph)-f(a-qh)}{h}=(\boxed{})f'(a)$

개념모음문제

21 미분가능한 함수 $f(x)$에 대하여 곡선 $y=f(x)$ 위의 점 $(1, f(1))$에서의 접선의 기울기가 6일 때, $\displaystyle\lim_{h \to 0}\frac{f(1+2h)-f(1)}{3h}$의 값은?

① 2 　　　② 4 　　　③ 6

④ 8 　　　⑤ 10

2nd 미분계수를 이용한 극한값의 계산;
분모의 항이 2개인 경우

● 미분가능한 함수 $f(x)$에 대하여 다음 극한값을 $f'(a)$로 나타내시오. (단, $a \neq 0$, $f'(a) \neq 0$)

22 $\displaystyle\lim_{x \to a} \frac{f(x)-f(a)}{x^2-a^2}$

$\to \displaystyle\lim_{x \to a} \frac{f(x)-f(a)}{x^2-a^2}$

$= \displaystyle\lim_{x \to a} \frac{f(x)-f(a)}{(x+\boxed{})(x-a)}$

$= \displaystyle\lim_{x \to a} \frac{f(x)-f(a)}{x-a} \times \frac{1}{x+\boxed{}}$

$= \displaystyle\lim_{x \to a} \frac{f(x)-f(a)}{x-a} \times \lim_{x \to a} \frac{1}{x+\boxed{}}$

$= \dfrac{1}{\boxed{}} f'(a)$

23 $\displaystyle\lim_{x \to a} \frac{f(x)-f(a)}{3x-3a}$

24 $\displaystyle\lim_{x \to a} \frac{f(x)-f(a)}{x^3-a^3}$

25 $\displaystyle\lim_{x \to a} \frac{x^2-a^2}{f(x)-f(a)}$

26 $\displaystyle\lim_{x \to a} \frac{f(x)-f(a)}{\sqrt{x}-\sqrt{a}}$

● 미분가능한 함수 $f(x)$에 대하여 $f'(2)=4$일 때, 다음 극한값을 구하시오.

27 $\displaystyle\lim_{x \to 2} \frac{f(x)-f(2)}{2x-4}$

$\to \displaystyle\lim_{x \to 2} \frac{f(x)-f(2)}{2x-4} = \lim_{x \to 2} \frac{f(x)-\boxed{}}{2(x-2)}$

$= \displaystyle\lim_{x \to 2} \frac{f(x)-\boxed{}}{x-2} \times \frac{1}{2}$

$= \dfrac{1}{2} \times \boxed{} = \boxed{}$

28 $\displaystyle\lim_{x \to 2} \frac{f(x)-f(2)}{3x-6}$

29 $\displaystyle\lim_{x \to 2} \frac{f(x)-f(2)}{x^2-4}$

$$\lim_{\blacksquare \to \bullet} \frac{f(\blacksquare)-f(\bullet)}{\blacksquare-\bullet} = f'(\bullet)$$

극한값을 미분계수로
구할 수 있어!

분모의 항이 2개일 때
이 모양으로 만들면

30 $\displaystyle\lim_{x \to 2} \frac{f(x)-f(2)}{x^3-8}$

31 $\displaystyle\lim_{x \to 2} \frac{f(x)-f(2)}{\sqrt{x}-\sqrt{2}}$

● 미분가능한 함수 $f(x)$에 대하여 다음 극한값을 $f'(a)$로 나타내시오.

32 $\lim\limits_{x \to a} \dfrac{xf(a)-af(x)}{x-a}$

분자에 $af(a)$를 빼고 더하여 $\lim\limits_{x \to a} \dfrac{f(x)-f(a)}{x-a}=f'(a)$를 이용할 수 있도록 식을 변형해!

$\to \lim\limits_{x \to a} \dfrac{xf(a)-af(x)}{x-a}$

$=\lim\limits_{x \to a} \dfrac{xf(a)-af(a)+\boxed{}-af(x)}{x-a}$

$=\lim\limits_{x \to a} \dfrac{f(a)(\boxed{})-a\{f(x)-\boxed{}\}}{x-a}$

$=\lim\limits_{x \to a} \left\{\dfrac{f(a)(\boxed{})}{x-a}-a\times\dfrac{f(x)-\boxed{}}{x-a}\right\}$

$=\lim\limits_{x \to a} f(a)-a\lim\limits_{x \to a} \dfrac{f(x)-\boxed{}}{x-a}$

$=f(a)-\boxed{}$

33 $\lim\limits_{x \to a} \dfrac{x^2f(a)-a^2f(x)}{x-a}$

34 $\lim\limits_{x \to a} \dfrac{xf(a)-af(x)}{\sqrt{x}-\sqrt{a}}$

● 미분가능한 함수 $f(x)$에 대하여 $f(2)=1$, $f'(2)=-2$일 때, 다음 극한값을 구하시오.

35 $\lim\limits_{x \to 2} \dfrac{xf(2)-2f(x)}{x-2}$

$\to \lim\limits_{x \to 2} \dfrac{xf(2)-2f(x)}{x-2}$

$=\lim\limits_{x \to 2} \dfrac{xf(2)-2f(2)+\boxed{}-2f(x)}{x-2}$

$=\lim\limits_{x \to 2} \dfrac{f(2)(\boxed{})-2\{f(x)-\boxed{}\}}{x-2}$

$=\lim\limits_{x \to 2} \left\{\dfrac{f(2)(\boxed{})}{x-2}-2\times\dfrac{f(x)-\boxed{}}{x-2}\right\}$

$=\lim\limits_{x \to 2} f(2)-2\lim\limits_{x \to 2} \dfrac{f(x)-\boxed{}}{x-2}$

$=f(2)-2\times\boxed{}=\boxed{}$

36 $\lim\limits_{x \to 2} \dfrac{x^2f(2)-4f(x)}{x-2}$

37 $\lim\limits_{x \to 2} \dfrac{xf(2)-2f(x)}{\sqrt{x}-\sqrt{2}}$

개념모음문제

38 미분가능한 함수 $f(x)$에 대하여 곡선 $y=f(x)$ 위의 점 $(4, f(4))$에서의 접선의 기울기가 4일 때, $\lim\limits_{x \to 2} \dfrac{f(x^2)-f(4)}{x-2}$의 값은?

① 12   ② 16   ③ 20

④ 24   ⑤ 28

😊 **내가 발견한 개념**   분모의 항이 2개인 경우 미분계수를 이용한 극한값의 계산은?

• $\lim\limits_{x \to a} \dfrac{f(x)-f(a)}{x-a}=\boxed{}$

• $\lim\limits_{x \to a} \dfrac{xf(a)-af(x)}{x-a}=\boxed{}-\boxed{}f'(a)$

• $\lim\limits_{x \to a} \dfrac{x^2f(a)-a^2f(x)}{x-a}=\boxed{}-\boxed{}f'(a)$

3rd 항등식이 주어질 때의 미분계수

● 미분가능한 함수 $f(x)$가 모든 실수 x, y에 대하여 주어진 조건을 만족시킬 때, 다음 값을 구하시오.

39 $f(x+y)=f(x)+f(y)$, $f'(2)=1$

(1) $f(0)$

→ $f(x+y)=f(x)+f(y)$의 양변에 $x=0$, $y=\boxed{}$ 을 대입하면

$f(0)=f(0)+\boxed{}$

따라서 $f(0)=\boxed{}$

(2) $f'(1)$

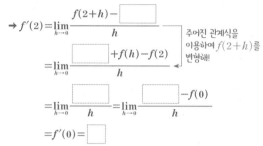

→ $f'(2)=\lim\limits_{h\to0}\dfrac{f(2+h)-\boxed{}}{h}$

주어진 관계식을 이용하여 $f(2+h)$를 변형해!

$=\lim\limits_{h\to0}\dfrac{\boxed{}+f(h)-f(2)}{h}$

$=\lim\limits_{h\to0}\dfrac{\boxed{}}{h}=\lim\limits_{h\to0}\dfrac{\boxed{}-f(0)}{h}$

$=f'(0)=\boxed{}$

따라서

$f'(1)=\lim\limits_{h\to0}\dfrac{f(1+h)-\boxed{}}{h}$

$=\lim\limits_{h\to0}\dfrac{\boxed{}+f(h)-f(1)}{h}$

$=\lim\limits_{h\to0}\dfrac{\boxed{}}{h}=\lim\limits_{h\to0}\dfrac{\boxed{}-f(0)}{h}$

$=f'(0)=\boxed{}$

40 $f(x+y)=f(x)+f(y)$, $f'(1)=4$

(1) $f(0)$

(2) $f'(2)$

41 $f(x+y)=f(x)+f(y)+2$, $f'(-1)=-2$

(1) $f(0)$

(2) $f'(-2)$

42 $f(x+y)=f(x)+f(y)-1$, $f'(2)=1$

(1) $f(0)$

(2) $f'(1)$

43 $f(x+y)=f(x)+f(y)+xy$, $f'(1)=3$

(1) $f(0)$

(2) $f'(-1)$

순간변화율이 있으면 그래프가 이어지는!

미분가능성과 연속성

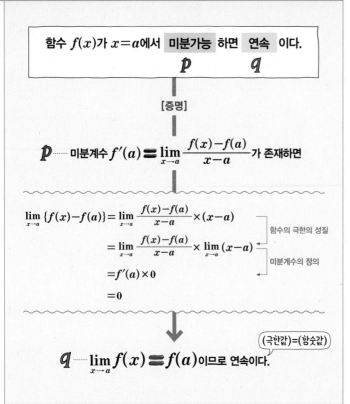

함수 $f(x)$가 $x=a$에서 미분가능 하면 연속 이다.

p ..... 미분계수 $f'(a)=\lim\limits_{x \to a}\dfrac{f(x)-f(a)}{x-a}$가 존재하면

$\lim\limits_{x \to a}\{f(x)-f(a)\}=\lim\limits_{x \to a}\dfrac{f(x)-f(a)}{x-a}\times(x-a)$ — 함수의 극한의 성질

$=\lim\limits_{x \to a}\dfrac{f(x)-f(a)}{x-a}\times\lim\limits_{x \to a}(x-a)$ — 미분계수의 정의

$=f'(a)\times 0$

$=0$

(극한값)=(함숫값)

q ..... $\lim\limits_{x \to a}f(x)=f(a)$이므로 연속이다.

역으로, 연속이면 반드시 미분가능할까?

함수 $f(x)=|x|$는 $x=0$에서

$\lim\limits_{x \to 0}f(x)=f(0)=0$이므로 연속 이다.

한편

$\lim\limits_{x \to 0+}\dfrac{f(x)-f(0)}{x-0}=\lim\limits_{x \to 0+}\dfrac{|x|}{x}=\lim\limits_{x \to 0+}\dfrac{x}{x}=1$

$\lim\limits_{x \to 0-}\dfrac{f(x)-f(0)}{x-0}=\lim\limits_{x \to 0-}\dfrac{|x|}{x}=\lim\limits_{x \to 0-}\dfrac{-x}{x}=-1$

에서

$\lim\limits_{x \to 0+}\dfrac{f(x)-f(0)}{x-0}\neq\lim\limits_{x \to 0-}\dfrac{f(x)-f(0)}{x-0}$

따라서 $f'(0)=\lim\limits_{x \to 0}\dfrac{f(x)-f(0)}{x-0}$은 존재하지 않으므로

함수 $f(x)$는 $x=0$에서 미분가능하지 않다.

함수
연속함수
미분가능한
함수

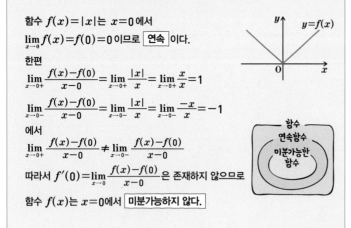

p 미분가능하다. q 연속이다.

성립하지 않아!

$\sim q$ 불연속이다. $\sim p$ 미분가능하지 않다.

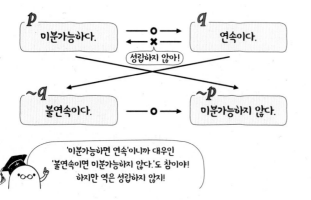

'미분가능하면 연속'이니까 대우인
'불연속이면 미분가능하지 않다.'도 참이야!
하지만 역은 성립하지 않지!

1st — 그래프에서의 미분가능성과 연속성

● 함수 $y=f(x)$의 그래프가 다음 그림과 같을 때, 함수 $y=f(x)$가 $x=a$에서 미분가능한 것은 ○를, 미분가능하지 않은 것은 ×를 ( ) 안에 써넣으시오.

1

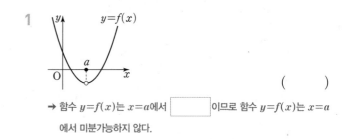

( )

→ 함수 $y=f(x)$는 $x=a$에서 ☐ 이므로 함수 $y=f(x)$는 $x=a$에서 미분가능하지 않다.

2

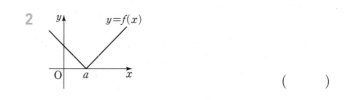

( )

3

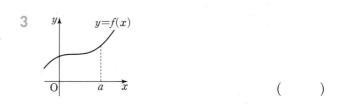

( )

4

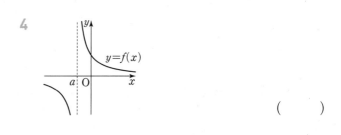

( )

5

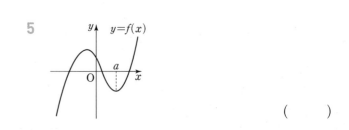

( )

😊 내가 발견한 개념   미분가능성과 연속성의 관계는?

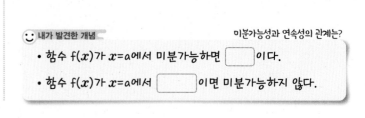

• 함수 $f(x)$가 $x=a$에서 미분가능하면 ☐ 이다.

• 함수 $f(x)$가 $x=a$에서 ☐ 이면 미분가능하지 않다.

● 함수 $y=f(x)$의 그래프가 다음 그림과 같을 때, 주어진 x의 값
에서의 함수 $f(x)$의 연속성과 미분가능성을 조사하시오.

6

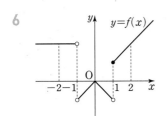

x의 값	연속이다.	미분가능하다.
-2		
-1		
0	○	×
1		
2		

7

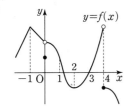

x의 값	연속이다.	미분가능하다.
-1		
0		
1		
2		
3		
4		

8

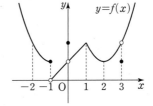

x의 값	연속이다.	미분가능하다.
-2		
-1		
0		
1		
2		
3		

9

x의 값	연속이다.	미분가능하다.
-2		
-1		
0		
1		
2		
3		

완벽한 예언을 하려면 미분이 가능한지를 보면 되지!

함수

연속함수

미분가능한 함수

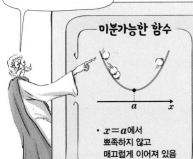

· $x=a$에서
뾰족하지 않고
매끄럽게 이어져 있음

· $x=a$에서 연속
· $x=a$에서 뾰족점(절점, 첨점)
· (좌미분계수)≠(우미분계수)

· $x=a$에서 접선이
x축에 수직임

· $x=a$에서 불연속
· 미분계수가
정의되지 않음

· $x=a$에서 불연속
· (좌미분계수)≠(우미분계수)

부드러운 곡선 위의 모든 점에서 미분가능하고,
불연속인 점, 뾰족한 첨점,
접선이 x축에 수직인 점에서 미분가능하지 않군!

● 다음 함수 $f(x)$의 주어진 x의 값에서의 연속성과 미분가능성을 조사하시오.

10 $f(x)=|x-1|$, $x=1$

다항함수 $f(x)$가 $x=a$에서 연속이면 $\lim\limits_{x \to a} f(x)=f(a)$이어야 해!

→ (ⅰ) $f(1)=0$, $\lim\limits_{x \to 1} f(x)=\lim\limits_{x \to 1}|x-1|=0$이므로

$$\lim\limits_{x \to 1} f(x)=f(1)$$

따라서 함수 $f(x)$는 $x=1$에서 $\boxed{}$이다.

(ⅱ) $\lim\limits_{x \to 1-}\dfrac{f(x)-f(1)}{x-1}=\lim\limits_{x \to 1-}\dfrac{|x-1|}{x-1}$

$$=\lim\limits_{x \to 1-}\dfrac{\boxed{}}{x-1}=\boxed{}$$

$\lim\limits_{x \to 1+}\dfrac{f(x)-f(1)}{x-1}=\lim\limits_{x \to 1+}\dfrac{|x-1|}{x-1}$

$$=\lim\limits_{x \to 1+}\dfrac{\boxed{}}{x-1}=\boxed{}$$

이므로 $f'(1)$의 값이 존재하지 않는다.

따라서 함수 $f(x)$는 $x=1$에서 $\boxed{}$하지 않다.

(ⅰ), (ⅱ)에서 함수 $f(x)$는 $x=1$에서 연속이지만 미분가능하지 않다.

11 $f(x)=|2x+2|$, $x=-1$

12 $f(x)=1+\dfrac{1}{x}$, $x=1$

13 $f(x)=3-\dfrac{1}{x-2}$, $x=3$

14 $f(x)=\begin{cases} 3x-3 & (x<1) \\ (x-1)^2 & (x \geq 1) \end{cases}$, $x=1$

15 $f(x)=\begin{cases} x+3 & (x<0) \\ x^2+2 & (x \geq 0) \end{cases}$, $x=0$

16 $f(x)=\begin{cases} 2x-1 & (x<-1) \\ 2x^2+4x+2 & (x \geq -1) \end{cases}$, $x=-1$

연속성과 미분가능성

함수 $f(x)$가 $x=a$에서

연속이다.	미분가능하다.
$f(a)=\lim\limits_{x \to a} f(x)$	$f'(a)=\lim\limits_{x \to a}\dfrac{f(x)-f(a)}{x-a}$
↓	↓
(함숫값)=(극한값)	미분계수가 존재!

01 평균변화율

- 함수 $y=f(x)$에서 x의 값이 a에서 b까지 변할 때의 평균변화율

$$\rightarrow \frac{f(b)-f(a)}{b-a}=\frac{f(a+\Delta x)-f(x)}{\Delta x} \text{ (단, } \Delta x=b-a)$$

1 함수 $f(x)=x^2-x$의 구간 $[1, 3]$에서의 평균변화율은?

① 1   ② 3   ③ 5
④ 7   ⑤ 9

2 함수 $f(x)=-x^2-3x+2$에 대하여 x의 값이 a에서 1까지 변할 때의 평균변화율이 5일 때, 상수 a의 값은? (단, $a<1$)

① -1 ② -3 ③ -5
④ -7 ⑤ -9

3 함수 $f(x)=x^2+ax+3$에 대하여 x의 값이 0에서 2까지 변할 때의 평균변화율이 4일 때, 상수 a의 값은?

① -2 ② -1 ③ 1
④ 2   ⑤ 3

4 함수 $f(x)=x(x+1)$에 대하여 x의 값이 -2에서 1까지 변할 때의 평균변화율과 x의 값이 a에서 0까지 변할 때의 평균변화율이 같을 때, 상수 a의 값을 구하시오. (단, $a<0$)

02~03 미분계수와 미분계수의 기하적 의미

- 함수 $y=f(x)$의 $x=a$에서의 미분계수

$$\rightarrow f'(a)=\lim_{x \to a}\frac{f(x)-f(a)}{x-a}=\lim_{h \to 0}\frac{f(x+h)-f(x)}{h}$$

- 함수 $y=f(x)$의 $x=a$에서의 미분계수 $f'(a)$는 곡선 $y=f(x)$ 위의 점 $(a, f(a))$에서의 접선의 기울기와 같다.

5 함수 $f(x)=x^2-2x-12$에 대하여 $x=5$에서의 미분계수는?

① 2   ② 4   ③ 6
④ 8   ⑤ 10

6 함수 $f(x)=x^2+7x+3$에 대하여 x의 값이 -1에서 1까지 변할 때의 평균변화율과 $x=a$에서의 미분계수가 같을 때, 상수 a의 값은?

① -1 ② $-\frac{1}{2}$ ③ 0
④ $\frac{1}{2}$ ⑤ 1

7 곡선 $f(x)=x^2+2x+2$ 위의 점 $(1, f(1))$에서의 접선의 기울기는?

① 2   ② 4   ③ 6

④ 8   ⑤ 10

---

04 미분계수를 이용한 극한값의 계산

- $\lim\limits_{x \to a} \dfrac{f(x)-f(a)}{x-a}=f'(a)$

- $\lim\limits_{h \to 0} \dfrac{f(a+h)-f(a)}{h}=f'(a)$

8 미분가능한 함수 $f(x)$에 대하여 $f'(1)=4$일 때, $\lim\limits_{h \to 0} \dfrac{f(1+3h)-f(1)}{h}$의 값은?

① 8   ② 10   ③ 12

④ 14   ⑤ 16

9 미분가능한 함수 $f(x)$에 대하여 $f'(-1)=2$일 때, $\lim\limits_{h \to 0} \dfrac{f(-1+h)-f(-1-h)}{h}$의 값은?

① 1   ② 2   ③ 3

④ 4   ⑤ 5

10 미분가능한 함수 $f(x)$에 대하여 $f'(2)=4$, $\lim\limits_{h \to 0} \dfrac{f(2+ah)-f(2)}{h}=8$일 때, 상수 a의 값은?

① 1   ② 2   ③ 3

④ 4   ⑤ 5

11 미분가능한 함수 $f(x)$에 대하여 곡선 $y=f(x)$ 위의 점 $(1, f(1))$에서의 접선의 기울기가 10일 때, $\lim\limits_{x \to 1} \dfrac{f(x)-f(1)}{x^2-1}$의 값은?

① 1   ② 3   ③ 5

④ 7   ⑤ 9

12 미분가능한 함수 $f(x)$에 대하여 $\lim\limits_{x \to 1} \dfrac{f(x)-2}{x^2-1}=2$일 때, $\dfrac{f'(1)}{f(1)}$의 값을 구하시오.

13 미분가능한 함수 $f(x)$에 대하여 $f(1)=0$, $f'(1)=10$일 때, $\lim\limits_{x \to 1} \dfrac{f(x)}{x^2+3x-4}$의 값은?

① 2   ② 3   ③ 4

④ 5   ⑤ 6

14 미분가능한 함수 $f(x)$가 모든 실수 x, y에 대하여
$$f(x+y)=f(x)+f(y)-3$$
을 만족시킨다. $f'(1)=2$일 때, $f(0)+f'(-1)$의 값은?

① 4   ② 5   ③ 6

④ 7   ⑤ 8

05 미분가능성과 연속성
- 함수 $f(x)$가 $x=a$에서 미분가능하면 연속이다.
- 함수 $f(x)$가 $x=a$에서 불연속이면 미분가능하지 않다.

15 함수 $y=f(x)$의 그래프가 다음 그림과 같을 때, 열린 구간 $(-4, 4)$에서 함수 $f(x)$가 불연속인 점의 개수가 a, 미분가능하지 않은 점의 개수가 b이다. $a+b$의 값을 구하시오.

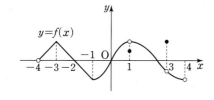

16 함수 $y=f(x)$의 그래프가 다음 그림과 같을 때, 열린 구간 $(-4, 2)$에서 함수 $f(x)$에 대한 다음 설명 중 옳은 것을 모두 고르면? (정답 2개)

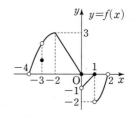

① $f'(-1)<0$

② $f'(-2)=0$

③ $\lim\limits_{x \to 0} f(x)$의 값이 존재한다.

④ 함수 $f(x)$가 불연속인 점은 3개이다.

⑤ 함수 $f(x)$가 미분가능하지 않은 점은 3개이다.

17 다음 **보기**에서 $x=0$에서 연속이지만 미분가능하지 않은 함수인 것만을 있는 대로 고른 것은?

보기
ㄱ. $f(x)=x(x+1)$

ㄴ. $f(x)=2-\dfrac{1}{x}$

ㄷ. $f(x)=\begin{cases} 2x+1 & (x<0) \\ -x+1 & (x \geq 0) \end{cases}$

① ㄱ   ② ㄷ   ③ ㄱ, ㄴ

④ ㄴ, ㄷ   ⑤ ㄱ, ㄴ, ㄷ

순간변화율을 나타내는 함수!

도함수

함수 $\boxed{f(x)=x^2}$ 의 $x=a$ 에서의

미분계수 $\boxed{f'(a)}$ 는?

$$f'(a)=\lim_{\Delta x \to 0}\frac{f(a+\Delta x)-f(a)}{\Delta x}$$
$$=\lim_{\Delta x \to 0}\frac{(a+\Delta x)^2-a^2}{\Delta x}$$
$$=\lim_{\Delta x \to 0}(2a+\Delta x)=2a$$

$$f'(a)\fallingdotseq 2a$$

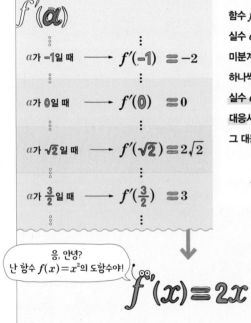

$f'(a)$

a 가 –1일 때 $\longrightarrow$ $f'(-1)\fallingdotseq -2$

a 가 0일 때 $\longrightarrow$ $f'(0)\fallingdotseq 0$

a 가 $\sqrt{2}$ 일 때 $\longrightarrow$ $f'(\sqrt{2})\fallingdotseq 2\sqrt{2}$

a 가 $\frac{3}{2}$ 일 때 $\longrightarrow$ $f'(\frac{3}{2})\fallingdotseq 3$

함수 $f(x)=x^2$ 에서
실수 a 의 값에 따라
미분계수 $f'(a)$ 는
하나씩 정해지므로
실수 a 에 미분계수 $f'(a)$ 를
대응시키면
그 대응은 함수이다.

변화율이
함..함수라구요?

응, 안녕?
난 함수 $f(x)=x^2$ 의 도함수야!

$$f'(x)\fallingdotseq 2x$$

미분가능한 함수 $y=f(x)$ 의 정의역의 각 원소 x 에

미분계수 $f'(x)$ 를 대응시켜 만든 새로운 함수

$$f'(x)\fallingdotseq \lim_{\Delta x \to 0}\frac{f(x+\Delta x)-f(x)}{\Delta x} \text{ 를}$$

함수 $y=f(x)$ 의 $\boxed{\text{도함수}}$ 라 하고

기호로 $f'(x)$, y', $\dfrac{dy}{dx}$, $\dfrac{d}{dx}f(x)$ 와 같이 나타낸다.

함수 $f(x)$ 에서 도함수 $f'(x)$ 를 구하는 것을 함수 $f(x)$ 를 x 에 대하여

미분한다고 하고, 그 계산법을 $\boxed{\text{미분법}}$ 이라 한다.

참고 도함수의 기호 $\dfrac{dy}{dx}$ 는 극한값 $\lim\limits_{\Delta x \to 0}\dfrac{\Delta y}{\Delta x}$ 를 간단히 나타낸 것이다.

원리확인 다음은 함수 $f(x)=x^2+5x$ 의 $x=1$ 에서의 미분계수를 구하는 과정이다. □ 안에 알맞은 것을 써넣으시오.

❶ 도함수 이용

$$\to f'(x)=\lim_{h \to 0}\frac{f(x+h)-\boxed{}}{h}$$
$$=\lim_{h \to 0}\frac{\boxed{}+5(x+h)-(x^2+5x)}{h}$$
$$=\lim_{h \to 0}\frac{\boxed{}+h^2+5h}{h}$$
$$=\lim_{h \to 0}(\boxed{}+h+5)$$
$$=\boxed{}$$

따라서 $f'(1)=\boxed{}$

❷ 미분계수의 정의 이용

$$\to f'(1)=\lim_{x \to 1}\frac{f(x)-\boxed{}}{x-1}$$
$$=\lim_{x \to 1}\frac{\boxed{}-6}{x-1}$$
$$=\lim_{x \to 1}\frac{(x-1)(\boxed{})}{x-1}$$
$$=\lim_{x \to 1}(\boxed{})=\boxed{}$$

우리 모두 도함수를 의미해!

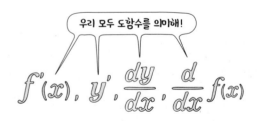

$$f'(x), \ y', \ \frac{dy}{dx}, \ \frac{d}{dx}f(x)$$

1st — 도함수

● 다음 함수 $f(x)$의 도함수를 구하시오.

1 $f(x)=5x+2$

$$\rightarrow f'(x)=\lim_{h\to 0}\frac{f(x+h)-f(x)}{h}$$
$$=\lim_{h\to 0}\frac{5(\boxed{})+2-(5x+2)}{h}$$
$$=\lim_{h\to 0}\frac{\boxed{}}{h}$$
$$=\lim_{h\to 0}\boxed{}=\boxed{}$$

2 $f(x)=x^2-3x$

3 $f(x)=-5x^2+2x+3$

4 $f(x)=\dfrac{1}{2}x^2-x+7$

2nd — 도함수와 미분계수

● 함수 $f(x)$의 도함수 $f'(x)$를 이용하여 다음을 구하시오.

5 $f(x)=3x+4$일 때, $x=1$에서의 미분계수

$$\rightarrow f'(x)=\lim_{h\to 0}\frac{f(x+h)-f(x)}{h}$$
$$=\lim_{h\to 0}\frac{3(\boxed{})+4-(3x+4)}{h}$$
$$=\lim_{h\to 0}\frac{\boxed{}}{h}=\lim_{h\to 0}\boxed{}=\boxed{}$$

따라서 $f'(1)=\boxed{}$

6 $f(x)=2x^2+x+1$일 때, $x=3$에서의 미분계수

7 $f(x)=-3x^2-10x$일 때, $x=0$에서의 미분계수

8 $f(x)=\dfrac{1}{4}x^2-3x+2$일 때, $x=-1$에서의 미분계수

☺ 내가 발견한 개념   도함수와 미분계수의 관계는?

● 함수 $y=f(x)$의 도함수 $y=f'(x)$에 대하여 $x=a$에서의

미분계수 ➡ f'($\boxed{}$)

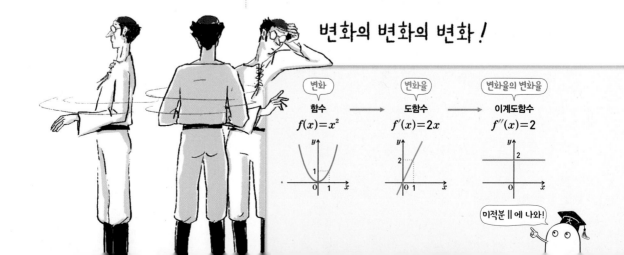

변화의 변화의 변화 !

변화	변화율	변화율의 변화율
함수	도함수	이계도함수
$f(x)=x^2$	$f'(x)=2x$	$f''(x)=2$

미적분 Ⅱ 에 나와!

07

순간변화율을 나타내는 함수!

함수 $y=x^n$과 상수함수의 도함수

$n \geq 0$인 정수일 때
함수 $f(x)=x^n$의 도함수 $f'(x)$에 대하여

1 $n \geq 2$인 정수일 때

함수 $f(x)=x^n$의 도함수 $f'(x)$는?

$$f'(x)=\lim_{h \to 0}\frac{f(x+h)-f(x)}{h}=\lim_{h \to 0}\frac{(x+h)^n-x^n}{h} \quad \text{왜?}$$
$$=\lim_{h \to 0}\frac{(x+h-x)\{(x+h)^{n-1}+(x+h)^{n-2}x+\cdots+x^{n-1}\}}{h}$$
$$=\lim_{h \to 0}\{(x+h)^{n-1}+(x+h)^{n-2}x+(x+h)^{n-3}x^2+\cdots+x^{n-1}\}$$
$$=\underbrace{x^{n-1}+x^{n-1}+\cdots+x^{n-1}}_{n개}$$
$$=nx^{n-1}$$

$$a^n-b^n=(a-b)(a^{n-1}+a^{n-2}b+a^{n-3}b^2+\cdots+ab^{n-2}+b^{n-1})$$
(단, n은 1이 아닌 양의 정수)

$f(x)=x^n$ ($n \geq 2$인 정수)의 도함수는 $f'(x) \equiv nx^{n-1}$

2 $n=1$일 때

함수 $f(x)=x$의 도함수 $f'(x)$는?

$$f'(x)=\lim_{h \to 0}\frac{f(x+h)-f(x)}{h}=\lim_{h \to 0}\frac{x+h-x}{h}=1$$

$f(x)=x$의 도함수는 $f'(x) \equiv 1$

3 상수함수일 때 ($n=0$일 때)

함수 $f(x)=c$ (c는 상수)의 도함수 $f'(x)$는?

$f(x)=c$라 하면
$$f'(x)=\lim_{h \to 0}\frac{f(x+h)-f(x)}{h}=\lim_{h \to 0}\frac{c-c}{h}=0$$

$f(x)=c$의 도함수는 $f'(x) \equiv 0$

원리확인 다음은 주어진 함수 $f(x)$를 미분하는 과정이다. □ 안에 알맞은 것을 써넣으시오.

① $f(x)=x^2$

도함수의 정의 이용

$$\to f'(x)=\lim_{h \to 0}\frac{f(x+h)-\boxed{}}{h}$$
$$=\lim_{h \to 0}\frac{\boxed{}-x^2}{h}$$
$$=\lim_{h \to 0}\frac{\boxed{}+h^2}{h}$$
$$=\lim_{h \to 0}(\boxed{})$$
$$=\boxed{}$$

공식 이용

$\to f(x)=x^2$이므로 $f'(x)=\boxed{}x^{2-1}=\boxed{}$

② $f(x)=x^3$

도함수의 정의 이용

$$\to f'(x)=\lim_{h \to 0}\frac{f(x+h)-\boxed{}}{h}$$
$$=\lim_{h \to 0}\frac{\boxed{}-x^3}{h}$$
$$=\lim_{h \to 0}\frac{\boxed{}+3xh^2+h^3}{h}$$
$$=\lim_{h \to 0}(\boxed{}+3xh+h^2)$$
$$=\boxed{}$$

공식 이용

$\to f(x)=x^3$이므로 $f'(x)=\boxed{}x^{3-1}=\boxed{}$

이제 모든 다항함수의 도함수를 구하러 가자!

$(x^n)'=nx^{n-1}$
$f(x)=x^n$
$f(x)=c$
네?!

1st ─ 함수 $y=x^n$의 도함수

● 다음 함수를 미분하시오.

1    $y=x^4$

    → $y'=\boxed{}\,x^{4-1}=\boxed{}$

2    $y=x^5$

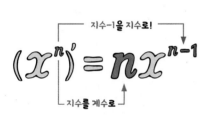

3    $y=x^7$

4    $y=x^8$

5    $y=x^{10}$

2nd ─ 상수함수의 도함수

● 다음 함수를 미분하시오.

6    $y=5$

7    $y=-9$

8    $y=1000$

9    $y=\dfrac{3}{10}$

10   $y=\dfrac{\sqrt{3}}{4}$

상수함수의 도함수의 기하적 의미

직선 $f(x)=c$ (c는 상수) 위의
임의의 점에서의 접선의 기울기는 항상 0이다.
따라서 함수 $f(x)=c$의 도함수는
$f'(x)=0$

접선의 기울기가 0이야!

☺ **내가 발견한 개념**   함수 $y=x^n$과 상수함수를 미분하면?

• $y=x^n$(n은 자연수)이면
   → $n\geq2$일 때, $y'=\boxed{}$
   → $n=1$일 때, $y'=\boxed{}$
• $y=c$ (c는 상수)일 때, $y'=\boxed{}$

08

함수의 실수배, 합, 차의 미분법

두 함수 $f(x)$, $g(x)$가 미분가능할 때

상수의 곱을 분리할 수 있어!

$$\{cf(x)\}' = cf'(x) \quad \text{(단, } c \text{는 상수)}$$

$\{cf(x)\}'$

$= \lim_{h \to 0} \dfrac{cf(x+h) - cf(x)}{h}$

$= \lim_{h \to 0} \dfrac{c\{f(x+h) - f(x)\}}{h}$

$= c \times \lim_{h \to 0} \dfrac{f(x+h) - f(x)}{h}$ ← 함수의 극한에 대한 성질 $\lim_{x \to a} cf(x) = c\lim_{x \to a} f(x)$

$= cf'(x)$

덧셈을 분리할 수 있어!

$$\{f(x) + g(x)\}' = f'(x) + g'(x)$$

$\{f(x) + g(x)\}'$

$= \lim_{h \to 0} \dfrac{\{f(x+h) + g(x+h)\} - \{f(x) + g(x)\}}{h}$

$= \lim_{h \to 0} \left\{ \dfrac{f(x+h) - f(x)}{h} + \dfrac{g(x+h) - g(x)}{h} \right\}$ ← 함수의 극한에 대한 성질 $\lim_{x \to a}\{f(x) + g(x)\}$ $= \lim_{x \to a} f(x) + \lim_{x \to a} g(x)$

$= \lim_{h \to 0} \dfrac{f(x+h) - f(x)}{h} + \lim_{h \to 0} \dfrac{g(x+h) - g(x)}{h}$

$= f'(x) + g'(x)$

뺄셈을 분리할 수 있어!

$$\{f(x) - g(x)\}' = f'(x) - g'(x)$$

$\{f(x) - g(x)\}'$

$= \lim_{h \to 0} \dfrac{\{f(x+h) - g(x+h)\} - \{f(x) - g(x)\}}{h}$

$= \lim_{h \to 0} \left\{ \dfrac{f(x+h) - f(x)}{h} - \dfrac{g(x+h) - g(x)}{h} \right\}$ ← 함수의 극한에 대한 성질 $\lim_{x \to a}\{f(x) - g(x)\}$ $= \lim_{x \to a} f(x) - \lim_{x \to a} g(x)$

$= \lim_{h \to 0} \dfrac{f(x+h) - f(x)}{h} - \lim_{h \to 0} \dfrac{g(x+h) - g(x)}{h}$

$= f'(x) - g'(x)$

참고 $\{f(x) \pm g(x)\}' = f'(x) \pm g'(x)$는 세 개 이상의 함수에서도 성립한다. (복부호 동순)

$f(x) = x^n$ $f(x) = c$ 다항함수

$$(a_n x^n + a_{n-1} x^{n-1} + \cdots + a_1 x + a_0)$$

미분법을 이용하면 모든 다항함수의 도함수를 구할 수 있단다!

● 다음 함수를 미분하시오.

1 $y = 3x^3$

→ $y' = (3x^3)' = 3 \times (\boxed{})' = 3 \times (\boxed{}) = \boxed{}$

2 $y = -2x^3$

3 $y = \dfrac{3}{4}x^4$

4 $y = 3x + 4$

→ $y' = (3x)' + (4)' = 3(\boxed{})' + (4)'$

$= 3 \times \boxed{} + 0 = \boxed{}$

5 $y = -\dfrac{2}{5}x - 5$

6 $y = 2x^2 - 5x + 5$

---

7 $y=3x^3-x^2+2x+9$

8 $y=x^4+4x^3+x-2$

9 $y=-\dfrac{3}{2}x^4-\dfrac{1}{3}x^3+5x^2+6x-1$

10 $y=5x^5-3x^2+x$

개념모음문제

11 함수 $f(x)=1+x+x^2+\cdots+x^{10}$에 대하여 $f'(-1)+f'(1)$의 값은?

① 35　　　　② 40　　　　③ 45

④ 50　　　　⑤ 55

● 두 다항함수 $f(x)$, $g(x)$에 대하여 $f'(1)=2$, $g'(1)=-1$일 때, 다음 함수의 $x=1$에서의 미분계수를 구하시오.

12 $2f(x)$

→ $2f(x)$를 미분하면 2 ☐

따라서 함수 $2f'(x)$의 $x=1$에서의 미분계수는

$2f'(1)=2\times$ ☐ $=$ ☐

13 $f(x)+g(x)$

14 $f(x)-g(x)$

15 $3f(x)+2g(x)$

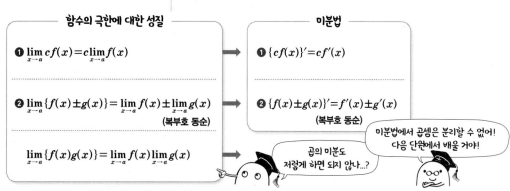

함수의 극한에 대한 성질	미분법
❶ $\lim\limits_{x\to a} cf(x)=c\lim\limits_{x\to a}f(x)$	❶ $\{cf(x)\}'=cf'(x)$
❷ $\lim\limits_{x\to a}\{f(x)\pm g(x)\}=\lim\limits_{x\to a}f(x)\pm\lim\limits_{x\to a}g(x)$ (복부호 동순)	❷ $\{f(x)\pm g(x)\}'=f'(x)\pm g'(x)$ (복부호 동순)
$\lim\limits_{x\to a}\{f(x)g(x)\}=\lim\limits_{x\to a}f(x)\lim\limits_{x\to a}g(x)$	

곱의 미분도 저렇게 하면 되지 않나...?

미분법에서 곱셈은 분리할 수 없어! 다음 단원에서 배울 거야!

순간변화율을 구하는 계산법!

함수의 곱의 미분법

세 함수 $f(x)$, $g(x)$, $h(x)$가 미분가능할 때

$$\{f(x)g(x)\}' = f'(x)g(x) + f(x)g'(x)$$

$\{f(x)g(x)\}'$

$= \displaystyle\lim_{h\to 0} \frac{f(x+h)g(x+h)-f(x)g(x)}{h}$

$= \displaystyle\lim_{h\to 0} \frac{f(x+h)g(x+h)-f(x)g(x+h)+f(x)g(x+h)-f(x)g(x)}{h}$

$= \displaystyle\lim_{h\to 0} \frac{\{f(x+h)-f(x)\}g(x+h)+f(x)\{g(x+h)-g(x)\}}{h}$

$= \displaystyle\lim_{h\to 0} \frac{f(x+h)-f(x)}{h}\times\lim_{h\to 0}g(x+h)+\lim_{h\to 0}f(x)\times\lim_{h\to 0}\frac{g(x+h)-g(x)}{h}$

$= f'(x)g(x)+f(x)g'(x)$

$g(x)$는 미분가능하므로 연속이다.
즉 $\displaystyle\lim_{h\to 0}g(x+h)=g(x)$

$$\{f(x)g(x)h(x)\}' = f'(x)g(x)h(x) + f(x)g'(x)h(x) + f(x)g(x)h'(x)$$

$\{f(x)g(x)h(x)\}'$

$= [f(x)\{g(x)h(x)\}]'$

$= f'(x)\{g(x)h(x)\}+f(x)\{g(x)h(x)\}'$

$= f'(x)g(x)h(x)+f(x)\{g'(x)h(x)+g(x)h'(x)\}$

$= f'(x)g(x)h(x)+f(x)g'(x)h(x)+f(x)g(x)h'(x)$

$$[\{f(x)\}^n]' = n\{f(x)\}^{n-1}f'(x) \quad (n\text{은 자연수})$$

$y=\{f(x)\}^n$ (n은 자연수)에 대하여

$n=2$일 때, $y=\{f(x)\}^2$에서

$y'=\{f(x)f(x)\}'=f'(x)f(x)+f(x)f'(x)=2f(x)f'(x)$

$n=3$일 때, $y=\{f(x)\}^3$에서

$y'=\{f(x)f(x)f(x)\}'=f'(x)f(x)f(x)+f(x)f'(x)f(x)+f(x)f(x)f'(x)$

$\quad=3\{f(x)\}^2f'(x)$

같은 방법으로 하면

$n=4$일 때, $y=\{f(x)\}^4$에서 $y'=4\{f(x)\}^3f'(x)$

$\vdots$

따라서 $y=\{f(x)\}^n$에서 $y'=n\{f(x)\}^{n-1}f'(x)$

> **참고** 함수의 곱의 미분법은 독일의 수학자 라이프니츠의 이름을 따서 '라이프니츠 법칙'이라 한다.

원리확인 다음은 주어진 함수를 미분하는 과정이다. □ 안에 알맞은 것을 써넣으시오.

❶ $y=(1-2x)(3x+2)$

전개하여 미분

→ $y=(1-2x)(3x+2)$의 우변을 전개하면

$y=-6x^2-x+2$

따라서

$y'=(-6x^2)'-(x)'+(2)'$

$\quad = -6\times\boxed{}-\boxed{}$

$\quad = \boxed{}$

공식 이용

→ $y=(1-2x)(3x+2)$이므로

$y'=(\boxed{})'(3x+2)+(1-2x)(\boxed{})'$

$\quad = \boxed{}(3x+2)+(1-2x)\times\boxed{}$

$\quad = \boxed{}$

미분

$$\{f(x)g(x)\}' = f'(x)g(x) + f(x)g'(x)$$

미분

---

❷ $y=(2x+1)(x^2-5)$

전개하여 미분

→ $y=(2x+1)(x^2-5)$의 우변을 전개하면

$y=2x^3+x^2-10x-5$

따라서

$y'=(2x^3)'+(x^2)'-(10x)'-(5)'$

$\quad = 2\times\boxed{}+\boxed{}-10$

$\quad = \boxed{}+2x-10$

공식 이용

→ $y=(2x+1)(x^2-5)$이므로

$y'=(\boxed{})'(x^2-5)+(2x+1)(\boxed{})'$

$\quad = \boxed{}(x^2-5)+(2x+1)\times\boxed{}$

$\quad = \boxed{}-10$

1st — 곱의 미분법

● 다음 함수를 미분하시오.

1 $y=(x-2)(3x+1)$

→ $y'=(x-2)'(3x+1)+(x-2)(3x+1)'$

$= \boxed{} \times(3x+1)+(x-2)\times \boxed{}$

$= \boxed{}$

2 $y=(3x+2)(5x-1)$

3 $y=(5x+9)(2x^2-3)$

4 $y=(x^2-2x-3)(-3x^2+1)$

5 $y=(2x^2-x)(x^3+2x^2+5)$

6 $y=(x-2)(x+1)(4x-3)$

→ $y'=(x-2)'(x+1)(4x-3)+(x-2)(x+1)'(4x-3)$
$\qquad\qquad\qquad\qquad\qquad +(x-2)(x+1)(4x-3)'$

$= \boxed{} \times(x+1)(4x-3)+(x-2)\times \boxed{} \times(4x-3)$

$\qquad\qquad\qquad\qquad +(x-2)(x+1)\times \boxed{}$

$= \boxed{}$

7 $y=(-2x+3)(3x-5)(x+4)$

8 $y=x(x^2+x)(x+5)$

9 $y=(2x+1)(x^2-1)(x+7)$

10 $y=(x^2-1)(x+1)(x^2+2x)$

11 $y=(2x+5)^3$

$$\rightarrow y'=\boxed{}\times(2x+5)^2\times(\boxed{})'$$

$$=\boxed{}\times(2x+5)^2\times\boxed{}$$

$$=6(\boxed{})^2$$

12 $y=(x-2)^5$

13 $y=(2x-3)^5$

14 $y=(4-3x)^3$

15 $y=(x^2-2x+2)^3$

● 다음 함수 $f(x)$의 $x=1$에서의 미분계수를 구하시오.

16 $f(x)=(2x+5)(x^2-1)$

$$\rightarrow f'(x)=(\boxed{})'(x^2-1)+(2x+5)(\boxed{})'$$

$$=\boxed{}\times(x^2-1)+(2x+5)\times\boxed{}$$

$$=2x^2-2+(\boxed{})$$

$$=\boxed{}$$

따라서 $f'(1)=6+\boxed{}-2=\boxed{}$

17 $f(x)=(2x+1)(3-x)$

18 $f(x)=x(x-3)(1-2x)$

19 $f(x)=(3x-2)^3$

20 $f(x)=(x^2+3x)^3$

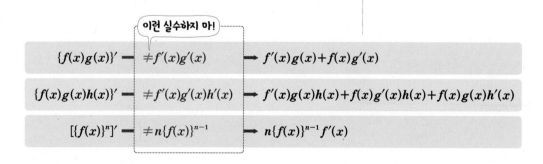

이런 실수하지 마!

$\{f(x)g(x)\}' \longrightarrow \neq f'(x)g'(x) \longrightarrow f'(x)g(x)+f(x)g'(x)$

$\{f(x)g(x)h(x)\}' \longrightarrow \neq f'(x)g'(x)h'(x) \longrightarrow f'(x)g(x)h(x)+f(x)g'(x)h(x)+f(x)g(x)h'(x)$

$[\{f(x)\}^n]' \longrightarrow \neq n\{f(x)\}^{n-1} \longrightarrow n\{f(x)\}^{n-1}f'(x)$

06~08 도함수

- 도함수 → $f'(x) = \lim\limits_{\Delta x \to 0} \dfrac{f(x+\Delta x)-f(x)}{\Delta x}$

- $y = x^n$ (n은 자연수)이면

  $n=1$일 때, $y'=1$

  $n \geq 2$일 때, $y'=nx^{n-1}$

- $y=c$ (c는 상수)이면 $y'=0$

- 두 함수 $f(x)$, $g(x)$가 미분가능할 때

  $\{cf(x)\}' = cf'(x)$

  $\{f(x) \pm g(x)\}' = f'(x) \pm g'(x)$ (복부호 동순)

1 함수 $f(x) = x^3 + 5x + 3$에 대하여 $f'(3)$의 값은?

① 26   ② 28   ③ 30

④ 32   ⑤ 34

2 함수 $f(x) = 1-x+x^2-\cdots+x^{10}$에 대하여 $\dfrac{f'(-1)}{f'(1)}$의 값은?

① -3 ② -5 ③ -7

④ -9 ⑤ -11

3 함수 $f(x) = x^3 + 3x - 5$의 그래프 위의 점 (a, b)에서의 접선의 기울기가 6일 때, $a+b$의 값은?

(단, $a > 0$)

① -2 ② -1 ③ 0

④ 1   ⑤ 2

---

09 함수의 곱의 미분법

- 세 함수 $f(x)$, $g(x)$, $h(x)$가 미분가능할 때

  ① $\{f(x)g(x)\}' = f'(x)g(x) + f(x)g'(x)$

  ② $\{f(x)g(x)h(x)\}' = f'(x)g(x)h(x) + f(x)g'(x)h(x)$
     $\qquad\qquad\qquad\qquad\quad + f(x)g(x)h'(x)$

  ③ $[\{f(x)\}^n]' = n\{f(x)\}^{n-1}f'(x)$ (단, n은 자연수)

4 함수 $f(x) = (2x+1)(x^2-1)$에 대하여 $f'(-1)$의 값은?

① 1   ② 2   ③ 3

④ 4   ⑤ 5

5 함수 $f(x) = x(x+1)(2x-3)$에 대하여 $f'(a)=0$을 만족시키는 모든 실수 a의 값의 합은?

① $-\dfrac{1}{3}$ ② $-\dfrac{1}{6}$ ③ $\dfrac{1}{6}$

④ $\dfrac{1}{3}$ ⑤ $\dfrac{1}{2}$

6 미분가능한 두 함수 $f(x)$, $g(x)$에 대하여 $f(1)=5$, $f'(1)=3$이고 $g(x)=xf(x)$일 때, $g'(1)$의 값은?

① 8   ② 9   ③ 10

④ 11   ⑤ 12

10

순간변화율의 이용!

미분계수와 도함수의 이용

미분가능한 함수 $y=f(x)$의

❶ $x=a$에서의 미분계수

$$f'(a) \equiv \lim_{\Delta x \to 0} \frac{f(a+\Delta x)-f(a)}{\Delta x}$$

❷ 도함수

$$f'(x) \equiv \lim_{\Delta x \to 0} \frac{f(x+\Delta x)-f(x)}{\Delta x}$$

1ˢᵗ — 미분계수를 이용한 극한값의 계산 —

미분계수의 정의를 이용하여 주어진 극한을 $f'(a)$가 포함된 식으로 변형한다.

$$f'(a) = \lim_{h \to 0} \frac{f(a+h)-f(a)}{h}$$

● 다음 극한값을 구하시오.

1 함수 $f(x)=x^2-x+1$일 때, $\displaystyle\lim_{x \to 1} \frac{f(x)-f(1)}{x^2-1}$

$\rightarrow \displaystyle\lim_{x \to 1} \frac{f(x)-f(1)}{x^2-1} = \lim_{x \to 1} \frac{f(x)-f(1)}{x-1} \times \frac{1}{\boxed{}+1}$

$\qquad = \boxed{} \times \dfrac{1}{2}$

$f(x)=x^2-x+1$에서 $f'(x)=\boxed{}-1$이므로

$f'(1)=\boxed{}$

따라서 구하는 값은 $f'(1) \times \dfrac{1}{2} = \boxed{} \times \dfrac{1}{2} = \boxed{}$

2 함수 $f(x)=2x^2-x+3$일 때,

$$\lim_{h \to 0} \frac{f(1+2h)-f(1)}{h}$$

3 함수 $f(x)=-x^3+2x^2+4$일 때,

$$\lim_{h \to 0} \frac{f(2+2h)-f(2+3h)}{h}$$

4 함수 $f(x)=(x-5)(2x+3)$일 때,

$$\lim_{x \to 3} \frac{f(x)-f(3)}{2x-6}$$

5 함수 $f(x)=(x-1)^3$일 때, $\displaystyle\lim_{x \to 2} \frac{2f(x)-xf(2)}{x-2}$

2ⁿᵈ — 치환을 이용한 극한값의 계산 —

복잡한 $\dfrac{0}{0}$ 꼴의 극한에서 차수가 높은 식의 일부를
$f(x)$로 치환하여 식을 변형한 후 미분계수의 정의를 이용한다.

$$\lim_{x \to a} \frac{f(x)-f(a)}{x-a} = f'(a)$$

● 다음 극한값을 구하시오.

6 $\displaystyle\lim_{x \to 1} \frac{x^3+x^2+x-3}{x-1}$

$\rightarrow f(x)=x^3+x^2+x$로 놓으면 $f(1)=\boxed{}$이므로

(주어진 식)$= \displaystyle\lim_{x \to 1} \frac{f(x)-\boxed{}}{x-1} = \boxed{}$

이때 $f'(x)=3x^2+\boxed{}x+\boxed{}$이므로

$f'(1)=3+\boxed{}+\boxed{}=\boxed{}$

따라서 구하는 값은 $\boxed{}$이다.

7 $\lim\limits_{x \to 1} \dfrac{x^5+x^4+x^3+x^2+x-5}{x-1}$

8 $\lim\limits_{x \to 1} \dfrac{x^{10}-x^8+x^6-x^4+x^2-1}{x-1}$

9 $\lim\limits_{x \to 1} \dfrac{x^{10}-2x+1}{x-1}$

10 $\lim\limits_{x \to -1} \dfrac{x^6+2x+1}{x+1}$

개념모음문제

11 $\lim\limits_{x \to 1} \dfrac{x^n-3x+2}{x-1}=3$을 만족시키는 자연수 n의 값은?

① 5   ② 6   ③ 7

④ 8   ⑤ 9

3rd — 미분계수를 이용한 미정계수의 결정

● 이차함수 $f(x)=ax^2+bx+c$가 다음을 만족시킬 때, 상수 a, b, c의 값을 구하시오.

12 $f(0)=-1$, $f'(1)=3$, $f'(-1)=1$

→ $f(0)=-1$이므로 $c=\boxed{}$

이때 $f'(x)=2ax+b$이므로

$f'(1)=3$에서 $\boxed{}=3$ …… ㉠

$f'(-1)=1$에서 $\boxed{}=1$ …… ㉡

㉠, ㉡을 연립하여 풀면 $a=\boxed{}$, $b=\boxed{}$

13 $f(0)=2$, $f'(1)=2$, $f'(2)=4$

14 $f(0)=1$, $f'(2)=3$, $f'(-2)=1$

무한히 가까워지는 **찰나의 변화**로
간단히 계산할 수 있는 능력이 생긴 거야!

15 $f(0)=3$, $f'(-1)=-1$, $f'(2)=5$

● 다음 함수 $f(x)$가 주어진 조건을 만족시킬 때, 상수 a, b의 값을 구하시오.

16 $f(x)=x^3+ax^2+bx$,

$$\lim_{x \to 2}\frac{f(x)-f(2)}{x-2}=2, \quad \lim_{x \to 1}\frac{f(x)-f(1)}{x^2-1}=-\frac{1}{2}$$

→ $f(x)=x^3+ax^2+bx$에서 $f'(x)=\boxed{}x^2+2ax+b$

$\lim_{x \to 2}\dfrac{f(x)-f(2)}{x-2}=2$에서 $f'(\boxed{})=2$

즉 $f'(2)=\boxed{}\times 2^2+2a\times 2+b=2$에서

$4a+b=\boxed{}$ ...... ㉠

$\lim_{x \to 1}\dfrac{f(x)-f(1)}{x^2-1}=\lim_{x \to 1}\dfrac{f(x)-f(1)}{x-1}\times\dfrac{1}{\boxed{}}$

$=\dfrac{1}{\boxed{}}f'(1)$

이므로 $\dfrac{1}{\boxed{}}f'(1)=-\dfrac{1}{2}$, $f'(1)=\boxed{}$

즉 $f'(1)=\boxed{}+2a+b=\boxed{}$에서

$2a+b=\boxed{}$ ...... ㉡

㉠, ㉡을 연립하여 풀면 $a=\boxed{}$, $b=2$

17 $f(x)=x^3+ax^2+bx$,

$$\lim_{x \to 1}\frac{f(x)-f(1)}{x-1}=3, \quad \lim_{x \to 2}\frac{f(x)-f(2)}{x^2-4}=4$$

18 $f(x)=x^4+ax^2+bx$,

$$\lim_{x \to 2}\frac{f(x)-f(2)}{x-2}=8, \quad \lim_{x \to 1}\frac{f(x)-f(1)}{x^3-1}=-4$$

19 $f(x)=x^3+ax+b$, $\lim_{x \to 1}\dfrac{f(x)-3}{x^2-1}=4$

→ $x \to 1$일 때 극한값이 존재하고 (분모) → 0이므로 (분자) → 0이다.

즉 $\lim_{x \to 1}\{f(x)-3\}=0$이므로 $f(1)=\boxed{}$

$\lim_{x \to 1}\dfrac{f(x)-3}{x^2-1}=\lim_{x \to 1}\dfrac{f(x)-f(\boxed{})}{(x-1)(x+1)}$

$=\lim_{x \to 1}\dfrac{f(x)-f(\boxed{})}{x-1}\times\dfrac{1}{x+1}$

$=\dfrac{1}{\boxed{}}f'(1)$

즉 $\dfrac{1}{\boxed{}}f'(1)=4$이므로 $f'(1)=\boxed{}$

이때 $f(x)=x^3+ax+b$, $f'(x)=\boxed{}x^2+a$이므로

$f'(1)=8$에서 $\boxed{}+a=8$, $a=\boxed{}$

$f(1)=3$에서 $1+a+b=3$, $b=\boxed{}$

20 $f(x)=x^4+ax^2+b$, $\lim_{x \to 2}\dfrac{f(x)-6}{x^2-4}=7$

21 $f(x)=x^3+ax^2+b$, $\lim_{h \to 0}\dfrac{f(1+2h)-4}{h}=-6$

4th ─ 미분가능한 함수의 미정계수의 결정 ─

함수 $f(x)$가 $x=a$에서 미분가능하면
$x=a$에서 연속이고 미분계수가 존재한다.

❶ $x=a$에서 연속이므로 $\displaystyle\lim_{x\to a} f(x)=f(a)$

❷ $x=a$에서 미분계수 $f'(a)$가 존재하므로
$$\lim_{x\to a+}\frac{f(x)-f(a)}{x-a}=\lim_{x\to a-}\frac{f(x)-f(a)}{x-a}$$

● 다음 함수 $f(x)$가 $x=1$에서 미분가능할 때, 상수 a, b의 값을 구하시오.

22 $f(x)=\begin{cases} 3x^2 & (x<1) \\ ax+b & (x\geq1) \end{cases}$

다항함수 $f(x)$가 $x=a$에서 미분가능하면 $f(x)$는 $x=a$에서 연속이고 $f'(a)$의 값이 존재해!

→ (i) $f(x)$가 $x=1$에서 연속이므로

$$\lim_{x\to1-} 3x^2=\lim_{x\to1+}(ax+b)=f(\boxed{})$$

즉 $a+b=\boxed{}$ ...... ㉠

(ii) $f'(x)=\begin{cases} 6x & (x<1) \\ a & (x>1) \end{cases}$ 에서 $f'(1)$의 값이 존재하므로

$$\lim_{x\to1-} 6x=\lim_{x\to1+} a,\ \text{즉 } a=\boxed{}$$

$a=\boxed{}$ 을 ㉠에 대입하면 $b=\boxed{}$

23 $f(x)=\begin{cases} 2ax-6 & (x<1) \\ x^2+ax+b & (x\geq1) \end{cases}$

24 $f(x)=\begin{cases} x^3+bx & (x<1) \\ ax^2+2 & (x\geq1) \end{cases}$

25 $f(x)=\begin{cases} x^2+3 & (x<1) \\ ax^3-bx+4 & (x\geq1) \end{cases}$

5th ─ 미분의 항등식에 활용 ─

임의의 실수 x에 대하여 등식이 성립하면 항등식의 성질을 이용한다.

❶ $ax^2+bx+c=0$이 x에 대한 항등식
$\iff a=0,\ b=0,\ c=0$
❷ $ax^2+bx+c=a'x^2+b'x+c'$이 x에 대한 항등식
$\iff a=a',\ b=b',\ c=c'$

26 함수 $f(x)=ax^2+bx+c$가 임의의 실수 x에 대하여

$$(1-x)f'(x)=f(x)-3x^2-4x$$

를 만족시킬 때, 상수 a, b, c의 값을 구하시오.

→ $f'(x)=\boxed{}+b$이므로

$(1-x)f'(x)=f(x)-3x^2-4x$에서

$(1-x)(\boxed{}+b)$

$=ax^2+bx+c-3x^2-4x$

x에 대한 항등식이라는 뜻이다.
$ax^2+bx+c=a'x^2+b'x+c'$이
x에 대한 항등식
$\iff a=a',\ b=b',\ c=c'$

양변을 각각 정리하면

$-2ax^2+(\boxed{})x+b=(\boxed{})x^2+(b-4)x+c$

위의 식은 x에 대한 항등식이므로

$-2a=\boxed{}$, $\boxed{}=b-4$, $b=c$

따라서 $a=\boxed{}$, $b=\boxed{}$, $c=\boxed{}$

[다른 풀이]

→ $f(x)=ax^2+bx+c$에서 $f'(x)=\boxed{}+b$

이때 주어진 등식이 x에 대한 항등식이므로

$x=0$, $x=1$, $x=-1$을 주어진 등식에 각각 대입하면

$f'(0)=f(0)$, $0=f(1)-7$, $\boxed{}f'(-1)=f(-1)+\boxed{}$

$f'(0)=f(0)$에서 $b=c$ ...... ㉠

$0=f(1)-7$, 즉 $f(1)=7$에서 $a+b+c=7$ ...... ㉡

$2f'(-1)=f(-1)+1$에서

$\boxed{}(-2a+b)=a-b+c+\boxed{}$

즉 $\boxed{}-3b+c=-1$ ...... ㉢

㉠, ㉡, ㉢을 연립하여 풀면 $a=\boxed{}$, $b=\boxed{}$, $c=\boxed{}$

27 함수 $f(x)=ax^2+b$가 임의의 실수 x에 대하여
$$4f(x)=\{f'(x)\}^2+x^2+4$$
를 만족시킬 때, 상수 a, b의 값을 구하시오.

28 함수 $f(x)=ax^2+bx+c$가 임의의 실수 x에 대하여
$$(1+2x)f(x)-x^2f'(x)-1=0$$
을 만족시킬 때, 상수 a, b, c의 값을 구하시오.

29 함수 $f(x)=ax^2+bx+c$가 임의의 실수 x에 대하여
$$f(x)f'(x)=2x^3-6x^2-2x+6$$
을 만족시킬 때, 상수 a, b, c의 값을 구하시오.
(단, $a>0$)

개념모음문제
30 함수 $f(x)=x^2+ax+b$가 임의의 실수 x에 대하여
$$(1+2x)f'(x)-4f(x)-5=0$$
을 만족시킬 때, $f(2)$의 값은?
(단, a, b는 상수이다.)

① 5 ② 6 ③ 7
④ 8 ⑤ 9

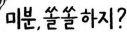
미분, 쏠쏠하지?

6th — 나머지 정리와 미분 —

> 다항식 $f(x)$가 $(x-a)^2$으로 나누어떨어지면
> $f(a)=0$, $f'(a)=0$임을 이용한다.

다항식 $f(x)$가 $(x-a)^2$으로 나누어떨어질 때, 몫을 $g(x)$라 하면
$$f(x)=(x-a)^2g(x) \qquad \cdots\cdots ㉠$$
㉠의 양변을 x에 대하여 미분하면
$$f'(x)=2(x-a)g(x)+(x-a)^2g'(x) \qquad \cdots\cdots ㉡$$
이므로 $x=a$를 ㉠, ㉡에 대입하면 $f(a)=0$, $f'(a)=0$

31 다항식 x^4-ax+b가 $(x-1)^2$으로 나누어떨어질 때, 상수 a, b의 값을 구하시오.
→ x^4-ax+b를 $(x-1)^2$으로 나누었을 때의 몫을 $Q(x)$라 하면
$$x^4-ax+b=(\boxed{})^2Q(x) \qquad \cdots\cdots ㉠$$
㉠의 양변에 $x=1$을 대입하면 $1-a+b=\boxed{}$ $\qquad \cdots\cdots ㉡$
㉠의 양변을 x에 대하여 미분하면
$$4x^3-a=2(\boxed{})Q(x)+(\boxed{})^2Q'(x) \qquad \cdots\cdots ㉢$$
㉢의 양변에 $x=1$을 대입하면
$4-a=\boxed{}$, 즉 $a=\boxed{}$
$a=\boxed{}$를 ㉡에 대입하면 $b=\boxed{}$

32 다항식 x^6+ax+b가 $(x-1)^2$으로 나누어떨어질 때, 상수 a, b의 값을 구하시오.

33 다항식 $2x^4+ax^2+bx+6$이 $(x-1)^2$으로 나누어떨어질 때, 상수 a, b의 값을 구하시오.

34 다항식 x^8-ax^2+bx가 $(x+1)^2$으로 나누어떨어질 때, 상수 a, b의 값을 구하시오.

35 다항식 $x^{10}+2x^7+ax+b$가 $(x+1)^2$으로 나누어떨어질 때, 상수 a, b의 값을 구하시오.

● **다음을 구하시오.**

> 이차식으로 나누었을 때의 나머지는 일차 이하의 다항식이다.

36 다항식 x^4-x+2를 $(x-1)^2$으로 나누었을 때의 나머지

→ x^4-x+2를 $(x-1)^2$으로 나누었을 때의 몫을 $Q(x)$,
나머지를 $ax+b$ (a, b는 상수)라 하면

$x^4-x+2=(\boxed{})^2Q(x)+ax+b$ ······ ㉠

㉠의 양변에 $x=1$을 대입하면 $a+b=\boxed{}$ ······ ㉡

㉠의 양변을 x에 대하여 미분하면

$4x^3-1=2(\boxed{})Q(x)+(\boxed{})^2Q'(x)+a$ ······ ㉢

㉢의 양변에 $x=1$을 대입하면 $a=\boxed{}$

$a=3$을 ㉡에 대입하면 $b=\boxed{}$

따라서 구하는 나머지는 $\boxed{}$이다.

37 다항식 x^5-4x^2+3을 $(x+1)^2$으로 나누었을 때의 나머지

38 다항식 x^6-x+1을 $(x-1)^2$으로 나누었을 때의 나머지

39 다항식 x^8-2x^2+4를 $(x+1)^2$으로 나누었을 때의 나머지

40 다항식 x^9-3x+1을 $(x-1)^2$으로 나누었을 때의 나머지

개념모음문제
41 다항식 x^5-ax+b를 $(x+1)^2$으로 나누었을 때의 나머지가 $13x+9$일 때, 상수 a, b에 대하여 $a-b$의 값은?

① -17 ② -15 ③ -13
④ -11 ⑤ -9

배운 거 기억나?

── 나머지 정리 ──

다항식 $A(x)$를 상수가 아닌 다항식 $B(x)$로 나눈 몫을 $Q(x)$, 나머지를 $R(x)$로 놓으면

$$\begin{array}{r} Q(x)\ \leftarrow 몫 \\ B(x)\overline{)\,A(x)} \\ \vdots \\ \overline{R(x)}\ \leftarrow 나머지 \end{array}$$

$A(x)=B(x)Q(x)+R(x)$

이때 $Q(x)$와 $R(x)$는 다항식이고 $R(x)$의 차수는 $B(x)$의 차수보다 작아야 하므로

❶ $B(x)$가 일차식 ➡ $R(x)=a$ (a는 상수)
❷ $B(x)$가 이차식 ➡ $R(x)=ax+b$ (a, b는 상수)

10 미분계수와 도함수의 이용

- 미분가능한 함수 $y=f(x)$의

  ① $x=a$에서의 미분계수

  $$f'(a)=\lim_{h\to 0}\frac{f(a+h)-f(a)}{h}=\lim_{x\to a}\frac{f(x)-f(a)}{x-a}$$

  ② 도함수

  $$f'(x)=\lim_{\Delta x\to 0}\frac{f(x+\Delta x)-f(x)}{\Delta x}$$

1 함수 $f(x)=x^2+4x+1$에 대하여
$\displaystyle\lim_{h\to 0}\frac{f(1+3h)-f(1)}{h}$의 값은?

① 12   ② 15   ③ 18

④ 21   ⑤ 24

2 함수 $f(x)=(x+1)(3x+2)$에 대하여
$\displaystyle\lim_{x\to 1}\frac{f(x^2)-f(1)}{x-1}$의 값은?

① 16   ② 18   ③ 20

④ 22   ⑤ 24

3 함수 $f(x)=x^3+ax^2+b$에 대하여
$\displaystyle\lim_{x\to -1}\frac{f(x)}{x+1}=-1$일 때, $f(2)$의 값은?

① 13   ② 15   ③ 17

④ 19   ⑤ 21

4 함수 $f(x)=\begin{cases} 2x^2+ax+b & (x<2) \\ 3ax-6 & (x\ge 2) \end{cases}$이 $x=2$에서 미분가능할 때, 상수 a, b에 대하여 $a+b$의 값은?

① 2   ② 4   ③ 6

④ 8   ⑤ 10

5 이차함수 $f(x)$가 임의의 실수 x에 대하여
$$f(x)=xf'(x)-x^2$$
을 만족시키고 $f'(1)=4$일 때, $f(-1)$의 값은?

① -1 ② -2 ③ -3

④ -4 ⑤ -5

6 다항식 x^4-4x^3+a가 $(x-b)^2$으로 나누어떨어질 때, 상수 a, b에 대하여 $a+b$의 값은? (단, $b>0$)

① 24   ② 27   ③ 30

④ 33   ⑤ 36

7 다항식 x^6+ax+b를 $(x+1)^2$으로 나누었을 때의 나머지가 $5x-2$일 때, 상수 a, b에 대하여 $a+b$의 값은?

① 8   ② 10   ③ 12

④ 14   ⑤ 16

TEST 개념 발전

1 함수 $f(x)=x^2-ax+2$에 대하여 x의 값이 1에서 5까지 변할 때의 평균변화율이 2일 때, 상수 a의 값은?

① 4   ② 6   ③ 8

④ 10   ⑤ 12

2 함수 $y=f(x)$의 그래프가 오른쪽 그림과 같고 직선 AB의 기울기가 2일 때, 함수 $f(x)$가 x의 값이 0에서 1까지 변할 때의 평균변화율은? (단, $f(0)=f(3)$)

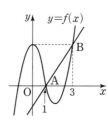

① 2   ② 0   ③ -2

④ -4 ⑤ -6

3 함수 $f(x)=ax^2+4x$에 대하여 x의 값이 -2에서 4까지 변할 때의 평균변화율과 $x=a$에서의 미분계수가 같을 때, 양수 a의 값은?

① 1   ② 2   ③ 3

④ 4   ⑤ 5

4 함수 $y=f(x)$의 그래프가 오른쪽 그림과 같다.

$\dfrac{f(4)-f(1)}{4-1}=a$, $f'(1)=b$, $f'(4)=c$일 때, a, b, c의 대소 관계를 구하시오.

5 미분가능한 함수 $f(x)$에 대하여 $\displaystyle\lim_{x\to1}\dfrac{f(x)-f(1)}{x-1}=2$일 때, $\displaystyle\lim_{h\to0}\dfrac{f(1+3h)-f(1)}{2h}$의 값은?

① 1   ② 3   ③ 5

④ 7   ⑤ 9

6 미분가능한 함수 $f(x)$가 모든 실수 x, y에 대하여 $f(x+y)=f(x)+f(y)+2xy-1$을 만족시킨다. $f'(1)=4$일 때, $f(0)\times f'(3)$의 값은?

① 6   ② 8   ③ 10

④ 12   ⑤ 14

7 함수 $y=f(x)$의 그래프가 다음 그림과 같을 때, 열린 구간 $(-4, 3)$에서 함수 $f(x)$가 불연속인 점의 개수를 m, 미분가능하지 않은 점의 개수를 n이라 할 때, $m+n$의 값을 구하시오.

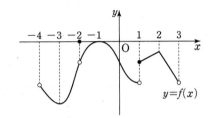

8 함수 $f(x)=x^3+ax^2+2$에 대하여 $f'(1)=5$일 때, 상수 a의 값은?

① -1 ② 1 ③ 3
④ 5 ⑤ 7

9 함수 $f(x)=2x^2+ax$에 대하여
$$\lim_{h\to 0}\frac{f(2+2h)-f(2)}{h}=6$$
일 때, 상수 a의 값은?

① 5 ② 0 ③ -5
④ -10 ⑤ -15

10 함수 $f(x)=2x^4+3x^2-1$에 대하여
$$\lim_{n\to\infty} n\left\{ f\left(1+\frac{3}{n}\right)-f\left(1-\frac{1}{n}\right)\right\}$$
의 값은?

① 48 ② 50 ③ 52
④ 54 ⑤ 56

11 함수 $f(x)=(2x^2-1)(x^2+3x+2)$에 대하여 $f'(1)$의 값은?

① 27 ② 29 ③ 31
④ 33 ⑤ 35

12 함수 $f(x)=(2x+a)^3$에 대하여 $f'(1)=24$일 때, $f'(2)$의 값은? (단, $a<0$)

① 0 ② 2 ③ 4
④ 6 ⑤ 8

13 함수 $f(x)=\begin{cases} x^3+ax & (x<1) \\ bx^2+x+1 & (x\geq1) \end{cases}$ 이 모든 실수 x에서 미분가능할 때, $f(-1)+f(1)$의 값은?

(단, a, b는 상수이다.)

① 0   ② 1   ③ 2

④ 3   ⑤ 4

14 함수 $f(x)=x^2+ax+b$가
$f(x)f'(x)=2x^3-6x^2+2x+2$를 만족시킬 때, $f(-3)$의 값은? (단, a, b는 상수이다.)

① 8   ② 10   ③ 12

④ 14   ⑤ 16

15 다항식 $x^{10}+ax^8+b$를 $(x+1)^2$으로 나누었을 때의 나머지가 $6x+5$일 때, 상수 a, b에 대하여 a^2+b^2의 값은?

① 2   ② 4   ③ 6

④ 8   ⑤ 10

16 함수 $f(x)=-x^3+2x$에 대하여
$\displaystyle\lim_{x\to2}\frac{xf(2)-2f(x)}{x-2}$의 값을 구하시오.

17 두 다항함수 $f(x)$, $g(x)$가 다음 조건을 만족시킬 때, $g'(0)$의 값은?

> (가) $f(0)=1$, $f'(0)=-2$, $g(0)=3$
> (나) $\displaystyle\lim_{x\to0}\frac{f(x)g(x)-3}{x}=2$

① 5   ② 6   ③ 7

④ 8   ⑤ 9

18 다항함수 $y=f(x)$의 그래프 위의 점 $(1, 5)$에서의 접선의 기울기가 3이다. $f(x)$를 $(x-1)^2$으로 나누었을 때의 나머지를 $R(x)$라 할 때, $R(3)$의 값은?

① 3   ② 5   ③ 7

④ 9   ⑤ 11

4

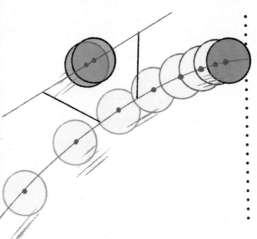

변화의 순간을 읽는!
접선의 방정식과 평균값 정리

찰나의 순간을 눈으로 확인해 봐!
순간의 움직임을 알 수 있지?

이제부터 다양한 상황에서 미분계수와 도함수를 활용해 볼 거야. 우선, 도함수를 이용해서 접선의 방정식을 구하는 연습을 해 보자!

도함수를 잘 다루면 접점의 좌표가 주어질 때, 접선의 기울기가 주어질 때, 곡선 밖의 한 점이 주어질 때 등 다양한 상황에서 접선의 방정식을 구할 수 있어.

복잡해 보이지만 미분계수가 접선의 기울기를 나타낸다는 미분계수의 기하적 의미만 기억하면 금방 익힐 수 있을 거야!

순간변화율로 구하는!

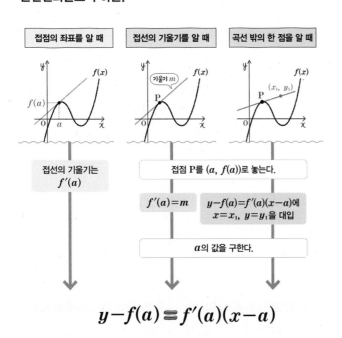

접점의 좌표를 알 때	접선의 기울기를 알 때	곡선 밖의 한 점을 알 때

접선의 기울기는 $f'(a)$

접점 P를 $(a, f(a))$로 놓는다.

$f'(a) = m$ · $y - f(a) = f'(a)(x - a)$에 $x = x_1$, $y = y_1$을 대입

a의 값을 구한다.

$$y - f(a) = f'(a)(x - a)$$

순간변화율이 0인 점이 존재하는!

이제 닫힌 구간 $[a, b]$에서 연속이고 열린 구간 (a, b)에서 미분가능한 함수가 가진 성질에 대해 배울 거야.

함수 $f(x)$가 닫힌 구간 $[a, b]$에서 연속이고 열린 구간 (a, b)에서 미분가능할 때, $f(a)=f(b)$이면 $f'(c)=0$인 c가 a와 b 사이에 반드시 존재해. 이 성질을 롤의 정리라 해.

롤의 정리를 만족하는 c를 직접 찾아보자!

함수 $f(x)$가 닫힌 구간 $[a, b]$에서 연속이고 열린 구간 (a, b)에서 미분가능할 때, $f(a)=f(b)$이면 $f'(c)=0$인 c가 열린 구간 (a, b)에 적어도 하나 존재한다. 이를 [롤의 정리] 라 한다.

평균값 정리

순간변화율과 평균변화율이 같은 점이 존재하는!

함수 $f(x)$가 닫힌 구간 $[a, b]$에서 연속이고 열린 구간 (a, b)에서 미분가능하면서 $f(a) \neq f(b)$일 때도 비슷한 성질이 있어.

바로 $f'(c)=\dfrac{f(b)-f(a)}{b-a}$인 c가 a와 b 사이에 반드시 존재한다는 거야. 이 성질을 평균값 정리라 해.

평균값 정리를 만족하는 c를 직접 찾아보며 평균값 정리를 이해해 보자!

함수 $f(x)$가 닫힌 구간 $[a, b]$에서 연속이고 열린 구간 (a, b)에서 미분가능할 때,

$$f'(c)=\frac{f(b)-f(a)}{b-a}$$

인 c가 열린 구간 (a, b)에 적어도 하나 존재한다. 이를 [평균값 정리] 라 한다.

순간변화율로 구하는!

접선의 기울기

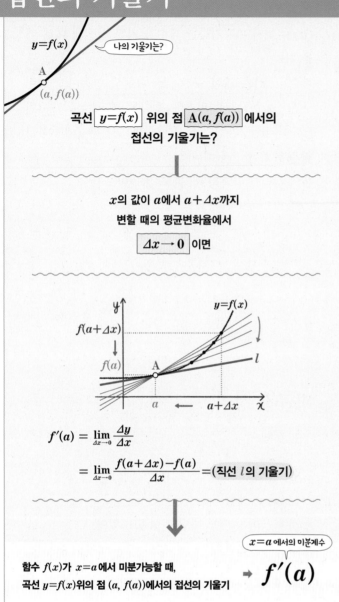

$y=f(x)$

나의 기울기는?

A

$(a, f(a))$

곡선 $\boxed{y=f(x)}$ 위의 점 $\boxed{\mathrm{A}(a, f(a))}$ 에서의

접선의 기울기는?

x의 값이 a에서 $a+\Delta x$까지

변할 때의 평균변화율에서

$\boxed{\Delta x \to 0}$ 이면

$$f'(a) = \lim_{\Delta x \to 0} \frac{\Delta y}{\Delta x}$$

$$= \lim_{\Delta x \to 0} \frac{f(a+\Delta x)-f(a)}{\Delta x} = (\text{직선 } l \text{의 기울기})$$

$x=a$ 에서의 미분계수

함수 $f(x)$가 $x=a$에서 미분가능할 때,

곡선 $y=f(x)$위의 점 $(a, f(a))$에서의 접선의 기울기 $\to f'(a)$

두 직선의 기울기의 관계

두 직선 $l : y=mx+n$, $k : y=m'x+n'$에 대하여

두 직선이 평행하다.

기울기가 같고, y절편이 달라!

$m=m'$
$n \neq n'$

➡ 기울기가 같다.

두 직선이 수직이다.

기울기의 곱이 -1이야!

$mm'=-1$

➡ 기울기의 곱이 -1이다.

● 다음 곡선 위의 주어진 점에서의 접선의 기울기를 구하시오.

1 곡선 $y=x^2+x+1$ 위의 점 $(1, 3)$

→ $f(x)=x^2+x+1$이라 하면

$f'(x)=\boxed{}+1$

따라서 구하는 접선의 기울기는

$f'(\boxed{})=\boxed{}$

2 곡선 $y=2x^2-3x+5$ 위의 점 $(1, 4)$

3 곡선 $y=-x^2+3x+1$ 위의 점 $(1, 3)$

4 곡선 $y=x^3-x^2+x-2$ 위의 점 $(2, 4)$

5 곡선 $y=2x^3+x^2-x+3$ 위의 점 $(-1, 3)$

2nd — 접선의 기울기로 구하는 미지수의 값

● 다음을 만족시키는 상수 a, b의 값을 구하시오.

6 곡선 $y=x^3+2x^2+ax+b$ 위의 점 $(-1, 2)$에서의 접선의 기울기가 2이다.

→ $f(x)=x^3+2x^2+ax+b$로 놓으면

$f'(x)=3x^2+\boxed{}+a$

점 $(-1, 2)$는 곡선 $y=f(x)$ 위의 점이므로

$f(-1)=-1+\boxed{}-a+b=2$, 즉 $-a+b=\boxed{}$ ······ ㉠

또 점 $(-1, 2)$에서의 접선의 기울기가 2이므로

$f'(-1)=3-\boxed{}+a=2$, 즉 $a=\boxed{}$

$a=\boxed{}$을 ㉠에 대입하면 $b=\boxed{}$

7 곡선 $y=x^3+ax^2+b$ 위의 점 $(1, 5)$에서의 접선의 기울기가 1이다.

8 곡선 $y=x^3+ax^2-x+b$ 위의 점 $(2, -1)$에서의 접선의 방정식이 $y=3x-5$이다.

9 곡선 $y=2x^3+ax^2+x+b$ 위의 점 $(-1, 4)$에서의 접선과 수직인 직선의 기울기가 1이다.

10 곡선 $y=-x^3+ax^2+b$ 위의 점 $(2, 2)$에서의 접선이 x축에 평행하다.

x축에 평행한 직선의 기울기는 0이다.

● 다음을 만족시키는 상수 a, b, c의 값을 구하시오.

11 곡선 $y=2x^3+ax^2+bx$ 위의 두 점 $(-1, -7)$, $(2, c)$에서의 접선이 서로 평행하다.

→ $f(x)=2x^3+ax^2+bx$로 놓으면

$f'(x)=6x^2+2ax+b$

점 $(-1, -7)$은 곡선 $y=f(x)$ 위의 점이므로

$f(-1)=-2+a-b=-7$, 즉 $a-b=\boxed{}$ ······ ㉠

또 두 점 $(-1, -7)$, $(2, c)$에서의 접선이 서로 평행하므로

$f'(-1)=f'(2)$

$6-2a+b=24+4a+b$, $6a=-18$, 즉 $a=\boxed{}$

$a=\boxed{}$을 ㉠에 대입하면 $b=\boxed{}$

점 $(2, c)$는 곡선 $y=f(x)$ 위의 점이므로

$f(2)=16-12+\boxed{}=c$

따라서 $c=\boxed{}$

12 곡선 $y=x^3+ax^2+bx+1$ 위의 두 점 $(1, 5)$, $(-1, c)$에서의 접선이 서로 평행하다.

13 곡선 $y=2x^3+ax^2+bx+c$ 위의 두 점 $(1, 1)$, $(2, -7)$에서의 접선이 서로 평행하다.

:) 내가 발견한 개념   접선의 기울기는?

• 곡선 $y=f(x)$ 위의 점 $(a, f(a))$에서의 접선의 기울기
→ $x=\boxed{}$에서의 미분계수, 즉 $f'(\boxed{})$

• 곡선 $y=f(x)$ 위의 두 점 $(a, f(a))$, $(b, f(b))$에서의 접선이 서로 평행
→ $f'(a)=f'(\boxed{})$

순간변화율로 구하는!

접선의 방정식;
접점의 좌표가 주어질 때

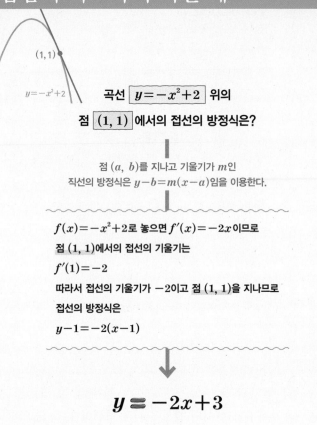

(1, 1)

$y=-x^2+2$

곡선 $\boxed{y=-x^2+2}$ 위의

점 $\boxed{(1,\ 1)}$ 에서의 접선의 방정식은?

점 $(a,\ b)$를 지나고 기울기가 m인
직선의 방정식은 $y-b=m(x-a)$임을 이용한다.

$f(x)=-x^2+2$로 놓으면 $f'(x)=-2x$이므로
점 $(1,\ 1)$에서의 접선의 기울기는
$f'(1)=-2$
따라서 접선의 기울기가 -2이고 점 $(1,\ 1)$을 지나므로
접선의 방정식은
$y-1=-2(x-1)$

$$y=-2x+3$$

함수 $f(x)$가 $x=a$에서 미분가능할 때,
곡선 $y=f(x)$ 위의 점 $P(a,\ f(a))$에서 접하는

접선의 방정식: $y-f(a)=f'(a)(x-a)$

곡선 $y=f(x)$ 위의 점 $(a,\ f(a))$에서 접선의 방정식
(i) 함수 $y=f(x)$의 도함수 $y=f'(x)$를 구한 후 $x=a$를 대입하여 접
　선의 기울기 $f'(a)$를 구한다.
(ii) $y-f(a)=f'(a)(x-a)$를 이용하여 접선의 방정식을 구한다.

직선 $y=g(x)$의 기울기는?

$y=g(x)$

직선 $y=g(x)$의 기울기를 m이라 하면
$g(x)=m(x-a)+b$로 놓고
$f(x)=g(x)$ 에서
판별식 $D=0$ 임을 이용하면…

$(a,\ b)$ $y=f(x)$

$f'(a)$

● 다음 곡선 위의 주어진 점에서의 접선의 방정식을 구하시오.

1 곡선 $y=2x^2-x+1$ 위의 점 $(1,\ 2)$

　→ $f(x)=2x^2-x+1$이라 하면

　　$f'(x)=\boxed{}-1$

　　곡선 $y=f(x)$ 위의 점 $(1,\ 2)$에서의 접선의 기울기는

　　$f'(\boxed{})=\boxed{}$

　　따라서 구하는 접선의 방정식은

　　$y-\boxed{}=\boxed{}(x-\boxed{})$, 즉

　　$y=\boxed{}x-\boxed{}$

2 곡선 $y=x^2-x-1$ 위의 점 $(1,\ -1)$

3 곡선 $y=\dfrac{1}{2}x^2+2x-3$ 위의 점 $(2,\ 3)$

4 곡선 $y=x^3-x^2+2$ 위의 점 $(1,\ 2)$

5 곡선 $y=x^3+2x^2+2x-2$ 위의 점 $(-1,\ -3)$

6 곡선 $y=x^2-2x$ 위의 점 $(2, 0)$

10 곡선 $y=x^3-2x+3$ 위의 점 $(0, 2)$

● 다음 곡선 위의 주어진 점을 지나고 이 점에서의 접선에 수직인 직선의 방정식을 구하시오.

11 곡선 $y=\dfrac{1}{2}x^2-x+3$ 위의 점 $(2, 3)$

7 곡선 $y=2x^2-3x+3$ 위의 점 $(1, 2)$

→ $f(x)=2x^2-3x+3$이라 하면

$f'(x)=\boxed{}-3$

곡선 $y=f(x)$ 위의 점 $(1, 2)$에서의 접선의 기울기는

$f'(\boxed{})=\boxed{}$

이므로 이 접선에 수직인 직선의 기울기는

$\boxed{}$ 이다.

따라서 구하는 직선의 방정식은

$y-\boxed{}=(\boxed{})\times(x-\boxed{})$, 즉 $y=\boxed{}$

내가 발견한 개념   접선에 수직인 직선의 방정식은?

곡선 $y=f(x)$ 위의 점 $(a, f(a))$에서의 접선에 수직인 직선에 대하여 (단, $f'(a)\neq0$)

• 기울기 → $\bigcirc$ $\dfrac{1}{\boxed{}}$

• 직선의 방정식 → $y-\boxed{}=-\dfrac{1}{\boxed{}}(x-\boxed{})$

8 곡선 $y=-x^2-4x-5$ 위의 점 $(-1, -2)$

개념모음문제

12 곡선 $y=3x^2+5x+1$ 위의 점 $(-1, -1)$에서의 접선의 y절편을 a, 이 점을 지나고 이 점에서의 접선에 수직인 직선의 y절편을 b라 할 때, $a+b$의 값은?

① -3 ② -2 ③ -1
④ 1 ⑤ 2

9 곡선 $y=-2x^2+x+4$ 위의 점 $(-1, 1)$

접선의 방정식;
접선의 기울기가 주어질 때

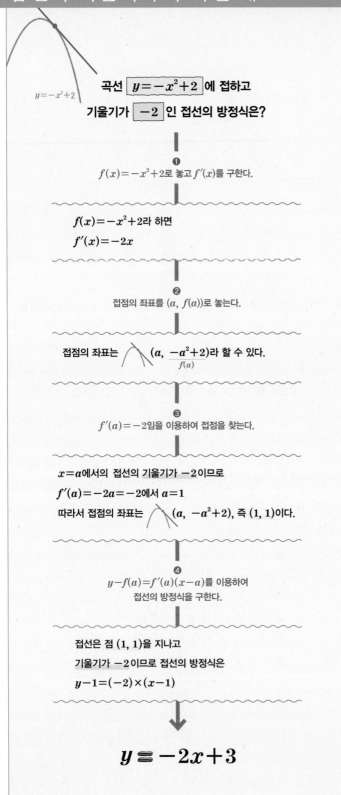

곡선 $\boxed{y=-x^2+2}$ 에 접하고

기울기가 $\boxed{-2}$ 인 접선의 방정식은?

$y=-x^2+2$

❶

$f(x)=-x^2+2$로 놓고 $f'(x)$를 구한다.

$f(x)=-x^2+2$라 하면
$f'(x)=-2x$

❷

접점의 좌표를 $(a, f(a))$로 놓는다.

접점의 좌표는 $(a, \underset{f(a)}{-a^2+2})$라 할 수 있다.

❸

$f'(a)=-2$임을 이용하여 접점을 찾는다.

$x=a$에서의 접선의 기울기가 -2이므로
$f'(a)=-2a=-2$에서 $a=1$
따라서 접점의 좌표는 $(a, -a^2+2)$, 즉 $(1, 1)$이다.

❹

$y-f(a)=f'(a)(x-a)$를 이용하여
접선의 방정식을 구한다.

접선은 점 $(1, 1)$을 지나고
기울기가 -2이므로 접선의 방정식은
$y-1=(-2)\times(x-1)$

↓

$$y = -2x+3$$

1st ― 접점의 좌표

● 다음 곡선에 대하여 접선의 기울기가 3일 때의 접점의 좌표를 모두 구하시오.

1 곡선 $y=2x^2-5x+1$

→ $f(x)=2x^2-5x+1$이라 하면

$f'(x)=4x-\boxed{}$

접점의 좌표를 $(a, f(a))$라 하면 접선의 기울기가 $\boxed{}$ 이므로

$f'(a)=\boxed{}a-\boxed{}=3$, 즉 $a=\boxed{}$ 이고

$f(a)=\boxed{}$

따라서 접점의 좌표는 $(\boxed{}, \boxed{})$이다.

2 곡선 $y=x^2-3x+5$

> 삼차 이상의 함수에서는 평행한 서로 다른 두 접선을 가질 수도 있다.
>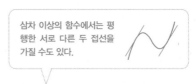

3 곡선 $y=x^3+3$

2nd ― 접선의 기울기가 주어질 때의 접선의 방정식

● 다음 곡선에 접하고 기울기가 m인 접선의 방정식을 모두 구하시오.

4 곡선 $y=2x^2-3x+4$, $m=5$

→ $f(x)=2x^2-3x+4$라 하면

$f'(x)=\boxed{}-3$

접점의 좌표를 $(a, 2a^2-3a+4)$라 하면 접선의 기울기가 $\boxed{}$ 이므로

$f'(a)=4a-\boxed{}=5$, 즉 $a=\boxed{}$ 이고

$f(a)=\boxed{}$

따라서 접점의 좌표는 $(\boxed{}, \boxed{})$이므로 구하는 접선의 방정식은

$y-\boxed{}=5(x-\boxed{})$, 즉 $y=\boxed{}-4$

5 곡선 $y=x^2-2x$, $m=4$

6 곡선 $y=x^3+\sqrt{2}$, $m=6$

● **다음을 구하시오.**

7 곡선 $y=x^2-2x+2$에 접하고 직선 $y=2x+3$과 평행한 직선의 방정식

→ 접선이 직선 $y=2x+3$과 평행하므로 접선의 기울기는 $\boxed{}$이다.

$f(x)=x^2-2x+2$라 하면 $f'(x)=\boxed{}-2$

접점의 좌표를 $(a,\ a^2-2a+2)$라 하면

$f'(a)=2a-\boxed{}=\boxed{}$, 즉 $a=\boxed{}$이고 $f(a)=\boxed{}$

따라서 접점의 좌표는 $(\boxed{},\ \boxed{})$이므로 구하는 접선의 방정식은

$y-\boxed{}=\boxed{}(x-\boxed{})$, 즉 $y=\boxed{}-2$

8 곡선 $y=2x^2+6x-1$에 접하고 직선 $2x-y-2=0$과 평행한 직선의 방정식

직선의 방정식을 $y=ax+b$ 꼴로 고쳐 기울기를 찾아봐!

9 곡선 $y=x^2-2x+3$에 접하고 직선 $y=\dfrac{1}{2}x+1$과 수직인 직선의 방정식

→ 접선이 직선 $y=\dfrac{1}{2}x+1$과 수직이므로

접선의 기울기는 $\boxed{}$이다.

$f(x)=x^2-2x+3$이라 하면 $f'(x)=\boxed{}-2$

접점의 좌표를 $(a,\ a^2-2a+3)$이라 하면

$f'(a)=2a-\boxed{}=\boxed{}$, 즉 $a=\boxed{}$이고 $f(a)=\boxed{}$

따라서 접점의 좌표는 $(\boxed{},\ \boxed{})$이므로 구하는 접선의 방정식은

$y-\boxed{}=\boxed{}(x-\boxed{})$, 즉 $y=-2x+\boxed{}$

10 곡선 $y=2x^2-x-3$에 접하고 직선 $x+3y-3=0$과 수직인 직선의 방정식

😊 **내가 발견한 개념** 　　　　기울기가 주어진 접선의 방정식은?

● 곡선 $y=f(x)$에 접하고 기울기가 m인 접선의 방정식은

(i) 접점의 좌표를 $(a,\ f(a))$로 놓는다.

(ii) $f'(a)=\boxed{}$임을 이용하여 a의 값과 접점의 좌표를 구한다.

(iii) 접선의 방정식 $y-\boxed{}=\boxed{}(x-a)$를 구한다.

개념모음문제

11 곡선 $y=-2x^2-2x+5$의 접선 중에서 두 점 $(1,\ 3)$, $(3,\ 7)$을 지나는 직선 l과 평행한 접선의 y절편은?

① 4　　　　② 5　　　　③ 6

④ 7　　　　⑤ 8

순간변화율로 구하는!

접선의 방정식;
곡선 밖의 한 점에서 그은 접선

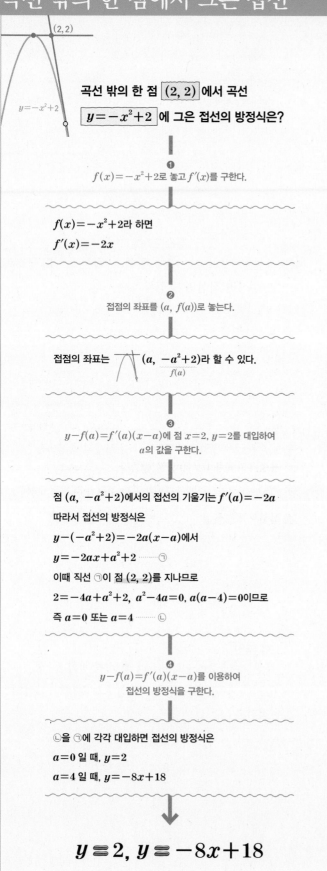

곡선 밖의 한 점 (2, 2) 에서 곡선 $y=-x^2+2$ 에 그은 접선의 방정식은?

❶
$f(x)=-x^2+2$로 놓고 $f'(x)$를 구한다.

$f(x)=-x^2+2$라 하면
$f'(x)=-2x$

❷
접점의 좌표를 $(a, f(a))$로 놓는다.

접점의 좌표는 $(a, -a^2+2)$라 할 수 있다.
$\underset{f(a)}{}$

❸
$y-f(a)=f'(a)(x-a)$에 점 $x=2, y=2$를 대입하여 a의 값을 구한다.

점 $(a, -a^2+2)$에서의 접선의 기울기는 $f'(a)=-2a$
따라서 접선의 방정식은
$y-(-a^2+2)=-2a(x-a)$에서
$y=-2ax+a^2+2$ ········ ㉠
이때 직선 ㉠이 점 $(2, 2)$를 지나므로
$2=-4a+a^2+2$, $a^2-4a=0$, $a(a-4)=0$이므로
즉 $a=0$ 또는 $a=4$ ········ ㉡

❹
$y-f(a)=f'(a)(x-a)$를 이용하여 접선의 방정식을 구한다.

㉡을 ㉠에 각각 대입하면 접선의 방정식은
$a=0$ 일 때, $y=2$
$a=4$ 일 때, $y=-8x+18$

$$y=2, y=-8x+18$$

1st — 곡선 밖의 한 점에서 그은 접선의 방정식

● 주어진 곡선 밖의 점에서 곡선에 그은 접선의 방정식을 모두 구하시오.

1 곡선 $y=x^2+x$ 밖의 점 $(1, -2)$

> 접선의 기울기와 접점의 좌표가 필요하다.

➡ $f(x)=x^2+x$라 하면 $f'(x)=\boxed{}$

접점의 좌표를 $(a, a^2+\boxed{})$라 하면 접선의 기울기는

$f'(a)=\boxed{}+1$이므로 접선의 방정식은

$y-(a^2+\boxed{})=(\boxed{}+1)(x-a)$ ······ ㉠

이 접선이 점 $(1, \boxed{})$를 지나므로

$\boxed{}-(a^2+\boxed{})=(\boxed{}+1)(1-a)$

$a^2-2a-\boxed{}=0$, $(a+1)(a-\boxed{})=0$

따라서 $a=\boxed{}$ 또는 $a=\boxed{}$이므로

이를 각각 ㉠에 대입하면 구하는 접선의 방정식은

$y=\boxed{}-1$ 또는 $y=\boxed{}-9$

2 곡선 $y=x^2-x+1$ 밖의 점 $(1, 0)$

3 곡선 $y=x^2-6x+10$ 밖의 점 $(2, -2)$

4 곡선 $y=-x^2+2x+1$ 밖의 점 $(1, 3)$

5 곡선 $y=x^3-x+4$ 밖의 점 $(0, 2)$

6 곡선 $y=-x^3+2$ 밖의 점 $(1, 6)$

● 주어진 곡선 밖의 점에서 곡선에 그은 두 접선의 기울기를 각각 m_1, m_2라 할 때, □ 안에 알맞은 수를 써넣으시오.

7 곡선 $y=2x^2-x$ 밖의 점 $(1, -2)$

$\rightarrow m_1+m_2=\boxed{}$

$\rightarrow f(x)=2x^2-x$라 하면 $f'(x)=\boxed{}-1$

접점의 좌표를 $(a, 2a^2-\boxed{})$라 하면 접선의 기울기는

$f'(a)=\boxed{}-1$이므로 접선의 방정식은

$y-(2a^2-\boxed{})=(\boxed{}-1)(x-a)$

이 접선이 점 $(1, \boxed{})$를 지나므로

$\boxed{}-(2a^2-\boxed{})=(\boxed{}-1)(1-a)$

$2a^2-\boxed{}a-\boxed{}=0$ ……㉠

기울기가 m_1, m_2일 때의 접점의 x좌표를 각각 a_1, a_2라 하면 a_1, a_2는 이차방정식 ㉠의 두 실근이므로 근과 계수의 관계에 의하여

$a_1+a_2=\boxed{}$

따라서

$m_1+m_2=(4a_1-1)+(4a_2-\boxed{})$

$\quad=4(a_1+\boxed{})-\boxed{}=\boxed{}$

> 이차방정식 $ax^2+bx+c=0$의 두 근이 α, β일 때, $\alpha+\beta=-\dfrac{b}{a}$, $\alpha\beta=\dfrac{c}{a}$

8 곡선 $y=x^2-3x+4$ 밖의 점 $(3, 1)$

$\rightarrow m_1+m_2=\boxed{}$

9 곡선 $y=3x^2-x+2$ 밖의 점 $(-1, 1)$

$\rightarrow m_1+m_2=\boxed{}$

10 곡선 $y=2x^2$ 밖의 점 $(2, 2)$

$\rightarrow m_1\times m_2=\boxed{}$

11 곡선 $y=\dfrac{1}{4}x^2+x-1$ 밖의 점 $(1, -3)$

$\rightarrow m_1\times m_2=\boxed{}$

😊 **내가 발견한 개념**   곡선 밖의 한 점에서 그은 접선의 방정식은?

● 곡선 $y=f(x)$ 밖의 한 점 (p, q)에서 곡선에 그은 접선의 방정식은

(i) 접점의 $\boxed{}$좌표를 a로 놓고 접선의 방정식을 세운다.

(ii) (i)의 접선이 점 $\boxed{}$를 지남을 이용하여 a의 값을 구한다.

(iii) (ii)에서 구한 접점의 x좌표가 a일 때, 접선의 방정식 $y-\boxed{}=\boxed{}(x-\boxed{})$를 구한다.

[개념모음문제]

12 점 $(0, 2)$에서 곡선 $y=x^3-2x$에 그은 접선이 두 점 $(a, 5)$, $(-3, b)$를 지날 때, $a-b$의 값은?

① 3   ② 4   ③ 5

④ 6   ⑤ 7

05

순간변화율로 구하는!

접선의 방정식의 활용

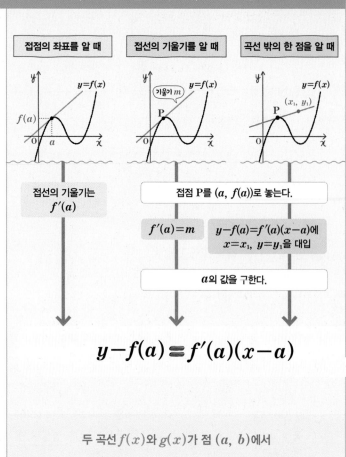

| 접점의 좌표를 알 때 | 접선의 기울기를 알 때 | 곡선 밖의 한 점을 알 때 |

접선의 기울기는
$f'(a)$

접점 P를 $(a, f(a))$로 놓는다.

$f'(a)=m$

$y-f(a)=f'(a)(x-a)$에
$x=x_1$, $y=y_1$을 대입

a의 값을 구한다.

$$y-f(a)=f'(a)(x-a)$$

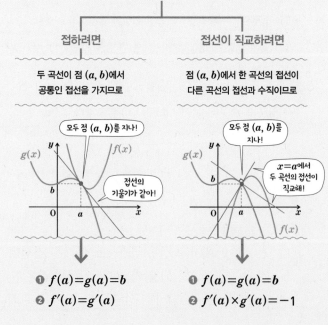

두 곡선 $f(x)$와 $g(x)$가 점 (a, b)에서

접하려면

두 곡선이 점 (a, b)에서
공통인 접선을 가지므로

접선이 직교하려면

점 (a, b)에서 한 곡선의 접선이
다른 곡선의 접선과 수직이므로

❶ $f(a)=g(a)=b$
❷ $f'(a)=g'(a)$

❶ $f(a)=g(a)=b$
❷ $f'(a)\times g'(a)=-1$

1st ─ 접선을 이용하여 구하는 미정계수

● 다음 조건을 만족시키는 상수 a, b의 값을 구하시오.

1 곡선 $y=x^2+ax+b$ 위의 점 $(1, 1)$에서의 접선의
방정식이 $y=-x+2$

→ $f(x)=x^2+ax+b$라 하면

$f'(x)=2x+\boxed{}$

점 $(1, 1)$이 곡선 $y=f(x)$ 위의 점이므로

$f(1)=\boxed{}$, 즉 $a+b=\boxed{}$ ······ ㉠

또 곡선 위의 점 $(1, 1)$에서의 접선의 기울기가 $\boxed{}$이므로

$f'(1)=\boxed{}$, 즉 $a=\boxed{}$

이를 ㉠에 대입하면 $b=\boxed{}$

접선을 다루는덴 미적분이 최고야!

2 곡선 $y=x^2+ax+b$ 위의 점 $(-1, 3)$에서의 접선
의 방정식이 $y=2x+5$

3 곡선 $y=ax^2+x+b$ 위의 점 $(2, -1)$에서의 접선
의 기울기가 5

4 곡선 $y=ax^2+bx-3$ 위의 점 $(-1, 3)$에서의 접선
의 기울기가 -2

● 다음 조건을 만족시키는 상수 k의 값을 모두 구하시오.

5 곡선 $y=x^3+kx+2$가 직선 $y=-2x+4$에 접한다.

→ $f(x)=x^3+kx+2$라 하면 $f'(x)=\boxed{}+k$

곡선과 직선의 접점의 좌표를 $(a,\ a^3+ka+2)$라 하면 접선의 기울기는 $f'(a)=\boxed{}+k$이므로 접선의 방정식은

$y-(a^3+ka+2)=(\boxed{}+k)(x-a)$, 즉

$y=(\boxed{}+k)x+(-2a^3+2)$

이 접선이 직선 $y=-2x+4$와 일치하므로

$\boxed{}+k=-2$ ······ ㉠

$-2a^3+\boxed{}=4$ ······ ㉡

㉡에서 $a^3=\boxed{}$이고 a는 실수이므로 $a=\boxed{}$

이를 ㉠에 대입하면 $k=\boxed{}$

6 곡선 $y=x^3-kx-3$이 직선 $y=4x-5$에 접한다.

7 곡선 $y=2x^3+kx-1$이 직선 $y=2x-5$에 접한다.

8 곡선 $y=-x^3-kx^2$이 직선 $y=x$에 접한다.

2nd — 서로 접하는 두 곡선

● 다음을 구하시오. (단, a, b, c는 상수이다.)

9 두 곡선 $y=x^2+ax+b$, $y=-x^2+c$가 점 $(1,\ 2)$에서 접할 때

(1) a, b, c의 값

→ $f(x)=x^2+ax+b$, $g(x)=-x^2+c$라 하면

$f'(x)=\boxed{}+a$, $g'(x)=\boxed{}$

두 곡선 $y=f(x)$, $y=g(x)$가 모두 점 $(1,\ 2)$를 지나므로

$f(1)=\boxed{}$에서 $a+b=\boxed{}$ ······ ㉠

$g(1)=\boxed{}$에서 $c=\boxed{}$

두 곡선의 접점 $(1,\ 2)$에서의 접선의 기울기가 서로 같으므로

$f'(1)=g'(1)$에서 $a=\boxed{}$

이를 ㉠에 대입하면 $b=\boxed{}$

(2) 공통으로 접하는 직선의 방정식

→ 접점 $(1,\ 2)$에서의 접선의 기울기는

$f'(1)=g'(1)=\boxed{}$이므로 두 곡선에 공통으로 접하는 직선의 방정식은 $y=\boxed{}+4$

> 두 곡선이 모두 접점을 지나고 접점에서의 접선의 기울기가 같음을 이용한다.

10 두 곡선 $y=-x^2+ax+b$, $y=2x^2+c$가 점 $(-1,\ 2)$에서 접할 때

(1) a, b, c의 값

(2) 공통으로 접하는 직선의 방정식

● 다음 두 곡선이 한 점에서 공통인 접선을 가질 때, 접점의 좌표와 공통인 접선의 방정식을 구하시오.

> 접점의 좌표부터 찾는다.

11 두 곡선 $y=x^3$, $y=x^2+x-1$

→ $f(x)=x^3$, $g(x)=x^2+x-1$이라 하면

$f'(x)=\boxed{}$, $g'(x)=\boxed{}+1$

두 곡선 $y=f(x)$, $y=g(x)$가 $x=a$인 점에서 공통인 접선을 갖는다고 하자.

(i) $f(a)=g(a)$에서 $a^3=a^2+a-1$

$\left(a-\boxed{}\right)^2(a+1)=0$

즉 $a=\boxed{}$ 또는 $a=-1$

(ii) $f'(a)=g'(a)$에서 $3a^2=\boxed{}+1$

$(3a+1)\left(a-\boxed{}\right)=0$

즉 $a=-\dfrac{1}{3}$ 또는 $a=\boxed{}$

(i), (ii)에서 $a=\boxed{}$

$f(1)=g(1)=\boxed{}$이므로 두 곡선은 점 $\left(\boxed{}, \boxed{}\right)$에서 공통인 접선을 갖고 접선의 기울기는

$f'\left(\boxed{}\right)=g'\left(\boxed{}\right)=\boxed{}$

따라서 두 곡선의 공통인 접선의 방정식은

$y=\boxed{}-\boxed{}$

12 두 곡선 $y=x^3-3$, $y=x^2+5x$

13 두 곡선 $y=x^3-5x^2+4x$, $y=-x^3+2x^2-4$

3rd ─ 접선이 서로 수직인 두 곡선

● 다음 두 곡선이 주어진 점에서 만나고, 이 점에서 두 곡선에 각각 그은 접선이 서로 수직일 때, 상수 a, b의 값을 구하시오.

14 두 곡선 $y=x^3+1$, $y=x^2+ax+b$, 점 $(1, 2)$

→ $f(x)=x^3+1$, $g(x)=x^2+ax+b$라 하면

$f'(x)=\boxed{}$, $g'(x)=2x+\boxed{}$

곡선 $y=g(x)$가 점 $\left(1, \boxed{}\right)$를 지나므로

$g(1)=\boxed{}$에서 $b=\boxed{}+1$ …… ㉠

두 곡선이 만나는 점 $\left(1, \boxed{}\right)$에서의 각각의 접선이 서로 수직이므로

두 접선의 기울기의 곱은 $\boxed{}$이다.

즉 $f'(1)g'(1)=\boxed{}$에서 $a=\boxed{}$

이를 ㉠에 대입하면 $b=\boxed{}$

15 두 곡선 $y=x^3+ax+b$, $y=-x^2+x$, 점 $(1, 0)$

16 두 곡선 $y=x^3-2x+4$, $y=ax^2+bx$, 점 $(1, 3)$

:) **내가 발견한 개념**　　　　　　　　　두 곡선이 한 점에서 접할 조건은?

● 두 곡선 $y=f(x)$, $y=g(x)$가 $x=a$에서 공통인 접선을 가지면

(i) $x=a$인 점에서 만나므로 $f(a)=\boxed{}$

(ii) $x=a$인 점에서의 접선의 $\boxed{}$가 서로 같으므로

$f'(a)=\boxed{}$

:) **내가 발견한 개념**　　　　　　한 점에서 만나는 두 곡선이 수직일 조건은?

● 두 곡선 $y=f(x)$와 $y=g(x)$의 접선이 $x=a$에서 수직으로 만나면

(i) $x=a$인 점에서 만나므로 $f(a)=\boxed{}$

(ii) $x=a$인 점에서의 접선끼리 수직이므로 두 접선의 기울기의 곱은 $\boxed{}$, 즉 $f'(a)\times g'(a)=\boxed{}$

4th — 접선의 활용; 곡선 밖의 한 점

● 다음 점에서 주어진 곡선에 서로 다른 2개의 접선을 그을 수 있을 때, 상수 k의 값을 모두 구하시오.

17 점 $(k, 0)$, 곡선 $y=x^3+2x^2$

→ $f(x)=x^3+2x^2$이라 하면 $f'(x)=\boxed{}+\boxed{}$

접점의 좌표를 (a, a^3+2a^2)이라 하면 접선의 기울기는

$f'(a)=\boxed{}+\boxed{}$이므로 접선의 방정식은

$y-(a^3+2a^2)=(\boxed{}+\boxed{})(x-a)$

이 접선이 점 $(k, 0)$을 지나므로

$-(a^3+2a^2)=(\boxed{}+\boxed{})(k-a)$

$a\{2a^2+(2-3k)a-\boxed{}\}=0$ ······ ㉠

즉 $a=0$ 또는 $2a^2+(2-3k)a-\boxed{}=0$

이때 서로 다른 접선이 2개이려면 a에 대한 삼차방정식 ㉠이

서로 다른 두 $\boxed{}$을 가져야 한다.

(i) a에 대한 이차방정식 $2a^2+(2-3k)a-\boxed{}=0$이

$a=\boxed{}$을 근으로 가질 때 방정식에 $a=\boxed{}$을 대입하면

$k=\boxed{}$

(ii) a에 대한 이차방정식 $2a^2+(2-3k)a-\boxed{}=0$이 $a=\boxed{}$

이 아닌 중근을 가질 때 판별식을 D라 하면

$D=(2-\boxed{})^2-4\times2\times(\boxed{})=0$에서

$k=\boxed{}$ 또는 $k=\boxed{}$

(i), (ii)에서 $k=\boxed{}$ 또는 $k=\boxed{}$ 또는 $k=\boxed{}$

> 서로 다른 두 개의 접선을 그을 수 있다.
> → 서로 다른 두 개의 접점이 존재한다.

18 점 $(k, 1)$, 곡선 $y=x^3-3x^2+1$

5th — 도형의 넓이

● 다음 도형의 넓이를 구하시오.

19 곡선 $y=x^2-3x+3$ 위의 점 $(3, 3)$에서의 접선과 x축 및 y축으로 둘러싸인 도형

→ $f(x)=x^2-3x+3$이라 하면

$f'(x)=\boxed{}-3$

점 $(3, 3)$에서의 접선의 기울기는

$f'(\boxed{})=\boxed{}$

이므로 접선의 방정식은

$y=\boxed{}-\boxed{}$

따라서 접선의 x절편은 $\boxed{}$, y절편은

$\boxed{}$이므로 구하는 도형의 넓이는

$\dfrac{1}{2}\times\boxed{}\times\boxed{}=\boxed{}$

20 곡선 $y=-x^2+4x+1$ 위의 점 $(1, 4)$에서의 접선과 x축 및 y축으로 둘러싸인 도형

> 기울기를 이용하여 접점의 좌표를 구한다.

21 곡선 $y=2x^2-5x-2$에 접하고 기울기가 -1인 접선과 x축 및 y축으로 둘러싸인 도형

01~02 **접선의 방정식; 접점의 좌표가 주어질 때**

- 곡선 $y=f(x)$ 위의 점 $(a, f(a))$에서의 접선의 방정식
  → $y-f(a)=f'(a)(x-a)$
- 곡선 $y=f(x)$ 위의 점 $(a, f(a))$를 지나고, 이 점에서의 접선에 수직인 직선의 방정식
  → $y-f(a)=-\dfrac{1}{f'(a)}(x-a)$ (단, $f'(a)\neq0$)

1 곡선 $y=2x^3-x^2+ax-1$ 위의 점 $(1, -2)$에서의 접선의 방정식이 $y=bx+c$일 때, 상수 a, b, c에 대하여 $ac+b$의 값은?

① -8 ② -2 ③ 4
④ 10 ⑤ 12

2 곡선 $y=-x^2+3x-2$ 위의 점 $(3, -2)$에서의 접선의 x절편을 a, 점 $(3, -2)$를 지나고 이 점에서의 접선에 수직인 직선의 y절편을 b라 할 때, ab의 값은?

① -7 ② -4 ③ -1
④ 4 ⑤ 7

03 **접선의 방정식; 접선의 기울기가 주어질 때**

- 곡선 $y=f(x)$에 접하고 기울기가 m인 접선의 방정식은 다음 순서로 구한다.
  (i) 접점의 좌표를 $(a, f(a))$로 놓는다.
  (ii) $f'(a)=m$임을 이용하여 a의 값과 접점의 좌표를 구한다.
  (iii) $y-f(a)=m(x-a)$를 이용하여 접선의 방정식을 구한다.

3 곡선 $y=3x^2-5x+4$에 접하고 x축의 양의 방향과 이루는 각의 크기가 $45°$인 직선의 x절편과 y절편의 합을 구하시오.

4 다음 중 곡선 $y=-x^3+3x^2-2$에 접하고 직선 $9x+y-1=0$에 평행한 두 접선의 접점을 모두 고르면? (정답 2개)

① $(-1, 2)$ ② $(0, -2)$ ③ $(1, 0)$
④ $(2, 2)$ ⑤ $(3, -2)$

04 **접선의 방정식; 곡선 밖의 한 점에서 그은 접선**

- 곡선 $y=f(x)$ 밖의 한 점 (x_1, y_1)에서 곡선에 그은 접선의 방정식은 다음 순서로 구한다.
  (i) 접점의 좌표를 $(a, f(a))$로 놓는다.
  (ii) $y-f(a)=f'(a)(x-a)$에 점 (x_1, y_1)의 좌표를 대입하여 a의 값을 구한다.
  (iii) $y-f(a)=f'(a)(x-a)$를 이용하여 접선의 방정식을 구한다.

5 점 $A(-1, 2)$에서 곡선 $y=x^2-2x+3$에 그은 두 접선의 접점을 각각 B, C라 할 때, 선분 BC의 중점의 좌표는?

① $(-3, 8)$ ② $(-1, 8)$ ③ $(-1, 10)$
④ $(1, 10)$ ⑤ $(1, 12)$

6 점 $(-1, -4)$에서 곡선 $y=3x^2+x-2$에 그은 두 접선의 기울기의 합이 k, 곱이 l일 때, $k-l$의 값을 구하시오.

7 점 $(1, k)$에서 곡선 $y=2x^2-4x$에 그은 두 접선이 서로 수직일 때, k의 값은? (단, $k \le -2$)

① $-\dfrac{5}{2}$ ② $-\dfrac{19}{8}$ ③ $-\dfrac{9}{4}$

④ $-\dfrac{17}{8}$ ⑤ -2

8 점 $A(1, 0)$에서 곡선 $y=-x^3+4x+1$에 그은 접선의 접점을 B라 할 때, 삼각형 OAB의 넓이는?

(단, O는 원점이다.)

① $\dfrac{1}{4}$ ② $\dfrac{1}{2}$ ③ 1

④ $\dfrac{3}{2}$ ⑤ 2

05 **접선의 방정식의 활용**

· 곡선 $y=f(x)$가 직선 $y=g(x)$와 $x=a$인 점에서 접할 때
→ $g(x)=f'(a)(x-a)+f(a)$

· 두 곡선 $y=f(x)$와 $y=g(x)$가 $x=a$에서 공통인 접선을 가질 때
→ $f(a)=g(a)$, $f'(a)=g'(a)$

· 두 곡선 $y=f(x)$와 $y=g(x)$가 $x=a$에서 만나고 접선이 수직일 때
→ $f(a)=g(a)$, $f'(a)\times g'(a)=-1$

9 곡선 $y=x^3+ax+1$이 점 $(1, b)$에서 직선 $y=2x+c$와 접할 때, $a^2+b^2+c^2$의 값을 구하시오.

(단, a, c는 상수이다.)

10 두 곡선 $y=x^3-x+k$, $y=x^2+1$이 한 점에서 접할 때, 정수 k의 값은?

① 0 ② 1 ③ 2

④ 3 ⑤ 4

11 두 곡선 $y=x^3+ax+3$, $y=x^2+bx+c$가 점 $(1, 2)$에서 만나고 이 점에서의 접선이 서로 수직일 때, 상수 a, b, c에 대하여 $a-b+c$의 값은?

① -1 ② 1 ③ 3

④ 5 ⑤ 7

12 곡선 $y=x^3-2x^2+3x+k$ 위의 x좌표가 1인 점에서의 접선과 x축 및 y축으로 둘러싸인 도형의 넓이가 $\dfrac{25}{4}$일 때, 양수 k의 값은?

① $\dfrac{5}{4}$ ② $\dfrac{5}{2}$ ③ 5

④ $\dfrac{15}{2}$ ⑤ 10

06

순간변화율이 0인 점이 존재하는!

롤의 정리

내가 하늘을 날면서 적어도 한 번 이상은 지면과 평행해!

도착

와! 오우!

함수 $f(x)$가 닫힌 구간 $[a, b]$에서 연속이고 열린 구간 (a, b)에서 미분가능할 때, $f(a)=f(b)$이면 $f'(c)=0$인 c가 열린 구간 (a, b)에 적어도 하나 존재한다. 이를 롤의 정리 라 한다.

$y=f(x)$
$f(a)=f(b)$

증명 함수 $f(x)$가 상수함수인 경우
열린 구간 (a, b)에 속하는 모든 c에 대하여 $f'(c)=0$

$y=f(x)$
$f(a)=f(b)$

증명 함수 $f(x)$가 상수함수가 아닌 경우
$f(a)=f(b)$이므로 함수 $f(x)$가 최댓값 또는 최솟값을 갖는 어떤 c가 열린 구간 (a, b)에 존재한다. (최대·최소 정리)

(i) $x=c$에서 최댓값 $f(c)$를 가질 때
$a<c+h<b$인 임의의 h에 대하여 $f(c+h)-f(c)\leq0$이므로

$h>0$이면 $\to \lim\limits_{h\to0+}\dfrac{f(c+h)-f(c)}{h}\leq0$

$h<0$이면 $\to \lim\limits_{h\to0-}\dfrac{f(c+h)-f(c)}{h}\geq0$이고,

함수 $f(x)$는 $x=c$에서 미분가능하므로 우극한과 좌극한이 같아야 한다.

따라서 $0\leq\lim\limits_{h\to0-}\dfrac{f(c+h)-f(c)}{h}=\lim\limits_{h\to0+}\dfrac{f(c+h)-f(c)}{h}\leq0$이므로

$f'(c)=\lim\limits_{h\to0}\dfrac{f(c+h)-f(c)}{h}=0$ 이 성립한다.

(ii) $x=c$에서 최솟값 $f(c)$를 가질 때
(i)과 같은 방법으로 $f'(c)=0$ 이 성립한다.

닫힌 구간에서 연속이어도 미분가능하지 않으면 롤의 정리가 성립하지 않아!

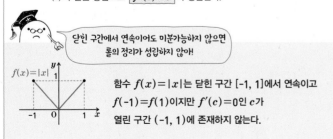

함수 $f(x)=|x|$는 닫힌 구간 $[-1, 1]$에서 연속이고 $f(-1)=f(1)$이지만 $f'(c)=0$인 c가 열린 구간 $(-1, 1)$에 존재하지 않는다.

1st — 롤의 정리

● 다음 함수에 대하여 주어진 구간에서 롤의 정리를 만족시키는 상수 c의 값을 모두 구하시오.

1 $f(x)=x^2-2x+1$, 구간 $[0, 2]$

➔ 함수 $f(x)$는 닫힌 구간 $[0, 2]$에서 ⬜이고

열린 구간 $(0, 2)$에서 ⬜하다. 또

$f(\boxed{})=f(\boxed{})=\boxed{}$

이므로 롤의 정리에 의하여 $f'(c)=\boxed{}$인 c가 열린 구간 $(0, 2)$에 적어도 하나 존재한다.

이때 $f'(x)=\boxed{}-2$이므로

$f'(c)=2c-\boxed{}=\boxed{}$

따라서 $c=\boxed{}$

2 $f(x)=x^2-6x+2$, 구간 $[1, 5]$

3 $f(x)=2x^2+6x+1$, 구간 $[-3, 0]$

4 $f(x)=x^3-x^2-5x+1$, 구간 $[-1, 3]$

5 $f(x)=x^3-4x^2+3x+3$, 구간 $[1, 3]$

9 $f(x)=-x^3+4x^2+x-3$, 구간 $[-1, 4]$

6 $f(x)=-2x^3+2x+3$, 구간 $[-1, 1]$

→ 함수 $f(x)$는 닫힌 구간 $[-1, 1]$에서 \boxed{}이고

열린 구간 $(-1, 1)$에서 \boxed{}하다. 또

$f(\boxed{})=f(\boxed{})=\boxed{}$

이므로 롤의 정리에 의하여 $f'(c)=\boxed{}$인 c가 열린 구간 $(-1, 1)$에

적어도 하나 존재한다.

이때 $f'(x)=\boxed{}+2$이므로

$f'(c)=\boxed{}+2=0$

따라서 $c=\boxed{}$ 또는 $c=\boxed{}$

10 $f(x)=-2x^3-5x^2+x+5$, 구간 $[-2, 1]$

😊 내가 발견한 개념   롤의 정리를 만족시키는 c는?

• 함수 $f(x)$에 대하여 닫힌 구간 $[a, b]$에서 롤의 정리를 만족 시키는 c는

(i) 함수 $f(x)$가 닫힌 구간 $[a, b]$에서 \boxed{}이고 열린 구 간 (a, b)에서 \boxed{}인지 확인한다.

(ii) $f(a)\bigcirc f(b)$인지 확인한다.

(iii) \boxed{}를 구한 후 $f'(c)=\boxed{}$ $(a<c<b)$를 만족시키는 c 의 값을 구한다.

7 $f(x)=x^3-4x+1$, 구간 $[-2, 2]$

8 $f(x)=x^3-3x^2-x+1$, 구간 $[-1, 3]$

개념모음문제

11 함수 $f(x)=-x^2+ax+5$에 대하여 닫힌 구간 $[-1, 3]$에서 롤의 정리를 만족시키는 상수 c가 존 재할 때, $a+c$의 값은? (단, a는 상수이다.)

① -2 ② -1 ③ 1
④ 2 ⑤ 3

─── 롤의 정리의 기하적 의미 ───

$[a, b]$에서 연속이고 (a, b)에서 미분가능한 $f(x)$에 대하여

$f(a)=f(b)$이면 $f'(c)=0$인 c가 (a, b)에 적어도 하나 존재

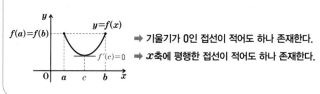

→ 기울기가 0인 접선이 적어도 하나 존재한다.
→ x축에 평행한 접선이 적어도 하나 존재한다.

07 평균값 정리

순간변화율과 평균변화율이 같은 점이 존재하는!

내가 하늘을 날면서 $\overline{AB}$의 기울기와 같은 기울기를 가지는 지점이 A와 B 사이에 적어도 한 번 존재해!

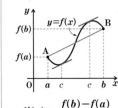

함수 $f(x)$가 닫힌 구간 $[a, b]$에서 연속이고 열린 구간 (a, b)에서 미분가능할 때,

$$f'(c)=\frac{f(b)-f(a)}{b-a}$$

인 c가 열린 구간 (a, b)에 적어도 하나 존재한다. 이를 평균값 정리 라 한다.

증명 함수 $f(x)$가 닫힌 구간 $[a, b]$에서 연속이고 열린 구간 (a, b)에서 미분가능할 때, 오른쪽 그림에서 함수 $y=f(x)$의 그래프 위의 두 점 $P(a, f(a))$, $Q(b, f(b))$를 지나는 직선의 방정식을 $y=g(x)$라 하면

$$g(x)=\frac{f(b)-f(a)}{b-a}(x-a)+f(a)$$

이때 함수 $h(x)=f(x)-g(x)$라 하면 $h(x)$는 닫힌 구간 $[a, b]$에서 연속이고 열린 구간 (a, b)에서 미분가능하며 $h(a)=h(b)=0$

따라서 롤의 정리에 의하여

$$h'(c)=f'(c)-g'(c)=f'(c)-\frac{f(b)-f(a)}{b-a}=0$$

인 c가 열린 구간 (a, b)에 적어도 하나 존재한다.

즉 $\dfrac{f(b)-f(a)}{b-a}=f'(c)$ 를 만족시키는 c가 열린 구간 (a, b)에 적어도 하나 존재한다.

아~ 평균값 정리에서 $f(a)=f(b)$인 경우가 롤의 정리군!

─ 평균값 정리의 기하적 의미 ─

$$f'(c)=\frac{f(b)-f(a)}{b-a}$$

➡ $\overline{AB}$의 기울기와 같은 곡선 $f(x)$의 접선이 적어도 하나 존재한다.

➡ x의 값이 a에서 b까지 변할 때의 평균변화율과 같은 순간변화율을 갖는 지점이 적어도 하나 존재한다.

1st ─ 평균값 정리; 정리를 이용하는 경우

● 다음 함수에 대하여 주어진 구간에서 평균값 정리를 만족시키는 상수 c의 값을 모두 구하시오.

1 $f(x)=2x^2-3x+1$, 구간 $[0, 2]$

→ 함수 $f(x)$는 닫힌 구간 $[0, 2]$에서 ⬚이고

열린 구간 $(0, 2)$에서 ⬚하므로 평균값 정리에 의하여

$$\frac{f(2)-f(0)}{2-0}=\frac{⬚-⬚}{2}=⬚=f'(c)$$

인 c가 열린 구간 $(0, 2)$에 적어도 하나 존재한다.

이때 $f'(x)=⬚-⬚$이므로

$f'(c)=4c-⬚=⬚$에서

$c=⬚$

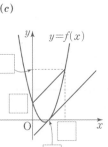

2 $f(x)=-x^2+3x+3$, 구간 $[-1, 3]$

3 $f(x)=x^3-x$, 구간 $[-2, 1]$

4 $f(x)=x^3-3x^2+2x+3$, 구간 $[-1, 2]$

5 $f(x)=x^3-3x$, 구간 $[-2, 2]$

→ 함수 $f(x)$는 닫힌 구간 $[-2, 2]$에서 $\boxed{}$이고

열린 구간 $(-2, 2)$에서 $\boxed{}$하므로 평균값 정리에 의하여

$$\dfrac{f(2)-f(\boxed{})}{2-(-2)}=\dfrac{\boxed{}-(-2)}{4}=\boxed{}=f'(c)$$

인 c가 열린 구간 $(-2, 2)$에 적어도 하나 존재한다.

이때 $f'(x)=\boxed{}-\boxed{}$이므로

$f'(c)=3c^2-\boxed{}=\boxed{}$에서

$c^2=\boxed{}$

따라서 $c=\boxed{}$ 또는 $c=\boxed{}$

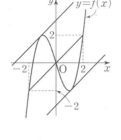

6 $f(x)=-x^3-2x^2$, 구간 $[-2, 1]$

7 $f(x)=x^3+3x^2+x-1$, 구간 $[-3, 1]$

8 $f(x)=-2x^3+3x^2+x-2$, 구간 $[-1, 2]$

 내가 발견한 개념   평균값 정리는?

• 함수 $f(x)$가 닫힌 구간 $[a, b]$에서 $\boxed{}$이고 열린 구간

(a, b)에서 $\boxed{}$할 때,

$$\dfrac{\boxed{}-\boxed{}}{b-a}=f'(c)$$

인 c가 열린 구간 (a, b)에 적어도 하나 존재한다.

개념모음문제

9 함수 $f(x)=-x^2+6x-2$에 대하여 닫힌 구간 $[0, k]$에서 평균값 정리를 만족시키는 상수가 2일 때, k의 값은?

① 3   ② 4   ③ 5

④ 6   ⑤ 7

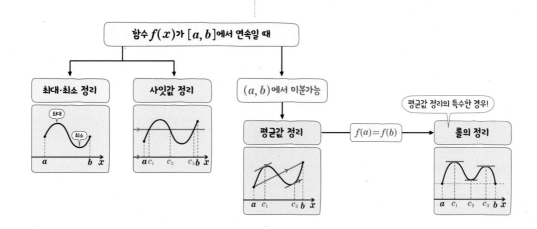

● 다음 함수에 대하여 주어진 등식을 만족시키는 상수 c의 값을 구하시오.

10 $f(x)=2x^2-x+1$에 대하여

$f(3)-f(1)=2f'(c)$ (단, $1<c<3$)

→ 주어진 등식에서

$$f'(c)=\frac{f(3)-f(1)}{2}=\frac{f(3)-f(1)}{\boxed{}-\boxed{}} \quad \cdots\cdots ㉠$$

이므로 열린 구간 $(1, \boxed{})$에서 평균값 정리를 만족시키는 값이 구하는 실수 c의 값이다.

이때 $f'(x)=\boxed{}$이고 ㉠에서 $f'(c)=\boxed{}$이므로

$4c-\boxed{}=\boxed{}$, 즉 $c=\boxed{}$

이 값은 $1<c<\boxed{}$을 만족시키므로 구하는 실수 c의 값은 $\boxed{}$이다.

11 $f(x)=x^3+x^2-3x+3$에 대하여

$f(2)-f(-1)=3f'(c)$ (단, $-1<c<2$)

12 $f(x)=-x^3+2x^2-x+3$에 대하여

$f(1)-f(-1)=2f'(c)$ (단, $-1<c<1$)

평균값 정리의 다양한 표현을 알아 둬!

함수 $f(x)$가 닫힌 구간 $[a, b]$에서 연속이고
열린 구간 (a, b)에서 미분가능할 때,
다음의 등식을 만족시키는 c가 열린 구간 (a, b)에 적어도 하나 존재한다.

❶ $f'(c)=\dfrac{f(b)-f(a)}{b-a}$ ⎤ 양변에 $(b-a)$를 곱하면!

❷ $f(b)-f(a)=(b-a)f'(c)$ ⎤ $f(a)$를 이항하면!

❸ $f(b)=f(a)+(b-a)f'(c)$ ⎤ $b=a+h$로 놓으면!

❹ $f(a+h)=f(a)+hf'(c)$

2nd ─ 평균값 정리; 그래프를 이용하는 경우

● 함수 $y=f(x)$의 그래프가 다음 그림과 같을 때, 닫힌 구간 $[a, b]$에서 평균값 정리를 만족시키는 상수 c의 개수를 구하시오. (단, $a<c<b$)

13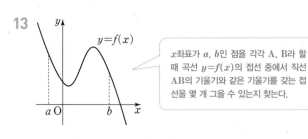

x좌표가 a, b인 점을 각각 A, B라 할 때 곡선 $y=f(x)$의 접선 중에서 직선 AB의 기울기와 같은 기울기를 갖는 접선을 몇 개 그을 수 있는지 찾는다.

14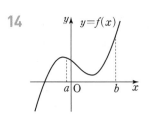

15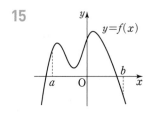

16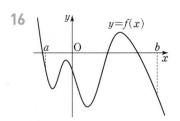

06 롤의 정리

- 함수 $f(x)$가 닫힌 구간 $[a, b]$에서 연속이고 열린 구간 (a, b)에서 미분가능할 때, $f(a)=f(b)$이면
$$f'(c)=0$$
인 c가 열린 구간 (a, b)에 적어도 하나 존재한다.

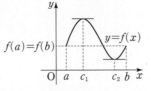

1 함수 $f(x)=-3x^2+6x$에 대하여 닫힌 구간 $[-1, 3]$에서 롤의 정리를 만족시키는 상수 c의 값은?

① 0   ② $\dfrac{1}{2}$ ③ 1

④ $\dfrac{3}{2}$ ⑤ 2

2 함수 $f(x)=x^2+kx+4$가 닫힌 구간 $[2, 6]$에서 롤의 정리를 만족시킬 때, 상수 k의 값은?

① -8 ② -4 ③ 0

④ 4   ⑤ 8

3 함수 $f(x)=-x^3+2x^2+4x+1$에 대하여 닫힌 구간 $[-a, a]$에서 롤의 정리를 만족시키는 상수 c가 존재할 때, $a+c$의 값은? (단, a는 자연수이다.)

① $-\dfrac{4}{3}$ ② $-\dfrac{2}{3}$ ③ $\dfrac{2}{3}$

④ $\dfrac{4}{3}$ ⑤ 2

07 평균값 정리

- 함수 $f(x)$가 닫힌 구간 $[a, b]$에서 연속이고 열린 구간 (a, b)에서 미분가능할 때,
$$\frac{f(b)-f(a)}{b-a}=f'(c)$$
인 c가 열린 구간 (a, b)에 적어도 하나 존재한다.

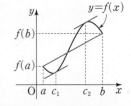

4 함수 $f(x)=x^3-3x^2+5x$에 대하여 닫힌 구간 $[1, 4]$에서 평균값 정리를 만족시키는 상수 c의 값은?

① $\sqrt{3}-1$ ② 2   ③ $1+\sqrt{3}$

④ 3   ⑤ $2+\sqrt{3}$

5 함수 $f(x)=x^2-2x+3$에 대하여 닫힌 구간 $[-1, a]$에서 평균값 정리를 만족시키는 상수 c의 값이 $\dfrac{3}{4}$일 때, $100a$의 값은?

① 50   ② 100   ③ 150

④ 200   ⑤ 250

6 함수 $y=f(x)$의 그래프가 오른쪽 그림과 같을 때, 닫힌 구간 $[0, a]$에서 평균값 정리를 만족시키는 상수 c의 개수를 구하시오. (단, $0<c<a$)

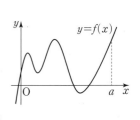

TEST 개념 발전

1 곡선 $y=f(x)$ 위의 점 $(1, f(1))$에서의 접선의 기울기가 3일 때, $\lim\limits_{h \to 0} \dfrac{f(1+3h)-f(1-h)}{h}$ 의 값은?

① 3   ② 6   ③ 9

④ 12   ⑤ 15

2 곡선 $y=x^3-2x^2+4x-1$ 위의 점 $(1, 2)$에서의 접선이 이 곡선과 다시 만나는 점의 좌표가 (a, b)일 때, $a-b$의 값을 구하시오.

3 곡선 $y=-2x^2+3x-1$에 접하는 직선 중 x축의 양의 방향과 이루는 각의 크기가 $45°$인 접선의 접점의 좌표는?

① $(-1, -6)$ ② $\left(-\dfrac{1}{2}, -3\right)$ ③ $\left(\dfrac{1}{2}, 0\right)$

④ $(1, 0)$ ⑤ $(2, -3)$

4 곡선 $y=x^2$ 위의 점과 직선 $y=-2x-6$ 사이의 거리의 최솟값은?

① $\dfrac{\sqrt{5}}{5}$ ② $\sqrt{5}$ ③ $\dfrac{6\sqrt{5}}{5}$

④ $\dfrac{8\sqrt{5}}{5}$ ⑤ $2\sqrt{5}$

5 점 $(2, 1)$에서 곡선 $y=-x^3+2x^2-x+1$에 그은 접선 중 접점의 x좌표가 유리수인 접선을 l이라 하자. 곡선과 직선 l의 접점의 y좌표를 구하시오.

6 좌표평면 위의 원점 O에서 곡선 $y=2x^2+1$에 그은 두 접선의 접점과 원점 O가 이루는 삼각형의 넓이는?

① $\dfrac{1}{2}$ ② $\dfrac{\sqrt{2}}{2}$ ③ 1

④ $\sqrt{2}$ ⑤ 2

7 곡선 $y=x^3+k$와 직선 $y=6x$가 제1사분면에서 접할 때, 상수 k의 값은?

① $\sqrt{2}$ ② 2   ③ $2\sqrt{2}$

④ 4   ⑤ $4\sqrt{2}$

8 두 곡선 $y=x^3$, $y=3x^2+k$가 한 점에서 공통인 접선을 가질 때, 상수 k의 값은? (단, $k \neq 0$)

① -4 ② -3 ③ -1

④ 1   ⑤ 3

9 함수 $f(x)=x^3-3x$에 대하여 닫힌 구간 $[-1, a]$에서 롤의 정리를 만족시키는 상수 c가 존재할 때, a^2+c^2의 값을 구하시오. (단, $a>-1$)

10 닫힌 구간 $[1, 4]$에서 연속이고 열린 구간 $(1, 4)$에서 미분가능한 함수 $y=f(x)$의 그래프가 오른쪽 그림과 같을 때,

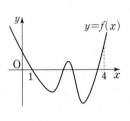

$$f(4)-f(1)=3f'(c)$$

를 만족시키는 상수 c의 개수를 구하시오.

(단, $1<c<4$)

11 닫힌 구간 $[a, b]$에서 연속이고 열린 구간 (a, b)에서 미분가능한 두 함수 $f(x)$, $g(x)$에 대하여 열린 구간 (a, b)에 속하는 모든 실수 x가 $f'(x)=g'(x)$를 만족시키면 $f(x)=g(x)+k(k$는 상수)가 성립한다. 다음은 이를 평균값 정리를 이용하여 증명한 것이다.

> $h(x)=f(x)-g(x)$라 하면 함수 $h(x)$는
> 닫힌 구간 $[\boxed{(가)}, b]$에서 연속이고
> 열린 구간 $(\boxed{(가)}, b)$에서 미분가능하다.
> $\boxed{(가)}<x<b$인 모든 실수 x에 대하여
> $h'(x)=\boxed{(나)}$이므로 함수 $h(x)$는 닫힌 구간
> $[\boxed{(가)}, b]$에서 $\boxed{(다)}$이다.
> 따라서 상수 k에 대하여 $h(x)=k$이므로
> $f(x)=g(x)+k$

(가), (나), (다)에 알맞은 것을 바르게 순서대로 나열하면?

① 0, 0, 항등함수   ② 0, 1, 상수함수

③ a, 0, 상수함수   ④ a, 1, 항등함수

⑤ a, 1, 상수함수

12 곡선 $y=-2x^3+6x^2+3x-1$의 접선 중 기울기가 최대인 직선을 l이라 하자. 직선 l의 기울기를 a, 직선 l과 곡선의 접점의 좌표를 (b, c)라 할 때, $a+b+c$의 값은?

① 13   ② 14   ③ 15

④ 16   ⑤ 17

13 다항함수 $f(x)$에 대하여

$$\lim_{x\to 2}\frac{f(x)-3}{x-2}=-2$$

일 때, 곡선 $y=f(x)$ 위의 점 $(2, a)$에서의 접선의 방정식이 $y=mx+n$이다. $a+m+n$의 값은?

(단, m, n은 상수이다.)

① 6   ② 8   ③ 10

④ 12   ⑤ 14

14 오른쪽 그림과 같이 곡선

$$y=-x^2-2x+3$$

이 x축의 음의 부분과 만나는 점을 A, y축과 만나는 점을 B라 하자. 직선 AB에 평행하고 이 곡선에 접하는 직선이 x축, y축과 만나는 점을 각각 C, D라 할 때, 사각형 ABDC의 넓이는?

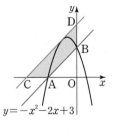

① $\dfrac{293}{32}$ ② $\dfrac{147}{16}$ ③ $\dfrac{295}{32}$

④ $\dfrac{37}{4}$ ⑤ $\dfrac{297}{32}$

5

변화의 순간을 읽는!

함수의 극대, 극소와 그래프

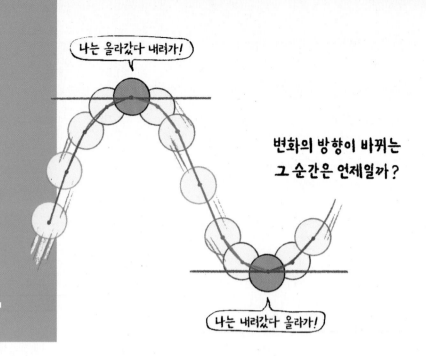

나는 올라갔다 내려가!

나는 내려갔다 올라가!

변화의 방향이 바뀌는 그 순간은 언제일까?

변화율이 양수이거나! 음수이거나!

함수 $f(x)$가 열린 구간 (a, b) 에서 미분가능하면

그 구간에 속하는 모든 x에 대하여

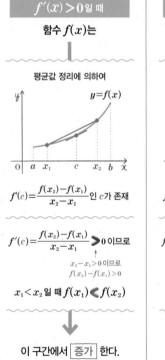

$f'(x) > 0$일 때
함수 $f(x)$는

평균값 정리에 의하여

$y = f(x)$

$f'(c) = \dfrac{f(x_2) - f(x_1)}{x_2 - x_1}$ 인 c가 존재

$f'(c) = \dfrac{f(x_2) - f(x_1)}{x_2 - x_1} > 0$ 이므로

$x_2 - x_1 > 0$ 이므로
$f(x_2) - f(x_1) > 0$

$x_1 < x_2$ 일 때 $f(x_1) < f(x_2)$

이 구간에서 증가 한다.

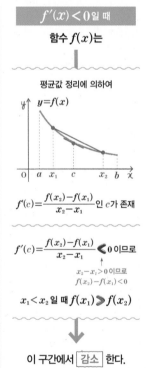

$f'(x) < 0$일 때
함수 $f(x)$는

평균값 정리에 의하여

$y = f(x)$

$f'(c) = \dfrac{f(x_2) - f(x_1)}{x_2 - x_1}$ 인 c가 존재

$f'(c) = \dfrac{f(x_2) - f(x_1)}{x_2 - x_1} < 0$ 이므로

$x_2 - x_1 > 0$ 이므로
$f(x_2) - f(x_1) < 0$

$x_1 < x_2$ 일 때 $f(x_1) > f(x_2)$

이 구간에서 감소 한다.

함수의 증가와 감소

이 단원에서는 도함수를 이용하여 함수의 변화를 관찰해 볼 거야.

x의 값이 커질 때 함수 $f(x)$의 값이 커지면 증가, $f(x)$의 값이 작아지면 감소라 해. 만일 $f(x)$가 미분 가능한 함수라면 $f(x)$의 도함수를 이용해서 쉽게 $f(x)$의 증가와 감소를 판정할 수 있어.

이 단원에서는 $f'(x)$의 부호를 이용하여 함수의 증가와 감소를 판정하고, 주어진 함수가 증가 또는 감소할 조건에 대해 생각해 볼 거야.

함수의 극대, 극소와 그래프

함수 $f(x)$가 a를 포함하는 어떤 열린 구간에서 $f(a)$가 최댓값이면 함수 $f(x)$는 $x=a$에서 극대라 하고, $f(a)$를 극댓값이라 해. 반대로 함수 $f(x)$가 a를 포함하는 어떤 열린 구간에서 $f(a)$가 최솟값이면 함수 $f(x)$는 $x=a$에서 극소라 하고, $f(a)$를 극솟값이라 해. 또 극댓값과 극솟값을 통틀어 극값이라 하지.

이 단원에서는 도함수를 이용하여 함수의 극값을 찾고, 다항함수의 그래프를 그려 볼 거야. 또 함수의 극값이 존재하거나 존재하지 않을 조건에 대해서도 생각해 볼 거야.

순간변화율로 그려보는!

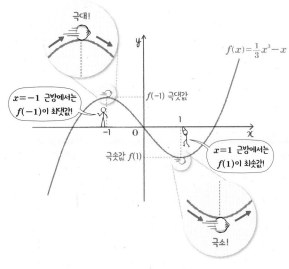

함수 $f(x)$가 $x=a$에서 미분가능하고
$x=a$에서 극값일 때, $\boxed{f'(a)}$ 의 값은?

$$f'(a) = 0$$

함수의 최대 · 최소

연속함수에서 배운 최대 · 최소 정리만으로는 최댓값과 최솟값이 정확히 어떤 값인지 알 수 없었어. 하지만 도함수를 이용하면 최댓값과 최솟값을 쉽게 찾을 수 있어. 주어진 범위의 양 끝 값에서의 함숫값과 극값들을 구한 후에 그중 가장 큰 값과 가장 작은 값을 찾으면 되지.

이 단원에서는 최댓값과 최솟값을 구하는 연습을 하고, 주어진 상황 속에서 식을 세워 최댓값 또는 최솟값을 직접 구해 볼 거야.

순간변화율로 알 수 있는!

함수 $f(x)$가 $\boxed{\text{닫힌 구간 }[a, b]\text{에서 연속}}$일 때,
이 구간에서 반드시 최댓값과 최솟값을 갖는다. (최대·최소 정리)

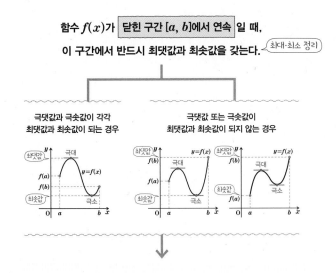

주어진 구간에서 $f(x)$의 $\boxed{\text{극값}}$과 구간의 $\boxed{\text{양 끝 점의 함숫값}}$ $f(a), f(b)$ 중에서 가장 큰 값이 최댓값이고, 가장 작은 값이 최솟값이다.

01

변화율이 양수이거나! 음수이거나!

함수의 증가와 감소

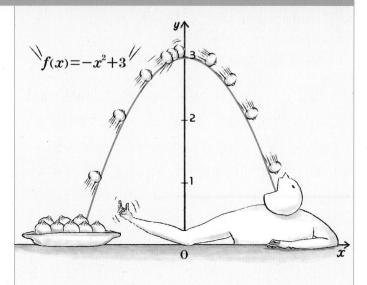

$$f(x)=-x^2+3$$

x<0에서 점점 올라가요!

x>0에서 점점 내려가요!

함수 $f(x)$가 어떤 구간에 속하는 임의의 두 수 x_1, x_2에 대하여

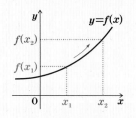

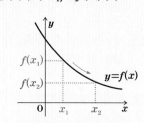

$x_1<x_2$일 때 $f(x_1) < f(x_2)$이면 함수 $f(x)$는 이 구간에서 **증가**한다고 한다.

$x_1<x_2$일 때 $f(x_1) > f(x_2)$이면 함수 $f(x)$는 이 구간에서 **감소**한다고 한다.

원리확인 다음은 함수 $y=f(x)$의 그래프가 오른쪽 그림과 같을 때, 주어진 조건에서 함수의 증가와 감소를 조사하는 과정이다. 빈칸에 알맞은 것을 써넣으시오.

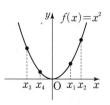

❶ $[0, \infty)$

➡ $0 \le x_1 < x_2$일 때 $x_1{}^2 \bigcirc x_2{}^2$이므로

함수 $f(x)$는 구간 $[0, \infty)$에서 □□한다.

❷ $(-\infty, 0]$

➡ $x_3 < x_4 \le 0$일 때 $x_3{}^2 \bigcirc x_4{}^2$이므로

함수 $f(x)$는 구간 $(-\infty, 0]$에서 □□한다.

1st ─ 함수의 증가와 감소

● 함수 $y=f(x)$의 그래프가 그림과 같을 때, 다음 중 옳은 것은 ○를, 옳지 않은 것은 ✕를 ( ) 안에 써넣으시오.

1

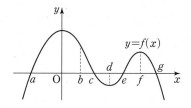

(1) 함수 $f(x)$는 구간 $[a, b]$에서 감소한다.

( )

(2) 함수 $f(x)$는 구간 $[d, e]$에서 증가한다.

( )

(3) 함수 $f(x)$는 구간 $[f, g]$에서 감소한다.

( )

2

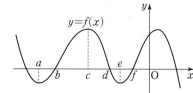

(1) 함수 $f(x)$는 구간 $[a, c]$에서 증가한다.

( )

(2) 함수 $f(x)$는 구간 $[c, d]$에서 증가한다.

( )

(3) 함수 $f(x)$는 구간 $[d, f]$에서 감소한다.

( )

● 다음은 주어진 구간에서 함수 $f(x)$의 증가와 감소를 조사하는 과정이다. 빈칸에 알맞은 것을 써넣으시오.

3 $\quad f(x)=-x^2 \quad [0, \infty)$

구간 $[0, \infty)$에 속하는 임의의 두 실수 x_1, x_2에 대하여 $x_1 < x_2$일 때

$$f(x_1)-f(x_2)=-x_1{}^2-(-x_2{}^2)=-x_1{}^2+x_2{}^2$$
$$=-(x_1-x_2)(x_1+x_2)$$
$$\bigcirc 0$$

이므로 $f(x_1) \bigcirc f(x_2)$

따라서 함수 $f(x)=-x^2$은 구간 $[0, \infty)$에서 $\boxed{}$한다.

4 $\quad f(x)=x^3 \quad (-\infty, \infty)$

구간 $(-\infty, \infty)$에 속하는 임의의 두 실수 x_1, x_2에 대하여 $x_1 < x_2$일 때

$$f(x_1)-f(x_2)=x_1{}^3-x_2{}^3$$
$$=(x_1-x_2)(x_1{}^2+x_1x_2+x_2{}^2)$$

이때 $x_1-x_2 \bigcirc 0$,

$x_1{}^2+x_1x_2+x_2{}^2=\left(x_1+\dfrac{1}{2}x_2\right)^2+\dfrac{3}{4}x_2{}^2 \bigcirc 0$이므로

$f(x_1)-f(x_2) \bigcirc 0$, 즉 $f(x_1) \bigcirc f(x_2)$

따라서 함수 $f(x)=x^3$은 구간 $(-\infty, \infty)$에서 $\boxed{}$한다.

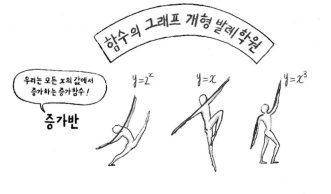

함수의 그래프 개형 발레학원

우리는 모든 x의 값에서 증가하는 증가함수! **증가반** $y=2^x$ $\quad y=x$ $\quad y=x^3$

우리는 모든 x의 값에서 감소하는 감소함수! **감소반** $y=-\log_2 x$ $\quad y=-x$ $\quad y=-x^3$

● 주어진 구간에서 다음 함수 $f(x)$의 증가와 감소를 조사하시오.

5 $\quad f(x)=3x^2 \quad [0, \infty)$

6 $\quad f(x)=-5x+7 \quad (-\infty, \infty)$

7 $\quad f(x)=x^2-2x-3 \quad [-1, 1]$

8 $\quad f(x)=-x^2+8x \quad (-\infty, 4]$

:) **내가 발견한 개념** 함수의 증가와 감소는?

함수 $f(x)$가 어떤 구간에 속하는 임의의 두 실수 x_1, x_2에 대하여
- $x_1 < x_2$일 때 $f(x_1) < f(x_2)$이면 $f(x)$는 그 구간에서 (증가, 감소)한다.
- $x_1 < x_2$일 때 $f(x_1) > f(x_2)$이면 $f(x)$는 그 구간에서 (증가, 감소)한다.

변화율이 양수이거나! 음수이거나!

함수의 증가와 감소 판정

함수 $f(x)$가 열린 구간 (a, b) 에서 미분가능하면

그 구간에 속하는 모든 x에 대하여

$f'(x) > 0$일 때	$f'(x) < 0$일 때
함수 $f(x)$는	함수 $f(x)$는

평균값 정리에 의하여

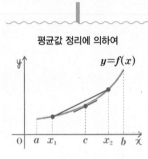

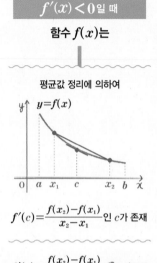

$f'(c) = \dfrac{f(x_2) - f(x_1)}{x_2 - x_1}$인 c가 존재

$f'(c) = \dfrac{f(x_2) - f(x_1)}{x_2 - x_1}$인 c가 존재

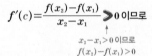

$f'(c) = \dfrac{f(x_2) - f(x_1)}{x_2 - x_1} > 0$이므로

$x_2 - x_1 > 0$이므로
$f(x_2) - f(x_1) > 0$

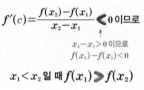

$f'(c) = \dfrac{f(x_2) - f(x_1)}{x_2 - x_1} < 0$이므로

$x_2 - x_1 > 0$이므로
$f(x_2) - f(x_1) < 0$

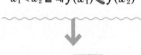

$x_1 < x_2$일 때 $f(x_1) < f(x_2)$

$x_1 < x_2$일 때 $f(x_1) > f(x_2)$

이 구간에서 증가 한다.

이 구간에서 감소 한다.

잠깐! 일반적으로 역은 성립하지 않아!

함수 $f(x)$가 어떤 열린 구간에서 미분가능할 때,
모든 실수 x에 대하여

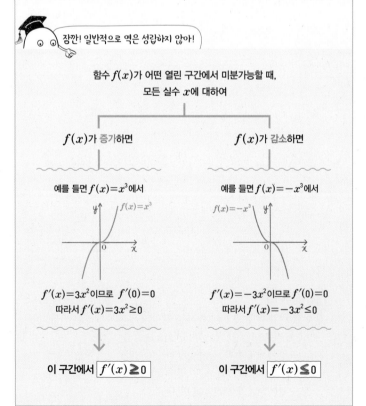

$f(x)$가 증가하면	$f(x)$가 감소하면
예를 들면 $f(x) = x^3$에서	예를 들면 $f(x) = -x^3$에서

$f'(x) = 3x^2$이므로 $f'(0) = 0$
따라서 $f'(x) = 3x^2 \geq 0$

$f'(x) = -3x^2$이므로 $f'(0) = 0$
따라서 $f'(x) = -3x^2 \leq 0$

이 구간에서 $f'(x) \geq 0$

이 구간에서 $f'(x) \leq 0$

● 다음 주어진 구간에서 도함수의 부호를 이용하여 함수 $f(x)$의
증가와 감소를 조사하시오.

1 $f(x) = x^2 - 4x$ $(2, \infty)$

→ 구간 $(2, \infty)$에서 $f'(x) = 2x - 4 \bigcirc 0$이므로

함수 $f(x)$는 ☐ 한다.

2 $f(x) = -3x^2 + 8x - 3$ $\left(-\infty, \dfrac{4}{3}\right)$

3 $f(x) = x^3 - x^2 + 5$ $(1, \infty)$

4 $f(x) = -2x^3 - 6x^2 + 3x$ $(-\infty, -3)$

5 $f(x) = \dfrac{1}{3}x^3 - 3x^2 + 4x$ $(1, 5)$

:) 내가 발견한 개념   함수의 증가와 감소의 판정은?

함수 $f(x)$가 어떤 열린 구간에서 미분가능하고, 이 구간에 속
하는 모든 x에 대하여
• $f'(x) > 0$이면 $f(x)$는 이 구간에서 (증가, 감소)한다.
• $f'(x) < 0$이면 $f(x)$는 이 구간에서 (증가, 감소)한다.

2nd ─ 표를 이용한 함수의 증가와 감소 판정

$f(x)=x^3-3x+2$일 때 $f'(x)=3(x+1)(x-1)$이므로

$f'(x)=0$에서 $x=-1$ 또는 $x=1$

$f'(x)$의 부호와 $f(x)$의 증가와 감소를 표로 나타내면 다음과 같다.

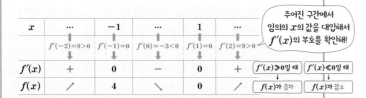

주어진 구간에서 임의의 x의 값을 대입해서 $f'(x)$의 부호를 확인해!

x	$\cdots$	-1	$\cdots$	1	$\cdots$
	$f'(-2)=9>0$	$f'(-1)=0$	$f'(0)=-3<0$	$f'(1)=0$	$f'(2)=9>0$
$f'(x)$	$+$	0	$-$	0	$+$
$f(x)$	↗	4	↘	0	↗

$f'(x)>0$일 때 $f(x)$가 증가 $f'(x)<0$일 때 $f(x)$가 감소

참고 $f'(x)=0$인 x의 값은 증가하는 구간과 감소하는 구간에 모두 포함될 수 있다.

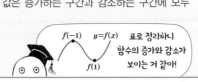

$f(-1)$ $y=f(x)$ 표로 정리하니 함수의 증가와 감소가 보이는 거 같아! $f(1)$

● 다음 함수 $f(x)$의 증가와 감소를 조사하려고 한다. 물음에 답하시오.

6 $f(x)=x^3-3x^2+8$

(1) $f'(x)=0$인 x의 값을 모두 구하시오.

→ $f'(x)=3x^2-6x=3x(x-\boxed{})$

이므로 $f'(x)=0$에서

$x=0$ 또는 $x=\boxed{}$

(2) $f(x)$의 증가와 감소를 표로 나타내시오.

→

x	$\cdots$	0	$\cdots$	$\boxed{}$	$\cdots$
$f'(x)$	$+$	0	◯	0	◯
$f(x)$	↗	8	↘	☐	☐

(3) $f(x)$의 증가와 감소를 조사하시오.

→ 함수 $f(x)$는 구간 $(-\infty, \boxed{}]$, $[\boxed{}, \infty)$에서 증가하고,

구간 $[\boxed{}, \boxed{}]$에서 감소한다.

7 $f(x)=-x^3+6x^2-9x+3$

(1) $f'(x)=0$인 x의 값을 모두 구하시오.

(2) $f(x)$의 증가와 감소를 표로 나타내시오.

x	$\cdots$		$\cdots$		$\cdots$
$f'(x)$		0		0	
$f(x)$					

(3) $f(x)$의 증가와 감소를 조사하시오.

증가 순간 변화율이 0보다 커!

감소 순간 변화율이 0보다 작아!

8 $f(x)=\dfrac{1}{3}x^3+x^2+x-1$

(1) $f'(x)=0$인 x의 값을 모두 구하시오.

(2) $f(x)$의 증가와 감소를 표로 나타내시오.

x	$\cdots$		$\cdots$
$f'(x)$		0	
$f(x)$			

(3) $f(x)$의 증가와 감소를 조사하시오.

9 $f(x)=x^4-4x^3+2$

(1) $f'(x)=0$인 x의 값을 모두 구하시오.

→ $f'(x)=4x^3-12x^2=4x^2(x-\boxed{})$

이므로 $f'(x)=0$에서

$x=0$ 또는 $x=\boxed{}$

(2) $f(x)$의 증가와 감소를 표로 나타내시오.

x	$\cdots$	0	$\cdots$	$\boxed{}$	$\cdots$
$f'(x)$	$-$	0	$\bigcirc$	0	$+$
$f(x)$	$\searrow$	$\boxed{}$	$\boxed{}$	$\boxed{}$	$\nearrow$

(3) $f(x)$의 증가와 감소를 조사하시오.

→ 따라서 함수 $f(x)$는 구간 $(-\infty,\ \boxed{}]$에서 감소하고,

구간 $[\boxed{},\ \infty)$에서 증가한다.

10 $f(x)=x^4-4x^3+4x^2+3$

(1) $f'(x)=0$인 x의 값을 모두 구하시오.

(2) $f(x)$의 증가와 감소를 표로 나타내시오.

x	$\cdots$		$\cdots$		$\cdots$		$\cdots$
$f'(x)$		0		0		0	
$f(x)$							

(3) $f(x)$의 증가와 감소를 조사하시오.

11 $f(x)=-x^4+2x^2-7$

(1) $f'(x)=0$인 x의 값을 모두 구하시오.

(2) $f(x)$의 증가와 감소를 표로 나타내시오.

x	$\cdots$		$\cdots$		$\cdots$		$\cdots$
$f'(x)$		0		0		0	
$f(x)$							

(3) $f(x)$의 증가와 감소를 조사하시오.

☺ **내가 발견한 개념**   함수의 증가와 감소의 조사는?

- 함수의 증가와 감소는 다음과 같은 순서로 조사한다.

(i) $f'(x)=\boxed{}$인 x의 값을 구한다.

(ii) (i)에서 구한 x의 값의 좌우에서 $\boxed{}$의 부호를 조사한다.

(iii) $\boxed{}$의 부호가 $\boxed{}$이면 $\nearrow$, 음이면 $\boxed{}$로 나타낸 후 함수 $f(x)$의 $\boxed{}$와 감소를 판정한다.

개념모음문제

12 함수 $f(x)=x^3-6x^2+9x-1$이 감소하는 구간은 닫힌 구간 $[a,\ b]$이다. $b-a$의 값은?

① 1 ② $\dfrac{3}{2}$ ③ 2

④ $\dfrac{5}{2}$ ⑤ 3

● 다음 함수 $f(x)$의 증가와 감소를 조사하시오.

13 $f(x)=x^3+3x^2-9x+1$

→ $f'(x)=3x^2+6x-9=3(x+\boxed{})(x-1)$

$f'(x)=0$에서 $x=\boxed{}$ 또는 $x=1$

함수 $f(x)$의 증가와 감소를 표로 나타내면 다음과 같다.

x	$\cdots$	$\boxed{}$	$\cdots$	1	$\cdots$
$f'(x)$	$\bigcirc$	0	$-$	0	$\bigcirc$
$f(x)$	$\boxed{}$	$\boxed{}$	$\searrow$	-4	$\boxed{}$

따라서 함수 $f(x)$는 구간 $(-\infty, -3]$, $[1, \infty)$에서 $\boxed{}$하고,

구간 $[-3, 1]$에서 $\boxed{}$한다.

14 $f(x)=x^3-\dfrac{9}{2}x^2+6x$

15 $f(x)=-x^3-3x^2+24x+7$

16 $f(x)=-\dfrac{1}{3}x^3+x^2-x+2$

17 $f(x)=3x^4-8x^3+6x^2$

18 $f(x)=\dfrac{1}{2}x^4-2x^3+8x+2$

19 $f(x)=x^4-4x^3+6x^2-4x+3$

개념모음문제
20 함수 $f(x)=2x^3+ax^2+bx+4$가
구간 $(-\infty, -2]$, $[1, \infty)$에서 증가하고
구간 $[-2, 1]$에서 감소할 때, 두 상수 a, b에 대하
여 $a-b$의 값은?

① 6 　　　 ② 9 　　　 ③ 12
④ 15 　　　 ⑤ 18

3rd 실수 전체의 집합에서 삼차함수가 증가 또는 감소하기 위한 조건

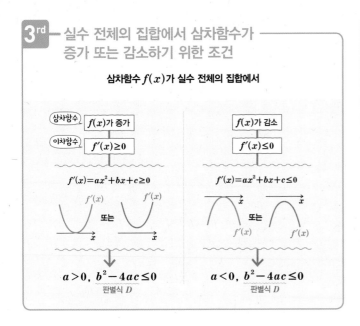

삼차함수 $f(x)$가 실수 전체의 집합에서

삼차함수	$f(x)$가 증가	$f(x)$가 감소
이차함수	$f'(x) \geq 0$	$f'(x) \leq 0$

$f'(x) = ax^2 + bx + c \geq 0$ $f'(x) = ax^2 + bx + c \leq 0$

또는   또는

$a > 0$, $b^2 - 4ac \leq 0$ $a < 0$, $b^2 - 4ac \leq 0$
판별식 D 판별식 D

● **다음을 구하시오.**

21 함수 $f(x) = x^3 + ax^2 + 2ax + 1$이 구간 $(-\infty, \infty)$에서 증가하도록 하는 실수 a의 값의 범위

➡ $f(x) = x^3 + ax^2 + 2ax + 1$에서

$f'(x) = 3x^2 + 2ax + 2a$

이때 함수 $f(x)$가 구간 $(-\infty, \infty)$에서 증가하려면 모든 실수 x에 대하여 $f'(x) \bigcirc 0$이어야 한다.

즉 모든 실수 x에 대하여 $3x^2 + 2ax + 2a \bigcirc 0$이 성립해야 하므로

이차방정식 $3x^2 + 2ax + 2a = 0$의 판별식을 D라 하면

$\dfrac{D}{4} = a^2 - 6a \bigcirc 0$

이차방정식 $f'(x) = 0$의 판별식을 D라 할 때, $D \leq 0$이면 모든 실수 x에 대하여 $f'(x) \geq 0$ 또는 $f'(x) \leq 0$

따라서 $\boxed{} \leq a \leq \boxed{}$

22 함수 $f(x) = \dfrac{1}{3}x^3 - ax^2 + 3ax$가 구간 $(-\infty, \infty)$에서 증가하도록 하는 실수 a의 값의 범위

23 함수 $f(x) = -x^3 + ax^2 + ax - 2$가 구간 $(-\infty, \infty)$에서 감소하도록 하는 실수 a의 값의 범위

24 삼차함수 $f(x) = x^3 + 3ax^2 + 3(a+6)x - 6$이 임의의 두 실수 x_1, x_2에 대하여 $x_1 < x_2$이면 $f(x_1) < f(x_2)$를 만족시키도록 하는 실수 a의 값의 범위

25 삼차함수 $f(x) = -\dfrac{1}{3}x^3 + ax^2 - ax$가 임의의 두 실수 x_1, x_2에 대하여 $x_1 < x_2$이면 $f(x_1) > f(x_2)$를 만족시키도록 하는 실수 a의 값의 범위

26 삼차함수 $f(x) = -x^3 + ax^2 + 4ax$가 일대일대응이 되도록 하는 실수 a의 값의 범위

27 삼차함수 $f(x)=x^3+ax^2+12x-\dfrac{7}{3}$이 임의의 두 실수 x_1, x_2에 대하여 $x_1 \neq x_2$이면 $f(x_1) \neq f(x_2)$를 만족시키도록 하는 실수 a의 값의 범위

일대일대응이야!

:) 내가 발견한 개념   함수가 모든 실수에서 증가 또는 감소하려면?

• 삼차함수 $f(x)$가 모든 실수 x에서 증가

→ 모든 실수 x에 대하여 $f'(x) \bigcirc 0$

→ 이차방정식 $f'(x)=0$의 이차항의 계수를 a, 판별식을 D라 하면 $a \bigcirc 0$, $D \bigcirc 0$

• 삼차함수 $f(x)$가 모든 실수 x에서 감소

→ 모든 실수 x에 대하여 $f'(x) \bigcirc 0$

→ 이차방정식 $f'(x)=0$의 이차항의 계수를 a, 판별식을 D라 하면 $a \bigcirc 0$, $D \bigcirc 0$

4th — 주어진 구간에서 삼차함수가 증가 또는 감소하기 위한 조건

| $f'(x)$를 구한 후 $y=f'(x)$의 그래프의 개형을 그린다. | → | $f(x)$가 증가 ⇒ $f'(x) \geq 0$ $f(x)$가 감소 ⇒ $f'(x) \leq 0$ 임을 이용한다. |

● 다음을 구하시오.

28 함수 $f(x)=\dfrac{1}{3}x^3-x^2+ax$가 구간 $(1, 3)$에서 감소하기 위한 실수 a의 값의 범위

→ 함수 $f(x)$가 구간 $(1, 3)$에서 감소하려면 이 구간에서 $f'(x)=x^2-2x+a \leq 0$이 성립해야 한다.

즉 $y=f'(x)$의 그래프가 오른쪽 그림과 같아야 하므로

$f'(1) \leq 0$에서 $\boxed{}$ ······ ㉠

$f'(3) \leq 0$에서 $\boxed{}$ ······ ㉡

㉠, ㉡에서 실수 a의 값의 범위는

$\boxed{}$

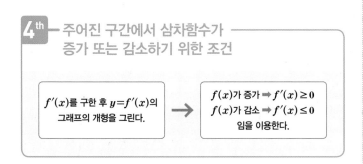

29 함수 $f(x)=x^3-6x^2+ax+9$가 구간 $(0, 2)$에서 증가하기 위한 실수 a의 값의 범위

30 함수 $f(x)=x^3+ax^2-8x-3$이 구간 $(-2, 1)$에서 감소하기 위한 실수 a의 값의 범위

31 함수 $f(x)=-x^3-3x^2+2ax-4$가 구간 $(1, 4)$에서 증가하기 위한 실수 a의 값의 범위

도함수 $f'(x)$의 부호로		함수 $f(x)$의 증가·감소로	
$f'(x)>0$	$f'(x)<0$	$f(x)$가 증가	$f(x)$가 감소
함수 $f(x)$의 증가·감소를 판정해!		도함수 $f'(x)$의 부호를 판정해!	
$f(x)$가 증가	$f(x)$가 감소	$f'(x) \geq 0$	$f'(x) \leq 0$

개념모음문제

32 함수 $f(x)=x^3+ax^2-9x-4$가 구간 $(-1, 1)$에서 감소하도록 하는 실수 a의 값의 범위가 $\alpha \leq a \leq \beta$일 때, $\alpha+\beta$의 값은?

① -2　　　② -1　　　③ 0

④ 1　　　⑤ 2

함수의 극대와 극소

순간변화율의 부호가 바뀔 때!

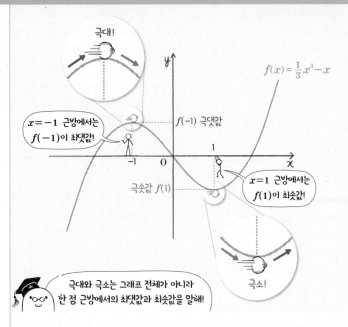

$f(x)=\dfrac{1}{3}x^3-x$

$x=-1$ 근방에서는 $f(-1)$이 최댓값!

$f(-1)$ 극댓값

극솟값 $f(1)$

$x=1$ 근방에서는 $f(1)$이 최솟값!

극대!

극소!

극대와 극소는 그래프 전체가 아니라 한 점 근방에서의 최댓값과 최솟값을 말해!

함수 $f(x)$가 $x=a$를 포함하는 어떤 열린 구간에 속하는 모든 x에 대하여

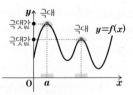

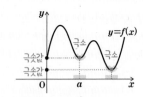

$f(x)\leq f(a)$일 때,
$f(x)$는 $x=a$에서 극대라 하고
$f(a)$를 극댓값이라 한다.

$f(x)\geq f(a)$일 때,
$f(x)$는 $x=a$에서 극소라 하고
$f(a)$를 극솟값이라 한다.

이때 극댓값과 극솟값을 통틀어 극값 이라 한다.

1 연속인 점에서의 극대와 극소 함수의 증가와 감소로 판단해!

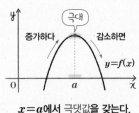

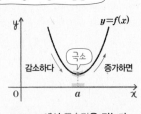

$x=a$에서 극댓값을 갖는다.

$x=a$에서 극솟값을 갖는다.

2 불연속인 점에서의 극대와 극소 함수의 증가와 감소로 판단할 수 없어!

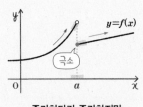

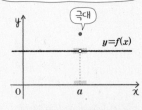

증가하다가 증가하지만
$x=a$에서 극솟값을 갖는다.

증가하지도 감소하지도 않지만
$x=a$에서 극댓값을 갖는다.

1st ― 함수의 극대와 극소

● 함수 $y=f(x)$의 그래프가 주어진 그림과 같을 때, 열린 구간 $(\alpha,\ \beta)$에서 다음을 구하시오.

1

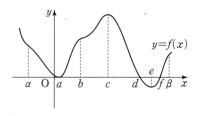

(1) 함수 $f(x)$가 극댓값을 갖는 x의 값

(2) 함수 $f(x)$가 극솟값을 갖는 x의 값

(3) 함수 $f(x)$가 극값을 갖는 x의 값

2

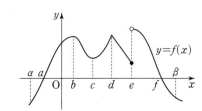

(1) 함수 $f(x)$가 극댓값을 갖는 x의 값

(2) 함수 $f(x)$가 극솟값을 갖는 x의 값

(3) 함수 $f(x)$가 극값을 갖는 x의 값

2ⁿᵈ 함수의 극댓값과 극솟값

● 다음 그림은 다항함수 $y=f(x)$의 그래프이다. 함수 $f(x)$의 극댓값과 극솟값을 구하시오.

3

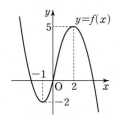

→ 함수 $y=f(x)$의 그래프는 $x=\boxed{}$ 의 좌우에서 감소하다가 증가하므로 $x=\boxed{}$ 에서 극소이고 극솟값은 $\boxed{}$ 이다.

또 $x=\boxed{}$ 의 좌우에서 증가하다가 감소하므로 $x=\boxed{}$ 에서 극대이고 극댓값은 $\boxed{}$ 이다.

4

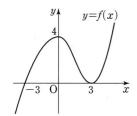

5

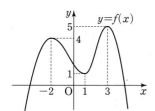

6

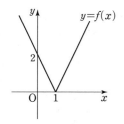

7

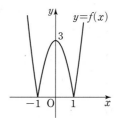

8

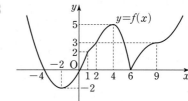

함수의 그래프로 알아보는 극대와 극소의 성질

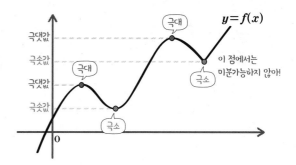

① 극댓값이 극솟값보다 반드시 큰 것은 아니다.
② 하나의 함수에서 극값은 여러 개 존재할 수 있다.
③ $x=a$에서 미분가능하지 않을 때에도 $x=a$에서 극값을 가질 수 있다.

:) 내가 발견한 개념   극대, 극소의 판정은?

연속함수 $f(x)$가 $x=a$의 좌우에서
• 증가하다가 감소하면 $x=a$에서 (극대, 극소)이다.
• 감소하다가 증가하면 $x=a$에서 (극대, 극소)이다.

순간변화율이 0일 때!

미분가능한 함수의 극값의 판정

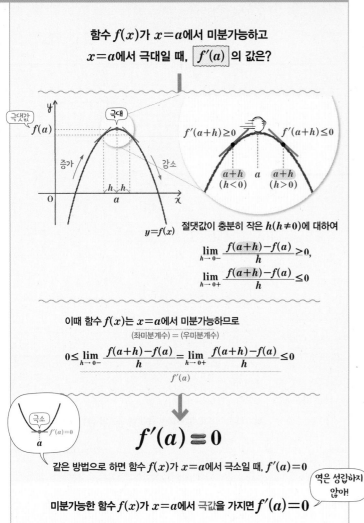

함수 $f(x)$가 $x=a$에서 미분가능하고 $x=a$에서 극대일 때, $\boxed{f'(a)}$ 의 값은?

절댓값이 충분히 작은 $h(h \neq 0)$에 대하여

$$\lim_{h \to 0-} \frac{f(a+h)-f(a)}{h} > 0,$$

$$\lim_{h \to 0+} \frac{f(a+h)-f(a)}{h} \leq 0$$

이때 함수 $f(x)$는 $x=a$에서 미분가능하므로

(좌미분계수) = (우미분계수)

$$0 \leq \lim_{h \to 0-} \frac{f(a+h)-f(a)}{h} = \lim_{h \to 0+} \frac{f(a+h)-f(a)}{h} \leq 0$$
$f'(a)$

$$f'(a) = 0$$

같은 방법으로 하면 함수 $f(x)$가 $x=a$에서 극소일 때, $f'(a)=0$

역은 성립하지 않아!

미분가능한 함수 $f(x)$가 $x=a$에서 극값을 가지면 $f'(a)=0$

극대와 극소의 판정

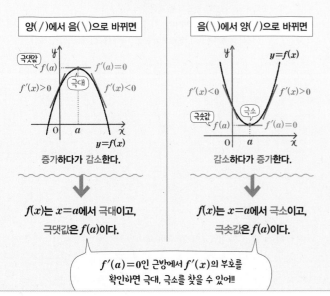

미분가능한 함수 $f(x)$에 대하여 $f'(a)=0$이고 $x=a$의 좌우에서 $f'(x)$의 부호가

| 양(／)에서 음(＼)으로 바뀌면 | 음(＼)에서 양(／)으로 바뀌면 |

증가하다가 감소한다. / 감소하다가 증가한다.

$f(x)$는 $x=a$에서 극대이고, 극댓값은 $f(a)$이다. / $f(x)$는 $x=a$에서 극소이고, 극솟값은 $f(a)$이다.

$f'(a)=0$인 근방에서 $f'(x)$의 부호를 확인하면 극대, 극소를 찾을 수 있어!!

1st — 극값의 판정

● 주어진 함수에 대하여 다음을 구하거나 빈칸에 알맞은 것을 써 넣으시오.

1

$$f(x) = \frac{1}{3}x^3 - 2x^2 + 3x - 4$$

(1) $f'(x)$

→ $f'(x) = x^2 - \boxed{}x + 3$

(2) $f'(x)=0$인 x의 값

→ $f'(x) = x^2 - \boxed{}x + 3 = (x-1)(x - \boxed{})$

$f'(x) = \boxed{}$에서 $x=1$ 또는 $x = \boxed{}$

> 극대·극소를 판단할 때는 $f'(x)$의 부호가 바뀌는 x의 값을 찾는 것이 편리하다.

(3)

x	$\cdots$	$\boxed{}$	$\cdots$	$\boxed{}$	$\cdots$
$f'(x)$	$+$	0	$-$	0	$+$
$f(x)$	↗	$\boxed{}$	↘	$\boxed{}$	↗

(4) 함수 $f(x)$의 극값

→ 함수 $f(x)$는 $x=1$에서 극대이고 극댓값은 $f(1) = \boxed{}$,

$x=3$에서 극소이고 극솟값은 $f(3) = \boxed{}$

$f'(a)=0$일 때, $x=a$에서 항상 극값을 가지는 건 아니다.

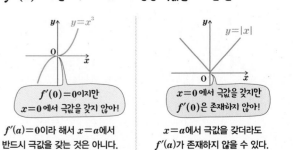

$f'(0)=0$이지만 $x=0$에서 극값을 갖지 않아! | $x=0$에서 극값을 갖지만 $f'(0)$은 존재하지 않아!

$f'(a)=0$이라 해서 $x=a$에서 반드시 극값을 갖는 것은 아니다. | $x=a$에서 극값을 갖더라도 $f'(a)$가 존재하지 않을 수 있다.

2 $f(x) = -x^3 + 12x + 4$

(1) $f'(x)$

(2) $f'(x) = 0$인 x의 값

(3)

x	$\cdots$		$\cdots$		$\cdots$
$f'(x)$		0		0	
$f(x)$					

(4) 함수 $f(x)$의 극값

3 $f(x) = 3x^4 - 4x^3 - 12x^2 + 7$

(1) $f'(x)$

(2) $f'(x) = 0$인 x의 값

(3)

x	$\cdots$		$\cdots$		$\cdots$		$\cdots$
$f'(x)$		0		0		0	
$f(x)$							

(4) 함수 $f(x)$의 극값

☺ **내가 발견한 개념**　　　　　함수의 극값과 미분계수의 관계는?

미분가능한 함수 $f(x)$에 대하여 $f'(a)=0$이고
· $x=a$의 좌우에서 $f'(x)$의 부호가 양에서 음이 되면
　(극대 , 극소)이다.
· $x=a$의 좌우에서 $f'(x)$의 부호가 음에서 양이 되면
　(극대 , 극소)이다.

2nd ― 함수의 극값

● **다음 함수의 극댓값과 극솟값을 구하시오.**

4 $f(x) = x^3 - \dfrac{9}{2}x^2 + 6x + 2$

→ $f'(x) = 3x^2 - 9x + 6 = 3(x-1)(x-2)$

$f'(x) = 0$에서 $x=1$ 또는 $x=2$

함수 $f(x)$의 증가와 감소를 표로 나타내면 다음과 같다.

x	$\cdots$	1	$\cdots$	2	$\cdots$
$f'(x)$	$+$	0	$-$	0	$+$
$f(x)$	↗	□	↘	□	↗

따라서 $x=1$에서 극대이고 극댓값은 $f(1)=$ □ ,

$x=2$에서 극소이고 극솟값은 $f(2)=$ □

5 $f(x) = -2x^3 + 6x$

6 $f(x) = \dfrac{8}{3}x^3 - 12x^2 + \dfrac{1}{3}$

7 $f(x) = -\dfrac{2}{3}x^3 + 3x^2 - 4x$

8 $f(x)=x^4-6x^2+8$

➡ $f'(x)=4x^3-12x$

$\qquad =4x(x+\boxed{})(x-\boxed{})$

$f'(x)=0$에서 $x=\boxed{}$ 또는 $x=0$ 또는 $x=\boxed{}$

함수 $f(x)$의 증가와 감소를 표로 나타내면 다음과 같다.

x	$\cdots$	$\boxed{}$	$\cdots$	$\boxed{}$	$\cdots$	$\boxed{}$	$\cdots$
$f'(x)$	$-$	0	$+$	0	$-$	0	$+$
$f(x)$	$\searrow$	$\boxed{}$	$\nearrow$	$\boxed{}$	$\searrow$	$\boxed{}$	$\nearrow$

따라서 함수 $f(x)$는 $x=\boxed{}$에서 극대이고 극댓값은 $f(0)=\boxed{}$,

$x=\boxed{}$, $x=\boxed{}$에서 극소이고 극솟값은

$f(\boxed{})=f(\boxed{})=\boxed{}$

9 $f(x)=-x^4+2x^2-9$

10 $f(x)=3x^4-8x^3+6x^2-2$

11 $f(x)=x^4-6x^2-8x$

3rd — 극값과 미정계수의 결정

● 함수 $f(x)$가 다음 조건을 만족시킬 때, 상수 a, b, c의 값을 구하시오.

12 함수 $f(x)=x^3+ax^2+bx+c$가 $x=-2$에서 극댓값 18을 갖고, $x=1$에서 극솟값을 갖는다.

➡ $f(x)=x^3+ax^2+bx+c$에서

$f'(x)=3x^2+2ax+b$

함수 $f(x)$가 $x=-2$, $x=1$에서 극값을 가지므로

방정식 $\boxed{}$의 두 근이 -2, 1이다.

즉 $f'(-2)=0$, $f'(1)=0$이므로

$f'(-2)=12-4a+b=0$ $\qquad$ ······ ㉠

$f'(1)=3+2a+b=0$ $\qquad$ ······ ㉡

㉠, ㉡을 연립하여 풀면 $a=\boxed{}$, $b=\boxed{}$

또 $f(-2)=-8+4a-2b+c=\boxed{}$이므로

$c=\boxed{}$

13 함수 $f(x)=\dfrac{1}{3}x^3+ax^2+bx+c$가 $x=2$에서 극댓값을 갖고, $x=4$에서 극솟값 7을 갖는다.

14 함수 $f(x)=-2x^3+ax^2+bx+c$가 $x=2$에서 극댓값 -4를 갖고, $x=1$에서 극솟값을 갖는다.

15 함수 $f(x)=-x^3+ax^2+bx+c$가 $x=3$에서 극댓값을 갖고, $x=-3$에서 극솟값 -14를 갖는다.

● 함수 $f(x)$가 다음 조건을 만족시킬 때, 상수 a, b, c, d의 값을 구하시오.

16 함수 $f(x)=x^4+ax^3+bx^2+cx+d$가 $x=1$에서 극댓값 4를 갖고, $x=-1$, $x=3$에서 극솟값을 갖는다.

→ $f(x)=x^4+ax^3+bx^2+cx+d$에서

$f'(x)=4x^3+3ax^2+\boxed{}bx+c$

함수 $f(x)$가 $x=1$, $x=-1$, $x=3$에서 극값을 가지므로

방정식 $\boxed{}$ 의 세 근이 -1, 1, 3이다.

즉 $f'(-1)=0$, $f'(1)=0$, $f'(3)=0$이므로

$f'(-1)=-4+3a-\boxed{}+c=0$ ······ ㉠

$f'(1)=4+3a+\boxed{}+c=0$ ······ ㉡

$f'(3)=108+27a+\boxed{}+c=0$ ······ ㉢

㉠, ㉡, ㉢을 연립하여 풀면 $a=\boxed{}$, $b=\boxed{}$, $c=\boxed{}$

또 $f(1)=1+a+b+c+d=\boxed{}$이므로

$d=\boxed{}$

17 함수 $f(x)=\dfrac{1}{4}x^4+ax^3+bx^2+cx+d$가 $x=0$에서 극댓값 10을 갖고, $x=-1$, $x=4$에서 극솟값을 갖는다.

18 함수 $f(x)=3x^4+ax^3+bx^2+cx+d$가 $x=-1$에서 극댓값 14를 갖고, $x=-2$, $x=1$에서 극솟값을 갖는다.

19 함수 $f(x)=-x^4+ax^3+bx^2+cx+d$가 $x=-1$, $x=1$에서 극댓값을 갖고, $x=0$에서 극솟값 8을 갖는다.

20 함수 $f(x)=-x^4+ax^3+bx^2+cx+d$가 $x=-1$, $x=2$에서 극댓값을 갖고, $x=1$에서 극솟값 -4를 갖는다.

😊 **내가 발견한 개념**   극값을 이용하여 미정계수를 구하면?

• 함수 $y=f(x)$가 $x=a$에서 극값 b를 가지면

$\quad f'(a)=\boxed{}$, $f(a)=\boxed{}$

개념모음문제

21 함수 $f(x)=x^3-3ax^2+4a$에 대하여 $f(x)$의 극값 중 0이 있도록 하는 양수 a의 값은?

① $\dfrac{1}{6}$ ② $\dfrac{1}{3}$ ③ $\dfrac{1}{2}$

④ 1   ⑤ 3

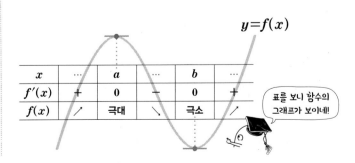

x	$\cdots$	a	$\cdots$	b	$\cdots$
$f'(x)$	$+$	0	$-$	0	$+$
$f(x)$	↗	극대	↘	극소	↗

표를 보니 함수의 그래프가 보이네!

● 함수 $y=f(x)$의 도함수 $y=f'(x)$의 그래프가 주어진 그림과 같을 때, 다음 중 옳은 것은 ○를, 옳지 않은 것은 ×를 ( ) 안에 써넣으시오.

22

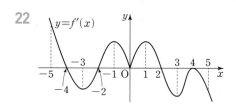

(1) 함수 $f(x)$는 $x=-3$에서 극대이다. ( )

(2) 함수 $f(x)$는 $x=-2$에서 극소이다. ( )

(3) 함수 $f(x)$는 $x=0$에서 극값을 갖는다.
( )

(4) 함수 $f(x)$는 $x=4$에서 극소이다. ( )

(5) 함수 $f(x)$가 극대가 되는 x의 값의 개수는 3이다. ( )

23

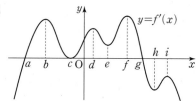

(1) 함수 $f(x)$는 구간 (a, c)에서 증가한다.
( )

(2) 함수 $f(x)$는 $x=c$에서 극대이다. ( )

(3) 함수 $f(x)$가 극값을 갖는 점의 개수는 7이다.
( )

(4) 함수 $f(x)$는 구간 (d, e)에서 감소한다.
( )

(5) 함수 $f(x)$는 $x=g$에서 극대이다. ( )

도함수의 그래프와 극대, 극소

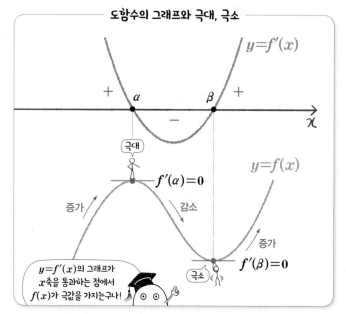

개념모음문제

24 함수 $y=f(x)$의 도함수 $y=f'(x)$의 그래프가 다음 그림과 같을 때, 구간 $(-6, 6)$에서 함수 $f(x)$가 극솟값을 갖는 모든 x의 값의 합은?

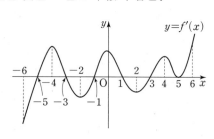

① -3 ② -2 ③ 0

④ 2 ⑤ 5

01~02 함수의 증가와 감소

• 함수 $f(x)$가 어떤 열린 구간에서 미분가능하고, 이 구간에 속하는 모든 x에 대하여

① $f'(x)>0$이면 $f(x)$는 이 구간에서 증가한다.

② $f'(x)<0$이면 $f(x)$는 이 구간에서 감소한다.

1 함수 $f(x)=x^3+x^2-8x+3$이 감소하는 x의 값의 범위가 $a\le x\le b$일 때, $a+b$의 값을 구하시오.

2 삼차함수 $f(x)=2x^3+x^2+ax+1$의 역함수가 존재하기 위한 상수 a의 최솟값은?

① $\dfrac{1}{6}$ ② $\dfrac{1}{5}$ ③ $\dfrac{1}{4}$

④ $\dfrac{1}{3}$ ⑤ $\dfrac{1}{2}$

3 함수 $f(x)=-\dfrac{1}{3}x^3+x^2+ax$가 닫힌 구간 $[1, 3]$에서 증가하도록 하는 실수 a의 최솟값은?

① 1   ② 2   ③ 3

④ 4   ⑤ 5

03~04 함수의 극대와 극소

• 미분가능한 함수 $f(x)$에 대하여 $f'(a)=0$이고 $x=a$의 좌우에서 $f'(x)$의 부호가

① 양 → 음 ➜ $f(x)$는 $x=a$에서 극대

② 음 → 양 ➜ $f(x)$는 $x=a$에서 극소

4 함수 $f(x)=-x^3+3x^2+2$의 극댓값을 M, 극솟값을 m이라 할 때, $M+m$의 값은?

① 2   ② 4   ③ 6

④ 8   ⑤ 10

5 함수 $f(x)=-3x^4+4x^3+a$는 $x=b$에서 극댓값 0을 가질 때, $b-a$의 값을 구하시오. (단, a는 상수이다.)

6 함수 $f(x)$의 도함수 $y=f'(x)$의 그래프가 다음 그림과 같을 때, 구간 $[-4, 5]$에서 함수 $f(x)$가 극댓값을 갖는 모든 x의 값의 합은?

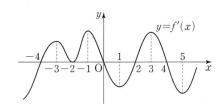

① -4 ② -2 ③ 0

④ 2   ⑤ 4

순간변화율로 그려보는!

삼차함수의 그래프

함수 $f(x)=x^3-6x^2+9x-2$ 의 그래프의 개형은?

❶
도함수 $f'(x)$를 구한 후 $f'(x)=0$인 x의 값을 구한다.

$$f'(x)=3x^2-12x+9$$
$$=3(x-1)(x-3)$$

이므로 $f'(x)=0$에서 $x=1$ 또는 $x=3$

❷
함수 $f(x)$의 증가와 감소를 표로 나타낸다.

x	$\cdots$	1	$\cdots$	3	$\cdots$
$f'(x)$	$+$	0	$-$	0	$+$
$f(x)$	↗	극대	↘	극소	↗

❸
함수 $f(x)$의 극값을 구한다.

극댓값: $f(1)=2$
극솟값: $f(3)=-2$

❹
함수 $y=f(x)$의 그래프의 개형을 그린다.

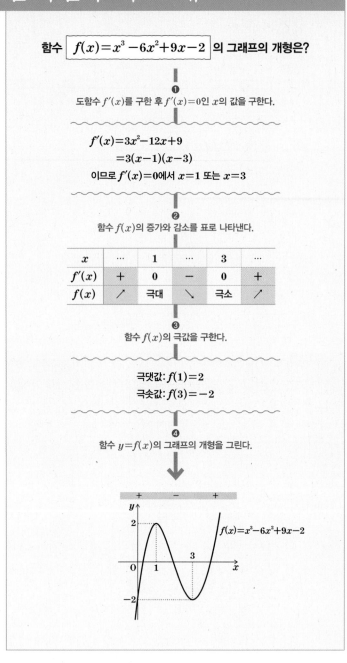

도함수를 이용한 삼차함수의 그래프의 개형

최고차항의 계수가 양수인 삼차함수 $f(x)$의 도함수 $f'(x)=0$의 근이 다음과 같을 때

❶ 서로 다른 두 실근

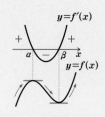

❷ 중근

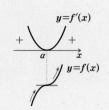

❸ 서로 다른 두 허근

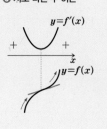

● 다음 함수 $y=f(x)$의 그래프를 그리시오.

1 $f(x)=2x^3+6x^2-3$

➡ $f'(x)=6x^2+12x=6x(x+2)$

$f'(x)=0$에서 $x=\boxed{}$ 또는 $x=0$

함수 $f(x)$의 증가와 감소를 표로 나타내면 다음과 같다.

x	$\cdots$	$\boxed{}$	$\cdots$	0	$\cdots$
$f'(x)$	$+$	0	$-$	0	$+$
$f(x)$	↗	$\boxed{}$	↘	$\boxed{}$	↗

따라서 $x=-2$에서 극댓값 $f(-2)=\boxed{}$, $x=0$에서 극솟값

$f(0)=\boxed{}$ 을 가지므로 함수 $y=f(x)$의 그래프를 그리면 다음 그림과 같다.

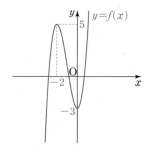

2 $f(x)=x^3-3x-2$

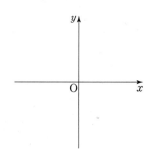

3 $f(x)=2x^3+\dfrac{9}{2}x^2$

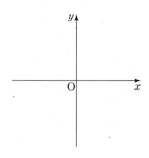

4 $f(x)=x^3-6x^2+9x+1$

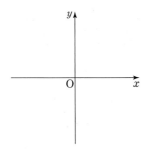

5 $f(x)=x^3-6x^2+12x-6$

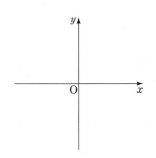

6 $f(x)=-\dfrac{1}{3}x^3+x^2+3x$

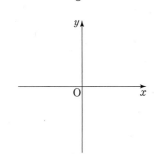

7 $f(x)=-2x^3+3x^2+12x-7$

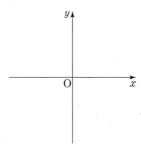

8 $f(x)=-x^3+3x^2+1$

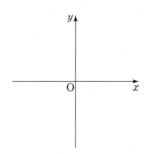

개념모음문제

9 함수 $f(x)$의 도함수 $y=f'(x)$의 그래프가 오른쪽 그림과 같고, $f(x)$의 극댓값이 0일 때, 다음 중 함수 $y=f(x)$의 그래프의 개형이 될 수 있는 것은?

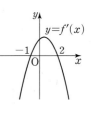

①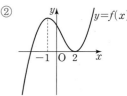

②

③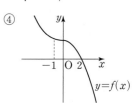

④

⑤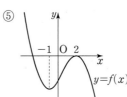

순간변화율로 그려보는!

사차함수의 그래프

함수 $\boxed{f(x)=x^4-8x^2+8}$ 의 그래프의 개형은?

● 다음 함수 $y=f(x)$의 그래프를 그리시오.

1 $f(x)=3x^4-8x^3+5$

❶

도함수 $f'(x)$를 구한 후 $f'(x)=0$인 x의 값을 구한다.

→ $f'(x)=12x^3-24x^2=12x^2(x-2)$

$f'(x)=0$에서 $x=0$ 또는 $x=\boxed{}$

$f'(x)=4x^3-16x$

$\quad=4x(x+2)(x-2)$

이므로 $f'(x)=0$에서 $x=-2$ 또는 $x=0$ 또는 $x=2$

함수 $f(x)$의 증가와 감소를 표로 나타내면 다음과 같다.

x	$\cdots$	0	$\cdots$	$\boxed{}$	$\cdots$
$f'(x)$	$-$	0	$-$	0	$+$
$f(x)$	↘	$\boxed{}$	↘	$\boxed{}$	↗

❷

함수 $f(x)$의 증가와 감소를 표로 나타낸다.

x	$\cdots$	-2	$\cdots$	0	$\cdots$	2	$\cdots$
$f'(x)$	$-$	0	$+$	0	$-$	0	$+$
$f(x)$	↘	극소	↗	극대	↘	극소	↗

따라서 $x=\boxed{}$ 에서 극솟값 $f(\boxed{})=\boxed{}$ 을 가지므로
함수 $y=f(x)$의 그래프를 그리면 다음 그림과 같다.

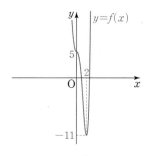

❸

함수 $f(x)$의 극값을 구한다.

극솟값: $f(-2)=-8$, $f(2)=-8$
극댓값: $f(0)=8$

❹

함수 $y=f(x)$의 그래프의 개형을 그린다.

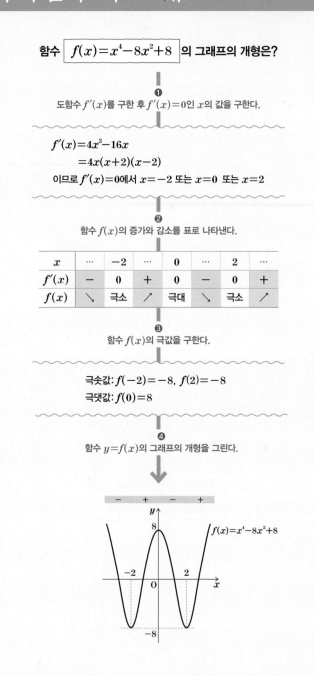

2 $f(x)=x^4-2x^2+3$

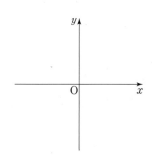

도함수를 이용한 사차함수의 그래프의 개형

최고차항의 계수가 양수인 사차함수 $f(x)$의 도함수 $f'(x)=0$의 근이 다음과 같을 때

❶ 서로 다른 세 실근

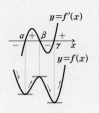

❷ 한 실근과 중근

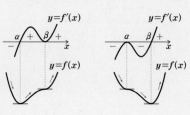

❸ 삼중근

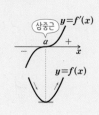

❹ 한 실근과 서로 다른 두 허근

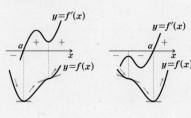

3 $f(x)=\dfrac{1}{4}x^4+\dfrac{1}{2}x^2-2x+1$

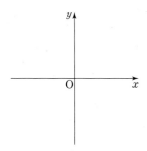

4 $f(x)=-x^4+4x^3-4x^2$

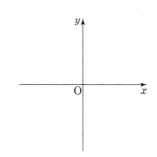

5 $f(x)=-x^4+4x^3+2x^2-12x$

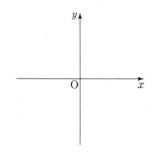

6 $f(x)=-\dfrac{1}{4}x^4+2x^3-4x^2+5$

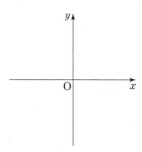

7 $f(x)=-3x^4+4x^3+1$

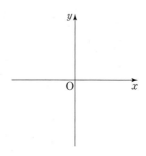

개념모음문제

8 함수 $f(x)$의 도함수 $y=f'(x)$
의 그래프가 오른쪽 그림과 같
을 때, 다음 중 함수 $y=f(x)$의
그래프의 개형이 될 수 있는 것
은?

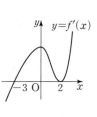

① 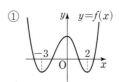　　②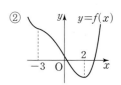

③ 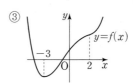　　④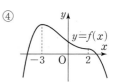

⑤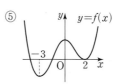

07

계수와 x축과의 교점으로 그려보는!

다항함수의 그래프의 개형

다항함수의 그래프의 개형을 그리는 순서를 알아볼까?

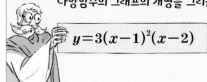

$$y=3(x-1)^2(x-2)$$

1st 함수식의 최고차항의 계수의 부호로 그래프의 방향을 알 수 있다.

❶ 최고차항의 계수의 부호가 양수인 경우 ➡ 그래프는 오른쪽 위를 향한다.

❷ 최고차항의 계수의 부호가 음수인 경우 ➡ 그래프는 오른쪽 아래를 향한다.

2nd 함수식이 0이 되게 하는 x의 값에서 그래프는 x축과 만난다.

(단, $p<q<r<s$) 인수분해 형태로 나타내면 쉽게 찾을 수 있어!

 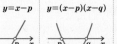 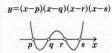

3rd 인수분해된 함수식에 $(x-p)^n$ 꼴이 있는 경우 n의 값에 따라 그래프의 모양이 바뀐다. (단, n은 자연수)

❶ n이 짝수인 경우
➡ 함숫값의 부호가 바뀌지 않는다.

❷ n이 홀수인 경우
➡ 함숫값의 부호가 바뀐다.

 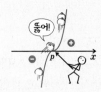

도전!

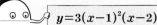

$y=3(x-1)^2(x-2)$ 의 그래프의 개형을 그려보면

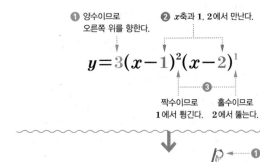

❶ 양수이므로
오른쪽 위를 향한다.

❷ x축과 1, 2에서 만난다.

$$y=3(x-1)^2(x-2)^1$$

❸

짝수이므로   홀수이므로
1에서 튕긴다.   2에서 뚫는다.

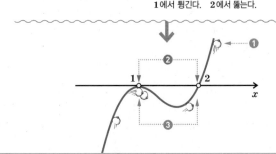

176 Ⅱ. 다항함수의 미분법

● 주어진 함수의 그래프의 개형을 그리시오.

1 $y=a(x-1)$

(1) $a>0$일 때   (2) $a<0$일 때

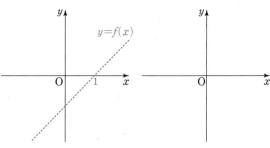

2 $y=a(x+2)$

(1) $a>0$일 때   (2) $a<0$일 때

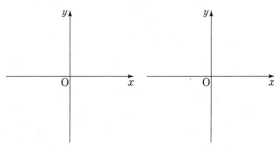

3 $y=a(x-2)^2$

(1) $a>0$일 때   (2) $a<0$일 때

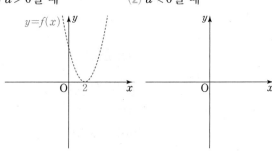

4 $y=a(x+1)^2$

(1) $a>0$일 때   (2) $a<0$일 때

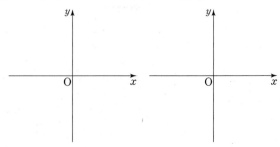

5 $y=a(x+1)(x-1)$

(1) $a>0$일 때 　　　　(2) $a<0$일 때

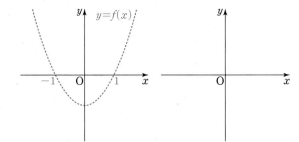

6 $y=ax(x+3)$

(1) $a>0$일 때 　　　　(2) $a<0$일 때

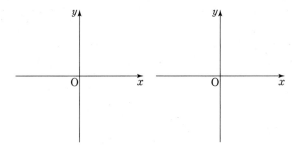

7 $y=a(x-1)^3$

(1) $a>0$일 때 　　　　(2) $a<0$일 때

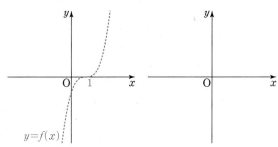

8 $y=a(x+1)^3$

(1) $a>0$일 때 　　　　(2) $a<0$일 때

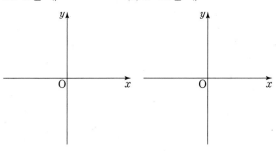

9 $y=ax(x-3)^2$

(1) $a>0$일 때 　　　　(2) $a<0$일 때

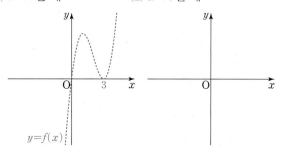

10 $y=a(x+2)(x-1)^2$

(1) $a>0$일 때 　　　　(2) $a<0$일 때

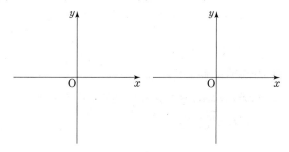

11 $y=a(x+1)^2(x-2)$

(1) $a>0$일 때 　　　　(2) $a<0$일 때

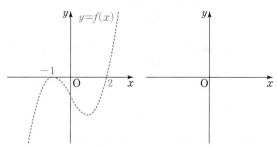

12 $y=ax^2(x-3)$

(1) $a>0$일 때 　　　　(2) $a<0$일 때

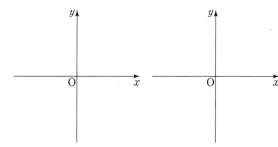

13 $y=ax(x+3)(x-3)$

(1) $a>0$일 때　　　(2) $a<0$일 때

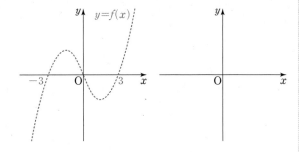

14 $y=a(x-1)(x-2)(x-3)$

(1) $a>0$일 때　　　(2) $a<0$일 때

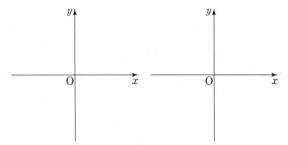

15 $y=a(x+1)^4$

(1) $a>0$일 때　　　(2) $a<0$일 때

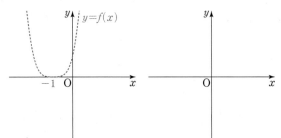

16 $y=a(x-2)^4$

(1) $a>0$일 때　　　(2) $a<0$일 때

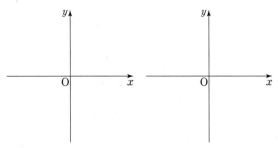

17 $y=a(x+1)(x-2)^3$

(1) $a>0$일 때　　　(2) $a<0$일 때

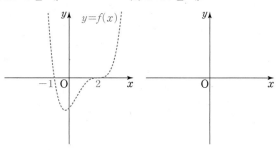

18 $y=a(x+3)^3(x-1)$

(1) $a>0$일 때　　　(2) $a<0$일 때

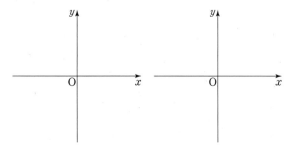

19 $y=a(x-1)^2(x-4)^2$

(1) $a>0$일 때　　　(2) $a<0$일 때

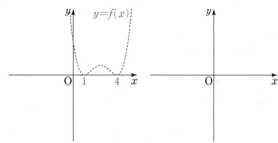

20 $y=a(x+3)^2(x-2)^2$

(1) $a>0$일 때　　　(2) $a<0$일 때

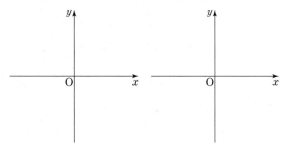

21 $y=a(x+1)(x-1)^2(x-3)$

(1) $a>0$일 때 (2) $a<0$일 때

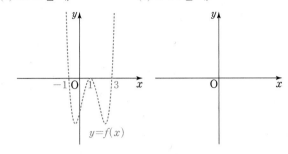

● 주어진 함수의 그래프의 개형을 그리시오.

25 $y=|(x+3)(x-1)|$

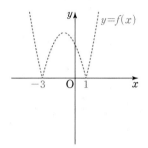

22 $y=a(x+4)(x+1)^2(x-2)$

(1) $a>0$일 때 (2) $a<0$일 때

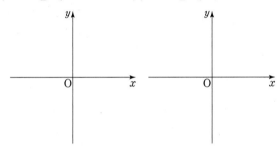

26 $y=|(x+5)(x+2)(x-1)|$

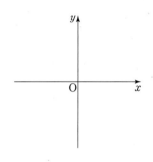

23 $y=a(x+4)(x+1)(x-1)(x-5)$

(1) $a>0$일 때 (2) $a<0$일 때

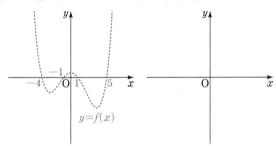

27 $y=|x(x+2)(x-2)|$

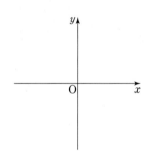

24 $y=ax(x+2)(x-2)(x-4)$

(1) $a>0$일 때 (2) $a<0$일 때

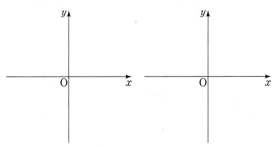

28 $y=|(x+3)(x+1)(x-1)(x-3)|$

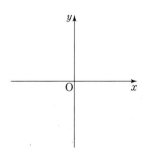

순간변화율로 알 수 있는!

함수의 극값이 존재하거나
존재하지 않을 조건

삼차함수 $f(x)$ 의 최고차항의 계수를 a 라 하면

이차방정식 $f'(x)=0$의 근과 판별식 D에 따라

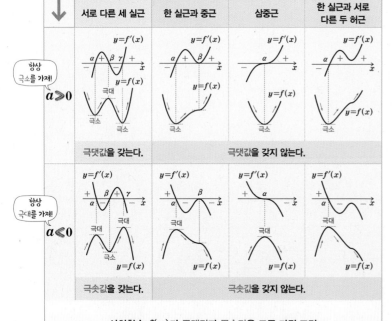

	서로 다른 두 실근 $D>0$	중근 $D=0$	서로 다른 두 허근 $D<0$
$a>0$	$y=f'(x)$ 극대 극소 $y=f(x)$	$y=f'(x)$ $y=f(x)$	$y=f'(x)$ $y=f(x)$
$a<0$	$y=f'(x)$ 극대 극소 $y=f(x)$	$y=f'(x)$ $y=f(x)$	$y=f'(x)$ $y=f(x)$
	극값을 갖는다.	극값을 갖지 않는다.	

극댓값&극솟값

$f'(x)$의 부호의 변화가 없어!

삼차함수 $f(x)$가 극값을 가질 조건 ⟶ $D>0$

갖지 않을 조건 ⟶ $D\leq0$

사차함수 $f(x)$ 의 최고차항의 계수를 a 라 하면

삼차방정식 $f'(x)=0$의 근에 따라

	서로 다른 세 실근	한 실근과 중근	삼중근	한 실근과 서로 다른 두 허근
$a>0$ 항상 극소를 가져!	$y=f'(x)$ 극대 극소 극소 $y=f(x)$	$y=f'(x)$ 극소 $y=f(x)$	$y=f'(x)$ 극소 $y=f(x)$	$y=f'(x)$ 극소 $y=f(x)$
	극댓값을 갖는다.	극댓값을 갖지 않는다.		
$a<0$ 항상 극대를 가져!	$y=f'(x)$ 극대 극대 극소 $y=f(x)$	$y=f'(x)$ 극대 $y=f(x)$	$y=f'(x)$ 극대 $y=f(x)$	$y=f'(x)$ 극대 $y=f(x)$
	극솟값을 갖는다.	극솟값을 갖지 않는다.		

사차함수 $f(x)$가 극댓값과 극솟값을 모두 가질 조건
: 삼차방정식 $f'(x)=0$이 서로 다른 세 실근을 갖는다.

1st ― 극값이 존재하거나 존재하지 않을 조건

● 다음을 구하시오.

1 삼차함수 $f(x)=\dfrac{1}{3}x^3+ax^2+x-3$이 극값을 갖도록 하는 실수 a의 값의 범위

➡ $f'(x)=x^2+2ax+1$

삼차함수 $f(x)$가 극값을 갖기 위해서는 이차방정식 $f'(x)=0$이

[   ]을 가져야 한다.

이차방정식 $f'(x)=0$, 즉 $x^2+2ax+1=0$의 판별식을 D라 하면

$\dfrac{D}{4}=a^2-1\bigcirc 0$

따라서 $a\bigcirc-1$ 또는 $a\bigcirc 1$

이차방정식 $ax^2+bx+c=0$이 서로 다른 두 실근을 가지면 $D=b^2-4ac>0$

2 삼차함수 $f(x)=-x^3+3x^2+ax+1$이 극값을 갖도록 하는 실수 a의 값의 범위

3 삼차함수 $f(x)=x^3+ax^2+12x-5$가 극값을 갖지 않도록 하는 실수 a의 값의 범위

이차방정식 $f'(x)=0$이 중근 또는 서로 다른 두 허근을 가진다.

4 삼차함수 $f(x)=-x^3+ax^2+2ax$가 극값을 갖지 않도록 하는 실수 a의 값의 범위

내가 발견한 개념 삼차함수가 극값을 가질 조건은?

- 삼차함수 $f(x)$가 극값을 갖는다.

  ⟺ 이차방정식 $f'(x)=0$은 [ ]을 갖는다.

  ⟺ 이차방정식 $f'(x)=0$의 판별식 D는 D◯0

- 삼차함수 $f(x)$가 극값을 갖지 않는다.

  ⟺ 이차방정식 $f'(x)=0$은 [ ] 또는 [ ]

  을 갖는다.

  ⟺ 이차방정식 $f'(x)=0$의 판별식 D는 D◯0

---

8 사차함수 $f(x)=-\dfrac{1}{4}x^4+ax^3+2ax^2$이 극댓값과 극솟값을 모두 갖도록 하는 상수 a의 값의 범위

개념모음문제

5 삼차함수 $f(x)=-x^3-3ax^2+3ax+1$이 극값을 갖지 않도록 하는 정수 a의 개수는?

① 1 ② 2 ③ 3

④ 4 ⑤ 5

개념모음문제

9 함수 $f(x)=x^4-4x^3+2(a-3)x^2-1$이 극댓값과 극솟값을 모두 갖도록 하는 정수 a의 최댓값은?

① 1 ② 2 ③ 3

④ 5 ⑤ 6

● 다음을 구하시오.

6 사차함수 $f(x)=x^4-2x^3+2ax^2-1$이 극댓값을 갖도록 하는 상수 a의 값의 범위

사차항의 계수가 양수일 때, 극솟값은 항상 있으므로 극댓값을 가질 조건은 극댓값과 극솟값을 모두 가질 조건과 같아!

→ $f'(x)=4x^3-6x^2+4ax=2x(2x^2-3x+2a)$

사차항의 계수가 양수인 사차함수 $f(x)$는 반드시 극솟값을 가지므로 극댓값을 갖기 위해서는 삼차방정식 $f'(x)=0$이 [ ]을 가져야 한다.

이때 삼차방정식 $f'(x)=0$한 근이 $x=0$이므로

$2x^2-3x+2a=0$ ...... ㉠

은 0이 아닌 [ ]을 가져야 한다.

(i) $x=0$은 ㉠의 근이 아니므로 $a\neq0$

(ii) 이차방정식 ㉠의 판별식을 D라 하면

$D=9-16a◯0$, 즉 $a◯\dfrac{9}{16}$

(i), (ii)에서 $a◯0$ 또는 $0◯a◯\dfrac{9}{16}$

삼차방정식 $f'(x)=0$이 서로 다른 두 실근 또는 하나의 실근을 가진다.

10 사차함수 $f(x)=x^4-4x^3+3ax^2$이 극댓값을 갖지 않도록 하는 상수 a의 값의 범위

→ $f'(x)=4x^3-[\ ]x^2+6ax=[\ ](2x^2-6x+3a)$

사차함수 $f(x)$가 극댓값을 갖지 않으려면 삼차방정식 $f'(x)=0$이 서로 다른 두 실근 또는 [ ]을 가져야 한다.

즉 이차방정식 $2x^2-6x+3a=0$이 $x=[\ ]$을 근으로 갖거나 중근 또는 허근을 가져야 한다.

이차방정식 $2x^2-6x+3a=0$의 판별식을 D라 하면

(i) 한 근이 $x=[\ ]$인 경우

  $a=[\ ]$

(ii) 중근을 갖는 경우

  $\dfrac{D}{4}=9-6a=[\ ]$에서 $a=[\ ]$

(iii) 허근을 갖는 경우

  $\dfrac{D}{4}=9-6a◯0$에서 $a◯\dfrac{3}{2}$

(i), (ii), (iii)에서 $a=[\ ]$ 또는 $a◯\dfrac{3}{2}$

---

7 사차함수 $f(x)=x^4+4x^3-4ax^2-2$가 극댓값을 갖도록 하는 상수 a의 값의 범위

11 사차함수 $f(x)=-x^4+4x^3-2ax^2$이 극솟값을 갖지 않도록 하는 상수 a의 값의 범위

😊 **내가 발견한 개념**   사차함수가 극값을 가질 조건은

• 사차함수 $f(x)$가 극댓값과 극솟값을 모두 갖는다.

  → 삼차방정식 □□□$=0$이 서로 다른 세 실근을 갖는다.

• 사차함수 $f(x)$가 극댓값 또는 극솟값을 갖지 않는다.

  → 삼차방정식 □□□$=0$이 서로 다른 두 □□□ 또는 하나의 □□□을 가져야 한다.

2nd — 주어진 구간에서 극값을 가질 조건

● **다음을 구하시오.**

12 함수 $f(x)=x^3+(a-1)x^2+3ax$가 $-2<x<1$에서 극댓값, $x>1$에서 극솟값을 갖도록 하는 실수 a의 값의 범위

→ $f'(x)=3x^2+2(a-1)x+3a$

이차방정식 $f'(x)=0$의 두 실근을 α, β ($\alpha<\beta$)라 할 때, 오른쪽 그림과 같이 $-2<\alpha<1$, $\beta>1$이어야 한다.

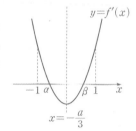

(i) $f'(-2) \bigcirc 0$에서

   $12-4(a-1)+3a \bigcirc 0$, 즉 $\bigcirc 16$

(ii) $f'(1) \bigcirc 0$에서 $3+2(a-1)+3a \bigcirc 0$, 즉 $a \bigcirc -\dfrac{1}{5}$

(i), (ii)에서 $a<$ □

13 함수 $f(x)=-x^3+a^2x^2-ax$가 $0<x<1$에서 극솟값, $x>1$에서 극댓값을 갖도록 하는 실수 a의 값의 범위

14 함수 $f(x)=2x^3+ax^2+(a-3)x+6$이 $-2<x<-1$에서 극댓값, $x>-1$에서 극솟값을 갖도록 하는 실수 a의 범위

15 함수 $f(x)=x^3+ax^2+(a-1)x+1$이 $-1<x<1$에서 극댓값과 극솟값을 모두 갖도록 하는 실수 a의 값의 범위

→ $f'(x)=3x^2+2ax+a-1$

함수 $f(x)$가 $-1<x<1$에서 극댓값과 극솟값을 모두 가지려면 오른쪽 그림과 같이 이차방정식 $f'(x)=0$이 $-1<x<1$에서 서로 다른 두 실근을 가져야 한다.

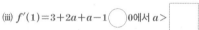

(i) 이차방정식 $f'(x)=0$의 판별식을 D라 하면

$$\frac{D}{4}=a^2-3(a-1)=a^2-3a+3=\left(a-\frac{3}{2}\right)^2+\frac{3}{4} \bigcirc 0$$

이므로 모든 실수 a에 대하여 성립한다.

(ii) $f'(-1)=3-2a+a-1 \bigcirc 0$에서 $a \bigcirc 2$

(iii) $f'(1)=3+2a+a-1 \bigcirc 0$에서 $a>$ □

(iv) 이차함수 $y=f'(x)$의 그래프의 축의 방정식이 $x=$ □ 이므로

   $-1<$ □ <1, 즉 □ $<a<$ □

(i), (ii), (iii), (iv)에서 □ $<a<$ □

16 함수 $f(x)=x^3-2ax^2-ax+4$가 $x<2$에서 극댓값과 극솟값을 모두 갖도록 하는 실수 a의 값의 범위

TEST 개념 확인

- 함수 $y=f(x)$의 그래프는 $f'(x)=0$을 만족시키는 x의 값을 구한 후, $f'(x)$의 부호를 조사하여 $f(x)$의 증가와 감소를 표로 나타내어 그린다.

1 함수 $y=f(x)$의 도함수 $y=f'(x)$의 그래프가 오른쪽 그림과 같을 때, 다음 중 함수 $y=f(x)$의 그래프의 개형으로 알맞은 것은? (단, $f(0)=0$)

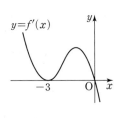

① 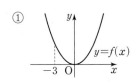 ②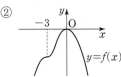

③ 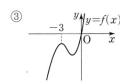 ④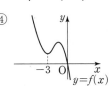

⑤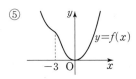

2 다음 중 함수 $f(x)=x^4-6x^2-8x+13$의 그래프의 개형이 될 수 있는 것은?

① 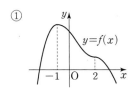 ②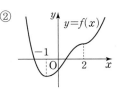

③ 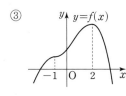 ④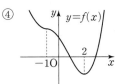

⑤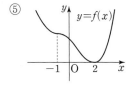

- 삼차함수 $f(x)$에 대하여
  ① $f(x)$가 극값을 갖는다.
    $\iff$ 이차방정식 $f'(x)=0$이 서로 다른 두 실근을 갖는다.
    $\iff$ 이차방정식 $f'(x)=0$의 판별식을 D라 하면 $D>0$
  ② $f(x)$가 극값을 갖지 않는다.
    $\iff$ 이차방정식 $f'(x)=0$이 중근을 갖거나 서로 다른 두 허근을 갖는다.
    $\iff$ 이차방정식 $f'(x)=0$의 판별식을 D라 하면 $D\leq0$

3 함수 $f(x)=x^3+ax^2+3ax-4$가 극값을 갖지 않도록 하는 정수 a의 개수는?

① 7 ② 8 ③ 9
④ 10 ⑤ 11

4 함수 $f(x)=3x^4-8x^3+6ax^2-1$이 극댓값을 갖도록 하는 실수 a의 값의 범위가 $a<m$ 또는 $0<a<n$일 때, mn의 값을 구하시오.

5 다음 중 함수 $f(x)=x^3+ax^2-a^2x$가 $-1<x<1$에서 극댓값, $x>1$에서 극솟값을 갖도록 하는 실수 a의 값이 될 수 있는 것은?

① -5 ② -4 ③ -3
④ -2 ⑤ -1

09

닫힌 구간에서 연속일 때 반드시 존재하는!

함수의 최댓값과 최솟값

함수 $f(x)$가 $\boxed{\text{닫힌 구간 } [a, b]\text{에서 연속}}$ 일 때,

이 구간에서 반드시 최댓값과 최솟값을 갖는다. (최대·최소 정리)

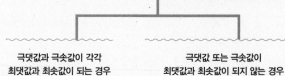

극댓값과 극솟값이 각각
최댓값과 최솟값이 되는 경우

극댓값 또는 극솟값이
최댓값과 최솟값이 되지 않는 경우

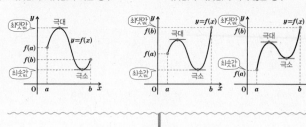

주어진 구간에서 $f(x)$의 $\boxed{\text{극값}}$ 과 구간의 $\boxed{\text{양 끝 점의 함숫값}}$ $f(a), f(b)$
중에서 가장 큰 값이 최댓값이고, 가장 작은 값이 최솟값이다.

> 그래프를 그리지 않아도 주어진 구간에서 최댓값과 최솟값을 찾을 수 있어.

극값이 오직 하나 존재할 때,
하나뿐인 극값이

극댓값이면

극솟값이면

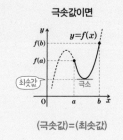

(극댓값)=(최댓값)

(극솟값)=(최솟값)

참고 ① 연속함수 $f(x)$의 최댓값과 최솟값을 구할 때는 증가와 감소를 나타내는 표를 이용하는 것이 편리하다.
② 주어진 닫힌 구간에서 극값이 존재하지 않을 때는 구간의 양 끝 점의 함숫값 중 큰 값이 최댓값, 작은 값이 최솟값이 된다.

1st — 함수의 최댓값, 최솟값

● 주어진 구간에서 다음 함수의 최댓값과 최솟값을 각각 구하시오.

1 $f(x)=x^3-12x-3$, $[-3, 3]$

→ $f'(x)=3x^2-12=3(x+2)(x-2)$

$f'(x)=0$에서 $x=\boxed{}$ 또는 $x=\boxed{}$

닫힌 구간 $[-3, 3]$에서 함수 $f(x)$의 증가와 감소를 표로 나타내면 다음과 같다.

x	-3	$\cdots$	-2	$\cdots$	2	$\cdots$	3
$f'(x)$		$+$	0	$-$	0	$+$	
$f(x)$	6	↗	$\boxed{}$	↘	$\boxed{}$	↗	-12

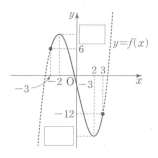

따라서 닫힌 구간 $[-3, 3]$에서 함수 $f(x)$는 $x=\boxed{}$ 에서 최댓값 $\boxed{}$, $x=\boxed{}$ 에서 최솟값 $\boxed{}$ 를 갖는다.

2 $f(x)=2x^3-3x^2+4$, $[0, 2]$

3 $f(x)=-x^3+3x^2+9x$, $[-2, 4]$

4 $f(x)=-x^3-\dfrac{3}{2}x^2+6x+2$, $[-3, 1]$

2nd 최대 · 최소를 이용하여 구하는 미정계수

● 다음 조건을 만족하는 상수 a, b의 값을 구하시오.

5 닫힌 구간 $[-1, 2]$에서 함수 $f(x)=ax^3-3ax^2+b$
가 최댓값 8, 최솟값 -12를 가진다. (단, $a>0$)

➜ $f'(x)=3ax^2-6ax=3ax(x-2)$

$f'(x)=0$에서 $x=\boxed{}$ 또는 $x=\boxed{}$

구간 $[-1, 2]$에서 함수 $f(x)$의 증가와 감소를 표로 나타내면 다음과
같다.

x	-1	$\cdots$	$\boxed{}$	$\cdots$	2
$f'(x)$		$+$	0	$-$	0
$f(x)$	$\boxed{}$	↗	$\boxed{}$	↘	$\boxed{}$

이때 $a>0$이므로 닫힌 구간 $[-1, 2]$에서 함수 $f(x)$는

$x=\boxed{}$ 에서 최댓값 $\boxed{}$, $x=\boxed{}$ 또는 $x=\boxed{}$ 에서 최솟값

$\boxed{}$ 를 갖는다.

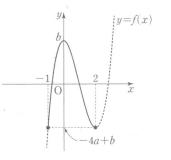

따라서 $\boxed{}=8$, $\boxed{}=-12$이므로

$a=\boxed{}$, $b=\boxed{}$

6 닫힌 구간 $[-2, 3]$에서 함수
$f(x)=2ax^3-9ax^2-3b$가 최댓값 15, 최솟값 2를
가진다. (단, $a>0$)

7 닫힌 구간 $[0, 2]$에서 함수 $f(x)=3ax^4-4ax^3+b$
가 최댓값 24, 최솟값 -10을 가진다. (단, $a>0$)

8 닫힌 구간 $[-1, 1]$에서 함수
$f(x)=ax^4+4ax^2+4b$가 최댓값 12, 최솟값 -3을
가진다. (단, $a<0$)

:) **내가 발견한 개념**   함수의 최대·최소는?

닫힌 구간 $[a, b]$에서 연속인 함수 $f(x)$의

- 최댓값 ➜ 극댓값, $f(a)$, $f(b)$ 중 가장 $\boxed{}$.

- 최솟값 ➜ 극솟값, $f(a)$, $f(b)$ 중 가장 $\boxed{}$.

개념모음문제

9 닫힌 구간 $[-1, 1]$에서 함수 $f(x)=x^3+3x^2+a$
의 최댓값과 최솟값의 합이 8일 때, 상수 a의 값은?

① -2 ② -1 ③ 0

④ 1 ⑤ 2

최대·최소의 활용

곡선 $\boxed{y=-x^2+4x\,(0<x<4)}$ 위의 점 P에서 x축에 내린

수선의 발을 H라 할 때, $\boxed{\text{삼각형 POH}}$ 의 넓이의 최댓값은?

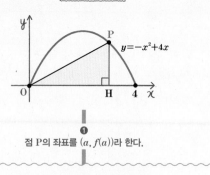

❶

점 P의 좌표를 $(a, f(a))$라 한다.

$f(x)=-x^2+4x\,(0<x<4)$로놓으면

$f(a)=-a^2+4a$이므로

점 P의 좌표는 $(a, -a^2+4a)$이다.

❷

삼각형 POH의 넓이를 a에 대한 함수로 나타낸다.

이때 점 H의 좌표는 $(a, 0)$이므로
△POH의 넓이를 $S(a)$라 하면

$$S(a)=\frac{1}{2}a(-a^2+4a)$$
$$=-\frac{1}{2}a^3+2a^2$$

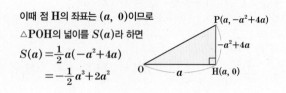

❸

도함수를 이용하여 극값을 구한다.

$$S'(a)=-\frac{3}{2}a^2+4a=-\frac{3}{2}a\left(a-\frac{8}{3}\right)$$

$S'(a)=0$에서 $a=\frac{8}{3}\,(0<a<4)$

$S(a)$의 증가와 감소를 표로 나타내면 다음과 같다. (단, $0<a<4$)

a	(0)	$\cdots$	$\frac{8}{3}$	$\cdots$	(4)
$S'(a)$		$+$	0	$-$	
$S(a)$		↗	$\frac{128}{27}$	↘	

$S(a)$는 $a=\frac{8}{3}$에서 극대이면서 최대이므로
△POH의 넓이의 최댓값은

$$S\left(\frac{8}{3}\right)=\frac{128}{27}$$

$$\downarrow$$

$$\frac{128}{27}$$

1st — 최대·최소의 활용; 길이

1 곡선 $y=x^2$ 위를 움직이는 점 P와 점 $(-3, 0)$ 사이의 거리의 최솟값을 구하시오.

→ 점 P의 좌표를 (t, t^2)이라 하면 점 P와 점 $(-3, 0)$ 사이의 거리는
$$\sqrt{(t+3)^2+t^4}=\sqrt{t^4+t^2+6t+9}$$
$f(t)=t^4+t^2+6t+9$로 놓으면
$$f'(t)=4t^3+2t+6$$
$$=2(t+\boxed{})(2t^2-2t+3)$$
이때 $2t^2-2t+3=2\left(t-\frac{1}{2}\right)^2+\frac{5}{2}>0$이므로

$f'(t)=0$에서 $t=\boxed{}$

함수 $f(t)$의 증가와 감소를 표로 나타내면 다음과 같다.

t	$\cdots$	$\boxed{}$	$\cdots$
$f'(t)$	$-$	0	$+$
$f(t)$	↘	극소	↗

따라서 함수 $f(t)$는 $t=\boxed{}$에서 극소이면서 최소이므로 구하는

거리의 최솟값은

$$\sqrt{f\left(\boxed{}\right)}=\boxed{}$$

2 곡선 $y=x^2$ 위를 움직이는 점 P와 점 $(6, 3)$ 사이의 거리의 최솟값을 구하시오.

3 곡선 $y=x^2-x$ 위를 움직이는 점 P와 점 $(8, 0)$ 사이의 거리의 최솟값을 구하시오.

2nd 최대·최소의 활용; 넓이

4 오른쪽 그림과 같이 곡선
$y=-x^2+9x \; (0<x<9)$ 위
의 점 A에서 x축에 내린 수
선의 발을 H라 할 때, 삼각
형 AOH의 넓이의 최댓값을
구하시오. (단, O는 원점이다.)

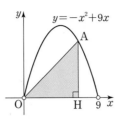

→ 점 A의 좌표를 $(t, -t^2+9t)$라 하면

$\overline{OH}=t$, $\overline{AH}=$ ☐

삼각형 AOH의 넓이를 $S(t)$라 하면

$S(t)=\dfrac{1}{2}t($ ☐ $)=\dfrac{1}{2}(-t^3+9t^2)$

이므로

$S'(t)=\dfrac{1}{2}(-3t^2+18t)=-\dfrac{3}{2}t(t-6)$

$0<t<9$이므로 $S'(t)=0$에서 $t=$ ☐

$0<t<9$에서 함수 $S(t)$의 증가와 감소를 표로 나타내면 다음과 같다.

t	(0)	⋯	☐	⋯	(9)
$S'(t)$		+	0	−	
$S(t)$		↗	극대	↘	

따라서 함수 $S(t)$는 $t=$ ☐ 에서 극대이면서 최대이므로 삼각형

AOH의 넓이의 최댓값은

$S($ ☐ $)=$ ☐

5 오른쪽 그림과 같이 곡선
$y=-x^2+4$와 x축의 두 교점
을 A, B라 할 때, 곡선
$y=-x^2+4$와 x축으로 둘러
싸인 부분에 내접하는 사다리
꼴 ABCD의 넓이의 최댓값을 구하시오.

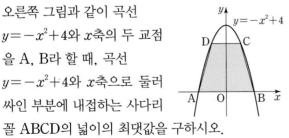

6 오른쪽 그림과 같이 곡선
$y=-x^2+9$와 x축으로 둘러
싸인 부분에 내접하고, 변 BC
가 x축 위에 있는 직사각형
ABCD의 넓이의 최댓값을
구하시오.

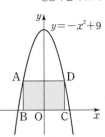

3rd 최대·최소의 활용; 부피

7 오른쪽 그림과 같이 한 변의
길이가 12인 정사각형 모양의
종이의 네 귀퉁이에서 합동인
정사각형을 잘라 내고 남은 부
분을 접어서 뚜껑이 없는 직육
면체 모양의 상자를 만들려고 할 때, 만들 수 있는
상자의 부피의 최댓값을 구하시오.

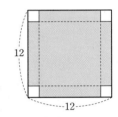

→ 잘라 내는 정사각형의 한 변의 길이를 $x \; (x>0)$라 하면 상자의 높이는

x이고, 밑면은 한 변의 길이가 ☐ 인 정사각형이므로

☐ >0, 즉 $0<x<$ ☐

상자의 부피를 $V(x)$라 하면

$V(x)=x($ ☐ $)^2=4x^3-48x^2+144x$이므로

$V'(x)=12x^2-96x+144=12(x-2)(x-6)$

$0<x<6$이므로 $V'(x)=0$에서 $x=$ ☐ 변수의 정의역을 확인해야 해!

$0<x<6$에서 함수 $V(x)$의 증가와 감소를 표로 나타내면 다음과 같다.

x	(0)	⋯	☐	⋯	(6)
$V'(x)$		+	0	−	
$V(x)$		↗	극대	↘	

따라서 $V(x)$는 $x=$ ☐ 에서 극대이면서 최대이므로 상자의 부피의

최댓값은

$V($ ☐ $)=$ ☐

8 오른쪽 그림과 같이 밑면의 반지름의 길이가 10, 높이가 20인 원뿔에 내접하는 원기둥의 부피의 최댓값을 구하시오.

9 반지름의 길이가 r, 높이가 h이고 밑면의 둘레의 길이와 높이의 합이 126인 원뿔의 부피가 최대일 때의 높이를 구하시오.

10 어떤 제품을 x개 판매할 때 생기는 이익이 $(-x^3+270x^2+1475)$원일 때, 이 제품을 판매한 이익이 최대가 되려면 제품을 몇 개 판매해야 하는지 구하시오. (단, $0<x<270$)

→ 제품을 x개 판매할 때 생기는 이익을 $f(x)$(원)이라 하면

$f(x)=-x^3+270x^2+1475$이므로

$f'(x)=-3x^2+540x=-3x(x-180)$

$0<x<270$이므로 $f'(x)=0$에서 $x=\boxed{}$

$0<x<270$에서 함수 $f(x)$의 증가와 감소를 표로 나타내면 다음과 같다.

x	(0)	⋯		⋯	(270)
$f'(x)$		+	0	−	
$f(x)$		↗	극대	↘	

따라서 함수 $f(x)$는 $x=\boxed{}$에서 극대이면서 최대이므로 제품을 판매한 이익이 최대가 되려면 제품을 $\boxed{}$개 판매해야 한다.

11 어느 온라인 쇼핑몰에서 A 휴대전화 케이스를 x개 판매할 때 생기는 이익이 $(-2x^3+120x^2+12600x+4800)$원일 때, A 휴대전화 케이스를 판매한 이익이 최대가 되려면 이 휴대전화 케이스를 몇 개 판매해야 하는지 구하시오.

(단, $0<x<114$)

09 함수의 최댓값과 최솟값

• 닫힌 구간 $[a, b]$에서 연속인 함수 $f(x)$의 최댓값과 최솟값은 다음과 같은 순서로 구한다.

(i) 주어진 구간에서 $f(x)$의 극댓값과 극솟값을 구한다.

(ii) 주어진 구간의 양 끝 값에서의 함숫값 $f(a)$, $f(b)$를 구한다.

(iii) (i), (ii)에서 구한 극댓값, 극솟값, $f(a)$, $f(b)$ 중에서 가장 큰 값이 최댓값, 가장 작은 값이 최솟값이다.

1 닫힌 구간 $[0, 2]$에서 함수 $f(x)=2x^3-9x^2+12x+3$의 최댓값을 M, 최솟값을 m이라 할 때, $M-m$의 값을 구하시오.

2 닫힌 구간 $[-1, 4]$에서 함수 $f(x)=x^3-6x^2+9x+a$의 최댓값과 최솟값의 합이 10일 때, 상수 a의 값은?

① 8　　　　② 9　　　　③ 10

④ 11　　　　⑤ 12

3 닫힌 구간 $[0, 6]$에서 함수 $f(x)=x^3-9x^2+15x+a$의 최댓값이 35일 때, 최솟값을 구하시오.

(단, a는 상수이다.)

10 최대 · 최소의 활용

• 두 점 사이의 거리, 평면도형의 넓이, 입체도형의 부피, 피타고라스 정리 등을 이용하여 도형의 길이, 넓이, 부피를 하나의 문자에 대한 함수로 나타낸 후 최댓값 또는 최솟값을 구한다.

4 오른쪽 그림과 같이 곡선 $y=12-x^2$과 x축으로 둘러싸인 부분에 내접하고 한 변이 x축 위에 있는 직사각형 ABCD의 넓이가 최대일 때의 $\overline{AB}$의 길이는?

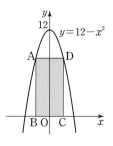

① 4　　　　② 6　　　　③ 8

④ 10　　　　⑤ 12

5 오른쪽 그림과 같이 밑면이 정사각형인 직육면체의 모든 모서리의 길이의 합이 36일 때, 직육면체 부피의 최댓값은?

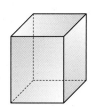

① 18　　　　② 21　　　　③ 24

④ 27　　　　⑤ 30

6 은희가 블로그를 개설한 지 x일 후의 방문자 수가 $(3x^3-6x^2-12x+25)$일 때, 은희의 블로그의 방문자 수가 가장 적은 날은 블로그를 개설한 지 며칠 후인가? (단, $0<x<30$)

① 1일 후　　　　② 2일 후　　　　③ 4일 후

④ 8일 후　　　　⑤ 16일 후

TEST 개념 발전

1 삼차함수 $y=f(x)$의 그래프가 오른쪽 그림과 같을 때, 함수 $f(x)$가 감소하는 구간은 $[a, b]$이다. $b-a$의 값을 구하시오.

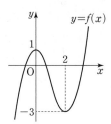

2 함수 $f(x)=x^3-6x^2+9x-1$이 증가하는 구간에 속하는 x의 값이 <u>아닌</u> 것은?

① 2   ② 4   ③ 6
④ 8   ⑤ 10

3 함수 $f(x)=-x^4+ax^2+bx+3$이 $x\leq-1$, $0\leq x\leq1$에서 증가하고, $-1\leq x\leq0$, $x\geq1$에서 감소할 때, $f(2)$의 값은? (단, a, b는 상수이다.)

① -5 ② -3 ③ -1
④ 1   ⑤ 3

4 함수 $f(x)=3x^3+ax^2+9x-7$이 실수 전체의 집합에서 증가하도록 하는 실수 a의 값의 범위가 $\alpha\leq a\leq\beta$일 때, $\alpha+2\beta$의 값은?

① 0   ② 3   ③ 6
④ 9   ⑤ 12

5 함수 $f(x)=-\dfrac{2}{3}x^3+ax^2-(a+4)x+2$의 역함수가 존재하도록 하는 정수 a의 개수는?

① 6   ② 7   ③ 8
④ 9   ⑤ 10

6 함수 $f(x)=x^3+6x^2+(5-2a)x$가 구간 $(-3, 0)$에서 감소하기 위한 정수 a의 최솟값은?

① -3 ② -2 ③ 1
④ 2   ⑤ 3

7 삼차함수 $y=f(x)$의 그래프가 오른쪽 그림과 같을 때, 함수 $f(x)$는 $x=a$에서 극댓값 b, $x=c$에서 극솟값 d를 갖는다. $ad-bc$의 값은?

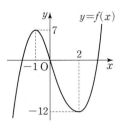

① -5 ② -2 ③ 1

④ 4 ⑤ 7

8 함수 $f(x)=-x^3+12x$가 극값을 갖는 모든 x의 값의 합은?

① -2 ② -1 ③ 0

④ 1 ⑤ 2

9 함수 $f(x)=2x^3-6x+5$의 극댓값과 극솟값의 합은?

① 6 ② 8 ③ 10

④ 12 ⑤ 14

10 함수 $f(x)=-x^3+ax^2+bx+1$이 $x=1$에서 극솟값 -3을 가질 때, 상수 a, b에 대하여 ab의 값은?

① -63 ② -54 ③ -45

④ -36 ⑤ -27

11 함수 $f(x)=2x^3-3ax^2+6ax$가 극값을 갖지 않도록 하는 실수 a의 최댓값이 M, 최솟값이 m일 때, $M-m$의 값은?

① 2 ② 4 ③ 6

④ 8 ⑤ 10

12 함수 $y=f(x)$의 도함수 $y=f'(x)$의 그래프가 아래 그림과 같을 때, 다음 설명 중 옳은 것은?

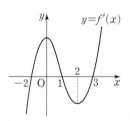

① 함수 $f(x)$가 감소하는 구간은 $[1, 3]$뿐이다.
② 함수 $f(x)$는 구간 $(-\infty, 0]$에서 증가한다.
③ 함수 $f(x)$는 $x=-2$에서 극소이다.
④ 함수 $f(x)$는 $x=0$에서 극대이다.
⑤ 함수 $f(x)$가 극값을 갖는 x의 개수는 2이다.

13 닫힌 구간 $[-3, 2]$에서 함수 $f(x)=2x^3+6x^2-30$ 의 최댓값을 M, 최솟값을 m이라 할 때, $M+m$의 값은?

① -30 ② -25 ③ -20

④ -15 ⑤ -10

14 닫힌 구간 $[2, 7]$에서 함수
$f(x)=-x^3+12x^2-36x+a$의 최댓값이 14일 때, 상수 a의 값은?

① 6   ② 8   ③ 10

④ 12   ⑤ 14

15 닫힌 구간 $[-1, 3]$에서 함수 $f(x)=x^3+ax+b$가 $x=1$에서 최솟값 3을 가질 때, $f(3)$의 값은?
(단, a, b는 상수이다.)

① 20   ② 21   ③ 22

④ 23   ⑤ 24

16 곡선 $y=x^2$ 위를 움직이는 점 $\mathrm{P}(a, b)$와 점 $(9, 8)$ 사이의 거리가 최소일 때, a^2+b^2의 값은?

① 50   ② 60   ③ 70

④ 80   ⑤ 90

17 오른쪽 그림과 같이 두 곡선 $y=x^2-3$, $y=-x^2+3$ 으로 둘러싸인 부분에 내접하고 각 변이 좌표축에 평행한 직사각형의 넓이의 최댓값은?

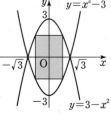

① 6   ② 8   ③ 10

④ 12   ⑤ 14

18 반지름의 길이가 a인 구에 내접하는 원기둥의 부피의 최댓값이 $12\sqrt{3}\pi$일 때, a의 값은?

① 3   ② 4   ③ 5

④ 6   ⑤ 7

19 최고차항의 계수가 1인 삼차함수 $f(x)$가 $x=1$에서 극대, $x=3$에서 극소이고 극댓값은 극솟값의 3배일 때, $f(-1)$의 값은?

① -21 ② -14 ③ -7
④ 7 ⑤ 14

20 함수 $f(x)=x^3-ax^2+8$이 구간 $[3, \infty)$에서는 증가하고, 구간 $[1, 2]$에서는 감소하도록 하는 정수 a의 개수는?

① 1 ② 2 ③ 3
④ 4 ⑤ 5

21 닫힌 구간 $[-a, a]$에서 함수
$f(x)=x^3+ax^2-a^2x+2$의 최솟값 -3일 때, $f(x)$의 최댓값을 구하시오. (단, $a>0$)

22 오른쪽 그림과 같이 한 변의 길이가 24인 정삼각형 모양의 종이의 세 꼭짓점에서 합동인 사각형을 잘라내고 남은 부분을 접어서 뚜껑이 없는 삼각기둥 모양의 상자를 만들려고 한다. 이 상자의 부피의 최댓값은?

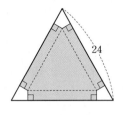

① 240 ② 256 ③ 272
④ 288 ⑤ 304

23 함수 $f(x)=3x^4+ax^3+6x^2-4$가 극값을 오직 하나만 가질 때, 실수 a의 값의 범위는 $\alpha \leq a \leq \beta$이다. $\alpha^2+\beta^2$의 값은?

① 122 ② 124 ③ 126
④ 128 ⑤ 130

24 함수 $f(x)=x^3+3(a-1)x^2-3(a-3)x+3$이 구간 $(-\infty, 0]$에서 극값을 갖지 않도록 하는 정수 a의 최댓값은?

① 1 ② 2 ③ 3
④ 4 ⑤ 5

6

변화의 순간을 읽는!
도함수의 활용

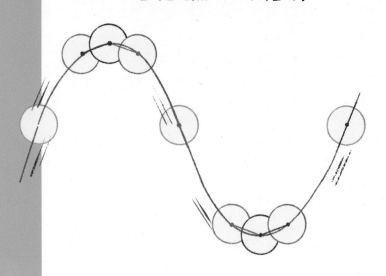

변화를 읽었으니 다뤄볼까?

순간변화율을 이용하는!

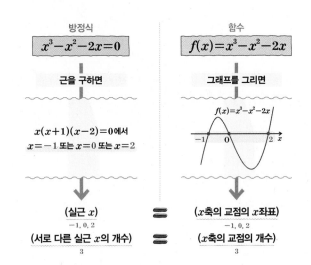

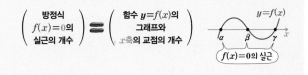

방정식에 활용

고등학교 1학년 때 배운 방정식의 실근과 그래프의 교점 사이의 관계를 떠올려 보자. 방정식 $f(x)=0$의 실근은 함수 $y=f(x)$의 그래프와 x축의 교점의 x좌표와 같았지. 따라서 그래프를 그릴 수 있다면 매우 복잡한 형태의 방정식에서 방정식의 정확한 해를 구할 수 없지만 실근의 개수와 부호를 알 수는 있지.

이전 단원에서 배운 도함수를 이용하여 함수의 그래프의 개형을 그렸던 것을 이용하여 방정식의 실근의 개수와 부호를 알아볼 거야.

또 삼차함수 $y=f(x)$가 극값을 가질 때 삼차함수의 극댓값과 극솟값의 부호만으로 그래프의 개형을 알 수 있으므로 삼차함수 $y=f(x)$의 극대와 극소를 조사하여 삼차방정식 $f(x)=0$의 근을 판별할 수 있지.

순간변화율을 이용하는!

부등식 $f(x) \geq 0$ 이

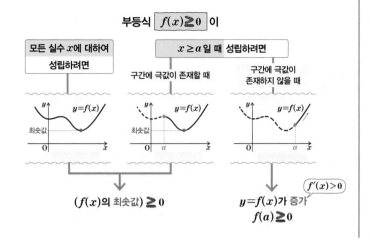

모든 실수 x에 대하여 성립하려면	$x \geq a$일 때 성립하려면
	구간에 극값이 존재할 때
	구간에 극값이 존재하지 않을 때

$(f(x)$의 최솟값$) \geq 0$

$y = f(x)$가 증가 $\boxed{f'(x) > 0}$

$f(a) \geq 0$

부등식에 활용

03 부등식에 활용

부등식에 활용

함수의 그래프를 이용하여 부등식이 성립함을 증명할 수도 있어. 방정식에 활용과 같이 극대, 극소를 이용하여 함수의 최댓값 또는 최솟값을 찾아 이용할 거야. 어떤 구간에서 부등식 $f(x) \geq 0$이 성립하는 것을 증명할 때는 그 구간에서 함수 $f(x)$의 최솟값이 0보다 크거나 같음을 보이면 돼. 도함수를 이용하여 여러 가지 부등식을 증명해 보자!

위치의 미분은 속도! 속도의 미분은 가속도!

원점을 출발하여 수직선 위를 움직이는 점 P의 t초 후의 위치가 $x = t^3 - 4t$일 때, $t=1$에서의 속도와 가속도는?

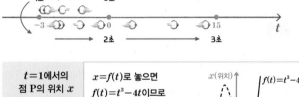

$t=1$에서의 점 P의 위치 x	$x = f(t)$로 놓으면 $f(t) = t^3 - 4t$이므로 $t=1$에서의 점 P의 위치는 $f(1) = 1^3 - 4 = -3$

t는 시간이므로 음수가 없지!

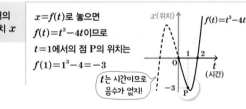

$t=1$에서의 점 P의 속도 v 시각에 대한 위치의 변화율	$f'(t) = 3t^2 - 4$이므로 $v(t) = 3t^2 - 4$로 놓으면 $t=1$에서의 점 P의 속도는 $v(t) = 3 - 4 = -1$

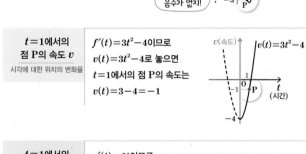

$t=1$에서의 점 P의 가속도 a 시각에 대한 속도의 변화율	$v'(t) = 6t$이므로 $a(t) = 6t$로 놓으면 $t=1$에서의 점 P의 가속도는 $a(1) = 6$

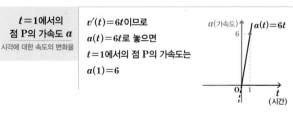

수직선 위를 움직이는 점 P의 시각 t에서의 위치를 $x = f(t)$라 할 때,

시각 t에서의 점 P의 ❶ 속도 $v = \dfrac{dx}{dt} = f'(t)$

❷ 가속도 $a = \dfrac{dv}{dt}$

속도와 가속도

04 속도와 가속도
05 시각에 대한 변화율

속도와 가속도

함수 $y = f(x)$에 대하여 그 도함수는 x에 대한 y의 변화율이었어. 함수 $y = f(x)$가 위치라는 의미를 갖는다면 도함수도 변화율로서 속도라는 특별한 의미를 갖게 돼.

즉 수직선 위를 움직이는 점 P의 시각 t에서의 좌표 x를 함수 $y = f(x)$로 나타내면 시각 t에 대한 위치 x의 평균변화율은 평균 속도이고 시각 t에 대한 위치 x의 순간변화율(미분계수)은 순간속도, 즉 속도야.

시각 t에서의 속도를 v라 하면 시각 t에 대한 속도 v의 순간변화율은 가속도지.

따라서 시각 t에 대한 위치 x의 함수를 알면 미분하여 움직이는 물체의 속도와 가속도를 구할 수 있어.

이 단원에서 도함수를 이용하여 수직선 위를 움직이는 물체의 속도와 가속도를 구하는 방법을 알아보자! 또 도함수를 이용하여 시각에 대한 길이, 넓이, 부피의 변화율도 구해 보자!

01

순간변화율을 이용하는!

방정식의 실근과 함수의 그래프

1 방정식 $f(x)=0$의 실근

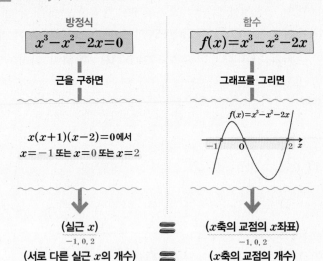

방정식	함수
$x^3-x^2-2x=0$	$f(x)=x^3-x^2-2x$

근을 구하면 / 그래프를 그리면

$x(x+1)(x-2)=0$에서
$x=-1$ 또는 $x=0$ 또는 $x=2$

$$f(x)=x^3-x^2-2x$$

(실근 x)
$-1, 0, 2$
= (x축의 교점의 x좌표)
$-1, 0, 2$

(서로 다른 실근 x의 개수)
3
= (x축의 교점의 개수)
3

$$\begin{pmatrix} \text{방정식} \\ f(x)=0\text{의} \\ \text{실근의 개수} \end{pmatrix} \equiv \begin{pmatrix} \text{함수 } y=f(x)\text{의} \\ \text{그래프와} \\ x\text{축의 교점의 개수} \end{pmatrix}$$

$y=f(x)$
α β γ x
$f(x)=0$의 실근

2 방정식 $f(x)=g(x)$의 실근

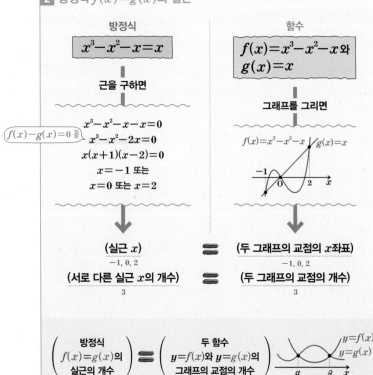

방정식	함수
$x^3-x^2-x=x$	$f(x)=x^3-x^2-x$와 $g(x)=x$

근을 구하면 / 그래프를 그리면

$f(x)-g(x)=0$ 꼴

$x^3-x^2-x-x=0$
$x^3-x^2-2x=0$
$x(x+1)(x-2)=0$
$x=-1$ 또는
$x=0$ 또는 $x=2$

$f(x)=x^3-x^2-x$와 $g(x)=x$

(실근 x)
$-1, 0, 2$
= (두 그래프의 교점의 x좌표)
$-1, 0, 2$

(서로 다른 실근 x의 개수)
3
= (두 그래프의 교점의 개수)
3

$$\begin{pmatrix} \text{방정식} \\ f(x)=g(x)\text{의} \\ \text{실근의 개수} \end{pmatrix} \equiv \begin{pmatrix} \text{두 함수} \\ y=f(x)\text{와 } y=g(x)\text{의} \\ \text{그래프의 교점의 개수} \end{pmatrix}$$

$y=f(x)$
$y=g(x)$
α β x
$f(x)=g(x)$의 실근

1st — 방정식의 실근의 개수

● 극값을 이용하여 다음 방정식의 서로 다른 실근의 개수를 구하시오.

1 $x^3-3x^2+3=0$

→ $f(x)=x^3-3x^2+3$이라 하면

$f'(x)=3x^2-6x=3x(x-\boxed{})$

$f'(x)=0$에서 $x=0$ 또는 $x=\boxed{}$

함수 $f(x)$의 증가와 감소를 표로 나타내면 다음과 같다.

x	$\cdots$	0	$\cdots$	$\boxed{}$	$\cdots$
$f'(x)$	$+$	0	$-$	0	$+$
$f(x)$	$\nearrow$	3	$\searrow$	$\boxed{}$	$\nearrow$

따라서 함수 $y=f(x)$의 그래프는 오른쪽 그림과 같으므로 주어진 방정식의 서로 다른 실근의 개수는 $\boxed{}$ 이다.

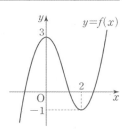

2 $x^3-3x^2-9x+5=0$

3 $2x^3+x-5=x^3+4x$

우변의 모든 항을 좌변으로 이항한 후 동류항끼리 간단히 해 봐!

4 $x^3+6x+2=5x^3+3x^2+1$

5 $x^4-8x^2+6=0$

6 $x^4-2x^2-1=0$

7 $x^4+6x^2-3=3x^4+2x^2$

우변의 모든 항을 좌변으로 이항한 후 동류항끼리 간단히 해 봐!

8 $4x^4-3x^3+1=x^4+5x^3+3$

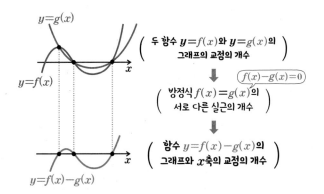

$\left(\begin{array}{c}\text{두 함수 } y=f(x)\text{와 } y=g(x)\text{의} \\ \text{그래프의 교점의 개수}\end{array}\right)$

↓ $\boxed{f(x)-g(x)=0}$

$\left(\begin{array}{c}\text{방정식 } f(x)=g(x)\text{의} \\ \text{서로 다른 실근의 개수}\end{array}\right)$

↓

$\left(\begin{array}{c}\text{함수 } y=f(x)-g(x)\text{의} \\ \text{그래프와 } x\text{축의 교점의 개수}\end{array}\right)$

2nd 그래프를 이용한 방정식 $f(x)=k$의 실근의 개수

$(\text{방정식 } f(x)=k\text{의 실근})=\left(\begin{array}{c}\text{함수 } y=f(x)\text{의 그래프와} \\ \text{직선 } y=k\text{의 교점의 } x\text{좌표}\end{array}\right)$임을 이용한다.

함수 $y=f(x)$의 그래프를 그린 후 주어진 조건을 만족시키도록 직선 $y=k$를 움직여 본다.

⟨방정식 $f(x)=k$의 실근⟩
- $k>a$ ⇒ 한 개의 실근
- $k=a$ ⇒ 서로 다른 두 실근
- $b<k<a$ ⇒ 서로 다른 세 실근
- $k=b$ ⇒ 서로 다른 두 실근
- $k<b$ ⇒ 한 개의 실근

● 주어진 방정식의 실근이 다음과 같을 때, 실수 k의 값 또는 k의 값의 범위를 구하시오.

9 $x^3-3x^2-k=0$

(1) 서로 다른 세 실근

→ $x^3-3x^2-k=0$에서 $x^3-3x^2=k$

$f(x)=x^3-3x^2$으로 놓으면

$f'(x)=\boxed{}x^2-6x=3x(x-\boxed{})$

$f'(x)=0$을 만족시키는 x의 값은 $x=0$ 또는 $x=\boxed{}$

함수 $f(x)$의 증가와 감소를 표로 나타내면 다음과 같다.

x	$\cdots$	0	$\cdots$	$\boxed{}$	$\cdots$
$f'(x)$	$+$	0	$-$	0	$+$
$f(x)$	↗	0	↘	$\boxed{}$	↗

따라서 함수 $y=f(x)$의 그래프는 오른쪽 그림과 같으므로 주어진 방정식이 서로 다른 세 실근을 가지려면 함수 $y=f(x)$의 그래프와 직선 $y=k$가 서로 다른 세 점에서 만나야 하므로

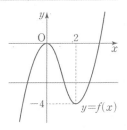

$\boxed{}<k<0$

(2) 서로 다른 두 실근

(3) 한 개의 실근

10 $\quad 2x^3+3x^2-12x-k=0$

(1) 서로 다른 세 실근

(2) 서로 다른 두 실근

(3) 한 개의 실근

11 $\quad x^4-2x^2+3-k=0$

(1) 서로 다른 네 실근

(2) 서로 다른 세 실근

(3) 서로 다른 두 실근

개념모음문제
12 방정식 $3x^4-4x^3-12x^2+20-k=0$이 서로 다른 세 실근을 갖도록 하는 실수 k의 값의 합은?

① 25 　　　 ② 30 　　　 ③ 35
④ 40 　　　 ⑤ 45

3rd 그래프를 이용한 방정식 $f(x)=k$의 실근의 부호

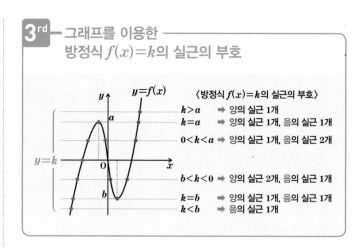

〈방정식 $f(x)=k$의 실근의 부호〉

$k>a$ ➡ 양의 실근 1개
$k=a$ ➡ 양의 실근 1개, 음의 실근 1개
$0<k<a$ ➡ 양의 실근 1개, 음의 실근 2개
$b<k<0$ ➡ 양의 실근 2개, 음의 실근 1개
$k=b$ ➡ 양의 실근 1개, 음의 실근 1개
$k<b$ ➡ 음의 실근 1개

● 주어진 방정식의 근이 다음과 같을 때, 실수 k의 값 또는 k의 값의 범위를 구하시오.

13 $\quad x^3-3x^2-9x-k=0$

(1) 양의 중근과 한 개의 음의 실근

➡ $x^3-3x^2-9x-k=0$에서 $x^3-3x^2-9x=k$
$f(x)=x^3-3x^2-9x$라 하면
$f'(x)=3x^2-6x-9=3(x+1)(x-\boxed{})$
$f'(x)=0$에서 $x=-1$ 또는 $x=\boxed{}$
함수 $f(x)$의 증가와 감소를 표로 나타내면 다음과 같다.

x	$\cdots$	-1	$\cdots$	$\boxed{}$	$\cdots$
$f'(x)$	$+$	0	$-$	0	$+$
$f(x)$	$\nearrow$	5	$\searrow$	$\boxed{}$	$\nearrow$

따라서 함수 $y=f(x)$의 그래프는 오른쪽 그림과 같으므로 주어진 방정식이 양의 중근과 한 개의 음의 실근을 가지려면 함수 $y=f(x)$의 그래프와 직선 $y=k$가 x좌표가 양수인 점에서 접하고, 음수인 한 점에서 만나야 하므로

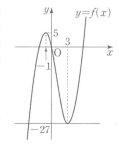

$k=\boxed{}$

(2) 한 개의 음의 실근과 서로 다른 두 개의 양의 실근

(3) 한 개의 양의 실근과 서로 다른 두 개의 음의 실근

(4) 한 개의 양의 실근

14 $x^3-6x^2-k=0$

(1) 양의 중근과 한 개의 음의 실근

(2) 한 개의 음의 실근과 서로 다른 두 개의 양의 실근

(3) 한 개의 양의 실근

(4) 한 개의 음의 실근

15 $x^4-2x^2-k=0$

(1) 양의 중근과 음의 중근

➔ $x^4-2x^2-k=0$에서 $x^4-2x^2=k$

$f(x)=x^4-2x^2$이라 하면

$f'(x)=4x^3-4x=4x(x+1)(x-\boxed{})$

$f'(x)=0$에서 $x=-1$ 또는 $x=0$ 또는 $x=\boxed{}$

함수 $f(x)$의 증가와 감소를 표로 나타내면 다음과 같다.

x	$\cdots$	-1	$\cdots$	0	$\cdots$	$\boxed{}$	$\cdots$
$f'(x)$	$-$	0	$+$	0	$-$	0	$+$
$f(x)$	$\searrow$	-1	$\nearrow$	0	$\searrow$	$\boxed{}$	$\nearrow$

따라서 함수 $y=f(x)$의 그래프는 오른쪽 그림과 같으므로 주어진 방정식이 양의 중근과 음의 중근을 가지려면 함수 $y=f(x)$의 그래프와 직선 $y=k$가 x좌표가 양수인 점과 음수인 점에서 각각 접해야 하므로

$k=\boxed{}$

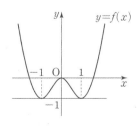

(2) 서로 다른 두 개의 양의 실근과 서로 다른 두 개의 음의 실근

(3) 한 개의 양의 실근과 한 개의 음의 실근

16 $-x^4+8x^2-k=0$

(1) 양의 중근과 음의 중근

(2) 서로 다른 두 개의 양의 실근과 서로 다른 두 개의 음의 실근

(3) 한 개의 양의 실근과 한 개의 음의 실근

개념모음문제

17 방정식 $2x^3-3x^2-12x-k=0$이 한 개의 음의 실근과 서로 다른 두 개의 양의 실근을 갖도록 하는 정수 k의 개수는?

① 18　　　　② 19　　　　③ 20

④ 21　　　　⑤ 22

순간변화율을 이용하는!

삼차방정식의 근의 판별

삼차함수 $y=f(x)$가 극값을 가질 때,

삼차방정식 $f(x)=0$의 근은 극값을 이용하여 판별할 수 있다.

최고차항의 계수를 a라 하면

> 삼차함수의 극대와 극소의 부호만으로 삼차방정식의 근을 판별할 수 있어!

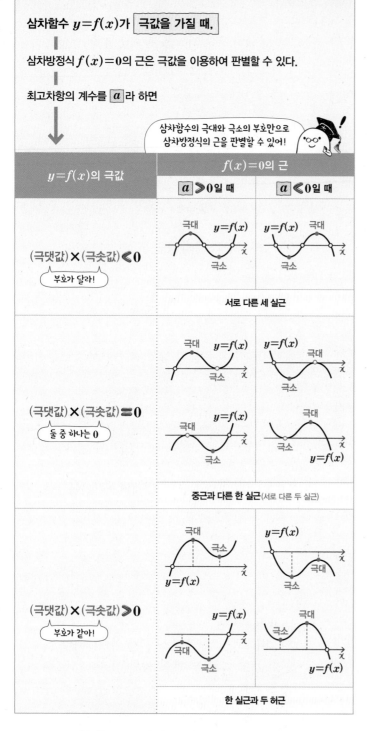

$y=f(x)$의 극값	$f(x)=0$의 근	
	$a>0$일 때	$a<0$일 때

상차함수 $y=f(x)$의 극값이 존재하지 않을 때!

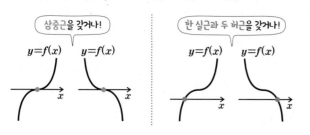

1st — 삼차방정식의 근의 판별

● 주어진 방정식이 다음과 같은 근을 가질 때, 극값을 이용하여 실수 k의 값 또는 k의 값의 범위를 구하시오.

1

$$x^3-3x^2+1+k=0$$

(1) 서로 다른 세 실근

→ $f(x)=x^3-3x^2+1+k$라 하면

$f'(x)=3x^2-6x=3x(x-\boxed{})$

$f'(x)=0$에서 $x=0$ 또는 $x=\boxed{}$

함수 $f(x)$의 증가와 감소를 표로 나타내면 다음과 같다.

x	$\cdots$	0	$\cdots$	$\boxed{}$	$\cdots$
$f'(x)$	$+$	0	$-$	0	$+$
$f(x)$	↗	$1+k$	↘	$\boxed{}$	↗

방정식 $f(x)=0$이 서로 다른 세 실근을 가지려면

$f(0)f(2)<0$이어야 하므로 $(1+k)(-3+k)<0$

따라서 $\boxed{}<k<\boxed{}$

(2) 중근과 다른 한 실근

→ 방정식 $f(x)=0$이 중근과 다른 한 실근을 가지려면

$f(0)f(2)=0$이어야 하므로 $(1+k)(-3+k)=0$

따라서 $k=\boxed{}$ 또는 $k=\boxed{}$

(3) 한 실근과 두 허근

→ 방정식 $f(x)=0$이 한 실근과 두 허근을 가지려면

$f(0)f(2)>0$이어야 하므로 $(1+k)(-3+k)>0$

따라서 $k<\boxed{}$ 또는 $k>\boxed{}$

2

$$x^3+6x^2-15x-k=0$$

(1) 서로 다른 세 실근

(2) 중근과 다른 한 실근

(3) 한 실근과 두 허근

2nd — 두 곡선의 교점

● 다음 두 곡선이 서로 다른 세 점에서 만나도록 하는 실수 k의 값의 범위를 구하시오.

3 $y=x^3-2x^2+8x$, $y=4x^2-x-k$

→ 주어진 두 곡선이 서로 다른 세 점에서 만나려면 방정식
$x^3-2x^2+8x=4x^2-x-k$, 즉 $x^3-6x^2+9x+k=0$이 서로 다른
세 실근을 가져야 한다.

$f(x)=x^3-6x^2+9x+k$라 하면

$f'(x)=3x^2-12x+9=3(x-\boxed{})(x-3)$

$f'(x)=0$에서 $x=\boxed{}$ 또는 $x=3$

함수 $f(x)$의 증가와 감소를 표로 나타내면 다음과 같다.

x	$\cdots$	$\boxed{}$	$\cdots$	3	$\cdots$
$f'(x)$	$+$	0	$-$	0	$+$
$f(x)$	↗	$\boxed{}+k$	↘	k	↗

방정식 $f(x)=0$이 서로 다른 세 실근을 가지려면

$f(1)f(3)<0$이어야 하므로 $(\boxed{}+k)\times k<0$

따라서 $\boxed{}<k<\boxed{}$

4 $y=x^3+3x^2-4x+k$, $y=6x^2-4x$

5 $y=x^3-6x^2+7x$, $y=-x^3+3x^2-5x-k$

6 $y=2x^3+4x^2-15x$, $y=x^3+x^2+9x+k$

3rd — 그래프의 해석

● 다항함수 $y=f(x)$의 도함수 $y=f'(x)$의 그래프가 다음 그림과 같이 주어질 때, 방정식 $f(x)=0$이 서로 다른 세 실근을 갖기 위한 조건을 보기에서 고르시오.

7

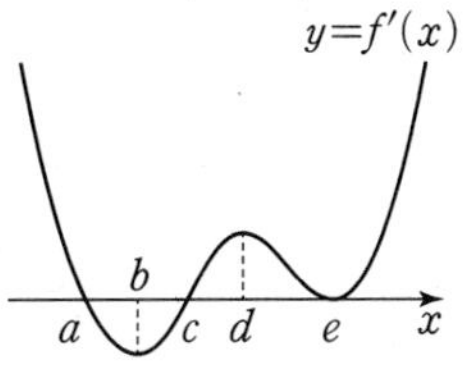

보기
ㄱ. $f(b)=0$ ㄴ. $f(e)=0$
ㄷ. $f(c)<0<f(a)$ ㄹ. $f(d)<0$, $f(e)<0$

→ 함수 $y=f'(x)$의 그래프에서 $x=a$의 좌우에서 $f'(x)$의 부호가 양에서 음으로 바뀌고, $x=c$의 좌우에서 $f'(x)$의 부호가 음에서 양으로 바뀌므로 함수 $f(x)$는 $x=a$에서 $\boxed{}$이고 $x=c$에서 $\boxed{}$이다.
따라서 방정식 $f(x)=0$이 서로 다른 세 실근을 가질 조건은
ㄷ. $f(a)>\boxed{}$, $f(c)<\boxed{}$, 즉 $f(c)<0<f(a)$

8

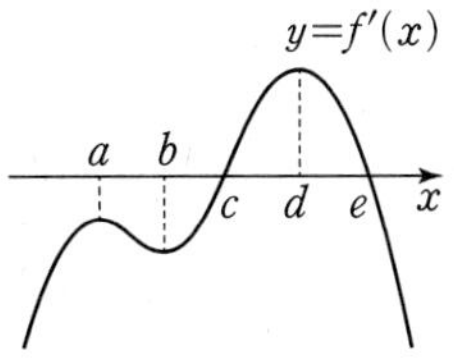

보기
ㄱ. $f(a)=0$ ㄴ. $f(d)=0$
ㄷ. $f(b)>0$, $f(d)>0$ ㄹ. $f(c)<0<f(e)$

9

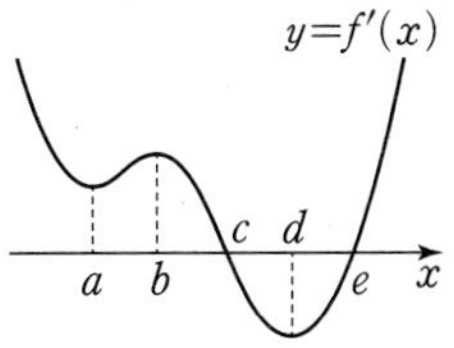

보기
ㄱ. $f(a)>0$ ㄴ. $f(b)>0$
ㄷ. $f(b)<0<f(d)$ ㄹ. $f(e)<0<f(c)$

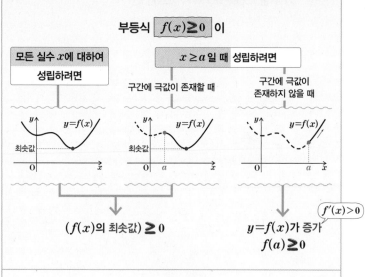

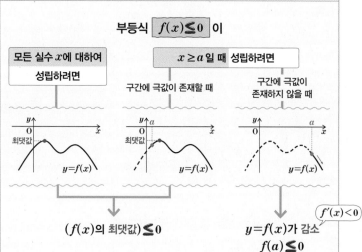

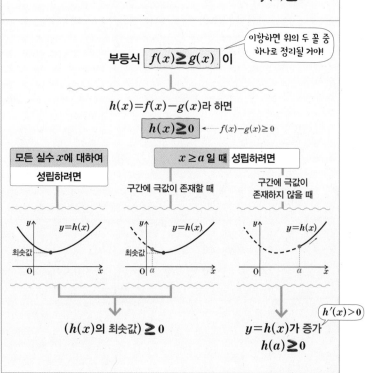

03

부등식에 활용

부등식 $f(x) \geq 0$ 이

모든 실수 x에 대하여
성립하려면

$x \geq a$일 때 성립하려면

구간에 극값이 존재할 때

구간에 극값이
존재하지 않을 때

$y=f(x)$

최솟값

$y=f(x)$

최솟값

$y=f(x)$

$f'(x) > 0$

$(f(x)$의 최솟값) ≥ 0

$y=f(x)$가 증가
$f(a) \geq 0$

부등식 $f(x) \leq 0$ 이

모든 실수 x에 대하여
성립하려면

$x \geq a$일 때 성립하려면

구간에 극값이 존재할 때

구간에 극값이
존재하지 않을 때

최댓값

$y=f(x)$

최댓값

$y=f(x)$

$y=f(x)$

$f'(x) < 0$

$(f(x)$의 최댓값) ≤ 0

$y=f(x)$가 감소
$f(a) \leq 0$

부등식 $f(x) \geq g(x)$ 이

이항하면 위의 두 꼴 중
하나로 정리될 거야!

$h(x)=f(x)-g(x)$라 하면

$h(x) \geq 0$ ← $f(x)-g(x) \geq 0$

모든 실수 x에 대하여
성립하려면

$x \geq a$일 때 성립하려면

구간에 극값이 존재할 때

구간에 극값이
존재하지 않을 때

$y=h(x)$

최솟값

$y=h(x)$

최솟값

$y=h(x)$

$h'(x) > 0$

$(h(x)$의 최솟값) ≥ 0

$y=h(x)$가 증가
$h(a) \geq 0$

● 모든 실수 x에 대하여 다음 부등식이 성립함을 증명하시오.

1 $x^4 - 4x + 5 > 0$

→ $f(x) = x^4 - 4x + 5$라 하면

$f'(x) = 4x^3 - 4 = 4(x - \boxed{})(x^2 + x + 1)$

x는 실수이므로 $f'(x) = 0$에서 $x = \boxed{}$

함수 $f(x)$의 증가와 감소를 표로 나타내면 다음과 같다.

x	$\cdots$	$\boxed{}$	$\cdots$
$f'(x)$	$-$	0	$+$
$f(x)$	$\searrow$	$\boxed{}$	$\nearrow$

따라서 함수 $f(x)$는 $x=1$에서 최솟값 $\boxed{}$를 가지므로 모든 실수 x
에 대하여 $f(x) > 0$, 즉 $x^4 - 4x + 5 > 0$

2 $2x^4 - 4x^2 + 3 > 0$

3 $4x^4 - 3x^3 + 16 \geq x^4 + 5x^3$

4 $\dfrac{1}{4}x^4 - 2x^3 + 3x^2 \geq -x^3 + 2x^2$

● 주어진 범위에서 다음 부등식이 성립함을 증명하시오.

5 $x\geq0$일 때, $x^3-3x^2+5>0$

→ $f(x)=x^3-3x^2+5$라 하면

$f'(x)=3x^2-6x=3x(x-\boxed{})$

$f'(x)=0$에서 $x=0$ 또는 $x=\boxed{}$

$x\geq0$일 때, 함수 $f(x)$의 증가와 감소를 표로 나타내면 다음과 같다.

x	0	⋯	$\boxed{}$	⋯
$f'(x)$	0	−	0	+
$f(x)$	5	↘	$\boxed{}$	↗

따라서 $x\geq0$일 때, 함수 $f(x)$는 $x=2$에서 최솟값 $\boxed{}$을 가지므로

$x\geq0$일 때, $f(x)>0$, 즉 $x^3-3x^2+5>0$

6 $x>0$일 때, $2x^3-5x^2-4x+13>0$

7 $x>2$일 때, $x^3-6x^2+13x-4\geq0$

→ $f(x)=x^3-6x^2+13x-4$로 놓으면

$f'(x)=3x^2-12x+13=3(x-\boxed{})^2+1>0$

$x>2$일 때 $f'(x)>0$이므로 $x>2$에서

함수 $f(x)$는 증가하고 $f(\boxed{})=\boxed{}$이므로 $f(x)\geq0$

따라서 $x>2$일 때 $f(x)\geq0$, 즉 $x^3-6x^2+13x-4\geq0$

8 $x\geq-1$일 때, $\dfrac{1}{3}x^3+2x^2+4x\geq x^2+x-3$

2nd — 부등식이 성립할 조건

● 주어진 범위에서 다음 부등식이 성립하도록 하는 실수 k의 값의 범위를 구하시오.

9 $x\geq0$일 때, $x^3-2x^2-4x+k\geq0$

→ $f(x)=x^3-2x^2-4x+k$라 하면

$f'(x)=3x^2-4x-4=(3x+\boxed{})(x-2)$

$f'(x)=0$에서 $x=\boxed{}$ 또는 $x=2$

$x\geq0$일 때, 함수 $f(x)$의 증가와 감소를 표로 나타내면 다음과 같다.

x	0	⋯	2	⋯
$f'(x)$		−	0	+
$f(x)$	k	↘	$\boxed{}$	↗

$x\geq0$일 때, 함수 $f(x)$는 $x=2$에서 최솟값 $\boxed{}$를 가지므로

$\boxed{}\geq0$, 즉 $k\geq\boxed{}$

10 $x>0$일 때, $4x^3-3x^2-6x+k\geq0$

11 $x<0$일 때, $2x^3+5x^2\leq2x^2-k$

개념모음문제

12 다음 중 $-1\leq x\leq2$일 때, 부등식 $x^3-6x^2-15x+k\geq0$이 성립하도록 하는 실수 k의 값이 될 수 있는 것은?

① -47 ② -17 ③ 0

④ 27 ⑤ 47

$f'(x)$ 한 방에 다 잡겠어!

04

속도와 가속도

원점을 출발하여 수직선 위를 움직이는 점 P의 t초 후의
위치가 $x=t^3-4t$일 때, $t=1$에서의 속도와 가속도는?

1 $t=1$에서의 점 P의 위치 x

$x=f(t)$로 놓으면
$f(t)=t^3-4t$이므로
$t=1$에서의 점 P의 위치는
$f(1)=1^3-4=-3$

t는 시간이므로 음수가 없지!

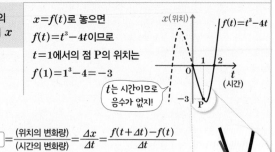

$$\boxed{평균속도}=\frac{(위치의 변화량)}{(시간의 변화량)}=\frac{\Delta x}{\Delta t}=\frac{f(t+\Delta t)-f(t)}{\Delta t}$$

$\boxed{\Delta t \to 0}$

$$\boxed{순간속도}=\lim_{\Delta t \to 0}\frac{f(t+\Delta t)-f(t)}{\Delta t}=\frac{dx}{dt}$$
$$=f'(t)=(t^3-4t)'$$
$$=3t^2-4$$

$(1,-3)$

$f'(1)=-1$

2 $t=1$에서의 점 P의 속도 v
시각에 대한 위치의 변화율

$f'(t)=3t^2-4$이므로
$v(t)=3t^2-4$로 놓으면
$t=1$에서의 점 P의 속도는
$v(t)=3-4=-1$

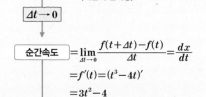

시각 t에서의 속도가 $v(t)=3t^2-4$이므로

$$\boxed{속도의 평균변화율}=\frac{\Delta v}{\Delta t}=\frac{v(t+\Delta t)-v(t)}{\Delta t}$$

$\boxed{\Delta t \to 0}$

$(1,-1)$
$v'(1)=6$

$$\boxed{속도의 순간변화율}=\lim_{\Delta t \to 0}\frac{v(t+\Delta t)-v(t)}{\Delta t}=\frac{dv}{dt}$$
$$=v'(t)=(3t^2-4)'$$
$$=6t$$

3 $t=1$에서의 점 P의 가속도 a
시각에 대한 속도의 변화율

$v'(t)=6t$이므로
$a(t)=6t$로 놓으면
$t=1$에서의 점 P의 가속도는
$a(1)=6$

수직선 위를 움직이는 점 P의 시각 t에서의 위치를 $x=f(t)$라 할 때,

시각 t에서의 점 P의 ❶ 속도 $v = \dfrac{dx}{dt} = f'(t)$

❷ 가속도 $a = \dfrac{dv}{dt}$

1st — 수직선 위에서의 속도와 가속도

● 수직선 위를 움직이는 점 P의 시각 t에서의 위치 x가 다음과 같을 때, [ ] 안의 시각 t에서의 점 P의 속도 v와 가속도 a를 각각 구하시오.

1 $x=t^2-2t$ $[t=3]$

→ $v=\dfrac{dx}{dt}=\boxed{}$, $a=\dfrac{dv}{dt}=\boxed{}$

따라서 $t=3$에서의 점 P의 속도와 가속도는

$v=2\times\boxed{}-2=\boxed{}$, $a=\boxed{}$

2 $x=3t^2-5t+1$ $[t=5]$

3 $x=t^3-t^2+3$ $[t=2]$

● 수직선 위를 움직이는 점 P의 시각 t에서의 위치 x가 다음과 같을 때, 점 P가 운동 방향을 바꿀 때의 시각을 구하시오.
속도가 0이라는 의미야!

4 $x=t^3-12t$

→ 시각 t에서의 점 P의 속도를 v라 하면

$v=\dfrac{dx}{dt}=3t^2-12$

점 P가 운동 방향을 바꿀 때의 속도는 $\boxed{}$이므로

$3t^2-\boxed{}=\boxed{}$, $3(t+2)(t-\boxed{})=0$

$t>0$이므로 $t=\boxed{}$

따라서 점 P가 운동 방향을 바꿀 때의 시각은 $\boxed{}$이다.

5 $x=-t^2+6t-7$

6 $x=t^4-4t+5$

7 수직선 위를 움직이는 점 P의 시각 t에서의 위치 x 가 $x=t^3-5t^2-8t$일 때, 다음을 구하시오.

(1) $t=1$에서 $t=2$까지의 평균 속도

(2) 시각 t에서의 점 P의 속도

(3) 시각 t에서의 점 P의 가속도

(4) $t=3$에서의 점 P의 속도

(5) $t=3$에서의 점 P의 가속도

(6) 점 P가 운동 방향을 바꿀 때의 시각

(7) 점 P가 운동 방향을 바꿀 때의 위치

● 원점을 동시에 출발하여 수직선 위를 움직이는 두 점 P, Q의 시각 t에서의 위치가 다음과 같을 때, 다음을 구하시오.

8 $\quad x_P(t)=2t^3-t,\ x_Q(t)=t^3-t^2+t$

(1) 두 점 P, Q가 다시 만나는 시각

→ $x_P(t)=x_Q(t)$에서 $2t^3-t=t^3-t^2+t$ ⌇두 점 P, Q의 위치가 같아지는 때를 의미해!

$t^3+t^2-\boxed{}=0,\ t(t+2)(t-\boxed{})=0$

$t>0$이므로 $t=\boxed{}$

따라서 두 점 P, Q가 다시 만나는 시각은 $\boxed{}$이다.

(2) 두 점 P, Q가 다시 만나는 시각에서의 두 점 P, Q의 속도

→ 두 점 P, Q의 속도를 각각 $v_P(t),\ v_Q(t)$라 하면

$v_P(t)=\boxed{},\ v_Q(t)=3t^2-2t+1$에서

$v_P(1)=\boxed{},\ v_Q(1)=\boxed{}$

(3) 두 점 P, Q가 다시 만나는 시각에서의 두 점 P, Q의 가속도

→ 두 점 P, Q의 가속도를 각각 $a_P(t),\ a_Q(t)$라 하면

$a_P(t)=12t,\ a_Q(t)=\boxed{}$에서

$a_P(1)=\boxed{},\ a_Q(1)=\boxed{}$

위치 ─미분→ 속도 ─미분→ 가속도
$$x=f(t)\longrightarrow v=\frac{dx}{dt}=f'(t)\longrightarrow a=\frac{dv}{dt}$$

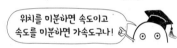

위치를 미분하면 속도이고 속도를 미분하면 가속도구나!

9 $\quad x_P(t)=2t^3+5t^2-3t,\ x_Q(t)=3t^2+9t$

(1) 두 점 P, Q가 다시 만나는 시각

(2) 두 점 P, Q가 다시 만나는 시각에서의 두 점 P, Q의 속도

(3) 두 점 P, Q가 다시 만나는 시각에서의 두 점 P, Q의 가속도

수직선 위를 움직이는 점 P의 위치가 $x=f(t)$, 속도가 $v=f'(t)$일 때

$v>0$이면 점 P는 양의 방향으로 움직인다.

$v=0$이면 점 P는 운동 방향을 바꾸거나 정지한다.

$v<0$이면 점 P는 음의 방향으로 움직인다.

$$\xleftarrow{\ v<0\ }\ \bullet\ \xrightarrow{\ v>0\ }\ x$$
$$\text{P}$$

참고 시각 t에서의 속도의 절댓값 $|v|$를 점 P의 속력이라 한다.

● 수직선 위를 움직이는 점 P의 시각 t에서의 위치 $x(t)$의 그래프가 다음과 같을 때, 옳은 것은 ○를, 옳지 않은 것은 ✕를 ( ) 안에 써넣으시오.

10

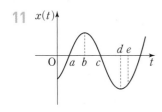

위치의 그래프에서 $t=a$에서의 접선의 기울기
➡ $t=a$에서의 속도

(1) $t=a$일 때, 점 P의 속도가 최대이다.　(　)

➡ $t=a$일 때, $x'(t)=$ ▭ 이므로 점 P의 속도는 ▭ 이다.

(2) $t=b$일 때, 점 P는 양의 방향으로 움직인다.

(　)

➡ $t=b$일 때, $x'(t)$ ◯ 0이므로 점 P는 ▭ 의 방향으로 움직인다.

(3) $t=d$일 때, 점 P는 운동 방향을 바꾼다.

(　)

➡ $t=d$일 때, $x'(t)$ ◯ 0이므로 점 P는 운동 방향을 바꾼다.

(4) $0<t<f$에서 점 P는 원점을 두 번 지난다.

(　)

➡ $0<t<f$에서 $t=c$, $t=e$일 때, $x(t)=$ ▭ 이므로 점 P는 원점을 ▭ 번 지난다.

11 $x(t)$

(1) $t=a$일 때, 점 P의 속도는 0이다.　(　)

(2) $t=b$일 때, 점 P는 운동 방향을 처음으로 바꾼다.　(　)

(3) $t=c$일 때, 점 P는 음의 방향으로 움직인다.

(　)

(4) $0<t<e$에서 점 P는 운동 방향을 두 번 바꾼다.

(　)

● 수직선 위를 움직이는 점 P의 시각 t에서의 속도 $v(t)$의 그래프가 다음과 같을 때, 옳은 것은 ○를, 옳지 않은 것은 ✕를 ( ) 안에 써넣으시오.

12

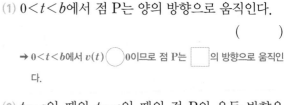

속도의 그래프에서 $t=a$에서의 접선의 기울기
➡ $t=a$에서의 가속도

(1) $0<t<b$에서 점 P는 양의 방향으로 움직인다.

(　)

➡ $0<t<b$에서 $v(t)$ ◯ 0이므로 점 P는 ▭ 의 방향으로 움직인다.

(2) $t=a$일 때와 $t=c$일 때의 점 P의 운동 방향은 서로 반대이다.　(　)

➡ $t=a$일 때 $v(t)$ ◯ 0이므로 점 P는 ▭ 의 방향으로 움직이고,
$t=c$일 때 $v(t)$ ◯ 0이므로 점 P는 ▭ 의 방향으로 움직인다.

(3) $0<t<e$에서 점 P는 운동 방향을 한 번 바꾼다.

(　)

➡ $t=b$, $t=d$일 때, $v(t)=$ ▭ 이고 그 좌우에서 $v(t)$의 부호가 바뀌므로 $0<t<e$에서 점 P는 운동 방향을 ▭ 번 바꾼다.

13 $v(t)$

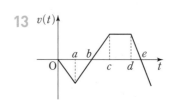

(1) $0<t<b$에서 점 P는 음의 방향으로 움직인다.

(　)

(2) $t=a$일 때, 점 P는 운동 방향을 바꾼다.

(　)

(3) $t=b$일 때, 점 P의 가속도는 0이다.　(　)

(4) $c<t<d$에서 점 P는 정지해 있다.　(　)

3ʳᵈ — 실생활에서 속도와 가속도

14 지면에서 20 m/s의 속도로 지면과 수직으로 위로 던진 공의 t초 후의 지면으로부터의 높이를 h m라 하면 $h=20t-5t^2$이다. 다음을 구하시오.

(1) 공이 최고 지점에 도달할 때까지 걸린 시간

→ t초 후의 공의 속도를 v m/s라 하면

$v=\dfrac{dh}{dt}=20-10t$

공이 최고 지점에 도달할 때의 속도는 $\boxed{}$ m/s이므로

$\boxed{}-10t=\boxed{}$, $10(\boxed{}-t)=0$, 즉 $t=\boxed{}$

따라서 공이 최고 지점에 도달할 때까지 걸린 시간은 $\boxed{}$초이다.

(2) 공이 최고 지점에 도달할 때의 지면으로부터의 높이

→ $t=\boxed{}$일 때, 공의 지면으로부터의 높이는

$h=20\times\boxed{}-5\times\boxed{}^2=\boxed{}$ (m)

(3) 공이 지면에 떨어질 때까지 걸린 시간

→ 공이 지면에 떨어지는 순간의 높이는 $\boxed{}$ m이므로

$20t-5t^2=\boxed{}$, $5t(\boxed{}-t)=0$

$t>0$이므로 $t=\boxed{}$

따라서 공이 지면에 떨어질 때까지 걸린 시간은 $\boxed{}$초이다.

(4) 공이 지면에 떨어지는 순간의 속도

→ $t=\boxed{}$일 때, 공의 속도는

$v=20-10\times\boxed{}=\boxed{}$ (m/s)

방향이 바뀌는 이 순간,
내 속도는 0이고,
지금이 가장 높은 순간이야!

??

땅에 떨어졌으니
높이는 0

15 높이가 40 m인 건물의 옥상에서 10 m/s의 속도로 지면과 수직으로 위로 쏘아올린 장난감 로켓의 t초 후의 지면으로부터의 높이를 h m라 하면 $h=40+10t-5t^2$이다. 다음을 구하시오.

(1) 장난감 로켓이 최고 지점에 도달할 때까지 걸린 시간

(2) 장난감 로켓이 최고 지점에 도달할 때의 지면으로부터의 높이

(3) 장난감 로켓이 지면에 떨어질 때까지 걸린 시간

(4) 장난감 로켓이 지면에 떨어지는 순간의 속도

16 직선 도로를 달리는 자동차가 브레이크를 밟은 후 t초 동안 움직인 거리를 x m라 하면 $x=30t-3t^2$이다. 다음을 구하시오.

(1) 브레이크를 밟은 후 자동차가 정지할 때까지 움직인 시간

(2) 브레이크를 밟은 후 자동차가 정지할 때까지 움직인 거리

미분하여 순간변화율을 찾는!

시각에 대한 변화율

한 모서리의 길이가 3 cm인 정육면체의
각 모서리의 길이가 매초 2 cm씩 늘어날 때,

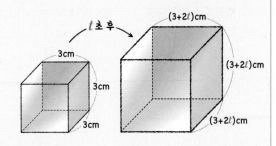

시각 t에서의 정육면체의 한 모서리의 길이 l의 변화율	t초 후의 정육면체의 한 모서리의 길이는 $3+2t$(cm)이므로 $l=3+2t$ ↓미분 $\dfrac{dl}{dt}=2$(cm/s)
시각 t에서의 정육면체의 밑면의 넓이 S의 변화율	$\begin{aligned}S=l^2&=(3+2t)^2\\&=4t^2+12t+9\end{aligned}$ ↓미분 $\dfrac{dS}{dt}=8t+12$(cm²/s)
시각 t에서의 정육면체의 부피 V의 변화율	$\begin{aligned}V=l^3&=(3+2t)^3\\&=8t^3+36t^2+54t+27\end{aligned}$ ↓미분 $\dfrac{dV}{dt}=24t^2+72t+54$(cm³/s)

시각 t에서 길이가 l, 넓이가 S, 부피가 V인 각각의 도형에 시간이 $\varDelta t$만큼
경과하는 동안 길이, 넓이, 부피가 각각 $\varDelta l$, $\varDelta S$, $\varDelta V$만큼 변했다고 할 때,

시각 t에서의 — 길이 l의 변화율은 $\displaystyle\lim_{\varDelta t\to 0}\dfrac{\varDelta l}{\varDelta t}\equiv\dfrac{dl}{dt}$

넓이 S의 변화율은 $\displaystyle\lim_{\varDelta t\to 0}\dfrac{\varDelta S}{\varDelta t}\equiv\dfrac{dS}{dt}$

부피 V의 변화율은 $\displaystyle\lim_{\varDelta t\to 0}\dfrac{\varDelta V}{\varDelta t}\equiv\dfrac{dV}{dt}$

1st — 시각에 대한 변화율; 길이

1 오른쪽 그림과 같이 키가
1.5 m인 성규가 높이가
3 m인 가로등 바로 밑에
서 출발하여 일직선으로
2 m/s의 속도로 걸어갈 때, 다음을 구하시오.

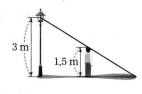

(1) 그림자의 끝이 움직이는 속도

→ t초 후 가로등 밑에서부터 성규는 x m, 성규의 그림자의 끝은
y m 떨어져 있다고 하자.

오른쪽 그림에서
△PQC∽△ABC (AA 닮
음)이므로

$3:1.5=y:(\boxed{})$,

$1.5y=3(\boxed{})$

즉 $y=$

성규가 2 m/s의 속도로 걸으므로 $x=2t$

즉 $y=$

위의 식의 양변을 t에 대하여 미분하면 $\dfrac{dy}{dt}=\boxed{}$

따라서 그림자의 끝이 움직이는 속도는 $\boxed{}$ m/s이다.

(2) 그림자의 길이의 변화율

→ 그림자의 길이를 l m라 하면

$l=y-x=\boxed{}-2t=\boxed{}$

위의 식의 양변을 t에 대하여 미분하면 $\dfrac{dl}{dt}=\boxed{}$

따라서 그림자의 길이의 변화율은 $\boxed{}$ m/s이다.

2 한 변의 길이가 12 cm인 정삼각형의 각 변의 길이
가 매초 4 cm씩 늘어날 때, 다음을 구하시오.

(1) t초 후의 정삼각형의 높이

(2) 정삼각형의 높이의 변화율

2nd ─ 시각에 대한 변화율; 넓이

3 잔잔한 호수에 돌을 던지면 동심원 모양의 원이 생긴다. 맨 바깥쪽 원의 반지름의 길이가 매초 3 cm의 비율로 늘어날 때, 다음을 구하시오.

(1) 맨 바깥쪽 원의 넓이의 변화율

→ t초 후의 맨 바깥쪽 원의 반지름의 길이는 □ cm

맨 바깥쪽 원의 넓이를 S cm²라 하면

$S = \pi \times ($ □ $)^2 = $ □

위의 식의 양변을 t에 대하여 미분하면

$\dfrac{dS}{dt} = $ □

따라서 맨 바깥쪽 원의 넓이의 변화율은 □ cm²/s이다.

(2) 4초 후의 맨 바깥쪽 원의 넓이의 변화율

→ 4초 후의 맨 바깥쪽 원의 넓이의 변화율은

$18\pi \times$ □ $=$ □ (cm²/s)

4 한 변의 길이가 4 cm인 정삼각형의 각 변의 길이가 매초 2 cm씩 늘어날 때, 다음을 구하시오.

(1) 정삼각형의 넓이의 변화율

(2) 2초 후의 정삼각형의 넓이의 변화율

5 한 변의 길이가 10 cm인 정사각형이 있다. 이 정사각형의 가로의 길이는 매초 1 cm씩 늘어나고 세로의 길이는 2 cm씩 줄어들 때, 다음을 구하시오.

(1) 직사각형의 넓이의 변화율

(2) 직사각형의 넓이가 52 cm²가 될 때, 직사각형의 넓이의 변화율

3rd ─ 시각에 대한 변화율; 부피

6 한 모서리의 길이가 2 cm인 정육면체의 각 모서리의 길이가 매초 1 cm씩 늘어날 때, 다음을 구하시오.

(1) 정육면체의 부피의 변화율

→ t초 후의 정육면체의 각 모서리의 길이는 (□) cm

정육면체의 부피를 V cm³라 하면

$V = ($ □ $)^3$

위의 식의 양변을 t에 대하여 미분하면

$\dfrac{dV}{dt} = $ □

따라서 정육면체의 부피의 변화율은

(□) cm³/s이다.

(2) 5초 후의 정육면체의 부피의 변화율

→ 5초 후의 정육면체의 부피의 변화율은

$3(2+$ □ $)^2 = $ □ (cm³/s)

7 반지름의 길이가 1 cm인 구 모양의 고무풍선에 공기를 넣으면 반지름의 길이가 매초 2 cm씩 늘어날 때, 다음을 구하시오.

(1) 고무풍선의 부피의 변화율

(2) 3초 후의 고무풍선의 부피의 변화율

8 밑면의 반지름의 길이가 5 cm, 높이가 10 cm인 원기둥이 있다. 이 원기둥의 밑면의 반지름의 길이는 매초 1 cm씩 늘어나고 높이는 매초 1 cm씩 줄어들 때, 다음을 구하시오.

(1) 원기둥의 부피의 변화율

(2) 높이가 6 cm가 될 때, 원기둥의 부피의 변화율

- 방정식 $f(x)=0$의 실근의 개수
  → 함수 $y=f(x)$의 그래프와 x축의 교점의 개수
- 방정식 $f(x)=g(x)$의 실근의 개수
  → 함수 $y=f(x)-g(x)$의 그래프와 x축의 교점의 개수

1 방정식 $x^3-3x-1=0$의 서로 다른 실근의 개수를 구하시오.

2 방정식 $2x^3-9x^2-24x-k=0$이 서로 다른 두 개의 음의 실근과 한 개의 양의 실근을 갖도록 하는 실수 k의 값의 범위는?

① $-112<k<-13$ 　② $-112<k<0$
③ $-112<k<13$ 　④ $0<k<13$
⑤ $13<k<112$

3 곡선 $y=4x^3-x$와 직선 $y=2x-k$가 서로 다른 세 점에서 만날 때, 실수 k의 값의 범위는?

① $-2<k<0$ 　② $-1<k<1$
③ $-1<k<2$ 　④ $0<k<2$
⑤ $1<k<3$

- 어떤 구간에서
  ① 부등식 $f(x)>0$이 성립함을 증명하려면
    → 그 구간에서 (함수 $f(x)$의 최솟값)>0임을 보인다.
  ② 부등식 $f(x)<0$이 성립함을 증명하려면
    → 그 구간에서 (함수 $f(x)$의 최댓값)<0임을 보인다.

4 다음은 모든 실수 x에 대하여 부등식 $-x^4+4x^2-4\leq0$이 성립함을 증명하는 과정이다. ①~⑤에 알맞지 <u>않은</u> 것은?

> $f(x)=-x^4+4x^2-4$라 하면
> $f'(x)=-4x^3+8x=-4x(x^2-\boxed{①})$
> $f'(x)=0$에서 $x=0$ 또는 $x=\boxed{②}$
> 함수 $f(x)$의 증가와 감소를 표로 나타내면 다음과 같다.
>
> | x | $\cdots$ | $\boxed{③}$ | $\cdots$ | 0 | $\cdots$ | $\sqrt{2}$ | $\cdots$ |
> |---|---|---|---|---|---|---|---|
> | $f'(x)$ | $+$ | 0 | $-$ | 0 | $+$ | 0 | $-$ |
> | $f(x)$ | ↗ | 0 | ↘ | -4 | ↗ | 0 | ↘ |
>
> 따라서 함수 $f(x)$는 $x=\boxed{②}$에서 최댓값 $\boxed{④}$을 가지므로 $-x^4+4x^2-4\leq\boxed{⑤}$

① 2 　② $\sqrt{2}$ 　③ $-\sqrt{2}$
④ 0 　⑤ 0

5 $x\geq0$일 때, 부등식 $x^3-3x^2+2\geq k$가 성립하도록 하는 정수 k의 최댓값은?

① -2 　② -1 　③ 0
④ 1 　⑤ 2

04 속도와 가속도

- 수직선 위를 움직이는 점 P의 시각 t에서의 위치 x가 $x=f(t)$일 때, 시각 t에서의 점 P의 속도를 v, 가속도를 a라 하면

① $v=\dfrac{dx}{dt}=f'(t)$ ← 위치의 순간변화율

② $a=\dfrac{dv}{dt}=v'(t)$ ← 속도의 순간변화율

6 원점을 출발하여 수직선 위를 움직이는 점 P의 시각 t에서의 위치 x가 $x=-t^2+4t$일 때, $t=1$에서의 점 P의 속도와 가속도를 각각 구하면?

① 속도: 2, 가속도: -2 ② 속도: 2, 가속도: 2

③ 속도: 4, 가속도: -2 ④ 속도: 4, 가속도: 2

⑤ 속도: 6, 가속도: -2

7 오른쪽 그림은 수직선 위를 움직이는 점 P의 시각 t에서의 속도 $v(t)$의 그래프이다. 점 P가 운동 방향을 바꾸는 시각만을 있는 대로 고른 것은?

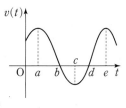

① a, c ② b, d ③ a, b, d

④ a, c, e ⑤ a, b, c, d, e

8 지면에서 30 m/s의 속도로 지면과 수직으로 위로 쏘아올린 어떤 불꽃의 t초 후의 지면으로부터의 높이를 h m라 하면 $h=30t-5t^2$이다. 이 불꽃이 최고 높이에 도달하면 폭발한다고 할 때, 이 불꽃은 쏘아올린 지 몇 초 후에 폭발하는가?

① 1초 ② 2초 ③ 3초

④ 4초 ⑤ 5초

9 직선 도로를 달리는 자동차가 브레이크를 밟은 후 t초 동안 움직인 거리를 x m라 하면 $x=24t-2t^2$이다. 브레이크를 밟은 후 정지할 때까지 움직인 거리는?

① 72 m ② 76 m ③ 80 m

④ 84 m ⑤ 88 m

05 시각에 대한 변화율

- 시각 t에 대한 함수 $y=f(t)$가 주어질 때, 시각 t에서의 y의 변화율은

→ $\displaystyle\lim_{\Delta t \to 0}\dfrac{\Delta y}{\Delta t}=\dfrac{dy}{dt}=f'(t)$

10 한 변의 길이가 6 cm인 정사각형의 각 변의 길이가 매초 2 cm씩 늘어날 때, 4초 후의 정사각형의 넓이의 변화율은?

① 42 cm²/s ② 46 cm²/s ③ 50 cm²/s

④ 52 cm²/s ⑤ 56 cm²/s

11 반지름의 길이가 10 cm인 구 모양의 고무풍선에 공기를 넣으면 반지름의 길이가 매초 1 cm씩 늘어난다고 한다. 고무풍선의 반지름의 길이가 13 cm가 될 때, 고무풍선의 부피의 변화율을 구하시오.

TEST 개념 발전

1 방정식 $4x^4-8x^3-1=x^4-6x^2$의 서로 다른 실근의 개수는?

① 1   ② 2   ③ 3

④ 4   ⑤ 5

2 방정식 $x^4-4x^3-2x^2+12x+1-k=0$이 서로 다른 네 실근을 갖도록 하는 실수 k의 값의 범위는?

① $-10<k<5$ ② $-9<k<7$

③ $-8<k<8$ ④ $-7<k<9$

⑤ $-5<k<10$

3 두 곡선 $y=12x^2+x+k$, $y=-4x^3+x+15$가 오직 한 점에서 만날 때, 자연수 k의 최솟값은?

① 1   ② 2   ③ 10

④ 15   ⑤ 16

4 모든 실수 x에 대하여 부등식 $3x^4-4x^3+2≥k$가 성립하도록 하는 실수 k의 값의 범위는?

① $k≥-2$ ② $k≥-1$ ③ $k≥0$

④ $k≤1$ ⑤ $k≤2$

5 다음은 $x≥0$일 때, 부등식 $x^3-x^2-x+1≥0$이 성립함을 증명하는 과정이다. $a+b+c$의 값은?

> $f(x)=x^3-x^2-x+1$이라 하면
> $f'(x)=3x^2-2x-1=(3x+1)(x-1)$
> $f'(x)=0$에서 $x=-\dfrac{1}{3}$ 또는 $x=1$
> $x≥0$일 때, 함수 $f(x)$의 증가와 감소를 표로 나타내면 다음과 같다.
>
> | x | 0 | $\cdots$ | a | $\cdots$ |
> |---|---|---|---|---|
> | $f'(x)$ | | $-$ | 0 | $+$ |
> | $f(x)$ | 1 | $\searrow$ | b | $\nearrow$ |
>
> 따라서 $x≥0$일 때, 함수 $f(x)$의 최솟값은 c이므로 $x≥0$일 때, $f(x)≥0$, 즉 $x^3-x^2-x+1≥0$

① 1   ② 2   ③ 3

④ 4   ⑤ 5

6 $x<0$일 때, 부등식 $3x^3-x^2-12x<x^3+2x^2+k$가 성립하기 위한 정수 k의 최솟값은?

① 7   ② 8   ③ 9

④ 10   ⑤ 11

7 원점을 출발하여 수직선 위를 움직이는 점 P의 시각 t에서의 위치 x가 $x=t^2-8t$일 때, 점 P가 원점을 출발한 후 다시 원점을 지나는 순간의 속도는?

① 5   ② 6   ③ 7

④ 8   ⑤ 9

8 오른쪽 그림은 원점을 출발하여 수직선 위를 움직이는 점 P의 시각 t에서의 위치 $x(t)$를 나타낸 그래프이다. 다음 중 옳은 것은?

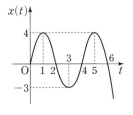

① $t=2$일 때, 점 P의 속도는 0이다.

② $t=3$일 때, 점 P의 위치는 원점이다.

③ 점 P는 일정한 속력으로 움직인다.

④ $2<t<4$에서 점 P는 음의 방향으로 움직인다.

⑤ $0<t<6$에서 점 P가 운동 방향을 바꾼 것은 세 번이다.

9 오른쪽 그림과 같이 키가 1.6 m인 세은이가 높이가 4.8 m인 가로등 바로 밑에서 출발하여 일직선으로 4 m/s의 속도로 걸어갈 때, 세은이의 그림자의 길이의 변화율은?

① 1 m/s   ② $\dfrac{3}{2}$ m/s   ③ 2 m/s

④ $\dfrac{5}{2}$ m/s   ⑤ 3 m/s

10 좌표평면 위에서 점 P는 원점 O를 출발하여 x축의 양의 방향으로 매초 2의 속력으로 움직이고, 점 Q는 점 P가 출발한 지 1초 후에 원점 O를 출발하여 y축의 양의 방향으로 매초 3의 속력으로 움직인다. 점 P가 출발한 지 4초 후의 삼각형 OPQ의 넓이의 변화율은?

① 16   ② 18   ③ 21

④ 24   ⑤ 25

11 곡선 $y=x^3-1$ 밖의 한 점 $A(1, a)$에서 주어진 곡선에 서로 다른 두 개의 접선을 그을 수 있도록 하는 실수 a의 값을 구하시오.

12 두 함수 $f(x)=2x^3-7x+k$, $g(x)=3x^2+5x+1$에 대하여 $1<x<5$일 때, 함수 $y=f(x)$의 그래프가 함수 $y=g(x)$의 그래프보다 항상 위쪽에 있도록 하는 실수 k의 값의 범위를 구하시오.

13 수직선 위를 움직이는 두 점 P, Q의 시각 t에서의 위치가 각각 $x_P(t)=t^2-8t+9$, $x_Q(t)=2t^2-2t-5$이다. 두 점 P, Q가 서로 반대 방향으로 움직이는 시각 t의 값의 범위를 구하시오.

14 오른쪽 그림과 같이 밑면의 반지름의 길이가 5 cm, 높이가 15 cm인 원뿔 모양의 그릇이 있다. 이 그릇에 수면의 높이가 매초 2 cm씩 올라가도록 물을 넣을 때, 수면의 높이가 12 cm가 될 때의 물의 부피의 변화율을 구하시오.

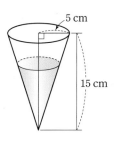

문제를 보다!

[수능 기출 변형]

함수 $f(x)=\dfrac{1}{2}x^3-3x^2+4x$에 대하여 x에 대한 방정식

$f(x)+|f(x)+x|=k$의 서로 다른 실근의 개수가

4가 되도록 하는 모든 정수 k의 값의 합은? [4점]

① 3   ② 6   ③ 9   ④ 12   ⑤ 15

자, 잠깐만! 당황하지 말고
문제를 잘 보면 문제의 구성이 보여!
출제자가 이 문제를 왜 냈는지를 봐야지!

내가 아는 것 ①

$f(x)=\dfrac{1}{2}x^3-3x^2+4x$

내가 아는 것 ②

$f(x)+|f(x)+x|=k$ ······ ㉠

내가 찾은 것 ❶

두 함수
$g(x)=f(x)+|f(x)+x|,$
$y=k$
의 그래프의 교점의 개수가 4

내가 아는 것 ③

㉠의 서로 다른
실근의 개수가 4

이 문제는

주어진 방정식의 실근의 개수를 파악하기 위하여

함수의 그래프를 이용하는 **문제야!**

함수의 그래프는 어떻게 그릴 수 있을까?

네가 알고 있는 것(주어진 조건)은 뭐야?

$$g(x) = \begin{cases} x^3 - 6x^2 + 9x & (f(x) \geq -x) \\ -x & (f(x) < -x) \end{cases}$$

$$y = k$$

구해야 할 것!

두 함수
$y = g(x)$와 $y = k$의
그래프의 교점의 개수가
4가 되도록 하는
정수 k의 값

내게 더 필요한 것은?

$$g(x) = \begin{cases} x^3 - 6x^2 + 9x & (f(x) \geq -x) \\ -x & (f(x) < -x) \end{cases}$$

$$y = k$$

함수 $g(x)$를
x의 값의 범위에 따라 나타내야
그래프를 그릴 수 있어!

1 $g(x) = f(x) + |\,\boxed{f(x) + x}\,|$ 에서

$\boxed{f(x) + x} = 0$이 되게 하는 x의 값을 찾아!

$$\boxed{f(x) + x = 0}$$

$f(x) = \dfrac{1}{2}x^3 - 3x^2 + 4x$이므로

$\dfrac{1}{2}x^3 - 3x^2 + 5x = 0$

$\dfrac{1}{2}x(x^2 - 6x + 10) = 0$

$\dfrac{1}{2}x\{(x-3)^2 + 1\} = 0 \ \cdots\cdots (\star)$

모든 실수 x에 대하여 항상 **0**보다 커!

$$x = 0$$

2 $x = 0$을 기준으로 범위를 나눠!

$x \geq 0$일 때

$(\star) = f(x) + x \geq 0$이므로 $f(x) \geq -x$

$x < 0$일 때

$(\star) = f(x) + x < 0$이므로 $f(x) < -x$

$$g(x) = \begin{cases} x^3 - 6x^2 + 9x & (x \geq 0) \\ -x & (x < 0) \end{cases}$$

$$y = k$$

이제 그래프를
그릴 수 있겠군!

3 미분을 이용하여 $g(x)$의 그래프의 개형을 그려!

(i) $x \geq 0$일 때 $g(x) = x^3 - 6x^2 + 9x$에 대하여

$g'(x) = 3(x-1)(x-3)$이므로

(ii) $x < 0$일 때 $g(x) = -x$

x	0	$\cdots$	1	$\cdots$	3	$\cdots$
$g'(x)$		$+$	0	$-$	0	$+$
$g(x)$	0	$\nearrow$	4	$\searrow$	0	$\nearrow$

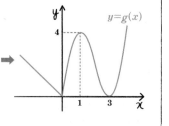

방정식 $f(x) + |f(x) + x| = k$의 서로 다른 실근의 개수가 4

➡ 두 함수 $y = g(x)$와 $y = k$의 교점의 개수가 4

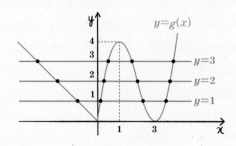

0 함수 $f(x) = \frac{1}{2}x^3 - \frac{9}{2}x^2 + 17x$에 대하여 x에 대한 방정식 $f(x) + |f(x)| = 19x + k$의 서로 다른 실근의 개수가 3이 되도록 하는 모든 정수 k의 값의 개수는?

문제를 보라고 했지?
구하려는 것과 주어진 것,
그리고 더 필요한 것은?

① 2   ② 4   ③ 6   ④ 8   ⑤ 10

변화의 결과! ───

다항함수의 적분법

7

도함수로 역추적하는 원래 함수!
부정적분

나는 원래 함수야.

값이 아니라고

변화량이 아니란 소리지

그럼 난 뭐냐고?

이어서 배울 정적분이 아닌 부(不)정적분이지!

변화량을 구할 수 있는

$$\int F'(x)dx = F(x) + C$$

글쎄... 일종의 식이랄까?

원래 함수를 찾는!

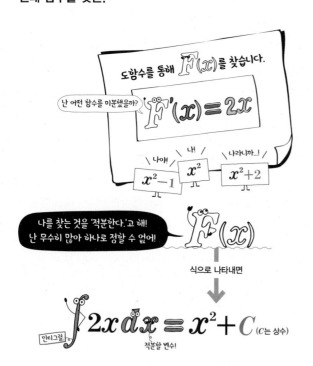

도함수를 통해 $F(x)$를 찾습니다.

난 어떤 함수를 미분했을까?

$$F'(x) = 2x$$

나야   내!   나라니까..!

x^2-1 x^2 x^2+2

나를 찾는 것을 '적분한다.'고 해! 난 무수히 많아 하나로 정할 수 없어!

$F(x)$

식으로 나타내면

$$\int 2x\,dx = x^2 + C \text{ (C는 상수)}$$

인티그럴   적분할 변수!

부정적분

01 부정적분의 뜻
02 부정적분과 미분의 관계

수학에서는 연산과 그 연산을 거꾸로 하는 역연산과의 관계를 아는 것이 중요해. 예를 들면 더하기와 빼기, 곱하기와 나누기, 그리고 전개와 인수분해의 관계가 그렇지. 이 단원에서는 미분의 역연산인 부정적분의 뜻을 알아볼 거야.

일반적으로 함수 $F(x)$의 도함수가 $f(x)$일 때 함수 $F(x)$를 $f(x)$의 한 부정적분이라 하고, 이것을 기호로 $\int f(x)dx$와 같이 나타내. 이때 함수 $f(x)$의 부정적분은 무수히 많고 상수항만 다름을 알 수 있는데 이를 적분상수 C를 이용하여 나타내게 될 거야. 또 함수 $f(x)$의 부정적분을 구하는 것을 $f(x)$를 적분한다고 해.

적분은 미분의 역연산이므로 미분법 공식으로부터 적분법 공식을 구할 수 있어. 이전 단원에서 배운 미분법 공식을 거꾸로 생각하여 함수 $y = x^n$과 상수함수의 부정적분을 구하게 될 거야.

그리고 함수의 실수배, 합, 차의 적분을 할 수 있으면 모든 다항함수를 적분할 수 있어. 부정적분의 성질을 알아보고, 다항함수의 부정적분을 구해보자!

원래 함수를 찾는!

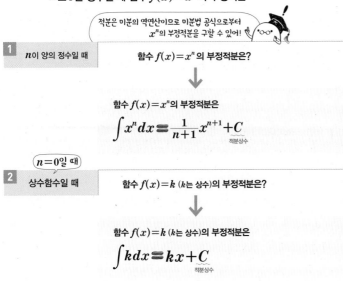

$n \geq 0$인 정수일 때 함수 $f(x) = x^n$의 부정적분

적분은 미분의 역연산이므로 미분법 공식으로부터 x^n의 부정적분을 구할 수 있어!

1 n이 양의 정수일 때

함수 $f(x) = x^n$의 부정적분은?

함수 $f(x) = x^n$의 부정적분은

$$\int x^n dx = \frac{1}{n+1}x^{n+1} + C$$
적분상수

2 ($n = 0$일 때) 상수함수일 때

함수 $f(x) = k$ (k는 상수)의 부정적분은?

함수 $f(x) = k$ (k는 상수)의 부정적분은

$$\int k dx = kx + C$$
적분상수

이제 부정적분과 도함수의 관계를 이해하여 다양한 문제를 풀어볼 거야. 먼저 도함수가 주어진 함수를 구하기 위해서는 부정적분을 하면 돼. 이때 주어진 함숫값을 이용하여 적분상수 C의 값을 구할 수 있어. 적분으로 주어진 함수의 도함수를 구하기 위해서는 우선 적분을 없애기 위해 양변을 미분하면 돼. 다항함수와 그 부정적분 사이의 관계를 이해한다면 쉽게 구할 수 있을 거야!

원래 함수를 찾는!

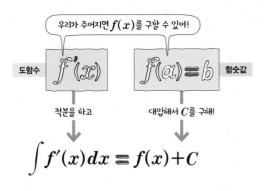

우리가 주어지면 $f(x)$를 구할 수 있어!

도함수 $f'(x)$ 함숫값 $f(a) = b$

적분을 하고   대입해서 C를 구해!

$$\int f'(x) dx = f(x) + C$$

01

부정적분의 뜻

원래 함수를 찾는!

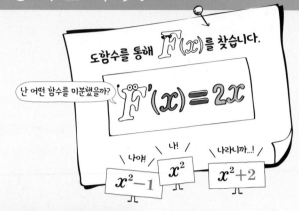

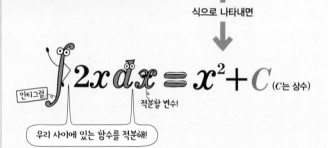

함수 $F(x)$의 도함수가 $f(x)$일 때, 즉 $F'(x)=f(x)$일 때
함수 $F(x)$를 함수 $f(x)$의 $\boxed{\text{부정적분}}$ 이라 하고, 기호 $\int f(x)\,dx$로 나타낸다.

$$\int f(x)\,dx = F(x)+C \ (C\text{는 상수})$$

이때 상수 C를 적분상수라 하고,
함수 $f(x)$의 부정적분을 구하는 것을 $f(x)$를 $\boxed{\text{적분한다}}$ 고 한다.

증명　두 함수 $F(x)$, $G(x)$를 모두 함수 $f(x)$의 부정적분이라 하면
　　　$F'(x)=G'(x)=f(x)$이므로
　　　$\{G(x)-F(x)\}'=G'(x)-F'(x)=f(x)-f(x)=0$ ──도함수가 0인 함수는
　　　$\Rightarrow G(x)-F(x)=C \ (C\text{는 상수})$　　　상수함수!
　　　$\Rightarrow G(x)=F(x)+C$
　　　$\Rightarrow \int f(x)\,dx=F(x)+C \ (C\text{는 상수})$　┐$G'(x)=f(x)$이므로
　　　　　　　　　　　　　　　　　　　　　　　$G(x)=\int f(x)dx$

참고　① 기호 $\int$는 합을 뜻하는 라틴어 summa의 첫글자 S를 길게 늘여 쓴
　　　　것으로 '인티그럴'이라 읽는다.
　　　② $\int f(x)dx$에서 $f(x)$를 피적분함수라 하고, 기호 $\int f(x)dx$를 '적
　　　　분 $f(x)dx$' 또는 '인티그럴 $f(x)dx$'라 읽는다.
　　　③ $F(x)$를 $f(x)$의 원시함수라 부르기도 한다.

● 다음 부정적분을 구하시오.

1　$\displaystyle\int 5\,dx$

　　→ $(5x)'=5$이므로

　　　$\displaystyle\int 5\,dx = \boxed{}$

2　$\displaystyle\int 4x\,dx$

3　$\displaystyle\int 3x^2\,dx$

4　$\displaystyle\int 4x^3\,dx$

5　$\displaystyle\int (3x^2+5)\,dx$

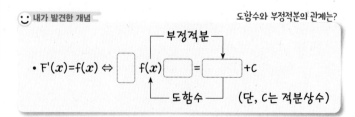

😊 내가 발견한 개념　　　　　　　　　도함수와 부정적분의 관계는?

　　　　　　　　　　　┌──── 부정적분 ────┐
　　　　　　　　　　　　　　　　　　　↓
　• $F'(x)=f(x) \Leftrightarrow \boxed{}\, f(x)\,\boxed{} = \boxed{}\, +C$
　　　　　　　　　　　└──── 도함수 ────┘　（단, C는 적분상수）

● 다음 등식을 만족시키는 함수 $f(x)$를 구하시오.

(단, C는 적분상수)

6   $\int f(x)dx=5x+C$

→ 양변을 x에 대하여 미분하면

$f(x)=(5x+C)'=\boxed{}$

7   $\int f(x)dx=x^2+3x+C$

8   $\int f(x)dx=-2x^2+7x+C$

9   $\int f(x)dx=\dfrac{1}{2}x^2-6x+C$

10   $\int f(x)dx=2x^3-6x^2+4x+C$

역연산이란! 덧셈과 뺄셈, 곱셈과 나눗셈처럼
계산 전의 수나 식으로 돌아가게 하는 관계야!
미분과 적분도 역연산 관계이지!

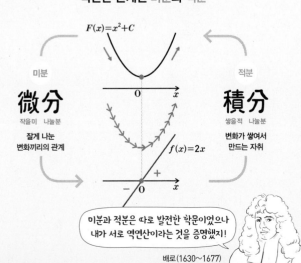

역연산 관계인 미분과 적분

$F(x)=x^2+C$

미분   적분

微分   積分

작을미 나눌분   쌓을적 나눌분

잘게 나눈   변화가 쌓여서
변화끼리의 관계   만드는 자취

$f(x)=2x$

미분과 적분은 따로 발전한 학문이었으나
내가 서로 역연산이라는 것을 증명했지!

배로(1630~1677)

2nd ─ 부정적분을 이용한 미정계수의 결정

● 다음 등식을 만족시키는 상수 a, b, c의 값을 구하시오.

(단, C는 적분상수)

11   $\int (3x^2+2x+a)dx=bx^3+cx^2+x+C$

→ 양변을 x에 대하여 미분하면

$3x^2+2x+a=(bx^3+cx^2+x+C)'=\boxed{}x^2+2cx+\boxed{}$

즉 $3=\boxed{}$, $2=2c$, $a=\boxed{}$ 이므로

$a=\boxed{}$, $b=1$, $c=\boxed{}$

12   $\int (2ax^3+bx^2-4x+3)dx=2x^4+x^3+cx^2+3x+C$

● 다음 등식을 만족시키는 다항함수 $f(x)$를 구하시오.

(단, C는 적분상수)

13   $\int (x+1)f(x)dx=x^3+2x^2+x+C$

→ 양변을 x에 대하여 미분하면

$(x+1)f(x)=(x^3+2x^2+x+C)'$

$\qquad\qquad\quad =\boxed{}x^2+4x+1$

$\qquad\qquad\quad =(\boxed{})(x+1)$

따라서 $f(x)=\boxed{}$

14   $\int (3x-2)f(x)dx=x^3+5x^2-8x+C$

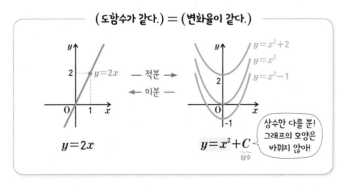

(도함수가 같다.) = (변화율이 같다.)

— 적분 →
← 미분 —

$y=2x$

$y=x^2+2$
$y=x^2$
$y=x^2-1$

$y=x^2+C$ 상수

상수만 다를 뿐!
그래프의 모양은
바뀌지 않아!

02

순서가 바뀌면 상수만큼 차이나는!

부정적분과 미분의 관계

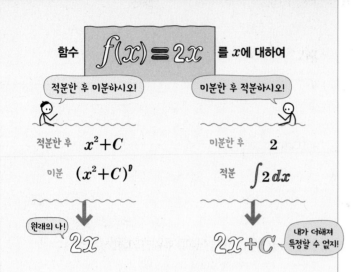

함수 $f(x)=2x$ 를 x에 대하여

적분한 후 미분하시오!　　　미분한 후 적분하시오!

적분한 후 x^2+C　　　　미분한 후 2

미분 $(x^2+C)'$　　　　적분 $\int 2\,dx$

원래의 나! $2x$　　　　$2x+C$ 내가 더해져 특정할 수 없지!

1 함수 $f(x)$를 x에 대하여 적분한 후 미분할 때 ─────

$$\frac{d}{dx}\left\{\int f(x)\,dx\right\}$$

$\int f(x)\,dx=F(x)+C$ (단, C는 적분상수)라 하면

$$\frac{d}{dx}\left\{\int f(x)\,dx\right\}=\frac{d}{dx}\{F(x)+C\}$$
$$=f(x)$$

$C'=0,\ F'(x)=f(x)$

$$\frac{d}{dx}\left\{\int f(x)\,dx\right\}\equiv f(x)$$

2 함수 $f(x)$를 x에 대하여 미분한 후 적분할 때 ─────

$$\int\left\{\frac{d}{dx}f(x)\right\}dx$$

적분한 후 미분하면 원래의 함수가 되므로

$$\frac{d}{dx}\int\left\{\frac{d}{dx}f(x)\right\}dx=\frac{d}{dx}f(x)$$

→ $\dfrac{d}{dx}\displaystyle\int\left\{\dfrac{d}{dx}f(x)\right\}dx-\dfrac{d}{dx}f(x)=0$

도함수의 성질
$f'(x)-g'(x)=0$
→ $\{f(x)-g(x)\}'=0$

→ $\dfrac{d}{dx}\left[\displaystyle\int\left\{\dfrac{d}{dx}f(x)\right\}dx-f(x)\right]=0$

도함수가 0인 함수는 상수함수!

→ $\displaystyle\int\left\{\dfrac{d}{dx}f(x)\right\}dx-f(x)=C$ (C는 상수)

→ $\displaystyle\int\left\{\dfrac{d}{dx}f(x)\right\}dx=f(x)+C$

$$\int\left\{\frac{d}{dx}f(x)\right\}dx\equiv f(x)+\underset{\text{적분상수}}{C}$$

● 다음을 구하시오.

1 $\dfrac{d}{dx}\displaystyle\int(3x^2+2x)\,dx$

→ $\dfrac{d}{dx}\displaystyle\int f(x)\,dx=f(x)$이므로

$\dfrac{d}{dx}\displaystyle\int(3x^2+2x)\,dx=\boxed{}$

2 $\dfrac{d}{dx}\displaystyle\int(4x^3-4x)\,dx$

3 $\dfrac{d}{dx}\displaystyle\int(x^4+6x^2-8x)\,dx$

4 $\displaystyle\int\left\{\dfrac{d}{dx}(3x^2+2x)\right\}dx$

→ $\displaystyle\int\left\{\dfrac{d}{dx}f(x)\right\}dx=f(x)+C$이므로

$\displaystyle\int\left\{\dfrac{d}{dx}(3x^2+2x)\right\}dx=\boxed{}$

5 $\displaystyle\int\left\{\dfrac{d}{dx}(4x^3-4x)\right\}dx$

6 $\displaystyle\int\left\{\dfrac{d}{dx}(x^4+6x^2-8x)\right\}dx$

● 다음 등식을 만족시키는 함수 $f(x)$에 대하여 $f(1)$의 값을 구하시오.

7 $\dfrac{d}{dx}\displaystyle\int f(x)dx=x^2+2x-1$

➡ $\dfrac{d}{dx}\displaystyle\int f(x)dx=f(x)$이므로

$f(x)=$ ☐

따라서 $f(1)=$ ☐

8 $\dfrac{d}{dx}\displaystyle\int f(x)dx=3x^2-4x+9$

9 $\dfrac{d}{dx}\displaystyle\int f(x)dx=x^3-2x^2-2x+1$

10 $\dfrac{d}{dx}\displaystyle\int f(x)dx=3x^4+2x^2-4$

● 다음 등식을 만족시키는 함수 $F(x)$에 대하여 $F(0)=3$일 때, $F(1)$의 값을 구하시오.

11 $F(x)=\displaystyle\int\left\{\dfrac{d}{dx}(3x^2+2x)\right\}dx$

➡ $F(x)=\displaystyle\int\left\{\dfrac{d}{dx}(3x^2+2x)\right\}dx=$ ☐ $+C$

$F(0)=3$이므로 $C=$ ☐

따라서 $F(x)=$ ☐ 이므로

$F(1)=$ ☐

12 $F(x)=\displaystyle\int\left\{\dfrac{d}{dx}(6x^2-4x)\right\}dx$

13 $F(x)=\displaystyle\int\left\{\dfrac{d}{dx}(x^3+2x^2-3x)\right\}dx$

14 $F(x)=\displaystyle\int\left\{\dfrac{d}{dx}(-2x^3+5x^2)\right\}dx$

15 $F(x)=\displaystyle\int\left\{\dfrac{d}{dx}(x^4-3x^3+5x^2-7x)\right\}dx$

😊 내가 발견한 개념　　　　　　　　부정적분과 미분의 관계는?

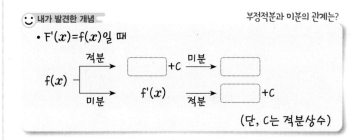

• $F'(x)=f(x)$일 때

(단, C는 적분상수)

개념모음문제

16 함수 $f(x)=x^2-4x$에 대하여 두 함수 $g(x)$, $h(x)$를

$g(x)=\dfrac{d}{dx}\displaystyle\int f(x)dx,$

$h(x)=\displaystyle\int\left\{\dfrac{d}{dx}f(x)\right\}dx$

라 하자. $g(3)+h(3)=8$일 때, $h(1)$의 값은?

① 11　　　　② 12　　　　③ 13

④ 14　　　　⑤ 15

03

원래 함수를 찾는!

함수 $y=x^n$과 상수함수의 부정적분

원리확인 다음은 주어진 부정적분을 구하는 과정이다. □ 안에 알맞은 것을 써넣으시오. (단, C는 적분상수)

① $\int dx$

$\int 1\,dx$는 간단히 $\int dx$로 나타내기도 한다.

→ $(x)' = \boxed{}$ 이므로

$$\int dx = \boxed{} + C$$

$n \geq 0$인 정수일 때 함수 $f(x) = x^n$의 부정적분

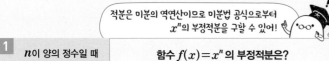

적분은 미분의 역연산이므로 미분법 공식으로부터 x^n의 부정적분을 구할 수 있어!

1 n이 양의 정수일 때   함수 $f(x) = x^n$의 부정적분은?

부정적분의 정의를 이용하면

$\left(\dfrac{1}{2}x^2\right)' = x$이므로 $\int x\,dx = \dfrac{1}{2}x^2 + C$

$\left(\dfrac{1}{3}x^3\right)' = x^2$이므로 $\int x^2\,dx = \dfrac{1}{3}x^3 + C$

$\left(\dfrac{1}{4}x^4\right)' = x^3$이므로 $\int x^3\,dx = \dfrac{1}{4}x^4 + C$

$\vdots$

$\left(\dfrac{1}{n+1}x^{n+1}\right)' = x^n$이므로 $\int x^n\,dx = \dfrac{1}{n+1}x^{n+1} + C$

함수 $f(x) = x^n$ (n은 양의 정수)의 부정적분은

$$\int x^n\,dx \underset{\text{적분상수}}{=} \frac{1}{n+1}x^{n+1} + C$$

② $\int x\,dx$

→ $\left(\dfrac{1}{2}x^2\right)' = \boxed{}$ 이므로

$$\int x\,dx = \boxed{} + C$$

③ $\int x^2\,dx$

→ $\left(\dfrac{1}{3}x^3\right)' = \boxed{}$ 이므로

$$\int x^2\,dx = \boxed{} + C$$

2 $n = 0$일 때 / 상수함수일 때   함수 $f(x) = k$ (k는 상수)의 부정적분은?

부정적분의 정의를 이용하면

$(x)' = 1$이므로 $\int 1\,dx = x + C$

$(2x)' = 2$이므로 $\int 2\,dx = 2x + C$

$(3x)' = 3$이므로 $\int 3\,dx = 3x + C$

$\vdots$

$(nx)' = n$이므로 $\int n\,dx = nx + C$

④ $\int x^3\,dx$

→ $\left(\dfrac{1}{4}x^4\right)' = \boxed{}$ 이므로

$$\int x^3\,dx = \boxed{} + C$$

함수 $f(x) = k$ (k는 상수)의 부정적분은

$$\int k\,dx \underset{\text{적분상수}}{=} kx + C$$

n이 실수일 때 x^n의 부정적분은?

n이 실수일 때 함수 $y = x^n$의 부정적분은 다음과 같다.

❶ $n \neq -1$일 때 $\int x^n\,dx = \dfrac{1}{n+1}x^{n+1} + C$ (단, C는 적분상수)

例 $\int x^{-2}\,dx = \dfrac{1}{-2+1}x^{-2+1} + C = -x^{-1} + C$

❷ $n = -1$일 때 $\int x^{-1}\,dx = \int \dfrac{1}{x}\,dx = \ln|x| + C$
(단, C는 적분상수)

n이 양의 정수일 때만 아니라 $n \neq -1$인 음의 정수일 때도 위에서 배운 적분법을 쓸 수 있어! $n = -1$일 때만 적분법이 달라지는데 미적분 Ⅱ 에 나오는 내용이야!

이제 모든 다항함수의 부정적분을 구하러 가자!

$\int x^n\,dx = \dfrac{1}{n+1}x^{n+1} + C$

$f(x) = x^n$

$f(x) = k$

네?!

1ˢᵗ — 함수 $y=x^n$의 부정적분

● 다음 부정적분을 구하시오.

1 $\displaystyle\int x^4\,dx$

→ $\displaystyle\int x^4\,dx = \frac{1}{4+1}x^{4+1}+C = \boxed{}$

$$\int x^n\,dx = \frac{1}{n+1}x^{n+1}+C$$

n+1이 지수로!

n+1의 역수가 계수로!

나는 항상 잊지 마!

2 $\displaystyle\int x^8\,dx$

3 $\displaystyle\int x^9\,dx$

4 $\displaystyle\int y^3\,dy$

적분변수 x에 대하여 상수 t를 적분!

$$\int t\,dx = tx+C$$

적분변수 t에 대하여 일차식 t를 적분!

$$\int t\,dt = \frac{1}{2}t^2+C$$

5 $\displaystyle\int y^5\,dy$

6 $\displaystyle\int t^7\,dt$

2ⁿᵈ — 상수함수의 부정적분

● 다음 부정적분을 구하시오.

7 $\displaystyle\int 2\,dx$

→ $(2x)' = \boxed{}$ 이므로 $\displaystyle\int 2\,dx = \boxed{}$

8 $\displaystyle\int 4\,dx$

9 $\displaystyle\int 7\,dx$

10 $\displaystyle\int 11\,dx$

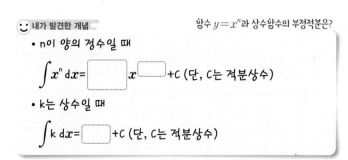

☺ 내가 발견한 개념   함수 $y=x^n$과 상수함수의 부정적분은?

• n이 양의 정수일 때

$$\int x^n\,dx = \boxed{}\,x^{\boxed{}}+C \text{ (단, C는 적분상수)}$$

• k는 상수일 때

$$\int k\,dx = \boxed{}+C \text{ (단, C는 적분상수)}$$

04

원래 함수를 찾는!

함수의 실수배, 합, 차의 부정적분

두 함수 $f(x)$, $g(x)$의 한 부정적분을
각각 $F(x)$, $G(x)$라 하면
$$\int f(x)\,dx = F(x) + C_1,\ \int g(x)\,dx = G(x) + C_2\ _{(C_1,\ C_2\text{는 적분상수})}$$

상수의 곱을 분리할 수 있어!

$$\int kf(x)\,dx \equiv k\int f(x)\,dx\ _{(\text{단, } k\text{는 0이 아닌 실수})}$$

$\{kF(x)\}' = kF'(x) = kf(x)$이므로

$\int kf(x)\,dx = kF(x) + C$ ……①

$k\int f(x)\,dx = k\{F(x) + C_1\} = kF(x) + kC_1$ ……②

이때 C, kC_1은 모두 임의의 상수이므로 ①과 ②는 같은 꼴이 된다.

따라서 $\int kf(x)\,dx = k\int f(x)\,dx$

덧셈을 분리할 수 있어!

$$\int \{f(x) + g(x)\}\,dx \equiv \int f(x)\,dx + \int g(x)\,dx$$

$\{F(x) + G(x)\}' = F'(x) + G'(x) = f(x) + g(x)$이므로

$\int \{f(x) + g(x)\}\,dx = F(x) + G(x) + C$ ……①

$\int f(x)\,dx + \int g(x)\,dx = F(x) + G(x) + C_1 + C_2$ ……②

이때 C, C_1, C_2는 모두 임의의 상수이므로 ①과 ②는 같은 꼴이 된다.

따라서 $\int \{f(x) + g(x)\}\,dx = \int f(x)\,dx + \int g(x)\,dx$

뺄셈을 분리할 수 있어!

$$\int \{f(x) - g(x)\}\,dx \equiv \int f(x)\,dx - \int g(x)\,dx$$

$\{F(x) - G(x)\}' = F'(x) - G'(x) = f(x) - g(x)$이므로

$\int \{f(x) - g(x)\}\,dx = F(x) - G(x) + C$ ……①

$\int f(x)\,dx - \int g(x)\,dx = F(x) - G(x) + C_1 - C_2$ ……②

이때 C, C_1, C_2는 모두 임의의 상수이므로 ①과 ②는 같은 꼴이 된다.

따라서 $\int \{f(x) - g(x)\}\,dx = \int f(x)\,dx - \int g(x)\,dx$

참고 ① $\int \{f(x) \pm g(x)\}\,dx = \int f(x)\,dx \pm \int g(x)\,dx$ (복부호 동순)는 세
개 이상의 함수에서도 성립한다.
② 적분상수가 여러 개 있는 경우에는 모두 묶어 하나의 적분상수로 나
타낼 수 있다.

1ˢᵗ ― 다항함수의 부정적분

● 다음 부정적분을 구하시오.

1 $\int (3x^2 + 6)\,dx$

$\rightarrow \int (3x^2 + 6)\,dx = 3\int \boxed{}\,dx + \boxed{}\int 1\,dx$

$= 3 \times \boxed{} x^3 + \boxed{} \times x + C$

$= x^3 + \boxed{} x + C$

> 적분상수가 여러 개일 때는 모두 묶어 하나의 적분상수 C로 나타낼 수 있다.

2 $\int (x^4 + x^2)\,dx$

3 $\int (8x^3 + 6x^2 - 4)\,dx$

4 $\int (x^2 + tx + t^2)\,dx$

적분변수가 x이므로 x 이외의 문자는 상수로 생각해!

이제 앞에서 배운 함수 $y = x^n$과 상수함수의 부정적분을 이용하여 모든 다항함수를 적분할 수 있단다!

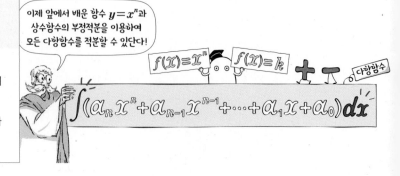

$f(x) = x^n \cdots f(x) = k$

$\int (a_n x^n + a_{n-1} x^{n-1} + \cdots + a_1 x + a_0)\,dx$

5 $\displaystyle\int x(3x+2)\,dx$

> 두 함수의 곱으로 주어진 함수는 전개하여 합 또는 차의 꼴로 바꾼 후 부정적분한다.
> $\displaystyle\int f(x)g(x)\,dx \neq \int f(x)\,dx \times \int g(x)\,dx$

→ $\displaystyle\int x(3x+2)\,dx$

$= \displaystyle\int (\boxed{})\,dx$

$= \boxed{}$

6 $\displaystyle\int (3x+2)(x-4)\,dx$

7 $\displaystyle\int (4x^2+1)(x-3)\,dx$

8 $\displaystyle\int (x-1)(x^2+x+1)\,dx$

9 $\displaystyle\int (3x+2)^2\,dx$

→ $\displaystyle\int (3x+2)^2\,dx = \int (\boxed{})\,dx$

$= \boxed{}$

10 $\displaystyle\int (x-3)^2\,dx$

11 $\displaystyle\int (x+2)^3\,dx$

12 $\displaystyle\int (2x-5)^3\,dx$

개념모음문제

13 모든 실수 x에 대하여

$$\int (px^2+qx-2)\,dx = 3x^3 - 2x^2 + rx + C$$

가 성립한다. 상수 p, q, r에 대하여 $p+q+r$의 값은? (단, C는 적분상수)

① 1　　　　② 2　　　　③ 3
④ 4　　　　⑤ 5

$\displaystyle\int (ax+b)^n\,dx$의 부정적분

$a \neq 0$이고 n이 양의 정수일 때

$$\int (ax+b)^n\,dx = \frac{1}{a} \times \frac{1}{n+1}(ax+b)^{n+1} + C \text{ (단, C는 적분상수)}$$

⚫️예 $\displaystyle\int (ax+b)^2\,dx = \int (a^2x^2 + 2abx + b^2)\,dx$

$\qquad = \dfrac{a^2}{3}x^3 + abx^2 + b^2 x + C$

$\qquad = \dfrac{1}{a} \times \dfrac{1}{3}(a^3x^3 + 3a^2bx^2 + 3ab^2x + b^3) - \dfrac{b^3}{3a} + C$

$\qquad = \dfrac{1}{a} \times \dfrac{1}{3}(ax+b)^3 + C_1$

> n의 값이 커도 전개하지 않고 쉽게 계산할 수 있어! 미적분 Ⅱ에 나와!

● 다음 부정적분을 구하시오.

14 $\int \dfrac{x^2-4}{x+2}\,dx$ 피적분함수가 복잡할 땐 먼저 인수분해를 하여 간단히 해!

→ $\int \dfrac{x^2-4}{x+2}\,dx = \int \dfrac{(x+2)(x-2)}{x+2}\,dx$

   $\phantom{\int \dfrac{x^2-4}{x+2}\,dx} = \int (\boxed{})\,dx$

   $\phantom{\int \dfrac{x^2-4}{x+2}\,dx} = \boxed{}$

15 $\int \dfrac{x^2-2x-3}{x+1}\,dx$

16 $\int \dfrac{x^3-8}{x-2}\,dx$

17 $\int \dfrac{x^3+27}{x+3}\,dx$

18 $\int \dfrac{8x^3-12x^2+6x-1}{2x-1}\,dx$

19 $\int (3x+2)\,dx + \int (x-4)\,dx$

→ $\int (3x+2)\,dx + \int (x-4)\,dx = \int (\boxed{})\,dx$

   $ = \boxed{}$

20 $\int (x^2-3x+2)\,dx + \int (3x-4)\,dx$

21 $\int (4x^2-3x+2)\,dx - \int (x^2-5x+2)\,dx$

22 $\int (2x+1)^2\,dx - \int (4x^2-2x-3)\,dx$

개념모음문제

23 함수 $f(x) = \int \dfrac{x^3}{x-2}\,dx - \int \dfrac{8}{x-2}\,dx$에 대하여

$f(0) = -\dfrac{4}{3}$일 때, $f(1)$의 값은?

① 1 　　② 2 　　③ 3

④ 4 　　⑤ 5

- 함수 $f(x)$의 한 부정적분을 $F(x)$라 하면

① $\displaystyle\int f(x)dx=F(x)+C$ (단, C는 적분상수)

② $\dfrac{d}{dx}\displaystyle\int f(x)dx=f(x)$

③ $\displaystyle\int \left\{\dfrac{d}{dx}f(x)\right\}dx=f(x)+C$ (단, C는 적분상수)

1 다항함수 $f(x)$가
$$\int f(x)dx=2x^3-6x^2+4x+C$$
를 만족시킬 때, $f(1)$의 값은? (단, C는 적분상수)

① -1 ② -2 ③ -3

④ -4 ⑤ -5

2 두 다항함수 $f(x)=x+2$, $g(x)$가
$$\int \{f(x)g(x)-3\}dx=\frac{1}{4}x^4+5x+C$$
를 만족시킬 때, 함수 $g(x)$는? (단, C는 적분상수)

① $g(x)=x^2-2x+4$ ② $g(x)=x^2-x-4$

③ $g(x)=x^2-x+2$ ④ $g(x)=x^2+x-2$

⑤ $g(x)=x^2+2x+4$

3 함수 $f(x)=\displaystyle\int \left\{\dfrac{d}{dx}(2x^2-8x)\right\}dx$의 최솟값이 2일 때, $f(0)$의 값은?

① 4   ② 6   ③ 8

④ 10   ⑤ 12

- $\displaystyle\int x^n\,dx=\dfrac{1}{n+1}x^{n+1}+C$

            (단, n은 음이 아닌 정수, C는 적분상수)

- $\displaystyle\int kf(x)dx=k\int f(x)dx$ (단, k는 실수)

- $\displaystyle\int \{f(x)\pm g(x)\}dx=\int f(x)dx\pm\int g(x)dx$ (복부호 동순)

4 함수
$$f(x)=\int dx+2\int x\,dx+3\int x^2\,dx+\cdots$$
$$+10\int x^9\,dx$$
에 대하여 $f(0)=-5$일 때, $f(1)$의 값은?

① 1   ② 2   ③ 3

④ 4   ⑤ 5

5 함수
$$f(x)=\int (2x+1)(4x^2-2x+1)dx$$
$$-\int 2x(2x-3)^2\,dx$$
에 대하여 $f(1)=5$일 때, $f(2)$의 값을 구하시오.

6 함수
$$f(x)=\int \frac{3x^3-5x}{x-2}\,dx+\int \frac{5x-24}{x-2}\,dx$$
에 대하여 $f(0)=-16$이다. 방정식 $f(x)=0$의 세 근 α, β, γ에 대하여 $\alpha^2+\beta^2+\gamma^2$의 값을 구하시오.

05

원래 함수를 찾는!

부정적분과 도함수

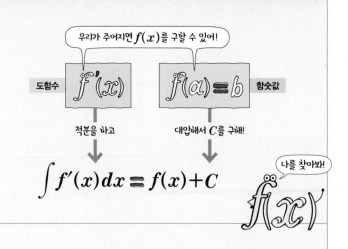

우리가 주어지면 $f(x)$를 구할 수 있어!

도함수 $f'(x)$ $f(a)=b$ 함숫값

적분을 하고   대입해서 C를 구해!

$$\int f'(x)dx = f(x)+C$$

나를 찾아봐!

함수 $f(x)$에 대하여 $f'(x)=2x-1$ 이고 (도함수)

$f(0)=2$ 일 때, $f(x)$ 는? (함숫값)

❶
$f(x)=\int f'(x)dx$ 임을 이용한다.

$f'(x)=2x-1$ 이므로
$f(x)=\int f'(x)dx$
$\quad=\int (2x-1)dx$
$\quad=x^2-x+C$

❷
주어진 함숫값을 대입하여 적분상수를 구한다.

$f(0)=2$ 이므로 $C=2$
따라서 $f(x)=x^2-x+2$

$$f(x)=x^2-x+2$$

1ˢᵗ 도함수가 주어진 함수

● 다음을 만족시키는 함수 $f(x)$를 구하시오.

1 $f'(x)=3x^2+4x-2,\ f(0)=2$

➡ $f'(x)=3x^2+4x-2$ 이므로

$f(x)=\int f'(x)dx$

$\quad=\int (3x^2+4x-2)dx$

$\quad=$ ☐

$f(0)=2$ 이므로 $C=$ ☐

따라서 $f(x)=$ ☐

2 $f'(x)=4x+7,\ f(-1)=0$

3 $f'(x)=-3x^2+6x+1,\ f(1)=4$

4 $f'(x)=4x^3-6x^2+2x,\ f(2)=0$

5 $f'(x)=(3x-1)(x+1)$, $f(1)=3$

6 $f'(x)=(2x+1)(4x^2-2x+1)$, $f(1)=0$

2nd ─ 접선의 기울기가 주어진 함수 ─

도함수 $y=f(x)$의 x에서의 접선의 기울기가 $ax+b$이다.
 ➡ $f'(x)=ax+b$
함숫값 $y=f(x)$의 그래프가 점 (p, q)를 지난다.
 ➡ $f(p)=q$

● 다음을 만족시키는 함수 $f(x)$를 구하시오.

7 곡선 $y=f(x)$가 점 $(1, 2)$를 지나고 곡선 위의 점
   $(x, f(x))$에서의 접선의 기울기가 $2x+3$
   ➡ 곡선 $y=f(x)$ 위의 점 $(x, f(x))$에서의 접선의 기울기가 $2x+3$이
      므로

   $f'(x)=$ ⬚

   $f(x)=\int f'(x)dx$

   $\quad=\int (2x+3)dx$

   $\quad=$ ⬚ $+C$

   곡선 $y=f(x)$가 점 $(1, 2)$를 지나므로
   $f(1)=1+3+C=2$, $C=$ ⬚
   따라서 $f(x)=$ ⬚

8 곡선 $y=f(x)$가 점 $(0, 3)$을 지나고 곡선 위의 점
   $(x, f(x))$에서의 접선의 기울기가 $4x-5$

9 곡선 $y=f(x)$가 점 $(1, -2)$를 지나고 곡선 위의
   점 $(x, f(x))$에서의 접선의 기울기가 $3x^2+2x$

10 곡선 $y=f(x)$가 점 $(-1, 4)$를 지나고 곡선 위의
    점 $(x, f(x))$에서의 접선의 기울기가 $4x^3+6x$

11 곡선 $y=f(x)$가 점 $(1, -1)$을 지나고 곡선 위의
    점 $(x, f(x))$에서의 접선의 기울기가
    $(3x-1)(x-1)$

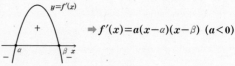

3rd 극댓값 또는 극솟값이 주어진 함수

도함수 $f'(x) \Rightarrow \int f'(x)dx = f(x)+C$

함숫값 극값 $a \Rightarrow f'(p)=0$인 $x=p$에서 $f(p)=a$

12 함수 $f(x)$에 대하여 $f'(x)=3x^2+6x-9$이고 $f(x)$의 극댓값이 30일 때, $f(x)$의 극솟값을 구하시오.

→ $f'(x)=3x^2+6x-9=3(x+3)(x-1)$

$f'(x)=0$에서 $x=\boxed{}$ 또는 $x=1$

함수 $f(x)$의 증가와 감소를 표로 나타내면 다음과 같다.

x	$\cdots$	$\boxed{}$	$\cdots$	$\boxed{}$	$\cdots$
$f'(x)$	$+$	0	$-$	0	$+$
$f(x)$	$\nearrow$	극대	$\searrow$	극소	$\nearrow$

즉 함수 $f(x)$는 $x=\boxed{}$에서 극댓값을 갖고, $x=\boxed{}$에서 극솟값을 갖는다. 이때

$$f(x)=\int f'(x)dx$$
$$=\int (3x^2+6x-9)dx$$
$$=x^3+3x^2-9x+C$$

이고 극댓값이 30이므로

$f(-3)=-27+27+27+C=30,\ C=\boxed{}$

따라서 $f(x)=x^3+3x^2-9x+3$이므로 극솟값은 $f(1)=\boxed{}$

13 함수 $f(x)$에 대하여 $f'(x)=x^2-2x$이고 $f(x)$의 극솟값이 $\frac{2}{3}$일 때, $f(x)$의 극댓값을 구하시오.

14 함수 $f(x)$에 대하여 $f'(x)=-3x^2+12x$이고 $f(x)$의 극솟값이 0일 때, $f(x)$의 극댓값을 구하시오.

4th 도함수의 그래프가 주어진 함수

도함수 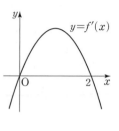 $\Rightarrow f'(x)=a(x-\alpha)(x-\beta)\ (a<0)$

함숫값 극솟값 $p \Rightarrow f'(\alpha)=0,\ f(\alpha)=p$
극댓값 $q \Rightarrow f'(\beta)=0,\ f(\beta)=q$

15 삼차함수 $f(x)$에 대하여 함수 $y=f'(x)$의 그래프가 오른쪽 그림과 같고, 함수 $f(x)$의 극댓값이 8, 극솟값이 6일 때, 함수 $f(x)$를 구하시오.

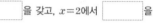

→ 주어진 그래프에서

$f'(x)=ax(x-2)=ax^2-2ax\ (a<0)$

함수 $f(x)$는 $x=0$에서 $\boxed{}$을 갖고, $x=2$에서 $\boxed{}$을 갖는다. 이때

$f(x)=\int f'(x)dx=\int (ax^2-2ax)dx=\boxed{}+C$

$f(0)=\boxed{}$이므로 $C=\boxed{}$, 즉 $f(x)=\frac{a}{3}x^3-ax^2+6$

$f(2)=\boxed{}$이므로 $\frac{8}{3}a-4a+6=8,\ a=\boxed{}$

따라서 $f(x)=\boxed{}$

16 삼차함수 $f(x)$에 대하여 함수 $y=f'(x)$의 그래프가 오른쪽 그림과 같고, 함수 $f(x)$의 극댓값이 3일 때, 함수 $f(x)$를 구하시오.

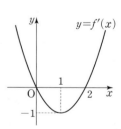

정답과 풀이 116쪽

17 삼차함수 $f(x)$에 대하여 함수 $y=f'(x)$의 그래프가 오른쪽 그림과 같고, 함수 $f(x)$의 극솟값이 -4일 때, 극댓값을 구하시오.

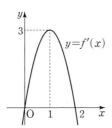

18 삼차함수 $f(x)$에 대하여 함수 $y=f'(x)$의 그래프가 오른쪽 그림과 같고, 함수 $f(x)$의 극댓값이 20, 극솟값이 8일 때, $f(2)$의 값을 구하시오.

20 모든 실수 x에서 연속인 함수 $f(x)$에 대하여

$$f'(x)=\begin{cases} 2x & (x>2) \\ 6x^2-3 & (x<2) \end{cases}$$

이고 $f(1)=3$일 때, $f(5)$의 값을 구하시오.

21 모든 실수 x에서 연속인 함수 $f(x)$에 대하여

$$f'(x)=3x-|x|$$

이고 $f(1)=0$일 때, $f(-2)$의 값을 구하시오.

22 모든 실수 x에서 연속인 함수 $f(x)$에 대하여

$$f'(x)=\begin{cases} 4x+1 & (x>-1) \\ k & (x<-1) \end{cases}$$

이고 $f(1)=5$, $f(-2)=4$일 때, $f(-3)$의 값을 구하시오. (단, k는 상수)

5th ─ 도함수가 주어진 연속인 함수 ─

$f'(x)=\begin{cases} g(x) & (x>a) \\ h(x) & (x<a) \end{cases}$ 이고 $f(x)$가 $x=a$에서 연속이면

❶ $f(x)=\begin{cases} \int g(x)dx & (x>a) \\ \int h(x)dx & (x<a) \end{cases}$

❷ $\underset{x \to a+}{\lim} \underbrace{\int g(x)dx}_{우극한} = \underset{x \to a-}{\lim} \underbrace{\int h(x)dx}_{좌극한} = \underbrace{f(a)}_{함숫값}$

19 모든 실수 x에서 연속인 함수 $f(x)$에 대하여

$$f'(x)=\begin{cases} -4x & (x>1) \\ 3x^2+1 & (x<1) \end{cases}$$

이고 $f(2)=2$일 때, $f(-1)$의 값을 구하시오.

→ $f'(x)=\begin{cases} -4x & (x>1) \\ 3x^2+1 & (x<1) \end{cases}$ 이므로

$f(x)=\begin{cases} -2x^2+C_1 & (x>1) \\ x^3+x+C_2 & (x<1) \end{cases}$

$f(2)=2$이므로 $-8+C_1=2$, $C_1=\boxed{}$

$x=1$에서 연속이므로 $\underset{x \to 1+}{\lim} f(x)=\underset{x \to 1-}{\lim} f(x)$

$\underset{x \to 1+}{\lim}(-2x^2+\boxed{})=\underset{x \to 1-}{\lim}(x^3+x+C_2)$에서 $C_2=\boxed{}$

따라서 $f(-1)=-1-1+\boxed{}=\boxed{}$

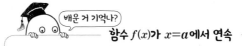

배운 거 기억나?
함수 $f(x)$가 $x=a$에서 연속

❶ $\underset{x \to a+}{\underline{\lim}} f(x)=\underset{x \to a-}{\underline{\lim}} f(x)$ ⋯⋯ 극한값이 존재
   우극한   좌극한

❷ $\underset{x \to a}{\lim} f(x)=f(a)$ ⋯⋯ (극한값)=(함숫값)

06

원래 함수를 찾는!

도함수의 정의를 이용한 부정적분

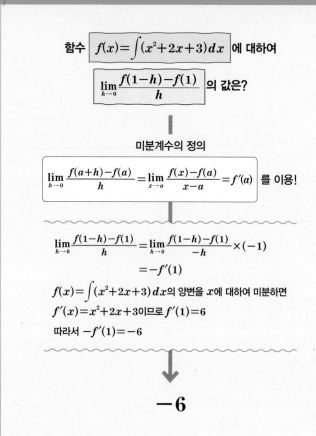

함수 $f(x)=\int(x^2+2x+3)dx$ 에 대하여

$\lim\limits_{h\to 0}\dfrac{f(1-h)-f(1)}{h}$ 의 값은?

▼

미분계수의 정의

$\lim\limits_{h\to 0}\dfrac{f(a+h)-f(a)}{h}=\lim\limits_{x\to a}\dfrac{f(x)-f(a)}{x-a}=f'(a)$ 를 이용!

$\lim\limits_{h\to 0}\dfrac{f(1-h)-f(1)}{h}=\lim\limits_{h\to 0}\dfrac{f(1-h)-f(1)}{-h}\times(-1)$

$=-f'(1)$

$f(x)=\int(x^2+2x+3)dx$의 양변을 x에 대하여 미분하면

$f'(x)=x^2+2x+3$이므로 $f'(1)=6$

따라서 $-f'(1)=-6$

▼

-6

참고 미분가능한 함수 $f(x)$의 도함수 $f'(x)$에 대하여

$f'(x)=\lim\limits_{h\to 0}\dfrac{f(x+h)-f(x)}{h}$

1st ― 부정적분과 미분계수

● 함수 $f(x)$에 대하여 다음을 구하시오.

1 $f(x)=\int(x^2+3x-2)dx$일 때,

$\lim\limits_{h\to 0}\dfrac{f(1+2h)-f(1)}{h}$ 의 값

➡ $\lim\limits_{h\to 0}\dfrac{f(1+2h)-f(1)}{h}=\lim\limits_{h\to 0}\dfrac{f(1+2h)-f(1)}{2h}\times 2$

$=\boxed{}$

$f(x)=\int(x^2+3x-2)dx$의 양변을 x에 대하여 미분하면

$f'(x)=\boxed{}$ 이므로 $f'(1)=\boxed{}$

따라서 $2f'(1)=\boxed{}$

---

2 $f(x)=\int(3x^2+4x-5)dx$일 때,

$\lim\limits_{h\to 0}\dfrac{f(2+h)-f(2-h)}{h}$ 의 값

극한값을 미분계수로 구할 수 있어!

$\lim\limits_{\blacksquare\to 0}\dfrac{f(a+\blacksquare)-f(a)}{\blacksquare}=f'(a)$

분모의 항이 1개일 때 이 모양으로 만들면

---

3 $f(x)=\int(x-2)(x^2+2x+4)dx$일 때,

$\lim\limits_{h\to 0}\dfrac{f(h)-f(-h)}{4h}$ 의 값

---

4 $f(x)=\int(3x^3+4x-8)dx$일 때,

$\lim\limits_{x\to 2}\dfrac{f(x)-f(2)}{x^3-8}$ 의 값

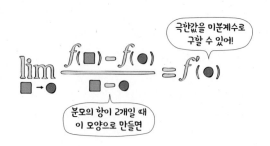

극한값을 미분계수로 구할 수 있어!

$\lim\limits_{\blacksquare\to\bullet}\dfrac{f(\blacksquare)-f(\bullet)}{\blacksquare-\bullet}=f'(\bullet)$

분모의 항이 2개일 때 이 모양으로 만들면

2ⁿᵈ 도함수의 정의를 이용한 부정적분

● 주어진 조건을 만족시키는 함수 $f(x)$를 구하시오.

5 $\displaystyle\lim_{h \to 0} \frac{f(x+2h)-f(x)}{h}=12x-4,\ f(1)=3$

→ $\displaystyle\lim_{h \to 0} \frac{f(x+2h)-f(x)}{h}=\lim_{h \to 0} \frac{f(x+2h)-f(x)}{2h}\times 2$

$\qquad\qquad\qquad\qquad\quad =2f'(x)=12x-4$

즉 $f'(x)=\boxed{}$ 이므로

$f(x)=\displaystyle\int (6x-2)dx=3x^2-2x+C$

$f(1)=3-2+C=3$에서 $C=\boxed{}$

따라서 $f(x)=\boxed{}$

6 $\displaystyle\lim_{h \to 0} \frac{f(x+h)-f(x-h)}{h}=6x^2-4x+8,\ f(0)=1$

7 $\displaystyle\lim_{h \to 0} \frac{f(x+h)-f(x-2h)}{h}=9x^2-12x+6,$
$f(-1)=1$

8 $\displaystyle\lim_{h \to 0} \frac{f(x-h)-f(x+3h)}{h}=16x^3-12x^2+8,$
$f(0)=3$

● 모든 실수 x, y에 대하여 다음 조건을 만족시키는 다항함수 $f(x)$를 구하시오.

9 $f(x+y)=f(x)+f(y)+2xy,\ f'(0)=1$

→ 주어진 식에 $x=0$, $y=0$을 대입하면 $f(0)=\boxed{}$

$f'(0)=\displaystyle\lim_{h \to 0} \frac{f(0+h)-f(0)}{h}=\lim_{h \to 0} \frac{f(h)}{h}=1$이므로

$f'(x)=\displaystyle\lim_{h \to 0} \frac{f(x+h)-f(x)}{h}$ $\boxed{f(x+y)=f(x)+f(y)+2xy}$

$\qquad =\displaystyle\lim_{h \to 0} \frac{f(x)+f(h)+2xh-f(x)}{h}$

$\qquad =\displaystyle\lim_{h \to 0} \frac{f(h)+2xh}{h}$

$\qquad =\displaystyle\lim_{h \to 0} \frac{f(h)}{h}+2x$

$\qquad =\boxed{}$

즉 $f(x)=\displaystyle\int (2x+1)dx=\boxed{}+C$

$f(0)=0$에서 $C=\boxed{}$

따라서 $f(x)=\boxed{}$

10 $f(x+y)=f(x)+f(y)+4,\ f'(0)=2$

11 $f(x+y)=f(x)+f(y)-3x^2y-3xy^2+1,\ f'(0)=3$

원래 함수를 찾는!

다항함수와 그 부정적분 사이의 관계

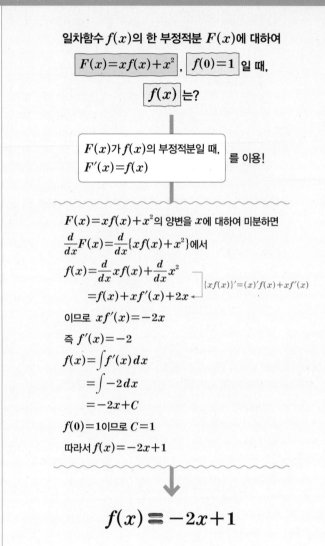

일차함수 $f(x)$의 한 부정적분 $F(x)$에 대하여

$\boxed{F(x)=xf(x)+x^2}$, $\boxed{f(0)=1}$ 일 때,

$\boxed{f(x)}$ 는?

$\boxed{\begin{array}{l} F(x)가 f(x)의 부정적분일 때, \\ F'(x)=f(x) \end{array}}$ 를 이용!

$F(x)=xf(x)+x^2$의 양변을 x에 대하여 미분하면

$\dfrac{d}{dx}F(x)=\dfrac{d}{dx}\{xf(x)+x^2\}$에서

$f(x)=\dfrac{d}{dx}xf(x)+\dfrac{d}{dx}x^2$

$\quad\quad =f(x)+xf'(x)+2x$ ← $\{xf(x)\}'=(x)'f(x)+xf'(x)$

이므로 $xf'(x)=-2x$

즉 $f'(x)=-2$

$f(x)=\int f'(x)\,dx$

$\quad\quad =\int -2\,dx$

$\quad\quad =-2x+C$

$f(0)=1$이므로 $C=1$

따라서 $f(x)=-2x+1$

$$f(x)=-2x+1$$

1st 다항함수와 그 부정적분 사이의 관계

1 일차함수 $f(x)$의 한 부정적분 $F(x)$에 대하여
$$F(x)=xf(x)-2x^2$$
이 성립하고 $f(0)=3$일 때, 함수 $f(x)$를 구하시오.

→ $F(x)=xf(x)-2x^2$의 양변을 x에 대하여 미분하면

$f(x)=f(x)+xf'(x)-4x$

$xf'(x)=\boxed{}$, $f'(x)=\boxed{}$

$f(x)=\int f'(x)\,dx=\int 4\,dx=\boxed{}+C$

$f(0)=3$이므로 $C=\boxed{}$

따라서 $f(x)=\boxed{}$

2 이차함수 $f(x)$의 한 부정적분 $F(x)$에 대하여
$$F(x)=xf(x)-x^3+2x^2+1$$
이 성립하고 $f(1)=1$일 때, 함수 $f(x)$를 구하시오.

3 이차함수 $f(x)$에 대하여
$$\int f(x)\,dx=xf(x)-2x^3+3x^2+C$$
가 성립하고 $f(0)=3$일 때, 함수 $f(x)$를 구하시오. (단, C는 적분상수)

$\dfrac{d}{dx}\left\{\displaystyle\int f(x)\,dx\right\}=f(x)$임을 이용해!

4 삼차함수 $f(x)$에 대하여
$$\int f(x)\,dx=xf(x)+3x^4-4x^3+2x^2+C$$
가 성립하고 $f(1)=2$일 때, 함수 $f(x)$를 구하시오. (단, C는 적분상수)

05 부정적분과 도함수

• $f(x) = \int f'(x)dx$임을 이용하여 $f(x)$를 구한 뒤 함숫값을 대입하여 적분상수를 구한다.

1 다항함수 $f(x)$에 대하여 $f'(x) = 6x^2 + 4$이고 함수 $y = f(x)$의 그래프가 점 $(0, 6)$을 지날 때, $f(1)$의 값은?

① 11   ② 12   ③ 13

④ 14   ⑤ 15

2 함수 $f(x) = \int (3x^2 - 6x + a)dx$가 $x = 3$에서 극솟값 -25를 가질 때, 극댓값은? (단, a는 상수)

① 6   ② 7   ③ 8

④ 9   ⑤ 10

3 모든 실수 x에서 연속인 함수 $f(x)$의 도함수가
$$f'(x) = 3x^2 + x + |x-2|$$
이고 $f(1) = 0$일 때, $f(3)$의 값을 구하시오.

06 도함수의 정의를 이용한 부정적분

• $f'(x) = \lim_{h \to 0} \dfrac{f(x+h) - f(x)}{h}$임을 이용하여 $f'(x)$를 구한 뒤 $f'(x)$를 적분하여 $f(x)$를 구한다.

4 다항함수 $f(x)$에 대하여
$$\lim_{h \to 0} \frac{f(x+2h) - f(x-h)}{h} = 12x^3 - 18x + 3a$$
가 성립하고 $f(0) = 3$, $f(2) = 1$일 때, $f(1)$의 값은?
(단, a는 상수)

① -1 ② -2 ③ -3

④ -4 ⑤ -5

5 다항함수 $f(x)$가 모든 실수 x, y에 대하여
$$f(x+y) = f(x) + f(y) - 3x^2 y - 3xy^2 + 4xy + 2$$
를 만족시키고 $f'(0) = 1$일 때, $f(2)$의 값을 구하시오.

07 다항함수와 그 부정적분 사이의 관계

• $F(x)$가 $f(x)$의 한 부정적분 ➜ $F'(x) = f(x)$

6 다항함수 $f(x)$의 한 부정적분 $F(x)$에 대하여
$$F(x) = xf(x) - 3x^4 - 3x^2 + 3$$
이 성립하고 $f(0) = 2$일 때, $f(-1)$의 값은?

① -10 ② -9 ③ -8

④ -7 ⑤ -6

TEST 개념 발전

1 함수 $f(x)$의 부정적분 중 하나가 $2x^3 - ax^2 + x$이고 $f'(1) = 4$일 때, $f(1)$의 값은? (단, a는 상수)

① -1 ② -2 ③ -3

④ -4 ⑤ -5

2 함수 $f(x)$를 적분하는 문제를 잘못하여 미분하였더니 $12x^2 - 6x + 2$가 되었다. $f(x)$를 바르게 적분한 식을 $F(x)$라 하자. $f(1) = 4$, $F(1) = 5$일 때, $F(2)$의 값은?

① 11 ② 13 ③ 15

④ 17 ⑤ 19

3 곡선 $y = f(x)$가 점 $(0, -5)$를 지나고 곡선 위의 점 $(x, f(x))$에서의 접선의 기울기가 $4x + k$이다. 방정식 $f(x) = 0$의 모든 근의 합이 3일 때, $f(-1)$의 값은? (단, k는 상수)

① 1 ② 2 ③ 3

④ 4 ⑤ 5

4 함수 $f(x) = 4x^3 - 6x^2 - 24x + a$에 대하여 $F(x)$는 $f(x)$의 한 부정적분이고 $F(0) = b$이다. $F(x)$가 $f'(x)$로 나누어떨어질 때, $a + b$의 값을 구하시오.

(단, a는 상수)

5 함수 $f(x) = \int (3x^2 + 6x - 4)dx$에 대하여 $f(0) = 3$일 때, $\lim\limits_{x \to 1} \dfrac{xf(x) - f(1)}{x^2 - 1}$의 값은?

① 1 ② 2 ③ 3

④ 4 ⑤ 5

6 다항함수 $f(x)$에 대하여
$$\lim\limits_{h \to 0} \frac{f(x+h) - f(x)}{h} = 3x^2 + a, \ \lim\limits_{x \to 2} \frac{f(x)}{x-2} = 10$$
이 성립할 때, $f(3)$의 값은? (단, a는 상수)

① 11 ② 13 ③ 15

④ 17 ⑤ 19

7 다항함수 $f(x)$의 도함수가 $f'(x)=3x^2-6x$이다. 함수 $f(x)$의 극댓값을 M, 극솟값을 m이라 할 때, $M-m$의 값은?

① 1   ② 2   ③ 3

④ 4   ⑤ 5

8 모든 실수 x에서 연속인 함수 $f(x)$의 도함수가

$$f'(x)=\begin{cases} -1 & (|x|>1) \\ 6x^2 & (|x|<1) \end{cases}$$

이고 $f(-2)=7$일 때, $f(2)$의 값은?

① 6   ② 7   ③ 8

④ 9   ⑤ 10

9 두 다항함수 $f(x)$, $g(x)$에 대하여

$$\int g(x)dx=(x^4+3)f(x)-2x^3+C$$

가 성립하고 $f(1)=4$, $f'(1)=-1$일 때, $g(1)$의 값은? (단, C는 적분상수)

① 2   ② 3   ③ 4

④ 5   ⑤ 6

10 두 다항함수 $f(x)$, $g(x)$가 다음 두 조건을 만족시킨다.

> (가) $\dfrac{d}{dx}\{f(x)+g(x)\}=2x+3$
>
> (나) $\dfrac{d}{dx}\{f(x)g(x)\}=3x^2-2x-1$

$f(0)=5$, $g(0)=-3$일 때, $f(1)$의 값은?

① 6   ② 7   ③ 8

④ 9   ⑤ 10

11 함수 $f(x)$의 한 부정적분을 $F(x)$라 하자.

$$f(x)=\frac{1}{10}x^{10}+\frac{1}{9}x^9+\frac{1}{8}x^8+\cdots+\frac{1}{2}x^2+x$$

이고 $F(0)=0$일 때, $F(1)$의 값을 구하시오.

12 다항함수 $f(x)$가 모든 실수 x, y에 대하여

$$f(x+y)=f(x)+f(y)+2xy+3$$

을 만족시키고 $f'(0)=3$이다. 방정식 $f(x)=0$의 두 근을 α, β라 할 때, $\alpha^2+\beta^2$의 값을 구하시오.

8

함수의 면적!
정적분

안녕? 나는 구간이 정해진 정적분이야!

보이니? 이 위대한 우리의 관계가?

나는 면적이야!

$$\int_a^b F(x)dx = F(b) - F(a)$$

계산하여 얻은 값이지!

그래서?

넓이를 도형으로 생각하지 않고 계산으로 얻을 수 있어!

함수의 면적을 나타내는!

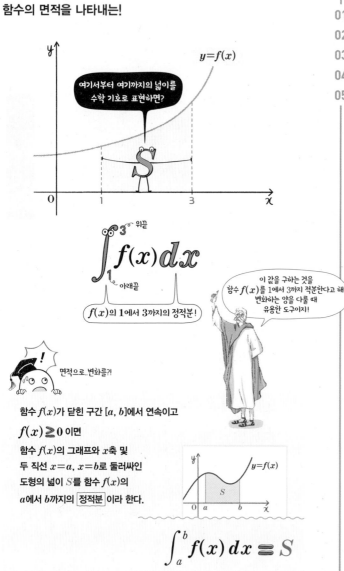

여기서부터 여기까지의 넓이를 수학 기호로 표현하면?

$$\int_1^3 f(x)\,dx$$

위끝 3
아래끝 1

$f(x)$의 1에서 3까지의 정적분!

이 값을 구하는 것을 함수 $f(x)$를 1에서 3까지 적분한다고 해. 변화하는 양을 다룰 때 유용한 도구이지!

면적으로.. 변화를?!

함수 $f(x)$가 닫힌 구간 $[a, b]$에서 연속이고

$f(x) \geq 0$ 이면

함수 $f(x)$의 그래프와 x축 및
두 직선 $x=a$, $x=b$로 둘러싸인
도형의 넓이 S를 함수 $f(x)$의
a에서 b까지의 정적분 이라 한다.

$$\int_a^b f(x)\,dx = S$$

정적분

다각형의 넓이는 삼각형이나 사각형과 같은 기본 도형으로 분할하여 각 도형의 넓이의 합으로 구할 수 있어. 하지만 우리 일상생활에서 접하는 것들은 곡선으로 둘러싸인 경우가 많아. 곡선으로 둘러싸인 도형의 넓이는 어떻게 구할 수 있을까?

닫힌 구간 $[a, b]$에서 연속함수 $f(x)$의 함숫값이 음이 아닌 경우 함수 $f(x)$의 그래프와 x축으로 둘러싸인 도형의 넓이를 $f(x)$의 a에서 b까지의 정적분이라 해. 정적분이라 부르는 이유는 넓이가 적분과 관련되어있기 때문이야!

과거에는 곡선으로 둘러싸인 도형의 넓이를 구하기 위해 복잡한 방법을 이용했지만, 적분이 발견된 후 적분을 이용해서 넓이를 구할 수 있게 됐어. 이 단원에서는 정적분의 정의와 성질을 이해하여 다항함수의 정적분을 구해볼 거야!

함수의 면적으로 이해되는!

$f(x)=\begin{cases} 1 & (x\leq 0) \\ x+1 & (x>0) \end{cases}$ 일 때, $\int_{-1}^{1} f(x)\,dx$ 의 값은?

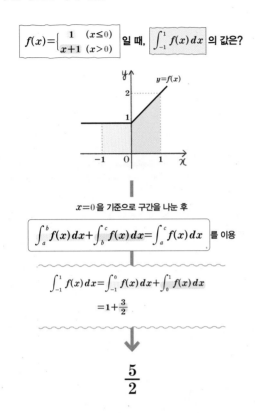

$x=0$을 기준으로 구간을 나눈 후

$\int_{a}^{b} f(x)\,dx + \int_{b}^{c} f(x)\,dx = \int_{a}^{c} f(x)\,dx$ 를 이용

$\int_{-1}^{1} f(x)\,dx = \int_{-1}^{0} f(x)\,dx + \int_{0}^{1} f(x)\,dx$
$= 1 + \dfrac{3}{2}$

$$\dfrac{5}{2}$$

면적의 변화율이 함수인!

1 정적분으로 정의된 함수

변수가 t인 함수 $f(t)=2t-1$ 에 대하여

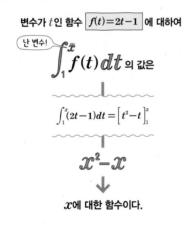

난 변수!

$\int_{1}^{x} f(t)\,dt$ 의 값은

$\int_{1}^{x}(2t-1)\,dt = \Big[t^2-t\Big]_{1}^{x}$

$$x^2-x$$

x에 대한 함수이다.

2 정적분으로 정의된 함수의 미분

함수 $f(x)$의 부정적분을 $F(x)$라 하면

$$\dfrac{d}{dx}\int_{a}^{x} f(t)\,dt$$

$\dfrac{d}{dx}\int_{a}^{x}f(t)\,dt = \dfrac{d}{dx}\Big[F(t)\Big]_{a}^{x}$
$= \dfrac{d}{dx}\{F(x)-F(a)\} = F'(x) = f(x)$

$$\dfrac{d}{dx}\int_{a}^{x} f(t)\,dt \equiv f(x)$$

다양한 함수의 정적분

이제 다양한 함수의 정적분을 다뤄 볼 거야.
우선 구간에 따라 다르게 정의된 함수의 정적분은 구간별로 정적분을 계산한 후 더하는 방식으로 구할 수 있어.
$y=f(x)$가 y축에 대칭인 함수일 때는 $\int_{-a}^{a} f(x)\,dx = 2\int_{0}^{a} f(x)\,dx$, 원점에 대칭인 함수일 때는 $\int_{-a}^{a} f(x)\,dx = 0$이 되는데,
이 두 성질을 잘 이용하면 복잡한 식의 정적분도 쉽게 구할 수 있어.
또 주기함수의 정적분은 주기가 반복된다는 걸 이용하면 쉽게 구할 수 있지.
한 가지씩 연습해 보자!

정적분으로 정의된 함수

이제 함수식에 정적분이 포함되는 함수를 다뤄 볼 거야.
정적분은 크게 적분 구간이 상수로만 주어진 경우와 적분 구간이 변수로 주어진 경우로 나눌 수 있어. 적분 구간이 상수로 주어진 정적분은 상수, 적분 구간이 변수로 주어진 정적분은 함수임을 헷갈리지 않도록 주의해!
정적분으로 정의된 함수도 다른 함수처럼 극대와 극소, 극한을 구할 수 있어. 미분과 적분의 관계를 이용한다면 정적분으로 정의된 함수의 도함수를 쉽게 찾을 수 있을 거야. 또 극한을 구할 때는 미분계수의 정의와 연관지어 생각하면 금방 익숙해질 수 있을 거야!

함수의 면적을 나타내는!

정적분의 정의(1)

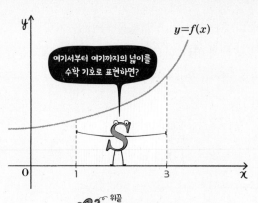

여기서부터 여기까지의 넓이를
수학 기호로 표현하면?

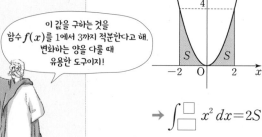

$f(x)$의 1에서 3까지의 정적분!

면적으로..변화를?!

함수 $f(x)$가 닫힌 구간 $[a, b]$에서 연속이고

$f(x) \geq 0$ 이면

함수 $f(x)$의 그래프와 x축 및
두 직선 $x=a$, $x=b$로 둘러싸인
도형의 넓이 S를 함수 $f(x)$의
a에서 b까지의 정적분 이라 한다.

$$\int_a^b f(x)\,dx = S$$

 **$f(x) \leq 0$ 이면**

함수 $f(x)$의 그래프와 x축 및 두 직선
$x=a$, $x=b$로 둘러싸인
도형의 넓이를 S 라 하면
정적분 $\int_a^b f(x)dx$는
$-S$ 를 나타낸다.

$$\int_a^b f(x)\,dx = -S$$

S는 넓이이므로 양수이지만 정적분의 값은 음수가 된다.

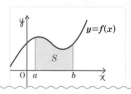 **$f(x)$가 양과 음의 값을 모두 가지면**

함수 $f(x)$의 그래프와 x축 및 두 직선
$x=a$, $x=b$로 둘러싸인 도형 중
$f(x) \geq 0$인 부분의 넓이를 S_1
$f(x) \leq 0$인 부분의 넓이를 S_2 라 하면
정적분 $\int_a^b f(x)dx$는
$S_1 - S_2$ 를 나타낸다.

$$\int_a^b f(x)\,dx = S_1 - S_2$$

x축 위쪽의 넓이 S_1에서 x축 아래쪽의 넓이 S_2를 뺀 값이다.

원리확인 다음은 주어진 정적분의 값을 그림의 색칠한 부분의 넓이로
나타낸 것이다. □ 안에 알맞은 것을 써넣으시오.

❶
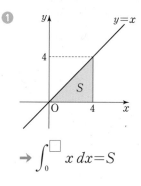

→ $\int_0^{\square} x\,dx = S$

❷

→ $\int_{\square}^{\square} x^2\,dx = 2S$

❸

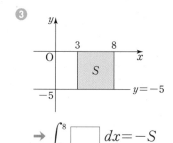

→ $\int_3^8 \square\ dx = -S$

❹

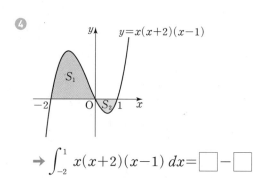

→ $\int_{-2}^1 x(x+2)(x-1)\,dx = \square - \square$

참고 ① $\int_a^b f(x)dx$를 'integral a에서 b까지 $f(x)dx$'라 읽는다.

② 정적분 $\int_a^b f(x)dx$에서 닫힌 구간 $[a, b]$는 $a \leq x \leq b$를 뜻한다.

③ 정적분에서 변수를 x 대신 다른 문자를 사용해도 그 값은 변하지 않는다.

즉 $\int_a^b f(x)dx = \int_a^b f(t)dt = \int_a^b f(u)du$

1st — 정적분의 정의를 이용하여 구하는 정적분의 값

● 주어진 그림을 이용하여 정적분의 값을 구하시오.

1

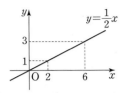

(1) $\int_0^6 \frac{1}{2} x\, dx$

→ 정적분 $\int_0^6 \frac{1}{2} x\, dx$의 값은 오른쪽 그림과 같이 함수 $y=$ ☐ 의 그래프

와 x축 및 두 직선 $x=0$, $x=$ ☐ 으로 둘러싸인 도형의 넓이이므로

$$\int_0^6 \frac{1}{2} x\, dx = \frac{1}{2} \times 6 \times \boxed{} = \boxed{}$$

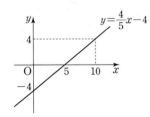

(2) $\int_2^6 \frac{1}{2} x\, dx$

2

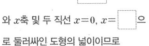

(1) $\int_0^5 \left(\frac{4}{5} x - 4 \right) dx$

→ 정적분 $\int_0^5 \left(\frac{4}{5} x - 4 \right) dx$의 값은 오른쪽 그림과 같이 함수 $y = \frac{4}{5} x -$ ☐

의 그래프와 x축 및 두 직선 $x=$ ☐, $x=5$로 둘러싸인 도형의 넓이 S에 대하여 ☐ 와 같으므로

$$\int_0^5 \left(\frac{4}{5} x - \boxed{} \right) dx = -\left(\frac{1}{2} \times 5 \times \boxed{} \right) = \boxed{}$$

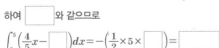

(2) $\int_0^{10} \left(\frac{4}{5} x - 4 \right) dx$

● 정적분의 정의를 이용하여 다음 정적분의 값을 구하시오.

3 $\int_{-2}^4 x\, dx$

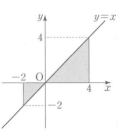

→ 함수 $y=x$의 그래프와 x축 및 두 직선 $x=-2$, $x=4$로 둘러싸인 도형에 대하여 $y \geq 0$인 부분의 넓이가

$\frac{1}{2} \times 4 \times \boxed{} = \boxed{}$ 이고

$y \leq 0$인 부분의 넓이가

$\frac{1}{2} \times 2 \times \boxed{} = \boxed{}$ 이므로

$$\int_{-2}^4 x\, dx = \boxed{} - \boxed{} = \boxed{}$$

4 $\int_{-1}^4 (-x+2)\, dx$

5 $\int_{-3}^0 (2x+3)\, dx$

6 $\int_{-2}^2 |x|\, dx$

😊 내가 발견한 개념   정적분의 정의를 이용한 정적분의 값은?

함수 $y=f(x)$의 그래프가 오른쪽 그림과 같고, 색칠한 부분의 넓이가 각각 A, B일 때 (단, $a<0<b$)

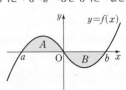

• $\int_a^0 f(x)\, dx = \boxed{}$

• $\int_0^b f(x)\, dx = \boxed{}$

• $\int_a^b f(x)\, dx = \boxed{}$

함수의 면적을 나타내는!

정적분의 정의(2)

함수 $f(x)$에 대하여
$a=b$ 또는 $a>b$일 때의 정적분은 다음과 같이 정의한다.

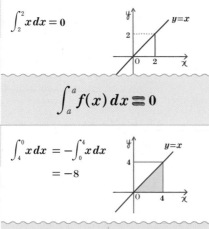

1 $a=b$ 아래끝과 위끝이 같을 때	$\displaystyle\int_2^2 x\,dx = 0$

$$\int_a^a f(x)\,dx = 0$$

2 $a>b$ 아래끝이 위끝보다 클 때	$\displaystyle\int_4^0 x\,dx = -\int_0^4 x\,dx$ $= -8$

$$\int_a^b f(x)\,dx = -\int_b^a f(x)\,dx$$

1st — 정적분의 정의를 이용하여 구하는 정적분의 값

● 정적분의 정의를 이용하여 다음 정적분의 값을 구하시오.

1 $\displaystyle\int_{-1}^{-1} (-x+4)\,dx$

→ 위끝과 아래끝이 같으므로 $\displaystyle\int_{-1}^{-1}(-x+4)dx = \boxed{}$

2 $\displaystyle\int_2^2 (2x^2-3)\,dx$

> 모든 함수에 대하여 닫힌 구간 $[a, a]$
> 에서의 정적분의 값은 항상 0이다.

3 $\displaystyle\int_0^0 (2x^3-2x+3)\,dx$

---

4 $\displaystyle\int_0^{-1} 3x\,dx$

→ $\displaystyle\int_0^{-1} 3x\,dx = \bigcirc \int_{\boxed{}}^0 3x\,dx$

$= -\left\{ -\left(\dfrac{1}{2}\times 1 \times \boxed{}\right)\right\}$

$= \boxed{}$

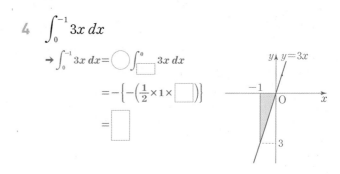

5 $\displaystyle\int_1^0 \left(-\dfrac{1}{2}x\right) dx$

6 $\displaystyle\int_4^{-1} (-x+2)\,dx$

7 $\displaystyle\int_1^{-2} |x+1|\,dx$

:) 내가 발견한 개념   적분 구간이 특이할 때의 정적분의 값은?

함수 $y=f(x)$의 그래프가 오른쪽
그림과 같고, 색칠한 부분의 넓이가
각각 A, B일 때(단, $a<0<b$)

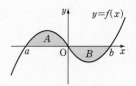

• $\displaystyle\int_a^a f(x)dx = \boxed{}$

• $\displaystyle\int_b^a f(x)dx = \bigcirc \int_a^b f(x)dx = -(A-\boxed{})=B-\boxed{}$

2ⁿᵈ — 정적분의 정의를 이용하여 구하는 미지수의 값

● 다음을 만족시키는 상수 k의 값을 구하시오.

8 $\int_0^k x\,dx = 2$ (단, $k>0$)

$\rightarrow \int_0^k x\,dx = \dfrac{1}{2} \times k \times \boxed{} = \dfrac{\boxed{}}{2}$

$\dfrac{\boxed{}}{2} = 2$에서 $\boxed{} - 4 = 0$이므로

$(\boxed{} + 2)(\boxed{} - 2) = 0$

이때 $k>0$이므로 $k = \boxed{}$

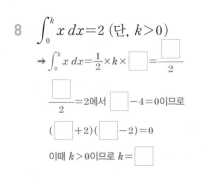

9 $\int_0^k (-2x)\,dx = -4$ (단, $k>0$)

10 $\int_k^5 (x-1)\,dx = 6$ (단, $k>1$)

11 $\int_0^2 kx\,dx = 4$ (단, $k>0$)

$\rightarrow \int_0^2 kx\,dx = \dfrac{1}{2} \times 2 \times 2k = \boxed{}$

이므로 $2k = \boxed{}$에서 $k = \boxed{}$

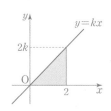

12 $\int_0^4 \left(\dfrac{1}{2}x + k\right)dx = 12$ (단, $k>0$)

13 $\int_0^k (-x+k)\,dx = 8$ (단, $k>0$)

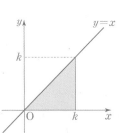

임을 이용한다.

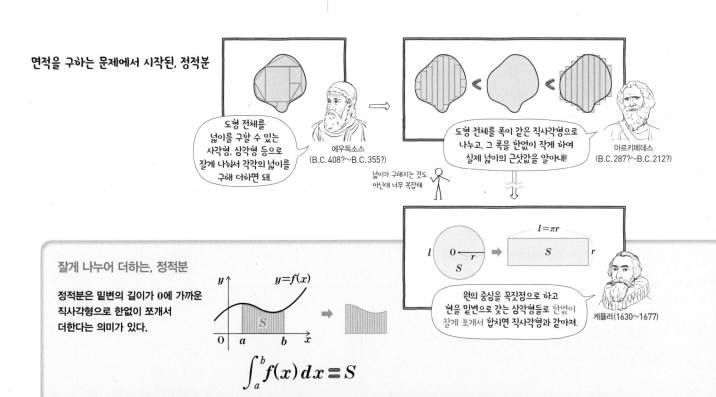

면적을 구하는 문제에서 시작된, 정적분

도형 전체를 넓이를 구할 수 있는 사각형, 삼각형 등으로 잘게 나눠서 각각의 넓이를 구해 더하면 돼.

에우독소스 (B.C. 408?~B.C. 355?)

넓이가 구해지는 것도 아닌데 너무 복잡해

도형 전체를 폭이 같은 직사각형으로 나누고, 그 폭을 한없이 작게 하여 실제 넓이의 근삿값을 알아내!

아르키메데스 (B.C. 287?~B.C. 212?)

잘게 나누어 더하는, 정적분

정적분은 밑변의 길이가 0에 가까운 직사각형으로 한없이 쪼개서 더한다는 의미가 있다.

$l = \pi r$

원의 중심을 꼭짓점으로 하고 원을 밑변으로 갖는 삼각형들로 한없이 잘게 쪼개서 합치면 직사각형과 같아져.

케플러(1630~1677)

$$\int_a^b f(x)\,dx = S$$

03

정적분과 미분의 관계

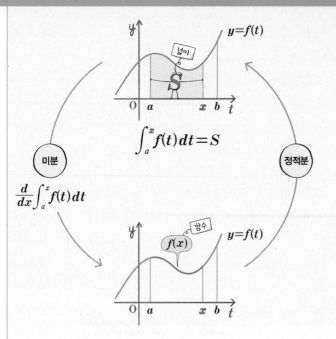

$$\int_a^x f(t)dt = S$$

미분 정적분

$$\frac{d}{dx}\int_a^x f(t)dt$$

함수 $f(x)$

함수 $f(t)$가 닫힌 구간 $[a, b]$에서 연속일 때

$$\frac{d}{dx}\int_a^x f(t)\,dt = f(x) \text{ (단, } a<x<b)$$

증명 함수 $f(t)$가 닫힌 구간 $[a, b]$에서 연속이고 $f(t)\geq 0$일 때
닫힌 구간 $[a, b]$에 속하는 임의의 x에 대하여

곡선 $y=f(t)$와 t축 및 두 직선 $t=a$, $t=x$로
둘러싸인 도형의 넓이를 $S(x)$라 하면

$$S(x)=\int_a^x f(t)\,dt \quad \cdots\cdots \ㄱ$$

이때 x의 증분 $\varDelta x$에 대한
$S(x)$의 증분을 $\varDelta S$라 하면

$$\varDelta S=S(x+\varDelta x)-S(x)$$

한편 $\varDelta x>0$일 때, 함수 $f(t)$는
닫힌 구간 $[x, x+\varDelta x]$에서 연속이고
최댓값 M과 최솟값 m을 갖는다. 최대·최소 정리

따라서 $m\varDelta x \leq \varDelta S \leq M\varDelta x$ 이므로 각 변을 $\varDelta x$로 나누면

$$m\leq \frac{\varDelta S}{\varDelta x}\leq M \quad \cdots\cdots \①$$

$\varDelta x<0$일 때에도 같은 방법으로 ①이 성립한다.

이때 ①에서 $\varDelta x\to 0$이면 $\lim\limits_{\varDelta x\to 0}m\leq \lim\limits_{\varDelta x\to 0}\frac{\varDelta S}{\varDelta x}\leq \lim\limits_{\varDelta x\to 0}M$이고

함수 $f(t)$는 닫힌 구간 $[a, b]$에서 연속이므로 $\lim\limits_{\varDelta x\to 0}m=\lim\limits_{\varDelta x\to 0}M=f(x)$

따라서 함수의 극한의 대소 관계에 의하여 $\lim\limits_{\varDelta x\to 0}\frac{\varDelta S}{\varDelta x}=f(x)$

즉 $\frac{d}{dx}S(x)=f(x) \quad \cdots\cdots \ㄴ$

ㄱ과 ㄴ에 의하여 $\boxed{\frac{d}{dx}\int_a^x f(t)dt=f(x)}$

1st ─ 정적분과 미분의 관계 (1)

● 다음을 구하시오.

1 $\dfrac{d}{dx}\displaystyle\int_1^x (2t^2+t)dt$

$\rightarrow \dfrac{d}{dx}\displaystyle\int_1^x (2t^2+t)dt=2\boxed{}^2+\boxed{}$

2 $\dfrac{d}{dx}\displaystyle\int_0^x (t^3-t+1)dt$

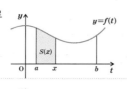

t 대신 x가 들어가!

$$\frac{d}{dx}\int_a^x f(t)\,dt = f(x)$$

3 $\dfrac{d}{dx}\displaystyle\int_{-2}^x \left(\frac{1}{2}y^2+3y-5\right)dy$

● 다음 정적분을 x에 대하여 미분하시오.

4 $\displaystyle\int_1^x (t^2+2t-1)dt$

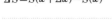정적분과 미분의 관계를 이용해!

5 $\displaystyle\int_{-3}^x (z-1)(z+3)dz$

6 $\displaystyle\int_4^x (y-5)^3 dy$

2nd — 정적분과 미분의 관계 (2)

● 모든 실수 x에 대하여 다음 조건을 만족시키는 함수 $f(x)$를 구하시오.

7 $\displaystyle\int_0^x f(t)\,dt = x^3 + x^2 + 3x + 1$

→ 양변을 x에 대하여 미분하면

$$\frac{d}{dx}\int_1^x f(t)\,dt = \boxed{}\,(x^3 + x^2 + 3x + 1) \text{이므로}$$

$$f(x) = \boxed{} + 2x + 3$$

8 $\displaystyle\int_{-3}^x f(t)\,dt = 2x^2(3x+1)$

9 $\displaystyle\int_1^x 2f(t)\,dt = x^4 + 6x^2 - 2x$

● 두 함수 $f(x)$, $g(x)$가 모든 실수 x에 대하여 주어진 조건을 만족시킬 때, 다음을 구하시오.

10 $\displaystyle\int_1^x f(t)\,dt = -x^3 + 2x^2 + ax - 4$ (단, a는 상수)

(1) a의 값 $\displaystyle\int_a^a f(x)\,dx = 0$임을 이용해!

→ 양변에 $x=1$을 대입하면

$$\int_1^{\boxed{}} f(t)\,dt = -1 + 2 + a - 4 = \boxed{} \text{이므로} \ a = \boxed{}$$

(2) $f(x)$

→ $\displaystyle\int_1^x f(t)\,dt = -x^3 + 2x^2 + \boxed{}\,x - 4$의 양변을

x에 대하여 미분하면

$$f(x) = \boxed{} + 4x + 3$$

11 $\displaystyle\int_{-2}^x \{-f(t)\}\,dt = x^2 + ax + 6$ (단, a는 상수)

(1) a의 값

(2) $f(x)$

12 $\displaystyle\int_a^x f(t)\,dt = x^2 - 1$ (단, $x \geq a$, a는 상수)

(1) a의 값

(2) $f(x)$

13 $\displaystyle\int_1^x f(t)\,dt = 3x^2 - 5x + 1$,

$\displaystyle\int_1^x \{f(t) + g(t)\}\,dt = x^3 + x^2 - 7x + 3$

(1) $f(1)$

(2) $g(-1)$

$\dfrac{d}{dx}\displaystyle\int_1^x \{f(t) + g(t)\}\,dt = f(x) + g(x)$임을 이용해!

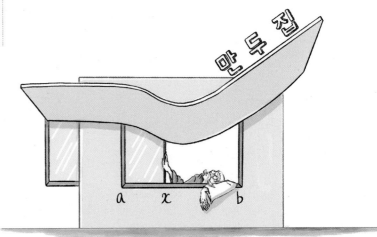

닫힌 창문의 넓이를 미분하면
창틀 곡선의 함수가 되고
그 함수를 적분하면 닫힌 창문의 넓이가 돼.
너무 멋지지 않아? 미적분 창문!

정적분의 값을 쉽게 구하는!

부정적분과 정적분의 관계

정적분의 값을 도형의 넓이를 이용하지 않고 계산할 수 있을까?

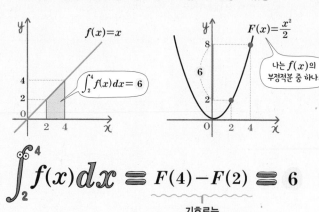

$$\int_2^4 f(x)\,dx \equiv F(4)-F(2) \equiv 6$$

기호로는

$$\left[\overset{\odot\odot}{F(x)}\right]_2^4$$

부정적분으로 얻은 원래의 함수 $F(x)$를 이용하면 그래프 아래의 면적을 쉽게 계산할 수 있겠군요!

함수 $f(x)$가 닫힌 구간 $[a, b]$에서 연속이고 $f(x)$의 한 부정적분을 $F(x)$라 하면

$$\int_a^b f(x)\,dx \equiv \left[F(x)\right]_a^b \equiv F(b)-F(a)$$

증명 함수 $f(x)$가 닫힌 구간 $[a, b]$에서 연속일 때

$S(x)=\int_a^x f(t)\,dt$ 라 하면

정적분과 미분의 관계에 의하여

$$S'(x)=\frac{d}{dx}\int_a^x f(t)\,dt = f(x)$$

이므로 $S'(x)=f(x)$

$S(x)$는 $f(x)$의 한 부정적분이다.

따라서 $f(x)$의 한 부정적분을 $F(x)$라하면

$$S(x)=\int_a^x f(t)\,dt = F(x)+C \quad (\text{단, } C\text{는 적분상수}) \quad \cdots\cdots \ㄱ$$

한편 정적분의 정의에 의하여 $S(a)=\int_a^a f(t)\,dt = 0$ 이므로

$S(a)=F(a)+C=0$, 즉 $C=-F(a)$이고 이것을 ㄱ에 대입하면

$$\int_a^x f(t)\,dt = F(x)-F(a) \quad \cdots\cdots \ㄴ$$

ㄴ에 $x=b$를 대입하고 변수 t를 x로 바꾸면 $\boxed{\int_a^b f(x)\,dx=F(b)-F(a)}$

이때 우변 $F(b)-F(a)$를 기호 $\left[F(x)\right]_a^b$ 로 나타낸다.

$a>b$일 때도 부정적분과 정적분의 관계가 성립할까?

$a>b$일 때, $f(x)$의 한 부정적분을 $F(x)$라 하면

$$\int_a^b f(x)\,dx=-\int_b^a f(x)\,dx=-\left[F(x)\right]_b^a$$

$$=-\{F(a)-F(b)\}=F(b)-F(a)\text{이므로},$$

a, b의 대소에 관계없이 $\int_a^b f(x)\,dx=F(b)-F(a)$가 항상 성립한다.

1st 부정적분과 정적분의 관계를 이용한 정적분의 계산 (1)

$F'(x)=f(x)$일 때

$$\int_a^b f(x)\,dx \equiv \left[F(x)\right]_a^b \equiv F(b)-F(a)$$

① $f(x)$를 적분하여 $F(x)$를 구한다.

② $F(x)$에 위끝 b와 아래끝 a를 대입하여 계산한다.

참고 $\left[F(x)+C\right]_a^b=\{F(b)+C\}-\{F(a)+C\}=F(b)-F(a)=\left[F(x)\right]_a^b$

이므로 정적분의 계산에서 적분상수 C는 고려하지 않는다.

● 다음 정적분의 값을 구하시오.

1 $\displaystyle\int_{-2}^3 3\,dx$

$\rightarrow \displaystyle\int_{-2}^3 3\,dx=\left[\right]_{-2}^3 = \boxed{}-\left(\boxed{}\right)=\boxed{}$

2 $\displaystyle\int_2^4 x\,dx$

3 $\displaystyle\int_0^3 x^2\,dx$

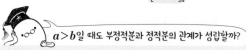

난 위끝!

$f(x)$의 한 부정적분!

$$\int_a^b f(x)\,dx \equiv \left[F(x)\right]_a^b \equiv F(b)-F(a)$$

난 아래끝!

4 $\displaystyle\int_{-2}^2 2x^3\,dx$

5 $\displaystyle\int_{1}^{2}(2x+4)\,dx$

6 $\displaystyle\int_{-1}^{1}(-5y+7)\,dy$

8 $\displaystyle\int_{-2}^{1}(3x^{2}-4x)\,dx$

9 $\displaystyle\int_{2}^{3}(3z^{2}+z)\,dz$

우리의 값은 위끝 b와 아래끝 a에 의하여 결정되므로
변수가 달라도 값은 모두 같아!

$$\int_{a}^{b}f(x)\,dx=\int_{a}^{b}f(t)\,dt=\int_{a}^{b}f(u)\,du$$

10 $\displaystyle\int_{-1}^{2}(x^{3}-5)\,dx$

7 $\displaystyle\int_{0}^{2}(2x^{2}+1)\,dx$

11 $\displaystyle\int_{-3}^{0}(6x^{2}+2x-1)\,dx$

하나의 값으로 정해지는 정적분

함수 $f(x)$가 닫힌 구간 $[a, b]$에서 연속일 때,
$f(x)$의 두 부정적분을 $F(x)$, $G(x)$라 하면
$G(x)=F(x)+C$(C는 적분상수)이므로
$G(b)-G(a)=\{F(b)+C\}-\{F(a)+C\}$
$\qquad\qquad\quad=\boxed{F(b)-F(a)}$

따라서 어떤 부정적분 $F(x)$에 대해서도 $F(b)-F(a)$의 값은
적분상수 C에 관계없이 하나로 정해진다.

부정적분 $\displaystyle\int f(x)\,dx$	정적분 $\displaystyle\int_{a}^{b}f(x)\,dx$
구간이 정해지지 않은 적분	구간이 정해진 적분
x에 대한 함수	값이 정해진 실수 (단, 위끝, 아래끝이 상수이다.)
$\displaystyle\int f(x)\,dx\neq\int f(t)\,dt$ $\neq\displaystyle\int f(y)\,dy$	$\displaystyle\int_{a}^{b}f(x)\,dx=\int_{a}^{b}f(t)\,dt$ $=\displaystyle\int_{a}^{b}f(y)\,dy$

$f(x) = -x + 4$

(1) $\displaystyle\int_{-1}^{-1} f(x)dx$

(2) $\displaystyle\int_{-1}^{0} f(x)dx$

(3) $\displaystyle\int_{0}^{-1} f(x)dx$

2nd 부정적분과 정적분의 관계를 이용한 정적분의 계산 (2)

함수 $f(x)$가 닫힌 구간 $[a, b]$에서 연속일 때,
$f(x)$의 한 부정적분을 $F(x)$라 하면 다음이 성립한다.

1 $a = b$ 아래끝과 위끝이 같을 때	$\displaystyle\int_{a}^{a} f(x)dx = \Big[\, F(x)\,\Big]_{a}^{a}$ $= F(a) - F(a) = 0$
	$\displaystyle\int_{a}^{a} f(x)\,dx = 0$
2 $a > b$ 아래끝이 위끝보다 클 때	$\displaystyle\int_{b}^{a} f(x)dx = \Big[\, F(x)\,\Big]_{b}^{a} = F(a) - F(b)$ 이므로 $\displaystyle\int_{a}^{b} f(x)dx = \Big[\, F(x)\,\Big]_{a}^{b} = F(b) - F(a)$ $= -\{F(a) - F(b)\} = -\displaystyle\int_{b}^{a} f(x)dx$
	$\displaystyle\int_{a}^{b} f(x)\,dx = -\displaystyle\int_{b}^{a} f(x)\,dx$

● 함수 $f(x)$에 대하여 다음 정적분의 값을 구하시오.

12 $f(x) = 2x^2 - 3$

(1) $\displaystyle\int_{1}^{1} f(x)dx$

→ $\displaystyle\int_{1}^{1} (2x^2 - 3)dx = \boxed{}$
└ 위끝과 아래끝이 같아!

(2) $\displaystyle\int_{-3}^{3} f(x)dx$

→ $\displaystyle\int_{-3}^{3} (2x^2 - 3)dx = \Big[\boxed{}x^3 - \boxed{}x\Big]_{-3}^{3}$

$= \boxed{} - (\boxed{}) = \boxed{}$

(3) $\displaystyle\int_{3}^{-3} f(x)dx$

→ $\displaystyle\int_{3}^{-3} f(x)dx = \bigcirc\displaystyle\int_{-3}^{3} f(x)dx = \boxed{}$

● 다음 정적분의 값을 구하시오.

14 $\displaystyle\int_{3}^{3} (x^2 + 1)dx$

15 $\displaystyle\int_{1}^{1} (x+1)(2x-1)dx$

16 $\displaystyle\int_{1}^{0} 2x\,dx$

17 $\displaystyle\int_{1}^{-1} (3x^2 + 8x)dx$

3rd 부정적분과 정적분의 관계를 이용하여 구하는 미지수의 값

● 다음을 만족시키는 상수 k의 값을 모두 구하시오.

18 $\int_0^k (4x-1)\,dx=3$

$\rightarrow \int_0^k (4x-1)\,dx = \left[\boxed{}x^2-x\right]_0^k = \boxed{}k^2-k$

$\boxed{}k^2-k=3$이므로 $(k+1)(\boxed{}k-\boxed{})=0$

따라서 $k=\boxed{}$ 또는 $k=\boxed{}$

19 $\int_1^k x\,dx=4$

20 $\int_k^1 (2x+3)\,dx=6$

21 $\int_{-1}^k (3x^2-9)\,dx=-8$

22 $\int_0^2 kx\,dx=3$

$\rightarrow \int_0^2 kx\,dx = \left[\dfrac{k}{\boxed{}}x^2\right]_0^2 = \dfrac{k}{\boxed{}}\times 2^2 = \boxed{}k$

$\boxed{}k=3$이므로 $k=\boxed{}$

23 $\int_{-1}^0 kx^3\,dx=1$

24 $\int_1^2 (x^2+kx)\,dx=-\dfrac{1}{6}$

25 $\int_{-1}^1 (4x-k)\,dx=10$

☺ 내가 발견한 개념   정적분의 정의는?

함수 $f(x)$가 닫힌 구간 $[a, b]$에서 연속일 때, $f(x)$의 한 부정적분을 $F(x)$라 하면

• $a<b$이면 $\int_a^b f(x)\,dx = \left[\boxed{}\right]_a^b = F(\boxed{})-F(\boxed{})$

• $a=b$이면 $\int_a^a f(x)\,dx = \boxed{}$

• $a>b$이면 $\int_a^b f(x)\,dx = \bigcirc \int_b^a f(x)\,dx$

개념모음문제

26 정적분

$$\int_1^1 (x-1)(3x-1)\,dx - \int_2^1 (3y^2-4y+1)\,dy$$

의 값은?

① -4 ② -2 ③ 0

④ 2 ⑤ 4

05

정적분의 값을 쉽게 구하는!

정적분의 성질

두 함수 $f(x)$, $g(x)$가 세 실수 a, b, c를
포함하는 구간에서 연속일 때
두 함수 $f(x)$, $g(x)$의 한 부정적분을
각각 $F(x)$, $G(x)$라 하면

상수의 곱을 분리할 수 있어!

$$\int_a^b kf(x)\,dx = k\int_a^b f(x)\,dx \ \text{(단, k는 실수이다.)}$$

$\int kf(x)dx = kF(x)+C\,(C\text{는 적분상수})$이므로

$$\int_a^b kf(x)\,dx = \left[\,kF(x)\,\right]_a^b$$
$$= kF(b)-kF(a)$$
$$= k\{F(b)-F(a)\}$$
$$= k\left[\,F(x)\,\right]_a^b$$
$$= k\int_a^b f(x)\,dx$$

덧셈을 분리할 수 있어!

$$\int_a^b \{f(x)+g(x)\}\,dx = \int_a^b f(x)\,dx + \int_a^b g(x)\,dx$$

$$\int_a^b \{f(x)+g(x)\}\,dx = \left[\,F(x)+G(x)\,\right]_a^b$$
$$= \{F(b)+G(b)\}-\{F(a)+G(a)\}$$
$$= \{F(b)-F(a)\}+\{G(b)-G(a)\}$$
$$= \left[\,F(x)\,\right]_a^b + \left[\,G(x)\,\right]_a^b$$
$$= \int_a^b f(x)\,dx + \int_a^b g(x)\,dx$$

뺄셈을 분리할 수 있어!

$$\int_a^b \{f(x)-g(x)\}\,dx = \int_a^b f(x)\,dx - \int_a^b g(x)\,dx$$

$$\int_a^b \{f(x)-g(x)\}\,dx = \left[\,F(x)-G(x)\,\right]_a^b$$
$$= \{F(b)-G(b)\}-\{F(a)-G(a)\}$$
$$= \{F(b)-F(a)\}-\{G(b)-G(a)\}$$
$$= \left[\,F(x)\,\right]_a^b - \left[\,G(x)\,\right]_a^b$$
$$= \int_a^b f(x)\,dx - \int_a^b g(x)\,dx$$

이어지는 구간을 합칠 수 있어!

$$\int_a^b f(x)\,dx + \int_b^c f(x)\,dx = \int_a^c f(x)\,dx$$

a, b, c의 대소에 관계없이 성립한다.

$$\int_a^b f(x)\,dx + \int_b^c f(x)\,dx = \{F(b)-F(a)\}+\{F(c)-F(b)\}$$
$$= F(c)-F(a)$$
$$= \left[\,F(x)\,\right]_a^c$$
$$= \int_a^c f(x)\,dx$$

1st — 정적분의 계산; 적분 구간이 같은 경우

● 다음 정적분의 값을 구하시오.

1 $\displaystyle\int_{-2}^1 (x+x^2)\,dx + \int_{-2}^1 (x-x^2)\,dx$

적분 구간이 같으므로 합칠 수 있어!

$$\rightarrow \int_{-2}^1 (x+x^2)\,dx + \int_{-2}^1 (x-x^2)\,dx$$
$$= \int_{-2}^1 \{(x+x^2)+(x-x^2)\}\,dx$$
$$= \int_{-2}^1 \boxed{}\,x\,dx = \left[\,\boxed{}\,\right]_{-2}^1$$
$$= \boxed{} - \boxed{} = \boxed{}$$

2 $\displaystyle\int_0^2 (-4x+6)\,dx + \int_0^2 (3x^2+4x)\,dx$

3 $\displaystyle\int_1^2 (2x-x^2)\,dx - \int_1^2 (2x+x^2)\,dx$

4 $\displaystyle\int_{-1}^2 (x+1)\,dx - 3\int_{-1}^2 (x-3)\,dx$

$k\int_a^b f(x)\,dx = \int_a^b kf(x)\,dx$를 이용해!

5 $\displaystyle\int_0^1 (x-2)^2\,dx - \int_0^1 (x+2)^2\,dx$

6 $\displaystyle\int_0^1 (2x^3+x)\,dx + \int_0^1 (t^3+t^2-t)\,dt$

$\displaystyle\int_a^b f(x)\,dx = \int_a^b f(t)\,dt$를 이용해!

7 $\displaystyle\int_{-1}^3 (x^3+x^2)\,dx - \int_{-1}^3 y^3\,dy$

구간이 같으면

식을 합칠 수 있어!

$\displaystyle\int_a^b \bullet\, dx \pm \int_a^b \blacksquare\, dx = \int_a^b (\bullet \pm \blacksquare)\, dx$

(복부호 동순)

8 $\displaystyle\int_0^3 \frac{x^2}{x+2}\,dx - \int_0^3 \frac{4}{x+2}\,dx$

$\rightarrow \displaystyle\int_0^3 \frac{x^2}{x+2}\,dx - \int_0^3 \frac{4}{x+2}\,dx$

$= \displaystyle\int_0^3 \frac{x^2-\boxed{}}{x+2}\,dx$ 분자의 식을 인수분해한 후 약분해!

$= \displaystyle\int_0^3 \frac{(x+\boxed{})(x-\boxed{})}{x+2}\,dx = \int_0^3 (x-\boxed{})\,dx$

$= \left[\,\boxed{}\,x^2 - \boxed{}\,x\,\right]_0^3 = \boxed{}$

9 $\displaystyle\int_0^1 \frac{x^4}{x^2+1}\,dx + \int_0^1 \frac{x^2}{x^2+1}\,dx$

10 $\displaystyle\int_{-1}^1 \frac{3x^3}{x^2-x+1}\,dx + \int_{-1}^1 \frac{3}{x^2-x+1}\,dx$

11 $\displaystyle\int_0^1 (3x^3+5x^2-1)\,dx + \int_1^0 (x^3-x^2)\,dx$

$\displaystyle\int_b^a f(x)\,dx = -\int_a^b f(x)\,dx$를 이용해!

$\rightarrow \displaystyle\int_0^1 (3x^3+5x^2-1)\,dx + \int_1^0 (x^3-x^2)\,dx$

$= \displaystyle\int_0^1 (3x^3+5x^2-1)\,dx \bigcirc \int_0^1 (x^3-x^2)\,dx$

$= \displaystyle\int_0^1 \{(3x^3+5x^2-1) \bigcirc (x^3-x^2)\}\,dx$

$= \displaystyle\int_0^1 (\boxed{}\,x^3 + \boxed{}\,x^2-1)\,dx$

$= \left[\,\boxed{}\,x^4 + \boxed{}\,x^3-x\,\right]_0^1 = \boxed{}$

12 $\displaystyle\int_{-1}^0 (1+x^2)\,dx - \int_0^{-1} (1-x^2)\,dx$

13 $\displaystyle\int_0^{-2} (5x^4+3x^3+4)\,dx - \int_{-2}^0 (x^3-3x^2)\,dx$

14 $\displaystyle\int_1^2 (x-1)^3\,dx + \int_2^1 (x+1)^3\,dx$

😊 내가 발견한 개념   적분 구간이 같을 때, 정적분의 성질은?

두 함수 $f(x)$, $g(x)$가 닫힌 구간 $[a, b]$에서 연속일 때

• $\displaystyle\int_a^b kf(x)\,dx = \boxed{}\int_a^b f(x)\,dx$ (단, k는 상수)

• $\displaystyle\int_a^b \{f(x) \pm g(x)\}\,dx = \int_a^b \boxed{}\,dx \pm \int_a^b g(x)\,dx$

(복부호 동순)

● 다음 정적분의 값을 구하시오.

15 $\int_{-2}^{0} (3x^2+2x)dx + \int_{0}^{1} (3x^2+2x)dx$

적분되는 함수가 같고, 적분 구간이 연결되어 있어!

$\rightarrow \int_{-2}^{0} (3x^2+2x)dx + \int_{0}^{1} (3x^2+2x)dx$

$= \int_{\square}^{\square} (3x^2+2x)dx$

$= \left[x^3+x^2 \right]_{\square}^{\square}$

$= \square - (\boxed{\quad}) = \square$

16 $\int_{0}^{1} (4x-1)dx + \int_{1}^{3} (4x-1)dx$

구간이 이어지면 → 구간을 합칠 수 있어!

$$\int_{a}^{b} \bullet \, dx + \int_{b}^{c} \bullet \, dx = \int_{a}^{c} \bullet \, dx$$

17 $\int_{0}^{1} (1-3x^2)dx + \int_{1}^{2} (1-3t^2)dt$

먼저 적분 변수를 하나로 통일해!

18 $\int_{0}^{1} (5-2x)dx + \int_{3}^{4} (5-2x)dx + \int_{1}^{3} (5-2x)dx$

19 $\int_{0}^{1} (x+1)^2dx - \int_{2}^{1} (x+1)^2dx$

$\int_{a}^{b} f(x)dx = -\int_{b}^{a} f(x)dx$를 이용해!

20 $\int_{-1}^{0} (t^3-t)dt - \int_{1}^{0} (x^3-x)dx$

21 $\int_{0}^{2} (3x^2+8x-5)dx - \int_{3}^{2} (3x^2+8x-5)dx$

☺ 내가 발견한 개념   적분되는 함수가 같을 때, 정적분의 성질은?

• 함수 $f(x)$가 세 실수 a, b, c를 포함하는 닫힌 구간 $[a, c]$에서 연속일 때

$\int_{a}^{b} f(x)dx + \int_{b}^{c} f(x)dx = \int_{\square}^{\square} f(x)dx$

개념모음문제
22 연속함수 $f(x)$에 대하여

$\int_{-2}^{0} f(x)dx=1, \int_{4}^{1} f(x)dx=3, \int_{0}^{1} f(x)dx=2$

일 때, 정적분 $\int_{-2}^{4} f(x)dx$의 값은?

① 4   ② 3   ③ 2

④ 1   ⑤ 0

TEST 개념 확인

01~04 정적분

- **정적분**

닫힌 구간 $[a, b]$에서 연속인 함수 $f(x)$에 대하여 함수 $f(x)$의 그래프와 x축 및 두 직선 $x=a$, $x=b$로 둘러싸인 도형 중 $f(x) \geq 0$인 부분의 넓이를 S_1, $f(x) \leq 0$인 부분의 넓이를 S_2라고 할 때, $S_1 - S_2$를 함수 $f(x)$의 a에서 b까지의 정적분이라 하며, 기호 $\int_a^b f(x)dx$로 나타낸다.

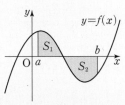

- **정적분과 부정적분의 관계**

함수 $f(x)$가 닫힌 구간 $[a, b]$에서 연속일 때, $f(x)$의 한 부정적분을 $F(x)$라 하면

$$\int_a^b f(x)dx = \Big[F(x) \Big]_a^b = F(b) - F(a)$$

이때 $a=b$이면 $\int_a^a f(x)dx = 0$,

$a \neq b$이면 $\int_a^b f(x)dx = -\int_b^a f(x)dx$

1 정적분 $\int_{-2}^1 (3x^2 + 6x - 7)dx$의 값은?

① -21　　　② -18　　　③ -15

④ -10　　　⑤ -8

2 정적분 $\int_0^2 (2x+a)dx + \int_2^2 (x-1)dx = 10$일 때, 상수 a의 값은?

① 1　　　② 3　　　③ 5

④ 7　　　⑤ 9

3 정적분 $\int_1^{-1} (8y^3 + 4y - 3)dy$의 값은?

① 2　　　② 4　　　③ 6

④ 8　　　⑤ 10

05 정적분의 성질

- 두 함수 $f(x)$, $g(x)$가 세 실수 a, b, c를 포함하는 닫힌 구간에서 연속일 때

① $\int_a^b kf(x)dx = k\int_a^b f(x)dx$ (단, k는 상수)

② $\int_a^b \{f(x) \pm g(x)\}dx = \int_a^b f(x)dx \pm \int_a^b g(x)dx$

(복부호 동순)

③ $\int_a^b f(x)dx + \int_b^c f(x)dx = \int_a^c f(x)dx$

4 정적분 $\int_0^2 (x+k)^2 dx - \int_0^2 (x-k)^2 dx = 16$일 때, 상수 k의 값은?

① 1　　　② 2　　　③ 3

④ 4　　　⑤ 5

5 정적분 $\int_{-1}^1 \dfrac{x^3}{x+2} dx + \int_{-1}^1 \dfrac{8}{x+2} dx$의 값은?

① $\dfrac{10}{3}$　　　② $\dfrac{16}{3}$　　　③ $\dfrac{20}{3}$

④ $\dfrac{26}{3}$　　　⑤ $\dfrac{29}{3}$

6 함수 $f(x) = 2x + 5$에 대하여 정적분

$$\int_{-1}^0 f(x)dx - \int_1^0 f(x)dx - \int_2^1 f(x)dx$$

의 값을 구하시오.

구간을 나누어 계산하는!

구간에 따라 다르게 정의된 함수의 정적분

$$f(x)=\begin{cases} 1 & (x\leq 0) \\ x+1 & (x>0) \end{cases}$$ 일 때, $\boxed{\displaystyle\int_{-1}^{1} f(x)\,dx}$ 의 값은?

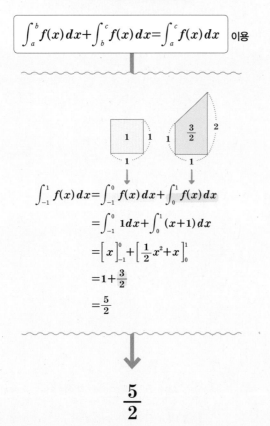

$x\leq 0$일 때와 $x\geq 0$일 때의 함수가 다르게 정의되어 있으므로
$x=0$을 기준으로 구간을 나눈 후

$$\int_a^b f(x)\,dx+\int_b^c f(x)\,dx=\int_a^c f(x)\,dx \quad \text{이용}$$

$$\begin{aligned}
\int_{-1}^{1} f(x)\,dx &= \int_{-1}^{0} f(x)\,dx+\int_{0}^{1} f(x)\,dx \\
&= \int_{-1}^{0} 1\,dx+\int_{0}^{1} (x+1)\,dx \\
&= \Big[x\Big]_{-1}^{0}+\Big[\frac{1}{2}x^2+x\Big]_{0}^{1} \\
&= 1+\frac{3}{2} \\
&= \frac{5}{2}
\end{aligned}$$

$$\frac{5}{2}$$

함수 $f(x)=\begin{cases} g(x) & (x\leq b) \\ h(x) & (x>b) \end{cases}$ 가 닫힌 구간 $[a,\ c]$에서 연속이고

$a<b<c$이면 경계값 b를 기준으로 구간을 나누어 구한다.

$$\int_a^c f(x)\,dx \equiv \int_a^b g(x)\,dx + \int_b^c h(x)\,dx$$

1ˢᵗ ─ 구간에 따라 다르게 정의된 함수의 정적분

● 주어진 함수 $f(x)$에 대하여 다음 정적분의 값을 구하시오.

1 $f(x)=\begin{cases} 2x-1 & (x\leq 0) \\ 3x^2-1 & (x>0) \end{cases}$ 일 때, $\displaystyle\int_{-1}^{1} f(x)\,dx$

$$\rightarrow \int_{-1}^{1} f(x)\,dx$$

$$= \int_{-1}^{\square} f(x)\,dx+\int_{\square}^{1} f(x)\,dx$$

$$= \int_{-1}^{\square} (2x-1)\,dx+\int_{\square}^{1} (3x^2-1)\,dx$$

$$= \Big[\square-\square\Big]_{-1}^{\square}+\Big[\square-\square\Big]_{\square}^{1}$$

$$= \square+\square=\square$$

> 함수가 달라지는 x의 값을 기준으로 적분 구간을 나눈다.

2 $f(x)=\begin{cases} -x+1 & (x\leq -1) \\ -2x & (x>-1) \end{cases}$ 일 때, $\displaystyle\int_{-2}^{0} f(x)\,dx$

3 $f(x)=\begin{cases} -2x & (x\leq 0) \\ -3x^2 & (x>0) \end{cases}$ 일 때, $\displaystyle\int_{-2}^{2} f(x)\,dx$

4 $f(x)=\begin{cases} \dfrac{1}{2}x-1 & (x\leq 2) \\ (x-2)^2 & (x>2) \end{cases}$ 일 때, $\displaystyle\int_{1}^{3} f(x)\,dx$

5 $f(x)=\begin{cases} x & (x\leq -1) \\ 3x+2 & (x>-1) \end{cases}$ 일 때,

$$\int_{-2}^{0}(x-1)f(x)dx$$

6 $f(x)=\begin{cases} x^2-2 & (x\leq 0) \\ x-2 & (x>0) \end{cases}$ 일 때, $\int_{-2}^{2}f(x+1)dx$

정답과 풀이 129쪽

2nd 구간에 따라 다르게 정의된 함수의 정적분;
그래프가 주어질 때

● 주어진 함수 $y=f(x)$의 그래프에 대하여 다음을 구하시오.

8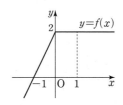

(1) 함수 $f(x)$

→ $x\leq 0$일 때, 두 점 $(-1, 0)$, $(0, 2)$를 지나므로

$f(x)=\boxed{}\,x+\boxed{}$

$x>0$일 때, $f(x)=\boxed{}$

따라서 $f(x)=\begin{cases} \boxed{}\,x+\boxed{} & (x\leq 0) \\ \boxed{} & (x>0) \end{cases}$

(2) $\displaystyle\int_{-1}^{1}f(x)dx$

→ $\displaystyle\int_{-1}^{1}f(x)dx=\int_{-1}^{0}f(x)dx+\int_{0}^{1}f(x)dx$

$=\displaystyle\int_{-1}^{0}(\boxed{}\,x+\boxed{})dx+\int_{0}^{1}\boxed{}\,dx$

$=\Big[\boxed{}+\boxed{}\Big]_{-1}^{0}+\Big[\boxed{}\Big]_{0}^{1}$

$=\boxed{}+\boxed{}=\boxed{}$

내가 발견한 개념 구간에 따라 다르게 정의된 함수의 정적분?

• 연속함수 $f(x)=\begin{cases} g(x) & (x\leq b) \\ h(x) & (x>b) \end{cases}$ 에 대하여 $a<b<c$일 때

$\displaystyle\int_{a}^{c}f(x)dx=\int_{a}^{\boxed{}}\boxed{}\,dx+\int_{\boxed{}}^{c}\boxed{}\,dx$

개념모음문제

7 함수 $f(x)=\begin{cases} (x+1)^2 & (x\leq -1) \\ 3x+3 & (x>-1) \end{cases}$ 일 때, 정적분

$\displaystyle\int_{-3}^{1}f(x)dx$의 값은?

① $\dfrac{26}{3}$ ② 8   ③ 7

④ $\dfrac{20}{3}$ ⑤ $\dfrac{16}{3}$

9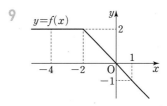

(1) 함수 $f(x)$

(2) $\displaystyle\int_{-4}^{1}f(x)dx$

10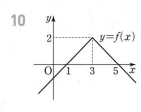

(1) 함수 $f(x)$

(2) $\displaystyle\int_1^5 xf(x)dx$

● 연속함수 $f(x)$의 도함수 $y=f'(x)$의 그래프가 주어진 그림과 같을 때, 다음 함숫값을 구하시오.

11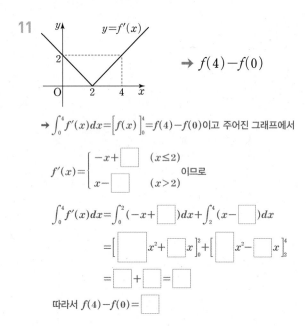

➡ $f(4)-f(0)$

➡ $\displaystyle\int_0^4 f'(x)dx=\Big[f(x)\Big]_0^4=f(4)-f(0)$이고 주어진 그래프에서

$$f'(x)=\begin{cases} -x+\boxed{} & (x\le 2)\\ x-\boxed{} & (x>2) \end{cases}$$ 이므로

$$\int_0^4 f'(x)dx=\int_0^2 (-x+\boxed{})dx+\int_2^4 (x-\boxed{})dx$$

$$=\Big[\boxed{}x^2+\boxed{}x\Big]_0^2+\Big[\boxed{}x^2-\boxed{}x\Big]_2^4$$

$$=\boxed{}+\boxed{}=\boxed{}$$

따라서 $f(4)-f(0)=\boxed{}$

12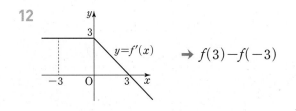

➡ $f(3)-f(-3)$

13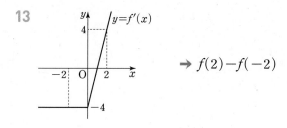

➡ $f(2)-f(-2)$

14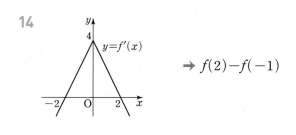

➡ $f(2)-f(-1)$

3rd — 절댓값 기호를 포함한 함수의 정적분

● 다음 정적분의 값을 구하시오.

15 $\displaystyle\int_{-1}^1 |x|dx$

> 절댓값 기호를 포함한 함수의 정적분의 값
> ➡ 절댓값 기호 안의 식의 값이 0이 되는 x의 값을 경계로 구간을 나누어 절댓값 기호를 없앤 후 각 정적분의 값의 합을 구한다.

➡ $f(x)=|x|$로 놓으면

$$f(x)=\begin{cases} \boxed{} & (x\le 0)\\ \boxed{} & (x>0) \end{cases}$$

이므로 $y=f(x)$의 그래프는 오른쪽 그림과 같다.

따라서

$\displaystyle\int_{-1}^1 |x|dx$

$=\displaystyle\int_{-1}^0 \boxed{}\,dx+\int_0^1 \boxed{}\,dx$

$=\Big[\boxed{}\Big]_{-1}^0+\Big[\boxed{}\Big]_0^1$

$=\boxed{}+\boxed{}=\boxed{}$

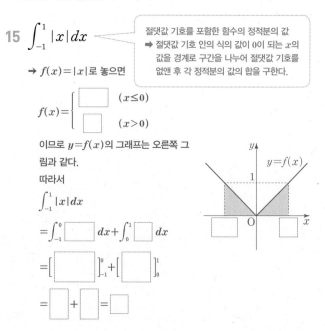

16 $\displaystyle\int_0^3 |x-1|\,dx$

17 $\displaystyle\int_{-4}^{-1} |2x+6|\,dx$

18 $\displaystyle\int_0^2 (|2x-2|+1)\,dx$

19 $\displaystyle\int_0^2 |x^2-x|\,dx$

→ $f(x)=|x^2-x|$로 놓으면

$$f(x)=\begin{cases} \boxed{} & (0\le x\le 1) \\ \boxed{} & (x<0 \text{ 또는 } x>1) \end{cases}$$

이므로 $y=f(x)$의 그래프는 오른쪽
그림과 같다.
따라서

$\displaystyle\int_0^2 |x^2-x|\,dx$

$=\displaystyle\int_0^1 (\boxed{}+x)\,dx$

$\qquad +\displaystyle\int_1^2 (\boxed{}-x)\,dx$

$=\left[\boxed{}+\dfrac{1}{2}x^2\right]_0^1+\left[\boxed{}-\dfrac{1}{2}x^2\right]_1^2$

$=\boxed{}+\boxed{}=\boxed{}$

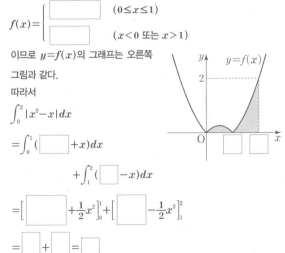

20 $\displaystyle\int_2^4 |x(x-3)|\,dx$

21 $\displaystyle\int_0^2 |x^2-3x+2|\,dx$

22 $\displaystyle\int_0^2 |x^2-1|\,dx$

개념모음문제

23 정적분 $\displaystyle\int_0^2 \dfrac{|x^2-1|}{x+1}\,dx$의 값은?

① 0　　　　　② 1　　　　　③ $\dfrac{3}{2}$

④ 2　　　　　⑤ $\dfrac{5}{2}$

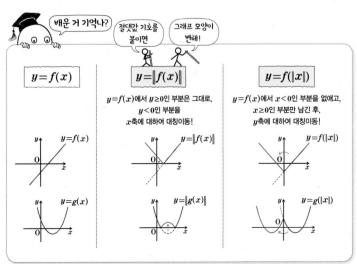

배운 거 기억나? 절댓값 기호를 붙이면 그래프 모양이 변해!

$y=f(x)$	$y=\|f(x)\|$	$y=f(\|x\|)$
	$y=f(x)$에서 $y\ge 0$인 부분은 그대로, $y<0$인 부분을 x축에 대하여 대칭이동!	$y=f(x)$에서 $x<0$인 부분을 없애고, $x\ge 0$인 부분만 남긴 후, y축에 대하여 대칭이동!

정적분 $\int_{-a}^{a} x^n dx$의 계산

자연수 n에 대하여 함수 $f(x)=x^n$의 그래프와 x축 및
두 직선 $x=-a$, $x=a$로 둘러싸인 도형의 넓이를 $2S$라 할 때

정적분 $\boxed{\int_{-a}^{a} x^n dx}$ 의 값 (단, $a>0$)

n이 홀수일 때	n이 짝수일 때
함수 $f(x)$의 그래프는 원점에 대하여 대칭이므로	함수 $f(x)$의 그래프는 y축에 대하여 대칭이므로

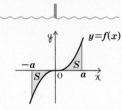

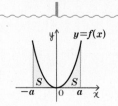

n이 홀수일 때:

$\int_{-a}^{0} f(x)dx=-S,$

$\int_{0}^{a} f(x)dx=S$

$\int_{-a}^{a} f(x)dx$

$=\int_{-a}^{0} f(x)dx+\int_{0}^{a} f(x)dx$

$=(-S)+S=0$

n이 짝수일 때:

$\int_{-a}^{0} f(x)dx=S,$

$\int_{0}^{a} f(x)dx=S$

$\int_{-a}^{a} f(x)dx$

$=\int_{-a}^{0} f(x)dx+\int_{0}^{a} f(x)dx$

$=S+S=2S$

$=2\int_{0}^{a} f(x)dx$

$$\int_{-a}^{a} x^n dx = 0$$

$$\int_{-a}^{a} x^n dx = 2\int_{0}^{a} x^n dx$$

$\boxed{\int_{-2}^{2} (5x^4+x^3-3x^2+x+2)dx}$ 의 값을 구해보면?

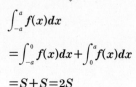

차수가 홀수인 항

$\int_{-2}^{2} (5x^4+x^3-3x^2+x+2)dx$

차수가 짝수인 항 또는 상수항

$=\int_{-2}^{2} 5x^4 dx+\int_{-2}^{2} x^3 dx+\int_{-2}^{2} (-3x^2) dx+\int_{-2}^{2} x dx+\int_{-2}^{2} 2 dx$

$=2\int_{0}^{2} 5x^4 dx+0+2\int_{0}^{2} (-3x^2) dx+0+2\int_{0}^{2} 2dx$

$=2\int_{0}^{2} (5x^4-3x^2+2) dx$

$=56$

다항함수

$\int_{-a}^{a} f(x)dx$의 값을 구할 때
차수가 홀수인 항은 없애고 차수가 짝수인 항과
상수항만 계산하면 되겠군!

1st — 정적분 $\int_{-a}^{a} x^n dx$의 계산

● 다음 정적분의 값을 구하시오.

1 $\int_{-1}^{1} (x^5+x^4+x^3+x^2+x+1)dx$

→ $\int_{-1}^{1} (x^5+x^4+x^3+x^2+x+1)dx$

차수가 짝수인 항과
홀수인 항으로 각각 묶어 봐!

$=\int_{-1}^{1} (x^5+x^3+x)dx+\int_{-1}^{1} (x^4+x^2+1)dx$

$=\boxed{}+\boxed{}\int_{0}^{1} (x^4+x^2+1)dx$

$=\boxed{}\left[\boxed{} x^5+\boxed{} x^3+x\right]_{0}^{1}$

$=\boxed{} \times \boxed{} = \boxed{}$

2 $\int_{-2}^{2} (10x^4-1)dx$

3 $\int_{-3}^{3} (6x^5-8x^3+3x)dx$

4 $\int_{0}^{1} (4x^3+3x^2+1)dx+\int_{-1}^{0} (4x^3+3x^2+1)dx$

😊 내가 발견한 개념

$\int_{-a}^{a} x^n dx$의 값은? (단, n은 자연수)

• n이 짝수일 때, $\int_{-a}^{a} x^n dx=\boxed{} \int_{0}^{a} x^n dx$

• n이 홀수일 때, $\int_{-a}^{a} x^n dx=\boxed{}$

2nd — 정적분 $\int_{-a}^{a} f(x)dx$의 계산

● 다항함수 $f(x)$가 모든 실수 x에 대하여 주어진 조건을 만족시킬 때, 다음 정적분의 값을 구하시오.

5 $f(x)=f(-x)$이고 $\int_{0}^{2} f(x)dx=3$일 때,

$\int_{-2}^{2} f(x)dx$

→ 모든 실수 x에 대하여 $f(x)=f(-x)$이므로 $y=f(x)$의 그래프는

☐ 에 대하여 대칭이다.

따라서

$\int_{-2}^{2} f(x)dx = \boxed{}\int_{\boxed{}}^{2} f(x)dx = \boxed{} \times \boxed{} = \boxed{}$

6 $f(x)=f(-x)$이고 $\int_{-1}^{0} f(x)dx=\dfrac{1}{4}$일 때,

$\int_{0}^{1} f(x)dx$

7 $f(-x)=-f(x)$이고 $\int_{0}^{3} f(x)dx=1$일 때,

$\int_{-3}^{3} f(x)dx$

→ 모든 실수 x에 대하여 $f(-x)=-f(x)$이므로 $y=f(x)$의 그래프는

☐ 에 대하여 대칭이다.

따라서 $\int_{-3}^{3} f(x)dx = \boxed{}$

8 $f(-x)=-f(x)$이고 $\int_{0}^{1} f(x)dx=-3$일 때,

$\int_{-1}^{1} f(x)dx$

9 $f(x)=f(-x)$이고 $\int_{-1}^{1} f(x)dx=-6$일 때

(1) $\int_{-1}^{1} xf(x)dx$

→ 모든 실수 x에 대하여 $f(x)=f(-x)$이므로 $y=f(x)$의 그래프

는 ☐ 에 대하여 대칭이다.

따라서 $y=xf(x)$의 그래프는 ☐ 에 대하여 대칭이므로

$\int_{-1}^{1} xf(x)dx = \boxed{}$

(2) $\int_{-1}^{1} (x^3-1)f(x)dx$

10 $f(-x)=-f(x)$이고

$\int_{0}^{1} f(x)dx=2,\ \int_{0}^{1} xf(x)dx=3$일 때

(1) $\int_{-1}^{1} (x^2+1)f(x)dx$

→ 모든 실수 x에 대하여 $f(-x)=-f(x)$이므로 $y=f(x)$의 그래

프는 ☐ 에 대하여 대칭이다.

따라서 $y=x^2f(x)$의 그래프는 ☐ 에 대하여 대칭이다.

따라서

$\int_{-1}^{1} (x^2+1)f(x)dx = \int_{-1}^{1} x^2f(x)dx + \int_{-1}^{1} f(x)dx = \boxed{}$

(2) $\int_{-1}^{1} (x+1)f(x)dx$

☺ **내가 발견한 개념** 　　　　그래프가 대칭인 함수의 정적분은?

• $y=f(x)$의 그래프가 y축에 대하여 대칭일 때

$\int_{-a}^{a} f(x)dx = \boxed{} \int_{0}^{a} f(x)dx$

• $y=f(x)$의 그래프가 원점에 대하여 대칭일 때

$\int_{-a}^{a} f(x)dx = \boxed{}$

개념모음문제

11 $\int_{-a}^{a} (3x^2+2x)dx=16$일 때, 실수 a의 값은?

① 2 　　　　② 3 　　　　③ 4

④ 5 　　　　⑤ 6

함수의 면적이 주기마다 반복되는!

주기함수의 정적분

$-1 \leq x \leq 1$일 때, $f(x) = \begin{cases} x & (0 \leq x \leq 1) \\ -x & (-1 \leq x \leq 0) \end{cases}$ 이고

$f(x) = f(x+2)$

주기가 2인 주기함수의 그래프를 보면

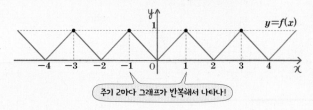

주기 2마다 그래프가 반복해서 나타나!

1 닫힌 구간 $[-1, 1]$에서

$$\cdots = \int_{-3}^{-1} f(x)dx = \int_{-1}^{1} f(x)dx = \int_{1}^{3} f(x)dx = \cdots$$

$$\cdots = \qquad = \qquad = \qquad = \cdots$$

↓

주기 2만큼 이동한 구간의 정적분의 값은 모두 같다.

함수 $f(x)$가 임의의 실수 x에 대하여 $f(x+p) = f(x)$ (p는 0이 아닌 상수)일 때

주기가 p인 주기함수

❶ $\int_a^b f(x)\,dx \equiv \int_{a+p}^{b+p} f(x)\,dx$

$\equiv \int_{a+2p}^{b+2p} f(x)\,dx$

$\equiv \cdots$

$\equiv \int_{a+np}^{b+np} f(x)\,dx$

(단, n은 정수이다.)

2 닫힌 구간 $[-1, 1]$과 닫힌 구간 $[0, 2]$에서

$\int_{-1}^{1} f(x)dx$
$= \int_{-1}^{0} f(x)dx + \int_{0}^{1} f(x)dx$

$\int_{0}^{2} f(x)dx$
$= \int_{0}^{1} f(x)dx + \int_{1}^{2} f(x)dx$

이때 $\int_{-1}^{0} f(x)dx = \int_{1}^{2} f(x)dx$ 이므로

$\int_{-1}^{1} f(x)dx = \int_{0}^{2} f(x)dx$

그래프의 모양이 같으니, 정적분의 값도 같아!

↓

각각의 구간의 길이가 주기와 같은 2이므로 정적분의 값은 같다.

❷ $\int_a^{a+p} f(x)\,dx \equiv \int_b^{b+p} f(x)\,dx$

주기 p에 해당하는 구간에서의 정적분의 값은 항상 일정해!

원리확인 다음은 주어진 조건을 만족시키는 함수 $f(x)$에 대하여 $\int_{-1}^{1} f(x)dx = \int_{3}^{5} f(x)dx$임을 보이는 과정이다. 빈칸에 알맞은 것을 써넣으시오.

(가) $-1 \leq x \leq 1$일 때, $f(x) = x^2$
(나) 모든 실수 x에 대하여 $f(x) = f(x+2)$

❶ 함수 $f(x)$의 그래프 그리기

조건 (나)에서 $f(x)$는 주기가 $\boxed{}$인 주기함수이므로 그래프는 다음과 같다.

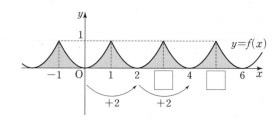

❷ $\int_{-1}^{1} f(x)dx = \int_{-1}^{1} x^2\,dx = \Big[\boxed{}\Big]_{-1}^{1} = \boxed{}$

❸ $\int_{3}^{5} f(x)dx = \int_{3}^{5} (x - \boxed{})^2\,dx$

$= \int_{3}^{5} (x^2 - \boxed{}x + \boxed{})\,dx$

$= \Big[\dfrac{1}{3}x^3 - \boxed{} + \boxed{}\Big]_{3}^{5}$

$= \boxed{} - \boxed{} = \boxed{}$

❹

배운 거 기억나?

함수 $y = f(x)$의 정의역에 속하는 임의의 x에 대하여 $f(x+p) = f(x)$가 성립하는 0이 아닌 상수 p가 존재할 때, 함수 $y = f(x)$를 주기함수 라 하고 이러한 상수 p 중에서 최소인 양수를 그 함수의 주기라 한다.

1st — 주기함수의 정적분

● 함수 $f(x)$가 주어진 조건을 만족시킬 때, 다음 정적분의 값을 구하시오.

1

> (가) $-1 \leq x \leq 2$일 때, $f(x) = x^2 - x$
> (나) 모든 실수 x에 대하여 $f(x) = f(x+3)$

$$\int_{-1}^{8} f(x)dx$$

→ 조건 (나)에서 $f(x)$는 주기가 $\boxed{}$ 인 주기함수이므로

$$\int_{-1}^{2} f(x)dx = \int_{\boxed{}}^{\boxed{}} f(x)dx = \int_{\boxed{}}^{8} f(x)dx$$

따라서

$\int_{-1}^{8} f(x)dx$ 적분 구간이 한 주기가 되도록 구간을 나눠 봐!

$$= \int_{-1}^{2} f(x)dx + \int_{\boxed{}}^{\boxed{}} f(x)dx + \int_{\boxed{}}^{8} f(x)dx$$

$$= \int_{-1}^{2} f(x)dx + \int_{\boxed{}}^{2} f(x)dx + \int_{\boxed{}}^{2} f(x)dx$$

$$= \boxed{} \int_{-1}^{2} f(x)dx = \boxed{} \int_{-1}^{2} (x^2 - x)dx$$

$$= \boxed{} \left[\frac{1}{3}x^3 - \frac{1}{2}x^2 \right]_{-1}^{2} = 3 \times \boxed{} = \boxed{}$$

$$f(x) = f(x+p)$$

> 우리 모두 주기가 p인 함수!

$$f\left(x - \frac{p}{2}\right) = f\left(x + \frac{p}{2}\right)$$

2

> (가) $-1 \leq x \leq 1$일 때, $f(x) = 3x^2$
> (나) 모든 실수 x에 대하여 $f(x) = f(x+2)$

$$\int_{-4}^{4} f(x)dx$$

3

> (가) $0 \leq x \leq 4$일 때, $f(x) = -x^2 + 4x$
> (나) 모든 실수 x에 대하여 $f(x-2) = f(x+2)$

$$\int_{-2}^{6} f(x)dx$$

4

> (가) $-1 \leq x \leq 1$일 때, $f(x) = -x^2$
> (나) 모든 실수 x에 대하여 $f(x) = f(x+2)$

$$\int_{0}^{5} f(x)dx$$

→ 조건 (나)에서 $f(x)$는 주기가 $\boxed{}$ 인 주기함수이므로

$$\int_{-1}^{1} f(x)dx = \int_{\boxed{}}^{\boxed{}} f(x)dx = \int_{\boxed{}}^{5} f(x)dx$$

한편 $-1 \leq x \leq 1$일 때, $y = f(x)$의 그래프는 y축에 대하여 대칭이므로

$$\int_{-1}^{1} f(x)dx = \boxed{} \int_{0}^{1} f(x)dx$$

따라서

$$\int_{0}^{5} f(x)dx = \int_{0}^{1} f(x)dx + \int_{\boxed{}}^{\boxed{}} f(x)dx + \int_{\boxed{}}^{5} f(x)dx$$

$$= \int_{0}^{1} f(x)dx + \int_{\boxed{}}^{\boxed{}} f(x)dx + \int_{\boxed{}}^{1} f(x)dx$$

$$= \int_{0}^{1} f(x)dx + \boxed{} \int_{-1}^{1} f(x)dx$$

$$= \boxed{} \int_{0}^{1} f(x)dx = \boxed{} \int_{0}^{1} -x^2 \, dx$$

$$= \boxed{} \left[-\frac{1}{3}x^3 \right]_{0}^{1} = 5 \times \left(\boxed{} \right) = \boxed{}$$

5

> (가) $-2 \leq x \leq 2$일 때, $f(x) = 6x^2 + 1$
> (나) 모든 실수 x에 대하여 $f(x-2) = f(x+2)$

$$\int_{0}^{6} f(x)dx$$

6

> (가) $-1 \leq x \leq 1$일 때, $f(x) = |x|$
> (나) 모든 실수 x에 대하여 $f(x) = f(x+2)$

$$\int_{0}^{7} f(x)dx$$

☺ 내가 발견한 개념 — 주기함수의 정적분은?

함수 f(x)가 주기가 p인 주기함수일 때

• $\int_{a+np}^{b+np} f(x)dx = \int_{\boxed{}}^{\boxed{}} f(x)dx$ (단, n은 정수이다.)

• $\int_{a}^{a+p} f(x)dx = \int_{b}^{b+\boxed{}} f(x)dx$

06 구간에 따라 다르게 정의된 함수의 정적분

• 연속함수 $f(x)=\begin{cases} g(x) & (x\le b) \\ h(x) & (x>b) \end{cases}$에 대하여

$a<b<c$일 때

$$\int_a^c f(x)dx=\int_a^b g(x)dx+\int_b^c h(x)dx$$

1 함수 $f(x)=\begin{cases} 1+2x & (x\le 0) \\ 1-x^2 & (x>0) \end{cases}$일 때, 정적분

$\displaystyle\int_{-2}^1 f(x)dx$의 값은?

① $-\dfrac{8}{3}$ ② -2 ③ $-\dfrac{4}{3}$

④ -1 ⑤ 0

2 함수 $f(x)=\begin{cases} -2x+2 & (x\le 1) \\ -\dfrac{1}{2}x+\dfrac{1}{2} & (x>1) \end{cases}$일 때, 정적분

$\displaystyle\int_0^a f(x)dx=0$을 만족시키는 실수 a의 값은?

(단, $a>1$)

① 2 ② $\dfrac{8}{3}$ ③ 3

④ $\dfrac{10}{3}$ ⑤ 4

3 함수 $y=f(x)$의 그래프가 오른쪽 그림과 같을 때, 정적분 $\displaystyle\int_{-2}^2 f(x)dx$의 값은?

① 6 ② 8

③ 14 ④ 16

⑤ 20

4 함수 $y=f(x)$의 그래프가 오른 쪽 그림과 같을 때, 정적분 $\displaystyle\int_0^3 xf(x)dx$의 값은?

① -10 ② $-\dfrac{19}{2}$

③ -8 ④ $-\dfrac{15}{2}$

⑤ $-\dfrac{11}{2}$

5 연속함수 $f(x)$의 도함수 $f'(x)$의 그래프가 오른쪽 그림과 같을 때, $f(1)-f(-1)$의 값은?

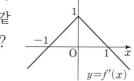

① $\dfrac{1}{2}$ ② 1

③ $\dfrac{3}{2}$ ④ 2

⑤ $\dfrac{5}{2}$

6 정적분 $\displaystyle\int_1^5 |x^2-3x|dx$의 값은?

① 8 ② 10 ③ 12

④ 13 ⑤ 15

07 정적분 $\int_{-a}^{a} x^n dx$의 계산

• 함수 $f(x)$가 닫힌 구간 $[-a, a]$에서 연속일 때

① 함수 $y=f(x)$의 그래프가 y축에 대하여 대칭, 즉 모든 실수 x에 대하여 $f(x)=f(-x)$이면

$$\int_{-a}^{a} f(x)dx=2\int_{0}^{a} f(x)dx$$

② 함수 $y=f(x)$의 그래프가 원점에 대하여 대칭, 즉 모든 실수 x에 대하여 $f(-x)=-f(x)$이면

$$\int_{-a}^{a} f(x)dx=0$$

7 정적분

$$\int_{-2}^{0} (2x^5-5x^4+3x-4)dx$$
$$+\int_{0}^{2} (2x^5-5x^4+3x-4)dx$$

의 값은?

① -132 ② -80 ③ -32

④ $-\dfrac{34}{3}$ ⑤ 0

8 $\int_{-a}^{a} (4x^3+1)dx=12$일 때, 실수 a의 값을 구하시오.

9 일차함수 $f(x)$에 대하여

$$\int_{-1}^{1} f(x)dx=2, \quad \int_{-1}^{1} xf(x)dx=-2$$

일 때, 정적분 $\int_{-1}^{1} f(x+1)dx$의 값은?

① -4 ② -3 ③ $\dfrac{1}{3}$

④ $\dfrac{2}{3}$ ⑤ 1

08 주기함수의 정적분

• 함수 $f(x)$의 정의역에 속하는 모든 실수 x에 대하여

$$f(x)=f(x+p)$$

를 만족시키는 0이 아닌 상수 p가 존재할 때

① $\int_{a+np}^{b+np} f(x)dx=\int_{a}^{b} f(x)dx$ (단, n은 정수이다.)

② $\int_{a}^{a+p} f(x)dx=\int_{b}^{b+p} f(x)dx$

10 함수 $f(x)$가 모든 실수 x에 대하여 $f(x)=f(x+3)$을 만족시킬 때, 다음 중 정적분 $\int_{0}^{3} f(x)dx$와 그 값이 다른 하나는?

① $\int_{-3}^{0} f(x)dx$ ② $\int_{-3}^{3} f(x)dx$ ③ $\int_{1}^{4} f(x)dx$

④ $\int_{3}^{6} f(x)dx$ ⑤ $\int_{-5}^{-2} f(x)dx$

11 함수 $f(x)$가 다음 조건을 만족시킬 때, 정적분 $\int_{1}^{3} f(x)dx$의 값은?

> (가) $-1 \leq x \leq 1$일 때, $f(x)=|x|-1$
> (나) 모든 실수 x에 대하여 $f(x-1)=f(x+1)$

① -2 ② -1 ③ 0

④ 1 ⑤ 2

12 함수 $f(x)$가 다음 조건을 만족시킬 때, 정적분 $\int_{-3}^{3} f(x)dx$의 값을 구하시오.

> (가) $-1 \leq x \leq 1$일 때, $f(x)=x^2+2$
> (나) 모든 실수 x에 대하여 $f(x)=f(x+2)$

면적의 변화율이 함수인!

정적분으로 정의된 함수의 미분

1 정적분으로 정의된 함수

변수가 t인 함수 $\boxed{f(t)=2t-1}$ 에 대하여

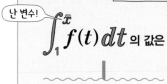

난 변수!

$\displaystyle\int_1^x f(t)\,dt$ 의 값은

$\displaystyle\int_1^x (2t-1)\,dt = \left[t^2-t \right]_1^x$

x^2-x

↓

x에 대한 함수이다.

정적분 $\displaystyle\int_a^x f(t)\,dt$ (a는 상수)에서
$f(t)$의 한 부정적분을 $F(t)$라 하면

$\displaystyle\int_a^x f(t)\,dt = \left[F(t) \right]_a^x$

$\qquad\qquad = F(x)-F(a)$

이므로 $\displaystyle\int_a^x f(t)\,dt$ 는 변수 x의 값에
따라 정적분의 값이 결정되는
x에 대한 함수이다.

2 정적분으로 정의된 함수의 미분

함수 $f(x)$의 부정적분을 $F(x)$라 하면

$$\frac{d}{dx}\int_a^x f(t)\,dt \quad \text{(단, } a \text{는 상수)}$$

$\dfrac{d}{dx}\displaystyle\int_a^x f(t)\,dt = \dfrac{d}{dx}\left[F(t) \right]_a^x$

$\qquad\qquad = \dfrac{d}{dx}\{F(x)-F(a)\} = F'(x)=f(x)$

⬇

$$\frac{d}{dx}\int_a^x f(t)\,dt = f(x)$$

$$\frac{d}{dx}\int_x^{x+a} f(t)\,dt \quad \text{(단, } a \text{는 상수)}$$

$\dfrac{d}{dx}\displaystyle\int_x^{x+a} f(t)\,dt = \dfrac{d}{dx}\left[F(t) \right]_x^{x+a} = \dfrac{d}{dx}\{F(x+a)-F(x)\}$

$\qquad\qquad = \dfrac{d}{dx}F(x+a) - \dfrac{d}{dx}F(x)$

$\qquad\qquad = F'(x+a) - F'(x)$ ┐ 왜?

$\qquad\qquad = f(x+a) - f(x)$ ┘

⬇

$$\frac{d}{dx}\int_x^{x+a} f(t)\,dt = f(x+a) - f(x)$$

원리확인 다음은 정적분으로 정의된 함수를 미분하는 과정이다. □ 안에 알맞은 것을 써넣으시오.

❶ $\displaystyle\frac{d}{dx}\int_0^x (t^2+3t+1)\,dt$

→ $\displaystyle\int_0^x (t^2+3t+1)\,dt$

$= \left[\dfrac{1}{3}t^3 + \dfrac{3}{2}t^2 + t \right]_{\boxed{}}^{\boxed{}}$

$= \dfrac{1}{3}\boxed{}^3 + \dfrac{3}{2}\boxed{}^2 + \boxed{}$

이므로 양변을 미분하면

$\dfrac{d}{dx}\displaystyle\int_0^x (t^2+3t+1)\,dt$ ┐

$= \dfrac{d}{dx}\left(\dfrac{1}{3}\boxed{}^3 + \dfrac{3}{2}\boxed{}^2 + \boxed{} \right)$ 변수 t를 x로 바꿔!

$= \boxed{}^2 + 3x + \boxed{}$ ←

❷ $\displaystyle\frac{d}{dx}\int_x^{x+1} 3t^2\,dt$

→ $\displaystyle\int_x^{x+\boxed{}} 3t^2\,dt$

$= \left[\boxed{} \right]_x^{x+1}$

$= (\boxed{\quad})^3 - x^3$

$= x^3 + \boxed{}x^2 + \boxed{}x + 1 - x^3$

$= \boxed{}x^2 + \boxed{}x + 1$

이므로 양변을 미분하면

$\dfrac{d}{dx}\displaystyle\int_x^{x+\boxed{}} 3t^2\,dt$

$= \dfrac{d}{dx}(\boxed{}x^2 + \boxed{}x + 1)$

$= \boxed{}x + 3$

$= 3(\boxed{\quad})^2 - 3x^2$

자연수 n에 대하여 $f(x)=a_n x^n + a_{n-1}x^{n-1} + \cdots + a_1 x + a_0$ ($a_n, a_{n-1}, \cdots, a_1, a_0$은 상수)일 때

$F(x) = \dfrac{a_n}{n+1}x^{n+1} + \dfrac{a_{n-1}}{n}x^n + \cdots + \dfrac{a_1}{2}x^2 + a_0 x + C$ (C는 적분상수)

따라서 $F(x+a) = \dfrac{a_n}{n+1}(x+a)^{n+1} + \dfrac{a_{n-1}}{n}(x+a)^n + \cdots + \dfrac{a_1}{2}(x+a)^2 + a_0(x+a) + C$이므로

$F'(x+a) = a_n(x+a)^n + a_{n-1}(x+a)^{n-1} + \cdots + a_1(x+a) + a_0$

$\qquad\qquad = f(x+a)$

1ˢᵗ — 정적분으로 정의된 함수의 미분

● 다음을 구하시오.

1 $\dfrac{d}{dx}\displaystyle\int_{1}^{x}(2t-3)dt$

→ $\dfrac{d}{dx}\displaystyle\int_{1}^{x}(2t-3)dt=2\boxed{}-3$

2 $\dfrac{d}{dx}\displaystyle\int_{0}^{x}(t^2+2t-1)dt$

3 $\dfrac{d}{dx}\displaystyle\int_{-2}^{x}(-4t^3+6t^2+t)dt$

$$\dfrac{d}{dx}\int_{a}^{x}f(t)\,dt = f(x)$$

t 대신 x가 들어가!

4 $\dfrac{d}{dx}\displaystyle\int_{x}^{x+1}(3t^2+2)dt$

→ $\dfrac{d}{dx}\displaystyle\int_{x}^{x+1}(3t^2+2)dt$

$=\{3(x+\boxed{})^2+2\}-(3\boxed{}^2+2)$

$=\boxed{}+\boxed{}$

5 $\dfrac{d}{dx}\displaystyle\int_{x}^{x+2}(4t-5)dt$

6 $\dfrac{d}{dx}\displaystyle\int_{x-1}^{x}(6t^2-3t)dt$

● 모든 실수 x에 대하여 다음 등식을 만족시키는 다항함수 $f(x)$를 구하시오.

7 $\displaystyle\int_{0}^{x}f(t)dt=x^4+4x$

→ 주어진 등식의 양변을 x에 대하여 미분하면

$\dfrac{d}{dx}\displaystyle\int_{0}^{x}f(t)dt=\dfrac{d}{dx}(\boxed{}+4x)$

$=\boxed{}x^3+\boxed{}$

따라서 $f(x)=\boxed{}+4$

8 $\displaystyle\int_{1}^{x}f(t)dt=x^2+2x-3$

9 $\displaystyle\int_{-1}^{x}f(t)dt=x^3+2x^2-3x-4$

☺ 내가 발견한 개념   정적분으로 정의된 함수의 미분은?

함수 $f(x)$가 닫힌 구간 [a, b]에서 연속이고 a<x<b일 때

• $\dfrac{d}{dx}\displaystyle\int_{a}^{x}f(t)dt=f(\boxed{})$

• $\dfrac{d}{dx}\displaystyle\int_{x}^{x+a}f(t)dt=f(\boxed{})-f(\boxed{})$

정적분으로 정의된 함수; 적분 구간이 상수로 주어진 경우

함수 $f(x)$가 모든 실수 x에 대하여

$$f(x)=-4x+\int_0^3 f(t)dt$$ 일 때, 함수 $\boxed{f(x)}$는?

❶

$\int_0^3 f(t)dt=k$ (k는 상수)로 놓는다.

$\int_0^3 f(t)dt=k$ (k는 상수) ······ ㉠라 하면

$$f(x)=-4x+k$$

❷

$f(x)=-4x+k$를 $\int_0^3 f(t)dt=k$에 대입하여 k의 값을 구한다.

$f(x)=-4x+k$에서 $f(t)=-4t+k$이므로

㉠의 좌변에 대입하면

$$\int_0^3 f(t)dt=\int_0^3 (-4t+k)dt$$

$$=\left[-2t^2+kt\right]_0^3=3k-18$$

즉 $3k-18=k$이므로 $k=9$

❸

$k=9$를 $f(x)=-4x+k$에 대입하여 $f(x)$를 구한다.

$$f(x)=-4x+9$$

1st — 적분 구간이 상수인 경우

● 모든 실수 x에 대하여 함수 $f(x)$가 주어진 식을 만족시킬 때, 다음을 구하시오.

1 $f(x)=2x+\underbrace{\int_0^2 f(t)dt}_{\text{상수!}}$일 때, $f(2)$의 값

→ $\int_0^2 f(t)dt=k$ (k는 상수) ······ ㉠라 하면

$$f(x)=2x+\boxed{}$$

이를 ㉠에 대입하면 $\int_0^2 (2t+k)dt=k$

$\left[t^2+kt\right]_0^2=k$, $\boxed{}+\boxed{}k=k$, 즉 $k=\boxed{}$

따라서 $f(x)=2x-\boxed{}$이므로 $f(2)=\boxed{}$

난 상수야!

$$f(x)=g(x)+\int_a^b f(t)dt$$

2 $f(x)=8x+3\int_0^1 f(t)dt$일 때, $f(3)$의 값

3 $f(x)=3x^2+\int_0^3 f(t)dt$일 때, $f(1)$의 값

4 $f(x)=6x^2-4x+\int_0^2 f(t)dt$일 때, $f(-2)$의 값

5 $f(x)=3x^2+\displaystyle\int_0^1(2x+1)f(t)dt$일 때, $f(-1)$의 값

적분 변수 t와 적분 변수가 아닌 변수 x를 구분해야 해!

$\rightarrow f(x)=3x^2+\displaystyle\int_0^1(2x+1)f(t)dt$

$\qquad =3x^2+2\boxed{}\displaystyle\int_0^1 f(t)dt+\int_0^1 f(t)dt$

이때 $\displaystyle\int_0^1 f(t)dt=k$ (k는 상수) $\cdots\cdots$ ㉠라 하면

$f(x)=3x^2+2k\boxed{}+\boxed{}$

이를 ㉠에 대입하면

$\displaystyle\int_0^1(3t^2+2k\boxed{}+\boxed{})dt=k$

$\left[t^3+k\boxed{}^2+\boxed{}t\right]_0^1=k$

$1+\boxed{}k=k$, 즉 $k=\boxed{}$

따라서 $f(x)=3x^2-\boxed{}-\boxed{}$이므로 $f(-1)=\boxed{}$

6 $f(x)=x^2-1-\displaystyle\int_0^2 xf(t)dt$일 때, $f(1)$의 값

7 $f(x)=2x^3+x^2+\displaystyle\int_{-1}^0(1-x)f(t)dt$일 때, $f(-1)$의 값

8 $f(x)=6x^2-8+\displaystyle\int_0^1 4xf(t)dt$일 때, $f(-2)$의 값

● 다음 등식을 만족시키는 다항함수 $f(x)$를 구하시오.

9 $f(x)=6x-5+\displaystyle\int_0^3 f'(t)dt$

$\rightarrow \displaystyle\int_0^3 f'(t)dt=k$ (k는 상수) $\cdots\cdots$ ㉠라 하면

$f(x)=6x-5+k$

이때 $f'(x)=\boxed{}$이므로 이를 ㉠에 대입하면

$\displaystyle\int_0^3\boxed{}dt=k$, $\left[\boxed{}t\right]_0^3=k$, 즉 $k=\boxed{}$

따라서 $f(x)=\boxed{}+\boxed{}$

10 $f(x)=x^2+2x-\displaystyle\int_0^2 f'(t)dt$

11 $f(x)=x^3+x^2+\displaystyle\int_0^1 f'(t)dt$

12 $f(x)=3x^2-5x+\displaystyle\int_0^2 f'(t)dt$

개념모음문제

13 다항함수 $f(x)$에 대하여

$$f(x)=3x^2+6x\int_0^1 f(t)dt+\left\{\int_0^1 f(t)dt\right\}^2$$

이 성립할 때, $f(3)$의 값은?

① -1　　　　② 3　　　　③ 10

④ 28　　　　⑤ 46

😊 내가 발견한 개념　　　　적분 구간이 상수인 정적분을 포함한 함수는?

• $f(x)=g(x)+\displaystyle\int_a^b f(t)dt$ (a, b는 상수)에서

$\displaystyle\int_a^b f(t)dt$의 값은 (상수, 변수)이므로

$\displaystyle\int_a^b f(t)dt=k$ (k는 $\boxed{}$)로 놓고

$f(t)=g(t)+\boxed{}$를 $\displaystyle\int_a^b f(t)dt=k$에 $\boxed{}$하여 k의 값을 구한다.

면적의 변화율이 함수인!

정적분으로 정의된 함수;
적분 구간이 변수로 주어진 경우

$$\int_1^x f(t)dt = x^2 + ax \ \text{(단, }a\text{는 상수)}$$ 일 때, 다항함수 $f(x)$ 는?

❶
등식의 양변을 x에 대하여 미분한다.

$\frac{d}{dx}\int_1^x f(t)dt = \frac{d}{dx}(x^2+ax)$ 이므로 $f(x)=2x+a$

❷
등식의 양변에 $x=1$을 대입하면 $\int_1^1 f(t)\,dt=0$임을 이용한다.

$\int_1^1 f(t)\,dt = 1+a$ 에서 $\int_1^1 f(t)\,dt=0$ 이므로

$0=1+a$ 이므로 $a=-1$

↓

$$f(x) = 2x-1$$

$$\int_1^x (x-t)f(t)\,dt = x^3 - 3x + 2$$ 일 때, 다항함수 $f(x)$ 는?

❶
좌변의 적분되는 함수에 x가 포함되지 않도록 식을 변형한다.

적분되는 함수에 x가 있어!

$\int_1^x (x-t)f(t)\,dt = \int_1^x xf(t)\,dt - \int_1^x tf(t)\,dt$

$= x\int_1^x f(t)\,dt - \int_1^x tf(t)\,dt$

이므로 $x\int_1^x f(t)\,dt - \int_1^x tf(t)\,dt = x^3 - 3x + 2$

적분되는 함수에 x가 없어!

❷
양변을 x에 대하여 미분한다.

$\frac{d}{dx}\left\{ x\int_1^x f(t)\,dt - \int_1^x tf(t)\,dt \right\} = \frac{d}{dx}(x^3-3x+2)$

$\int_1^x f(t)\,dt + xf(x) - xf(x) = 3x^2 - 3$

$\int_1^x f(t)\,dt = 3x^2 - 3$

❸
양변을 다시 x에 대하여 미분한다.

$\frac{d}{dx}\int_1^x f(t)\,dt = \frac{d}{dx}(3x^2-3)$ 에서 $f(x)=6x$

↓

$$f(x) = 6x$$

1st — 적분 구간이 변수로 주어진 경우 (1)

● 모든 실수 x에 대하여 다음 등식을 만족시키는 다항함수 $f(x)$ 를 구하시오. (단, a는 상수이다.)

1 $\int_1^x f(t)dt = x^2 - ax + 1$

    $\underbrace{}_{x\text{에 대한 함수!}}$

→ 주어진 등식의 양변에 $x=1$을 대입하면

$\int_1^{\square} f(t)dt = -a + \square$

위끝과 아래끝이 같으면 정적분의 값은 0!

$\square = -a + \square$ 이므로 $a = \square$

따라서 주어진 등식의 양변을 x에 대하여 미분하면

$\frac{d}{dx}\int_1^x f(t)dt = \frac{d}{dx}(x^2 - \square x + 1)$

따라서 $f(x) = \square - \square$

2 $\int_2^x f(t)dt = x^2 + ax$

3 $\int_1^x f(t)dt = 2x^3 + x^2 - ax + 1$

4 $\int_3^x f(t)dt = 5x^2 + ax - 3$

5 $\int_{-1}^x f(t)dt = 4x^3 + 5x^2 - ax$

• 모든 실수 x에 대하여 다음 등식을 만족시키는 다항함수 $f(x)$와 실수 a의 값을 각각 구하시오. (단, $a>0$)

6 $\displaystyle\int_a^x f(t)dt=x^4-3x^3$

→ 양변을 x에 대하여 미분하면

$$\frac{d}{dx}\int_{\boxed{}}^x f(t)dt=\frac{d}{dx}(x^4-3x^3)$$

$$f(x)=\boxed{}x^3-\boxed{}x^2$$

또 주어진 등식의 양변에 $x=a$를 대입하면

$$\int_a^{\boxed{}} f(t)dt=a^4-3a^3$$

$$\boxed{}=a^4-3a^3\text{이므로 }a^3(a-\boxed{})=\boxed{}$$

이때 $a>0$이므로 $a=\boxed{}$

7 $\displaystyle\int_a^x f(t)dt=x^2+2x-3$

8 $\displaystyle\int_a^x f(t)dt=x^3-1$

😊 **내가 발견한 개념** $\displaystyle\int_a^x f(t)\,dt=g(x)$ 꼴이 주어지면?

다항함수 $f(x)$가 $\displaystyle\int_a^x f(t)dt=g(x)$ (a는 상수)를 만족시킬 때

• 양변을 x에 대하여 미분하면 $f(x)=\boxed{}$

• 양변에 $x=a$를 대입하면 $g(a)=\boxed{}$

개념모음문제

9 모든 실수 x에 대하여 다항함수 $f(x)$가

$\displaystyle\int_a^x f(t)dt=x^2-2x$를 만족시킬 때, $f(a)$의 값은?

(단, $a>0$)

① -2 ② 0 ③ 1

④ 2 ⑤ 4

2ⁿᵈ ─ 적분 구간이 변수로 주어진 경우 (2)

• 모든 실수 x에 대하여 다음 등식을 만족시키는 다항함수 $f(x)$를 구하시오.

10 $\displaystyle xf(x)=2x^3+x^2+\int_1^x f(t)dt$

→ 양변을 x에 대하여 미분하면

$$f(x)+xf'(x)=\boxed{}x^2+\boxed{}x+f(x)$$

$$xf'(x)=\boxed{}x^2+\boxed{}x$$

따라서 $f'(x)=\boxed{}x+\boxed{}$이므로

$$f(x)=\int(\boxed{}x+\boxed{})dx$$

$$=\boxed{}x^2+\boxed{}x+C\ (C\text{는 적분상수}) \quad\cdots\cdots\ \text{㉠}$$

한편 주어진 등식의 양변에 $x=1$을 대입하면

$$f(1)=2+1+\int_1^1 f(t)dt=\boxed{}$$

㉠에서 $f(1)=\boxed{}+C=\boxed{}$, 즉 $C=\boxed{}$

따라서 $f(x)=\boxed{}x^2+\boxed{}x-\boxed{}$

11 $\displaystyle xf(x)=2x^2+\int_{-1}^x f(t)dt$

12 $\displaystyle xf(x)=4x^3+\int_1^x f(t)dt$

13 $\displaystyle xf(x)=x^4-2x^3+\int_2^x f(t)dt$

14 $x^2f(x)=3x^4+2\displaystyle\int_1^x tf(t)dt$

→ 양변을 x에 대하여 미분하면

$2xf(x)+x^2f'(x)=\boxed{}x^3+2xf(x)$

$x^2f'(x)=\boxed{}x^3$

따라서 $f'(x)=\boxed{}x$이므로

$f(x)=\displaystyle\int\boxed{}x\,dx=\boxed{}x^2+C$ (C는 적분상수) ····· ㉠

한편 주어진 등식의 양변에 $x=1$을 대입하면

$f(1)=\boxed{}+2\displaystyle\int_1^1 tf(t)dt=\boxed{}$

㉠에서 $f(1)=\boxed{}+C=\boxed{}$, 즉 $C=\boxed{}$

따라서 $f(x)=\boxed{}x^2-\boxed{}$

15 $x^2f(x)=4x^4+8x^3+2\displaystyle\int_{-1}^x tf(t)dt$

16 $x^2f(x)=2x^5-x^3+2\displaystyle\int_2^x tf(t)dt$

[개념모음문제]

17 다항함수 $f(x)$가 모든 실수 x에 대하여

$$xf(x)=x^3-x^2+\int_1^x f(t)dt$$

를 만족시킨다. $f(k)=8$일 때, 정수 k의 값은?

① -5　　　　② -3　　　　③ 1

④ 3　　　　⑤ 5

3rd — 적분 구간과 적분되는 함수에 변수가 포함된 정적분

● 모든 실수 x에 대하여 다음 등식을 만족시키는 다항함수 $f(x)$를 구하시오.

18 $\displaystyle\int_1^x (x-t)f(t)dt=2x^3-3x^2+1$

→ 주어진 등식의 좌변을 정리하면 $\left[\displaystyle\int_a^x xf(t)dt=x\displaystyle\int_a^x f(t)dt\right]$

$x\displaystyle\int_1^x f(t)dt-\displaystyle\int_1^x tf(t)dt=2x^3-3x^2+1$

양변을 x에 대하여 미분하면

$\displaystyle\int_1^x f(t)dt+\boxed{}-xf(x)=\boxed{}x^2-\boxed{}x$

$\displaystyle\int_1^x f(t)dt=\boxed{}x^2-\boxed{}x$

또 양변을 x에 대하여 미분하면

$f(x)=\boxed{}x-\boxed{}$

난 x에 대한 함수야!

19 $\displaystyle\int_{-1}^x (x-t)f(t)dt=x^3+3x^2+3x+1$

20 $\displaystyle\int_2^x (x-t)f(t)dt=x^3-x^2-8x+12$

21 $\displaystyle\int_1^x (x-t)f(t)dt=x^4-x^3-x^2+x$

● 다항함수 $f(x)$가 모든 실수 x에 대하여 주어진 등식을 만족시킬 때, 다음을 구하시오. (단, a는 상수이다.)

22 $\int_{-1}^{x}(x-t)f(t)dt=x^4+ax^2+1$

(1) a의 값

→ 주어진 등식의 양변에 $x=-1$을 대입하면 $\boxed{}=1+a+1$

따라서 $a=\boxed{}$

(2) $f(x)$

→ 주어진 등식의 좌변을 정리하면

$x\int_{-1}^{x}f(t)dt-\int_{-1}^{x}tf(t)dt=x^4-\boxed{}x^2+1$

양변을 x에 대하여 미분하면

$\int_{-1}^{x}f(t)dt+xf(x)-xf(x)=\boxed{}x^3-\boxed{}x$

$\int_{-1}^{x}f(t)dt=\boxed{}x^3-\boxed{}x$

또 양변을 x에 대하여 미분하면

$f(x)=\boxed{}x^2-\boxed{}$

23 $\int_{1}^{x}(x-t)f(t)dt=x^3-ax^2+3x-1$

(1) a의 값

(2) $f(x)$

24 $\int_{-1}^{x}(x-t)f(t)dt=ax^3+x^2-x-1$

(1) a의 값

(2) $f(x)$

● 모든 실수 x에 대하여 다음 조건을 만족시키는 다항함수 $f(x)$를 구하시오.

25 $\int_{0}^{x}(x-t)f'(t)dt=2x^3$이고, $f(0)=1$

→ 주어진 등식의 좌변을 정리하면

$x\int_{0}^{x}f'(t)dt-\int_{0}^{x}tf'(t)dt=2x^3$

양변을 x에 대하여 미분하면

$\int_{0}^{x}f'(t)dt+\boxed{}-xf'(x)=\boxed{}x^2$

$\int_{0}^{x}f'(t)dt=\boxed{}x^2$

또 양변을 x에 대하여 미분하면

$f'(x)=\boxed{}x$

양변을 x에 대하여 적분하면

$f(x)=\int\boxed{}x\,dx=\boxed{}x^2+C$ (C는 적분상수)

이때 $f(0)=1$이므로 $f(0)=C=\boxed{}$

따라서 $f(x)=\boxed{}x^2+\boxed{}$

26 $\int_{1}^{x}(x-t)f'(t)dt=x^4-2x^2+1$이고, $f(-1)=-3$

27 $\int_{-1}^{x}(x-t)f'(t)dt=2x^3+3x^2-1$이고, $f(1)=5$

개념모음문제

28 모든 실수 x에 대하여 함수 $f(x)$가

$$\int_{1}^{x}(x-t)f(t)dt=x^3-2x^2+x$$

를 만족시킬 때, $f(1)$의 값은?

① -2　　　② -1　　　③ 1

④ 2　　　⑤ 3

12

정적분으로 정의된 함수의 극대·극소

면적의 변화율이 함수인!

함수 $f(x)=\int_1^x (t^2-2t)\,dt$ 의

극값을 구하면?

❶

양변을 미분하여 $f'(x)$를 구한다.

$$f'(x)=\frac{d}{dx}\int_1^x (t^2-2t)\,dt$$
$$=x^2-2x$$

❷

$f'(x)=0$을 만족시키는 x의 값을 구하고,
$f(x)$의 증가와 감소를 조사한다.

$f'(x)=x^2-2x=x(x-2)$이므로
$f'(x)=0$에서
$x=0$ 또는 $x=2$
$f(x)$의 증가와 감소를 표로 나타내면

x	$\cdots$	0	$\cdots$	2	$\cdots$
$f'(x)$	+	0	−	0	+
$f(x)$	↗	극대	↘	극소	↗

❸

극댓값과 극솟값을 구한다.

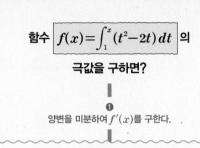

극댓값은 $f(0)=\int_1^0 (t^2-2t)\,dt$

$$=\left[\frac{1}{3}t^3-t^2\right]_1^0$$
$$=\frac{2}{3}$$

극솟값은 $f(2)=\int_1^2 (t^2-2t)\,dt$

$$=\left[\frac{1}{3}t^3-t^2\right]_1^2$$
$$=-\frac{2}{3}$$

↓

극댓값: $\dfrac{2}{3}$, 극솟값: $-\dfrac{2}{3}$

원리확인 다음은 함수 $f(x)=\int_0^x (t^2-3t+2)\,dt$의 극값을 구하는 과정이다. □ 안에 알맞은 것을 써넣으시오.

❶ $f'(x)$ 구하기

→ 주어진 등식의 양변을 x에 대하여 미분하면

$$f'(x)=\frac{d}{dx}\int_0^x (t^2-3t+2)\,dt$$
$$=x^2-\boxed{}x+\boxed{}$$

❷ $f'(x)=0$을 만족시키는 x의 값 구하기

→ $f'(x)=0$에서 $x^2-\boxed{}x+\boxed{}=0$

$(x-1)(x-\boxed{})=0$

따라서 $x=1$ 또는 $x=\boxed{}$

❸ 함수 $f(x)$의 증가와 감소를 표로 나타내기

x	$\cdots$	1	$\cdots$	$\boxed{}$	$\cdots$
$f'(x)$	+	0	−	0	+
$f(x)$	↗	극대	↘	$\boxed{}$	↗

❹ 함수 $f(x)$의 극댓값 구하기

→ 함수 $f(x)$는 $x=\boxed{}$에서 극대이므로 극댓값은

$$f(\boxed{})=\int_0^{\boxed{}} (t^2-3t+2)\,dt$$
$$=\left[\frac{1}{3}t^3-\frac{3}{2}t^2+2t\right]_0^{\boxed{}}$$
$$=\boxed{}$$

❺ 함수 $f(x)$의 극솟값 구하기

→ 함수 $f(x)$는 $x=\boxed{}$에서 극소이므로 극솟값은

$$f(\boxed{})=\int_0^{\boxed{}} (t^2-3t+2)\,dt$$
$$=\left[\frac{1}{3}t^3-\frac{3}{2}t^2+2t\right]_0^{\boxed{}}$$
$$=\boxed{}$$

1st ─ 정적분으로 정의된 함수의 극대·극소

● 다음 함수 $f(x)$의 극댓값과 극솟값을 각각 구하시오.

1 $f(x)=\displaystyle\int_1^x (t^2+t-6)dt$

2 $f(x)=\displaystyle\int_0^x (t+1)(t-2)dt$

3 $f(x)=\displaystyle\int_1^x (t^2+3t)dt$

4 $f(x)=\displaystyle\int_0^x (-t^2-4t+5)dt$

5 $f(x)=\displaystyle\int_2^x (-t^2+4t-3)dt$

6 $f(x)=\displaystyle\int_{-1}^x (8t^3+12t^2)dt$

☺ 내가 발견한 개념   정적분으로 정의된 함수의 극값은?

● 다항함수 $f(x)$가 $f(x)=\displaystyle\int_a^x g(t)dt$를 만족시킬 때 $f(x)$의 극값은 다음 순서로 구한다.

(i) 양변을 x에 대하여 미분하여 ☐ 를 구한다.

(ii) $f'(x)=$ ☐ 을 만족시키는 x의 값을 구한다.

(iii) (ii)에서 구한 x의 값의 좌우에서 $f'(x)$의 ☐ 를 조사하여 함수 $f(x)$의 증가와 감소를 표로 나타낸다.

(iv) (iii)에서 구한 표를 이용하여 $f(x)$의 극값을 구한다.

개념모음문제
7 함수 $f(x)=\displaystyle\int_0^x (t^2+2t+a)dt$가 $x=-3$에서 극 댓값을 가질 때, $f(x)$의 극솟값은?

(단, a는 상수이다.)

① -3 ② $-\dfrac{5}{3}$ ③ $\dfrac{8}{3}$

④ 6 ⑤ 9

● 함수 $y=f(x)$의 그래프가 다음 그림과 같을 때, 함수 $F(x)$의 극댓값과 극솟값을 각각 구하시오.

8 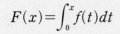$F(x)=\displaystyle\int_0^x f(t)dt$

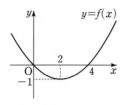

→ 주어진 그래프에서 $f(x)=ax(x-4)$ $(a>0)$라 하면

$f(2)=\boxed{}a=-1$, $a=\boxed{}$

즉 $f(x)=\boxed{}x(x-4)=\boxed{}x^2-x$

한편 $F(x)=\displaystyle\int_0^x f(t)dt$의 양변을 x에 대하여 미분하면

$F'(x)=f(x)=\boxed{}x^2-x$

$F'(x)=0$에서 $\boxed{}x^2-x=0$, $\boxed{}x(x-\boxed{})=0$

따라서 $x=0$ 또는 $x=\boxed{}$

이때 $F(x)$의 증가와 감소를 표로 나타내면 다음과 같다.

x	$\cdots$	0	$\cdots$	$\boxed{}$	$\cdots$
$F'(x)$	$+$	0	$-$	0	$+$
$F(x)$	$\nearrow$	극대	$\searrow$	$\boxed{}$	$\nearrow$

따라서 $x=0$일 때 극대이므로 극댓값은

$F(0)=\displaystyle\int_0^0\left(\frac{1}{4}t^2-t\right)dt=\boxed{}$

$x=\boxed{}$일 때 극소이므로 극솟값은

$F(\boxed{})=\displaystyle\int_0^{\boxed{}}\left(\frac{1}{4}t^2-t\right)dt=\left[\frac{1}{12}t^3-\frac{1}{2}t^2\right]_0^{\boxed{}}=\boxed{}$

9 $F(x)=\displaystyle\int_1^x f(t)dt$

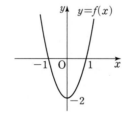

● 다음 함수 $f(x)$의 극댓값과 극솟값을 각각 구하시오.

10 $f(x)=\displaystyle\int_x^{x+1}(t^2+t)dt$

→ 주어진 등식의 양변을 x에 대하여 미분하면

$f'(x)=\{(x+1)^2+(x+1)\}-(x^2+x)$
$\quad=(x^2+2x+1+x+1)-x^2-x$
$\quad=\boxed{}$

$f'(x)=0$에서 $\boxed{}=0$

따라서 $x=\boxed{}$

이때 $f(x)$의 증가와 감소를 표로 나타내면 다음과 같다.

x	$\cdots$	$\boxed{}$	$\cdots$
$f'(x)$	$-$	0	$+$
$f(x)$	$\searrow$	$\boxed{}$	$\nearrow$

따라서 극댓값은 없고, $x=\boxed{}$일 때 극소이므로 극솟값은

$f(\boxed{})=\displaystyle\int_{-1}^{\boxed{}}(t^2+t)dt=\left[\frac{1}{3}t^3+\frac{1}{2}t^2\right]_{-1}^{\boxed{}}=\boxed{}$

11 $f(x)=\displaystyle\int_{x-1}^x(t^3-t)dt$

12 $f(x)=\displaystyle\int_{x-1}^{x+1}(t^3+3t^2-t)dt$

2nd — 정적분으로 정의된 함수의 최대·최소

● 주어진 닫힌 구간에서 함수 $f(x)$의 최댓값과 최솟값을 각각 구하시오.

13 닫힌 구간 $[0, 2]$에서 $f(x)=\displaystyle\int_0^x (t^2-1)dt$

→ 주어진 등식의 양변을 x에 대하여 미분하면

$f'(x)=x^2-1$

$f'(x)=0$에서 $x^2-1=0$, $(x+\square)(x-\square)=0$

따라서 $[0, 2]$에서 $x=\square$

이때 $[0, 2]$에서 $f(x)$의 증가와 감소를 표로 나타내면 다음과 같다.

x	0	⋯	$\square$	⋯	2
$f'(x)$		−	0	+	
$f(x)$		↘	$\square$	↗	

구간의 양 끝 점과 구간에 포함되는 극값을 갖는 점에서의 함숫값을 비교해!

$f(0)=\displaystyle\int_0^{\square} (t^2-1)dt=\square$,

$f(\square)=\displaystyle\int_0^{\square} (t^2-1)dt=\left[\frac{1}{3}t^3-t\right]_0^{\square}=\square$,

$f(2)=\displaystyle\int_0^{\square} (t^2-1)dt=\left[\frac{1}{3}t^3-t\right]_0^{\square}=\square$

따라서 닫힌 구간 $[0, 2]$에서 함수 $f(x)$의 최댓값은 $\square$,

최솟값은 $\square$이다.

14 닫힌 구간 $[-3, -1]$에서 $f(x)=\displaystyle\int_0^x (t^2+2t)dt$

15 닫힌 구간 $[0, 3]$에서 $f(x)=\displaystyle\int_0^x (-t^2+3t-2)dt$

16 닫힌 구간 $[0, 4]$에서 $f(x)=\displaystyle\int_0^x (t^2-4t+3)dt$

17 닫힌 구간 $[-2, 3]$에서 $f(x)=\displaystyle\int_0^x (-t^2+t+2)dt$

개념모음문제

18 $-1\leq x\leq 1$에서 다항함수 $f(x)=\displaystyle\int_0^x (t^2+2t)dt$의 최댓값을 M, 최솟값을 m이라 할 때, $M-m$의 값은?

① $-\dfrac{4}{3}$ ② $-\dfrac{2}{3}$ ③ 0

④ $\dfrac{2}{3}$ ⑤ $\dfrac{4}{3}$

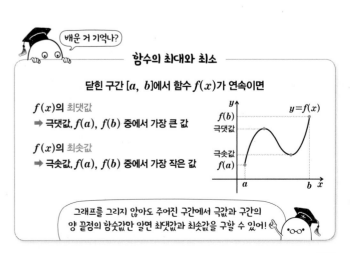

배운 거 기억나?

함수의 최대와 최소

닫힌 구간 $[a, b]$에서 함수 $f(x)$가 연속이면

$f(x)$의 최댓값
→ 극댓값, $f(a)$, $f(b)$ 중에서 가장 큰 값

$f(x)$의 최솟값
→ 극솟값, $f(a)$, $f(b)$ 중에서 가장 작은 값

그래프를 그리지 않아도 주어진 구간에서 극값과 구간의 양 끝점의 함숫값만 알면 최댓값과 최솟값을 구할 수 있어!

면적의 변화율이 함수인!

정적분으로 정의된 함수의 극한

$$\lim_{x \to a} \frac{1}{x-a} \int_a^x f(t)\,dt$$

함수 $f(x)$의 한 부정적분을 $F(x)$라 하면

$$\lim_{x \to a} \frac{1}{x-a} \int_a^x f(t)\,dt = \lim_{x \to a} \frac{[F(t)]_a^x}{x-a}$$

> $F(x)$의 미분계수!

$$= \lim_{x \to a} \frac{F(x)-F(a)}{x-a}$$

$$= F'(a)$$

$$= f(a)$$

$$\Downarrow$$

$$\lim_{x \to a} \frac{1}{x-a} \int_a^x f(t)\,dt = f(a)$$

$$\lim_{h \to 0} \frac{1}{h} \int_a^{a+h} f(x)\,dx$$

함수 $f(x)$의 한 부정적분을 $F(x)$라 하면

$$\lim_{h \to 0} \frac{1}{h} \int_a^{a+h} f(x)\,dx = \lim_{h \to 0} \frac{[F(x)]_a^{a+h}}{h}$$

> $F(x)$의 미분계수!

$$= \lim_{h \to 0} \frac{F(a+h)-F(a)}{h}$$

$$= F'(a)$$

$$= f(a)$$

$$\Downarrow$$

$$\lim_{h \to 0} \frac{1}{h} \int_a^{a+h} f(x)\,dx = f(a)$$

배운 거 기억나?

— **미분계수의 정의** —

함수 $y=f(x)$의 $x=a$에서의 미분계수는

$$f'(a) = \boxed{\lim_{\Delta x \to 0} \frac{f(a+\Delta x)-f(a)}{\Delta x}} \xrightarrow{\Delta x \text{를 } h \text{로!}} \boxed{\lim_{h \to 0} \frac{f(a+h)-f(a)}{h}}$$

$$\xrightarrow{a+\Delta x \text{를 } x \text{로!}} \boxed{\lim_{x \to a} \frac{f(x)-f(a)}{x-a}}$$

1st — 정적분으로 정의된 함수의 극한

● 다음을 구하시오.

1 $f(x)=x^2+3x-4$일 때, $\displaystyle\lim_{x \to 1} \frac{1}{x-1} \int_1^x f(t)\,dt$의 값

→ $f(x)$의 한 부정적분을 $F(x)$라 하면

$$\int_1^x f(t)\,dt = F(\boxed{}) - F(\boxed{})$$ 이므로

$$\lim_{x \to 1} \frac{1}{x-1} \int_1^x f(t)\,dt = \lim_{x \to 1} \frac{F(\boxed{})-F(\boxed{})}{x-1}$$

$$= F'(\boxed{}) = f(\boxed{}) = \boxed{}$$

2 $f(x)=-x^2+5$일 때, $\displaystyle\lim_{x \to 0} \frac{1}{x} \int_0^x f(t)\,dt$의 값

3 $f(x)=x^3-2x+1$일 때, $\displaystyle\lim_{x \to 3} \frac{1}{x-3} \int_3^x f(t)\,dt$의 값

> $F'(a)$

$$\lim_{x \to a} \frac{1}{x-a} \int_a^x f(t)\,dt = \lim_{x \to a} \frac{F(x)-F(a)}{x-a} = f(a)$$

4 $f(x)=(x-1)^3$일 때, $\displaystyle\lim_{x \to 2} \frac{1}{x-2} \int_2^x f(t)\,dt$의 값

5 $f(x)=x^3+x^2-4x-2$일 때, $\displaystyle\lim_{x \to 1} \frac{1}{x-1} \int_1^x f(t)\,dt$의 값

6   $f(x)=3x^4+2x^3$일 때, $\displaystyle\lim_{x\to2}\frac{1}{x-2}\int_{2}^{x}f(t)dt$의 값

10   $f(x)=x^4+5x^3+1$일 때, $\displaystyle\lim_{h\to0}\frac{1}{h}\int_{2}^{2+h}f(x)dx$의 값

7   $f(x)=2x^2+x-1$일 때, $\displaystyle\lim_{h\to0}\frac{1}{h}\int_{1}^{1+2h}f(x)dx$의 값

→ $f(x)$의 한 부정적분을 $F(x)$라 하면

$$\int_{1}^{1+2h}f(x)dx=F(1+\boxed{})-F(\boxed{})$$이므로

$$\lim_{h\to0}\frac{1}{h}\int_{1}^{1+2h}f(x)dx=\lim_{h\to0}\frac{F(1+\boxed{})-F(\boxed{})}{2h}\times\boxed{}$$

$$=\boxed{}F'(\boxed{})$$

$$=\boxed{}f(\boxed{})=\boxed{}$$

11   $f(x)=x^3+5x$일 때, $\displaystyle\lim_{h\to0}\frac{1}{h}\int_{1}^{1+3h}f(x)dx$의 값

12   $f(x)=3x^2-x+4$일 때, $\displaystyle\lim_{h\to0}\frac{1}{h}\int_{1}^{1-2h}f(x)dx$의 값

$$\lim_{h\to0}\frac{1}{h}\int_{a}^{a+h}f(x)\,dx=\lim_{h\to0}\frac{F(a+h)-F(a)}{h}=f(a)$$ 【F'(a)】

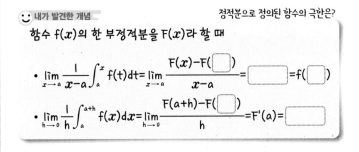

내가 발견한 개념   정적분으로 정의된 함수의 극한은?

함수 $f(x)$의 한 부정적분을 $F(x)$라 할 때

• $\displaystyle\lim_{x\to a}\frac{1}{x-a}\int_{a}^{x}f(t)dt=\lim_{x\to a}\frac{F(x)-F(\boxed{})}{x-a}=\boxed{}=f(\boxed{})$

• $\displaystyle\lim_{h\to0}\frac{1}{h}\int_{a}^{a+h}f(x)dx=\lim_{h\to0}\frac{F(a+h)-F(\boxed{})}{h}=F'(a)=\boxed{}$

8   $f(x)=3x^2-x+2$일 때, $\displaystyle\lim_{h\to0}\frac{1}{h}\int_{1}^{1+h}f(x)dx$의 값

9   $f(x)=(x-1)^3$일 때, $\displaystyle\lim_{h\to0}\frac{1}{h}\int_{3}^{3+h}f(x)dx$의 값

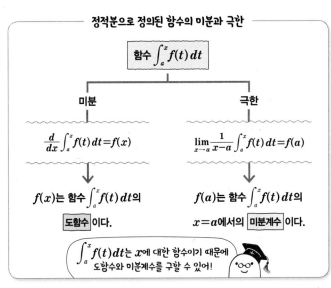

정적분으로 정의된 함수의 미분과 극한

함수 $\displaystyle\int_{a}^{x}f(t)dt$

미분

$$\frac{d}{dx}\int_{a}^{x}f(t)dt=f(x)$$

$f(x)$는 함수 $\displaystyle\int_{a}^{x}f(t)dt$의 【도함수】이다.

극한

$$\lim_{x\to a}\frac{1}{x-a}\int_{a}^{x}f(t)dt=f(a)$$

$f(a)$는 함수 $\displaystyle\int_{a}^{x}f(t)dt$의 $x=a$에서의 【미분계수】이다.

$\displaystyle\int_{a}^{x}f(t)dt$는 x에 대한 함수이기 때문에 도함수와 미분계수를 구할 수 있어!

● 다음을 구하시오.

13 $f(x)=x^3+x^2+x$일 때, $\lim\limits_{x\to 1}\dfrac{1}{x^2-1}\displaystyle\int_1^x f(t)dt$의 값

→ $f(x)$의 한 부정적분을 $F(x)$라 하면

$\displaystyle\int_1^x f(t)dt=F(\boxed{})-F(\boxed{})$이므로

$\lim\limits_{x\to 1}\dfrac{1}{x^2-1}\displaystyle\int_1^x f(t)dt$

$=\lim\limits_{x\to 1}\dfrac{F(\boxed{})-F(\boxed{})}{x-1}\times\dfrac{1}{\boxed{}}$

$=\boxed{}\,F'(\boxed{})$ $x^2-1=(x-1)(x+1)$

$=\boxed{}\,f(\boxed{})=\boxed{}$

14 $f(x)=4x^2-x+1$일 때, $\lim\limits_{x\to 2}\dfrac{1}{x^2-4}\displaystyle\int_2^x f(t)dt$의 값

15 $f(x)=3x^4-6x$일 때, $\lim\limits_{x\to 1}\dfrac{1}{x^2-1}\displaystyle\int_1^x f(t)dt$의 값

16 $f(x)=x^2-7x+2$일 때, $\lim\limits_{x\to 3}\dfrac{1}{x^2-9}\displaystyle\int_3^x f(t)dt$의 값

17 $f(x)=x^2+x$일 때, $\lim\limits_{x\to 1}\dfrac{1}{x-1}\displaystyle\int_1^{x^2} f(t)dt$의 값

→ $f(x)$의 한 부정적분을 $F(x)$라 하면

$\displaystyle\int_1^{x^2} f(t)dt=F(\boxed{})-F(\boxed{})$이므로

$\lim\limits_{x\to 1}\dfrac{1}{x-1}\displaystyle\int_1^{x^2} f(t)dt$

$=\lim\limits_{x\to 1}\dfrac{F(\boxed{})-F(\boxed{})}{(x-1)(\boxed{})}\times(\boxed{})$

   $x^2-1=(x-1)(x+1)$

$=\lim\limits_{x\to 1}\dfrac{F(\boxed{})-F(\boxed{})}{x^{\boxed{}}-1}\times(\boxed{})$

$=\boxed{}\,F'(\boxed{})$

$=\boxed{}\,f(\boxed{})=\boxed{}$

18 $f(x)=-x^3+5x^2+6$일 때, $\lim\limits_{x\to 2}\dfrac{1}{x-2}\displaystyle\int_4^{x^2} f(t)dt$의 값

19 $f(x)=2x^4-3$일 때, $\lim\limits_{x\to 1}\dfrac{1}{x-1}\displaystyle\int_{x^2}^1 f(t)dt$의 값

20 $f(x)=x^3-8x-1$일 때,
$\lim\limits_{x\to 2}\dfrac{1}{x-2}\displaystyle\int_{x^2}^4 f(t)dt$의 값

21 $f(x)=3x^3+x$일 때, $\displaystyle\lim_{h\to0}\frac{1}{h}\int_{1-h}^{1+h}f(x)dx$의 값

→ $f(x)$의 한 부정적분을 $F(x)$라 하면

$\displaystyle\int_{1-h}^{1+h}f(x)dx=F(1+h)-F(1-h)$이므로

$\displaystyle\lim_{h\to0}\frac{1}{h}\int_{1-h}^{1+h}f(x)dx$

$=\displaystyle\lim_{h\to0}\frac{F(1+h)-F(1-h)}{h}$

$=\displaystyle\lim_{h\to0}\frac{F(1+h)-F(\boxed{})+F(\boxed{})-F(1-h)}{h}$

$=\displaystyle\lim_{h\to0}\left\{\frac{F(1+h)-F(\boxed{})}{h}+\frac{F(1-h)-F(\boxed{})}{-h}\right\}$

$=F'(\boxed{})+F'(\boxed{})=\boxed{}\,F'(\boxed{})$

$=\boxed{}\,f(\boxed{})=\boxed{}$

22 $f(x)=2x^2-x+4$일 때, $\displaystyle\lim_{h\to0}\frac{1}{h}\int_{1-h}^{1+h}f(x)dx$의 값

23 $f(x)=x^4+2x^3$일 때, $\displaystyle\lim_{h\to0}\frac{1}{h}\int_{2-h}^{2+h}f(x)dx$의 값

24 $f(x)=x^2-6$일 때, $\displaystyle\lim_{h\to0}\frac{1}{h}\int_{3-h}^{3+h}f(x)dx$의 값

25 $f(x)=\displaystyle\int_0^x(t^2+2t+1)dt$일 때,

$\displaystyle\lim_{h\to0}\frac{f(1+h)-f(1-h)}{2h}$의 값

→ $f'(x)=\displaystyle\frac{d}{dx}\int_0^x(t^2+2t+1)dt=x^2+2x+1$이므로

$\displaystyle\lim_{h\to0}\frac{f(1+h)-f(1-h)}{2h}$

$=\displaystyle\lim_{h\to0}\frac{f(1+h)-f(\boxed{})+f(\boxed{})-f(1-h)}{2h}$

$=\displaystyle\lim_{h\to0}\left\{\frac{f(1+h)-f(\boxed{})}{h}+\frac{f(1-h)-f(\boxed{})}{-h}\right\}\times\frac{1}{\boxed{}}$

$=f'(\boxed{})=\boxed{}$

26 $f(x)=\displaystyle\int_1^x(4t^3+5)dt$일 때,

$\displaystyle\lim_{h\to0}\frac{f(2+h)-f(2-h)}{h}$의 값

27 $f(x)=\displaystyle\int_0^x(2t^2+6t-7)dt$일 때,

$\displaystyle\lim_{h\to0}\frac{f(1+h)-f(1-h)}{3h}$의 값

개념모음문제

28 $\displaystyle\lim_{h\to0}\frac{1}{h}\int_{1-2h}^{1+h}(x^3+4x^2-x+2)dx$의 값은?

① 3   ② 6   ③ 9

④ 12   ⑤ 18

- 함수 $f(t)$가 닫힌 구간 $[a, b]$에서 연속일 때
  $\dfrac{d}{dx}\displaystyle\int_a^x f(t)dt = f(x)$ (단, $a < x < b$)
- $f(x) = g(x) + \displaystyle\int_a^b f(t)dt\,(a, b$는 상수) 꼴일 때
  (i) $\displaystyle\int_a^b f(t)dt = k\,(k$는 상수)로 놓는다.
  (ii) $f(x) = g(x) + k$를 (i)의 식에 대입하여 k의 값을 구한다.
- $\displaystyle\int_a^x f(t)dt = g(x)\,(a$는 상수) 꼴일 때
  ① 양변을 x에 대하여 미분하면 $f(x) = g'(x)$
  ② 양변에 $x = a$를 대입하면 $g(a) = 0$

1 다음을 x에 대하여 미분하면?

$$\int_x^{x+1} (-t^2 + 3t + 1)dt$$

① $-2x - 2$ ② $-2x + 2$
③ $2x + 2$ ④ $-x^2 + 2x$
⑤ $-x^2 + 3x + 1$

2 다항함수 $f(x)$가 모든 실수 x에 대하여
$\displaystyle\int_1^x f(t)dt = x^2 + ax + 4$를 만족시킬 때, $f(1)$의 값은? (단, a는 상수)

① 4 ② 2 ③ 0
④ -3 ⑤ -5

3 함수 $f(x)$가 $f(x) = 3x^2 + 1 + \displaystyle\int_0^1 4xf(t)dt$를 만족시킬 때, $f(-1)$의 값은?

① -8 ② -4 ③ -1
④ 8 ⑤ 12

4 다항함수 $f(x)$가 모든 실수 x에 대하여
$\displaystyle\int_a^x f(t)dt = x^2 - 6x - 7$을 만족시킬 때, 모든 상수 a의 값의 합을 구하시오.

5 다항함수 $f(x)$가 모든 실수 x에 대하여
$\displaystyle\int_a^x f(t)dt = x^3 - 1$을 만족시킬 때, 실수 a의 값과 다항함수 $f(x)$를 차례대로 구하면?

① $-1, f(x) = x^3 - 1$ ② $1, f(x) = x^3 - 1$
③ $-1, f(x) = 3x^2$ ④ $1, f(x) = 3x^2$
⑤ $2, f(x) = 3x^2$

6 모든 실수 x에 대하여 함수 $f(x)$가
$$\int_1^x (x-t)f(t)dt = x^4 - 3x^2 + 2x$$
을 만족시킬 때, $f(x)$를 구하면?

① $f(x) = 4x^2 - 6$ ② $f(x) = 4x^2 - 3$
③ $f(x) = 12x^2$ ④ $f(x) = 12x^2 - 6$
⑤ $f(x) = 12x^2 - 3$

12 정적분으로 정의된 함수의 극대·극소

• 다항함수 $f(x)$가 $f(x)=\displaystyle\int_a^x g(t)dt$를 만족시킬 때 $f(x)$의

극값은 다음 순서로 구한다.

(i) 양변을 x에 대하여 미분하여 $f'(x)$를 구한다.

(ii) $f'(x)=0$을 만족시키는 x의 값을 구한다.

(iii) (ii)에서 구한 x의 값의 좌우에서 $f'(x)$의 부호를 조사하여

함수 $f(x)$의 증가와 감소를 표로 나타낸다.

(iv) (iii)에서 구한 표를 이용하여 $f(x)$의 극값을 구한다.

7 함수 $f(x)=\displaystyle\int_0^x (t^2-2t-3)dt$의 극댓값을 a, 극솟

값을 b라 할 때, ab의 값은?

① -15 ② -9 ③ -5

④ 5 ⑤ 15

8 함수 $f(x)=\displaystyle\int_x^{x+a} (t^2-t)dt$가 $x=1$에서 극댓값을

가질 때, $\displaystyle\int_a^x (t^2-t)dt$의 극솟값은? (단, $a\neq0$)

① 0 ② $\dfrac{1}{3}$ ③ $\dfrac{2}{3}$

④ 1 ⑤ $\dfrac{4}{3}$

9 닫힌 구간 $[-1, 2]$에서 함수

$f(x)=\displaystyle\int_0^x (t^2-3t+2)dt$의 최댓값을 M, 최솟값을

m이라 할 때, $M-m$의 값을 구하시오.

13 정적분으로 정의된 함수의 극한

• 함수 $f(x)$의 한 부정적분을 $F(x)$라 할 때

① $\displaystyle\lim_{x\to a}\frac{1}{x-a}\int_a^x f(t)dt=\lim_{x\to a}\frac{F(x)-F(a)}{x-a}=F'(a)=f(a)$

② $\displaystyle\lim_{h\to0}\frac{1}{h}\int_a^{a+h} f(t)dt=\lim_{h\to0}\frac{F(a+h)-F(a)}{h}=F'(a)=f(a)$

10 $\displaystyle\lim_{x\to2}\frac{1}{x-2}\int_2^x (t^3+2t^2-4t-1)dt$의 값은?

① 1 ② 3 ③ 7

④ 11 ⑤ 13

11 $\displaystyle\lim_{h\to0}\frac{1}{h}\int_{1-h}^1 (-2x^2+5x)dx$의 값을 구하시오.

12 함수 $f(x)=x^2+5x+a$에 대하여

$\displaystyle\lim_{x\to1}\frac{1}{x^2-1}\int_1^x f(t)dt=10$일 때, 상수 a의 값은?

① 10 ② 14 ③ 15

④ 18 ⑤ 20

TEST 개념 발전

1 함수 $f(x)=x^2+4x-1$일 때, 정적분 $\displaystyle\int_0^1 x^2 f(x)dx$ 의 값은?

① $\dfrac{11}{15}$ ② $\dfrac{13}{15}$ ③ 1

④ $\dfrac{17}{15}$ ⑤ 2

2 함수 $f(x)=ax+b$에 대하여
$$\int_0^1 f(x)dx=5, \quad \int_0^1 xf(x)dx=3$$
일 때, 상수 a, b에 대하여 ab의 값은?

① 2 ② 6 ③ 10
④ 12 ⑤ 16

3 다항함수 $y=f(x)$의 그래프
가 오른쪽 그림과 같을 때, 정
적분 $\displaystyle\int_{-2}^1 f'(x)dx$의 값은?

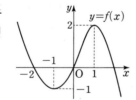

① -1 ② 0
③ 1 ④ 2
⑤ 3

4 정적분 $\displaystyle\int_0^2 (3x^2-x)dx+\int_2^0 (3x+4)dx$의 값은?

① -8 ② -5 ③ 0
④ 8 ⑤ 11

5 등식 $\displaystyle\int_2^0 (6x+5)dx+\int_a^2 (6x+5)dx=-2$를 만족
시키는 양수 a의 값은?

① $\dfrac{1}{3}$ ② $\dfrac{2}{3}$ ③ 1

④ $\dfrac{5}{3}$ ⑤ 2

6 정적분 $\displaystyle\int_1^3 \dfrac{x^2}{x^2+2}\,dx+\int_2^1 \dfrac{y^2}{y^2+2}\,dy+\int_3^2 \dfrac{z^2}{z^2+2}\,dz$ 의 값은?

① 0 ② 1 ③ 2
④ 3 ⑤ 4

7 함수 $f(x)=\begin{cases}(x+1)^2 & (x\leq 0)\\ x-1 & (x>0)\end{cases}$ 일 때, 정적분

$\displaystyle\int_{-2}^{1} f(x+1)dx$의 값은?

① $\dfrac{1}{6}$ ② $\dfrac{1}{3}$ ③ $\dfrac{1}{2}$

④ $\dfrac{2}{3}$ ⑤ $\dfrac{5}{6}$

8 등식 $\displaystyle\int_{0}^{a} |4x-3|dx=\dfrac{17}{4}$ 을 만족시키는 실수 a의 값은? $\left(\text{단, } a>\dfrac{3}{4}\right)$

① 1   ② $\dfrac{5}{4}$ ③ 2

④ $\dfrac{9}{4}$ ⑤ 3

9 함수 $f(x)=1-2x+3x^2-4x^3+5x^4-6x^5$에 대하여 정적분 $\displaystyle\int_{-1}^{1} f(x)dx$의 값은?

① 2   ② 3   ③ 4

④ 5   ⑤ 6

10 다항함수 $f(x)$가 모든 실수 x에 대하여 $f(x)=f(-x)$를 만족시킨다. $\displaystyle\int_{0}^{2} f(x)dx=4$일 때, 정적분 $\displaystyle\int_{-2}^{2} (2x+1)f(x)dx$의 값은?

① -4 ② -2 ③ 0

④ 8   ⑤ 10

11 연속함수 $f(x)$가 다음 조건을 만족시킬 때, 정적분 $\displaystyle\int_{-3}^{4} f(x)dx$의 값을 구하시오.

> (가) 모든 실수 x에 대하여 $f(x)=f(-x)$
> (나) 모든 실수 x에 대하여 $f(x-1)=f(x+1)$
> (다) $\displaystyle\int_{0}^{1} f(t)dt=5$

12 다항함수 $f(x)$에 대하여

$$f(x)=x^2+2x-\int_{0}^{1} f(t)dt$$

가 성립할 때, $f(x)$를 구하시오.

13 모든 실수 x에 대하여 다항함수 $f(x)$가
$\int_a^x f(t)dt = x^3 + x^2$을 만족시킬 때, $f(a)$의 값은?

(단, $a < 0$)

① -1 ② 0 ③ 1

④ 2 ⑤ 3

14 함수 $f(x) = \int_1^x (3t^2 + t)dt$에 대하여 $f(1) - f'(1)$의
값은?

① -4 ② -3 ③ 0

④ 2 ⑤ 4

15 모든 실수 x에 대하여 다항함수 $f(x)$가
$$\int_{-1}^x (x-t)f(t)dt = 4x^3 + 3x^2 - 6x - 5$$
를 만족시킬 때, $f(0)$의 값은?

① -1 ② 2 ③ 3

④ 4 ⑤ 6

16 함수 $f(x) = \int_0^x (2t^2 + 3t - 2)dt$가 $x = a$에서 극댓값
b를 가질 때, $a + b$의 값은?

① $\dfrac{1}{3}$ ② $\dfrac{5}{3}$ ③ $\dfrac{8}{3}$

④ $\dfrac{11}{3}$ ⑤ $\dfrac{13}{3}$

17 미분가능한 함수 $f(x)$가 모든 실수 x에 대하여
$$\int_1^x f(t)dt = xf(x) + 2x^3 - x^2$$
을 만족시킬 때, 함수 $f(x)$의 최댓값은?

① -3 ② $-\dfrac{1}{3}$ ③ 1

④ $\dfrac{1}{3}$ ⑤ $\dfrac{2}{3}$

18 $\displaystyle\lim_{x \to 1} \dfrac{1}{x^2 - 1} \int_1^x (t^2 + at - 5)dt = 4$일 때, 상수 a의 값
은?

① -1 ② 0 ③ 1

④ 12 ⑤ 15

19 모든 다항함수 $f(x)$에 대하여 **보기**에서 옳은 것만을 있는 대로 고른 것은?

보기
ㄱ. $\int_0^2 f(x)dx = 2\int_0^1 f(x)dx$

ㄴ. $\int_{-1}^4 f(x)dx = \int_{-1}^1 f(x)dx + \int_1^4 f(x)dx$

ㄷ. $\int_0^1 \{f(x)\}^2 dx = \left\{\int_0^1 f(x)dx\right\}^2$

① ㄱ   ② ㄴ   ③ ㄷ
④ ㄱ, ㄴ   ⑤ ㄴ, ㄷ

20 등식
$$\int_{-1}^1 1\,dx + \int_{-1}^1 2x\,dx + \int_{-1}^1 3x^2\,dx + \cdots$$
$$+ \int_{-1}^1 nx^{n-1}\,dx = 8$$
을 만족시키는 모든 자연수 n의 값의 합을 구하시오.

21 실수 전체의 집합에서 연속인 함수 $f(x)$가 다음 조건을 만족시킬 때, 정적분 $\int_{-2}^4 f(t)dt$의 값은?

(가) 모든 실수 x에 대하여 $f(-x) = -f(x)$
(나) $\int_{-1}^2 f(t)dt = -3$, $\int_{-1}^4 f(t)dt = 10$

① 6   ② 7   ③ 10
④ 13   ⑤ 30

22 이차함수 $f(x)$가
$$\int_{-1}^1 f(x)dx = \int_{-1}^0 f(x)dx = \int_0^1 f(x)dx$$
를 만족시킨다. $f(0)=1$일 때, $f(-2)$의 값은?

① -11 ② -7 ③ -3
④ -1 ⑤ 3

23 일차함수 $f(x)$가 모든 실수 x에 대하여
$$\int_{-1}^x f(t)dt = \{f(x)\}^2$$을 만족시킬 때, $f(2)$의 값은?

① -1 ② $-\dfrac{1}{2}$ ③ 0
④ $\dfrac{1}{2}$ ⑤ $\dfrac{3}{2}$

24 이차함수 $y=f(x)$의 그래프가 오른쪽 그림과 같을 때, 함수 $F(x) = \int_0^x f(t)dt$의 극댓값은?

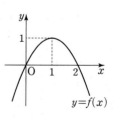

① $\dfrac{1}{3}$ ② 1   ③ $\dfrac{4}{3}$
④ 2   ⑤ $\dfrac{7}{3}$

9

함수의 면적의 계산!
정적분의 활용

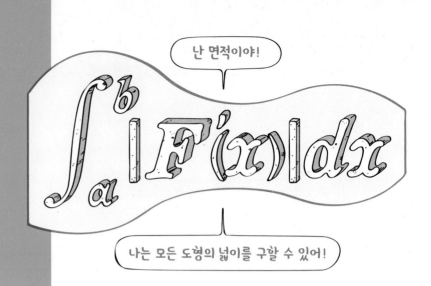

난 면적이야!

$$\int_a^b |F'(x)| dx$$

나는 모든 도형의 넓이를 구할 수 있어!

정적분의 정의로 계산되는!

함수 $f(x)$가 닫힌 구간 $[a, b]$에서 연속일 때,
곡선 $y=f(x)$와 x축 및 두 직선 $x=a$, $x=b$로
둘러싸인 도형에서

1 $f(x) \geq 0$ 일 때

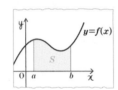

넓이 S는?

---

2 $f(x) \leq 0$ 일 때

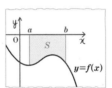

넓이 S는?

---

3 닫힌 구간 $[a, c]$에서
  $f(x) \geq 0$ 이고
  닫힌 구간 $[c, b]$에서
  $f(x) \leq 0$ 일 때

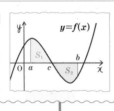

넓이 S는?

$$S = \int_a^b |f(x)| \, dx$$

곡선과 좌표축 사이의 넓이

01 곡선과 x축 사이의 넓이

우리는 앞서 정적분, 즉 함수 $f(x)$의 그래프와 x축
으로 둘러싸인 도형의 넓이를 계산하는 방법에 대해
배웠어. 이제 이를 이용해서 다양한 곡선이 있는 넓
이를 구해볼 거야.

곡선과 x축 사이의 넓이는 다음과 같아.

함수 $f(x)$가 구간 $[a, b]$에서 연속일 때, 곡선
$y=f(x)$와 x축 및 두 직선 $x=a$, $x=b$로 둘러싸인
도형의 넓이 S는

$$S = \int_a^b |f(x)| \, dx$$

정적분의 값은 음수가 될 수 있으므로 넓이를 구하기
위해선 함수의 절댓값을 적분해야 함에 주의해!

정적분의 정의로 계산되는!

두 함수 $f(x)$, $g(x)$가 닫힌 구간 $[a, b]$에서 연속일 때,
두 곡선 $y=f(x)$, $y=g(x)$ 및 두 직선 $x=a$, $x=b$로
둘러싸인 도형에서

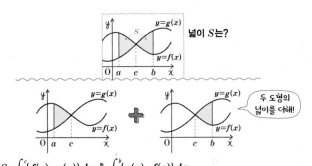

$$S=\int_a^c \{f(x)-g(x)\}\,dx + \int_c^b \{g(x)-f(x)\}\,dx$$

$$=\int_a^c |f(x)-g(x)|\,dx + \int_c^b |f(x)-g(x)|\,dx = \int_a^b |f(x)-g(x)|\,dx$$

$$S \equiv \int_a^b \big| f(x)-g(x) \big|\,dx$$

속도의 적분은 위치!

원점을 출발하여 수직선 위를 움직이는 점 P의 시각 t에서의

속도는 $\boxed{v(t)=-t+2}$ ← 미분 — 위치는 $\boxed{x=f(t)}$
            — 적분 →

1 시각 $t=2$에서 점 P의 위치

위치를 미분하면 속도가 되므로 $f'(t)=v(t)$

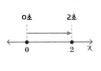

$$\int_0^2 v(t)\,dt = \Big[f(t) \Big]_0^2 = f(2)-f(0)$$

$$f(2)=\underline{f(0)}_{\;0} + \int_0^2 v(t)\,dt$$

2 시각 $t=0$에서 $t=3$까지 점 P의 위치의 변화량

(시각 $t=3$에서의 위치) − (시각 $t=0$에서의 위치)

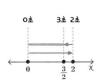

$$=f(3)-f(0)=\int_0^3 v(t)\,dt = \frac{3}{2}$$

3 시각 $t=0$에서 $t=3$까지 점 P가 움직인 거리

$0 \leq t < 2$일 때 $v(t)>0$,
$2 < t \leq 3$일 때 $v(t)<0$ 이므로

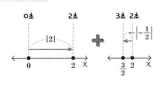

$$\int_0^2 v(t)\,dt + \int_2^3 \{-v(t)\}\,dt$$

$$=\frac{5}{2} \qquad \int_0^3 |v(t)|\,dt$$

두 곡선 사이의 넓이

정적분을 이용하여 두 곡선 사이의 넓이를 구할 수 있어. 두 곡선 사이의 넓이는 위쪽에 있는 곡선의 식에서 아래쪽에 있는 곡선의 식을 빼 적분하면 구할 수 있어. 따라서 두 곡선 사이의 넓이를 구할 때는 먼저 그래프를 그려 어느 곡선이 어느 구간에서 위에 있는지를 알아야 해. 두 곡선 사이의 넓이를 활용하여 다양한 문제를 해결해 보자!

함수 $y=f(x)$의 그래프와 그 역함수의 그래프로 둘러싸인 도형의 넓이는 $y=f(x)$의 그래프와 그 역함수의 그래프가 직선 $y=x$에 대하여 서로 대칭임을 이용하면 역함수의 식을 직접 구하지 않아도 넓이를 구할 수 있으니 연습해 보자!

속도와 거리

도함수의 활용에서 수직선 위를 움직이는 점 P의 시각 t에서의 위치 x가 나타내는 함수 $x(t)$를 미분하여 시각 t에서의 속도를 나타내는 함수 $v(t)$를 구했어. 미분과 적분의 관계가 역연산이므로 정적분을 이용하여 직선 위를 움직이는 점 P의 위치와 위치의 변화량 및 움직인 거리를 구할 수 있어.

속도의 그래프가 주어지면 정적분의 값이 그래프와 t축 사이의 넓이임을 이용하여 적분을 하지 않고도 그래프에서 넓이를 구하여 정적분의 값을 구할 수 있어. 이때 그래프가 t축 아래에 있으면 정적분의 값은 음수임에 주의해야 해!

정적분의 정의로 계산되는!

곡선과 x축 사이의 넓이

함수 $f(x)$가 닫힌 구간 $[a, b]$에서 연속일 때,
곡선 $y=f(x)$와 x축 및 두 직선 $x=a$, $x=b$로 둘러싸인 도형에서

1 $f(x) \geqq 0$ 일 때

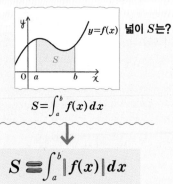

넓이 S는?

$$S = \int_a^b f(x)\,dx$$

$$S \equiv \int_a^b |f(x)|\,dx$$

2 $f(x) \leqq 0$ 일 때

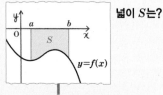

넓이 S는?

곡선 $y=f(x)$를 x축에 대하여 대칭이동하면

$\boxed{-f(x) \geqq 0}$ 이므로

$$S = \int_a^b \{-f(x)\}\,dx$$

넓이는 음수가 될 수 없으니
절댓값 기호가 필요해!

$$S \equiv \int_a^b |f(x)|\,dx$$

3 닫힌 구간 $[a, c]$에서
$f(x) \geqq 0$ 이고
닫힌 구간 $[c, b]$에서
$f(x) \leqq 0$ 일 때

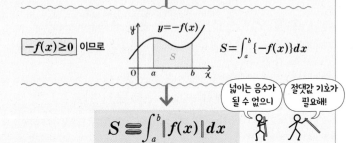

$\boxed{S_1 + S_2}$
넓이 S는?

$$S = S_1 + S_2 \quad \underset{\text{이므로}}{\overset{\int_c^b f(x)\,dx \leq 0}{}}$$

함숫값이 양수인 부분과
음수인 부분으로
나누어야 해!

$$= \int_a^c f(x)\,dx + \int_c^b \{-f(x)\}\,dx$$

$$= \int_a^c |f(x)|\,dx + \int_c^b |f(x)|\,dx$$

$$S \equiv \int_a^b |f(x)|\,dx$$

$$S \equiv \int_a^b |f(x)|\,dx$$

1ˢᵗ ─ 곡선과 x축 사이의 넓이

- 다음 그림에서 색칠한 부분의 넓이를 구하시오.

1

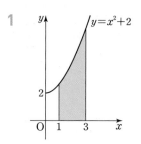

$y = x^2 + 2$

→ 구간 $[1, 3]$에서 $y \geq 0$이므로 구하는 넓이는

$$\int_1^{\square} |x^2+2|\,dx = \int_1^{\square} (x^2+2)\,dx = \left[\frac{1}{3}x^3 + 2x\right]_1^{\square} = \boxed{}$$

2

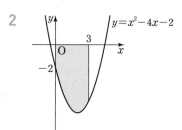

$y = x^2 - 4x - 2$

3

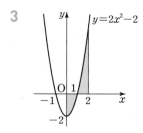

$y = 2x^2 - 2$

곡선과 y축 사이의 넓이

함수 $g(y)$가 닫힌 구간 $[c, d]$에서 연속일 때,
곡선 $x=g(y)$와 y축 및 두 직선 $y=c$, $y=d$로
둘러싸인 도형의 넓이 S는 $S = \int_c^d |g(y)|\,dy$

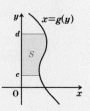

곡선과 y축 사이의 넓이는 곡선과 x축 사이의 넓이를
구하는 것과 같은 원리로 y에 대하여 정적분을 구하면 돼!

● 다음 곡선과 x축으로 둘러싸인 도형의 넓이를 구하시오.

4 $y=-x(x+2)(x-1)$

→ 곡선 $y=-x(x+2)(x-1)$과

x축의 교점의 x좌표는

$-x(x+2)(x-1)=0$에서

$x=-2$ 또는 $x=0$ 또는 $x=\boxed{}$

구간 $[-2, 0]$에서 $y \bigcirc 0$이고 구

간 $[0, 1]$에서 $y \bigcirc 0$이므로 구하는 넓이는

$\int_{-2}^{1} |-x(x+2)(x-1)|\,dx$

$=\int_{-2}^{\boxed{}}(x^3+x^2-2x)\,dx+\int_{\boxed{}}^{1}(-x^3-x^2+2x)\,dx$

$=\left[\dfrac{1}{4}x^4+\dfrac{1}{3}x^3-\boxed{}\right]_{-2}^{\boxed{}}+\left[-\dfrac{1}{4}x^4-\dfrac{1}{3}x^3+\boxed{}\right]_{\boxed{}}^{1}$

$=\boxed{}$

5 $y=x(x+3)^2$

6 $y=x^3-x$

7 $y=x^4-5x^2+4$

● 다음 곡선과 두 직선 및 x축으로 둘러싸인 도형의 넓이를 구하시오.

8 $y=-x^2+1,\ x=0,\ x=2$

→ 곡선 $y=-x^2+1$과 x축의 교

점의 x좌표는

$-x^2+1=0$에서 $x^2-1=0$

$(x+1)(x-1)=0$

즉 $x=-1$ 또는 $x=\boxed{}$

구간 $[0, 1]$에서 $y \bigcirc 0$이고

구간 $[1, 2]$에서 $y \bigcirc 0$이므로 구하는 넓이는

$\int_{0}^{2}|-x^2+1|\,dx$

$=\int_{0}^{\boxed{}}(-x^2+1)\,dx+\int_{\boxed{}}^{2}(x^2-1)\,dx$

$=\left[-\dfrac{1}{3}x^3+\boxed{}\right]_{0}^{\boxed{}}+\left[\dfrac{1}{3}x^3-\boxed{}\right]_{\boxed{}}^{2}$

$=\boxed{}$

9 $y=x^2-1,\ x=-1,\ x=3$

10 $y=x^2+x-2,\ x=0,\ x=2$

11 $y=x^3-x,\ x=-1,\ x=2$

개념모음문제

12 곡선 $y=ax^3$과 x축 및 두 직선 $x=-1$, $x=2$로 둘러싸인 도형의 넓이가 $\dfrac{17}{2}$일 때, 양수 a의 값은?

① 1　　　　② 2　　　　③ 3

④ 4　　　　⑤ 5

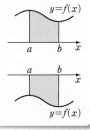

😊 내가 발견한 개념　　　　　　　　넓이와 정적분의 값의 관계는?

닫힌 구간 $[a, b]$에서 연속인 함수 $y=f(x)$의 그래프와 x축 및 두 직선 $x=a$, $x=b(a<b)$로 둘러싸인 도형의 넓이는

• 닫힌 구간 $[a, b]$에서 $f(x) \bigcirc 0$

→ $\int_a^b f(x)\,dx$

• 닫힌 구간 $[a, b]$에서 $f(x) \bigcirc 0$

→ $\int_a^b \{-f(x)\}\,dx$

정적분의 정의로 계산되는!

두 곡선 사이의 넓이

두 함수 $f(x)$, $g(x)$가 닫힌 구간 $[a, b]$에서 연속일 때,
두 곡선 $y=f(x)$, $y=g(x)$ 및 두 직선 $x=a$, $x=b$로
둘러싸인 도형에서

1 $f(x) \geq g(x) \geq 0$ 일 때   넓이 S는?

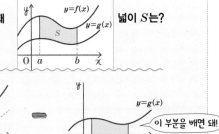

이 부분을 배면 돼!

$$S = \int_a^b f(x)\,dx - \int_a^b g(x)\,dx$$

$$= \int_a^b \{f(x) - g(x)\}\,dx = \int_a^b |f(x) - g(x)|\,dx$$

2 $f(x) \geq g(x)$ 일 때   넓이 S는?

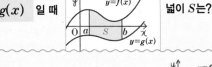

$f(x)+k \geq g(x)+k \geq 0$이 되도록 k만큼 y축의 방향으로 평행이동

$$S = \int_a^b \{f(x)+k\}\,dx - \int_a^b \{g(x)+k\}\,dx$$

$$= \int_a^b [\{f(x)+k\} - \{g(x)+k\}]\,dx$$

$$= \int_a^b \{f(x) - g(x)\}\,dx = \int_a^b |f(x) - g(x)|\,dx$$

3 닫힌 구간 $[a, c]$에서 $f(x) \geq g(x)$ 이고
닫힌 구간 $[c, b]$에서 $f(x) \leq g(x)$ 일 때   넓이 S는?

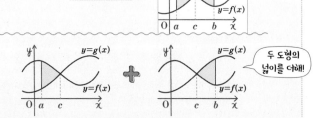

두 도형의 넓이를 더해!

$$S = \int_a^c \{f(x) - g(x)\}\,dx + \int_c^b \{g(x) - f(x)\}\,dx$$

$$= \int_a^c |f(x) - g(x)|\,dx + \int_c^b |f(x) - g(x)|\,dx = \int_a^b |f(x) - g(x)|\,dx$$

$$S = \int_a^b |f(x) - g(x)|\,dx$$

다음은 주어진 그림에서 색칠한 부분의 넓이를 구하는 과정
이다. □ 안에 알맞은 것을 써넣으시오.

①

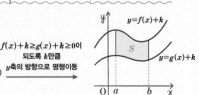

$$\int_{\square}^{2} (x+2-\square)\,dx$$

$$= \int_{\square}^{2} (-x^2 + x + 2)\,dx$$

$$= \left[-\frac{1}{3}x^3 + \frac{1}{2}x^2 + \square \right]_{\square}^{2}$$

$$= \square$$

②

$$\int_0^{\square} (-x^2 + 2x - \square)\,dx$$

$$= \int_0^{\square} (-\square + 2x)\,dx$$

$$= \left[-\frac{2}{3}x^3 + \square \right]_0^{\square}$$

$$= \square$$

1st─곡선과 직선 사이의 넓이

● 다음 곡선과 직선으로 둘러싸인 도형의 넓이를 구하시오.

1 $y=x^2-4$, $y=3x$

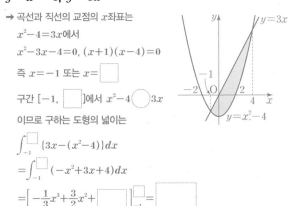

→ 곡선과 직선의 교점의 x좌표는
$x^2-4=3x$에서
$x^2-3x-4=0$, $(x+1)(x-4)=0$
즉 $x=-1$ 또는 $x=\boxed{}$
구간 $[-1, \boxed{}]$에서 $x^2-4 \bigcirc 3x$
이므로 구하는 도형의 넓이는
$\int_{-1}^{\boxed{}}\{3x-(x^2-4)\}dx$
$=\int_{-1}^{\boxed{}}(-x^2+3x+4)dx$
$=\left[-\dfrac{1}{3}x^3+\dfrac{3}{2}x^2+\boxed{}\right]_{-1}^{\boxed{}}=\boxed{}$

2 $y=x^2-2x$, $y=3x-6$

3 $y=-2x^2+4x-6$, $y=-4x$

4 $y=x^2-x$, $y=x+3$

5 $y=-x^2+5x$, $y=-x-7$

2nd─두 곡선 사이의 넓이

● 다음 두 곡선으로 둘러싸인 도형의 넓이를 구하시오.

6 $y=x^2+x-4$, $y=-x^2+3x$

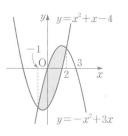

→ 두 곡선의 교점의 x좌표는
$x^2+x-4=-x^2+3x$에서
$x^2-x-2=0$, $(x+1)(x-2)=0$
즉 $x=-1$ 또는 $x=\boxed{}$
구간 $[-1, 2]$에서
$x^2+x-4 \leq -x^2+3x$이므로 구하는
도형의 넓이는
$\int_{-1}^{\boxed{}}\{(-x^2+3x)-(x^2+x-4)\}dx$
$=\int_{-1}^{\boxed{}}(-2x^2+2x+4)dx$
$=\left[-\dfrac{2}{3}x^3+x^2+\boxed{}\right]_{-1}^{\boxed{}}=\boxed{}$

7 $y=x^2-2x+3$, $y=-x^2+4x-1$

8 $y=x^2-7x+10$, $y=-x^2+5x-6$

9 $y=x^2+3x+1$, $y=-x^2+3x+3$

이차함수의 그래프와 넓이

이차함수와 관련된 넓이 S는 다음을 이용하여 쉽게 계산할 수 있다.

포물선과 x축	포물선과 직선	두 포물선
$y=ax^2+bx+c$	$y=ax^2+bx+c$, $y=mx+n$	$y=ax^2+bx+c$, $y=a'x^2+b'x+c'$
$S=\dfrac{|a|}{6}(\beta-\alpha)^3$	$S=\dfrac{|a|}{6}(\beta-\alpha)^3$	$S=\dfrac{|a-a'|}{6}(\beta-\alpha)^3$

10 $y=x^3+x^2-x,\ y=x^2$

→ 두 곡선의 교점의 x좌표는

$x^3+x^2-x=x^2$에서

$x^3-x=0,\ x(x+1)(x-1)=0$

즉 $x=-1$ 또는 $x=\boxed{}$ 또는 $x=1$

구간 $[-1,\,0]$에서

$x^3+x^2-x\,\bigcirc\,x^2$이고

구간 $[0,\,1]$에서 $x^3+x^2-x\,\bigcirc\,x^2$이므로 구하는 도형의 넓이는

$\displaystyle\int_{-1}^{\boxed{}}\{(x^3+x^2-x)-x^2\}dx+\int_{\boxed{}}^{1}\{x^2-(x^3+x^2-x)\}dx$

$\displaystyle=\int_{-1}^{\boxed{}}(x^3-x)dx+\int_{\boxed{}}^{1}(-x^3+x)dx$

$=\left[\dfrac{1}{4}x^4-\boxed{}\right]_{-1}^{\boxed{}}+\left[-\dfrac{1}{4}x^4+\boxed{}\right]^{1}_{\boxed{}}=\boxed{}$

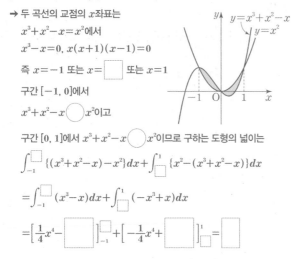

11 $y=-x^3+2x^2,\ y=-x^2+2x$

12 $y=x^3-6x,\ y=-x^3+2x$

13 $y=x^3-4x^2+4,\ y=-x^3+2x$

> 함수 $f(x)$가 $x=a$에서 미분가능할 때, 점 $(a,\,f(a))$에서의 접선의 방정식 ➡ $y-f(a)=f'(a)(x-a)$

3ʳᵈ — 곡선과 접선으로 둘러싸인 도형의 넓이

● 다음 곡선과 주어진 곡선 위의 점에서의 접선 및 y축으로 둘러싸인 도형의 넓이를 구하시오.

14 곡선 $y=\dfrac{1}{2}x^2$과 이 곡선 위의 점 $(2,\,2)$

→ $f(x)=\dfrac{1}{2}x^2$으로 놓으면

$f'(x)=\boxed{}$

이 곡선 위의 점 $(2,\,2)$에서의 접선의 기울기는 $f'(2)=\boxed{}$이므로 접선의 방정식은 $y=2x-2$

따라서 구하는 도형의 넓이는

$\displaystyle\int_{0}^{\boxed{}}\left\{\dfrac{1}{2}x^2-(2x-2)\right\}dx$

$\displaystyle=\int_{0}^{\boxed{}}\left(\dfrac{1}{2}x^2-2x+2\right)dx$

$=\left[\dfrac{1}{6}x^3-x^2+2x\right]_{0}^{\boxed{}}=\boxed{}$

15 곡선 $y=-x^2+2$와 이 곡선 위의 점 $(-1,\,1)$

16 곡선 $y=x^2-4x+5$와 이 곡선 위의 점 $(1,\,2)$

17 곡선 $y=-2x^2-3$과 이 곡선 위의 점 $(-1,\,-5)$

● 다음 곡선과 주어진 곡선 위의 점에서의 접선으로 둘러싸인 도형의 넓이를 구하시오.

18 곡선 $y=\dfrac{1}{4}x^3$과 이 곡선 위의 점 $(2, 2)$

→ $f(x)=\dfrac{1}{4}x^3$으로 놓으면

$f'(x)=$ ☐

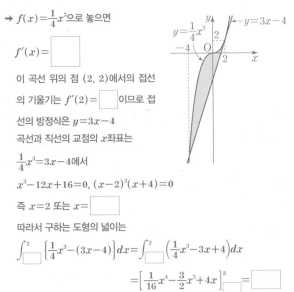

이 곡선 위의 점 $(2, 2)$에서의 접선의 기울기는 $f'(2)=$ ☐ 이므로 접선의 방정식은 $y=3x-4$

곡선과 직선의 교점의 x좌표는

$\dfrac{1}{4}x^3=3x-4$에서

$x^3-12x+16=0$, $(x-2)^2(x+4)=0$

즉 $x=2$ 또는 $x=$ ☐

따라서 구하는 도형의 넓이는

$\displaystyle\int_{☐}^{2}\left\{\dfrac{1}{4}x^3-(3x-4)\right\}dx=\int_{☐}^{2}\left(\dfrac{1}{4}x^3-3x+4\right)dx$

$=\left[\dfrac{1}{16}x^4-\dfrac{3}{2}x^2+4x\right]_{☐}^{2}=$ ☐

19 곡선 $y=-x^3+2$와 이 곡선 위의 점 $(1, 1)$

20 곡선 $y=x^3-x^2$과 이 곡선 위의 점 $(-1, -2)$

[개념모음문제]

21 곡선 $y=ax^2+3$과 이 곡선 위의 점 $(2, 4a+3)$에서의 접선 및 y축으로 둘러싸인 도형의 넓이가 16일 때, 양수 a의 값은?

① 2 　　　 ② 4 　　　 ③ 6

④ 8 　　　 ⑤ 10

4th — 절댓값 기호를 포함한 함수의 그래프의 넓이

● 다음 곡선과 직선으로 둘러싸인 도형의 넓이를 구하시오.

22 $y=|x^2-1|$, $y=2$

절댓값 기호 안의 식의 값이 0이 되는 x의 값을 기준으로 나눠!

→ $y=|x^2-1|=\begin{cases} x^2-1 & (x\le-1 \text{ 또는 } x\ge1) \\ -x^2+1 & (-1<x<1) \end{cases}$

곡선 $y=|x^2-1|$과 직선 $y=2$의 교점의 x좌표는

$x^2-1=2$에서

$x=$ ☐ 또는 $x=$ ☐

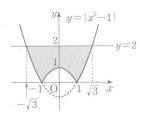
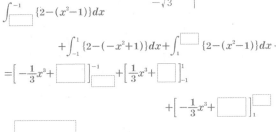

따라서 구하는 도형의 넓이는

$\displaystyle\int_{☐}^{-1}\{2-(x^2-1)\}dx$

$\displaystyle+\int_{-1}^{1}\{2-(-x^2+1)\}dx+\int_{1}^{☐}\{2-(x^2-1)\}dx$

$=\left[-\dfrac{1}{3}x^3+\;☐\;\right]_{☐}^{-1}+\left[\dfrac{1}{3}x^3+\;☐\;\right]_{-1}^{1}$

$\qquad\qquad+\left[-\dfrac{1}{3}x^3+\;☐\;\right]_{1}^{☐}$

$=$ ☐

23 $y=|-x^2+4|$, $y=5$

24 $y=\left|\dfrac{1}{2}x^2-\dfrac{1}{2}\right|$, $y=\dfrac{3}{2}$

25 $y=|-x^2+1|$, $y=3$

03

두 도형의 넓이가 같을 조건

곡선 $y=f(x)$ 와 x축 으로 둘러싸인
두 도형의 넓이가 같으면

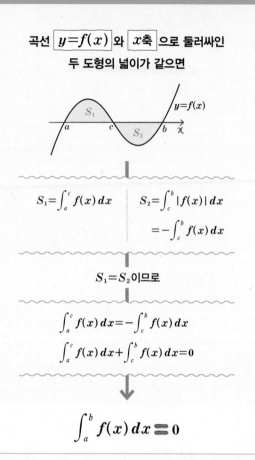

$$S_1=\int_a^c f(x)\,dx \qquad S_2=\int_c^b |f(x)|\,dx$$
$$=-\int_c^b f(x)\,dx$$

$S_1=S_2$이므로

$$\int_a^c f(x)\,dx=-\int_c^b f(x)\,dx$$
$$\int_a^c f(x)\,dx+\int_c^b f(x)\,dx=0$$

$$\int_a^b f(x)\,dx \equiv 0$$

곡선 $y=f(x)$ 와 곡선 $y=g(x)$ 로 둘러싸인
두 도형의 넓이가 같으면

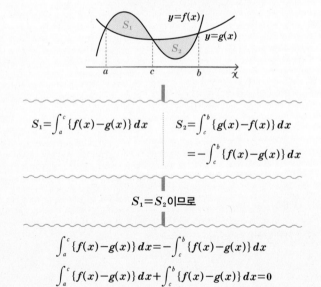

$$S_1=\int_a^c \{f(x)-g(x)\}\,dx \qquad S_2=\int_c^b \{g(x)-f(x)\}\,dx$$
$$=-\int_c^b \{f(x)-g(x)\}\,dx$$

$S_1=S_2$이므로

$$\int_a^c \{f(x)-g(x)\}\,dx=-\int_c^b \{f(x)-g(x)\}\,dx$$
$$\int_a^c \{f(x)-g(x)\}\,dx+\int_c^b \{f(x)-g(x)\}\,dx=0$$

$$\int_a^b \{f(x)-g(x)\}\,dx \equiv 0$$

1st — 두 도형의 넓이가 같을 조건

● 다음 곡선과 직선 및 x축으로 둘러싸인 두 도형의 넓이가 같을 때, 상수 a의 값을 구하시오.

1 $y=x^2-1$, $x=a$ (단, $a>1$)

→ 곡선 $y=x^2-1$과 x축의 교점의 x
좌표는 $x^2-1=0$에서
$x=-1$ 또는 $x=1$
이때 색칠한 두 도형의 넓이가 같으
므로

$$\int_{\boxed{}}^a (x^2-1)\,dx=0$$

$$\left[\frac13 x^3-x\right]_{\boxed{}}^a=0$$

$$\frac13 a^3-a-\frac23=0,\ a^3-3a-2=0$$

$$(a+1)^2(a-\boxed{})=0$$

$a>1$이므로 $a=\boxed{}$

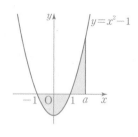

2 $y=-x^2-2x$, $x=a$ (단, $a>0$)

3 $y=\dfrac12 x^2-2$, $x=a$ (단, $a>2$)

4 $y=x^2-4x+3$, $x=a$ (단, $a<1$)

● 다음 곡선과 x축으로 둘러싸인 두 도형의 넓이가 같을 때, 상수 a의 값을 구하시오.

5 $y=x(x+1)(x-a)$ (단, $a>0$)

→ 곡선과 x축의 교점의 x좌표는

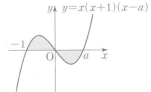

$x(x+1)(x-a)=0$에서

$x=-1$ 또는 $x=0$ 또는

$x=\boxed{}$

이때 색칠한 두 도형의 넓이가 같으므로

$\int_{-1}^{\boxed{}} x(x+1)(x-a)dx=0$

$\int_{-1}^{\boxed{}} \{x^3+(-a+1)x^2-ax\}dx=0$

$\left[\frac{1}{4}x^4-\frac{a-1}{3}x^3-\frac{a}{2}x^2\right]_{-1}^{\boxed{}}=0$

$-\frac{a^4}{12}-\frac{a^3}{6}+\frac{a}{6}+\frac{1}{12}=0,\ a^4+2a^3-2a-1=0$

$(a+1)^3(a-\boxed{})=0$

$a>0$이므로 $a=\boxed{}$

6 $y=-x(x+2)(x-a)$ (단, $-2<a<0$)

7 $y=(x-3)(x+3)(x-a)$ (단, $-3<a<3$)

8 $y=(x-1)(x-2)(x-a)$ (단, $a>2$)

● 다음 두 곡선으로 둘러싸인 두 도형의 넓이가 같을 때, 상수 a의 값을 구하시오.

9 $y=x^2(x+2)$, $y=ax(x+2)$ (단, $-2<a<0$)

→ 두 곡선의 교점의 x좌표는

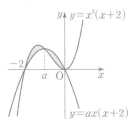

$x^2(x+2)=ax(x+2)$에서

$x(x-a)(x+2)=0$

즉 $x=-2$ 또는 $x=a$ 또는

$x=\boxed{}$

이때 색칠한 두 도형의 넓이가 같으므로

$\int_{-2}^{\boxed{}} \{x^2(x+2)-ax(x+2)\}dx=0$

$\int_{-2}^{\boxed{}} \{x^3+(2-a)x^2-2ax\}dx=0$

$\left[\frac{1}{4}x^4+\frac{2-a}{3}x^3-ax^2\right]_{-2}^{\boxed{}}=0$

$\frac{4}{3}a+\frac{4}{3}=0$

따라서 $a=\boxed{}$

10 $y=x^2(x+1)$, $y=ax(x+1)$ (단, $-1<a<0$)

11 $y=-x^2(x+3)$, $y=ax(x+3)$ (단, $0<a<3$)

12 $y=x^2(x-6)$, $y=ax(x-6)$ (단, $0<a<6$)

 내가 발견한 개념

$S_1=S_2=S$라 하면

• $\int_a^b f(x)dx=S-\boxed{}=\boxed{}$

• $\int_a^b |f(x)|dx=S+\boxed{}=\boxed{}$

두 도형의 넓이가 같을 때는?

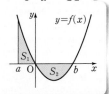

04

정적분의 정의로 계산되는!

두 곡선 사이의 넓이의 활용

곡선 $\boxed{y=f(x)}$ 와 $\boxed{x축}$ 으로 둘러싸인 도형의 넓이 S가

곡선 $\boxed{y=g(x)}$ 에 의하여 이등분되면

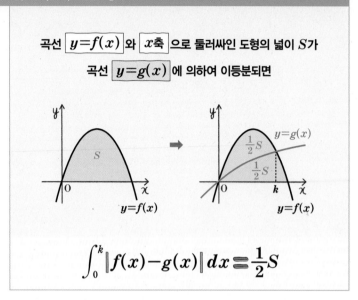

$$\int_0^k |f(x)-g(x)|\,dx = \frac{1}{2}S$$

1st — 두 곡선 사이의 넓이의 활용; 이등분

1 곡선 $y=x^2-4x$와 x축으로 둘러싸인 도형의 넓이가 직선 $y=mx$에 의하여 이등분될 때, 실수 m에 대하여 $(m+4)^3$의 값을 구하시오. (단, $m<0$)

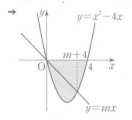

곡선 $y=x^2-4x$와 직선 $y=mx$의 교점의 x좌표는
$x^2-4x=mx$에서 $x(x-m-4)=0$이므로

$x=0$ 또는 $x=\boxed{}$

곡선 $y=x^2-4x$와 직선 $y=mx$로 둘러싸인 도형의 넓이의 2배가 곡선 $y=x^2-4x$와 x축으로 둘러싸인 도형의 넓이와 같으므로

$$2\int_0^{\boxed{}} \{mx-(x^2-4x)\}\,dx = \int_0^{\boxed{}} \{-(x^2-4x)\}\,dx$$

$$2\int_0^{\boxed{}} \{-x^2+(m+4)x\}\,dx = \int_0^{\boxed{}} (-x^2+4x)\,dx$$

$$2\left[-\frac{1}{3}x^3+\frac{m+4}{2}x^2\right]_0^{\boxed{}} = \left[-\frac{1}{3}x^3+2x^2\right]_0^{\boxed{}}$$

$$\frac{(m+4)^3}{3} = \boxed{}$$

따라서 $(m+4)^3 = \boxed{}$

2 곡선 $y=-x^2+6x$와 x축으로 둘러싸인 도형의 넓이가 직선 $y=mx$에 의하여 이등분될 때, 실수 m에 대하여 $(6-m)^3$의 값을 구하시오. (단, $m>0$)

3 곡선 $y=x^2-2x$와 직선 $y=mx$로 둘러싸인 도형의 넓이가 x축에 의하여 이등분될 때, 실수 m에 대하여 $(m+2)^3$의 값을 구하시오. (단, $m>0$)

4 곡선 $y=-x^2+3x$와 직선 $y=mx$로 둘러싸인 도형의 넓이가 x축에 의하여 이등분될 때, 실수 m에 대하여 $(3-m)^3$의 값을 구하시오. (단, $m<0$)

😊 내가 발견한 개념   넓이를 이등분하는 곡선과의 관계는?

• 곡선 $y=f(x)$와 x축으로 둘러싸인 도형의 넓이 S가 곡선 $y=g(x)$에 의하여 이등분되면

$$\int_0^{\boxed{}} |f(x)-g(x)|\,dx = \frac{1}{\boxed{}}S$$

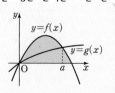

2nd 두 곡선 사이의 넓이의 활용; 넓이의 최솟값

5 $0<a<3$일 때, 곡선 $y=9-x^2$과 이 곡선 위의 점 $A(a,\ 9-a^2)$에서의 접선 및 두 직선 $x=0,\ x=3$으로 둘러싸인 도형의 넓이의 최솟값을 구하시오.

→ $f(x)=9-x^2$이라 하면 $f'(x)=\boxed{}$

곡선 $y=f(x)$ 위의 점 $A(a,\ 9-a^2)$에서의 접선의 기울기는

$f'(a)=\boxed{}$이므로 접선의 방정식은

$y-(9-a^2)=\boxed{}(x-a)$

$y=\boxed{}x+a^2+9$

곡선 $y=9-x^2$과 직선

$y=\boxed{}x+a^2+9$ 및 두 직선

$x=0,\ x=3$으로 둘러싸인 도형의 넓이를 $S(a)$라 하면

$S(a)=\displaystyle\int_0^3\{\boxed{}x+a^2+9-(9-x^2)\}dx$

$\qquad=\displaystyle\int_0^3(x^2-\boxed{}x+a^2)dx$

$\qquad=\left[\dfrac{1}{3}x^3-\boxed{}x^2+a^2x\right]_0^3$

$\qquad=3a^2-\boxed{}a+9$

$S'(a)=6a-\boxed{}=0$에서 $a=\boxed{}$

따라서 $S(a)$는 $a=\boxed{}$일 때 극소이면서 최소가 되므로 구하는 넓이의 최솟값은 $\boxed{}$이다.

6 $0<a<2$일 때, 곡선 $y=x^2-4$와 이 곡선 위의 점 $A(a,\ a^2-4)$에서의 접선 및 두 직선 $x=0,\ x=2$로 둘러싸인 도형의 넓이의 최솟값을 구하시오.

7 두 곡선 $y=kx^3,\ y=-\dfrac{1}{k}x^3$과 직선 $x=2$로 둘러싸인 도형의 넓이의 최솟값을 구하시오. (단, $k>0$)

→ 두 곡선 $y=kx^3,\ y=-\dfrac{1}{k}x^3$의 교점의 x좌표는 $\boxed{}$이므로 구하는 도형의 넓이는

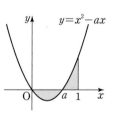

$\displaystyle\int_{\boxed{}}^2\left\{kx^3-\left(-\dfrac{1}{k}x^3\right)\right\}dx$

$=\displaystyle\int_{\boxed{}}^2\left(k+\dfrac{1}{k}\right)x^3dx$

$=\left[\dfrac{1}{4}\left(k+\dfrac{1}{k}\right)x^4\right]_{\boxed{}}^2=4\left(k+\dfrac{1}{k}\right)$

$k>0$이므로 산술평균과 기하평균의 관계에 의하여

$4\left(k+\dfrac{1}{k}\right)\geq\boxed{}$

(단, 등호는 $k=\dfrac{1}{k}$일 때 성립한다.)

> $a>0,\ b>0$일 때
> $\dfrac{a+b}{2}\geq\sqrt{ab}$
> (단, 등호는 $a=b$일 때 성립한다.)

따라서 구하는 도형의 넓이의 최솟값은 $\boxed{}$이다.

8 두 곡선 $y=k^2x^3,\ y=-\dfrac{1}{k^2}x^3$과 직선 $x=-4$로 둘러싸인 도형의 넓이의 최솟값을 구하시오.

(단, $k\neq0$)

개념모음문제

9 오른쪽 그림과 같이 곡선 $y=x^2-ax$와 x축 및 직선 $x=1$로 둘러싸인 도형의 넓이가 최소가 되도록 하는 상수 a의 값은? (단, $0<a<1$)

① $\dfrac{1}{4}$ ② $\dfrac{\sqrt{2}}{4}$ ③ $\dfrac{1}{2}$

④ $\dfrac{\sqrt{2}}{2}$ ⑤ $\dfrac{3}{4}$

05

정적분의 정의로 계산되는!

역함수의 그래프와 넓이

함수 $y=f(x)$ 와 그 역함수 $y=g(x)$ 의
그래프로 둘러싸인 도형의 넓이 S는?

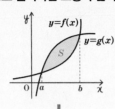

두 함수 $y=f(x)$, $y=g(x)$의 그래프는
직선 $y=x$에 대하여 대칭이므로

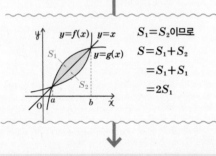

$S_1=S_2$이므로
$S=S_1+S_2$
$=S_1+S_1$
$=2S_1$

$$S=\int_a^b \|f(x)-g(x)\| dx \equiv 2\int_a^b \|x-f(x)\| dx$$

함수 $y=f(x)$ 의 역함수 $y=g(x)$ 와
x축 및 직선 $x=c$로 둘러싸인 도형의 넓이 S는?

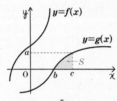

두 함수 $y=f(x)$, $y=g(x)$의 그래프는
직선 $y=x$에 대하여 대칭이므로

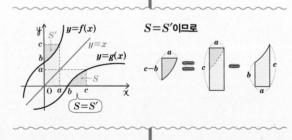

$S=S'$이므로

$$S \equiv ac - \int_0^a f(x)dx$$
직사각형의 넓이

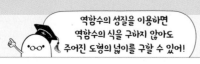
역함수의 성질을 이용하면
역함수의 식을 구하지 않아도
주어진 도형의 넓이를 구할 수 있어!

1st — 함수와 그 역함수의 그래프로 둘러싸인
도형의 넓이

● 주어진 함수 $f(x)$의 역함수를 $g(x)$라 할 때, 두 곡선 $y=f(x)$,
$y=g(x)$로 둘러싸인 도형의 넓이를 구하시오.

1 $f(x)=\dfrac{1}{3}x^2\ (x\geq 0)$

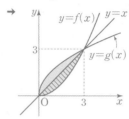

두 곡선 $y=f(x)$, $y=g(x)$로 둘러싸인 도형의 넓이는 곡선 $y=f(x)$

와 직선 $y=x$로 둘러싸인 도형의 넓이의 ☐ 배와 같다.

곡선 $y=f(x)$와 직선 $y=x$의 교점의 x좌표는

$\dfrac{1}{3}x^2=x$에서 $x=0$ 또는 $x=$ ☐

따라서 구하는 넓이는

$2\int_0^{\square}\left(x-\dfrac{1}{3}x^2\right)dx=2\left[\dfrac{1}{2}x^2-\dfrac{1}{9}x^3\right]_0^{\square}=$ ☐

2 $f(x)=-\dfrac{1}{4}x^2\ (x\leq 0)$

3 $f(x)=\dfrac{1}{4}x^2+\dfrac{3}{4}\ (x\geq 0)$

4 $f(x)=-\dfrac{1}{5}x^2-\dfrac{4}{5}\ (x\leq 0)$

5    $f(x) = x^3 \ (x \geq 0)$

8    $f(x) = x^3 + 4$, $\displaystyle\int_0^1 f(x)dx + \int_4^5 g(x)dx$

9    $f(x) = \sqrt{10x} + 5$, $\displaystyle\int_0^{10} f(x)dx + \int_5^{15} g(x)dx$

:) **내가 발견한 개념**   함수와 그 역함수의 그래프로 둘러싸인 도형의 넓이는?

함수 $y = f(x)$와 그 역함수 $y = g(x)$의 그래프의 교점의 x좌표가 a, b(a<b)일 때, 두 그래프는 직선 ☐ 에 대하여 대칭이므로

• $\displaystyle\int_a^b |f(x) - g(x)|dx = ☐ \times \int_a^b |f(x) - ☐ |dx$

2ⁿᵈ — 역함수의 정적분

• 주어진 함수 $f(x)$의 역함수를 $g(x)$라 할 때, 다음 값을 구하시오.

6    $f(x) = \sqrt{x-4}$, $\displaystyle\int_4^{20} f(x)dx + \int_0^4 g(x)dx$

→ 함수 $f(x) = \sqrt{x-4}$의 역함수가 $g(x)$
이므로 $y = f(x)$의 그래프와 $y = g(x)$
의 그래프는 직선 $y = x$에 대하여 대칭
이다.
따라서 오른쪽 그림에서
(A의 넓이) = (C의 넓이)이므로
$\displaystyle\int_4^{20} f(x)dx + \int_0^4 g(x)dx$
= (A의 넓이) + (B의 넓이)
= (C의 넓이) + (B의 넓이)
= 4 × ☐ = ☐

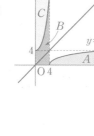

:) **내가 발견한 개념**   역함수의 정적분은?

함수 $y = f(x)$의 역함수 $y = g(x)$의 그래프와 x축 및 직선 $x = b$로 둘러싸인 도형의 넓이를 S라 하면

• $S = S_1 = ☐ - \displaystyle\int_0^☐ f(x)dx$

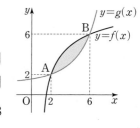

개념모음문제

10 오른쪽 그림과 같이 함수 $y = f(x)$와 그 역함수 $y = g(x)$가 있다. 두 그래프가 A(2, 2), B(6, 6)에서 만나고 $\displaystyle\int_2^6 f(x)dx = 18$ 일 때, 두 곡선 $y = f(x)$, $y = g(x)$로 둘러싸인 도형의 넓이는?

① 2   ② $\dfrac{5}{2}$ ③ 3

④ $\dfrac{7}{2}$ ⑤ 4

7    $f(x) = x^3 + 2$, $\displaystyle\int_0^2 f(x)dx + \int_2^{10} g(x)dx$

01 곡선과 x축 사이의 넓이

• 함수 $f(x)$가 닫힌 구간 $[a, b]$에서 연속일 때, 곡선 $y=f(x)$와 x축 및 두 직선 $x=a$, $x=b$로 둘러싸인 도형의 넓이 S

→ $S=\int_a^b |f(x)| dx$

1 곡선 $y=ax(x-2)$와 x축으로 둘러싸인 도형의 넓이가 8일 때, 양수 a의 값은?

① 3   ② 4   ③ 5

④ 6   ⑤ 7

2 곡선 $y=x^2+3x$와 x축 및 두 직선 $x=-2$, $x=n$으로 둘러싸인 도형의 넓이가 12일 때, 자연수 n의 값은?

① 1   ② 2   ③ 3

④ 4   ⑤ 5

3 오른쪽 그림과 같이 삼차함수 $y=f(x)$의 그래프와 x축으로 둘러싸인 도형의 넓이가 4일 때, $f(2)$의 값은?

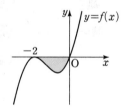

① 80   ② 84

③ 88   ④ 92

⑤ 96

02 두 곡선 사이의 넓이

• 두 함수 $f(x)$, $g(x)$가 닫힌 구간 $[a, b]$에서 연속일 때, 두 곡선 $y=f(x)$, $y=g(x)$와 두 직선 $x=a$, $x=b$로 둘러싸인 도형의 넓이 S → $S=\int_a^b |f(x)-g(x)| dx$

4 곡선 $y=x^3-x$와 직선 $y=3x$로 둘러싸인 도형의 넓이를 구하시오.

5 두 곡선 $y=-x^2+2x$와 $y=x^2-4x$로 둘러싸인 도형이 x축에 의하여 두 도형으로 나누어진다. 이 두 도형의 넓이를 각각 S, T $(S<T)$라 할 때, $\dfrac{4T}{S}$의 값은?

① 23   ② 24   ③ 25

④ 26   ⑤ 27

6 곡선 $y=|x^2+2x|$와 직선 $y=x+6$으로 둘러싸인 도형의 넓이를 S라 할 때, $6S$의 값은?

① 103   ② 106   ③ 109

④ 112   ⑤ 115

• 곡선 $y=f(x)$와 x축으로 둘러싸인 도형의 넓이 S가 곡선 $y=g(x)$에 의하여 이등분되면

$$S=2\int_0^a |f(x)-g(x)|\,dx$$

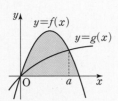

7 곡선 $y=-x^2+4x+a$와 x축 및 y축으로 둘러싸인 도형의 넓이를 S, 이 곡선과 x축으로 둘러싸인 도형의 넓이를 T라 하면 $T=2S$이다. 상수 a의 값을 구하시오. (단, $a<0$)

8 두 곡선 $y=ax(x-4)^2$, $y=-x^2+4x$로 둘러싸인 두 도형의 넓이가 서로 같을 때, 상수 a의 값은?

$$\left(\text{단, } a>\frac{1}{4}\right)$$

① $\dfrac{1}{3}$ ② $\dfrac{1}{2}$ ③ $\dfrac{2}{3}$

④ 1 ⑤ $\dfrac{3}{2}$

9 곡선 $y=-x^2+8x$와 x축으로 둘러싸인 도형의 넓이가 직선 $y=mx$에 의하여 이등분될 때, 양수 m에 대하여 $(8-m)^3$의 값은?

① 238   ② 244   ③ 250

④ 256   ⑤ 262

10 두 곡선 $y=2kx^3$, $y=-\dfrac{2}{k}x^3$과 직선 $x=1$로 둘러싸인 도형의 넓이의 최솟값을 구하시오. (단, $k>0$)

• 함수 $y=f(x)$와 그 역함수 $y=g(x)$의 그래프로 둘러싸인 도형의 넓이 S

$\rightarrow S=2\displaystyle\int_a^b |f(x)-x|\,dx$

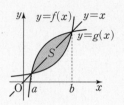

11 함수 $f(x)=x^3-x^2+x$ $(x\geq0)$의 역함수를 $y=g(x)$라 할 때, 두 곡선 $y=f(x)$, $y=g(x)$로 둘러싸인 도형의 넓이를 S라 하자. $6S$의 값은?

① 1   ② 2   ③ 3

④ 4   ⑤ 5

12 함수 $f(x)=x^3+2x-2$의 역함수를 $g(x)$라 할 때, $\displaystyle\int_1^{10} g(x)\,dx$의 값은?

① $\dfrac{53}{4}$ ② $\dfrac{55}{4}$ ③ $\dfrac{57}{4}$

④ $\dfrac{59}{4}$ ⑤ $\dfrac{61}{4}$

속도와 거리

원점을 출발하여 수직선 위를 움직이는 점 P의 시각 t에서의

위치 변화율 속도는 $\boxed{v(t)=-t+2}$ ←미분— 적분→ 위치는 $\boxed{x=f(t)}$

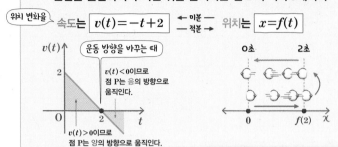

운동 방향을 바꾸는 때

$v(t)<0$이므로 점 P는 음의 방향으로 움직인다.

$v(t)>0$이므로 점 P는 양의 방향으로 움직인다.

1 시각 $t=2$에서 점 P의 위치

위치를 미분하면 속도가 되므로 $f'(t)=v(t)$

$$\int_0^2 v(t)dt=\Big[f(t)\Big]_0^2=f(2)-f(0)$$

따라서 원점을 출발하여 시각 $t=2$에서 점 P의 위치는

$$f(2)=\underset{f(0)=0}{f(0)}+\int_0^2 v(t)dt=\int_0^2(-t+2)dt$$

$$=\Big[-\frac{1}{2}t^2+2t\Big]_0^2=2$$

2 시각 $t=0$에서 $t=3$까지 점 P의 위치의 변화량

(시각 $t=3$에서의 위치)$-$(시각 $t=0$에서의 위치)

$$=f(3)-f(0)$$

$$=\int_0^3 v(t)dt=\int_0^3(-t+2)dt$$

$$=\Big[-\frac{1}{2}t^2+2t\Big]_0^3=\frac{3}{2}$$

시각 $t=0$에서 $t=3$까지 위치가 변화한 양

3 시각 $t=0$에서 $t=3$까지 점 P가 움직인 거리

$0\le t<2$일 때 $v(t)>0$,

$2<t\le 3$일 때 $v(t)<0$ 이므로

$$\int_0^2 v(t)dt+\int_2^3\{-v(t)\}dt \quad \int_0^3|v(t)|dt$$

$$=\int_0^2(-t+2)dt+\int_2^3(t-2)dt$$

$$=\Big[-\frac{1}{2}t^2+2t\Big]_0^2+\Big[\frac{1}{2}t^2-2t\Big]_2^3$$

$$=2+\frac{1}{2}=\frac{5}{2}$$

시각 $t=0$에서 $t=3$까지 실제로 움직인 거리의 총합

수직선 위를 움직이는 점 P의 시각 t에서의 속도가 $v(t)$이고,
시각 $t=a$에서 위치를 x_0이라 할 때

❶ 시각 t에서 점 P의 위치 x는 $x=x_0+\int_a^t v(t)\,dt$ 출발에서 시각 t까지 위치의 변화량

출발 위치

❷ 시각 $t=a$에서 $t=b$까지 점 P의 위치의 변화량은 $\int_a^b v(t)\,dt$

❸ 시각 $t=a$에서 $t=b$까지 점 P가 움직인 거리는 $\int_a^b |v(t)|\,dt$

속도의 그래프와 t축 사이의 넓이

1st — 직선 운동에서의 위치와 움직인 거리

● 원점을 출발하여 수직선 위를 움직이는 점 P의 시각 t에서의 속도 $v(t)$가 주어진 함수와 같을 때, 다음을 구하시오.

1 $\boxed{v(t)=t^2+t-2}$

(1) $t=2$에서의 점 P의 위치

→ $t=0$에서의 점 P의 위치가 $\boxed{}$이므로 $t=2$에서의 점 P의 위치는

$$\boxed{}+\int_0^2(t^2+t-2)dt$$

$$=\Big[\frac{1}{3}t^3+\frac{1}{2}t^2-\boxed{}\Big]_0^2=\boxed{}$$

(2) $t=0$에서 $t=3$까지 점 P의 위치의 변화량

→ $\int_0^3 v(t)dt=\int_0^3(t^2+t-2)dt$

$$=\Big[\frac{1}{3}t^3+\frac{1}{2}t^2-\boxed{}\Big]_0^3$$

$$=\boxed{}$$

(3) 점 P가 처음으로 운동 방향을 바꾸는 시각

→ $v(t)=0$일 때이므로 $v(t)=t^2+t-2=0$에서

$$(t+2)(t-\boxed{})=0$$

$$t>0$$이므로 $t=\boxed{}$

(4) $t=0$에서 $t=3$까지 점 P가 움직인 거리

→ $\int_0^3 |v(t)|dt=\int_0^3|t^2+t-2|dt$

$$=\int_0^{\boxed{}}(-t^2-t+2)dt+\int_{\boxed{}}^3(t^2+t-2)dt$$

$$=\Big[-\frac{1}{3}t^3-\frac{1}{2}t^2+2t\Big]_0^{\boxed{}}+\Big[\frac{1}{3}t^3+\frac{1}{2}t^2-2t\Big]_{\boxed{}}^3$$

$$=\boxed{}+\frac{26}{3}=\boxed{}$$

위치를 미분하면 속도이고 속도를 미분하면 가속도이니까

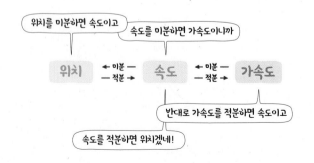

위치 ←미분— —적분→ 속도 ←미분— —적분→ 가속도

반대로 가속도를 적분하면 속도이고

속도를 적분하면 위치겠네!

2   $v(t)=10-2t$

(1) $t=4$에서의 점 P의 위치

(2) $t=0$에서 $t=6$까지 점 P의 위치의 변화량

(3) 점 P가 처음으로 운동 방향을 바꾸는 시각

(4) $t=0$에서 $t=6$까지 점 P가 움직인 거리

3   좌표가 2인 점을 출발하여 수직선 위를 움직이는 점 P의 시각 t에서의 속도 $v(t)$가 $v(t)=t^3-4t$일 때, 다음을 구하시오.

(1) $t=3$에서의 점 P의 위치

(2) $t=0$에서 $t=4$까지 점 P의 위치의 변화량

(3) 점 P가 처음으로 운동 방향을 바꾸는 시각

(4) $t=0$에서 $t=4$까지 점 P가 움직인 거리

😃 내가 발견한 개념 ────── 속도에 대한 키워드! 잘 연결해 봐!

• 수직선 위를 움직이는 점 P의 시각 t에서의 속도가 v(t), 시각 $t=a$에서의 위치가 x_0이고, 시각이 $t=a$에서 $t=b$까지 변할 때

점 P의 위치의 변화량 •   • $\int_a^b |v(t)|dt$

점 P가 움직인 거리 •   • $\int_a^b v(t)dt$

$t=b$에서의 점 P의 위치 •   • $x_0+\int_a^b v(t)dt$

2nd ─ 상하 운동에서의 위치와 움직인 거리

4   지면에서 40 m/s의 속도로 지면과 수직으로 위로 던진 물체의 t초 후의 속도가
$v(t)=40-10t(\text{m/s})\,(0\le t\le 8)$일 때, 다음을 구하시오.

(1) 물체를 던진 지 2초 후의 지면으로부터의 높이

→ $t=0$에서의 점 P의 위치가 ☐이므로 $t=2$에서의 점 P의 위치는

$$☐+\int_0^2 (40-10t)dt=\left[-5t^2+\boxed{}\right]_0^2$$
$$=☐\,(\text{m})$$

(2) 물체가 최고 높이에 도달할 때의 지면으로부터의 높이

→ 물체가 최고 높이에 도달할 때는 $v(t)=0$일 때이므로

$40-10t=0$, 즉 $t=$☐일 때이다.

물체의 최고 높이는 $t=$☐일 때의 위치이므로

$$0+\int_0^{☐}(40-10t)dt=\left[-5t^2+40t\right]_0^{☐}=☐\,(\text{m})$$

(3) 물체를 던진 후 5초 동안 물체가 움직인 거리

→ $\int_0^5 |v(t)|dt=\int_0^5 |40-10t|dt$

$$=\int_0^{☐}(40-10t)dt+\int_{☐}^5 (-40+10t)dt$$
$$=\left[-5t^2+40t\right]_0^{☐}+\left[5t^2-40t\right]_{☐}^5$$
$$=☐+5=☐\,(\text{m})$$

5   지면에서 10 m 높이의 건물 옥상에서 60 m/s의 속도로 지면과 수직으로 위로 던진 물체의 t초 후의 속도가 $v(t)=60-10t(\text{m/s})\,(0\le t\le 12)$일 때, 다음을 구하시오.

(1) 물체를 던진 지 4초 후의 지면으로부터의 높이

(2) 물체가 최고 높이에 도달할 때의 지면으로부터의 높이

(3) 물체를 던진 후 10초 동안 물체가 움직인 거리

6 원점을 출발하여 수직선 위를 움직이는 점 P의 시각 t $(0 \le t \le 6)$에서의 속도 $v(t)$의 그래프가 아래 그림과 같을 때, 다음을 구하시오.

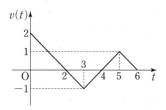

(1) $t=0$에서 $t=3$까지 점 P의 위치의 변화량

→ 오른쪽 그림에서

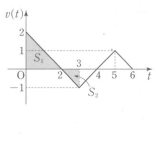

$$\int_0^{\square} v(t)dt$$
$$=S_1 - S_2$$
$$=\frac{1}{2} \times 2 \times \square$$
$$\quad -\frac{1}{2} \times 1 \times \square$$
$$=\boxed{}$$

(2) $t=3$에서의 점 P의 위치

(3) $t=0$에서 $t=4$까지 점 P가 움직인 거리

(4) 점 P가 처음으로 운동 방향을 바꾸는 시각

위치의 변화량과 움직인 거리

오른쪽 그림과 같이 구간 $[a, b]$와 구간 $[b, c]$에서 속도 $v(t)$의 그래프와 t축으로 둘러싸인 도형의 넓이를 각각 A, B라 하면 $t=a$에서 $t=c$까지의 위치의 변화량과 움직인 거리는 각각 다음과 같다.

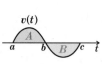

❶ (위치의 변화량) $= \int_a^c v(t)dt = \int_a^b v(t)dt + \int_b^c v(t)dt$
$$= A - B$$

❷ (움직인 거리) $= \int_a^c |v(t)|dt = \int_a^b v(t)dt + \int_b^c \{-v(t)\}dt$
$$= A + B$$

● 좌표가 -7인 점을 출발하여 수직선 위를 움직이는 점 P의 시각 t $(0 \le t \le 9)$에서의 속도 $v(t)$의 그래프가 아래 그림과 같을 때, 다음 중 옳은 것은 ○를, 옳지 않은 것은 ×를 ( ) 안에 써넣으시오.

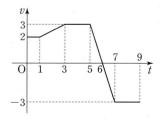

7 점 P는 출발 후 운동 방향을 2번 바꾼다. ( )

8 $t=3$에서의 점 P의 위치는 0이다. ( )

9 $t=1$에서 $t=5$까지 점 P의 위치의 변화량은 $t=1$에서 $t=5$까지 점 P가 움직인 거리와 동일하다. ( )

10 $t=5$에서의 점 P의 위치는 $t=7$에서의 점 P의 위치와 같다. ( )

11 출발 후 처음으로 운동 방향을 바꾸는 시각까지 점 P가 움직인 거리는 13이다. ( )

12 $t=9$에서의 점 P는 원점에서 가장 멀리 떨어져 있다. ( )

06 속도와 거리

• 수직선 위를 움직이는 점 P의 시각 t에서 속도가 $v(t)$이고, 시각 t_0에서 위치를 x_0이라 할 때

① 시각 t에서 점 P의 위치 x는 $x = x_0 + \int_{t_0}^{t} v(t)dt$

② 시각 $t=a$에서 $t=b$까지 점 P의 위치의 변화량은 $\int_{a}^{b} v(t)dt$

③ 시각 $t=a$에서 $t=b$까지 점 P가 움직인 거리는 $\int_{a}^{b} |v(t)|dt$

1 원점을 출발하여 수직선 위를 움직이는 점 P의 시각 t에서의 속도가 $v(t) = a - 2t$이고 점 P의 운동 방향이 바뀌는 시각에서의 점 P의 위치가 16일 때, 양수 a의 값은?

① 2   ② 4   ③ 6
④ 8   ⑤ 10

2 원점을 출발하여 수직선 위를 움직이는 점 P의 시각 t에서의 속도가 $v(t) = 6 - 2t$일 때, 점 P가 원점으로 되돌아올 때까지 걸리는 시간은?

① 2   ② 4   ③ 6
④ 8   ⑤ 10

3 원점을 출발하여 수직선 위를 움직이는 점 P의 시각 t에서의 위치가 $x(t) = t^3 - 8t^2 + kt$이고, 점 P가 마지막으로 원점을 지날 때의 가속도가 20이라 한다. 상수 k의 값은?

① 4   ② 8   ③ 12
④ 16   ⑤ 20

4 지면에서 12 m/s의 속도로 지면과 수직으로 위로 던진 공의 t초 후의 속도가 $v(t) = 12 - 4t\,(\text{m/s})\,(0 \leq t \leq 6)$이다. 이 공이 최고 높이에 도달할 때의 지면으로부터의 높이는?

① 16 m   ② 18 m   ③ 20 m
④ 22 m   ⑤ 24 m

5 좌표가 -4인 점을 출발하여 수직선 위를 움직이는 점 P의 시각 $t\,(0 \leq t \leq 6)$에서의 속도 $v(t)$의 그래프가 다음 그림과 같다. 점 P가 출발 후 두 번째로 원점을 지나는 순간까지 움직인 거리는?

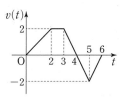

① 6   ② $\dfrac{13}{2}$ ③ 7
④ $\dfrac{15}{2}$ ⑤ 8

6 좌표가 a인 점을 출발하여 수직선 위를 움직이는 점 P의 시각 $t\,(0 \leq t \leq 6)$에서의 속도 $v(t)$의 그래프가 다음 그림과 같다. $t=6$에서의 점 P의 위치가 원점일 때, $\dfrac{a}{k}$의 값을 구하시오.

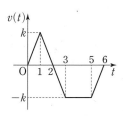

TEST 개념 발전

1 곡선 $y=2x^2-ax$와 x축으로 둘러싸인 도형의 넓이가 9일 때, 양수 a의 값은?

① 2   ② 4   ③ 6

④ 8   ⑤ 10

2 곡선 $y=x^2-2x$와 직선 $y=mx$로 둘러싸인 도형의 넓이가 $\dfrac{125}{6}$일 때, 양수 m의 값은?

① 1   ② 2   ③ 3

④ 4   ⑤ 5

3 $2<t<4$일 때, 곡선 $y=2x^2-8x$와 이 곡선 위의 점 $\mathrm{P}(t,\ 2t^2-8t)$에서의 접선 및 두 직선 $x=2$, $x=4$로 둘러싸인 도형의 넓이를 S라 하자. S가 최소일 때, $t+S$의 값은?

① $\dfrac{13}{3}$ ② 5   ③ $\dfrac{17}{3}$

④ $\dfrac{19}{3}$ ⑤ 7

4 다음 그림과 같이 함수 $y=|x^2-2x|$의 그래프와 직선 $y=kx\,(0<k<2)$로 둘러싸인 두 도형의 넓이가 서로 같을 때, 상수 k의 값을 구하시오.

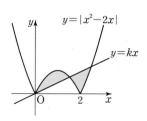

5 곡선 $y=x^3-ax^2-4x+4a$와 x축으로 둘러싸인 두 도형의 넓이가 서로 같을 때, 상수 a의 값은?

(단, $a>2$)

① 3   ② 4   ③ 5

④ 6   ⑤ 7

6 함수 $f(x)=x^2-4$에 대하여 곡선 $y=f(x)$를 x축의 방향으로 1만큼, y축의 방향으로 3만큼 평행이동한 다음 x축에 대하여 대칭이동한 곡선을 $y=g(x)$라 하자. 두 곡선 $y=f(x)$와 $y=g(x)$로 둘러싸인 도형의 넓이는?

① $\dfrac{15}{2}$ ② 8   ③ $\dfrac{17}{2}$

④ 9   ⑤ $\dfrac{19}{2}$

7 함수 $f(x)=2x^4+3 \ (x \geq 0)$의 역함수를 $g(x)$라 하자. 곡선 $y=g(x)$와 직선 $y=\dfrac{1}{16}(x-3)$으로 둘러싸인 도형의 넓이를 구하시오.

8 원점을 출발하여 수직선 위를 움직이는 점 P의 시각 t에서의 위치가 $x(t)=t^3-6t^2+9t$일 때, 점 P가 출발할 때의 운동 방향과 반대 방향으로 움직인 거리는?

① 2   ② 4   ③ 6

④ 8   ⑤ 10

9 원점을 출발하여 수직선 위를 움직이는 점 P의 시각 $t \ (0 \leq t \leq 10)$에서의 속도 $v(t)$에 대하여 함수 $y=v(t)$의 그래프는 다음 그림과 같다. **보기**에서 옳은 것만을 있는 대로 고른 것은?

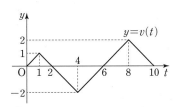

보기

ㄱ. $t=2$일 때 점 P의 좌표는 최대이다.

ㄴ. 점 P는 출발 후 운동 방향이 2번 바뀐다.

ㄷ. 점 P와 원점 사이의 거리의 최댓값은 3이다.

① ㄱ   ② ㄴ   ③ ㄱ, ㄷ

④ ㄴ, ㄷ   ⑤ ㄱ, ㄴ, ㄷ

10 다음 그림과 같이 최고차항의 계수가 2인 삼차함수 $y=f(x)$의 그래프 위의 점 $(-2, \ f(-2))$에서의 접선 $y=g(x)$가 곡선 $y=f(x)$와 원점에서 만난다. 곡선 $y=f(x)$와 직선 $y=g(x)$로 둘러싸인 도형의 넓이를 구하시오.

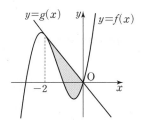

11 다음 그림과 같이 함수 $f(x)=\dfrac{2}{3}x^3+ax \ (x \geq 0)$의 그래프와 그 역함수 $g(x)$의 그래프가 원점과 점 $(1, 1)$에서 만난다. 두 곡선 $y=f(x), \ y=g(x)$로 둘러싸인 도형의 넓이를 S_1이라 하고, 두 곡선 $y=f(x), \ y=g(x)$ 및 두 직선 $x=6, \ y=6$으로 둘러싸인 도형의 넓이를 S_2라 할 때, S_2-S_1의 값은?

(단, a는 상수이다.)

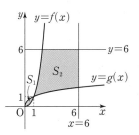

① $\dfrac{56}{3}$ ② $\dfrac{59}{3}$ ③ $\dfrac{62}{3}$

④ $\dfrac{65}{3}$ ⑤ $\dfrac{68}{3}$

문제를 보다!

실수 전체의 집합에서 연속인 함수 $f(x)$가 다음 조건을 만족시킨다.

[수능 기출 변형]

> $n-1 \leq x < n$일 때, $|f(x)| = |(x-n+1)(x-n)|$이다. (단, n은 자연수이다.)

열린 구간 $(0, 4)$에서 정의된 함수 $g(x) = \int_0^x f(t)dt - \int_x^4 f(t)dt$가

$x=2$에서 최댓값 0을 가질 때, $6\int_{\frac{1}{2}}^3 f(x)dx$의 값은? [4점]

① -1 ② $-\dfrac{1}{2}$ ③ 0 ④ $\dfrac{1}{2}$ ⑤ 1

자, 잠깐만! 당황하지 말고
문제를 잘 보면 문제의 구성이 보여!
출제자가 이 문제를 왜 냈는지를 봐야지!

내가 아는 것 ①

함수 $f(x)$가
실수 전체의 집합에서 연속

내가 아는 것 ②

$n-1 \leq x < n$일 때,
$|f(x)| = |(x-n+1)(x-n)|$
(단, n은 자연수이다.)

내가 아는 것 ③

열린 구간 $(0, 4)$에서
함수 $g(x) = \int_0^x f(t)dt - \int_x^4 f(t)dt$

내가 아는 것 ④

$g(x)$는 $x=2$에서 최댓값 0

내가 찾은 것 ❶

구간 $[0, 4)$에서 함수 $f(x)$는

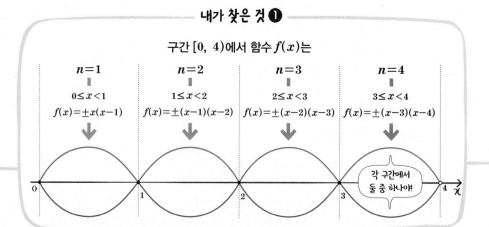

$n=1$	$n=2$	$n=3$	$n=4$
$0 \leq x < 1$	$1 \leq x < 2$	$2 \leq x < 3$	$3 \leq x < 4$
$f(x) = \pm x(x-1)$	$f(x) = \pm(x-1)(x-2)$	$f(x) = \pm(x-2)(x-3)$	$f(x) = \pm(x-3)(x-4)$

각 구간에서 둘 중 하나야!

내가 찾은 것 ❷

$g(2) = 0 \Rightarrow \int_0^2 f(t)dt = \int_2^4 f(t)dt$

내가 찾은 것 ❸

$g(x)$가 $x=2$에서 극대

$g'(2) = 0 \Rightarrow g'(x) = 2f(x)$의 부호가
$x=2$의 좌우에서 양에서 음으로 바뀌어야 한다.

이 문제는

함수 $f(x)$의 정적분의 값을 넓이를 이용해 구하기 위하여

함수 $f(x)$의 그래프를 찾는 **문제야!**

함수 $f(x)$의 그래프는 어떻게 그릴 수 있을까?

네가 알고 있는 것(주어진 조건)은 뭐야?

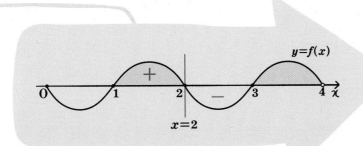

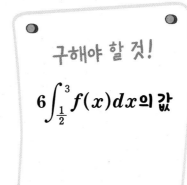

구해야 할 것!

$6\displaystyle\int_{\frac{1}{2}}^{3} f(x)dx$의 값

내게 더 필요한 것은?

$g(x)$는 $x=2$에서 최댓값이 0이므로

$$g(2) \equiv 0$$
$$g'(2) \equiv 0$$

정적분의 값의 의미를 이해하여 함수 $f(x)$의 그래프를 찾을 줄 알아야 해!

1 $g(2)=0$

$\int_0^2 f(t)dt - \int_2^4 f(t)dt = 0$에서

$$\int_0^2 f(t)dt = \int_2^4 f(t)dt$$

함수 $f(x)$는 $x=2$를 기준으로 구간 $(0, 2]$와 구간 $[2, 4)$에서의 정적분의 값이 같다.

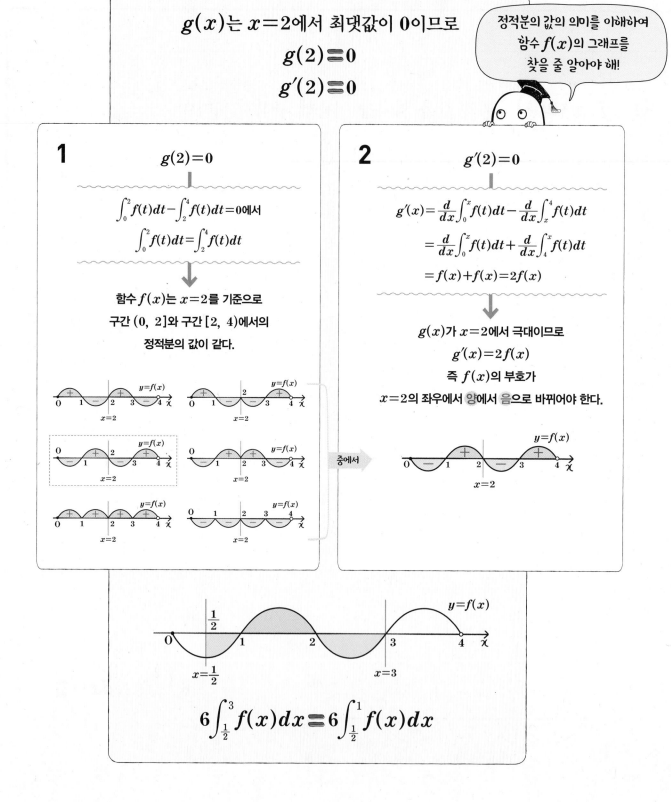

중에서

2 $g'(2)=0$

$$g'(x) = \frac{d}{dx}\int_0^x f(t)dt - \frac{d}{dx}\int_x^4 f(t)dt$$
$$= \frac{d}{dx}\int_0^x f(t)dt + \frac{d}{dx}\int_4^x f(t)dt$$
$$= f(x) + f(x) = 2f(x)$$

$g(x)$가 $x=2$에서 극대이므로

$$g'(x) = 2f(x)$$

즉 $f(x)$의 부호가

$x=2$의 좌우에서 양에서 음으로 바뀌어야 한다.

$$6\int_{\frac{1}{2}}^3 f(x)dx \equiv 6\int_{\frac{1}{2}}^1 f(x)dx$$

0

실수 전체의 집합에서 연속인 함수 $f(x)$가 다음 조건을 만족시킨다.

$2n \leq x < 2n+2$일 때, $|f(x)| = |(x-2n-1)^2 - 1|$이다. (단, n은 정수이다.)

열린 구간 $(0, 8)$에서 정의된 함수 $g(x) = \displaystyle\int_0^x f(t)dt - \int_x^8 f(t)dt$가

$x=4$에서 최솟값 0을 가질 때, $\displaystyle\int_4^7 f(x)dx$의 값은?

① -1 ② $-\dfrac{2}{3}$ ③ 0 ④ $\dfrac{2}{3}$ ⑤ 1

다양한 변화를 찾아서!

대수

Ⅰ. 지수함수와 로그함수
Ⅱ. 삼각함수
Ⅲ. 수열

변화를 읽어라!

미적분 Ⅰ

Ⅰ. 함수의 극한과 연속
Ⅱ. 다항함수의 미분법
Ⅲ. 다항함수의 적분법

변화의 가능성을 예측하라!

확률과 통계

Ⅰ. 경우의 수
Ⅱ. 확률
Ⅲ. 통계

이제 뭘하지?

무얼 선택하건 모두 무한으로 가는 길!

빠른 정답 미적분 I

1 함수의 극한

01 $x \to a$일 때 함수의 수렴 10쪽

1 (1) ($\mathscr{l}$ 4, 4) (2) ($\mathscr{l}$ 3, 3)

2 (1) 2 (2) 0   3 (1) 6 (2) 6

4 ($\mathscr{l}$ 1, 1, 1)

5 2   6 4   7 4   8 -2

9 $-\dfrac{1}{2}$ 10 $\sqrt{2}$ 11 1   ☺ L, c

02 $x \to \infty$, $x \to -\infty$일 때 함수의 수렴 12쪽

1 (1) ($\mathscr{l}$ 1, 1) (2) ($\mathscr{l}$ 1, 1)

2 (1) 0 (2) 0   3 (1) 0 (2) 0

4 ($\mathscr{l}$ 2, 2) 5 0   6 0   7 0

8 $\sqrt{3}$ 9 1   10 -5

☺ ∞, L, $-\infty$, L

03 $x \to a$일 때 함수의 발산 14쪽

1 ($\mathscr{l}$ ∞) 2 $-\infty$ 3 ∞ 4 ($\mathscr{l}$ ∞)

5 $-\infty$ 6 ∞ 7 $-\infty$ 8 ∞

9 ∞ 10 ∞ 11 ∞ 12 $-\infty$

☺ 양, ∞, 음, $-\infty$

04 $x \to \infty$, $x \to -\infty$일 때 함수의 발산 16쪽

1 (1) ($\mathscr{l}$ $-\infty$) (2) ($\mathscr{l}$ ∞)

2 (1) $-\infty$ (2) $-\infty$ 3 (1) ∞ (2) $-\infty$

4 ($\mathscr{l}$ ∞) 5 $-\infty$ 6 ∞ 7 ∞

8 $-\infty$ 9 ∞ 10 ∞ 11 ∞

12 ∞ ☺ ∞, $-\infty$, ∞, $-\infty$

05 우극한과 좌극한 18쪽

1 (1) 0 (2) 1 (3) 4 (4) 4 (5) 0 (6) 0

2 (1) 2 (2) 2 (3) -2 (4) -2 (5) 0 (6) -1

3 (1) ($\mathscr{l}$ -3, -3) (2) ($\mathscr{l}$ 3, 3)

4 (1) 1 (2) 1   5 (1) -1 (2) 1

6 (1) ∞ (2) $-\infty$ 7 (1) 1 (2) -1

8 (1) 4 (2) -4

9 (1) 0 (2) -1 (3) 1 (4) 0

10 (1) 0 (2) -1 (3) 3 (4) 2

11 (1) 5 (2) 6 (3) 3 (4) 4

12 (1) -3 (2) -5 (3) 1 (4) -1

13 (1) 0 (2) -1 (3) 1 (4) 0

14 (1) ($\mathscr{l}$ 1$-$, 1$-$, 2) (2) 0 (3) 2 (4) 1

15 (1) ($\mathscr{l}$ -2, -2, -2) (2) 2 (3) -2 (4) 2

16 (1) ($\mathscr{l}$ 1$-$, 1$-$, 1) (2) 0 (3) 2 (4) 1

17 (1) ($\mathscr{l}$ 0$+$, 0$+$, 0$+$, 0) (2) 1 (3) 1 (4) 1

06 극한값이 존재할 조건 22쪽

1 (1) ($\mathscr{l}$ 4, 4) (2) ($\mathscr{l}$ 0, 0) (3) ($\mathscr{l}$ $\neq$)

2 (1) 0 (2) 0 (3) 0

3 (1) ($\mathscr{l}$ ∞) (2) ($\mathscr{l}$ $-\infty$) (3) ($\mathscr{l}$ $\neq$)

4 (1) $-\infty$ (2) ∞ (3) 존재하지 않는다.

☺ L, 존재하지 않는다.

5 ($\mathscr{l}$ -1, -1)

   (1) ($\mathscr{l}$ 1, 1)

   (2) ($\mathscr{l}$ -1, -1)

   (3) ($\mathscr{l}$ $\neq$, 존재하지 않는다)

6 (1) 1 (2) -1 (3) 존재하지 않는다.

7 (1) -1 (2) 1 (3) 존재하지 않는다.

TEST 개념 확인 24쪽

1 ②   2 ④   3 ③   4 $-\infty$

5 ∞ 6 ∞ 7 ⑤   8 10

9 ①   10 ①   11 ⑤   12 5

07 함수의 극한에 대한 성질 26쪽

1 ($\mathscr{l}$ 9, -27) 2 36   3 -12

4 -3 5 9   6 ($\mathscr{l}$ 7, -4, 7, -1)

7 1   8 -10 9 -9 10 $\dfrac{3}{4}$

11 1   12 ($\mathscr{l}$ 2, 2, 2, 1, 2) 13 1

14 3   15 -2 ☺ ca, $\alpha \pm \beta$, $\alpha\beta$, $\dfrac{\alpha}{\beta}$

08 함수의 극한에 대한 성질의 활용 28쪽

1 ($\mathscr{l}$ 0, 0, -1) 2 $-\dfrac{9}{5}$ 3 $\dfrac{25}{6}$

4 $-\dfrac{1}{21}$ 5 ($\mathscr{l}$ -8, -8, -5) 6 5

7 $-\dfrac{5}{11}$ 8 2   9 $\left(\mathscr{l}\ 0,\ 0,\ 0,\ 3,\ 3,\ \dfrac{7}{9} \right)$

10 $-\dfrac{3}{2}$ 11 ($\mathscr{l}$ 0, 0, 2, 0, 2, 2, 4)

12 -3

09 $\dfrac{0}{0}$ 꼴의 함수의 극한 30쪽

1 ($\mathscr{l}$ 3, 3, 3, 4) 2 -4 3 0

4 27   5 5   6 1

7 ($\mathscr{l}$ 3, 3, 3, 9, 3, 3, 6) 8 $\dfrac{1}{4}$

9 4   10 8   11 $-\dfrac{3}{2}$ 12 $\dfrac{1}{12}$

13 ④

10 $\dfrac{\infty}{\infty}$ 꼴의 함수의 극한 32쪽

1 ($\mathscr{l}$ x, 5, 5, 5) 2 -3 3 4

4 6   5 $\dfrac{1}{2}$ 6 5

7 $\left(\mathscr{l}\ \infty,\ -5,\ -5,\ -5,\ \dfrac{5}{2} \right)$ 8 -3

9 $\left(\mathscr{l}\ x^2,\ \dfrac{7}{x^2},\ \dfrac{1}{x^2},\ 0 \right)$ 10 0

11 $\left(\mathscr{l}\ x,\ 9,\ \dfrac{3}{x},\ \infty \right)$ 12 ∞

☺ $=$, $>$, $<$ 13 ④

11 $\infty - \infty$ 꼴의 함수의 극한 34쪽

1 ($\mathscr{l}$ x^3, x^3, ∞) 2 ∞

3 ∞ 4 $-\infty$

5 $\left(\mathscr{l}\ 5x,\ 5,\ 5,\ 0,\ \dfrac{5}{2} \right)$

6 0   7 $\dfrac{3}{2}$ 8 3

9 $\left(\mathscr{l}\ 2x,\ \dfrac{2}{x},\ 2,\ 0,\ 2,\ 1 \right)$ 10 $-\dfrac{2}{7}$

11 -1 12 $\dfrac{1}{4}$ 13 ④

12 $\infty \times 0$ 꼴의 함수의 극한 36쪽

1 $\left(\mathscr{l}\ x,\ 1,\ 1,\ \dfrac{1}{5} \right)$ 2 2

3 $-\dfrac{1}{64}$ 4 -3 5 -4

6 $\left(\mathscr{l}\ x,\ 1,\ 1,\ \dfrac{1}{3} \right)$ 7 $-\dfrac{1}{5}$

8 -1

9 $\left(\mathscr{l}\ 2\sqrt{x},\ 2\sqrt{x},\ 2\sqrt{x},\ 2\sqrt{x},\ x,\ 2x,\ 1,\ 2,\ 1,\ 2,\ \dfrac{1}{4} \right)$

10 -2 11 ⑤

TEST 개념 확인 38쪽

1 1   2 ③   3 ③   4 ⑤

5 ④   6 ②   7 ④   8 ⑤

9 ①   10 ④   11 9   12 60

13 미정계수의 결정 40쪽

1 ($\mathscr{l}$ 0, 0, 6) 2 -13 3 4

4 25   5 7

6 (1) ($\mathscr{l}$ 0, 0, 0, $-2a-4$)

   (2) ($\mathscr{l}$ $-2a-4$, $a+2$, $a+2$, $a+4$, $a+4$, 5, -14)

7 (1) $b = a-1$ (2) $a=6$, $b=5$

8 (1) $b = -4a-32$ (2) $a=-5$, $b=-12$

9 (1) ($\mathscr{l}$ 0, 0, 0, $-a-1$)

   (2) $\left(\mathscr{l}\ -a-1,\ a+1,\ a+1,\ \dfrac{1}{a+2},\ \dfrac{1}{a+2},\ 10,\ -11 \right)$

10 (1) $b = 2a-4$ (2) $a=-5$, $b=-14$

☺ 0, 0   11 ③

14 다항함수의 결정 42쪽

1 ($\mathscr{l}$ 6, 6, 6, -12, -12, 15, 6, 15)

2 $f(x) = -2x+4$ 3 $f(x) = -8x+9$

4 ($\mathscr{l}$ 3, 0, 3, 3, 3, 3, 8, 3, 8, $3x^2 + 18x - 48$)

5 $f(x) = x^2 - 10x + 9$

6 $f(x) = -2x^2 - 20x - 42$

7 $f(x) = 6x^2 + 9x + 3$

8 (✏ -1, 0, 0, $-a$, a, a, a, a, a, 5,
    x^3-x^2+5x-5)
9 $f(x)=x^3+2x^2-5x$
10 $f(x)=2x^3-4x^2-8x+16$
11 $f(x)=-x^3+2x^2+3x$
☺ 같다, a 12 ⑤

15 함수의 극한의 대소 관계　44쪽

1 (✏1, 1, 1)   2 0   3 6
4 (✏5, 5, 5)   5 2   6 4
7 1   8 3   9 -5 10 $\dfrac{1}{9}$
11 (✏7, 7, 7)   12 -2 13 2
14 0   ☺ $\le$, a

16 함수의 극한의 활용　46쪽

1 (1) $\left(✏2t, -\dfrac{1}{2t}, 2t^2, -\dfrac{1}{2t}, -\dfrac{1}{2t}, 2t^2\right)$
   (2) $\left(2t^2+\dfrac{1}{2}, 2t^2+\dfrac{1}{2}\right)$ (3) (✏0, 0)
   (4) $\left(✏0, \dfrac{1}{2}\right)$
2 (1) $y=-x+6$ (2) $f(x)=-x^2+6x$ (3) $\dfrac{1}{2}$
3 (1) $b=\dfrac{a^2+1}{2}$ (2) 0   (3) $\dfrac{1}{2}$

TEST 개념 확인　48쪽

1 ⑤   2 ③   3 ②   4 ③
5 60   6 ②   7 ②   8 2
9 ①   10 ④   11 ①

TEST 개념 발전　50쪽

1 ①   2 0   3 ④   4 ①
5 ②   6 ⑤   7 ④   8 ③
9 ⑤   10 ①   11 ②   12 ④
13 ⑤   14 ③   15 ③   16 10
17 ④   18 ②   19 ③   20 ⑤
21 6   22 ③   23 ②

2 함수의 연속

01 $x=a$에서 함수의 연속과 불연속　56쪽

1 (1) 있다 (2) 한다 (3) 같지 않다 (4) 불연속
2 (1) 있다 (2) 한다 (3) 같다 (4) 연속
3 (✏1, 하지 않는다, ㄱ, 불연속)
4 불연속, ㄴ   5 불연속, ㄷ   6 연속
7 (1) (✏-1, -1, $=$, 연속)
   (2) (✏-1, 0, $\ne$, 불연속)
   (3) (✏0, 하지 않는다, 불연속)
8 (1) 불연속 (2) 연속 (3) 불연속
9 (1) 불연속 (2) 불연속 (3) 연속
10 (1) 연속 (2) 불연속 (3) 불연속
11 (✏7, 7, $=$, 연속)
12 연속   13 연속   14 불연속   15 연속
16 불연속 ☺ a, x, $=$, $\lim\limits_{x \to a} f(x)$, $=$, a
17 (✏1, 2, -2, 2, -3, $\ne$, 불연속)
18 불연속   19 연속   20 연속
21 불연속   22 연속   ☺ k, k
23 ③, ⑤   24 (1) × (2) ○ (3) ○ (4) ×
25 (1) ○ (2) × (3) ○ (4) ○
26 (1) ○ (2) ○ (3) ○ (4) ×
27 (1) × (2) ○ (3) × (4) ○
28 (1) (✏1, 0, 1, 0, 0, 0, $\ne$, 불연속)
   (2) (✏1, 0, 0, 0, 0, 0, 0, $=$, 연속)
   (3) (✏0, 0, 1, 0, 0, 0, 0, 1, 0, $=$, 연속)
29 (1) 불연속 (2) 불연속 (3) 불연속 (4) 연속

02 $x=a$에서 연속인 함수의 미정계수의 결정　62쪽

1 (✏$=$, $=$, 3, $2x$, a, a, 3, $3x$, 9, 3, 3, 6)
2 2
3 (✏$=$, 1, $2x$, 3, 3, 3, 4)   4 $\dfrac{1}{4}$
5 (✏$=$, 2, b, 0, 0, 0, 1, x, $x+3$, $x+3$, 5, 1, 5)
6 $a=0$, $b=1$ 7 $a=2$, $b=4$
8 $a=20$, $b=-33$ 9 $a=2$, $b=\dfrac{1}{4}$
10 $a=-1$, $b=\dfrac{1}{2}$ ☺ k 11 ④

03 구간　64쪽

1 (✏$\le$, $<$)
2 ⎯●————————●⎯⎯ x
      -1 4
3 ⎯○————————○⎯⎯ x
      1   5
4 (✏$\le$)
5 ◀————————●⎯⎯ x
           1
6 ◀————————○⎯⎯ x
           4
7 $[1, 5]$ 8 $(2, 4)$ 9 $[-2, 2]$
10 $(3, 5]$ 11 $(-\infty, 1)$ 12 $[3, \infty)$
13 $[-1, \infty)$
   (✏음, 0, -1, $\ge$, -1, $[-1, \infty)$)
14 $(-\infty, 3]$ 15 $(-\infty, 1]$

16 $(-\infty, 2)$, $(2, \infty)$
17 $(-\infty, -3)$, $(-3, \infty)$

04 연속함수　66쪽

1 (1) × (2) ○ (3) ○   2 (1) ○ (2) × (3) ×
3 (1) × (2) ○ (3) ○
4 (✏1, 2, $[1, \infty)$)

5 $[2, \infty)$ 6 $\left(-\infty, \dfrac{2}{3}\right]$ 7 $[-1, \infty)$
8 (✏2, 1, 2, 1, 1, 1, 1)

9 $(-\infty, 2)$, $(2, \infty)$
10 $(-\infty, -1)$, $(-1, \infty)$ 11 $(-\infty, \infty)$
☺ 모든 실수, $-\infty$, 0, 음
12 (✏1, $=$, $=$, 1, x, 2, $2x$, -2)
13 6   14 8   15 -2
16 (✏1, $=$, 1, b, 0, 0, 0, 2, 2, 2, 2, -1,
   2, -1)
17 $a=-1$, $b=3$ 18 $a=5$, $b=\dfrac{2}{3}$
☺ k
19 (✏2, 0, 0, 0, 2, 2, 2, 1, 1, 1)
20 5   21 -5 ☺ a
22 (✏1, 2, 0, 0, 0, -1, -8, -7, 6)
23 $a=-2$, $b=0$ 24 $a=-9$, $b=-18$
25 ②

05 연속함수의 성질　70쪽

1 (✏x, $-x$, 0, 0, 0, 1, 0, 연속)
2 연속   3 연속   4 불연속
5 (✏연속, 1, 1, 1, 1)   6 $(-\infty, \infty)$
7 $(-\infty, \infty)$
8 $(-\infty, 1)$, $(1, 2)$, $(2, \infty)$
9 $(-\infty, -1)$, $(-1, 1)$, $(1, \infty)$
10 (1) (✏다항, $-\infty$, ∞)
   (2) (✏다항, $-\infty$, ∞)
   (3) (✏다항, $-\infty$, ∞)
   (4) (✏x, 2, 0, 2, 2, 2)
   (5) $\left(✏\dfrac{1}{2}, \dfrac{7}{4}, >, -\infty, \infty\right)$
11 (1) $(-\infty, \infty)$ (2) $(-\infty, \infty)$
   (3) $(-\infty, \infty)$ (4) $(-\infty, -1)$, $(-1, \infty)$
   (5) $(-\infty, 1)$, $(1, 2)$, $(2, \infty)$
12 (1) $(-\infty, \infty)$ (2) $(-\infty, \infty)$
   (3) $(-\infty, \infty)$ (4) $(-\infty, \infty)$
   (5) $(-\infty, -1)$, $(-1, 5)$, $(5, \infty)$
13 (1) $(-\infty, \infty)$ (2) $(-\infty, \infty)$
   (3) $(-\infty, -2)$, $(-2, 2)$, $(2, \infty)$

4 접선의 방정식과 평균값 정리

01 접선의 기울기　132쪽

1 ($\mathscr{D}$ $2x$, 1, 3)

2 1　　3 1　　4 9　　5 3

6 ($\mathscr{D}$ $4x$, 2, 1, 4, 3, 3, 4)

7 $a=-1$, $b=5$　　8 $a=-2$, $b=1$

9 $a=4$, $b=5$　　10 $a=3$, $b=-2$

11 ($\mathscr{D}$ -5, -3, -3, 2, 4, 8, 8)

12 $a=0$, $b=3$, $c=-3$

13 $a=-9$, $b=5$, $c=3$

☺ a, a, b

02 접선의 방정식; 접점의 좌표가 주어질 때　134쪽

1 ($\mathscr{D}$ $4x$, 1, 3, 2, 3, 1, 3, 1)

2 $y=x-2$　　3 $y=4x-5$

4 $y=x+1$　　5 $y=x-2$

6 $y=2x-4$

7 ($\mathscr{D}$ $4x$, 1, 1, -1, 2, -1, 1, $-x+3$)

8 $y=\frac{1}{2}x-\frac{3}{2}$　　9 $y=-\frac{1}{5}x+\frac{4}{5}$

10 $y=\frac{1}{2}x+2$　　11 $y=-x+5$

☺ $-$, $f'(a)$, $f(a)$, $f'(a)$, a　　12 ②

03 접선의 방정식; 접선의 기울기가 주어질 때　136쪽

1 ($\mathscr{D}$ 5, 3, 4, 5, 2, -1, 2, -1)

2 (3, 5)　　3 (-1, 2) 또는 (1, 4)

4 ($\mathscr{D}$ $4x$, 5, 3, 2, 6, 2, 6, 6, 2, $5x$)

5 $y=4x-9$

6 $y=6x-3\sqrt{2}$ 또는 $y=6x+5\sqrt{2}$

7 ($\mathscr{D}$ 2, $2x$, 2, 2, 2, 2, 2, 2, 2, 2, 2, $2x$)

8 $y=2x-3$

9 ($\mathscr{D}$ -2, $2x$, 2, -2, 0, 3, 0, 3, 3, -2, 0, 3)

10 $y=3x-5$　☺ m, $f(a)$, m

11 ④

04 접선의 방정식; 곡선 밖의 한 점에서 그은 접선　138쪽

1 ($\mathscr{D}$ $2x+1$, a, $2a$, a, $2a$, -2, -2, a, $2a$, 3, 3, -1, 3, $-x$, $7x$)

2 $y=-x+1$ 또는 $y=3x-3$

3 $y=-6x+10$ 또는 $y=2x-6$

4 $y=2x+1$ 또는 $y=-2x+5$

5 $y=2x+2$　　6 $y=-12x+18$

7 6 ($\mathscr{D}$ $4x$, a, $4a$, a, $4a$, -2, -2, a, $4a$, 4, 1, 2, 1, a_2, 2, 6)

8 6　　9 -14　　10 16

11 -1　☺ x, (p, q), $f(a)$, $f'(a)$, a

12 ②

05 접선의 방정식의 활용　140쪽

1 ($\mathscr{D}$ a, 1, 0, -1, -1, -3, 3)

2 $a=4$, $b=6$　　3 $a=1$, $b=-7$

4 $a=-4$, $b=-10$

5 ($\mathscr{D}$ $3x^2$, $3a^2$, $3a^2$, $3a^2$, $3a^2$, 2, -1, -1, -5)

6 -1　　7 -4　　8 -2 또는 2

☺ $f(a)$, $f'(a)$

9 (1) ($\mathscr{D}$ $2x$, $-2x$, 2, 1, 2, 3, -4, 5)

(2) ($\mathscr{D}$ -2, $-2x$)

10 (1) $a=-6$, $b=-3$, $c=0$　(2) $y=-4x-2$

11 ($\mathscr{D}$ $3x^2$, $2x$, 1, 1, $2a$, 1, 1, 1, 1, 1, 1, 1, 3, $3x$, 2)

12 접점의 좌표: $(-1, -4)$

공통인 접선의 방정식: $y=3x-1$

13 접점의 좌표: $(2, -4)$

공통인 접선의 방정식: $y=-4x+4$

☺ $g(a)$, 기울기, $g'(a)$

14 ($\mathscr{D}$ $3x^2$, a, 2, 2, $-a$, 2, -1, -1, $-\frac{7}{3}$, $\frac{10}{3}$)

15 $a=-2$, $b=1$　　16 $a=-4$, $b=7$

☺ $g(a)$, -1, -1

17 ($\mathscr{D}$ $3x^2$, $4x$, $3a^2$, $4a$, $3a^2$, $4a$, $3a^2$, $4a$, $4k$,

$4k$, 실근, $4k$, 0, 0, 0, $4k$, 0, $3k$, $-4k$,

-2, $-\frac{2}{9}$, 0, -2, $-\frac{2}{9}$)

18 0 또는 $\frac{1}{3}$ 또는 3

19 ($\mathscr{D}$ $2x$, 3, 3, $3x$, 6, 2, -6, 2, 6, 6)

20 1　　21 8

1 ④　　2 ①　　3 0　　4 ①, ⑤

5 ③　　6 13　　7 ④　　8 ③

9 3　　10 ③　　11 ④　　12 ③

06 롤의 정리　146쪽

1 ($\mathscr{D}$ 연속, 미분가능, 0, 2, 1, 0, $2x$, 2, 0, 1)

2 3　　3 $-\frac{3}{2}$　　4 $\frac{5}{3}$　　5 $\frac{4+\sqrt{7}}{3}$

6 ($\mathscr{D}$ 연속, 미분가능, -1, 1, 3, 0, $-6x^2$,

$-6c^2$, $\frac{\sqrt{3}}{3}$, $-\frac{\sqrt{3}}{3}$)

7 $\pm\frac{2\sqrt{3}}{3}$　　8 $\frac{3\pm2\sqrt{3}}{3}$　　9 $\frac{4\pm\sqrt{19}}{3}$

10 $\frac{-5\pm\sqrt{31}}{6}$

☺ 연속, 미분가능, $=$, $f'(x)$, 0

11 ⑤

(4) $\left(-\infty, \dfrac{1}{2}\right), \left(\dfrac{1}{2}, 2\right), (2, \infty)$

(5) $(-\infty, 2), (2, \infty)$

14 ⑤

15 (1) ○ ($\mathscr{Q}\, f(a), g(a), g(x), g(a)$, 이다)

   (2) ○   (3) ○   (4) ○   (5) ○

   (6) × ($\mathscr{Q} \neq, a$, 불연속, 이라 할 수 없다)

   (7) ×   (8) ×

16 (1) ○   (2) ○   (3) ×

17 (1) ○   (2) ○   (3) ×

18 ⑤

TEST 개념 확인   74쪽

1 ②   2 ④   3 3   4 ②

5 ③   6 6   7 ②   8 ③

9 5   10 ⑤   11 ⑤   12 ③

06 최대 · 최소 정리   76쪽

1 ($\mathscr{Q}\, -2, 3, 0, -1$)

2 최댓값: 4, 최솟값: 1

3 최댓값: 1, 최솟값: $\dfrac{1}{4}$

4 최댓값: 3, 최솟값: 2

5 (1) 최댓값: 2, 최솟값: 1   (2) ($\mathscr{Q}\, 1, 1, 2$, 없)

   (3) 최댓값: 2, 최솟값: 없다.

   (4) ($\mathscr{Q}\, 1, 1, 2$, 없)

   (5) 최댓값: 1, 최솟값: 없다.

6 ($\mathscr{Q}$ 연속, 최솟값, $-1, 6, 1, 2$)

7 최댓값: 3, 최솟값: 1

8 최댓값: $\dfrac{2}{3}$, 최솟값: 0

9 최댓값: 5, 최솟값: 3   10 ①

07 사잇값 정리   78쪽

1 연속, 연속, 0, 12, $\neq$, 10, 사잇값

2 연속, 연속, 1, 11, $\neq$, $<$, $<$, 사잇값

3 연속, 연속, 2, $\dfrac{3}{2}$, $\neq$, 5, 3, 사잇값

4 연속, $<$, $>$, $<$, 사잇값

5 연속, $>$, $<$, $<$, 사잇값

6 연속, $<$, $>$, $<$, 사잇값

7 ($\mathscr{Q}\, -1, -4, <, -1, 2, >, 3, -3, <,$
    $-1, 1, 0, 2, 2$)

8 3   9 3   10 4

☺ 연속, $<$ 11 ④

TEST 개념 확인   81쪽

1 ④   2 8   3 ④   4 ④

5 ①   6 ③

TEST 개념 발전   82쪽

1 ④   2 13   3 ⑤   4 ②, ③

5 7   6 ②   7 ⑤   8 ①, ②

9 ④   10 ①   11 ⑤

3 미분계수와 도함수

01 평균변화율   92쪽

1 ($\mathscr{Q}\, f(1), 3, 15, 2, 6$)   2 4

3 10   4 -2 5 2

6 ($\mathscr{Q}\, f(0), 3, 0, 3, 3$)

7 0   8 $h+4$ 9 $-\varDelta x-2$

10 ($\mathscr{Q}\, f(0), a, 3, a, a+2, a+2, 2$)

11 5   12 2   ☺ $f(b), b, f(a+\varDelta x)$

13 ④

02 미분계수   94쪽

원리확인 ❶ $f(1), -(1+\varDelta x)^2, 2\varDelta x, 2, -2$

           ❷ $f(1), -x^2+9, x+1, -x-1, -2$

1 ($\mathscr{Q}\, f(1), 3x+4, x-1, 3, 3$)   2 $\dfrac{1}{3}$

3 1   4 -3 5 2

☺ $a+h, f(x), a$

6 ($\mathscr{Q}\, 3, 12, 5, a, a^2+a, 2, a, 2, 2, 5, 2$)

7 1   8 $\dfrac{5}{2}$ 9 $\dfrac{3}{2}$

03 미분계수의 기하적 의미   96쪽

1 ($\mathscr{Q}\, f(2), (2+h)^2, h^2+3h, h+3, 3$)

2 5   3 -1 4 3

5 $\left(\mathscr{Q}\, f(1), 1+h, h^2+3h, h+3, 3, -1, -\dfrac{1}{3}\right)$

6 $m=-1, n=1$ 7 $m=-4, n=\dfrac{1}{4}$

8 $m=-5, n=\dfrac{1}{5}$ ☺ $f'(a)$

9 (1) ($\mathscr{Q}\, 0, -1, -1$)

   (2) ($\mathscr{Q}\, f(-1), (-1+h)^2, h^2-3h, h-3,$
        -3)

   (3) 1

10 (1) -1 (2) 0   (3) -2

04 미분계수를 이용한 극한값의 계산   98쪽

1 ($\mathscr{Q}\, 2h, f'(a), 2f'(a)$)

2 $\dfrac{1}{2}f'(a)$ 3 $\dfrac{2}{3}f'(a)$ 4 $-\dfrac{4}{3}f'(a)$

5 $-\dfrac{1}{3}f'(a)$ 6 ($\mathscr{Q}\, 2h, f'(2), 6$)

7 1   8 6   9 $-\dfrac{3}{2}$ 10 -1

11 ($\mathscr{Q}\, f(a), f(a), h, f(a), f(a), -h,$
     $f'(a), 2f'(a)$)

12 $f'(a)$ 13 $5f'(a)$ 14 $6f'(a)$

15 ($\mathscr{Q}\, f(1), f(1), h, f(1), f(1), -h, f(1),$
     $f(1), -h, f'(1), 2f'(1), 4$)

16 6   17 $-\dfrac{2}{3}$ 18 4   19 1

20 -2 ☺ $f'(a), p, p+q$ 21 ②

22 ($\mathscr{Q}\, a, a, a, 2a$)   23 $\dfrac{1}{3}f'(a)$

24 $\frac{1}{3a^2}f'(a)$ 25 $\frac{2a}{f'(a)}$ 26 $2\sqrt{a}f'(a)$

27 ($\mathscr{D}f(2)$, $f(2)$, $f'(2)$, 2)

28 $\frac{4}{3}$ 29 1 30 $\frac{1}{3}$ 31 $8\sqrt{2}$

32 ($\mathscr{D}af(a)$, $x-a$, $f(a)$, $x-a$, $f(a)$, $f(a)$, $af'(a)$)

33 $2af(a)-a^2f'(a)$

34 $2\sqrt{a}f(a)-2a\sqrt{a}f'(a)$

☺ $f'(a)$, $f(a)$, a, $2af(a)$, a^2

35 ($\mathscr{D}2f(2)$, $x-2$, $f(2)$, $x-2$, $f(2)$, $f(2)$, $f'(2)$, 5)

36 12 37 $10\sqrt{2}$ 38 ②

39 (1) ($\mathscr{D}0$, $f(0)$, 0)
(2) ($\mathscr{D}f(2)$, $f(2)$, $f(h)$, $f(h)$, 1, $f(1)$, $f(1)$, $f(h)$, $f(h)$, 1)

40 (1) 0 (2) 4   41 (1) −2 (2) −2

42 (1) 1 (2) 1   43 (1) 0 (2) 1

05 미분가능성과 연속성 104쪽

1 × ($\mathscr{D}$불연속)   2 ×

3 ○   4 ×   5 ○

☺ 연속, 불연속

6

x의 값	연속이다.	미분가능하다.
−2	○	○
−1	×	×
0	○	×
1	×	×
2	○	○

7

x의 값	연속이다.	미분가능하다.
−1	○	×
0	×	×
1	○	○
2	○	○
3	○	○
4	×	×

8

x의 값	연속이다.	미분가능하다.
−2	×	×
−1	○	○
0	○	○
1	○	×
2	×	×
3	○	○

9

x의 값	연속이다.	미분가능하다.
−2	○	○
−1	×	×
0	×	×
1	○	×
2	○	○
3	×	×

10 ($\mathscr{D}$연속, $-(x-1)$, −1, $x-1$, 1, 미분가능)

11 연속이지만 미분가능하지 않다.

12 연속이고 미분가능하다.

13 연속이고 미분가능하다.

14 연속이지만 미분가능하지 않다.

15 불연속이고 미분가능하지 않다.

16 불연속이고 미분가능하지 않다.

TEST 개념 확인 107쪽

1 ② 2 ⑤ 3 ④ 4 −1

5 ④ 6 ③ 7 ② 8 ③

9 ④ 10 ② 11 ③ 12 2

13 ① 14 ② 15 6 16 ①, ④

17 ②

06 도함수 110쪽

원리확인 ❶ $f(x)$, $(x+h)^2$, $2xh$, $2x$, $2x+5$, 7
❷ $f(1)$, x^2+5x, $x+6$, $x+6$, 7

1 ($\mathscr{D}x+h$, $5h$, 5, 5) 2 $f'(x)=2x-3$

3 $f'(x)=-10x+2$ 4 $f'(x)=x-1$

5 ($\mathscr{D}x+h$, $3h$, 3, 3, 3)

6 13 7 −10 8 $-\frac{7}{2}$ ☺ a

07 함수 $y=x^n$과 상수함수의 도함수 112쪽

원리확인 ❶ $f(x)$, $(x+h)^2$, $2xh$, $2x+h$, $2x$, 2, $2x$
❷ $f(x)$, $(x+h)^3$, $3x^2h$, $3x^2$, $3x^2$, 3, $3x^2$

1 ($\mathscr{D}4$, $4x^3$) 2 $y'=5x^4$ 3 $y'=7x^6$

4 $y'=8x^7$ 5 $y'=10x^9$ 6 $y'=0$ 7 $y'=0$

8 $y'=0$ 9 $y'=0$ 10 $y'=0$

☺ x^{n-1}, 1, 0

08 함수의 실수배, 합, 차의 미분법 114쪽

1 ($\mathscr{D}x^3$, $3x^2$, $9x^2$) 2 $y'=-6x^2$

3 $y'=3x^3$ 4 ($\mathscr{D}x$, 1, 3) 5 $y'=-\frac{2}{5}$

6 $y'=4x-5$ 7 $y'=9x^2-2x+2$

8 $y'=4x^3+12x^2+1$

9 $y'=-6x^3-x^2+10x+6$

10 $y'=25x^4-6x+1$ 11 ④

12 ($\mathscr{D}f'(x)$, 2, 4) 13 1 14 3

15 4

09 함수의 곱의 미분법 116쪽

원리확인 ❶ $2x$, 1, $-12x-1$, $1-2x$, $3x+2$, −2, 3, $-12x-1$
❷ $3x^2$, $2x$, $6x^2$, $2x+1$, x^2-5, 2, $2x$, $6x^2+2x$

1 ($\mathscr{D}1$, 3, $6x-5$) 2 $y'=30x+7$

3 $y'=30x^2+36x-15$

4 $y'=-12x^3+18x^2+20x-2$

5 $y'=10x^4+12x^3-6x^2+20x-5$

6 ($\mathscr{D}1$, 1, 4, $12x^2-14x-5$)

7 $y'=-18x^2-10x+61$

8 $y'=4x^3+18x^2+10x$

9 $y'=8x^3+45x^2+10x-15$

10 $y'=5x^4+12x^3+3x^2-6x-2$

11 ($\mathscr{D}3$, $2x+5$, 3, 2, $2x+5$)

12 $y'=5(x-2)^4$ 13 $y'=10(2x-3)^4$

14 $y'=-9(4-3x)^2$

15 $y'=6(x-1)(x^2-2x+2)^2$

16 ($\mathscr{D}2x+5$, x^2-1, 2, $2x$, $4x^2+10x$, $6x^2+10x-2$, 10, 14)

17 1 18 5 19 9 20 240

TEST 개념 확인 119쪽

1 ④ 2 ⑤ 3 ③ 4 ②

5 ④ 6 ①

10 미분계수와 도함수의 이용 120쪽

1 ($\mathscr{D}x$, $f'(1)$, $2x$, 1, 1, $\frac{1}{2}$) 2 6

3 4 4 $\frac{5}{2}$ 5 5

6 ($\mathscr{D}3$, $f(1)$, $f'(1)$, 2, 1, 2, 1, 6, 6)

7 15 8 6 9 8 10 −4

11 ②

12 ($\mathscr{D}-1$, $2a+b$, $-2a+b$, $\frac{1}{2}$, 2)

13 $a=1$, $b=0$, $c=2$ 14 $a=\frac{1}{4}$, $b=2$, $c=1$

15 $a=1$, $b=1$, $c=3$

16 ($\mathscr{D}3$, 2, 3, −10, $x+1$, 2, 2, −1, 3, −1, −4, −3)

17 $a=2$, $b=-4$ 18 $a=-4$, $b=-8$

19 ($\mathscr{D}3$, 1, 1, 2, 2, 8, 3, 3, 5, −3)

20 $a=-1$, $b=-6$ 21 $a=-3$, $b=6$

22 ($\mathscr{D}1$, 3, 6, 6, −3)

23 $a=2$, $b=-5$ 24 $a=4$, $b=5$

25 $a=1$, $b=1$

26 ($\mathscr{D}2ax$, $2ax$, $2a-b$, $a-3$, $a-3$, $2a-b$, 1, 3, 3, $2ax$, 2, 1, 2, 1, $5a$, 1, 3, 3)

27 $a=\frac{1}{2}$, $b=1$ 28 $a=2$, $b=-2$, $c=1$

29 $a=1$, $b=-2$, $c=-3$ 30 ①

31 ($\mathscr{D}x-1$, 0, $x-1$, $x-1$, 0, 4, 4, 3)

32 $a=-6$, $b=5$ 33 $a=0$, $b=-8$

34 $a=7$, $b=-6$ 35 $a=-4$, $b=-3$

36 ($\mathscr{D}x-1$, 2, $x-1$, $x-1$, 3, −1, $3x-1$)

37 $13x+11$ 38 $5x-4$ 39 $-4x-1$

40 $6x-7$ 41 ③

TEST 개념 확인 126쪽

1 ③ 2 ④ 3 ② 4 ③

5 ① 6 ③ 7 ④

05 삼차함수의 그래프　172쪽

1 (✏️ -2, -2, 5, -3, 5, -3)　2 풀이 참조
3 풀이 참조　4 풀이 참조　5 풀이 참조
6 풀이 참조　7 풀이 참조　8 풀이 참조
9 ⑤

06 사차함수의 그래프　174쪽

1 (✏️ 2, 2, 5, -11, 2, 2, -11)　2 풀이 참조
3 풀이 참조　4 풀이 참조　5 풀이 참조
6 풀이 참조　7 풀이 참조　8 ③

07 다항함수의 그래프의 개형　176쪽

1 (1) (2)
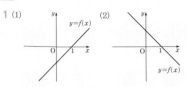

2 (1) (2)
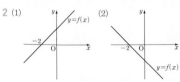

3 (1) (2)
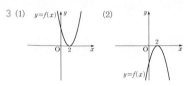

4 (1) (2)
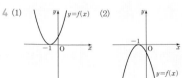

5 (1) (2)
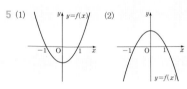

6 (1) (2)
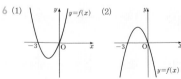

7 (1) (2)
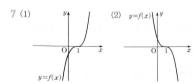

8 (1) (2)
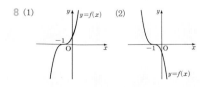

9 (1) (2)
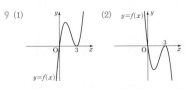

10 (1) (2)
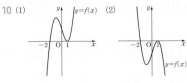

11 (1) (2)
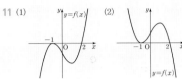

12 (1) (2)
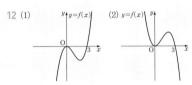

13 (1) (2)
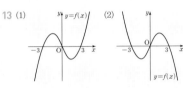

14 (1) (2)
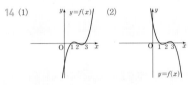

15 (1) (2)
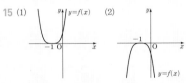

16 (1) (2)
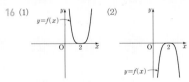

17 (1) (2)
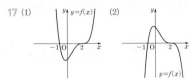

18 (1) (2)
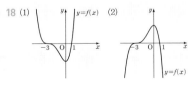

19 (1) (2)
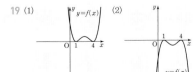

20 (1) (2)
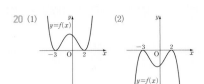

21 (1) (2)
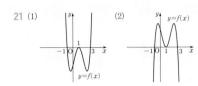

22 (1) (2)
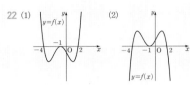

23 (1) (2)
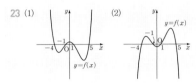

24 (1) (2)
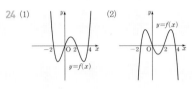

25

26

27

28
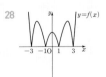

08 함수의 극값이 존재하거나　180쪽
존재하지 않을 조건

1 (✏️ 서로 다른 두 실근, >, <, >)
2 $a > -3$　3 $-6 \le a \le 6$　4 $-6 \le a \le 0$
😊 서로 다른 두 실근, >, 중근, 서로 다른 두 허근, ≤
5 ②
6 (✏️ 서로 다른 세 실근, 서로 다른 두 실근, >, <, <, <, <)

9 정적분의 활용

01 곡선과 x축 사이의 넓이
292쪽

1 ($\mathscr{O}$ 3, 3, 3, $\frac{38}{3}$) 2 15 3 4

4 ($\mathscr{O}$ 1, $\leq$, $\geq$, 0, 0, x^2, 0, x^2, 0, $\frac{37}{12}$)

5 $\frac{27}{4}$ 6 $\frac{1}{2}$ 7 8 ☺ $\geq$, $\leq$

8 ($\mathscr{O}$ 1, $\geq$, $\leq$, 1, 1, x, 1, x, 1, 2)

9 8 10 3 11 $\frac{11}{4}$ 12 ②

02 두 곡선 사이의 넓이
294쪽

원리확인 ❶ -1, x^2, -1, $2x$, -1, $\frac{9}{2}$

❷ 1, x^2, 1, $2x^2$, x^2, 1, $\frac{1}{3}$

1 ($\mathscr{O}$ 4, 4, $\leq$, 4, 4, $4x$, 4, $\frac{125}{6}$)

2 $\frac{1}{6}$ 3 $\frac{8}{3}$ 4 $\frac{32}{3}$ 5 $\frac{256}{3}$

6 ($\mathscr{O}$ 2, 2, 2, $4x$, 2, 9)

7 $\frac{1}{3}$ 8 $\frac{8}{3}$ 9 $\frac{8}{3}$

10 ($\mathscr{O}$ 0, $\geq$, $\leq$, 0, 0, 0, 0, $\frac{1}{2}x^2$, 0, $\frac{1}{2}x^2$, 0, $\frac{1}{2}$)

11 $\frac{1}{2}$ 12 16 13 $\frac{37}{6}$

☺ x좌표, 위치

14 ($\mathscr{O}$ x, 2, 2, 2, 2, $\frac{4}{3}$) 15 $\frac{1}{3}$

16 $\frac{1}{3}$ 17 $\frac{2}{3}$

18 ($\mathscr{O}$ $\frac{3}{4}x^2$, 3, -4, -4, -4, -4, 27)

19 $\frac{27}{4}$ 20 $\frac{64}{3}$ 21 ③

22 ($\mathscr{O}$ $-\sqrt{3}$, $\sqrt{3}$, $-\sqrt{3}$, $\sqrt{3}$, $3x$, $-\sqrt{3}$, x, $3x$, $\sqrt{3}$, $4\sqrt{3}-\frac{8}{3}$)

23 $\frac{44}{3}$ 24 4 25 8

03 두 도형의 넓이가 같을 조건
298쪽

1 ($\mathscr{O}$ -1, -1, 2, 2) 2 1 3 4

4 0 5 ($\mathscr{O}$ a, a, a, a, 1, 1) 6 -1

7 0 8 3 9 ($\mathscr{O}$ 0, 0, 0, 0, -1)

10 $-\frac{1}{2}$ 11 $\frac{3}{2}$ 12 3

☺ S, 0, S, $2S$

04 두 곡선 사이의 넓이의 활용
300쪽

1 ($\mathscr{O}$ $m+4$, $m+4$, 4, $m+4$, 4, $m+4$, 4, $\frac{32}{3}$, 32)

2 108 3 16 4 54 ☺ a, 2

---

5 ($\mathscr{O}$ $-2x$, $-2a$, $-2a$, $-2a$, $-2a$, $-2a$, $2a$, a, 9, 9, $\frac{3}{2}$, $\frac{3}{2}$, $\frac{9}{4}$)

6 $\frac{2}{3}$ 7 ($\mathscr{O}$ 0, 0, 0, 0, 8, 8)

8 128 9 ④

05 역함수의 그래프와 넓이
302쪽

1 ($\mathscr{O}$ 2, 3, 3, 3, 3) 2 $\frac{16}{3}$ 3 $\frac{2}{3}$

4 $\frac{9}{5}$ 5 $\frac{1}{2}$ ☺ $y=x$, 2, x

6 ($\mathscr{O}$ 20, 80) 7 20 8 5

9 150 ☺ ab, a 10 ⑤

TEST 개념 확인
304쪽

1 ④ 2 ② 3 ⑤ 4 8

5 ① 6 ③ 7 $-\frac{8}{3}$ 8 ②

9 ④ 10 1 11 ① 12 ③

06 속도와 거리
306쪽

1 (1) ($\mathscr{O}$ 0, 0, $2t$, $\frac{2}{3}$) (2) ($\mathscr{O}$ $2t$, $\frac{15}{2}$)

(3) ($\mathscr{O}$ 1, 1) (4) ($\mathscr{O}$ 1, 1, 1, 1, $\frac{7}{6}$, $\frac{59}{6}$)

2 (1) 24 (2) 24 (3) $t=5$ (4) 26

3 (1) $\frac{17}{4}$ (2) 32 (3) $t=2$ (4) 40

☺

4 (1) ($\mathscr{O}$ 0, 0, $40t$, 60) (2) ($\mathscr{O}$ 4, 4, 4, 4, 80)

(3) ($\mathscr{O}$ 4, 4, 4, 4, 80, 85)

5 (1) 170 m (2) 190 m (3) 260 m

6 (1) ($\mathscr{O}$ 3, 2, 1, $\frac{3}{2}$) (2) $\frac{3}{2}$ (3) 3 (4) $t=2$

7 × 8 ○ 9 ○ 10 ○

11 × 12 ×

TEST 개념 확인
309쪽

1 ④ 2 ③ 3 ③ 4 ②

5 ① 6 2

TEST 개념 발전
310쪽

1 ③ 2 ③ 3 ① 4 $\sqrt[3]{16}-2$

5 ④ 6 ④ 7 $\frac{96}{5}$ 8 ②

9 ⑤ 10 $\frac{8}{3}$ 11 ①

8 정적분

01 정적분의 정의 (1) 244쪽

원리확인 ❶ 4   ❷ 2, −2

❸ −5   ❹ S_1, S_2

1 (1) $\left(\mathscr{D} \dfrac{1}{2}x,\ 6,\ 3,\ 9 \right)$ (2) 8

2 (1) $(\mathscr{D} 4,\ 0,\ -S,\ 4,\ 4,\ -10)$ (2) 0

3 $(\mathscr{D} 4,\ 8,\ 2,\ 2,\ 8,\ 2,\ 6)$

4 $\dfrac{5}{2}$ 5 0   6 4

😊 $A,\ -B,\ A-B$

02 정적분의 정의 (2) 246쪽

1 $(\mathscr{D} 0)$ 2 0   3 0

4 $\left(\mathscr{D} -,\ -1,\ 3,\ \dfrac{3}{2} \right)$ 5 $\dfrac{1}{4}$ 6 $-\dfrac{5}{2}$

7 $-\dfrac{5}{2}$ 😊 $0,\ -,\ B,\ A$

8 $(\mathscr{D} k,\ k^2,\ k^2,\ k^2,\ k,\ k,\ 2)$

9 2   10 3   11 $(\mathscr{D} 4,\ 4,\ 2)$

12 2   13 4

03 정적분과 미분의 관계 248쪽

1 $(\mathscr{D} x,\ x)$ 2 $x^3 - x + 1$

3 $\dfrac{1}{2}x^2 + 3x - 5$ 4 $x^2 + 2x - 1$

5 $(x-1)(x+3)$ 6 $(x-5)^3$

7 $\left(\mathscr{D} \dfrac{d}{dx},\ 3x^2 \right)$ 8 $f(x) = 18x^2 + 4x$

9 $f(x) = 2x^3 + 6x - 1$

10 (1) $(\mathscr{D} 1,\ 0,\ 3)$ (2) $(\mathscr{D} 3,\ -3x^2)$

11 (1) 5   (2) $f(x) = -2x - 5$

12 (1) 1 또는 −1   (2) $f(x) = 2x$

13 (1) 1   (2) 5

04 부정적분과 정적분의 관계 250쪽

1 $(\mathscr{D} 3x,\ 9,\ -6,\ 15)$ 2 6   3 9

4 0   5 7   6 14   7 $\dfrac{22}{3}$

8 15   9 $\dfrac{43}{2}$ 10 $-\dfrac{45}{4}$ 11 42

12 (1) $(\mathscr{D} 0)$ (2) $\left(\mathscr{D} \dfrac{2}{3},\ 3,\ 9,\ -9,\ 18 \right)$

(3) $(\mathscr{D} -,\ -18)$

13 (1) 0   (2) $\dfrac{9}{2}$ (3) $-\dfrac{9}{2}$

14 0   15 0   16 −1   17 −2

18 $\left(\mathscr{D} 2,\ 2,\ 2,\ 2,\ 3,\ -1,\ \dfrac{3}{2} \right)$

19 −3 또는 3   20 −2 또는 −1

21 −3 또는 0 또는 3

22 $\left(\mathscr{D} 2,\ 2,\ 2,\ 2,\ \dfrac{3}{2} \right)$ 23 −4   24 $-\dfrac{5}{3}$

25 −5   😊 $F(x),\ b,\ a,\ 0,\ -$ 26 ④

05 정적분의 성질 254쪽

1 $(\mathscr{D} 2,\ x^2,\ 1,\ 4,\ -3)$ 2 20   3 $-\dfrac{14}{3}$

4 27   5 −4   6 $\dfrac{13}{12}$ 7 $\dfrac{28}{3}$

8 $\left(\mathscr{D} 4,\ 2,\ 2,\ 2,\ \dfrac{1}{2},\ 2,\ -\dfrac{3}{2} \right)$ 9 $\dfrac{1}{3}$

10 6   11 $\left(\mathscr{D} -,\ -,\ 2,\ 6,\ \dfrac{1}{2},\ 2,\ \dfrac{3}{2} \right)$

12 2   13 −16   14 −16   😊 $k,\ f(x)$

15 $(\mathscr{D} 1,\ -2,\ 1,\ -2,\ 2,\ -4,\ 6)$ 16 15

17 −6   18 4   19 $\dfrac{26}{3}$ 20 0

21 48   😊 $c,\ a$ 22 ⑤

TEST 개념 확인 257쪽

1 ①   2 ②   3 ③   4 ②

5 ④   6 18

06 구간에 따라 다르게 정의된 함수의 정적분 258쪽

1 $(\mathscr{D} 0,\ 0,\ 0,\ 0,\ x^2,\ x,\ 0,\ x^3,\ x,\ 0,\ -2,\ 0,\ -2)$

2 $\dfrac{7}{2}$ 3 −4   4 $\dfrac{1}{12}$ 5 $\dfrac{10}{3}$

6 $-\dfrac{19}{6}$ 😊 $b,\ g(x),\ b,\ h(x)$ 7 ①

8 (1) $(\mathscr{D} 2,\ 2,\ 2,\ 2,\ 2,\ 2)$

(2) $(\mathscr{D} 2,\ 2,\ 2,\ x^2,\ 2x,\ 2x,\ 1,\ 2,\ 3)$

9 (1) $f(x) = \begin{cases} 2 & (x \le -2) \\ -x & (x > -2) \end{cases}$ (2) $\dfrac{11}{2}$

10 (1) $f(x) = \begin{cases} x-1 & (x \le 3) \\ -x+5 & (x > 3) \end{cases}$ (2) 12

11 $\left(\mathscr{D} 2,\ 2,\ 2,\ 2,\ -\dfrac{1}{2},\ 2,\ \dfrac{1}{2},\ 2,\ 2,\ 2,\ 4,\ 4 \right)$

12 $\dfrac{27}{2}$ 13 −8   14 7

15 $\left(\mathscr{D} -x,\ x,\ -x,\ x,\ -\dfrac{1}{2}x^2, \right.$
$\left. \dfrac{1}{2}x^2,\ \dfrac{1}{2},\ \dfrac{1}{2},\ 1 \right)$

16 $\dfrac{5}{2}$ 17 5   18 4

19 $\left(\mathscr{D} -x^2+x,\ x^2-x,\ -x^2, \right.$
$\left. x^2,\ -\dfrac{1}{3}x^3,\ \dfrac{1}{3}x^3,\ \dfrac{1}{6}, \right.$
$\left. \dfrac{5}{6},\ 1 \right)$

20 3   21 1   22 2   23 ②

07 정적분 $\displaystyle\int_{-a}^{a} x^n \, dx$의 계산 262쪽

1 $\left(\mathscr{D} 0,\ 2,\ 2,\ \dfrac{1}{5},\ \dfrac{1}{3},\ 2,\ \dfrac{23}{15},\ \dfrac{46}{15} \right)$

2 124   3 0   4 4   😊 2, 0, 0

5 $(\mathscr{D} y$축$,\ 2,\ 0,\ 2,\ 3,\ 6)$ 6 $\dfrac{1}{4}$

7 $(\mathscr{D}$ 원점$,\ 0)$

11 (1) × (2) ○ (3) ○ (4) ○

12 (1) ○ ($\mathscr{Q}$ >, 양) (2) ○ ($\mathscr{Q}$ >, 양, <, 음)

  (3) × ($\mathscr{Q}$ 0, 두)

13 (1) ○ (2) × (3) × (4) ×

14 (1) ($\mathscr{Q}$ 0, 20, 0, 2, 2, 2)

  (2) ($\mathscr{Q}$ 2, 2, 2, 20) (3) ($\mathscr{Q}$ 0, 0, 4, 4, 4)

  (4) ($\mathscr{Q}$ 4, 4, −20)

15 (1) 1초 (2) 45 m (3) 4초 (4) −30 m/s

16 (1) 5초 (2) 75 m

05 시각에 대한 변화율   208쪽

1 (1) ($\mathscr{Q}$ $y-x$, $y-x$, $2x$, $4t$, 4, 4)

  (2) ($\mathscr{Q}$ $4t$, $2t$, 2, 2)

2 (1) ($2\sqrt{3}t+6\sqrt{3}$) cm (2) $2\sqrt{3}$ cm/s

3 (1) ($\mathscr{Q}$ $3t$, $3t$, $9\pi t^2$, $18\pi t$, $18\pi t$)

  (2) ($\mathscr{Q}$ 4, 72π)

4 (1) $\sqrt{3}(2t+4)$ cm²/s (2) $8\sqrt{3}$ cm²/s

5 (1) $(-4t-10)$ cm²/s (2) -22 cm²/s

6 (1) ($\mathscr{Q}$ $2+t$, $2+t$, $3(2+t)^2$, $3(2+t)^2$)

  (2) ($\mathscr{Q}$ 5, 147)

7 (1) $8\pi(2t+1)^2$ cm³/s (2) 392π cm³/s

8 (1) $3\pi(5+t)(5-t)$ cm³/s (2) 27π cm³/s

TEST 개념 확인   210쪽

1 3 2 ④ 3 ② 4 ②

5 ① 6 ① 7 ② 8 ③

9 ① 10 ⑤ 11 676π cm³/s

TEST 개념 발전   212쪽

1 ② 2 ③ 3 ⑤ 4 ④

5 ① 6 ② 7 ④ 8 ⑤

9 ③ 10 ③ 11 -1 12 $k>21$

13 $\frac{1}{2}<t<4$ 14 32π cm³/s

7 부정적분

01 부정적분의 뜻   222쪽

1 ($\mathscr{Q}$ $5x+C$) 2 $2x^2+C$

3 x^3+C 4 x^4+C 5 x^3+5x+C

☺ $\int$, dx, $F(x)$

6 ($\mathscr{Q}$ 5) 7 $f(x)=2x+3$

8 $f(x)=-4x+7$ 9 $f(x)=x-6$

10 $f(x)=6x^2-12x+4$

11 ($\mathscr{Q}$ $3b$, 1, $3b$, 1, 1, 1)

12 $a=4$, $b=3$, $c=-2$

13 ($\mathscr{Q}$ 3, $3x+1$, $3x+1$)

14 $f(x)=x+4$

02 부정적분과 미분의 관계   224쪽

1 ($\mathscr{Q}$ $3x^2+2x$) 2 $4x^3-4x$

3 x^4+6x^2-8x 4 ($\mathscr{Q}$ $3x^2+2x+C$)

5 $4x^3-4x+C$ 6 x^4+6x^2-8x+C

7 ($\mathscr{Q}$ x^2+2x-1, 2) 8 8 9 -2

10 1 11 ($\mathscr{Q}$ $3x^2+2x$, 3, $3x^2+2x+3$, 8)

12 5 13 3 14 6 15 -1

☺ $F(x)$, $f(x)$, $f(x)$ 16 ①

03 함수 $y=x^n$과 상수함수의 부정적분   226쪽

원리확인 ❶ 1, x ❷ x, $\frac{1}{2}x^2$

  ❸ x^2, $\frac{1}{3}x^3$ ❹ x^3, $\frac{1}{4}x^4$

1 ($\mathscr{Q}$ $\frac{1}{5}x^5+C$) 2 $\frac{1}{9}x^9+C$

3 $\frac{1}{10}x^{10}+C$ 4 $\frac{1}{4}y^4+C$

5 $\frac{1}{6}y^6+C$ 6 $\frac{1}{8}t^8+C$

7 ($\mathscr{Q}$ 2, $2x+C$) 8 $4x+C$

9 $7x+C$ 10 $11x+C$

☺ $\frac{1}{n+1}$, $n+1$, kx

04 함수의 실수배, 합, 차의 부정적분   228쪽

1 ($\mathscr{Q}$ x^2, 6, $\frac{1}{3}$, 6, 6) 2 $\frac{1}{5}x^5+\frac{1}{3}x^3+C$

3 $2x^4+2x^3-4x+C$ 4 $\frac{1}{3}x^3+\frac{t}{2}x^2+t^2x+C$

5 ($\mathscr{Q}$ $3x^2+2x$, x^3+x^2+C)

6 x^3-5x^2-8x+C

7 $x^4-4x^3+\frac{1}{2}x^2-3x+C$

8 $\frac{1}{4}x^4-x+C$

9 ($\mathscr{Q}$ $9x^2+12x+4$, $3x^3+6x^2+4x+C$)

10 $\frac{1}{3}x^3-3x^2+9x+C$

11 $\frac{1}{4}x^4+2x^3+6x^2+8x+C$

12 $2x^4-20x^3+75x^2-125x+C$ 13 ③

14 ($\mathscr{Q}$ $x-2$, $\frac{1}{2}x^2-2x+C$)

15 $\frac{1}{2}x^2-3x+C$ 16 $\frac{1}{3}x^3+x^2+4x+C$

17 $\frac{1}{3}x^3-\frac{3}{2}x^2+9x+C$ 18 $\frac{4}{3}x^3-2x^2+x+C$

19 ($\mathscr{Q}$ $4x-2$, $2x^2-2x+C$)

20 $\frac{1}{3}x^3-2x+C$ 21 x^3+x^2+C

22 $3x^2+4x+C$ 23 ④

TEST 개념 확인   231쪽

1 ② 2 ① 3 ④ 4 ⑤

5 35 6 -15

05 부정적분과 도함수   232쪽

1 ($\mathscr{Q}$ x^3+2x^2-2x+C, 2, x^3+2x^2-2x+2)

2 $f(x)=2x^2+7x+5$

3 $f(x)=-x^3+3x^2+x+1$

4 $f(x)=x^4-2x^3+x^2-4$

5 $f(x)=x^3+x^2-x+2$

6 $f(x)=2x^4+x-3$

7 ($\mathscr{Q}$ $2x+3$, x^2+3x, -2, x^2+3x-2)

8 $f(x)=2x^2-5x+3$ 9 $f(x)=x^3+x^2-4$

10 $f(x)=x^4+3x^2$

11 $f(x)=x^3-2x^2+x-1$

12 ($\mathscr{Q}$ -3, -3, 1, -3, 1, 3, -2)

13 2 14 32

15 ($\mathscr{Q}$ 극솟값, 극댓값, $\frac{a}{3}x^3-ax^2$, 6, 6, 8,

  $-\frac{3}{2}$, $-\frac{1}{2}x^3+\frac{3}{2}x^2+6$)

16 $f(x)=\frac{1}{3}x^3-x^2+3$ 17 0

18 20 19 ($\mathscr{Q}$ 10, 10, 6, 6, 4) 20 35

21 7 22 5

06 도함수 정의를 이용한 부정적분   236쪽

1 ($\mathscr{Q}$ $2f'(1)$, x^2+3x-2, 2, 4)

2 30 3 -4 4 2

5 ($\mathscr{Q}$ $6x-2$, 2, $3x^2-2x+2$)

6 $f(x)=x^3-x^2+4x+1$

7 $f(x)=x^3-2x^2+2x+6$

8 $f(x)=-x^4+x^3-2x+3$

9 ($\mathscr{Q}$ 0, $2x+1$, x^2+x, 0, x^2+x)

10 $f(x)=2x-4$ 11 $f(x)=-x^3+3x-1$

07 다항함수와 그 부정적분 사이의 관계   238쪽

1 ($\mathscr{Q}$ $4x$, 4, $4x$, 3, $4x+3$)

2 $f(x)=\frac{3}{2}x^2-4x+\frac{7}{2}$

3 $f(x)=3x^2-6x+3$

4 $f(x)=-4x^3+6x^2-4x+4$

7 $-\dfrac{9}{8}<a<0$ 또는 $a>0$

8 $a<-\dfrac{16}{9}$ 또는 $a>0$

9 ④

10 ($\mathscr{Q}$ 12, $2x$, 하나의 실근, 0, 0, 0, 0, $\dfrac{3}{2}$, $<$, $>$, 0, $\geq$)

11 $a=0$ 또는 $a\geq\dfrac{9}{4}$

☺ $f'(x)$, $f'(x)$, 실근, 실근

12 ($\mathscr{Q}$ $>$, $>$, $<$, $<$, $<$, $<$, $-\dfrac{1}{5}$)

13 $a>\dfrac{3}{2}$　　　**14** $3<a<7$

15 ($\mathscr{Q}$ $>$, $>$, $<$, $>$, $-\dfrac{2}{3}$, $-\dfrac{a}{3}$, $-\dfrac{a}{3}$, -3, 3, $-\dfrac{2}{3}$, 2)

16 $a<-\dfrac{3}{4}$ 또는 $0<a<\dfrac{4}{3}$

TEST 개념 확인 183쪽

1 ②　　**2** ④　　**3** ④　　**4** 0

5 ④

09 함수의 최댓값과 최솟값 184쪽

1 ($\mathscr{Q}$ -2, 2, 13, -19, 13, -19, -2, 13, 2, -19)

2 최댓값: 8, 최솟값: 3

3 최댓값: 27, 최솟값: -5

4 최댓값: $\dfrac{11}{2}$, 최솟값: -8

5 ($\mathscr{Q}$ 0, 2, 0, $-4a+b$, b, $-4a+b$, 0, b, -1, 2, $-4a+b$, $-4a+b$, 5, 8)

6 $a=\dfrac{1}{4}$, $b=-5$　　**7** $a=2$, $b=-8$

8 $a=-3$, $b=3$　　☺ 큰 값, 작은 값

9 ⑤

10 최대·최소의 활용 186쪽

1 ($\mathscr{Q}$ 1, -1, -1, -1, -1, $\sqrt{5}$)

2 $\sqrt{17}$　　　　　**3** $2\sqrt{10}$

4 ($\mathscr{Q}$ $-t^2+9t$, $-t^2+9t$, 6, 6, 6, 6, 54)

5 $\dfrac{256}{27}$　　　　　**6** $12\sqrt{3}$

7 ($\mathscr{Q}$ $12-2x$, $12-2x$, 6, $12-2x$, 2, 2, 2, 2, 128)

8 $\dfrac{8000}{27}\pi$　　　　**9** 42

10 ($\mathscr{Q}$ 180, 180, 180, 180)　　**11** 70개

TEST 개념 확인 189쪽

1 5　　**2** ④　　**3** 3　　**4** ③

5 ④　　**6** ②

TEST 개념 발전 190쪽

1 2　　**2** ①　　**3** ①　　**4** ④

5 ②　　**6** ⑤　　**7** ②　　**8** ③

9 ③　　**10** ②　　**11** ②　　**12** ⑤

13 ③　　**14** ⑤　　**15** ④　　**16** ⑤

17 ②　　**18** ①　　**19** ②　　**20** ②

21 29　　**22** ②　　**23** ④　　**24** ②

6 도함수의 활용

01 방정식의 실근과 함수의 그래프 196쪽

1 ($\mathscr{Q}$ 2, 2, 2, -1, 3)　**2** 3　　**3** 1

4 3　　　**5** 4　　　**6** 2　　　**7** 0

8 2

9 (1) ($\mathscr{Q}$ 3, 2, 2, 2, -4, -4)

　(2) $k=-4$ 또는 $k=0$　(3) $k<-4$ 또는 $k>0$

10 (1) $-7<k<20$　(2) $k=-7$ 또는 $k=20$

　(3) $k<-7$ 또는 $k>20$

11 (1) $2<k<3$　(2) $k=3$　(3) $k=2$ 또는 $k>3$

12 ③

13 (1) ($\mathscr{Q}$ 3, 3, 3, -27, -27)

　(2) $-27<k<0$　(3) $0<k<5$　(4) $k>5$

14 (1) $k=-32$　(2) $-32<k<0$　(3) $k>0$

　(4) $k<-32$

15 (1) ($\mathscr{Q}$ 1, 1, 1, -1, -1)

　(2) $-1<k<0$　(3) $k>0$

16 (1) $k=16$　(2) $0<k<16$　(3) $k<0$

17 ②

02 삼차방정식의 근의 판별 200쪽

1 (1) ($\mathscr{Q}$ 2, 2, 2, $-3+k$, -1, 3)

　(2) ($\mathscr{Q}$ -1, 3)　(3) ($\mathscr{Q}$ -1, 3)

2 (1) $-8<k<100$　(2) $k=-8$ 또는 $k=100$

　(3) $k<-8$ 또는 $k>100$

3 ($\mathscr{Q}$ 1, 1, 1, 4, 4, -4, 0)

4 $0<k<4$　　　　**5** $-5<k<-4$

6 $-28<k<80$　　**7** ($\mathscr{Q}$ 극대, 극소, 0, 0)

8 ㄹ　　　　　　**9** ㄹ

03 부등식에 활용 202쪽

1 ($\mathscr{Q}$ 1, 1, 1, 2, 2)　　　**2** 풀이 참조

3 풀이 참조　**4** 풀이 참조

5 ($\mathscr{Q}$ 2, 2, 2, 1, 1)

6 풀이 참조　**7** ($\mathscr{Q}$ 2, 2, 6)　**8** 풀이 참조

9 ($\mathscr{Q}$ 2, $-\dfrac{2}{3}$, $-8+k$, $-8+k$, $-8+k$, 8)

10 $k\geq5$　　**11** $k\leq-1$　　**12** ⑤

04 속도와 가속도 204쪽

1 ($\mathscr{Q}$ $2t-2$, 2, 3, 4, 2)

2 $v=25$, $a=6$　　　**3** $v=8$, $a=10$

4 ($\mathscr{Q}$ 0, 12, 0, 2, 2, 2)

5 3　　　　**6** 1

7 (1) -16　(2) $3t^2-10t-8$　(3) $6t-10$

　(4) -11　(5) 8　(6) 4　(7) -48

8 (1) ($\mathscr{Q}$ $2t$, 1, 1, 1)　(2) ($\mathscr{Q}$ $6t^2-1$, 5, 2)

　(3) ($\mathscr{Q}$ $6t-2$, 12, 4)

9 (1) 2　(2) 점 P의 속도: 41, 점 Q의 속도: 21

　(3) 점 P의 가속도: 34, 점 Q의 가속도: 6

10 (1) × ($\mathscr{Q}$ 0, 0)　(2) × ($\mathscr{Q}$ $<$, 음)

　(3) ○ ($\mathscr{Q}$ $=$)　(4) ○ ($\mathscr{Q}$ 0, 두)

8 0 　　　**9** (1) ($\mathscr{D}$ y축, 원점, 0) 　(2) 6

10 (1) ($\mathscr{D}$ 원점, 원점, 0) 　(2) 6 　☺ 2, 0

11 ①

---

08 주기함수의 정적분 　264쪽

원리확인 ❶ 2, 3, 5 　　❷ $\dfrac{1}{3}x^3$, $\dfrac{2}{3}$

❸ 4, 8, 16, $4x^2$, 16x, $\dfrac{65}{3}$, 21, $\dfrac{2}{3}$

❹ =

1 ($\mathscr{D}$ 3, 5, 2, 5, 5, 2, 5, -1, -1, 3, 3, 3, $\dfrac{3}{2}$, $\dfrac{9}{2}$)

2 8 　　**3** $\dfrac{64}{3}$

4 ($\mathscr{D}$ 2, 3, 1, 3, 2, 3, 1, 3, -1, -1, 2, 5, 5, 5, $-\dfrac{1}{3}$, $-\dfrac{5}{3}$)

5 54 　　**6** $\dfrac{7}{2}$ 　　☺ b, a, p

TEST 개념 확인 　266쪽

1 ③ 　　**2** ③ 　　**3** ④ 　　**4** ②

5 ② 　　**6** ③ 　　**7** ② 　　**8** 6

9 ① 　　**10** ② 　　**11** ② 　　**12** 14

---

09 정적분으로 정의된 함수의 미분 　268쪽

원리확인 ❶ x, 0, x, x, x, x, x, x, x, 1

❷ 1, t^3, $x+1$, 3, 3, 3, 1, 3, 3, 6, $x+1$

1 ($\mathscr{D}$ x) 　　**2** x^2+2x-1

3 $-4x^3+6x^2+x$ 　　**4** ($\mathscr{D}$ 1, x, 6x, 3)

5 8 　　**6** $12x-9$ 　　**7** ($\mathscr{D}$ x^4, 4, 4, $4x^3$)

8 $f(x)=2x+2$ 　　**9** $f(x)=3x^2+4x-3$

☺ x, $x+a$, x

---

10 정적분으로 정의된 함수; 　270쪽
적분 구간이 상수로 주어진 경우

1 ($\mathscr{D}$ k, 4, 2, -4, 4, 0) 　　**2** 18

3 $-\dfrac{21}{2}$ 　　**4** 24

5 ($\mathscr{D}$ x, x, k, t, k, t, k, 2, -1, $2x$, 1, 4)

6 $-\dfrac{2}{9}$ 　　**7** $-\dfrac{1}{3}$ 　　**8** -32

☺ 상수, 상수, k, 대입

9 ($\mathscr{D}$ 6, 6, 6, 18, $6x$, 13)

10 $f(x)=x^2+2x-8$

11 $f(x)=x^3+x^2+2$ 　　**12** $f(x)=3x^2-5x+2$

13 ③

---

11 정적분으로 정의된 함수; 　272쪽
적분 구간이 변수로 주어진 경우

1 ($\mathscr{D}$ 1, 2, 0, 2, 2, 2, 2x, 2)

2 $f(x)=2x-2$ 　　**3** $f(x)=6x^2+2x-4$

4 $f(x)=10x-14$ 　　**5** $f(x)=12x^2+10x+1$

6 ($\mathscr{D}$ a, 4, 9, a, 0, 3, 0, 3)

7 $f(x)=2x+2$, $a=1$ 　　**8** $f(x)=3x^2$, $a=1$

☺ $g'(x)$, 0 　　**9** ④

10 ($\mathscr{D}$ 6, 2, 6, 2, 6, 2, 6, 2, 3, 2, 3, 5, 3, -2, 3, 2, 2)

11 $f(x)=4x+2$ 　　**12** $f(x)=6x^2-2$

13 $f(x)=\dfrac{4}{3}x^3-3x^2+\dfrac{4}{3}$

14 ($\mathscr{D}$ 12, 12, 12, 12, 6, 3, 3, 6, -3, 6, 3)

15 $f(x)=8x^2+24x+12$

16 $f(x)=\dfrac{10}{3}x^3-3x-\dfrac{20}{3}$

17 ④ 　　**18** ($\mathscr{D}$ $xf(x)$, 6, 6, 6, 6, 12, 6)

19 $f(x)=6x+6$ 　　**20** $f(x)=6x-2$

21 $f(x)=12x^2-6x-2$

22 (1) ($\mathscr{D}$ 0, -2) 　(2) ($\mathscr{D}$ 2, 4, 4, 4, 4, 12, 4)

23 (1) 3 　(2) $f(x)=6x-6$

24 (1) 1 　(2) $f(x)=6x+2$

25 ($\mathscr{D}$ $xf'(x)$, 6, 6, 12, 12, 6, 1, 6, 1)

26 $f(x)=4x^3-4x-3$ 　　**27** $f(x)=6x^2+6x-7$

28 ④

---

12 정적분으로 정의된 함수의 　276쪽
극대·극소

원리확인 ❶ 3, 2 　　❷ 3, 2, 2, 2

❸ 2, 극소 　　❹ 1, 1, 1, 1, $\dfrac{5}{6}$

❺ 2, 2, 2, 2, $\dfrac{2}{3}$

1 극댓값: $\dfrac{56}{3}$, 극솟값: $-\dfrac{13}{6}$

2 극댓값: $\dfrac{7}{6}$, 극솟값: $-\dfrac{10}{3}$

3 극댓값: $\dfrac{8}{3}$, 극솟값: $-\dfrac{11}{6}$

4 극댓값: $\dfrac{8}{3}$, 극솟값: $-\dfrac{100}{3}$

5 극댓값: $\dfrac{2}{3}$, 극솟값: $-\dfrac{2}{3}$

6 극댓값: 없다., 극솟값: $-\dfrac{11}{8}$

☺ $f'(x)$, 0, 부호 　　**7** ②

8 ($\mathscr{D}$ -4, $\dfrac{1}{4}$, $\dfrac{1}{4}$, $\dfrac{1}{4}$, $\dfrac{1}{4}$, $\dfrac{1}{4}$, $\dfrac{1}{4}$, 4, 4, 4, 극소, 0, 4, 4, 4, $-\dfrac{8}{3}$)

9 극댓값: $\dfrac{8}{3}$, 극솟값: 0

10 ($\mathscr{D}$ $2x+2$, $2x+2$, -1, -1, 극소, -1, -1, 0, 0, $-\dfrac{1}{6}$)

11 극댓값: $\dfrac{1}{4}$, 극솟값: $-\dfrac{1}{4}$

---

12 극댓값: 10, 극솟값: 2

13 ($\mathscr{D}$ 1, 1, 1, 1, 극소, 0, 0, 1, 1, 1, $-\dfrac{2}{3}$, 2, 2, $\dfrac{2}{3}$, $\dfrac{2}{3}$, $-\dfrac{2}{3}$)

14 최댓값: $\dfrac{4}{3}$, 최솟값: 0

15 최댓값: 0, 최솟값: $-\dfrac{3}{2}$

16 최댓값: $\dfrac{4}{3}$, 최솟값: 0

17 최댓값: $\dfrac{10}{3}$, 최솟값: $-\dfrac{7}{6}$

18 ⑤

---

13 정적분으로 정의된 함수의 극한 　280쪽

1 ($\mathscr{D}$ x, 1, x, 1, 1, 1, 0) 　　**2** 5

3 22 　　**4** 1 　　**5** -4 　　**6** 64

7 ($\mathscr{D}$ $2h$, 1, $2h$, 1, 2, 2, 1, 2, 1, 4)

8 4 　　**9** 8 　　**10** 57 　　**11** 18

12 -12 　　☺ a, $F'(a)$, a, a, $f(a)$

13 ($\mathscr{D}$ x, 1, x, 1, $x+1$, $\dfrac{1}{2}$, 1, $\dfrac{1}{2}$, 1, $\dfrac{3}{2}$)

14 $\dfrac{15}{4}$ 　　**15** $-\dfrac{3}{2}$ 　　**16** $-\dfrac{5}{3}$

17 ($\mathscr{D}$ x^2, 1, x^2, 1, $x+1$, $x+1$, x^2, 1, 2, $x+1$, 2, 1, 2, 1, 4)

18 88 　　**19** 2 　　**20** -124

21 ($\mathscr{D}$ 1, 1, 1, 1, 1, 2, 1, 2, 1, 8)

22 10 　　**23** 64 　　**24** 6

25 ($\mathscr{D}$ 1, 1, 1, 1, 2, 1, 4)

26 74 　　**27** $\dfrac{2}{3}$ 　　**28** ⑤

TEST 개념 확인 　284쪽

1 ② 　　**2** ④ 　　**3** ⑤ 　　**4** 6

5 ④ 　　**6** ④ 　　**7** ① 　　**8** ③

9 $\dfrac{14}{3}$ 　　**10** ③ 　　**11** 3 　　**12** ②

TEST 개념 발전 　286쪽

1 ② 　　**2** ④ 　　**3** ④ 　　**4** ①

5 ① 　　**6** ① 　　**7** ② 　　**8** ③

9 ⑤ 　　**10** ④ 　　**11** 35

12 $f(x)=x^2+2x-\dfrac{2}{3}$ 　**13** ③ 　　**14** ①

15 ⑤ 　　**16** ③ 　　**17** ④ 　　**18** ④

19 ② 　　**20** 15 　　**21** ④ 　　**22** ①

23 ⑤ 　　**24** ①

개념기본

미적분 I │ 정답과 풀이

디딤돌 수학

수학은 개념이다!

개념기본

| 미적분 I | 정답과 풀이 |

디딤돌 수학

디딤돌

1 함수의 극한

01 본문 10쪽

$x \to a$일 때 함수의 수렴

1 (1) (✐4, 4) (2) (✐3, 3)
2 (1) 2 (2) 0 3 (1) 6 (2) 6
4 (✐1, 1, 1)
5 2 6 4 7 4 8 −2
9 $-\frac{1}{2}$ 10 $\sqrt{2}$ 11 1 ☺ L, c

2 (1) $y=f(x)$의 그래프에서 x의 값이 -2가 아니면서 -2에 한없이 가까워질 때, $f(x)$의 값이 2에 한없이 가까워지므로
$\lim_{x \to -2} f(x)=2$
(2) $y=f(x)$의 그래프에서 x의 값이 3이 아니면서 3에 한없이 가까워질 때, $f(x)$의 값이 0에 한없이 가까워지므로
$\lim_{x \to 3} f(x)=0$

3 (1) $y=f(x)$의 그래프에서 x의 값이 -3이 아니면서 -3에 한없이 가까워질 때, $f(x)$의 값이 6에 한없이 가까워지므로
$\lim_{x \to -3} f(x)=6$
(2) $y=f(x)$의 그래프에서 x의 값이 5가 아니면서 5에 한없이 가까워질 때, $f(x)$의 값이 6에 한없이 가까워지므로
$\lim_{x \to 5} f(x)=6$

5 $f(x)=\frac{1}{3}x+1$로 놓으면 $y=f(x)$의 그래프는 오른쪽 그림과 같다.
이때 x의 값이 3이 아니면서 3에 한없이 가까워질 때, $f(x)$의 값은 2에 한없이 가까워지므로
$\lim_{x \to 3}\left(\frac{1}{3}x+1\right)=2$

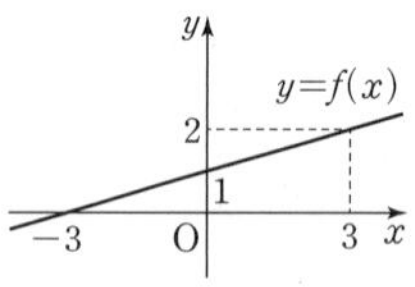

6 $f(x)=-4x-4$로 놓으면 $y=f(x)$의 그래프는 오른쪽 그림과 같다.
이때 x의 값이 -2가 아니면서 -2에 한없이 가까워질 때, $f(x)$의 값은 4에 한없이 가까워지므로
$\lim_{x \to -2}(-4x-4)=4$

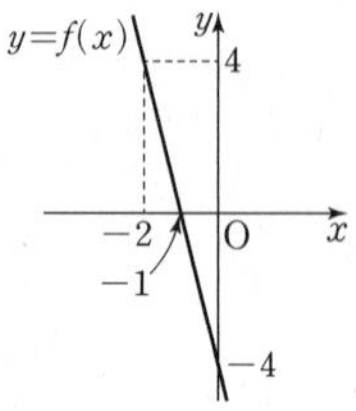

7 $f(x)=x^2+3$으로 놓으면 $y=f(x)$의 그래프는 오른쪽 그림과 같다.
이때 x의 값이 1이 아니면서 1에 한없이 가까워질 때, $f(x)$의 값은 4에 한없이 가까워지므로
$\lim_{x \to 1}(x^2+3)=4$

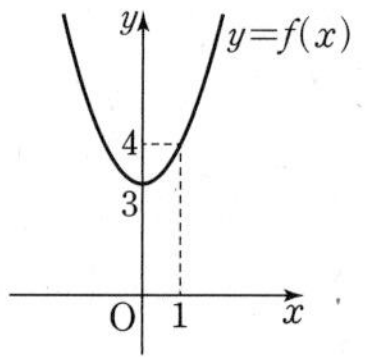

8 $f(x)=-2$로 놓으면 $y=f(x)$의 그래프는 오른쪽 그림과 같다.
이때 x의 값이 5가 아니면서 5에 한없이 가까워질 때, $f(x)$의 값은 -2이므로
$\lim_{x \to 5}(-2)=-2$

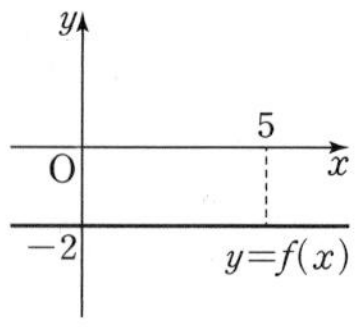

9 $f(x)=\frac{1}{x-1}$로 놓으면 $y=f(x)$의 그래프는 오른쪽 그림과 같다.
이때 x의 값이 -1이 아니면서 -1에 한없이 가까워질 때, $f(x)$의 값은 $-\frac{1}{2}$에 한없이 가까워지므로
$\lim_{x \to -1}\frac{1}{x-1}=-\frac{1}{2}$

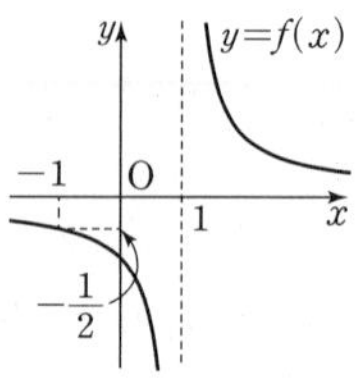

10 $f(x)=\sqrt{x+2}$로 놓으면 $y=f(x)$의 그래프는 오른쪽 그림과 같다.
이때 x의 값이 0이 아니면서 0에 한없이 가까워질 때, $f(x)$의 값은 $\sqrt{2}$에 한없이 가까워지므로
$\lim_{x \to 0}\sqrt{x+2}=\sqrt{2}$

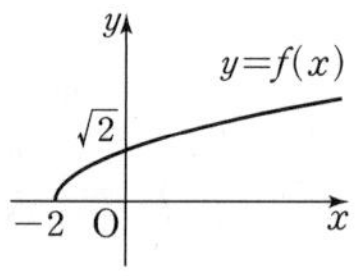

11 $f(x)=\frac{x^2+3x+2}{x+1}$로 놓으면
$f(x)=\frac{(x+1)(x+2)}{x+1}=x+2\ (x\neq-1)$
이므로 $y=f(x)$의 그래프는 오른쪽 그림과 같다.
이때 x의 값이 -1이 아니면서 -1에 한없이 가까워질 때, $f(x)$의 값은 1에 한없이 가까워지므로
$\lim_{x \to -1}\frac{x^2+3x+2}{x+1}=\lim_{x \to -1}(x+2)=1$

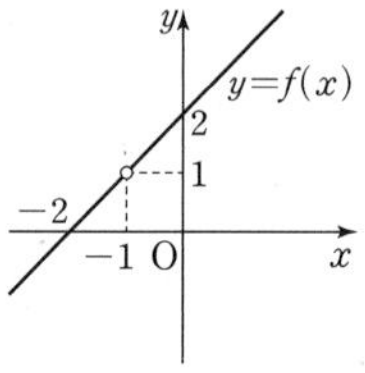

02 본문 12쪽

$x \to \infty$, $x \to -\infty$일 때 함수의 수렴

1 (1) (✐1, 1) (2) (✐1, 1)
2 (1) 0 (2) 0 3 (1) 0 (2) 0
4 (✐2, 2) 5 0 6 0 7 0
8 $\sqrt{3}$ 9 1 10 −5
☺ ∞, L, $-\infty$, L

2 (1) $y=f(x)$의 그래프에서 x의 값이 한없이 커질 때, $f(x)$의 값이 0에 한없이 가까워지므로

$$\lim_{x \to \infty} f(x)=0$$

(2) $y=f(x)$의 그래프에서 x의 값이 음수이면서 그 절댓값이 한없이 커질 때, $f(x)$의 값이 0에 한없이 가까워지므로

$$\lim_{x \to -\infty} f(x)=0$$

3 (1) $y=f(x)$의 그래프에서 x의 값이 한없이 커질 때, $f(x)$의 값이 0에 한없이 가까워지므로

$$\lim_{x \to \infty} f(x)=0$$

(2) $y=f(x)$의 그래프에서 x의 값이 음수이면서 그 절댓값이 한없이 커질 때, $f(x)$의 값이 0에 한없이 가까워지므로

$$\lim_{x \to -\infty} f(x)=0$$

5 $f(x)=\dfrac{1}{5x}$로 놓으면 $y=f(x)$의 그래프는 오른쪽 그림과 같다.

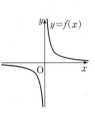

이때 x의 값이 음수이면서 그 절댓값이 한없이 커질 때, $f(x)$의 값은 0에 한없이 가까워지므로

$$\lim_{x \to -\infty} \frac{1}{5x}=0$$

6 $f(x)=\dfrac{1}{|x+1|}$로 놓으면 $y=f(x)$의 그래프는 오른쪽 그림과 같다.

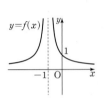

이때 x의 값이 한없이 커질 때, $f(x)$의 값은 0에 한없이 가까워지므로

$$\lim_{x \to \infty} \frac{1}{|x+1|}=0$$

7 $f(x)=-\dfrac{2}{|x-4|}$로 놓으면 $y=f(x)$의 그래프는 오른쪽 그림과 같다.

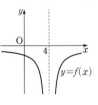

이때 x의 값이 음수이면서 그 절댓값이 한없이 커질 때, $f(x)$의 값은 0에 한없이 가까워지므로

$$\lim_{x \to -\infty} \left(-\frac{2}{|x-4|}\right)=0$$

8 $f(x)=\sqrt{3}$으로 놓으면 $y=f(x)$의 그래프는 오른쪽 그림과 같다.

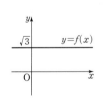

이때 x의 값이 한없이 커질 때, $f(x)$의 값은 $\sqrt{3}$으로 일정하므로

$$\lim_{x \to \infty} \sqrt{3}=\sqrt{3}$$

9 $f(x)=\dfrac{x}{x+3}$로 놓으면

$$f(x)=-\frac{3}{x+3}+1$$

즉 $y=f(x)$의 그래프는 오른쪽 그림과 같다.

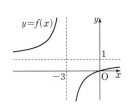

이때 x의 값이 음수이면서 그 절댓값이 한없이 커질 때, $f(x)$의 값은 1에 한없이 가까워지므로

$$\lim_{x \to -\infty} \frac{x}{x+3}=1$$

10 $f(x)=-5+\dfrac{1}{|x|}$로 놓으면 $y=f(x)$의 그래프는 오른쪽 그림과 같다.

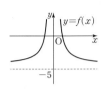

이때 x의 값이 한없이 커질 때, $f(x)$의 값은 -5에 한없이 가까워지므로

$$\lim_{x \to \infty} \left(-5+\frac{1}{|x|}\right)=-5$$

03

$x \to a$일 때 함수의 발산

1 (✎ ∞)   **2** $-\infty$ **3** ∞ **4** (✎ ∞)

5 $-\infty$ **6** ∞ **7** $-\infty$ **8** ∞

9 ∞ **10** ∞ **11** ∞ **12** $-\infty$

☺ 양, ∞, 음, $-\infty$

2 $y=f(x)$의 그래프에서 x의 값이 0이 아니면서 0에 한없이 가까워질 때, $f(x)$의 값은 음수이면서 그 절댓값이 한없이 커지므로

$$\lim_{x \to 0} f(x)=-\infty$$

3 $y=f(x)$의 그래프에서 x의 값이 -2가 아니면서 -2에 한없이 가까워질 때, $f(x)$의 값은 한없이 커지므로

$$\lim_{x \to -2} f(x)=\infty$$

5 $f(x)=-\dfrac{1}{x^2}$로 놓으면 $y=f(x)$의 그래프는 오른쪽 그림과 같다.

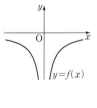

이때 x의 값이 0이 아니면서 0에 한없이 가까워질 때, $f(x)$의 값은 음수이면서 그 절댓값이 한없이 커지므로

$$\lim_{x \to 0} \left(-\frac{1}{x^2}\right)=-\infty$$

6 $f(x)=1+\dfrac{1}{x^2}$로 놓으면 $y=f(x)$의 그래프는 오른쪽 그림과 같다.

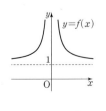

이때 x의 값이 0이 아니면서 0에 한없이 가까워질 때, $f(x)$의 값은 한없이 커지므로

$$\lim_{x \to 0} \left(1+\frac{1}{x^2}\right)=\infty$$

7 $f(x)=3-\dfrac{1}{x^2}$로 놓으면 $y=f(x)$의 그래 프는 오른쪽 그림과 같다.

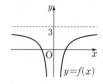

이때 x의 값이 0이 아니면서 0에 한없이 가까워질 때, $f(x)$의 값은 음수이면서 그 절댓값이 한없이 커지므로

$$\lim_{x\to 0}\left(3-\frac{1}{x^2}\right)=-\infty$$

8 $f(x)=\dfrac{1}{(x+4)^2}$로 놓으면 $y=f(x)$의 그래 프는 오른쪽 그림과 같다.

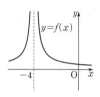

이때 x의 값이 -4가 아니면서 -4에 한 없이 가까워질 때, $f(x)$의 값은 한없이 커 지므로

$$\lim_{x\to -4}\frac{1}{(x+4)^2}=\infty$$

9 $f(x)=\dfrac{1}{|x|}+1$로 놓으면 $y=f(x)$의 그 래프는 오른쪽 그림과 같다.

이때 x의 값이 0이 아니면서 0에 한없이 가까워질 때, $f(x)$의 값은 한없이 커지 므로

$$\lim_{x\to 0}\left(\frac{1}{|x|}+1\right)=\infty$$

10 $f(x)=\dfrac{1}{|x|}-2$로 놓으면 $y=f(x)$의 그래 프는 오른쪽 그림과 같다.

이때 x의 값이 0이 아니면서 0에 한없이 가 까워질 때, $f(x)$의 값은 한없이 커지므로

$$\lim_{x\to 0}\left(\frac{1}{|x|}-2\right)=\infty$$

11 $f(x)=\dfrac{1}{|x-1|}$로 놓으면 $y=f(x)$의 그 래프는 오른쪽 그림과 같다.

이때 x의 값이 1이 아니면서 1에 한없이 가 까워질 때, $f(x)$의 값은 한없이 커지므로

$$\lim_{x\to 1}\frac{1}{|x-1|}=\infty$$

12 $f(x)=-\dfrac{3}{|x+2|}$으로 놓으면 $y=f(x)$의 그래프는 오른쪽 그림과 같다.

이때 x의 값이 -2가 아니면서 -2에 한 없이 가까워질 때, $f(x)$의 값은 음수이면 서 그 절댓값이 한없이 커지므로

$$\lim_{x\to -2}\left(-\frac{3}{|x+2|}\right)=-\infty$$

$x\longrightarrow\infty$, $x\longrightarrow-\infty$일 때 함수의 발산

1 (1) (✎ $-\infty$) (2) (✎ ∞)

2 (1) $-\infty$ (2) $-\infty$ **3** (1) ∞ (2) $-\infty$

4 (✎ ∞)   **5** $-\infty$ **6** ∞ **7** ∞

8 $-\infty$ **9** ∞ **10** ∞ **11** ∞

12 ∞ ☺ ∞, $-\infty$, ∞, $-\infty$

2 (1) $y=f(x)$의 그래프에서 x의 값이 한없이 커질 때, $f(x)$의 값 은 음수이면서 그 절댓값이 한없이 커지므로

$$\lim_{x\to\infty}f(x)=-\infty$$

(2) $y=f(x)$의 그래프에서 x의 값이 음수이면서 그 절댓값이 한 없이 커질 때, $f(x)$의 값은 음수이면서 그 절댓값이 한없이 커지므로

$$\lim_{x\to-\infty}f(x)=-\infty$$

3 (1) $y=f(x)$의 그래프에서 x의 값이 한없이 커질 때, $f(x)$의 값 은 한없이 커지므로

$$\lim_{x\to\infty}f(x)=\infty$$

(2) $y=f(x)$의 그래프에서 x의 값이 음수이면서 그 절댓값이 한 없이 커질 때, $f(x)$의 값은 음수이면서 그 절댓값이 한없이 커지므로

$$\lim_{x\to-\infty}f(x)=-\infty$$

5 $f(x)=-x+1$로 놓으면 $y=f(x)$의 그래프 는 오른쪽 그림과 같다.

이때 x의 값이 한없이 커질 때, $f(x)$의 값 은 음수이면서 그 절댓값이 한없이 커지므 로

$$\lim_{x\to\infty}(-x+1)=-\infty$$

6 $f(x)=x^2+2$로 놓으면 $y=f(x)$의 그래프 는 오른쪽 그림과 같다.

이때 x의 값이 한없이 커질 때, $f(x)$의 값 은 한없이 커지므로

$$\lim_{x\to\infty}(x^2+2)=\infty$$

7 $f(x)=x^2-2x+1$로 놓으면

$$f(x)=(x-1)^2$$

즉 $y=f(x)$의 그래프는 오른쪽 그림과 같 다.

이때 x의 값이 한없이 커질 때, $f(x)$의 값 은 한없이 커지므로

$$\lim_{x\to\infty}(x^2-2x+1)=\infty$$

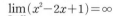

8 $f(x)=-2x^2+3$으로 놓으면 $y=f(x)$의
그래프는 오른쪽 그림과 같다.
이때 x의 값이 음수이면서 그 절댓값이 한
없이 커질 때, $f(x)$의 값은 음수이면서 그
절댓값이 한없이 커지므로
$$\lim_{x\to-\infty}(-2x^2+3)=-\infty$$

9 $f(x)=\sqrt{x}$로 놓으면 $y=f(x)$의 그래프는
오른쪽 그림과 같다.
이때 x의 값이 한없이 커질 때, $f(x)$의 값
은 한없이 커지므로
$$\lim_{x\to\infty}\sqrt{x}=\infty$$

10 $f(x)=\sqrt{x-4}$로 놓으면 $y=f(x)$의 그래
프는 오른쪽 그림과 같다.
이때 x의 값이 한없이 커질 때, $f(x)$의 값
은 한없이 커지므로
$$\lim_{x\to\infty}\sqrt{x-4}=\infty$$

11 $f(x)=\sqrt{5-x}$로 놓으면 $y=f(x)$의 그래
프는 오른쪽 그림과 같다.
이때 x의 값이 음수이면서 그 절댓값이 한
없이 커질 때, $f(x)$의 값은 한없이 커지므
로
$$\lim_{x\to-\infty}\sqrt{5-x}=\infty$$

12 $f(x)=|x|$로 놓으면 $y=f(x)$의 그래프는
오른쪽 그림과 같다.
이때 x의 값이 음수이면서 그 절댓값이 한
없이 커질 때, $f(x)$의 값은 한없이 커지므
로
$$\lim_{x\to-\infty}|x|=\infty$$

05　　　　　　　　　　　　본문 18쪽

우극한과 좌극한

1 (1) 0　(2) 1　(3) 4　(4) 4　(5) 0　(6) 0

2 (1) 2　(2) 2　(3) -2　(4) -2　(5) 0　(6) -1

3 (1) (✐ -3, -3)　(2) (✐ 3, 3)

4 (1) 1　(2) 1　　　　　**5** (1) -1　(2) 1

6 (1) ∞　(2) $-\infty$　　　**7** (1) 1　(2) -1

8 (1) 4　(2) -4

9 (1) 0　(2) -1　(3) 1　(4) 0

10 (1) 0　(2) -1　(3) 3　(4) 2

11 (1) 5　(2) 6　(3) 3　(4) 4

12 (1) -3　(2) -5　(3) 1　(4) -1

13 (1) 0　(2) -1　(3) 1　(4) 0

14 (1) (✐ $1-$, $1-$, 2)　(2) 0　(3) 2　(4) 1

15 (1) (✐ -2, -2, -2)　(2) 2　(3) -2　(4) 2

16 (1) (✐ $1-$, $1-$, 1)　(2) 0　(3) 2　(4) 1

17 (1) (✐ $0+$, $0+$, $0+$, 0)　(2) 1　(3) 1　(4) 1

4 함수 $y=f(x)$의 그래프는 다음 그림과 같다.

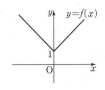

(1) x의 값이 0보다 크면서 0에 한없이 가까워질 때, $f(x)$의 값
은 1에 한없이 가까워지므로
$$\lim_{x\to0+}f(x)=1$$

(2) x의 값이 0보다 작으면서 0에 한없이 가까워질 때, $f(x)$의
값은 1에 한없이 가까워지므로
$$\lim_{x\to0-}f(x)=1$$

5 함수 $y=f(x)$의 그래프는 다음 그림과 같다.

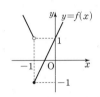

(1) x의 값이 -1보다 크면서 -1에 한없이 가까워질 때, $f(x)$
의 값은 -1에 한없이 가까워지므로
$$\lim_{x\to-1+}f(x)=-1$$

(2) x의 값이 -1보다 작으면서 -1에 한없이 가까워질 때,
$f(x)$의 값은 1에 한없이 가까워지므로
$$\lim_{x\to-1-}f(x)=1$$

6 함수 $y=f(x)$의 그래프는 다음 그림과 같다.

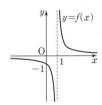

(1) x의 값이 1보다 크면서 1에 한없이 가까워질 때, $f(x)$의 값
은 한없이 커지므로
$$\lim_{x\to1+}f(x)=\infty$$

(2) x의 값이 1보다 작으면서 1에 한없이 가까워질 때, $f(x)$의
값은 음수이면서 그 절댓값이 한없이 커지므로
$$\lim_{x\to1-}f(x)=-\infty$$

7 함수 $y=\dfrac{|x|}{x}$에서

(ⅰ) $x<0$일 때, $f(x)=\dfrac{-x}{x}=-1$

(ⅱ) $x>0$일 때, $f(x)=\dfrac{x}{x}=1$

이므로 함수 $y=f(x)$의 그래프는 다음 그림과 같다.

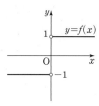

(1) x의 값이 0보다 크면서 0에 한없이 가까워질 때, $f(x)$의 값은 1에 한없이 가까워지므로

$$\lim_{x\to 0+}f(x)=1$$

(2) x의 값이 0보다 작으면서 0에 한없이 가까워질 때, $f(x)$의 값은 -1에 한없이 가까워지므로

$$\lim_{x\to 0-}f(x)=-1$$

8 함수 $f(x)=\dfrac{x^2-4}{|x-2|}$에서

(ⅰ) $x<2$일 때, $f(x)=\dfrac{x^2-4}{-(x-2)}=\dfrac{(x-2)(x+2)}{-(x-2)}=-x-2$

(ⅱ) $x>2$일 때, $f(x)=\dfrac{x^2-4}{x-2}=\dfrac{(x-2)(x+2)}{x-2}=x+2$

이므로 함수 $y=f(x)$의 그래프는 다음 그림과 같다.

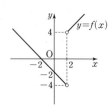

(1) x의 값이 2보다 크면서 2에 한없이 가까워질 때, $f(x)$의 값은 4에 한없이 가까워지므로

$$\lim_{x\to 2+}f(x)=4$$

(2) x의 값이 2보다 작으면서 2에 한없이 가까워질 때, $f(x)$의 값은 -4에 한없이 가까워지므로

$$\lim_{x\to 2-}f(x)=-4$$

10 ⋮

$-2\le x<-1$에서 $[x]=-2$이므로 $[x]+1=-1$

$-1\le x<0$에서 $[x]=-1$이므로 $[x]+1=0$

$0\le x<1$에서 $[x]=0$이므로 $[x]+1=1$

$1\le x<2$에서 $[x]=1$이므로 $[x]+1=2$

$2\le x<3$에서 $[x]=2$이므로 $[x]+1=3$

⋮

따라서 함수 $y=f(x)$의 그래프는 다음 그림과 같다.

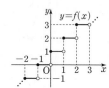

(1) $\lim_{x\to -1+}f(x)=0$

(2) $\lim_{x\to -1-}f(x)=-1$

(3) $\lim_{x\to 2+}f(x)=3$

(4) $\lim_{x\to 2-}f(x)=2$

11 ⋮

$-3\le x<-2$에서 $[x]=-3$이므로 $3-[x]=6$

$-2\le x<-1$에서 $[x]=-2$이므로 $3-[x]=5$

$-1\le x<0$에서 $[x]=-1$이므로 $3-[x]=4$

$0\le x<1$에서 $[x]=0$이므로 $3-[x]=3$

⋮

따라서 함수 $y=f(x)$의 그래프는 다음 그림과 같다.

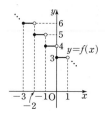

(1) $\lim_{x\to -2+}f(x)=5$

(2) $\lim_{x\to -2-}f(x)=6$

(3) $\lim_{x\to 0+}f(x)=3$

(4) $\lim_{x\to 0-}f(x)=4$

12 ⋮

$-2\le x<-1$에서 $[x]=-2$이므로 $2[x]-1=-5$

$-1\le x<0$에서 $[x]=-1$이므로 $2[x]-1=-3$

$0\le x<1$에서 $[x]=0$이므로 $2[x]-1=-1$

$1\le x<2$에서 $[x]=1$이므로 $2[x]-1=1$

⋮

따라서 함수 $y=f(x)$의 그래프는 다음 그림과 같다.

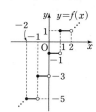

(1) $\lim_{x\to -1+}f(x)=-3$

(2) $\lim_{x\to -1-}f(x)=-5$

(3) $\lim_{x\to 1+}f(x)=1$

(4) $\lim_{x\to 1-}f(x)=-1$

13 ⋮

$-2\le x<0$에서 $-1\le \dfrac{x}{2}<0$이므로 $\left[\dfrac{x}{2}\right]=-1$

$0\le x<2$에서 $0\le \dfrac{x}{2}<1$이므로 $\left[\dfrac{x}{2}\right]=0$

$2\le x<4$에서 $1\le \dfrac{x}{2}<2$이므로 $\left[\dfrac{x}{2}\right]=1$

따라서 함수 $y=f(x)$의 그래프는 다음 그림과 같다.

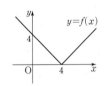

(1) $\displaystyle\lim_{x \to 0+} f(x)=0$

(2) $\displaystyle\lim_{x \to 0-} f(x)=-1$

(3) $\displaystyle\lim_{x \to 2+} f(x)=1$

(4) $\displaystyle\lim_{x \to 2-} f(x)=0$

14 (2) $f(x)=t$로 놓으면 $x \to 1-$일 때 $t \to 2-$이므로
$$\lim_{x \to 1-} f(f(x))=\lim_{t \to 2-} f(t)=0$$

(3) $f(x)=t$로 놓으면 $x \to 2+$일 때 $t \to 1-$이므로
$$\lim_{x \to 2+} f(f(x))=\lim_{t \to 1-} f(t)=2$$

(4) $f(x)=t$로 놓으면 $x \to 2-$일 때 $t \to 0+$이므로
$$\lim_{x \to 2-} f(f(x))=\lim_{t \to 0+} f(t)=1$$

15 (2) $f(x)=t$로 놓으면 $x \to 2-$일 때 $t \to -2+$이므로
$$\lim_{x \to 2-} f(f(x))=\lim_{t \to -2+} f(t)=2$$

(3) $f(x)=t$로 놓으면 $x \to -2+$일 때 $t \to 2-$이므로
$$\lim_{x \to -2+} f(f(x))=\lim_{t \to 2-} f(t)=-2$$

(4) $f(x)=t$로 놓으면 $x \to -2-$일 때 $t \to 2$이므로
$$\lim_{x \to -2-} f(f(x))=f(2)=2$$

16 (2) $f(x)=t$로 놓으면 $x \to 1+$일 때 $t=2$이므로
$$\lim_{x \to 1+} g(f(x))=g(2)=0$$

(3) $g(x)=t$로 놓으면 $x \to 1-$일 때 $t \to 2-$이므로
$$\lim_{x \to 1-} f(g(x))=\lim_{t \to 2-} f(t)=2$$

(4) $f(x)=t$로 놓으면 $x \to 1-$일 때 $t \to 1+$이므로
$$\lim_{x \to 1-} g(f(x))=\lim_{t \to 1+} g(t)=1$$

17 (2) $f(x)=t$로 놓으면 $x \to -1-$일 때 $t=-1$이므로
$$\lim_{x \to -1-} g(f(x))=g(-1)=1$$

(3) $f(x)=t$로 놓으면 $x \to 0-$일 때 $t \to 1-$이므로
$$\lim_{x \to 0-} g(f(x))=\lim_{t \to 1-} g(t)=\lim_{t \to 1-} t^2=1$$

(4) $f(x)=t$로 놓으면 $x \to 1+$일 때 $t \to 1-$이므로
$$\lim_{x \to 1+} g(f(x))=\lim_{t \to 1-} g(t)=\lim_{t \to 1-} t^2=1$$

극한값이 존재할 조건

1 (1) (✏ 4, 4) (2) (✏ 0, 0) (3) (✏ $\neq$)

2 (1) 0 (2) 0 (3) 0

3 (1) (✏ ∞) (2) (✏ $-\infty$) (3) (✏ $\neq$)

4 (1) $-\infty$ (2) ∞ (3) 존재하지 않는다.

☺ L, 존재하지 않는다.

5 (✏ -1, -1)

(1) (✏ 1, 1)

(2) (✏ -1, -1)

(3) (✏ $\neq$, 존재하지 않는다)

6 (1) 1 (2) -1 (3) 존재하지 않는다.

7 (1) -1 (2) 1 (3) 존재하지 않는다.

2 함수 $y=f(x)$의 그래프는 다음 그림과 같다.

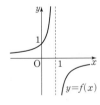

(1) x의 값이 4보다 크면서 4에 한없이 가까워질 때, $f(x)$의 값은 0에 한없이 가까워지므로
$$\lim_{x \to 4+} f(x)=0$$

(2) x의 값이 4보다 작으면서 4에 한없이 가까워질 때, $f(x)$의 값은 0에 한없이 가까워지므로
$$\lim_{x \to 4-} f(x)=0$$

(3) $\displaystyle\lim_{x \to 4+} f(x)=\lim_{x \to 4-} f(x)=0$이므로
$$\lim_{x \to 4} f(x)=0$$

4 함수 $y=f(x)$의 그래프는 다음 그림과 같다.

(1) x의 값이 1보다 크면서 1에 한없이 가까워질 때, $f(x)$의 값은 음수이면서 그 절댓값이 한없이 커지므로
$$\lim_{x \to 1+} f(x)=-\infty$$

(2) x의 값이 1보다 작으면서 1에 한없이 가까워질 때, $f(x)$의 값은 한없이 커지므로
$$\lim_{x \to 1-} f(x)=\infty$$

(3) $\displaystyle\lim_{x \to 1+} f(x) \neq \lim_{x \to 1-} f(x)$이므로 $\displaystyle\lim_{x \to 1} f(x)$의 값은 존재하지 않는다.

6 $|3-x| = \begin{cases} x-3 & (x \geq 3) \\ 3-x & (x < 3) \end{cases}$ 이므로

$f(x) = \begin{cases} 1 & (x > 3) \\ -1 & (x < 3) \end{cases}$

함수 $y=f(x)$의 그래프는 다음 그림과 같다.

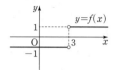

(1) x의 값이 3보다 크면서 3에 한없이 가까워질 때, $f(x)$의 값은 1에 한없이 가까워지므로 $\lim\limits_{x \to 3+} f(x) = 1$

(2) x의 값이 3보다 작으면서 3에 한없이 가까워질 때, $f(x)$의 값은 -1에 한없이 가까워지므로 $\lim\limits_{x \to 3-} f(x) = -1$

(3) $\lim\limits_{x \to 3+} f(x) \neq \lim\limits_{x \to 3-} f(x)$이므로 $\lim\limits_{x \to 3} f(x)$의 값은 존재하지 않는다.

7 $|x+1| = \begin{cases} x+1 & (x \geq -1) \\ -x-1 & (x < -1) \end{cases}$ 이므로

$f(x) = \begin{cases} x & (x > -1) \\ -x & (x < -1) \end{cases}$

함수 $y=f(x)$의 그래프는 다음 그림과 같다.

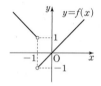

(1) x의 값이 -1보다 크면서 -1에 한없이 가까워질 때, $f(x)$의 값은 -1에 한없이 가까워지므로 $\lim\limits_{x \to -1+} f(x) = -1$

(2) x의 값이 -1보다 작으면서 -1에 한없이 가까워질 때, $f(x)$의 값은 1에 한없이 가까워지므로 $\lim\limits_{x \to -1-} f(x) = 1$

(3) $\lim\limits_{x \to -1+} f(x) \neq \lim\limits_{x \to -1-} f(x)$이므로 $\lim\limits_{x \to -1} f(x)$의 값은 존재하지 않는다.

TEST 개념 확인

본문 24쪽

1 ②	2 ④	3 ③	4 $-\infty$
5 ∞	6 ∞	7 ⑤	8 10
9 ①	10 ①	11 ⑤	12 5

1 $y=f(x)$의 그래프에서 x의 값이 0이 아니면서 0에 한없이 가까워질 때, $f(x)$의 값은 3에 한없이 가까워지므로

$\lim\limits_{x \to 0} f(x) = 3$

또 x의 값이 3이 아니면서 3에 한없이 가까워질 때, $f(x)$의 값은 1에 한없이 가까워지므로

$\lim\limits_{x \to 3} f(x) = 1$

따라서 $\lim\limits_{x \to 0} f(x) + \lim\limits_{x \to 3} f(x) = 3+1 = 4$

2 $f(x) = \dfrac{1}{x} - 3$으로 놓으면 $y=f(x)$의 그래프는 오른쪽 그림과 같다.

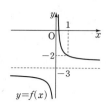

이때 x의 값이 1이 아니면서 1에 한없이 가까워질 때, $f(x)$의 값은 -2에 한없이 가까워지므로

$\lim\limits_{x \to 1} \left(\dfrac{1}{x} - 3 \right) = -2$

또 $g(x) = \sqrt{2x+4}$로 놓으면 $y=g(x)$의 그래프는 오른쪽 그림과 같다.

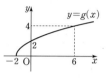

이때 x의 값이 6이 아니면서 6에 한없이 가까워질 때, $g(x)$의 값은 4에 한없이 가까워지므로

$\lim\limits_{x \to 6} \sqrt{2x+4} = 4$

따라서 $\lim\limits_{x \to 1} \left(\dfrac{1}{x} - 3 \right) + \lim\limits_{x \to 6} \sqrt{2x+4} = -2+4 = 2$

3 $f(x) = 3 - \dfrac{1}{|x|}$로 놓으면 $y=f(x)$의 그래프는 오른쪽 그림과 같다.

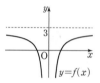

이때 x의 값이 한없이 커질 때, $f(x)$의 값은 3에 한없이 가까워지므로

$\lim\limits_{x \to \infty} \left(3 - \dfrac{1}{|x|} \right) = 3$

또 $g(x) = -2$로 놓으면 $y=g(x)$의 그래프는 오른쪽 그림과 같다.

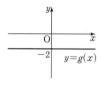

이때 x의 값이 음수이면서 그 절댓값이 한없이 커질 때, $g(x)$의 값은 -2로 일정하므로

$\lim\limits_{x \to -\infty} (-2) = -2$

따라서 $\lim\limits_{x \to \infty} \left(3 - \dfrac{1}{|x|} \right) + \lim\limits_{x \to -\infty} (-2) = 3 + (-2) = 1$

4 $y=f(x)$의 그래프에서 x의 값이 한없이 커질 때, $f(x)$의 값은 음수이면서 그 절댓값이 한없이 커지므로

$\lim\limits_{x \to \infty} f(x) = -\infty$

5 $f(x) = \dfrac{2}{|x-4|}$로 놓으면 $y=f(x)$의 그래프는 오른쪽 그림과 같다.

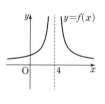

이때 x의 값이 4가 아니면서 4에 한없이 가까워질 때, $f(x)$의 값은 한없이 커지므로

$\lim\limits_{x \to 4} \dfrac{2}{|x-4|} = \infty$

6 $f(x) = \sqrt{3-x}$로 놓으면 $y=f(x)$의 그래프는 오른쪽 그림과 같다.

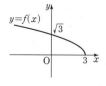

이때 x의 값이 음수이면서 그 절댓값이 한없이 커질 때, $f(x)$의 값은 한없이 커지므로

$\lim\limits_{x \to -\infty} \sqrt{3-x} = \infty$

7 x의 값이 -2보다 작으면서 -2에 한없이 가까워질 때, $f(x)$의 값은 -2에 한없이 가까워지므로

$$\lim_{x \to -2-} f(x) = -2$$

또 x의 값이 3보다 크면서 3에 한없이 가까워질 때, $f(x)$의 값은 1에 한없이 가까워지므로

$$\lim_{x \to 3+} f(x) = 1$$

따라서 $\lim_{x \to -2-} f(x) + \lim_{x \to 3+} f(x) = -2 + 1 = -1$

8 함수 $f(x) = \begin{cases} 3x+5 & (x<-2) \\ -3x-2 & (x \geq -2) \end{cases}$ 에 대하

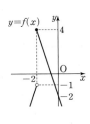

여 $y=f(x)$의 그래프는 오른쪽 그림과 같다.
x의 값이 -2보다 작으면서 -2에 한없이 가까워질 때, $f(x)$의 값은 -1에 한없이 가까워지므로

$$\lim_{x \to -2-} f(x) = -1$$

x의 값이 -2보다 크면서 -2에 한없이 가까워질 때, $f(x)$의 값은 4에 한없이 가까워지므로

$$\lim_{x \to -2+} f(x) = 4$$

따라서 $a=-1$, $b=4$이므로 $2a+3b=10$

9 $|x-1| = \begin{cases} x-1 & (x \geq 1) \\ -x+1 & (x<1) \end{cases}$ 이므로 $f(x) = \dfrac{x-1}{|x-1|}$ 로 놓으면

$$f(x) = \begin{cases} 1 & (x>1) \\ -1 & (x<1) \end{cases}$$

$y=f(x)$의 그래프는 오른쪽 그림과 같으므로

$$\lim_{x \to 1-} \frac{x-1}{|x-1|} = -1$$

$|x+1| = \begin{cases} x+1 & (x \geq -1) \\ -x-1 & (x<-1) \end{cases}$ 이므로

$g(x) = \dfrac{|x+1|}{x^2-1}$ 로 놓으면

$$g(x) = \begin{cases} \dfrac{1}{x-1} & (-1<x<1 \text{ 또는 } x>1) \\ \dfrac{-1}{x-1} & (x<-1) \end{cases}$$

$y=g(x)$의 그래프는 오른쪽 그림과 같으므로

$$\lim_{x \to -1+} \frac{|x+1|}{x^2-1} = -\frac{1}{2}$$

따라서

$$\lim_{x \to 1-} \frac{x-1}{|x-1|} + \lim_{x \to -1+} \frac{|x+1|}{x^2-1} = -1 + \left(-\frac{1}{2}\right) = -\frac{3}{2}$$

10 ㄱ. $f(x) = |x-5|$ 로 놓으면 $y=f(x)$의 그래프는 오른쪽 그림과 같다.

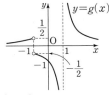

$$\lim_{x \to 5+} f(x) = \lim_{x \to 5-} f(x) = 0$$

따라서 $\lim_{x \to 5} |x-5| = 0$

ㄴ. $|x-2| = \begin{cases} x-2 & (x \geq 2) \\ -x+2 & (x<2) \end{cases}$ 이므로

$f(x) = \dfrac{|x-2|}{x^2-2x}$ 로 놓으면

$$f(x) = \begin{cases} \dfrac{1}{x} & (x>2) \\ -\dfrac{1}{x} & (x<2) \end{cases}$$

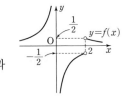

$y=f(x)$의 그래프는 오른쪽 그림과 같으므로

$$\lim_{x \to 2+} f(x) = \frac{1}{2}, \quad \lim_{x \to 2-} f(x) = -\frac{1}{2}$$

즉 $\displaystyle\lim_{x \to 2+} \frac{|x-2|}{x^2-2x} \neq \lim_{x \to 2-} \frac{|x-2|}{x^2-2x}$

따라서 $\displaystyle\lim_{x \to 2} \frac{|x-2|}{x^2-2x}$ 의 값은 존재하지 않는다.

ㄷ. ⋮

$3 \leq x < 6$일 때, $1 \leq \dfrac{x}{3} < 2$이므로 $\left[\dfrac{x}{3}\right] = 1$

$6 \leq x < 9$일 때, $2 \leq \dfrac{x}{3} < 3$이므로 $\left[\dfrac{x}{3}\right] = 2$

⋮

따라서 $f(x) = \left[\dfrac{x}{3}\right]$ 로 놓으면

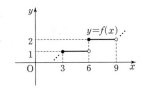

함수 $y=f(x)$의 그래프는 오른쪽 그림과 같다.
즉 $\displaystyle\lim_{x \to 6-} \left[\frac{x}{3}\right] = 1$,

$\displaystyle\lim_{x \to 6+} \left[\frac{x}{3}\right] = 2$이므로

$$\lim_{x \to 6-} \left[\frac{x}{3}\right] \neq \lim_{x \to 6+} \left[\frac{x}{3}\right]$$

따라서 $\displaystyle\lim_{x \to 6} \left[\frac{x}{3}\right]$ 의 값은 존재하지 않는다.
이상에서 극한값이 존재하는 것은 ㄱ뿐이다.

11 ① $\displaystyle\lim_{x \to 0+} f(x) = -1$, $\displaystyle\lim_{x \to 0-} f(x) = 1$이므로

$$\lim_{x \to 0+} f(x) \neq \lim_{x \to 0-} f(x)$$

따라서 $\displaystyle\lim_{x \to 0} f(x)$의 값이 존재하지 않는다.

② $\displaystyle\lim_{x \to 0+} f(x) = -1$, $\displaystyle\lim_{x \to 0-} f(x) = -3$이므로

$$\lim_{x \to 0+} f(x) \neq \lim_{x \to 0-} f(x)$$

따라서 $\displaystyle\lim_{x \to 0} f(x)$의 값이 존재하지 않는다.

③ $\displaystyle\lim_{x \to 0+} f(x) = -\infty$ (발산), $\displaystyle\lim_{x \to 0-} f(x) = \infty$ (발산)이므로

$$\lim_{x \to 0} f(x)$$의 값이 존재하지 않는다.

④ $\displaystyle\lim_{x \to 0+} f(x) = \infty$ (발산), $\displaystyle\lim_{x \to 0-} f(x) = \infty$ (발산)이므로

$$\lim_{x \to 0} f(x)$$의 값이 존재하지 않는다.

⑤ $\displaystyle\lim_{x \to 0+} f(x) = 3$, $\displaystyle\lim_{x \to 0-} f(x) = 3$이므로

$$\lim_{x \to 0+} f(x) = \lim_{x \to 0-} f(x) = 3$$

따라서 $\displaystyle\lim_{x \to 0} f(x) = 3$

그러므로 $\displaystyle\lim_{x \to 0} f(x)$의 값이 존재하는 것은 ⑤이다.

12 $\lim\limits_{x \to -1} f(x)$의 값이 존재하려면

$\lim\limits_{x \to -1+} f(x) = \lim\limits_{x \to -1-} f(x)$이어야 하므로

$y = f(x)$의 그래프는 오른쪽 그림과 같아

야 한다.

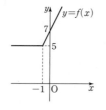

$\lim\limits_{x \to -1+} f(x) = 5$, $\lim\limits_{x \to -1-} f(x) = k$이므로

$k = 5$

함수의 극한에 대한 성질

1 (✎ 9, -27)	2 36	3 -12
4 -3	5 9	6 (✎ 7, -4, 7, -1)
7 1	8 -10	9 -9	10 $\dfrac{3}{4}$
11 1	12 (✎ 2, 2, 2, 1, 2)	13 1
14 3	15 -2	☺ $c\alpha$, $\alpha \pm \beta$, $\alpha\beta$, $\dfrac{\alpha}{\beta}$

2 $\lim\limits_{x \to 2} 4g(x) = 4\lim\limits_{x \to 2} g(x) = 4 \times 9 = 36$

3 $\lim\limits_{x \to 2} \{f(x) - g(x)\} = \lim\limits_{x \to 2} f(x) - \lim\limits_{x \to 2} g(x)$
$= -3 - 9 = -12$

4 $\lim\limits_{x \to 2} \dfrac{g(x)}{f(x)} = \dfrac{\lim\limits_{x \to 2} g(x)}{\lim\limits_{x \to 2} f(x)} = \dfrac{9}{-3} = -3$

5 $\lim\limits_{x \to 2} \{3f(x) + 2g(x)\} = \lim\limits_{x \to 2} 3f(x) + \lim\limits_{x \to 2} 2g(x)$
$= 3\lim\limits_{x \to 2} f(x) + 2\lim\limits_{x \to 2} g(x)$
$= 3 \times (-3) + 2 \times 9 = 9$

7 $\lim\limits_{x \to 1} (x^2 - 2x + 2) = \lim\limits_{x \to 1} x^2 - 2\lim\limits_{x \to 1} x + \lim\limits_{x \to 1} 2$
$= 1^2 - 2 \times 1 + 2 = 1$

8 $\lim\limits_{x \to -1} (x+3)(4x-1) = \lim\limits_{x \to -1} (x+3) \times \lim\limits_{x \to -1} (4x-1)$
$= 2 \times (-5) = -10$

9 $\lim\limits_{x \to 2} (2x^2 + 1)(x-3) = \lim\limits_{x \to 2} (2x^2 + 1) \times \lim\limits_{x \to 2} (x-3)$
$= 9 \times (-1) = -9$

10 $\lim\limits_{x \to 4} \dfrac{2x+1}{x^2-4} = \dfrac{\lim\limits_{x \to 4} (2x+1)}{\lim\limits_{x \to 4} (x^2-4)} = \dfrac{9}{12} = \dfrac{3}{4}$

---

11 $\lim\limits_{x \to 3} \dfrac{\sqrt{x+6}}{x^2-6} = \dfrac{\lim\limits_{x \to 3} \sqrt{x+6}}{\lim\limits_{x \to 3} (x^2-6)} = \dfrac{3}{3} = 1$

13 $\lim\limits_{x \to 1} (x^2 + x - 2)f(x) = \lim\limits_{x \to 1} (x+2)(x-1)f(x)$
$= \lim\limits_{x \to 1} (x+2)\{(x-1)f(x)\}$
$= \lim\limits_{x \to 1} (x+2) \times \lim\limits_{x \to 1} (x-1)f(x)$
$= 3 \times \dfrac{1}{3} = 1$

14 $\lim\limits_{x \to 2} (x^2 + x - 6)f(x) = \lim\limits_{x \to 2} (x+3)(x-2)f(x)$
$= \lim\limits_{x \to 2} (x+3)\{(x-2)f(x)\}$
$= \lim\limits_{x \to 2} (x+3) \times \lim\limits_{x \to 2} (x-2)f(x)$
$= 5 \times \dfrac{3}{5} = 3$

15 $\lim\limits_{x \to -2} (x^2 - 3x - 10)f(x) = \lim\limits_{x \to -2} (x-5)(x+2)f(x)$
$= \lim\limits_{x \to -2} (x-5)\{(x+2)f(x)\}$
$= \lim\limits_{x \to -2} (x-5) \times \lim\limits_{x \to -2} (x+2)f(x)$
$= (-7) \times \dfrac{2}{7} = -2$

함수의 극한에 대한 성질의 활용

1 (✎ 0, 0, -1)	2 $-\dfrac{9}{5}$	3 $\dfrac{25}{6}$
4 $-\dfrac{1}{21}$	5 (✎ -8, -8, -5)	6 5
7 $-\dfrac{5}{11}$	8 2	9 $\left(✎ 0, 0, 0, 3, 3, \dfrac{7}{9}\right)$
10 $-\dfrac{3}{2}$	11 (✎ 0, 0, 2, 0, 2, 2, 4)	12 -3

2 $\lim\limits_{x \to 0} \dfrac{f(x)}{x^2} = -2$이므로

$\lim\limits_{x \to 0} \dfrac{5x^2 - 2f(x)}{-3x^2 + f(x)} = \lim\limits_{x \to 0} \dfrac{5 - 2 \times \dfrac{f(x)}{x^2}}{-3 + \dfrac{f(x)}{x^2}}$
$= \dfrac{5 - 2 \times (-2)}{-3 + (-2)} = -\dfrac{9}{5}$

3 $\lim\limits_{x \to 3} \dfrac{f(x)}{x^2} = 2$이므로

$\lim\limits_{x \to 3} \dfrac{7x^3 + 2f(x)}{4x^3 - 3f(x)} = \lim\limits_{x \to 3} \dfrac{7x + 2 \times \dfrac{f(x)}{x^2}}{4x - 3 \times \dfrac{f(x)}{x^2}}$
$= \dfrac{21 + 2 \times 2}{12 - 3 \times 2} = \dfrac{25}{6}$

4 $\lim\limits_{x\to2}\dfrac{f(x)}{x^2}=3$이므로

$$\lim_{x\to2}\frac{-4x^2+f(x)}{6x^2+5f(x)}=\lim_{x\to2}\frac{-4+\dfrac{f(x)}{x^2}}{6+5\times\dfrac{f(x)}{x^2}}$$

$$=\frac{-4+3}{6+5\times3}=-\frac{1}{21}$$

6 $\lim\limits_{x\to0}\{4f(x)+3g(x)\}=3$에서

$4f(x)+3g(x)=h(x)$로 놓으면 $\lim\limits_{x\to0}h(x)=3$이고

$g(x)=\dfrac{h(x)-4f(x)}{3}$이므로

$$\lim_{x\to0}g(x)=\lim_{x\to0}\frac{h(x)-4f(x)}{3}=\frac{3-4\times(-3)}{3}=5$$

7 $\lim\limits_{x\to0}\{2f(x)+3g(x)\}=2$에서

$2f(x)+3g(x)=h(x)$로 놓으면 $\lim\limits_{x\to0}h(x)=2$이고

$g(x)=\dfrac{h(x)-2f(x)}{3}$이므로

$$\lim_{x\to0}g(x)=\lim_{x\to0}\frac{h(x)-2f(x)}{3}=\frac{2-2\times10}{3}=-6$$

따라서

$$\lim_{x\to0}\frac{2f(x)+5g(x)}{f(x)-2g(x)}=\frac{2\times10+5\times(-6)}{10-2\times(-6)}=-\frac{5}{11}$$

8 $\lim\limits_{x\to\infty}\{3f(x)+g(x)\}=-7$에서

$3f(x)+g(x)=h(x)$로 놓으면 $\lim\limits_{x\to\infty}h(x)=-7$이고

$g(x)=h(x)-3f(x)$이므로

$$\lim_{x\to\infty}g(x)=\lim_{x\to\infty}\{h(x)-3f(x)\}=-7-3\times(-5)=8$$

따라서

$$\lim_{x\to\infty}\frac{-2f(x)-g(x)}{3f(x)+2g(x)}=\frac{-2\times(-5)-8}{3\times(-5)+2\times8}=2$$

10 $\lim\limits_{x\to-3}f(x+3)=-1$에서 $x+3=t$로 놓으면

$x\to-3$일 때 $t\to0$이므로

$\lim\limits_{t\to0}f(t)=-1$, 즉 $\lim\limits_{x\to0}f(x)=-1$

따라서 $\lim\limits_{x\to0}\dfrac{5-4f(x)}{5f(x)-1}=\dfrac{5-4\times(-1)}{5\times(-1)-1}=-\dfrac{3}{2}$

12 $\lim\limits_{x\to2}\dfrac{f(x-2)}{x^2-4}=\lim\limits_{x\to2}\dfrac{f(x-2)}{(x-2)(x+2)}$에서 $x-2=t$로 놓으면

$x\to2$일 때 $t\to0$이므로

$$\lim_{x\to2}\frac{f(x-2)}{x^2-4}=\lim_{t\to0}\frac{f(t)}{t(t+4)}$$

$$=\lim_{t\to0}\frac{f(t)}{t}\times\frac{1}{t+4}$$

$$=(-12)\times\frac{1}{4}=-3$$

09

$\dfrac{0}{0}$ 꼴의 함수의 극한

1 (✏ 3, 3, 3, 4)   **2** -4 **3** 0

4 27   **5** 5   **6** 1

7 (✏ 3, 3, 3, 9, 3, 3, 6)   **8** $\dfrac{1}{4}$ **9** 4

10 8   **11** $-\dfrac{3}{2}$ **12** $\dfrac{1}{12}$ **13** ④

2
$$\lim_{x\to-2}\frac{x^2-4}{x+2}=\lim_{x\to-2}\frac{(x+2)(x-2)}{x+2}$$
$$=\lim_{x\to-2}(x-2)$$
$$=-2-2=-4$$

3
$$\lim_{x\to2}\frac{x^2-4x+4}{x^2-4}=\lim_{x\to2}\frac{(x-2)^2}{(x+2)(x-2)}$$
$$=\lim_{x\to2}\frac{x-2}{x+2}$$
$$=\frac{2-2}{2+2}=0$$

4
$$\lim_{x\to-3}\frac{x^3+27}{x+3}=\lim_{x\to-3}\frac{(x+3)(x^2-3x+9)}{x+3}$$
$$=\lim_{x\to-3}(x^2-3x+9)$$
$$=(-3)^2-3\times(-3)+9=27$$

5
$$\lim_{x\to0}\frac{-x^2+10x}{2x}=\lim_{x\to0}\frac{x(-x+10)}{2x}$$
$$=\lim_{x\to0}\frac{-x+10}{2}$$
$$=\frac{0+10}{2}=5$$

6
$$\lim_{x\to3}\frac{x-3}{x^2-5x+6}=\lim_{x\to3}\frac{x-3}{(x-2)(x-3)}$$
$$=\lim_{x\to3}\frac{1}{x-2}$$
$$=\frac{1}{3-2}=1$$

8
$$\lim_{x\to4}\frac{\sqrt{x}-2}{x-4}=\lim_{x\to4}\frac{(\sqrt{x}-2)(\sqrt{x}+2)}{(x-4)(\sqrt{x}+2)}$$
$$=\lim_{x\to4}\frac{x-4}{(x-4)(\sqrt{x}+2)}$$
$$=\lim_{x\to4}\frac{1}{\sqrt{x}+2}$$
$$=\frac{1}{\sqrt{4}+2}=\frac{1}{4}$$

9
$$\lim_{x\to1}\frac{x^2-1}{\sqrt{x}-1}=\lim_{x\to1}\frac{(x^2-1)(\sqrt{x}+1)}{(\sqrt{x}-1)(\sqrt{x}+1)}$$
$$=\lim_{x\to1}\frac{(x-1)(x+1)(\sqrt{x}+1)}{x-1}$$
$$=\lim_{x\to1}(x+1)(\sqrt{x}+1)$$
$$=(1+1)\times(\sqrt{1}+1)=4$$

10 $\displaystyle\lim_{x \to 2} \frac{x-2}{\sqrt{x+14}-4} = \lim_{x \to 2} \frac{(x-2)(\sqrt{x+14}+4)}{(\sqrt{x+14}-4)(\sqrt{x+14}+4)}$

$\qquad\qquad\qquad = \lim_{x \to 2} \frac{(x-2)(\sqrt{x+14}+4)}{x-2}$

$\qquad\qquad\qquad = \lim_{x \to 2}(\sqrt{x+14}+4)$

$\qquad\qquad\qquad = \sqrt{16}+4 = 8$

11 $\displaystyle\lim_{x \to -3} \frac{\sqrt{x^2-5}-2}{x+3} = \lim_{x \to -3} \frac{(\sqrt{x^2-5}-2)(\sqrt{x^2-5}+2)}{(x+3)(\sqrt{x^2-5}+2)}$

$\qquad\qquad\qquad = \lim_{x \to -3} \frac{x^2-9}{(x+3)(\sqrt{x^2-5}+2)}$

$\qquad\qquad\qquad = \lim_{x \to -3} \frac{(x+3)(x-3)}{(x+3)(\sqrt{x^2-5}+2)}$

$\qquad\qquad\qquad = \lim_{x \to -3} \frac{x-3}{\sqrt{x^2-5}+2}$

$\qquad\qquad\qquad = \frac{-3-3}{\sqrt{4}+2} = -\frac{3}{2}$

12 $\displaystyle\lim_{x \to 1} \frac{\sqrt{x+8}-3}{2x-2} = \lim_{x \to 1} \frac{(\sqrt{x+8}-3)(\sqrt{x+8}+3)}{2(x-1)(\sqrt{x+8}+3)}$

$\qquad\qquad\qquad = \lim_{x \to 1} \frac{x-1}{2(x-1)(\sqrt{x+8}+3)}$

$\qquad\qquad\qquad = \lim_{x \to 1} \frac{1}{2(\sqrt{x+8}+3)}$

$\qquad\qquad\qquad = \frac{1}{2 \times (\sqrt{9}+3)} = \frac{1}{12}$

13 $\displaystyle\lim_{x \to 3} \frac{3x^2-8x-3}{x^2-9} + \lim_{x \to -2} \frac{x+2}{\sqrt{x^2+5}-3}$

$= \lim_{x \to 3} \frac{(x-3)(3x+1)}{(x+3)(x-3)} + \lim_{x \to -2} \frac{(x+2)(\sqrt{x^2+5}+3)}{(\sqrt{x^2+5}-3)(\sqrt{x^2+5}+3)}$

$= \lim_{x \to 3} \frac{3x+1}{x+3} + \lim_{x \to -2} \frac{(x+2)(\sqrt{x^2+5}+3)}{x^2-4}$

$= \frac{9+1}{3+3} + \lim_{x \to -2} \frac{(x+2)(\sqrt{x^2+5}+3)}{(x+2)(x-2)}$

$= \frac{5}{3} + \lim_{x \to -2} \frac{\sqrt{x^2+5}+3}{x-2}$

$= \frac{5}{3} + \frac{\sqrt{9}+3}{-2-2} = \frac{5}{3} - \frac{3}{2} = \frac{1}{6}$

10

본문 32쪽

$\frac{\infty}{\infty}$ 꼴의 함수의 극한

1 (✎ x, 5, 5, 5)   2 -3 3 4

4 6   5 $\frac{1}{2}$ 6 5

7 (✎ ∞, -5, -5, -5, $\frac{5}{2}$)   8 -3

9 (✎ x^2, $\frac{7}{x^2}$, $\frac{1}{x^2}$, 0)   10 0

11 (✎ x, 9, $\frac{3}{x}$, ∞)   12 ∞ ☺ =, >, <

13 ④

2 x^2으로 분모, 분자를 나누면

$$\lim_{x \to \infty} \frac{6x^2+4x+1}{-2x^2+5x} = \lim_{x \to \infty} \frac{6+\frac{4}{x}+\frac{1}{x^2}}{-2+\frac{5}{x}}$$

$$= \frac{6}{-2} = -3$$

3 x^3으로 분모, 분자를 나누면

$$\lim_{x \to \infty} \frac{8+16x^3}{4x^3-5x^2+1} = \lim_{x \to \infty} \frac{\frac{8}{x^3}+16}{4-\frac{5}{x}+\frac{1}{x^3}}$$

$$= \frac{16}{4} = 4$$

4 $\displaystyle\lim_{x \to \infty} \frac{9x(2x+1)}{(x+1)(3x+1)} = \lim_{x \to \infty} \frac{18x^2+9x}{3x^2+4x+1}$

이므로 x^2으로 분모, 분자를 나누면

$$\lim_{x \to \infty} \frac{18x^2+9x}{3x^2+4x+1} = \lim_{x \to \infty} \frac{18+\frac{9}{x}}{3+\frac{4}{x}+\frac{1}{x^2}}$$

$$= \frac{18}{3} = 6$$

5 x로 분모, 분자를 나누면

$$\lim_{x \to \infty} \frac{\sqrt{x^2+1}+4}{2x} = \lim_{x \to \infty} \frac{\sqrt{1+\frac{1}{x^2}}+\frac{4}{x}}{2}$$

$$= \frac{1}{2}$$

6 x로 분모, 분자를 나누면

$$\lim_{x \to \infty} \frac{10x}{\sqrt{x^2-3}+x} = \lim_{x \to \infty} \frac{10}{\sqrt{1-\frac{3}{x^2}}+1}$$

$$= \frac{10}{1+1} = 5$$

8 $x=-t$로 놓으면 $x \to -\infty$일 때 $t \to \infty$이므로

$$\lim_{x \to -\infty} \frac{1+3x}{\sqrt{x^2-4}+1} = \lim_{t \to \infty} \frac{1-3t}{\sqrt{t^2-4}+1}$$

t로 분모, 분자를 나누면

$$\lim_{t \to \infty} \frac{1-3t}{\sqrt{t^2-4}+1} = \lim_{t \to \infty} \frac{\frac{1}{t}-3}{\sqrt{1-\frac{4}{t^2}}+\frac{1}{t}}$$

$$= \frac{-3}{1} = -3$$

10 x^2으로 분모, 분자를 나누면

$$\lim_{x \to \infty} \frac{2-3x}{x^2+5x+3} = \lim_{x \to \infty} \frac{\frac{2}{x^2}-\frac{3}{x}}{1+\frac{5}{x}+\frac{3}{x^2}} = 0$$

12 x로 분모, 분자를 나누면

$$\lim_{x \to \infty} \frac{8x^2+4x-1}{2x+5} = \lim_{x \to \infty} \frac{8x+4-\frac{1}{x}}{2+\frac{5}{x}} = \infty$$

13 $\displaystyle\lim_{x\to\infty}\frac{2x^2+5}{x^3+2x+1}=\lim_{x\to\infty}\frac{\dfrac{2}{x}+\dfrac{5}{x^3}}{1+\dfrac{2}{x^2}+\dfrac{1}{x^3}}=0$이므로 $a=0$

$\displaystyle\lim_{x\to\infty}\frac{\sqrt{9x^2+1}+3}{2x-1}=\lim_{x\to\infty}\frac{\sqrt{9+\dfrac{1}{x^2}}+\dfrac{3}{x}}{2-\dfrac{1}{x}}=\frac{3}{2}$이므로 $b=\dfrac{3}{2}$

$\displaystyle\lim_{x\to\infty}\frac{6x^2-3}{4x^2+5x}=\lim_{x\to\infty}\frac{6-\dfrac{3}{x^2}}{4+\dfrac{5}{x}}=\frac{6}{4}=\frac{3}{2}$이므로 $c=\dfrac{3}{2}$

따라서 옳은 것은 ④이다.

11

∞ − ∞ 꼴의 함수의 극한

1 (✎ x^3, x^3, ∞) 2 ∞ 3 ∞

4 −∞ 5 (✎ $5x$, 5, 5, 0, $\dfrac{5}{2}$)

6 0 7 $\dfrac{3}{2}$ 8 3

9 (✎ $2x$, $\dfrac{2}{x}$, 2, 0, 2, 1) 10 $-\dfrac{2}{7}$

11 −1 12 $\dfrac{1}{4}$ 13 ④

2 최고차항인 x^3으로 묶으면

$\displaystyle\lim_{x\to\infty}(2x^3-x^2+6x)=\lim_{x\to\infty}x^3\Big(2-\frac{1}{x}+\frac{6}{x^2}\Big)$
$=\infty$

3 최고차항인 x^4으로 묶으면

$\displaystyle\lim_{x\to\infty}(x^4-10x^2)=\lim_{x\to\infty}x^4\Big(1-\frac{10}{x^2}\Big)$
$=\infty$

4 최고차항인 x^3으로 묶으면

$\displaystyle\lim_{x\to\infty}(1-5x^2-7x^3)=\lim_{x\to\infty}x^3\Big(\frac{1}{x^3}-\frac{5}{x}-7\Big)$
$=-\infty$

6 $\displaystyle\lim_{x\to\infty}(\sqrt{x^2+2}-x)=\lim_{x\to\infty}\frac{(\sqrt{x^2+2}-x)(\sqrt{x^2+2}+x)}{\sqrt{x^2+2}+x}$
$=\displaystyle\lim_{x\to\infty}\frac{2}{\sqrt{x^2+2}+x}$
$=\displaystyle\lim_{x\to\infty}\frac{\dfrac{2}{x}}{\sqrt{1+\dfrac{2}{x^2}}+1}=0$

7 $\displaystyle\lim_{x\to\infty}(\sqrt{x^2+3x}-\sqrt{x^2-3})$
$=\displaystyle\lim_{x\to\infty}\frac{(\sqrt{x^2+3x}-\sqrt{x^2-3})(\sqrt{x^2+3x}+\sqrt{x^2-3})}{\sqrt{x^2+3x}+\sqrt{x^2-3}}$
$=\displaystyle\lim_{x\to\infty}\frac{3x+3}{\sqrt{x^2+3x}+\sqrt{x^2-3}}$
$=\displaystyle\lim_{x\to\infty}\frac{3+\dfrac{3}{x}}{\sqrt{1+\dfrac{3}{x}}+\sqrt{1-\dfrac{3}{x^2}}}$
$=\dfrac{3+0}{\sqrt{1+0}+\sqrt{1-0}}=\dfrac{3}{2}$

8 $x=-t$로 놓으면 $x\to-\infty$일 때 $t\to\infty$이므로
$\displaystyle\lim_{x\to-\infty}(\sqrt{x^2-6x}+x)$
$=\displaystyle\lim_{t\to\infty}(\sqrt{t^2+6t}-t)$
$=\displaystyle\lim_{t\to\infty}\frac{(\sqrt{t^2+6t}-t)(\sqrt{t^2+6t}+t)}{\sqrt{t^2+6t}+t}$
$=\displaystyle\lim_{t\to\infty}\frac{6t}{\sqrt{t^2+6t}+t}$
$=\displaystyle\lim_{t\to\infty}\frac{6}{\sqrt{1+\dfrac{6}{t}}+1}$
$=\dfrac{6}{\sqrt{1+0}+1}=3$

10 $\displaystyle\lim_{x\to\infty}\frac{1}{\sqrt{x^2-7x}-x}$
$=\displaystyle\lim_{x\to\infty}\frac{\sqrt{x^2-7x}+x}{(\sqrt{x^2-7x}-x)(\sqrt{x^2-7x}+x)}$
$=\displaystyle\lim_{x\to\infty}\frac{\sqrt{x^2-7x}+x}{-7x}$
$=\displaystyle\lim_{x\to\infty}\frac{\sqrt{1-\dfrac{7}{x}}+1}{-7}$
$=\dfrac{\sqrt{1-0}+1}{-7}=-\dfrac{2}{7}$

11 $\displaystyle\lim_{x\to\infty}\frac{1}{\sqrt{x^2-2x+3}-x}$
$=\displaystyle\lim_{x\to\infty}\frac{\sqrt{x^2-2x+3}+x}{(\sqrt{x^2-2x+3}-x)(\sqrt{x^2-2x+3}+x)}$
$=\displaystyle\lim_{x\to\infty}\frac{\sqrt{x^2-2x+3}+x}{-2x+3}$
$=\displaystyle\lim_{x\to\infty}\frac{\sqrt{1-\dfrac{2}{x}+\dfrac{3}{x^2}}+1}{-2+\dfrac{3}{x}}$
$=\dfrac{\sqrt{1-0+0}+1}{-2+0}=-1$

12 $\displaystyle\lim_{x\to\infty}\frac{1}{\sqrt{x^2+4x}-\sqrt{x^2-4x}}$
$=\displaystyle\lim_{x\to\infty}\frac{\sqrt{x^2+4x}+\sqrt{x^2-4x}}{(\sqrt{x^2+4x}-\sqrt{x^2-4x})(\sqrt{x^2+4x}+\sqrt{x^2-4x})}$
$=\displaystyle\lim_{x\to\infty}\frac{\sqrt{x^2+4x}+\sqrt{x^2-4x}}{8x}$

$$= \lim_{x \to \infty} \frac{\sqrt{1 + \frac{4}{x}} + \sqrt{1 - \frac{4}{x}}}{8}$$

$$= \frac{\sqrt{1+0} + \sqrt{1-0}}{8} = \frac{1}{4}$$

13 $\lim_{x \to \infty} \dfrac{1}{x - \sqrt{x^2 - 4x + 5}}$

$$= \lim_{x \to \infty} \frac{x + \sqrt{x^2 - 4x + 5}}{(x - \sqrt{x^2 - 4x + 5})(x + \sqrt{x^2 - 4x + 5})}$$

$$= \lim_{x \to \infty} \frac{x + \sqrt{x^2 - 4x + 5}}{4x - 5}$$

$$= \lim_{x \to \infty} \frac{1 + \sqrt{1 - \frac{4}{x} + \frac{5}{x^2}}}{4 - \frac{5}{x}}$$

$$= \frac{1 + \sqrt{1 - 0 + 0}}{4 - 0} = \frac{1}{2}$$

$\lim\limits_{x \to -\infty}(\sqrt{1 + x + 9x^2} + 3x)$에서 $x = -t$로 놓으면 $x \to -\infty$일

때 $t \to \infty$이므로

$\lim\limits_{x \to -\infty}(\sqrt{1 + x + 9x^2} + 3x)$

$= \lim\limits_{t \to \infty}(\sqrt{1 - t + 9t^2} - 3t)$

$$= \lim_{t \to \infty} \frac{(\sqrt{1 - t + 9t^2} - 3t)(\sqrt{1 - t + 9t^2} + 3t)}{\sqrt{1 - t + 9t^2} + 3t}$$

$$= \lim_{t \to \infty} \frac{1 - t}{\sqrt{1 - t + 9t^2} + 3t}$$

$$= \lim_{t \to \infty} \frac{\frac{1}{t} - 1}{\sqrt{\frac{1}{t^2} - \frac{1}{t} + 9} + 3}$$

$$= \frac{0 - 1}{\sqrt{0 - 0 + 9} + 3} = -\frac{1}{6}$$

따라서

$\lim\limits_{x \to \infty} \dfrac{1}{x - \sqrt{x^2 - 4x + 5}} + \lim\limits_{x \to -\infty}(\sqrt{1 + x + 9x^2} + 3x)$

$= \dfrac{1}{2} + \left(-\dfrac{1}{6}\right) = \dfrac{1}{3}$

12

본문 36쪽

∞×0 꼴의 함수의 극한

1 $\left(\mathscr{O}\, x,\ 1,\ 1,\ \dfrac{1}{5}\right)$　**2** 2　　**3** $-\dfrac{1}{64}$

4 -3　　**5** -4

6 $\left(\mathscr{O}\, x,\ 1,\ 1,\ \dfrac{1}{3}\right)$　**7** $-\dfrac{1}{5}$　　**8** -1

9 $\left(\mathscr{O}\, 2\sqrt{x},\ 2\sqrt{x},\ 2\sqrt{x},\ 2\sqrt{x},\ x,\ 2x,\ 1,\ 2,\ 1,\ 2,\ \dfrac{1}{4}\right)$

10 -2　　　**11** ⑤

2 $\lim\limits_{x \to 0} \dfrac{18}{x}\left(\dfrac{1}{3} - \dfrac{1}{x+3}\right) = \lim\limits_{x \to 0} \dfrac{18}{x} \times \dfrac{x}{3(x+3)}$

$$= \lim_{x \to 0} \frac{6}{x+3}$$

$$= \frac{6}{0+3} = 2$$

3 $\lim\limits_{x \to -4} \dfrac{1}{x+4}\left(\dfrac{1}{x-4} + \dfrac{1}{8}\right) = \lim\limits_{x \to -4} \dfrac{1}{x+4} \times \dfrac{x+4}{8(x-4)}$

$$= \lim_{x \to -4} \frac{1}{8(x-4)}$$

$$= \frac{1}{8 \times (-4-4)} = -\frac{1}{64}$$

4 $\lim\limits_{x \to 4} \dfrac{3}{x-4}\left(\dfrac{1}{x-5} + 1\right) = \lim\limits_{x \to 4} \dfrac{3}{x-4} \times \dfrac{x-4}{x-5}$

$$= \lim_{x \to 4} \frac{3}{x-5}$$

$$= \frac{3}{4-5} = -3$$

5 $\lim\limits_{x \to \infty} x\left(1 - \dfrac{x+2}{x-2}\right) = \lim\limits_{x \to \infty} x \times \dfrac{-4}{x-2}$

$$= \lim_{x \to \infty} \frac{-4x}{x-2}$$

$$= \lim_{x \to \infty} \frac{-4}{1 - \frac{2}{x}}$$

$$= \frac{-4}{1-0} = -4$$

7 $\lim\limits_{x \to 0} \dfrac{1}{x}\left(\dfrac{1}{x - \sqrt{5}} + \dfrac{1}{\sqrt{5}}\right) = \lim\limits_{x \to 0} \dfrac{1}{x} \times \dfrac{x}{\sqrt{5}(x - \sqrt{5})}$

$$= \lim_{x \to 0} \frac{1}{\sqrt{5}(x - \sqrt{5})}$$

$$= \frac{1}{\sqrt{5} \times (0 - \sqrt{5})} = -\frac{1}{5}$$

8 $\lim\limits_{x \to 0} \dfrac{1}{x}\left(\dfrac{1}{\sqrt{2}} - \dfrac{1}{\sqrt{2} - 2x}\right) = \lim\limits_{x \to 0} \dfrac{1}{x} \times \dfrac{-2x}{\sqrt{2}(\sqrt{2} - 2x)}$

$$= \lim_{x \to 0} \frac{-2}{\sqrt{2}(\sqrt{2} - 2x)}$$

$$= \frac{-2}{\sqrt{2} \times (\sqrt{2} - 0)} = -1$$

10 $\lim\limits_{x \to \infty} 2x\left(\dfrac{\sqrt{x}}{\sqrt{x+2}} - 1\right)$

$$= \lim_{x \to \infty} 2x \times \frac{\sqrt{x} - \sqrt{x+2}}{\sqrt{x+2}}$$

$$= \lim_{x \to \infty} \frac{2x(\sqrt{x} - \sqrt{x+2})(\sqrt{x} + \sqrt{x+2})}{\sqrt{x+2}(\sqrt{x} + \sqrt{x+2})}$$

$$= \lim_{x \to \infty} \frac{-4x}{\sqrt{x^2 + 2x} + x + 2}$$

$$= \lim_{x \to \infty} \frac{-4}{\sqrt{1 + \frac{2}{x}} + 1 + \frac{2}{x}}$$

$$= \frac{-4}{\sqrt{1+0} + 1 + 0} = -2$$

11
$$\lim_{x \to -\frac{1}{2}} \frac{1}{2x+1}\left(2-\frac{1}{x+1}\right)=\lim_{x \to -\frac{1}{2}} \frac{1}{2x+1} \times \frac{2x+1}{x+1}$$
$$=\lim_{x \to -\frac{1}{2}} \frac{1}{x+1}$$
$$=\frac{1}{-\frac{1}{2}+1}=2$$

$$\lim_{x \to 0} \frac{1}{x}\left\{\left(\frac{2}{x-2}\right)^2-1\right\}=\lim_{x \to 0} \frac{1}{x} \times \frac{-x^2+4x}{(x-2)^2}$$
$$=\lim_{x \to 0} \frac{-x+4}{(x-2)^2}$$
$$=\frac{-0+4}{(0-2)^2}=1$$

따라서
$$\lim_{x \to -\frac{1}{2}} \frac{1}{2x+1}\left(2-\frac{1}{x+1}\right)+\lim_{x \to 0} \frac{1}{x}\left\{\left(\frac{2}{x-2}\right)^2-1\right\}$$
$$=2+1=3$$

본문 38쪽

TEST 개념 확인

1 1	**2** ③	**3** ③	**4** ⑤
5 ④	**6** ②	**7** ④	**8** ⑤
9 ①	**10** ④	**11** 9	**12** 60

1
$$\lim_{x \to 1} \frac{2f(x)-g(x)}{1-f(x)g(x)}=\frac{2\lim_{x \to 1}f(x)-\lim_{x \to 1}g(x)}{\lim_{x \to 1}1-\lim_{x \to 1}f(x) \times \lim_{x \to 1}g(x)}$$
$$=\frac{2 \times 2-(-3)}{1-2 \times(-3)}=\frac{7}{7}=1$$

2
$$\lim_{x \to -2} \frac{3x^2-4}{x+1}=\frac{3 \times(-2)^2-4}{-2+1}=-8,$$
$$\lim_{x \to 4} \frac{8x+13}{x^2-1}=\frac{8 \times 4+13}{4^2-1}=\frac{45}{15}=3$$이므로
$$\lim_{x \to -2} \frac{3x^2-4}{x+1}+\lim_{x \to 4} \frac{8x+13}{x^2-1}=-8+3=-5$$

3
$$\lim_{x \to 5} xf(x)=\frac{1}{5}$$이므로
$$\lim_{x \to 5}(x^3+5x)f(x)=\lim_{x \to 5} x(x^2+5)f(x)$$
$$=\lim_{x \to 5}(x^2+5) \times \lim_{x \to 5} xf(x)$$
$$=(5^2+5) \times \frac{1}{5}=30 \times \frac{1}{5}=6$$

4
$$\lim_{x \to 3} \frac{x^3-27}{x-3}=\lim_{x \to 3} \frac{(x-3)(x^2+3x+9)}{x-3}$$
$$=\lim_{x \to 3}(x^2+3x+9)$$
$$=3^2+3 \times 3+9=27$$

5
$$\lim_{x \to 3} \frac{2x-6}{\sqrt{x+6}-3}=\lim_{x \to 3} \frac{(2x-6)(\sqrt{x+6}+3)}{(\sqrt{x+6}-3)(\sqrt{x+6}+3)}$$
$$=\lim_{x \to 3} \frac{2(x-3)(\sqrt{x+6}+3)}{x-3}$$
$$=\lim_{x \to 3} 2(\sqrt{x+6}+3)$$
$$=2 \times(\sqrt{3+6}+3)=12$$

6
$$\lim_{x \to 1} \frac{x^2-1}{3x^2-2x-1}=\lim_{x \to 1} \frac{(x-1)(x+1)}{(x-1)(3x+1)}$$
$$=\lim_{x \to 1} \frac{x+1}{3x+1}$$
$$=\frac{1+1}{3 \times 1+1}=\frac{2}{4}=\frac{1}{2}$$

$$\lim_{x \to -1} \frac{3x+3}{\sqrt{x^2+3}-2}$$
$$=\lim_{x \to -1} \frac{(3x+3)(\sqrt{x^2+3}+2)}{(\sqrt{x^2+3}-2)(\sqrt{x^2+3}+2)}$$
$$=\lim_{x \to -1} \frac{3(x+1)(\sqrt{x^2+3}+2)}{x^2-1}$$
$$=\lim_{x \to -1} \frac{3(x+1)(\sqrt{x^2+3}+2)}{(x+1)(x-1)}$$
$$=\lim_{x \to -1} \frac{3(\sqrt{x^2+3}+2)}{x-1}$$
$$=\frac{3 \times(\sqrt{(-1)^2+3}+2)}{-1-1}=\frac{12}{-2}=-6$$

따라서
$$\lim_{x \to 1} \frac{x^2-1}{3x^2-2x-1}+\lim_{x \to -1} \frac{3x+3}{\sqrt{x^2+3}-2}=\frac{1}{2}+(-6)=-\frac{11}{2}$$

7
$$\lim_{x \to \infty} \frac{2x}{x^2+5}=\lim_{x \to \infty} \frac{\frac{2}{x}}{1+\frac{5}{x^2}}=\frac{0}{1+0}=0$$

$$\lim_{x \to \infty} \frac{4x^2}{(2x+1)(3x-1)}=\lim_{x \to \infty} \frac{4x^2}{6x^2+x-1}$$
$$=\lim_{x \to \infty} \frac{4}{6+\frac{1}{x}-\frac{1}{x^2}}$$
$$=\frac{4}{6+0-0}=\frac{2}{3}$$

따라서
$$\lim_{x \to \infty} \frac{2x}{x^2+5}+\lim_{x \to \infty} \frac{4x^2}{(2x+1)(3x-1)}=0+\frac{2}{3}=\frac{2}{3}$$

8 $x=-t$로 놓으면 $x \to -\infty$일 때 $t \to \infty$이므로
$$\lim_{x \to -\infty} \frac{-7+11x+17x^2}{4-3x+x^2}=\lim_{t \to \infty} \frac{-7-11t+17t^2}{4+3t+t^2}$$
$$=\lim_{t \to \infty} \frac{-\frac{7}{t^2}-\frac{11}{t}+17}{\frac{4}{t^2}+\frac{3}{t}+1}$$
$$=\frac{-0-0+17}{0+0+1}=17$$

9
$$\lim_{x \to \infty} \frac{\sqrt{x^2+1}}{\sqrt{4x^2-x}+x} = \lim_{x \to \infty} \frac{\sqrt{1+\dfrac{1}{x^2}}}{\sqrt{4-\dfrac{1}{x}}+1}$$
$$= \frac{\sqrt{1+0}}{\sqrt{4-0}+1} = \frac{1}{3}$$

$$\lim_{x \to \infty} \frac{5-12x}{\sqrt{x^2-2}+3} = \lim_{x \to \infty} \frac{\dfrac{5}{x}-12}{\sqrt{1-\dfrac{2}{x^2}}+\dfrac{3}{x}}$$
$$= \frac{0-12}{\sqrt{1-0}+0} = -12$$

따라서
$$\lim_{x \to \infty} \frac{\sqrt{x^2+1}}{\sqrt{4x^2-x}+x} \times \lim_{x \to \infty} \frac{5-12x}{\sqrt{x^2-2}+3} = \frac{1}{3} \times (-12) = -4$$

10
$$\lim_{x \to \infty} (\sqrt{x^2+5x}-x) = \lim_{x \to \infty} \frac{(\sqrt{x^2+5x}-x)(\sqrt{x^2+5x}+x)}{\sqrt{x^2+5x}+x}$$
$$= \lim_{x \to \infty} \frac{5x}{\sqrt{x^2+5x}+x}$$
$$= \lim_{x \to \infty} \frac{5}{\sqrt{1+\dfrac{5}{x}}+1}$$
$$= \frac{5}{\sqrt{1+0}+1} = \frac{5}{2}$$

$$\lim_{x \to \infty} \frac{1}{x-\sqrt{x^2+10x}} = \lim_{x \to \infty} \frac{x+\sqrt{x^2+10x}}{(x-\sqrt{x^2+10x})(x+\sqrt{x^2+10x})}$$
$$= \lim_{x \to \infty} \frac{x+\sqrt{x^2+10x}}{-10x}$$
$$= \lim_{x \to \infty} \frac{1+\sqrt{1+\dfrac{10}{x}}}{-10}$$
$$= \frac{1+\sqrt{1+0}}{-10} = -\frac{1}{5}$$

따라서
$$\lim_{x \to \infty} (\sqrt{x^2+5x}-x) + \lim_{x \to \infty} \frac{1}{x-\sqrt{x^2+10x}} = \frac{5}{2} + \left(-\frac{1}{5}\right) = \frac{23}{10}$$

11
$$\lim_{x \to -3} \frac{6}{x+3}\left(x-\frac{18}{x-3}\right) = \lim_{x \to -3} \frac{6}{x+3} \times \frac{x^2-3x-18}{x-3}$$
$$= \lim_{x \to -3} \frac{6}{x+3} \times \frac{(x+3)(x-6)}{x-3}$$
$$= \lim_{x \to -3} \frac{6(x-6)}{x-3}$$
$$= \frac{6 \times (-3-6)}{-3-3} = 9$$

12
$$\lim_{x \to 0} \frac{180}{x}\left(\frac{1}{6} - \frac{1}{\sqrt{x+36}}\right)$$
$$= \lim_{x \to 0} \frac{180}{x} \times \frac{\sqrt{x+36}-6}{6\sqrt{x+36}}$$
$$= \lim_{x \to 0} \frac{30}{x} \times \frac{(\sqrt{x+36}-6)(\sqrt{x+36}+6)}{\sqrt{x+36}(\sqrt{x+36}+6)}$$
$$= \lim_{x \to 0} \frac{30}{x} \times \frac{x}{\sqrt{x+36}(\sqrt{x+36}+6)}$$

$$= \lim_{x \to 0} \frac{30}{\sqrt{x+36}(\sqrt{x+36}+6)}$$
$$= \frac{30}{6 \times (6+6)} = \frac{5}{12}$$
따라서 $a=12$, $b=5$이므로 $ab=60$

---

13 본문 40쪽

미정계수의 결정

1 ($\mathscr{0}$ 0, 0, 6)　　　 2 -13　　　 3 4
4 25　　　　　　 5 7
6 (1) ($\mathscr{0}$ 0, 0, 0, $-2a-4$)
　 (2) ($\mathscr{0}$ $-2a-4$, $a+2$, $a+2$, $a+4$, $a+4$, 5, -14)
7 (1) $b=a-1$　(2) $a=6$, $b=5$
8 (1) $b=-4a-32$　(2) $a=-5$, $b=-12$
9 (1) ($\mathscr{0}$ 0, 0, 0, $-a-1$)
　 (2) $\left(\mathscr{0}\ -a-1,\ a+1,\ a+1,\ \dfrac{1}{a+2},\ \dfrac{1}{a+2},\ 10,\ -11\right)$
10 (1) $b=2a-4$　(2) $a=-5$, $b=-14$　 ☺ 0, 0
11 ③

2 $x \to 1$일 때 극한값이 존재하고 (분모)$\to 0$이므로 (분자)$\to 0$
이다.
즉 $\lim_{x \to 1}(ax+13)=0$이므로 $a+13=0$
따라서 $a=-13$

3 $x \to 2$일 때 극한값이 존재하고 (분모)$\to 0$이므로 (분자)$\to 0$
이다.
즉 $\lim_{x \to 2}(x^2-ax+4)=0$이므로
$4-2a+4=0$, $2a=8$
따라서 $a=4$

4 $x \to 5$일 때 0이 아닌 극한값이 존재하고 (분자)$\to 0$이므로
(분모)$\to 0$이다.
즉 $\lim_{x \to 5}(x^2-a)=0$이므로 $25-a=0$
따라서 $a=25$

5 $x \to -1$일 때 0이 아닌 극한값이 존재하고 (분자)$\to 0$이므로
(분모)$\to 0$이다.
즉 $\lim_{x \to -1}(x^2+ax+6)=0$이므로 $1-a+6=0$
따라서 $a=7$

7 (1) $x \to -1$일 때 극한값이 존재하고 (분모)$\to 0$이므로
　　(분자)$\to 0$이다.
　　즉 $\lim_{x \to -1}(x^2+ax+b)=0$이므로 $1-a+b=0$
　　따라서 $b=a-1$

(2) $\displaystyle\lim_{x \to -1} \frac{x^2+ax+b}{x+1} = \lim_{x \to -1} \frac{x^2+ax+a-1}{x+1}$

$\qquad\qquad\qquad\quad = \lim_{x \to -1} \frac{(x+1)(x+a-1)}{x+1}$

$\qquad\qquad\qquad\quad = \lim_{x \to -1} (x+a-1)$

$\qquad\qquad\qquad\quad = a-2$

즉 $a-2=4$이므로 $a=6$, $b=5$

8 (1) $x \to 4$일 때 극한값이 존재하고 (분모)$\to 0$이므로 (분자)$\to 0$이다.

즉 $\displaystyle\lim_{x \to 4}(2x^2+ax+b)=0$이므로 $32+4a+b=0$

따라서 $b=-4a-32$

(2) $\displaystyle\lim_{x \to 4} \frac{2x^2+ax+b}{x-4} = \lim_{x \to 4} \frac{2x^2+ax-4a-32}{x-4}$

$\qquad\qquad\qquad\quad = \lim_{x \to 4} \frac{(x-4)(2x+a+8)}{x-4}$

$\qquad\qquad\qquad\quad = \lim_{x \to 4}(2x+a+8)$

$\qquad\qquad\qquad\quad = a+16$

즉 $a+16=11$이므로 $a=-5$, $b=-12$

10 (1) $x \to -2$일 때 0이 아닌 극한값이 존재하고 (분자)$\to 0$이므로 (분모)$\to 0$이다.

즉 $\displaystyle\lim_{x \to -2}(x^2+ax+b)=0$이므로 $4-2a+b=0$

따라서 $b=2a-4$

(2) $\displaystyle\lim_{x \to -2} \frac{x+2}{x^2+ax+b} = \lim_{x \to -2} \frac{x+2}{x^2+ax+2a-4}$

$\qquad\qquad\qquad\quad = \lim_{x \to -2} \frac{x+2}{(x+2)(x+a-2)}$

$\qquad\qquad\qquad\quad = \lim_{x \to -2} \frac{1}{x+a-2}$

$\qquad\qquad\qquad\quad = \frac{1}{a-4}$

즉 $\dfrac{1}{a-4}=-\dfrac{1}{9}$이므로 $a=-5$, $b=-14$

11 $x \to 1$일 때 0이 아닌 극한값이 존재하고 (분자)$\to 0$이므로 (분모)$\to 0$이다.

즉 $\displaystyle\lim_{x \to 1}(ax+b)=0$이므로 $a+b=0$

따라서 $b=-a$

$\displaystyle\lim_{x \to 1} \frac{\sqrt{8+x^2}-3x}{ax+b} = \lim_{x \to 1} \frac{\sqrt{8+x^2}-3x}{ax-a}$

$\qquad\qquad\qquad\quad = \lim_{x \to 1} \frac{(\sqrt{8+x^2}-3x)(\sqrt{8+x^2}+3x)}{a(x-1)(\sqrt{8+x^2}+3x)}$

$\qquad\qquad\qquad\quad = \lim_{x \to 1} \frac{-8(x+1)(x-1)}{a(x-1)(\sqrt{8+x^2}+3x)}$

$\qquad\qquad\qquad\quad = \lim_{x \to 1} \frac{-8(x+1)}{a(\sqrt{8+x^2}+3x)}$

$\qquad\qquad\qquad\quad = -\frac{16}{6a}=-\frac{8}{3a}$

즉 $-\dfrac{8}{3a}=8$이므로 $a=-\dfrac{1}{3}$, $b=\dfrac{1}{3}$

따라서 $b-a=\dfrac{1}{3}-\left(-\dfrac{1}{3}\right)=\dfrac{2}{3}$

다항함수의 결정

1 (✎ 6, 6, 6, -12, -12, 15, 6, 15)

2 $f(x)=-2x+4$ **3** $f(x)=-8x+9$

4 (✎ 3, 0, 3, 3, 3, 3, 3, 8, 3, 8, $3x^2+18x-48$)

5 $f(x)=x^2-10x+9$ **6** $f(x)=-2x^2-20x-42$

7 $f(x)=6x^2+9x+3$

8 (✎ -1, 0, 0, $-a$, a, a, a, a, a, a, 5, x^3-x^2+5x-5)

9 $f(x)=x^3+2x^2-5x$ **10** $f(x)=2x^3-4x^2-8x+16$

11 $f(x)=-x^3+2x^2+3x$ ☺ 같다, a **12** ⑤

2 $\displaystyle\lim_{x \to \infty} \frac{f(x)}{-6x+11}=\frac{1}{3}$에서 $f(x)$는 일차항의 계수가 -2인 일차식이다.

$f(x)=-2x+a$ (a는 상수)로 놓을 수 있으므로

$\displaystyle\lim_{x \to 1}f(x)=\lim_{x \to 1}(-2x+a)=-2+a$

즉 $-2+a=2$이므로 $a=4$

따라서 $f(x)=-2x+4$

3 $\displaystyle\lim_{x \to \infty} \frac{f(x)}{2x-5}=-4$에서 $f(x)$는 일차항의 계수가 -8인 일차식이다.

$f(x)=-8x+a$ (a는 상수)로 놓을 수 있으므로

$\displaystyle\lim_{x \to 2}f(x)=\lim_{x \to 2}(-8x+a)=-16+a$

즉 $-16+a=-7$이므로 $a=9$

따라서 $f(x)=-8x+9$

5 $\displaystyle\lim_{x \to \infty} \frac{f(x)}{x^2-5x+10}=1$에서 $f(x)$는 이차항의 계수가 1인 이차식이다.

또 $\displaystyle\lim_{x \to 1} \frac{f(x)}{x^2-1}=-4$에서 $x \to 1$일 때 극한값이 존재하고 (분모)$\to 0$이므로 (분자)$\to 0$이다.

즉 $\displaystyle\lim_{x \to 1}f(x)=f(1)=0$

이때 $f(x)=(x-1)(x+a)$ (a는 상수)로 놓을 수 있으므로

$\displaystyle\lim_{x \to 1} \frac{f(x)}{x^2-1} = \lim_{x \to 1} \frac{(x-1)(x+a)}{(x-1)(x+1)}$

$\qquad\qquad\quad = \lim_{x \to 1} \frac{x+a}{x+1}$

$\qquad\qquad\quad = \frac{1+a}{2}$

즉 $\dfrac{1+a}{2}=-4$이므로 $a=-9$

따라서 $f(x)=(x-1)(x-9)=x^2-10x+9$

6 $\displaystyle\lim_{x \to \infty} \frac{f(x)}{2x^2+3x-1}=-1$에서 $f(x)$는 이차항의 계수가 -2인 이차식이다.

또 $\lim\limits_{x \to -3} \dfrac{f(x)}{3x^2+14x+15}=2$에서 $x \to -3$일 때 극한값이 존재

하고 (분모)$\to 0$이므로 (분자)$\to 0$이다.

즉 $\lim\limits_{x \to -3} f(x)=f(-3)=0$

이때 $f(x)=-2(x+3)(x+a)$ (a는 상수)로 놓을 수 있으므

로

$$\lim_{x \to -3} \frac{f(x)}{3x^2+14x+15} = \lim_{x \to -3} \frac{-2(x+3)(x+a)}{(x+3)(3x+5)}$$
$$= \lim_{x \to -3} \frac{-2(x+a)}{3x+5}$$
$$= \frac{-2(-3+a)}{-4} = \frac{a-3}{2}$$

즉 $\dfrac{a-3}{2}=2$이므로

$-2(-3+a)=-8$, $-3+a=4$

$a=7$

따라서 $f(x)=-2(x+3)(x+7)=-2x^2-20x-42$

7 $\lim\limits_{x \to \infty} \dfrac{f(x)}{3x^2-x+5}=2$에서 $f(x)$는 이차항의 계수가 6인 이차식

이다.

또 $\lim\limits_{x \to -1} \dfrac{f(x)}{5x^2-2x-7}=\dfrac{1}{4}$에서 $x \to -1$일 때 극한값이 존재하

고 (분모)$\to 0$이므로 (분자)$\to 0$이다.

즉 $\lim\limits_{x \to -1} f(x)=f(-1)=0$

이때 $f(x)=6(x+1)(x+a)$ (a는 상수)로 놓을 수 있으므로

$$\lim_{x \to -1} \frac{f(x)}{5x^2-2x-7} = \lim_{x \to -1} \frac{6(x+1)(x+a)}{(x+1)(5x-7)}$$
$$= \lim_{x \to -1} \frac{6(x+a)}{5x-7}$$
$$= \frac{6(-1+a)}{-12} = -\frac{a-1}{2}$$

즉 $-\dfrac{a-1}{2}=\dfrac{1}{4}$이므로 $a-1=-\dfrac{1}{2}$

$a=\dfrac{1}{2}$

따라서 $f(x)=6(x+1)\left(x+\dfrac{1}{2}\right)=6x^2+9x+3$

9 $\lim\limits_{x \to \infty} \dfrac{f(x)-x^3}{x^2+3x}=2$에서 $f(x)-x^3$은 이차항의 계수가 2인 이차

식이므로

$f(x)=x^3+2x^2+ax+b$ (a, b는 상수) $\qquad$ ……㉠

로 놓을 수 있다.

또 $\lim\limits_{x \to 0} \dfrac{f(x)}{x}=-5$에서 $x \to 0$일 때 극한값이 존재하고

(분모)$\to 0$이므로 (분자)$\to 0$이다.

즉 $\lim\limits_{x \to 0} f(x)=f(0)=0$이므로 ㉠에서 $b=0$

$f(x)=x^3+2x^2+ax$이므로

$$\lim_{x \to 0} \frac{f(x)}{x} = \lim_{x \to 0} \frac{x^3+2x^2+ax}{x}$$
$$= \lim_{x \to 0} (x^2+2x+a)$$
$$= a$$

따라서 $a=-5$이므로

$f(x)=x^3+2x^2-5x$

10 $\lim\limits_{x \to \infty} \dfrac{f(x)-2x^3}{x^2-4}=-4$에서 $f(x)-2x^3$은 이차항의 계수가 -4

인 이차식이므로

$f(x)=2x^3-4x^2+ax+b$ (a, b는 상수) $\qquad$ ……㉠

로 놓을 수 있다.

또 $\lim\limits_{x \to -2} \dfrac{f(x)}{x^2-4}=-8$에서 $x \to -2$일 때 극한값이 존재하고

(분모)$\to 0$이므로 (분자)$\to 0$이다.

즉 $\lim\limits_{x \to -2} f(x)=f(-2)=0$

㉠에서 $-16-16-2a+b=0$이므로

$b=2a+32$

$f(x)=2x^3-4x^2+ax+2a+32$이므로

$$\lim_{x \to -2} \frac{f(x)}{x^2-4} = \lim_{x \to -2} \frac{2x^3-4x^2+ax+2a+32}{x^2-4}$$
$$= \lim_{x \to -2} \frac{(x+2)(2x^2-8x+a+16)}{(x+2)(x-2)}$$
$$= \lim_{x \to -2} \frac{2x^2-8x+a+16}{x-2}$$
$$= \frac{8+16+a+16}{-2-2} = \frac{a+40}{-4}$$

따라서 $\dfrac{a+40}{-4}=-8$에서 $a=-8$이므로

$f(x)=2x^3-4x^2-8x+16$

11 $\lim\limits_{x \to \infty} \dfrac{f(x)+x^3}{2x^2+3x+1}=1$에서 $f(x)+x^3$은 이차항의 계수가 2인 이

차식이므로

$f(x)=-x^3+2x^2+ax+b$ (a, b는 상수) $\qquad$ ……㉠

로 놓을 수 있다.

또 $\lim\limits_{x \to -1} \dfrac{f(x)}{2x^2+3x+1}=4$에서 $x \to -1$일 때 극한값이 존재하

고 (분모)$\to 0$이므로 (분자)$\to 0$이다.

즉 $\lim\limits_{x \to -1} f(x)=f(-1)=0$

㉠에서 $1+2-a+b=0$이므로

$b=a-3$

$f(x)=-x^3+2x^2+ax+a-3$이므로

$$\lim_{x \to -1} \frac{f(x)}{2x^2+3x+1} = \lim_{x \to -1} \frac{-x^3+2x^2+ax+a-3}{2x^2+3x+1}$$
$$= \lim_{x \to -1} \frac{-(x+1)(x^2-3x-a+3)}{(x+1)(2x+1)}$$
$$= \lim_{x \to -1} \frac{-x^2+3x+a-3}{2x+1}$$
$$= \frac{-1-3+a-3}{-2+1} = -a+7$$

따라서 $-a+7=4$에서 $a=3$이므로

$f(x)=-x^3+2x^2+3x$

12 $\lim\limits_{x \to \infty} \dfrac{f(x)-3x^3}{4x^2+2x-3}=\dfrac{1}{2}$에서 $f(x)-3x^3$은 이차항의 계수가 2인

이차식이므로

$f(x)=3x^3+2x^2+ax+b$ (a, b는 상수) $\qquad$ ……㉠

로 놓을 수 있다.

또 $\lim\limits_{x \to -2}\dfrac{f(x)}{x^2+5x+6}=15$에서 $x \to -2$일 때 극한값이 존재하

고 (분모)$\to 0$이므로 (분자)$\to 0$이다.

즉 $\lim\limits_{x \to -2}f(x)=f(-2)=0$

㉠에서 $-24+8-2a+b=0$이므로

$b=2a+16$

$f(x)=3x^3+2x^2+ax+2a+16$이므로

$$\lim_{x \to -2}\frac{f(x)}{x^2+5x+6}=\lim_{x \to -2}\frac{3x^3+2x^2+ax+2a+16}{x^2+5x+6}$$
$$=\lim_{x \to -2}\frac{(x+2)(3x^2-4x+a+8)}{(x+2)(x+3)}$$
$$=\lim_{x \to -2}\frac{3x^2-4x+a+8}{x+3}$$
$$=\frac{12+8+a+8}{-2+3}=a+28$$

즉 $a+28=15$에서 $a=-13$, $b=-10$

따라서 $f(x)=3x^3+2x^2-13x-10$이므로

$f(-1)=-3+2+13-10=2$

---

15 본문 44쪽

함수의 극한의 대소 관계

1 (✎ 1, 1, 1)   2 0   3 6

4 (✎ 5, 5, 5)   5 2   6 4

7 1   8 3   9 -5 10 $\dfrac{1}{9}$

11 (✎ 7, 7, 7)   12 -2 13 2

14 0   ☺ $\leq$, a

---

2 $\lim\limits_{x \to 1}(-x^2+2x-1)=0$, $\lim\limits_{x \to 1}(x^2-2x+1)=0$이므로

함수의 극한의 대소 관계에 의하여

$\lim\limits_{x \to 1}f(x)=0$

3 $\lim\limits_{x \to 1}(-2x^2+8x)=6$, $\lim\limits_{x \to 1}(x^2+2x+3)=6$이므로

함수의 극한의 대소 관계에 의하여

$\lim\limits_{x \to 1}f(x)=6$

5 $\lim\limits_{x \to \infty}\dfrac{2x-8}{x}=2$, $\lim\limits_{x \to \infty}\dfrac{4x-1}{2x+1}=2$이므로

함수의 극한의 대소 관계에 의하여

$\lim\limits_{x \to \infty}f(x)=2$

6 $\lim\limits_{x \to \infty}\dfrac{4x-3}{x+5}=4$, $\lim\limits_{x \to \infty}\dfrac{4x+3}{x+5}=4$이므로

함수의 극한의 대소 관계에 의하여

$\lim\limits_{x \to \infty}f(x)=4$

7 $\lim\limits_{x \to \infty}\dfrac{x^2-8}{x^2+1}=1$, $\lim\limits_{x \to \infty}\dfrac{x^2+10}{x^2+2}=1$이므로

함수의 극한의 대소 관계에 의하여

$\lim\limits_{x \to \infty}f(x)=1$

8 $\lim\limits_{x \to \infty}\dfrac{6x-11}{2x}=3$, $\lim\limits_{x \to \infty}\dfrac{3x^2+5}{x^2+10}=3$이므로

함수의 극한의 대소 관계에 의하여

$\lim\limits_{x \to \infty}f(x)=3$

9 $\lim\limits_{x \to \infty}\dfrac{-5x^2+1}{x^2}=-5$, $\lim\limits_{x \to \infty}\dfrac{-25x^2+17}{5x^2}=-5$이므로

함수의 극한의 대소 관계에 의하여

$\lim\limits_{x \to \infty}f(x)=-5$

10 $\lim\limits_{x \to \infty}\dfrac{x^2+2}{9x^2+1}=\dfrac{1}{9}$, $\lim\limits_{x \to \infty}\dfrac{x^2+11}{9x^2+4}=\dfrac{1}{9}$이므로

함수의 극한의 대소 관계에 의하여

$\lim\limits_{x \to \infty}f(x)=\dfrac{1}{9}$

12 $-6x-1 \leq f(x) \leq -6x+8$의 각 변을 $3x+5$로 나누면

$$\frac{-6x-1}{3x+5} \leq \frac{f(x)}{3x+5} \leq \frac{-6x+8}{3x+5}$$

이때 $\lim\limits_{x \to \infty}\dfrac{-6x-1}{3x+5}=-2$, $\lim\limits_{x \to \infty}\dfrac{-6x+8}{3x+5}=-2$이므로

함수의 극한의 대소 관계에 의하여

$\lim\limits_{x \to \infty}\dfrac{f(x)}{3x+5}=-2$

13 $2x^2-1 < f(x) < 2x^2+5$의 각 변을 x^2으로 나누면

$$\frac{2x^2-1}{x^2} < \frac{f(x)}{x^2} < \frac{2x^2+5}{x^2}$$

이때 $\lim\limits_{x \to \infty}\dfrac{2x^2-1}{x^2}=2$, $\lim\limits_{x \to \infty}\dfrac{2x^2+5}{x^2}=2$이므로

함수의 극한의 대소 관계에 의하여

$\lim\limits_{x \to \infty}\dfrac{f(x)}{x^2}=2$

14 $-2x+1 < f(x) < -2x+9$의 각 변을 x^2+1로 나누면

$$\frac{-2x+1}{x^2+1} < \frac{f(x)}{x^2+1} < \frac{-2x+9}{x^2+1}$$

이때 $\lim\limits_{x \to \infty}\dfrac{-2x+1}{x^2+1}=0$, $\lim\limits_{x \to \infty}\dfrac{-2x+9}{x^2+1}=0$이므로

함수의 극한의 대소 관계에 의하여

$\lim\limits_{x \to \infty}\dfrac{f(x)}{x^2+1}=0$

함수의 극한의 활용

1 (1) $\left(\text{✎} \, 2t, \, -\dfrac{1}{2t}, \, 2t^2, \, -\dfrac{1}{2t}, \, -\dfrac{1}{2t}, \, 2t^2 \right)$

(2) $\left(\text{✎} \, 2t^2 + \dfrac{1}{2}, \, 2t^2 + \dfrac{1}{2} \right)$ (3) $(\text{✎} \, 0, \, 0)$ (4) $\left(\text{✎} \, 0, \, \dfrac{1}{2} \right)$

2 (1) $y = -x + 6$ (2) $f(x) = -x^2 + 6x$ (3) $\dfrac{1}{2}$

3 (1) $b = \dfrac{a^2 + 1}{2}$ (2) 0 (3) $\dfrac{1}{2}$

2 (1) 두 점 $A(6, 0)$, $B(0, 6)$을 지나는 직선의 기울기는

$\dfrac{6-0}{0-6} = -1$

따라서 두 점 A, B를 지나는 직선의 방정식은

$y = -x + 6$

(2) 직사각형 OQPR의 넓이가 $f(x)$이므로

$f(x) = xy = x(-x + 6) = -x^2 + 6x$

(3) $\displaystyle\lim_{x \to 6^-} \dfrac{f(x)}{36 - x^2} = \lim_{x \to 6^-} \dfrac{-x^2 + 6x}{36 - x^2}$

$= \displaystyle\lim_{x \to 6^-} \dfrac{x^2 - 6x}{x^2 - 36}$

$= \displaystyle\lim_{x \to 6^-} \dfrac{x(x-6)}{(x-6)(x+6)}$

$= \displaystyle\lim_{x \to 6^-} \dfrac{x}{x+6} = \dfrac{6}{12} = \dfrac{1}{2}$

3 (1) 점 Q는 원의 중심이므로

$\overline{OQ} = \overline{PQ} = ($ 원의 반지름의 길이 $)$

즉 $\overline{OQ}^2 = \overline{PQ}^2$이므로 $b^2 = a^2 + (a^2 - b)^2$에서

$b^2 = a^2 + a^4 - 2a^2 b + b^2$

$2a^2 b = a^4 + a^2$

$b = \dfrac{a^2 + 1}{2}$

(2) 점 P가 곡선 $y = x^2$을 따라 원점 O에 한없이 가까워질 때, 점 P의 x좌표는 0에 한없이 가까워지므로 a는 0에 한없이 가까워진다.

(3) $t = \displaystyle\lim_{a \to 0} b = \lim_{a \to 0} \dfrac{a^2 + 1}{2} = \dfrac{1}{2}$

TEST **개념 확인**

본문 48쪽

1 ⑤   **2** ③   **3** ②   **4** ③

5 60   **6** ②   **7** ②   **8** 2

9 ①   **10** ④   **11** ①

---

1 $\displaystyle\lim_{x \to -3} \dfrac{x^2 + ax + b}{x + 3} = -2$에서 $x \to -3$일 때 극한값이 존재하고 (분모) $\to 0$이므로 (분자) $\to 0$이다.

즉 $\displaystyle\lim_{x \to -3} (x^2 + ax + b) = 0$이므로 $9 - 3a + b = 0$에서

$b = 3a - 9$

이때

$\displaystyle\lim_{x \to -3} \dfrac{x^2 + ax + b}{x + 3} = \lim_{x \to -3} \dfrac{x^2 + ax + 3a - 9}{x + 3}$

$= \displaystyle\lim_{x \to -3} \dfrac{(x+3)(x+a-3)}{x+3}$

$= \displaystyle\lim_{x \to -3} (x + a - 3)$

$= a - 6$

이므로 $a - 6 = -2$에서 $a = 4$

따라서 $a = 4$, $b = 3$이므로

$a + b = 7$

2 $\displaystyle\lim_{x \to -2} \dfrac{\sqrt{x^2 + 12} + a}{x + 2} = b$에서 $x \to -2$일 때 극한값이 존재하고 (분모) $\to 0$이므로 (분자) $\to 0$이다.

즉 $\displaystyle\lim_{x \to -2} (\sqrt{x^2 + 12} + a) = 0$이므로 $4 + a = 0$에서 $a = -4$

이때

$\displaystyle\lim_{x \to -2} \dfrac{\sqrt{x^2 + 12} + a}{x + 2} = \lim_{x \to -2} \dfrac{\sqrt{x^2 + 12} - 4}{x + 2}$

$= \displaystyle\lim_{x \to -2} \dfrac{(\sqrt{x^2 + 12} - 4)(\sqrt{x^2 + 12} + 4)}{(x+2)(\sqrt{x^2 + 12} + 4)}$

$= \displaystyle\lim_{x \to -2} \dfrac{x^2 - 4}{(x+2)(\sqrt{x^2 + 12} + 4)}$

$= \displaystyle\lim_{x \to -2} \dfrac{(x+2)(x-2)}{(x+2)(\sqrt{x^2 + 12} + 4)}$

$= \displaystyle\lim_{x \to -2} \dfrac{x-2}{\sqrt{x^2 + 12} + 4}$

$= \dfrac{-2-2}{4+4} = -\dfrac{1}{2}$

이므로 $b = -\dfrac{1}{2}$

따라서 $ab = -4 \times \left(-\dfrac{1}{2} \right) = 2$

3 $\displaystyle\lim_{x \to 2} \dfrac{x^2 + (a-2)x - 2a}{x^2 - b} = b$에서 $x \to 2$일 때 0이 아닌 극한값이 존재하고 (분자) $\to 0$이므로 (분모) $\to 0$이다.

즉 $\displaystyle\lim_{x \to 2} (x^2 - b) = 0$이므로 $4 - b = 0$에서

$b = 4$

이때

$\displaystyle\lim_{x \to 2} \dfrac{x^2 + (a-2)x - 2a}{x^2 - b} = \lim_{x \to 2} \dfrac{x^2 + (a-2)x - 2a}{x^2 - 4}$

$= \displaystyle\lim_{x \to 2} \dfrac{(x-2)(x+a)}{(x+2)(x-2)}$

$= \displaystyle\lim_{x \to 2} \dfrac{x+a}{x+2} = \dfrac{2+a}{4}$

이므로 $\dfrac{2+a}{4} = 4$

따라서 $a = 14$, $b = 4$이므로

$2a - 3b = 28 - 12 = 16$

4 $\lim\limits_{x \to \infty} \dfrac{f(x)}{3x-2}=-1$에서 $f(x)$는 일차항의 계수가 -3인 일차식이다.

$f(x)=-3x+a$ (a는 상수)로 놓으면

$\lim\limits_{x \to -2} f(x)=\lim\limits_{x \to -2}(-3x+a)=6+a$

즉 $6+a=5$이므로 $a=-1$

따라서 $f(x)=-3x-1$이므로

$f(-1)=3-1=2$

5 $\lim\limits_{x \to \infty} f(x)=2$에서

$\lim\limits_{x \to \infty} \dfrac{ax^3+bx^2+cx+d}{x^2-25}=2$

ax^3+bx^2+cx+d는 이차항의 계수가 2인 이차식이어야 하므로

$a=0$, $b=2$

또 $\lim\limits_{x \to 5} f(x)=-1$에서

$\lim\limits_{x \to 5} \dfrac{2x^2+cx+d}{x^2-25}=-1$ ...... ㉠

㉠에서 $x \to 5$일 때 극한값이 존재하고 (분모)$\to 0$이므로 (분자)$\to 0$이다.

즉 $\lim\limits_{x \to 5}(2x^2+cx+d)=0$이므로

$50+5c+d=0$에서 $d=-5c-50$ ...... ㉡

㉡을 ㉠에 대입하면

$\lim\limits_{x \to 5} \dfrac{2x^2+cx-5c-50}{x^2-25}=\lim\limits_{x \to 5} \dfrac{(x-5)(2x+c+10)}{(x-5)(x+5)}$

$\qquad\qquad = \lim\limits_{x \to 5} \dfrac{2x+c+10}{x+5}$

$\qquad\qquad = \dfrac{c+20}{10}$

즉 $\dfrac{c+20}{10}=-1$이므로 $c=-30$

$c=-30$을 ㉡에 대입하면 $d=100$

따라서 $ad-bc=60$

6 $\lim\limits_{x \to 0} \dfrac{f(x)}{x}=4$에서 $x \to 0$일 때 극한값이 존재하고 (분모)$\to 0$이므로 (분자)$\to 0$이다.

즉 $\lim\limits_{x \to 0} f(x)=0$이므로 $f(0)=0$ ...... ㉠

또 $\lim\limits_{x \to 2} \dfrac{f(x)}{x-2}=-12$에서 $x \to 2$일 때 극한값이 존재하고 (분모)$\to 0$이므로 (분자)$\to 0$이다.

즉 $\lim\limits_{x \to 2} f(x)=0$이므로 $f(2)=0$ ...... ㉡

㉠, ㉡에 의하여

$f(x)=x(x-2)(ax+b)$ ($a \neq 0$, a, b는 상수)

로 놓으면

$\lim\limits_{x \to 0} \dfrac{f(x)}{x}=\lim\limits_{x \to 0} \dfrac{x(x-2)(ax+b)}{x}$

$\qquad\qquad = \lim\limits_{x \to 0}(x-2)(ax+b)=-2b$

즉 $-2b=4$이므로 $b=-2$

또

$\lim\limits_{x \to 2} \dfrac{f(x)}{x-2}=\lim\limits_{x \to 2} \dfrac{x(x-2)(ax-2)}{x-2}$

$\qquad\qquad = \lim\limits_{x \to 2} x(ax-2)=2(2a-2)$

즉 $2(2a-2)=-12$이므로

$2a-2=-6$, $2a=-4$, 즉 $a=-2$

따라서 $f(x)=x(x-2)(-2x-2)=-2x(x-2)(x+1)$이므로

$\lim\limits_{x \to -1} \dfrac{f(x)}{x+1}=\lim\limits_{x \to -1} \dfrac{-2x(x-2)(x+1)}{x+1}$

$\qquad\qquad = \lim\limits_{x \to -1} \{-2x(x-2)\}=-6$

7 모든 실수 x에 대하여 $2x^2-9<f(x)<2x^2+11$이므로 각 변을 x^2+3으로 나누면

$\dfrac{2x^2-9}{x^2+3} < \dfrac{f(x)}{x^2+3} < \dfrac{2x^2+11}{x^2+3}$

이때 $\lim\limits_{x \to \infty} \dfrac{2x^2-9}{x^2+3}=2$, $\lim\limits_{x \to \infty} \dfrac{2x^2+11}{x^2+3}=2$이므로

함수의 극한의 대소 관계에 의하여

$\lim\limits_{x \to \infty} \dfrac{f(x)}{x^2+3}=2$

8 모든 실수 x에 대하여 $f(x) \leq h(x) \leq g(x)$이고

$\lim\limits_{x \to 2} f(x)=\lim\limits_{x \to 2}(-x^2+3x)=2$,

$\lim\limits_{x \to 2} g(x)=\lim\limits_{x \to 2}\left(\dfrac{1}{4}x^2-2x+5\right)=2$이므로

함수의 극한의 대소 관계에 의하여

$\lim\limits_{x \to 2} h(x)=2$

9 모든 양의 실수 x에 대하여 $3x+1<f(x)<3x+5$가 성립하므로 주어진 부등식의 각 변을 제곱하면

$(3x+1)^2 < \{f(x)\}^2 < (3x+5)^2$

각 변을 $3x^2+1$로 나누면

$\dfrac{(3x+1)^2}{3x^2+1} < \dfrac{\{f(x)\}^2}{3x^2+1} < \dfrac{(3x+5)^2}{3x^2+1}$

이때 $\lim\limits_{x \to \infty} \dfrac{(3x+1)^2}{3x^2+1}=3$, $\lim\limits_{x \to \infty} \dfrac{(3x+5)^2}{3x^2+1}=3$이므로

함수의 극한의 대소 관계에 의하여

$\lim\limits_{x \to \infty} \dfrac{\{f(x)\}^2}{3x^2+1}=3$

10 $\overline{\mathrm{AP}}=\sqrt{(t+3)^2+(\sqrt{6t})^2}=\sqrt{t^2+12t+9}$,

$\overline{\mathrm{BP}}=\sqrt{(t-3)^2+(\sqrt{6t})^2}=\sqrt{t^2+9}$이므로

$\lim\limits_{t \to \infty}(\overline{\mathrm{AP}}-\overline{\mathrm{BP}})$

$=\lim\limits_{t \to \infty}(\sqrt{t^2+12t+9}-\sqrt{t^2+9})$

$=\lim\limits_{t \to \infty} \dfrac{(\sqrt{t^2+12t+9}-\sqrt{t^2+9})(\sqrt{t^2+12t+9}+\sqrt{t^2+9})}{\sqrt{t^2+12t+9}+\sqrt{t^2+9}}$

$=\lim\limits_{t \to \infty} \dfrac{12t}{\sqrt{t^2+12t+9}+\sqrt{t^2+9}}$

$=\lim\limits_{t \to \infty} \dfrac{12}{\sqrt{1+\dfrac{12}{t}+\dfrac{9}{t^2}}+\sqrt{1+\dfrac{9}{t^2}}}$

$=\dfrac{12}{1+1}=6$

11 직선 $y=x+2$에 수직인 직선의 기울기는 -1이므로 점 P를 지나고 기울기가 -1인 직선의 방정식은

$y-(t+2)=-(x-t)$, 즉 $y=-x+2t+2$

위의 식에 $x=0$을 대입하면 $y=2t+2$이므로

$Q(0, 2t+2)$

따라서 $\overline{AP}=\sqrt{(t+2)^2+(t+2)^2}=\sqrt{2t^2+8t+8}$,

$\overline{AQ}=\sqrt{2^2+(2t+2)^2}=\sqrt{4t^2+8t+8}$이므로

$$\lim_{t\to\infty}\frac{\overline{AQ}}{\overline{AP}}=\lim_{t\to\infty}\frac{\sqrt{4t^2+8t+8}}{\sqrt{2t^2+8t+8}}$$

$$=\lim_{t\to\infty}\frac{\sqrt{4+\dfrac{8}{t}+\dfrac{8}{t^2}}}{\sqrt{2+\dfrac{8}{t}+\dfrac{8}{t^2}}}=\frac{2}{\sqrt{2}}=\sqrt{2}$$

TEST 개념 발전

1 ①	2 0	3 ④	4 ①
5 ②	6 ⑤	7 ④	8 ③
9 ⑤	10 ①	11 ②	12 ④
13 ⑤	14 ③	15 ③	16 10
17 ④	18 ②	19 ③	20 ⑤
21 6	22 ③	23 ②	

1 $x<7$일 때, $|x-7|=-(x-7)$이므로

$$\lim_{x\to7-}\frac{x^2-49}{|x-7|}=\lim_{x\to7-}\frac{(x-7)(x+7)}{-(x-7)}$$

$$=\lim_{x\to7-}(-x-7)=-14$$

2 $\lim_{x\to-1-}f(x)+\lim_{x\to2-}f(x)+\lim_{x\to2+}f(x)$

$=0+(-2)+2=0$

3 ① $\lim_{x\to\infty}\sqrt{x+9}=\infty$이므로 극한값이 존재하지 않는다.

② $\lim_{x\to1+}[x]=1$, $\lim_{x\to1-}[x]=0$이므로 $\lim_{x\to1}[x]$의 값이 존재하지 않는다.

③ $\lim_{x\to-1+}\dfrac{|x+1|}{x+1}=\lim_{x\to-1+}\dfrac{x+1}{x+1}=1$,

$\lim_{x\to-1-}\dfrac{|x+1|}{x+1}=\lim_{x\to-1-}\dfrac{-(x+1)}{x+1}=-1$이므로

$\lim_{x\to-1}\dfrac{|x+1|}{x+1}$의 값이 존재하지 않는다.

④ $\lim_{x\to\infty}\dfrac{1}{2x+3}=0$

⑤ $\lim_{x\to0+}\dfrac{3}{x}=\infty$, $\lim_{x\to0-}\dfrac{3}{x}=-\infty$이므로

$\lim_{x\to0}\dfrac{3}{x}$의 값이 존재하지 않는다.

따라서 극한값이 존재하는 것은 ④이다.

4 $\lim_{x\to3+}f(x)=\lim_{x\to3+}(-5x+6)=-9$

$\lim_{x\to3-}f(x)=\lim_{x\to3-}(x^2-2x+k)=3+k$

이때 $\lim_{x\to3}f(x)$의 값이 존재하려면

$\lim_{x\to3+}f(x)=\lim_{x\to3-}f(x)$이어야 하므로

$-9=3+k$

따라서 $k=-12$

5 $\lim_{x\to0}\dfrac{f(x)}{x}=3$이므로

$$\lim_{x\to0}\frac{2f(x)+x^2}{5x^2-3f(x)}=\lim_{x\to0}\frac{2\times\dfrac{f(x)}{x}+x}{5x-3\times\dfrac{f(x)}{x}}$$

$$=\frac{2\times3+0}{5\times0-3\times3}$$

$$=-\frac{6}{9}=-\frac{2}{3}$$

6 $\lim_{x\to5}f(x)=\infty$, $\lim_{x\to5}g(x)=10$이므로 $\lim_{x\to5}\dfrac{g(x)}{f(x)}=0$

따라서

$$\lim_{x\to5}\frac{f(x)+g(x)}{2f(x)-5g(x)}=\lim_{x\to5}\frac{1+\dfrac{g(x)}{f(x)}}{2-5\times\dfrac{g(x)}{f(x)}}$$

$$=\frac{1+0}{2-5\times0}=\frac{1}{2}$$

7 $\lim_{x\to5}\dfrac{x^3-125}{x-5}=\lim_{x\to5}\dfrac{(x-5)(x^2+5x+25)}{x-5}$

$$=\lim_{x\to5}(x^2+5x+25)$$

$$=5^2+5\times5+25=75$$

$\lim_{x\to25}\dfrac{x-25}{\sqrt{x}-5}=\lim_{x\to25}\dfrac{(x-25)(\sqrt{x}+5)}{(\sqrt{x}-5)(\sqrt{x}+5)}$

$$=\lim_{x\to25}\frac{(x-25)(\sqrt{x}+5)}{x-25}$$

$$=\lim_{x\to25}(\sqrt{x}+5)=\sqrt{25}+5=10$$

따라서

$$\lim_{x\to5}\frac{x^3-125}{x-5}+\lim_{x\to25}\frac{x-25}{\sqrt{x}-5}=75+10=85$$

8 $x=-t$로 놓으면 $x\to-\infty$이므로 $t\to\infty$

따라서

$$\lim_{x\to-\infty}\frac{\sqrt{9x^2+5}-6}{2x+3}=\lim_{t\to\infty}\frac{\sqrt{9t^2+5}-6}{-2t+3}$$

$$=\lim_{t\to\infty}\frac{\sqrt{9+\dfrac{5}{t^2}}-\dfrac{6}{t}}{-2+\dfrac{3}{t}}$$

$$=-\frac{3}{2}$$

9
$$\lim_{x \to \infty}(\sqrt{x^2+2x}-\sqrt{x^2-2x})$$
$$=\lim_{x \to \infty}\frac{(\sqrt{x^2+2x}-\sqrt{x^2-2x})(\sqrt{x^2+2x}+\sqrt{x^2-2x})}{\sqrt{x^2+2x}+\sqrt{x^2-2x}}$$
$$=\lim_{x \to \infty}\frac{4x}{\sqrt{x^2+2x}+\sqrt{x^2-2x}}$$
$$=\lim_{x \to \infty}\frac{4}{\sqrt{1+\dfrac{2}{x}}+\sqrt{1-\dfrac{2}{x}}}=\frac{4}{1+1}=2$$

10
$$\lim_{x \to 0}\frac{1}{2x}\left(1+\frac{1}{4x-1}\right)=\lim_{x \to 0}\frac{1}{2x}\times\frac{4x}{4x-1}$$
$$=\lim_{x \to 0}\frac{2}{4x-1}$$
$$=\frac{2}{0-1}=-2$$

11
$$\lim_{x \to \infty}6x\left(\frac{3x}{3x+2}-1\right)=\lim_{x \to \infty}6x\times\frac{-2}{3x+2}$$
$$=\lim_{x \to \infty}\frac{-12x}{3x+2}$$
$$=\lim_{x \to \infty}\frac{-12}{3+\dfrac{2}{x}}=-4$$

12 $\lim\limits_{x \to -3}\dfrac{x+3}{2x+a}=b$에서 $x \to -3$일 때 0이 아닌 극한값이 존재하고 (분자) $\to$ 0이므로 (분모) $\to$ 0이다.

즉 $\lim\limits_{x \to -3}(2x+a)=0$이므로

$-6+a=0$, $a=6$

$$\lim_{x \to -3}\frac{x+3}{2x+6}=\lim_{x \to -3}\frac{x+3}{2(x+3)}=\frac{1}{2}$$

따라서 $b=\dfrac{1}{2}$이므로 $ab=6\times\dfrac{1}{2}=3$

13
$$\lim_{x \to a}\frac{x^2-a^2}{x-a}=\lim_{x \to a}\frac{(x+a)(x-a)}{x-a}$$
$$=\lim_{x \to a}(x+a)=2a$$

즉 $2a=8$이므로 $a=4$

$$\lim_{x \to \infty}(\sqrt{x^2+ax}-\sqrt{x^2+bx})$$
$$=\lim_{x \to \infty}(\sqrt{x^2+4x}-\sqrt{x^2+bx})$$
$$=\lim_{x \to \infty}\frac{(\sqrt{x^2+4x}-\sqrt{x^2+bx})(\sqrt{x^2+4x}+\sqrt{x^2+bx})}{\sqrt{x^2+4x}+\sqrt{x^2+bx}}$$
$$=\lim_{x \to \infty}\frac{(4-b)x}{\sqrt{x^2+4x}+\sqrt{x^2+bx}}$$
$$=\lim_{x \to \infty}\frac{4-b}{\sqrt{1+\dfrac{4}{x}}+\sqrt{1+\dfrac{b}{x}}}=\frac{4-b}{2}$$

즉 $\dfrac{4-b}{2}=-5$이므로 $b=14$

따라서 $a+b=4+14=18$

14 $\lim\limits_{x \to 2}\dfrac{f(x)}{x-2}=5$에서 $x \to 2$일 때 극한값이 존재하고 (분모) $\to$ 0 이므로 (분자) $\to$ 0이다.

즉 $\lim\limits_{x \to 2}f(x)=f(2)=0$이므로

$4+2a+b=0$, $b=-2a-4$

이때
$$\lim_{x \to 2}\frac{f(x)}{x-2}=\lim_{x \to 2}\frac{x^2+ax-2a-4}{x-2}$$
$$=\lim_{x \to 2}\frac{(x-2)(x+a+2)}{x-2}$$
$$=\lim_{x \to 2}(x+a+2)=4+a$$

이므로 $4+a=5$에서 $a=1$, $b=-6$

따라서 $f(x)=x^2+x-6$이므로

$f(-3)=9-3-6=0$

15 $\lim\limits_{x \to 1}\dfrac{a\sqrt{3x-2}+b}{x-1}=3$에서 $x \to 1$일 때 극한값이 존재하고 (분모) $\to$ 0이므로 (분자) $\to$ 0이다.

즉 $\lim\limits_{x \to 1}(a\sqrt{3x-2}+b)=0$이므로

$a+b=0$, $b=-a$

이때
$$\lim_{x \to 1}\frac{a\sqrt{3x-2}+b}{x-1}=\lim_{x \to 1}\frac{a\sqrt{3x-2}-a}{x-1}$$
$$=\lim_{x \to 1}\frac{a(\sqrt{3x-2}-1)}{x-1}$$
$$=\lim_{x \to 1}\frac{a(\sqrt{3x-2}-1)(\sqrt{3x-2}+1)}{(x-1)(\sqrt{3x-2}+1)}$$
$$=\lim_{x \to 1}\frac{3a(x-1)}{(x-1)(\sqrt{3x-2}+1)}$$
$$=\lim_{x \to 1}\frac{3a}{\sqrt{3x-2}+1}=\frac{3}{2}a$$

이므로 $\dfrac{3}{2}a=3$에서 $a=2$, $b=-2$

따라서 $a-b=2-(-2)=4$

16 $\lim\limits_{x \to \infty}\dfrac{f(x)-x^3}{x^2}=2$에서 $f(x)-x^3$은 이차항의 계수가 2인 이차식이므로

$f(x)=x^3+2x^2+ax+b$ (a, b는 상수) ······ ㉠

로 놓을 수 있다.

또 $\lim\limits_{x \to 0}\dfrac{f(x)-6}{x}=-3$에서 $x \to 0$일 때 극한값이 존재하고 (분모) $\to$ 0이므로 (분자) $\to$ 0이다.

즉 $\lim\limits_{x \to 0}\{f(x)-6\}=0$이므로 $f(0)=6$

㉠에서 $b=6$

이때 $f(x)=x^3+2x^2+ax+6$이므로

$$\lim_{x \to 0}\frac{f(x)-6}{x}=\lim_{x \to 0}\frac{x^3+2x^2+ax}{x}$$
$$=\lim_{x \to 0}(x^2+2x+a)$$
$$=a$$

즉 $a=-3$

따라서 $f(x)=x^3+2x^2-3x+6$이므로

$f(-1)=-1+2+3+6=10$

17 $\lim\limits_{x \to \infty}f(x)=-3$, 즉 $\lim\limits_{x \to \infty}\dfrac{ax^2+bx+c}{x^2+x-6}=-3$에서

$a=-3$

$\lim\limits_{x \to 2} f(x) = 1$에서

$\lim\limits_{x \to 2} \dfrac{-3x^2+bx+c}{x^2+x-6} = 1$ $\qquad$ …… ㉠

이때 $x \to 2$일 때 극한값이 존재하고 (분모) $\to 0$이므로
(분자) $\to 0$이다.

즉 $\lim\limits_{x \to 2} (-3x^2+bx+c) = 0$이므로

$-12+2b+c=0$에서 $c=-2b+12$

이를 ㉠의 좌변에 대입하면

$$\begin{aligned} \lim_{x \to 2} \frac{-3x^2+bx+c}{x^2+x-6} &= \lim_{x \to 2} \frac{-3x^2+bx-2b+12}{x^2+x-6} \\ &= \lim_{x \to 2} \frac{(x-2)(-3x+b-6)}{(x-2)(x+3)} \\ &= \lim_{x \to 2} \frac{-3x+b-6}{x+3} \\ &= \frac{b-12}{5} \end{aligned}$$

즉 $\dfrac{b-12}{5}=1$이므로 $b=17$, $c=-22$

따라서 $3a+2b+c=-9+34-22=3$

18 $2x^2-3 < (6x^2+1)f(x) < 2x^2+11$의 각 변을 $6x^2+1$로 나누면

$\dfrac{2x^2-3}{6x^2+1} < f(x) < \dfrac{2x^2+11}{6x^2+1}$

이때 $\lim\limits_{x \to \infty} \dfrac{2x^2-3}{6x^2+1} = \dfrac{1}{3}$, $\lim\limits_{x \to \infty} \dfrac{2x^2+11}{6x^2+1} = \dfrac{1}{3}$이므로

함수의 극한의 대소 관계에 의하여

$\lim\limits_{x \to \infty} f(x) = \dfrac{1}{3}$

19 $3f(x)-5g(x)=h(x)$로 놓으면

$5g(x)=3f(x)-h(x)$

이때 $\lim\limits_{x \to \infty} h(x)=2$이고, $f(x)$가 이차함수, 즉 $\lim\limits_{x \to \infty} f(x)=\infty$

또는 $\lim\limits_{x \to \infty} f(x)=-\infty$이므로

$\lim\limits_{x \to \infty} \dfrac{h(x)}{f(x)}=0$

따라서

$$\begin{aligned} \lim_{x \to \infty} \frac{8f(x)-5g(x)}{5g(x)} &= \lim_{x \to \infty} \frac{8f(x)-\{3f(x)-h(x)\}}{3f(x)-h(x)} \\ &= \lim_{x \to \infty} \frac{5f(x)+h(x)}{3f(x)-h(x)} \\ &= \lim_{x \to \infty} \frac{5+\dfrac{h(x)}{f(x)}}{3-\dfrac{h(x)}{f(x)}} = \frac{5}{3} \end{aligned}$$

20 $x-3=t$로 놓으면 $x \to 3$일 때 $t \to 0$이므로

$$\begin{aligned} \lim_{x \to 3} \frac{f(x-3)}{x^2-9} &= \lim_{t \to 0} \frac{f(t)}{t(t+6)} \\ &= \lim_{t \to 0} \frac{f(t)}{t} \times \lim_{t \to 0} \frac{1}{t+6} \\ &= 12 \times \frac{1}{6} = 2 \end{aligned}$$

21 $\lim\limits_{x \to \infty} \dfrac{f(x)-2x^2}{x+3}=a$에서 $f(x)-2x^2$은 일차항의 계수가 a인 일
차식이므로

$f(x)=2x^2+ax+b$ (b는 상수)

로 놓을 수 있다.

$\lim\limits_{x \to 1} \dfrac{f(x)}{x-1}=10$에서 $x \to 1$일 때 극한값이 존재하고

(분모) $\to 0$이므로 (분자) $\to 0$이다.

즉 $\lim\limits_{x \to 1} f(x)=\lim\limits_{x \to 1}(2x^2+ax+b)=0$이므로

$2+a+b=0$에서 $b=-a-2$

이때

$$\begin{aligned} \lim_{x \to 1} \frac{f(x)}{x-1} &= \lim_{x \to 1} \frac{2x^2+ax-a-2}{x-1} \\ &= \lim_{x \to 1} \frac{(x-1)(2x+a+2)}{x-1} \\ &= \lim_{x \to 1}(2x+a+2) = a+4 \end{aligned}$$

이므로 $a+4=10$에서 $a=6$

22 최고차항의 계수가 1인 이차함수 $f(x)$가 $f(-2)=f(2)=3$을
만족시키므로

$f(x)-3=(x+2)(x-2)$

즉 $f(x)=x^2-1$

ㄱ. $\begin{aligned}[t] \lim_{x \to 2} \frac{f(x)-3}{x-2} &= \lim_{x \to 2} \frac{x^2-4}{x-2} \\ &= \lim_{x \to 2} \frac{(x-2)(x+2)}{x-2} \\ &= \lim_{x \to 2}(x+2) = 4 \end{aligned}$

ㄴ. $\begin{aligned}[t] \lim_{x \to 2} \frac{f(x-2)}{x-2} &= \lim_{x \to 2} \frac{(x-2)^2-1}{x-2} \\ &= \lim_{x \to 2} \frac{x^2-4x+3}{x-2} \end{aligned}$

이때 $x \to 2$일 때 (분모) $\to 0$이고 (분자) $\to -1$이므로 극
한이 존재하지 않는다.

ㄷ. $\lim\limits_{x \to 2} \dfrac{x-2}{f(x-2)} = \lim\limits_{x \to 2} \dfrac{x-2}{x^2-4x+3} = \dfrac{0}{-1} = 0$

ㄹ. $\begin{aligned}[t] \lim_{x \to 2} \frac{f(x)-3}{f(x-2)} &= \lim_{x \to 2} \frac{x^2-4}{x^2-4x+3} \\ &= \frac{0}{-1} = 0 \end{aligned}$

따라서 극한값이 존재하는 것은 ㄱ, ㄷ, ㄹ이다.

23 $\overline{OQ}=a$, $\overline{PQ}=2a^2$이므로

$S(a)=a \times 2a^2 = 2a^3$

$L(a)=2(a+2a^2)=4a^2+2a$

따라서

$\lim\limits_{a \to \infty} \dfrac{aL(a)}{S(a)} = \lim\limits_{a \to \infty} \dfrac{4a^3+2a^2}{2a^3} = \lim\limits_{a \to \infty} \dfrac{4+\dfrac{2}{a}}{2} = 2$

2 함수의 연속

01

$x=a$에서 함수의 연속과 불연속

본문 56쪽

1 (1) 있다 (2) 한다 (3) 같지 않다 (4) 불연속

2 (1) 있다 (2) 한다 (3) 같다 (4) 연속

3 (✐ 1, 하지 않는다, ㄱ, 불연속)

4 불연속, ㄴ 5 불연속, ㄷ 6 연속

7 (1) (✐ −1, −1, =, 연속) (2) (✐ −1, 0, ≠, 불연속)

   (3) (✐ 0, 하지 않는다, 불연속)

8 (1) 불연속 (2) 연속 (3) 불연속

9 (1) 불연속 (2) 불연속 (3) 연속

10 (1) 연속 (2) 불연속 (3) 불연속

11 (✐ 7, 7, =, 연속)

12 연속 13 연속 14 불연속 15 연속

16 불연속 ☺ a, x, =, $\lim\limits_{x \to a} f(x)$, =, a

17 (✐ 1, 2, −2, 2, −3, ≠, 불연속)

18 불연속 19 연속 20 연속

21 불연속 22 연속 ☺ k, k

23 ③, ④ 24 (1) × (2) ○ (3) ○ (4) ×

25 (1) ○ (2) × (3) ○ (4) ○

26 (1) ○ (2) × (3) ○ (4) ×

27 (1) × (2) ○ (3) × (4) ○

28 (1) (✐ 1, 0, 1, 0, 0, 0, ≠, 불연속)

   (2) (✐ 1, 0, 0, 0, 0, 0, 0, =, 연속)

   (3) (✐ 0, 0, 1, 0, 0, 0, 0, 1, 0, =, 연속)

29 (1) 불연속 (2) 불연속 (3) 불연속 (4) 연속

1 (1) $f(0)=1$로 정의되어 있다.
  (2) $\lim\limits_{x \to 0+} f(x)=0$, $\lim\limits_{x \to 0-} f(x)=0$이므로 $\lim\limits_{x \to 0} f(x)=0$
     즉 $x=0$에서의 극한값이 존재한다.
  (3) $f(0)=1$이고 $\lim\limits_{x \to 0} f(x)=0$이므로 $x=0$에서 함숫값과 극한
     값은 같지 않다.
  (4) $x=0$에서의 함숫값과 극한값이 같지 않으므로 함수 $f(x)$는
     $x=0$에서 불연속이다.

2 (1) $f(0)=-1$로 정의되어 있다.
  (2) $\lim\limits_{x \to 0+} f(x)=-1$, $\lim\limits_{x \to 0-} f(x)=-1$이므로
     $\lim\limits_{x \to 0} f(x)=-1$
     즉 $x=0$에서의 극한값이 존재한다.
  (3) $f(0)=-1$, $\lim\limits_{x \to 0} f(x)=-1$이므로 $x=0$에서 함숫값과 극한

값은 같다.
  (4) $x=0$에서의 함숫값과 극한값이 서로 같으므로 함수 $f(x)$는
     $x=0$에서 연속이다.

4 (i) $f(1)=1$로 정의되어 있다.
  (ii) $\lim\limits_{x \to 1+} f(x)=0$, $\lim\limits_{x \to 1-} f(x)=1$이므로 극한값 $\lim\limits_{x \to 1} f(x)$가 존
     재하지 않는다.
  따라서 ㄴ에 의하여 함수 $f(x)$는 $x=1$에서 불연속이다.

5 (i) $f(1)=1$로 정의되어 있다.
  (ii) $\lim\limits_{x \to 1+} f(x)=-1$, $\lim\limits_{x \to 1-} f(x)=-1$이므로 $\lim\limits_{x \to 1} f(x)=-1$
     즉 $x=1$에서의 극한값이 존재한다.
  (iii) $\lim\limits_{x \to 1} f(x) \neq f(1)$
  따라서 ㄷ에 의하여 함수 $f(x)$는 $x=1$에서 불연속이다.

6 (i) $f(1)=1$로 정의되어 있다.
  (ii) $\lim\limits_{x \to 1+} f(x)=1$, $\lim\limits_{x \to 1-} f(x)=1$이므로 $\lim\limits_{x \to 1} f(x)=1$
     즉 $x=1$에서의 극한값이 존재한다.
  (iii) $\lim\limits_{x \to 1} f(x)=f(1)$
  따라서 함수 $f(x)$는 $x=1$에서 연속이다.

8 (1) (i) $f(0)=1$로 정의되어 있다.
     (ii) $\lim\limits_{x \to 0+} f(x)=-1$, $\lim\limits_{x \to 0-} f(x)=1$이므로 극한값
        $\lim\limits_{x \to 0} f(x)$가 존재하지 않는다.
     따라서 함수 $f(x)$는 $x=0$에서 불연속이다.
  (2) (i) $f(1)=0$으로 정의되어 있다.
     (ii) $\lim\limits_{x \to 1} f(x)=0$으로 극한값이 존재한다.
     (iii) $\lim\limits_{x \to 1} f(x)=f(1)$
     따라서 함수 $f(x)$는 $x=1$에서 연속이다.
  (3) (i) $f(-1)=1$로 정의되어 있다.
     (ii) $\lim\limits_{x \to -1} f(x)=0$으로 극한값이 존재한다.
     (iii) $\lim\limits_{x \to -1} f(x) \neq f(-1)$
     따라서 함수 $f(x)$는 $x=-1$에서 불연속이다.

9 (1) (i) $f(0)=1$로 정의되어 있다.
     (ii) $\lim\limits_{x \to 0} f(x)=0$으로 극한값이 존재한다.
     (iii) $\lim\limits_{x \to 0} f(x) \neq f(0)$
     따라서 함수 $f(x)$는 $x=0$에서 불연속이다.
  (2) $f(1)$의 값이 정의되어 있지 않다.
     따라서 함수 $f(x)$는 $x=1$에서 불연속이다.
  (3) (i) $f(-1)=1$로 정의되어 있다.
     (ii) $\lim\limits_{x \to -1} f(x)=1$로 극한값이 존재한다.
     (iii) $\lim\limits_{x \to -1} f(x)=f(-1)$
     따라서 함수 $f(x)$는 $x=-1$에서 연속이다.

10 (1) (i) $f(0)=0$으로 정의되어 있다.

(ii) $\lim\limits_{x\to 0}f(x)=0$으로 극한값이 존재한다.

(iii) $\lim\limits_{x\to 0}f(x)=f(0)$

따라서 함수 $f(x)$는 $x=0$에서 연속이다.

(2) (i) $f(1)=0$으로 정의되어 있다.

(ii) $\lim\limits_{x\to 1}f(x)=1$로 극한값이 존재한다.

(iii) $\lim\limits_{x\to 1}f(x)\neq f(1)$

따라서 함수 $f(x)$는 $x=1$에서 불연속이다.

(3) $f(-1)$의 값이 정의되어 있지 않다.

따라서 함수 $f(x)$는 $x=-1$에서 불연속이다.

12 $f(x)=x^2-2x+3$에 대하여

(i) $x=1$에서의 함숫값은

$f(1)=1^2-2\times 1+3=2$

(ii) $\lim\limits_{x\to 1}f(x)=\lim\limits_{x\to 1}(x^2-2x+3)=2$

(i), (ii)에서 $\lim\limits_{x\to 1}f(x)=f(1)$

따라서 함수 $f(x)$는 $x=1$에서 연속이다.

13 $f(x)=2\sqrt{2x-1}+2$에 대하여

(i) $x=1$에서의 함숫값은

$f(1)=2\sqrt{2\times 1-1}+2=4$

(ii) $\lim\limits_{x\to 1}f(x)=\lim\limits_{x\to 1}(2\sqrt{2x-1}+2)=4$

(i), (ii)에서 $\lim\limits_{x\to 1}f(x)=f(1)$

따라서 함수 $f(x)$는 $x=1$에서 연속이다.

14 $f(x)=\sqrt{3-x}+1$은 $3-x\geq 0$, 즉 $x\leq 3$에서 정의되어 있으므로 $x=4$에서의 함숫값 $f(4)$는 존재하지 않는다.

따라서 함수 $f(x)$는 $x=4$에서 불연속이다.

15 $f(x)=\dfrac{2}{x-1}+3$에 대하여

(i) $x=2$에서의 함숫값은

$f(2)=\dfrac{2}{2-1}+3=5$

(ii) $\lim\limits_{x\to 2}f(x)=\lim\limits_{x\to 2}\left(\dfrac{2}{x-1}+3\right)=5$

(i), (ii)에서 $\lim\limits_{x\to 2}f(x)=f(2)$

따라서 함수 $f(x)$는 $x=2$에서 연속이다.

16 $f(x)=\dfrac{3x-2}{x+3}$는 $x\neq -3$에서 정의되어 있으므로 $x=-3$에서의 함숫값 $f(-3)$은 존재하지 않는다.

따라서 함수 $f(x)$는 $x=-3$에서 불연속이다.

18 $f(x)=\begin{cases}\dfrac{2x^2-5x+3}{x-1} & (x\neq 1)\\ 2 & (x=1)\end{cases}$ 에 대하여

$x\neq 1$일 때,

$f(x)=\dfrac{2x^2-5x+3}{x-1}=\dfrac{(x-1)(2x-3)}{x-1}=2x-3$

(i) $x=1$에서의 함숫값은

$f(1)=2$

(ii) $\lim\limits_{x\to 1}f(x)=\lim\limits_{x\to 1}(2x-3)$

$=-1$

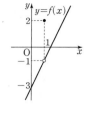

(i), (ii)에서 $\lim\limits_{x\to 1}f(x)\neq f(1)$

따라서 함수 $f(x)$는 $x=1$에서 불연속이다.

19 $f(x)=\begin{cases}x^2-4x+6 & (x\geq 1)\\ 2x+1 & (x<1)\end{cases}$ 에 대하여

(i) $x=1$에서의 함숫값은

$f(1)=1^2-4\times 1+6=3$

(ii) $\lim\limits_{x\to 1+}f(x)=\lim\limits_{x\to 1+}(x^2-4x+6)$

$=3$

$\lim\limits_{x\to 1-}f(x)=\lim\limits_{x\to 1-}(2x+1)$

$=3$

즉 $\lim\limits_{x\to 1}f(x)=3$

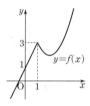

(i), (ii)에서 $\lim\limits_{x\to 1}f(x)=f(1)$

따라서 함수 $f(x)$는 $x=1$에서 연속이다.

20 $f(x)=\begin{cases}\dfrac{3x^2-5x-2}{x-2} & (x>2)\\ 2x+3 & (x\leq 2)\end{cases}$ 에 대하여

$x>2$일 때,

$f(x)=\dfrac{3x^2-5x-2}{x-2}=\dfrac{(x-2)(3x+1)}{x-2}=3x+1$

(i) $x=2$에서의 함숫값은

$f(2)=2\times 2+3=7$

(ii) $\lim\limits_{x\to 2+}f(x)=\lim\limits_{x\to 2+}(3x+1)$

$=7$

$\lim\limits_{x\to 2-}f(x)=\lim\limits_{x\to 2-}(2x+3)$

$=7$

즉 $\lim\limits_{x\to 2}f(x)=7$

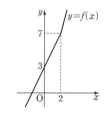

(i), (ii)에서 $\lim\limits_{x\to 2}f(x)=f(2)$

따라서 함수 $f(x)$는 $x=2$에서 연속이다.

21 $f(x)=\begin{cases}\sqrt{x-3} & (x\geq 3)\\ -1 & (x<3)\end{cases}$ 에 대하여

(i) $x=3$에서의 함숫값은

$f(3)=\sqrt{3-3}=0$

(ii) $\lim\limits_{x\to 3+}f(x)=\lim\limits_{x\to 3+}(\sqrt{x-3})$

$=0$

$\lim\limits_{x\to 3-}f(x)=\lim\limits_{x\to 3-}(-1)$

$=-1$

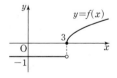

즉 $\lim\limits_{x\to 3+}f(x)\neq \lim\limits_{x\to 3-}f(x)$이므로 극한값 $\lim\limits_{x\to 3}f(x)$가 존재하지 않는다.

따라서 함수 $f(x)$는 $x=3$에서 불연속이다.

22 $f(x)=\begin{cases} -\sqrt{x-1}+2 & (x\geq1) \\ x+1 & (x<1) \end{cases}$ 에 대하여

  (i) $x=1$에서의 함숫값은

    $f(1)=-\sqrt{1-1}+2=2$

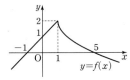

  (ii) $\lim\limits_{x\to1+}f(x)=\lim\limits_{x\to1+}(-\sqrt{x-1}+2)$

                 $=2$

    $\lim\limits_{x\to1-}f(x)=\lim\limits_{x\to1-}(x+1)=2$

    즉 $\lim\limits_{x\to1}f(x)=2$

  (i), (ii)에서 $\lim\limits_{x\to1}f(x)=f(1)$

  따라서 함수 $f(x)$는 $x=1$에서 연속이다.

23 ① $f(x)=\dfrac{2}{x}$는 $x=0$에서 정의되어 있지 않으므로 함수 $f(x)$는 $x=0$에서 불연속이다.

  ② $f(x)=\sqrt{x-2}$는 $x-2\geq0$, 즉 $x\geq2$에서 정의되어 있으므로 $x=0$에서의 함숫값 $f(0)$의 값은 존재하지 않는다.

    즉 함수 $f(x)$는 $x=0$에서 불연속이다.

  ③ $f(x)=x^2+x+1$에 대하여

    $f(0)=1$, $\lim\limits_{x\to0}f(x)=\lim\limits_{x\to0}(x^2+x+1)=1$

    즉 $\lim\limits_{x\to0}f(x)=f(0)$이므로 함수 $f(x)$는 $x=0$에서 연속이다.

  ④ $f(x)=\begin{cases} x+1 & (x\geq0) \\ 2x+1 & (x<0) \end{cases}$ 에 대하여

    (i) $f(0)=0+1=1$

    (ii) $\lim\limits_{x\to0+}f(x)=\lim\limits_{x\to0+}(x+1)=1$

       $\lim\limits_{x\to0-}f(x)=\lim\limits_{x\to0-}(2x+1)=1$

       즉 $\lim\limits_{x\to0}f(x)=1$

    (i), (ii)에서 $\lim\limits_{x\to0}f(x)=f(0)$이므로 함수 $f(x)$는 $x=0$에서 연속이다.

  ⑤ $f(x)=\begin{cases} \dfrac{3x^2+2x}{x} & (x\neq0) \\ 5 & (x=0) \end{cases}$ 에 대하여

    $x\neq0$일 때,

    $f(x)=\dfrac{3x^2+2x}{x}=\dfrac{x(3x+2)}{x}=3x+2$

    (i) $f(0)=5$

    (ii) $\lim\limits_{x\to0}f(x)=\lim\limits_{x\to0}(3x+2)=2$

    (i), (ii)에서 $\lim\limits_{x\to0}f(x)\neq f(0)$이므로 함수 $f(x)$는 $x=0$에서 불연속이다.

  따라서 $x=0$에서 연속인 함수는 ③, ④이다.

24 (1) 주어진 그래프에서 $\lim\limits_{x\to0+}f(x)=0$, $\lim\limits_{x\to0-}f(x)=-1$이므로 $x=0$에서의 함수 $f(x)$의 극한값 $\lim\limits_{x\to0}f(x)$의 값은 존재하지 않는다.

  (2) 주어진 그래프에서 $\lim\limits_{x\to-1}f(x)=f(-1)=0$이므로 $x=-1$에서 함수 $f(x)$는 연속이다.

  (3) 주어진 그래프에서 $f(1)=0$, $\lim\limits_{x\to1}f(x)=1$이므로

    $\lim\limits_{x\to1}f(x)\neq f(1)$

    즉 $x=1$에서 함수 $f(x)$는 불연속이다.

  (4) $-2<x<2$에서 함수 $f(x)$가 불연속인 x의 값의 개수는 $x=0$, $x=1$의 2이다.

25 (1) 주어진 그래프에서

    $\lim\limits_{x\to1+}f(x)=-1$, $\lim\limits_{x\to1-}f(x)=-1$이므로

    $\lim\limits_{x\to1}f(x)=-1$

    즉 $x=1$에서 함수 $f(x)$의 극한값이 존재한다.

  (2) 주어진 그래프에서 $f(2)=-1$, $\lim\limits_{x\to2}f(x)=0$이므로

    $\lim\limits_{x\to2}f(x)\neq f(2)$

    즉 $x=2$에서 함수 $f(x)$는 불연속이다.

  (3) 주어진 그래프에서 $\lim\limits_{x\to3+}f(x)=0$, $\lim\limits_{x\to3-}f(x)=1$이므로 $x=3$에서의 함수 $f(x)$의 극한값 $\lim\limits_{x\to3}f(x)$의 값은 존재하지 않는다.

    즉 $x=3$에서 함수 $f(x)$는 불연속이다.

  (4) $0<x<4$에서 함수 $f(x)$가 불연속인 x의 값의 개수는 $x=1$, $x=2$, $x=3$의 3이다.

26 (1) 주어진 그래프에서

    $\lim\limits_{x\to1+}f(x)=0$, $\lim\limits_{x\to1-}f(x)=0$이므로

    $\lim\limits_{x\to1}f(x)=0$

    즉 $x=1$에서 함수 $f(x)$의 극한값이 존재한다.

  (2) 주어진 그래프에서

    $f(-1)=0$, $\lim\limits_{x\to-1}f(x)=1$이므로

    $\lim\limits_{x\to-1}f(x)\neq f(-1)$

    즉 $x=-1$에서 함수 $f(x)$는 불연속이다.

  (3) 주어진 그래프에서 $\lim\limits_{x\to0+}f(x)=-2$, $\lim\limits_{x\to0-}f(x)=0$이므로 $x=0$에서의 함수 $f(x)$의 극한값 $\lim\limits_{x\to0}f(x)$의 값은 존재하지 않는다.

    즉 $x=0$에서 함수 $f(x)$는 불연속이다.

  (4) $-2<x<2$에서 함수 $f(x)$가 불연속인 x의 값의 개수는 $x=-1$, $x=0$, $x=1$의 3이다.

27 (1) 주어진 그래프에서 $\lim\limits_{x\to2+}f(x)=1$, $\lim\limits_{x\to2-}f(x)=0$이므로 $x=2$에서의 함수 $f(x)$의 극한값 $\lim\limits_{x\to2}f(x)$의 값은 존재하지 않는다.

  (2) 주어진 그래프에서 $\lim\limits_{x\to-1}f(x)=f(-1)=2$이므로 $x=-1$에서 함수 $f(x)$는 연속이다.

  (3) 주어진 그래프에서 $f(3)=\lim\limits_{x\to3}f(x)=1$이므로 $x=3$에서 함수 $f(x)$는 연속이다.

  (4) $-2<x<4$에서 함수 $f(x)$가 불연속인 x의 값의 개수는 $x=0$, $x=2$의 2이다.

29 (1) (i) $f(1)+g(1)=1+(-1)=0$

    (ii) $\lim\limits_{x\to1}f(x)=-1$, $\lim\limits_{x\to1}g(x)=0$이므로

$$\lim_{x \to 1}\{f(x)+g(x)\}=-1$$

(i), (ii)에서

$$\lim_{x \to 1}\{f(x)+g(x)\} \neq f(1)+g(1)$$

따라서 함수 $f(x)+g(x)$는 $x=1$에서 불연속이다.

(2) (i) $f(1)g(1)=1 \times (-1)=-1$

(ii) $\lim\limits_{x \to 1}f(x)=-1$, $\lim\limits_{x \to 1}g(x)=0$이므로

$$\lim_{x \to 1}f(x)g(x)=0$$

(i), (ii)에서

$$\lim_{x \to 1}f(x)g(x) \neq f(1)g(1)$$

따라서 함수 $f(x)g(x)$는 $x=1$에서 불연속이다.

(3) (i) $f(g(1))=f(-1)=1$

(ii) $\lim\limits_{x \to 1+}f(g(x))=\lim\limits_{t \to 0+}f(t)=0$,

$\lim\limits_{x \to 1-}f(g(x))=\lim\limits_{t \to 0-}f(t)=0$이므로

$$\lim_{x \to 1}f(g(x))=0$$

(i), (ii)에서 $\lim\limits_{x \to 1}f(g(x)) \neq f(g(1))$

따라서 함수 $f(g(x))$는 $x=1$에서 불연속이다.

(4) (i) $g(f(1))=g(1)=-1$

(ii) $\lim\limits_{x \to 1}g(f(x))=\lim\limits_{t \to -1+}g(t)=-1$

(i), (ii)에서 $\lim\limits_{x \to 1}g(f(x))=g(f(1))$

따라서 함수 $g(f(x))$는 $x=1$에서 연속이다.

본문 62쪽

02

$x=a$에서 연속인 함수의 미정계수의 결정

1 (✎ $=$, $=$, 3, $2x$, a, a, 3, $3x$, 9, 3, 3, 6)

2 2

3 (✎ $=$, 1, $2x$, 3, 3, 3, 4)   4 $\dfrac{1}{4}$

5 (✎ $=$, 2, b, 0, 0, 0, 1, x, $x+3$, $x+3$, 5, 1, 5)

6 $a=0$, $b=1$ 7 $a=2$, $b=4$ 8 $a=20$, $b=-33$

9 $a=2$, $b=\dfrac{1}{4}$ 10 $a=-1$, $b=\dfrac{1}{2}$

☺ k 11 ④

2 함수 $f(x)$가 $x=1$에서 연속이려면

$$\lim_{x \to 1+}f(x)=\lim_{x \to 1-}f(x)=f(1)$$

이어야 한다. 이때

$$\lim_{x \to 1+}f(x)=\lim_{x \to 1+}(\sqrt{x-1}+a)=a$$

$$\lim_{x \to 1-}f(x)=\lim_{x \to 1-}(x+1)=2$$

$$f(1)=a$$

따라서 $a=2$

4 함수 $f(x)$가 $x=2$에서 연속이려면

$\lim\limits_{x \to 2}f(x)=f(2)$이어야 하므로

$$a=\lim_{x \to 2}f(x)=\lim_{x \to 2}\frac{\sqrt{x+2}-2}{x-2}$$

$$=\lim_{x \to 2}\frac{(\sqrt{x+2}-2)(\sqrt{x+2}+2)}{(x-2)(\sqrt{x+2}+2)}$$

$$=\lim_{x \to 2}\frac{x-2}{(x-2)(\sqrt{x+2}+2)}$$

$$=\lim_{x \to 2}\frac{1}{\sqrt{x+2}+2}=\frac{1}{4}$$

6 함수 $f(x)$가 $x=0$에서 연속이려면

$\lim\limits_{x \to 0}f(x)=f(0)$이어야 하므로

$$\lim_{x \to 0}\frac{x^2+x+a}{x}=b \qquad \cdots\cdots \text{㉠}$$

㉠에서 $x \to 0$일 때, (분모) $\to 0$이고 극한값이 존재하므로 (분자) $\to 0$이다.

즉 $\lim\limits_{x \to 0}(x^2+x+a)=0$에서 $a=0$ $\cdots\cdots \text{㉡}$

㉡을 ㉠에 대입하면

$$b=\lim_{x \to 0}\frac{x^2+x}{x}=\lim_{x \to 0}\frac{x(x+1)}{x}$$

$$=\lim_{x \to 0}(x+1)=1$$

따라서 $a=0$, $b=1$

7 함수 $f(x)$가 $x=1$에서 연속이려면

$\lim\limits_{x \to 1+}f(x)=\lim\limits_{x \to 1-}f(x)=f(1)$이어야 하므로

$$\lim_{x \to 1+}\frac{x^2+ax-3}{x-1}=b \qquad \cdots\cdots \text{㉠}$$

㉠에서 $x \to 1+$일 때, 극한값이 존재하고 (분모) $\to 0$이므로 (분자) $\to 0$이다.

즉 $\lim\limits_{x \to 1+}(x^2+ax-3)=0$에서

$1^2+a-3=0$이므로 $a=2$ $\cdots\cdots \text{㉡}$

㉡을 ㉠에 대입하면

$$b=\lim_{x \to 1+}\frac{x^2+2x-3}{x-1}$$

$$=\lim_{x \to 1+}\frac{(x-1)(x+3)}{x-1}$$

$$=\lim_{x \to 1+}(x+3)=4$$

따라서 $a=2$, $b=4$

8 함수 $f(x)$가 $x=-3$에서 연속이려면

$\lim\limits_{x \to -3}f(x)=f(-3)$이어야 하므로

$$\lim_{x \to -3}\frac{3x^2+ax-b}{x+3}=2 \qquad \cdots\cdots \text{㉠}$$

㉠에서 $x \to -3$일 때, 극한값이 존재하고 (분모)$\to 0$이므로 (분자)$\to 0$이다.

즉 $\lim\limits_{x \to -3}(3x^2+ax-b)=0$에서

$3 \times (-3)^2+a \times (-3)-b=0$이므로

$b=-3a+27$ ...... ㉡

㉡을 ㉠에 대입하면

$$\lim\limits_{x \to -3}\frac{3x^2+ax-b}{x+3}=\lim\limits_{x \to -3}\frac{3x^2+ax-(-3a+27)}{x+3}$$
$$=\lim\limits_{x \to -3}\frac{3x^2+ax+3(a-9)}{x+3}$$
$$=\lim\limits_{x \to -3}\frac{(x+3)(3x+a-9)}{x+3}$$
$$=\lim\limits_{x \to -3}(3x+a-9)$$
$$=a-18$$

따라서 ㉠에서 $a-18=2$이므로 $a=20$이고

㉡에서 $b=-3 \times 20+27=-33$

---

9 함수 $f(x)$가 $x=3$에서 연속이려면

$\lim\limits_{x \to 3+}f(x)=\lim\limits_{x \to 3-}f(x)=f(3)$이어야 하므로

$\lim\limits_{x \to 3+}\dfrac{\sqrt{x+1}-a}{x-3}=b$ ...... ㉠

㉠에서 $x \to 3+$일 때, 극한값이 존재하고 (분모)$\to 0$이므로 (분자)$\to 0$이다.

즉 $\lim\limits_{x \to 3+}(\sqrt{x+1}-a)=0$에서

$\sqrt{3+1}-a=0$이므로 $a=2$ ...... ㉡

㉡을 ㉠에 대입하면

$$b=\lim\limits_{x \to 3+}\frac{\sqrt{x+1}-2}{x-3}$$
$$=\lim\limits_{x \to 3+}\frac{(\sqrt{x+1}-2)(\sqrt{x+1}+2)}{(x-3)(\sqrt{x+1}+2)}$$
$$=\lim\limits_{x \to 3+}\frac{x-3}{(x-3)(\sqrt{x+1}+2)}$$
$$=\lim\limits_{x \to 3+}\frac{1}{\sqrt{x+1}+2}$$
$$=\frac{1}{\sqrt{3+1}+2}=\frac{1}{4}$$

따라서 $a=2$, $b=\dfrac{1}{4}$

---

10 함수 $f(x)$가 $x=-2$에서 연속이려면

$\lim\limits_{x \to -2}f(x)=f(-2)$이어야 하므로

$\lim\limits_{x \to -2}\dfrac{\sqrt{x+3}+a}{x+2}=b$ ...... ㉠

㉠에서 $x \to -2$일 때, 극한값이 존재하고 (분모)$\to 0$이므로 (분자)$\to 0$이다.

즉 $\lim\limits_{x \to -2}(\sqrt{x+3}+a)=0$에서

$\sqrt{-2+3}+a=0$이므로 $a=-1$ ...... ㉡

㉡을 ㉠에 대입하면

$$b=\lim\limits_{x \to -2}\frac{\sqrt{x+3}-1}{x+2}$$
$$=\lim\limits_{x \to -2}\frac{(\sqrt{x+3}-1)(\sqrt{x+3}+1)}{(x+2)(\sqrt{x+3}+1)}$$
$$=\lim\limits_{x \to -2}\frac{x+2}{(x+2)(\sqrt{x+3}+1)}$$
$$=\lim\limits_{x \to -2}\frac{1}{\sqrt{x+3}+1}$$
$$=\frac{1}{\sqrt{-2+3}+1}=\frac{1}{2}$$

따라서 $a=-1$, $b=\dfrac{1}{2}$

---

11 함수 $f(x)$가 $x=1$에서 연속이려면

$\lim\limits_{x \to 1+}f(x)=\lim\limits_{x \to 1-}f(x)=f(1)$이어야 하므로

$\lim\limits_{x \to 1+}\dfrac{a\sqrt{x+1}-4}{x-1}=b$ ...... ㉠

㉠에서 $x \to 1+$일 때, 극한값이 존재하고 (분모)$\to 0$이므로 (분자)$\to 0$이다.

즉 $\lim\limits_{x \to 1+}(a\sqrt{x+1}-4)=0$에서

$a\sqrt{2}-4=0$이므로 $\sqrt{2}a=4$, 즉 $a=2\sqrt{2}$ ...... ㉡

㉡을 ㉠에 대입하면

$$b=\lim\limits_{x \to 1+}\frac{2\sqrt{2}\sqrt{x+1}-4}{x-1}$$
$$=\lim\limits_{x \to 1+}\frac{2\sqrt{2}(\sqrt{x+1}-\sqrt{2})}{x-1}$$
$$=\lim\limits_{x \to 1+}\frac{2\sqrt{2}(\sqrt{x+1}-\sqrt{2})(\sqrt{x+1}+\sqrt{2})}{(x-1)(\sqrt{x+1}+\sqrt{2})}$$
$$=\lim\limits_{x \to 1+}\frac{2\sqrt{2}(x-1)}{(x-1)(\sqrt{x+1}+\sqrt{2})}$$
$$=\lim\limits_{x \to 1+}\frac{2\sqrt{2}}{\sqrt{x+1}+\sqrt{2}}$$
$$=\frac{2\sqrt{2}}{\sqrt{2}+\sqrt{2}}=1$$

따라서 $a^2+b^2=(2\sqrt{2})^2+1^2=9$

구간

1 (✏ $\leq$, $<$)

2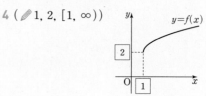
　　　　−1　　　　4　　　x

3 ○─────────○
　　1　　　　　5　　　x

4 (✏ $\leq$)

5 ●───────────
　　　　　1　　　　　x

6 ───○───────────
　　　4　　　　　　x

7 $[1, 5]$　　　　　8 $(2, 4)$　　　　　9 $[-2, 2)$

10 $(3, 5]$　　　　11 $(-\infty, 1)$　　　12 $[3, \infty)$

13 $[-1, \infty)$ (✏ 음, 0, −1, $\geq$, −1, $[-1, \infty)$)

14 $(-\infty, 3]$　　　　　　　　15 $(-\infty, 1]$

16 $(-\infty, 2)$, $(2, \infty)$　　　17 $(-\infty, -3)$, $(-3, \infty)$

2 주어진 구간 $[-1, 4]$는 집합 $\{x \mid -1 \leq x \leq 4\}$를 나타낸 것이다.

3 주어진 구간 $(1, 5]$는 집합 $\{x \mid 1 < x \leq 5\}$를 나타낸 것이다.

5 주어진 구간 $[1, \infty)$는 집합 $\{x \mid x \geq 1\}$을 나타낸 것이다.

6 주어진 구간 $(-\infty, 4)$는 집합 $\{x \mid x < 4\}$를 나타낸 것이다.

14 무리함수 $f(x) = \sqrt{3-x} + 1$이 정의되려면 근호 안의 식의 값이 음이 아닌 실수이어야 하므로
$3 - x \geq 0$, 즉 $x \leq 3$
따라서 정의역은 $\{x \mid x \leq 3\}$이므로 이를 구간의 기호로 나타내면 $(-\infty, 3]$이다.

15 무리함수 $f(x) = -\sqrt{1-x} + 3$이 정의되려면 근호 안의 식의 값이 음이 아닌 실수이어야 하므로
$1 - x \geq 0$, 즉 $x \leq 1$
따라서 정의역은 $\{x \mid x \leq 1\}$이므로 이를 구간의 기호로 나타내면 $(-\infty, 1]$이다.

16 유리함수 $f(x) = \dfrac{2x+1}{x-2}$이 정의되려면 분모가 0이 아니어야 하므로
$x - 2 \neq 0$, 즉 $x < 2$ 또는 $x > 2$
따라서 정의역은 $\{x \mid x < 2$ 또는 $x > 2\}$이므로 이를 구간의 기호로 나타내면 $(-\infty, 2)$, $(2, \infty)$이다.

17 유리함수 $f(x) = \dfrac{3-x}{x+3}$가 정의되려면 분모가 0이 아니어야 하므로
$x + 3 \neq 0$, 즉 $x < -3$ 또는 $x > -3$

따라서 정의역은 $\{x \mid x < -3$ 또는 $x > -3\}$이므로 이를 구간의 기호로 나타내면 $(-\infty, -3)$, $(-3, \infty)$이다.

연속함수

1 (1) ×　(2) ○　(3) ○　　　2 (1) ○　(2) ×　(3) ×

3 (1) ×　(2) ○　(3) ○

4 (✏ 1, 2, $[1, \infty)$)

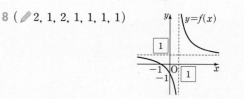

5 $[2, \infty)$　　　　6 $\left(-\infty, \dfrac{2}{3}\right]$　　　7 $[-1, \infty)$

8 (✏ 2, 1, 2, 1, 1, 1, 1)

9 $(-\infty, 2)$, $(2, \infty)$

10 $(-\infty, -1)$, $(-1, \infty)$　　　11 $(-\infty, \infty)$

☺ 모든 실수, $-\infty$, 0, 음

12 (✏ 1, =, =, 1, x, 2, $2x$, −2)

13 6　　　　14 8　　　　15 −2

16 (✏ 1, =, 1, b, 0, 0, 0, 2, 2, 2, 2, 2, −1, 2, −1)

17 $a = -1$, $b = 3$　　　18 $a = 5$, $b = \dfrac{2}{3}$

☺ k

19 (✏ 2, 0, 0, 0, 2, 2, 2, 2, 1, 1, 1)

20 5　　　　21 −5　　　☺ a

22 (✏ 1, 2, 0, 0, 0, −1, −8, −7, 6)

23 $a = -2$, $b = 0$　　　24 $a = -9$, $b = -18$

25 ②

5 함수 $f(x) = \sqrt{x-2} - 1$의 그래프는 함수 $y = \sqrt{x}$의 그래프를 x축의 방향으로 2만큼, y축의 방향으로 −1만큼 평행이동한 것이다.
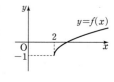
따라서 함수 $f(x) = \sqrt{x-2} - 1$이 연속인 구간을 구간의 기호로 나타내면 $[2, \infty)$이다.

6 $f(x)=\sqrt{2-3x}-2$

$\qquad =\sqrt{-3\left(x-\dfrac{2}{3}\right)}-2$

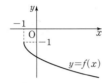

이므로 함수 $y=f(x)$의 그래프는 함수

$y=\sqrt{-3x}$의 그래프를 x축의 방향으로 $\dfrac{2}{3}$만큼, y축의 방향으로

-2만큼 평행이동한 것이다.

따라서 함수 $f(x)=\sqrt{2-3x}-2$가 연속인 구간을 구간의 기호

로 나타내면 $\left(-\infty,\ \dfrac{2}{3}\right]$이다.

7 함수 $f(x)=-\sqrt{x+1}-1$의 그래프는 함

수 $y=-\sqrt{x}$의 그래프를 x축의 방향으로

-1만큼, y축의 방향으로 -1만큼 평행

이동한 것이다.

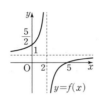

따라서 함수 $f(x)=-\sqrt{x+1}-1$이 연속인 구간을 구간의 기호

로 나타내면 $[-1,\ \infty)$이다.

9 함수 $f(x)=-\dfrac{3}{x-2}+1$의 그래프는 함수

$y=-\dfrac{3}{x}$의 그래프를 x축의 방향으로 2만

큼, y축의 방향으로 1만큼 평행이동한 것이

다.

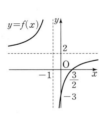

따라서 함수 $f(x)=-\dfrac{3}{x-2}+1$이 연속인 구간을 구간의 기호

로 나타내면 $(-\infty,\ 2),\ (2,\ \infty)$이다.

10 $f(x)=\dfrac{2x-3}{x+1}=-\dfrac{5}{x+1}+2$이므로 함

수 $y=f(x)$의 그래프는 함수 $y=-\dfrac{5}{x}$의

그래프를 x축의 방향으로 -1만큼, y축

의 방향으로 2만큼 평행이동한 것이다.

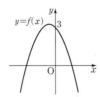

따라서 함수 $f(x)=\dfrac{2x-3}{x+1}$이 연속인 구간을 구간의 기호로 나

타내면 $(-\infty,\ -1),\ (-1,\ \infty)$이다.

11 함수 $f(x)=-x^2-x+3$은 모든 실수에

서 연속이므로 이 함수가 연속인 구간을

구간의 기호로 나타내면 $(-\infty,\ \infty)$이다.

13 함수 $f(x)=\begin{cases}\sqrt{2x-1}+3 & (x\geq1)\\ ax-2 & (x<1)\end{cases}$ 가 모든 실수 x에서 연속이

려면 $x=1$에서도 연속이어야 하므로

$\lim\limits_{x\to1+}f(x)=\lim\limits_{x\to1-}f(x)=f(1)$

이어야 한다.

즉 $\lim\limits_{x\to1+}(\sqrt{2x-1}+3)=\lim\limits_{x\to1-}(ax-2)=4$에서

$a-2=4$이므로 $a=6$

14 함수 $f(x)=\begin{cases}2x^2+ax+1 & (x\geq-1)\\ 3x-2 & (x<-1)\end{cases}$ 가 모든 실수 x에서 연

속이려면 $x=-1$에서도 연속이어야 하므로

$\lim\limits_{x\to-1+}f(x)=\lim\limits_{x\to-1-}f(x)=f(-1)$

이어야 한다.

즉 $\lim\limits_{x\to-1+}(2x^2+ax+1)=\lim\limits_{x\to-1-}(3x-2)=3-a$에서

$-5=3-a$

따라서 $a=8$

15 함수 $f(x)=\begin{cases}\sqrt{x-3}+a & (x\geq3)\\ ax+4 & (x<3)\end{cases}$ 가 모든 실수 x에서 연속이

려면 $x=3$에서도 연속이어야 하므로

$\lim\limits_{x\to3+}f(x)=\lim\limits_{x\to3-}f(x)=f(3)$

이어야 한다.

즉 $\lim\limits_{x\to3+}(\sqrt{x-3}+a)=\lim\limits_{x\to3-}(ax+4)=a$에서

$3a+4=a$

$2a=-4$

따라서 $a=-2$

17 함수 $f(x)=\begin{cases}\dfrac{x^2+ax-2}{x-2} & (x\neq2)\\ b & (x=2)\end{cases}$ 가 모든 실수 x에서 연속

이려면 $x=2$에서도 연속이어야 하므로 $\lim\limits_{x\to2}f(x)=f(2)$이어야

한다.

즉 $\lim\limits_{x\to2}\dfrac{x^2+ax-2}{x-2}=b$ $\qquad$ …… ㉠

㉠에서 $x\to2$일 때, 극한값이 존재하고 (분모)$\to0$이므로

(분자)$\to0$이다.

즉 $\lim\limits_{x\to2}(x^2+ax-2)=0$에서

$2^2+2a-2=0,\ 2a=-2,\ a=-1$

$a=-1$을 ㉠에 대입하면

$b=\lim\limits_{x\to2}\dfrac{x^2-x-2}{x-2}=\lim\limits_{x\to2}\dfrac{(x-2)(x+1)}{x-2}$

$\quad =\lim\limits_{x\to2}(x+1)=2+1=3$

따라서 $a=-1,\ b=3$

18 함수 $f(x)=\begin{cases}\dfrac{\sqrt{x^2+a}-3}{x-2} & (x\neq2)\\ b & (x=2)\end{cases}$ 가 모든 실수 x에서 연속

이려면 $x^2+a\geq0$이고 $x=2$에서도 연속이어야 하므로

$\lim\limits_{x\to2}f(x)=f(2)$이어야 한다.

즉 $\lim\limits_{x\to2}\dfrac{\sqrt{x^2+a}-3}{x-2}=b$ $\qquad$ …… ㉠

㉠에서 $x\to2$일 때, 극한값이 존재하고 (분모)$\to0$이므로

(분자)$\to0$이다.

즉 $\lim\limits_{x\to2}(\sqrt{x^2+a}-3)=0$에서

$\sqrt{4+a}-3=0,\ \sqrt{4+a}=3,\ 4+a=9,\ a=5$

이때 모든 실수 x에서 $x^2+a=x^2+5\geq0$

$a=5$를 ㉠에 대입하면

$b = \lim_{x \to 2} \frac{\sqrt{x^2+5}-3}{x-2} = \lim_{x \to 2} \frac{(\sqrt{x^2+5}-3)(\sqrt{x^2+5}+3)}{(x-2)(\sqrt{x^2+5}+3)}$

$\qquad = \lim_{x \to 2} \frac{x^2-4}{(x-2)(\sqrt{x^2+5}+3)}$

$\qquad = \lim_{x \to 2} \frac{x+2}{\sqrt{x^2+5}+3} = \frac{4}{\sqrt{4+5}+3} = \frac{2}{3}$

따라서 $a=5$, $b=\frac{2}{3}$

20 $(x-1)f(x) = x^2+3x+k$에서

$x \neq 1$일 때, $f(x) = \frac{x^2+3x+k}{x-1}$

함수 $f(x)$가 실수 전체의 집합에서 연속이므로

$\lim_{x \to 1} \frac{x^2+3x+k}{x-1} = f(1)$ $\qquad$ ······ ㉠

㉠에서 $x \to 1$일 때, 극한값이 존재하고 (분모) $\to 0$이므로

(분자) $\to 0$이다.

즉 $\lim_{x \to 1}(x^2+3x+k)=0$에서 $1+3+k=0$, $k=-4$

$k=-4$를 ㉠에 대입하면

$f(1) = \lim_{x \to 1} \frac{x^2+3x-4}{x-1}$

$\qquad = \lim_{x \to 1} \frac{(x-1)(x+4)}{x-1}$

$\qquad = \lim_{x \to 1}(x+4) = 1+4 = 5$

21 $(x+3)f(x) = 2x^2+kx+3$에서

$x \neq -3$일 때, $f(x) = \frac{2x^2+kx+3}{x+3}$

함수 $f(x)$가 실수 전체의 집합에서 연속이므로

$\lim_{x \to -3} \frac{2x^2+kx+3}{x+3} = f(-3)$ $\qquad$ ······ ㉠

㉠에서 $x \to -3$일 때, 극한값이 존재하고 (분모) $\to 0$이므로

(분자) $\to 0$이다.

즉 $\lim_{x \to -3}(2x^2+kx+3)=0$에서

$2 \times (-3)^2 + k \times (-3) + 3 = 0$

$21-3k=0$, $k=7$

$k=7$을 ㉠에 대입하면

$f(-3) = \lim_{x \to -3} \frac{2x^2+7x+3}{x+3}$

$\qquad = \lim_{x \to -3} \frac{(2x+1)(x+3)}{x+3}$

$\qquad = \lim_{x \to -3}(2x+1) = 2 \times (-3)+1 = -5$

23 $(x-1)(x+2)f(x) = x^3+x^2+ax+b$에서

$x \neq 1$, $x \neq -2$일 때,

$f(x) = \frac{x^3+x^2+ax+b}{(x-1)(x+2)}$

함수 $f(x)$가 실수 전체의 집합에서 연속이므로

$\lim_{x \to 1} \frac{x^3+x^2+ax+b}{(x-1)(x+2)} = f(1)$ $\qquad$ ······ ㉠

$\lim_{x \to -2} \frac{x^3+x^2+ax+b}{(x-1)(x+2)} = f(-2)$ $\qquad$ ······ ㉡

㉠에서 $x \to 1$일 때, 극한값이 존재하고 (분모) $\to 0$이므로

(분자) $\to 0$이다.

즉 $\lim_{x \to 1}(x^3+x^2+ax+b)=0$에서

$1^3+1^2+a+b=0$이므로 $a+b=-2$ $\qquad$ ······ ㉢

㉡에서 $x \to -2$일 때, 극한값이 존재하고 (분모) $\to 0$이므로

(분자) $\to 0$이다.

즉 $\lim_{x \to -2}(x^3+x^2+ax+b)=0$에서

$(-2)^3+(-2)^2-2a+b=0$이므로

$2a-b=-4$ $\qquad$ ······ ㉣

㉢, ㉣을 연립하여 풀면

$a=-2$, $b=0$

24 $(x^2+5x+6)f(x) = x^3+2x^2+ax+b$, 즉

$(x+2)(x+3)f(x) = x^3+2x^2+ax+b$에서

$x \neq -2$, $x \neq -3$일 때,

$f(x) = \frac{x^3+2x^2+ax+b}{(x+2)(x+3)}$

함수 $f(x)$가 실수 전체의 집합에서 연속이므로

$\lim_{x \to -2} \frac{x^3+2x^2+ax+b}{(x+2)(x+3)} = f(-2)$ $\qquad$ ······ ㉠

$\lim_{x \to -3} \frac{x^3+2x^2+ax+b}{(x+2)(x+3)} = f(-3)$ $\qquad$ ······ ㉡

㉠에서 $x \to -2$일 때, 극한값이 존재하고 (분모) $\to 0$이므로

(분자) $\to 0$이다.

즉 $\lim_{x \to -2}(x^3+2x^2+ax+b)=0$에서

$(-2)^3+2 \times (-2)^2-2a+b=0$이므로

$2a-b=0$ $\qquad$ ······ ㉢

㉡에서 $x \to -3$일 때, 극한값이 존재하고 (분모) $\to 0$이므로

(분자) $\to 0$이다.

즉 $\lim_{x \to -3}(x^3+2x^2+ax+b)=0$에서

$(-3)^3+2 \times (-3)^2-3a+b=0$이므로

$3a-b=-9$ $\qquad$ ······ ㉣

㉢, ㉣을 연립하여 풀면

$a=-9$, $b=-18$

25 $(x-1)f(x) = x^3-a$에서

$x \neq 1$일 때, $f(x) = \frac{x^3-a}{x-1}$

이때 함수 $f(x)$가 모든 실수 x에서 연속이므로 $x=1$에서도 연속이어야 한다.

즉 $\lim_{x \to 1} \frac{x^3-a}{x-1} = f(1)$ $\qquad$ ······ ㉠

㉠에서 $x \to 1$일 때, 극한값이 존재하고 (분모) $\to 0$이므로

(분자) $\to 0$이다.

즉 $\lim_{x \to 1}(x^3-a)=0$에서 $a=1$

$a=1$을 ㉠에 대입하면

$f(1) = \lim_{x \to 1} \frac{x^3-1}{x-1}$

$\qquad = \lim_{x \to 1} \frac{(x-1)(x^2+x+1)}{x-1}$

$\qquad = \lim_{x \to 1}(x^2+x+1) = 1+1+1 = 3$

따라서 $a+f(1) = 1+3 = 4$

연속함수의 성질

1 (✐ x, $-x$, 0, 0, 0, 1, 0, 연속)

2 연속 3 연속 4 불연속

5 (✐연속, 1, 1, 1, 1) 6 $(-\infty, \infty)$

7 $(-\infty, \infty)$ 8 $(-\infty, 1)$, $(1, 2)$, $(2, \infty)$

9 $(-\infty, -1)$, $(-1, 1)$, $(1, \infty)$

10 (1) (✐다항, $-\infty$, ∞) (2) (✐다항, $-\infty$, ∞)

(3) (✐다항, $-\infty$, ∞) (4) (✐ x, 2, 0, 2, 2, 2)

(5) (✐ $\dfrac{1}{2}$, $\dfrac{7}{4}$, >, $-\infty$, ∞)

11 (1) $(-\infty, \infty)$ (2) $(-\infty, \infty)$ (3) $(-\infty, \infty)$

(4) $(-\infty, -1)$, $(-1, \infty)$

(5) $(-\infty, 1)$, $(1, 2)$, $(2, \infty)$

12 (1) $(-\infty, \infty)$ (2) $(-\infty, \infty)$ (3) $(-\infty, \infty)$

(4) $(-\infty, \infty)$ (5) $(-\infty, -1)$, $(-1, 5)$, $(5, \infty)$

13 (1) $(-\infty, \infty)$ (2) $(-\infty, \infty)$

(3) $(-\infty, -2)$, $(-2, 2)$, $(2, \infty)$

(4) $\left(-\infty, \dfrac{1}{2}\right)$, $\left(\dfrac{1}{2}, 2\right)$, $(2, \infty)$ (5) $(-\infty, 2)$, $(2, \infty)$

14 ⑤

15 (1) ○ (✐ $f(a)$, $g(a)$, $g(x)$, $g(a)$, 이다)

(2) ○ (3) ○ (4) ○ (5) ○

(6) × (✐ ≠, a, 불연속, 이라 할 수 없다)

(7) × (8) ×

16 (1) ○ (2) ○ (3) × 17 (1) ○ (2) ○ (3) ×

18 ⑤

---

2 $f(x)=\begin{cases} x^2-2x+2 & (x \geq 0) \\ x+2 & (x<0) \end{cases}$ 에서

$y=x^2-2x+2$는 구간 $[0, 2]$에서 연속인 함수이고

$y=x+2$는 구간 $[-2, 0)$에서 연속인 함수이다.

또 $\displaystyle\lim_{x \to 0+} f(x)=\lim_{x \to 0-} f(x)=f(0)=2$이므로 함수 $f(x)$는

$x=0$에서 연속이다.

따라서 주어진 함수 $f(x)$는 구간 $[-2, 2]$에서 연속이다.

3 $f(x)=\begin{cases} \sqrt{x-1} & (x \geq 1) \\ x-1 & (x<1) \end{cases}$ 에서

$y=\sqrt{x-1}$은 구간 $[1, 2]$에서 연속인 함수이고

$y=x-1$은 구간 $[-2, 1)$에서 연속인 함수이다.

또 $\displaystyle\lim_{x \to 1+} f(x)=\lim_{x \to 1-} f(x)=f(1)=0$이므로 함수 $f(x)$는 $x=1$

에서 연속이다.

따라서 주어진 함수 $f(x)$는 구간 $[-2, 2]$에서 연속이다.

---

4 $x \neq 1$일 때,

$f(x)=\dfrac{x^2-1}{x-1}=\dfrac{(x+1)(x-1)}{x-1}=x+1$

$y=f(x)$는 구간 $[-2, 1)$ 또는 $(1, 2]$에서 연속이지만 $x=1$일

때는 정의되지 않는다.

따라서 주어진 함수 $f(x)$는 구간 $[-2, 2]$에서 불연속이다.

6 함수 $f(x)=x^2+x$는 다항함수이므로 모든 실수 x에서 연속인

함수이다.

따라서 열린 구간 $(-\infty, \infty)$에서 연속이다.

7 두 함수 $y=x$, $y=|x|$는 각각 모든 실수 x에서 연속인 함수이

다.

따라서 함수 $f(x)=x|x|$는 열린 구간 $(-\infty, \infty)$에서 연속이

다.

8 두 함수 $y=x+3$, $y=x^2-3x+2$는 각각 모든 실수 x에서 연속

인 함수이다.

따라서 주어진 함수 $f(x)=\dfrac{x+3}{x^2-3x+2}$은

$x^2-3x+2=(x-1)(x-2) \neq 0$, 즉 $x \neq 1$, $x \neq 2$인 모든 실수

x에서 연속이므로 열린 구간 $(-\infty, 1)$, $(1, 2)$, $(2, \infty)$에서

연속이다.

9 두 함수 $y=3$, $y=|x|-1$은 각각 모든 실수 x에서 연속인 함수

이다.

따라서 주어진 함수 $f(x)=\dfrac{3}{|x|-1}$은 $|x|-1 \neq 0$, $|x| \neq 1$,

즉 $x \neq 1$, $x \neq -1$인 모든 실수 x에서 연속이므로 열린 구간

$(-\infty, -1)$, $(-1, 1)$, $(1, \infty)$에서 연속이다.

11 두 함수 $f(x)=x^2-3x+2$, $g(x)=x+1$에 대하여

(1) $f(x)$, $g(x)$가 모두 다항함수이므로 $f(x)+g(x)$도 다항함

수이다.

따라서 열린 구간 $(-\infty, \infty)$에서 연속이다.

(2) $f(x)$, $g(x)$가 모두 다항함수이므로 $f(x)-2g(x)$도 다항함

수이다.

따라서 열린 구간 $(-\infty, \infty)$에서 연속이다.

(3) $f(x)$가 다항함수이므로 $\{f(x)\}^2$도 다항함수이다.

따라서 열린 구간 $(-\infty, \infty)$에서 연속이다.

(4) $\dfrac{f(x)}{g(x)}=\dfrac{x^2-3x+2}{x+1}=\dfrac{(x-1)(x-2)}{x+1}$

따라서 함수 $\dfrac{f(x)}{g(x)}$는 $x+1 \neq 0$, 즉 $x \neq -1$인 모든 실수 x에

서 연속이므로 열린 구간 $(-\infty, -1)$, $(-1, \infty)$에서 연속

이다.

(5) $\dfrac{g(x)}{f(x)}=\dfrac{x+1}{x^2-3x+2}=\dfrac{x+1}{(x-1)(x-2)}$

따라서 함수 $\dfrac{g(x)}{f(x)}$는 $(x-1)(x-2) \neq 0$, 즉 $x \neq 1$, $x \neq 2$인

모든 실수 x에서 연속이므로 열린 구간 $(-\infty, 1)$, $(1, 2)$,

$(2, \infty)$에서 연속이다.

12 두 함수 $f(x)=x^2-2x-2$, $g(x)=x^2+1$에 대하여

(1) $2f(x)$, $g(x)$가 모두 다항함수이므로 $2f(x)-g(x)$도 다항함수이다.

따라서 열린 구간 $(-\infty, \infty)$에서 연속이다.

(2) $f(x)$, $g(x)$가 모두 다항함수이므로 $f(x)-g(x)$도 다항함수이다.

따라서 열린 구간 $(-\infty, \infty)$에서 연속이다.

(3) $f(x)$, $g(x)$가 모두 다항함수이므로 $f(x)g(x)$도 다항함수이다.

따라서 열린 구간 $(-\infty, \infty)$에서 연속이다.

(4) $\dfrac{f(x)}{g(x)}=\dfrac{x^2-2x-2}{x^2+1}$

이때 모든 실수 x에 대하여

$g(x)=x^2+1>0$

따라서 함수 $\dfrac{f(x)}{g(x)}$는 열린 구간 $(-\infty, \infty)$에서 연속이다.

(5) $\dfrac{1}{2f(x)-g(x)}=\dfrac{1}{2(x^2-2x-2)-(x^2+1)}$

$=\dfrac{1}{x^2-4x-5}=\dfrac{1}{(x+1)(x-5)}$

따라서 함수 $\dfrac{1}{2f(x)-g(x)}$은 $(x+1)(x-5)\neq0$, 즉 $x\neq-1$, $x\neq5$인 모든 실수 x에서 연속이므로 열린 구간 $(-\infty, -1)$, $(-1, 5)$, $(5, \infty)$에서 연속이다.

13 두 함수 $f(x)=x^2-5x+6$, $g(x)=x^2-4$에 대하여

(1) $f(x)$, $3g(x)$가 모두 다항함수이므로 $f(x)+3g(x)$도 다항함수이다.

따라서 열린 구간 $(-\infty, \infty)$에서 연속이다.

(2) $g(x)$가 다항함수이므로 $\{g(x)\}^2$도 다항함수이다.

따라서 열린 구간 $(-\infty, \infty)$에서 연속이다.

(3) $\dfrac{f(x)}{g(x)}=\dfrac{x^2-5x+6}{x^2-4}=\dfrac{x^2-5x+6}{(x+2)(x-2)}$

따라서 함수 $\dfrac{f(x)}{g(x)}$는 $(x+2)(x-2)\neq0$, 즉 $x\neq-2$, $x\neq2$인 모든 실수 x에서 연속이므로 열린 구간 $(-\infty, -2)$, $(-2, 2)$, $(2, \infty)$에서 연속이다.

(4) $\dfrac{1}{f(x)+g(x)}=\dfrac{1}{2x^2-5x+2}$

$=\dfrac{1}{(2x-1)(x-2)}$

따라서 함수 $\dfrac{1}{f(x)+g(x)}$은 $(2x-1)(x-2)\neq0$, 즉 $x\neq\dfrac{1}{2}$, $x\neq2$인 모든 실수 x에서 연속이므로 열린 구간 $\left(-\infty, \dfrac{1}{2}\right)$, $\left(\dfrac{1}{2}, 2\right)$, $(2, \infty)$에서 연속이다.

(5) $\dfrac{1}{g(x)-f(x)}=\dfrac{1}{5x-10}=\dfrac{1}{5(x-2)}$

따라서 함수 $\dfrac{1}{g(x)-f(x)}$은 $x-2\neq0$, 즉 $x\neq2$인 모든 실수 x에서 연속이므로 열린 구간 $(-\infty, 2)$, $(2, \infty)$에서 연속이다.

14 두 함수 $f(x)=x^2+x+1$, $g(x)=x-3$에 대하여

①, ②, ③ $f(x)$, $g(x)$가 모두 다항함수이므로
$f(x)+g(x)$, $f(x)g(x)$, $\{f(x)\}^2$도 모두 다항함수이다.

즉 세 함수 $f(x)+g(x)$, $f(x)g(x)$, $\{f(x)\}^2$은 각각 모든 실수 x에서 연속이다.

④ $\dfrac{g(x)}{f(x)}=\dfrac{x-3}{x^2+x+1}$

이때 모든 실수 x에 대하여

$f(x)=x^2+x+1=\left(x+\dfrac{1}{2}\right)^2+\dfrac{3}{4}>0$

이므로 함수 $\dfrac{g(x)}{f(x)}$는 모든 실수 x에서 연속이다.

⑤ $\dfrac{f(x)}{g(x)}=\dfrac{x^2+x+1}{x-3}$

즉 함수 $\dfrac{f(x)}{g(x)}$는 $x-3\neq0$, 즉 $x\neq3$인 모든 실수 x에서 연속이다.

따라서 모든 실수 x에서 연속인 함수가 아닌 것은 ⑤이다.

15 두 함수 $f(x)$, $g(x)$가 모두 $x=a$에서 연속이므로
$\displaystyle\lim_{x\to a}f(x)=f(a)$, $\displaystyle\lim_{x\to a}g(x)=g(a)$

(2) $\displaystyle\lim_{x\to a}\{2f(x)+g(x)\}=\lim_{x\to a}2f(x)+\lim_{x\to a}g(x)$

$=2\lim_{x\to a}f(x)+\lim_{x\to a}g(x)$

$=2f(a)+g(a)$

이므로 $2f(x)+g(x)$는 $x=a$에서 반드시 연속이다.

(3) $\displaystyle\lim_{x\to a}\{f(x)-3g(x)\}=\lim_{x\to a}f(x)-\lim_{x\to a}3g(x)$

$=\lim_{x\to a}f(x)-3\lim_{x\to a}g(x)$

$=f(a)-3g(a)$

이므로 $f(x)-3g(x)$는 $x=a$에서 반드시 연속이다.

(4) $\displaystyle\lim_{x\to a}\{f(x)\}^2=\lim_{x\to a}\{f(x)\times f(x)\}$

$=\lim_{x\to a}f(x)\times\lim_{x\to a}f(x)$

$=f(a)\times f(a)=\{f(a)\}^2$

이므로 $\{f(x)\}^2$은 $x=a$에서 반드시 연속이다.

(5) $\displaystyle\lim_{x\to a}\{f(x)g(x)\}=\lim_{x\to a}f(x)\times\lim_{x\to a}g(x)$

$=f(a)g(a)$

이므로 $f(x)g(x)$는 $x=a$에서 반드시 연속이다.

(7) 함수 $\dfrac{f(x)}{g(x)}$는 $g(x)\neq0$일 때에만 연속이다.

즉 $g(a)=0$이면 함수 $\dfrac{f(x)}{g(x)}$는 불연속이므로 $x=a$에서 반드시 연속이라 할 수 없다.

(8) 함수 $\dfrac{1}{f(x)-g(x)}$은 $f(x)-g(x)\neq0$, 즉 $f(x)\neq g(x)$일 때에만 연속이다.

즉 $f(a)=g(a)$이면 함수 $\dfrac{1}{f(x)-g(x)}$은 불연속이므로 $x=a$에서 반드시 연속이라 할 수 없다.

16 주어진 그래프에서

$f(0)=0$, $f(1)=0$, $g(0)=1$, $g(1)=0$이고

$\displaystyle\lim_{x\to0}f(x)=0$, $\displaystyle\lim_{x\to1}f(x)=-1$,

$\displaystyle\lim_{x\to0}g(x)=1$, $\displaystyle\lim_{x\to1}g(x)=0$

(1) $\displaystyle\lim_{x\to0}\{f(x)+g(x)\}=\lim_{x\to0}f(x)+\lim_{x\to0}g(x)$
$$=0+1=1$$

$f(0)+g(0)=0+1=1$

즉 $\displaystyle\lim_{x\to0}\{f(x)+g(x)\}=f(0)+g(0)$이므로 함수

$f(x)+g(x)$는 $x=0$에서 연속이다.

(2) $\displaystyle\lim_{x\to1}f(x)g(x)=\lim_{x\to1}f(x)\times\lim_{x\to1}g(x)$
$$=(-1)\times0=0$$

$f(1)g(1)=0\times0=0$

즉 $\displaystyle\lim_{x\to1}f(x)g(x)=f(1)g(1)$이므로 함수 $f(x)g(x)$는

$x=1$에서 연속이다.

(3) $\displaystyle\lim_{x\to1}\frac{g(x)}{f(x)}=\frac{\lim_{x\to1}g(x)}{\lim_{x\to1}f(x)}=\frac{0}{-1}=0$

이때 $f(1)=0$이므로 $\dfrac{g(1)}{f(1)}$은 정의되지 않는다.

즉 함수 $\dfrac{g(x)}{f(x)}$는 $x=1$에서 불연속이다.

17 주어진 그래프에서

$f(0)=1$, $f(1)=0$, $g(0)=0$, $g(1)=0$이고

$\displaystyle\lim_{x\to0}f(x)=1$, $\displaystyle\lim_{x\to1}f(x)=0$, $\displaystyle\lim_{x\to1}g(x)=0$

한편 $\displaystyle\lim_{x\to0+}g(x)=-1$, $\displaystyle\lim_{x\to0-}g(x)=1$이므로

$\displaystyle\lim_{x\to0}g(x)$의 값은 존재하지 않는다.

(1) $\displaystyle\lim_{x\to1}\{f(x)+g(x)\}=\lim_{x\to1}f(x)+\lim_{x\to1}g(x)$
$$=0+0=0$$

$f(1)+g(1)=0+0=0$

즉 $\displaystyle\lim_{x\to1}\{f(x)+g(x)\}=f(1)+g(1)$이므로 함수

$f(x)+g(x)$는 $x=1$에서 연속이다.

(2) $\displaystyle\lim_{x\to1}f(x)g(x)=\lim_{x\to1}f(x)\times\lim_{x\to1}g(x)$
$$=0\times0=0$$

$f(1)g(1)=0\times0=0$

즉 $\displaystyle\lim_{x\to1}f(x)g(x)=f(1)g(1)$이므로 함수 $f(x)g(x)$는

$x=1$에서 연속이다.

(3) $\displaystyle\lim_{x\to0}g(x)$의 값이 존재하지 않으므로 $\displaystyle\lim_{x\to0}\frac{g(x)}{f(x)}$의 값도 존

재하지 않는다.

즉 함수 $\dfrac{g(x)}{f(x)}$는 $x=0$에서 불연속이다.

18 두 함수 $f(x)=|x|+1$, $g(x)=x-1$의 그래프는 각각 다음 그림과 같다.

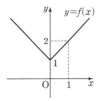 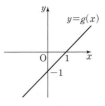

위의 그래프에서

$f(1)=2$, $g(1)=0$이고 $\displaystyle\lim_{x\to1}f(x)=2$, $\displaystyle\lim_{x\to1}g(x)=0$

① $\displaystyle\lim_{x\to1}\{f(x)+g(x)\}=\lim_{x\to1}f(x)+\lim_{x\to1}g(x)$
$$=2+0=2$$

$f(1)+g(1)=2+0=2$

즉 $\displaystyle\lim_{x\to1}\{f(x)+g(x)\}=f(1)+g(1)$이므로 함수

$f(x)+g(x)$는 $x=1$에서 연속이다.

② $\displaystyle\lim_{x\to1}\{f(x)-g(x)\}=\lim_{x\to1}f(x)-\lim_{x\to1}g(x)$
$$=2-0=2$$

$f(1)-g(1)=2-0=2$

즉 $\displaystyle\lim_{x\to1}\{f(x)-g(x)\}=f(1)-g(1)$이므로 함수

$f(x)-g(x)$는 $x=1$에서 연속이다.

③ $\displaystyle\lim_{x\to1}f(x)g(x)=\lim_{x\to1}f(x)\times\lim_{x\to1}g(x)$
$$=2\times0=0$$

$f(1)g(1)=2\times0=0$

즉 $\displaystyle\lim_{x\to1}f(x)g(x)=f(1)g(1)$이므로 함수 $f(x)g(x)$는

$x=1$에서 연속이다.

④ $\displaystyle\lim_{x\to1}\frac{1}{f(x)}=\frac{1}{\lim_{x\to1}f(x)}=\frac{1}{2}$, $\dfrac{1}{f(1)}=\dfrac{1}{2}$

즉 $\displaystyle\lim_{x\to1}\frac{1}{f(x)}=\frac{1}{f(1)}$이므로 함수 $\dfrac{1}{f(x)}$은 $x=1$에서 연속

이다.

⑤ 함수 $\dfrac{f(x)}{g(x)}=\dfrac{|x|+1}{x-1}$은 $x-1=0$, 즉 $x=1$일 때는 정의되

지 않는다.

즉 함수 $\dfrac{f(x)}{g(x)}$는 $x=1$에서 불연속이다.

따라서 $x=1$에서 연속이 아닌 것은 ⑤이다.

본문 74쪽

TEST 개념 확인

1 ②	2 ④	3 3	4 ②
5 ③	6 6	7 ②	8 ③
9 5	10 ⑤	11 ⑤	12 ③

1 ㄱ. $f(x)=\dfrac{1-x}{x}=\dfrac{1}{x}-1$이므로 함수

$f(x)$는 $x=0$에서 정의되지 않는다.

따라서 함수 $f(x)$는 $x=0$에서 불연속

이다.

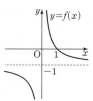

ㄴ. $g(x)=\sqrt{x+1}=\sqrt{x-(-1)}$

이때 $g(0)=1$, $\displaystyle\lim_{x\to 0}g(x)=1$이므로

$\displaystyle\lim_{x\to 0}g(x)=g(0)$

따라서 함수 $g(x)$는 $x=0$에서 연속이다.

ㄷ. $h(x)=\begin{cases}\dfrac{|x|}{x} & (x\neq 0)\\ 2 & (x=0)\end{cases}$ 에서 $h(0)=2$이고

$x>0$일 때, $h(x)=\dfrac{|x|}{x}=\dfrac{x}{x}=1$

$x<0$일 때, $h(x)=\dfrac{|x|}{x}=\dfrac{-x}{x}=-1$

즉 $\displaystyle\lim_{x\to 0+}h(x)=1$, $\displaystyle\lim_{x\to 0-}h(x)=-1$이므로 $\displaystyle\lim_{x\to 0}h(x)$의 값

이 존재하지 않는다.

따라서 함수 $h(x)$는 $x=0$에서 불연속이다.

그러므로 $x=0$에서 연속인 함수는 ㄴ뿐이다.

2 함수 $f(x)=\begin{cases}x^2+3 & (x\geq a)\\ 3-x & (x<a)\end{cases}$ 가 $x=a$에서 연속이려면

$\displaystyle\lim_{x\to a+}f(x)=\lim_{x\to a-}f(x)=f(a)$이어야 한다. 이때

$\displaystyle\lim_{x\to a+}f(x)=\lim_{x\to a+}(x^2+3)=a^2+3$,

$\displaystyle\lim_{x\to a-}f(x)=\lim_{x\to a-}(3-x)=3-a$,

$f(a)=a^2+3$

이므로 $a^2+3=3-a$에서

$a^2+a=0$, $a(a+1)=0$

$a=0$ 또는 $a=-1$

따라서 모든 실수 a의 값의 합은

$0+(-1)=-1$

3 (i) $x=1$일 때

$f(1)=1$, $\displaystyle\lim_{x\to 1}f(x)=3$이므로

$\displaystyle\lim_{x\to 1}f(x)\neq f(1)$

즉 $x=1$에서 함수 $f(x)$의 극한값은 존

재하지만 불연속이다.

(ii) $x=3$일 때

$f(3)=3$이고 $\displaystyle\lim_{x\to 3+}f(x)=3$, $\displaystyle\lim_{x\to 3-}f(x)=2$

즉 $x=3$에서 함수 $f(x)$의 극한값은 존재하지 않고, 불연속

이다.

(i), (ii)에서 함수 $f(x)$의 극한값이 존재하지 않는 x의 값의 개

수는 $x=3$의 1이므로

$a=1$

또 함수 $f(x)$가 불연속인 x의 값의 개수는 $x=1$, $x=3$의 2이

므로

$b=2$

따라서 $a+b=1+2=3$

4 ㄱ. 주어진 그래프에서 $\displaystyle\lim_{x\to 0+}f(x)=1$, $\displaystyle\lim_{x\to 0-}f(x)=2$이므로

$\displaystyle\lim_{x\to 0}f(x)$의 값은 존재하지 않는다. (거짓)

ㄴ. 주어진 그래프에서 $f(1)=1$, $\displaystyle\lim_{x\to 1}f(x)=0$이므로

$\displaystyle\lim_{x\to 1}f(x)\neq f(1)$

즉 $f(x)$는 $x=1$에서 불연속이다. (거짓)

ㄷ. $f(-1)=0$, $\displaystyle\lim_{x\to -1}f(x)=1$에서 $f(-1)\neq\displaystyle\lim_{x\to -1}f(x)$이므로

$f(x)$는 $x=-1$에서 불연속이다. 또 ㄱ, ㄴ에 의하여 $f(x)$

는 $x=0$, $x=1$에서 각각 불연속이다. 즉 함수 $f(x)$가 불연

속인 x의 값의 개수는 $x=-1$, $x=0$, $x=1$의 3이다. (참)

따라서 옳은 것은 ㄷ뿐이다.

5 함수 $f(x)=\begin{cases}3x^2+ax-5 & (x\geq 1)\\ 2x-1 & (x<1)\end{cases}$ 이 모든 실수 x에서 연속

이려면 $x=1$에서 연속이어야 하므로

$\displaystyle\lim_{x\to 1+}f(x)=\lim_{x\to 1-}f(x)=f(1)$

이어야 한다.

즉 $\displaystyle\lim_{x\to 1+}(3x^2+ax-5)=\lim_{x\to 1-}(2x-1)=a-2$에서

$2-1=a-2$

따라서 $a=3$

6 함수 $f(x)=\begin{cases}\dfrac{x^2+ax-3}{x-1} & (x\neq 1)\\ b & (x=1)\end{cases}$ 가 모든 실수 x에서 연속

이려면 $x=1$에서도 연속이어야 하므로 $\displaystyle\lim_{x\to 1}f(x)=f(1)$이어야

한다.

즉 $\displaystyle\lim_{x\to 1}\dfrac{x^2+ax-3}{x-1}=b$ $\quad\cdots\cdots$ ㉠

㉠에서 $x\to 1$일 때, 극한값이 존재하고 (분모)$\to 0$이므로

(분자)$\to 0$이다.

즉 $\displaystyle\lim_{x\to 1}(x^2+ax-3)=0$에서

$1+a-3=0$, 즉 $a=2$

$a=2$를 ㉠에 대입하면

$b=\displaystyle\lim_{x\to 1}\dfrac{x^2+2x-3}{x-1}$

$=\displaystyle\lim_{x\to 1}\dfrac{(x-1)(x+3)}{x-1}$

$=\displaystyle\lim_{x\to 1}(x+3)=1+3=4$

따라서 $a=2$, $b=4$이므로 $a+b=2+4=6$

7 함수 $f(x)=\begin{cases}\dfrac{\sqrt{x+4}+a}{x} & (x\neq 0)\\ b & (x=0)\end{cases}$ 가 $x>-4$인 모든 실수 x

에서 연속이려면 $x=0$에서도 연속이어야 하므로 $\displaystyle\lim_{x\to 0}f(x)=f(0)$

이어야 한다.

즉 $\displaystyle\lim_{x\to 0}\dfrac{\sqrt{x+4}+a}{x}=b$ $\quad\cdots\cdots$ ㉠

㉠에서 $x\to 0$일 때, 극한값이 존재하고 (분모)$\to 0$이므로

(분자)$\to 0$이다.

즉 $\lim_{x \to 0}(\sqrt{x+4}+a)=0$에서

$\sqrt{4}+a=0$, 즉 $a=-2$

$a=-2$를 ㉠에 대입하면

$b=\lim_{x \to 0}\dfrac{\sqrt{x+4}-2}{x}$

$\quad=\lim_{x \to 0}\dfrac{(\sqrt{x+4}-2)(\sqrt{x+4}+2)}{x(\sqrt{x+4}+2)}$

$\quad=\lim_{x \to 0}\dfrac{x}{x(\sqrt{x+4}+2)}$

$\quad=\lim_{x \to 0}\dfrac{1}{\sqrt{x+4}+2}=\dfrac{1}{\sqrt{4}+2}=\dfrac{1}{4}$

따라서 $a=-2$, $b=\dfrac{1}{4}$이므로

$\dfrac{a}{b}=-2 \div \dfrac{1}{4}=-8$

8 $(x-2)f(x)=x^3+ax^2-x-10$에서

$x \ne 2$일 때, $f(x)=\dfrac{x^3+ax^2-x-10}{x-2}$ ...... ㉠

이때 함수 $f(x)$가 모든 실수 x에서 연속이므로

$x=2$에서도 연속이어야 한다.

즉 $\lim_{x \to 2}\dfrac{x^3+ax^2-x-10}{x-2}=f(2)$ ...... ㉡

㉡에서 $x \to 2$일 때, 극한값이 존재하고 (분모)$\to 0$이므로

(분자)$\to 0$이다.

즉 $\lim_{x \to 2}(x^3+ax^2-x-10)=0$에서

$8+4a-2-10=0$, $4a=4$, $a=1$

따라서 구하는 것은 $f(a)$, 즉 $f(1)$의 값이므로 ㉠에서

$f(1)=\dfrac{1+1-1-10}{1-2}=9$

9 $(2x-1)f(x)=2x^2+ax+b$에서

$x \ne \dfrac{1}{2}$일 때, $f(x)=\dfrac{2x^2+ax+b}{2x-1}$

함수 $f(x)$가 실수 전체의 집합에서 연속이므로 $x=\dfrac{1}{2}$에서도

연속이어야 한다.

즉 $\lim_{x \to \frac{1}{2}}\dfrac{2x^2+ax+b}{2x-1}=f\left(\dfrac{1}{2}\right)$ ...... ㉠

㉠에서 $x \to \dfrac{1}{2}$일 때, 극한값이 존재하고 (분모)$\to 0$이므로

(분자)$\to 0$이다.

즉 $\lim_{x \to \frac{1}{2}}(2x^2+ax+b)=0$에서

$2 \times \left(\dfrac{1}{2}\right)^2+a \times \dfrac{1}{2}+b=0$

즉 $b=-\dfrac{1}{2}a-\dfrac{1}{2}$ ...... ㉡

㉡을 ㉠에 대입하면

$f\left(\dfrac{1}{2}\right)=\lim_{x \to \frac{1}{2}}\dfrac{2x^2+ax-\dfrac{1}{2}a-\dfrac{1}{2}}{2x-1}$

$\quad=\lim_{x \to \frac{1}{2}}\dfrac{\left(x-\dfrac{1}{2}\right)(2x+1+a)}{2\left(x-\dfrac{1}{2}\right)}$

$\quad=\lim_{x \to \frac{1}{2}}\dfrac{2x+1+a}{2}=\dfrac{a+2}{2}$

이때 $f\left(\dfrac{1}{2}\right)=\dfrac{5}{2}$이므로 $\dfrac{a+2}{2}=\dfrac{5}{2}$에서 $a=3$

$a=3$을 ㉡에 대입하면 $b=-\dfrac{1}{2} \times 3-\dfrac{1}{2}=-2$

따라서 $a-b=3-(-2)=5$

10 두 함수 $f(x)$, $g(x)$가 $x=a$에서 연속이므로

$\lim_{x \to a}f(x)=f(a)$, $\lim_{x \to a}g(x)=g(a)$

① $\lim_{x \to a}\{f(x)+2g(x)\}=\lim_{x \to a}f(x)+2\lim_{x \to a}g(x)$

$\qquad\qquad\qquad\qquad =f(a)+2g(a)$

즉 함수 $f(x)+2g(x)$는 $x=a$에서 연속이다.

② $\lim_{x \to a}f(x)g(x)=\lim_{x \to a}f(x) \times \lim_{x \to a}g(x)$

$\qquad\qquad\qquad =f(a)g(a)$

즉 함수 $f(x)g(x)$는 $x=a$에서 연속이다.

③ $\lim_{x \to a}\{f(x)\}^2=\lim_{x \to a}f(x) \times \lim_{x \to a}f(x)$

$\qquad\qquad\quad =\{f(a)\}^2$

즉 함수 $\{f(x)\}^2$은 $x=a$에서 연속이다.

④ $\lim_{x \to a}\{g(x)\}^2=\lim_{x \to a}g(x) \times \lim_{x \to a}g(x)$

$\qquad\qquad\quad =\{g(a)\}^2$

즉 함수 $\{g(x)\}^2$은 $x=a$에서 연속이다.

⑤ [반례] $f(a)=g(a)$이면 $f(a)-g(a)=0$이므로

$\qquad\qquad \dfrac{1}{f(a)-g(a)}$의 값이 정의되지 않는다.

즉 함수 $\dfrac{1}{f(x)-g(x)}$은 $x=a$에서 불연속이다.

따라서 $x=a$에서 항상 연속인 함수가 아닌 것은 ⑤이다.

11 두 함수 $f(x)=x^2+2x+2$, $g(x)=x^2-2x-3$에 대하여

①, ②, ③ $f(x)$, $g(x)$가 모두 이차함수이므로

$\qquad f(x)+g(x)$는 이차함수이고 $f(x)g(x)$와 $\{f(x)\}^2$

은 사차함수이다. 즉 세 함수 $f(x)+g(x)$, $f(x)$

$g(x)$, $\{f(x)\}^2$은 모든 실수 x에서 연속이다.

④ $\dfrac{g(x)}{f(x)}=\dfrac{x^2-2x-3}{x^2+2x+2}$

이때 모든 실수 x에 대하여

$f(x)=x^2+2x+2=(x+1)^2+1>0$

이므로 함수 $\dfrac{g(x)}{f(x)}$는 모든 실수 x에서 연속이다.

⑤ $f(x)-g(x)=(x^2+2x+2)-(x^2-2x-3)$

$\qquad\qquad\quad =4x+5$

이므로 $\dfrac{f(x)}{f(x)-g(x)}=\dfrac{x^2+2x+2}{4x+5}$

함수 $\dfrac{f(x)}{f(x)-g(x)}$는 $4x+5 \ne 0$, 즉 $x \ne -\dfrac{5}{4}$인 실수 x에서

연속이고 $x=-\dfrac{5}{4}$에서 불연속이다.

따라서 모든 실수 x에서 연속인 함수가 아닌 것은 ⑤이다.

12 ㄱ. $f(x)+g(x)=h(x)$로 놓으면

$g(x)=h(x)-f(x)$

이때 $f(x)$, $f(x)+g(x)$, 즉 $f(x)$, $h(x)$가 모든 실수 x에서 연속이면 함수 $g(x)$도 모든 실수 x에서 연속이다. (참)

ㄴ. [반례] $f(x)=0$, $g(x)=\begin{cases} 1 & (x\geq0) \\ -1 & (x<0) \end{cases}$ 이면 두 함수 $f(x)$, $f(x)g(x)$는 모든 실수 x에서 연속이지만 함수 $g(x)$는 $x=0$에서 불연속이다. (거짓)

ㄷ. 모든 실수 x에서 연속인 함수 $f(x)$에 대하여 $|f(x)|\geq0$이므로 $|f(x)|+1\geq1$

즉 $f(x)$, $g(x)$가 모든 실수 x에서 연속이면 함수 $\dfrac{g(x)}{|f(x)|+1}$도 모든 실수 x에서 연속이다. (참)

따라서 옳은 것은 ㄱ, ㄷ이다.

06

본문 76쪽

최대 · 최소 정리

1 ($\diagdown$ $-2, 3, 0, -1$)

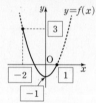

2 최댓값: 4, 최솟값: 1　　**3** 최댓값: 1, 최솟값: $\dfrac{1}{4}$

4 최댓값: 3, 최솟값: 2

5 (1) 최댓값: 2, 최솟값: 1　(2) ($\diagdown$ 1, 1, 2, 없)

(3) 최댓값: 2, 최솟값: 없다.　(4) ($\diagdown$ 1, 1, 2, 없)

(5) 최댓값: 1, 최솟값: 없다.

6 ($\diagdown$ 연속, 최솟값, $-1, 6, 1, 2$)

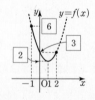

7 최댓값: 3, 최솟값: 1　　**8** 최댓값: $\dfrac{2}{3}$, 최솟값: 0

9 최댓값: 5, 최솟값: 3　　**10** ①

2 함수 $f(x)=|x|$에 대하여 닫힌 구간 $[1, 4]$에서 $y=f(x)$의 그래프는 오른쪽 그림과 같다.

따라서 함수 $f(x)$는

$x=4$에서 최댓값 4,

$x=1$에서 최솟값 1을 갖는다.

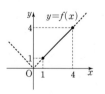

3 함수 $f(x)=\dfrac{1}{x+2}$에 대하여 닫힌 구간 $[-1, 2]$에서 $y=f(x)$의 그래프는 오른쪽 그림과 같다.

따라서 함수 $f(x)$는

$x=-1$에서 최댓값 1,

$x=2$에서 최솟값 $\dfrac{1}{4}$을 갖는다.

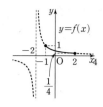

4 함수 $f(x)=\sqrt{x}+1$에 대하여 닫힌 구간 $[1, 4]$에서 $y=f(x)$의 그래프는 오른쪽 그림과 같다.

따라서 함수 $f(x)$는

$x=4$에서 최댓값 3,

$x=1$에서 최솟값 2를 갖는다.

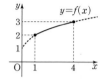

5 (1) 주어진 함수 $f(x)$는 닫힌 구간 $[0, 1]$에서 연속이므로 이 구간에서 반드시 최댓값, 최솟값을 갖는다.

따라서 주어진 그래프에서 함수 $f(x)$는

$x=1$에서 최댓값 $f(1)=2$,

$x=0$에서 최솟값 $f(0)=1$을 갖는다.

(3) 함수 $f(x)$는 $x=1$에서 최댓값 $f(1)=2$를 갖고 최솟값은 없다.

(5) 함수 $f(x)$는 $x=-2$에서 최댓값 $f(-2)=1$을 갖고 최솟값은 없다.

7 함수 $f(x)=|x|+1$은 닫힌 구간 $[-2, 2]$에서 연속이므로 이 구간에서 반드시 최댓값, 최솟값을 갖는다.

이때 구간 $[-2, 2]$에서 함수 $y=f(x)$의 그래프는 오른쪽 그림과 같다.

따라서 함수 $f(x)$는

$x=-2$ 또는 $x=2$에서 최댓값 3,

$x=0$에서 최솟값 1을 갖는다.

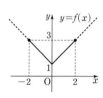

8 $f(x)=\dfrac{x}{x-1}=\dfrac{1}{x-1}+1$

즉 유리함수 $f(x)=\dfrac{x}{x-1}$의 점근선의 방정식은 $x=1$, $y=1$이므로 함수 $f(x)$는 닫힌 구간 $[-2, 0]$에서 연속이고, 이 구간에서 반드시 최댓값, 최솟값을 갖는다.

이때 구간 $[-2, 0]$에서 함수 $y=f(x)$의 그래프는 오른쪽 그림과 같다.

따라서 함수 $f(x)$는

$x=-2$에서 최댓값 $\dfrac{2}{3}$,

$x=0$에서 최솟값 0을 갖는다.

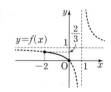

9 무리함수 $f(x)=2\sqrt{x-1}+1$의 그래프는 $y=2\sqrt{x}$의 그래프를 x축의 방향으로 1만큼, y축의 방향으로 1만큼 평행이동한 것이다. 함수 $f(x)$는 닫힌 구간 $[2, 5]$에서 연속이므로 이 구간에서 반드시 최댓값, 최솟값을 갖는다.

이때 구간 $[2, 5]$에서 함수 $y=f(x)$의 그래프는 오른쪽 그림과 같다.
따라서 함수 $f(x)$는
$x=5$에서 최댓값 5,
$x=2$에서 최솟값 3을 갖는다.

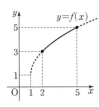

10 $f(x)=\dfrac{2x+1}{1-x}=-\dfrac{3}{x-1}-2$

즉 유리함수 $y=f(x)$의 점근선의 방정식은 $x=1$, $y=-2$이므로 함수 $f(x)$는 닫힌 구간 $[-6, 0]$에서 연속이고, 이 구간에서 반드시 최댓값을 갖는다.

이때 닫힌 구간 $[-6, 0]$에서 함수
$y=f(x)$의 그래프는 오른쪽 그림과 같으므로 함수 $f(x)$는 $x=0$일 때 최댓값 1을 갖는다.

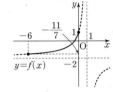

또 $g(x)=\sqrt{3-x}-4=\sqrt{-(x-3)}-4$

즉 무리함수 $y=g(x)$의 그래프는 $y=\sqrt{-x}$의 그래프를 x축의 방향으로 3만큼, y축의 방향으로 -4만큼 평행이동한 것이다.

함수 $g(x)$는 닫힌 구간 $[-6, 0]$에서 연속이므로 이 구간에서 반드시 최댓값을 갖는다.

이때 닫힌 구간 $[-6, 0]$에서 함수
$y=g(x)$의 그래프는 오른쪽 그림과 같으므로 함수 $g(x)$는 $x=-6$일 때 최댓값 -1을 갖는다.

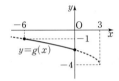

따라서 $a=1$, $b=-1$이므로
$a-b=1-(-1)=2$

07

본문 78쪽

사잇값 정리

1 연속, 연속, 0, 12, $\neq$, 10, 사잇값

2 연속, 연속, 1, 11, $\neq$, $<$, $<$, 사잇값

3 연속, 연속, 2, $\dfrac{3}{2}$, $\neq$, 5, 3, 사잇값

4 연속, $<$, $>$, $<$, 사잇값 **5** 연속, $>$, $<$, $<$, 사잇값

6 연속, $<$, $>$, $<$, 사잇값

7 ($\varnothing$ -1, -4, $<$, -1, 2, $>$, 3, -3, $<$, -1, 1, 0, 2, 2)

8 3 **9** 3 **10** 4

☺ 연속, $<$ **11** ④

8 $f(-3)f(-2)=-1<0$,
 $f(-2)f(0)=-1<0$,
 $f(0)f(1)=-2<0$
이므로 사잇값 정리에 의하여 방정식 $f(x)=0$은 열린 구간
$(-3, -2)$, $(-2, 0)$, $(0, 1)$에서 각각 적어도 하나의 실근을
갖는다.

즉 방정식 $f(x)=0$은 열린 구간 $(-3, 1)$에서 적어도 3개의 실근을 갖는다.
따라서 $n=3$

9 $f(-2)f(-1)=-2<0$,
 $f(-1)f(0)=-1<0$,
 $f(0)f(1)=1>0$,
 $f(1)f(2)=-2<0$
이므로 사잇값 정리에 의하여 방정식 $f(x)=0$은 열린 구간
$(-2, -1)$, $(-1, 0)$, $(1, 2)$에서 각각 적어도 하나의 실근을
갖는다.
즉 방정식 $f(x)=0$은 열린 구간 $(-2, 2)$에서 적어도 3개의 실근을 갖는다.
따라서 $n=3$

10 $f(-3)f(-2)=-2<0$,
 $f(-2)f(-1)=-1<0$,
 $f(-1)f(0)=2>0$,
 $f(0)f(1)=-1<0$,
 $f(1)f(2)=1>0$,
 $f(2)f(3)=-2<0$
이므로 사잇값 정리에 의하여 방정식 $f(x)=0$은 열린 구간
$(-3, -2)$, $(-2, -1)$, $(0, 1)$, $(2, 3)$에서 각각 적어도 하나의 실근을 갖는다.
즉 방정식 $f(x)=0$은 열린 구간 $(-3, 3)$에서 적어도 4개의 실근을 갖는다.
따라서 $n=4$

11 $f(x)=x^3+x-4$라 할 때, 열린 구간 (a, b)에서 방정식
$f(x)=0$이 적어도 하나의 실근을 가지려면 사잇값 정리에 의하여 $f(a)f(b)<0$이 성립해야 한다. 이때
$f(-2)=(-2)^3+(-2)-4=-14<0$
$f(-1)=(-1)^3+(-1)-4=-6<0$
$f(0)=0^3+0-4=-4<0$
$f(1)=1^3+1-4=-2<0$
$f(2)=2^3+2-4=6>0$
$f(3)=3^3+3-4=26>0$
따라서
$f(-2)f(-1)>0$, $f(-1)f(0)>0$, $f(0)f(1)>0$,
$f(1)f(2)<0$, $f(2)f(3)>0$
이므로 주어진 방정식의 실근 a가 존재하는 구간은 $(1, 2)$이다.

1 ④   2 8   3 ④   4 ④

5 ①   6 ③

---

1   ㄱ. 주어진 그래프에서 함수 $f(x)$는 닫힌 구간 $[-3, -1]$에서
       연속이므로 이 구간에서 반드시 최댓값을 갖는다. (참)

   ㄴ. 주어진 그래프에서 함수 $f(x)$는 열린 구간 $(-1, 0)$에서
       최댓값, 최솟값을 갖지 않는다. (거짓)

   ㄷ. 주어진 그래프에서 함수 $f(x)$는 열린 구간 $(0, 2)$에서 연속
       이고

       (i) $\lim\limits_{x \to 0+} f(x) = 1$, $f(0) = -1$

       (ii) $\lim\limits_{x \to 1} f(x) = -1$, $f(1) = -1$

       이므로 최솟값은 -1이고 최댓값은 없다. (참)

   따라서 옳은 것은 ㄱ, ㄷ이다.

2   $f(x) = \dfrac{3x-1}{x+1} = -\dfrac{4}{x+1} + 3$

   유리함수 $y = f(x)$의 점근선의 방정식은 $x = -1$, $y = 3$이므로
   함수 $f(x)$는 닫힌 구간 $[0, 3]$에서 연속이고, 이 구간에서 반드
   시 최댓값을 갖는다.

   이때 닫힌 구간 $[0, 3]$에서 함수 $y = f(x)$
   의 그래프는 오른쪽 그림과 같으므로 함
   수 $f(x)$는 $x = 3$에서 최댓값 2를 갖는다.
   또 $g(x) = \sqrt{x+1} + 1 = \sqrt{x-(-1)} + 1$
   무리함수 $y = g(x)$의 그래프는 $y = \sqrt{x}$의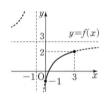
   그래프를 x축의 방향으로 -1만큼, y축의 방향으로 1만큼 평행
   이동한 것이므로 닫힌 구간 $[0, 3]$에서 연속이고, 이 구간에서
   반드시 최솟값을 갖는다.

   이때 닫힌 구간 $[0, 3]$에서 함수
   $y = g(x)$의 그래프는 오른쪽 그림과 같
   으므로 함수 $g(x)$는 $x = 0$에서 최솟값 2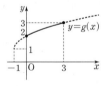
   를 갖는다.

   따라서 $a = 2$, $b = 2$이므로
   $a^2 + b^2 = 2^2 + 2^2 = 8$

3   $f(x) = \dfrac{x}{x-2} = \dfrac{2}{x-2} + 1$

   함수 $y = f(x)$의 그래프는 오른쪽 그림
   과 같고, 함수 $f(x)$는 $x \neq 2$인 모든 실수
   x에서 연속이다.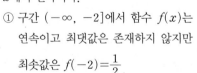

   ① 구간 $(-\infty, -2]$에서 함수 $f(x)$는
      연속이고 최댓값은 존재하지 않지만
      최솟값은 $f(-2) = \dfrac{1}{2}$

   ② 구간 $(-2, 0)$에서 함수 $f(x)$는 연속이고 최댓값은 존재하
      지 않지만 최솟값은 $f(0) = 0$

   ③ 구간 $[0, 1]$에서 함수 $f(x)$는 연속이고 최댓값은 $f(0) = 0$,
      최솟값은 $f(1) = -1$

---

   ④ 구간 $[1, 2)$에서 함수 $f(x)$는 연속이고 최댓값은
      $f(1) = -1$이지만 최솟값은 존재하지 않는다.

   ⑤ 구간 $(2, 3]$에서 함수 $f(x)$는 연속이고 최댓값은 존재하지
      않지만 최솟값은 $f(3) = 3$

   따라서 최솟값이 존재하지 않는 구간은 ④이다.

4   $f(x) = x^2 - x + a$라 하면 $f(x)$는 구간 $[2, 3]$에서 연속이고
   $f(2) = a + 2$, $f(3) = a + 6$

   $f(x) = \left(x - \dfrac{1}{2}\right)^2 + a - \dfrac{1}{4}$이고, $\dfrac{1}{2} < 2 < 3$이므로

   방정식 $x^2 - x + a = 0$은 구간 $(2, 3)$에서 서로 다른 두 개의 실
   근을 가질 수 없다.

   즉 방정식 $x^2 - x + a = 0$이 구간 $(2, 3)$에서 적어도 하나의 실근
   을 갖는 경우는 이 구간에서 단 하나의 실근만을 갖는 경우이므
   로 $f(2)f(3) < 0$이어야 한다.

   따라서 $(a+2)(a+6) < 0$, 즉 $-6 < a < -2$이므로
   단 하나의 실근을 갖도록 하는 정수 a의 개수는 -5, -4, -3
   의 3이다.

5   $f(0)f(1) = 2 \times (-1) = -2 < 0$

   $f(1)f(2) = (-1) \times 3 = -3 < 0$

   $f(2)f(3) = 3 \times 1 = 3 > 0$

   $f(3)f(4) = 1 \times (-2) = -2 < 0$

   $f(4)f(5) = (-2) \times 4 = -8 < 0$

   이므로 사잇값 정리에 의하여 $f(x) = 0$은 열린 구간 $(0, 1)$,
   $(1, 2)$, $(3, 4)$, $(4, 5)$에서 각각 적어도 하나의 실근을 갖는다.

   따라서 방정식 $f(x) = 0$은 열린 구간 $(0, 5)$에서 적어도 4개의
   실근을 가지므로 k의 값은 4이다.

   [다른 풀이]

   연속함수 $f(x)$에 대하여 주어진 조건을 만족시키면서 x축과의
   교점의 개수가 최소가 되도록 $y = f(x)$의 그래프를 예상하면 다
   음 그림과 같다.

   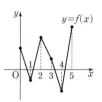

   따라서 $0 \leq x \leq 5$에서 함수 $y = f(x)$의 그래프와 x축은 적어도 4
   개의 교점을 가지므로 방정식 $f(x) = 0$은 열린 구간 $(0, 5)$에서
   적어도 4개의 실근을 갖는다.

   즉 k의 값은 4이다.

6   $f(x) = x^3 - x^2 + x + 1$이라 할 때, 열린 구간 (a, b)에서 방정식
   $f(x) = 0$이 적어도 하나의 실근을 가지려면 사잇값 정리에 의하
   여 $f(a)f(b) < 0$이 성립해야 한다.

   이때

   $f(-3) = (-3)^3 - (-3)^2 + (-3) + 1 = -38 < 0$

   $f(-2) = (-2)^3 - (-2)^2 + (-2) + 1 = -13 < 0$

   $f(-1) = (-1)^3 - (-1)^2 + (-1) + 1 = -2 < 0$

$f(0)=0^3-0^2+0+1=1>0$

$f(1)=1^3-1^2+1+1=2>0$

$f(2)=2^3-2^2+2+1=7>0$

따라서

$f(-3)f(-2)>0,\ f(-2)f(-1)>0,\ f(-1)f(0)<0,$

$f(0)f(1)>0,\ f(1)f(2)>0$

이므로 주어진 방정식의 실근 a가 존재하는 구간은 $(-1,\ 0)$이다.

TEST 개념 발전

본문 82쪽

1 ④	**2** 13	**3** ⑤	**4** ②, ③
5 7	**6** ②	**7** ⑤	**8** ①, ②
9 ④	**10** ①	**11** ⑤	

2 (i) $x=-1$일 때

$\lim\limits_{x\to-1+}f(x)=1,\ \lim\limits_{x\to-1-}f(x)=2$이므로 $x=-1$에서 함수 $f(x)$의 극한값은 존재하지 않고, 불연속이다.

(ii) $x=0$일 때

$f(0)=2,\ \lim\limits_{x\to0}f(x)=-1$이므로

$\lim\limits_{x\to0}f(x)\neq f(0)$

즉 $x=0$에서 함수 $f(x)$의 극한값은 존재하지만 극한값과 함숫값이 서로 다르므로 불연속이다.

(iii) $x=2$일 때

$f(2)=1$이고 $\lim\limits_{x\to2+}f(x)=1,\ \lim\limits_{x\to2-}f(x)=2$

즉 $x=2$에서 함수 $f(x)$의 극한값은 존재하지 않고, 불연속이다.

(i), (ii), (iii)에서 함수 $f(x)$의 극한값이 존재하지 않는 x의 값의 개수는 $x=-1,\ x=2$의 2이므로

$a=2$

또 함수 $f(x)$가 불연속인 x의 값의 개수는 $x=-1,\ x=0,\ x=2$의 3이므로

$b=3$

따라서 $a^2+b^2=2^2+3^2=13$

3 함수 $f(x)=\dfrac{x+1}{x^2+ax+4}$이 모든 실수 x에서 연속이 되려면 이 유리함수가 모든 실수 x에서 정의되어야 하므로 분모인 x^2+ax+4의 값이 모든 실수 x에 대하여 0이 되지 않아야 한다.

즉 방정식 $x^2+ax+4=0$의 실근이 존재하지 않아야 하므로 이 방정식의 판별식을 D라 하면

$D=a^2-4\times4<0,\ a^2<16,\ -4<a<4$

따라서 정수 a로 가능한 값은 $-3,\ -2,\ -1,\ 0,\ 1,\ 2,\ 3$이다.

4 ① $f(x)=\begin{cases} x+1 & (x\geq0) \\ 2-x & (x<0) \end{cases}$ 에 대하여

$\lim\limits_{x\to0+}f(x)=\lim\limits_{x\to0+}(x+1)=1,$

$\lim\limits_{x\to0-}f(x)=\lim\limits_{x\to0-}(2-x)=2$

즉 극한값 $\lim\limits_{x\to0}f(x)$가 존재하지 않으므로 $x=0$에서 불연속이다.

② $f(x)=\begin{cases} \sqrt{x} & (x\geq0) \\ -\sqrt{-x} & (x<0) \end{cases}$ 에 대하여

$f(0)=0,\ \lim\limits_{x\to0+}f(x)=\lim\limits_{x\to0+}\sqrt{x}=0,$

$\lim\limits_{x\to0-}f(x)=\lim\limits_{x\to0-}(-\sqrt{-x})=0$

즉 $\lim\limits_{x\to0}f(x)=f(0)$이므로 $x=0$에서 연속이다.

따라서 함수 $f(x)$는 모든 실수 x에서 연속이다.

③ $f(x)=\begin{cases} x^2-2x & (x\neq2) \\ 0 & (x=2) \end{cases}$ 에 대하여

$f(2)=0,\ \lim\limits_{x\to2}f(x)=\lim\limits_{x\to2}(x^2-2x)=0$이므로

$\lim\limits_{x\to2}f(x)=f(2)$, 즉 $x=2$에서 연속이다.

따라서 함수 $f(x)$는 모든 실수 x에서 연속이다.

④ $f(x)=\begin{cases} \dfrac{x}{x-1} & (x\neq1) \\ 1 & (x=1) \end{cases}$ 에 대하여

$\lim\limits_{x\to1+}f(x)=\lim\limits_{x\to1+}\dfrac{x}{x-1}=+\infty,$

$\lim\limits_{x\to1-}f(x)=\lim\limits_{x\to1-}\dfrac{x}{x-1}=-\infty$

즉 극한값 $\lim\limits_{x\to1}f(x)$가 존재하지 않으므로 $x=1$에서 불연속이다.

⑤ $f(x)=\begin{cases} \dfrac{x^2-1}{x-1} & (x\neq1) \\ 1 & (x=1) \end{cases}$ 에 대하여

$f(1)=1$이고

$\lim\limits_{x\to1}f(x)=\lim\limits_{x\to1}\dfrac{x^2-1}{x-1}=\lim\limits_{x\to1}\dfrac{(x+1)(x-1)}{x-1}$

$\qquad\qquad=\lim\limits_{x\to1}(x+1)=2$

즉 $\lim\limits_{x\to1}f(x)\neq f(1)$이므로 함수 $f(x)$는 $x=1$에서 불연속이다.

따라서 모든 실수 x에서 연속인 함수는 ②, ③이다.

5 $(x-1)f(x)=ax^2+bx+3$에서

$x\neq1$일 때, $f(x)=\dfrac{ax^2+bx+3}{x-1}$

또 $f(1)=-1$이고 함수 $f(x)$가 모든 실수 x에서 연속이므로 $x=1$에서도 연속이어야 한다.

즉 $\lim\limits_{x\to1}\dfrac{ax^2+bx+3}{x-1}=-1$ $\qquad$ ……㉠

㉠에서 $x\to1$일 때, 극한값이 존재하고 (분모)$\to0$이므로 (분자)$\to0$이다.

즉 $\lim\limits_{x\to1}(ax^2+bx+3)=0$에서

$a+b+3=0,\ b=-a-3$

$b=-a-3$을 ㉠에 대입하면

$$\lim_{x \to 1} \frac{ax^2+bx+3}{x-1} = \lim_{x \to 1} \frac{ax^2+(-a-3)x+3}{x-1}$$
$$= \lim_{x \to 1} \frac{ax(x-1)-3(x-1)}{x-1}$$
$$= \lim_{x \to 1} \frac{(x-1)(ax-3)}{x-1}$$
$$= \lim_{x \to 1} (ax-3) = a-3$$

이때 $a-3=-1$에서 $a=2$이므로

$b=-a-3=-5$

따라서 $a-b=2-(-5)=7$

6 두 함수 $f(x)=|x|+1$, $g(x)=x^2+3x+2$에 대하여

① $\dfrac{g(x)}{f(x)} = \dfrac{x^2+3x+2}{|x|+1}$

이때 모든 실수 x에 대하여 $|x|+1>0$

즉 함수 $\dfrac{g(x)}{f(x)}$는 모든 실수 x에서 연속이다.

② $\dfrac{f(x)}{g(x)} = \dfrac{|x|+1}{x^2+3x+2} = \dfrac{|x|+1}{(x+1)(x+2)}$

즉 함수 $\dfrac{f(x)}{g(x)}$는 $x \neq -1$, $x \neq -2$인 실수 x에서 연속이므로 $x=-1$, $x=-2$에서 불연속이다.

③, ④, ⑤ $f(x)$, $g(x)$가 둘 다 모든 실수 x에서 연속인 함수이 므로 함수 $f(x)+g(x)$, $f(x)g(x)$, $2f(x)-3g(x)$ 도 모두 모든 실수 x에서 연속이다.

따라서 모든 실수 x에서 연속인 함수가 아닌 것은 ②이다.

7 ① $\lim\limits_{x \to 1} f(x)=1$

② $\lim\limits_{x \to 4+} f(x)=1$, $\lim\limits_{x \to 4-} f(x)=2$이므로 극한값 $\lim\limits_{x \to 4} f(x)$는 존 재하지 않는다.

③ 불연속이 되는 x의 값의 개수는 $x=2$, $x=4$의 2이다.

④ 닫힌 구간 $[1, 2]$에서 함수 $f(x)$는 연속이고 최댓값은 $f(2)=2$, 최솟값은 $f(1)=1$

⑤ 열린 구간 $(2, 3)$에서 함수 $f(x)$는 연속이지만 최댓값, 최솟 값을 모두 갖지 않는다.

따라서 옳지 않은 것은 ⑤이다.

8 $f(x)=x^3-3x+1$이라 할 때, 열린 구간 (α, β)에서 방정식 $f(x)=0$이 적어도 하나의 실근을 가지려면 사잇값 정리에 의하 여 $f(\alpha)f(\beta)<0$이 성립해야 한다.

이때

$f(0)=0^3-3 \times 0+1=1>0$

$f(1)=1^3-3 \times 1+1=-1<0$

$f(2)=2^3-3 \times 2+1=3>0$

$f(3)=3^3-3 \times 3+1=19>0$

$f(4)=4^3-3 \times 4+1=53>0$

$f(5)=5^3-3 \times 5+1=111>0$

따라서

$f(0)f(1)<0$, $f(1)f(2)<0$, $f(2)f(3)>0$,

$f(3)f(4)>0$, $f(4)f(5)>0$

이므로 방정식 $x^3-3x+1=0$이 적어도 하나의 실근을 갖는 구 간은 $(0, 1)$과 $(1, 2)$이다.

9 $g(x)=f(x)-1$로 놓으면 함수 $f(x)$가 연속함수이므로 함수 $g(x)$도 연속함수이다.

방정식 $f(x)=1$, 즉 $g(x)=0$이 열린 구간 $(1, 2)$에서 반드시 실근을 가지려면 사잇값 정리에 의하여 $g(1)g(2)<0$이어야 한 다.

이때

$g(1)=f(1)-1=(a-2)-1=a-3$

$g(2)=f(2)-1=(a-5)-1=a-6$

이므로

$(a-3)(a-6)<0$, 즉 $3<a<6$

따라서 정수 a의 값은 4, 5이므로 그 합은

$4+5=9$

10 함수 $f(x)=\begin{cases} 2 & (x \geq 1) \\ x^2-2x+4 & (x<1) \end{cases}$는 $x \neq 1$인 실수 전체의 집 합에서 연속이고 함수 $g(x)=3x+a$는 실수 전체의 집합에서 연속이므로 함수 $\dfrac{g(x)}{f(x)}$가 실수 전체의 집합에서 연속이려면 $x=1$에서 연속이어야 한다.

이때

$$\lim_{x \to 1+} \frac{g(x)}{f(x)} = \lim_{x \to 1+} \frac{3x+a}{2} = \frac{a+3}{2} \qquad \cdots\cdots \ ㉠$$

$$\lim_{x \to 1-} \frac{g(x)}{f(x)} = \lim_{x \to 1-} \frac{3x+a}{x^2-2x+4} = \frac{a+3}{3} \qquad \cdots\cdots \ ㉡$$

에서 ㉠=㉡이므로

$\dfrac{a+3}{2} = \dfrac{a+3}{3}$, $3a+9=2a+6$

따라서 $a=-3$

11 열린 구간 $(-3, 2)$에서의 함수 $y=f(x)$의 그래프에서

ㄱ. $\lim\limits_{x \to -1+} f(x)=2$, $\lim\limits_{x \to -1-} f(x)=2$이므로

$\lim\limits_{x \to -1} f(x)=2$ (참)

ㄴ. $\lim\limits_{x \to 1+} f(x)=2$, $\lim\limits_{x \to 1-} f(x)=1$이므로 $x=1$에서 함수 $f(x)$ 의 극한값은 존재하지 않는다. (참)

ㄷ. $x=-2$에서 $f(-2) \neq \lim\limits_{x \to -2} f(x)$

$x=-1$에서 $f(-1) \neq \lim\limits_{x \to -1} f(x)$

$x=1$에서 $\lim\limits_{x \to 1+} f(x) \neq \lim\limits_{x \to 1-} f(x)$

즉 $x=-2$, $x=-1$에서는 함숫값과 극한값이 같지 않고, $x=1$에서는 극한값이 존재하지 않으므로 함수 $f(x)$가 불 연속인 x의 값의 개수는 $x=-2$, $x=-1$, $x=1$의 3이다.

(참)

따라서 옳은 것은 ㄱ, ㄴ, ㄷ이다.

3 미분계수와 도함수

01

본문 92쪽

평균변화율

1 ($\mathscr{D}$ $f(1)$, 3, 15, 2, 6)   **2** 4   **3** 10

4 -2 **5** 2   **6** ($\mathscr{D}$ $f(0)$, 3, 0, 3, 3)

7 0   **8** $h+4$ **9** $-\Delta x-2$

10 ($\mathscr{D}$ $f(0)$, a, 3, a, $a+2$, $a+2$, 2)

11 5   **12** 2   ☺ $f(b)$, b, $f(a+\Delta x)$

13 ④

---

2 $f(0)=0$, $f(2)=8$이고

평균변화율은 $\dfrac{\Delta y}{\Delta x}$이므로

$$\dfrac{\Delta y}{\Delta x}=\dfrac{f(2)-f(0)}{2-0}=\dfrac{8-0}{2}=4$$

3 $f(3)=15$, $f(5)=35$이고

평균변화율은 $\dfrac{\Delta y}{\Delta x}$이므로

$$\dfrac{\Delta y}{\Delta x}=\dfrac{f(5)-f(3)}{5-3}=\dfrac{35-15}{2}=10$$

4 $f(-4)=8$, $f(0)=0$이고

평균변화율은 $\dfrac{\Delta y}{\Delta x}$이므로

$$\dfrac{\Delta y}{\Delta x}=\dfrac{f(0)-f(-4)}{0-(-4)}=\dfrac{0-8}{4}=-2$$

5 $f(-2)=0$, $f(2)=8$이고

평균변화율은 $\dfrac{\Delta y}{\Delta x}$이므로

$$\dfrac{\Delta y}{\Delta x}=\dfrac{f(2)-f(-2)}{2-(-2)}=\dfrac{8-0}{4}=2$$

7 $f(1)=-1$, $f(3)=-1$이고

평균변화율은 $\dfrac{\Delta y}{\Delta x}$이므로

$$\dfrac{\Delta y}{\Delta x}=\dfrac{f(3)-f(1)}{3-1}=\dfrac{-1-(-1)}{2}=0$$

8 $f(2)=4$, $f(2+h)=4+4h+h^2$이고

평균변화율은 $\dfrac{\Delta y}{\Delta x}$이므로

$$\dfrac{\Delta y}{\Delta x}=\dfrac{f(2+h)-f(2)}{2+h-2}=\dfrac{4+4h+h^2-4}{h}$$

$$=\dfrac{h^2+4h}{h}=h+4$$

9 $f(1)=0$,

$$f(1+\Delta x)=-(1+\Delta x)^2+1=-1-2\Delta x-(\Delta x)^2+1$$

이고 평균변화율은 $\dfrac{\Delta y}{\Delta x}$이므로

$$\dfrac{\Delta y}{\Delta x}=\dfrac{f(1+\Delta x)-f(1)}{1+\Delta x-1}$$

$$=\dfrac{\{-1-2\Delta x-(\Delta x)^2+1\}-0}{\Delta x}$$

$$=\dfrac{-(\Delta x)^2-2\Delta x}{\Delta x}$$

$$=-\Delta x-2$$

11 $f(1)=-1$, $f(a)=a^2-4a+2$이고 평균변화율은 $\dfrac{\Delta y}{\Delta x}$이므로

$$\dfrac{\Delta y}{\Delta x}=\dfrac{f(a)-f(1)}{a-1}=\dfrac{(a^2-4a+2)-(-1)}{a-1}$$

$$=\dfrac{a^2-4a+3}{a-1}$$

$$=\dfrac{(a-1)(a-3)}{a-1}$$

$$=a-3$$

즉 $a-3=2$이므로 $a=5$

12 $f(a)=a^2-a+2$, $f(2)=4$이고 평균변화율은 $\dfrac{\Delta y}{\Delta x}$이므로

$$\dfrac{\Delta y}{\Delta x}=\dfrac{f(2)-f(a)}{2-a}=\dfrac{4-(a^2-a+2)}{2-a}$$

$$=\dfrac{-a^2+a+2}{2-a}$$

$$=\dfrac{(a+1)(a-2)}{a-2}$$

$$=a+1$$

즉 $a+1=3$이므로 $a=2$

13 $f(a)=a^2$, $f(a+2)=(a+2)^2=a^2+4a+4$이고 평균변화율은

$\dfrac{\Delta y}{\Delta x}$이므로

$$\dfrac{\Delta y}{\Delta x}=\dfrac{(a^2+4a+4)-a^2}{(a+2)-a}$$

$$=\dfrac{4a+4}{2}$$

$$=2a+2$$

즉 $2a+2=4$이므로 $2a=2$, $a=1$

02
미분계수

❶ $f(1)$, $-(1+\Delta x)^2$, $2\Delta x$, 2, -2

❷ $f(1)$, $-x^2+9$, $x+1$, $-x-1$, -2

1 ($\mathscr{D}$ $f(1)$, $3x+4$, $x-1$, 3, 3)　　　2 $\dfrac{1}{3}$

3 1　　　　　4 -3　　　5 2

☺ $a+h$, $f(x)$, a

6 ($\mathscr{D}$ 3, 12, 5, a, a^2+a, 2, a, 2, 2, 5, 2)

7 1　　　　　8 $\dfrac{5}{2}$　　　9 $\dfrac{3}{2}$

2　　$f'(1)=\lim\limits_{x\to 1}\dfrac{f(x)-f(1)}{x-1}$

$=\lim\limits_{x\to 1}\dfrac{\left(\dfrac{1}{3}x-3\right)-\left(-\dfrac{8}{3}\right)}{x-1}$

$=\lim\limits_{x\to 1}\dfrac{\dfrac{1}{3}x-\dfrac{1}{3}}{x-1}=\lim\limits_{x\to 1}\dfrac{\dfrac{1}{3}(x-1)}{x-1}$

$=\lim\limits_{x\to 1}\dfrac{1}{3}=\dfrac{1}{3}$

3　　$f'(1)=\lim\limits_{x\to 1}\dfrac{f(x)-f(1)}{x-1}$

$=\lim\limits_{x\to 1}\dfrac{x^2-x}{x-1}$

$=\lim\limits_{x\to 1}\dfrac{x(x-1)}{x-1}$

$=\lim\limits_{x\to 1}x=1$

4　　$f'(1)=\lim\limits_{x\to 1}\dfrac{f(x)-f(1)}{x-1}$

$=\lim\limits_{x\to 1}\dfrac{-2x^2+x+1}{x-1}$

$=\lim\limits_{x\to 1}\dfrac{-(2x+1)(x-1)}{x-1}$

$=\lim\limits_{x\to 1}(-2x-1)=-3$

5　　$f'(1)=\lim\limits_{x\to 1}\dfrac{f(x)-f(1)}{x-1}$

$=\lim\limits_{x\to 1}\dfrac{\left(\dfrac{1}{2}x^2+x\right)-\dfrac{3}{2}}{x-1}$

$=\lim\limits_{x\to 1}\dfrac{\dfrac{1}{2}(x^2+2x-3)}{x-1}$

$=\lim\limits_{x\to 1}\dfrac{\dfrac{1}{2}(x-1)(x+3)}{x-1}$

$=\dfrac{1}{2}\lim\limits_{x\to 1}(x+3)=2$

7　　함수 $f(x)=x^2+3$에서 x의 값이 0에서 2까지 변할 때의
평균변화율은

$\dfrac{\Delta y}{\Delta x}=\dfrac{f(2)-f(0)}{2-0}=\dfrac{7-3}{2}=2$

또 함수 $f(x)$의 $x=a$에서의 미분계수는

$f'(a)=\lim\limits_{\Delta x\to 0}\dfrac{f(a+\Delta x)-f(a)}{\Delta x}$

$=\lim\limits_{\Delta x\to 0}\dfrac{\{(a+\Delta x)^2+3\}-(a^2+3)}{\Delta x}$

$=\lim\limits_{\Delta x\to 0}\dfrac{(\Delta x)^2+2a\Delta x}{\Delta x}$

$=\lim\limits_{\Delta x\to 0}(\Delta x+2a)=2a$

즉 $2a=2$이므로 $a=1$

8　　함수 $f(x)=x^2-x+1$에서 x의 값이 1에서 4까지 변할 때의
평균변화율은

$\dfrac{\Delta y}{\Delta x}=\dfrac{f(4)-f(1)}{4-1}=\dfrac{13-1}{3}=4$

또 함수 $f(x)$의 $x=a$에서의 미분계수는

$f'(a)=\lim\limits_{\Delta x\to 0}\dfrac{f(a+\Delta x)-f(a)}{\Delta x}$

$=\lim\limits_{\Delta x\to 0}\dfrac{\{(a+\Delta x)^2-(a+\Delta x)+1\}-(a^2-a+1)}{\Delta x}$

$=\lim\limits_{\Delta x\to 0}\dfrac{(\Delta x)^2+2a\Delta x-\Delta x}{\Delta x}$

$=\lim\limits_{\Delta x\to 0}(\Delta x+2a-1)=2a-1$

즉 $2a-1=4$이므로 $a=\dfrac{5}{2}$

9　　함수 $f(x)=x^2+2x-1$에서 x의 값이 0에서 3까지 변할 때의
평균변화율은

$\dfrac{\Delta y}{\Delta x}=\dfrac{f(3)-f(0)}{3-0}=\dfrac{14-(-1)}{3}=5$

또 함수 $f(x)$의 $x=a$에서의 미분계수는

$f'(a)=\lim\limits_{\Delta x\to 0}\dfrac{f(a+\Delta x)-f(a)}{\Delta x}$

$=\lim\limits_{\Delta x\to 0}\dfrac{\{(a+\Delta x)^2+2(a+\Delta x)-1\}-(a^2+2a-1)}{\Delta x}$

$=\lim\limits_{\Delta x\to 0}\dfrac{(\Delta x)^2+2a\Delta x+2\Delta x}{\Delta x}$

$=\lim\limits_{\Delta x\to 0}(\Delta x+2a+2)=2a+2$

즉 $2a+2=5$이므로 $a=\dfrac{3}{2}$

03

미분계수의 기하적 의미

1 ($\mathscr{\ell}$ $f(2)$, $(2+h)^2$, h^2+3h, $h+3$, 3)

2 5 3 -1 4 3

5 $\left(\mathscr{\ell} f(1), 1+h, h^2+3h, h+3, 3, -1, -\dfrac{1}{3} \right)$

6 $m=-1$, $n=1$ 7 $m=-4$, $n=\dfrac{1}{4}$

8 $m=-5$, $n=\dfrac{1}{5}$ ☺ $f'(a)$

9 (1) ($\mathscr{\ell}$ 0, -1, -1)

 (2) ($\mathscr{\ell} f(-1)$, $(-1+h)^2$, h^2-3h, $h-3$, -3)

 (3) 1

10 (1) -1 (2) 0 (3) -2

---

2 점 P$(1, 4)$에서의 접선의 기울기는 $f'(1)$과 같으므로

$$f'(1) = \lim_{h \to 0} \frac{f(1+h)-f(1)}{h}$$
$$= \lim_{h \to 0} \frac{(1+h)^2+3(1+h)-4}{h}$$
$$= \lim_{h \to 0} \frac{h^2+5h}{h}$$
$$= \lim_{h \to 0} (h+5) = 5$$

3 점 P$(0, 1)$에서의 접선의 기울기는 $f'(0)$과 같으므로

$$f'(0) = \lim_{h \to 0} \frac{f(0+h)-f(0)}{h}$$
$$= \lim_{h \to 0} \frac{2h^2-h+1-1}{h}$$
$$= \lim_{h \to 0} \frac{2h^2-h}{h}$$
$$= \lim_{h \to 0} (2h-1) = -1$$

4 점 P$(-1, 1)$에서의 접선의 기울기는 $f'(-1)$과 같으므로

$$f'(-1) = \lim_{h \to 0} \frac{f(-1+h)-f(-1)}{h}$$
$$= \lim_{h \to 0} \frac{-(-1+h)^2+(-1+h)+3-1}{h}$$
$$= \lim_{h \to 0} \frac{-h^2+3h}{h}$$
$$= \lim_{h \to 0} (-h+3) = 3$$

6 점 P$(0, 3)$에서의 접선의 기울기는 $f'(0)$과 같으므로

$$m = f'(0)$$
$$= \lim_{h \to 0} \frac{f(0+h)-f(0)}{h}$$
$$= \lim_{h \to 0} \frac{-h^2-h+3-3}{h}$$
$$= \lim_{h \to 0} \frac{-h^2-h}{h}$$
$$= \lim_{h \to 0} (-h-1) = -1$$

서로 수직인 두 직선의 기울기의 곱은 -1이므로

$$n=1$$

---

7 점 P$(-1, 7)$에서의 접선의 기울기는 $f'(-1)$과 같으므로

$$m = f'(-1)$$
$$= \lim_{h \to 0} \frac{f(-1+h)-f(-1)}{h}$$
$$= \lim_{h \to 0} \frac{(-1+h)^2-2(-1+h)+4-7}{h}$$
$$= \lim_{h \to 0} \frac{h^2-4h}{h}$$
$$= \lim_{h \to 0} (h-4) = -4$$

서로 수직인 두 직선의 기울기의 곱은 -1이므로

$$n = \frac{1}{4}$$

8 점 P$(2, -2)$에서의 접선의 기울기는 $f'(2)$와 같으므로

$$m = f'(2)$$
$$= \lim_{h \to 0} \frac{f(2+h)-f(2)}{h}$$
$$= \lim_{h \to 0} \frac{-2(2+h)^2+3(2+h)-(-2)}{h}$$
$$= \lim_{h \to 0} \frac{-2h^2-5h}{h}$$
$$= \lim_{h \to 0} (-2h-5) = -5$$

서로 수직인 두 직선의 기울기의 곱은 -1이므로

$$n = \frac{1}{5}$$

9 (3) 점 Q$(1, 0)$에서의 접선의 기울기는 $f'(1)$과 같으므로

$$f'(1) = \lim_{h \to 0} \frac{f(1+h)-f(1)}{h}$$
$$= \lim_{h \to 0} \frac{(1+h)^2-(1+h)-0}{h}$$
$$= \lim_{h \to 0} \frac{h^2+h}{h} = \lim_{h \to 0} (h+1) = 1$$

10 (1) 직선 PQ의 기울기는 x의 값이 1에서 2까지 변할 때의 평균변화율과 같으므로

$$\frac{3-4}{2-1} = -1$$

 (2) 점 P$(1, 4)$에서의 접선의 기울기는 $f'(1)$과 같으므로

$$f'(1) = \lim_{h \to 0} \frac{f(1+h)-f(1)}{h}$$
$$= \lim_{h \to 0} \frac{-(1+h)^2+2(1+h)+3-4}{h}$$
$$= \lim_{h \to 0} \frac{-h^2}{h}$$
$$= \lim_{h \to 0} (-h) = 0$$

 (3) 점 Q$(2, 3)$에서의 접선의 기울기는 $f'(2)$와 같으므로

$$f'(2) = \lim_{h \to 0} \frac{f(2+h)-f(2)}{h}$$
$$= \lim_{h \to 0} \frac{-(2+h)^2+2(2+h)+3-3}{h}$$
$$= \lim_{h \to 0} \frac{-h^2-2h}{h}$$
$$= \lim_{h \to 0} (-h-2) = -2$$

미분계수를 이용한 극한값의 계산

1 (✏ $2h$, $f'(a)$, $2f'(a)$)　　2 $\frac{1}{2}f'(a)$　　3 $\frac{2}{3}f'(a)$

4 $-\frac{4}{3}f'(a)$　　5 $-\frac{1}{3}f'(a)$　　6 (✏ $2h$, $f'(2)$, 6)

7 1　　　　　8 6　　　　9 $-\frac{3}{2}$　　10 -1

11 (✏ $f(a)$, $f(a)$, h, $f(a)$, $f(a)$, $-h$, $f'(a)$, $2f'(a)$)

12 $f'(a)$　　13 $5f'(a)$　　14 $6f'(a)$

15 (✏ $f(1)$, $f(1)$, h, $f(1)$, $f(1)$, $-h$, $f(1)$, $f(1)$, $-h$,

　　$f'(1)$, $2f'(1)$, 4)

16 6　　　17 $-\frac{2}{3}$　　18 4　　　19 1

20 -2　　☺ $f'(a)$, p, $p+q$　　21 ②

22 (✏ a, a, a, $2a$)　　23 $\frac{1}{3}f'(a)$

24 $\frac{1}{3a^2}f'(a)$　　25 $\frac{2a}{f'(a)}$　　26 $2\sqrt{a}f'(a)$

27 (✏ $f(2)$, $f(2)$, $f'(2)$, 2)

28 $\frac{4}{3}$　　29 1　　30 $\frac{1}{3}$　　31 $8\sqrt{2}$

32 (✏ $af(a)$, $x-a$, $f(a)$, $x-a$, $f(a)$, $f(a)$, $af'(a)$)

33 $2af(a)-a^2f'(a)$　　34 $2\sqrt{a}f(a)-2a\sqrt{a}f'(a)$

☺ $f'(a)$, $f(a)$, a, $2af(a)$, a^2

35 (✏ $2f(2)$, $x-2$, $f(2)$, $x-2$, $f(2)$, $f(2)$, $f'(2)$, 5)

36 12　　　37 $10\sqrt{2}$　　38 ②

39 (1) (✏ 0, $f(0)$, 0)

(2) (✏ $f(2)$, $f(2)$, $f(h)$, $f(h)$, 1, $f(1)$, $f(1)$, $f(h)$,

　　$f(h)$, 1)

40 (1) 0　(2) 4　　　41 (1) -2　(2) -2

42 (1) 1　(2) 1　　　43 (1) 0　(2) 1

2　$\displaystyle\lim_{h\to 0}\frac{f(a+h)-f(a)}{2h}$

$\displaystyle=\lim_{h\to 0}\frac{f(a+h)-f(a)}{h}\times\frac{1}{2}$

$\displaystyle=f'(a)\times\frac{1}{2}$

$\displaystyle=\frac{1}{2}f'(a)$

3　$\displaystyle\lim_{h\to 0}\frac{f(a+2h)-f(a)}{3h}$

$\displaystyle=\lim_{h\to 0}\frac{f(a+2h)-f(a)}{2h}\times\frac{2}{3}$

$\displaystyle=f'(a)\times\frac{2}{3}$

$\displaystyle=\frac{2}{3}f'(a)$

4　$\displaystyle\lim_{h\to 0}\frac{f(a+4h)-f(a)}{-3h}$

$\displaystyle=\lim_{h\to 0}\frac{f(a+4h)-f(a)}{4h}\times\left(-\frac{4}{3}\right)$

$\displaystyle=f'(a)\times\left(-\frac{4}{3}\right)$

$\displaystyle=-\frac{4}{3}f'(a)$

5　$\displaystyle\lim_{h\to 0}\frac{f(a-h)-f(a)}{3h}$

$\displaystyle=\lim_{h\to 0}\frac{f(a-h)-f(a)}{-h}\times\left(-\frac{1}{3}\right)$

$\displaystyle=f'(a)\times\left(-\frac{1}{3}\right)$

$\displaystyle=-\frac{1}{3}f'(a)$

7　$\displaystyle\lim_{h\to 0}\frac{f(2+h)-f(2)}{3h}$

$\displaystyle=\lim_{h\to 0}\frac{f(2+h)-f(2)}{h}\times\frac{1}{3}$

$\displaystyle=f'(2)\times\frac{1}{3}=3\times\frac{1}{3}=1$

8　$\displaystyle\lim_{h\to 0}\frac{f(2+4h)-f(2)}{2h}$

$\displaystyle=\lim_{h\to 0}\frac{f(2+4h)-f(2)}{4h}\times 2$

$\displaystyle=f'(2)\times 2=3\times 2=6$

9　$\displaystyle\lim_{h\to 0}\frac{f(2+2h)-f(2)}{-4h}$

$\displaystyle=\lim_{h\to 0}\frac{f(2+2h)-f(2)}{2h}\times\left(-\frac{1}{2}\right)$

$\displaystyle=f'(2)\times\left(-\frac{1}{2}\right)=3\times\left(-\frac{1}{2}\right)=-\frac{3}{2}$

10　$\displaystyle\lim_{h\to 0}\frac{f(2-h)-f(2)}{3h}$

$\displaystyle=\lim_{h\to 0}\frac{f(2-h)-f(2)}{-h}\times\left(-\frac{1}{3}\right)$

$\displaystyle=f'(2)\times\left(-\frac{1}{3}\right)=3\times\left(-\frac{1}{3}\right)=-1$

12　$\displaystyle\lim_{h\to 0}\frac{f(a+3h)-f(a+2h)}{h}$

$\displaystyle=\lim_{h\to 0}\frac{f(a+3h)-f(a)+f(a)-f(a+2h)}{h}$

$\displaystyle=\lim_{h\to 0}\left\{\frac{f(a+3h)-f(a)}{h}-\frac{f(a+2h)-f(a)}{h}\right\}$

$\displaystyle=\lim_{h\to 0}\left\{\frac{f(a+3h)-f(a)}{3h}\times 3-\frac{f(a+2h)-f(a)}{2h}\times 2\right\}$

$\displaystyle=\lim_{h\to 0}\frac{f(a+3h)-f(a)}{3h}\times 3-\lim_{h\to 0}\frac{f(a+2h)-f(a)}{2h}\times 2$

$\displaystyle=3f'(a)-2f'(a)$

$\displaystyle=f'(a)$

13 $\displaystyle\lim_{h\to0}\frac{f(a+3h)-f(a-2h)}{h}$

$\displaystyle=\lim_{h\to0}\frac{f(a+3h)-f(a)+f(a)-f(a-2h)}{h}$

$\displaystyle=\lim_{h\to0}\left\{\frac{f(a+3h)-f(a)}{h}-\frac{f(a-2h)-f(a)}{h}\right\}$

$\displaystyle=\lim_{h\to0}\left\{\frac{f(a+3h)-f(a)}{3h}\times3+\frac{f(a-2h)-f(a)}{-2h}\times2\right\}$

$\displaystyle=\lim_{h\to0}\frac{f(a+3h)-f(a)}{3h}\times3+\lim_{h\to0}\frac{f(a-2h)-f(a)}{-2h}\times2$

$=3f'(a)+2f'(a)$

$=5f'(a)$

14 $\displaystyle\lim_{h\to0}\frac{f(a+2h)-f(a-4h)}{h}$

$\displaystyle=\lim_{h\to0}\frac{f(a+2h)-f(a)+f(a)-f(a-4h)}{h}$

$\displaystyle=\lim_{h\to0}\left\{\frac{f(a+2h)-f(a)}{h}-\frac{f(a-4h)-f(a)}{h}\right\}$

$\displaystyle=\lim_{h\to0}\left\{\frac{f(a+2h)-f(a)}{2h}\times2+\frac{f(a-4h)-f(a)}{-4h}\times4\right\}$

$\displaystyle=\lim_{h\to0}\frac{f(a+2h)-f(a)}{2h}\times2+\lim_{h\to0}\frac{f(a-4h)-f(a)}{-4h}\times4$

$=2f'(a)+4f'(a)$

$=6f'(a)$

16 $\displaystyle\lim_{h\to0}\frac{f(1+h)-f(1-2h)}{h}$

$\displaystyle=\lim_{h\to0}\frac{f(1+h)-f(1)+f(1)-f(1-2h)}{h}$

$\displaystyle=\lim_{h\to0}\left\{\frac{f(1+h)-f(1)}{h}-\frac{f(1-2h)-f(1)}{h}\right\}$

$\displaystyle=\lim_{h\to0}\left\{\frac{f(1+h)-f(1)}{h}+\frac{f(1-2h)-f(1)}{-2h}\times2\right\}$

$\displaystyle=\lim_{h\to0}\frac{f(1+h)-f(1)}{h}+\lim_{h\to0}\frac{f(1-2h)-f(1)}{-2h}\times2$

$=f'(1)+2f'(1)=3f'(1)$

$=3\times2=6$

17 $\displaystyle\lim_{h\to0}\frac{f(1-3h)-f(1-2h)}{3h}$

$\displaystyle=\lim_{h\to0}\frac{f(1-3h)-f(1)+f(1)-f(1-2h)}{3h}$

$\displaystyle=\lim_{h\to0}\left\{\frac{f(1-3h)-f(1)}{3h}-\frac{f(1-2h)-f(1)}{3h}\right\}$

$\displaystyle=\lim_{h\to0}\left\{\frac{f(1-3h)-f(1)}{-3h}\times(-1)+\frac{f(1-2h)-f(1)}{-2h}\times\frac{2}{3}\right\}$

$\displaystyle=\lim_{h\to0}\frac{f(1-3h)-f(1)}{-3h}\times(-1)+\lim_{h\to0}\frac{f(1-2h)-f(1)}{-2h}\times\frac{2}{3}$

$\displaystyle=-f'(1)+\frac{2}{3}f'(1)=-\frac{1}{3}f'(1)$

$\displaystyle=-\frac{1}{3}\times2=-\frac{2}{3}$

18 $\displaystyle\lim_{h\to0}\frac{f(1+2h)-f(1-2h)}{2h}$

$\displaystyle=\lim_{h\to0}\frac{f(1+2h)-f(1)+f(1)-f(1-2h)}{2h}$

$\displaystyle=\lim_{h\to0}\left\{\frac{f(1+2h)-f(1)}{2h}-\frac{f(1-2h)-f(1)}{2h}\right\}$

$\displaystyle=\lim_{h\to0}\left\{\frac{f(1+2h)-f(1)}{2h}+\frac{f(1-2h)-f(1)}{-2h}\right\}$

$\displaystyle=\lim_{h\to0}\frac{f(1+2h)-f(1)}{2h}+\lim_{h\to0}\frac{f(1-2h)-f(1)}{-2h}$

$=f'(1)+f'(1)=2f'(1)$

$=2\times2=4$

19 $\displaystyle\lim_{h\to0}\frac{f(1+3h)-f(1+2h)}{2h}$

$\displaystyle=\lim_{h\to0}\frac{f(1+3h)-f(1)+f(1)-f(1+2h)}{2h}$

$\displaystyle=\lim_{h\to0}\left\{\frac{f(1+3h)-f(1)}{2h}-\frac{f(1+2h)-f(1)}{2h}\right\}$

$\displaystyle=\lim_{h\to0}\left\{\frac{f(1+3h)-f(1)}{3h}\times\frac{3}{2}-\frac{f(1+2h)-f(1)}{2h}\right\}$

$\displaystyle=\lim_{h\to0}\frac{f(1+3h)-f(1)}{3h}\times\frac{3}{2}-\lim_{h\to0}\frac{f(1+2h)-f(1)}{2h}$

$\displaystyle=\frac{3}{2}f'(1)-f'(1)=\frac{1}{2}f'(1)$

$\displaystyle=\frac{1}{2}\times2=1$

20 $\displaystyle\lim_{h\to0}\frac{f(1-3h)-f(1+2h)}{5h}$

$\displaystyle=\lim_{h\to0}\frac{f(1-3h)-f(1)+f(1)-f(1+2h)}{5h}$

$\displaystyle=\lim_{h\to0}\left\{\frac{f(1-3h)-f(1)}{5h}-\frac{f(1+2h)-f(1)}{5h}\right\}$

$\displaystyle=\lim_{h\to0}\left\{\frac{f(1-3h)-f(1)}{-3h}\times\left(-\frac{3}{5}\right)-\frac{f(1+2h)-f(1)}{2h}\times\frac{2}{5}\right\}$

$\displaystyle=\lim_{h\to0}\frac{f(1-3h)-f(1)}{-3h}\times\left(-\frac{3}{5}\right)$

$\displaystyle\qquad\qquad\qquad-\lim_{h\to0}\frac{f(1+2h)-f(1)}{2h}\times\frac{2}{5}$

$\displaystyle=-\frac{3}{5}f'(1)-\frac{2}{5}f'(1)$

$=-f'(1)=-2$

21 곡선 $y=f(x)$ 위의 점 $(1,\ f(1))$에서의 접선의 기울기가 6이므로 $f'(1)=6$

따라서

$\displaystyle\lim_{h\to0}\frac{f(1+2h)-f(1)}{3h}=\lim_{h\to0}\frac{f(1+2h)-f(1)}{2h}\times\frac{2}{3}$

$\displaystyle\qquad\qquad\qquad=\frac{2}{3}f'(1)$

$\displaystyle\qquad\qquad\qquad=\frac{2}{3}\times6=4$

23 $\displaystyle\lim_{x \to a}\frac{f(x)-f(a)}{3x-3a}=\lim_{x \to a}\frac{f(x)-f(a)}{3(x-a)}$

$\displaystyle\qquad\qquad =\lim_{x \to a}\frac{f(x)-f(a)}{x-a}\times\frac{1}{3}$

$\displaystyle\qquad\qquad =\frac{1}{3}f'(a)$

24 $\displaystyle\lim_{x \to a}\frac{f(x)-f(a)}{x^3-a^3}$

$\displaystyle=\lim_{x \to a}\frac{f(x)-f(a)}{(x-a)(x^2+ax+a^2)}$

$\displaystyle=\lim_{x \to a}\frac{f(x)-f(a)}{x-a}\times\frac{1}{x^2+ax+a^2}$

$\displaystyle=\lim_{x \to a}\frac{f(x)-f(a)}{x-a}\times\lim_{x \to a}\frac{1}{x^2+ax+a^2}$

$\displaystyle=\frac{1}{3a^2}f'(a)$

25 $\displaystyle\lim_{x \to a}\frac{x^2-a^2}{f(x)-f(a)}$

$\displaystyle=\lim_{x \to a}\frac{(x-a)(x+a)}{f(x)-f(a)}$

$\displaystyle=\lim_{x \to a}\frac{x-a}{f(x)-f(a)}\times(x+a)$

$\displaystyle=\lim_{x \to a}\frac{1}{\dfrac{f(x)-f(a)}{x-a}}\times\lim_{x \to a}(x+a)$

$\displaystyle=\frac{2a}{f'(a)}$

26 $\displaystyle\lim_{x \to a}\frac{f(x)-f(a)}{\sqrt{x}-\sqrt{a}}$

$\displaystyle=\lim_{x \to a}\frac{f(x)-f(a)}{(\sqrt{x}-\sqrt{a})(\sqrt{x}+\sqrt{a})}\times(\sqrt{x}+\sqrt{a})$

$\displaystyle=\lim_{x \to a}\frac{f(x)-f(a)}{x-a}\times(\sqrt{x}+\sqrt{a})$

$\displaystyle=\lim_{x \to a}\frac{f(x)-f(a)}{x-a}\times\lim_{x \to a}(\sqrt{x}+\sqrt{a})$

$\displaystyle=2\sqrt{a}f'(a)$

28 $\displaystyle\lim_{x \to 2}\frac{f(x)-f(2)}{3x-6}=\lim_{x \to 2}\frac{f(x)-f(2)}{3(x-2)}$

$\displaystyle\qquad\qquad =\lim_{x \to 2}\frac{f(x)-f(2)}{x-2}\times\frac{1}{3}$

$\displaystyle\qquad\qquad =\frac{1}{3}f'(2)$

$\displaystyle\qquad\qquad =\frac{1}{3}\times 4=\frac{4}{3}$

29 $\displaystyle\lim_{x \to 2}\frac{f(x)-f(2)}{x^2-4}$

$\displaystyle=\lim_{x \to 2}\frac{f(x)-f(2)}{(x+2)(x-2)}$

$\displaystyle=\lim_{x \to 2}\frac{f(x)-f(2)}{x-2}\times\frac{1}{x+2}$

$\displaystyle=\lim_{x \to 2}\frac{f(x)-f(2)}{x-2}\times\lim_{x \to 2}\frac{1}{x+2}$

$\displaystyle=f'(2)\times\frac{1}{4}$

$\displaystyle=4\times\frac{1}{4}=1$

30 $\displaystyle\lim_{x \to 2}\frac{f(x)-f(2)}{x^3-8}$

$\displaystyle=\lim_{x \to 2}\frac{f(x)-f(2)}{(x-2)(x^2+2x+4)}$

$\displaystyle=\lim_{x \to 2}\frac{f(x)-f(2)}{x-2}\times\frac{1}{x^2+2x+4}$

$\displaystyle=\lim_{x \to 2}\frac{f(x)-f(2)}{x-2}\times\lim_{x \to 2}\frac{1}{x^2+2x+4}$

$\displaystyle=f'(2)\times\frac{1}{12}$

$\displaystyle=4\times\frac{1}{12}=\frac{1}{3}$

31 $\displaystyle\lim_{x \to 2}\frac{f(x)-f(2)}{\sqrt{x}-\sqrt{2}}$

$\displaystyle=\lim_{x \to 2}\frac{f(x)-f(2)}{(\sqrt{x}-\sqrt{2})(\sqrt{x}+\sqrt{2})}\times(\sqrt{x}+\sqrt{2})$

$\displaystyle=\lim_{x \to 2}\frac{f(x)-f(2)}{x-2}\times(\sqrt{x}+\sqrt{2})$

$\displaystyle=\lim_{x \to 2}\frac{f(x)-f(2)}{x-2}\times\lim_{x \to 2}(\sqrt{x}+\sqrt{2})$

$\displaystyle=f'(2)\times 2\sqrt{2}$

$\displaystyle=4\times 2\sqrt{2}=8\sqrt{2}$

33 $\displaystyle\lim_{x \to a}\frac{x^2f(a)-a^2f(x)}{x-a}$

$\displaystyle=\lim_{x \to a}\frac{x^2f(a)-a^2f(a)+a^2f(a)-a^2f(x)}{x-a}$

$\displaystyle=\lim_{x \to a}\frac{f(a)(x^2-a^2)-a^2\{f(x)-f(a)\}}{x-a}$

$\displaystyle=\lim_{x \to a}\left\{\frac{f(a)(x+a)(x-a)}{x-a}-a^2\times\frac{f(x)-f(a)}{x-a}\right\}$

$\displaystyle=\lim_{x \to a}f(a)(x+a)-a^2\lim_{x \to a}\frac{f(x)-f(a)}{x-a}$

$\displaystyle=2af(a)-a^2f'(a)$

34 $\displaystyle\lim_{x\to a}\frac{xf(a)-af(x)}{\sqrt{x}-\sqrt{a}}$

$\displaystyle=\lim_{x\to a}\frac{xf(a)-af(a)+af(a)-af(x)}{\sqrt{x}-\sqrt{a}}$

$\displaystyle=\lim_{x\to a}\frac{f(a)(x-a)-a\{f(x)-f(a)\}}{\sqrt{x}-\sqrt{a}}$

$\displaystyle=\lim_{x\to a}\left\{\frac{f(a)(\sqrt{x}+\sqrt{a})(\sqrt{x}-\sqrt{a})}{\sqrt{x}-\sqrt{a}}-a\times\frac{f(x)-f(a)}{\sqrt{x}-\sqrt{a}}\right\}$

$\displaystyle=\lim_{x\to a}f(a)(\sqrt{x}+\sqrt{a})-a\lim_{x\to a}\frac{f(x)-f(a)}{\sqrt{x}-\sqrt{a}}$

$\displaystyle=\lim_{x\to a}f(a)(\sqrt{x}+\sqrt{a})$

$\displaystyle\qquad-a\lim_{x\to a}\frac{f(x)-f(a)}{(\sqrt{x}-\sqrt{a})(\sqrt{x}+\sqrt{a})}\times(\sqrt{x}+\sqrt{a})$

$\displaystyle=\lim_{x\to a}f(a)(\sqrt{x}+\sqrt{a})-a\lim_{x\to a}\frac{f(x)-f(a)}{x-a}\times(\sqrt{x}+\sqrt{a})$

$\displaystyle=\lim_{x\to a}f(a)(\sqrt{x}+\sqrt{a})-a\lim_{x\to a}\frac{f(x)-f(a)}{x-a}\times\lim_{x\to a}(\sqrt{x}+\sqrt{a})$

$\displaystyle=2\sqrt{a}f(a)-2a\sqrt{a}f'(a)$

36 $\displaystyle\lim_{x\to 2}\frac{x^2f(2)-4f(x)}{x-2}$

$\displaystyle=\lim_{x\to 2}\frac{x^2f(2)-4f(2)+4f(2)-4f(x)}{x-2}$

$\displaystyle=\lim_{x\to 2}\frac{f(2)(x^2-4)-4\{f(x)-f(2)\}}{x-2}$

$\displaystyle=\lim_{x\to 2}\left\{\frac{f(2)(x+2)(x-2)}{x-2}-4\times\frac{f(x)-f(2)}{x-2}\right\}$

$\displaystyle=\lim_{x\to 2}f(2)(x+2)-4\lim_{x\to 2}\frac{f(x)-f(2)}{x-2}$

$\displaystyle=4f(2)-4f'(2)$

$\displaystyle=4\times 1-4\times(-2)=12$

37 $\displaystyle\lim_{x\to 2}\frac{xf(2)-2f(x)}{\sqrt{x}-\sqrt{2}}$

$\displaystyle=\lim_{x\to 2}\frac{xf(2)-2f(2)+2f(2)-2f(x)}{\sqrt{x}-\sqrt{2}}$

$\displaystyle=\lim_{x\to 2}\frac{f(2)(x-2)-2\{f(x)-f(2)\}}{\sqrt{x}-\sqrt{2}}$

$\displaystyle=\lim_{x\to 2}\left\{\frac{f(2)(\sqrt{x}+\sqrt{2})(\sqrt{x}-\sqrt{2})}{\sqrt{x}-\sqrt{2}}-2\times\frac{f(x)-f(2)}{\sqrt{x}-\sqrt{2}}\right\}$

$\displaystyle=\lim_{x\to 2}f(2)(\sqrt{x}+\sqrt{2})-2\lim_{x\to 2}\frac{f(x)-f(2)}{\sqrt{x}-\sqrt{2}}$

$\displaystyle=\lim_{x\to 2}f(2)(\sqrt{x}+\sqrt{2})$

$\displaystyle\qquad-2\lim_{x\to 2}\frac{f(x)-f(2)}{(\sqrt{x}-\sqrt{2})(\sqrt{x}+\sqrt{2})}\times(\sqrt{x}+\sqrt{2})$

$\displaystyle=\lim_{x\to 2}f(2)(\sqrt{x}+\sqrt{2})-2\lim_{x\to 2}\frac{f(x)-f(2)}{x-2}\times(\sqrt{x}+\sqrt{2})$

$\displaystyle=\lim_{x\to 2}f(2)(\sqrt{x}+\sqrt{2})-2\lim_{x\to 2}\frac{f(x)-f(2)}{x-2}\times\lim_{x\to 2}(\sqrt{x}+\sqrt{2})$

$\displaystyle=2\sqrt{2}f(2)-2f'(2)\times 2\sqrt{2}$

$\displaystyle=2\sqrt{2}\times 1-4\sqrt{2}\times(-2)$

$\displaystyle=10\sqrt{2}$

38 곡선 $y=f(x)$ 위의 점 $(4,\ f(4))$에서의 접선의 기울기가 4이므로 $f'(4)=4$

따라서

$\displaystyle\lim_{x\to 2}\frac{f(x^2)-f(4)}{x-2}=\lim_{x\to 2}\frac{f(x^2)-f(4)}{(x-2)(x+2)}\times(x+2)$

$\displaystyle\qquad=\lim_{x\to 2}\frac{f(x^2)-f(4)}{x^2-4}\times(x+2)$

$\displaystyle\qquad=\lim_{x\to 2}\frac{f(x^2)-f(4)}{x^2-4}\times\lim_{x\to 2}(x+2)$

$\displaystyle\qquad=f'(4)\times 4=4\times 4=16$

40 (1) $f(x+y)=f(x)+f(y)$의 양변에 $x=0,\ y=0$을 대입하면

$f(0)=f(0)+f(0)$

따라서 $f(0)=0$

(2) $\displaystyle f'(1)=\lim_{h\to 0}\frac{f(1+h)-f(1)}{h}$

$\displaystyle\qquad=\lim_{h\to 0}\frac{f(1)+f(h)-f(1)}{h}$

$\displaystyle\qquad=\lim_{h\to 0}\frac{f(h)}{h}$

$\displaystyle\qquad=\lim_{h\to 0}\frac{f(h)-f(0)}{h}$

$\displaystyle\qquad=f'(0)=4$

따라서

$\displaystyle f'(2)=\lim_{h\to 0}\frac{f(2+h)-f(2)}{h}$

$\displaystyle\qquad=\lim_{h\to 0}\frac{f(2)+f(h)-f(2)}{h}$

$\displaystyle\qquad=\lim_{h\to 0}\frac{f(h)}{h}$

$\displaystyle\qquad=\lim_{h\to 0}\frac{f(h)-f(0)}{h}$

$\displaystyle\qquad=f'(0)=4$

41 (1) $f(x+y)=f(x)+f(y)+2$의 양변에 $x=0,\ y=0$을 대입하면

$f(0)=f(0)+f(0)+2$

따라서 $f(0)=-2$

(2) $\displaystyle f'(-1)=\lim_{h\to 0}\frac{f(-1+h)-f(-1)}{h}$

$\displaystyle\qquad=\lim_{h\to 0}\frac{f(-1)+f(h)+2-f(-1)}{h}$

$\displaystyle\qquad=\lim_{h\to 0}\frac{f(h)+2}{h}$

$\displaystyle\qquad=\lim_{h\to 0}\frac{f(h)-f(0)}{h}$

$\displaystyle\qquad=f'(0)=-2$

따라서

$\displaystyle f'(-2)=\lim_{h\to 0}\frac{f(-2+h)-f(-2)}{h}$

$\displaystyle\qquad=\lim_{h\to 0}\frac{f(-2)+f(h)+2-f(-2)}{h}$

$\displaystyle\qquad=\lim_{h\to 0}\frac{f(h)+2}{h}$

$\displaystyle\qquad=\lim_{h\to 0}\frac{f(h)-f(0)}{h}$

$\displaystyle\qquad=f'(0)=-2$

42 (1) $f(x+y)=f(x)+f(y)-1$의 양변에 $x=0$, $y=0$을 대입하면

$f(0)=f(0)+f(0)-1$

따라서 $f(0)=1$

(2) $f'(2)=\lim\limits_{h\to 0}\dfrac{f(2+h)-f(2)}{h}$

$=\lim\limits_{h\to 0}\dfrac{f(2)+f(h)-1-f(2)}{h}$

$=\lim\limits_{h\to 0}\dfrac{f(h)-1}{h}$

$=\lim\limits_{h\to 0}\dfrac{f(h)-f(0)}{h}$

$=f'(0)=1$

따라서

$f'(1)=\lim\limits_{h\to 0}\dfrac{f(1+h)-f(1)}{h}$

$=\lim\limits_{h\to 0}\dfrac{f(1)+f(h)-1-f(1)}{h}$

$=\lim\limits_{h\to 0}\dfrac{f(h)-1}{h}$

$=\lim\limits_{h\to 0}\dfrac{f(h)-f(0)}{h}$

$=f'(0)=1$

43 (1) $f(x+y)=f(x)+f(y)+xy$의 양변에 $x=0$, $y=0$을 대입하면

$f(0)=f(0)+f(0)+0$

따라서 $f(0)=0$

(2) $f'(1)=\lim\limits_{h\to 0}\dfrac{f(1+h)-f(1)}{h}$

$=\lim\limits_{h\to 0}\dfrac{f(1)+f(h)+h-f(1)}{h}$

$=\lim\limits_{h\to 0}\dfrac{f(h)+h}{h}$

$=\lim\limits_{h\to 0}\dfrac{f(h)}{h}+1$

$=\lim\limits_{h\to 0}\dfrac{f(h)-f(0)}{h}+1$

$=f'(0)+1=3$

이므로 $f'(0)=2$

따라서

$f'(-1)=\lim\limits_{h\to 0}\dfrac{f(-1+h)-f(-1)}{h}$

$=\lim\limits_{h\to 0}\dfrac{f(-1)+f(h)-h-f(-1)}{h}$

$=\lim\limits_{h\to 0}\dfrac{f(h)-h}{h}$

$=\lim\limits_{h\to 0}\dfrac{f(h)}{h}-1$

$=\lim\limits_{h\to 0}\dfrac{f(h)-f(0)}{h}-1$

$=f'(0)-1$

$=2-1=1$

미분가능성과 연속성

1 × (✎ 불연속)　　2 ×　　　　3 ○

4 ×　　　　　　　5 ○　　　　　 ☺ 연속, 불연속

6

x의 값	연속이다.	미분가능하다.
-2	○	○
-1	×	×
0	○	×
1	×	×
2	○	○

7

x의 값	연속이다.	미분가능하다.
-1	○	×
0	×	×
1	○	○
2	○	○
3	○	○
4	×	×

8

x의 값	연속이다.	미분가능하다.
-2	×	×
-1	○	○
0	○	○
1	○	×
2	×	×
3	○	○

9

x의 값	연속이다.	미분가능하다.
-2	○	○
-1	×	×
0	×	×
1	○	×
2	○	○
3	×	×

10 (✎ 연속, $-(x-1)$, -1, $x-1$, 1, 미분가능)

11 연속이지만 미분가능하지 않다.

12 연속이고 미분가능하다.

13 연속이고 미분가능하다.

14 연속이지만 미분가능하지 않다.

15 불연속이고 미분가능하지 않다.

16 불연속이고 미분가능하지 않다.

2 함수 $f(x)$는 $x=a$에서 좌미분계수와 우미분계수가 서로 다르므로 함수 $f(x)$는 $x=a$에서 미분가능하지 않다.

4 함수 $f(x)$는 $x=a$에서 불연속이므로 함수 $f(x)$는 $x=a$에서 미분가능하지 않다.

6 함수 $f(x)$는 $x=-1$에서 불연속이므로 함수 $f(x)$는 $x=-1$에서 미분가능하지 않다.
함수 $f(x)$는 $x=0$에서 연속이지만 좌미분계수와 우미분계수가 서로 다르므로 함수 $f(x)$는 $x=0$에서 미분가능하지 않다.
함수 $f(x)$는 $x=1$에서 불연속이므로 함수 $f(x)$는 $x=1$에서 미분가능하지 않다.

7 함수 $f(x)$는 $x=-1$에서 연속이지만 좌미분계수와 우미분계수가 서로 다르므로 함수 $f(x)$는 $x=-1$에서 미분가능하지 않다.
함수 $f(x)$는 $x=0$에서 불연속이므로 함수 $f(x)$는 $x=0$에서 미분가능하지 않다.
함수 $f(x)$는 $x=4$에서 불연속이므로 함수 $f(x)$는 $x=4$에서 미분가능하지 않다.

8 함수 $f(x)$는 $x=-2$에서 불연속이므로 함수 $f(x)$는 $x=-2$에서 미분가능하지 않다.
함수 $f(x)$는 $x=1$에서 연속이지만 좌미분계수와 우미분계수가 서로 다르므로 함수 $f(x)$는 $x=1$에서 미분가능하지 않다.
함수 $f(x)$는 $x=2$에서 불연속이므로 함수 $f(x)$는 $x=2$에서 미분가능하지 않다.

9 함수 $f(x)$는 $x=-1$에서 불연속이므로 함수 $f(x)$는 $x=-1$에서 미분가능하지 않다.
함수 $f(x)$는 $x=0$에서 불연속이므로 함수 $f(x)$는 $x=0$에서 미분가능하지 않다.
함수 $f(x)$는 $x=1$에서 연속이지만 좌미분계수와 우미분계수가 서로 다르므로 함수 $f(x)$는 $x=1$에서 미분가능하지 않다.
함수 $f(x)$는 $x=3$에서 불연속이므로 함수 $f(x)$는 $x=3$에서 미분가능하지 않다.

11 (i) $f(-1)=|-2+2|=0$

$$\lim_{x \to -1-} f(x) = \lim_{x \to -1-} \{-(2x+2)\}=0$$

$$\lim_{x \to -1+} f(x) = \lim_{x \to -1+} (2x+2)=0$$

이므로 $\lim_{x \to -1} f(x)=f(-1)$

따라서 함수 $f(x)$는 $x=-1$에서 연속이다.

(ii) $\lim_{x \to -1-} \dfrac{f(x)-f(-1)}{x-(-1)} = \lim_{x \to -1-} \dfrac{|2x+2|}{x+1}$

$$= \lim_{x \to -1-} \dfrac{-2(x+1)}{x+1}=-2$$

$\lim_{x \to -1+} \dfrac{f(x)-f(-1)}{x-(-1)} = \lim_{x \to -1+} \dfrac{|2x+2|}{x+1}$

$$= \lim_{x \to -1+} \dfrac{2(x+1)}{x+1}=2$$

이므로 $f'(-1)$의 값이 존재하지 않는다.

따라서 함수 $f(x)$는 $x=-1$에서 미분가능하지 않다.

(i), (ii)에서 함수 $f(x)$는 $x=-1$에서 연속이지만 미분가능하지 않다.

12 (i) $f(1)=1+1=2$

$$\lim_{x \to 1} f(x) = \lim_{x \to 1} \left(1+\frac{1}{x}\right)=1+1=2$$

이므로 $\lim_{x \to 1} f(x)=f(1)$

따라서 함수 $f(x)$는 $x=1$에서 연속이다.

(ii) $\lim_{x \to 1} \dfrac{f(x)-f(1)}{x-1} = \lim_{x \to 1} \dfrac{1+\frac{1}{x}-2}{x-1} = \lim_{x \to 1} \dfrac{-\frac{x-1}{x}}{x-1}$

$$= \lim_{x \to 1} \left(-\frac{1}{x}\right)=-1$$

이므로 $f'(1)$의 값이 존재한다.

따라서 함수 $f(x)$는 $x=1$에서 미분가능하다.

(i), (ii)에서 함수 $f(x)$는 $x=1$에서 연속이고 미분가능하다.

13 (i) $f(3)=3-1=2$

$$\lim_{x \to 3} f(x) = \lim_{x \to 3} \left(3-\frac{1}{x-2}\right)=3-1=2$$

이므로 $\lim_{x \to 3} f(x)=f(3)$

따라서 함수 $f(x)$는 $x=3$에서 연속이다.

(ii) $\lim_{x \to 3} \dfrac{f(x)-f(3)}{x-3} = \lim_{x \to 3} \dfrac{3-\frac{1}{x-2}-2}{x-3} = \lim_{x \to 3} \dfrac{\frac{x-3}{x-2}}{x-3}$

$$= \lim_{x \to 3} \dfrac{1}{x-2}=1$$

이므로 $f'(3)$의 값이 존재한다.

따라서 함수 $f(x)$는 $x=3$에서 미분가능하다.

(i), (ii)에서 함수 $f(x)$는 $x=3$에서 연속이고 미분가능하다.

14 (i) $f(1)=(1-1)^2=0$

$$\lim_{x \to 1-} f(x) = \lim_{x \to 1-} (3x-3)=0$$

$$\lim_{x \to 1+} f(x) = \lim_{x \to 1+} (x-1)^2=0$$

이므로 $\lim_{x \to 1} f(x)=f(1)$

따라서 함수 $f(x)$는 $x=1$에서 연속이다.

(ii) $\lim_{x \to 1-} \dfrac{f(x)-f(1)}{x-1} = \lim_{x \to 1-} \dfrac{3x-3}{x-1}=3$

$\lim_{x \to 1+} \dfrac{f(x)-f(1)}{x-1} = \lim_{x \to 1+} \dfrac{(x-1)^2}{x-1}$

$$= \lim_{x \to 1+} (x-1)=0$$

이므로 $f'(1)$의 값이 존재하지 않는다.

따라서 함수 $f(x)$는 $x=1$에서 미분가능하지 않다.

(i), (ii)에서 함수 $f(x)$는 $x=1$에서 연속이지만 미분가능하지 않다.

15 $f(0)=0+2=2$

$\lim\limits_{x\to 0-}f(x)=\lim\limits_{x\to 0-}(x+3)=3$

$\lim\limits_{x\to 0+}f(x)=\lim\limits_{x\to 0+}(x^2+2)=2$

이므로 $\lim\limits_{x\to 0}f(x)$의 값이 존재하지 않는다.

즉 함수 $f(x)$는 $x=0$에서 불연속이다.

따라서 함수 $f(x)$는 $x=0$에서 불연속이고 미분가능하지 않다.

16 $f(-1)=2-4+2=0$

$\lim\limits_{x\to -1-}f(x)=\lim\limits_{x\to -1-}(2x-1)=-3$

$\lim\limits_{x\to -1+}f(x)=\lim\limits_{x\to -1+}(2x^2+4x+2)=0$

이므로 $\lim\limits_{x\to -1}f(x)$의 값이 존재하지 않는다.

즉 함수 $f(x)$는 $x=-1$에서 불연속이다.

따라서 함수 $f(x)$는 $x=-1$에서 불연속이고 미분가능하지 않다.

TEST 개념 확인
본문 107쪽

1 ②	2 ⑤	3 ④	4 −1
5 ④	6 ③	7 ②	8 ③
9 ④	10 ②	11 ③	12 2
13 ①	14 ②	15 6	16 ①, ④
17 ②			

1 구간 $[1, 3]$에서의 평균변화율은

$$\frac{f(3)-f(1)}{3-1}=\frac{6-0}{2}=3$$

2 x의 값이 a에서 1까지 변할 때의 평균변화율은

$$\frac{f(1)-f(a)}{1-a}=\frac{-2-(-a^2-3a+2)}{1-a}$$
$$=\frac{a^2+3a-4}{1-a}$$
$$=\frac{(a-1)(a+4)}{1-a}$$
$$=-a-4$$

즉 $-a-4=5$이므로 $a=-9$

3 x의 값이 0에서 2까지 변할 때의 평균변화율은

$$\frac{f(2)-f(0)}{2-0}=\frac{(2a+7)-3}{2}$$
$$=\frac{2a+4}{2}$$
$$=a+2$$

즉 $a+2=4$이므로 $a=2$

4 x의 값이 -2에서 1까지 변할 때의 평균변화율은

$$\frac{f(1)-f(-2)}{1-(-2)}=\frac{2-2}{3}=0$$

x의 값이 a에서 0까지 변할 때의 평균변화율은

$$\frac{f(0)-f(a)}{0-a}=\frac{-a(a+1)}{-a}=a+1$$

즉 $a+1=0$이므로 $a=-1$

5 $f'(5)=\lim\limits_{x\to 5}\dfrac{f(x)-f(5)}{x-5}$

$$=\lim\limits_{x\to 5}\frac{(x^2-2x-12)-3}{x-5}$$
$$=\lim\limits_{x\to 5}\frac{x^2-2x-15}{x-5}$$
$$=\lim\limits_{x\to 5}\frac{(x+3)(x-5)}{x-5}$$
$$=\lim\limits_{x\to 5}(x+3)=8$$

6 x의 값이 -1에서 1까지 변할 때의 평균변화율은

$$\frac{f(1)-f(-1)}{1-(-1)}=\frac{11+3}{2}=7$$

$x=a$에서의 미분계수는

$$f'(a)=\lim\limits_{x\to a}\frac{f(x)-f(a)}{x-a}$$
$$=\lim\limits_{x\to a}\frac{(x^2+7x+3)-(a^2+7a+3)}{x-a}$$
$$=\lim\limits_{x\to a}\frac{(x+a)(x-a)+7(x-a)}{x-a}$$
$$=\lim\limits_{x\to a}(x+a+7)=2a+7$$

즉 $2a+7=7$이므로 $a=0$

7 곡선 $f(x)=x^2+2x+2$ 위의 점 $(1, f(1))$에서의 접선의 기울기는 $f'(1)$이므로

$$f'(1)=\lim\limits_{x\to 1}\frac{f(x)-f(1)}{x-1}$$
$$=\lim\limits_{x\to 1}\frac{(x^2+2x+2)-5}{x-1}$$
$$=\lim\limits_{x\to 1}\frac{x^2+2x-3}{x-1}$$
$$=\lim\limits_{x\to 1}\frac{(x+3)(x-1)}{x-1}$$
$$=\lim\limits_{x\to 1}(x+3)=4$$

8 $\lim\limits_{h\to 0}\dfrac{f(1+3h)-f(1)}{h}=\lim\limits_{h\to 0}\dfrac{f(1+3h)-f(1)}{3h}\times 3$

$$=3f'(1)$$
$$=3\times 4=12$$

9 $\lim\limits_{h\to 0}\dfrac{f(-1+h)-f(-1-h)}{h}$

$$=\lim\limits_{h\to 0}\frac{f(-1+h)-f(-1)+f(-1)-f(-1-h)}{h}$$
$$=\lim\limits_{h\to 0}\left\{\frac{f(-1+h)-f(-1)}{h}-\frac{f(-1-h)-f(-1)}{h}\right\}$$
$$=\lim\limits_{h\to 0}\frac{f(-1+h)-f(-1)}{h}+\lim\limits_{h\to 0}\frac{f(-1-h)-f(-1)}{-h}$$
$$=2f'(-1)=4$$

10 $\lim\limits_{h\to 0}\dfrac{f(2+ah)-f(2)}{h}=\lim\limits_{h\to 0}\dfrac{f(2+ah)-f(2)}{ah}\times a$

$$=af'(2)$$
$$=4a$$

즉 $4a=8$이므로 $a=2$

11 곡선 $y=f(x)$ 위의 점 $(1, f(1))$에서의 접선의 기울기가 10이므로 $f'(1)=10$

따라서

$$\lim_{x \to 1} \frac{f(x)-f(1)}{x^2-1}=\lim_{x \to 1} \frac{f(x)-f(1)}{(x+1)(x-1)}$$
$$=\lim_{x \to 1} \frac{f(x)-f(1)}{x-1} \times \frac{1}{x+1}$$
$$=\lim_{x \to 1} \frac{f(x)-f(1)}{x-1} \times \lim_{x \to 1} \frac{1}{x+1}$$
$$=f'(1) \times \frac{1}{2}$$
$$=10 \times \frac{1}{2}=5$$

12 $\lim_{x \to 1} \frac{f(x)-2}{x^2-1}=2$에서 $x \to 1$일 때, 극한값이 존재하고

(분모) $\to 0$이므로 (분자) $\to 0$이다.

따라서 $f(1)=2$

$$\lim_{x \to 1} \frac{f(x)-2}{x^2-1}=\lim_{x \to 1} \frac{f(x)-f(1)}{(x+1)(x-1)}$$
$$=\lim_{x \to 1} \frac{f(x)-f(1)}{x-1} \times \frac{1}{x+1}$$
$$=\lim_{x \to 1} \frac{f(x)-f(1)}{x-1} \times \lim_{x \to 1} \frac{1}{x+1}$$
$$=f'(1) \times \frac{1}{2}=2$$

이므로 $f'(1)=4$

따라서 $\dfrac{f'(1)}{f(1)}=\dfrac{4}{2}=2$

13 $\lim_{x \to 1} \frac{f(x)}{x^2+3x-4}=\lim_{x \to 1} \frac{f(x)-f(1)}{(x-1)(x+4)}$
$$=\lim_{x \to 1} \frac{f(x)-f(1)}{x-1} \times \frac{1}{x+4}$$
$$=\lim_{x \to 1} \frac{f(x)-f(1)}{x-1} \times \lim_{x \to 1} \frac{1}{x+4}$$
$$=f'(1) \times \frac{1}{5}$$
$$=10 \times \frac{1}{5}=2$$

14 $f(x+y)=f(x)+f(y)-3$의 양변에 $x=0$, $y=0$을 대입하면

$f(0)=f(0)+f(0)-3$

따라서 $f(0)=3$

$$f'(1)=\lim_{h \to 0} \frac{f(1+h)-f(1)}{h}$$
$$=\lim_{h \to 0} \frac{f(1)+f(h)-3-f(1)}{h}$$
$$=\lim_{h \to 0} \frac{f(h)-3}{h}$$
$$=\lim_{h \to 0} \frac{f(h)-f(0)}{h}$$
$$=f'(0)=2$$
$$f'(-1)=\lim_{h \to 0} \frac{f(-1+h)-f(-1)}{h}$$
$$=\lim_{h \to 0} \frac{f(-1)+f(h)-3-f(-1)}{h}$$

$$=\lim_{h \to 0} \frac{f(h)-3}{h}$$
$$=\lim_{h \to 0} \frac{f(h)-f(0)}{h}$$
$$=f'(0)=2$$

따라서

$f(0)+f'(-1)=3+2=5$

15 함수 $f(x)$는 $x=1$, $x=3$에서 불연속이므로 불연속인 점의 개수는 2이다.

$x=-3$, $x=-1$에서 함수 $f(x)$의 좌미분계수와 우미분계수가 서로 다르므로 함수 $f(x)$는 $x=-3$, $x=-1$에서 미분가능하지 않다.

즉 함수 $f(x)$는 $x=-3$, $x=-1$, $x=1$, $x=3$에서 미분가능하지 않으므로 미분가능하지 않은 점의 개수는 4이다.

따라서 $a=2$, $b=4$이므로

$a+b=2+4=6$

16 ① 함수 $f(x)$의 $x=-1$에서의 접선의 기울기가 음수이므로

  $f'(-1)<0$

② $x=-2$에서 함수 $f(x)$의 좌미분계수와 우미분계수가 서로 다르므로 함수 $f(x)$는 $x=-2$에서 미분가능하지 않다.

  따라서 $f'(-2)$의 값은 존재하지 않는다.

③ $\lim_{x \to 0-} f(x)=0$, $\lim_{x \to 0+} f(x)=-1$이므로 $\lim_{x \to 0} f(x)$의 값이 존재하지 않는다.

④ 함수 $f(x)$는 $x=-3$, $x=0$, $x=1$에서 불연속이므로 불연속인 점의 개수는 3이다.

⑤ 함수 $f(x)$는 $x=-3$, $x=-2$, $x=0$, $x=1$에서 미분가능하지 않으므로 미분가능하지 않은 점의 개수는 4이다.

따라서 옳은 것은 ①, ④이다.

17 ㄱ. (i) $f(0)=0$

  $$\lim_{x \to 0} f(x)=\lim_{x \to 0} x(x+1)=0$$

  이므로 $\lim_{x \to 0} f(x)=f(0)$

  따라서 함수 $f(x)$는 $x=0$에서 연속이다.

  (ii) $\lim_{x \to 0} \frac{f(x)-f(0)}{x-0}=\lim_{x \to 0} \frac{x(x+1)}{x}$
  $$=\lim_{x \to 0} (x+1)=1$$

  이므로 $f'(0)$의 값이 존재한다.

  따라서 함수 $f(x)$는 $x=0$에서 미분가능하다.

ㄴ. 함수 $f(x)$는 $x=0$에서 함숫값이 존재하지 않으므로 함수 $f(x)$는 $x=0$에서 불연속이다.

  함수 $f(x)$는 $x=0$에서 불연속이므로 함수 $f(x)$는 $x=0$에서 미분가능하지 않다.

ㄷ. (i) $f(0)=1$

  $$\lim_{x \to 0-} f(x)=\lim_{x \to 0-} (2x+1)=1$$
  $$\lim_{x \to 0+} f(x)=\lim_{x \to 0+} (-x+1)=1$$

  이므로 $\lim_{x \to 0} f(x)=f(0)$

  따라서 함수 $f(x)$는 $x=0$에서 연속이다.

(ii) $\displaystyle\lim_{x\to 0-}\frac{f(x)-f(0)}{x-0}=\lim_{x\to 0-}\frac{2x+1-1}{x}=2$

$\displaystyle\lim_{x\to 0+}\frac{f(x)-f(0)}{x-0}=\lim_{x\to 0+}\frac{-x+1-1}{x-0}=-1$

이므로 $f'(0)$의 값이 존재하지 않는다.

따라서 함수 $f(x)$는 $x=0$에서 미분가능하지 않다.

이상에서 $x=0$에서 연속이지만 미분가능하지 않은 것은 ㄷ뿐이다.

06

본문 110쪽

도함수

원리확인

❶ $f(x)$, $(x+h)^2$, $2xh$, $2x$, $2x+5$, 7

❷ $f(1)$, x^2+5x, $x+6$, $x+6$, 7

---

1 (✎ $x+h$, $5h$, 5, 5)　　2 $f'(x)=2x-3$

3 $f'(x)=-10x+2$　　4 $f'(x)=x-1$

5 (✎ $x+h$, $3h$, 3, 3, 3)

6 13　　　7 -10　　　8 $-\dfrac{7}{2}$　　☺ a

---

2 $f'(x)=\displaystyle\lim_{h\to 0}\frac{f(x+h)-f(x)}{h}$

$\quad=\displaystyle\lim_{h\to 0}\frac{(x+h)^2-3(x+h)-(x^2-3x)}{h}$

$\quad=\displaystyle\lim_{h\to 0}\frac{2xh+h^2-3h}{h}$

$\quad=\displaystyle\lim_{h\to 0}(2x+h-3)$

$\quad=2x-3$

3 $f'(x)=\displaystyle\lim_{h\to 0}\frac{f(x+h)-f(x)}{h}$

$\quad=\displaystyle\lim_{h\to 0}\frac{-5(x+h)^2+2(x+h)+3-(-5x^2+2x+3)}{h}$

$\quad=\displaystyle\lim_{h\to 0}\frac{-10xh-5h^2+2h}{h}$

$\quad=\displaystyle\lim_{h\to 0}(-10x-5h+2)$

$\quad=-10x+2$

4 $f'(x)=\displaystyle\lim_{h\to 0}\frac{f(x+h)-f(x)}{h}$

$\quad=\displaystyle\lim_{h\to 0}\frac{\frac{1}{2}(x+h)^2-(x+h)+7-\left(\frac{1}{2}x^2-x+7\right)}{h}$

$\quad=\displaystyle\lim_{h\to 0}\frac{xh+\frac{1}{2}h^2-h}{h}$

$\quad=\displaystyle\lim_{h\to 0}\left(x+\frac{1}{2}h-1\right)$

$\quad=x-1$

---

6 $f'(x)=\displaystyle\lim_{h\to 0}\frac{f(x+h)-f(x)}{h}$

$\quad=\displaystyle\lim_{h\to 0}\frac{2(x+h)^2+(x+h)+1-(2x^2+x+1)}{h}$

$\quad=\displaystyle\lim_{h\to 0}\frac{4xh+2h^2+h}{h}$

$\quad=\displaystyle\lim_{h\to 0}(4x+2h+1)$

$\quad=4x+1$

따라서 $f'(3)=4\times 3+1=13$

7 $f'(x)=\displaystyle\lim_{h\to 0}\frac{f(x+h)-f(x)}{h}$

$\quad=\displaystyle\lim_{h\to 0}\frac{-3(x+h)^2-10(x+h)-(-3x^2-10x)}{h}$

$\quad=\displaystyle\lim_{h\to 0}\frac{-6xh-3h^2-10h}{h}$

$\quad=\displaystyle\lim_{h\to 0}(-6x-3h-10)$

$\quad=-6x-10$

따라서 $f'(0)=-6\times 0-10=-10$

8 $f'(x)=\displaystyle\lim_{h\to 0}\frac{f(x+h)-f(x)}{h}$

$\quad=\displaystyle\lim_{h\to 0}\frac{\frac{1}{4}(x+h)^2-3(x+h)+2-\left(\frac{1}{4}x^2-3x+2\right)}{h}$

$\quad=\displaystyle\lim_{h\to 0}\frac{\frac{1}{2}xh+\frac{1}{4}h^2-3h}{h}$

$\quad=\displaystyle\lim_{h\to 0}\left(\frac{1}{2}x+\frac{1}{4}h-3\right)$

$\quad=\frac{1}{2}x-3$

따라서 $f'(-1)=\dfrac{1}{2}\times(-1)-3=-\dfrac{7}{2}$

07

본문 112쪽

함수 $y=x^n$과 상수함수의 도함수

원리확인

❶ $f(x)$, $(x+h)^2$, $2xh$, $2x+h$, $2x$, 2, $2x$

❷ $f(x)$, $(x+h)^3$, $3x^2h$, $3x^2$, $3x^2$, 3, $3x^2$

---

1 (✎ 4, $4x^3$)　　　　　2 $y'=5x^4$　　3 $y'=7x^6$

4 $y'=8x^7$　　5 $y'=10x^9$　　6 $y'=0$　　　7 $y'=0$

8 $y'=0$　　　9 $y'=0$　　　10 $y'=0$

☺ x^{n-1}, 1, 0

---

2 $y'=5x^{5-1}=5x^4$

3 $y'=7x^{7-1}=7x^6$

4 $y'=8x^{8-1}=8x^7$

5 $y'=10x^{10-1}=10x^9$

08

본문 114쪽

함수의 실수배, 합, 차의 미분법

1 (✏ x^3, $3x^2$, $9x^2$) 2 $y'=-6x^2$

3 $y'=3x^3$ 4 (✏ x, 1, 3) 5 $y'=-\dfrac{2}{5}$

6 $y'=4x-5$ 7 $y'=9x^2-2x+2$

8 $y'=4x^3+12x^2+1$ 9 $y'=-6x^3-x^2+10x+6$

10 $y'=25x^4-6x+1$ 11 ④

12 (✏ $f'(x)$, 2, 4) 13 1 14 3

15 4

2 $\begin{aligned} y'&=(-2x^3)'=-2\times(x^3)'\\ &=-2\times(3x^2)=-6x^2 \end{aligned}$

3 $\begin{aligned} y'&=\left(\dfrac{3}{4}x^4\right)'=\dfrac{3}{4}\times(x^4)'\\ &=\dfrac{3}{4}(4x^{4-1})=3x^3 \end{aligned}$

5 $\begin{aligned} y'&=\left(-\dfrac{2}{5}x-5\right)'\\ &=\left(-\dfrac{2}{5}x\right)'-(5)'=-\dfrac{2}{5} \end{aligned}$

6 $\begin{aligned} y'&=(2x^2)'-(5x)'+(5)'\\ &=4x-5 \end{aligned}$

7 $\begin{aligned} y'&=(3x^3)'-(x^2)'+(2x)'+(9)'\\ &=9x^2-2x+2 \end{aligned}$

8 $\begin{aligned} y'&=(x^4)'+(4x^3)'+(x)'-(2)'\\ &=4x^3+12x^2+1 \end{aligned}$

9 $\begin{aligned} y'&=\left(-\dfrac{3}{2}x^4\right)'-\left(\dfrac{1}{3}x^3\right)'+(5x^2)'+(6x)'-(1)'\\ &=-6x^3-x^2+10x+6 \end{aligned}$

10 $\begin{aligned} y'&=(5x^5)'-(3x^2)'+(x)'\\ &=25x^4-6x+1 \end{aligned}$

11 $f'(x)=1+2x+3x^2+\cdots+10x^9$이므로
$f'(-1)=1-2+3-4+\cdots-10=-5$
$f'(1)=1+2+3+4+\cdots+10=55$
따라서
$f'(-1)+f'(1)=-5+55=50$

13 $f(x)+g(x)$를 미분하면 $f'(x)+g'(x)$
따라서 함수 $f(x)+g(x)$의 $x=1$에서의 미분계수는
$f'(1)+g'(1)=2+(-1)=1$

14 $f(x)-g(x)$를 미분하면 $f'(x)-g'(x)$
따라서 함수 $f(x)-g(x)$의 $x=1$에서의 미분계수는
$f'(1)-g'(1)=2-(-1)=3$

15 $3f(x)+2g(x)$를 미분하면 $3f'(x)+2g'(x)$
따라서 함수 $3f(x)+2g(x)$의 $x=1$에서의 미분계수는
$3f'(1)+2g'(1)=3\times2+2\times(-1)=4$

09

본문 116쪽

함수의 곱의 미분법

원리확인

① $2x$, 1, $-12x-1$, $1-2x$, $3x+2$, -2, 3, $-12x-1$

② $3x^2$, $2x$, $6x^2$, $2x+1$, x^2-5, 2, $2x$, $6x^2+2x$

1 (✏ 1, 3, $6x-5$) 2 $y'=30x+7$

3 $y'=30x^2+36x-15$ 4 $y'=-12x^3+18x^2+20x-2$

5 $y'=10x^4+12x^3-6x^2+20x-5$

6 (✏ 1, 1, 4, $12x^2-14x-5$)

7 $y'=-18x^2-10x+61$ 8 $y'=4x^3+18x^2+10x$

9 $y'=8x^3+45x^2+10x-15$ 10 $y'=5x^4+12x^3+3x^2-6x-2$

11 (✏ 3, $2x+5$, 3, 2, $2x+5$)

12 $y'=5(x-2)^4$ 13 $y'=10(2x-3)^4$

14 $y'=-9(4-3x)^2$ 15 $y'=6(x-1)(x^2-2x+2)^2$

16 (✏ $2x+5$, x^2-1, 2, $2x$, $4x^2+10x$, $6x^2+10x-2$, 10, 14)

17 1 18 5 19 9 20 240

2 $\begin{aligned} y'&=(3x+2)'(5x-1)+(3x+2)(5x-1)'\\ &=3\times(5x-1)+(3x+2)\times5\\ &=15x-3+15x+10\\ &=30x+7 \end{aligned}$

3 $\begin{aligned} y'&=(5x+9)'(2x^2-3)+(5x+9)(2x^2-3)'\\ &=5\times(2x^2-3)+(5x+9)\times4x\\ &=10x^2-15+20x^2+36x\\ &=30x^2+36x-15 \end{aligned}$

4 $\begin{aligned} y'&=(x^2-2x-3)'(-3x^2+1)+(x^2-2x-3)(-3x^2+1)'\\ &=(2x-2)(-3x^2+1)+(x^2-2x-3)\times(-6x)\\ &=-6x^3+6x^2+2x-2-6x^3+12x^2+18x\\ &=-12x^3+18x^2+20x-2 \end{aligned}$

5
$$y'=(2x^2-x)'(x^3+2x^2+5)+(2x^2-x)(x^3+2x^2+5)'$$
$$=(4x-1)(x^3+2x^2+5)+(2x^2-x)(3x^2+4x)$$
$$=4x^4+7x^3-2x^2+20x-5+6x^4+5x^3-4x^2$$
$$=10x^4+12x^3-6x^2+20x-5$$

7
$$y'=(-2x+3)'(3x-5)(x+4)+(-2x+3)(3x-5)'(x+4)$$
$$+(-2x+3)(3x-5)(x+4)'$$
$$=(-2)\times(3x-5)(x+4)+(-2x+3)\times3\times(x+4)$$
$$+(-2x+3)(3x-5)\times1$$
$$=-6x^2-14x+40-6x^2-15x+36-6x^2+19x-15$$
$$=-18x^2-10x+61$$

8
$$y'=(x)'(x^2+x)(x+5)+x(x^2+x)'(x+5)$$
$$+x(x^2+x)(x+5)'$$
$$=1\times(x^2+x)(x+5)+x(2x+1)(x+5)+x(x^2+x)\times1$$
$$=x^3+6x^2+5x+2x^3+11x^2+5x+x^3+x^2$$
$$=4x^3+18x^2+10x$$

9
$$y'=(2x+1)'(x^2-1)(x+7)+(2x+1)(x^2-1)'(x+7)$$
$$+(2x+1)(x^2-1)(x+7)'$$
$$=2\times(x^2-1)(x+7)+(2x+1)\times2x\times(x+7)$$
$$+(2x+1)(x^2-1)\times1$$
$$=2x^3+14x^2-2x-14+4x^3+30x^2+14x+2x^3+x^2-2x-1$$
$$=8x^3+45x^2+10x-15$$

10
$$y'=(x^2-1)'(x+1)(x^2+2x)+(x^2-1)(x+1)'(x^2+2x)$$
$$+(x^2-1)(x+1)(x^2+2x)'$$
$$=2x(x+1)(x^2+2x)+(x^2-1)\times1\times(x^2+2x)$$
$$+(x^2-1)(x+1)(2x+2)$$
$$=2x^4+6x^3+4x^2+x^4+2x^3-x^2-2x+2x^4+4x^3-4x-2$$
$$=5x^4+12x^3+3x^2-6x-2$$

12
$$y'=5\times(x-2)^4\times(x-2)'$$
$$=5\times(x-2)^4\times1$$
$$=5(x-2)^4$$

13
$$y'=5\times(2x-3)^4\times(2x-3)'$$
$$=5\times(2x-3)^4\times2$$
$$=10(2x-3)^4$$

14
$$y'=3\times(4-3x)^2\times(4-3x)'$$
$$=3\times(4-3x)^2\times(-3)$$
$$=-9(4-3x)^2$$

15
$$y'=3\times(x^2-2x+2)^2\times(x^2-2x+2)'$$
$$=3\times(x^2-2x+2)^2\times(2x-2)$$
$$=6(x-1)(x^2-2x+2)^2$$

17
$$f'(x)=(2x+1)'(3-x)+(2x+1)(3-x)'$$
$$=2\times(3-x)+(2x+1)\times(-1)$$
$$=6-2x-2x-1$$
$$=-4x+5$$
따라서 $f'(1)=-4+5=1$

18
$$f'(x)=(x)'(x-3)(1-2x)+x(x-3)'(1-2x)$$
$$+x(x-3)(1-2x)'$$
$$=1\times(x-3)(1-2x)+x\times1\times(1-2x)$$
$$+x(x-3)\times(-2)$$
$$=-2x^2+7x-3-2x^2+x-2x^2+6x$$
$$=-6x^2+14x-3$$
따라서 $f'(1)=-6+14-3=5$

19
$$f'(x)=3\times(3x-2)^2\times(3x-2)'$$
$$=3\times(3x-2)^2\times3$$
$$=9(3x-2)^2$$
따라서 $f'(1)=9\times1^2=9$

20
$$f'(x)=3\times(x^2+3x)^2\times(x^2+3x)'$$
$$=3\times(x^2+3x)^2\times(2x+3)$$
$$=3(2x+3)(x^2+3x)^2$$
따라서 $f'(1)=3\times5\times4^2=240$

TEST 개념 확인

본문 119쪽

1 ④	2 ⑤	3 ③	4 ②
5 ④	6 ①		

1
$f'(x)=3x^2+5$이므로
$$f'(3)=3\times3^2+5=32$$

2
$f'(x)=-1+2x-3x^2+\cdots+10x^9$이므로
$$f'(-1)=-1-2-3-\cdots-10=-55$$
$$f'(1)=-1+2-3+\cdots+10=5$$
따라서 $\dfrac{f'(-1)}{f'(1)}=\dfrac{-55}{5}=-11$

3
$f(x)=x^3+3x-5$에서 $f(a)=b$이므로
$$a^3+3a-5=b \quad\cdots\cdots ㉠$$
$f'(x)=3x^2+3$이므로 $f'(a)=6$에서
$$3a^2+3=6, \ a^2=1$$
이때 $a>0$이므로 $a=1$
$a=1$을 ㉠에 대입하면
$$b=1+3-5=-1$$
따라서 $a+b=1+(-1)=0$

4
$$f'(x) = (2x+1)'(x^2-1)+(2x+1)(x^2-1)'$$
$$= 2(x^2-1)+(2x+1)\times 2x$$
$$= 2x^2-2+4x^2+2x$$
$$= 6x^2+2x-2$$
따라서 $f'(-1)=6-2-2=2$

5
$$f'(x) = x'(x+1)(2x-3)+x(x+1)'(2x-3)$$
$$\qquad\qquad\qquad\qquad +x(x+1)(2x-3)'$$
$$= (x+1)(2x-3)+x\times 1\times(2x-3)+x(x+1)\times 2$$
$$= 2x^2-x-3+2x^2-3x+2x^2+2x$$
$$= 6x^2-2x-3$$
$f'(a)=0$에서 a는 이차방정식 $6a^2-2a-3=0$의 실근이므로 모든 실수 a의 값의 합은 이차방정식의 근과 계수의 관계에 의하여
$$-\frac{-2}{6}=\frac{1}{3}$$

6
$$g'(x) = (x)'f(x)+xf'(x)$$
$$= f(x)+xf'(x)$$
이므로
$$g'(1) = f(1)+f'(1)$$
$$= 5+3=8$$

10 미분계수와 도함수의 이용
본문 120쪽

1 (✏ x, $f'(1)$, $2x$, 1, 1, $\frac{1}{2}$)   **2** 6

3 4   **4** $\frac{5}{2}$ **5** 5

6 (✏ 3, $f(1)$, $f'(1)$, 2, 1, 2, 1, 6, 6)

7 15   **8** 6   **9** 8   **10** -4

11 ②   **12** (✏ -1, $2a+b$, $-2a+b$, $\frac{1}{2}$, 2)

13 $a=1$, $b=0$, $c=2$ **14** $a=\frac{1}{4}$, $b=2$, $c=1$

15 $a=1$, $b=1$, $c=3$

16 (✏ 3, 2, 3, -10, $x+1$, 2, 2, -1, 3, -1, -4, -3)

17 $a=2$, $b=-4$ **18** $a=-4$, $b=-8$

19 (✏ 3, 1, 1, 2, 2, 8, 3, 3, 5, -3)

20 $a=-1$, $b=-6$ **21** $a=-3$, $b=6$

22 (✏ 1, 3, 6, 6, -3)

23 $a=2$, $b=-5$ **24** $a=4$, $b=5$

25 $a=1$, $b=1$

26 (✏ $2ax$, $2ax$, $2a-b$, $a-3$, $a-3$, $2a-b$, 1, 3, 3, $2ax$, 2, 1, 2, 1, $5a$, 1, 3, 3)

27 $a=\frac{1}{2}$, $b=1$ **28** $a=2$, $b=-2$, $c=1$

29 $a=1$, $b=-2$, $c=-3$ **30** ①

31 (✏ $x-1$, 0, $x-1$, $x-1$, 0, 4, 4, 3)

32 $a=-6$, $b=5$ **33** $a=0$, $b=-8$

34 $a=7$, $b=-6$ **35** $a=-4$, $b=-3$

36 (✏ $x-1$, 2, $x-1$, $x-1$, 3, -1, $3x-1$)

37 $13x+11$ **38** $5x-4$ **39** $-4x-1$

40 $6x-7$ **41** ③

2
$$\lim_{h\to 0}\frac{f(1+2h)-f(1)}{h}=\lim_{h\to 0}\frac{f(1+2h)-f(1)}{2h}\times 2$$
$$= 2f'(1)$$
$f(x)=2x^2-x+3$에서 $f'(x)=4x-1$이므로
$$f'(1)=3$$
따라서 구하는 값은 $2f'(1)=2\times 3=6$

3
$$\lim_{h\to 0}\frac{f(2+2h)-f(2+3h)}{h}$$
$$= \lim_{h\to 0}\frac{f(2+2h)-f(2)+f(2)-f(2+3h)}{h}$$
$$= \lim_{h\to 0}\left\{\frac{f(2+2h)-f(2)}{h}-\frac{f(2+3h)-f(2)}{h}\right\}$$
$$= \lim_{h\to 0}\left\{\frac{f(2+2h)-f(2)}{2h}\times 2-\frac{f(2+3h)-f(2)}{3h}\times 3\right\}$$
$$= \lim_{h\to 0}\frac{f(2+2h)-f(2)}{2h}\times 2-\lim_{h\to 0}\frac{f(2+3h)-f(2)}{3h}\times 3$$
$$= 2f'(2)-3f'(2)$$
$$= -f'(2)$$
$f(x)=-x^3+2x^2+4$에서 $f'(x)=-3x^2+4x$이므로
$$f'(2)=-3\times 2^2+4\times 2=-4$$
따라서 구하는 값은 $-f'(2)=-(-4)=4$

4
$$\lim_{x\to 3}\frac{f(x)-f(3)}{2x-6}=\lim_{x\to 3}\frac{f(x)-f(3)}{x-3}\times\frac{1}{2}$$
$$= \frac{1}{2}f'(3)$$
$f(x)=(x-5)(2x+3)$에서
$$f'(x) = (x-5)'(2x+3)+(x-5)(2x+3)'$$
$$= 1\times(2x+3)+(x-5)\times 2$$
$$= 4x-7$$
이므로 $f'(3)=4\times 3-7=5$
따라서 구하는 값은 $\frac{1}{2}f'(3)=\frac{1}{2}\times 5=\frac{5}{2}$

5
$$\lim_{x\to 2}\frac{2f(x)-xf(2)}{x-2}$$
$$= \lim_{x\to 2}\frac{2f(x)-2f(2)+2f(2)-xf(2)}{x-2}$$
$$= \lim_{x\to 2}\frac{2\{f(x)-f(2)\}-f(2)(x-2)}{x-2}$$
$$= 2\lim_{x\to 2}\frac{f(x)-f(2)}{x-2}-\lim_{x\to 2}f(2)$$
$$= 2f'(2)-f(2)$$

$f(x)=(x-1)^3$에서 $f(2)=1$이고

$f'(x)=3(x-1)^2(x-1)'$

$\qquad =3(x^2-2x+1)\times 1$

$\qquad =3x^2-6x+3$

이므로 $f'(2)=3\times 2^2-6\times 2+3=3$

따라서 구하는 값은 $2f'(2)-f(2)=2\times 3-1=5$

7 $f(x)=x^5+x^4+x^3+x^2+x$로 놓으면

$f(1)=5$이므로

(주어진 식)$=\lim\limits_{x\to 1}\dfrac{f(x)-f(1)}{x-1}=f'(1)$

이때 $f'(x)=5x^4+4x^3+3x^2+2x+1$이므로

$f'(1)=5+4+3+2+1=15$

따라서 구하는 값은 15이다.

8 $f(x)=x^{10}-x^8+x^6-x^4+x^2$으로 놓으면

$f(1)=1$이므로

(주어진 식)$=\lim\limits_{x\to 1}\dfrac{f(x)-f(1)}{x-1}=f'(1)$

이때 $f'(x)=10x^9-8x^7+6x^5-4x^3+2x$이므로

$f'(1)=10-8+6-4+2=6$

따라서 구하는 값은 6이다.

9 $f(x)=x^{10}-2x$로 놓으면

$f(1)=-1$이므로

(주어진 식)$=\lim\limits_{x\to 1}\dfrac{f(x)-f(1)}{x-1}=f'(1)$

이때 $f'(x)=10x^9-2$이므로

$f'(1)=10-2=8$

따라서 구하는 값은 8이다.

10 $f(x)=x^6+2x$로 놓으면

$f(-1)=-1$이므로

(주어진 식)$=\lim\limits_{x\to -1}\dfrac{f(x)-f(-1)}{x-(-1)}=f'(-1)$

이때 $f'(x)=6x^5+2$이므로

$f'(-1)=-6+2=-4$

따라서 구하는 값은 -4이다.

11 $f(x)=x^n-3x$로 놓으면

$f(1)=-2$이므로

$\lim\limits_{x\to 1}\dfrac{x^n-3x+2}{x-1}=\lim\limits_{x\to 1}\dfrac{f(x)-f(1)}{x-1}=f'(1)$

즉 $f'(1)=3$

이때 $f'(x)=nx^{n-1}-3$이므로

$f'(1)=n-3$

따라서 $n-3=3$, $n=6$

13 $f(0)=2$이므로 $c=2$

이때 $f'(x)=2ax+b$이므로

$f'(1)=2$에서 $2a+b=2$ ······ ㉠

$f'(2)=4$에서 $4a+b=4$ ······ ㉡

㉠, ㉡을 연립하여 풀면 $a=1$, $b=0$

14 $f(0)=1$이므로 $c=1$

이때 $f'(x)=2ax+b$이므로

$f'(2)=3$에서 $4a+b=3$ ······ ㉠

$f'(-2)=1$에서 $-4a+b=1$ ······ ㉡

㉠, ㉡을 연립하여 풀면 $a=\dfrac{1}{4}$, $b=2$

15 $f(0)=3$이므로 $c=3$

이때 $f'(x)=2ax+b$이므로

$f'(-1)=-1$에서 $-2a+b=-1$ ······ ㉠

$f'(2)=5$에서 $4a+b=5$ ······ ㉡

㉠, ㉡을 연립하여 풀면 $a=1$, $b=1$

17 $f(x)=x^3+ax^2+bx$에서 $f'(x)=3x^2+2ax+b$

$\lim\limits_{x\to 1}\dfrac{f(x)-f(1)}{x-1}=3$에서 $f'(1)=3$

즉 $f'(1)=3+2a+b=3$에서

$2a+b=0$ ······ ㉠

$\lim\limits_{x\to 2}\dfrac{f(x)-f(2)}{x^2-4}=\lim\limits_{x\to 2}\dfrac{f(x)-f(2)}{x-2}\times\dfrac{1}{x+2}$

$\qquad\qquad\qquad\qquad =\dfrac{1}{4}f'(2)$

이므로 $\dfrac{1}{4}f'(2)=4$, $f'(2)=16$

즉 $f'(2)=3\times 2^2+2a\times 2+b=16$에서

$4a+b=4$ ······ ㉡

㉠, ㉡을 연립하여 풀면 $a=2$, $b=-4$

18 $f(x)=x^4+ax^2+bx$에서 $f'(x)=4x^3+2ax+b$

$\lim\limits_{x\to 2}\dfrac{f(x)-f(2)}{x-2}=8$에서 $f'(2)=8$

즉 $f'(2)=4\times 2^3+2a\times 2+b=8$에서

$4a+b=-24$ ······ ㉠

$\lim\limits_{x\to 1}\dfrac{f(x)-f(1)}{x^3-1}=\lim\limits_{x\to 1}\dfrac{f(x)-f(1)}{x-1}\times\dfrac{1}{x^2+x+1}$

$\qquad\qquad\qquad\qquad =\dfrac{1}{3}f'(1)$

이므로 $\dfrac{1}{3}f'(1)=-4$, $f'(1)=-12$

즉 $f'(1)=4+2a+b=-12$에서

$2a+b=-16$ ······ ㉡

㉠, ㉡을 연립하여 풀면 $a=-4$, $b=-8$

20 $x \to 2$일 때 극한값이 존재하고 (분모) $\to 0$이므로 (분자) $\to 0$이다.

즉 $\lim\limits_{x \to 2}\{f(x)-6\}=0$이므로 $f(2)=6$

$$\lim_{x \to 2}\frac{f(x)-6}{x^2-4}=\lim_{x \to 2}\frac{f(x)-f(2)}{(x-2)(x+2)}$$
$$=\lim_{x \to 2}\frac{f(x)-f(2)}{x-2}\times\frac{1}{x+2}$$
$$=\frac{1}{4}f'(2)$$

즉 $\frac{1}{4}f'(2)=7$이므로 $f'(2)=28$

이때 $f(x)=x^4+ax^2+b$, $f'(x)=4x^3+2ax$이므로

$f'(2)=28$에서 $32+4a=28$, $a=-1$

$f(2)=6$에서 $16+4a+b=6$, $b=-6$

21 $h \to 0$일 때 극한값이 존재하고 (분모) $\to 0$이므로 (분자) $\to 0$이다.

즉 $\lim\limits_{h \to 0}\{f(1+2h)-4\}=0$이므로 $f(1)=4$

$$\lim_{h \to 0}\frac{f(1+2h)-4}{h}=\lim_{h \to 0}\frac{f(1+2h)-f(1)}{h}$$
$$=\lim_{h \to 0}\frac{f(1+2h)-f(1)}{2h}\times 2$$
$$=2f'(1)$$

즉 $2f'(1)=-6$이므로 $f'(1)=-3$

이때 $f(x)=x^3+ax^2+b$, $f'(x)=3x^2+2ax$이므로

$f'(1)=-3$에서 $3+2a=-3$, $a=-3$

$f(1)=4$에서 $1+a+b=4$, $b=6$

23 (i) $f(x)$가 $x=1$에서 연속이므로

$\lim\limits_{x \to 1-}(2ax-6)=\lim\limits_{x \to 1+}(x^2+ax+b)=f(1)$

$2a-6=a+b+1$, 즉 $a-b=7$ $\quad$ ...... ㉠

(ii) $f'(x)=\begin{cases}2a & (x<1) \\ 2x+a & (x>1)\end{cases}$ 에서 $f'(1)$의 값이 존재하므로

$\lim\limits_{x \to 1-}2a=\lim\limits_{x \to 1+}(2x+a)$

$2a=2+a$, 즉 $a=2$

$a=2$를 ㉠에 대입하면 $b=-5$

24 (i) $f(x)$가 $x=1$에서 연속이므로

$\lim\limits_{x \to 1-}(x^3+bx)=\lim\limits_{x \to 1+}(ax^2+2)=f(1)$

$1+b=a+2$, 즉 $a-b=-1$ $\quad$ ...... ㉠

(ii) $f'(x)=\begin{cases}3x^2+b & (x<1) \\ 2ax & (x>1)\end{cases}$ 에서 $f'(1)$의 값이 존재하므로

$\lim\limits_{x \to 1-}(3x^2+b)=\lim\limits_{x \to 1+}2ax$

$3+b=2a$, 즉 $2a-b=3$ $\quad$ ...... ㉡

㉠, ㉡을 연립하여 풀면 $a=4$, $b=5$

25 (i) $f(x)$가 $x=1$에서 연속이므로

$\lim\limits_{x \to 1-}(x^2+3)=\lim\limits_{x \to 1+}(ax^3-bx+4)=f(1)$

$4=a-b+4$, 즉 $a-b=0$ $\quad$ ...... ㉠

(ii) $f'(x)=\begin{cases}2x & (x<1) \\ 3ax^2-b & (x>1)\end{cases}$ 에서 $f'(1)$의 값이 존재하므로

$\lim\limits_{x \to 1-}2x=\lim\limits_{x \to 1+}(3ax^2-b)$, 즉 $3a-b=2$ $\quad$ ...... ㉡

㉠, ㉡을 연립하여 풀면 $a=1$, $b=1$

27 $f'(x)=2ax$이므로

$4f(x)=\{f'(x)\}^2+x^2+4$에서

$4(ax^2+b)=(2ax)^2+x^2+4$

$4ax^2+4b=(4a^2+1)x^2+4$

위의 식은 x에 대한 항등식이므로

$4a=4a^2+1$, $4b=4$

따라서 $a=\frac{1}{2}$, $b=1$

28 $f'(x)=2ax+b$이므로

$(1+2x)f(x)-x^2f'(x)-1=0$에서

$(1+2x)(ax^2+bx+c)-x^2(2ax+b)-1=0$

$2ax^3+(a+2b)x^2+(b+2c)x+c-2ax^3-bx^2-1=0$

$(a+b)x^2+(b+2c)x+c-1=0$

위의 식은 x에 대한 항등식이므로

$a+b=0$, $b+2c=0$, $c-1=0$

따라서 $a=2$, $b=-2$, $c=1$

29 $f'(x)=2ax+b$이므로

$f(x)f'(x)=2x^3-6x^2-2x+6$에서

$(ax^2+bx+c)(2ax+b)=2x^3-6x^2-2x+6$

$2a^2x^3+3abx^2+(b^2+2ac)x+bc=2x^3-6x^2-2x+6$

위의 식은 x에 대한 항등식이므로

$2a^2=2$, $3ab=-6$, $b^2+2ac=-2$, $bc=6$

$a>0$이므로 $a=1$, $b=-2$, $c=-3$

30 $f'(x)=2x+a$이므로

$(1+2x)f'(x)-4f(x)-5=0$에서

$(1+2x)(2x+a)-4(x^2+ax+b)-5=0$

$4x^2+2(a+1)x+a-4x^2-4ax-4b-5=0$

$2(1-a)x+(a-4b-5)=0$

위의 식은 x에 대한 항등식이므로

$1-a=0$, $a-4b-5=0$

즉 $a=1$, $b=-1$

따라서 $f(x)=x^2+x-1$이므로

$f(2)=4+2-1=5$

32 x^6+ax+b를 $(x-1)^2$으로 나누었을 때의 몫을 $Q(x)$라 하면

$x^6+ax+b=(x-1)^2Q(x)$ $\quad$ ...... ㉠

㉠의 양변에 $x=1$을 대입하면

$1+a+b=0$ $\quad$ ...... ㉡

㉠의 양변을 x에 대하여 미분하면

$6x^5+a=2(x-1)Q(x)+(x-1)^2Q'(x)$ $\quad$ ...... ㉢

©의 양변에 $x=1$을 대입하면

$6+a=0$, 즉 $a=-6$

$a=-6$을 ©에 대입하면 $b=5$

33 $2x^4+ax^2+bx+6$을 $(x-1)^2$으로 나누었을 때의 몫을 $Q(x)$라 하면

$2x^4+ax^2+bx+6=(x-1)^2Q(x)$ ...... ㉠

㉠의 양변에 $x=1$을 대입하면

$a+b+8=0$ ...... ㉡

㉠의 양변을 x에 대하여 미분하면

$8x^3+2ax+b=2(x-1)Q(x)+(x-1)^2Q'(x)$ ...... ㉢

㉢의 양변에 $x=1$을 대입하면

$2a+b+8=0$ ...... ㉣

㉡, ㉣을 연립하여 풀면

$a=0$, $b=-8$

34 x^8-ax^2+bx를 $(x+1)^2$으로 나누었을 때의 몫을 $Q(x)$라 하면

$x^8-ax^2+bx=(x+1)^2Q(x)$ ...... ㉠

㉠의 양변에 $x=-1$을 대입하면

$-a-b+1=0$ ...... ㉡

㉠의 양변을 x에 대하여 미분하면

$8x^7-2ax+b=2(x+1)Q(x)+(x+1)^2Q'(x)$ ...... ㉢

㉢의 양변에 $x=-1$을 대입하면

$2a+b-8=0$ ...... ㉣

㉡, ㉣을 연립하여 풀면

$a=7$, $b=-6$

35 $x^{10}+2x^7+ax+b$를 $(x+1)^2$으로 나누었을 때의 몫을 $Q(x)$라 하면

$x^{10}+2x^7+ax+b=(x+1)^2Q(x)$ ...... ㉠

㉠의 양변에 $x=-1$을 대입하면

$-a+b-1=0$ ...... ㉡

㉠의 양변을 x에 대하여 미분하면

$10x^9+14x^6+a=2(x+1)Q(x)+(x+1)^2Q'(x)$ ...... ㉢

㉢의 양변에 $x=-1$을 대입하면

$a=-4$

$a=-4$를 ㉡에 대입하면 $b=-3$

37 x^5-4x^2+3을 $(x+1)^2$으로 나누었을 때의 몫을 $Q(x)$, 나머지를 $ax+b$ (a, b는 상수)라 하면

$x^5-4x^2+3=(x+1)^2Q(x)+ax+b$ ...... ㉠

㉠의 양변에 $x=-1$을 대입하면

$-a+b=-2$ ...... ㉡

㉠의 양변을 x에 대하여 미분하면

$5x^4-8x=2(x+1)Q(x)+(x+1)^2Q'(x)+a$ ...... ㉢

㉢의 양변에 $x=-1$을 대입하면 $a=13$

$a=13$을 ㉡에 대입하면 $b=11$

따라서 구하는 나머지는 $13x+11$이다.

38 x^6-x+1을 $(x-1)^2$으로 나누었을 때의 몫을 $Q(x)$, 나머지를 $ax+b$ (a, b는 상수)라 하면

$x^6-x+1=(x-1)^2Q(x)+ax+b$ ...... ㉠

㉠의 양변에 $x=1$을 대입하면

$a+b=1$ ...... ㉡

㉠의 양변을 x에 대하여 미분하면

$6x^5-1=2(x-1)Q(x)+(x-1)^2Q'(x)+a$ ...... ㉢

㉢의 양변에 $x=1$을 대입하면 $a=5$

$a=5$를 ㉡에 대입하면 $b=-4$

따라서 구하는 나머지는 $5x-4$이다.

39 x^8-2x^2+4를 $(x+1)^2$으로 나누었을 때의 몫을 $Q(x)$, 나머지를 $ax+b$ (a, b는 상수)라 하면

$x^8-2x^2+4=(x+1)^2Q(x)+ax+b$ ...... ㉠

㉠의 양변에 $x=-1$을 대입하면

$-a+b=3$ ...... ㉡

㉠의 양변을 x에 대하여 미분하면

$8x^7-4x=2(x+1)Q(x)+(x+1)^2Q'(x)+a$ ...... ㉢

㉢의 양변에 $x=-1$을 대입하면 $a=-4$

$a=-4$를 ㉡에 대입하면 $b=-1$

따라서 구하는 나머지는 $-4x-1$이다.

40 x^9-3x+1을 $(x-1)^2$으로 나누었을 때의 몫을 $Q(x)$, 나머지를 $ax+b$ (a, b는 상수)라 하면

$x^9-3x+1=(x-1)^2Q(x)+ax+b$ ...... ㉠

㉠의 양변에 $x=1$을 대입하면

$a+b=-1$ ...... ㉡

㉠의 양변을 x에 대하여 미분하면

$9x^8-3=2(x-1)Q(x)+(x-1)^2Q'(x)+a$ ...... ㉢

㉢의 양변에 $x=1$을 대입하면 $a=6$

$a=6$을 ㉡에 대입하면 $b=-7$

따라서 구하는 나머지는 $6x-7$이다.

41 x^5-ax+b를 $(x+1)^2$으로 나누었을 때의 몫을 $Q(x)$라 하면

$x^5-ax+b=(x+1)^2Q(x)+13x+9$ ...... ㉠

㉠의 양변에 $x=-1$을 대입하면

$a+b=-3$ ...... ㉡

㉠의 양변을 x에 대하여 미분하면

$5x^4-a=2(x+1)Q(x)+(x+1)^2Q'(x)+13$ ...... ㉢

㉢의 양변에 $x=-1$을 대입하면

$5-a=13$, 즉 $a=-8$

$a=-8$을 ㉡에 대입하면 $b=5$

따라서 $a-b=-8-5=-13$

1 ③	**2** ④	**3** ②	**4** ③
5 ①	**6** ③	**7** ④	

1
$$\lim_{h \to 0} \frac{f(1+3h)-f(1)}{h} = \lim_{h \to 0} \frac{f(1+3h)-f(1)}{3h} \times 3$$
$$= 3f'(1)$$
$f'(x) = 2x+4$이므로 $f'(1) = 6$
따라서 구하는 값은 $3f'(1) = 3 \times 6 = 18$

2
$$\lim_{x \to 1} \frac{f(x^2)-f(1)}{x-1} = \lim_{x \to 1} \frac{f(x^2)-f(1)}{(x-1)(x+1)} \times (x+1)$$
$$= \lim_{x \to 1} \frac{f(x^2)-f(1)}{x^2-1} \times (x+1)$$
$$= 2f'(1)$$
$$f'(x) = (x+1)'(3x+2) + (x+1)(3x+2)'$$
$$= 1 \times (3x+2) + (x+1) \times 3$$
$$= 6x+5$$
이므로 $f'(1) = 11$
따라서 구하는 값은 $2f'(1) = 2 \times 11 = 22$

3 $\displaystyle\lim_{x \to -1} \frac{f(x)}{x+1} = -1$에서 $x \to -1$일 때 극한값이 존재하고
(분모)$\to 0$이므로 (분자)$\to 0$이다.
즉 $\displaystyle\lim_{x \to -1} f(x) = 0$이므로 $f(-1) = 0$
$$\lim_{x \to -1} \frac{f(x)}{x+1} = \lim_{x \to -1} \frac{f(x)-f(-1)}{x-(-1)}$$
$$= f'(-1) = -1$$
이때 $f(x) = x^3 + ax^2 + b$, $f'(x) = 3x^2 + 2ax$이므로
$f'(-1) = -1$에서 $3 - 2a = -1$, $a = 2$
$f(-1) = 0$에서 $-1 + a + b = 0$, $b = -1$
따라서 $f(x) = x^3 + 2x^2 - 1$이므로
$f(2) = 8 + 8 - 1 = 15$

4 (i) $f(x)$가 $x=2$에서 연속이므로
$$\lim_{x \to 2^-}(2x^2 + ax + b) = \lim_{x \to 2^+}(3ax - 6) = f(2)$$
$2a + b + 8 = 6a - 6$, 즉 $4a - b = 14$　……　㉠

(ii) $f'(x) = \begin{cases} 4x+a & (x<2) \\ 3a & (x>2) \end{cases}$ 에서 $f'(2)$의 값이 존재하므로
$$\lim_{x \to 2^-}(4x+a) = \lim_{x \to 2^+} 3a$$
$8 + a = 3a$, 즉 $a = 4$
$a = 4$를 ㉠에 대입하면 $b = 2$
따라서 $a + b = 4 + 2 = 6$

5 $f(x) = ax^2 + bx + c$ ($a \neq 0$, a, b, c는 상수)라 하면
$f'(x) = 2ax + b$이므로
$f(x) = xf'(x) - x^2$에서
$ax^2 + bx + c = x(2ax + b) - x^2$

$ax^2 + bx + c = 2ax^2 - x^2 + bx$
$(a-1)x^2 - c = 0$
위의 식은 x에 대한 항등식이므로
$a - 1 = 0$, $c = 0$, 즉 $a = 1$, $c = 0$
$f'(1) = 4$이므로 $2a + b = 4$, 즉 $b = 2$
따라서 $f(x) = x^2 + 2x$이므로
$f(-1) = 1 - 2 = -1$

6 $x^4 - 4x^3 + a$를 $(x-b)^2$으로 나누었을 때의 몫을 $Q(x)$라 하면
$x^4 - 4x^3 + a = (x-b)^2 Q(x)$　……　㉠
㉠의 양변에 $x=b$를 대입하면
$b^4 - 4b^3 + a = 0$　……　㉡
㉠의 양변을 x에 대하여 미분하면
$4x^3 - 12x^2 = 2(x-b)Q(x) + (x-b)^2 Q'(x)$　……　㉢
㉢의 양변에 $x=b$를 대입하면
$4b^3 - 12b^2 = 0$, $4b^2(b-3) = 0$
$b > 0$이므로 $b = 3$
$b = 3$을 ㉡에 대입하면 $a = 27$
따라서 $a + b = 27 + 3 = 30$

7 $x^6 + ax + b$를 $(x+1)^2$으로 나누었을 때의 몫을 $Q(x)$라 하면
$x^6 + ax + b = (x+1)^2 Q(x) + 5x - 2$　……　㉠
㉠의 양변에 $x = -1$을 대입하면
$-a + b = -8$　……　㉡
㉠의 양변을 x에 대하여 미분하면
$6x^5 + a = 2(x+1)Q(x) + (x+1)^2 Q'(x) + 5$　……　㉢
㉢의 양변에 $x = -1$을 대입하면 $a = 11$
$a = 11$을 ㉡에 대입하면 $b = 3$
따라서 $a + b = 11 + 3 = 14$

1 ①	**2** ④	**3** ①	**4** $c < a < b$
5 ②	**6** ②	**7** 5	**8** ②
9 ③	**10** ⑤	**11** ②	**12** ①
13 ①	**14** ④	**15** ②	**16** 16
17 ④	**18** ⑤		

1 x의 값이 1에서 5까지 변할 때의 평균변화율은
$$\frac{f(5)-f(1)}{5-1} = \frac{(27-5a)-(3-a)}{4}$$
$$= \frac{24-4a}{4}$$
$$= 6-a$$
즉 $6 - a = 2$이므로 $a = 4$

2 직선 AB의 기울기는 x의 값이 1에서 3까지 변할 때의 함수 $y=f(x)$의 평균변화율과 같으므로

$\dfrac{f(3)-f(1)}{3-1}=2$, 즉 $f(3)-f(1)=4$

$f(0)=f(3)$이므로 x의 값이 0에서 1까지 변할 때의 함수 $f(x)$의 평균변화율은

$$\dfrac{f(1)-f(0)}{1-0}=\dfrac{f(1)-f(3)}{1-0}$$
$$=-\{f(3)-f(1)\}$$
$$=-4$$

3 x의 값이 -2에서 4까지 변할 때의 평균변화율은

$$\dfrac{f(4)-f(-2)}{4-(-2)}=\dfrac{(16a+16)-(4a-8)}{6}$$
$$=2a+4$$

$f'(x)=2ax+4$이므로 $f'(a)=2a^2+4$

$2a^2+4=2a+4$이므로 $2a^2-2a=0$

$2a(a-1)=0$

$a>0$이므로 $a=1$

4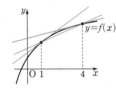

$\dfrac{f(4)-f(1)}{4-1}$ 은 두 점 $(1, f(1))$, $(4, f(4))$를 지나는 직선의 기울기이다.

$f'(1)$은 점 $(1, f(1))$에서의 접선의 기울기이다.

$f'(4)$는 점 $(4, f(4))$에서의 접선의 기울기이다.

따라서 $c<a<b$

5 $\displaystyle\lim_{x\to1}\dfrac{f(x)-f(1)}{x-1}=2$에서 $f'(1)=2$

따라서

$$\lim_{h\to0}\dfrac{f(1+3h)-f(1)}{2h}$$
$$=\lim_{h\to0}\dfrac{f(1+3h)-f(1)}{3h}\times\dfrac{3}{2}$$
$$=\dfrac{3}{2}f'(1)$$
$$=\dfrac{3}{2}\times2=3$$

6 $f(x+y)=f(x)+f(y)+2xy-1$의 양변에 $x=0$, $y=0$을 대입하면

$f(0)=f(0)+f(0)+0-1$, 즉 $f(0)=1$

$$f'(1)=\lim_{h\to0}\dfrac{f(1+h)-f(1)}{h}$$
$$=\lim_{h\to0}\dfrac{f(1)+f(h)+2h-1-f(1)}{h}$$
$$=\lim_{h\to0}\dfrac{f(h)+2h-1}{h}$$

$$=\lim_{h\to0}\dfrac{f(h)-f(0)}{h}+2$$
$$=f'(0)+2=4$$

즉 $f'(0)=2$

$$f'(3)=\lim_{h\to0}\dfrac{f(3+h)-f(3)}{h}$$
$$=\lim_{h\to0}\dfrac{f(3)+f(h)+6h-1-f(3)}{h}$$
$$=\lim_{h\to0}\dfrac{f(h)+6h-1}{h}$$
$$=\lim_{h\to0}\dfrac{f(h)-f(0)}{h}+6$$
$$=f'(0)+6=8$$

따라서 $f(0)\times f'(3)=1\times8=8$

7 함수 $f(x)$는 $x=-2$, $x=1$에서 불연속이므로 불연속인 점의 개수는 2이다.

$x=2$에서 함수 $f(x)$의 좌미분계수와 우미분계수가 서로 다르므로 함수 $f(x)$는 $x=2$에서 미분가능하지 않다.

즉 함수 $f(x)$는 $x=-2$, $x=1$, $x=2$에서 미분가능하지 않으므로 미분가능하지 않은 점의 개수는 3이다.

따라서 $m=2$, $n=3$이므로

$m+n=2+3=5$

8 $f'(x)=3x^2+2ax$이므로 $f'(1)=3+2a$

$3+2a=5$

따라서 $a=1$

9 $$\lim_{h\to0}\dfrac{f(2+2h)-f(2)}{h}$$
$$=\lim_{h\to0}\dfrac{f(2+2h)-f(2)}{2h}\times2$$
$$=2f'(2)$$

이므로 $2f'(2)=6$, $f'(2)=3$

$f'(x)=4x+a$이므로 $f'(2)=8+a$

즉 $8+a=3$이므로 $a=-5$

10 $f'(x)=8x^3+6x$

$\dfrac{1}{n}=h$라 하면 $n\to\infty$일 때, $h\to0+$이므로

$$\lim_{n\to\infty}n\left\{f\left(1+\dfrac{3}{n}\right)-f\left(1-\dfrac{1}{n}\right)\right\}$$
$$=\lim_{h\to0+}\dfrac{1}{h}\{f(1+3h)-f(1-h)\}$$
$$=\lim_{h\to0+}\dfrac{f(1+3h)-f(1-h)}{h}$$
$$=\lim_{h\to0+}\dfrac{f(1+3h)-f(1)+f(1)-f(1-h)}{h}$$
$$=\lim_{h\to0+}\left\{\dfrac{f(1+3h)-f(1)}{h}-\dfrac{f(1-h)-f(1)}{h}\right\}$$
$$=\lim_{h\to0+}\left\{\dfrac{f(1+3h)-f(1)}{3h}\times3+\dfrac{f(1-h)-f(1)}{-h}\right\}$$
$$=\lim_{h\to0+}\dfrac{f(1+3h)-f(1)}{3h}\times3+\lim_{h\to0+}\dfrac{f(1-h)-f(1)}{-h}$$

$$=3f'(1)+f'(1)=4f'(1)$$
$$=4\times(8+6)=56$$

11 $f'(x)=(2x^2-1)'(x^2+3x+2)+(2x^2-1)(x^2+3x+2)'$
$$=4x(x^2+3x+2)+(2x^2-1)(2x+3)$$
$$=4x^3+12x^2+8x+4x^3+6x^2-2x-3$$
$$=8x^3+18x^2+6x-3$$
따라서 $f'(1)=8+18+6-3=29$

12 $f'(x)=3\times(2x+a)^2\times2$
$$=6(2x+a)^2$$
$f'(1)=24$이므로 $6(2+a)^2=24$, $(2+a)^2=4$
$a<0$이므로 $a=-4$
따라서 $f'(x)=6(2x-4)^2$이므로
$f'(2)=0$

13 $f(x)$가 모든 실수 x에서 미분가능하므로 $x=1$에서 미분가능하다.
(i) $f(x)$가 $x=1$에서 연속이므로
$$\lim_{x\to1-}(x^3+ax)=\lim_{x\to1+}(bx^2+x+1)=f(1)$$
$1+a=b+2$, 즉 $a-b=1$ ...... ㉠
(ii) $f'(x)=\begin{cases}3x^2+a & (x<1)\\2bx+1 & (x>1)\end{cases}$ 에서 $f'(1)$의 값이 존재하므로
$$\lim_{x\to1-}(3x^2+a)=\lim_{x\to1+}(2bx+1)$$
$3+a=2b+1$, 즉 $a-2b=-2$ ...... ㉡
㉠, ㉡을 연립하여 풀면
$a=4$, $b=3$
따라서 $f(x)=\begin{cases}x^3+4x & (x<1)\\3x^2+x+1 & (x\ge1)\end{cases}$ 이므로
$f(-1)+f(1)=-5+5=0$

14 $f'(x)=2x+a$이므로
$f(x)f'(x)=2x^3-6x^2+2x+2$에서
$(x^2+ax+b)(2x+a)=2x^3-6x^2+2x+2$
$2x^3+3ax^2+(a^2+2b)x+ab=2x^3-6x^2+2x+2$
위의 식은 x에 대한 항등식이므로
$3a=-6$, $a^2+2b=2$, $ab=2$
즉 $a=-2$, $b=-1$
따라서 $f(x)=x^2-2x-1$이므로
$f(-3)=9+6-1=14$

15 $x^{10}+ax^8+b$를 $(x+1)^2$으로 나누었을 때의 몫을 $Q(x)$라 하면
$x^{10}+ax^8+b=(x+1)^2Q(x)+6x+5$ ...... ㉠
㉠의 양변에 $x=-1$을 대입하면
$a+b+1=-1$, 즉 $a+b=-2$ ...... ㉡
㉠의 양변을 x에 대하여 미분하면
$10x^9+8ax^7=2(x+1)Q(x)+(x+1)^2Q'(x)+6$ ...... ㉢
㉢의 양변에 $x=-1$을 대입하면

$-10-8a=6$, 즉 $a=-2$
$a=-2$를 ㉡에 대입하면 $b=0$
따라서 $a^2+b^2=4+0=4$

16 $f'(x)=-3x^2+2$이므로
$$\lim_{x\to2}\frac{xf(2)-2f(x)}{x-2}$$
$$=\lim_{x\to2}\frac{xf(2)-2f(2)+2f(2)-2f(x)}{x-2}$$
$$=\lim_{x\to2}\frac{f(2)(x-2)-2\{f(x)-f(2)\}}{x-2}$$
$$=\lim_{x\to2}\frac{f(2)(x-2)}{x-2}-2\times\lim_{x\to2}\frac{f(x)-f(2)}{x-2}$$
$$=\lim_{x\to2}f(2)-2\lim_{x\to2}\frac{f(x)-f(2)}{x-2}$$
$$=f(2)-2f'(2)$$
$$=(-8+4)-2\times(-12+2)=16$$

17 $h(x)=f(x)g(x)$라 하면
$h(0)=f(0)\times g(0)=1\times3=3$
이므로 조건 ㈏에서
$$\lim_{x\to0}\frac{f(x)g(x)-3}{x}=\lim_{x\to0}\frac{h(x)-h(0)}{x-0}$$
$$=h'(0)=2$$
한편 $h'(x)=f'(x)g(x)+f(x)g'(x)$이므로
$h'(0)=f'(0)g(0)+f(0)g'(0)$
$$=-2\times3+1\times g'(0)=2$$
따라서 $g'(0)=8$

18 함수 $y=f(x)$의 그래프 위의 점 $(1, 5)$에서의 접선의 기울기가 3이므로
$f(1)=5$, $f'(1)=3$
$f(x)$를 $(x-1)^2$으로 나누었을 때의 몫을 $Q(x)$, 나머지를 $ax+b$ (a, b는 상수)라 하면
$f(x)=(x-1)^2Q(x)+ax+b$ ...... ㉠
㉠의 양변에 $x=1$을 대입하면
$f(1)=a+b=5$ ...... ㉡
㉠의 양변을 x에 대하여 미분하면
$f'(x)=2(x-1)Q(x)+(x-1)^2Q'(x)+a$ ...... ㉢
㉢의 양변에 $x=1$을 대입하면
$f'(1)=a=3$
$a=3$을 ㉡에 대입하면 $b=2$
따라서 $R(x)=3x+2$이므로
$R(3)=9+2=11$

4 접선의 방정식과 평균값 정리

01

본문 132쪽

접선의 기울기

1 (✎ $2x$, 1, 3)

2 1   3 1   4 9   5 3

6 (✎ $4x$, 2, 1, 4, 3, 3, 4)

7 $a=-1$, $b=5$ 8 $a=-2$, $b=1$

9 $a=4$, $b=5$ 10 $a=3$, $b=-2$

11 (✎ -5, -3, -3, 2, 4, 8)

12 $a=0$, $b=3$, $c=-3$ 13 $a=-9$, $b=5$, $c=3$

☺ a, a, b

---

2 $f(x)=2x^2-3x+5$라 하면

$f'(x)=4x-3$

따라서 곡선 $y=2x^2-3x+5$ 위의 점 $(1, 4)$에서의 접선의 기울기는

$f'(1)=4\times1-3=1$

3 $f(x)=-x^2+3x+1$이라 하면

$f'(x)=-2x+3$

따라서 곡선 $y=-x^2+3x+1$ 위의 점 $(1, 3)$에서의 접선의 기울기는

$f'(1)=-2\times1+3=1$

4 $f(x)=x^3-x^2+x-2$라 하면

$f'(x)=3x^2-2x+1$

따라서 곡선 $y=x^3-x^2+x-2$ 위의 점 $(2, 4)$에서의 접선의 기울기는

$f'(2)=3\times2^2-2\times2+1=9$

5 $f(x)=2x^3+x^2-x+3$이라 하면

$f'(x)=6x^2+2x-1$

따라서 곡선 $y=2x^3+x^2-x+3$ 위의 점 $(-1, 3)$에서의 접선의 기울기는

$f'(-1)=6\times(-1)^2+2\times(-1)-1=3$

7 $f(x)=x^3+ax^2+b$로 놓으면 $f'(x)=3x^2+2ax$

점 $(1, 5)$는 곡선 $y=f(x)$ 위의 점이므로

$f(1)=1+a+b=5$, 즉 $a+b=4$ …… ㉠

또 점 $(1, 5)$에서의 접선의 기울기가 1이므로

$f'(1)=3+2a=1$, 즉 $a=-1$

$a=-1$을 ㉠에 대입하면 $b=5$

8 $f(x)=x^3+ax^2-x+b$로 놓으면

$f'(x)=3x^2+2ax-1$

점 $(2, -1)$은 곡선 $y=f(x)$ 위의 점이므로

$f(2)=8+4a-2+b=-1$, 즉 $4a+b=-7$ …… ㉠

또 점 $(2, -1)$에서의 접선이 $y=3x-5$이므로 접선의 기울기는 3이다.

$f'(2)=12+4a-1=3$, 즉 $a=-2$

$a=-2$를 ㉠에 대입하면 $b=1$

9 $f(x)=2x^3+ax^2+x+b$로 놓으면

$f'(x)=6x^2+2ax+1$

점 $(-1, 4)$는 곡선 $y=f(x)$ 위의 점이므로

$f(-1)=-2+a-1+b=4$, 즉 $a+b=7$ …… ㉠

또 점 $(-1, 4)$에서의 접선과 수직인 직선의 기울기가 1이므로

$f'(-1)\times1=-1$에서 접선의 기울기는 -1이다.

$f'(-1)=6-2a+1=-1$, 즉 $a=4$

$a=4$를 ㉠에 대입하면 $b=5$

10 $f(x)=-x^3+ax^2+b$로 놓으면 $f'(x)=-3x^2+2ax$

점 $(2, 2)$는 곡선 $y=f(x)$ 위의 점이므로

$f(2)=-8+4a+b=2$, 즉 $4a+b=10$ …… ㉠

또 점 $(2, 2)$에서의 접선이 x축에 평행하므로

$f'(2)=-12+4a=0$, 즉 $a=3$

$a=3$을 ㉠에 대입하면 $b=-2$

12 $f(x)=x^3+ax^2+bx+1$로 놓으면

$f'(x)=3x^2+2ax+b$

점 $(1, 5)$는 곡선 $y=f(x)$ 위의 점이므로

$f(1)=1+a+b+1=5$, 즉 $a+b=3$ …… ㉠

또 두 점 $(1, 5)$, $(-1, c)$에서의 접선이 서로 평행하므로

$f'(1)=f'(-1)$

$3+2a+b=3-2a+b$, $4a=0$, 즉 $a=0$

$a=0$을 ㉠에 대입하면 $b=3$

점 $(-1, c)$는 곡선 $y=f(x)$ 위의 점이므로

$f(-1)=-1-3+1=-3$

따라서 $c=-3$

13 $f(x)=2x^3+ax^2+bx+c$로 놓으면

$f'(x)=6x^2+2ax+b$

두 점 $(1, 1)$, $(2, -7)$은 모두 곡선 $y=f(x)$ 위의 점이므로

$f(1)=2+a+b+c=1$, $f(2)=16+4a+2b+c=-7$

즉 $a+b+c=-1$, $4a+2b+c=-23$ …… ㉠

또 두 점 $(1, 1)$, $(2, -7)$에서의 접선이 서로 평행하므로

$f'(1)=f'(2)$

$6+2a+b=24+4a+b$, $2a=-18$, 즉 $a=-9$

$a=-9$를 ㉠에 대입한 후 연립하여 풀면

$b=5$, $c=3$

접선의 방정식; 접점의 좌표가 주어질 때

1 (✏ $4x$, 1, 3, 2, 3, 1, 3, 1)

2 $y=x-2$ 3 $y=4x-5$

4 $y=x+1$ 5 $y=x-2$

6 $y=2x-4$

7 (✏ $4x$, 1, 1, -1, 2, -1, 1, $-x+3$)

8 $y=\dfrac{1}{2}x-\dfrac{3}{2}$ 9 $y=-\dfrac{1}{5}x+\dfrac{4}{5}$

10 $y=\dfrac{1}{2}x+2$ 11 $y=-x+5$

☺ $-$, $f'(a)$, $f(a)$, $f'(a)$, a

12 ②

2   $f(x)=x^2-x-1$이라 하면

$f'(x)=2x-1$

곡선 $y=f(x)$ 위의 점 $(1, -1)$에서의 접선의 기울기는

$f'(1)=2\times1-1=1$

따라서 구하는 접선의 방정식은

$y-(-1)=1\times(x-1)$, 즉 $y=x-2$

3   $f(x)=\dfrac{1}{2}x^2+2x-3$이라 하면

$f'(x)=x+2$

곡선 $y=f(x)$ 위의 점 $(2, 3)$에서의 접선의 기울기는

$f'(2)=2+2=4$

따라서 구하는 접선의 방정식은

$y-3=4(x-2)$, 즉 $y=4x-5$

4   $f(x)=x^3-x^2+2$라 하면

$f'(x)=3x^2-2x$

곡선 $y=f(x)$ 위의 점 $(1, 2)$에서의 접선의 기울기는

$f'(1)=3-2=1$

따라서 구하는 접선의 방정식은

$y-2=1\times(x-1)$, 즉 $y=x+1$

5   $f(x)=x^3+2x^2+2x-2$라 하면

$f'(x)=3x^2+4x+2$

곡선 $y=f(x)$ 위의 점 $(-1, -3)$에서의 접선의 기울기는

$f'(-1)=3-4+2=1$

따라서 구하는 접선의 방정식은

$y-(-3)=1\times\{x-(-1)\}$, 즉 $y=x-2$

6   $f(x)=x^2-2x$라 하면

$f'(x)=2x-2$

점 $(2, 0)$에서의 접선의 기울기는

$f'(2)=4-2=2$

따라서 구하는 접선의 방정식은

$y-0=2(x-2)$, 즉 $y=2x-4$

8   $f(x)=-x^2-4x-5$라 하면

$f'(x)=-2x-4$

곡선 $y=f(x)$ 위의 점 $(-1, -2)$에서의 접선의 기울기는

$f'(-1)=-2\times(-1)-4=-2$

이므로 이 접선에 수직인 직선의 기울기는 $\dfrac{1}{2}$이다.

따라서 구하는 직선의 방정식은

$y-(-2)=\dfrac{1}{2}\{x-(-1)\}$, 즉 $y=\dfrac{1}{2}x-\dfrac{3}{2}$

9   $f(x)=-2x^2+x+4$라 하면

$f'(x)=-4x+1$

점 $(-1, 1)$에서의 접선의 기울기는

$f'(-1)=5$

이므로 이 접선에 수직인 직선의 기울기는 $-\dfrac{1}{5}$이다.

따라서 구하는 직선의 방정식은

$y-1=-\dfrac{1}{5}\{x-(-1)\}$, 즉 $y=-\dfrac{1}{5}x+\dfrac{4}{5}$

10   $f(x)=x^3-2x+3$이라 하면

$f'(x)=3x^2-2$

점 $(0, 2)$에서의 접선의 기울기는

$f'(0)=-2$

이므로 이 접선에 수직인 직선의 기울기는 $\dfrac{1}{2}$이다.

따라서 구하는 직선의 방정식은

$y-2=\dfrac{1}{2}(x-0)$, 즉 $y=\dfrac{1}{2}x+2$

11   $f(x)=\dfrac{1}{2}x^2-x+3$이라 하면

$f'(x)=x-1$

점 $(2, 3)$에서의 접선의 기울기는

$f'(2)=1$

이므로 이 접선에 수직인 직선의 기울기는 -1이다.

따라서 구하는 직선의 방정식은

$y-3=-1(x-2)$, 즉 $y=-x+5$

12   $f(x)=3x^2+5x+1$이라 하면

$f'(x)=6x+5$

곡선 $y=f(x)$ 위의 점 $(-1, -1)$에서의 접선의 기울기는

$f'(-1)=6\times(-1)+5=-1$

따라서 점 $(-1, -1)$에서의 접선의 방정식은

$y-(-1)=(-1)\times\{x-(-1)\}$, 즉 $y=-x-2$

에서 $a=-2$

이 접선에 수직인 직선의 기울기는 1이므로 직선의 방정식은

$y-(-1)=1\times\{x-(-1)\}$, 즉 $y=x$

에서 $b=0$

따라서 $a+b=-2+0=-2$

접선의 방정식; 접선의 기울기가 주어질 때

1 (✏️ 5, 3, 4, 5, 2, -1, 2, -1)

2 (3, 5) 3 (-1, 2) 또는 (1, 4)

4 (✏️ $4x$, 5, 3, 2, 6, 2, 6, 6, 2, $5x$)

5 $y=4x-9$ 6 $y=6x-3\sqrt{2}$ 또는 $y=6x+5\sqrt{2}$

7 (✏️ 2, $2x$, 2, 2, 2, 2, 2, 2, 2, 2, 2, $2x$)

8 $y=2x-3$

9 (✏️ -2, $2x$, 2, -2, 0, 3, 0, 3, 3, -2, 0, 3)

10 $y=3x-5$ 😊 m, $f(a)$, m 11 ④

2 $f(x)=x^2-3x+5$라 하면
$f'(x)=2x-3$
접점의 좌표를 (a, a^2-3a+5)라 하면 접선의 기울기가 3이므로 $f'(a)=2a-3=3$에서 $2a=6$, 즉 $a=3$이고
$f(a)=f(3)=3^2-3\times3+5=5$
따라서 접점의 좌표는 (3, 5)이다.

3 $f(x)=x^3+3$이라 하면
$f'(x)=3x^2$
접점의 좌표를 (a, a^3+3)이라 하면 접선의 기울기가 3이므로
$f'(a)=3a^2=3$, 즉 $a^2=1$에서 $a=-1$ 또는 $a=1$이고
$f(a)=f(-1)=(-1)^3+3=2$
$f(a)=f(1)=1^3+3=4$
따라서 접점의 좌표는 (-1, 2) 또는 (1, 4)이다.

5 $f(x)=x^2-2x$라 하면
$f'(x)=2x-2$
접점의 좌표를 (a, a^2-2a)라 하면 접선의 기울기가 4이므로
$f'(a)=2a-2=4$, $2a=6$, 즉 $a=3$이고
$f(a)=f(3)=3^2-2\times3=3$
따라서 접점의 좌표는 (3, 3)이므로 구하는 접선의 방정식은
$y-3=4(x-3)$, 즉 $y=4x-9$

6 $f(x)=x^3+\sqrt{2}$라 하면
$f'(x)=3x^2$
접점의 좌표를 $(a, a^3+\sqrt{2})$라 하면 접선의 기울가 6이므로
$f'(a)=3a^2=6$, $a^2=2$, 즉 $a=-\sqrt{2}$ 또는 $a=\sqrt{2}$이고

$f(a)=f(-\sqrt{2})=(-\sqrt{2})^3+\sqrt{2}=-\sqrt{2}$
$f(a)=f(\sqrt{2})=(\sqrt{2})^3+\sqrt{2}=3\sqrt{2}$
따라서 접점의 좌표가 $(-\sqrt{2}, -\sqrt{2})$일 때의 접선의 방정식은
$y-(-\sqrt{2})=6\{x-(-\sqrt{2})\}$, 즉 $y=6x+5\sqrt{2}$
접점의 좌표가 $(\sqrt{2}, 3\sqrt{2})$일 때의 접선의 방정식은
$y-3\sqrt{2}=6(x-\sqrt{2})$, 즉 $y=6x-3\sqrt{2}$

8 접선이 직선 $2x-y-2=0$, 즉 $y=2x-2$와 평행하므로 접선의 기울기는 2이다.
$f(x)=2x^2+6x-1$이라 하면
$f'(x)=4x+6$
접점의 좌표를 $(a, 2a^2+6a-1)$이라 하면 접선의 기울기가 2이므로 $f'(a)=4a+6=2$, $4a=-4$, 즉 $a=-1$이고
$f(a)=f(-1)=2\times(-1)^2+6\times(-1)-1=-5$
따라서 접점의 좌표는 (-1, -5)이므로 구하는 접선의 방정식은
$y-(-5)=2\{x-(-1)\}$, 즉 $y=2x-3$

10 접선이 직선 $x+3y-3=0$, 즉 $y=-\dfrac{1}{3}x+1$과 수직이므로 접선의 기울기는 3이다.
$f(x)=2x^2-x-3$이라 하면
$f'(x)=4x-1$
접점의 좌표를 $(a, 2a^2-a-3)$이라 하면 접선의 기울기가 3이므로 $f'(a)=4a-1=3$, $4a=4$, 즉 $a=1$이고
$f(a)=f(1)=2\times1^2-1-3=-2$
따라서 접점의 좌표는 (1, -2)이므로 구하는 접선의 방정식은
$y-(-2)=3(x-1)$, 즉 $y=3x-5$

11 두 점 (1, 3), (3, 7)을 지나는 직선 l의 기울기는
$\dfrac{7-3}{3-1}=2$
이때 주어진 곡선의 접선이 직선 l과 평행하므로 접선의 기울기는 2이다.
$f(x)=-2x^2-2x+5$라 하면
$f'(x)=-4x-2$
접점의 좌표를 $(a, -2a^2-2a+5)$라 하면 접선의 기울기가 2이므로
$f'(a)=-4a-2=2$, $-4a=4$, 즉 $a=-1$이고
$f(a)=f(-1)=-2\times(-1)^2-2\times(-1)+5=5$
따라서 접점의 좌표는 (-1, 5)이므로 구하는 접선의 방정식은
$y-5=2\{x-(-1)\}$, 즉 $y=2x+7$
그러므로 구하는 y절편은 7이다.

04

접선의 방정식; 곡선 밖의 한 점에서 그은 접선

1 (✏ $2x+1$, a, $2a$, a, $2a$, -2, -2, a, $2a$, 3, 3, -1, 3, $-x$, $7x$)

2 $y=-x+1$ 또는 $y=3x-3$

3 $y=-6x+10$ 또는 $y=2x-6$

4 $y=2x+1$ 또는 $y=-2x+5$

5 $y=2x+2$ 6 $y=-12x+18$

7 6 (✏ $4x$, a, $4a$, a, $4a$, -2, -2, a, $4a$, 4, 1, 2, 1, a_2, 2, 6)

8 6   9 -14 10 16

11 -1 ☺ x, (p, q), $f(a)$, $f'(a)$, a

12 ②

2   $f(x)=x^2-x+1$이라 하면
$$f'(x)=2x-1$$
접점의 좌표를 (a, a^2-a+1)이라 하면
접선의 기울기는 $f'(a)=2a-1$이므로 접선의 방정식은
$$y-(a^2-a+1)=(2a-1)(x-a)$$
즉 $y=(2a-1)x-a^2+1$ …… ㉠
이 접선이 점 $(1, 0)$을 지나므로
$$0=(2a-1)-a^2+1$$
$$a^2-2a=0, \ a(a-2)=0$$
따라서 $a=0$ 또는 $a=2$이므로 이를 각각 ㉠에 대입하면 구하는
접선의 방정식은
$$y=-x+1 \text{ 또는 } y=3x-3$$

3   $f(x)=x^2-6x+10$이라 하면
$$f'(x)=2x-6$$
접점의 좌표를 $(a, a^2-6a+10)$이라 하면
접선의 기울기는 $f'(a)=2a-6$이므로 접선의 방정식은
$$y-(a^2-6a+10)=(2a-6)(x-a)$$
즉 $y=(2a-6)x-a^2+10$ …… ㉠
이 접선이 점 $(2, -2)$를 지나므로
$$-2=2(2a-6)-a^2+10$$
$$a^2-4a=0, \ a(a-4)=0$$
따라서 $a=0$ 또는 $a=4$이므로 이를 각각 ㉠에 대입하면 구하는
접선의 방정식은
$$y=-6x+10 \text{ 또는 } y=2x-6$$

4   $f(x)=-x^2+2x+1$이라 하면
$$f'(x)=-2x+2$$
접점의 좌표를 $(a, -a^2+2a+1)$이라 하면

접선의 기울기는 $f'(a)=-2a+2$이므로 접선의 방정식은
$$y-(-a^2+2a+1)=(-2a+2)(x-a)$$
즉 $y=(-2a+2)x+a^2+1$ …… ㉠
이 접선이 점 $(1, 3)$을 지나므로
$$3=(-2a+2)+a^2+1$$
$$a^2-2a=0, \ a(a-2)=0$$
따라서 $a=0$ 또는 $a=2$이므로 이를 각각 ㉠에 대입하면 구하는
접선의 방정식은
$$y=2x+1 \text{ 또는 } y=-2x+5$$

5   $f(x)=x^3-x+4$라 하면
$$f'(x)=3x^2-1$$
접점의 좌표를 (a, a^3-a+4)라 하면
접선의 기울기는 $f'(a)=3a^2-1$이므로 접선의 방정식은
$$y-(a^3-a+4)=(3a^2-1)(x-a)$$
즉 $y=(3a^2-1)x-2a^3+4$ …… ㉠
이 접선이 점 $(0, 2)$를 지나므로
$$2=-2a^3+4$$
$$a^3-1=0, \ (a-1)(a^2+a+1)=0$$
이때 모든 실수 a에 대하여 $a^2+a+1>0$이므로
$$a=1$$
따라서 $a=1$을 ㉠에 대입하면 구하는 접선의 방정식은
$$y=2x+2$$

6   $f(x)=-x^3+2$라 하면
$$f'(x)=-3x^2$$
접점의 좌표를 $(a, -a^3+2)$라 하면
접선의 기울기는 $f'(a)=-3a^2$이므로 접선의 방정식은
$$y-(-a^3+2)=-3a^2(x-a)$$
즉 $y=-3a^2x+2a^3+2$ …… ㉠
이 접선이 점 $(1, 6)$을 지나므로
$$6=-3a^2+2a^3+2$$
$$2a^3-3a^2-4=0, \ (a-2)(2a^2+a+2)=0$$
이때 모든 실수 a에 대하여 $2a^2+a+2>0$이므로
$$a=2$$
따라서 $a=2$를 ㉠에 대입하면 구하는 접선의 방정식은
$$y=-12x+18$$

8   $f(x)=x^2-3x+4$라 하면
$$f'(x)=2x-3$$
접점의 좌표를 (a, a^2-3a+4)라 하면 접선의 기울기는

$f'(a)=2a-3$이므로 접선의 방정식은

$$y-(a^2-3a+4)=(2a-3)(x-a)$$

이 접선이 점 $(3,\ 1)$을 지나므로

$$1-(a^2-3a+4)=(2a-3)(3-a)$$

$$a^2-6a+6=0 \quad \cdots\cdots \text{㉠}$$

기울기가 $m_1,\ m_2$일 때의 접점의 x좌표를 각각 $a_1,\ a_2$라 하면 $a_1,\ a_2$는 이차방정식 ㉠의 두 실근이므로 근과 계수의 관계에 의하여

$$a_1+a_2=-\frac{-6}{1}=6$$

따라서

$$\begin{aligned} m_1+m_2&=(2a_1-3)+(2a_2-3)\\ &=2(a_1+a_2)-6\\ &=2\times6-6=6 \end{aligned}$$

9 $f(x)=3x^2-x+2$라 하면

$$f'(x)=6x-1$$

접점의 좌표를 $(a,\ 3a^2-a+2)$라 하면 접선의 기울기는 $f'(a)=6a-1$이므로 접선의 방정식은

$$y-(3a^2-a+2)=(6a-1)(x-a)$$

이 접선이 점 $(-1,\ 1)$을 지나므로

$$1-(3a^2-a+2)=(6a-1)(-1-a)$$

$$3a^2+6a-2=0 \quad \cdots\cdots \text{㉠}$$

기울기가 $m_1,\ m_2$일 때의 접점의 x좌표를 각각 $a_1,\ a_2$라 하면 $a_1,\ a_2$는 이차방정식 ㉠의 두 실근이므로 근과 계수의 관계에 의하여

$$a_1+a_2=-\frac{6}{3}=-2$$

따라서

$$\begin{aligned} m_1+m_2&=(6a_1-1)+(6a_2-1)\\ &=6(a_1+a_2)-2\\ &=6\times(-2)-2=-14 \end{aligned}$$

10 $f(x)=2x^2$이라 하면

$$f'(x)=4x$$

접점의 좌표를 $(a,\ 2a^2)$이라 하면 접선의 기울기는 $f'(a)=4a$이므로 접선의 방정식은

$$y-2a^2=4a(x-a)$$

이 접선이 점 $(2,\ 2)$를 지나므로

$$2-2a^2=4a(2-a)$$

$$a^2-4a+1=0 \quad \cdots\cdots \text{㉠}$$

기울기가 $m_1,\ m_2$일 때의 접점의 x좌표를 각각 $a_1,\ a_2$라 하면 $a_1,\ a_2$는 이차방정식 ㉠의 두 실근이므로 근과 계수의 관계에 의하여

$$a_1a_2=1$$

따라서

$$\begin{aligned} m_1\times m_2&=4a_1\times4a_2=16a_1a_2\\ &=16\times1=16 \end{aligned}$$

11 $f(x)=\frac{1}{4}x^2+x-1$이라 하면

$$f'(x)=\frac{1}{2}x+1$$

접점의 좌표를 $\left(a,\ \frac{1}{4}a^2+a-1\right)$이라 하면 접선의 기울기는

$f'(a)=\frac{1}{2}a+1$이므로 접선의 방정식은

$$y-\left(\frac{1}{4}a^2+a-1\right)=\left(\frac{1}{2}a+1\right)(x-a)$$

이 접선이 점 $(1,\ -3)$을 지나므로

$$-3-\left(\frac{1}{4}a^2+a-1\right)=\left(\frac{1}{2}a+1\right)(1-a)$$

$$a^2-2a-12=0 \quad \cdots\cdots \text{㉠}$$

기울기가 $m_1,\ m_2$일 때의 접점의 x좌표를 각각 $a_1,\ a_2$라 하면 $a_1,\ a_2$는 이차방정식 ㉠의 두 실근이므로 근과 계수의 관계에 의하여

$$a_1+a_2=2,\ a_1a_2=-12$$

따라서

$$\begin{aligned} m_1\times m_2&=\left(\frac{1}{2}a_1+1\right)\left(\frac{1}{2}a_2+1\right)\\ &=\frac{1}{4}a_1a_2+\frac{1}{2}(a_1+a_2)+1\\ &=\frac{1}{4}\times(-12)+\frac{1}{2}\times2+1=-1 \end{aligned}$$

12 $f(x)=x^3-2x$라 하면

$$f'(x)=3x^2-2$$

접점의 좌표를 $(a,\ a^3-2a)$라 하면

접선의 기울기는 $f'(a)=3a^2-2$이므로 접선의 방정식은

$$y-(a^3-2a)=(3a^2-2)(x-a)$$

즉 $y=(3a^2-2)x-2a^3 \quad \cdots\cdots \text{㉠}$

이 접선이 점 $(0,\ 2)$를 지나므로

$$2=-2a^3$$

$$a^3+1=0,\ (a+1)(a^2-a+1)=0$$

이때 모든 실수 a에 대하여 $a^2-a+1>0$이므로

$$a=-1$$

이를 ㉠에 대입하면 구하는 접선의 방정식은

$$y=x+2$$

점 $(a,\ 5)$가 이 접선 위의 점이므로

$5=a+2$, 즉 $a=3$

또 점 $(-3,\ b)$가 이 접선 위의 점이므로

$$b=-3+2=-1$$

따라서 $a-b=3-(-1)=4$

접선의 방정식의 활용

1 (✎ a, 1, 0, -1, -1, -3, 3)

2 $a=4$, $b=6$ **3** $a=1$, $b=-7$

4 $a=-4$, $b=-10$

5 (✎ $3x^2$, $3a^2$, $3a^2$, $3a^2$, $3a^2$, 2, -1, -1, -5)

6 -1 **7** -4 **8** -2 또는 2 ☺ $f(a)$, $f'(a)$

9 (1) (✎ $2x$, $-2x$, 2, 1, 2, 3, -4, 5)

　　 (2) (✎ -2, $-2x$)

10 (1) $a=-6$, $b=-3$, $c=0$ (2) $y=-4x-2$

11 (✎ $3x^2$, $2x$, 1, 1, $2a$, 1, 1, 1, 1, 1, 1, 1, 3, $3x$, 2)

12 접점의 좌표: $(-1, -4)$

　　 공통인 접선의 방정식: $y=3x-1$

13 접점의 좌표: $(2, -4)$, 공통인 접선의 방정식: $y=-4x+4$

☺ $g(a)$, 기울기, $g'(a)$

14 (✎ $3x^2$, a, 2, 2, $-a$, 2, -1, -1, $-\dfrac{7}{3}$, $\dfrac{10}{3}$)

15 $a=-2$, $b=1$ **16** $a=-4$, $b=7$

☺ $g(a)$, -1, -1

17 (✎ $3x^2$, $4x$, $3a^2$, $4a$, $3a^2$, $4a$, $3a^2$, $4a$, $4k$, $4k$, 실근, $4k$,

　　 0, 0, 0, $4k$, 0, $3k$, $-4k$, -2, $-\dfrac{2}{9}$, 0, -2, $-\dfrac{2}{9}$)

18 0 또는 $\dfrac{1}{3}$ 또는 3

19 (✎ $2x$, 3, 3, $3x$, 6, 2, -6, 2, 6, 6)

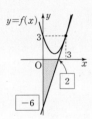

20 1 **21** 8

---

2 $f(x)=x^2+ax+b$라 하면

　　 $f'(x)=2x+a$

　　 점 $(-1, 3)$이 곡선 $y=f(x)$ 위의 점이므로

　　 $f(-1)=3$

　　 즉 $(-1)^2+a\times(-1)+b=3$에서

　　 $b=a+2$　 …… ㉠

　　 또 곡선 위의 점 $(-1, 3)$에서의 접선 $y=2x+5$의 기울기가 2

　　 이므로

　　 $f'(-1)=2$

　　 즉 $2\times(-1)+a=2$에서 $a=4$

　　 이를 ㉠에 대입하면 $b=4+2=6$

---

3 $f(x)=ax^2+x+b$라 하면

　　 $f'(x)=2ax+1$

　　 점 $(2, -1)$이 곡선 $y=f(x)$ 위의 점이므로

　　 $f(2)=-1$

　　 즉 $a\times 2^2+2+b=-1$에서

　　 $b=-4a-3$　 …… ㉠

　　 또 곡선 위의 점 $(2, -1)$에서의 접선의 기울기가 5이므로

　　 $f'(2)=5$

　　 즉 $2a\times 2+1=5$에서 $a=1$

　　 이를 ㉠에 대입하면 $b=-4-3=-7$

---

4 $f(x)=ax^2+bx-3$이라 하면

　　 $f'(x)=2ax+b$

　　 점 $(-1, 3)$이 곡선 $y=f(x)$ 위의 점이므로

　　 $f(-1)=3$

　　 즉 $a\times(-1)^2+b\times(-1)-3=3$에서

　　 $a-b=6$　 …… ㉠

　　 또 곡선 위의 점 $(-1, 3)$에서의 접선의 기울기가 -2이므로

　　 $f'(-1)=-2$

　　 즉 $2a\times(-1)+b=-2$에서

　　 $2a-b=2$　 …… ㉡

　　 ㉠, ㉡을 연립하여 풀면 $a=-4$, $b=-10$

---

6 $f(x)=x^3-kx-3$이라 하면

　　 $f'(x)=3x^2-k$

　　 곡선과 직선의 접점의 좌표를 (a, a^3-ka-3)이라 하면 접선의

　　 기울기는 $f'(a)=3a^2-k$이므로 접선의 방정식은

　　 $y-(a^3-ka-3)=(3a^2-k)(x-a)$, 즉

　　 $y=(3a^2-k)x+(-2a^3-3)$

　　 이 접선이 직선 $y=4x-5$와 일치하므로

　　 $3a^2-k=4$　 …… ㉠

　　 $-2a^3-3=-5$　 …… ㉡

　　 ㉡에서 $a^3=1$이고 a는 실수이므로 $a=1$

　　 이를 ㉠에 대입하면 $k=-1$

---

7 $f(x)=2x^3+kx-1$이라 하면

　　 $f'(x)=6x^2+k$

　　 곡선과 직선의 접점의 좌표를 $(a, 2a^3+ka-1)$이라 하면 접선

　　 의 기울기는 $f'(a)=6a^2+k$이므로 접선의 방정식은

　　 $y-(2a^3+ka-1)=(6a^2+k)(x-a)$, 즉

　　 $y=(6a^2+k)x+(-4a^3-1)$

　　 이 접선이 직선 $y=2x-5$와 일치하므로

　　 $6a^2+k=2$　 …… ㉠

　　 $-4a^3-1=-5$　 …… ㉡

　　 ㉡에서 $a^3=1$이고 a는 실수이므로 $a=1$

　　 이를 ㉠에 대입하면 $k=-4$

8 $f(x)=-x^3-kx^2$이라 하면

$f'(x)=-3x^2-2kx$

곡선과 직선의 접점의 좌표를 $(a, -a^3-ka^2)$이라 하면 접선의 기울기는 $f'(a)=-3a^2-2ka$이므로 접선의 방정식은

$y-(-a^3-ka^2)=(-3a^2-2ka)(x-a)$, 즉

$y=(-3a^2-2ka)x+(2a^3+ka^2)$

이 접선이 직선 $y=x$와 일치하므로

$-3a^2-2ka=1$ ...... ㉠

$2a^3+ka^2=0$ ...... ㉡

㉡에서 $a^2(2a+k)=0$이므로

$a=0$ 또는 $k=-2a$

(i) $a=0$을 ㉠에 대입하면 등식이 성립하지 않는다.

(ii) $k=-2a$를 ㉠에 대입하면

$-3a^2-2a\times(-2a)=1$, $a^2=1$이므로

$a=1$ 또는 $a=-1$

즉 $a=1$이면 $k=-2$, $a=-1$이면 $k=2$

(i), (ii)에서 구하는 상수 k의 값은

-2 또는 2

10 (1) $f(x)=-x^2+ax+b$, $g(x)=2x^2+c$라 하면

$f'(x)=-2x+a$, $g'(x)=4x$

두 곡선 $y=f(x)$, $y=g(x)$가 모두 점 $(-1, 2)$를 지나므로

$f(-1)=2$에서

$-1-a+b=2$, 즉 $b=a+3$ ...... ㉠

$g(-1)=2$에서 $2+c=2$, 즉 $c=0$

두 곡선의 접점 $(-1, 2)$에서의 접선의 기울기가 서로 같으므로 $f'(-1)=g'(-1)$에서

$2+a=-4$, 즉 $a=-6$

이를 ㉠에 대입하면 $b=-6+3=-3$

(2) 두 곡선의 접점 $(-1, 2)$에서의 기울기는

$f'(-1)=g'(-1)=-4$

따라서 두 곡선 $y=f(x)$, $y=g(x)$에 공통으로 접하는 직선은 점 $(-1, 2)$를 지나고 기울기가 -4이므로 그 방정식은

$y-2=-4\{x-(-1)\}$, 즉 $y=-4x-2$

12 $f(x)=x^3-3$, $g(x)=x^2+5x$라 하면

$f'(x)=3x^2$, $g'(x)=2x+5$

두 곡선 $y=f(x)$, $y=g(x)$가 $x=a$인 점에서 공통인 접선을 갖는다고 하자.

(i) $f(a)=g(a)$에서

$a^3-3=a^2+5a$, $a^3-a^2-5a-3=0$

$(a+1)^2(a-3)=0$

즉 $a=-1$ 또는 $a=3$

(ii) $f'(a)=g'(a)$에서

$3a^2=2a+5$, $3a^2-2a-5=0$

$(a+1)(3a-5)=0$

즉 $a=-1$ 또는 $a=\dfrac{5}{3}$

(i), (ii)에서 $a=-1$

$f(-1)=g(-1)=-4$이므로 두 곡선 $y=f(x)$, $y=g(x)$는 점 $(-1, -4)$에서 공통인 접선을 갖는다.

이때 접선의 기울기는 $f'(-1)=g'(-1)=3$이므로 두 곡선의 공통인 접선의 방정식은

$y-(-4)=3\{x-(-1)\}$, 즉 $y=3x-1$

13 $f(x)=x^3-5x^2+4x$, $g(x)=-x^3+2x^2-4$라 하면

$f'(x)=3x^2-10x+4$, $g'(x)=-3x^2+4x$

두 곡선 $y=f(x)$, $y=g(x)$가 $x=a$인 점에서 공통인 접선을 갖는다고 하자.

(i) $f(a)=g(a)$에서

$a^3-5a^2+4a=-a^3+2a^2-4$

$2a^3-7a^2+4x+4=0$

$(a-2)^2(2a+1)=0$

즉 $a=2$ 또는 $a=-\dfrac{1}{2}$

(ii) $f'(a)=g'(a)$에서

$3a^2-10a+4=-3a^2+4a$, $3a^2-7a+2=0$

$(a-2)(3a-1)=0$

즉 $a=2$ 또는 $a=\dfrac{1}{3}$

(i), (ii)에서 $a=2$

$f(2)=g(2)=-4$이므로 두 곡선 $y=f(x)$, $y=g(x)$는 점 $(2, -4)$에서 공통인 접선을 갖는다.

이때 접선의 기울기는 $f'(2)=g'(2)=-4$이므로 두 곡선의 공통인 접선의 방정식은

$y-(-4)=-4(x-2)$, 즉 $y=-4x+4$

15 $f(x)=x^3+ax+b$, $g(x)=-x^2+x$라 하면

$f'(x)=3x^2+a$, $g'(x)=-2x+1$

곡선 $y=f(x)$가 점 $(1, 0)$을 지나므로

$f(1)=0$에서

$1+a+b=0$, 즉 $b=-a-1$ ...... ㉠

두 곡선이 만나는 점 $(1, 0)$에서의 각각의 접선이 서로 수직이므로 두 접선의 기울기의 곱은 -1이다.

즉 $f'(1)g'(1)=-1$에서

$(3+a)\times(-1)=-1$, 즉 $a=-2$

이를 ㉠에 대입하면 $b=1$

16 $f(x)=x^3-2x+4$, $g(x)=ax^2+bx$라 하면

$f'(x)=3x^2-2$, $g'(x)=2ax+b$

곡선 $y=g(x)$가 점 $(1, 3)$을 지나므로

$g(1)=3$에서 $a+b=3$ ...... ㉠

두 곡선이 만나는 점 $(1, 3)$에서의 각각의 접선이 서로 수직이므로 두 접선의 기울기의 곱은 -1이다.

즉 $f'(1)g'(1)=-1$에서

$1\times(2a+b)=-1$이므로

$2a+b=-1$ ...... ㉡

㉠, ㉡을 연립하여 풀면

$a=-4$, $b=7$

18 $f(x)=x^3-3x^2+1$이라 하면

$f'(x)=3x^2-6x$

접점의 좌표를 (a, a^3-3a^2+1)이라 하면 접선의 기울기는

$f'(a)=3a^2-6a$이므로 접선의 방정식은

$y-(a^3-3a^2+1)=(3a^2-6a)(x-a)$

이 접선이 점 $(k, 1)$을 지나므로

$1-(a^3-3a^2+1)=(3a^2-6a)(k-a)$

$a\{2a^2-3(k+1)a+6k\}=0$ ...... ㉠

즉 $a=0$ 또는 $2a^2-3(k+1)a+6k=0$

이때 서로 다른 접선이 2개이려면 a에 대한 삼차방정식 ㉠이 서로 다른 두 실근을 가져야 한다.

(ⅰ) a에 대한 이차방정식 $2a^2-3(k+1)a+6k=0$이 $a=0$을 근으로 가질 때

방정식에 $a=0$을 대입하면

$k=0$

(ⅱ) a에 대한 이차방정식 $2a^2-3(k+1)a+6k=0$이 0이 아닌 중근을 가질 때

판별식을 D라 하면

$D=\{-3(k+1)\}^2-4\times2\times6k=0$에서

$3k^2-10k+3=0$, $(k-3)(3k-1)=0$

즉 $k=3$ 또는 $k=\dfrac{1}{3}$

(ⅰ), (ⅱ)에서

$k=0$ 또는 $k=\dfrac{1}{3}$ 또는 $k=3$

20 $f(x)=-x^2+4x+1$이라 하면

$f'(x)=-2x+4$

점 $(1, 4)$에서의 접선의 기울기는

$f'(1)=-2+4=2$

이므로 접선의 방정식은

$y-4=2(x-1)$, 즉 $y=2x+2$

따라서 접선의 x절편은 -1, y절편은 2

이므로 구하는 도형의 넓이는

$\dfrac{1}{2}\times1\times2=1$

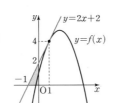

21 $f(x)=2x^2-5x-2$라 하면

$f'(x)=4x-5$

기울기가 -1인 접선의 접점의 좌표를 $(a, 2a^2-5a-2)$라 하면

$f'(a)=-1$이므로

$4a-5=-1$, $4a=4$, 즉 $a=1$

또 $f(a)=f(1)=2-5-2=-5$이므로 접점의 좌표는

$(1, -5)$

따라서 접선의 방정식은

$y-(-5)=-(x-1)$, 즉 $y=-x-4$

이므로 접선의 x절편은 -4, y절편은

-4이다.

그러므로 구하는 도형의 넓이는

$\dfrac{1}{2}\times4\times4=8$

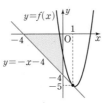

1 ④	2 ①	3 0	4 ①, ⑤
5 ③	6 13	7 ④	8 ③
9 3	10 ③	11 ④	12 ③

1 $f(x)=2x^3-x^2+ax-1$이라 하면 점 $(1, -2)$가 곡선 $y=f(x)$ 위의 점이므로

$f(1)=2-1+a-1=-2$, 즉 $a=-2$

따라서 $f(x)=2x^3-x^2-2x-1$에서

$f'(x)=6x^2-2x-2$

이므로 곡선 위의 점 $(1, -2)$에서의 접선의 기울기는

$f'(1)=6-2-2=2$

이때 접선의 방정식은

$y-(-2)=2(x-1)$, 즉 $y=2x-4$

따라서 $b=2$, $c=-4$이므로

$ac+b=(-2)\times(-4)+2=10$

2 $f(x)=-x^2+3x-2$라 하면

$f'(x)=-2x+3$

곡선 $y=f(x)$ 위의 점 $(3, -2)$에서의 접선의 기울기는

$f'(3)=-2\times3+3=-3$ ...... ㉠

이므로 접선의 방정식은

$y-(-2)=-3(x-3)$, 즉 $y=-3x+7$

따라서 접선의 x절편은 $a=\dfrac{7}{3}$

한편 ㉠에 의하여 점 $(3, -2)$를 지나고 이 점에서의 접선에 수직인 직선의 기울기는 $\dfrac{1}{3}$이므로 이 직선의 방정식은

$y-(-2)=\dfrac{1}{3}(x-3)$, 즉 $y=\dfrac{1}{3}x-3$

따라서 접선에 수직인 직선의 y절편은 $b=-3$이므로

$ab=\dfrac{7}{3}\times(-3)=-7$

3 x축의 양의 방향과 이루는 각의 크기가 $45°$인 직선의 기울기는

$\tan45°=1$

즉 주어진 곡선의 접선의 기울기는 1이다.

$f(x)=3x^2-5x+4$라 하면

$f'(x)=6x-5$

접점의 좌표를 $(a, 3a^2-5a+4)$라 하면 접선의 기울기가 1이므로

$f'(a)=6a-5=1$, $6a=6$, 즉 $a=1$이고

$f(a)=f(1)=3-5+4=2$

즉 접점의 좌표는 $(1, 2)$이므로 구하는 접선의 방정식은

$y-2=1\times(x-1)$, 즉 $y=x+1$

따라서 구하는 x절편은 -1, y절편은 1이므로 그 합은 0이다.

4 접선이 직선 $9x+y-1=0$, 즉 $y=-9x+1$에 평행하므로 접선의 기울기는 -9이다.

$f(x)=-x^3+3x^2-2$라 하면

$f'(x)=-3x^2+6x$

접점의 좌표를 $(a, -a^3+3a^2-2)$라 하면 접선의 기울기가 -9이므로

$f'(a)=-3a^2+6a=-9$, $a^2-2a-3=0$

$(a+1)(a-3)=0$이므로 $a=-1$ 또는 $a=3$이고

$f(-1)=-(-1)^3+3\times(-1)^2-2=2$

$f(3)=-3^3+3\times3^2-2=-2$

따라서 접점의 좌표는 $(-1, 2)$, $(3, -2)$이다.

5 $f(x)=x^2-2x+3$이라 하면

$f'(x)=2x-2$

접점의 좌표를 (a, a^2-2a+3)이라 하면

접선의 기울기는 $f'(a)=2a-2$이므로 접선의 방정식은

$y-(a^2-2a+3)=(2a-2)(x-a)$

즉 $y=(2a-2)x-a^2+3$

이 접선이 점 $A(-1, 2)$를 지나므로

$2=-(2a-2)-a^2+3$

$a^2+2a-3=0$, $(a+3)(a-1)=0$이므로

$a=-3$ 또는 $a=1$이고

$f(-3)=(-3)^2-2\times(-3)+3=18$

$f(1)=1-2+3=2$

이므로 두 접점의 좌표는

$(-3, 18)$, $(1, 2)$

따라서 구하는 중점의 좌표는

$\left(\dfrac{-3+1}{2}, \dfrac{18+2}{2}\right)$, 즉 $(-1, 10)$

6 $f(x)=3x^2+x-2$라 하면

$f'(x)=6x+1$

접점의 좌표를 $(a, 3a^2+a-2)$라 하면 접선의 기울기는

$f'(a)=6a+1$이므로 접선의 방정식은

$y-(3a^2+a-2)=(6a+1)(x-a)$

이 접선이 점 $(-1, -4)$를 지나므로

$-4-(3a^2+a-2)=(6a+1)(-1-a)$

$3a^2+6a-1=0$ ...... ㉠

기울기가 m_1, m_2일 때의 접점의 x좌표를 각각 a_1, a_2라 하면 a_1, a_2는 이차방정식 ㉠의 두 실근이므로 근과 계수의 관계에 의하여

$a_1+a_2=-\dfrac{6}{3}=-2$, $a_1 a_2=-\dfrac{1}{3}$

따라서

$k=m_1+m_2=(6a_1+1)+(6a_2+1)$

$=6(a_1+a_2)+2=6\times(-2)+2=-10$

$l=m_1\times m_2=(6a_1+1)(6a_2+1)$

$=36a_1 a_2+6(a_1+a_2)+1$

$=36\times\left(-\dfrac{1}{3}\right)+6\times(-2)+1=-23$

이므로 $k-l=-10-(-23)=13$

7 $f(x)=2x^2-4x$라 하면

$f'(x)=4x-4$

접점의 좌표를 $(a, 2a^2-4a)$라 하면 접선의 기울기는

$f'(a)=4a-4$이므로 접선의 방정식은

$y-(2a^2-4a)=(4a-4)(x-a)$

이 접선이 점 $(1, k)$를 지나므로

$k-(2a^2-4a)=(4a-4)(1-a)$

$2a^2-4a+k+4=0$ ...... ㉠

기울기가 m_1, m_2일 때의 접점의 x좌표를 각각 a_1, a_2라 하면 a_1, a_2는 이차방정식 ㉠의 두 실근이므로 근과 계수의 관계에 의하여

$a_1+a_2=-\dfrac{-4}{2}=2$, $a_1 a_2=\dfrac{k+4}{2}$ ...... ㉡

한편 두 접선이 서로 수직이면 기울기의 곱이 -1이므로

$m_1\times m_2=-1$에서

$(4a_1-4)(4a_2-4)=-1$

$16a_1 a_2-16(a_1+a_2)+17=0$

이 식에 ㉡을 대입하면

$16\times\dfrac{k+4}{2}-16\times2+17=0$, 즉 $k=-\dfrac{17}{8}$

8 $f(x)=-x^3+4x+1$이라 하면

$f'(x)=-3x^2+4$

접점의 좌표를 $(a, -a^3+4a+1)$이라 하면

접선의 기울기는 $f'(a)=-3a^2+4$이므로 접선의 방정식은

$y-(-a^3+4a+1)=(-3a^2+4)(x-a)$, 즉

$y=(-3a^2+4)x+2a^3+1$ ...... ㉠

이 접선이 점 $A(1, 0)$을 지나므로

$0=(-3a^2+4)+2a^3+1$

$2a^3-3a^2+5=0$, $(a+1)(2a^2-5a+5)=0$

이때 모든 실수 a에 대하여 $2a^2-5a+5>0$이므로

$a=-1$이고

$f(-1)=-(-1)^3+4\times(-1)+1=-2$

따라서 접점 B의 좌표는

$B(-1, -2)$

이므로 삼각형 OAB는 오른쪽 그림과 같고, 그 넓이는

$\dfrac{1}{2}\times1\times2=1$

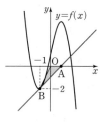

9 $f(x)=x^3+ax+1$이라 하면

$f'(x)=3x^2+a$

곡선 $y=f(x)$가 점 $(1, b)$에서 직선 $y=2x+c$와 접하므로 이 점에서의 접선의 기울기는 2이다.

즉 $f'(1)=2$에서

$3+a=2$, 즉 $a=-1$

한편 점 $(1, b)$가 곡선 $y=f(x)$ 위의 점이므로

$b=1+a+1=1$

또 점 $(1, 1)$은 접선 $y=2x+c$ 위의 점이기도 하므로

$1=2+c$, 즉 $c=-1$

따라서 $a^2+b^2+c^2=(-1)^2+1^2+(-1)^2=3$

10 $f(x)=x^3-x+k$, $g(x)=x^2+1$이라 하면
$f'(x)=3x^2-1$, $g'(x)=2x$
두 곡선 $y=f(x)$, $y=g(x)$가 $x=a$인 점에서 공통인 접선을 갖
는다고 하자.
$f(a)=g(a)$에서 $a^3-a+k=a^2+1$
즉 $k=-a^3+a^2+a+1$ $\cdots\cdots$ ㉠
$f'(a)=g'(a)$에서 $3a^2-1=2a$
$3a^2-2a-1=0$, $(a-1)(3a+1)=0$
즉 $a=1$ 또는 $a=-\dfrac{1}{3}$

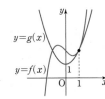 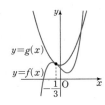

$a=1$을 ㉠에 대입하면 $k=-1+1+1+1=2$
$a=-\dfrac{1}{3}$을 ㉠에 대입하면 $k=\dfrac{1}{27}+\dfrac{1}{9}-\dfrac{1}{3}+1=\dfrac{22}{27}$
따라서 정수 k의 값은 2이다.

11 $f(x)=x^3+ax+3$, $g(x)=x^2+bx+c$라 하면
$f'(x)=3x^2+a$, $g'(x)=2x+b$
곡선 $y=f(x)$가 점 $(1, 2)$를 지나므로 $f(1)=2$에서
$1+a+3=2$, 즉 $a=-2$
한편 두 곡선 위의 점 $(1, 2)$에서의 각각의 접선이 서로 수직이
므로 두 접선의 기울기의 곱은 -1이다.
즉 $f'(1)g'(1)=-1$에서
$(3-2)(2+b)=-1$, $2+b=-1$, 즉 $b=-3$
또 곡선 $y=g(x)$가 점 $(1, 2)$를 지나므로
$g(1)=2$에서
$1+b+c=2$, $1+(-3)+c=2$, 즉 $c=4$
따라서 $a-b+c=-2-(-3)+4=5$

12 $f(x)=x^3-2x^2+3x+k$라 하면
$f'(x)=3x^2-4x+3$
곡선 $y=f(x)$ 위의 x좌표가 1인 점에서의 접선의 기울기는
$f'(1)=3-4+3=2$
$f(1)=1-2+3+k=k+2$이므로
곡선 위의 점 $(1, k+2)$에서의 접선의 방정식은
$y-(k+2)=2(x-1)$, 즉 $y=2x+k$
따라서 접선의 x절편은 $-\dfrac{k}{2}$, y절편은 k이므로 접선과 x축 및
y축으로 둘러싸인 도형의 넓이는
$\dfrac{1}{2}\times\dfrac{k}{2}\times k=\dfrac{25}{4}$, $k^2=25$
이때 k는 양수이므로 $k=5$

롤의 정리

1 (✏ 연속, 미분가능, 0, 2, 1, 0, $2x$, 2, 0, 1)

2 3 　　 3 $-\dfrac{3}{2}$ 　　 4 $\dfrac{5}{3}$ 　　 5 $\dfrac{4+\sqrt{7}}{3}$

6 (✏ 연속, 미분가능, -1, 1, 3, 0, $-6x^2$, $-6c^2$, $\dfrac{\sqrt{3}}{3}$,

　　 $-\dfrac{\sqrt{3}}{3}$)

7 $\pm\dfrac{2\sqrt{3}}{3}$ 　　 8 $\dfrac{3\pm2\sqrt{3}}{3}$ 　　 9 $\dfrac{4\pm\sqrt{19}}{3}$

10 $\dfrac{-5\pm\sqrt{31}}{6}$ 　　 ☺ 연속, 미분가능, $=$, $f'(x)$, 0

11 ⑤

2 함수 $f(x)=x^2-6x+2$는 닫힌 구간 $[1, 5]$에서 연속이고 열린
구간 $(1, 5)$에서 미분가능하다. 또
$f(1)=f(5)=-3$
이므로 롤의 정리에 의하여 $f'(c)=0$인 c가 열린 구간 $(1, 5)$에
적어도 하나 존재한다.
이때 $f'(x)=2x-6$이므로
$f'(c)=2c-6=0$에서 $2c=6$
따라서 $c=3$

3 함수 $f(x)=2x^2+6x+1$은 닫힌 구간 $[-3, 0]$에서 연속이고
열린 구간 $(-3, 0)$에서 미분가능하다. 또
$f(-3)=f(0)=1$
이므로 롤의 정리에 의하여 $f'(c)=0$인 c가 열린 구간 $(-3, 0)$
에 적어도 하나 존재한다.
이때 $f'(x)=4x+6$이므로
$f'(c)=4c+6=0$에서 $4c=-6$
따라서 $c=-\dfrac{3}{2}$

4 함수 $f(x)=x^3-x^2-5x+1$은 닫힌 구간 $[-1, 3]$에서 연속이
고 열린 구간 $(-1, 3)$에서 미분가능하다. 또
$f(-1)=f(3)=4$
이므로 롤의 정리에 의하여 $f'(c)=0$인 c가 열린 구간 $(-1, 3)$
에 적어도 하나 존재한다.
이때 $f'(x)=3x^2-2x-5$이므로
$f'(c)=3c^2-2c-5=0$에서
$(c+1)(3c-5)=0$, 즉 $c=-1$ 또는 $c=\dfrac{5}{3}$
이때 $-1<c<3$이므로 $c=\dfrac{5}{3}$

5 함수 $f(x)=x^3-4x^2+3x+3$은 닫힌 구간 $[1, 3]$에서 연속이
고 열린 구간 $(1, 3)$에서 미분가능하다. 또
$f(1)=f(3)=3$

이므로 롤의 정리에 의하여 $f'(c)=0$인 c가 열린 구간 $(1, 3)$에 적어도 하나 존재한다.

이때 $f'(x)=3x^2-8x+3$이므로

$f'(c)=3c^2-8c+3=0$에서 근의 공식에 의하여

$c=\dfrac{4\pm\sqrt{7}}{3}$

이때 $1<c<3$이므로 $c=\dfrac{4+\sqrt{7}}{3}$

7 함수 $f(x)=x^3-4x+1$은 닫힌 구간 $[-2, 2]$에서 연속이고 열린 구간 $(-2, 2)$에서 미분가능하다. 또

$f(-2)=f(2)=1$

이므로 롤의 정리에 의하여 $f'(c)=0$인 c가 열린 구간 $(-2, 2)$에서 적어도 하나 존재한다.

이때 $f'(x)=3x^2-4$이므로

$f'(c)=3c^2-4=0$에서 $3c^2=4, c^2=\dfrac{4}{3}$

따라서 $c=\pm\dfrac{2\sqrt{3}}{3}$

8 함수 $f(x)=x^3-3x^2-x+1$은 닫힌 구간 $[-1, 3]$에서 연속이고 열린 구간 $(-1, 3)$에서 미분가능하다. 또

$f(-1)=f(3)=-2$

이므로 롤의 정리에 의하여 $f'(c)=0$인 c가 열린 구간 $(-1, 3)$에 적어도 하나 존재한다.

이때 $f'(x)=3x^2-6x-1$이므로

$f'(c)=3c^2-6c-1=0$

따라서 근의 공식에 의하여 $c=\dfrac{3\pm2\sqrt{3}}{3}$

9 함수 $f(x)=-x^3+4x^2+x-3$은 닫힌 구간 $[-1, 4]$에서 연속이고 열린 구간 $(-1, 4)$에서 미분가능하다. 또

$f(-1)=f(4)=1$

이므로 롤의 정리에 의하여 $f'(c)=0$인 c가 열린 구간 $(-1, 4)$에 적어도 하나 존재한다.

이때 $f'(x)=-3x^2+8x+1$이므로

$f'(c)=-3c^2+8c+1=0$, 즉 $3c^2-8c-1=0$

따라서 근의 공식에 의하여 $c=\dfrac{4\pm\sqrt{19}}{3}$

10 함수 $f(x)=-2x^3-5x^2+x+5$는 닫힌 구간 $[-2, 1]$에서 연속이고 열린 구간 $(-2, 1)$에서 미분가능하다. 또

$f(-2)=f(1)=-1$

이므로 롤의 정리에 의하여 $f'(c)=0$인 c가 열린 구간 $(-2, 1)$에 적어도 하나 존재한다.

이때 $f'(x)=-6x^2-10x+1$이므로

$f'(c)=-6c^2-10c+1=0$, 즉 $6c^2+10c-1=0$

따라서 근의 공식에 의하여 $c=\dfrac{-5\pm\sqrt{31}}{6}$

11 함수 $f(x)=-x^2+ax+5$는 닫힌 구간 $[-1, 3]$에서 연속이고 열린 구간 $(-1, 3)$에서 미분가능하다.

함수 $f(x)$가 롤의 정리를 만족시키려면

$f(-1)=f(3)$이어야 한다.

이때 $f(-1)=-1-a+5=4-a$,

$f(3)=-9+3a+5=3a-4$이므로 $f(-1)=f(3)$에서

$4-a=3a-4, 4a=8,$ 즉 $a=2$

따라서 $f(x)=-x^2+2x+5$

한편 롤의 정리에 의하여 $f'(c)=0$인 c가 열린 구간 $(-1, 3)$에 적어도 하나 존재한다.

이때 $f'(x)=-2x+2$이므로

$f'(c)=-2c+2=0$에서 $c=1$

따라서 $a+c=2+1=3$

07

본문 148쪽

평균값 정리

1 (✏️ 연속, 미분가능, 3, 1, 1, $4x$, 3, 3, 1, 1)

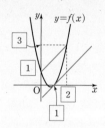

2 1   3 -1 4 0

5 (✏️ 연속, 미분가능, -2, 2, 1, $3x^2$, 3, 3, 1, $\dfrac{4}{3}$, $\dfrac{2\sqrt{3}}{3}$, $-\dfrac{2\sqrt{3}}{3}$)

6 $\dfrac{-2\pm\sqrt{7}}{3}$ 7 $\dfrac{-3\pm2\sqrt{3}}{3}$ 8 $\dfrac{1\pm\sqrt{3}}{2}$

☺️ 연속, 미분가능, $f(b)$, $f(a)$ 9 ②

10 (✏️ 3, 1, 3, $4x-1$, 7, 1, 7, 2, 3, 2)

11 $\dfrac{-1+\sqrt{13}}{3}$ 12 $\dfrac{2-\sqrt{7}}{3}$ 13 2

14 1   15 3   16 4

2 함수 $f(x)=-x^2+3x+3$은 닫힌 구간 $[-1, 3]$에서 연속이고 열린 구간 $(-1, 3)$에서 미분가능하므로 평균값 정리에 의하여

$\dfrac{f(3)-f(-1)}{3-(-1)}=\dfrac{3-(-1)}{4}=1=f'(c)$

인 c가 열린 구간 $(-1, 3)$에 적어도 하나 존재한다.

이때 $f'(x)=-2x+3$이므로

$f'(c)=-2c+3=1$에서

$c=1$

3 함수 $f(x)=x^3-x$는 닫힌 구간 $[-2, 1]$에서 연속이고 열린 구간 $(-2, 1)$에서 미분가능하므로 평균값 정리에 의하여

$$\frac{f(1)-f(-2)}{1-(-2)}=\frac{0-(-6)}{3}=2=f'(c)$$

인 c가 열린 구간 $(-2, 1)$에 적어도 하나 존재한다.

이때 $f'(x)=3x^2-1$이므로

$f'(c)=3c^2-1=2$에서 $c^2=1$, 즉 $c=\pm1$

이때 $-2<c<1$이므로 $c=-1$

4 함수 $f(x)=x^3-3x^2+2x+3$은 닫힌 구간 $[-1, 2]$에서 연속이고 열린 구간 $(-1, 2)$에서 미분가능하므로 평균값 정리에 의하여

$$\frac{f(2)-f(-1)}{2-(-1)}=\frac{3-(-3)}{3}=2=f'(c)$$

인 c가 열린 구간 $(-1, 2)$에 적어도 하나 존재한다.

이때 $f'(x)=3x^2-6x+2$이므로

$f'(c)=3c^2-6c+2=2$에서

$c^2-2c=0$, $c(c-2)=0$, 즉 $c=0$ 또는 $c=2$

이때 $-1<c<2$이므로 $c=0$

6 함수 $f(x)=-x^3-2x^2$은 닫힌 구간 $[-2, 1]$에서 연속이고 열린 구간 $(-2, 1)$에서 미분가능하므로 평균값 정리에 의하여

$$\frac{f(1)-f(-2)}{1-(-2)}=\frac{-3-0}{3}=-1=f'(c)$$

인 c가 열린 구간 $(-2, 1)$에 적어도 하나 존재한다.

이때 $f'(x)=-3x^2-4x$이므로

$f'(c)=-3c^2-4c=-1$에서

$3c^2+4c-1=0$

근의 공식에 의하여 $c=\dfrac{-2\pm\sqrt{7}}{3}$

이때 $-2<\dfrac{-2+\sqrt{7}}{3}<1$, $-2<\dfrac{-2-\sqrt{7}}{3}<1$이므로

$c=\dfrac{-2\pm\sqrt{7}}{3}$

7 함수 $f(x)=x^3+3x^2+x-1$은 닫힌 구간 $[-3, 1]$에서 연속이고 열린 구간 $(-3, 1)$에서 미분가능하므로 평균값 정리에 의하여

$$\frac{f(1)-f(-3)}{1-(-3)}=\frac{4-(-4)}{4}=2=f'(c)$$

인 c가 열린 구간 $(-3, 1)$에 적어도 하나 존재한다.

이때 $f'(x)=3x^2+6x+1$이므로

$f'(c)=3c^2+6c+1=2$에서

$3c^2+6c-1=0$

근의 공식에 의하여 $c=\dfrac{-3\pm2\sqrt{3}}{3}$

이때 $-3<\dfrac{-3-2\sqrt{3}}{3}<1$, $-3<\dfrac{-3+2\sqrt{3}}{3}<1$이므로

$c=\dfrac{-3\pm2\sqrt{3}}{3}$

8 함수 $f(x)=-2x^3+3x^2+x-2$는 닫힌 구간 $[-1, 2]$에서 연속이고 열린 구간 $(-1, 2)$에서 미분가능하므로 평균값 정리에 의하여

$$\frac{f(2)-f(-1)}{2-(-1)}=\frac{-4-2}{3}=-2=f'(c)$$

인 c가 열린 구간 $(-1, 2)$에 적어도 하나 존재한다.

이때 $f'(x)=-6x^2+6x+1$이므로

$f'(c)=-6c^2+6c+1=-2$에서

$2c^2-2c-1=0$

근의 공식에 의하여 $c=\dfrac{1\pm\sqrt{3}}{2}$

이때 $-1<\dfrac{1+\sqrt{3}}{2}<2$, $-1<\dfrac{1-\sqrt{3}}{2}<2$이므로

$c=\dfrac{1\pm\sqrt{3}}{2}$

9 $f(x)=-x^2+6x-2$에서

$f'(x)=-2x+6$

닫힌 구간 $[0, k]$에서 평균값 정리를 만족시키는 상수가 2이므로

$$\frac{f(k)-f(0)}{k-0}=f'(2)$$

$$\frac{(-k^2+6k-2)-(-2)}{k-0}=2$$

$-k^2+6k=2k$, $k^2-4k=0$

$k(k-4)=0$에서 $k=0$ 또는 $k=4$

이때 $2<k$이므로 $k=4$

11 $f(2)-f(-1)=3f'(c)$에서

$$f'(c)=\frac{f(2)-f(-1)}{3}=\frac{f(2)-f(-1)}{2-(-1)} \quad\cdots\cdots\text{㉠}$$

이므로 열린 구간 $(-1, 2)$에서 평균값 정리를 만족시키는 값이 구하는 c의 값이다.

$f(x)=x^3+x^2-3x+3$에서

$f'(x)=3x^2+2x-3$

또 ㉠에서 $f'(c)=\dfrac{9-6}{3}=1$이므로

$3c^2+2c-3=1$, $3c^2+2c-4=0$

근의 공식에 의하여 $c=\dfrac{-1\pm\sqrt{13}}{3}$

이때 $-1<\dfrac{-1+\sqrt{13}}{3}<2$, $\dfrac{-1-\sqrt{13}}{3}<-1$이므로

$c=\dfrac{-1+\sqrt{13}}{3}$

12 $f(1)-f(-1)=2f'(c)$에서

$$f'(c)=\frac{f(1)-f(-1)}{2}=\frac{f(1)-f(-1)}{1-(-1)} \quad\cdots\cdots\text{㉠}$$

이므로 열린 구간 $(-1, 1)$에서 평균값 정리를 만족시키는 값이 구하는 c의 값이다.

$f(x)=-x^3+2x^2-x+3$에서

$f'(x)=-3x^2+4x-1$

또 ㉠에서 $f'(c)=\dfrac{3-7}{2}=-2$이므로

$-3c^2+4c-1=-2$, 즉 $3c^2-4c-1=0$

근의 공식에 의하여 $c=\dfrac{2\pm\sqrt{7}}{3}$

이때 $\dfrac{2+\sqrt{7}}{3}>1$, $-1<\dfrac{2-\sqrt{7}}{3}<1$이므로

$c=\dfrac{2-\sqrt{7}}{3}$

13 x좌표가 a, b인 점을 각각 A, B라 하자.

닫힌 구간 $[a, b]$에서 평균값 정리를 만족시키는 상수 c는 곡선 $y=f(x)$의 접선 중에서 직선 AB의 기울기와 같은 기울기를 갖는 접선의 접점의 x좌표이다.

이때 오른쪽 그림과 같이 직선 AB와 평행한 접선을 2개 그을 수 있으므로 c의 개수는 2이다.

14 x좌표가 a, b인 점을 각각 A, B 하자.

닫힌 구간 $[a, b]$에서 평균값 정리를 만족시키는 상수 c는 곡선 $y=f(x)$의 접선 중에서 직선 AB의 기울기와 같은 기울기를 갖는 접선의 접점의 x좌표이다.

이때 오른쪽 그림과 같이 직선 AB와 평행한 접선을 1개 그을 수 있으므로 c의 개수는 1이다.

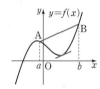

15 x좌표가 a, b인 점을 각각 A, B라 하자.

닫힌 구간 $[a, b]$에서 평균값 정리를 만족시키는 상수 c는 곡선 $y=f(x)$의 접선 중에서 직선 AB의 기울기와 같은 기울기를 갖는 접선의 접점의 x좌표이다.

이때 오른쪽 그림과 같이 직선 AB와 평행한 접선을 3개 그을 수 있으므로 c의 개수는 3이다.

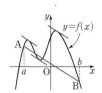

16 x좌표가 a, b인 점을 각각 A, B라 하자.

닫힌 구간 $[a, b]$에서 평균값 정리를 만족시키는 상수 c는 곡선 $y=f(x)$의 접선 중에서 직선 AB의 기울기와 같은 기울기를 갖는 접선의 접점의 x좌표이다.

이때 오른쪽 그림과 같이 직선 AB와 평행한 접선을 4개 그을 수 있으므로 c의 개수는 4이다.

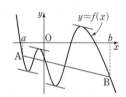

TEST 개념 확인

본문 151쪽

1 ③   **2** ①   **3** ④   **4** ③
5 ⑤   **6** 4

1 함수 $f(x)=-3x^2+6x$는 닫힌 구간 $[-1, 3]$에서 연속이고 열린 구간 $(-1, 3)$에서 미분가능하다. 또

$f(-1)=f(3)=-9$

이므로 롤의 정리에 의하여 $f'(c)=0$인 c가 열린 구간 $(-1, 3)$에 적어도 하나 존재한다.

이때 $f'(x)=-6x+6$이므로

$f'(c)=-6c+6=0$에서 $c=1$

2 함수 $f(x)=x^2+kx+4$는 닫힌 구간 $[2, 6]$에서 연속이고 열린 구간 $(2, 6)$에서 미분가능하므로 함수 $f(x)$가 롤의 정리를 만족시키려면 $f(2)=f(6)$이어야 한다.

이때

$f(2)=2^2+2k+4=2k+8$,

$f(6)=6^2+6k+4=6k+40$

이므로 $f(2)=f(6)$에서

$2k+8=6k+40$, $4k=-32$

따라서 $k=-8$

3 함수 $f(x)=-x^3+2x^2+4x+1$은 닫힌 구간 $[-a, a]$에서 연속이고 열린 구간 $(-a, a)$에서 미분가능하므로 함수 $f(x)$가 롤의 정리를 만족시키려면

$f(-a)=f(a)$

이어야 한다. 이때

$f(-a)=a^3+2a^2-4a+1$,

$f(a)=-a^3+2a^2+4a+1$

이므로 $a^3+2a^2-4a+1=-a^3+2a^2+4a+1$에서

$2a^3-8a=0$, $2a(a+2)(a-2)=0$

이때 a는 자연수이므로 $a=2$

또한 롤의 정리에 의하여 $f'(c)=0$인 c가 열린 구간 $(-2, 2)$에 적어도 하나 존재한다.

$f'(x)=-3x^2+4x+4$이므로

$f'(c)=-3c^2+4c+4=0$에서

$(c-2)(3c+2)=0$, 즉 $c=2$ 또는 $c=-\dfrac{2}{3}$

이때 $-2<c<2$이므로 $c=-\dfrac{2}{3}$

따라서 $a+c=2+\left(-\dfrac{2}{3}\right)=\dfrac{4}{3}$

4 함수 $f(x)=x^3-3x^2+5x$는 닫힌 구간 $[1, 4]$에서 연속이고 열린 구간 $(1, 4)$에서 미분가능하므로 평균값 정리에 의하여

$\dfrac{f(4)-f(1)}{4-1}=\dfrac{36-3}{3}=11=f'(c)$

인 c가 열린 구간 $(1, 4)$에 적어도 하나 존재한다.

이때 $f'(x)=3x^2-6x+5$이므로

$f'(c)=3c^2-6c+5=11$에서

$3c^2-6c-6=0$, $c^2-2c-2=0$

근의 공식에 의하여 $c=1\pm\sqrt{3}$

이때 $1<c<4$이므로

$c=1+\sqrt{3}$

5 함수 $f(x)$에 대하여 닫힌 구간 $[-1, a]$에서 평균값 정리를

만족시키는 c의 값이 $\frac{3}{4}$이므로

$\frac{f(a)-f(-1)}{a-(-1)}=f'\left(\frac{3}{4}\right)$이 성립해야 한다.

함수 $f(x)=x^2-2x+3$에서

$f(-1)=(-1)^2-2\times(-1)+3=6$

$f(a)=a^2-2a+3$

또한 $f'(x)=2x-2$에서

$f'\left(\frac{3}{4}\right)=2\times\frac{3}{4}-2=-\frac{1}{2}$

이므로 $\frac{(a^2-2a+3)-6}{a+1}=-\frac{1}{2}$

$2a^2-3a-5=0$

$(a+1)(2a-5)=0$

즉 $a=-1$ 또는 $a=\frac{5}{2}$

이때 $a>\frac{3}{4}$이므로 $a=\frac{5}{2}$

따라서 $100a=100\times\frac{5}{2}=250$

6 x좌표가 0, a인 점을 각각 A, B라 하자.

닫힌 구간 $[0, a]$에서 평균값 정리를 만족시키는 상수 c는 곡선
$y=f(x)$의 접선 중에서 직선 AB의 기울기와 같은 기울기를 갖
는 접선의 접점의 x좌표이다.

이때 오른쪽 그림과 같이 직선 AB와 평
행한 접선을 4개 그을 수 있으므로 c의
개수는 4이다.

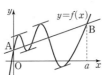

1 곡선 $y=f(x)$ 위의 점 $(1, f(1))$에서의 접선의 기울기가 3이므
로

$f'(1)=3$

따라서

$\lim\limits_{h\to0}\dfrac{f(1+3h)-f(1-h)}{h}$

$=\lim\limits_{h\to0}\dfrac{f(1+3h)-f(1)-f(1-h)+f(1)}{h}$

$=\lim\limits_{h\to0}\dfrac{f(1+3h)-f(1)}{h}-\lim\limits_{h\to0}\dfrac{f(1-h)-f(1)}{h}$

$=3\lim\limits_{h\to0}\dfrac{f(1+3h)-f(1)}{3h}+\lim\limits_{h\to0}\dfrac{f(1-h)-f(1)}{-h}$

$=3f'(1)+f'(1)$

$=4f'(1)=4\times3=12$

2 $f(x)=x^3-2x^2+4x-1$이라 하면

$f'(x)=3x^2-4x+4$

곡선 $y=f(x)$ 위의 점 $(1, 2)$에서의 접선의 기울기는

$f'(1)=3-4+4=3$

이므로 접선의 방정식은

$y-2=3(x-1)$, 즉 $y=3x-1$

곡선 $y=x^3-2x^2+4x-1$과 직선 $y=3x-1$의 교점의 x좌표는

$x^3-2x^2+4x-1=3x-1$에서

$x^3-2x^2+x=0$, $x(x-1)^2=0$

즉 $x=0$ 또는 $x=1$

따라서 곡선과 접선이 다시 만나는 점의 x좌표는

$a=0$이므로 y좌표는 $b=f(0)=-1$

그러므로 $a-b=0-(-1)=1$

3 $f(x)=-2x^2+3x-1$이라 하면

$f'(x)=-4x+3$

접점의 x좌표를 a라 하면 접선의 기울기가

$\tan45°=1$이므로

$f'(a)=-4a+3=1$

따라서 $a=\frac{1}{2}$, $f\left(\frac{1}{2}\right)=-2\times\left(\frac{1}{2}\right)^2+3\times\frac{1}{2}-1=0$이므로 접점
의 좌표는 $\left(\frac{1}{2}, 0\right)$이다.

4 $f(x)=x^2$이라 하면

$f'(x)=2x$

곡선 $y=f(x)$의 접선 중에서 직선 $y=-2x-6$과 평행한 접선
의 접점의 좌표를 (a, a^2)이라 하면 이 점에서의 접선의 기울기
가 -2이므로

$f'(a)=2a=-2$, 즉 $a=-1$

따라서 접점의 좌표는 $(-1, 1)$이고, 점 $(-1, 1)$과 직선
$y=-2x-6$, 즉 $2x+y+6=0$ 사이의 거리가 구하는 최솟값이
므로

$\dfrac{|-2+1+6|}{\sqrt{2^2+1^2}}=\sqrt{5}$

TEST 개념 발전

4. 접선의 방정식과 평균값 정리

본문 152쪽

1 ④	**2** 1	**3** ③	**4** ②
5 1	**6** ④	**7** ⑤	**8** ①
9 5	**10** 3	**11** ③	**12** ④
13 ②	**14** ⑤		

5 $f(x)=-x^3+2x^2-x+1$이라 하면

$f'(x)=-3x^2+4x-1$

접점의 좌표를 $(a, -a^3+2a^2-a+1)$이라 하면

접선의 기울기는 $f'(a)=-3a^2+4a-1$이므로 접선의 방정식은

$y-(-a^3+2a^2-a+1)=(-3a^2+4a-1)(x-a)$, 즉

$y=(-3a^2+4a-1)x+2a^3-2a^2+1$

이 접선이 점 $(2, 1)$을 지나므로

$1=2(-3a^2+4a-1)+2a^3-2a^2+1$

$2a^3-8a^2+8a-2=0$, $a^3-4a^2+4a-1=0$

$(a-1)(a^2-3a+1)=0$, 즉 $a=1$ 또는 $a=\dfrac{3\pm\sqrt{5}}{2}$

이때 a는 유리수이므로 $a=1$

따라서 접점의 y좌표는

$f(1)=-1+2-1+1=1$

6 $f(x)=2x^2+1$이라 하면

$f'(x)=4x$

접점의 좌표를 $(a, 2a^2+1)$이라 하면 접선의 기울기는

$f'(a)=4a$이므로 접선의 방정식은

$y-(2a^2+1)=4a(x-a)$, 즉

$y=4ax-2a^2+1$

이 접선이 원점 O를 지나므로

$0=0-2a^2+1$

$2a^2=1$, $a^2=\dfrac{1}{2}$, 즉 $a=\pm\dfrac{\sqrt{2}}{2}$

따라서 두 접선의 접점이 $\left(\dfrac{\sqrt{2}}{2}, 2\right)$, $\left(-\dfrac{\sqrt{2}}{2}, 2\right)$이므로 구하는

삼각형의 넓이는

$\dfrac{1}{2}\times\left|\dfrac{\sqrt{2}}{2}-\left(-\dfrac{\sqrt{2}}{2}\right)\right|\times 2=\sqrt{2}$

7 $f(x)=x^3+k$라 하면

$f'(x)=3x^2$

접점의 좌표를 (a, a^3+k)라 하면 접선의 기울기는 $f'(a)=3a^2$

이므로 접선의 방정식은

$y-(a^3+k)=3a^2(x-a)$, 즉

$y=3a^2x-2a^3+k$ ...... ㉠

직선 ㉠이 직선 $y=6x$와 일치하므로

$3a^2=6$, $-2a^3+k=0$

$3a^2=6$에서 $a^2=2$, 즉 $a=\pm\sqrt{2}$

이때 곡선 $y=f(x)$와 직선 $y=6x$가 제1사분면에서 접하므로

$a>0$

따라서 $a=\sqrt{2}$이므로 $-2a^3+k=0$에서

$k=2a^3=4\sqrt{2}$

8 $f(x)=x^3$, $g(x)=3x^2+k$라 하면

$f'(x)=3x^2$, $g'(x)=6x$

두 곡선 $y=f(x)$, $y=g(x)$가 $x=a$인 점에서 공통인 접선을 갖는다고 하자.

(i) $f(a)=g(a)$에서

$a^3=3a^2+k$, 즉 $k=a^3-3a^2$ ...... ㉠

(ii) $f'(a)=g'(a)$에서

$3a^2=6a$, $3a(a-2)=0$

즉 $a=0$ 또는 $a=2$

$a=0$을 ㉠에 대입하면 $k=0$이므로 이는 조건을 만족시키지 않는다.

따라서 $a=2$를 ㉠에 대입하면

$k=2^3-3\times 2^2=-4$

9 $a>-1$인 실수 a에 대하여 함수 $f(x)=x^3-3x$는 닫힌 구간 $[-1, a]$에서 연속이고 열린 구간 $(-1, a)$에서 미분가능하다.

함수 $f(x)$가 롤의 정리를 만족시키려면

$f(-1)=f(a)$이어야 한다. 이때

$f(-1)=-1+3=2$, $f(a)=a^3-3a$

이므로 $f(-1)=f(a)$에서

$a^3-3a=2$, $a^3-3a-2=0$

즉 $(a-2)(a+1)^2=0$에서 $a>-1$이므로

$a=2$

따라서 롤의 정리에 의하여 $f'(c)=0$인 c가 열린 구간 $(-1, 2)$에 적어도 하나 존재한다.

이때 $f'(x)=3x^2-3$이고 $-1<c<2$이므로

$f'(c)=3c^2-3=0$에서 $c=1$

따라서 $a^2+c^2=2^2+1^2=5$

10 x좌표가 1, 4인 점을 각각 A, B라 하자.

이때 $f(4)-f(1)=3f'(c)$에서

$f'(c)=\dfrac{f(4)-f(1)}{3}=\dfrac{f(4)-f(1)}{4-1}$

이므로 열린 구간 $(1, 4)$에서 평균값 정리를 만족시키는 값이 구하는 c의 값이다.

이때 상수 c는 곡선 $y=f(x)$의 접선 중에서 직선 AB의 기울기와 같은 기울기를 갖는 접선의 접점의 x좌표이다.

따라서 오른쪽 그림과 같이 직선 AB와 평행한 접선을 3개 그을 수 있으므로 상수 c의 개수는 3이다.

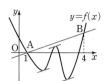

11 두 함수 $f(x)$, $g(x)$가 모두 닫힌 구간 $[a, b]$에서 연속이고 열린 구간 (a, b)에서 미분가능하므로

$h(x)=f(x)-g(x)$

라 하면 함수 $h(x)$도 닫힌 구간 $\boxed{a}$, $b]$에서 연속이고 열린 구간 $(\boxed{a}, b)$에서 미분가능하고

$h'(x)=f'(x)-g'(x)$

이때 열린 구간 (a, b)에 속하는 모든 실수 x가

$f'(x)=g'(x)$를 만족시키면 $\boxed{a}<x<b$인 모든 실수 x에 대하여

$h'(x)=f'(x)-g'(x)=\boxed{0}$

이므로 함수 $h(x)$는 닫힌 구간 $[\boxed{a}, b]$에서 $\boxed{상수함수}$이다.

따라서 상수 k에 대하여 $h(x)=k$, 즉 $f(x)-g(x)=k$이므로 $f(x)=g(x)+k$가 성립한다.

이상에서 ㈎ a, ㈏ 0, ㈐ 상수함수이다.

12 $f(x)=-2x^3+6x^2+3x-1$이라 하면

$$f'(x)=-6x^2+12x+3$$
$$=-6(x-1)^2+9$$

즉 $f'(x)$는 $x=1$에서 최댓값 9를 가지므로 직선 l의 기울기는

$a=9$

또한 접점의 x좌표는 $b=1$이므로

$c=f(1)=-2+6+3-1=6$

따라서 $a+b+c=9+1+6=16$

13 $\lim\limits_{x \to 2} \dfrac{f(x)-3}{x-2}=-2$에서 $x \to 2$일 때 (분모) $\to 0$이고 극한값이

존재하므로 (분자) $\to 0$이어야 한다.

즉 $\lim\limits_{x \to 2}\{f(x)-3\}=0$에서 $f(2)-3=0$이므로

$f(2)=3$ ...... ㉠

따라서 $\lim\limits_{x \to 2} \dfrac{f(x)-3}{x-2}=\lim\limits_{x \to 2} \dfrac{f(x)-f(2)}{x-2}=f'(2)$이므로

$f'(2)=-2$ ...... ㉡

한편 곡선 $y=f(x)$가 점 $(2, a)$를 지나므로 ㉠에 의하여

$a=f(2)=3$

또한 ㉡에 의하여 점 $(2, a)$, 즉 점 $(2, 3)$에서의 접선의 기울기

는 $f'(2)=-2$이므로 접선의 방정식은

$y-3=-2(x-2)$, 즉 $y=-2x+7$

따라서 $m=-2$, $n=7$이므로

$a+m+n=3+(-2)+7=8$

14 $f(x)=-x^2-2x+3$이라 하면 곡선 $y=f(x)$가 x축과 만나는

점의 x좌표는

$-x^2-2x+3=0$, $x^2+2x-3=0$, $(x+3)(x-1)=0$

즉 $x=-3$ 또는 $x=1$이므로

$A(-3, 0)$

곡선 $y=f(x)$가 y축과 만나는 점의 y좌표는 $f(0)=3$이므로

$B(0, 3)$

이때 직선 AB의 기울기는

$$\dfrac{3-0}{0-(-3)}=1$$

한편 $f'(x)=-2x-2$이므로 직선 AB에 평행하고 곡선

$y=f(x)$에 접하는 직선과 곡선의 접점의 x좌표는

$-2x-2=1$, 즉 $x=-\dfrac{3}{2}$

접점의 y좌표는

$$f\left(-\dfrac{3}{2}\right)=-\left(-\dfrac{3}{2}\right)^2-2\times\left(-\dfrac{3}{2}\right)+3=\dfrac{15}{4}$$

따라서 접선의 기울기는 1, 접점의 좌표는 $\left(-\dfrac{3}{2}, \dfrac{15}{4}\right)$이므로

접선의 방정식은

$y-\dfrac{15}{4}=x-\left(-\dfrac{3}{2}\right)$, 즉 $y=x+\dfrac{21}{4}$

이 직선이 x축, y축과 만나는 점이 각각 C, D이므로

$$C\left(-\dfrac{21}{4}, 0\right), D\left(0, \dfrac{21}{4}\right)$$

구하는 사각형 ABDC의 넓이는 삼각형 COD의 넓이에서 삼각

형 AOB의 넓이를 뺀 것과 같으므로

$$\dfrac{1}{2}\times\left|-\dfrac{21}{4}\right|\times\dfrac{21}{4}-\dfrac{1}{2}\times|-3|\times3=\dfrac{297}{32}$$

5 함수의 극대, 극소와 그래프

본문 156쪽

01

함수의 증가와 감소

원리확인

❶ <, 증가　　　　　　　❷ >, 감소

1 (1) ×　(2) ○　(3) ○　　2 (1) ○　(2) ×　(3) ×

3 >, >, 감소　　　　　　4 <, >, <, <, 증가

5 증가　　　6 감소　　　7 감소　　　8 증가

☺ 증가, 감소

---

1 (1) 구간 $[a, 0]$에 속하는 임의의 두 실수 x_1, x_2에 대하여
　$x_1 < x_2$일 때 $f(x_1) < f(x_2)$이므로 함수 $y = f(x)$는 구간
　$[a, 0]$에서 증가하지만, 구간 $[0, b]$에 속하는 임의의 두 실
　수 x_1, x_2에 대하여 $x_1 < x_2$일 때 $f(x_1) > f(x_2)$이므로 함수
　$y = f(x)$는 구간 $[0, b]$에서 감소한다.

(2) 구간 $[d, e]$에 속하는 임의의 두 실수 x_1, x_2에 대하여
　$x_1 < x_2$일 때 $f(x_1) < f(x_2)$이므로 함수 $y = f(x)$는 구간
　$[d, e]$에서 증가한다.

(3) 구간 $[f, g]$에 속하는 임의의 두 실수 x_1, x_2에 대하여
　$x_1 < x_2$일 때 $f(x_1) > f(x_2)$이므로 함수 $y = f(x)$는 구간
　$[f, g]$에서 감소한다.

2 (1) 구간 $[a, c]$에 속하는 임의의 두 실수 x_1, x_2에 대하여
　$x_1 < x_2$일 때 $f(x_1) < f(x_2)$이므로 함수 $y = f(x)$는 구간
　$[a, c]$에서 증가한다.

(2) 구간 $[c, d]$에 속하는 임의의 두 실수 x_1, x_2에 대하여
　$x_1 < x_2$일 때 $f(x_1) > f(x_2)$이므로 함수 $y = f(x)$는 구간
　$[c, d]$에서 감소한다.

(3) 구간 $[d, e]$에 속하는 임의의 두 실수 x_1, x_2에 대하여
　$x_1 < x_2$일 때 $f(x_1) > f(x_2)$이므로 함수 $y = f(x)$는 구간
　$[d, e]$에서 감소하지만, 구간 $[e, f]$에 속하는 임의의 두 실
　수 x_1, x_2에 대하여 $x_1 < x_2$일 때 $f(x_1) < f(x_2)$이므로 함수
　$y = f(x)$는 구간 $[e, f]$에서 증가한다.

5 구간 $[0, \infty)$에 속하는 임의의 두 실수 x_1, x_2에 대하여
　$x_1 < x_2$일 때,
$$f(x_1) - f(x_2) = 3x_1{}^2 - 3x_2{}^2$$
$$= 3(x_1 - x_2)(x_1 + x_2)$$
$$< 0$$
　이므로 $f(x_1) < f(x_2)$
　따라서 함수 $f(x) = 3x^2$은 구간 $[0, \infty)$에서 증가한다.

---

6 구간 $(-\infty, \infty)$에 속하는 임의의 두 실수 x_1, x_2에 대하여
　$x_1 < x_2$일 때
$$f(x_1) - f(x_2) = (-5x_1 + 7) - (-5x_2 + 7)$$
$$= -5(x_1 - x_2)$$
$$> 0$$
　이므로 $f(x_1) > f(x_2)$
　따라서 함수 $f(x) = -5x + 7$은 구간 $(-\infty, \infty)$에서 감소한다.

7 구간 $[-1, 1]$에 속하는 임의의 두 실수 x_1, x_2에 대하여
　$x_1 < x_2$일 때
$$f(x_1) - f(x_2) = (x_1{}^2 - 2x_1 - 3) - (x_2{}^2 - 2x_2 - 3)$$
$$= (x_1{}^2 - x_2{}^2) - 2(x_1 - x_2)$$
$$= (x_1 - x_2)(x_1 + x_2 - 2)$$
$$> 0$$
　이므로 $f(x_1) > f(x_2)$
　따라서 함수 $f(x) = x^2 - 2x - 3$은 구간 $[-1, 1]$에서 감소한다.

[참고]
구간 $[-1, 1]$에 속하는 임의의 두 실수 x_1, x_2에 대하여
$x_1 < x_2$일 때, $-1 \leq x_1 < x_2 \leq 1$이므로
$-2 < x_1 + x_2 < 2$
즉 $-4 < x_1 + x_2 - 2 < 0$

8 구간 $(-\infty, 4]$에 속하는 임의의 두 실수 x_1, x_2에 대하여
　$x_1 < x_2$일 때
$$f(x_1) - f(x_2) = (-x_1{}^2 + 8x_1) - (-x_2{}^2 + 8x_2)$$
$$= -(x_1{}^2 - x_2{}^2) + 8(x_1 - x_2)$$
$$= (x_1 - x_2)\{8 - (x_1 + x_2)\}$$
$$< 0$$
　이므로 $f(x_1) < f(x_2)$
　따라서 함수 $f(x) = -x^2 + 8x$는 구간 $(-\infty, 4]$에서 증가한다.

[참고]
$(-\infty, 4]$에 속하는 임의의 두 실수 x_1, x_2에 대하여
$x_1 < x_2$일 때, $x_1 < x_2 \leq 4$이므로
$x_1 + x_2 < 8$
즉 $8 - (x_1 + x_2) > 0$

02

본문 158쪽

함수의 증가와 감소 판정

1 (✎ >, 증가)　　　　2 증가　　　3 증가

4 감소　　　5 감소　　　☺ 증가, 감소

6 (1) (✎ 2, 2)　(2) (✎ 2, −, +, 4, ↗)

(3) (✎ 0, 2, 0, 2)

7 (1) 1, 3　(2) 풀이 참조

(3) 구간 $(-\infty, 1]$, $[3, \infty)$에서 감소, 구간 $[1, 3]$에서 증가

8 (1) −1　(2) 풀이 참조　(3) 구간 $(-\infty, \infty)$에서 증가

---

9 (1) (✏ 3, 3) (2) (✏ 3, −, 2, ↘, −25) (3) (✏ 3, 3)

10 (1) 0, 1, 2 (2) 풀이 참조

  (3) 구간 $(-\infty, 0]$, $[1, 2]$에서 감소

  구간 $[0, 1]$, $[2, \infty)$에서 증가

11 (1) −1, 0, 1 (2) 풀이 참조

  (3) 구간 $(-\infty, -1]$, $[0, 1]$에서 증가

  구간 $[-1, 0]$, $[1, \infty)$에서 감소

☺ 0, $f'(x)$, $f'(x)$, 양, ↘, 증가   **12** ③

13 (✏ 3, −3, −3, +, +, ↗, 28, ↗, 증가, 감소)

14 구간 $(-\infty, 1]$, $[2, \infty)$에서 증가, 구간 $[1, 2]$에서 감소

15 구간 $(-\infty, -4]$, $[2, \infty)$에서 감소, 구간 $[-4, 2]$에서 증가

16 구간 $(-\infty, \infty)$에서 감소

17 구간 $(-\infty, 0]$에서 감소, 구간 $[0, \infty)$에서 증가

18 구간 $(-\infty, -1]$에서 감소, 구간 $[-1, \infty)$에서 증가

19 구간 $(-\infty, 1]$에서 감소, 구간 $[1, \infty)$에서 증가

20 ④

21 (✏ $\geq$, $\geq$, $\leq$, 0, 6)   **22** $0 \leq a \leq 3$

23 $-3 \leq a \leq 0$ **24** $-2 \leq a \leq 3$

25 $0 \leq a \leq 1$ **26** $-12 \leq a \leq 0$

27 $-6 \leq a \leq 6$ ☺ $\geq$, $>$, $\leq$, $\leq$, $<$, $\leq$

28 (✏ $a \leq 1$, $a \leq -3$, $a \leq -3$)

29 $a \geq 12$ **30** $1 \leq a \leq \dfrac{5}{2}$

31 $a \geq 36$ **32** ③

2 구간 $\left(-\infty, \dfrac{4}{3}\right)$에서 $f'(x) = -6x + 8 > 0$이므로 함수 $f(x)$는 증가한다.

3 구간 $(1, \infty)$에서 $f'(x) = 3x^2 - 2x > 0$이므로 함수 $f(x)$는 증가한다.

4 구간 $(-\infty, -3)$에서 $f'(x) = -6x^2 - 12x + 3 < 0$이므로 함수 $f(x)$는 감소한다.

5 구간 $(1, 5)$에서 $f'(x) = x^2 - 6x + 4 < 0$이므로 함수 $f(x)$는 감소한다.

7 (1) $f'(x) = -3x^2 + 12x - 9 = -3(x-1)(x-3)$

  $f'(x) = 0$에서 $x = 1$ 또는 $x = 3$

  (2) 함수 $f(x)$의 증가와 감소를 표로 나타내면 다음과 같다.

x	$\cdots$	1	$\cdots$	3	$\cdots$
$f'(x)$	−	0	+	0	−
$f(x)$	↘	−1	↗	3	↘

  (3) 함수 $f(x)$는 구간 $(-\infty, 1]$, $[3, \infty)$에서 감소하고, 구간 $[1, 3]$에서 증가한다.

8 (1) $f'(x) = x^2 + 2x + 1 = (x+1)^2$

  $f'(x) = 0$에서 $x = -1$

  (2) 함수 $f(x)$의 증가와 감소를 표로 나타내면 다음과 같다.

x	$\cdots$	−1	$\cdots$
$f'(x)$	+	0	+
$f(x)$	↗	$-\dfrac{4}{3}$	↗

  (3) 함수 $f(x)$는 구간 $(-\infty, \infty)$에서 증가한다.

10 (1) $f'(x) = 4x^3 - 12x^2 + 8x = 4x(x-1)(x-2)$

  $f'(x) = 0$에서 $x = 0$ 또는 $x = 1$ 또는 $x = 2$

  (2) 함수 $f(x)$의 증가와 감소를 표로 나타내면 다음과 같다.

x	$\cdots$	0	$\cdots$	1	$\cdots$	2	$\cdots$
$f'(x)$	−	0	+	0	−	0	+
$f(x)$	↘	3	↗	4	↘	3	↗

  (3) 함수 $f(x)$는 구간 $(-\infty, 0]$, $[1, 2]$에서 감소하고, 구간 $[0, 1]$, $[2, \infty)$에서 증가한다.

11 (1) $f'(x) = -4x^3 + 4x = -4x(x+1)(x-1)$

  $f'(x) = 0$에서 $x = -1$ 또는 $x = 0$ 또는 $x = 1$

  (2) 함수 $f(x)$의 증가와 감소를 표로 나타내면 다음과 같다.

x	$\cdots$	−1	$\cdots$	0	$\cdots$	1	$\cdots$
$f'(x)$	+	0	−	0	+	0	−
$f(x)$	↗	−6	↘	−7	↗	−6	↘

  (3) 함수 $f(x)$는 구간 $(-\infty, -1]$, $[0, 1]$에서 증가하고, 구간 $[-1, 0]$, $[1, \infty)$에서 감소한다.

12 $f'(x) = 3x^2 - 12x + 9 = 3(x-1)(x-3)$

  $f'(x) = 0$에서 $x = 1$ 또는 $x = 3$

  함수 $f(x)$의 증가와 감소를 표로 나타내면 다음과 같다.

x	$\cdots$	1	$\cdots$	3	$\cdots$
$f'(x)$	+	0	−	0	+
$f(x)$	↗	3	↘	−1	↗

  즉 함수 $f(x)$는 구간 $[1, 3]$에서 감소하므로

  $a = 1$, $b = 3$

  따라서 $b - a = 2$

14 $f'(x) = 3x^2 - 9x + 6 = 3(x-1)(x-2)$

  $f'(x) = 0$에서 $x = 1$ 또는 $x = 2$

  함수 $f(x)$의 증가와 감소를 표로 나타내면 다음과 같다.

x	$\cdots$	1	$\cdots$	2	$\cdots$
$f'(x)$	+	0	−	0	+
$f(x)$	↗	$\dfrac{5}{2}$	↘	2	↗

  따라서 함수 $f(x)$는 구간 $(-\infty, 1]$, $[2, \infty)$에서 증가하고, 구간 $[1, 2]$에서 감소한다.

15 $f'(x)=-3x^2-6x+24=-3(x+4)(x-2)$

$f'(x)=0$에서 $x=-4$ 또는 $x=2$

함수 $f(x)$의 증가와 감소를 표로 나타내면 다음과 같다.

x	$\cdots$	-4	$\cdots$	2	$\cdots$
$f'(x)$	$-$	0	$+$	0	$-$
$f(x)$	$\searrow$	-73	$\nearrow$	35	$\searrow$

따라서 함수 $f(x)$는 구간 $(-\infty,\ -4]$, $[2,\ \infty)$에서 감소하고, 구간 $[-4,\ 2]$에서 증가한다.

16 $f'(x)=-x^2+2x-1=-(x-1)^2$

$f'(x)=0$에서 $x=1$

함수 $f(x)$의 증가와 감소를 표로 나타내면 다음과 같다.

x	$\cdots$	1	$\cdots$
$f'(x)$	$-$	0	$-$
$f(x)$	$\searrow$	$\dfrac{5}{3}$	$\searrow$

따라서 함수 $f(x)$는 구간 $(-\infty,\ \infty)$에서 감소한다.

17 $f'(x)=12x^3-24x^2+12x=12x(x-1)^2$

$f'(x)=0$에서 $x=0$ 또는 $x=1$

함수 $f(x)$의 증가와 감소를 표로 나타내면 다음과 같다.

x	$\cdots$	0	$\cdots$	1	$\cdots$
$f'(x)$	$-$	0	$+$	0	$+$
$f(x)$	$\searrow$	0	$\nearrow$	1	$\nearrow$

따라서 함수 $f(x)$는 구간 $(-\infty,\ 0]$에서 감소하고, 구간 $[0,\ \infty)$에서 증가한다.

18 $f'(x)=2x^3-6x^2+8=2(x+1)(x-2)^2$

$f'(x)=0$에서 $x=-1$ 또는 $x=2$

함수 $f(x)$의 증가와 감소를 표로 나타내면 다음과 같다.

x	$\cdots$	-1	$\cdots$	2	$\cdots$
$f'(x)$	$-$	0	$+$	0	$+$
$f(x)$	$\searrow$	$-\dfrac{7}{2}$	$\nearrow$	10	$\nearrow$

따라서 함수 $f(x)$는 구간 $(-\infty,\ -1]$에서 감소하고, 구간 $[-1,\ \infty)$에서 증가한다.

19 $f'(x)=4x^3-12x^2+12x-4=4(x-1)^3$

$f'(x)=0$에서 $x=1$

함수 $f(x)$의 증가와 감소를 표로 나타내면 다음과 같다.

x	$\cdots$	1	$\cdots$
$f'(x)$	$-$	0	$+$
$f(x)$	$\searrow$	2	$\nearrow$

따라서 함수 $f(x)$는 구간 $(-\infty,\ 1]$에서 감소하고, 구간 $[1,\ \infty)$에서 증가한다.

20 $f'(x)=6x^2+2ax+b$ $\qquad\qquad\cdots\cdots$ ㉠

함수 $f(x)$가 구간 $(-\infty,\ -2]$, 구간 $[1,\ \infty)$에서 증가하고, 구간 $[-2,\ 1]$에서 감소하므로

$f'(-2)=0$, $f'(1)=0$

즉 $f'(x)=6(x+2)(x-1)=6x^2+6x-12$ $\qquad\cdots\cdots$ ㉡

㉠, ㉡이 일치하므로

$a=3,\ b=-12$

따라서 $a-b=3-(-12)=15$

22 $f(x)=\dfrac{1}{3}x^3-ax^2+3ax$에서

$f'(x)=x^2-2ax+3a$

이때 함수 $f(x)$가 구간 $(-\infty,\ \infty)$에서 증가하려면 모든 실수 x에 대하여 $f'(x)\geq0$이어야 한다.

즉 모든 실수 x에 대하여 $x^2-2ax+3a\geq0$이 성립해야 하므로 이차방정식 $x^2-2ax+3a=0$의 판별식을 D라 하면

$\dfrac{D}{4}=a^2-3a\leq0$

$a(a-3)\leq0$

따라서 $0\leq a\leq3$

23 $f(x)=-x^3+ax^2+ax-2$에서

$f'(x)=-3x^2+2ax+a$

이때 함수 $f(x)$가 구간 $(-\infty,\ \infty)$에서 감소하려면 모든 실수 x에 대하여 $f'(x)\leq0$이어야 한다.

즉 모든 실수 x에 대하여 $-3x^2+2ax+a\leq0$이 성립해야 하므로 이차방정식 $-3x^2+2ax+a=0$의 판별식을 D라 하면

$\dfrac{D}{4}=a^2+3a\leq0$

$a(a+3)\leq0$

따라서 $-3\leq a\leq0$

24 $f(x)=x^3+3ax^2+3(a+6)x-6$에서

$f'(x)=3x^2+6ax+3(a+6)$

임의의 두 실수 x_1, x_2에 대하여 $x_1<x_2$일 때 $f(x_1)<f(x_2)$를 만족시키려면 함수 $f(x)$는 실수 전체의 집합에서 증가해야 한다.

즉 모든 실수 x에 대하여 $f'(x)\geq0$이어야 하므로

$3x^2+6ax+3(a+6)\geq0$

이차방정식 $3x^2+6ax+3(a+6)=0$의 판별식을 D라 하면

$\dfrac{D}{4}=9a^2-9(a+6)\leq0$

$a^2-a-6\leq0,\ (a+2)(a-3)\leq0$

따라서 $-2\leq a\leq3$

25 $f(x)=-\dfrac{1}{3}x^3+ax^2-ax$에서

$f'(x)=-x^2+2ax-a$

임의의 두 실수 x_1, x_2에 대하여 $x_1<x_2$이면 $f(x_1)>f(x_2)$를 만족시키려면 함수 $f(x)$는 실수 전체의 집합에서 감소해야 한다.

즉 모든 실수 x에 대하여 $f'(x) \leq 0$이어야 하므로
$-x^2 + 2ax - a \leq 0$
이차방정식 $-x^2 + 2ax - a = 0$의 판별식을 D라 하면
$\dfrac{D}{4} = a^2 - a \leq 0$
$a(a-1) \leq 0$
따라서 $0 \leq a \leq 1$

26 $f(x) = -x^3 + ax^2 + 4ax$에서
$f'(x) = -3x^2 + 2ax + 4a$
함수 $f(x)$가 실수 전체의 집합에서 일대일대응이려면 함수 $f(x)$의 최고차항의 계수가 음수이므로 함수 $f(x)$는 실수 전체의 집합에서 감소해야 한다.
즉 모든 실수 x에 대하여 $f'(x) \leq 0$이어야 하므로
$-3x^2 + 2ax + 4a \leq 0$
이차방정식 $-3x^2 + 2ax + 4a = 0$의 판별식을 D라 하면
$\dfrac{D}{4} = a^2 + 12a \leq 0$
$a(a+12) \leq 0$
따라서 $-12 \leq a \leq 0$

27 $f(x) = x^3 + ax^2 + 12x - \dfrac{7}{3}$에서
$f'(x) = 3x^2 + 2ax + 12$
임의의 두 실수 x_1, x_2에 대하여 $x_1 \neq x_2$이면 $f(x_1) \neq f(x_2)$를 만족시키는 함수 $f(x)$는 일대일대응이고, 함수 $f(x)$의 최고차항의 계수가 양수이므로 $f(x)$는 실수 전체의 집합에서 증가한다. 즉 모든 실수 x에 대하여 $f'(x) \geq 0$이어야 하므로
$3x^2 + 2ax + 12 \geq 0$
이차방정식 $3x^2 + 2ax + 12 = 0$의 판별식을 D라 하면
$\dfrac{D}{4} = a^2 - 36 \leq 0$
$(a+6)(a-6) \leq 0$
따라서 $-6 \leq a \leq 6$

29 함수 $f(x)$가 구간 $(0, 2)$에서 증가하려면 이 구간에서
$f'(x) = 3x^2 - 12x + a \geq 0$이 성립해야 한다.
즉 $y = f'(x)$의 그래프가 오른쪽 그림과 같아야 하므로 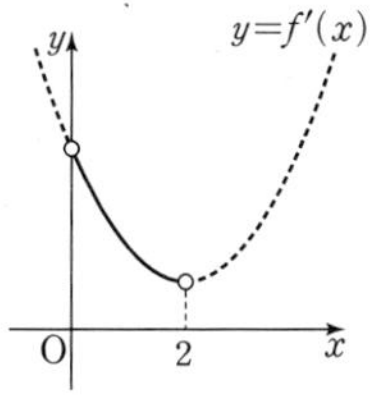
$f'(0) = a \geq 0$ ······ ㉠
$f'(2) = 12 - 24 + a \geq 0$에서
$a \geq 12$ ······ ㉡
㉠, ㉡에서 실수 a의 값의 범위는
$a \geq 12$

30 함수 $f(x)$가 구간 $(-2, 1)$에서 감소하려면 이 구간에서
$f'(x) = 3x^2 + 2ax - 8 \leq 0$이 성립해야 한다.
즉 $y = f'(x)$의 그래프가 오른쪽 그림과 같아야 하므로 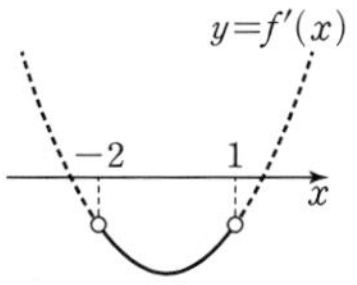
$f'(-2) = 12 - 4a - 8 \leq 0$에서

$a \geq 1$ ······ ㉠
$f'(1) = 3 + 2a - 8 \leq 0$에서
$a \leq \dfrac{5}{2}$ ······ ㉡
㉠, ㉡에서 실수 a의 값의 범위는
$1 \leq a \leq \dfrac{5}{2}$

31 함수 $f(x)$가 구간 $(1, 4)$에서 증가하려면 이 구간에서
$f'(x) = -3x^2 - 6x + 2a \geq 0$이 성립해야 한다.
즉 $y = f'(x)$의 그래프가 오른쪽 그림과 같아야 하므로 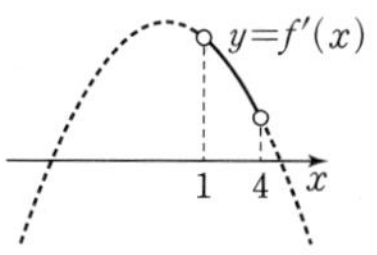
$f'(1) = -3 - 6 + 2a \geq 0$에서
$a \geq \dfrac{9}{2}$ ······ ㉠
$f'(4) = -48 - 24 + 2a \geq 0$에서
$a \geq 36$ ······ ㉡
㉠, ㉡에서 실수 a의 값의 범위는
$a \geq 36$

32 함수 $f(x)$가 구간 $(-1, 1)$에서 감소하려면 이 구간에서
$f'(x) = 3x^2 + 2ax - 9 \leq 0$이 성립해야 한다.
즉 $y = f'(x)$의 그래프가 오른쪽 그림과 같아야 하므로 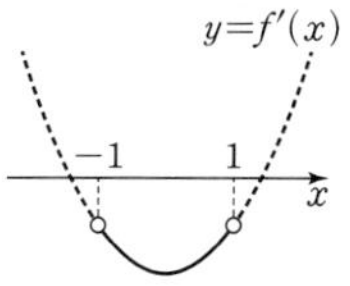
$f'(-1) = 3 - 2a - 9 \leq 0$에서
$a \geq -3$ ······ ㉠
$f'(1) = 3 + 2a - 9 \leq 0$에서
$a \leq 3$ ······ ㉡
㉠, ㉡에서 실수 a의 값의 범위는
$-3 \leq a \leq 3$
따라서 $\alpha = -3$, $\beta = 3$이므로
$\alpha + \beta = 0$

03
본문 164쪽

함수의 극대와 극소

1 (1) c (2) a, e (3) a, c, e
2 (1) b, d (2) c, e (3) b, c, d, e
3 (✏ -1, -1, -2, 2, 2, 5)
4 극댓값: 4, 극솟값: 0
5 극댓값: 4, 5, 극솟값: 1
6 극댓값: 없다., 극솟값: 0
7 극댓값: 3, 극솟값: 0
8 극댓값: 5, 극솟값: -2, 0
☺ 극대, 극소

미분가능한 함수의 극값의 판정

1 (1) ($\mathscr{O}$ 4) (2) ($\mathscr{O}$ 4, 3, 0, 3) (3) $\left(\mathscr{O}\ 1,\ 3,\ -\dfrac{8}{3},\ -4\right)$

(4) $\left(\mathscr{O}\ -\dfrac{8}{3},\ -4\right)$

2 (1) $f'(x)=-3x^2+12$ (2) -2 또는 2 (3) 풀이 참조

(4) 극댓값: 20, 극솟값: -12

3 (1) $f'(x)=12x^3-12x^2-24x$ (2) -1 또는 0 또는 2

(3) 풀이 참조 (4) 극댓값: 7, 극솟값: 2, -25

😊 극대, 극소

4 $\left(\mathscr{O}\ \dfrac{9}{2},\ 4,\ \dfrac{9}{2},\ 4\right)$ **5** 극댓값: 4, 극솟값: -4

6 극댓값: $\dfrac{1}{3}$, 극솟값: $-\dfrac{107}{3}$

7 극댓값: $-\dfrac{4}{3}$, 극솟값: $-\dfrac{5}{3}$

8 ($\mathscr{O}$ $\sqrt{3}$, $\sqrt{3}$, $-\sqrt{3}$, $\sqrt{3}$, $-\sqrt{3}$, 0, $\sqrt{3}$, -1, 8, -1, 0, 8, $-\sqrt{3}$, $\sqrt{3}$, $-\sqrt{3}$, $\sqrt{3}$, -1)

9 극댓값: -8, 극솟값: -9

10 극댓값: 없다., 극솟값: -2

11 극댓값: 없다., 극솟값: -24

12 $\left(\mathscr{O}\ f'(x)=0,\ \dfrac{3}{2},\ -6,\ 18,\ 8\right)$

13 $a=-3$, $b=8$, $c=\dfrac{5}{3}$ **14** $a=9$, $b=-12$, $c=0$

15 $a=0$, $b=27$, $c=40$

16 ($\mathscr{O}$ 2, $f'(x)=0$, $2b$, $2b$, $6b$, -4, -2, 12, 4, -3)

17 $a=-1$, $b=-2$, $c=0$, $d=10$

18 $a=8$, $b=-6$, $c=-24$, $d=1$

19 $a=0$, $b=2$, $c=0$, $d=8$

20 $a=\dfrac{8}{3}$, $b=2$, $c=-8$, $d=\dfrac{1}{3}$

😊 0, b **21** ④

22 (1) × (2) ○ (3) × (4) × (5) ×

23 (1) ○ (2) × (3) × (4) × (5) ○

24 ①

2 (1) $f'(x)=-3x^2+12$

(2) $f'(x)=-3x^2+12=-3(x+2)(x-2)$이므로

$f'(x)=0$에서 $x=-2$ 또는 $x=2$

(3)

x	$\cdots$	-2	$\cdots$	2	$\cdots$
$f'(x)$	$-$	0	$+$	0	$-$
$f(x)$	$\searrow$	-12	$\nearrow$	20	$\searrow$

(4) 함수 $f(x)$는 $x=2$에서 극대이고 극댓값은 $f(2)=20$,

$x=-2$에서 극소이고 극솟값은 $f(-2)=-12$

3 (1) $f'(x)=12x^3-12x^2-24x$

(2) $f'(x)=12x^3-12x^2-24x=12x(x+1)(x-2)$

$f'(x)=0$에서 $x=-1$ 또는 $x=0$ 또는 $x=2$

(3)

x	$\cdots$	-1	$\cdots$	0	$\cdots$	2	$\cdots$
$f'(x)$	$-$	0	$+$	0	$-$	0	$+$
$f(x)$	$\searrow$	2	$\nearrow$	7	$\searrow$	-25	$\nearrow$

(4) 함수 $f(x)$는 $x=0$에서 극대이고 극댓값은 $f(0)=7$,

$x=-1$, $x=2$에서 극소이고 극솟값은 $f(-1)=2$,

$f(2)=-25$

5 $f'(x)=-6x^2+6=-6(x+1)(x-1)$

$f'(x)=0$에서 $x=-1$ 또는 $x=1$

함수 $f(x)$의 증가와 감소를 표로 나타내면 다음과 같다.

x	$\cdots$	-1	$\cdots$	1	$\cdots$
$f'(x)$	$-$	0	$+$	0	$-$
$f(x)$	$\searrow$	-4	$\nearrow$	4	$\searrow$

따라서 $x=1$에서 극대이고 극댓값은 $f(1)=4$, $x=-1$에서 극소이고 극솟값은 $f(-1)=-4$

6 $f'(x)=8x^2-24x=8x(x-3)$

$f'(x)=0$에서 $x=0$ 또는 $x=3$

함수 $f(x)$의 증가와 감소를 표로 나타내면 다음과 같다.

x	$\cdots$	0	$\cdots$	3	$\cdots$
$f'(x)$	$+$	0	$-$	0	$+$
$f(x)$	$\nearrow$	$\dfrac{1}{3}$	$\searrow$	$-\dfrac{107}{3}$	$\nearrow$

따라서 $x=0$에서 극대이고 극댓값은 $f(0)=\dfrac{1}{3}$, $x=3$에서 극소이고 극솟값은 $f(3)=-\dfrac{107}{3}$

7 $f'(x)=-2x^2+6x-4=-2(x-1)(x-2)$

$f'(x)=0$에서 $x=1$ 또는 $x=2$

함수 $f(x)$의 증가와 감소를 표로 나타내면 다음과 같다.

x	$\cdots$	1	$\cdots$	2	$\cdots$
$f'(x)$	$-$	0	$+$	0	$-$
$f(x)$	$\searrow$	$-\dfrac{5}{3}$	$\nearrow$	$-\dfrac{4}{3}$	$\searrow$

따라서 $x=2$에서 극대이고 극댓값은 $f(2)=-\dfrac{4}{3}$,

$x=1$에서 극소이고 극솟값은 $f(1)=-\dfrac{5}{3}$

9 $f'(x)=-4x^3+4x=-4x(x+1)(x-1)$

$f'(x)=0$에서 $x=-1$ 또는 $x=0$ 또는 $x=1$

함수 $f(x)$의 증가와 감소를 표로 나타내면 다음과 같다.

x	$\cdots$	-1	$\cdots$	0	$\cdots$	1	$\cdots$
$f'(x)$	$+$	0	$-$	0	$+$	0	$-$
$f(x)$	$\nearrow$	-8	$\searrow$	-9	$\nearrow$	-8	$\searrow$

따라서 $x=-1$, $x=1$에서 극대이고 극댓값은
$f(-1)=f(1)=-8$, $x=0$에서 극소이고 극솟값은 $f(0)=-9$

10 $f'(x)=12x^3-24x^2+12x=12x(x-1)^2$
$f'(x)=0$에서 $x=0$ 또는 $x=1$
함수 $f(x)$의 증가와 감소를 표로 나타내면 다음과 같다.

x	$\cdots$	0	$\cdots$	1	$\cdots$
$f'(x)$	$-$	0	$+$	0	$+$
$f(x)$	$\searrow$	-2	$\nearrow$	-1	$\nearrow$

따라서 극댓값은 없고, $x=0$에서 극소이고 극솟값은
$f(0)=-2$

11 $f'(x)=4x^3-12x-8=4(x+1)^2(x-2)$
$f'(x)=0$에서 $x=-1$ 또는 $x=2$
함수 $f(x)$의 증가와 감소를 표로 나타내면 다음과 같다.

x	$\cdots$	-1	$\cdots$	2	$\cdots$
$f'(x)$	$-$	0	$-$	0	$+$
$f(x)$	$\searrow$	3	$\searrow$	-24	$\nearrow$

따라서 극댓값은 없고, $x=2$에서 극소이고 극솟값은
$f(2)=-24$

13 $f(x)=\dfrac{1}{3}x^3+ax^2+bx+c$에서
$f'(x)=x^2+2ax+b$
함수 $f(x)$가 $x=2$, $x=4$에서 극값을 가지므로
방정식 $f'(x)=0$의 두 근이 2, 4이다.
즉 $f'(2)=0$, $f'(4)=0$이므로
$f'(2)=4+4a+b=0$ $\cdots\cdots$ ㉠
$f'(4)=16+8a+b=0$ $\cdots\cdots$ ㉡
㉠, ㉡을 연립하여 풀면 $a=-3$, $b=8$
또 $f(4)=7$이므로
$\dfrac{64}{3}+16a+4b+c=7$, $\dfrac{64}{3}-48+32+c=7$
따라서 $c=\dfrac{5}{3}$

14 $f(x)=-2x^3+ax^2+bx+c$에서
$f'(x)=-6x^2+2ax+b$
함수 $f(x)$가 $x=1$, $x=2$에서 극값을 가지므로
방정식 $f'(x)=0$의 두 근이 1, 2이다.
즉 $f'(1)=0$, $f'(2)=0$이므로
$f'(1)=-6+2a+b=0$ $\cdots\cdots$ ㉠
$f'(2)=-24+4a+b=0$ $\cdots\cdots$ ㉡
㉠, ㉡을 연립하여 풀면 $a=9$, $b=-12$
또 $f(2)=-4$이므로
$-16+4a+2b+c=-4$, $-16+36-24+c=-4$
따라서 $c=0$

15 $f(x)=-x^3+ax^2+bx+c$에서
$f'(x)=-3x^2+2ax+b$
함수 $f(x)$가 $x=-3$, $x=3$에서 극값을 가지므로
방정식 $f'(x)=0$의 두 근이 -3, 3이다.
즉 $f'(-3)=0$, $f'(3)=0$이므로
$f'(-3)=-27-6a+b=0$ $\cdots\cdots$ ㉠
$f'(3)=-27+6a+b=0$ $\cdots\cdots$ ㉡
㉠, ㉡을 연립하여 풀면 $a=0$, $b=27$
또 $f(-3)=-14$이므로
$27+9a-3b+c=-14$, $27-0-81+c=-14$
따라서 $c=40$

17 $f(x)=\dfrac{1}{4}x^4+ax^3+bx^2+cx+d$에서
$f'(x)=x^3+3ax^2+2bx+c$
함수 $f(x)$가 $x=-1$, $x=0$, $x=4$에서 극값을 가지므로 방정
식 $f'(x)=0$의 세 근이 -1, 0, 4이다.
즉 $f'(-1)=0$, $f'(0)=0$, $f'(4)=0$이므로
$f'(-1)=-1+3a-2b+c=0$ $\cdots\cdots$ ㉠
$f'(0)=c=0$ $\cdots\cdots$ ㉡
$f'(4)=64+48a+8b+c=0$ $\cdots\cdots$ ㉢
㉠, ㉡, ㉢을 연립하여 풀면 $a=-1$, $b=-2$, $c=0$
또 $f(0)=10$이므로
$d=10$

18 $f(x)=3x^4+ax^3+bx^2+cx+d$에서
$f'(x)=12x^3+3ax^2+2bx+c$
함수 $f(x)$가 $x=-2$, $x=-1$, $x=1$에서 극값을 가지므로 방
정식 $f'(x)=0$의 세 근이 -2, -1, 1이다.
즉 $f'(-2)=0$, $f'(-1)=0$, $f'(1)=0$이므로
$f'(-2)=-96+12a-4b+c=0$ $\cdots\cdots$ ㉠
$f'(-1)=-12+3a-2b+c=0$ $\cdots\cdots$ ㉡
$f'(1)=12+3a+2b+c=0$ $\cdots\cdots$ ㉢
㉠, ㉡, ㉢을 연립하여 풀면 $a=8$, $b=-6$, $c=-24$
또 $f(-1)=14$이므로
$3-a+b-c+d=14$, $3-8+(-6)-(-24)+d=14$
따라서 $d=1$

19 $f(x)=-x^4+ax^3+bx^2+cx+d$에서
$f'(x)=-4x^3+3ax^2+2bx+c$
함수 $f(x)$가 $x=-1$, $x=0$, $x=1$에서 극값을 가지므로 방정
식 $f'(x)=0$의 세 근이 -1, 0, 1이다.
즉 $f'(-1)=0$, $f'(0)=0$, $f'(1)=0$이므로
$f'(-1)=4+3a-2b+c=0$ $\cdots\cdots$ ㉠
$f'(0)=c=0$ $\cdots\cdots$ ㉡
$f'(1)=-4+3a+2b+c=0$ $\cdots\cdots$ ㉢
㉠, ㉡, ㉢을 연립하여 풀면 $a=0$ $b=2$, $c=0$
또 $f(0)=8$이므로
$d=8$

20 $f(x)=-x^4+ax^3+bx^2+cx+d$에서

$f'(x)=-4x^3+3ax^2+2bx+c$

함수 $f(x)$가 $x=-1$, $x=1$, $x=2$에서 극값을 가지므로 방정식 $f'(x)=0$의 세 근이 -1, 1, 2이다.

즉 $f'(-1)=0$, $f'(1)=0$, $f'(2)=0$이므로

$f'(-1)=4+3a-2b+c=0$ ...... ㉠

$f'(1)=-4+3a+2b+c=0$ ...... ㉡

$f'(2)=-32+12a+4b+c=0$ ...... ㉢

㉠, ㉡, ㉢을 연립하여 풀면 $a=\dfrac{8}{3}$, $b=2$, $c=-8$

또 $f(1)=-4$이므로

$-1+a+b+c+d=-4$, $-1+\dfrac{8}{3}+2+(-8)+d=-4$

따라서 $d=\dfrac{1}{3}$

21 $f(x)=x^3-3ax^2+4a$에서

$f'(x)=3x^2-6ax=3x(x-2a)$

$f'(x)=0$에서 $x=0$ 또는 $x=2a$

$a>0$이므로 함수 $f(x)$의 증가와 감소를 표로 나타내면 다음과 같다.

x	$\cdots$	0	$\cdots$	$2a$	$\cdots$
$f'(x)$	$+$	0	$-$	0	$+$
$f(x)$	↗	극대	↘	극소	↗

따라서 $x=0$에서 극대이고 극댓값 $f(0)=4a$, $x=2a$에서 극소이고 극솟값 $f(2a)=-4a^3+4a$를 갖는다.

$a>0$에 의하여 극댓값이 양수이므로 함수 $f(x)$의 극값 중 0이 있으려면 극솟값이 0이어야 한다. 즉 삼차함수의 그래프가 x축에 접해야 하므로 그래프의 개형은 오른쪽 그림과 같다.

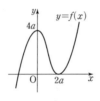

즉 $x=2a$일 때, x축에 접해야 하므로

$f(2a)=-4a^3+4a=0$

$a^3-a=0$, $a(a+1)(a-1)=0$

$a>0$이므로 $a=1$

22 $y=f'(x)$의 그래프가 x축과 만나는 점의 x좌표가 -4, -2, 0, 2, 4이므로 $f'(x)=0$에서

$x=-4$ 또는 $x=-2$ 또는 $x=0$ 또는 $x=2$ 또는 $x=4$

함수 $f(x)$의 증가와 감소를 표로 나타내면 다음과 같다.

x	$\cdots$	-4	$\cdots$	-2	$\cdots$	0	$\cdots$	2	$\cdots$	4	$\cdots$
$f'(x)$	$+$	0	$-$	0	$+$	0	$+$	0	$-$	0	$-$
$f(x)$	↗	극대	↘	극소	↗		↗	극대	↘		↘

(1) 함수 $f(x)$는 $x=-3$에서 극대도 아니고 극소도 아니다.

(2) 함수 $f(x)$는 $x=-2$에서 극소이다.

(3) 함수 $f(x)$는 $x=0$의 좌우에서 $f'(x)$의 부호가 바뀌지 않으므로 $x=0$에서 극값을 갖지 않는다.

(4) 함수 $f(x)$는 $x=4$의 좌우에서 $f'(x)$의 부호가 바뀌지 않으므로 $x=4$에서 극값을 갖지 않는다.

(5) 함수 $f(x)$가 극대가 되는 x의 값의 개수는 -4, 2의 2이다.

23 $y=f'(x)$의 그래프가 x축과 만나는 점의 x좌표가 a, c, g이므로 $f'(x)=0$에서 $x=a$ 또는 $x=c$ 또는 $x=g$

함수 $f(x)$의 증가와 감소를 표로 나타내면 다음과 같다.

x	$\cdots$	a	$\cdots$	c	$\cdots$	g	$\cdots$
$f'(x)$	$-$	0	$+$	0	$+$	0	$-$
$f(x)$	↘	극소	↗		↗	극대	↘

(1) 함수 $f(x)$는 구간 (a, c)에서 $f'(x)>0$이므로 증가한다.

(2) 함수 $f(x)$는 $x=c$의 좌우에서 $f'(x)$의 부호가 바뀌지 않으므로 $x=c$에서 극값을 갖지 않는다.

(3) 함수 $f(x)$는 $x=a$, $x=g$에서 극값을 가지므로 극값을 갖는 점의 개수는 2이다.

(4) 함수 $f(x)$는 구간 (d, e)에서 $f'(x)>0$이므로 증가한다.

(5) 함수 $f(x)$는 $x=g$에서 극대이다.

24 $y=f'(x)$의 그래프가 x축과 만나는 점의 x좌표가 -5, -3, -1, 1, 3, 5이므로 $f'(x)=0$에서 $x=-5$ 또는 $x=-3$ 또는 $x=-1$ 또는 $x=1$ 또는 $x=3$ 또는 $x=5$

함수 $f(x)$의 증가와 감소를 표로 나타내면 다음과 같다.

x	$\cdots$	-5	$\cdots$	-3	$\cdots$	-1	$\cdots$	1	$\cdots$	3	$\cdots$	5	$\cdots$
$f'(x)$	$-$	0	$+$	0	$-$	0	$+$	0	$-$	0	$+$	0	$+$
$f(x)$	↘	극소	↗	극대	↘	극소	↗	극대	↘	극소	↗		↗

따라서 함수 $f(x)$는 $x=-5$, $x=-1$, $x=3$에서 극소이므로 극솟값을 갖는 모든 x의 값의 합은

$-5+(-1)+3=-3$

TEST 개념 확인 본문 171쪽

1 $-\dfrac{2}{3}$	2 ①	3 ③	4 ④
5 2	6 ⑤		

1 $f(x)=x^3+x^2-8x+3$에서

$f'(x)=3x^2+2x-8=(x+2)(3x-4)$

$f'(x)=0$에서 $x=-2$ 또는 $x=\dfrac{4}{3}$

함수 $f(x)$의 증가와 감소를 표로 나타내면 다음과 같다.

x	$\cdots$	-2	$\cdots$	$\dfrac{4}{3}$	$\cdots$
$f'(x)$	$+$	0	$-$	0	$+$
$f(x)$	↗	15	↘	$-\dfrac{95}{27}$	↗

따라서 함수 $f(x)$는 구간 $\left[-2, \dfrac{4}{3}\right]$에서 감소하므로

$a=-2$, $b=\dfrac{4}{3}$

따라서 $a+b=-\dfrac{2}{3}$

2 $f(x)=2x^3+x^2+ax+1$에서

$f'(x)=6x^2+2x+a$

함수 $f(x)$의 역함수가 존재하려면 일대일대응이어야 하므로 함수 $f(x)$는 실수 전체의 집합에서 항상 증가하거나 항상 감소해야 한다.

즉 모든 실수 x에 대하여 $f'(x)\geq 0$ 또는 $f'(x)\leq 0$

그런데 $f(x)$의 최고차항의 계수가 양수이므로 $f'(x)\geq 0$

즉 $6x^2+2x+a\geq 0$이어야 한다.

이차방정식 $6x^2+2x+a=0$의 판별식을 D라 하면 $D\leq 0$이어야 하므로

$\dfrac{D}{4}=1-6a\leq 0$, 즉 $a\geq\dfrac{1}{6}$

따라서 a의 최솟값은 $\dfrac{1}{6}$이다.

3 함수 $f(x)$가 구간 $[1,\ 3]$에서 증가하려면

이 구간에서 $f'(x)=-x^2+2x+a\geq 0$이 성립해야 한다.

이때 $y=f'(x)$의 그래프가 오른쪽 그림과 같아야 하므로

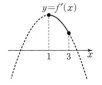

$f'(1)=-1+2+a\geq 0$에서

$a\geq -1$ ...... ㉠

$f'(3)=-9+6+a\geq 0$에서

$a\geq 3$ ...... ㉡

㉠, ㉡에서 실수 a의 값의 범위는

$a\geq 3$

따라서 실수 a의 최솟값은 3이다.

4 $f(x)=-x^3+3x^2+2$에서

$f'(x)=-3x^2+6x=-3x(x-2)$

$f'(x)=0$에서 $x=0$ 또는 $x=2$

함수 $f(x)$의 증가와 감소를 표로 나타내면 다음과 같다.

x	$\cdots$	0	$\cdots$	2	$\cdots$
$f'(x)$	$-$	0	$+$	0	$-$
$f(x)$	$\searrow$	2	$\nearrow$	6	$\searrow$

따라서 $x=2$에서 극대이고 극댓값은 $f(2)=6$, $x=0$에서 극소이고 극솟값은 $f(0)=2$이므로

$M=6$, $m=2$

따라서 $M+m=8$

5 $f(x)=-3x^4+4x^3+a$에서

$f'(x)=-12x^3+12x^2=-12x^2(x-1)$

$f'(x)=0$에서 $x=0$ 또는 $x=1$

함수 $f(x)$의 증가와 감소를 표로 나타내면 다음과 같다.

x	$\cdots$	0	$\cdots$	1	$\cdots$
$f'(x)$	$+$	0	$+$	0	$-$
$f(x)$	$\nearrow$	a	$\nearrow$	$a+1$	$\searrow$

따라서 $x=1$에서 극대이고, 극댓값 $f(1)=a+1$을 가지므로

$b=1$이고 $a+1=0$, 즉 $a=-1$

따라서 $b-a=1-(-1)=2$

6 $y=f'(x)$의 그래프가 x축과 만나는 점의 x좌표가 -4, -2, 0, 2, 4이므로 $f'(x)=0$에서

$x=-4$ 또는 $x=-2$ 또는 $x=0$ 또는 $x=2$ 또는 $x=4$

함수 $f(x)$의 증가와 감소를 표로 나타내면 다음과 같다.

x	-4	$\cdots$	-2	$\cdots$	0	$\cdots$	2	$\cdots$	4	$\cdots$	5
$f'(x)$	0	$+$	0	$+$	0	$-$	0	$+$	0	$-$	
$f(x)$		$\nearrow$		$\nearrow$	극대	$\searrow$	극소	$\nearrow$	극대	$\searrow$	

따라서 함수 $f(x)$는 $x=0$, $x=4$에서 극대이므로 극댓값을 갖는 모든 x의 값의 합은

$0+4=4$

본문 172쪽

05

삼차함수의 그래프

1 (✏ -2, -2, 5, -3, 5, -3) **2** 풀이 참조

3 풀이 참조 **4** 풀이 참조 **5** 풀이 참조

6 풀이 참조 **7** 풀이 참조 **8** 풀이 참조

9 ⑤

2 $f(x)=x^3-3x-2$에서

$f'(x)=3x^2-3=3(x+1)(x-1)$

$f'(x)=0$에서 $x=-1$ 또는 $x=1$

함수 $f(x)$의 증가와 감소를 표로 나타내면 다음과 같다.

x	$\cdots$	-1	$\cdots$	1	$\cdots$
$f'(x)$	$+$	0	$-$	0	$+$
$f(x)$	$\nearrow$	0	$\searrow$	-4	$\nearrow$

따라서 함수 $f(x)$는 $x=-1$에서 극댓값 $f(-1)=0$, $x=1$에서 극솟값 $f(1)=-4$를 가지므로 함수 $y=f(x)$의 그래프를 그리면 오른쪽 그림과 같다.

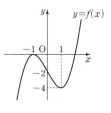

3 $f(x)=2x^3+\dfrac{9}{2}x^2$에서

$f'(x)=6x^2+9x=3x(2x+3)$

$f'(x)=0$에서 $x=-\dfrac{3}{2}$ 또는 $x=0$

함수 $f(x)$의 증가와 감소를 표로 나타내면 다음과 같다.

x	$\cdots$	$-\dfrac{3}{2}$	$\cdots$	0	$\cdots$
$f'(x)$	$+$	0	$-$	0	$+$
$f(x)$	↗	$\dfrac{27}{8}$	↘	0	↗

따라서 함수 $f(x)$는 $x=-\dfrac{3}{2}$에서 극댓

값 $f\left(-\dfrac{3}{2}\right)=\dfrac{27}{8}$, $x=0$에서 극솟값

$f(0)=0$을 가지므로 함수 $y=f(x)$의
그래프를 그리면 오른쪽 그림과 같다.

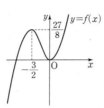

4 $f(x)=x^3-6x^2+9x+1$에서
　$f'(x)=3x^2-12x+9=3(x-1)(x-3)$
　$f'(x)=0$에서 $x=1$ 또는 $x=3$
　함수 $f(x)$의 증가와 감소를 표로 나타내면 다음과 같다.

x	$\cdots$	1	$\cdots$	3	$\cdots$
$f'(x)$	$+$	0	$-$	0	$+$
$f(x)$	↗	5	↘	1	↗

따라서 $x=1$에서 극댓값 $f(1)=5$,
$x=3$에서 극솟값 $f(3)=1$을 가지므로 함
수 $y=f(x)$의 그래프를 그리면 오른쪽 그
림과 같다.

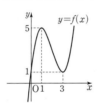

5 $f(x)=x^3-6x^2+12x-6$에서
　$f'(x)=3x^2-12x+12=3(x-2)^2$
　$f'(x)=0$에서 $x=2$
　함수 $f(x)$의 증가와 감소를 표로 나타내면 다음과 같다.

x	$\cdots$	2	$\cdots$
$f'(x)$	$+$	0	$+$
$f(x)$	↗	2	↗

따라서 함수 $f(x)$는 극값을 갖지 않으
므로 함수 $y=f(x)$의 그래프를 그리면
오른쪽 그림과 같다.

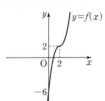

6 $f(x)=-\dfrac{1}{3}x^3+x^2+3x$에서
　$f'(x)=-x^2+2x+3=-(x+1)(x-3)$
　$f'(x)=0$에서 $x=-1$ 또는 $x=3$
　함수 $f(x)$의 증가와 감소를 표로 나타내면 다음과 같다.

x	$\cdots$	-1	$\cdots$	3	$\cdots$
$f'(x)$	$-$	0	$+$	0	$-$
$f(x)$	↘	$-\dfrac{5}{3}$	↗	9	↘

따라서 $x=3$에서 극댓값 $f(3)=9$,
$x=-1$에서 극솟값 $f(-1)=-\dfrac{5}{3}$를 가
지므로 함수 $y=f(x)$의 그래프를 그리면
오른쪽 그림과 같다.

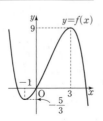

7 $f(x)=-2x^3+3x^2+12x-7$에서
　$f'(x)=-6x^2+6x+12=-6(x+1)(x-2)$
　$f'(x)=0$에서 $x=-1$ 또는 $x=2$
　함수 $f(x)$의 증가와 감소를 표로 나타내면 다음과 같다.

x	$\cdots$	-1	$\cdots$	2	$\cdots$
$f'(x)$	$-$	0	$+$	0	$-$
$f(x)$	↘	-14	↗	13	↘

따라서 $x=2$에서 극댓값 $f(2)=13$,
$x=-1$에서 극솟값 $f(-1)=-14$를 가
지므로 함수 $y=f(x)$의 그래프를 그리면
오른쪽 그림과 같다.

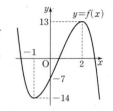

8 $f(x)=-x^3+3x^2+1$에서
　$f'(x)=-3x^2+6x=-3x(x-2)$
　$f'(x)=0$에서 $x=0$ 또는 $x=2$
　함수 $f(x)$의 증가와 감소를 표로 나타내면 다음과 같다.

x	$\cdots$	0	$\cdots$	2	$\cdots$
$f'(x)$	$-$	0	$+$	0	$-$
$f(x)$	↘	1	↗	5	↘

따라서 함수 $f(x)$는 $x=2$에서 극댓값
$f(2)=5$, $x=0$에서 극솟값 $f(0)=1$을
가지므로 함수 $y=f(x)$의 그래프를 그리
면 오른쪽 그림과 같다.

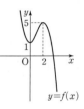

9 도함수 $y=f'(x)$의 그래프가 x축과 만나는 점의 x좌표는
　$x=-1$, $x=2$
　함수 $f(x)$의 증가와 감소를 표로 나타내면 다음과 같다.

x	$\cdots$	-1	$\cdots$	2	$\cdots$
$f'(x)$	$-$	0	$+$	0	$-$
$f(x)$	↘	극소	↗	극대	↘

이때 극댓값이 0이므로 $f(2)=0$
즉 $y=f(x)$의 그래프는 $x=2$에서 x축과 접하고
$f(-1)<f(2)=0$
따라서 함수 $y=f(x)$의 그래프의 개형이 될 수 있는 것은 ⑤이다.

06　　　　　　　　　　본문 174쪽

사차함수의 그래프

1 (✏ 2, 2, 5, -11, 2, 2, -11)　　2 풀이 참조

3 풀이 참조　　　4 풀이 참조　　　5 풀이 참조

6 풀이 참조　　　7 풀이 참조　　　8 ③

2 $f(x)=x^4-2x^2+3$에서

$f'(x)=4x^3-4x=4x(x+1)(x-1)$

$f'(x)=0$에서 $x=-1$ 또는 $x=0$ 또는 $x=1$

함수 $f(x)$의 증가와 감소를 표로 나타내면 다음과 같다.

x	$\cdots$	-1	$\cdots$	0	$\cdots$	1	$\cdots$
$f'(x)$	$-$	0	$+$	0	$-$	0	$+$
$f(x)$	$\searrow$	2	$\nearrow$	3	$\searrow$	2	$\nearrow$

따라서 $x=0$에서 극댓값 $f(0)=3$,
$x=-1$, $x=1$에서 극솟값
$f(-1)=f(1)=2$를 가지므로 함수
$y=f(x)$의 그래프를 그리면 오른쪽 그림
과 같다.

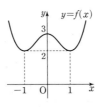

3 $f(x)=\dfrac{1}{4}x^4+\dfrac{1}{2}x^2-2x+1$에서

$f'(x)=x^3+x-2=(x-1)(x^2+x+2)$

$f'(x)=0$에서 $x=1$ $(x^2+x+2>0)$

함수 $f(x)$의 증가와 감소를 표로 나타내면 다음과 같다.

x	$\cdots$	1	$\cdots$
$f'(x)$	$-$	0	$+$
$f(x)$	$\searrow$	$-\dfrac{1}{4}$	$\nearrow$

따라서 함수 $f(x)$는 극댓값은 없고 $x=1$
에서 극솟값 $f(1)=-\dfrac{1}{4}$을 가지므로 함
수 $y=f(x)$의 그래프를 그리면 오른쪽
그림과 같다.

4 $f(x)=-x^4+4x^3-4x^2$에서

$f'(x)=-4x^3+12x^2-8x=-4x(x-1)(x-2)$

$f'(x)=0$에서 $x=0$ 또는 $x=1$ 또는 $x=2$

함수 $f(x)$의 증가와 감소를 표로 나타내면 다음과 같다.

x	$\cdots$	0	$\cdots$	1	$\cdots$	2	$\cdots$
$f'(x)$	$+$	0	$-$	0	$+$	0	$-$
$f(x)$	$\nearrow$	0	$\searrow$	-1	$\nearrow$	0	$\searrow$

따라서 $x=0$, $x=2$에서 극댓값
$f(0)=f(2)=0$, $x=1$에서 극솟값
$f(1)=-1$을 가지므로 함수 $y=f(x)$의
그래프를 그리면 오른쪽 그림과 같다.

5 $f(x)=-x^4+4x^3+2x^2-12x$

$f'(x)=-4x^3+12x^2+4x-12=-4(x+1)(x-1)(x-3)$

$f'(x)=0$에서 $x=-1$ 또는 $x=1$ 또는 $x=3$

함수 $f(x)$의 증가와 감소를 표로 나타내면 다음과 같다.

x	$\cdots$	-1	$\cdots$	1	$\cdots$	3	$\cdots$
$f'(x)$	$+$	0	$-$	0	$+$	0	$-$
$f(x)$	$\nearrow$	9	$\searrow$	-7	$\nearrow$	9	$\searrow$

따라서 함수 $f(x)$는 $x=-1$, $x=3$에서
극댓값 $f(-1)=f(3)=9$, $x=1$에서 극
솟값 $f(1)=-7$을 가지므로 함수
$y=f(x)$의 그래프를 그리면 오른쪽 그림
과 같다.

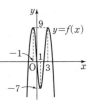

6 $f(x)=-\dfrac{1}{4}x^4+2x^3-4x^2+5$

$f'(x)=-x^3+6x^2-8x=-x(x-2)(x-4)$

$f'(x)=0$에서 $x=0$ 또는 $x=2$ 또는 $x=4$

함수 $f(x)$의 증가와 감소를 표로 나타내면 다음과 같다.

x	$\cdots$	0	$\cdots$	2	$\cdots$	4	$\cdots$
$f'(x)$	$+$	0	$-$	0	$+$	0	$-$
$f(x)$	$\nearrow$	5	$\searrow$	1	$\nearrow$	5	$\searrow$

따라서 함수 $f(x)$는 $x=0$, $x=4$에서 극
댓값 $f(0)=f(4)=5$, $x=2$에서 극솟값
$f(2)=1$을 가지므로 함수 $y=f(x)$의 그
래프를 그리면 오른쪽 그림과 같다.

7 $f(x)=-3x^4+4x^3+1$에서

$f'(x)=-12x^3+12x^2=-12x^2(x-1)$

$f'(x)=0$에서 $x=0$ 또는 $x=1$

함수 $f(x)$의 증가와 감소를 표로 나타내면 다음과 같다.

x	$\cdots$	0	$\cdots$	1	$\cdots$
$f'(x)$	$+$	0	$+$	0	$-$
$f(x)$	$\nearrow$	1	$\nearrow$	2	$\searrow$

따라서 $x=1$에서 극댓값 $f(1)=2$를 갖고,
극솟값은 없으므로 함수 $y=f(x)$의 그래
프를 그리면 오른쪽 그림과 같다.

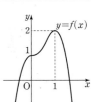

8 도함수 $y=f'(x)$의 그래프가 x축과 만나는 점의 x좌표는
$x=-3$, $x=2$

함수 $f(x)$의 증가와 감소를 표로 나타내면 다음과 같다.

x	$\cdots$	-3	$\cdots$	2	$\cdots$
$f'(x)$	$-$	0	$+$	0	$+$
$f(x)$	$\searrow$	극소	$\nearrow$		$\nearrow$

따라서 함수 $y=f(x)$의 그래프의 개형이 될 수 있는 것은 ③이
다.

다항함수 그래프의 개형

1 (1) 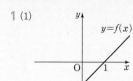 (2)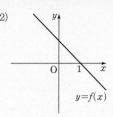

2 (1) 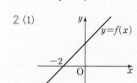 (2)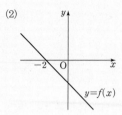

3 (1) 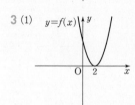 (2)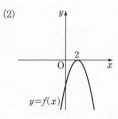

4 (1) 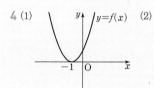 (2)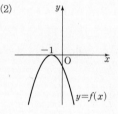

5 (1) 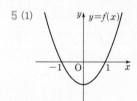 (2)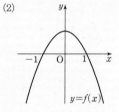

6 (1) 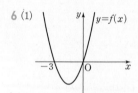 (2)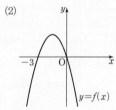

7 (1) 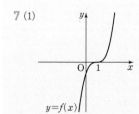 (2)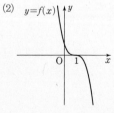

8 (1) 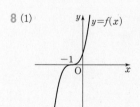 (2)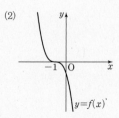

9 (1) 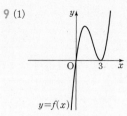 (2)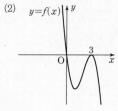

10 (1) 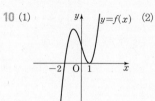 (2)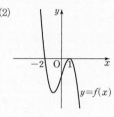

11 (1) 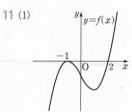 (2)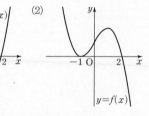

12 (1) 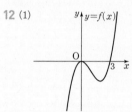 (2)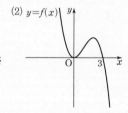

13 (1) 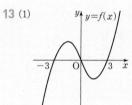 (2)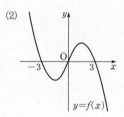

14 (1) 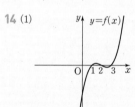 (2)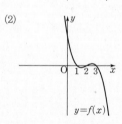

15 (1) 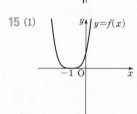 (2)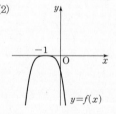

16 (1) 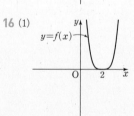 (2)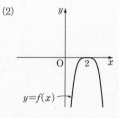

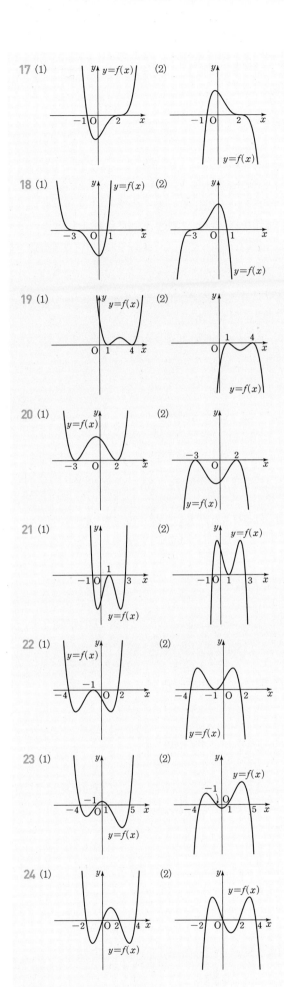

17 (1) $y=f(x)$ (2) $y=f(x)$

18 (1) $y=f(x)$ (2) $y=f(x)$

19 (1) $y=f(x)$ (2) $y=f(x)$

20 (1) $y=f(x)$ (2) $y=f(x)$

21 (1) (2) $y=f(x)$

22 (1) $y=f(x)$ (2) $y=f(x)$

23 (1) $y=f(x)$ (2) $y=f(x)$

24 (1) $y=f(x)$ (2) $y=f(x)$

25 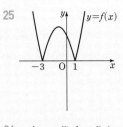 $y=f(x)$

26 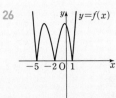 $y=f(x)$

27 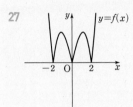 $y=f(x)$

28 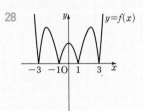 $y=f(x)$

함수의 극값이 존재하거나 존재하지 않을 조건

1 (✎ 서로 다른 두 실근, >, <, >)

2 $a > -3$ **3** $-6 \le a \le 6$ **4** $-6 \le a \le 0$

☺ 서로 다른 두 실근, >, 중근, 서로 다른 두 허근, ≤

5 ②

6 (✎ 서로 다른 세 실근, 서로 다른 두 실근, >, <, <, <, <)

7 $-\dfrac{9}{8} < a < 0$ 또는 $a > 0$ **8** $a < -\dfrac{16}{9}$ 또는 $a > 0$

9 ④

10 (✎ 12, $2x$, 하나의 실근, 0, 0, 0, 0, $\dfrac{3}{2}$, <, >, 0, ≥)

11 $a = 0$ 또는 $a \ge \dfrac{9}{4}$ ☺ $f'(x)$, $f'(x)$, 실근, 실근

12 (✎ >, >, <, <, <, <, $-\dfrac{1}{5}$)

13 $a > \dfrac{3}{2}$ **14** $3 < a < 7$

15 (✎ >, >, <, >, $-\dfrac{2}{3}$, $-\dfrac{a}{3}$, $-\dfrac{a}{3}$, -3, 3, $-\dfrac{2}{3}$, 2)

16 $a < -\dfrac{3}{4}$ 또는 $0 < a < \dfrac{4}{3}$

2 $f(x) = -x^3 + 3x^2 + ax + 1$에서

$f'(x) = -3x^2 + 6x + a$

삼차함수 $f(x)$가 극값을 갖기 위해서는 이차방정식 $f'(x) = 0$이 서로 다른 두 실근을 가져야 한다.

이차방정식 $f'(x) = 0$, 즉 $-3x^2 + 6x + a = 0$의 판별식을 D라 하면

$\dfrac{D}{4} = 9 - (-3a) > 0$, $9 + 3a > 0$

따라서 $a > -3$

3 $f(x) = x^3 + ax^2 + 12x - 5$에서

$f'(x) = 3x^2 + 2ax + 12$

삼차함수 $f(x)$가 극값을 갖지 않기 위해서는 이차방정식 $f'(x) = 0$이 중근 또는 서로 다른 두 허근을 가져야 한다.

이차방정식 $f'(x) = 0$, 즉 $3x^2 + 2ax + 12 = 0$의 판별식을 D라 하면

$\dfrac{D}{4} = a^2 - 36 \le 0$, $(a+6)(a-6) \le 0$

따라서 $-6 \le a \le 6$

4 $f(x) = -x^3 + ax^2 + 2ax$에서

$f'(x) = -3x^2 + 2ax + 2a$

삼차함수 $f(x)$가 극값을 갖지 않기 위해서는 이차방정식 $f'(x) = 0$이 중근 또는 서로 다른 두 허근을 가져야 한다.

이차방정식 $f'(x) = 0$, 즉 $-3x^2 + 2ax + 2a = 0$의 판별식을 D라 하면

$\dfrac{D}{4} = a^2 - (-6a) \le 0$, $a^2 + 6a \le 0$

$a(a+6) \le 0$

따라서 $-6 \le a \le 0$

5 $f(x) = -x^3 - 3ax^2 + 3ax + 1$에서

$f'(x) = -3x^2 - 6ax + 3a$

삼차함수 $f(x)$가 극값을 갖지 않기 위해서는 이차방정식 $f'(x) = 0$이 중근 또는 서로 다른 두 허근을 가져야 한다.

이차방정식 $f'(x) = 0$, 즉 $-3x^2 - 6ax + 3a = 0$의 판별식을 D라 하면

$\dfrac{D}{4} = 9a^2 - (-9a) \le 0$, $9a^2 + 9a \le 0$

$9a(a+1) \le 0$, 즉 $-1 \le a \le 0$

따라서 $f(x)$가 극값을 갖지 않도록 하는 정수 a의 개수는 -1, 0의 2이다.

7 $f(x) = x^4 + 4x^3 - 4ax^2 - 2$에서

$f'(x) = 4x^3 + 12x^2 - 8ax = 4x(x^2 + 3x - 2a)$

사차항의 계수가 양수인 사차함수 $f(x)$는 반드시 극솟값을 가지므로 극댓값을 가지려면 삼차방정식 $f'(x) = 0$이 서로 다른 세 실근을 가져야 한다.

이때 삼차방정식 $4x(x^2 + 3x - 2a) = 0$의 한 근이 $x = 0$이므로 이차방정식 $x^2 + 3x - 2a = 0$은 0이 아닌 서로 다른 두 실근을 가져야 한다.

(i) $x = 0$은 이차방정식 $x^2 + 3x - 2a = 0$의 근이 아니므로 $a \ne 0$

(ii) 이차방정식 $x^2 + 3x - 2a = 0$의 판별식을 D라 하면

$D = 9 + 8a > 0$에서 $a > -\dfrac{9}{8}$

(i), (ii)에서 $-\dfrac{9}{8} < a < 0$ 또는 $a > 0$

8 $f(x) = -\dfrac{1}{4}x^4 + ax^3 + 2ax^2$에서

$f'(x) = -x^3 + 3ax^2 + 4ax = -x(x^2 - 3ax - 4a)$

사차항의 계수가 음수인 사차함수 $f(x)$가 극댓값과 극솟값을 모두 가지려면 삼차방정식 $f'(x) = 0$이 서로 다른 세 실근을 가져야 한다.

이때 삼차방정식 $-x(x^2 - 3ax - 4a) = 0$의 한 근이 $x = 0$이므로 이차방정식 $x^2 - 3ax - 4a = 0$은 0이 아닌 서로 다른 두 실근을 가져야 한다.

(i) $x = 0$은 이차방정식 $x^2 - 3ax - 4a = 0$의 근이 아니므로 $a \ne 0$

(ii) 이차방정식 $x^2 - 3ax - 4a = 0$의 판별식을 D라 하면

$D = 9a^2 + 16a > 0$에서

$a(9a + 16) > 0$, 즉 $a < -\dfrac{16}{9}$ 또는 $a > 0$

(i), (ii)에서 $a < -\dfrac{16}{9}$ 또는 $a > 0$

9 $f'(x)=4x^3-12x^2+4(a-3)x=4x(x^2-3x+a-3)$

사차항의 계수가 양수인 사차함수 $f(x)$가 극댓값과 극솟값을 모두 가지려면 삼차방정식 $f'(x)=0$은 서로 다른 세 실근을 가져야 한다.

이때 $f'(x)=0$의 한 실근이 $x=0$이므로 이차방정식 $x^2-3x+a-3=0$이 0이 아닌 서로 다른 두 실근을 가져야 한다.

(i) $x=0$은 이차방정식 $x^2-3x+a-3=0$의 근이 아니므로
 $a-3\neq0$, 즉 $a\neq3$

(ii) 이차방정식 $x^2-3x+a-3=0$의 판별식을 D라 하면
 $D=(-3)^2-4(a-3)>0$
 $21-4a>0$, 즉 $a<\dfrac{21}{4}$

(i), (ii)에서 $a<3$ 또는 $3<a<\dfrac{21}{4}$

따라서 정수 a의 최댓값은 5이다.

11 $f(x)=-x^4+4x^3-2ax^2$에서
 $f'(x)=-4x^3+12x^2-4ax=-4x(x^2-3x+a)$

사차함수 $f(x)$가 극솟값을 갖지 않으려면 삼차방정식 $f'(x)=0$이 서로 다른 두 실근 또는 하나의 실근을 가져야 한다.

즉 이차방정식 $x^2-3x+a=0$이 0을 근으로 갖거나 중근 또는 허근을 가져야 한다.

이차방정식 $x^2-3x+a=0$의 판별식을 D라 하면

(i) 한 근이 $x=0$인 경우
 $a=0$

(ii) 중근을 갖는 경우
 $D=9-4a=0$에서 $a=\dfrac{9}{4}$

(iii) 허근을 갖는 경우
 $D=9-4a<0$에서 $a>\dfrac{9}{4}$

(i), (ii), (iii)에서 $a=0$ 또는 $a\geq\dfrac{9}{4}$

13 $f(x)=-x^3+a^2x^2-ax$에서
 $f'(x)=-3x^2+2a^2x-a$

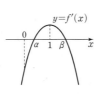

이차방정식 $-3x^2+2a^2x-a=0$의 두 실근을 α, $\beta\ (\alpha<\beta)$라 할 때, 오른쪽 그림과 같이 $0<\alpha<1$, $\beta>1$이어야 한다.

(i) $f'(0)=-a<0$에서 $a>0$

(ii) $f'(1)=-3+2a^2-a>0$에서
 $2a^2-a-3>0$, $(a+1)(2a-3)>0$이므로
 $a<-1$ 또는 $a>\dfrac{3}{2}$

(i), (ii)에서 $a>\dfrac{3}{2}$

14 $f(x)=2x^3+ax^2+(a-3)x+6$에서
 $f'(x)=6x^2+2ax+a-3$에서

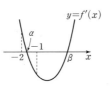

이차방정식 $6x^2+2ax+a-3=0$의 두 실근을 α, $\beta\ (\alpha<\beta)$라 할 때, 오른쪽 그림과 같이 $-2<\alpha<-1$, $\beta>-1$이어야 한다.

(i) $f'(-2)>0$에서
 $24-4a+a-3>0$, 즉 $a<7$

(ii) $f'(-1)<0$에서
 $6-2a+a-3<0$, 즉 $a>3$

(i), (ii)에서 $3<a<7$

16 $f(x)=x^3-2ax^2-ax+4$에서
 $f'(x)=3x^2-4ax-a$

삼차함수 $f(x)$가 $x<2$에서 극댓값과 극솟값을 모두 가지려면 이차방정식 $f'(x)=0$이 $x<2$에서 서로 다른 두 실근을 가져야 한다.

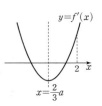

(i) 이차방정식 $f'(x)=0$의 판별식을 D라 하면
 $\dfrac{D}{4}=(-2a)^2-3\times(-a)>0$에서
 $4a^2+3a>0$, $a(4a+3)>0$이므로
 $a<-\dfrac{3}{4}$ 또는 $a>0$

(ii) $f'(2)=12-8a-a>0$에서
 $12-9a>0$, 즉 $a<\dfrac{4}{3}$

(iii) 이차함수 $y=f'(x)$의 그래프의 축의 방정식이 $x=\dfrac{2}{3}a$이므로
 $\dfrac{2}{3}a<2$, 즉 $a<3$

(i), (ii), (iii)에서 $a<-\dfrac{3}{4}$ 또는 $0<a<\dfrac{4}{3}$

TEST 개념 확인 　　　　　　　　　　본문 183쪽

1 ②　　　**2** ④　　　**3** ④　　　**4** 0

5 ④

1 주어진 그래프에서 $f'(-3)=0$, $f'(0)=0$

함수 $f(x)$의 증가와 감소를 표로 나타내면 다음과 같다.

x	$\cdots$	-3	$\cdots$	0	$\cdots$
$f'(x)$	$+$	0	$+$	0	$-$
$f(x)$	↗		↗	0	↘

따라서 함수 $f(x)$는 $x=0$에서 극댓값 $f(0)=0$을 갖고,
$x=-3$에서 극값을 갖지 않으므로 함수 $y=f(x)$의 그래프의 개형으로 알맞은 것은 ②이다.

2 $f'(x)=4x^3-12x-8=4(x+1)^2(x-2)$

$f'(x)=0$에서 $x=-1$ 또는 $x=2$

함수 $f(x)$의 증가와 감소를 표로 나타내면 다음과 같다.

x	$\cdots$	-1	$\cdots$	2	$\cdots$
$f'(x)$	$-$	0	$-$	0	$+$
$f(x)$	$\searrow$	16	$\searrow$	-11	$\nearrow$

따라서 함수 $f(x)$는 $x=2$에서 극솟값 $f(2)=-11$을 갖고,

$x=-1$에서 극값을 갖지 않으므로 함수 $y=f(x)$의 그래프의 개형으로 알맞은 것은 ④이다.

3 $f(x)=x^3+ax^2+3ax-4$에서

$f'(x)=3x^2+2ax+3a$

함수 $f(x)$가 극값을 갖지 않으려면 이차방정식 $f'(x)=0$이 중근 또는 허근을 가져야 한다.

이차방정식 $3x^2+2ax+3a=0$의 판별식을 D라 하면

$\dfrac{D}{4}=a^2-9a\leq0$, $a(a-9)\leq0$, 즉 $0\leq a\leq9$

따라서 정수 a의 개수는 $0, 1, 2, \cdots, 8, 9$로 10이다.

4 $f(x)=3x^4-8x^3+6ax^2-1$에서

$f'(x)=12x^3-24x^2+12ax=12x(x^2-2x+a)$

사차항의 계수가 양수인 함수 $f(x)$는 반드시 극솟값을 가지므로 극댓값을 가지려면 삼차방정식 $f'(x)=0$이 서로 다른 세 실근을 가져야 한다.

이때 삼차방정식 $f'(x)=0$의 한 근이 $x=0$이므로 이차방정식 $x^2-2x+a=0$이 0이 아닌 서로 다른 두 실근을 가져야 한다.

(i) $x=0$은 이차방정식 $x^2-2x+a=0$의 근이 아니므로 $a\neq0$

(ii) 이차방정식 $x^2-2x+a=0$의 판별식을 D라 하면

$\dfrac{D}{4}=1-a>0$에서 $a<1$

(i), (ii)에서 $a<0$ 또는 $0<a<1$

따라서 $m=0$, $n=1$이므로 $mn=0$

5 $f(x)=x^3+ax^2-a^2x$에서

$f'(x)=3x^2+2ax-a^2$

삼차함수 $f(x)$가 $-1<x<1$에서 극댓값, $x>1$에서 극솟값을 가지려면 이차방정식 $f'(x)=0$의 두 실근을 α, β $(\alpha<\beta)$라 할 때, 오른쪽 그림과 같이 $-1<\alpha<1$, $\beta>1$이어야 한다.

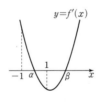

(i) $f'(-1)>0$에서 $-a^2-2a+3>0$,

$-(a-1)(a+3)>0$이므로

$(a-1)(a+3)<0$

즉 $-3<a<1$

(ii) $f'(1)<0$에서 $-a^2+2a+3<0$, $-(a+1)(a-3)<0$이므로

$(a+1)(a-3)>0$

즉 $a<-1$ 또는 $a>3$

(i), (ii)에서 $-3<a<-1$

따라서 실수 a의 값이 될 수 있는 것은 ④이다.

함수의 최댓값과 최솟값

1 (✏ $-2, 2, 13, -19, 13, -19, -2, 13, 2, -19$)

2 최댓값: 8, 최솟값: 3 **3** 최댓값: 27, 최솟값: -5

4 최댓값: $\dfrac{11}{2}$, 최솟값: -8

5 (✏ $0, 2, 0, -4a+b, b, -4a+b, 0, b, -1, 2, -4a+b,$
$b, -4a+b, 5, 8$)

6 $a=\dfrac{1}{4}$, $b=-5$ **7** $a=2$, $b=-8$

8 $a=-3$, $b=3$ ☺ 큰 값, 작은 값

9 ⑤

2 $f(x)=2x^3-3x^2+4$에서 $f'(x)=6x^2-6x=6x(x-1)$

$f'(x)=0$에서 $x=0$ 또는 $x=1$

닫힌 구간 $[0, 2]$에서 함수 $f(x)$의 증가와 감소를 표로 나타내면 다음과 같다.

x	0	$\cdots$	1	$\cdots$	2
$f'(x)$	0	$-$	0	$+$	
$f(x)$	4	$\searrow$	3	$\nearrow$	8

따라서 닫힌 구간 $[0, 2]$에서 함수 $f(x)$는 $x=2$에서 최댓값 8, $x=1$에서 최솟값 3을 갖는다.

3 $f(x)=-x^3+3x^2+9x$에서

$f'(x)=-3x^2+6x+9=-3(x+1)(x-3)$

$f'(x)=0$에서 $x=-1$ 또는 $x=3$

구간 $[-2, 4]$에서 함수 $f(x)$의 증가와 감소를 표로 나타내면 다음과 같다.

x	-2	$\cdots$	-1	$\cdots$	3	$\cdots$	4
$f'(x)$		$-$	0	$+$	0	$-$	
$f(x)$	2	$\searrow$	-5	$\nearrow$	27	$\searrow$	20

따라서 닫힌 구간 $[-2, 4]$에서 함수 $f(x)$는 $x=3$에서 최댓값 27, $x=-1$에서 최솟값 -5를 갖는다.

4 $f(x)=-x^3-\dfrac{3}{2}x^2+6x+2$에서

$f'(x)=-3x^2-3x+6=-3(x+2)(x-1)$

$f'(x)=0$에서 $x=-2$ 또는 $x=1$

닫힌 구간 $[-3, 1]$에서 함수 $f(x)$의 증가와 감소를 표로 나타내면 다음과 같다.

x	-3	$\cdots$	-2	$\cdots$	1
$f'(x)$		$-$	0	$+$	0
$f(x)$	$-\dfrac{5}{2}$	$\searrow$	-8	$\nearrow$	$\dfrac{11}{2}$

따라서 닫힌 구간 $[-3, 1]$에서 함수 $f(x)$는 $x=1$에서 최댓값 $\dfrac{11}{2}$, $x=-2$에서 최솟값 -8을 갖는다.

6 $f(x)=2ax^3-9ax^2-3b$에서

$f'(x)=6ax^2-18ax=6ax(x-3)$

$f'(x)=0$에서 $x=0$ 또는 $x=3$

닫힌 구간 $[-2, 3]$에서 함수 $f(x)$의 증가와 감소를 표로 나타내면 다음과 같다.

x	-2	$\cdots$	0	$\cdots$	3
$f'(x)$		$+$	0	$-$	0
$f(x)$	$-52a-3b$	$\nearrow$	$-3b$	$\searrow$	$-27a-3b$

이때 $a>0$이므로 $-52a-3b<-27a-3b<-3b$

따라서 함수 $f(x)$는 $x=0$에서 최댓값 $-3b$, $x=-2$에서

최솟값 $-52a-3b$를 가지므로

$-3b=15$, $-52a-3b=2$

위의 두 식을 연립하여 풀면

$a=\dfrac{1}{4}$, $b=-5$

7 $f(x)=3ax^4-4ax^3+b$에서

$f'(x)=12ax^3-12ax^2=12ax^2(x-1)$

$f'(x)=0$에서 $x=0$ 또는 $x=1$

닫힌 구간 $[0, 2]$에서 함수 $f(x)$의 증가와 감소를 표로 나타내면 다음과 같다.

x	0	$\cdots$	1	$\cdots$	2
$f'(x)$	0	$-$	0	$+$	
$f(x)$	b	$\searrow$	$-a+b$	$\nearrow$	$16a+b$

이때 $a>0$이므로 $-a+b<b<16a+b$

따라서 함수 $f(x)$는 $x=2$에서 최댓값 $16a+b$, $x=1$에서

최솟값 $-a+b$를 가지므로

$16a+b=24$, $-a+b=-10$

위의 두 식을 연립하여 풀면

$a=2$, $b=-8$

8 $f(x)=ax^4+4ax^2+4b$에서

$f'(x)=4ax^3+8ax=4ax(x^2+2)$

$f'(x)=0$에서 $x=0$

닫힌 구간 $[-1, 1]$에서 함수 $f(x)$의 증가와 감소를 표로 나타내면 다음과 같다.

x	-1	$\cdots$	0	$\cdots$	1
$f'(x)$		$+$	0	$-$	
$f(x)$	$5a+4b$	$\nearrow$	$4b$	$\searrow$	$5a+4b$

이때 $a<0$이므로 $5a+4b<4b$

따라서 함수 $f(x)$는 $x=0$에서 최댓값 $4b$,

$x=-1$ 또는 $x=1$에서 최솟값 $5a+4b$를 가지므로

$4b=12$, $5a+4b=-3$

위의 두 식을 연립하여 풀면

$a=-3$, $b=3$

9 $f(x)=x^3+3x^2+a$에서

$f'(x)=3x^2+6x=3x(x+2)$

$f'(x)=0$에서 $x=-2$ 또는 $x=0$

닫힌 구간 $[-1, 1]$에서 함수 $f(x)$의 증가와 감소를 표로 나타내면 다음과 같다.

x	-1	$\cdots$	0	$\cdots$	1
$f'(x)$		$-$	0	$+$	
$f(x)$	$a+2$	$\searrow$	a	$\nearrow$	$a+4$

따라서 닫힌 구간 $[-1, 1]$에서 함수 $f(x)$는 $x=1$에서 최댓값 $a+4$, $x=0$에서 최솟값 a를 갖는다.

이때 최댓값과 최솟값의 합이 8이므로

$(a+4)+a=8$, $2a+4=8$

따라서 $a=2$

10
본문 186쪽

최대·최소의 활용

1 (1, -1, -1, -1, -1, $\sqrt{5}$)

2 $\sqrt{17}$ **3** $2\sqrt{10}$

4 ($-t^2+9t$, $-t^2+9t$, 6, 6, 6, 6, 54)

5 $\dfrac{256}{27}$ **6** $12\sqrt{3}$

7 ($12-2x$, $12-2x$, 6, $12-2x$, 2, 2, 2, 2, 128)

8 $\dfrac{8000}{27}\pi$ **9** 42

10 (180, 180, 180, 180) **11** 70개

2 점 P의 좌표를 (t, t^2)이라 하면 점 P와 점 $(6, 3)$ 사이의 거리는

$\sqrt{(t-6)^2+(t^2-3)^2}=\sqrt{t^4-5t^2-12t+45}$

$f(t)=t^4-5t^2-12t+45$로 놓으면

$f'(t)=4t^3-10t-12$

$\qquad=2(t-2)(2t^2+4t+3)$

이때 $2t^2+4t+3=2(t+1)^2+1>0$이므로

$f'(t)=0$에서 $t=2$

함수 $f(t)$의 증가와 감소를 표로 나타내면 다음과 같다.

t	$\cdots$	2	$\cdots$
$f'(t)$	$-$	0	$+$
$f(t)$	$\searrow$	극소	$\nearrow$

따라서 함수 $f(t)$는 $t=2$에서 극소이면서 최소이므로 구하는

거리의 최솟값은 $\sqrt{f(2)}=\sqrt{17}$

3 점 P의 좌표를 (t, t^2-t)라 하면 점 P와 점 $(8, 0)$ 사이의 거리는

$\sqrt{(t-8)^2+(t^2-t)^2}=\sqrt{t^4-2t^3+2t^2-16t+64}$

$f(t)=t^4-2t^3+2t^2-16t+64$로 놓으면

$f'(t)=4t^3-6t^2+4t-16$

$\qquad=2(t-2)(2t^2+t+4)$

이때 $2t^2+t+4=2\left(t+\dfrac{1}{4}\right)^2+\dfrac{31}{8}>0$이므로

$f'(t)=0$에서 $t=2$

함수 $f(t)$의 증가와 감소를 표로 나타내면 다음과 같다.

t	$\cdots$	2	$\cdots$
$f'(t)$	$-$	0	$+$
$f(t)$	$\searrow$	극소	$\nearrow$

따라서 함수 $f(t)$는 $t=2$에서 극소이면서 최소이므로 구하는 거리의 최솟값은 $\sqrt{f(2)}=2\sqrt{10}$

5   곡선 $y=-x^2+4$와 x축의 교점의 x좌표는
$-x^2+4=0$에서 $x^2=4$이므로
$A(-2,\,0),\ B(2,\,0)$
양수 t에 대하여 점 C의 좌표를 $(t,\,-t^2+4)$(단, $0<t<2$)라 하면 두 점 C, D는 y축에 대하여 대칭이므로
$D(-t,\,-t^2+4)$
즉 $\overline{AB}=4,\ \overline{CD}=2t$
사다리꼴 ABCD의 넓이를 $S(t)$라 하면
$S(t)=\dfrac{1}{2}(2t+4)(-t^2+4)=-t^3-2t^2+4t+8$이므로
$S'(t)=-3t^2-4t+4=-(t+2)(3t-2)$
$0<t<2$이므로 $S'(t)=0$에서 $t=\dfrac{2}{3}$
$0<t<2$에서 함수 $S(t)$의 증가와 감소를 표로 나타내면 다음과 같다.

t	(0)	$\cdots$	$\dfrac{2}{3}$	$\cdots$	(2)
$S'(t)$		$+$	0	$-$	
$S(t)$		$\nearrow$	극대	$\searrow$	

따라서 함수 $S(t)$는 $t=\dfrac{2}{3}$에서 극대이면서 최대이므로 구하는 최댓값은 $S\left(\dfrac{2}{3}\right)=\dfrac{256}{27}$

6   점 D의 좌표를 $(a,\,-a^2+9)$ $(0<a<3)$라 하면
$\overline{BC}=2a,\ \overline{DC}=-a^2+9$
직사각형 ABCD의 넓이를 $S(a)$라 하면
$S(a)=2a(-a^2+9)=-2a^3+18a$
이므로
$S'(a)=-6a^2+18=-6(a+\sqrt{3})(a-\sqrt{3})$
$0<a<3$이므로 $S'(a)=0$에서 $a=\sqrt{3}$
$0<a<3$에서 함수 $S(a)$의 증가와 감소를 표로 나타내면 다음과 같다.

a	(0)	$\cdots$	$\sqrt{3}$	$\cdots$	(3)
$S'(a)$		$+$	0	$-$	
$S(a)$		$\nearrow$	극대	$\searrow$	

따라서 함수 $S(a)$는 $a=\sqrt{3}$에서 극대이면서 최대이므로 구하는 최댓값은 $S(\sqrt{3})=12\sqrt{3}$

8   오른쪽 그림과 같이 원뿔의 꼭짓점을 O, O에서 밑면에 내린 수선의 발을 H, 밑면의 둘레 위의 한 점을 A라 하고,
원뿔에 내접하는 원기둥의 밑면의 반지름의 길이를 r, 높이를 h라 하면 $0<r<10$이고
$20:10=(20-h):r$이므로

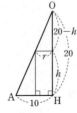

$10(20-h)=20r$, 즉 $h=20-2r$
원기둥의 부피를 $V(r)$라 하면
$V(r)=\pi r^2 h=\pi r^2(20-2r)=20\pi r^2-2\pi r^3$이므로
$V'(r)=40\pi r-6\pi r^2=2\pi r(20-3r)$
$0<r<10$이므로 $V'(r)=0$에서 $r=\dfrac{20}{3}$
$0<r<10$에서 함수 $V(r)$의 증가와 감소를 표로 나타내면 다음과 같다.

r	(0)	$\cdots$	$\dfrac{20}{3}$	$\cdots$	(10)
$V'(r)$		$+$	0	$-$	
$V(r)$		$\nearrow$	극대	$\searrow$	

따라서 함수 $V(r)$는 $r=\dfrac{20}{3}$에서 극대이면서 최대이므로 원기둥의 부피의 최댓값은
$V\left(\dfrac{20}{3}\right)=\dfrac{8000}{27}\pi$

9   원뿔의 밑면의 반지름의 길이가 r, 높이가 h이므로
$h+2\pi r=126$, 즉 $h=126-2\pi r$ $\cdots\cdots\ \bigcirc$
이때 $r>0,\ h>0$이므로 $0<r<\dfrac{63}{\pi}$
원기둥의 부피를 $V(r)$라 하면
$V(r)=\dfrac{1}{3}\pi r^2 h=\dfrac{1}{3}\pi r^2(126-2\pi r)$
$\qquad\quad=-\dfrac{2\pi^2 r^3}{3}+42\pi r^2$
이므로
$V'(r)=-2\pi^2 r^2+84\pi r=-2\pi r(\pi r-42)$
$0<r<\dfrac{63}{\pi}$이므로 $V'(r)=0$에서 $r=\dfrac{42}{\pi}$
$0<r<\dfrac{63}{\pi}$에서 함수 $V(r)$의 증가와 감소를 표로 나타내면 다음과 같다.

r	(0)	$\cdots$	$\dfrac{42}{\pi}$	$\cdots$	$\left(\dfrac{63}{\pi}\right)$
$V'(r)$		$+$	0	$-$	
$V(r)$		$\nearrow$	극대	$\searrow$	

따라서 함수 $V(r)$는 $r=\dfrac{42}{\pi}$에서 극대이면서 최대이므로 $\bigcirc$에서 구하는 높이는
$126-2\pi\times\dfrac{42}{\pi}=42$

11   A 휴대전화 케이스를 x개 판매할 때 생기는 이익을 $f(x)$(원)이라 하면
$f(x)=-2x^3+120x^2+12600x+4800$이므로
$f'(x)=-6x^2+240x+12600=-6(x+30)(x-70)$
$0<x<114$이므로 $f'(x)=0$에서 $x=70$
$0<x<114$에서 함수 $f(x)$의 증가와 감소를 표로 나타내면 다음과 같다.

x	(0)	$\cdots$	70	$\cdots$	(114)
$f'(x)$		$+$	0	$-$	
$f(x)$		$\nearrow$	극대	$\searrow$	

따라서 함수 $f(x)$는 $x=70$에서 극대이면서 최대이므로 A 휴대전화 케이스를 판매한 이익이 최대가 되려면 이 휴대전화 케이스를 70개 판매해야 한다.

1 5	2 ④	3 3	4 ③
5 ④	6 ②		

1 $f(x)=2x^3-9x^2+12x+3$에서
$f'(x)=6x^2-18x+12=6(x-1)(x-2)$
$f'(x)=0$에서 $x=1$ 또는 $x=2$
닫힌 구간 $[0, 2]$에서 함수 $f(x)$의 증가와 감소를 표로 나타내면 다음과 같다.

x	0	$\cdots$	1	$\cdots$	2
$f'(x)$		$+$	0	$-$	0
$f(x)$	3	$\nearrow$	8	$\searrow$	7

따라서 닫힌 구간 $[0, 2]$에서 함수 $f(x)$는 $x=1$에서 최댓값 8, $x=0$에서 최솟값 3을 가지므로
$M=8$, $m=3$
따라서 $M-m=5$

2 $f(x)=x^3-6x^2+9x+a$에서
$f'(x)=3x^2-12x+9=3(x-1)(x-3)$
$f'(x)=0$에서 $x=1$ 또는 $x=3$
닫힌 구간 $[-1, 4]$에서 함수 $f(x)$의 증가와 감소를 표로 나타내면 다음과 같다.

x	-1	$\cdots$	1	$\cdots$	3	$\cdots$	4
$f'(x)$		$+$	0	$-$	0	$+$	
$f(x)$	$a-16$	$\nearrow$	$a+4$	$\searrow$	a	$\nearrow$	$a+4$

따라서 닫힌 구간 $[-1, 4]$에서 함수 $f(x)$는 $x=1$, $x=4$에서 최댓값 $a+4$, $x=-1$에서 최솟값 $a-16$을 가지고 최댓값과 최솟값의 합이 10이므로
$(a+4)+(a-16)=10$, $2a=22$
따라서 $a=11$

3 $f(x)=x^3-9x^2+15x+a$에서
$f'(x)=3x^2-18x+15=3(x-1)(x-5)$
$f'(x)=0$에서 $x=1$ 또는 $x=5$
닫힌 구간 $[0, 6]$에서 함수 $f(x)$의 증가와 감소를 표로 나타내면 다음과 같다.

x	0	$\cdots$	1	$\cdots$	5	$\cdots$	6
$f'(x)$		$+$	0	$-$	0	$+$	
$f(x)$	a	$\nearrow$	$a+7$	$\searrow$	$a-25$	$\nearrow$	$a-18$

닫힌 구간 $[0, 6]$에서 함수 $f(x)$는 $x=1$에서 최댓값 $a+7$, $x=5$에서 최솟값 $a-25$를 갖는다.
이때 함수 $f(x)$의 최댓값이 35이므로
$a+7=35$, 즉 $a=28$
따라서 구하는 최솟값은
$a-25=28-25=3$

4 $D(a, 12-a^2)$이라 하면 $0<a<2\sqrt{3}$
이때 $A(-a, 12-a^2)$, $B(-a, 0)$, $C(a, 0)$이므로
직사각형 ABCD의 넓이를 $S(a)$라 하면
$S(a)=\overline{AB}\times\overline{BC}=(12-a^2)\times2a=-2a^3+24a$
즉 $S'(a)=-6a^2+24=-6(a+2)(a-2)$
$0<a<2\sqrt{3}$이므로 $S'(a)=0$에서 $a=2$
$0<a<2\sqrt{3}$에서 함수 $S(a)$의 증가와 감소를 표로 나타내면 다음과 같다.

a	(0)	$\cdots$	2	$\cdots$	$(2\sqrt{3})$
$S'(a)$		$+$	0	$-$	
$S(a)$		$\nearrow$	극대	$\searrow$	

따라서 함수 $S(a)$는 $a=2$에서 극대이면서 최대이므로 넓이가 최대일 때의 $\overline{AB}$의 길이는
$\overline{AB}=12-2^2=8$

5 주어진 직육면체의 밑면의 한 변의 길이를 x, 높이를 y라 하면 모든 모서리의 길이의 합이 36이므로
$4(x+x+y)=36$, 즉 $y=9-2x$
이때 $x>0$, $y>0$이므로
$y=9-2x>0$, 즉 $x<\dfrac{9}{2}$
따라서 $0<x<\dfrac{9}{2}$
직육면체의 부피를 $V(x)$라 하면
$V(x)=x^2y=x^2(9-2x)=-2x^3+9x^2$이므로
$V'(x)=-6x^2+18x=-6x(x-3)$
$0<x<\dfrac{9}{2}$이므로 $V'(x)=0$에서 $x=3$
$0<x<\dfrac{9}{2}$에서 함수 $V(x)$의 증가와 감소를 표로 나타내면 다음과 같다.

x	(0)	$\cdots$	3	$\cdots$	$\left(\dfrac{9}{2}\right)$
$V'(x)$		$+$	0	$-$	
$V(x)$		$\nearrow$	극대	$\searrow$	

따라서 함수 $V(x)$는 $x=3$에서 극대이면서 최대이므로 직육면체의 부피의 최댓값은
$V(3)=-2\times27+9\times9=27$

6 x일 후의 블로그 방문자 수를 $f(x)$라 하면
$f(x)=3x^3-6x^2-12x+25$이므로
$f'(x)=9x^2-12x-12=3(x-2)(3x+2)$
$0<x<30$이므로 $f'(x)=0$에서 $x=2$

$0<x<30$에서 함수 $f(x)$의 증가와 감소를 표로 나타내면 다음과 같다.

x	(0)	$\cdots$	2	$\cdots$	(30)
$f'(x)$		$-$	0	$+$	
$f(x)$		$\searrow$	극소	$\nearrow$	

따라서 함수 $f(x)$는 $x=2$에서 극소이면서 최소이므로 블로그 방문자 수가 가장 적은 날은 블로그를 개설한 지 2일 후이다.

TEST 개념 발전

본문 190쪽

1 2	2 ①	3 ①	4 ④
5 ②	6 ⑤	7 ②	8 ③
9 ③	10 ②	11 ②	12 ③
13 ③	14 ⑤	15 ④	16 ⑤
17 ②	18 ①	19 ②	20 ②
21 29	22 ②	23 ④	24 ②

1 구간 $[0, 2]$에 속하는 임의의 두 실수 x_1, x_2에 대하여 $x_1<x_2$일 때, $f(x_1)>f(x_2)$이므로 함수 $y=f(x)$는 구간 $[0, 2]$에서 감소한다.

따라서 $a=0$, $b=2$이므로 $b-a=2$

2 $f'(x)=3x^2-12x+9=3(x-1)(x-3)$

$f'(x)=0$에서 $x=1$ 또는 $x=3$

함수 $f(x)$의 증가와 감소를 표로 나타내면 다음과 같다.

x	$\cdots$	1	$\cdots$	3	$\cdots$
$f'(x)$	$+$	0	$-$	0	$+$
$f(x)$	$\nearrow$	3	$\searrow$	-1	$\nearrow$

따라서 함수 $f(x)$는 구간 $(-\infty, 1]$, $[3, \infty)$에서 증가하고, 구간 $[1, 3]$에서 감소하므로 증가하는 구간에 속하는 x의 값이 아닌 것은 ①이다.

3 $f'(x)=-4x^3+2ax+b$

함수 $f(x)$가 $x\leq-1$, $0\leq x\leq1$에서 감소하고, $-1\leq x\leq0$, $x\geq1$에서 증가하므로 삼차방정식 $f'(x)=0$의 세 근이 -1, 0, 1이다. 즉

$f'(x)=-4x(x+1)(x-1)=-4x^3+4x$

이므로 $a=2$, $b=0$

따라서 $f(x)=-x^4+2x^2+3$이므로

$f(2)=-16+8+3=-5$

4 $f'(x)=9x^2+2ax+9$

이때 함수 $f(x)$가 실수 전체의 집합에서 증가하려면 모든 실수 x에 대하여 $f'(x)\geq0$이어야 한다.

즉 모든 실수 x에 대하여 $9x^2+2ax+9\geq0$이 성립해야 하므로 이차방정식 $9x^2+2ax+9=0$의 판별식을 D라 하면

$\dfrac{D}{4}=a^2-81\leq0$

$(a+9)(a-9)\leq0$

즉 $-9\leq a\leq9$

따라서 $\alpha=-9$, $\beta=9$이므로

$\alpha+2\beta=9$

5 $f'(x)=-2x^2+2ax-(a+4)$

함수 $y=f(x)$가 삼차함수이므로 역함수가 존재하기 위해서는 실수 전체의 집합에서 증가하거나 감소해야 한다.

이때 함수 $y=f(x)$의 최고차항의 계수가 음수이므로 실수 전체의 집합에서 감소해야 한다.

즉 모든 실수 x에 대하여 $f'(x)\leq0$이어야 하므로 이차방정식 $-2x^2+2ax-(a+4)=0$의 판별식을 D라 하면

$\dfrac{D}{4}=a^2-2(a+4)\leq0$

$a^2-2a-8\leq0$, $(a+2)(a-4)\leq0$

즉 $-2\leq a\leq4$

따라서 정수 a의 개수는 -2, -1, 0, $\cdots$, 4의 7이다.

6 $f'(x)=3x^2+12x+5-2a=3(x+2)^2-2a-7$

함수 $f(x)$가 구간 $(-3, 0)$에서 감소하려 면 오른쪽 그림과 같이 $-3<x<0$에서 $f'(x)\leq0$이어야 하므로

$f'(0)=5-2a\leq0$

즉 $a\geq\dfrac{5}{2}$ $\quad\cdots\cdots$ ㉠

$f'(-3)=-2a-4\leq0$

즉 $a\geq-2$ $\quad\cdots\cdots$ ㉡

㉠, ㉡에서 $a\geq\dfrac{5}{2}$

따라서 정수 a의 최솟값은 3이다.

7 함수 $f(x)$는 $x=-1$에서 극댓값 $f(-1)=7$, $x=2$에서 극솟값 $f(2)=-12$를 갖는다.

따라서 $a=-1$, $b=7$, $c=2$, $d=-12$이므로

$ad-bc=12-14=-2$

8 $f'(x)=-3x^2+12=-3(x+2)(x-2)$

$f'(x)=0$에서 $x=-2$ 또는 $x=2$

함수 $f(x)$의 증가와 감소를 표로 나타내면 다음과 같다.

x	$\cdots$	-2	$\cdots$	2	$\cdots$
$f'(x)$	$-$	0	$+$	0	$-$
$f(x)$	$\searrow$	극소	$\nearrow$	극대	$\searrow$

따라서 함수 $f(x)$는 $x=2$에서 극대, $x=-2$에서 극소이므로 극값을 갖는 모든 x의 값의 합은
$-2+2=0$

9 $f'(x)=6x^2-6=6(x+1)(x-1)$
$f'(x)=0$에서 $x=-1$ 또는 $x=1$
함수 $f(x)$의 증가와 감소를 표로 나타내면 다음과 같다.

x	$\cdots$	-1	$\cdots$	1	$\cdots$
$f'(x)$	$+$	0	$-$	0	$+$
$f(x)$	↗	9	↘	1	↗

따라서 함수 $f(x)$는 $x=-1$에서 극댓값 $f(-1)=9$,
$x=1$에서 극솟값 $f(1)=1$을 가지므로 극댓값과 극솟값의 합은
$9+1=10$

10 $f'(x)=-3x^2+2ax+b$
함수 $f(x)$가 $x=1$에서 극솟값 -3을 가지므로
$f'(1)=0$, $f(1)=-3$
$f'(1)=0$에서 $-3+2a+b=0$
즉 $2a+b=3$ $\cdots\cdots$ ㉠
$f(1)=-3$에서 $-1+a+b+1=-3$
즉 $a+b=-3$ $\cdots\cdots$ ㉡
㉠, ㉡을 연립하여 풀면 $a=6$, $b=-9$
따라서 $ab=-54$

11 $f'(x)=6x^2-6ax+6a$
삼차함수 $f(x)$가 극값을 갖지 않기 위해서는 이차방정식 $f'(x)=0$이 중근 또는 서로 다른 두 허근을 가져야 한다.
이차방정식 $f'(x)=0$, 즉 $6x^2-6ax+6a=0$의 판별식을 D라 하면
$\dfrac{D}{4}=(-3a)^2-36a\le0$
$9a^2-36a\le0$, $a(a-4)\le0$
즉 $0\le a\le4$
따라서 실수 a의 최댓값은 $M=4$, 최솟값은 $m=0$이므로
$M-m=4$

12 $y=f'(x)$의 그래프가 x축과 만나는 점의 x좌표가 -2, 1, 3이므로 $f'(x)=0$에서
$x=-2$ 또는 $x=1$ 또는 $x=3$

x	$\cdots$	-2	$\cdots$	1	$\cdots$	3	$\cdots$
$f'(x)$	$-$	0	$+$	0	$-$	0	$+$
$f(x)$	↘	극소	↗	극대	↘	극소	↗

① 함수 $f(x)$가 감소하는 구간은 $(-\infty,\ -2]$, $[1,\ 3]$이다.
② 함수 $f(x)$는 구간 $[-2,\ 1]$, $[3,\ \infty)$에서 증가한다.
④ 함수 $f(x)$는 $x=1$에서 극대이다.
⑤ 함수 $f(x)$가 극값을 갖는 x의 개수는 -2, 1, 3의 3이다.

13 $f'(x)=6x^2+12x=6x(x+2)$
$f'(x)=0$에서 $x=-2$ 또는 $x=0$
닫힌 구간 $[-3,\ 2]$에서 함수 $f(x)$의 증가와 감소를 표로 나타내면 다음과 같다.

x	-3	$\cdots$	-2	$\cdots$	0	$\cdots$	2
$f'(x)$		$+$	0	$-$	0	$+$	
$f(x)$	-30	↗	-22	↘	-30	↗	10

따라서 닫힌 구간 $[-3,\ 2]$에서 함수 $f(x)$는 $x=2$에서 최댓값 10, $x=-3$, $x=0$에서 최솟값 -30을 갖는다.
즉 $M=10$, $m=-30$이므로
$M+m=-20$

14 $f'(x)=-3x^2+24x-36=-3(x-2)(x-6)$
$f'(x)=0$에서 $x=2$ 또는 $x=6$
닫힌 구간 $[2,\ 7]$에서 함수 $f(x)$의 증가와 감소를 표로 나타내면 다음과 같다.

x	2	$\cdots$	6	$\cdots$	7
$f'(x)$	0	$+$	0	$-$	
$f(x)$	$a-32$	↗	a	↘	$a-7$

따라서 닫힌 구간 $[2,\ 7]$에서 함수 $f(x)$는 $x=6$에서 최댓값 a, $x=2$에서 최솟값 $a-32$를 갖는다.
이때 함수 $f(x)$의 최댓값이 14이므로
$a=14$

15 $f'(x)=3x^2+a$
닫힌 구간 $[-1,\ 3]$에서 삼차함수 $f(x)$는 $x=1$에서 최솟값 3을 가지므로 양 끝 점이 아닌 점에서 최소이다.
즉 $f(x)$는 $x=1$에서 극솟값 3을 가져야 하므로
$f'(1)=0$, $f(1)=3$
$f'(1)=0$에서 $3+a=0$, 즉 $a=-3$
$f(1)=3$에서 $1+a+b=3$
$1-3+b=3$, 즉 $b=5$
따라서 $f(x)=x^3-3x+5$이므로
$f(3)=27-9+5=23$

16 $P(a,\ b)$는 곡선 $y=x^2$ 위의 점이므로 $b=a^2$
$Q(9,\ 8)$이라 하면
$\overline{PQ}=\sqrt{(a-9)^2+(b-8)^2}$이므로
$\overline{PQ}^2=(a-9)^2+(a^2-8)^2=a^4-15a^2-18a+145$
$f(a)=a^4-15a^2-18a+145$라 하면 $f(a)$가 최소일 때, $\overline{PQ}$의 길이가 최소이다.
$f'(a)=4a^3-30a-18=2(a-3)(2a^2+6a+3)$
이때 곡선 $y=x^2$ 위의 점 중에서 점 $Q(9,\ 8)$과의 거리가 최소인 점 P는 제1사분면 위의 점이어야 하므로 $a>0$
$a>0$이므로 $f'(a)=0$에서 $a=3$
$a>0$에서 함수 $f(a)$의 증가와 감소를 표로 나타내면 다음과 같다.

a	(0)	$\cdots$	3	$\cdots$
$f'(a)$		$-$	0	$+$
$f(a)$		↘	극소	↗

따라서 $f(a)$는 $a>0$에서 $a=3$에서 극소이면서 최소이므로

$b=3^2=9$

따라서 $a^2+b^2=9+81=90$

17 다음 그림과 같이 제1사분면에 놓인 직사각형의 한 꼭짓점 P의 x좌표를 a로 놓으면

$P(a, 3-a^2) (0<a<\sqrt{3})$

직사각형의 넓이를 $S(a)$라 하면

$S(a)=2a\times\{2(3-a^2)\}=4a(3-a^2)=-4a^3+12a$

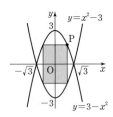

$S'(a)=-12a^2+12=-12(a+1)(a-1)$

$0<a<\sqrt{3}$이므로 $S'(a)=0$에서 $a=1$

$0<a<\sqrt{3}$에서 함수 $S(a)$의 증가와 감소를 나타내면 다음 표와 같다.

a	(0)	$\cdots$	1	$\cdots$	$(\sqrt{3})$
$S'(a)$		$+$	0	$-$	
$S(a)$		↗	극대	↘	

따라서 $S(a)$는 $a=1$에서 극대이면서 최대이므로 직사각형의 넓이의 최댓값은

$S(1)=8$

18 구의 중심을 C, 중심 C에서 원기둥의 밑면에 내린 수선의 발을 H, 구와 원기둥의 교점 중 하나를 A라 하고 세 점 C, H, A를 지나는 평면으로 자른 단면은 오른쪽 그림과 같다.

원기둥의 밑면의 반지름의 길이를 r, 높이를 $2h$라 하면

$r^2+h^2=a^2$, 즉 $r^2=a^2-h^2$

원기둥의 부피를 $V(h)$라 하면

$V(h)=\pi r^2\times 2h=2\pi h(a^2-h^2)$

이므로

$V'(h)=2\pi(a^2-3h^2)$

$0<h<a$이므로 $V'(h)=0$에서 $h=\frac{1}{\sqrt{3}}a$

$0<h<a$에서 $V(h)$의 증가와 감소를 나타내면 다음 표와 같다.

h	(0)	$\cdots$	$\frac{1}{\sqrt{3}}a$	$\cdots$	(a)
$V'(h)$		$+$	0	$-$	
$V(h)$		↗	$\frac{4\sqrt{3}}{9}\pi a^3$	↘	

따라서 $V(h)$는 $h=\frac{1}{\sqrt{3}}a$에서 극대이면서 최대이고 최댓값이

$12\sqrt{3}\pi$이므로

$\frac{4\sqrt{3}}{9}\pi a^3=12\sqrt{3}\pi$, 즉 $a=3$

19 $f(x)$는 최고차항의 계수가 1인 삼차함수이므로

$f(x)=x^3+ax^2+bx+c$ (a, b, c는 상수)로 놓을 수 있고

$f'(x)=3x^2+2ax+b$

함수 $f(x)$가 $x=1$, $x=3$에서 극값을 가지므로

$f'(1)=3+2a+b=0$ ······ ㉠

$f'(3)=27+6a+b=0$ ······ ㉡

㉠, ㉡을 연립하여 풀면

$a=-6, b=9$

즉 $f(x)=x^3-6x^2+9x+c$

극댓값이 극솟값의 3배이므로 $f(1)=3f(3)$에서

$4+c=3c$, 즉 $c=2$

따라서 $f(x)=x^3-6x^2+9x+2$이므로

$f(-1)=-1-6-9+2=-14$

20 $f'(x)=3x^2-2ax$

함수 $f(x)$가 닫힌 구간 $[1, 2]$에서 감소하고, 구간 $[3, \infty)$에서 증가하려면

$1\leq x\leq 2$에서 $f'(x)\leq 0$,

$x\geq 3$에서 $f'(x)\geq 0$이어야 한다.

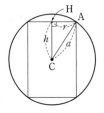

$f'(1)=3-2a\leq 0$에서

$-2a\leq -3$, 즉 $a\geq\frac{3}{2}$ ······ ㉠

$f'(2)=12-4a\leq 0$에서

$-4a\leq -12$, 즉 $a\geq 3$ ······ ㉡

$f'(3)=27-6a\geq 0$에서

$-6a\geq -27$, 즉 $a\leq\frac{9}{2}$ ······ ㉢

㉠, ㉡, ㉢에서 $3\leq a\leq\frac{9}{2}$

따라서 정수 a의 개수는 3, 4의 2이다.

21 $f(x)=x^3+ax^2-a^2x+2$에서

$f'(x)=3x^2+2ax-a^2=(x+a)(3x-a)$

$f'(x)=0$에서 $x=-a$ 또는 $x=\frac{a}{3}$

구간 $[-a, a]$에서 함수 $f(x)$의 증가와 감소를 표로 나타내면 다음과 같다.

x	$-a$	$\cdots$	$\frac{a}{3}$	$\cdots$	a
$f'(x)$	0	$-$	0	$+$	
$f(x)$	a^3+2	↘	$-\frac{5}{27}a^3+2$	↗	a^3+2

함수 $f(x)$는 $x=\frac{a}{3}$에서 극소이면서 최소이므로 최솟값은

$f\left(\frac{a}{3}\right)=-\frac{5}{27}a^3+2$

즉 $-\frac{5}{27}a^3+2=-3$이므로 $a^3=27$

즉 $a=3$

따라서 함수 $f(x)$의 최댓값은

$f(-a)=f(a)=f(3)=27+2=29$

22 오른쪽 그림과 같이 정삼각형의 꼭짓점으로부터 거리가 x $(0<x<12)$인 부분까지 자른다고 하면 밑면은 한 변의 길이가 $24-2x$인 정삼각형이므로 그 넓이는

$$\frac{\sqrt{3}}{4}(24-2x)^2$$

또 상자의 높이를 h라 하면

$$h=x\tan 30°=\frac{1}{\sqrt{3}}x$$

따라서 상자의 부피를 $V(x)$라 하면

$$V(x)=\frac{\sqrt{3}}{4}(24-2x)^2\times\frac{1}{\sqrt{3}}x=x^3-24x^2+144x$$

이때 상자의 밑면의 한 변의 길이와 높이는 모두 양수이어야 하므로 $24-2x>0$, $\frac{1}{\sqrt{3}}x>0$에서 $0<x<12$이고

$$V'(x)=3x^2-48x+144=3(x-4)(x-12)$$

$0<x<12$이므로 $V'(x)=0$에서 $x=4$ 또는 $x=12$

$0<x<12$에서 함수 $V(x)$의 증가와 감소를 표로 나타내면 다음과 같다.

x	(0)	$\cdots$	4	$\cdots$	(12)
$V'(x)$		$+$	0	$-$	
$V(x)$		↗	256	↘	

따라서 $V(x)$는 $0<x<12$에서 $x=4$일 때 최댓값 256을 가지므로 상자의 부피의 최댓값은 256이다.

23 $f'(x)=12x^3+3ax^2+12x=3x(4x^2+ax+4)$

사차함수 $f(x)$의 최고차항의 계수가 양수이므로 극값을 하나만 가지려면 극댓값을 갖지 않아야 한다.

즉 방정식 $f'(x)=0$이 한 실근과 두 허근 또는 한 실근과 중근 (또는 삼중근)을 가져야 한다.

이때 $x=0$이 한 실근이므로 이차방정식

$$4x^2+ax+4=0 \qquad \cdots\cdots\ ㉠$$

이 중근 또는 허근을 갖거나 $x=0$을 근으로 가져야 한다.

(i) ㉠이 중근 또는 허근을 가질 때

㉠의 판별식을 D라 하면

$$D=a^2-64\le 0$$

$$(a+8)(a-8)\le 0$$

즉 $-8\le a\le 8$

(ii) ㉠이 $x=0$을 근으로 가질 때

$4\ne 0$이므로 만족하는 $x=0$을 근으로 갖지 않는다.

(i), (ii)에서 실수 a의 값의 범위는

$$-8\le a\le 8$$

따라서 $\alpha=-8$, $\beta=8$이므로

$$\alpha^2+\beta^2=64+64=128$$

24 $f'(x)=3x^2+6(a-1)x-3a+9$

함수 $f(x)$가 구간 $(-\infty, 0]$, 즉 $x\le 0$에서 극값을 갖지 않으려면 함수 $f(x)$가 극값을 갖지 않거나 $x>0$에서만 극값을 가져야 한다.

이차방정식 $3x^2+6(a-1)x-3a+9=0$의 판별식을 D라 하면

(i) 함수 $y=f(x)$가 극값을 갖지 않는 경우

방정식 $f'(x)=0$이 중근 또는 허근을 가져야 하므로

$$\frac{D}{4}=9(a-1)^2-3(-3a+9)\le 0$$

$$a^2-a-2\le 0,\ (a+1)(a-2)\le 0$$

즉 $-1\le a\le 2$

(ii) 함수 $y=f(x)$가 $x>0$에서만 극값을 갖는 경우

방정식 $f'(x)=0$이 서로 다른 두 양의 실근을 가져야 하므로

$$\frac{D}{4}=9(a-1)^2-3(-3a+9)>0$$

$$a^2-a-2>0,\ (a+1)(a-2)>0$$

즉 $a<-1$ 또는 $a>2$ $\qquad\cdots\cdots\ ㉠$

이차방정식의 근과 계수의 관계에 의하여

(두 근의 합)$=-2(a-1)>0$, 즉 $a<1$ $\qquad\cdots\cdots\ ㉡$

(두 근의 곱)$=-a+3>0$, 즉 $a<3$ $\qquad\cdots\cdots\ ㉢$

㉠, ㉡, ㉢에서 $a<-1$

(i), (ii)에서 $a\le 2$

따라서 정수 a의 최댓값은 2이다.

6 도함수의 활용

01

방정식의 실근과 함수의 그래프

1 ($\mathscr{D}$ 2, 2, 2, -1, 3)　　**2** 3　　**3** 1

4 3　　**5** 4　　**6** 2　　**7** 0

8 2

9 (1) ($\mathscr{D}$ 3, 2, 2, 2, -4, -4)

　(2) $k=-4$ 또는 $k=0$　(3) $k<-4$ 또는 $k>0$

10 (1) $-7<k<20$　(2) $k=-7$ 또는 $k=20$

　(3) $k<-7$ 또는 $k>20$

11 (1) $2<k<3$　(2) $k=3$　(3) $k=2$ 또는 $k>3$

12 ③

13 (1) ($\mathscr{D}$ 3, 3, 3, -27, -27)　(2) $-27<k<0$

　(3) $0<k<5$　(4) $k>5$

14 (1) $k=-32$　(2) $-32<k<0$　(3) $k>0$　(4) $k<-32$

15 (1) ($\mathscr{D}$ 1, 1, 1, -1, -1)　(2) $-1<k<0$　(3) $k>0$

16 (1) $k=16$　(2) $0<k<16$　(3) $k<0$

17 ②

2 $f(x)=x^3-3x^2-9x+5$ 라 하면

　$f'(x)=3x^2-6x-9=3(x+1)(x-3)$

　$f'(x)=0$ 에서 $x=-1$ 또는 $x=3$

　함수 $f(x)$ 의 증가와 감소를 표로 나타내면 다음과 같다.

x	$\cdots$	-1	$\cdots$	3	$\cdots$
$f'(x)$	$+$	0	$-$	0	$+$
$f(x)$	$\nearrow$	10	$\searrow$	-22	$\nearrow$

　따라서 함수 $y=f(x)$ 의 그래프는 오른쪽 그림과 같으므로 주어진 방정식의 서로 다른 실근의 개수는 3이다.

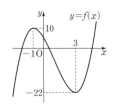

3 $2x^3+x-5=x^3+4x$ 에서

　$x^3-3x-5=0$

　$f(x)=x^3-3x-5$ 라 하면

　$f'(x)=3x^2-3=3(x+1)(x-1)$

　$f'(x)=0$ 에서 $x=-1$ 또는 $x=1$

　함수 $f(x)$ 의 증가와 감소를 표로 나타내면 다음과 같다.

x	$\cdots$	-1	$\cdots$	1	$\cdots$
$f'(x)$	$+$	0	$-$	0	$+$
$f(x)$	$\nearrow$	-3	$\searrow$	-7	$\nearrow$

따라서 함수 $y=f(x)$ 의 그래프는 오른쪽 그림과 같으므로 주어진 방정식의 서로 다른 실근의 개수는 1이다.

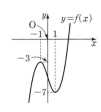

4 $x^3+6x+2=5x^3+3x^2+1$ 에서

　$-4x^3-3x^2+6x+1=0$

　$f(x)=-4x^3-3x^2+6x+1$ 이라 하면

　$f'(x)=-12x^2-6x+6=-6(x+1)(2x-1)$

　$f'(x)=0$ 에서 $x=-1$ 또는 $x=\dfrac{1}{2}$

　함수 $f(x)$ 의 증가와 감소를 표로 나타내면 다음과 같다.

x	$\cdots$	-1	$\cdots$	$\dfrac{1}{2}$	$\cdots$
$f'(x)$	$-$	0	$+$	0	$-$
$f(x)$	$\searrow$	-4	$\nearrow$	$\dfrac{11}{4}$	$\searrow$

　따라서 함수 $y=f(x)$ 의 그래프는 오른쪽 그림과 같으므로 주어진 방정식의 서로 다른 실근의 개수는 3이다.

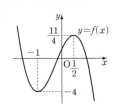

5 $f(x)=x^4-8x^2+6$ 이라 하면

　$f'(x)=4x^3-16x=4x(x+2)(x-2)$

　$f'(x)=0$ 에서 $x=-2$ 또는 $x=0$ 또는 $x=2$

　함수 $f(x)$ 의 증가와 감소를 표로 나타내면 다음과 같다.

x	$\cdots$	-2	$\cdots$	0	$\cdots$	2	$\cdots$
$f'(x)$	$-$	0	$+$	0	$-$	0	$+$
$f(x)$	$\searrow$	-10	$\nearrow$	6	$\searrow$	-10	$\nearrow$

　따라서 함수 $y=f(x)$ 의 그래프는 오른쪽 그림과 같으므로 주어진 방정식의 서로 다른 실근의 개수는 4이다.

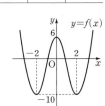

6 $f(x)=x^4-2x^2-1$ 이라 하면

　$f'(x)=4x^3-4x=4x(x+1)(x-1)$

　$f'(x)=0$ 에서 $x=-1$ 또는 $x=0$ 또는 $x=1$

　함수 $f(x)$ 의 증가와 감소를 표로 나타내면 다음과 같다.

x	$\cdots$	-1	$\cdots$	0	$\cdots$	1	$\cdots$
$f'(x)$	$-$	0	$+$	0	$-$	0	$+$
$f(x)$	$\searrow$	-2	$\nearrow$	-1	$\searrow$	-2	$\nearrow$

　따라서 함수 $y=f(x)$ 의 그래프는 오른쪽 그림과 같으므로 주어진 방정식의 서로 다른 실근의 개수는 2이다.

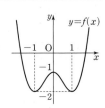

7 $x^4+6x^2-3=3x^4+2x^2$에서

$-2x^4+4x^2-3=0$

$f(x)=-2x^4+4x^2-3$이라 하면

$f'(x)=-8x^3+8x=-8x(x+1)(x-1)$

$f'(x)=0$에서 $x=-1$ 또는 $x=0$ 또는 $x=1$

함수 $f(x)$의 증가와 감소를 표로 나타내면 다음과 같다.

x	$\cdots$	-1	$\cdots$	0	$\cdots$	1	$\cdots$
$f'(x)$	$+$	0	$-$	0	$+$	0	$-$
$f(x)$	↗	-1	↘	-3	↗	-1	↘

따라서 함수 $y=f(x)$의 그래프는 오른쪽
그림과 같으므로 주어진 방정식의 서로
다른 실근의 개수는 0이다.

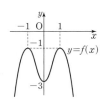

8 $4x^4-3x^3+1=x^4+5x^3+3$에서

$3x^4-8x^3-2=0$

$f(x)=3x^4-8x^3-2$라 하면

$f'(x)=12x^3-24x^2=12x^2(x-2)$

$f'(x)=0$에서 $x=0$ 또는 $x=2$

함수 $f(x)$의 증가와 감소를 표로 나타내면 다음과 같다.

x	$\cdots$	0	$\cdots$	2	$\cdots$
$f'(x)$	$-$	0	$-$	0	$+$
$f(x)$	↘	-2	↘	-18	↗

따라서 함수 $y=f(x)$의 그래프는 오른쪽
그림과 같으므로 주어진 방정식의 서로 다
른 실근의 개수는 2이다.

9 (2) 주어진 방정식이 서로 다른 두 실
근을 가지려면 함수 $y=f(x)$의 그
래프와 직선 $y=k$가 서로 다른 두
점에서 만나야 하므로

$k=-4$ 또는 $k=0$

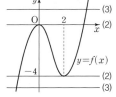

(3) 주어진 방정식이 한 개의 실근을 가지려면 함수 $y=f(x)$의
그래프와 직선 $y=k$가 한 점에서만 만나야 하므로

$k<-4$ 또는 $k>0$

10 (1) $2x^3+3x^2-12x-k=0$에서

$2x^3+3x^2-12x=k$

$f(x)=2x^3+3x^2-12x$라 하면

$f'(x)=6x^2+6x-12=6(x+2)(x-1)$

$f'(x)=0$에서 $x=-2$ 또는 $x=1$

함수 $f(x)$의 증가와 감소를 표로 나타내면 다음과 같다.

x	$\cdots$	-2	$\cdots$	1	$\cdots$
$f'(x)$	$+$	0	$-$	0	$+$
$f(x)$	↗	20	↘	-7	↗

따라서 함수 $y=f(x)$의 그래프는 오른
쪽 그림과 같으므로 주어진 방정식이 서
로 다른 세 실근을 가지려면 함수
$y=f(x)$의 그래프와 직선 $y=k$가 서로
다른 세 점에서 만나야 하므로

$-7<k<20$

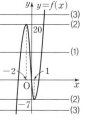

(2) 주어진 방정식이 서로 다른 두 실근을 가지려면 함수
$y=f(x)$의 그래프와 직선 $y=k$가 서로 다른 두 점에서 만나
야 하므로

$k=-7$ 또는 $k=20$

(3) 주어진 방정식이 한 개의 실근을 가지려면 함수 $y=f(x)$의
그래프와 직선 $y=k$가 한 점에서만 만나야 하므로

$k<-7$ 또는 $k>20$

11 (1) $x^4-2x^2+3-k=0$에서

$x^4-2x^2+3=k$

$f(x)=x^4-2x^2+3$이라 하면

$f'(x)=4x^3-4x=4x(x+1)(x-1)$

$f'(x)=0$에서 $x=-1$ 또는 $x=0$ 또는 $x=1$

함수 $f(x)$의 증가와 감소를 표로 나타내면 다음과 같다.

x	$\cdots$	-1	$\cdots$	0	$\cdots$	1	$\cdots$
$f'(x)$	$-$	0	$+$	0	$-$	0	$+$
$f(x)$	↘	2	↗	3	↘	2	↗

따라서 함수 $y=f(x)$의 그래프는 오
른쪽 그림과 같으므로 주어진 방정식
이 서로 다른 네 실근을 가지려면 함
수 $y=f(x)$의 그래프와 직선 $y=k$가
서로 다른 네 점에서 만나야 하므로

$2<k<3$

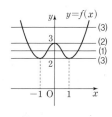

(2) 주어진 방정식이 서로 다른 세 실근을 가지려면 함수
$y=f(x)$의 그래프와 직선 $y=k$가 서로 다른 세 점에서 만나
야 하므로

$k=3$

(3) 주어진 방정식이 서로 다른 두 실근을 가지려면 함수
$y=f(x)$의 그래프와 직선 $y=k$가 서로 다른 두 점에서 만나
야 하므로

$k=2$ 또는 $k>3$

12 $3x^4-4x^3-12x^2+20-k=0$에서

$3x^4-4x^3-12x^2+20=k$

$f(x)=3x^4-4x^3-12x^2+20$이라 하면

$f'(x)=12x^3-12x^2-24x=12x(x+1)(x-2)$

$f'(x)=0$에서 $x=-1$ 또는 $x=0$ 또는 $x=2$

함수 $f(x)$의 증가와 감소를 표로 나타내면 다음과 같다.

x	$\cdots$	-1	$\cdots$	0	$\cdots$	2	$\cdots$
$f'(x)$	$-$	0	$+$	0	$-$	0	$+$
$f(x)$	↘	15	↗	20	↘	-12	↗

따라서 함수 $y=f(x)$의 그래프는 오른쪽
그림과 같으므로 주어진 방정식이 서로
다른 세 실근을 가지려면 함수 $y=f(x)$
의 그래프와 직선 $y=k$가 서로 다른 세
점에서 만나야 하므로

$k=15$ 또는 $k=20$

따라서 그 합은 $15+20=35$

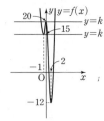

13 (2) 주어진 방정식이 한 개의 음의 실근과
서로 다른 두 개의 양의 실근을 가지려
면 함수 $y=f(x)$의 그래프와 직선
$y=k$의 교점의 x좌표가 한 개는 음수이
고, 두 개는 양수이어야 하므로

$-27<k<0$

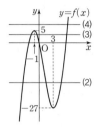

(3) 주어진 방정식이 한 개의 양의 실근과 서로 다른 두 개의 음
의 실근을 가지려면 함수 $y=f(x)$의 그래프와 직선 $y=k$의
교점의 x좌표가 한 개는 양수이고, 두 개는 음수이어야 하므
로 $0<k<5$

(4) 주어진 방정식이 한 개의 양의 실근을 가지려면 함수
$y=f(x)$의 그래프와 직선 $y=k$의 교점의 x좌표가 양수 한
개 뿐이어야 하므로 $k>5$

14 (1) $x^3-6x^2-k=0$에서 $x^3-6x^2=k$

$f(x)=x^3-6x^2$이라 하면

$f'(x)=3x^2-12x=3x(x-4)$

$f'(x)=0$에서 $x=0$ 또는 $x=4$

함수 $f(x)$의 증가와 감소를 표로 나타내면 다음과 같다.

x	$\cdots$	0	$\cdots$	4	$\cdots$
$f'(x)$	$+$	0	$-$	0	$+$
$f(x)$	$\nearrow$	0	$\searrow$	-32	$\nearrow$

따라서 함수 $y=f(x)$의 그래프는 오른
쪽 그림과 같으므로 주어진 방정식이
양의 중근과 한 개의 음의 실근을 가지
려면 함수 $y=f(x)$의 그래프와 직선
$y=k$가 x좌표가 양수인 점에서 접하고,
음수인 한 점에서 만나야 하므로

$k=-32$

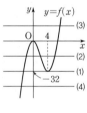

(2) 주어진 방정식이 한 개의 음의 실근과 서로 다른 두 개의 양
의 실근을 가지려면 함수 $y=f(x)$의 그래프와 직선 $y=k$의
교점의 x좌표가 한 개는 음수이고, 두 개는 양수이어야 하므
로 $-32<k<0$

(3) 주어진 방정식이 한 개의 양의 실근을 가지려면 함수
$y=f(x)$의 그래프와 직선 $y=k$의 교점의 x좌표가 양수 한
개뿐이어야 하므로

$k>0$

(4) 주어진 방정식이 한 개의 음의 실근을 가지려면 함수
$y=f(x)$의 그래프와 직선 $y=k$의 교점의 x좌표가 음수 한
개뿐이어야 하므로

$k<-32$

15 (2) 주어진 방정식이 서로 다른 두 개의
양의 실근과 서로 다른 두 개의 음
의 실근을 가지려면 함수 $y=f(x)$
의 그래프와 직선 $y=k$의 교점의 x
좌표가 두 개는 양수이고, 두 개는
음수이어야 하므로 $-1<k<0$

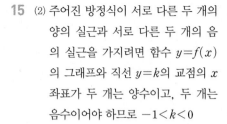

(3) 주어진 방정식이 한 개의 양의 실근과 한 개의 음의 실근을
가지려면 함수 $y=f(x)$의 그래프와 직선 $y=k$의 교점의 x
좌표가 한 개는 양수이고, 한 개는 음수이어야 하므로

$k>0$

16 (1) $-x^4+8x^2-k=0$에서 $-x^4+8x^2=k$

$f(x)=-x^4+8x^2$이라 하면

$f'(x)=-4x^3+16x=-4x(x+2)(x-2)$

$f'(x)=0$에서 $x=-2$ 또는 $x=0$ 또는 $x=2$

함수 $f(x)$의 증가와 감소를 표로 나타내면 다음과 같다.

x	$\cdots$	-2	$\cdots$	0	$\cdots$	2	$\cdots$
$f'(x)$	$+$	0	$-$	0	$+$	0	$-$
$f(x)$	$\nearrow$	16	$\searrow$	0	$\nearrow$	16	$\searrow$

따라서 함수 $y=f(x)$의 그래프는 오른
쪽 그림과 같으므로 주어진 방정식이
양의 중근과 음의 중근을 가지려면 함
수 $y=f(x)$의 그래프와 직선 $y=k$가
x좌표가 양수인 점과 음수인 점에서
각각 접해야 하므로

$k=16$

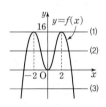

(2) 주어진 방정식이 서로 다른 두 개의 양의 실근과 서로 다른
두 개의 음의 실근을 가지려면 함수 $y=f(x)$의 그래프와 직
선 $y=k$의 교점의 x좌표가 두 개는 양수이고, 두 개는 음수
이어야 하므로

$0<k<16$

(3) 주어진 방정식이 한 개의 양의 실근과 한 개의 음의 실근을
가지려면 함수 $y=f(x)$의 그래프와 직선 $y=k$의 교점의 x
좌표가 한 개는 양수이고, 한 개는 음수이어야 하므로

$k<0$

17 $2x^3-3x^2-12x-k=0$에서 $2x^3-3x^2-12x=k$

$f(x)=2x^3-3x^2-12x$라 하면

$f'(x)=6x^2-6x-12=6(x+1)(x-2)$

$f'(x)=0$에서 $x=-1$ 또는 $x=2$

함수 $f(x)$의 증가와 감소를 표로 나타내면 다음과 같다.

x	$\cdots$	-1	$\cdots$	2	$\cdots$
$f'(x)$	$+$	0	$-$	0	$+$
$f(x)$	$\nearrow$	7	$\searrow$	-20	$\nearrow$

따라서 함수 $y=f(x)$의 그래프는 오른
쪽 그림과 같으므로 주어진 방정식이 한
개의 음의 실근과 서로 다른 두 개의 양
의 실근을 가지려면 함수 $y=f(x)$의 그
래프와 직선 $y=k$의 교점의 x좌표가 한

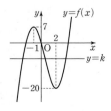

개는 음수이고, 두 개는 양수이어야 하므로

$-20<k<0$

즉 정수 k의 개수는 -19, -18, -17, $\cdots$, -1의 19이다.

02

본문 200쪽

삼차방정식의 근의 판별

1 (1) (✏ 2, 2, 2, $-3+k$, -1, 3)   (2) (✏ -1, 3)

　(3) (✏ -1, 3)

2 (1) $-8<k<100$ (2) $k=-8$ 또는 $k=100$

　(3) $k<-8$ 또는 $k>100$

3 (✏ 1, 1, 1, 4, 4, -4, 0)

4 $0<k<4$　　　　　　5 $-5<k<-4$

6 $-28<k<80$　　　　7 (✏ 극대, 극소, 0, 0)

8 ㄹ　　　　　　　　9 ㄹ

2 (1) $f(x)=x^3+6x^2-15x-k$라 하면

$f'(x)=3x^2+12x-15=3(x+5)(x-1)$

$f'(x)=0$에서 $x=-5$ 또는 $x=1$

함수 $f(x)$의 증가와 감소를 표로 나타내면 다음과 같다.

x	$\cdots$	-5	$\cdots$	1	$\cdots$
$f'(x)$	$+$	0	$-$	0	$+$
$f(x)$	↗	$100-k$	↘	$-8-k$	↗

방정식 $f(x)=0$이 서로 다른 세 실근을 가지려면

$f(-5)f(1)<0$이어야 하므로

$(100-k)(-8-k)<0$

따라서 $-8<k<100$

(2) 방정식 $f(x)=0$이 중근과 다른 한 실근을 가지려면

$f(-5)f(1)=0$이어야 하므로

$(100-k)(-8-k)=0$

따라서 $k=-8$ 또는 $k=100$

(3) 방정식 $f(x)=0$이 한 실근과 두 허근을 가지려면

$f(-5)f(1)>0$이어야 하므로

$(100-k)(-8-k)>0$

따라서 $k<-8$ 또는 $k>100$

4 주어진 두 곡선이 서로 다른 세 점에서 만나려면 방정식

$x^3+3x^2-4x+k=6x^2-4x$, 즉

$x^3-3x^2+k=0$이 서로 다른 세 실근을 가져야 한다.

$f(x)=x^3-3x^2+k$라 하면

$f'(x)=3x^2-6x=3x(x-2)$

$f'(x)=0$에서 $x=0$ 또는 $x=2$

함수 $f(x)$의 증가와 감소를 표로 나타내면 다음과 같다.

x	$\cdots$	0	$\cdots$	2	$\cdots$
$f'(x)$	$+$	0	$-$	0	$+$
$f(x)$	↗	k	↘	$-4+k$	↗

방정식 $f(x)=0$이 서로 다른 세 실근을 가지려면

$f(0)f(2)<0$이어야 하므로 $k(-4+k)<0$

따라서 $0<k<4$

5 주어진 두 곡선이 서로 다른 세 점에서 만나려면 방정식

$x^3-6x^2+7x=-x^3+3x^2-5x-k$, 즉

$2x^3-9x^2+12x+k=0$이 서로 다른 세 실근을 가져야 한다.

$f(x)=2x^3-9x^2+12x+k$라 하면

$f'(x)=6x^2-18x+12=6(x-1)(x-2)$

$f'(x)=0$에서 $x=1$ 또는 $x=2$

함수 $f(x)$의 증가와 감소를 표로 나타내면 다음과 같다.

x	$\cdots$	1	$\cdots$	2	$\cdots$
$f'(x)$	$+$	0	$-$	0	$+$
$f(x)$	↗	$5+k$	↘	$4+k$	↗

방정식 $f(x)=0$이 서로 다른 세 실근을 가지려면

$f(1)f(2)<0$이어야 하므로 $(5+k)(4+k)<0$

따라서 $-5<k<-4$

6 주어진 두 곡선이 서로 다른 세 점에서 만나려면 방정식

$2x^3+4x^2-15x=x^3+x^2+9x+k$, 즉

$x^3+3x^2-24x-k=0$이 서로 다른 세 실근을 가져야 한다.

$f(x)=x^3+3x^2-24x-k$라 하면

$f'(x)=3x^2+6x-24=3(x+4)(x-2)$

$f'(x)=0$에서 $x=-4$ 또는 $x=2$

함수 $f(x)$의 증가와 감소를 표로 나타내면 다음과 같다.

x	$\cdots$	-4	$\cdots$	2	$\cdots$
$f'(x)$	$+$	0	$-$	0	$+$
$f(x)$	↗	$80-k$	↘	$-28-k$	↗

방정식 $f(x)=0$이 서로 다른 세 실근을 가지려면

$f(-4)f(2)<0$이어야 하므로 $(80-k)(-28-k)<0$

따라서 $-28<k<80$

8 함수 $y=f'(x)$의 그래프에서 $x=c$의 좌우에서 $f'(x)$의 부호가 음에서 양으로 바뀌고, $x=e$의 좌우에서 $f'(x)$의 부호가 양에서 음으로 바뀌므로 함수 $f(x)$는 $x=c$에서 극소이고 $x=e$에서 극대이다.

따라서 방정식 $f(x)=0$이 서로 다른 세 실근을 가질 조건은

ㄹ. $f(c)<0$, $f(e)>0$, 즉 $f(c)<0<f(e)$

9 함수 $y=f'(x)$의 그래프에서 $x=c$의 좌우에서 $f'(x)$의 부호가 양에서 음으로 바뀌고, $x=e$의 좌우에서 $f'(x)$의 부호가 음에서 양으로 바뀌므로 함수 $f(x)$는 $x=c$에서 극대이고 $x=e$에서 극소이다.

따라서 방정식 $f(x)=0$이 서로 다른 세 실근을 가질 조건은

ㄹ. $f(c)>0$, $f(e)<0$, 즉 $f(e)<0<f(c)$

부등식에 활용

1 (✎ 1, 1, 1, 2, 2) 　　　　2 풀이 참조 　3 풀이 참조

4 풀이 참조 　　　　　　　　5 (✎ 2, 2, 2, 1, 1)

6 풀이 참조 　7 (✎ 2, 2, 6) 　　　8 풀이 참조

9 $\left(✎ 2, -\dfrac{2}{3}, -8+k, -8+k, -8+k, 8 \right)$

10 $k \geq 5$ 　　　11 $k \leq -1$ 　　12 ⑤

---

2 $f(x)=2x^4-4x^2+3$이라 하면

$f'(x)=8x^3-8x=8x(x+1)(x-1)$

$f'(x)=0$에서 $x=-1$ 또는 $x=0$ 또는 $x=1$

함수 $f(x)$의 증가와 감소를 표로 나타내면 다음과 같다.

x	$\cdots$	-1	$\cdots$	0	$\cdots$	1	$\cdots$
$f'(x)$	$-$	0	$+$	0	$-$	0	$+$
$f(x)$	$\searrow$	1	$\nearrow$	3	$\searrow$	1	$\nearrow$

따라서 함수 $f(x)$는 $x=-1$, $x=1$에서 최솟값 1을 가지므로 모든 실수 x에 대하여 $f(x)>0$, 즉 $2x^4-4x^2+3>0$

---

3 $4x^4-3x^3+16 \geq x^4+5x^3$에서

$3x^4-8x^3+16 \geq 0$

$f(x)=3x^4-8x^3+16$이라 하면

$f'(x)=12x^3-24x^2=12x^2(x-2)$

$f'(x)=0$에서 $x=0$ 또는 $x=2$

함수 $f(x)$의 증가와 감소를 표로 나타내면 다음과 같다.

x	$\cdots$	0	$\cdots$	2	$\cdots$
$f'(x)$	$-$	0	$-$	0	$+$
$f(x)$	$\searrow$	16	$\searrow$	0	$\nearrow$

따라서 함수 $f(x)$는 $x=2$에서 최솟값 0을 가지므로 모든 실수 x에 대하여 $f(x) \geq 0$, 즉 $4x^4-3x^3+16 \geq x^4+5x^3$

---

4 $\dfrac{1}{4}x^4-2x^3+3x^2 \geq -x^3+2x^2$에서

$\dfrac{1}{4}x^4-x^3+x^2 \geq 0$, $x^4-4x^3+4x^2 \geq 0$

$f(x)=x^4-4x^3+4x^2$이라 하면

$f'(x)=4x^3-12x^2+8x=4x(x-1)(x-2)$

$f'(x)=0$에서 $x=0$ 또는 $x=1$ 또는 $x=2$

함수 $f(x)$의 증가와 감소를 표로 나타내면 다음과 같다.

x	$\cdots$	0	$\cdots$	1	$\cdots$	2	$\cdots$
$f'(x)$	$-$	0	$+$	0	$-$	0	$+$
$f(x)$	$\searrow$	0	$\nearrow$	1	$\searrow$	0	$\nearrow$

따라서 함수 $f(x)$는 $x=0$, $x=2$에서 최솟값 0을 가지므로 모든 실수 x에 대하여 $f(x) \geq 0$, 즉 $\dfrac{1}{4}x^4-2x^3+3x^2 \geq -x^3+2x^2$

---

6 $f(x)=2x^3-5x^2-4x+13$이라 하면

$f'(x)=6x^2-10x-4=2(x-2)(3x+1)$

$f'(x)=0$에서 $x=-\dfrac{1}{3}$ 또는 $x=2$

$x>0$일 때, 함수 $f(x)$의 증가와 감소를 표로 나타내면 다음과 같다.

x	(0)	$\cdots$	2	$\cdots$
$f'(x)$		$-$	0	$+$
$f(x)$		$\searrow$	1	$\nearrow$

따라서 $x>0$일 때, 함수 $f(x)$는 $x=2$에서 최솟값 1을 가지므로 $x>0$일 때, $f(x)>0$, 즉 $2x^3-5x^2-4x+13>0$

---

8 $\dfrac{1}{3}x^3+2x^2+4x \geq x^2+x-3$에서

$\dfrac{1}{3}x^3+x^2+3x+3 \geq 0$

$f(x)=\dfrac{1}{3}x^3+x^2+3x+3$이라 하면

$f'(x)=x^2+2x+3=(x+1)^2+2>0$

$x \geq -1$일 때, $f'(x)>0$이므로 $x \geq -1$에서 함수 $f(x)$는 증가하고 $f(-1)=\dfrac{2}{3}$이므로 $f(x) \geq 0$

따라서 $x \geq -1$일 때, $f(x) \geq 0$, 즉 $\dfrac{1}{3}x^3+2x^2+4x \geq x^2+x-3$

---

10 $f(x)=4x^3-3x^2-6x+k$라 하면

$f'(x)=12x^2-6x-6=6(2x+1)(x-1)$

$f'(x)=0$에서 $x=-\dfrac{1}{2}$ 또는 $x=1$

$x>0$일 때, 함수 $f(x)$의 증가와 감소를 표로 나타내면 다음과 같다.

x	(0)	$\cdots$	1	$\cdots$
$f'(x)$		$-$	0	$+$
$f(x)$		$\searrow$	$-5+k$	$\nearrow$

$x>0$일 때, 함수 $f(x)$는 $x=1$에서 최솟값 $-5+k$를 가지므로

$-5+k \geq 0$

따라서 $k \geq 5$

---

11 $2x^3+5x^2 \leq 2x^2-k$에서

$2x^3+3x^2+k \leq 0$

$f(x)=2x^3+3x^2+k$라 하면

$f'(x)=6x^2+6x=6x(x+1)$

$f'(x)=0$에서 $x=-1$ 또는 $x=0$

$x<0$일 때, 함수 $f(x)$의 증가와 감소를 표로 나타내면 다음과 같다.

x	$\cdots$	-1	$\cdots$	(0)
$f'(x)$	$+$	0	$-$	
$f(x)$	$\nearrow$	$1+k$	$\searrow$	

$x<0$일 때, 함수 $f(x)$는 $x=-1$에서 최댓값 $1+k$를 가지므로

$1+k \leq 0$

따라서 $k \leq -1$

12 $f(x)=x^3-6x^2-15x+k$라 하면

$f'(x)=3x^2-12x-15=3(x+1)(x-5)$

$f'(x)=0$에서 $x=-1$ 또는 $x=5$

$-1\le x\le2$일 때, 함수 $f(x)$의 증가와 감소를 표로 나타내면 다음과 같다.

x	-1	$\cdots$	2
$f'(x)$	0	$-$	
$f(x)$	$8+k$	$\searrow$	$-46+k$

$-1\le x\le2$일 때, 함수 $f(x)$는 $x=2$에서 최솟값 $-46+k$를 가지므로

$-46+k\ge0$, 즉 $k\ge46$

따라서 실수 k의 값이 될 수 있는 것은 ⑤이다.

04

본문 204쪽

속도와 가속도

1 (✎ $2t-2$, 2, 3, 4, 2)　　**2** $v=25$, $a=6$

3 $v=8$, $a=10$　　**4** (✎ 0, 12, 0, 2, 2, 2)

5 3　　**6** 1

7 (1) -16　(2) $3t^2-10t-8$　(3) $6t-10$　(4) -11　(5) 8　(6) 4

　　(7) -48

8 (1) (✎ $2t$, 1, 1, 1)　(2) (✎ $6t^2-1$, 5, 2)

　　(3) (✎ $6t-2$, 12, 4)

9 (1) 2　(2) 점 P의 속도: 41, 점 Q의 속도: 21

　　(3) 점 P의 가속도: 34, 점 Q의 가속도: 6

10 (1) × (✎ 0, 0)　(2) × (✎ <, 음)　(3) ○ (✎ =)

　　(4) ○ (✎ 0, 두)

11 (1) ×　(2) ○　(3) ○　(4) ○

12 (1) ○ (✎ >, 양)　(2) ○ (✎ >, 양, <, 음)

　　(3) × (✎ 0, 두)

13 (1) ○　(2) ×　(3) ×　(4) ×

14 (1) (✎ 0, 20, 0, 2, 2, 2)　(2) (✎ 2, 2, 2, 20)

　　(3) (✎ 0, 0, 4, 4, 4)　(4) (✎ 4, 4, -20)

15 (1) 1초　(2) 45 m　(3) 4초　(4) -30 m/s

16 (1) 5초　(2) 75 m

2 $v=\dfrac{dx}{dt}=6t-5$, $a=\dfrac{dv}{dt}=6$

따라서 $t=5$에서의 점 P의 속도와 가속도는

$v=6\times5-5=25$, $a=6$

3 $v=\dfrac{dx}{dt}=3t^2-2t$, $a=\dfrac{dv}{dt}=6t-2$

따라서 $t=2$에서의 점 P의 속도와 가속도는

$v=3\times2^2-2\times2=8$

$a=6\times2-2=10$

5 시각 t에서의 점 P의 속도를 v라 하면

$v=\dfrac{dx}{dt}=-2t+6$

점 P가 운동 방향을 바꿀 때의 속도는 0이므로

$-2t+6=0$, $-2(t-3)=0$, 즉 $t=3$

따라서 점 P가 운동 방향을 바꿀 때의 시각은 3이다.

6 시각 t에서의 점 P의 속도를 v라 하면

$v=\dfrac{dx}{dt}=4t^3-4$

점 P가 운동 방향을 바꿀 때의 속도는 0이므로

$4t^3-4=0$, $4(t-1)(t^2+t+1)=0$, 즉 $t=1$

따라서 점 P가 운동 방향을 바꿀 때의 시각은 1이다.

7 $f(t)=t^3-5t^2-8t$라 하면

(1) $t=1$에서 $t=2$까지의 평균 속도는

$\dfrac{f(2)-f(1)}{2-1}=2^3-5\times2^2-8\times2-(1^3-5\times1^2-8\times1)$

$=-28-(-12)=-16$

(2) 시각 t에서의 점 P의 속도를 v라 하면

$v=\dfrac{dx}{dt}=3t^2-10t-8$

(3) 시각 t에서의 점 P의 가속도를 a라 하면

$a=\dfrac{dv}{dt}=6t-10$

(4) $t=3$에서의 점 P의 속도는

$v=3\times3^2-10\times3-8=-11$

(5) $t=3$에서의 점 P의 가속도는

$a=6\times3-10=8$

(6) 점 P가 운동 방향을 바꿀 때의 속도는 0이므로

$3t^2-10t-8=0$, $(3t+2)(t-4)=0$

$t>0$이므로 $t=4$

따라서 점 P가 운동 방향을 바꿀 때의 시각은 4이다.

(7) $t=4$에서의 점 P의 위치는

$x=4^3-5\times4^2-8\times4=-48$

9 (1) $x_P(t)=x_Q(t)$에서 $2t^3+5t^2-3t=3t^2+9t$

$2t^3+2t^2-12t=0$, $2t(t+3)(t-2)=0$

$t>0$이므로 $t=2$

따라서 두 점 P, Q가 다시 만나는 시각은 2이다.

(2) 두 점 P, Q의 속도를 각각 $v_P(t)$, $v_Q(t)$라 하면

$v_P(t)=6t^2+10t-3$, $v_Q(t)=6t+9$에서

$v_P(2)=6\times2^2+10\times2-3=41$

$v_Q(2)=6\times2+9=21$

(3) 두 점 P, Q의 가속도를 각각 $a_P(t)$, $a_Q(t)$라 하면

$a_P(t)=12t+10$, $a_Q(t)=6$에서

$a_P(2)=12\times2+10=34$

$a_Q(2)=6$

11 (1) $t=a$일 때, $x'(t)>0$이므로 점 P의 속도는 0이 아니다.

(2) $t=b$일 때, 처음으로 $x'(t)=0$이므로 점 P는 운동 방향을 처음으로 바꾼다.

(3) $t=c$일 때, $x'(t)<0$이므로 점 P는 음의 방향으로 움직인다.

(4) $0<t<e$에서 $t=b$, $t=d$일 때, $x'(t)=0$이므로 점 P는 운동 방향을 두 번 바꾼다.

13 (1) $0<t<b$에서 $v(t)<0$이므로 점 P는 음의 방향으로 움직인다.

(2) $v(a)\neq0$이므로 $t=a$에서 점 P는 운동 방향을 바꾸지 않는다.

(3) $t=b$에서 $v'(t)>0$이므로 점 P의 가속도는 양이다.

(4) $c<t<d$에서 그래프의 접선의 기울기는 0이므로 $c<t<d$에서 점 P는 일정한 속도로 움직이고 있다.

15 (1) t초 후의 장난감 로켓의 속도를 v m/s라 하면

$$v=\frac{dh}{dt}=10-10t$$

장난감 로켓이 최고 지점에 도달 할 때의 속도는 0 m/s이므로

$10-10t=0$, $10(1-t)=0$, 즉 $t=1$

따라서 장난감 로켓이 최고 지점에 도달할 때까지 걸린 시간은 1초이다.

(2) $t=1$일 때, 장난감 로켓의 지면으로부터의 높이는

$h=40+10\times1-5\times1^2=45(\text{m})$

(3) 장난감 로켓이 지면에 떨어지는 순간의 높이는 0 m이므로

$40+10t-5t^2=0$, $5(4-t)(2+t)=0$

$t>0$이므로 $t=4$

따라서 장난감 로켓이 지면에 떨어질 때까지 걸린 시간은 4초이다.

(4) $t=4$일 때, 장난감 로켓의 속도는

$v=10-10\times4=-30(\text{m/s})$

16 (1) t초 후의 자동차의 속도를 v라 하면

$$v=\frac{dx}{dt}=30-6t$$

자동차가 정지할 때의 속도는 0 m/s이므로

$30-6t=0$, 즉 $t=5$

따라서 이 자동차가 정지할 때까지 움직인 시간은 5초이다.

(2) $t=5$일 때, 자동차가 움직인 거리는

$30\times5-3\times5^2=75(\text{m})$

시각에 대한 변화율

1 (1) (✎ $y-x$, $y-x$, $2x$, $4t$, 4, 4) (2) (✎ $4t$, $2t$, 2, 2)

2 (1) $(2\sqrt{3}t+6\sqrt{3})$ cm (2) $2\sqrt{3}$ cm/s

3 (1) (✎ $3t$, $3t$, $9\pi t^2$, $18\pi t$, $18\pi t$) (2) (✎ 4, 72π)

4 (1) $\sqrt{3}(2t+4)$ cm²/s (2) $8\sqrt{3}$ cm²/s

5 (1) $(-4t-10)$ cm²/s (2) -22 cm²/s

6 (1) (✎ $2+t$, $2+t$, $3(2+t)^2$, $3(2+t)^2$) (2) (✎ 5, 147)

7 (1) $8\pi(2t+1)^2$ cm³/s (2) 392π cm³/s

8 (1) $3\pi(5+t)(5-t)$ cm³/s (2) 27π cm³/s

2 (1) t초 후의 정삼각형의 한 변의 길이는

$(12+4t)$ cm

정삼각형의 높이를 h cm라 하면

$$h=\frac{\sqrt{3}}{2}(12+4t)=2\sqrt{3}t+6\sqrt{3}$$

따라서 t초 후의 정삼각형의 높이는 $(2\sqrt{3}t+6\sqrt{3})$ cm이다.

(2) $h=2\sqrt{3}t+6\sqrt{3}$의 양변을 t에 대하여 미분하면

$$\frac{dh}{dt}=2\sqrt{3}$$

따라서 정삼각형의 높이의 변화율은 $2\sqrt{3}$ cm/s이다.

4 (1) t초 후의 정삼각형의 한 변의 길이는

$(4+2t)$ cm

정삼각형의 넓이를 S cm²라 하면

$$S=\frac{\sqrt{3}}{4}(4+2t)^2=\sqrt{3}(t^2+4t+4)$$

위의 식의 양변을 t에 대하여 미분하면

$$\frac{dS}{dt}=\sqrt{3}(2t+4)$$

따라서 정삼각형의 넓이의 변화율은 $\sqrt{3}(2t+4)$ cm²/s이다.

(2) 2초 후의 정삼각형의 넓이의 변화율은

$\sqrt{3}(2\times2+4)=8\sqrt{3}(\text{cm}^2/\text{s})$

5 (1) t초 후의 직사각형의 가로의 길이는 $(10+t)$ cm, 세로의 길이는 $(10-2t)$ cm이다. (단, $0<t<5$)

직사각형의 넓이를 S cm²라 하면

$S=(10+t)(10-2t)=-2t^2-10t+100$

위의 식의 양변을 t에 대하여 미분하면

$$\frac{dS}{dt}=-4t-10$$

따라서 직사각형의 넓이의 변화율은 $(-4t-10)$ cm²/s이다.

(2) 직사각형의 넓이가 52 cm²이므로

$-2t^2-10t+100=52$, $t^2+5t-24=0$

$(t+8)(t-3)=0$

이때 $0<t<5$이므로 $t=3$

따라서 직사각형의 넓이가 52 cm²가 될 때, 직사각형의 넓이의 변화율은

$-4\times3-10=-22(\text{cm}^2/\text{s})$

7 (1) t초 후의 고무풍선의 반지름의 길이는

$(1+2t)$ cm

고무풍선의 부피를 V cm³라 하면

$V=\dfrac{4}{3}\pi(1+2t)^3$

위의 식의 양변을 t에 대하여 미분하면

$\dfrac{dV}{dt}=4\pi\times(2t+1)^2\times2$

$\quad=8\pi(2t+1)^2$

따라서 고무풍선의 부피의 변화율은 $8\pi(2t+1)^2$ cm³/s이다.

(2) 3초 후의 고무풍선의 부피의 변화율은

$8\pi(2\times3+1)^2=392\pi\,(\text{cm}^3/\text{s})$

8 (1) t초 후의 원기둥의 밑면의 반지름의 길이는 $(5+t)$ cm, 높이는 $(10-t)$ cm이다. (단, $0<t<10$)

t초 후의 원기둥의 부피를 V cm³라 하면

$V=\pi(5+t)^2(10-t)=\pi(-t^3+75t+250)$

위의 식의 양변을 t에 대하여 미분하면

$\dfrac{dV}{dt}=\pi(-3t^2+75)=3\pi(5+t)(5-t)$

따라서 원기둥의 부피의 변화율은 $3\pi(5+t)(5-t)$ cm³/s이다.

(2) 높이가 6 cm이므로

$10-t=6$, 즉 $t=4$

따라서 높이가 6 cm가 될 때, 원기둥의 부피의 변화율은

$3\pi(5+4)(5-4)=27\pi\,(\text{cm}^3/\text{s})$

TEST 개념 확인
본문 210쪽

1 3	2 ④	3 ②	4 ②
5 ①	6 ①	7 ②	8 ③
9 ①	10 ⑤	11 676π cm³/s	

1 $f(x)=x^3-3x-1$이라 하면

$f'(x)=3x^2-3=3(x+1)(x-1)$

$f'(x)=0$에서 $x=-1$ 또는 $x=1$

함수 $f(x)$의 증가와 감소를 표로 나타내면 다음과 같다.

x	$\cdots$	-1	$\cdots$	1	$\cdots$
$f'(x)$	$+$	0	$-$	0	$+$
$f(x)$	↗	1	↘	-3	↗

따라서 함수 $y=f(x)$의 그래프는 오른쪽 그림과 같으므로 주어진 방정식의 서로 다른 실근의 개수는 3이다.

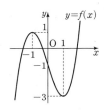

2 $2x^3-9x^2-24x-k=0$에서

$2x^3-9x^2-24x=k$

$f(x)=2x^3-9x^2-24x$라 하면

$f'(x)=6x^2-18x-24=6(x+1)(x-4)$

$f'(x)=0$에서 $x=-1$ 또는 $x=4$

함수 $f(x)$의 증가와 감소를 표로 나타내면 다음과 같다.

x	$\cdots$	-1	$\cdots$	4	$\cdots$
$f'(x)$	$+$	0	$-$	0	$+$
$f(x)$	↗	13	↘	-112	↗

따라서 함수 $y=f(x)$의 그래프는 오른쪽 그림과 같으므로 주어진 방정식이 서로 다른 두 개의 음의 실근과 한 개의 양의 실근을 가지려면 함수 $y=f(x)$의 그래프와 직선 $y=k$의 교점의 x좌표가 두 개는 음수이고 한 개는 양수이어야 하므로

$0<k<13$

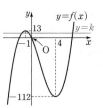

3 주어진 곡선과 직선이 서로 다른 세 점에서 만나려면 방정식 $4x^3-x=2x-k$, 즉 $4x^3-3x+k=0$이 서로 다른 세 실근을 가져야 한다.

$f(x)=4x^3-3x+k$라 하면

$f'(x)=12x^2-3=3(2x+1)(2x-1)$

$f'(x)=0$에서 $x=-\dfrac{1}{2}$ 또는 $x=\dfrac{1}{2}$

함수 $f(x)$의 증가와 감소를 표로 나타내면 다음과 같다.

x	$\cdots$	$-\dfrac{1}{2}$	$\cdots$	$\dfrac{1}{2}$	$\cdots$
$f'(x)$	$+$	0	$-$	0	$+$
$f(x)$	↗	$1+k$	↘	$-1+k$	↗

방정식 $f(x)=0$이 서로 다른 세 실근을 가지려면

$f\left(-\dfrac{1}{2}\right)f\left(\dfrac{1}{2}\right)<0$이어야 하므로

$(1+k)(-1+k)<0$

따라서 $-1<k<1$

4 $f(x)=-x^4+4x^2-4$라 하면

$f'(x)=-4x^3+8x=-4x(x^2-\boxed{2})$

$f'(x)=0$에서 $x=0$ 또는 $x=\boxed{\pm\sqrt2}$

함수 $f(x)$의 증가와 감소를 표로 나타내면 다음과 같다.

x	$\cdots$	$\boxed{-\sqrt2}$	$\cdots$	0	$\cdots$	$\sqrt2$	$\cdots$
$f'(x)$	$+$	0	$-$	0	$+$	0	$-$
$f(x)$	↗	0	↘	-4	↗	0	↘

함수 $f(x)$는 $x=\boxed{\pm\sqrt2}$에서 최댓값 $\boxed{0}$을 가지므로 $f(x)\le0$, 즉 $-x^4+4x^2-4\le\boxed{0}$

따라서 ① 2 ② $\pm\sqrt2$ ③ $-\sqrt2$ ④ 0 ⑤ 0이다.

5 $f(x)=x^3-3x^2+2-k$라 하면

$f'(x)=3x^2-6x=3x(x-2)$

$f'(x)=0$에서 $x=0$ 또는 $x=2$

$x\geq0$일 때, 함수 $f(x)$의 증가와 감소를 표로 나타내면 다음과 같다.

x	0	$\cdots$	2	$\cdots$
$f'(x)$	0	$-$	0	$+$
$f(x)$	$2-k$	$\searrow$	$-2-k$	$\nearrow$

$x\geq0$일 때, 함수 $f(x)$는 $x=2$에서 최솟값 $-2-k$를 가지므로
부등식 $f(x)\geq0$이 성립하려면
$-2-k\geq0$, 즉 $k\leq-2$
따라서 정수 k의 최댓값은 -2이다.

6 점 P의 시각 t에서의 속도를 v, 가속도를 a라 하면
$$v=\frac{dx}{dt}=-2t+4, \quad a=\frac{dv}{dt}=-2$$
따라서 $t=1$에서의 점 P의 속도와 가속도는
$v=-2\times1+4=2$
$a=-2$

7 $t=b$, $t=d$일 때, $v(t)=0$이고 그 좌우에서 $v(t)$의 부호가 바뀌므로 점 P가 운동 방향을 바꾸는 시각은 b, d이다.

8 t초 후의 불꽃의 속도를 v m/s라 하면
$$v=\frac{dh}{dt}=30-10t$$
불꽃이 최고 높이에 도달할 때의 속도는 0 m/s이므로
$30-10t=0$, 즉 $t=3$
따라서 이 불꽃은 쏘아올린 지 3초 후에 폭발한다.

9 t초 후의 자동차의 속도를 v m/s라 하면
$$v=\frac{dx}{dt}=24-4t$$
정지할 때의 속도는 0 m/s이므로
$24-4t=0$, 즉 $t=6$
따라서 브레이크를 밟은 후 정지할 때까지 움직인 거리는
$x=24\times6-2\times6^2=72(\text{m})$

10 t초 후의 정사각형의 한 변의 길이는
$(6+2t)$ cm
정사각형의 넓이를 S cm^{2}라 하면
$S=(6+2t)^2=4t^2+24t+36$
위의 식의 양변을 t에 대하여 미분하면
$$\frac{dS}{dt}=8t+24$$
따라서 4초 후의 정사각형의 넓이의 변화율은
$8\times4+24=56(\text{cm}^2/\text{s})$

11 t초 후의 고무풍선의 반지름의 길이는
$(10+t)$ cm
고무풍선의 부피를 V cm^{3}라 하면
$$V=\frac{4}{3}\pi(10+t)^3$$
위의 식의 양변을 t에 대하여 미분하면

$$\frac{dV}{dt}=4\pi(10+t)^2$$
고무풍선의 반지름의 길이가 13 cm이므로
$10+t=13$, 즉 $t=3$
따라서 3초 후의 고무풍선의 부피의 변화율은
$4\pi(10+3)^2=676\pi(\text{cm}^3/\text{s})$

TEST 개념 발전　6. 도함수의 활용
본문 212쪽

1 ②	2 ③	3 ⑤	4 ④
5 ①	6 ②	7 ④	8 ⑤
9 ③	10 ③	11 -1	12 $k>21$

13 $\dfrac{1}{2}<t<4$　14 32π cm^3/s

1 $4x^4-8x^3-1=x^4-6x^2$에서
$3x^4-8x^3+6x^2-1=0$
$f(x)=3x^4-8x^3+6x^2-1$이라 하면
$f'(x)=12x^3-24x^2+12x=12x(x-1)^2$
$f'(x)=0$에서 $x=0$ 또는 $x=1$
함수 $f(x)$의 증가와 감소를 표로 나타내면 다음과 같다.

x	$\cdots$	0	$\cdots$	1	$\cdots$
$f'(x)$	$-$	0	$+$	0	$+$
$f(x)$	$\searrow$	-1	$\nearrow$	0	$\nearrow$

따라서 함수 $y=f(x)$의 그래프는 오른쪽 그림과 같으므로 주어진 방정식의 서로 다른 실근의 개수는 2이다.

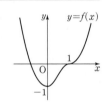

2 $x^4-4x^3-2x^2+12x+1-k=0$에서
$x^4-4x^3-2x^2+12x+1=k$
$f(x)=x^4-4x^3-2x^2+12x+1$이라 하면
$f'(x)=4x^3-12x^2-4x+12=4(x+1)(x-1)(x-3)$
$f'(x)=0$에서 $x=-1$ 또는 $x=1$ 또는 $x=3$
함수 $f(x)$의 증가와 감소를 표로 나타내면 다음과 같다.

x	$\cdots$	-1	$\cdots$	1	$\cdots$	3	$\cdots$
$f'(x)$	$-$	0	$+$	0	$-$	0	$+$
$f(x)$	$\searrow$	-8	$\nearrow$	8	$\searrow$	-8	$\nearrow$

따라서 함수 $y=f(x)$의 그래프는 오른쪽 그림과 같으므로 주어진 방정식이 서로 다른 네 실근을 가지려면 함수 $y=f(x)$의 그래프와 직선 $y=k$가 서로 다른 네 점에서 만나야 하므로
$-8<k<8$

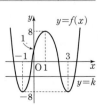

3 주어진 두 곡선이 한 점에서 만나려면 방정식
$12x^2+x+k=-4x^3+x+15$, 즉 $4x^3+12x^2+k-15=0$이 한
실근만을 가져야 한다.
$f(x)=4x^3+12x^2+k-15$라 하면
$f'(x)=12x^2+24x=12x(x+2)$
$f'(x)=0$에서 $x=-2$ 또는 $x=0$
함수 $f(x)$의 증가와 감소를 표로 나타내면 다음과 같다.

x	$\cdots$	-2	$\cdots$	0	$\cdots$
$f'(x)$	$+$	0	$-$	0	$+$
$f(x)$	↗	$k+1$	↘	$k-15$	↗

방정식 $f(x)=0$이 한 실근만을 가지려면
$f(-2)f(0)>0$이어야 하므로
$(k+1)(k-15)>0$, 즉 $k<-1$ 또는 $k>15$
따라서 구하는 자연수 k의 최솟값은 16이다.

4 $3x^4-4x^3+2\geq k$에서
$3x^4-4x^3+2-k\geq 0$
$f(x)=3x^4-4x^3+2-k$라 하면
$f'(x)=12x^3-12x^2=12x^2(x-1)$
$f'(x)=0$에서 $x=0$ 또는 $x=1$
함수 $f(x)$의 증가와 감소를 표로 나타내면 다음과 같다.

x	$\cdots$	0	$\cdots$	1	$\cdots$
$f'(x)$	$-$	0	$-$	0	$+$
$f(x)$	↘	$2-k$	↘	$1-k$	↗

따라서 함수 $f(x)$는 $x=1$에서 최솟값 $1-k$를 가지므로 모든
실수 x에 대하여 부등식 $f(x)\geq 0$이 성립하려면
$1-k\geq 0$
따라서 $k\leq 1$

5 $f(x)=x^3-x^2-x+1$이라 하면
$f'(x)=3x^2-2x-1=(3x+1)(x-1)$
$f'(x)=0$에서 $x=-\dfrac{1}{3}$ 또는 $x=1$
$x\geq 0$일 때, 함수 $f(x)$의 증가와 감소를 표로 나타내면 다음과
같다.

x	0	$\cdots$	$\boxed{1}$	$\cdots$
$f'(x)$		$-$	0	$+$
$f(x)$	1	↘	$\boxed{0}$	↗

따라서 $x\geq 0$일 때, 함수 $f(x)$의 최솟값은 $\boxed{0}$이므로 $x\geq 0$일
때, $f(x)\geq 0$, 즉 $x^3-x^2-x+1\geq 0$
따라서 $a=1$, $b=0$, $c=0$이므로
$a+b+c=1+0+0=1$

6 $3x^3-x^2-12x<x^3+2x^2+k$에서
$2x^3-3x^2-12x-k<0$
$f(x)=2x^3-3x^2-12x-k$라 하면
$f'(x)=6x^2-6x-12=6(x+1)(x-2)$
$f'(x)=0$에서 $x=-1$ 또는 $x=2$

$x<0$일 때, 함수 $f(x)$의 증가와 감소를 표로 나타내면 다음과
같다.

x	$\cdots$	-1	$\cdots$	(0)
$f'(x)$	$+$	0	$-$	
$f(x)$	↗	$7-k$	↘	

따라서 $x<0$일 때, 함수 $f(x)$는 $x=-1$에서 최댓값 $7-k$를
가지므로 부등식 $f(x)<0$이 성립하려면 $7-k<0$, 즉 $k>7$
따라서 정수 k의 최솟값은 8이다.

7 시각 t에서의 점 P의 속도는 $\dfrac{dx}{dt}=2t-8$
점 P가 원점을 지날 때, $x=0$이므로
$t^2-8t=0$, $t(t-8)=0$, 즉 $t=0$ 또는 $t=8$
즉 점 P가 원점을 출발한 후 $t=8$일 때 다시 원점을 지난다.
따라서 $t=8$에서의 점 P의 속도는
$2\times 8-8=8$

8 ① $t=2$일 때, $x'(t)<0$이므로 점 P의 속도는 0이 아니다.
  ② $t=3$일 때, $x(3)=-3$이므로 점 P의 위치는 -3이다. 즉 원
    점이 아니다.
  ③ $x'(t)$의 값이 일정하지 않으므로 점 P의 속력은 일정하지 않
    다.
  ④ $2<t<3$에서 $x'(t)<0$이므로 점 P는 음의 방향으로 움직이
    고, $3<t<4$에서 $x'(t)>0$이므로 점 P는 양의 방향으로 움
    직인다.
  ⑤ $0<t<6$에서 $t=1$, $t=3$, $t=5$일 때, $x'(t)=0$이므로 점 P
    가 운동 방향을 바꾼 것은 세 번이다.
따라서 옳은 것은 ⑤이다.

9 오른쪽 그림과 같이 세은이를 $\overline{\text{AC}}$, 가로
등을 $\overline{\text{PQ}}$, 그림자의 끝을 B라 하자.
t초 후 가로등 밑에서부터 세은이는
x m, 세은이의 그림자의 끝은 y m 떨어
져 있다고 하면
$\triangle \text{PBQ} \backsim \triangle \text{ABC}$ (AA 닮음)
이므로

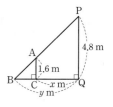

$4.8:1.6=y:(y-x)$
$1.6y=4.8(y-x)$
즉 $y=\dfrac{3}{2}x$
세은이가 4 m/s의 속도로 걸으므로 $x=4t$
즉 $y=6t$
이때 그림자의 길이를 l m라 하면
$l=y-x=6t-4t=2t$
위의 식의 양변을 t에 대하여 미분하면 $\dfrac{dl}{dt}=2$
따라서 그림자의 길이의 변화율은 2 m/s이다.

10 점 P가 출발한 지 t초 후의 두 점 P, Q의 좌표는
$\text{P}(2t, 0)$, $\text{Q}(0, 3(t-1))$

삼각형 OPQ의 넓이를 S라 하면
$$S=\frac{1}{2}\times 2t\times 3(t-1)=3t^2-3t \text{ (단, } t>1)$$
위의 식의 양변을 t에 대하여 미분하면
$$\frac{dS}{dt}=6t-3$$
따라서 $t=4$일 때, 삼각형 OPQ의 넓이의 변화율은
$$6\times 4-3=21$$

11 $y=x^3-1$에서 $y'=3x^2$
점 A$(1,\ a)$에서 이 곡선에 그은 접선의 접점의 좌표를
$(t,\ t^3-1)$이라 하면 접선의 방정식은
$$y-(t^3-1)=3t^2(x-t)$$
즉 $y=3t^2x-2t^3-1$
이 접선이 점 A$(1,\ a)$를 지나므로
$$a=3t^2-2t^3-1$$
즉 $2t^3-3t^2+1+a=0$ $\cdots\cdots$ ㉠
점 A에서 곡선에 서로 다른 두 개의 접선을 그을 수 있으려면
방정식 ㉠이 서로 다른 두 실근을 가져야 한다.
$f(t)=2t^3-3t^2+1+a$라 하면
$$f'(t)=6t^2-6t=6t(t-1)$$
$f'(t)=0$에서 $t=0$ 또는 $t=1$
함수 $f(t)$의 증가와 감소를 표로 나타내면 다음과 같다.

t	$\cdots$	0	$\cdots$	1	$\cdots$
$f'(t)$	$+$	0	$-$	0	$+$
$f(t)$	↗	$1+a$	↘	a	↗

방정식 $f(t)=0$이 서로 다른 두 실근을 가지려면
$f(0)f(1)=0$이어야 하므로
$(1+a)\times a=0$, 즉 $a=-1$ 또는 $a=0$
이때 $a=0$이면 점 A$(1,\ 0)$은 곡선 $y=x^3-1$ 위의 점이므로
$$a=-1$$

12 $1<x<5$일 때, 함수 $y=f(x)$의 그래프가 함수 $y=g(x)$의 그래프보다 항상 위쪽에 있으려면 $1<x<5$일 때, $f(x)>g(x)$이어야 한다.
$h(x)=f(x)-g(x)=2x^3-3x^2-12x+k-1$이라 하면
$$h'(x)=6x^2-6x-12=6(x+1)(x-2)$$
$h'(x)=0$에서 $x=-1$ 또는 $x=2$
$1<x<5$일 때, 함수 $h(x)$의 증가와 감소를 표로 나타내면 다음과 같다.

x	(1)	$\cdots$	2	$\cdots$	(5)
$h'(x)$		$-$	0	$+$	
$h(x)$		↘	$k-21$	↗	

$1<x<5$일 때, 함수 $h(x)$의 최솟값은 $k-21$이므로 부등식
$h(x)>0$, 즉 $f(x)>g(x)$가 성립하려면
$$k-21>0$$
따라서 $k>21$

13 두 점 P, Q의 속도를 각각 v_P, v_Q라 하면
$$v_P=2t-8,\ v_Q=4t-2$$
두 점 P, Q가 서로 반대 방향으로 움직이려면 $v_Pv_Q<0$이어야 하므로
$$(2t-8)(4t-2)<0,\ 4(t-4)(2t-1)<0$$
따라서 $\frac{1}{2}<t<4$

14 물을 넣기 시작한 지 t초 후의 수면의 반지름의 길이를 r cm, 높이를 h cm라 하면 $h=2t$
오른쪽 그림에서
$$5:r=15:2t,\ 15r=10t$$
즉 $r=\frac{2}{3}t$
물의 부피를 V cm^{3}라 하면
$$V=\frac{1}{3}\pi\times\left(\frac{2}{3}t\right)^2\times 2t$$
$$=\frac{8}{27}\pi t^3$$
위의 식의 양변을 t에 대하여 미분하면
$$\frac{dV}{dt}=\frac{8}{9}\pi t^2$$
수면의 높이가 12 cm가 될 때의 시각은
$$12=2t,\ 즉\ t=6$$
따라서 6초 후의 물의 부피의 변화율은
$$\frac{8}{9}\pi\times 6^2=32\pi\,(\text{cm}^3/\text{s})$$

7 부정적분

01

본문 222쪽

부정적분의 뜻

1 ($\mathscr{0}$ $5x+C$)   2 $2x^2+C$ 3 x^3+C

4 x^4+C 5 x^3+5x+C

☺ $\int$, dx, $F(x)$

6 ($\mathscr{0}$ 5)   7 $f(x)=2x+3$

8 $f(x)=-4x+7$ 9 $f(x)=x-6$

10 $f(x)=6x^2-12x+4$ 11 ($\mathscr{0}$ $3b$, 1, $3b$, 1, 1, 1)

12 $a=4$, $b=3$, $c=-2$ 13 ($\mathscr{0}$ 3, $3x+1$, $3x+1$)

14 $f(x)=x+4$

2   $(2x^2)'=4x$이므로 $\displaystyle\int 4x\,dx=2x^2+C$

3   $(x^3)'=3x^2$이므로 $\displaystyle\int 3x^2\,dx=x^3+C$

4   $(x^4)'=4x^3$이므로 $\displaystyle\int 4x^3\,dx=x^4+C$

5   $(x^3+5x)'=3x^2+5$이므로
$$\int (3x^2+5)\,dx=x^3+5x+C$$

7   양변을 x에 대하여 미분하면
$$f(x)=(x^2+3x+C)'=2x+3$$

8   양변을 x에 대하여 미분하면
$$f(x)=(-2x^2+7x+C)'=-4x+7$$

9   양변을 x에 대하여 미분하면
$$f(x)=\left(\frac{1}{2}x^2-6x+C\right)'=x-6$$

10   양변을 x에 대하여 미분하면
$$f(x)=(2x^3-6x^2+4x+C)'=6x^2-12x+4$$

12   양변을 x에 대하여 미분하면
$$2ax^3+bx^2-4x+3=(2x^4+x^3+cx^2+3x+C)'$$
$$=8x^3+3x^2+2cx+3$$
즉 $2a=8$, $b=3$, $-4=2c$이므로
$$a=4,\ b=3,\ c=-2$$

14   양변을 x에 대하여 미분하면
$$(3x-2)f(x)=(x^3+5x^2-8x+C)'$$
$$=3x^2+10x-8$$
$$=(3x-2)(x+4)$$
따라서 $f(x)=x+4$

02

본문 224쪽

부정적분과 미분의 관계

1 ($\mathscr{0}$ $3x^2+2x$)   2 $4x^3-4x$

3 x^4+6x^2-8x 4 ($\mathscr{0}$ $3x^2+2x+C$)

5 $4x^3-4x+C$ 6 x^4+6x^2-8x+C

7 ($\mathscr{0}$ x^2+2x-1, 2)   8 8   9 -2

10 1   11 ($\mathscr{0}$ $3x^2+2x$, 3, $3x^2+2x+3$, 8)

12 5   13 3   14 6   15 -1

☺ $F(x)$, $f(x)$, $f(x)$ 16 ①

2   $\dfrac{d}{dx}\displaystyle\int f(x)dx=f(x)$이므로
$$\frac{d}{dx}\int (4x^3-4x)dx=4x^3-4x$$

3   $\dfrac{d}{dx}\displaystyle\int f(x)dx=f(x)$이므로
$$\frac{d}{dx}\int (x^4+6x^2-8x)dx=x^4+6x^2-8x$$

5   $\displaystyle\int\left\{\dfrac{d}{dx}f(x)\right\}dx=f(x)+C$이므로
$$\int\left\{\frac{d}{dx}(4x^3-4x)\right\}dx=4x^3-4x+C$$

6   $\displaystyle\int\left\{\dfrac{d}{dx}f(x)\right\}dx=f(x)+C$이므로
$$\int\left\{\frac{d}{dx}(x^4+6x^2-8x)\right\}dx=x^4+6x^2-8x+C$$

8   $\dfrac{d}{dx}\displaystyle\int f(x)dx=f(x)$이므로
$$f(x)=3x^2-4x+9$$
따라서 $f(1)=8$

9   $\dfrac{d}{dx}\displaystyle\int f(x)dx=f(x)$이므로
$$f(x)=x^3-2x^2-2x+1$$
따라서 $f(1)=-2$

10   $\dfrac{d}{dx}\displaystyle\int f(x)dx=f(x)$이므로
$$f(x)=3x^4+2x^2-4$$
따라서 $f(1)=1$

12 $F(x)=\int\left\{\dfrac{d}{dx}(6x^2-4x)\right\}dx=6x^2-4x+C$

$F(0)=3$이므로 $C=3$

따라서 $F(x)=6x^2-4x+3$이므로

$F(1)=5$

13 $F(x)=\int\left\{\dfrac{d}{dx}(x^3+2x^2-3x)\right\}dx$

$\qquad=x^3+2x^2-3x+C$

$F(0)=3$이므로 $C=3$

따라서 $F(x)=x^3+2x^2-3x+3$이므로

$F(1)=3$

14 $F(x)=\int\left\{\dfrac{d}{dx}(-2x^3+5x^2)\right\}dx=-2x^3+5x^2+C$

$F(0)=3$이므로 $C=3$

따라서 $F(x)=-2x^3+5x^2+3$이므로

$F(1)=6$

15 $F(x)=\int\left\{\dfrac{d}{dx}(x^4-3x^3+5x^2-7x)\right\}dx$

$\qquad=x^4-3x^3+5x^2-7x+C$

$F(0)=3$이므로 $C=3$

따라서 $F(x)=x^4-3x^3+5x^2-7x+3$이므로

$F(1)=-1$

16 $g(x)=\dfrac{d}{dx}\int f(x)dx$에서 $g(x)=x^2-4x$

$h(x)=\int\left\{\dfrac{d}{dx}f(x)\right\}dx$에서 $h(x)=x^2-4x+C$

이때 $g(3)=-3$, $h(3)=-3+C$이고

$g(3)+h(3)=8$이므로

$-6+C=8$, $C=14$

따라서 $h(x)=x^2-4x+14$이므로

$h(1)=11$

03

본문 226쪽

함수 $y=x^n$과 상수함수의 부정적분

원리확인

❶ 1, x　❷ x, $\dfrac{1}{2}x^2$　❸ x^2, $\dfrac{1}{3}x^3$　❹ x^3, $\dfrac{1}{4}x^4$

1 $\left(\mathscr{l}\,\dfrac{1}{5}x^5+C\right)$　　　**2** $\dfrac{1}{9}x^9+C$

3 $\dfrac{1}{10}x^{10}+C$　　　**4** $\dfrac{1}{4}y^4+C$

5 $\dfrac{1}{6}y^6+C$　　　**6** $\dfrac{1}{8}t^8+C$

7 $(\mathscr{l}\,2,\ 2x+C)$　　**8** $4x+C$

9 $7x+C$　　　**10** $11x+C$

☺ $\dfrac{1}{n+1}$, $n+1$, kx

---

2 $\displaystyle\int x^8\,dx=\dfrac{1}{8+1}x^{8+1}+C=\dfrac{1}{9}x^9+C$

3 $\displaystyle\int x^9\,dx=\dfrac{1}{9+1}x^{9+1}+C=\dfrac{1}{10}x^{10}+C$

4 $\displaystyle\int y^3\,dy=\dfrac{1}{3+1}y^{3+1}+C=\dfrac{1}{4}y^4+C$

5 $\displaystyle\int y^5\,dy=\dfrac{1}{5+1}y^{5+1}+C=\dfrac{1}{6}y^6+C$

6 $\displaystyle\int t^7\,dt=\dfrac{1}{7+1}t^{7+1}+C=\dfrac{1}{8}t^8+C$

8 $(4x)'=4$이므로 $\displaystyle\int 4\,dx=4x+C$

9 $(7x)'=7$이므로 $\displaystyle\int 7\,dx=7x+C$

10 $(11x)'=11$이므로 $\displaystyle\int 11\,dx=11x+C$

04

본문 228쪽

함수의 실수배, 합, 차의 부정적분

1 $\left(\mathscr{l}\,x^2,\ 6,\ \dfrac{1}{3},\ 6,\ 6\right)$　　**2** $\dfrac{1}{5}x^5+\dfrac{1}{3}x^3+C$

3 $2x^4+2x^3-4x+C$　　**4** $\dfrac{1}{3}x^3+\dfrac{t}{2}x^2+t^2x+C$

5 $(\mathscr{l}\,3x^2+2x,\ x^3+x^2+C)$

6 x^3-5x^2-8x+C　　**7** $x^4-4x^3+\dfrac{1}{2}x^2-3x+C$

8 $\dfrac{1}{4}x^4-x+C$

9 $(\mathscr{l}\,9x^2+12x+4,\ 3x^3+6x^2+4x+C)$

10 $\dfrac{1}{3}x^3-3x^2+9x+C$　　**11** $\dfrac{1}{4}x^4+2x^3+6x^2+8x+C$

12 $2x^4-20x^3+75x^2-125x+C$　　　**13** ③

14 $\left(\mathscr{l}\,x-2,\ \dfrac{1}{2}x^2-2x+C\right)$

15 $\dfrac{1}{2}x^2-3x+C$　　**16** $\dfrac{1}{3}x^3+x^2+4x+C$

17 $\dfrac{1}{3}x^3-\dfrac{3}{2}x^2+9x+C$　　**18** $\dfrac{4}{3}x^3-2x^2+x+C$

19 $(\mathscr{l}\,4x-2,\ 2x^2-2x+C)$

20 $\dfrac{1}{3}x^3-2x+C$　　**21** x^3+x^2+C

22 $3x^2+4x+C$　　　**23** ④

2 $\displaystyle\int (x^4+x^2)dx=\int x^4\,dx+\int x^2\,dx$

$\qquad\qquad\qquad =\dfrac{1}{5}x^5+\dfrac{1}{3}x^3+C$

3 $\displaystyle\int (8x^3+6x^2-4)dx=8\int x^3\,dx+6\int x^2\,dx-4\int 1\,dx$

$\qquad\qquad\qquad\qquad =8\times\dfrac{1}{4}x^4+6\times\dfrac{1}{3}x^3-4\times x+C$

$\qquad\qquad\qquad\qquad =2x^4+2x^3-4x+C$

4 $\displaystyle\int (x^2+tx+t^2)dx$

$\quad =\displaystyle\int x^2\,dx+t\int x\,dx+t^2\int 1\,dx$

$\quad =\dfrac{1}{3}x^3+t\times\dfrac{1}{2}x^2+t^2\times x+C$

$\quad =\dfrac{1}{3}x^3+\dfrac{t}{2}x^2+t^2x+C$

6 $\displaystyle\int (3x+2)(x-4)dx=\int (3x^2-10x-8)dx$

$\qquad\qquad\qquad\qquad =x^3-5x^2-8x+C$

7 $\displaystyle\int (4x^2+1)(x-3)dx=\int (4x^3-12x^2+x-3)dx$

$\qquad\qquad\qquad\qquad\quad =x^4-4x^3+\dfrac{1}{2}x^2-3x+C$

8 $\displaystyle\int (x-1)(x^2+x+1)dx=\int (x^3-1)dx$

$\qquad\qquad\qquad\qquad\quad =\dfrac{1}{4}x^4-x+C$

10 $\displaystyle\int (x-3)^2\,dx=\int (x^2-6x+9)dx$

$\qquad\qquad\qquad =\dfrac{1}{3}x^3-3x^2+9x+C$

11 $\displaystyle\int (x+2)^3\,dx=\int (x^3+6x^2+12x+8)dx$

$\qquad\qquad\qquad =\dfrac{1}{4}x^4+2x^3+6x^2+8x+C$

12 $\displaystyle\int (2x-5)^3\,dx=\int (8x^3-60x^2+150x-125)dx$

$\qquad\qquad\qquad\quad =2x^4-20x^3+75x^2-125x+C$

13 $\displaystyle\int (px^2+qx-2)dx=\dfrac{p}{3}x^3+\dfrac{q}{2}x^2-2x+C$이므로

$\quad \dfrac{p}{3}=3,\ \dfrac{q}{2}=-2,\ -2=r$

따라서 $p=9,\ q=-4,\ r=-2$이므로

$p+q+r=3$

[다른 풀이]

$\displaystyle\int (px^2+qx-2)dx=3x^3-2x^2+rx+C$의 양변을 x에 대하여

미분하면

$px^2+qx-2=9x^2-4x+r$

따라서 $p=9,\ q=-4,\ r=-2$이므로

$p+q+r=3$

15 $\displaystyle\int \dfrac{x^2-2x-3}{x+1}dx=\int \dfrac{(x+1)(x-3)}{x+1}dx$

$\qquad\qquad\qquad\quad =\displaystyle\int (x-3)dx$

$\qquad\qquad\qquad\quad =\dfrac{1}{2}x^2-3x+C$

16 $\displaystyle\int \dfrac{x^3-8}{x-2}dx=\int \dfrac{(x-2)(x^2+2x+4)}{x-2}dx$

$\qquad\qquad\qquad =\displaystyle\int (x^2+2x+4)dx$

$\qquad\qquad\qquad =\dfrac{1}{3}x^3+x^2+4x+C$

17 $\displaystyle\int \dfrac{x^3+27}{x+3}dx=\int \dfrac{(x+3)(x^2-3x+9)}{x+3}dx$

$\qquad\qquad\qquad =\displaystyle\int (x^2-3x+9)dx$

$\qquad\qquad\qquad =\dfrac{1}{3}x^3-\dfrac{3}{2}x^2+9x+C$

18 $\displaystyle\int \dfrac{8x^3-12x^2+6x-1}{2x-1}dx=\int \dfrac{(2x-1)^3}{2x-1}dx$

$\qquad\qquad\qquad\qquad\quad =\displaystyle\int (2x-1)^2\,dx$

$\qquad\qquad\qquad\qquad\quad =\displaystyle\int (4x^2-4x+1)dx$

$\qquad\qquad\qquad\qquad\quad =\dfrac{4}{3}x^3-2x^2+x+C$

20 $\displaystyle\int (x^2-3x+2)dx+\int (3x-4)dx$

$\quad =\displaystyle\int (x^2-2)dx$

$\quad =\dfrac{1}{3}x^3-2x+C$

21 $\displaystyle\int (4x^2-3x+2)dx-\int (x^2-5x+2)dx$

$\quad =\displaystyle\int (3x^2+2x)dx$

$\quad =x^3+x^2+C$

22 $\displaystyle\int (2x+1)^2dx-\int (4x^2-2x-3)dx$

$\quad =\displaystyle\int (4x^2+4x+1)dx-\int (4x^2-2x-3)dx$

$\quad =\displaystyle\int (6x+4)dx$

$\quad =3x^2+4x+C$

23 $f(x)=\displaystyle\int \dfrac{x^3}{x-2}dx-\int \dfrac{8}{x-2}dx$

$\qquad\quad =\displaystyle\int \dfrac{x^3-8}{x-2}dx=\int \dfrac{(x-2)(x^2+2x+4)}{x-2}dx$

$\qquad\quad =\displaystyle\int (x^2+2x+4)dx$

$\qquad\quad =\dfrac{1}{3}x^3+x^2+4x+C$

$f(0)=-\dfrac{4}{3}$이므로 $C=-\dfrac{4}{3}$

따라서 $f(x)=\dfrac{1}{3}x^3+x^2+4x-\dfrac{4}{3}$이므로

$f(1)=\dfrac{1}{3}+1+4-\dfrac{4}{3}=4$

본문 231쪽

1 ②　　　2 ①　　　3 ④　　　4 ⑤

5 35　　　6 −15

1　$\displaystyle\int f(x)dx=2x^3-6x^2+4x+C$의 양변을 x에 대하여 미분하면

$f(x)=6x^2-12x+4$

따라서 $f(1)=-2$

2　$\displaystyle\int \{f(x)g(x)-3\}dx=\dfrac{1}{4}x^4+5x+C$의 양변을 x에 대하여 미

분하면

$f(x)g(x)-3=x^3+5$

$f(x)g(x)=x^3+8=(x+2)(x^2-2x+4)$

$f(x)=x+2$이므로 $g(x)=x^2-2x+4$

3　$f(x)=\displaystyle\int \left\{\dfrac{d}{dx}(2x^2-8x)\right\}dx$에서

$f(x)=2x^2-8x+C=2(x-2)^2+C-8$

함수 $f(x)$의 최솟값이 2이므로 $C-8=2$, 즉 $C=10$

따라서 $f(x)=2x^2-8x+10$이므로 $f(0)=10$

4　$f(x)=\displaystyle\int dx+2\int x\,dx+3\int x^2\,dx+\cdots+10\int x^9\,dx$

　　$=\displaystyle\int (1+2x+3x^2+\cdots+10x^9)dx$

　　$=x+x^2+x^3+\cdots+x^{10}+C$

$f(0)=-5$이므로 $C=-5$

따라서 $f(x)=x+x^2+x^3+\cdots+x^{10}-5$이므로

$f(1)=5$

5　$f(x)=\displaystyle\int (2x+1)(4x^2-2x+1)dx-\int 2x(2x-3)^2\,dx$

　　$=\displaystyle\int (8x^3+1)dx-\int (8x^3-24x^2+18x)dx$

　　$=\displaystyle\int (24x^2-18x+1)dx$

　　$=8x^3-9x^2+x+C$

$f(1)=5$이므로 $C=5$

따라서 $f(x)=8x^3-9x^2+x+5$이므로

$f(2)=64-36+2+5=35$

6　$f(x)=\displaystyle\int \dfrac{3x^3-5x}{x-2}dx+\int \dfrac{5x-24}{x-2}dx$

　　$=\displaystyle\int \dfrac{3x^3-24}{x-2}dx$

　　$=\displaystyle\int \dfrac{3(x-2)(x^2+2x+4)}{x-2}dx$

　　$=\displaystyle\int (3x^2+6x+12)dx$

　　$=x^3+3x^2+12x+C$

$f(0)=-16$이므로 $C=-16$

즉 $f(x)=x^3+3x^2+12x-16$

따라서 삼차방정식 $x^3+3x^2+12x-16=0$에서 삼차방정식의

근과 계수의 관계에 의하여

$\alpha+\beta+\gamma=-3$, $\alpha\beta+\beta\gamma+\gamma\alpha=12$이므로

$\alpha^2+\beta^2+\gamma^2=(\alpha+\beta+\gamma)^2-2(\alpha\beta+\beta\gamma+\gamma\alpha)$

　　　　　　　$=(-3)^2-2\times12=-15$

05

본문 232쪽

부정적분과 도함수

1 ($\mathscr{D}$ x^3+2x^2-2x+C, 2, x^3+2x^2-2x+2)

2 $f(x)=2x^2+7x+5$　　　3 $f(x)=-x^3+3x^2+x+1$

4 $f(x)=x^4-2x^3+x^2-4$　　5 $f(x)=x^3+x^2-x+2$

6 $f(x)=2x^4+x-3$

7 ($\mathscr{D}$ $2x+3$, x^2+3x, -2, x^2+3x-2)

8 $f(x)=2x^2-5x+3$　　　9 $f(x)=x^3+x^2-4$

10 $f(x)=x^4+3x^2$　　　11 $f(x)=x^3-2x^2+x-1$

12 (-3, -3, 1, -3, 1, 3, -2)

13 2　　　　　　　14 32

15 ($\mathscr{D}$ 극솟값, 극댓값, $\dfrac{a}{3}x^3-ax^2$, 6, 6, 8, $-\dfrac{3}{2}$,

　　　$-\dfrac{1}{2}x^3+\dfrac{3}{2}x^2+6$)

16 $f(x)=\dfrac{1}{3}x^3-x^2+3$　　17 0

18 20　　　19 ($\mathscr{D}$ 10, 10, 6, 6, 4)　　20 35

21 7　　　22 5

2　$f'(x)=4x+7$이므로

$f(x)=\displaystyle\int f'(x)dx$

　　$=\displaystyle\int (4x+7)dx$

　　$=2x^2+7x+C$

$f(-1)=0$이므로 $2-7+C=0$, $C=5$

따라서 $f(x)=2x^2+7x+5$

3 $f'(x)=-3x^2+6x+1$이므로

$$f(x)=\int f'(x)dx$$
$$=\int(-3x^2+6x+1)dx$$
$$=-x^3+3x^2+x+C$$

$f(1)=4$이므로 $-1+3+1+C=4$, $C=1$

따라서 $f(x)=-x^3+3x^2+x+1$

4 $f'(x)=4x^3-6x^2+2x$이므로

$$f(x)=\int f'(x)dx$$
$$=\int(4x^3-6x^2+2x)dx$$
$$=x^4-2x^3+x^2+C$$

$f(2)=0$이므로 $16-16+4+C=0$, $C=-4$

따라서 $f(x)=x^4-2x^3+x^2-4$

5 $f'(x)=(3x-1)(x+1)$이므로

$$f(x)=\int f'(x)dx$$
$$=\int(3x-1)(x+1)dx$$
$$=\int(3x^2+2x-1)dx$$
$$=x^3+x^2-x+C$$

$f(1)=3$이므로 $1+1-1+C=3$, $C=2$

따라서 $f(x)=x^3+x^2-x+2$

6 $f'(x)=(2x+1)(4x^2-2x+1)$이므로

$$f(x)=\int f'(x)dx$$
$$=\int(2x+1)(4x^2-2x+1)dx$$
$$=\int(8x^3+1)dx$$
$$=2x^4+x+C$$

$f(1)=0$이므로 $2+1+C=0$, $C=-3$

따라서 $f(x)=2x^4+x-3$

8 곡선 $y=f(x)$ 위의 점 $(x, f(x))$에서의 접선의 기울기가 $4x-5$이므로

$$f'(x)=4x-5$$
$$f(x)=\int f'(x)dx$$
$$=\int(4x-5)dx$$
$$=2x^2-5x+C$$

곡선 $y=f(x)$가 점 $(0, 3)$을 지나므로

$f(0)=C=3$

따라서 $f(x)=2x^2-5x+3$

9 곡선 $y=f(x)$ 위의 점 $(x, f(x))$에서의 접선의 기울기가 $3x^2+2x$이므로

$$f'(x)=3x^2+2x$$
$$f(x)=\int f'(x)dx$$
$$=\int(3x^2+2x)dx$$
$$=x^3+x^2+C$$

곡선 $y=f(x)$가 점 $(1, -2)$를 지나므로

$f(1)=1+1+C=-2$, $C=-4$

따라서 $f(x)=x^3+x^2-4$

10 곡선 $y=f(x)$ 위의 점 $(x, f(x))$에서의 접선의 기울기가 $4x^3+6x$이므로

$$f'(x)=4x^3+6x$$
$$f(x)=\int f'(x)dx$$
$$=\int(4x^3+6x)dx$$
$$=x^4+3x^2+C$$

곡선 $y=f(x)$가 점 $(-1, 4)$를 지나므로

$f(-1)=1+3+C=4$, $C=0$

따라서 $f(x)=x^4+3x^2$

11 곡선 $y=f(x)$ 위의 점 $(x, f(x))$에서의 접선의 기울기가 $(3x-1)(x-1)$이므로

$$f'(x)=(3x-1)(x-1)=3x^2-4x+1$$
$$f(x)=\int f'(x)dx$$
$$=\int(3x^2-4x+1)dx$$
$$=x^3-2x^2+x+C$$

곡선 $y=f(x)$가 점 $(1, -1)$을 지나므로

$f(1)=1-2+1+C=-1$, $C=-1$

따라서 $f(x)=x^3-2x^2+x-1$

13 $f'(x)=x^2-2x=x(x-2)$

$f'(x)=0$에서 $x=0$ 또는 $x=2$

함수 $f(x)$의 증가와 감소를 표로 나타내면 다음과 같다.

x	$\cdots$	0	$\cdots$	2	$\cdots$
$f'(x)$	$+$	0	$-$	0	$+$
$f(x)$	$\nearrow$	극대	$\searrow$	극소	$\nearrow$

즉 함수 $f(x)$는 $x=0$에서 극댓값을 갖고, $x=2$에서 극솟값을 갖는다. 이때

$$f(x)=\int f'(x)dx$$
$$=\int(x^2-2x)dx$$
$$=\frac{1}{3}x^3-x^2+C$$

이고 극솟값이 $\frac{2}{3}$이므로

$f(2)=\dfrac{8}{3}-4+C=\dfrac{2}{3}$, $C=2$

따라서 $f(x)=\dfrac{1}{3}x^3-x^2+2$이므로 극댓값은 $f(0)=2$

14 $f'(x)=-3x^2+12x=-3x(x-4)$

$f'(x)=0$에서 $x=0$ 또는 $x=4$

함수 $f(x)$의 증가와 감소를 표로 나타내면 다음과 같다.

x	$\cdots$	0	$\cdots$	4	$\cdots$
$f'(x)$	$-$	0	$+$	0	$-$
$f(x)$	$\searrow$	극소	$\nearrow$	극대	$\searrow$

즉 함수 $f(x)$는 $x=0$에서 극솟값을 갖고, $x=4$에서 극댓값을 갖는다. 이때

$$f(x)=\int f'(x)dx$$
$$=\int(-3x^2+12x)dx$$
$$=-x^3+6x^2+C$$

이고 극솟값이 0이므로 $f(0)=C=0$

따라서 $f(x)=-x^3+6x^2$이므로 극댓값은

$f(4)=-64+96=32$

16 주어진 그래프에서

$f'(x)=ax(x-2)=ax^2-2ax\,(a>0)$

$f'(1)=a-2a=-1$이므로 $a=1$

즉 $f'(x)=x^2-2x$

함수 $f(x)$는 $x=0$에서 극댓값을 갖고, $x=2$에서 극솟값을 갖는다. 이때

$$f(x)=\int f'(x)dx$$
$$=\int(x^2-2x)dx$$
$$=\dfrac{1}{3}x^3-x^2+C$$

이고 $f(0)=3$이므로 $C=3$

따라서 $f(x)=\dfrac{1}{3}x^3-x^2+3$

17 주어진 그래프에서

$f'(x)=ax(x-2)=ax^2-2ax\,(a<0)$

$f'(1)=a-2a=3$이므로 $a=-3$

즉 $f'(x)=-3x^2+6x$

함수 $f(x)$는 $x=0$에서 극솟값을 갖고, $x=2$에서 극댓값을 갖는다. 이때

$$f(x)=\int f'(x)dx$$
$$=\int(-3x^2+6x)dx$$
$$=-x^3+3x^2+C$$

$f(0)=-4$이므로 $C=-4$

따라서 $f(x)=-x^3+3x^2-4$이므로 극댓값은

$f(2)=-8+12-4=0$

18 주어진 그래프에서

$f'(x)=a(x+1)(x-1)=ax^2-a\,(a>0)$

함수 $f(x)$는 $x=-1$에서 극댓값을 갖고, $x=1$에서 극솟값을 갖는다. 이때

$$f(x)=\int f'(x)dx$$
$$=\int(ax^2-a)dx$$
$$=\dfrac{a}{3}x^3-ax+C$$

$f(-1)=20$이므로 $-\dfrac{a}{3}+a+C=20$ $\quad$ …… ㉠

$f(1)=8$이므로 $\dfrac{a}{3}-a+C=8$ $\quad$ …… ㉡

㉠, ㉡을 연립하여 풀면 $C=14$, $a=9$

따라서 $f(x)=3x^3-9x+14$이므로

$f(2)=24-18+14=20$

20 $f'(x)=\begin{cases}2x & (x>2) \\ 6x^2-3 & (x<2)\end{cases}$이므로

$f(x)=\begin{cases}x^2+C_1 & (x>2) \\ 2x^3-3x+C_2 & (x<2)\end{cases}$

$f(1)=2-3+C_2=3$이므로 $C_2=4$

$x=2$에서 연속이므로 $\lim\limits_{x\to2+}f(x)=\lim\limits_{x\to2-}f(x)$

$\lim\limits_{x\to2+}(x^2+C_1)=\lim\limits_{x\to2-}(2x^3-3x+4)$

$4+C_1=16-6+4$, $C_1=10$

따라서 $f(5)=25+10=35$

21 $f'(x)=3x-|x|=\begin{cases}2x & (x>0) \\ 4x & (x<0)\end{cases}$이므로

$f(x)=\begin{cases}x^2+C_1 & (x>0) \\ 2x^2+C_2 & (x<0)\end{cases}$

$f(1)=1+C_1=0$이므로 $C_1=-1$

$x=0$에서 연속이므로 $\lim\limits_{x\to0+}f(x)=\lim\limits_{x\to0-}f(x)$

$\lim\limits_{x\to0+}(x^2-1)=\lim\limits_{x\to0-}(2x^2+C_2)$

$C_2=-1$

따라서 $f(-2)=8+(-1)=7$

22 $f'(x)=\begin{cases}4x+1 & (x>-1) \\ k & (x<-1)\end{cases}$이므로

$f(x)=\begin{cases}2x^2+x+C_1 & (x>-1) \\ kx+C_2 & (x<-1)\end{cases}$

$f(1)=2+1+C_1=5$이므로 $C_1=2$

$f(-2)=-2k+C_2=4$이므로 $C_2=2k+4$

$x=-1$에서 연속이므로 $\lim\limits_{x\to-1+}f(x)=\lim\limits_{x\to-1-}f(x)$

$\lim\limits_{x\to-1+}(2x^2+x+2)=\lim\limits_{x\to-1-}(kx+2k+4)$

$2-1+2=-k+2k+4$, $k=-1$

즉 $C_2=2\times(-1)+4=2$

따라서 $f(-3)=-1\times(-3)+2=5$

도함수 정의를 이용한 부정적분

1 ($\mathscr{Q} 2f'(1)$, x^2+3x-2, 2, 4)

2 30 3 -4 4 2

5 ($\mathscr{Q} 6x-2$, 2, $3x^2-2x+2$)

6 $f(x)=x^3-x^2+4x+1$ 7 $f(x)=x^3-2x^2+2x+6$

8 $f(x)=-x^4+x^3-2x+3$

9 ($\mathscr{Q} 0$, $2x+1$, x^2+x, 0, x^2+x)

10 $f(x)=2x-4$ 11 $f(x)=-x^3+3x-1$

2 $\displaystyle\lim_{h\to 0}\frac{f(2+h)-f(2-h)}{h}$

$\displaystyle=\lim_{h\to 0}\left\{\frac{f(2+h)-f(2)}{h}-\frac{f(2-h)-f(2)}{h}\right\}$

$=f'(2)+f'(2)=2f'(2)$

$f(x)=\displaystyle\int(3x^2+4x-5)dx$의 양변을 x에 대하여 미분하면

$f'(x)=3x^2+4x-5$

따라서 $f'(2)=12+8-5=15$이므로

$2f'(2)=2\times 15=30$

3 $\displaystyle\lim_{h\to 0}\frac{f(h)-f(-h)}{4h}$

$=\dfrac{1}{4}\displaystyle\lim_{h\to 0}\left\{\frac{f(h)-f(0)}{h}-\frac{f(-h)-f(0)}{h}\right\}$

$=\dfrac{1}{4}\{f'(0)+f'(0)\}=\dfrac{1}{2}f'(0)$

$f(x)=\displaystyle\int(x-2)(x^2+2x+4)dx$의 양변을 x에 대하여 미분하면

$f'(x)=(x-2)(x^2+2x+4)$

따라서 $f'(0)=(-2)\times 4=-8$이므로

$\dfrac{1}{2}f'(0)=\dfrac{1}{2}\times(-8)=-4$

4 $\displaystyle\lim_{x\to 2}\frac{f(x)-f(2)}{x^3-8}$

$=\displaystyle\lim_{x\to 2}\frac{f(x)-f(2)}{x-2}\times\frac{1}{x^2+2x+4}$

$=\dfrac{1}{12}f'(2)$

$f(x)=\displaystyle\int(3x^3+4x-8)dx$의 양변을 x에 대하여 미분하면

$f'(x)=3x^3+4x-8$

따라서 $f'(2)=24+8-8=24$이므로

$\dfrac{1}{12}f'(2)=\dfrac{1}{12}\times 24=2$

6 $\displaystyle\lim_{h\to 0}\frac{f(x+h)-f(x-h)}{h}$

$=\displaystyle\lim_{h\to 0}\left\{\frac{f(x+h)-f(x)}{h}-\frac{f(x-h)-f(x)}{h}\right\}$

$=f'(x)+f'(x)$

$=2f'(x)=6x^2-4x+8$

즉 $f'(x)=3x^2-2x+4$이므로

$f(x)=\displaystyle\int(3x^2-2x+4)dx=x^3-x^2+4x+C$

$f(0)=1$이므로 $C=1$

따라서 $f(x)=x^3-x^2+4x+1$

7 $\displaystyle\lim_{h\to 0}\frac{f(x+h)-f(x-2h)}{h}$

$=\displaystyle\lim_{h\to 0}\left\{\frac{f(x+h)-f(x)}{h}-\frac{f(x-2h)-f(x)}{h}\right\}$

$=f'(x)+2f'(x)$

$=3f'(x)=9x^2-12x+6$

즉 $f'(x)=3x^2-4x+2$이므로

$f(x)=\displaystyle\int(3x^2-4x+2)dx=x^3-2x^2+2x+C$

$f(-1)=-1-2-2+C=1$이므로 $C=6$

따라서 $f(x)=x^3-2x^2+2x+6$

8 $\displaystyle\lim_{h\to 0}\frac{f(x-h)-f(x+3h)}{h}$

$=\displaystyle\lim_{h\to 0}\left\{\frac{f(x-h)-f(x)}{h}-\frac{f(x+3h)-f(x)}{h}\right\}$

$=-f'(x)-3f'(x)$

$=-4f'(x)=16x^3-12x^2+8$

즉 $f'(x)=-4x^3+3x^2-2$이므로

$f(x)=\displaystyle\int(-4x^3+3x^2-2)dx=-x^4+x^3-2x+C$

$f(0)=3$이므로 $C=3$

따라서 $f(x)=-x^4+x^3-2x+3$

10 주어진 식에 $x=0$, $y=0$을 대입하면 $f(0)=-4$

$f'(0)=\displaystyle\lim_{h\to 0}\frac{f(0+h)-f(0)}{h}=\lim_{h\to 0}\frac{f(h)+4}{h}=2$

이므로

$f'(x)=\displaystyle\lim_{h\to 0}\frac{f(x+h)-f(x)}{h}$

$=\displaystyle\lim_{h\to 0}\frac{f(x)+f(h)+4-f(x)}{h}$

$=\displaystyle\lim_{h\to 0}\frac{f(h)+4}{h}$

$=2$

즉 $f(x)=\displaystyle\int 2\,dx=2x+C$

$f(0)=-4$에서 $C=-4$

따라서 $f(x)=2x-4$

11 주어진 식에 $x=0$, $y=0$을 대입하면 $f(0)=-1$

$f'(0)=\displaystyle\lim_{h\to 0}\frac{f(0+h)-f(0)}{h}=\lim_{h\to 0}\frac{f(h)+1}{h}=3$

이므로

$f'(x)=\displaystyle\lim_{h\to 0}\frac{f(x+h)-f(x)}{h}$

$=\displaystyle\lim_{h\to 0}\frac{f(x)+f(h)-3x^2h-3xh^2+1-f(x)}{h}$

$$=\lim_{h\to 0}\frac{f(h)-3x^2h-3xh^2+1}{h}$$
$$=\lim_{h\to 0}\frac{f(h)+1}{h}-3x^2$$
$$=-3x^2+3$$

즉 $f(x)=\displaystyle\int(-3x^2+3)dx=-x^3+3x+C$

$f(0)=-1$에서 $C=-1$

따라서 $f(x)=-x^3+3x-1$

---

4 $\displaystyle\int f(x)dx=xf(x)+3x^4-4x^3+2x^2+C$의 양변을 x에 대하여 미분하면

$f(x)=f(x)+xf'(x)+12x^3-12x^2+4x$

$xf'(x)=-12x^3+12x^2-4x$

$f'(x)=-12x^2+12x-4$

$f(x)=\displaystyle\int f'(x)dx$

$\qquad=\displaystyle\int(-12x^2+12x-4)dx$

$\qquad=-4x^3+6x^2-4x+C$

$f(1)=2$이므로 $-4+6-4+C=2$, $C=4$

따라서 $f(x)=-4x^3+6x^2-4x+4$

07

본문 238쪽

다항함수와 그 부정적분 사이의 관계

1 (✎ $4x$, 4, $4x$, 3, $4x+3$)

2 $f(x)=\dfrac{3}{2}x^2-4x+\dfrac{7}{2}$

3 $f(x)=3x^2-6x+3$

4 $f(x)=-4x^3+6x^2-4x+4$

2 $F(x)=xf(x)-x^3+2x^2+1$의 양변을 x에 대하여 미분하면

$f(x)=f(x)+xf'(x)-3x^2+4x$

$xf'(x)=3x^2-4x$

$f'(x)=3x-4$

$f(x)=\displaystyle\int f'(x)dx$

$\qquad=\displaystyle\int(3x-4)dx$

$\qquad=\dfrac{3}{2}x^2-4x+C$

$f(1)=1$이므로 $\dfrac{3}{2}-4+C=1$, $C=\dfrac{7}{2}$

따라서 $f(x)=\dfrac{3}{2}x^2-4x+\dfrac{7}{2}$

3 $\displaystyle\int f(x)dx=xf(x)-2x^3+3x^2+C$의 양변을 x에 대하여 미분하면

$f(x)=f(x)+xf'(x)-6x^2+6x$

$xf'(x)=6x^2-6x$

$f'(x)=6x-6$

$f(x)=\displaystyle\int f'(x)dx$

$\qquad=\displaystyle\int(6x-6)dx$

$\qquad=3x^2-6x+C$

$f(0)=3$이므로 $C=3$

따라서 $f(x)=3x^2-6x+3$

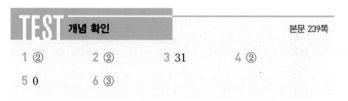

본문 239쪽

1 ②   **2** ②   **3** 31   **4** ②

5 0   **6** ③

1 $f(x)=\displaystyle\int f'(x)dx$

$\qquad=\displaystyle\int(6x^2+4)dx$

$\qquad=2x^3+4x+C$

$f(0)=6$이므로 $C=6$

따라서 $f(x)=2x^3+4x+6$이므로

$f(1)=2+4+6=12$

2 $f(x)=\displaystyle\int(3x^2-6x+a)dx$의 양변을 x에 대하여 미분하면

$f'(x)=3x^2-6x+a$

$f'(3)=0$이므로 $27-18+a=0$, $a=-9$

즉 $f'(x)=3x^2-6x-9=3(x+1)(x-3)$

따라서 함수 $f(x)$는 $x=-1$에서 극댓값을 갖고, $x=3$에서 극솟값 -25를 갖는다.

$f(x)=\displaystyle\int f'(x)dx$

$\qquad=\displaystyle\int(3x^2-6x-9)dx$

$\qquad=x^3-3x^2-9x+C$

$f(3)=-25$이므로 $27-27-27+C=-25$, $C=2$

따라서 $f(x)=x^3-3x^2-9x+2$이므로 극댓값은

$f(-1)=-1-3+9+2=7$

3 $f'(x)=3x^2+x+|x-2|=\begin{cases}3x^2+2x-2 & (x>2)\\3x^2+2 & (x<2)\end{cases}$ 이므로

$f(x)=\begin{cases}x^3+x^2-2x+C_1 & (x>2)\\x^3+2x+C_2 & (x<2)\end{cases}$

$f(1)=0$이므로 $1+2+C_2=0$, $C_2=-3$

$x=2$에서 연속이므로 $\displaystyle\lim_{x\to 2+}f(x)=\lim_{x\to 2-}f(x)$

$\displaystyle\lim_{x\to 2+}(x^3+x^2-2x+C_1)=\lim_{x\to 2-}(x^3+2x-3)$

$8+4-4+C_1=8+4-3,\ C_1=1$

따라서 $f(3)=27+9-6+1=31$

4 $\displaystyle\lim_{h\to 0}\frac{f(x+2h)-f(x-h)}{h}$

$=\displaystyle\lim_{h\to 0}\left\{\frac{f(x+2h)-f(x)}{h}-\frac{f(x-h)-f(x)}{h}\right\}$

$=2f'(x)+f'(x)$

$=3f'(x)=12x^3-18x+3a$

즉 $f'(x)=4x^3-6x+a$이므로

$f(x)=\displaystyle\int f'(x)dx$

$\quad=\displaystyle\int(4x^3-6x+a)dx$

$\quad=x^4-3x^2+ax+C$

$f(0)=3$이므로 $C=3$

$f(2)=1$이므로 $16-12+2a+3=1,\ a=-3$

따라서 $f(x)=x^4-3x^3-3x+3$이므로

$f(1)=1-3-3+3=-2$

5 주어진 식에 $x=0,\ y=0$을 대입하면 $f(0)=-2$

$f'(0)=\displaystyle\lim_{h\to 0}\frac{f(0+h)-f(0)}{h}=\lim_{h\to 0}\frac{f(h)+2}{h}=1$

이므로

$f'(x)=\displaystyle\lim_{h\to 0}\frac{f(x+h)-f(x)}{h}$

$\quad=\displaystyle\lim_{h\to 0}\frac{f(x)+f(h)-3x^2h-3xh^2+4xh+2-f(x)}{h}$

$\quad=\displaystyle\lim_{h\to 0}\frac{f(h)-3x^2h-3xh^2+4xh+2}{h}$

$\quad=\displaystyle\lim_{h\to 0}\frac{f(h)+2}{h}-3x^2+4x$

$\quad=-3x^2+4x+1$

즉 $f(x)=\displaystyle\int(-3x^2+4x+1)dx=-x^3+2x^2+x+C$

$f(0)=-2$에서 이차방정식의 근과 계수의 관계에 의하여

$C=-2$

따라서 $f(x)=-x^3+2x^2+x-2$이므로

$f(2)=-8+8+2-2=0$

6 $F(x)=xf(x)-3x^4-3x^2+3$의 양변을 x에 대하여 미분하면

$f(x)=f(x)+xf'(x)-12x^3-6x$

$xf'(x)=12x^3+6x$

$f'(x)=12x^2+6$

즉 $f(x)=\displaystyle\int f'(x)dx=\int(12x^2+6)dx=4x^3+6x+C$

$f(0)=2$이므로 $C=2$

따라서 $f(x)=4x^3+6x+2$이므로

$f(-1)=-4-6+2=-8$

TEST 개념 발전

1 ①	**2** ④	**3** ③	**4** 35
5 ④	**6** ④	**7** ④	**8** ④
9 ⑤	**10** ③	**11** $\dfrac{10}{11}$	**12** 15

1 $\displaystyle\int f(x)dx=2x^3-ax^2+x+C$

양변을 x에 대하여 미분하면

$f(x)=6x^2-2ax+1$

따라서 $f'(x)=12x-2a$이므로

$f'(1)=4$에서 $12-2a=4,\ a=4$

따라서 $f(x)=6x^2-8x+1$이므로

$f(1)=6-8+1=-1$

2 $f(x)=\displaystyle\int(12x^2-6x+2)dx=4x^3-3x^2+2x+C_1$

$f(1)=4-3+2+C_1=4$에서 $C_1=1$

즉 $f(x)=4x^3-3x^2+2x+1$이므로

$F(x)=\displaystyle\int f(x)dx$

$\quad=\displaystyle\int(4x^3-3x^2+2x+1)dx$

$\quad=x^4-x^3+x^2+x+C_2$

$F(1)=1-1+1+1+C_2=5$에서 $C_2=3$

따라서 $F(x)=x^4-x^3+x^2+x+3$이므로

$F(2)=16-8+4+2+3=17$

3 곡선 $y=f(x)$ 위의 점 $(x,\ f(x))$에서의 접선의 기울기가

$4x+k$이므로

$f'(x)=4x+k$

$f(x)=\displaystyle\int f'(x)dx$

$\quad=\displaystyle\int(4x+k)dx$

$\quad=2x^2+kx+C$

곡선 $y=f(x)$가 점 $(0,\ -5)$를 지나므로

$f(0)=-5,\ C=-5$

즉 $f(x)=2x^2+kx-5$이고 방정식 $f(x)=0$의 모든 근의 합이

3이므로 이차방정식의 근과 계수의 관계에 의하여

$\dfrac{-k}{2}=3,\ k=-6$

따라서 $f(x)=2x^2-6x-5$이므로

$f(-1)=2+6-5=3$

4 $F(x)=\displaystyle\int f(x)dx$

$\quad=\displaystyle\int(4x^3-6x^2-24x+a)dx$

$\quad=x^4-2x^3-12x^2+ax+C$

$F(0)=b$이므로 $C=b$

즉 $F(x)=x^4-2x^3-12x^2+ax+b$

$f'(x)=12x^2-12x-24=12(x+1)(x-2)$

$F(x)$를 $f'(x)$로 나누었을 때의 몫을 $Q(x)$라 하면

$F(x)=f'(x)Q(x)$이므로

$F(-1)=0$, $F(2)=0$

$F(-1)=1+2-12-a+b=0$에서 $a-b=-9$ $\qquad$ …… ㉠

$F(2)=16-16-48+2a+b=0$에서 $2a+b=48$ $\qquad$ …… ㉡

㉠, ㉡을 연립하여 풀면 $a=13$, $b=22$

따라서 $a+b=35$

5 $f(x)=\int(3x^2+6x-4)dx$

$\qquad =x^3+3x^2-4x+C$

$f(0)=3$이므로 $C=3$

$f(x)=x^3+3x^2-4x+3$, $f'(x)=3x^2+6x-4$

따라서 $f(1)=3$, $f'(1)=5$이므로

$\displaystyle\lim_{x\to1}\frac{xf(x)-f(1)}{x^2-1}$

$\displaystyle=\lim_{x\to1}\frac{xf(x)-xf(1)+xf(1)-f(1)}{x-1}\times\frac{1}{x+1}$

$\displaystyle=\lim_{x\to1}\left[\frac{x\times\{f(x)-f(1)\}}{x-1}+f(1)\right]\times\frac{1}{x+1}$

$\displaystyle=\frac{1}{2}\{f'(1)+f(1)\}$

$\displaystyle=\frac{1}{2}\times(5+3)=4$

6 $\displaystyle\lim_{h\to0}\frac{f(x+h)-f(x)}{h}=f'(x)$이므로 $f'(x)=3x^2+a$

$\displaystyle\lim_{x\to2}\frac{f(x)}{x-2}=10$에서 $x\to2$일 때 극한값이 존재하고

(분모)$\to0$이므로 (분자)$\to0$이다.

즉 $\displaystyle\lim_{x\to2}f(x)=f(2)=0$이므로

$\displaystyle\lim_{x\to2}\frac{f(x)}{x-2}=\lim_{x\to2}\frac{f(x)-f(2)}{x-2}=f'(2)=12+a=10$에서

$a=-2$

$f'(x)=3x^2-2$이므로

$f(x)=\int f'(x)dx$

$\qquad =\int(3x^2-2)dx$

$\qquad =x^3-2x+C$

$f(2)=0$이므로 $8-4+C=0$, $C=-4$

따라서 $f(x)=x^3-2x-4$이므로 $f(3)=27-6-4=17$

7 $f'(x)=3x^2-6x=3x(x-2)$

$f'(x)=0$에서 $x=0$ 또는 $x=2$

함수 $f(x)$의 증가와 감소를 표로 나타내면 다음과 같다.

x	$\cdots$	0	$\cdots$	2	$\cdots$
$f'(x)$	$+$	0	$-$	0	$+$
$f(x)$	↗	극대	↘	극소	↗

즉 함수 $f(x)$는 $x=0$에서 극댓값을 갖고, $x=2$에서 극솟값을 갖는다. 이때

$f(x)=\int f'(x)dx$

$\qquad =\int(3x^2-6x)dx$

$\qquad =x^3-3x^2+C$

이므로 $M=f(0)=C$, $m=f(2)=8-12+C=-4+C$

따라서 $M-m=4$

8 $f'(x)=\begin{cases}-1 & (|x|>1)\\6x^2 & (|x|<1)\end{cases}$이므로

$f'(x)=\begin{cases}-1 & (x<-1)\\6x^2 & (-1<x<1)\\-1 & (x>1)\end{cases}$

$f(x)=\begin{cases}-x+C_1 & (x<-1)\\2x^3+C_2 & (-1<x<1)\\-x+C_3 & (x>1)\end{cases}$

$f(-2)=7$이므로 $2+C_1=7$, $C_1=5$

$x=-1$에서 연속이므로 $\displaystyle\lim_{x\to-1+}f(x)=\lim_{x\to-1-}f(x)$

$\displaystyle\lim_{x\to-1+}(2x^3+C_2)=\lim_{x\to-1-}(-x+5)$

$-2+C_2=1+5$, $C_2=8$

$x=1$에서 연속이므로 $\displaystyle\lim_{x\to1+}f(x)=\lim_{x\to1-}f(x)$

$\displaystyle\lim_{x\to1+}(-x+C_3)=\lim_{x\to1-}(2x^3+8)$

$-1+C_3=2+8$, $C_3=11$

따라서 $f(2)=-2+11=9$

9 $\displaystyle\int g(x)dx=(x^4+3)f(x)-2x^3+C$의 양변을 x에 대하여 미분

하면

$g(x)=4x^3f(x)+(x^4+3)f'(x)-6x^2$

따라서 $g(1)=4f(1)+4f'(1)-6=16-4-6=6$

10 $\displaystyle\frac{d}{dx}\{f(x)+g(x)\}=2x+3$에서

$f(x)+g(x)=x^2+3x+C_1$

$f(0)+g(0)=5+(-3)=2$이므로 $C_1=2$

따라서 $f(x)+g(x)=x^2+3x+2$

$\displaystyle\frac{d}{dx}\{f(x)g(x)\}=3x^2-2x-1$에서

$f(x)g(x)=x^3-x^2-x+C_2$

$f(0)g(0)=5\times(-3)=-15$이므로 $C_2=-15$

즉 $f(x)g(x)=x^3-x^2-x-15=(x-3)(x^2+2x+5)$

따라서 $f(x)=x^2+2x+5$, $g(x)=x-3$이므로

$f(1)=1+2+5=8$

11 $F(x)=\int f(x)dx$

$\qquad =\displaystyle\int\left(\frac{1}{10}x^{10}+\frac{1}{9}x^9+\frac{1}{8}x^8+\cdots+\frac{1}{2}x^2+x\right)dx$

$\qquad =\displaystyle\frac{1}{11\times10}x^{11}+\frac{1}{10\times9}x^{10}+\frac{1}{9\times8}x^9+\cdots$

$\qquad\qquad\qquad +\displaystyle\frac{1}{3\times2}x^3+\frac{1}{2\times1}x^2+C$

이때 $F(0)=0$이므로 $C=0$

따라서

$$F(1)=\frac{1}{11\times10}+\frac{1}{10\times9}+\frac{1}{9\times8}+\cdots+\frac{1}{3\times2}+\frac{1}{2\times1}$$

$$=\left(\frac{1}{10}-\frac{1}{11}\right)+\left(\frac{1}{9}-\frac{1}{10}\right)+\left(\frac{1}{8}-\frac{1}{9}\right)+\cdots$$

$$+\left(\frac{1}{2}-\frac{1}{3}\right)+\left(1-\frac{1}{2}\right)$$

$$=1-\frac{1}{11}=\frac{10}{11}$$

12 $f(x+y)=f(x)+f(y)+2xy+3$에 $x=0$, $y=0$을 대입하면

$f(0)=-3$

$$f'(0)=\lim_{h\to0}\frac{f(0+h)-f(0)}{h}=\lim_{h\to0}\frac{f(h)+3}{h}=3$$

이므로

$$f'(x)=\lim_{h\to0}\frac{f(x+h)-f(x)}{h}$$

$$=\lim_{h\to0}\frac{f(x)+f(h)+2xh+3-f(x)}{h}$$

$$=\lim_{h\to0}\frac{f(h)+2xh+3}{h}$$

$$=\lim_{h\to0}\frac{f(h)+3}{h}+2x$$

$$=2x+3$$

이때 $f(x)=\int(2x+3)dx=x^2+3x+C$

$f(0)=-3$에서 $C=-3$

즉 $f(x)=x^2+3x-3$

방정식 $f(x)=0$에서 이차방정식의 근과 계수의 관계에 의하여

$\alpha+\beta=-3$, $\alpha\beta=-3$이므로

$$\alpha^2+\beta^2=(\alpha+\beta)^2-2\alpha\beta$$

$$=(-3)^2-2\times(-3)=15$$

---

8 정적분

01

본문 244쪽

정적분의 정의 (1)

원리확인

❶ 4   ❷ 2, -2 ❸ -5 ❹ S_1, S_2

---

1 (1) $\left(\ \diagdown\ \dfrac{1}{2}x,\ 6,\ 3,\ 9\right)$ (2) 8

2 (1) $(\ \diagdown\ 4,\ 0,\ -S,\ 4,\ 4,\ -10)$ (2) 0

3 $(\ \diagdown\ 4,\ 8,\ 2,\ 2,\ 8,\ 2,\ 6)$ **4** $\dfrac{5}{2}$ **5** 0

6 4   ☺ A, $-B$, $A-B$

---

1 (2) 정적분 $\displaystyle\int_2^6\frac{1}{2}x\,dx$의 값은 아래 그림과 같이 함수 $y=\frac{1}{2}x$의 그래프와 x축 및 두 직선 $x=2$, $x=6$으로 둘러싸인 도형의 넓이이므로

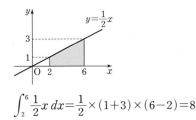

$$\int_2^6\frac{1}{2}x\,dx=\frac{1}{2}\times(1+3)\times(6-2)=8$$

2 (2) 정적분 $\displaystyle\int_0^{10}\left(\frac{4}{5}x-4\right)dx$의 값은 아래 그림과 같이 함수 $y=\frac{4}{5}x-4$의 그래프와 x축 및 두 직선 $x=0$, $x=10$으로 둘러싸인 도형의 넓이 S_1, S_2에 대하여 S_1-S_2와 같으므로

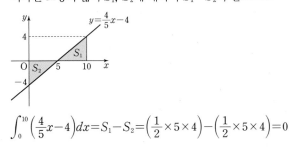

$$\int_0^{10}\left(\frac{4}{5}x-4\right)dx=S_1-S_2=\left(\frac{1}{2}\times5\times4\right)-\left(\frac{1}{2}\times5\times4\right)=0$$

4 함수 $y=-x+2$의 그래프와 x축 및 두 직선 $x=-1$, $x=4$로 둘러싸인 도형에 대하여 $y\geq0$인 부분의 넓이가 $\frac{1}{2}\times3\times3=\frac{9}{2}$이고 $y\leq0$인 부분의 넓이가 $\frac{1}{2}\times2\times2=2$이므로

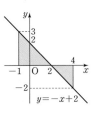

$$\int_{-1}^4(-x+2)dx=\frac{9}{2}-2=\frac{5}{2}$$

5 함수 $y=2x+3$의 그래프와 x축 및 두 직선
$x=-3$, $x=0$으로 둘러싸인 도형에 대하여
$y\geq0$인 부분의 넓이가 $\dfrac{1}{2}\times\dfrac{3}{2}\times3=\dfrac{9}{4}$이고
$y\leq0$인 부분의 넓이가 $\dfrac{1}{2}\times\dfrac{3}{2}\times3=\dfrac{9}{4}$이므로

$$\int_{-3}^{0}(2x+3)dx=\dfrac{9}{4}-\dfrac{9}{4}=0$$

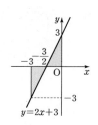

6 정적분 $\displaystyle\int_{-2}^{2}|x|dx$의 값은 함수 $y=|x|$
의 그래프와 x축 및 두 직선 $x=-2$,
$x=2$로 둘러싸인 도형의 넓이이므로

$$\int_{-2}^{2}|x|dx$$
$$=\left(\dfrac{1}{2}\times2\times2\right)+\left(\dfrac{1}{2}\times2\times2\right)=4$$

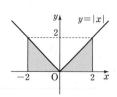

정적분의 정의 (2)

1 ($\diagdown$ 0)   2 0   3 0

4 $\left(\diagdown -,\ -1,\ 3,\ \dfrac{3}{2}\right)$ 5 $\dfrac{1}{4}$ 6 $-\dfrac{5}{2}$

7 $-\dfrac{5}{2}$ ☺ $0,\ -,\ B,\ A$

8 ($\diagdown k,\ k^2,\ k^2,\ k^2,\ k,\ k,\ 2$) 9 2   10 3

11 ($\diagdown 4,\ 4,\ 2$)   12 2   13 4

5 $\displaystyle\int_{1}^{0}\left(-\dfrac{1}{2}x\right)dx=-\int_{0}^{1}\left(-\dfrac{1}{2}x\right)dx$
$$=-\left\{-\left(\dfrac{1}{2}\times1\times\dfrac{1}{2}\right)\right\}$$
$$=\dfrac{1}{4}$$

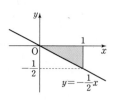

6 $\displaystyle\int_{4}^{-1}(-x+2)dx$
$$=-\int_{-1}^{4}(-x+2)dx$$
$$=-\left\{\left(\dfrac{1}{2}\times3\times3\right)-\left(\dfrac{1}{2}\times2\times2\right)\right\}$$
$$=-\dfrac{5}{2}$$

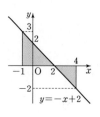

7 $\displaystyle\int_{1}^{-2}|x+1|dx$
$$=-\int_{-2}^{1}|x+1|dx$$
$$=-\left\{\left(\dfrac{1}{2}\times1\times1\right)+\left(\dfrac{1}{2}\times2\times2\right)\right\}$$
$$=-\dfrac{5}{2}$$

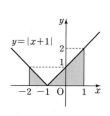
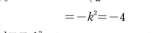

9 $\displaystyle\int_{0}^{k}(-2x)dx=-\left(\dfrac{1}{2}\times k\times|-2k|\right)$
$$=-k^2=-4$$
이므로 $k^2=4$
$k^2-4=0$에서
$(k+2)(k-2)=0$
이때 $k>0$이므로 $k=2$

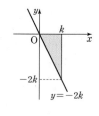

10 $\displaystyle\int_{k}^{5}(x-1)dx$
$$=\dfrac{1}{2}\times\{(k-1)+4\}\times(5-k)$$
$$=\dfrac{-(k+3)(k-5)}{2}=6$$
이므로 $(k+3)(k-5)=-12$
$k^2-2k-3=0$, $(k+1)(k-3)=0$
이때 $k>1$이므로 $k=3$

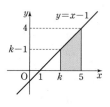

12 $\displaystyle\int_{0}^{4}\left(\dfrac{1}{2}x+k\right)dx$
$$=\dfrac{1}{2}\times\{k+(2+k)\}\times4=12$$
이므로 $4k+4=12$에서 $k=2$

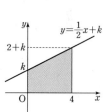

13 $\displaystyle\int_{0}^{k}(-x+k)dx=\dfrac{1}{2}\times k\times k=8$
이므로 $k^2=16$
이때 $k>0$이므로 $k=4$

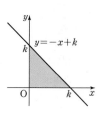

본문 248쪽

정적분과 미분의 관계

1 ($\mathscr{O}$ x, x) 2 x^3-x+1 3 $\dfrac{1}{2}x^2+3x-5$

4 x^2+2x-1 5 $(x-1)(x+3)$ 6 $(x-5)^3$

7 ($\mathscr{O}$ $\dfrac{d}{dx}$, $3x^2$) 8 $f(x)=18x^2+4x$

9 $f(x)=2x^3+6x-1$

10 (1) ($\mathscr{O}$ 1, 0, 3) (2) ($\mathscr{O}$ 3, $-3x^2$)

11 (1) 5 (2) $f(x)=-2x-5$

12 (1) 1 또는 -1 (2) $f(x)=2x$ 13 (1) 1 (2) 5

---

4 $\dfrac{d}{dx}\displaystyle\int_1^x (t^2+2t-1)dt=x^2+2x-1$

5 $\dfrac{d}{dx}\displaystyle\int_{-3}^x (z-1)(z+3)dz=(x-1)(x+3)$

6 $\dfrac{d}{dx}\displaystyle\int_4^x (y-5)^3 dy=(x-5)^3$

8 주어진 식의 양변을 x에 대하여 미분하면
$$\dfrac{d}{dx}\int_{-3}^x f(t)dt=\dfrac{d}{dx}\{2x^2(3x+1)\}$$이므로
$$f(x)=4x(3x+1)+2x^2\times 3$$
$$=12x^2+4x+6x^2$$
$$=18x^2+4x$$

9 주어진 식의 양변을 x에 대하여 미분하면
$$\dfrac{d}{dx}\int_1^x 2f(t)dt=\dfrac{d}{dx}(x^4+6x^2-2x)$$이므로
$$2f(x)=4x^3+12x-2$$
따라서 $f(x)=2x^3+6x-1$

11 (1) 주어진 식의 양변에 $x=-2$를 대입하면
$$\int_{-2}^{-2}\{-f(t)\}dt=4-2a+6=0$$이므로 $a=5$
(2) $\displaystyle\int_{-2}^x \{-f(t)\}dt=x^2+5x+6$의 양변을 x에 대하여 미분하면
$$-f(x)=2x+5$$에서 $f(x)=-2x-5$

12 (1) 주어진 식의 양변에 $x=a$를 대입하면
$$\int_a^a f(t)dt=a^2-1=0$$이므로 $a^2=1$에서 $a=\pm 1$
(2) $\displaystyle\int_a^x f(t)dt=x^2-1$의 양변을 x에 대하여 미분하면
$$\dfrac{d}{dx}\int_a^x f(t)dt=\dfrac{d}{dx}(x^2-1)$$이므로
$$f(x)=2x$$

---

13 (1) $\displaystyle\int_1^x f(t)dt=3x^2-5x+1$의 양변을 x에 대하여 미분하면
$$\dfrac{d}{dx}\int_1^x f(t)dt=\dfrac{d}{dx}(3x^2-5x+1)$$이므로
$$f(x)=6x-5$$
따라서 $f(1)=1$
(2) $\displaystyle\int_1^x \{f(t)+g(t)\}dt=x^3+x^2-7x+3$의 양변을 x에 대하여 미분하면
$$\dfrac{d}{dx}\int_1^x \{f(t)+g(t)\}dt=\dfrac{d}{dx}(x^3+x^2-7x+3)$$이므로
$$f(x)+g(x)=3x^2+2x-7$$에서
$$g(x)=3x^2+2x-7-f(x)$$
$$=3x^2+2x-7-(6x-5)$$
$$=3x^2-4x-2$$
따라서 $g(-1)=3+4-2=5$

본문 250쪽

부정적분과 정적분의 관계

1 ($\mathscr{O}$ $3x$, 9, -6, 15) 2 6 3 9

4 0 5 7 6 14 7 $\dfrac{22}{3}$

8 15 9 $\dfrac{43}{2}$ 10 $-\dfrac{45}{4}$ 11 42

12 (1) ($\mathscr{O}$ 0) (2) ($\mathscr{O}$ $\dfrac{2}{3}$, 3, 9, -9, 18) (3) ($\mathscr{O}$ $-$, -18)

13 (1) 0 (2) $\dfrac{9}{2}$ (3) $-\dfrac{9}{2}$

14 0 15 0 16 -1 17 -2

18 ($\mathscr{O}$ 2, 2, 2, 3, -1, $\dfrac{3}{2}$)

19 -3 또는 3 20 -2 또는 -1

21 -3 또는 0 또는 3

22 ($\mathscr{O}$ 2, 2, 2, 2, $\dfrac{3}{2}$) 23 -4 24 $-\dfrac{5}{3}$

25 -5 :) $F(x)$, b, a, 0, $-$ 26 ④

---

2 $\displaystyle\int_2^4 x\,dx=\left[\dfrac{1}{2}x^2\right]_2^4=8-2=6$

3 $\displaystyle\int_0^3 x^2\,dx=\left[\dfrac{1}{3}x^3\right]_0^3=9-0=9$

4 $\displaystyle\int_{-2}^2 2x^3\,dx=\left[\dfrac{1}{2}x^4\right]_{-2}^2=8-8=0$

5 $\displaystyle\int_1^2 (2x+4)\,dx=\left[x^2+4x\right]_1^2=(4+8)-(1+4)=7$

6 $\displaystyle\int_{-1}^{1}(-5y+7)dy=\left[-\frac{5}{2}y^2+7y\right]_{-1}^{1}$
$$=\left(-\frac{5}{2}+7\right)-\left(-\frac{5}{2}-7\right)=14$$

7 $\displaystyle\int_{0}^{2}(2x^2+1)dx=\left[\frac{2}{3}x^3+x\right]_{0}^{2}=\left(\frac{16}{3}+2\right)-0=\frac{22}{3}$

8 $\displaystyle\int_{-2}^{1}(3x^2-4x)dx=\left[x^3-2x^2\right]_{-2}^{1}$
$$=(1-2)-(-8-8)=15$$

9 $\displaystyle\int_{2}^{3}(3z^2+z)dz=\left[z^3+\frac{1}{2}z^2\right]_{2}^{3}=\left(27+\frac{9}{2}\right)-(8+2)=\frac{43}{2}$

10 $\displaystyle\int_{-1}^{2}(x^3-5)dx=\left[\frac{1}{4}x^4-5x\right]_{-1}^{2}$
$$=(4-10)-\left(\frac{1}{4}+5\right)=-\frac{45}{4}$$

11 $\displaystyle\int_{-3}^{0}(6x^2+2x-1)dx=\left[2x^3+x^2-x\right]_{-3}^{0}$
$$=0-(-54+9+3)=42$$

13 (1) $\displaystyle\int_{-1}^{-1}f(x)dx=\int_{-1}^{-1}(-x+4)dx=0$

(2) $\displaystyle\int_{-1}^{0}f(x)dx=\int_{-1}^{0}(-x+4)dx$
$$=\left[-\frac{1}{2}x^2+4x\right]_{-1}^{0}$$
$$=0-\left(-\frac{9}{2}\right)=\frac{9}{2}$$

(3) $\displaystyle\int_{0}^{-1}f(x)dx=-\int_{-1}^{0}f(x)dx=-\frac{9}{2}$

14 $\displaystyle\int_{3}^{3}(x^2+1)dx=0$

15 $\displaystyle\int_{1}^{1}(x+1)(2x-1)dx=0$

16 $\displaystyle\int_{1}^{0}2x\,dx=-\int_{0}^{1}2x\,dx=-\left[x^2\right]_{0}^{1}=-1$

17 $\displaystyle\int_{1}^{-1}(3x^2+8x)dx=-\int_{-1}^{1}(3x^2+8x)dx$
$$=-\left[x^3+4x^2\right]_{-1}^{1}$$
$$=-(5-3)=-2$$

19 $\displaystyle\int_{1}^{k}x\,dx=\left[\frac{1}{2}x^2\right]_{1}^{k}=\frac{1}{2}k^2-\frac{1}{2}$
$\frac{1}{2}k^2-\frac{1}{2}=4$이므로 $\frac{1}{2}k^2=\frac{9}{2}$, $k^2=9$
따라서 $k=-3$ 또는 $k=3$

20 $\displaystyle\int_{k}^{1}(2x+3)dx=\left[x^2+3x\right]_{k}^{1}$
$$=4-(k^2+3k)=-k^2-3k+4$$
$-k^2-3k+4=6$, $k^2+3k+2=0$
$(k+2)(k+1)=0$
따라서 $k=-2$ 또는 $k=-1$

21 $\displaystyle\int_{-1}^{k}(3x^2-9)dx=\left[x^3-9x\right]_{-1}^{k}=k^3-9k-8$
$k^3-9k-8=-8$이므로 $k^3-9k=0$
$k(k+3)(k-3)=0$
따라서 $k=-3$ 또는 $k=0$ 또는 $k=3$

23 $\displaystyle\int_{-1}^{0}kx^3\,dx=\left[\frac{k}{4}x^4\right]_{-1}^{0}=-\frac{k}{4}$
$-\frac{k}{4}=1$이므로 $k=-4$

24 $\displaystyle\int_{1}^{2}(x^2+kx)dx=\left[\frac{1}{3}x^3+\frac{k}{2}x^2\right]_{1}^{2}=\left(\frac{8}{3}+2k\right)-\left(\frac{1}{3}+\frac{k}{2}\right)$
$$=\frac{3}{2}k+\frac{7}{3}$$
$\frac{3}{2}k+\frac{7}{3}=-\frac{1}{6}$이므로 $k=-\frac{5}{3}$

25 $\displaystyle\int_{-1}^{1}(4x-k)dx=\left[2x^2-kx\right]_{-1}^{1}=(2-k)-(2+k)$
$$=-2k$$
$-2k=10$이므로 $k=-5$

26 $\displaystyle\int_{1}^{1}(x-1)(3x-1)dx-\int_{2}^{1}(3y^2-4y+1)dy$
$$=0+\int_{1}^{2}(3y^2-4y+1)dy$$
$$=\left[y^3-2y^2+y\right]_{1}^{2}$$
$$=2-0=2$$

05

정적분의 성질

1 ($\diagdown$ 2, x^2, 1, 4, -3)　　2 20　　3 $-\frac{14}{3}$

4 27　　5 -4　　6 $\frac{13}{12}$　　7 $\frac{28}{3}$

8 ($\diagdown$ 4, 2, 2, 2, $\frac{1}{2}$, 2, $-\frac{3}{2}$)　　9 $\frac{1}{3}$

10 6　　11 ($\diagdown$ $-$, $-$, 2, 6, $\frac{1}{2}$, 2, $\frac{3}{2}$)

12 2　　13 -16　　14 -16　　☺ k, $f(x)$

15 ($\diagdown$ 1, -2, 1, -2, 2, -4, 6)　　16 15

17 -6　　18 4　　19 $\frac{26}{3}$　　20 0

21 48　　☺ c, a　　22 ⑤

2

$$\int_0^2 (-4x+6)dx + \int_0^2 (3x^2+4x)dx$$

$$=\int_0^2 \{(-4x+6)+(3x^2+4x)\}dx$$

$$=\int_0^2 (3x^2+6)dx$$

$$=\Big[x^3+6x\Big]_0^2 = 20$$

3

$$\int_1^2 (2x-x^2)dx - \int_1^2 (2x+x^2)dx$$

$$=\int_1^2 \{(2x-x^2)-(2x+x^2)\}dx$$

$$=\int_1^2 -2x^2\,dx$$

$$=\Big[-\frac{2}{3}x^3\Big]_1^2$$

$$=\Big(-\frac{16}{3}\Big)-\Big(-\frac{2}{3}\Big)=-\frac{14}{3}$$

4

$$\int_{-1}^2 (x+1)dx - 3\int_{-1}^2 (x-3)dx$$

$$=\int_{-1}^2 (x+1)dx - \int_{-1}^2 3(x-3)dx$$

$$=\int_{-1}^2 \{(x+1)-3(x-3)\}dx$$

$$=\int_{-1}^2 (-2x+10)dx$$

$$=\Big[-x^2+10x\Big]_{-1}^2$$

$$=16-(-11)=27$$

5

$$\int_0^1 (x-2)^2\,dx - \int_0^1 (x+2)^2\,dx$$

$$=\int_0^1 \{(x-2)^2-(x+2)^2\}dx$$

$$=\int_0^1 \{(x^2-4x+4)-(x^2+4x+4)\}dx$$

$$=\int_0^1 -8x\,dx$$

$$=\Big[-4x^2\Big]_0^1 = -4$$

6

$$\int_0^1 (2x^3+x)dx + \int_0^1 (t^3+t^2-t)dt$$

$$=\int_0^1 (2x^3+x)dx + \int_0^1 (x^3+x^2-x)dx$$

$$=\int_0^1 (3x^3+x^2)dx$$

$$=\Big[\frac{3}{4}x^4+\frac{1}{3}x^3\Big]_0^1 = \frac{13}{12}$$

7

$$\int_{-1}^3 (x^3+x^2)dx - \int_{-1}^3 y^3\,dy$$

$$=\int_{-1}^3 (x^3+x^2)dx - \int_{-1}^3 x^3\,dx$$

$$=\int_{-1}^3 x^2\,dx = \Big[\frac{1}{3}x^3\Big]_{-1}^3$$

$$=9-\Big(-\frac{1}{3}\Big)=\frac{28}{3}$$

9

$$\int_0^1 \frac{x^4}{x^2+1}dx + \int_0^1 \frac{x^2}{x^2+1}dx$$

$$=\int_0^1 \frac{x^4+x^2}{x^2+1}dx = \int_0^1 \frac{x^2(x^2+1)}{x^2+1}dx$$

$$=\int_0^1 x^2\,dx = \Big[\frac{1}{3}x^3\Big]_0^1 = \frac{1}{3}$$

10

$$\int_{-1}^1 \frac{3x^3}{x^2-x+1}dx + \int_{-1}^1 \frac{3}{x^2-x+1}dx$$

$$=\int_{-1}^1 \frac{3x^3+3}{x^2-x+1}dx$$

$$=\int_{-1}^1 \frac{3(x^3+1)}{x^2-x+1}dx$$

$$=\int_{-1}^1 \frac{3(x+1)(x^2-x+1)}{x^2-x+1}dx$$

$$=\int_{-1}^1 3(x+1)dx = 3\int_{-1}^1 (x+1)dx$$

$$=3\Big[\frac{1}{2}x^2+x\Big]_{-1}^1 = 3\Big\{\frac{3}{2}-\Big(-\frac{1}{2}\Big)\Big\}=6$$

12

$$\int_{-1}^0 (1+x^2)dx - \int_0^{-1} (1-x^2)dx$$

$$=\int_{-1}^0 (1+x^2)dx + \int_{-1}^0 (1-x^2)dx$$

$$=\int_{-1}^0 \{(1+x^2)+(1-x^2)\}dx$$

$$=\int_{-1}^0 2\,dx = \Big[2x\Big]_{-1}^0 = 2$$

13

$$\int_0^{-2} (5x^4+3x^3+4)dx - \int_{-2}^0 (x^3-3x^2)dx$$

$$=-\int_{-2}^0 (5x^4+3x^3+4)dx - \int_{-2}^0 (x^3-3x^2)dx$$

$$=-\int_{-2}^0 \{(5x^4+3x^3+4)+(x^3-3x^2)\}dx$$

$$=-\int_{-2}^0 (5x^4+4x^3-3x^2+4)dx$$

$$=-\Big[x^5+x^4-x^3+4x\Big]_{-2}^0 = -16$$

14

$$\int_1^2 (x-1)^3\,dx + \int_2^1 (x+1)^3\,dx$$

$$=\int_1^2 (x-1)^3\,dx - \int_1^2 (x+1)^3\,dx$$

$$=\int_1^2 \{(x-1)^3-(x+1)^3\}dx$$

$$=\int_1^2 (-6x^2-2)dx$$

$$=\Big[-2x^3-2x\Big]_1^2$$

$$=-20-(-4)=-16$$

16

$$\int_0^1 (4x-1)dx + \int_1^3 (4x-1)dx$$

$$=\int_0^3 (4x-1)dx$$

$$=\Big[2x^2-x\Big]_0^3 = 15$$

17 $\int_0^1 (1-3x^2)dx + \int_1^2 (1-3t^2)dt$

$= \int_0^1 (1-3x^2)dx + \int_1^2 (1-3x^2)dx$

$= \int_0^2 (1-3x^2)dx$

$= \Big[x-x^3 \Big]_0^2 = -6$

18 $\int_0^1 (5-2x)dx + \int_3^4 (5-2x)dx + \int_1^3 (5-2x)dx$

$= \int_0^4 (5-2x)dx$

$= \Big[5x-x^2 \Big]_0^4 = 4$

19 $\int_0^1 (x+1)^2 dx - \int_2^1 (x+1)^2 dx$

$= \int_0^1 (x+1)^2 dx + \int_1^2 (x+1)^2 dx$

$= \int_0^2 (x+1)^2 dx = \int_0^2 (x^2+2x+1)dx$

$= \Big[\frac{1}{3}x^3 + x^2 + x \Big]_0^2 = \frac{26}{3}$

20 $\int_{-1}^0 (t^3-t)dt - \int_1^0 (x^3-x)dx$

$= \int_{-1}^0 (x^3-x)dx + \int_0^1 (x^3-x)dx$

$= \int_{-1}^1 (x^3-x)dx$

$= \Big[\frac{1}{4}x^4 - \frac{1}{2}x^2 \Big]_{-1}^1$

$= -\frac{1}{4} - \left(-\frac{1}{4} \right) = 0$

21 $\int_0^2 (3x^2+8x-5)dx - \int_3^2 (3x^2+8x-5)dx$

$= \int_0^2 (3x^2+8x-5)dx + \int_2^3 (3x^2+8x-5)dx$

$= \int_0^3 (3x^2+8x-5)dx$

$= \Big[x^3+4x^2-5x \Big]_0^3 = 48$

22 $\int_1^4 f(x)dx = -\int_4^1 f(x)dx = -3$이므로

$\int_{-2}^4 f(x)dx$

$= \int_{-2}^0 f(x)dx + \int_0^1 f(x)dx + \int_1^4 f(x)dx$

$= 1+2+(-3) = 0$

TEST 개념 확인   본문 257쪽

1 ①   2 ②   3 ③   4 ②

5 ④   6 18

1 $\int_{-2}^1 (3x^2+6x-7)dx = \Big[x^3+3x^2-7x \Big]_{-2}^1$

$\qquad\qquad\qquad\qquad = (-3)-18$

$\qquad\qquad\qquad\qquad = -21$

2 $\int_0^2 (2x+a)dx + \int_2^2 (x-1)dx = \int_0^2 (2x+a)dx + 0$

$\qquad\qquad\qquad\qquad\qquad = \Big[x^2+ax \Big]_0^2$

$\qquad\qquad\qquad\qquad\qquad = 4+2a$

따라서 $4+2a=10$이므로 $a=3$

3 $\int_1^{-1} (8y^3+4y-3)dy = -\int_{-1}^1 (8y^3+4y-3)dy$

$\qquad\qquad\qquad\qquad = -\Big[2y^4+2y^2-3y \Big]_{-1}^1$

$\qquad\qquad\qquad\qquad = -(1-7) = 6$

4 $\int_0^2 (x+k)^2 dx - \int_0^2 (x-k)^2 dx$

$= \int_0^2 \{(x+k)^2 - (x-k)^2\}dx$

$= \int_0^2 \{(x^2+2kx+k^2) - (x^2-2kx+k^2)\}dx$

$= \int_0^2 4kx \, dx$

$= \Big[2kx^2 \Big]_0^2 = 8k$

따라서 $8k=16$이므로 $k=2$

5 $\int_{-1}^1 \frac{x^3}{x+2}dx + \int_{-1}^1 \frac{8}{x+2}dx = \int_{-1}^1 \frac{x^3+8}{x+2}dx$

$\qquad\qquad\qquad\qquad = \int_{-1}^1 \frac{(x+2)(x^2-2x+4)}{x+2}dx$

$\qquad\qquad\qquad\qquad = \int_{-1}^1 (x^2-2x+4)dx$

$\qquad\qquad\qquad\qquad = \Big[\frac{1}{3}x^3 - x^2 + 4x \Big]_{-1}^1$

$\qquad\qquad\qquad\qquad = \frac{10}{3} - \left(-\frac{16}{3} \right) = \frac{26}{3}$

6 $\int_{-1}^0 f(x)dx - \int_1^0 f(x)dx - \int_2^1 f(x)dx$

$= \int_{-1}^0 f(x)dx + \int_0^1 f(x)dx + \int_1^2 f(x)dx$

$= \int_{-1}^2 f(x)dx$

$= \int_{-1}^2 (2x+5)dx$

$= \Big[x^2+5x \Big]_{-1}^2$

$= 14-(-4) = 18$

구간에 따라 다르게 정의된 함수의 정적분

1 (✏ $0, 0, 0, 0, x^2, x, 0, x^3, x, 0, -2, 0, -2$)

2 $\dfrac{7}{2}$　　　　**3** -4　　　　**4** $\dfrac{1}{12}$　　　　**5** $\dfrac{10}{3}$

6 $-\dfrac{19}{6}$　　☺ $b, g(x), b, h(x)$　　**7** ①

8 (1) (✏ $2, 2, 2, 2, 2, 2$)

　(2) (✏ $2, 2, 2, x^2, 2x, 2x, 1, 2, 3$)

9 (1) $f(x)=\begin{cases} 2 & (x\le -2) \\ -x & (x>-2) \end{cases}$　(2) $\dfrac{11}{2}$

10 (1) $f(x)=\begin{cases} x-1 & (x\le 3) \\ -x+5 & (x>3) \end{cases}$　(2) 12

11 (✏ $2, 2, 2, 2, -\dfrac{1}{2}, 2, \dfrac{1}{2}, 2, 2, 2, 4, 4$)

12 $\dfrac{27}{2}$　　　　**13** -8　　　　**14** 7

15 (✏ $-x, x, -x, x, -\dfrac{1}{2}x^2, \dfrac{1}{2}x^2, \dfrac{1}{2},$

　　$\dfrac{1}{2}, 1$)

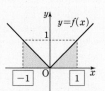

16 $\dfrac{5}{2}$　　　　**17** 5　　　　**18** 4

19 (✏ $-x^2+x, x^2-x, -x^2, x^2, -\dfrac{1}{3}x^3,$

　　$\dfrac{1}{3}x^3, \dfrac{1}{6}, \dfrac{5}{6}, 1$)

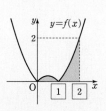

20 3　　　**21** 1　　　**22** 2　　　**23** ②

2　$\displaystyle\int_{-2}^{0} f(x)dx = \int_{-2}^{-1} f(x)dx + \int_{-1}^{0} f(x)dx$

　　　$= \displaystyle\int_{-2}^{-1} (-x+1)dx + \int_{-1}^{0} -2x\,dx$

　　　$= \left[-\dfrac{1}{2}x^2 + x \right]_{-2}^{-1} + \left[-x^2 \right]_{-1}^{0}$

　　　$= \dfrac{5}{2} + 1 = \dfrac{7}{2}$

3　$\displaystyle\int_{-2}^{2} f(x)dx = \int_{-2}^{0} f(x)dx + \int_{0}^{2} f(x)dx$

　　　$= \displaystyle\int_{-2}^{0} -2x\,dx + \int_{0}^{2} -3x^2\,dx$

　　　$= \left[-x^2 \right]_{-2}^{0} + \left[-x^3 \right]_{0}^{2}$

　　　$= 4 + (-8) = -4$

4　$\displaystyle\int_{1}^{3} f(x)dx = \int_{1}^{2} f(x)dx + \int_{2}^{3} f(x)dx$

　　　$= \displaystyle\int_{1}^{2} \left(\dfrac{1}{2}x - 1 \right)dx + \int_{2}^{3} (x-2)^2\,dx$

　　　$= \displaystyle\int_{1}^{2} \left(\dfrac{1}{2}x - 1 \right)dx + \int_{2}^{3} (x^2 - 4x + 4)dx$

　　　$= \left[\dfrac{1}{4}x^2 - x \right]_{1}^{2} + \left[\dfrac{1}{3}x^3 - 2x^2 + 4x \right]_{2}^{3}$

　　　$= -\dfrac{1}{4} + \dfrac{1}{3} = \dfrac{1}{12}$

5　$(x-1)f(x)=\begin{cases} x^2-x & (x\le -1) \\ 3x^2-x-2 & (x>-1) \end{cases}$ 이므로

　　$\displaystyle\int_{-2}^{0} (x-1)f(x)dx$

　　$= \displaystyle\int_{-2}^{-1} (x-1)f(x)dx + \int_{-1}^{0} (x-1)f(x)dx$

　　$= \displaystyle\int_{-2}^{-1} (x^2-x)dx + \int_{-1}^{0} (3x^2-x-2)dx$

　　$= \left[\dfrac{1}{3}x^3 - \dfrac{1}{2}x^2 \right]_{-2}^{-1} + \left[x^3 - \dfrac{1}{2}x^2 - 2x \right]_{-1}^{0}$

　　$= \dfrac{23}{6} - \dfrac{1}{2} = \dfrac{10}{3}$

6　$f(x+1)=\begin{cases} x^2+2x-1 & (x\le -1) \\ x-1 & (x>-1) \end{cases}$ 이므로

　　$\displaystyle\int_{-2}^{2} f(x+1)dx$

　　$= \displaystyle\int_{-2}^{-1} f(x+1)dx + \int_{-1}^{2} f(x+1)dx$

　　$= \displaystyle\int_{-2}^{-1} (x^2+2x-1)dx + \int_{-1}^{2} (x-1)dx$

　　$= \left[\dfrac{1}{3}x^3 + x^2 - x \right]_{-2}^{-1} + \left[\dfrac{1}{2}x^2 - x \right]_{-1}^{2}$

　　$= -\dfrac{5}{3} + \left(-\dfrac{3}{2} \right) = -\dfrac{19}{6}$

7　$\displaystyle\int_{-3}^{1} f(x)dx$

　　$= \displaystyle\int_{-3}^{-1} f(x)dx + \int_{-1}^{1} f(x)dx$

　　$= \displaystyle\int_{-3}^{-1} (x+1)^2 dx + \int_{-1}^{1} (3x+3)dx$

　　$= \displaystyle\int_{-3}^{-1} (x^2+2x+1)dx + \int_{-1}^{1} (3x+3)dx$

　　$= \left[\dfrac{1}{3}x^3 + x^2 + x \right]_{-3}^{-1} + \left[\dfrac{3}{2}x^2 + 3x \right]_{-1}^{1}$

　　$= \dfrac{8}{3} + 6 = \dfrac{26}{3}$

9　(1) $x\le -2$일 때, $f(x)=2$

　　　$x>-2$일 때, 두 점 $(-2, 2)$, $(0, 0)$을 지나므로

　　　$f(x)=-x$

　　　따라서 $f(x)=\begin{cases} 2 & (x\le -2) \\ -x & (x>-2) \end{cases}$

　　(2) $\displaystyle\int_{-4}^{1} f(x)dx = \int_{-4}^{-2} f(x)dx + \int_{-2}^{1} f(x)dx$

　　　　$= \displaystyle\int_{-4}^{-2} 2\,dx + \int_{-2}^{1} -x\,dx$

　　　　$= \left[2x \right]_{-4}^{-2} + \left[-\dfrac{1}{2}x^2 \right]_{-2}^{1}$

　　　　$= 4 + \dfrac{3}{2} = \dfrac{11}{2}$

10 (1) $x \leq 3$일 때, 두 점 $(1, 0)$, $(3, 2)$를 지나므로

$f(x) = x - 1$

$x > 3$일 때, 두 점 $(3, 2)$, $(5, 0)$을 지나므로

$f(x) = -x + 5$

따라서 $f(x) = \begin{cases} x-1 & (x \leq 3) \\ -x+5 & (x > 3) \end{cases}$

(2) $\displaystyle\int_1^5 xf(x)dx = \int_1^3 xf(x)dx + \int_3^5 xf(x)dx$

$\displaystyle = \int_1^3 x(x-1)dx + \int_3^5 x(-x+5)dx$

$\displaystyle = \int_1^3 (x^2-x)dx + \int_3^5 (-x^2+5x)dx$

$\displaystyle = \left[\frac{1}{3}x^3 - \frac{1}{2}x^2\right]_1^3 + \left[-\frac{1}{3}x^3 + \frac{5}{2}x^2\right]_3^5$

$\displaystyle = \frac{14}{3} + \frac{22}{3} = 12$

12 $\displaystyle\int_{-3}^3 f'(x)dx = \Big[f(x)\Big]_{-3}^3 = f(3) - f(-3)$이고

주어진 그래프에서 $f'(x) = \begin{cases} 3 & (x \leq 0) \\ -x+3 & (x > 0) \end{cases}$이므로

$\displaystyle\int_{-3}^3 f'(x)dx$

$\displaystyle = \int_{-3}^0 3\,dx + \int_0^3 (-x+3)dx$

$\displaystyle = \Big[3x\Big]_{-3}^0 + \left[-\frac{1}{2}x^2 + 3x\right]_0^3$

$\displaystyle = 9 + \frac{9}{2} = \frac{27}{2}$

따라서 $f(3) - f(-3) = \dfrac{27}{2}$

13 $\displaystyle\int_{-2}^2 f'(x)dx = \Big[f(x)\Big]_{-2}^2 = f(2) - f(-2)$이고

주어진 그래프에서 $f'(x) = \begin{cases} -4 & (x \leq 0) \\ 4x-4 & (x > 0) \end{cases}$이므로

$\displaystyle\int_{-2}^2 f'(x)dx$

$\displaystyle = \int_{-2}^0 -4\,dx + \int_0^2 (4x-4)dx$

$\displaystyle = \Big[-4x\Big]_{-2}^0 + \Big[2x^2 - 4x\Big]_0^2$

$= -8 + 0 = -8$

따라서 $f(2) - f(-2) = -8$

14 $\displaystyle\int_{-1}^2 f'(x)dx = \Big[f(x)\Big]_{-1}^2 = f(2) - f(-1)$이고

주어진 그래프에서 $f'(x) = \begin{cases} 2x+4 & (x \leq 0) \\ -2x+4 & (x > 0) \end{cases}$이므로

$\displaystyle\int_{-1}^2 f'(x)dx$

$\displaystyle = \int_{-1}^0 (2x+4)dx + \int_0^2 (-2x+4)dx$

$\displaystyle = \Big[x^2 + 4x\Big]_{-1}^0 + \Big[-x^2 + 4x\Big]_0^2$

$= 3 + 4 = 7$

따라서 $f(2) - f(-1) = 7$

16 $f(x) = |x-1|$로 놓으면

$f(x) = \begin{cases} -x+1 & (x \leq 1) \\ x-1 & (x > 1) \end{cases}$

이므로 $y = f(x)$의 그래프는 오른쪽 그림과 같다.

따라서

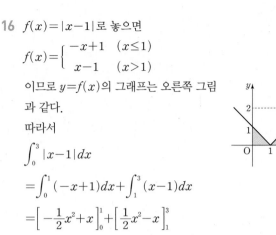

$\displaystyle\int_0^3 |x-1|dx$

$\displaystyle = \int_0^1 (-x+1)dx + \int_1^3 (x-1)dx$

$\displaystyle = \left[-\frac{1}{2}x^2 + x\right]_0^1 + \left[\frac{1}{2}x^2 - x\right]_1^3$

$\displaystyle = \frac{1}{2} + 2 = \frac{5}{2}$

17 $f(x) = |2x+6|$으로 놓으면

$f(x) = \begin{cases} -2x-6 & (x \leq -3) \\ 2x+6 & (x > -3) \end{cases}$

이므로 $y = f(x)$의 그래프는 오른쪽 그림과 같다.

따라서

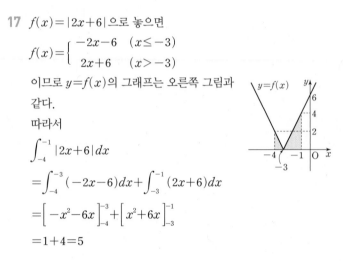

$\displaystyle\int_{-4}^{-1} |2x+6|dx$

$\displaystyle = \int_{-4}^{-3} (-2x-6)dx + \int_{-3}^{-1} (2x+6)dx$

$\displaystyle = \Big[-x^2 - 6x\Big]_{-4}^{-3} + \Big[x^2 + 6x\Big]_{-3}^{-1}$

$= 1 + 4 = 5$

18 $f(x) = |2x-2| + 1$로 놓으면

$f(x) = \begin{cases} -2x+3 & (x \leq 1) \\ 2x-1 & (x > 1) \end{cases}$

이므로 $y = f(x)$의 그래프는 오른쪽 그림과 같다.

따라서

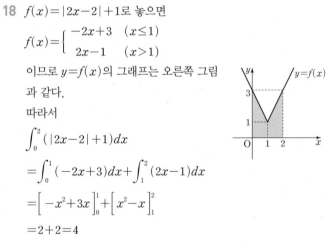

$\displaystyle\int_0^2 (|2x-2| + 1)dx$

$\displaystyle = \int_0^1 (-2x+3)dx + \int_1^2 (2x-1)dx$

$\displaystyle = \Big[-x^2 + 3x\Big]_0^1 + \Big[x^2 - x\Big]_1^2$

$= 2 + 2 = 4$

20 $f(x) = |x(x-3)|$으로 놓으면

$f(x) = \begin{cases} -x^2+3x & (0 \leq x \leq 3) \\ x^2-3x & (x < 0 \text{ 또는 } x > 3) \end{cases}$

이므로 $y = f(x)$의 그래프는 오른쪽 그림과 같다.

따라서

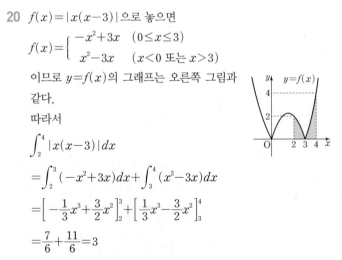

$\displaystyle\int_2^4 |x(x-3)|dx$

$\displaystyle = \int_2^3 (-x^2+3x)dx + \int_3^4 (x^2-3x)dx$

$\displaystyle = \left[-\frac{1}{3}x^3 + \frac{3}{2}x^2\right]_2^3 + \left[\frac{1}{3}x^3 - \frac{3}{2}x^2\right]_3^4$

$\displaystyle = \frac{7}{6} + \frac{11}{6} = 3$

21 $f(x) = |x^2 - 3x + 2|$로 놓으면

$$f(x) = \begin{cases} -x^2 + 3x - 2 & (1 \le x \le 2) \\ x^2 - 3x + 2 & (x < 1 \text{ 또는 } x > 2) \end{cases}$$

이므로 $y = f(x)$의 그래프는 오른쪽 그림과
같다.
따라서

$$\int_0^2 |x^2 - 3x + 2| dx$$

$$= \int_0^1 (x^2 - 3x + 2) dx + \int_1^2 (-x^2 + 3x - 2) dx$$

$$= \left[\frac{1}{3}x^3 - \frac{3}{2}x^2 + 2x \right]_0^1 + \left[-\frac{1}{3}x^3 + \frac{3}{2}x^2 - 2x \right]_1^2$$

$$= \frac{5}{6} + \frac{1}{6} = 1$$

22 $f(x) = |x^2 - 1|$로 놓으면

$$f(x) = \begin{cases} -x^2 + 1 & (-1 \le x \le 1) \\ x^2 - 1 & (x < -1 \text{ 또는 } x > 1) \end{cases}$$

이므로 $y = f(x)$의 그래프는 오른쪽 그림
과 같다.
따라서

$$\int_0^2 |x^2 - 1| dx$$

$$= \int_0^1 (-x^2 + 1) dx + \int_1^2 (x^2 - 1) dx$$

$$= \left[-\frac{1}{3}x^3 + x \right]_0^1 + \left[\frac{1}{3}x^3 - x \right]_1^2$$

$$= \frac{2}{3} + \frac{4}{3} = 2$$

23 $f(x) = \dfrac{|x^2 - 1|}{x+1} = \dfrac{|(x+1)(x-1)|}{x+1}$로 놓으면

$$f(x) = \begin{cases} -x + 1 & (-1 < x \le 1) \\ x - 1 & (x < -1 \text{ 또는 } x > 1) \end{cases}$$

이므로 $y = f(x)$의 그래프를 그리면 오른
쪽 그림과 같다.

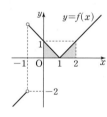

따라서

$$\int_0^2 \frac{|x^2 - 1|}{x+1} dx$$

$$= \int_0^1 (-x + 1) dx + \int_1^2 (x - 1) dx$$

$$= \left[-\frac{1}{2}x^2 + x \right]_0^1 + \left[\frac{1}{2}x^2 - x \right]_1^2$$

$$= \frac{1}{2} + \frac{1}{2} = 1$$

07

본문 262쪽

정적분 $\displaystyle\int_{-a}^{a} x^n \, dx$의 계산

1 (✎ $0, 2, 2, \dfrac{1}{5}, \dfrac{1}{3}, 2, \dfrac{23}{15}, \dfrac{46}{15}$)

2 124 　　**3** 0 　　**4** 4 　　☺ 2, 0, 0

5 (✎ y축, 2, 0, 2, 3, 6) 　　**6** $\dfrac{1}{4}$ 　　**7** (✎ 원점, 0)

8 0 　　**9** (1) (✎ y축, 원점, 0) (2) 6

10 (1) (✎ 원점, 원점, 0) (2) 6 　　☺ 2, 0

11 ①

2

$$\int_{-2}^{2} (10x^4 - 1) dx = 2 \int_0^2 (10x^4 - 1) dx$$

$$= 2 \left[2x^5 - x \right]_0^2$$

$$= 2 \times 62 = 124$$

3 $6x^5 - 8x^3 + 3x$에서 각 항의 차수가 모두 홀수이므로

$$\int_{-3}^{3} (6x^5 - 8x^3 + 3x) dx = 0$$

4

$$\int_0^1 (4x^3 + 3x^2 + 1) dx + \int_{-1}^0 (4x^3 + 3x^2 + 1) dx$$

$$= \int_{-1}^1 (4x^3 + 3x^2 + 1) dx$$

$$= \int_{-1}^1 4x^3 dx + \int_{-1}^1 (3x^2 + 1) dx$$

$$= 0 + 2 \int_0^1 (3x^2 + 1) dx = 2 \left[x^3 + x \right]_0^1$$

$$= 2 \times 2 = 4$$

6 모든 실수 x에 대하여 $f(x) = f(-x)$이므로 $y = f(x)$의 그래프
는 y축에 대하여 대칭이다.

따라서 $\displaystyle\int_0^1 f(x) dx = \int_{-1}^0 f(x) dx = \dfrac{1}{4}$

8 모든 실수 x에 대하여 $f(-x) = -f(x)$이므로 $y = f(x)$의 그래
프는 원점에 대하여 대칭이다.

따라서 $\displaystyle\int_{-1}^1 f(x) dx = 0$

9 (2) 모든 실수 x에 대하여 $f(x) = f(-x)$이므로 $y = f(x)$의 그
래프는 y축에 대하여 대칭이다.

따라서 $y = x^3 f(x)$의 그래프는 원점에 대하여 대칭이므로

$$\int_{-1}^1 (x^3 - 1) f(x) dx = \int_{-1}^1 x^3 f(x) dx - \int_{-1}^1 f(x) dx$$

$$= 0 - (-6) = 6$$

10 (2) 모든 실수 x에 대하여 $f(-x)=-f(x)$이므로 $y=f(x)$의 그래프는 원점에 대하여 대칭이다.

따라서 $y=xf(x)$의 그래프는 y축에 대하여 대칭이므로

$$\int_{-1}^{1}(x+1)f(x)dx=\int_{-1}^{1}xf(x)dx+\int_{-1}^{1}f(x)dx$$
$$=2\int_{0}^{1}xf(x)dx+0$$
$$=2\times 3=6$$

11 $\int_{-a}^{a}(3x^2+2x)dx=\int_{-a}^{a}3x^2\,dx+\int_{-a}^{a}2x\,dx$
$$=2\int_{0}^{a}3x^2\,dx+0$$
$$=2\Big[x^3\Big]_{0}^{a}=2a^3$$

$2a^3=16$에서 $a^3=8$

따라서 구하는 실수 a의 값은 2이다.

08

본문 264쪽

주기함수의 정적분

원리확인

❶ 2, 3, 5 　　　　❷ $\dfrac{1}{3}x^3$, $\dfrac{2}{3}$

❸ 4, 8, 16, $4x^2$, $16x$, $\dfrac{65}{3}$, 21, $\dfrac{2}{3}$ 　　❹ $=$

---

1 (✏ 3, 5, 2, 5, 5, 2, 5, -1, -1, 3, 3, 3, $\dfrac{3}{2}$, $\dfrac{9}{2}$)

2 8 　　　　　　3 $\dfrac{64}{3}$

4 (✏ 2, 3, 1, 3, 2, 3, 1, 3, -1, -1, 2, 5, 5, 5, $-\dfrac{1}{3}$, $-\dfrac{5}{3}$)

5 54 　　　　　　6 $\dfrac{7}{2}$ 　　　☺ b, a, p

---

2 조건 ㈏에서 $f(x)$는 주기가 2인 주기함수이므로

$$\int_{-4}^{-2}f(x)dx=\int_{-2}^{0}f(x)dx=\int_{0}^{2}f(x)dx$$
$$=\int_{2}^{4}f(x)dx=\int_{-1}^{1}f(x)dx$$

따라서

$\int_{-4}^{4}f(x)dx$

$=\int_{-4}^{-2}f(x)dx+\int_{-2}^{0}f(x)dx+\int_{0}^{2}f(x)dx+\int_{2}^{4}f(x)dx$

$=\int_{-1}^{1}f(x)dx+\int_{-1}^{1}f(x)dx+\int_{-1}^{1}f(x)dx+\int_{-1}^{1}f(x)dx$

$=4\int_{-1}^{1}f(x)dx=4\int_{-1}^{1}3x^2\,dx$

$=4\Big[x^3\Big]_{-1}^{1}=4\times 2=8$

---

3 조건 ㈏에서 $f(x)$는 주기가 4인 주기함수이므로

$$\int_{-2}^{2}f(x)dx=\int_{2}^{6}f(x)dx=\int_{0}^{4}f(x)dx$$

따라서

$\int_{-2}^{6}f(x)dx=\int_{-2}^{2}f(x)dx+\int_{2}^{6}f(x)dx$

$=\int_{0}^{4}f(x)dx+\int_{0}^{4}f(x)dx$

$=2\int_{0}^{4}f(x)dx=2\int_{0}^{4}(-x^2+4x)dx$

$=2\Big[-\dfrac{1}{3}x^3+2x^2\Big]_{0}^{4}$

$=2\times\dfrac{32}{3}=\dfrac{64}{3}$

---

5 조건 ㈏에서 $f(x)$는 주기가 4인 주기함수이므로

$$\int_{-2}^{2}f(x)dx=\int_{2}^{6}f(x)dx$$

한편 $-2\le x\le 2$일 때, $y=f(x)$의 그래프는 y축에 대하여 대칭이므로

$$\int_{-2}^{2}f(x)dx=2\int_{0}^{2}f(x)dx$$

따라서

$\int_{0}^{6}f(x)dx=\int_{0}^{2}f(x)dx+\int_{2}^{6}f(x)dx$

$=\int_{0}^{2}f(x)dx+\int_{-2}^{2}f(x)dx$

$=\int_{0}^{2}f(x)dx+2\int_{0}^{2}f(x)dx$

$=3\int_{0}^{2}f(x)dx=3\int_{0}^{2}(6x^2+1)dx$

$=3\Big[2x^3+x\Big]_{0}^{2}$

$=3\times 18=54$

---

6 조건 ㈏에서 $f(x)$는 주기가 2인 주기함수이므로

$$\int_{-1}^{1}f(x)dx=\int_{1}^{3}f(x)dx=\int_{3}^{5}f(x)dx=\int_{5}^{7}f(x)dx$$

한편 $-1\le x\le 1$일 때, $f(x)=\begin{cases}-x & (-1\le x\le 0)\\ x & (0<x\le 1)\end{cases}$ 이고

그 그래프는 y축에 대하여 대칭이므로

$$\int_{-1}^{1}f(x)dx=2\int_{0}^{1}f(x)dx$$

따라서

$\int_{0}^{7}f(x)dx$

$=\int_{0}^{1}f(x)dx+\int_{1}^{3}f(x)dx+\int_{3}^{5}f(x)dx+\int_{5}^{7}f(x)dx$

$=\int_{0}^{1}f(x)dx+\int_{-1}^{1}f(x)dx+\int_{-1}^{1}f(x)dx+\int_{-1}^{1}f(x)dx$

$=\int_{0}^{1}f(x)dx+3\int_{-1}^{1}f(x)dx$

$=7\int_{0}^{1}f(x)dx$

$=7\int_{0}^{1}x\,dx=7\Big[\dfrac{1}{2}x^2\Big]_{0}^{1}$

$=7\times\dfrac{1}{2}=\dfrac{7}{2}$

1

$$\int_{-2}^{1} f(x)dx = \int_{-2}^{0} f(x)dx + \int_{0}^{1} f(x)dx$$
$$= \int_{-2}^{0} (1+2x)dx + \int_{0}^{1} (1-x^2)dx$$
$$= \Big[x+x^2 \Big]_{-2}^{0} + \Big[x-\frac{1}{3}x^3 \Big]_{0}^{1}$$
$$= -2+\frac{2}{3} = -\frac{4}{3}$$

2 $a>1$이므로

$$\int_{0}^{a} f(x)dx$$
$$= \int_{0}^{1} f(x)dx + \int_{1}^{a} f(x)dx$$
$$= \int_{0}^{1} (-2x+2)dx + \int_{1}^{a} \Big(-\frac{1}{2}x+\frac{1}{2} \Big)dx$$
$$= \Big[-x^2+2x \Big]_{0}^{1} + \Big[-\frac{1}{4}x^2+\frac{1}{2}x \Big]_{1}^{a}$$
$$= -\frac{1}{4}a^2+\frac{1}{2}a+\frac{3}{4}$$

$-\frac{1}{4}a^2+\frac{1}{2}a+\frac{3}{4}=0$이므로 $a^2-2a-3=0$

$(a+1)(a-3)=0$

이때 $a>1$이므로 $a=3$

3 $x\le 0$일 때, 두 점 $(-1, 4)$, $(0, 0)$을 지나므로
$f(x)=-4x$

$x>0$일 때, 두 점 $(0, 0)$, $(1, 4)$를 지나므로
$f(x)=4x$

따라서 $f(x)=\begin{cases} -4x & (x\le 0) \\ 4x & (x>0) \end{cases}$ 이므로

$$\int_{-2}^{2} f(x)dx = \int_{-2}^{0} f(x)dx + \int_{0}^{2} f(x)dx$$
$$= \int_{-2}^{0} -4x\,dx + \int_{0}^{2} 4x\,dx$$
$$= \Big[-2x^2 \Big]_{-2}^{0} + \Big[2x^2 \Big]_{0}^{2}$$
$$= 8+8=16$$

4 $x\le 2$일 때, 두 점 $(1, 0)$, $(2, -3)$을 지나므로
$f(x)=-3x+3$

$x>2$일 때, $f(x)=-3$

따라서 $f(x)=\begin{cases} -3x+3 & (x\le 2) \\ -3 & (x>2) \end{cases}$ 이므로

$$\int_{0}^{3} xf(x)dx$$
$$= \int_{0}^{2} xf(x)dx + \int_{2}^{3} xf(x)dx$$

$$= \int_{0}^{2} (-3x^2+3x)dx + \int_{2}^{3} -3x\,dx$$
$$= \Big[-x^3+\frac{3}{2}x^2 \Big]_{0}^{2} + \Big[-\frac{3}{2}x^2 \Big]_{2}^{3}$$
$$= -2+\Big(-\frac{15}{2} \Big) = -\frac{19}{2}$$

5

$$\int_{-1}^{1} f'(x)dx = \Big[f(x) \Big]_{-1}^{1} = f(1)-f(-1)$$ 이고

주어진 그래프에서

$f'(x)=\begin{cases} x+1 & (x\le 0) \\ -x+1 & (x>0) \end{cases}$ 이므로

$$\int_{-1}^{1} f'(x)dx$$
$$= \int_{-1}^{0} (x+1)dx + \int_{0}^{1} (-x+1)dx$$
$$= \Big[\frac{1}{2}x^2+x \Big]_{-1}^{0} + \Big[-\frac{1}{2}x^2+x \Big]_{0}^{1}$$
$$= \frac{1}{2}+\frac{1}{2}=1$$

따라서 $f(1)-f(-1)=1$

6 $f(x)=|x^2-3x|$로 놓으면

$f(x)=\begin{cases} -x^2+3x & (0\le x\le 3) \\ x^2-3x & (x<0 \ \text{또는} \ x>3) \end{cases}$

이므로 $y=f(x)$의 그래프는 오른쪽 그림과 같다.

따라서

$$\int_{1}^{5} |x^2-3x|dx$$

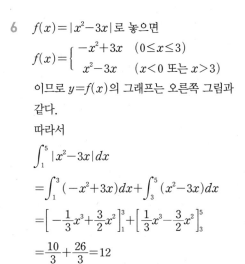

$$= \int_{1}^{3} (-x^2+3x)dx + \int_{3}^{5} (x^2-3x)dx$$
$$= \Big[-\frac{1}{3}x^3+\frac{3}{2}x^2 \Big]_{1}^{3} + \Big[\frac{1}{3}x^3-\frac{3}{2}x^2 \Big]_{3}^{5}$$
$$= \frac{10}{3}+\frac{26}{3}=12$$

7

$$\int_{-2}^{0} (2x^5-5x^4+3x-4)dx + \int_{0}^{2} (2x^5-5x^4+3x-4)dx$$
$$= \int_{-2}^{2} (2x^5-5x^4+3x-4)dx$$
$$= \int_{-2}^{2} (2x^5+3x)dx + \int_{-2}^{2} (-5x^4-4)dx$$
$$= 0 + 2\int_{0}^{2} (-5x^4-4)dx = 2\Big[-x^5-4x \Big]_{0}^{2}$$
$$= 2\times(-40) = -80$$

8

$$\int_{-a}^{a} (4x^3+1)dx = \int_{-a}^{a} 4x^3\,dx + \int_{-a}^{a} 1\,dx$$
$$= 0 + 2\int_{0}^{a} 1\,dx$$
$$= 2\Big[x \Big]_{0}^{a} = 2a$$

$2a=12$이므로 $a=6$

9 $f(x)$가 일차함수이므로

$f(x)=ax+b$ (a, b는 상수, $a\neq0$)로 놓으면

$$\int_{-1}^{1}f(x)dx=\int_{-1}^{1}(ax+b)dx$$
$$=\int_{-1}^{1}ax\,dx+\int_{-1}^{1}b\,dx$$
$$=2\int_{0}^{1}b\,dx$$
$$=2\Big[bx\Big]_{0}^{1}=2b$$

$2b=2$이므로 $b=1$

$$\int_{-1}^{1}xf(x)dx=\int_{-1}^{1}(ax^2+bx)dx$$
$$=\int_{-1}^{1}ax^2\,dx+\int_{-1}^{1}bx\,dx$$
$$=2\int_{0}^{1}ax^2\,dx$$
$$=2\Big[\frac{a}{3}x^3\Big]_{0}^{1}=\frac{2}{3}a$$

$\frac{2}{3}a=-2$이므로 $a=-3$

따라서 $f(x)=-3x+1$이므로

$$\int_{-1}^{1}f(x+1)dx=\int_{-1}^{1}(-3x-2)dx$$
$$=\int_{-1}^{1}-3x\,dx+\int_{-1}^{1}-2\,dx$$
$$=2\int_{0}^{1}-2\,dx$$
$$=2\Big[-2x\Big]_{0}^{1}=-4$$

10 모든 실수 x에 대하여 $f(x)=f(x+3)$이므로 함수 $f(x)$는 주기가 3인 주기함수이다.

따라서

$$\int_{0}^{3}f(x)dx=\int_{-3}^{0}f(x)dx=\int_{1}^{4}f(x)dx$$
$$=\int_{3}^{6}f(x)dx=\int_{-5}^{-2}f(x)dx$$

한편

$$\int_{-3}^{3}f(x)dx=\int_{-3}^{0}f(x)dx+\int_{0}^{3}f(x)dx$$
$$=2\int_{0}^{3}f(x)dx$$

11 조건 ㈏에서 $f(x)$는 주기가 2인 주기함수이다.

한편 $-1\leq x\leq1$일 때

$$f(x)=\begin{cases}-x-1 & (-1\leq x\leq0) \\ x-1 & (0<x\leq1)\end{cases}$$ 이므로

$$\int_{1}^{3}f(x)dx=\int_{-1}^{1}f(x)dx$$
$$=\int_{-1}^{0}f(x)dx+\int_{0}^{1}f(x)dx$$
$$=\int_{-1}^{0}(-x-1)dx+\int_{0}^{1}(x-1)dx$$
$$=\Big[-\frac{1}{2}x^2-x\Big]_{-1}^{0}+\Big[\frac{1}{2}x^2-x\Big]_{0}^{1}$$
$$=-\frac{1}{2}+\Big(-\frac{1}{2}\Big)=-1$$

12 조건 ㈏에서 $f(x)$는 주기가 2인 주기함수이므로

$$\int_{-3}^{-1}f(x)dx=\int_{-1}^{1}f(x)dx=\int_{1}^{3}f(x)dx$$

따라서

$$\int_{-3}^{3}f(x)dx$$
$$=\int_{-3}^{-1}f(x)dx+\int_{-1}^{1}f(x)dx+\int_{1}^{3}f(x)dx$$
$$=3\int_{-1}^{1}f(x)dx=3\int_{-1}^{1}(x^2+2)dx$$
$$=3\Big[\frac{1}{3}x^3+2x\Big]_{-1}^{1}=3\times\frac{14}{3}=14$$

09
본문 268쪽

정적분으로 정의된 함수의 미분

원리확인

❶ x, 0, x, x, x, x, x, x, x, 1

❷ 1, t^3, $x+1$, 3, 3, 3, 3, 1, 3, 3, 6, $x+1$

---

1 (✏ x) **2** x^2+2x-1 **3** $-4x^3+6x^2+x$

4 (✏ 1, x, $6x$, 3) **5** 8

6 $12x-9$ **7** (✏ x^4, 4, 4, $4x^3$)

8 $f(x)=2x+2$ **9** $f(x)=3x^2+4x-3$

☺ x, $x+a$, x

5 $$\frac{d}{dx}\int_{x}^{x+2}(4t-5)dt$$
$$=\{4(x+2)-5\}-(4x-5)$$
$$=8$$

6 $$\frac{d}{dx}\int_{x-1}^{x}(6t^2-3t)dt$$
$$=(6x^2-3x)-\{6(x-1)^2-3(x-1)\}$$
$$=12x-9$$

8 주어진 등식의 양변을 x에 대하여 미분하면
$$\frac{d}{dx}\int_{1}^{x}f(t)dt=\frac{d}{dx}(x^2+2x-3)$$
$$=2x+2$$
따라서 $f(x)=2x+2$

9 주어진 등식의 양변을 x에 대하여 미분하면
$$\frac{d}{dx}\int_{-1}^{x}f(t)dt=\frac{d}{dx}(x^3+2x^2-3x-4)$$
$$=3x^2+4x-3$$
따라서 $f(x)=3x^2+4x-3$

정적분으로 정의된 함수; 적분 구간이 상수로 주어진 경우

1 ($\mathscr{D}$ k, 4, 2, -4, 4, 0)　　2 18　　　3 $-\dfrac{21}{2}$

4 24

5 ($\mathscr{D}$ x, x, k, t, k, t, k, 2, -1, $2x$, 1, 4)

6 $-\dfrac{2}{9}$　　　7 $-\dfrac{1}{3}$　　　8 -32

☺ 상수, 상수, k, 대입

9 ($\mathscr{D}$ 6, 6, 6, 18, $6x$, 13)　　10 $f(x)=x^2+2x-8$

11 $f(x)=x^3+x^2+2$　　　12 $f(x)=3x^2-5x+2$

13 ③

2 $\displaystyle\int_0^1 f(t)dt=k$ (k는 상수) …… ㉠라 하면

$f(x)=8x+3k$

이를 ㉠에 대입하면 $\displaystyle\int_0^1 (8t+3k)dt=k$

$\Big[4t^2+3kt\Big]_0^1=k,\ 4+3k=k,\ 즉\ k=-2$

따라서 $f(x)=8x-6$이므로 $f(3)=18$

3 $\displaystyle\int_0^3 f(t)dt=k$ (k는 상수) …… ㉠라 하면

$f(x)=3x^2+k$

이를 ㉠에 대입하면 $\displaystyle\int_0^3 (3t^2+k)dt=k$

$\Big[t^3+kt\Big]_0^3=k,\ 27+3k=k,\ 즉\ k=-\dfrac{27}{2}$

따라서 $f(x)=3x^2-\dfrac{27}{2}$이므로 $f(1)=-\dfrac{21}{2}$

4 $\displaystyle\int_0^2 f(t)dt=k$ (k는 상수) …… ㉠라 하면

$f(x)=6x^2-4x+k$

이를 ㉠에 대입하면 $\displaystyle\int_0^2 (6t^2-4t+k)dt=k$

$\Big[2t^3-2t^2+kt\Big]_0^2=k,\ 8+2k=k,\ 즉\ k=-8$

따라서 $f(x)=6x^2-4x-8$이므로 $f(-2)=24$

6 $f(x)=x^2-1-\displaystyle\int_0^2 xf(t)dt=x^2-x\displaystyle\int_0^2 f(t)dt-1$

이때 $\displaystyle\int_0^2 f(t)dt=k$ (k는 상수) …… ㉠라 하면

$f(x)=x^2-kx-1$

이를 ㉠에 대입하면 $\displaystyle\int_0^2 (t^2-kt-1)dt=k$

$\Big[\dfrac{1}{3}t^3-\dfrac{k}{2}t^2-t\Big]_0^2=k,\ \dfrac{2}{3}-2k=k,\ 즉\ k=\dfrac{2}{9}$

따라서 $f(x)=x^2-\dfrac{2}{9}x-1$이므로 $f(1)=-\dfrac{2}{9}$

7 $f(x)=2x^3+x^2+\displaystyle\int_{-1}^0 (1-x)f(t)dt$

$\quad=2x^3+x^2-x\displaystyle\int_{-1}^0 f(t)dt+\displaystyle\int_{-1}^0 f(t)dt$

이때 $\displaystyle\int_{-1}^0 f(t)dt=k$ (k는 상수) …… ㉠라 하면

$f(x)=2x^3+x^2-kx+k$

이를 ㉠에 대입하면 $\displaystyle\int_{-1}^0 (2t^3+t^2-kt+k)dt=k$

$\Big[\dfrac{1}{2}t^4+\dfrac{1}{3}t^3-\dfrac{k}{2}t^2+kt\Big]_{-1}^0=k$

$-\dfrac{1}{6}+\dfrac{3}{2}k=k,\ 즉\ k=\dfrac{1}{3}$

따라서 $f(x)=2x^3+x^2-\dfrac{1}{3}x+\dfrac{1}{3}$이므로 $f(-1)=-\dfrac{1}{3}$

8 $f(x)=6x^2-8+\displaystyle\int_0^1 4xf(t)dt$

$\quad=6x^2+4x\displaystyle\int_0^1 f(t)dt-8$

이때 $\displaystyle\int_0^1 f(t)dt=k$ (k는 상수) …… ㉠라 하면

$f(x)=6x^2+4kx-8$

이를 ㉠에 대입하면 $\displaystyle\int_0^1 (6t^2+4kt-8)dt=k$

$\Big[2t^3+2kt^2-8t\Big]_0^1=k$

$2k-6=k,\ 즉\ k=6$

따라서 $f(x)=6x^2+24x-8$이므로 $f(-2)=-32$

10 $\displaystyle\int_0^2 f'(t)dt=k$ (k는 상수) …… ㉠라 하면

$f(x)=x^2+2x-k$

이때 $f'(x)=2x+2$이므로 이를 ㉠에 대입하면

$\displaystyle\int_0^2 (2t+2)dt=k,\ \Big[t^2+2t\Big]_0^2=k,\ 즉\ k=8$

따라서 $f(x)=x^2+2x-8$

11 $\displaystyle\int_0^1 f'(t)dt=k$ (k는 상수) …… ㉠라 하면

$f(x)=x^3+x^2+k$

이때 $f'(x)=3x^2+2x$이므로 이를 ㉠에 대입하면

$\displaystyle\int_0^1 (3t^2+2t)dt=k$

$\Big[t^3+t^2\Big]_0^1=k,\ 즉\ k=2$

따라서 $f(x)=x^3+x^2+2$

12 $\displaystyle\int_0^2 f'(t)dt=k$ (k는 상수) …… ㉠라 하면

$f(x)=3x^2-5x+k$

이때 $f'(x)=6x-5$이므로 이를 ㉠에 대입하면

$\displaystyle\int_0^2 (6t-5)dt=k$

$\Big[3t^2-5t\Big]_0^2=k,\ 즉\ k=2$

따라서 $f(x)=3x^2-5x+2$

13 $\int_0^1 f(t)dt=k$ (k는 상수) $\cdots\cdots$ ㉠라 하면

$f(x)=3x^2+6kx+k^2$

이를 ㉠에 대입하면 $\int_0^1 (3t^2+6kt+k^2)dt=k$

$\left[t^3+3kt^2+k^2t\right]_0^1=k,\ k^2+2k+1=0$

$(k+1)^2=0$, 즉 $k=-1$

따라서 $f(x)=3x^2-6x+1$이므로

$f(3)=10$

11

본문 272쪽

정적분으로 정의된 함수; 적분 구간이 변수로 주어진 경우

1 (✎ 1, 2, 0, 2, 2, 2, 2x, 2)

2 $f(x)=2x-2$ 3 $f(x)=6x^2+2x-4$

4 $f(x)=10x-14$ 5 $f(x)=12x^2+10x+1$

6 (✎ a, 4, 9, a, 0, 3, 0, 3)

7 $f(x)=2x+2,\ a=1$ 8 $f(x)=3x^2,\ a=1$

☺ $g'(x)$, 0   9 ④

10 (✎ 6, 2, 6, 2, 6, 2, 6, 2, 3, 2, 3, 5, 3, -2, 3, 2, 2)

11 $f(x)=4x+2$ 12 $f(x)=6x^2-2$

13 $f(x)=\dfrac{4}{3}x^3-3x^2+\dfrac{4}{3}$

14 (✎ 12, 12, 12, 12, 6, 3, 3, 6, 3, -3, 6, 3)

15 $f(x)=8x^2+24x+12$ 16 $f(x)=\dfrac{10}{3}x^3-3x-\dfrac{20}{3}$

17 ④   18 (✎ $xf(x)$, 6, 6, 6, 6, 12, 6)

19 $f(x)=6x+6$ 20 $f(x)=6x-2$

21 $f(x)=12x^2-6x-2$

22 (1) (✎ 0, -2) (2) (✎ 2, 4, 4, 4, 4, 12, 4)

23 (1) 3 (2) $f(x)=6x-6$

24 (1) 1 (2) $f(x)=6x+2$

25 (✎ $xf'(x)$, 6, 6, 12, 12, 6, 1, 6, 1)

26 $f(x)=4x^3-4x-3$ 27 $f(x)=6x^2+6x-7$

28 ④

---

2 주어진 등식의 양변에 $x=2$를 대입하면

$\int_2^2 f(t)dt=4+2a$

$0=4+2a$이므로 $a=-2$

주어진 등식의 양변을 x에 대하여 미분하면

$\dfrac{d}{dx}\int_2^x f(t)dt=\dfrac{d}{dx}(x^2-2x)$

따라서 $f(x)=2x-2$

---

3 주어진 등식의 양변에 $x=1$을 대입하면

$\int_1^1 f(t)dt=2+1-a+1=4-a$

$0=4-a$이므로 $a=4$

주어진 등식의 양변을 x에 대하여 미분하면

$\dfrac{d}{dx}\int_1^x f(t)dt=\dfrac{d}{dx}(2x^3+x^2-4x+1)$

따라서 $f(x)=6x^2+2x-4$

---

4 주어진 등식의 양변에 $x=3$을 대입하면

$\int_3^3 f(t)dt=45+3a-3=3a+42$

$0=3a+42$이므로 $a=-14$

주어진 등식의 양변을 x에 대하여 미분하면

$\dfrac{d}{dx}\int_3^x f(t)dt=\dfrac{d}{dx}(5x^2-14x-3)$

따라서 $f(x)=10x-14$

---

5 주어진 등식의 양변에 $x=-1$을 대입하면

$\int_{-1}^{-1} f(t)dt=-4+5+a=a+1$

$0=a+1$이므로 $a=-1$

주어진 등식의 양변을 x에 대하여 미분하면

$\dfrac{d}{dx}\int_{-1}^x f(t)dt=\dfrac{d}{dx}(4x^3+5x^2+x)$

따라서 $f(x)=12x^2+10x+1$

---

7 양변을 x에 대하여 미분하면

$\dfrac{d}{dx}\int_a^x f(t)dt=\dfrac{d}{dx}(x^2+2x-3)$

$f(x)=2x+2$

또 주어진 등식의 양변에 $x=a$를 대입하면

$\int_a^a f(t)dt=a^2+2a-3$

$0=a^2+2a-3$이므로

$(a+3)(a-1)=0$

이때 $a>0$이므로 $a=1$

---

8 양변을 x에 대하여 미분하면

$\dfrac{d}{dx}\int_a^x f(t)dt=\dfrac{d}{dx}(x^3-1)$

$f(x)=3x^2$

또 주어진 등식의 양변에 $x=a$를 대입하면

$\int_a^a f(t)dt=a^3-1$

$0=a^3-1$이므로

$(a-1)(a^2+a+1)=0$

이때 a는 실수이므로 $a=1$

---

9 양변을 x에 대하여 미분하면

$\dfrac{d}{dx}\int_a^x f(t)dt=\dfrac{d}{dx}(x^2-2x)$

$f(x)=2x-2$

또 주어진 등식의 양변에 $x=a$를 대입하면

$$\int_a^a f(t)dt = a^2 - 2a$$

$0 = a^2 - 2a$이므로 $a(a-2) = 0$

이때 $a > 0$이므로 $a = 2$

따라서 $f(a) = f(2) = 2$

11 양변을 x에 대하여 미분하면

$$f(x) + xf'(x) = 4x + f(x)$$

$$xf'(x) = 4x$$

따라서 $f'(x) = 4$이므로

$$f(x) = \int 4\,dx = 4x + C \ (C는 \ 적분상수) \quad \cdots\cdots \ \ominus$$

한편 주어진 등식의 양변에 $x=-1$을 대입하면

$$-f(-1) = 2 + \int_{-1}^{-1} f(t)dt = 2$$

$$f(-1) = -2$$

$\ominus$에서 $f(-1) = -4 + C = -2$, 즉 $C = 2$

따라서 $f(x) = 4x + 2$

12 양변을 x에 대하여 미분하면

$$f(x) + xf'(x) = 12x^2 + f(x)$$

$$xf'(x) = 12x^2$$

따라서 $f'(x) = 12x$이므로

$$f(x) = \int 12x\,dx = 6x^2 + C \ (C는 \ 적분상수) \quad \cdots\cdots \ \ominus$$

한편 주어진 등식의 양변에 $x=1$을 대입하면

$$f(1) = 4 + \int_1^1 f(t)dt = 4$$

$\ominus$에서 $f(1) = 6 + C = 4$, 즉 $C = -2$

따라서 $f(x) = 6x^2 - 2$

13 양변을 x에 대하여 미분하면

$$f(x) + xf'(x) = 4x^3 - 6x^2 + f(x)$$

$$xf'(x) = 4x^3 - 6x^2$$

따라서 $f'(x) = 4x^2 - 6x$이므로

$$f(x) = \int (4x^2 - 6x)dx$$

$$= \frac{4}{3}x^3 - 3x^2 + C \ (C는 \ 적분상수) \quad \cdots\cdots \ \ominus$$

한편 주어진 등식의 양변에 $x=2$를 대입하면

$$2f(2) = 16 - 16 + \int_2^2 f(t)dt = 0$$

$$f(2) = 0$$

$\ominus$에서 $f(2) = \frac{32}{3} - 12 + C = 0$, 즉 $C = \frac{4}{3}$

따라서 $f(x) = \frac{4}{3}x^3 - 3x^2 + \frac{4}{3}$

15 양변을 x에 대하여 미분하면

$$2xf(x) + x^2 f'(x) = 16x^3 + 24x^2 + 2xf(x)$$

$$x^2 f'(x) = 16x^3 + 24x^2$$

따라서 $f'(x) = 16x + 24$이므로

$$f(x) = \int (16x + 24)dx$$

$$= 8x^2 + 24x + C \ (C는 \ 적분상수) \quad \cdots\cdots \ \ominus$$

한편 주어진 등식의 양변에 $x=-1$을 대입하면

$$f(-1) = 4 - 8 + 2\int_{-1}^{-1} tf(t)dt = -4$$

$\ominus$에서 $f(-1) = 8 - 24 + C = -4$, 즉 $C = 12$

따라서 $f(x) = 8x^2 + 24x + 12$

16 양변을 x에 대하여 미분하면

$$2xf(x) + x^2 f'(x) = 10x^4 - 3x^2 + 2xf(x)$$

$$x^2 f'(x) = 10x^4 - 3x^2$$

따라서 $f'(x) = 10x^2 - 3$이므로

$$f(x) = \int (10x^2 - 3)dx$$

$$= \frac{10}{3}x^3 - 3x + C \ (C는 \ 적분상수) \quad \cdots\cdots \ \ominus$$

한편 주어진 등식의 양변에 $x=2$를 대입하면

$$4f(2) = 64 - 8 + 2\int_2^2 tf(t)dt = 56$$

$$f(2) = 14$$

$\ominus$에서 $f(2) = \frac{80}{3} - 6 + C = 14$, 즉 $C = -\frac{20}{3}$

따라서 $f(x) = \frac{10}{3}x^3 - 3x - \frac{20}{3}$

17 양변을 x에 대하여 미분하면

$$f(x) + xf'(x) = 3x^2 - 2x + f(x)$$

$$xf'(x) = 3x^2 - 2x$$

따라서 $f'(x) = 3x - 2$이므로

$$f(x) = \int (3x - 2)dx$$

$$= \frac{3}{2}x^2 - 2x + C \ (C는 \ 적분상수) \quad \cdots\cdots \ \ominus$$

한편 주어진 등식의 양변에 $x=1$을 대입하면

$$f(1) = 1 - 1 + \int_1^1 f(t)dt = 0$$

$\ominus$에서 $f(1) = \frac{3}{2} - 2 + C = 0$, 즉 $C = \frac{1}{2}$

따라서 $f(x) = \frac{3}{2}x^2 - 2x + \frac{1}{2}$

이때 $f(k) = 8$이므로

$$\frac{3}{2}k^2 - 2k + \frac{1}{2} = 8, \ 3k^2 - 4k + 1 = 16$$

$$3k^2 - 4k - 15 = 0, \ (k-3)(3k+5) = 0$$

따라서 k는 정수이므로

$$k = 3$$

19 주어진 등식의 좌변을 정리하면

$$x\int_{-1}^{x}f(t)dt-\int_{-1}^{x}tf(t)dt=x^3+3x^2+3x+1$$

양변을 x에 대하여 미분하면

$$\int_{-1}^{x}f(t)dt+xf(x)-xf(x)=3x^2+6x+3$$

$$\int_{-1}^{x}f(t)dt=3x^2+6x+3$$

또 양변을 x에 대하여 미분하면

$$f(x)=6x+6$$

20 주어진 등식의 좌변을 정리하면

$$x\int_{2}^{x}f(t)dt-\int_{2}^{x}tf(t)dt=x^3-x^2-8x+12$$

양변을 x에 대하여 미분하면

$$\int_{2}^{x}f(t)dt+xf(x)-xf(x)=3x^2-2x-8$$

$$\int_{2}^{x}f(t)dt=3x^2-2x-8$$

또 양변을 x에 대하여 미분하면

$$f(x)=6x-2$$

21 주어진 등식의 좌변을 정리하면

$$x\int_{1}^{x}f(t)dt-\int_{1}^{x}tf(t)dt=x^4-x^3-x^2+x$$

양변을 x에 대하여 미분하면

$$\int_{1}^{x}f(t)dt+xf(x)-xf(x)=4x^3-3x^2-2x+1$$

$$\int_{1}^{x}f(t)dt=4x^3-3x^2-2x+1$$

또 양변을 x에 대하여 미분하면

$$f(x)=12x^2-6x-2$$

23 (1) 주어진 등식의 양변에 $x=1$을 대입하면

$$\int_{1}^{1}(1-t)f(t)dt=1-a+3-1=3-a$$

$3-a=0$이므로 $a=3$

(2) 주어진 등식의 좌변을 정리하면

$$x\int_{1}^{x}f(t)dt-\int_{1}^{x}tf(t)dt=x^3-3x^2+3x-1$$

양변을 x에 대하여 미분하면

$$\int_{1}^{x}f(t)dt+xf(x)-xf(x)=3x^2-6x+3$$

$$\int_{1}^{x}f(t)dt=3x^2-6x+3$$

또 양변을 x에 대하여 미분하면

$$f(x)=6x-6$$

24 (1) 주어진 등식의 양변에 $x=-1$을 대입하면

$$\int_{-1}^{-1}(-1-t)f(t)dt=-a+1+1-1=-a+1$$

$-a+1=0$이므로 $a=1$

(2) 주어진 등식의 좌변을 정리하면

$$x\int_{-1}^{x}f(t)dt-\int_{-1}^{x}tf(t)dt=x^3+x^2-x-1$$

양변을 x에 대하여 미분하면

$$\int_{-1}^{x}f(t)dt+xf(x)-xf(x)=3x^2+2x-1$$

$$\int_{-1}^{x}f(t)dt=3x^2+2x-1$$

또 양변을 x에 대하여 미분하면

$$f(x)=6x+2$$

26 주어진 등식의 좌변을 정리하면

$$x\int_{1}^{x}f'(t)dt-\int_{1}^{x}tf'(t)dt=x^4-2x^2+1$$

양변을 x에 대하여 미분하면

$$\int_{1}^{x}f'(t)dt+xf'(x)-xf'(x)=4x^3-4x$$

$$\int_{1}^{x}f'(t)dt=4x^3-4x$$

또 양변을 x에 대하여 미분하면

$$f'(x)=12x^2-4$$

양변을 x에 대하여 적분하면

$$f(x)=\int(12x^2-4)dx$$
$$=4x^3-4x+C \ (C는 \ 적분상수)$$

이때 $f(-1)=-3$이므로

$$f(-1)=C=-3$$

따라서 $f(x)=4x^3-4x-3$

27 주어진 등식의 좌변을 정리하면

$$x\int_{-1}^{x}f'(t)dt-\int_{-1}^{x}tf'(t)dt=2x^3+3x^2-1$$

양변을 x에 대하여 미분하면

$$\int_{-1}^{x}f'(t)dt+xf'(x)-xf'(x)=6x^2+6x$$

$$\int_{-1}^{x}f'(t)dt=6x^2+6x$$

또 양변을 x에 대하여 미분하면

$$f'(x)=12x+6$$

양변을 x에 대하여 적분하면

$$f(x)=\int(12x+6)dx$$
$$=6x^2+6x+C \ (C는 \ 적분상수)$$

이때 $f(1)=5$이므로

$$f(1)=12+C=5, \ C=-7$$

따라서 $f(x)=6x^2+6x-7$

28 주어진 등식의 좌변을 정리하면

$$x\int_{1}^{x}f(t)dt-\int_{1}^{x}tf(t)dt=x^3-2x^2+x$$

양변을 x에 대하여 미분하면

$$\int_{1}^{x}f(t)dt+xf(x)-xf(x)=3x^2-4x+1$$

$$\int_{1}^{x}f(t)dt=3x^2-4x+1$$

또 양변을 x에 대하여 미분하면

$$f(x)=6x-4$$

따라서 $f(1)=6-4=2$

본문 276쪽

정적분으로 정의된 함수의 극대·극소

원리확인

❶ 3, 2
❷ 3, 2, 2, 2
❸ 2, 극소
❹ 1, 1, 1, 1, $\dfrac{5}{6}$
❺ 2, 2, 2, 2, $\dfrac{2}{3}$

1 극댓값: $\dfrac{56}{3}$, 극솟값: $-\dfrac{13}{6}$

2 극댓값: $\dfrac{7}{6}$, 극솟값: $-\dfrac{10}{3}$

3 극댓값: $\dfrac{8}{3}$, 극솟값: $-\dfrac{11}{6}$ 4 극댓값: $\dfrac{8}{3}$, 극솟값: $-\dfrac{100}{3}$

5 극댓값: $\dfrac{2}{3}$, 극솟값: $-\dfrac{2}{3}$ 6 극댓값: 없다., 극솟값: $-\dfrac{11}{8}$

☺ $f'(x)$, 0, 부호   7 ②

8 $\left(\mathscr{l} -4, \dfrac{1}{4}, \dfrac{1}{4}, \dfrac{1}{4}, \dfrac{1}{4}, \dfrac{1}{4}, \dfrac{1}{4}, 4, 4, 4, 극소, 0, 4, 4, 4, \right.$ $\left. 4, -\dfrac{8}{3}\right)$

9 극댓값: $\dfrac{8}{3}$, 극솟값: 0

10 $\left(\mathscr{l} 2x+2, 2x+2, -1, -1, 극소, -1, -1, 0, 0, -\dfrac{1}{6}\right)$

11 극댓값: $\dfrac{1}{4}$, 극솟값: $-\dfrac{1}{4}$ 12 극댓값: 10, 극솟값: 2

13 $\left(\mathscr{l} 1, 1, 1, 1, 극소, 0, 0, 1, 1, 1, -\dfrac{2}{3}, 2, 2, \dfrac{2}{3}, \dfrac{2}{3}, -\dfrac{2}{3}\right)$

14 최댓값: $\dfrac{4}{3}$, 최솟값: 0   15 최댓값: 0, 최솟값: $-\dfrac{3}{2}$

16 최댓값: $\dfrac{4}{3}$, 최솟값: 0   17 최댓값: $\dfrac{10}{3}$, 최솟값: $-\dfrac{7}{6}$

18 ⑤

1 주어진 등식의 양변을 x에 대하여 미분하면
$$f'(x)=x^2+x-6$$
$f'(x)=0$에서 $x^2+x-6=0$
$$(x+3)(x-2)=0$$
따라서 $x=-3$ 또는 $x=2$
이때 $f(x)$의 증가와 감소를 표로 나타내면 다음과 같다.

x	$\cdots$	-3	$\cdots$	2	$\cdots$
$f'(x)$	$+$	0	$-$	0	$+$
$f(x)$	↗	극대	↘	극소	↗

따라서 $x=-3$일 때 극대이므로 극댓값은
$$f(-3)=\int_1^{-3}(t^2+t-6)dt=-\int_{-3}^1(t^2+t-6)dt$$
$$=-\left[\dfrac{1}{3}t^3+\dfrac{1}{2}t^2-6t\right]_{-3}^1=\dfrac{56}{3}$$
$x=2$일 때 극소이므로 극솟값은
$$f(2)=\int_1^2(t^2+t-6)dt=\left[\dfrac{1}{3}t^3+\dfrac{1}{2}t^2-6t\right]_1^2=-\dfrac{13}{6}$$

2 주어진 등식의 양변을 x에 대하여 미분하면
$$f'(x)=(x+1)(x-2)$$
$f'(x)=0$에서 $(x+1)(x-2)=0$
따라서 $x=-1$ 또는 $x=2$
이때 $f(x)$의 증가와 감소를 표로 나타내면 다음과 같다.

x	$\cdots$	-1	$\cdots$	2	$\cdots$
$f'(x)$	$+$	0	$-$	0	$+$
$f(x)$	↗	극대	↘	극소	↗

따라서 $x=-1$일 때 극대이므로 극댓값은
$$f(-1)=\int_0^{-1}(t+1)(t-2)dt=-\int_{-1}^0(t^2-t-2)dt$$
$$=-\left[\dfrac{1}{3}t^3-\dfrac{1}{2}t^2-2t\right]_{-1}^0=\dfrac{7}{6}$$
$x=2$일 때 극소이므로 극솟값은
$$f(2)=\int_0^2(t^2-t-2)dt$$
$$=\left[\dfrac{1}{3}t^3-\dfrac{1}{2}t^2-2t\right]_0^2=-\dfrac{10}{3}$$

3 주어진 등식의 양변을 x에 대하여 미분하면
$$f'(x)=x^2+3x$$
$f'(x)=0$에서 $x^2+3x=0$, $x(x+3)=0$
따라서 $x=-3$ 또는 $x=0$
이때 $f(x)$의 증가와 감소를 표로 나타내면 다음과 같다.

x	$\cdots$	-3	$\cdots$	0	$\cdots$
$f'(x)$	$+$	0	$-$	0	$+$
$f(x)$	↗	극대	↘	극소	↗

따라서 $x=-3$일 때 극대이므로 극댓값은
$$f(-3)=\int_1^{-3}(t^2+3t)dt=-\int_{-3}^1(t^2+3t)dt$$
$$=-\left[\dfrac{1}{3}t^3+\dfrac{3}{2}t^2\right]_{-3}^1=\dfrac{8}{3}$$
$x=0$일 때 극소이므로 극솟값은
$$f(0)=\int_1^0(t^2+3t)dt=-\int_0^1(t^2+3t)dt$$
$$=-\left[\dfrac{1}{3}t^3+\dfrac{3}{2}t^2\right]_0^1=-\dfrac{11}{6}$$

4 주어진 등식의 양변을 x에 대하여 미분하면
$$f'(x)=-x^2-4x+5$$
$f'(x)=0$에서 $-x^2-4x+5=0$
$$-(x+5)(x-1)=0$$
따라서 $x=-5$ 또는 $x=1$
이때 $f(x)$의 증가와 감소를 표로 나타내면 다음과 같다.

x	$\cdots$	-5	$\cdots$	1	$\cdots$
$f'(x)$	$-$	0	$+$	0	$-$
$f(x)$	↘	극소	↗	극대	↘

따라서 $x=1$일 때 극대이므로 극댓값은
$$f(1)=\int_0^1(-t^2-4t+5)dt$$
$$=\left[-\dfrac{1}{3}t^3-2t^2+5t\right]_0^1=\dfrac{8}{3}$$

$x=-5$일 때 극소이므로 극솟값은

$$f(-5)=\int_0^{-5}(-t^2-4t+5)\,dt$$
$$=-\int_{-5}^0(-t^2-4t+5)\,dt$$
$$=-\left[-\frac{1}{3}t^3-2t^2+5t\right]_{-5}^0=-\frac{100}{3}$$

5 주어진 등식의 양변을 x에 대하여 미분하면

$$f'(x)=-x^2+4x-3$$

$f'(x)=0$에서 $-x^2+4x-3=0$

$-(x-1)(x-3)=0$

따라서 $x=1$ 또는 $x=3$

이때 $f(x)$의 증가와 감소를 표로 나타내면 다음과 같다.

x	$\cdots$	1	$\cdots$	3	$\cdots$
$f'(x)$	$-$	0	$+$	0	$-$
$f(x)$	$\searrow$	극소	$\nearrow$	극대	$\searrow$

따라서 $x=3$일 때 극대이므로 극댓값은

$$f(3)=\int_2^3(-t^2+4t-3)\,dt$$
$$=\left[-\frac{1}{3}t^3+2t^2-3t\right]_2^3=\frac{2}{3}$$

$x=1$일 때 극소이므로 극솟값은

$$f(1)=\int_2^1(-t^2+4t-3)\,dt$$
$$=-\int_1^2(-t^2+4t-3)\,dt$$
$$=-\left[-\frac{1}{3}t^3+2t^2-3t\right]_1^2=-\frac{2}{3}$$

6 주어진 등식의 양변을 x에 대하여 미분하면

$$f'(x)=8x^3+12x^2$$

$f'(x)=0$에서 $8x^3+12x^2=0$

$4x^2(2x+3)=0$

따라서 $x=-\dfrac{3}{2}$ 또는 $x=0$

이때 $f(x)$의 증가와 감소를 표로 나타내면 다음과 같다.

x	$\cdots$	$-\dfrac{3}{2}$	$\cdots$	0	$\cdots$
$f'(x)$	$-$	0	$+$	0	$+$
$f(x)$	$\searrow$	극소	$\nearrow$		$\nearrow$

따라서 극댓값은 없고, $x=-\dfrac{3}{2}$일 때 극소이므로 극솟값은

$$f\left(-\frac{3}{2}\right)=\int_{-1}^{-\frac{3}{2}}(8t^3+12t^2)\,dt$$
$$=-\int_{-\frac{3}{2}}^{-1}(8t^3+12t^2)\,dt$$
$$=-\left[2t^4+4t^3\right]_{-\frac{3}{2}}^{-1}=-\frac{11}{8}$$

7 주어진 등식의 양변을 x에 대하여 미분하면

$$f'(x)=x^2+2x+a$$

이때 함수 $f(x)$가 $x=-3$에서 극댓값을 가지므로

$f'(-3)=9-6+a=0$, $a=-3$

즉 $f'(x)=x^2+2x-3$

$f'(x)=0$에서 $x^2+2x-3=0$

$(x+3)(x-1)=0$

따라서 $x=-3$ 또는 $x=1$

이때 $f(x)$의 증가와 감소를 표로 나타내면 다음과 같다.

x	$\cdots$	-3	$\cdots$	1	$\cdots$
$f'(x)$	$+$	0	$-$	0	$+$
$f(x)$	$\nearrow$	극대	$\searrow$	극소	$\nearrow$

따라서 $x=1$일 때 극소이므로 극솟값은

$$f(1)=\int_0^1(t^2+2t-3)\,dt$$
$$=\left[\frac{1}{3}t^3+t^2-3t\right]_0^1=-\frac{5}{3}$$

9 주어진 그래프에서 $f(x)=a(x+1)(x-1)$ $(a>0)$이라 하면

$f(0)=-a=-2$, $a=2$

즉 $f(x)=2(x+1)(x-1)=2x^2-2$

한편 $F(x)=\int_1^x f(t)\,dt$의 양변을 x에 대하여 미분하면

$$F'(x)=f(x)=2x^2-2$$

$F'(x)=0$에서 $2x^2-2=0$

$2(x+1)(x-1)=0$

따라서 $x=-1$ 또는 $x=1$

이때 $F(x)$의 증가와 감소를 표로 나타내면 다음과 같다.

x	$\cdots$	-1	$\cdots$	1	$\cdots$
$F'(x)$	$+$	0	$-$	0	$+$
$F(x)$	$\nearrow$	극대	$\searrow$	극소	$\nearrow$

따라서 $x=-1$일 때 극대이므로 극댓값은

$$F(-1)=\int_1^{-1}(2t^2-2)\,dt=-\int_{-1}^1(2t^2-2)\,dt$$
$$=-\left[\frac{2}{3}t^3-2t\right]_{-1}^1=\frac{8}{3}$$

$x=1$일 때 극소이므로 극솟값은

$$F(1)=\int_1^1(2t^2-2)\,dt$$
$$=\left[\frac{2}{3}t^3-2t\right]_1^1=0$$

11 주어진 등식의 양변을 x에 대하여 미분하면

$$f'(x)=(x^3-x)-\{(x-1)^3-(x-1)\}$$
$$=(x^3-x)-(x^3-3x^2+3x-1-x+1)$$
$$=3x^2-3x$$

$f'(x)=0$에서 $3x^2-3x=0$

$3x(x-1)=0$

따라서 $x=0$ 또는 $x=1$

이때 $f(x)$의 증가와 감소를 표로 나타내면 다음과 같다.

x	$\cdots$	0	$\cdots$	1	$\cdots$
$f'(x)$	$+$	0	$-$	0	$+$
$f(x)$	$\nearrow$	극대	$\searrow$	극소	$\nearrow$

따라서 $x=0$일 때 극대이므로 극댓값은

$$f(0)=\int_{-1}^0(t^3-t)\,dt$$
$$=\left[\frac{1}{4}t^4-\frac{1}{2}t^2\right]_{-1}^0=\frac{1}{4}$$

$x=1$일 때 극소이므로 극솟값은

$$f(1)=\int_0^1(t^3-t)dt$$

$$=\left[\frac{1}{4}t^4-\frac{1}{2}t^2\right]_0^1=-\frac{1}{4}$$

12 주어진 등식의 양변을 x에 대하여 미분하면

$$f'(x)=\{(x+1)^3+3(x+1)^2-(x+1)\}$$
$$\qquad\qquad -\{(x-1)^3+3(x-1)^2-(x-1)\}$$
$$=(x^3+3x^2+3x+1+3x^2+6x+3-x-1)$$
$$\qquad\qquad -(x^3-3x^2+3x-1+3x^2-6x+3-x+1)$$
$$=6x^2+12x$$

$f'(x)=0$에서 $6x^2+12x=0$

$6x(x+2)=0$

따라서 $x=-2$ 또는 $x=0$

이때 $f(x)$의 증가와 감소를 표로 나타내면 다음과 같다.

x	$\cdots$	-2	$\cdots$	0	$\cdots$
$f'(x)$	$+$	0	$-$	0	$+$
$f(x)$	$\nearrow$	극대	$\searrow$	극소	$\nearrow$

따라서 $x=-2$일 때 극대이므로 극댓값은

$$f(-2)=\int_{-3}^{-1}(t^3+3t^2-t)dt$$

$$=\left[\frac{1}{4}t^4+t^3-\frac{1}{2}t^2\right]_{-3}^{-1}=10$$

$x=0$일 때 극소이므로 극솟값은

$$f(0)=\int_{-1}^{1}(t^3+3t^2-t)dt$$

$$=\left[\frac{1}{4}t^4+t^3-\frac{1}{2}t^2\right]_{-1}^{1}=2$$

14 주어진 등식의 양변을 x에 대하여 미분하면

$$f'(x)=x^2+2x$$

$f'(x)=0$에서 $x^2+2x=0$, $x(x+2)=0$

따라서 $[-3,\ -1]$에서 $x=-2$

이때 $[-3,\ -1]$에서 $f(x)$의 증가와 감소를 표로 나타내면 다음과 같다.

x	-3	$\cdots$	-2	$\cdots$	-1
$f'(x)$		$+$	0	$-$	
$f(x)$		$\nearrow$	극대	$\searrow$	

$$f(-3)=\int_0^{-3}(t^2+2t)dt=-\int_{-3}^0(t^2+2t)dt$$

$$=-\left[\frac{1}{3}t^3+t^2\right]_{-3}^0=0,$$

$$f(-2)=\int_0^{-2}(t^2+2t)dt=-\int_{-2}^0(t^2+2t)dt$$

$$=-\left[\frac{1}{3}t^3+t^2\right]_{-2}^0=\frac{4}{3},$$

$$f(-1)=\int_0^{-1}(t^2+2t)dt=-\int_{-1}^0(t^2+2t)dt$$

$$=-\left[\frac{1}{3}t^3+t^2\right]_{-1}^0=\frac{2}{3}$$

따라서 닫힌 구간 $[-3,\ -1]$에서 함수 $f(x)$의 최댓값은 $\frac{4}{3}$, 최솟값은 0이다.

15 주어진 등식의 양변을 x에 대하여 미분하면

$$f'(x)=-x^2+3x-2$$

$f'(x)=0$에서 $-x^2+3x-2=0$

$-(x-1)(x-2)=0$

따라서 $x=1$ 또는 $x=2$

이때 $[0,\ 3]$에서 $f(x)$의 증가와 감소를 표로 나타내면 다음과 같다.

x	0	$\cdots$	1	$\cdots$	2	$\cdots$	3
$f'(x)$		$-$	0	$+$	0	$-$	
$f(x)$		$\searrow$	극소	$\nearrow$	극대	$\searrow$	

$$f(0)=\int_0^0(-t^2+3t-2)dt=0,$$

$$f(1)=\int_0^1(-t^2+3t-2)dt$$

$$=\left[-\frac{1}{3}t^3+\frac{3}{2}t^2-2t\right]_0^1=-\frac{5}{6},$$

$$f(2)=\int_0^2(-t^2+3t-2)dt$$

$$=\left[-\frac{1}{3}t^3+\frac{3}{2}t^2-2t\right]_0^2=-\frac{2}{3},$$

$$f(3)=\int_0^3(-t^2+3t-2)dt$$

$$=\left[-\frac{1}{3}t^3+\frac{3}{2}t^2-2t\right]_0^3=-\frac{3}{2}$$

따라서 닫힌 구간 $[0,\ 3]$에서 함수 $f(x)$의 최댓값은 0, 최솟값은 $-\frac{3}{2}$이다.

16 주어진 등식의 양변을 x에 대하여 미분하면

$$f'(x)=x^2-4x+3$$

$f'(x)=0$에서 $x^2-4x+3=0$

$(x-1)(x-3)=0$

따라서 $x=1$ 또는 $x=3$

이때 $[0,\ 4]$에서 $f(x)$의 증가와 감소를 표로 나타내면 다음과 같다.

x	0	$\cdots$	1	$\cdots$	3	$\cdots$	4
$f'(x)$		$+$	0	$-$	0	$+$	
$f(x)$		$\nearrow$	극대	$\searrow$	극소	$\nearrow$	

$$f(0)=\int_0^0(t^2-4t+3)dt=0,$$

$$f(1)=\int_0^1(t^2-4t+3)dt$$

$$=\left[\frac{1}{3}t^3-2t^2+3t\right]_0^1=\frac{4}{3},$$

$$f(3)=\int_0^3(t^2-4t+3)dt$$

$$=\left[\frac{1}{3}t^3-2t^2+3t\right]_0^3=0$$

$$f(4)=\int_0^4(t^2-4t+3)dt$$

$$=\left[\frac{1}{3}t^3-2t^2+3t\right]_0^4=\frac{4}{3}$$

따라서 닫힌 구간 $[0,\ 4]$에서 함수 $f(x)$의 최댓값은 $\frac{4}{3}$, 최솟값은 0이다.

17 주어진 등식의 양변을 x에 대하여 미분하면

$f'(x)=-x^2+x+2$

$f'(x)=0$에서 $-x^2+x+2=0$, $-(x+1)(x-2)=0$

따라서 $x=-1$ 또는 $x=2$

이때 $[-2, 3]$에서 $f(x)$의 증가와 감소를 표로 나타내면 다음과 같다.

x	-2	$\cdots$	-1	$\cdots$	2	$\cdots$	3
$f'(x)$		$-$	0	$+$	0	$-$	
$f(x)$		$\searrow$	극소	$\nearrow$	극대	$\searrow$	

$f(-2)=\int_0^{-2}(-t^2+t+2)dt=-\int_{-2}^0(-t^2+t+2)dt$

$\qquad = -\left[-\dfrac{1}{3}t^3+\dfrac{1}{2}t^2+2t\right]_{-2}^0=\dfrac{2}{3}$,

$f(-1)=\int_0^{-1}(-t^2+t+2)dt=-\int_{-1}^0(-t^2+t+2)dt$

$\qquad = -\left[-\dfrac{1}{3}t^3+\dfrac{1}{2}t^2+2t\right]_{-1}^0=-\dfrac{7}{6}$,

$f(2)=\int_0^2(-t^2+t+2)dt$

$\qquad = \left[-\dfrac{1}{3}t^3+\dfrac{1}{2}t^2+2t\right]_0^2=\dfrac{10}{3}$,

$f(3)=\int_0^3(-t^2+t+2)dt$

$\qquad = \left[-\dfrac{1}{3}t^3+\dfrac{1}{2}t^2+2t\right]_0^3=\dfrac{3}{2}$

따라서 닫힌 구간 $[-2, 3]$에서 함수 $f(x)$의 최댓값은 $\dfrac{10}{3}$, 최솟값은 $-\dfrac{7}{6}$이다.

18 주어진 등식의 양변을 x에 대하여 미분하면

$f'(x)=x^2+2x$

$f'(x)=0$에서 $x^2+2x=0$, $x(x+2)=0$

따라서 $[-1, 1]$에서 $x=0$

이때 $[-1, 1]$에서 $f(x)$의 증가와 감소를 표로 나타내면 다음과 같다.

x	-1	$\cdots$	0	$\cdots$	1
$f'(x)$		$-$	0	$+$	
$f(x)$		$\searrow$	극소	$\nearrow$	

$f(-1)=\int_0^{-1}(t^2+2t)dt=-\int_{-1}^0(t^2+2t)dt$

$\qquad = -\left[\dfrac{1}{3}t^3+t^2\right]_{-1}^0=\dfrac{2}{3}$,

$f(0)=\int_0^0(t^2+2t)dt=0$,

$f(1)=\int_0^1(t^2+2t)dt$

$\qquad = \left[\dfrac{1}{3}t^3+t^2\right]_0^1=\dfrac{4}{3}$

따라서 $-1\leq x\leq 1$에서 함수 $f(x)$의 최댓값은 $\dfrac{4}{3}$, 최솟값은 0 이므로

$M=\dfrac{4}{3}$, $m=0$

따라서 $M-m=\dfrac{4}{3}$

13

정적분으로 정의된 함수의 극한

1 ($\varnothing$ x, 1, x, 1, 1, 1, 0) **2** 5 **3** 22

4 1 **5** -4 **6** 64

7 ($\varnothing$ $2h$, 1, $2h$, 1, 2, 2, 1, 2, 1, 4)

8 4 **9** 8 **10** 57 **11** 18

12 -12 ☺ a, $F'(a)$, a, a, $f(a)$

13 ($\varnothing$ x, 1, x, 1, $x+1$, $\dfrac{1}{2}$, 1, $\dfrac{1}{2}$, 1, $\dfrac{3}{2}$)

14 $\dfrac{15}{4}$ **15** $-\dfrac{3}{2}$ **16** $-\dfrac{5}{3}$

17 ($\varnothing$ x^2, 1, x^2, 1, $x+1$, $x+1$, x^2, 1, 2, $x+1$, 2, 1, 2, 1, 4)

18 88 **19** 2 **20** -124

21 ($\varnothing$ 1, 1, 1, 1, 1, 1, 2, 1, 2, 1, 8)

22 10 **23** 64 **24** 6

25 ($\varnothing$ 1, 1, 1, 1, 2, 1, 4)

26 74 **27** $\dfrac{2}{3}$ **28** ⑤

2 $f(x)$의 한 부정적분을 $F(x)$라 하면

$\int_0^x f(t)dt=F(x)-F(0)$이므로

$\displaystyle\lim_{x\to 0}\dfrac{1}{x}\int_0^x f(t)dt=\lim_{x\to 0}\dfrac{F(x)-F(0)}{x-0}$

$\qquad\qquad\qquad = F'(0)=f(0)=5$

3 $f(x)$의 한 부정적분을 $F(x)$라 하면

$\int_3^x f(t)dt=F(x)-F(3)$이므로

$\displaystyle\lim_{x\to 3}\dfrac{1}{x-3}\int_3^x f(t)dt=\lim_{x\to 3}\dfrac{F(x)-F(3)}{x-3}$

$\qquad\qquad\qquad = F'(3)=f(3)$

$\qquad\qquad\qquad = 3^3-2\times 3+1=22$

4 $f(x)$의 한 부정적분을 $F(x)$라 하면

$\int_2^x f(t)dt=F(x)-F(2)$이므로

$\displaystyle\lim_{x\to 2}\dfrac{1}{x-2}\int_2^x f(t)dt=\lim_{x\to 2}\dfrac{F(x)-F(2)}{x-2}$

$\qquad\qquad\qquad = F'(2)=f(2)$

$\qquad\qquad\qquad = (2-1)^3=1$

5 $f(x)$의 한 부정적분을 $F(x)$라 하면

$\int_1^x f(t)dt=F(x)-F(1)$이므로

$\displaystyle\lim_{x\to 1}\dfrac{1}{x-1}\int_1^x f(t)dt=\lim_{x\to 1}\dfrac{F(x)-F(1)}{x-1}$

$\qquad\qquad\qquad = F'(1)=f(1)$

$\qquad\qquad\qquad = 1^3+1^2-4\times 1-2=-4$

6 $f(x)$의 한 부정적분을 $F(x)$라 하면

$\displaystyle\int_2^x f(t)\,dt = F(x) - F(2)$이므로

$\displaystyle\lim_{x\to2}\frac{1}{x-2}\int_2^x f(t)\,dt = \lim_{x\to2}\frac{F(x)-F(2)}{x-2}$

$\qquad\qquad\qquad\qquad = F'(2) = f(2)$

$\qquad\qquad\qquad\qquad = 3\times2^4 + 2\times2^3 = 64$

8 $f(x)$의 한 부정적분을 $F(x)$라 하면

$\displaystyle\int_1^{1+h} f(x)\,dx = F(1+h) - F(1)$이므로

$\displaystyle\lim_{h\to0}\frac{1}{h}\int_1^{1+h} f(x)\,dx = \lim_{h\to0}\frac{F(1+h)-F(1)}{h}$

$\qquad\qquad\qquad\qquad = F'(1) = f(1)$

$\qquad\qquad\qquad\qquad = 3\times1^2 - 1 + 2 = 4$

9 $f(x)$의 한 부정적분을 $F(x)$라 하면

$\displaystyle\int_3^{3+h} f(x)\,dx = F(3+h) - F(3)$이므로

$\displaystyle\lim_{h\to0}\frac{1}{h}\int_3^{3+h} f(x)\,dx = \lim_{h\to0}\frac{F(3+h)-F(3)}{h}$

$\qquad\qquad\qquad\qquad = F'(3) = f(3)$

$\qquad\qquad\qquad\qquad = (3-1)^3 = 8$

10 $f(x)$의 한 부정적분을 $F(x)$라 하면

$\displaystyle\int_2^{2+h} f(x)\,dx = F(2+h) - F(2)$이므로

$\displaystyle\lim_{h\to0}\frac{1}{h}\int_2^{2+h} f(x)\,dx = \lim_{h\to0}\frac{F(2+h)-F(2)}{h}$

$\qquad\qquad\qquad\qquad = F'(2) = f(2)$

$\qquad\qquad\qquad\qquad = 2^4 + 5\times2^3 + 1 = 57$

11 $f(x)$의 한 부정적분을 $F(x)$라 하면

$\displaystyle\int_1^{1+3h} f(x)\,dx = F(1+3h) - F(1)$이므로

$\displaystyle\lim_{h\to0}\frac{1}{h}\int_1^{1+3h} f(x)\,dx = \lim_{h\to0}\frac{F(1+3h)-F(1)}{3h}\times3$

$\qquad\qquad\qquad\qquad = 3F'(1) = 3f(1)$

$\qquad\qquad\qquad\qquad = 3\times(1^3 + 5\times1) = 18$

12 $f(x)$의 한 부정적분을 $F(x)$라 하면

$\displaystyle\int_1^{1-2h} f(x)\,dx = F(1-2h) - F(1)$이므로

$\displaystyle\lim_{h\to0}\frac{1}{h}\int_1^{1-2h} f(x)\,dx = \lim_{h\to0}\frac{F(1-2h)-F(1)}{-2h}\times(-2)$

$\qquad\qquad\qquad\qquad = -2F'(1) = -2f(1)$

$\qquad\qquad\qquad\qquad = -2\times(3\times1^2 - 1 + 4) = -12$

14 $f(x)$의 한 부정적분을 $F(x)$라 하면

$\displaystyle\int_2^x f(t)\,dt = F(x) - F(2)$이므로

$\displaystyle\lim_{x\to2}\frac{1}{x^2-4}\int_2^x f(t)\,dt = \lim_{x\to2}\frac{F(x)-F(2)}{x-2}\times\frac{1}{x+2}$

$\qquad\qquad\qquad\qquad = \frac{1}{4}F'(2) = \frac{1}{4}f(2)$

$\qquad\qquad\qquad\qquad = \frac{1}{4}\times(4\times2^2 - 2 + 1) = \frac{15}{4}$

15 $f(x)$의 한 부정적분을 $F(x)$라 하면

$\displaystyle\int_1^x f(t)\,dt = F(x) - F(1)$이므로

$\displaystyle\lim_{x\to1}\frac{1}{x^2-1}\int_1^x f(t)\,dt = \lim_{x\to1}\frac{F(x)-F(1)}{x-1}\times\frac{1}{x+1}$

$\qquad\qquad\qquad\qquad = \frac{1}{2}F'(1) = \frac{1}{2}f(1)$

$\qquad\qquad\qquad\qquad = \frac{1}{2}\times(3\times1^4 - 6\times1) = -\frac{3}{2}$

16 $f(x)$의 한 부정적분을 $F(x)$라 하면

$\displaystyle\int_3^x f(t)\,dt = F(x) - F(3)$이므로

$\displaystyle\lim_{x\to3}\frac{1}{x^2-9}\int_3^x f(t)\,dt = \lim_{x\to3}\frac{F(x)-F(3)}{x-3}\times\frac{1}{x+3}$

$\qquad\qquad\qquad\qquad = \frac{1}{6}F'(3) = \frac{1}{6}f(3)$

$\qquad\qquad\qquad\qquad = \frac{1}{6}\times(3^2 - 7\times3 + 2) = -\frac{5}{3}$

18 $f(x)$의 한 부정적분을 $F(x)$라 하면

$\displaystyle\int_4^{x^2} f(t)\,dt = F(x^2) - F(4)$이므로

$\displaystyle\lim_{x\to2}\frac{1}{x-2}\int_4^{x^2} f(t)\,dt$

$\displaystyle = \lim_{x\to2}\frac{F(x^2)-F(4)}{x^2-4}\times(x+2)$

$\displaystyle = 4F'(4) = 4f(4)$

$\displaystyle = 4\times(-4^3 + 5\times4^2 + 6) = 88$

19 $f(x)$의 한 부정적분을 $F(x)$라 하면

$\displaystyle\int_{x^2}^1 f(t)\,dt = F(1) - F(x^2)$이므로

$\displaystyle\lim_{x\to1}\frac{1}{x-1}\int_{x^2}^1 f(t)\,dt$

$\displaystyle = \lim_{x\to1}\frac{F(x^2)-F(1)}{x^2-1}\times\{-(x+1)\}$

$\displaystyle = -2F'(1) = -2f(1)$

$\displaystyle = -2\times(2\times1^4 - 3) = 2$

20 $f(x)$의 한 부정적분을 $F(x)$라 하면

$\displaystyle\int_{x^2}^4 f(t)\,dt = F(4) - F(x^2)$이므로

$\displaystyle\lim_{x\to2}\frac{1}{x-2}\int_{x^2}^4 f(t)\,dt$

$\displaystyle = \lim_{x\to2}\frac{F(x^2)-F(4)}{x^2-4}\times\{-(x+2)\}$

$\displaystyle = -4F'(4) = -4f(4)$

$\displaystyle = -4\times(4^3 - 8\times4 - 1) = -124$

22 $f(x)$의 한 부정적분을 $F(x)$라 하면

$\displaystyle\int_{1-h}^{1+h} f(x)\,dx = F(1+h) - F(1-h)$이므로

$\displaystyle\lim_{h\to0}\frac{1}{h}\int_{1-h}^{1+h} f(x)\,dx$

$\displaystyle = \lim_{h\to0}\frac{F(1+h)-F(1-h)}{h}$

$$=\lim_{h\to 0}\frac{F(1+h)-F(1)+F(1)-F(1-h)}{h}$$

$$=\lim_{h\to 0}\left\{\frac{F(1+h)-F(1)}{h}+\frac{F(1-h)-F(1)}{-h}\right\}$$

$$=2F'(1)=2f(1)$$

$$=2\times(2\times 1^2-1+4)=10$$

23 $f(x)$의 한 부정적분을 $F(x)$라 하면

$\displaystyle\int_{2-h}^{2+h}f(x)dx=F(2+h)-F(2-h)$이므로

$$\lim_{h\to 0}\frac{1}{h}\int_{2-h}^{2+h}f(x)dx$$

$$=\lim_{h\to 0}\frac{F(2+h)-F(2-h)}{h}$$

$$=\lim_{h\to 0}\frac{F(2+h)-F(2)+F(2)-F(2-h)}{h}$$

$$=\lim_{h\to 0}\left\{\frac{F(2+h)-F(2)}{h}+\frac{F(2-h)-F(2)}{-h}\right\}$$

$$=2F'(2)=2f(2)$$

$$=2\times(2^4+2\times 2^3)=64$$

24 $f(x)$의 한 부정적분을 $F(x)$라 하면

$\displaystyle\int_{3-h}^{3+h}f(x)dx=F(3+h)-F(3-h)$이므로

$$\lim_{h\to 0}\frac{1}{h}\int_{3-h}^{3+h}f(x)dx$$

$$=\lim_{h\to 0}\frac{F(3+h)-F(3-h)}{h}$$

$$=\lim_{h\to 0}\frac{F(3+h)-F(3)+F(3)-F(3-h)}{h}$$

$$=\lim_{h\to 0}\left\{\frac{F(3+h)-F(3)}{h}+\frac{F(3-h)-F(3)}{-h}\right\}$$

$$=2F'(3)=2f(3)$$

$$=2\times(3^2-6)=6$$

26 $f'(x)=\dfrac{d}{dx}\displaystyle\int_1^x(4t^3+5)dt=4x^3+5$이므로

$$\lim_{h\to 0}\frac{f(2+h)-f(2-h)}{h}$$

$$=\lim_{h\to 0}\frac{f(2+h)-f(2)+f(2)-f(2-h)}{h}$$

$$=\lim_{h\to 0}\left\{\frac{f(2+h)-f(2)}{h}+\frac{f(2-h)-f(2)}{-h}\right\}$$

$$=2f'(2)=2\times(4\times 2^3+5)=74$$

27 $f'(x)=\dfrac{d}{dx}\displaystyle\int_0^x(2t^2+6t-7)dt=2x^2+6x-7$이므로

$$\lim_{h\to 0}\frac{f(1+h)-f(1-h)}{3h}$$

$$=\lim_{h\to 0}\frac{f(1+h)-f(1)+f(1)-f(1-h)}{3h}$$

$$=\lim_{h\to 0}\left\{\frac{f(1+h)-f(1)}{h}+\frac{f(1-h)-f(1)}{-h}\right\}\times\frac{1}{3}$$

$$=\frac{2}{3}f'(1)=\frac{2}{3}\times(2\times 1^2+6\times 1-7)=\frac{2}{3}$$

28 $f(x)=x^3+4x^2-x+2$로 놓고, $f(x)$의 한 부정적분을 $F(x)$라 하면

$\displaystyle\int_{1-2h}^{1+h}f(x)dx=F(1+h)-F(1-2h)$이므로

$$\lim_{h\to 0}\frac{1}{h}\int_{1-2h}^{1+h}f(x)dx$$

$$=\lim_{h\to 0}\frac{F(1+h)-F(1-2h)}{h}$$

$$=\lim_{h\to 0}\frac{F(1+h)-F(1)+F(1)-F(1-2h)}{h}$$

$$=\lim_{h\to 0}\left\{\frac{F(1+h)-F(1)}{h}+\frac{F(1-2h)-F(1)}{-2h}\times 2\right\}$$

$$=F'(1)+2F'(1)$$

$$=3F'(1)=3f(1)$$

$$=3\times(1^3+4\times 1^2-1+2)=18$$

TEST 개념 확인 　　　　　　　　본문 284쪽

1 ②	2 ④	3 ⑤	4 6
5 ④	6 ④	7 ①	8 ③
9 $\dfrac{14}{3}$	10 ③	11 3	12 ②

1 $\dfrac{d}{dx}\displaystyle\int_x^{x+1}(-t^2+3t+1)dt$

$$=\{-(x+1)^2+3(x+1)+1\}-(-x^2+3x+1)$$

$$=-2x+2$$

2 주어진 등식의 양변에 $x=1$을 대입하면

$$\int_1^1 f(t)dt=1+a+4$$

$0=a+5$이므로 $a=-5$

주어진 등식의 양변을 x에 대하여 미분하면

$$\frac{d}{dx}\int_1^x f(t)dt=\frac{d}{dx}(x^2-5x+4)=2x-5$$

$$f(x)=2x-5$$

따라서 $f(1)=-3$

3 $f(x)=3x^2+1+\displaystyle\int_0^1 4xf(t)dt$

$$=3x^2+4x\int_0^1 f(t)dt+1$$

이때 $\displaystyle\int_0^1 f(t)dt=k$ (k는 상수) …… ㉠라 하면

$$f(x)=3x^2+4kx+1$$

이를 ㉠에 대입하면 $\displaystyle\int_0^1(3t^2+4kt+1)dt=k$

$$\Big[t^3+2kt^2+t\Big]_0^1=k$$

$2k+2=k$, 즉 $k=-2$

따라서 $f(x)=3x^2-8x+1$이므로

$$f(-1)=12$$

4 주어진 등식의 양변에 $x=a$를 대입하면

$$\int_a^a f(t)dt = a^2-6a-7$$

$a^2-6a-7=0$이므로 $(a+1)(a-7)=0$

따라서 $a=-1$ 또는 $a=7$

즉 모든 상수 a의 값의 합은 6이다.

5 주어진 등식의 양변에 $x=a$를 대입하면

$$\int_a^a f(t)dt = a^3-1$$

$a^3-1=0$이므로 $(a-1)(a^2+a+1)=0$

이때 a는 실수이므로 $a=1$

또 주어진 등식의 양변을 x에 대하여 미분하면

$$\frac{d}{dx}\int_1^x f(t)dt = \frac{d}{dx}(x^3-1)=3x^2$$

따라서 $f(x)=3x^2$

6 $\displaystyle\int_1^x (x-t)f(t)dt = x^4-3x^2+2x$에서

$$x\int_1^x f(t)dt - \int_1^x tf(t)dt = x^4-3x^2+2x$$

양변을 x에 대하여 미분하면

$$\int_1^x f(t)dt + xf(x)-xf(x) = 4x^3-6x+2$$

$$\int_1^x f(t)dt = 4x^3-6x+2$$

또 양변을 x에 대하여 미분하면

$$f(x)=12x^2-6$$

7 주어진 등식의 양변을 x에 대하여 미분하면

$f'(x)=x^2-2x-3$

$f'(x)=0$에서 $x^2-2x-3=0$

$(x+1)(x-3)=0$

따라서 $x=-1$ 또는 $x=3$

이때 $f(x)$의 증가와 감소를 표로 나타내면 다음과 같다.

x	$\cdots$	-1	$\cdots$	3	$\cdots$
$f'(x)$	$+$	0	$-$	0	$+$
$f(x)$	$\nearrow$	극대	$\searrow$	극소	$\nearrow$

따라서 $x=-1$일 때 극대이므로 극댓값

$$f(-1)=\int_0^{-1}(t^2-2t-3)dt$$
$$=-\int_{-1}^0 (t^2-2t-3)dt$$
$$=-\left[\frac{1}{3}t^3-t^2-3t\right]_{-1}^0 = \frac{5}{3}$$

$x=3$일 때 극소이므로 극솟값은

$$f(3)=\int_0^3 (t^2-2t-3)dt$$
$$=\left[\frac{1}{3}t^3-t^2-3t\right]_0^3 = -9$$

즉 $a=\dfrac{5}{3}$, $b=-9$이므로

$ab=-15$

8 주어진 등식의 양변을 x에 대하여 미분하면

$$f'(x)=\{(x+a)^2-(x+a)\}-(x^2-x)$$
$$=2ax+a^2-a$$

함수 $f(x)$가 $x=1$에서 극댓값을 가지므로

$f'(1)=0$

$f'(1)=2a+a^2-a=0$에서

$a^2+a=0$, $a(a+1)=0$

이때 $a\neq 0$이므로 $a=-1$

$g(x)=\displaystyle\int_{-1}^x (t^2-t)dt$라 하고 양변을 x에 대하여 미분하면

$g'(x)=x^2-x$

$g'(x)=0$에서 $x^2-x=0$

$x(x-1)=0$

따라서 $x=0$ 또는 $x=1$

이때 $g(x)$의 증가와 감소를 표로 나타내면 다음과 같다.

x	$\cdots$	0	$\cdots$	1	$\cdots$
$g'(x)$	$+$	0	$-$	0	$+$
$g(x)$	$\nearrow$	극대	$\searrow$	극소	$\nearrow$

따라서 $x=1$일 때 극소이므로 극솟값은

$$g(1)=\int_{-1}^1 (t^2-t)dt = -\left[\frac{t^3}{3}-\frac{t^2}{2}\right]_{-1}^1 = \frac{2}{3}$$

9 주어진 등식의 양변을 x에 대하여 미분하면

$f'(x)=x^2-3x+2$

$f'(x)=0$에서 $x^2-3x+2=0$

$(x-1)(x-2)=0$

따라서 $x=1$ 또는 $x=2$

이때 $[-1, 2]$에서 $f(x)$의 증가와 감소를 표로 나타내면 다음과 같다.

x	-1	$\cdots$	1	$\cdots$	2
$f'(x)$		$+$	0	$-$	0
$f(x)$		$\nearrow$	극대	$\searrow$	극소

$$f(-1)=\int_0^{-1}(t^2-3t+2)dt$$
$$=-\int_{-1}^0 (t^2-3t+2)dt$$
$$=-\left[\frac{1}{3}t^3-\frac{3}{2}t^2+2t\right]_{-1}^0 = -\frac{23}{6},$$

$$f(1)=\int_0^1 (t^2-3t+2)dt$$
$$=\left[\frac{1}{3}t^3-\frac{3}{2}t^2+2t\right]_0^1 = \frac{5}{6},$$

$$f(2)=\int_0^2 (t^2-3t+2)dt$$
$$=\left[\frac{1}{3}t^3-\frac{3}{2}t^2+2t\right]_0^2 = \frac{2}{3}$$

따라서 닫힌 구간 $[-1, 2]$에서 함수 $f(x)$의 최댓값은 $\dfrac{5}{6}$, 최솟값은 $-\dfrac{23}{6}$이므로

$$M=\frac{5}{6}, \ m=-\frac{23}{6}$$

즉 $M-m=\dfrac{14}{3}$

10 $f(x)=x^3+2x^2-4x-1$로 놓고, $f(x)$의 한 부정적분을 $F(x)$라 하면

$$\int_2^x f(t)dt=F(x)-F(2)$$이므로

$$\begin{aligned}\lim_{x\to2}\frac{1}{x-2}\int_2^x f(t)dt&=\lim_{x\to2}\frac{F(x)-F(2)}{x-2}\\&=F'(2)=f(2)\\&=(2^3+2\times2^2-4\times2-1)=7\end{aligned}$$

11 $f(x)=-2x^2+5x$로 놓고, $f(x)$의 한 부정적분을 $F(x)$라 하면

$$\int_{1-h}^1 f(x)dx=F(1)-F(1-h)$$이므로

$$\begin{aligned}\lim_{h\to0}\frac{1}{h}\int_{1-h}^1 f(x)dx&=\lim_{h\to0}\frac{F(1)-F(1-h)}{h}\\&=\lim_{h\to0}\frac{F(1-h)-F(1)}{-h}\\&=F'(1)\\&=f(1)\\&=-2\times1^2+5\times1=3\end{aligned}$$

12 $f(x)$의 한 부정적분을 $F(x)$라 하면

$$\int_1^x f(t)dt=F(x)-F(1)$$이므로

$$\begin{aligned}\lim_{x\to1}\frac{1}{x^2-1}\int_1^x f(t)dt&=\lim_{x\to1}\frac{F(x)-F(1)}{x-1}\times\frac{1}{x+1}\\&=\frac{1}{2}F'(1)\\&=\frac{1}{2}f(1)\\&=\frac{1}{2}\times(1^2+5\times1+a)=\frac{1}{2}a+3\end{aligned}$$

$\frac{1}{2}a+3=10$이므로 $a=14$

1 ②	2 ④	3 ④	4 ①
5 ①	6 ①	7 ②	8 ③
9 ⑤	10 ④	11 35	
12 $f(x)=x^2+2x-\dfrac{2}{3}$		13 ③	14 ①
15 ⑤	16 ③	17 ④	18 ④
19 ②	20 15	21 ④	22 ①
23 ⑤	24 ③		

1
$$\begin{aligned}\int_0^1 x^2 f(x)dx&=\int_0^1 x^2(x^2+4x-1)dx\\&=\int_0^1 (x^4+4x^3-x^2)dx\\&=\left[\frac{1}{5}x^5+x^4-\frac{1}{3}x^3\right]_0^1=\frac{13}{15}\end{aligned}$$

2 $\int_0^1 f(x)dx=5$에서

$$\int_0^1 (ax+b)dx=\left[\frac{a}{2}x^2+bx\right]_0^1=\frac{a}{2}+b=5 \quad\cdots\cdots\ \boxdot$$

$\int_0^1 xf(x)dx=3$에서

$$\int_0^1 x(ax+b)dx=\left[\frac{a}{3}x^3+\frac{b}{2}x^2\right]_0^1=\frac{a}{3}+\frac{b}{2}=3 \quad\cdots\cdots\ \boxdot$$

$\boxdot$에서 $a+2b=10$ $\quad\cdots\cdots\ \boxdot$

$\boxdot$에서 $2a+3b=18$ $\quad\cdots\cdots\ \boxdot$

$\boxdot$, $\boxdot$을 연립하여 풀면 $a=6$, $b=2$

따라서 $ab=12$

3 주어진 그래프에서 $f(-2)=0$, $f(1)=2$이므로

$$\begin{aligned}\int_{-2}^1 f'(x)dx&=\Big[f(x)\Big]_{-2}^1=f(1)-f(-2)\\&=2-0=2\end{aligned}$$

4
$$\begin{aligned}&\int_0^2 (3x^2-x)dx+\int_2^0 (3x+4)dx\\&=\int_0^2 (3x^2-x)dx-\int_0^2 (3x+4)dx\\&=\int_0^2 \{(3x^2-x)-(3x+4)\}dx\\&=\int_0^2 (3x^2-4x-4)dx\\&=\Big[x^3-2x^2-4x\Big]_0^2=-8\end{aligned}$$

5
$$\begin{aligned}&\int_2^0 (6x+5)dx+\int_a^2 (6x+5)dx\\&=\int_a^0 (6x+5)dx\\&=\Big[3x^2+5x\Big]_a^0\\&=-3a^2-5a\end{aligned}$$

$-3a^2-5a=-2$이므로 $3a^2+5a-2=0$

$(a+2)(3a-1)=0$

이때 a는 양수이므로 $a=\dfrac{1}{3}$

6
$$\begin{aligned}&\int_1^3 \frac{x^2}{x^2+2}dx+\int_2^1 \frac{y^2}{y^2+2}dy+\int_3^2 \frac{z^2}{z^2+2}dz\\&=\int_1^3 \frac{x^2}{x^2+2}dx-\int_1^2 \frac{x^2}{x^2+2}dx-\int_2^3 \frac{x^2}{x^2+2}dx\\&=\int_1^3 \frac{x^2}{x^2+2}dx-\int_1^3 \frac{x^2}{x^2+2}dx=0\end{aligned}$$

7 $f(x+1)=\begin{cases}(x+2)^2 & (x\le-1)\\ x & (x>-1)\end{cases}$이므로

$$\begin{aligned}\int_{-2}^1 f(x+1)dx&=\int_{-2}^{-1} f(x+1)dx+\int_{-1}^1 f(x+1)dx\\&=\int_{-2}^{-1} (x+2)^2dx+\int_{-1}^1 x\,dx\\&=\int_{-2}^{-1} (x^2+4x+4)dx+\int_{-1}^1 x\,dx\\&=\left[\frac{1}{3}x^3+2x^2+4x\right]_{-2}^{-1}+\left[\frac{1}{2}x^2\right]_{-1}^1\\&=-\frac{7}{3}-\left(-\frac{8}{3}\right)=\frac{1}{3}\end{aligned}$$

8 $f(x)=|4x-3|$이라 하면

$$f(x)=|4x-3|=\begin{cases} -4x+3 & \left(x \le \dfrac{3}{4}\right) \\ 4x-3 & \left(x > \dfrac{3}{4}\right) \end{cases}$$이므로

$$\int_0^a |4x-3|\,dx$$

$$=\int_0^{\frac{3}{4}} (-4x+3)\,dx+\int_{\frac{3}{4}}^a (4x-3)\,dx$$

$$=\left[-2x^2+3x\right]_0^{\frac{3}{4}}+\left[2x^2-3x\right]_{\frac{3}{4}}^a$$

$$=2a^2-3a+\frac{9}{4}$$

$2a^2-3a+\dfrac{9}{4}=\dfrac{17}{4}$이므로 $2a^2-3a-2=0$

$(a-2)(2a+1)=0$

이때 $a>\dfrac{3}{4}$이므로 $a=2$

9 $\displaystyle\int_{-1}^1 f(x)\,dx$

$$=\int_{-1}^1 (1-2x+3x^2-4x^3+5x^4-6x^5)\,dx$$

$$=\int_{-1}^1 (1+3x^2+5x^4)\,dx+\int_{-1}^1 (-2x-4x^3-6x^5)\,dx$$

$$=2\int_0^1 (1+3x^2+5x^4)\,dx+0$$

$$=2\left[x+x^3+x^5\right]_0^1=6$$

10 모든 실수 x에 대하여 $f(x)=f(-x)$이므로 $y=f(x)$의 그래프는 y축에 대하여 대칭이다. 따라서 $y=2xf(x)$의 그래프는 원점에 대하여 대칭이므로

$$\int_{-2}^2 (2x+1)f(x)\,dx=\int_{-2}^2 2xf(x)\,dx+\int_{-2}^2 f(x)\,dx$$

$$=2\int_0^2 f(x)\,dx$$

$$=2\times 4=8$$

11 조건 (내)에서 $f(x)$는 주기가 2인 함수이므로

$$\int_{-3}^{-1} f(x)\,dx=\int_{-1}^1 f(x)\,dx=\int_0^2 f(x)\,dx=\int_2^4 f(x)\,dx$$

이때 조건 (개)에서 $y=f(x)$의 그래프는 y축에 대하여 대칭이므로

$$\int_{-1}^1 f(x)\,dx=2\int_0^1 f(x)\,dx=2\int_{-1}^0 f(x)\,dx$$

따라서

$$\int_{-3}^4 f(x)\,dx$$

$$=\int_{-3}^{-1} f(x)\,dx+\int_{-1}^0 f(x)\,dx+\int_0^2 f(x)\,dx+\int_2^4 f(x)\,dx$$

$$=3\int_{-1}^1 f(x)\,dx+\int_{-1}^0 f(x)\,dx$$

$$=6\int_0^1 f(x)\,dx+\int_0^1 f(x)\,dx$$

$$=7\int_0^1 f(x)\,dx$$

$$=7\times 5=35$$

12 $\displaystyle\int_0^1 f(t)\,dt=k\ (k\text{는 상수})\quad \cdots\cdots\ \text{㉠}$라 하면

$$f(x)=x^2+2x-k$$

이를 ㉠에 대입하면 $\displaystyle\int_0^1 (t^2+2t-k)\,dt=k$

$$\left[\frac{1}{3}t^3+t^2-kt\right]_0^1=k$$

$\dfrac{1}{3}+1-k=k$, 즉 $k=\dfrac{2}{3}$

따라서 $f(x)=x^2+2x-\dfrac{2}{3}$

13 주어진 등식의 양변에 $x=a$를 대입하면

$$\int_a^a f(t)\,dt=a^3+a^2$$

$0=a^3+a^2$이므로 $a^2(a+1)=0$

이때 $a<0$이므로 $a=-1$

또 주어진 등식의 양변을 x에 대하여 미분하면

$$\frac{d}{dx}\int_{-1}^x f(t)\,dt=\frac{d}{dx}(x^3+x^2)=3x^2+2x$$

따라서 $f(x)=3x^2+2x$이므로

$$f(a)=f(-1)=3\times(-1)^2+2\times(-1)=1$$

14 $f(1)=\displaystyle\int_1^1 (3t^2+t)\,dt=0$

주어진 등식의 양변을 x에 대하여 미분하면

$$f'(x)=3x^2+x$$

따라서 $f'(1)=4$이므로

$$f(1)-f'(1)=0-4=-4$$

15 $\displaystyle\int_{-1}^x (x-t)f(t)\,dt=4x^3+3x^2-6x-5$에서

$$x\int_{-1}^x f(t)\,dt-\int_{-1}^x tf(t)\,dt=4x^3+3x^2-6x-5$$

양변을 x에 대하여 미분하면

$$\int_{-1}^x f(t)\,dt+xf(x)-xf(x)=12x^2+6x-6$$

$$\int_{-1}^x f(t)\,dt=12x^2+6x-6$$

또 양변을 x에 대하여 미분하면

$$f(x)=24x+6$$

따라서 $f(0)=6$

16 주어진 등식의 양변을 x에 대하여 미분하면

$$f'(x)=2x^2+3x-2$$

$f'(x)=0$에서 $2x^2+3x-2=0$

$$(x+2)(2x-1)=0$$

따라서 $x=-2$ 또는 $x=\dfrac{1}{2}$

이때 $f(x)$의 증가와 감소를 표로 나타내면 다음과 같다.

x	$\cdots$	-2	$\cdots$	$\dfrac{1}{2}$	$\cdots$
$f'(x)$	$+$	0	$-$	0	$+$
$f(x)$	$\nearrow$	극대	$\searrow$	극소	$\nearrow$

따라서 $x=-2$일 때 극대이므로 극댓값은

$$f(-2)=\int_0^{-2}(2t^2+3t-2)dt$$
$$=-\int_{-2}^0(2t^2+3t-2)dt$$
$$=-\left[\frac{2}{3}t^3+\frac{3}{2}t^2-2t\right]_{-2}^0=\frac{14}{3}$$

즉 $a=-2$, $b=\frac{14}{3}$이므로

$$a+b=\frac{8}{3}$$

17 주어진 등식의 양변을 x에 대하여 미분하면

$$f(x)=f(x)+xf'(x)+6x^2-2x$$
$$xf'(x)=-6x^2+2x$$

따라서 $f'(x)=-6x+2$이므로

$$f(x)=\int(-6x+2)dx$$
$$=-3x^2+2x+C \text{ (C는 적분상수)} \quad \cdots\cdots \text{㉠}$$

한편 주어진 등식의 양변에 $x=1$을 대입하면

$$\int_1^1 f(t)dt=f(1)+1$$

$0=f(1)+1$이므로 $f(1)=-1$

㉠에서 $f(1)=-1+C=-1$이므로 $C=0$

따라서 $f(x)=-3x^2+2x=-3\left(x-\frac{1}{3}\right)^2+\frac{1}{3}$이므로 최댓값은

$\frac{1}{3}$이다.

18 $f(x)=x^2+ax-5$라 하고, $f(x)$의 한 부정적분을 $F(x)$라 하면

$\int_1^x f(t)dt=F(x)-F(1)$이므로

$$\lim_{x\to 1}\frac{1}{x^2-1}\int_1^x f(t)dt$$
$$=\lim_{x\to 1}\frac{F(x)-F(1)}{x-1}\times\frac{1}{x+1}$$
$$=\frac{1}{2}F'(1)=\frac{1}{2}f(1)$$
$$=\frac{1}{2}\times(1+a-5)=\frac{1}{2}a-2$$

$\frac{1}{2}a-2=4$이므로 $a=12$

19 $f(x)=\frac{1}{2}x$라 하면

ㄱ. $\int_0^2 \frac{1}{2}x\,dx=\left[\frac{1}{4}x^2\right]_0^2=1$

$2\int_0^1 \frac{1}{2}x\,dx=2\left[\frac{1}{4}x^2\right]_0^1=\frac{1}{2}$

따라서 $\int_0^2 f(x)dx\neq 2\int_0^1 f(x)dx$ (거짓)

ㄷ. $\int_0^1\left(\frac{1}{2}x\right)^2 dx=\int_0^1 \frac{1}{4}x^2 dx$
$$=\left[\frac{1}{12}x^3\right]_0^1=\frac{1}{12}$$

$\left\{\int_0^1 \frac{1}{2}x\,dx\right\}^2=\left\{\left[\frac{1}{4}x^2\right]_0^1\right\}^2$
$$=\left(\frac{1}{4}\right)^2=\frac{1}{16}$$

따라서 $\int_0^1 \{f(x)\}^2 dx\neq\left\{\int_0^1 f(x)dx\right\}^2$ (거짓)

그러므로 보기 중 옳은 것은 ㄴ이다.

20 (i) n이 홀수일 때

$$\int_{-1}^1 1\,dx+\int_{-1}^1 2x\,dx+\int_{-1}^1 3x^2\,dx+\cdots+\int_{-1}^1 nx^{n-1}\,dx$$
$$=\int_{-1}^1(1+2x+3x^2+\cdots+nx^{n-1})dx$$
$$=\int_{-1}^1(1+3x^2+\cdots+nx^{n-1})dx$$
$$\qquad+\int_{-1}^1\{2x+4x^3+\cdots+(n-1)x^{n-2}\}dx$$
$$=2\int_0^1(1+3x^2+\cdots+nx^{n-1})dx$$
$$=2\left[x+x^3+\cdots+x^n\right]_0^1$$
$$=2\times(1+1^3+\cdots+1^n)$$

따라서 $2\times(1+1^3+\cdots+1^n)=8$이므로 $n=7$

(ii) n이 짝수일 때

$$\int_{-1}^1 1\,dx+\int_{-1}^1 2x\,dx+\int_{-1}^1 3x^2\,dx+\cdots+\int_{-1}^1 nx^{n-1}\,dx$$
$$=\int_{-1}^1(1+2x+3x^2+\cdots+nx^{n-1})dx$$
$$=\int_{-1}^1\{1+3x^2+\cdots+(n-1)x^{n-2}\}dx$$
$$\qquad+\int_{-1}^1(2x+4x^3+\cdots+nx^{n-1})dx$$
$$=2\int_0^1\{1+3x^2+\cdots+(n-1)x^{n-2}\}dx$$
$$=2\left[x+x^3+\cdots+x^{n-1}\right]_0^1$$
$$=2\times(1+1^3+\cdots+1^{n-1})$$

따라서 $2\times(1+1^3+\cdots+1^{n-1})=8$이므로 $n-1=7$, $n=8$

(i), (ii)에서 모든 n의 값의 합은 $7+8=15$

21 조건 ㈎에서 $y=f(x)$의 그래프는 원점에 대하여 대칭이므로

$$\int_{-2}^2 f(t)dt=0$$

따라서

$$\int_{-2}^4 f(t)dt=\int_{-2}^2 f(t)dt+\int_2^4 f(t)dt$$
$$=\int_2^4 f(t)dt$$
$$=\int_{-1}^4 f(t)dt-\int_{-1}^2 f(t)dt$$
$$=10-(-3)=13$$

22 $f(x)$가 이차함수이고 $f(0)=1$이므로

$f(x)=ax^2+bx+1$ (a, b는 상수, $a\neq 0$)로 놓자.

$\int_{-1}^1 f(x)dx=\int_0^1 f(x)dx$에서

$$\int_{-1}^0 f(x)dx+\int_0^1 f(x)dx=\int_0^1 f(x)dx$$

따라서 $\int_{-1}^0 f(x)dx=0$

즉 $\int_{-1}^{0}(ax^2+bx+1)dx=0$에서

$\left[\dfrac{a}{3}x^3+\dfrac{b}{2}x^2+x\right]_{-1}^{0}=\dfrac{a}{3}-\dfrac{b}{2}+1=0$

$2a-3b=-6$ ······ ㉠

한편 $\int_{-1}^{1}f(x)dx=\int_{-1}^{0}f(x)dx$에서

$\int_{-1}^{0}f(x)dx+\int_{0}^{1}f(x)dx=\int_{-1}^{0}f(x)dx$

따라서 $\int_{0}^{1}f(x)dx=0$

즉 $\int_{0}^{1}(ax^2+bx+1)dx=0$에서

$\left[\dfrac{a}{3}x^3+\dfrac{b}{2}x^2+x\right]_{0}^{1}=\dfrac{a}{3}+\dfrac{b}{2}+1=0$

$2a+3b=-6$ ······ ㉡

㉠, ㉡을 연립하여 풀면 $a=-3$, $b=0$

따라서 $f(x)=-3x^2+1$이므로

$f(-2)=-11$

23 $f(x)$가 일차함수이므로 $f(x)=ax+b$ (a, b는 상수, $a\neq0$)로 놓자.

$\int_{-1}^{x}f(t)dt=\{f(x)\}^2$의 양변에 $x=-1$을 대입하면

$\int_{-1}^{-1}f(t)dt=\{f(-1)\}^2=0$

따라서 $f(-1)=0$이므로 $-a+b=0$, $a=b$

즉 $f(x)=ax+a$이므로 $\int_{-1}^{x}(at+a)dt=(ax+a)^2$에서

$\left[\dfrac{a}{2}t^2+at\right]_{-1}^{x}=a^2x^2+2a^2x+a^2$

$\dfrac{a}{2}x^2+ax+\dfrac{a}{2}=a^2x^2+2a^2x+a^2$

위의 식이 모든 실수 x에 대하여 성립하고 $a\neq0$이므로

$\dfrac{a}{2}=a^2$에서 $a=\dfrac{1}{2}$

따라서 $f(x)=\dfrac{1}{2}x+\dfrac{1}{2}$이므로 $f(2)=\dfrac{3}{2}$

24 주어진 함수 $f(x)$의 그래프가 원점과 점 $(2, 0)$을 지나므로

$f(x)=ax(x-2)$ ($a<0$)로 놓자.

이때 $f(1)=1$이므로 함수 $f(1)=-a=1$에서 $a=-1$

따라서 $f(x)=-x(x-2)=-x^2+2x$

한편 $F(x)=\int_{0}^{x}f(t)dt$의 양변을 x에 대하여 미분하면

$F'(x)=f(x)=-x^2+2x$

$F'(x)=0$에서 $-x^2+2x=0$, $-x(x-2)=0$

$x=0$ 또는 $x=2$

이때 $F(x)$의 증가와 감소를 표로 나타내면 다음과 같다.

x	$\cdots$	0	$\cdots$	2	$\cdots$
$F'(x)$	$-$	0	$+$	0	$-$
$F(x)$	$\searrow$	극소	$\nearrow$	극대	$\searrow$

따라서 $x=2$일 때 극대이므로 극댓값은

$F(2)=\int_{0}^{2}(-t^2+2t)dt$

$=\left[-\dfrac{1}{3}t^3+t^2\right]_{0}^{2}=\dfrac{4}{3}$

---

9 정적분의 활용

본문 292쪽

01

곡선과 x축 사이의 넓이

1 ($\diagdown$ 3, 3, 3, $\dfrac{38}{3}$) **2** 15 **3** 4

4 ($\diagdown$ 1, $\leq$, $\geq$, 0, 0, x^2, 0, x^2, 0, $\dfrac{37}{12}$)

5 $\dfrac{27}{4}$ **6** $\dfrac{1}{2}$ **7** 8 ☺ $\geq$, $\leq$

8 ($\diagdown$ 1, $\geq$, $\leq$, 1, 1, x, 1, x, 1, 2)

9 8 **10** 3 **11** $\dfrac{11}{4}$ **12** ②

2 구간 $[0, 3]$에서 $y\leq0$이므로 구하는 넓이는

$\int_{0}^{3}|x^2-4x-2|dx=\int_{0}^{3}(-x^2+4x+2)$

$\qquad=\left[-\dfrac{1}{3}x^3+2x^2+2x\right]_{0}^{3}$

$\qquad=15-0=15$

3 구간 $[0, 1]$에서 $y\leq0$이고 구간 $[1, 2]$에서 $y\geq0$이므로 구하는 넓이는

$\int_{0}^{2}|2x^2-2|dx=\int_{0}^{1}(-2x^2+2)dx+\int_{1}^{2}(2x^2-2)dx$

$\qquad=\left[-\dfrac{2}{3}x^3+2x\right]_{0}^{1}+\left[\dfrac{2}{3}x^3-2x\right]_{1}^{2}$

$\qquad=4$

5 곡선 $y=x(x+3)^2$과 x축의 교점의 x좌표는 $x(x+3)^2=0$에서

$x=-3$(중근) 또는 $x=0$

구간 $[-3, 0]$에서 $y\leq0$이므로 구하는 넓이는

$\int_{-3}^{0}|x(x+3)^2|dx$

$=\int_{-3}^{0}(-x^3-6x^2-9x)dx$

$=\left[-\dfrac{1}{4}x^4-2x^3-\dfrac{9}{2}x^2\right]_{-3}^{0}$

$=0-\left(-\dfrac{27}{4}\right)=\dfrac{27}{4}$

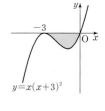

6 곡선 $y=x^3-x$와 x축의 교점의 x좌표는 $x^3-x=0$에서 $x(x+1)(x-1)=0$

즉 $x=-1$ 또는 $x=0$ 또는 $x=1$

구간 $[-1, 0]$에서 $y\geq0$이고 구간 $[0, 1]$에서 $y\leq0$이므로 구하는 넓이는

$$\int_{-1}^{1} |x^3 - x|\,dx$$

$$= \int_{-1}^{0} (x^3 - x)\,dx + \int_{0}^{1} (-x^3 + x)\,dx$$

$$= \left[\frac{1}{4}x^4 - \frac{1}{2}x^2 \right]_{-1}^{0} + \left[-\frac{1}{4}x^4 + \frac{1}{2}x^2 \right]_{0}^{1}$$

$$= \frac{1}{4} + \frac{1}{4} = \frac{1}{2}$$

7 곡선 $y = x^4 - 5x^2 + 4$와 x축의 교점의 x좌표는

$x^4 - 5x^2 + 4 = 0$에서

$(x+2)(x-2)(x+1)(x-1) = 0$

즉 $x = -2$ 또는 $x = -1$ 또는 $x = 1$ 또는 $x = 2$

구간 $[-2, -1]$에서 $y \leq 0$, 구간 $[-1, 1]$에서 $y \geq 0$,

구간 $[1, 2]$에서 $y \leq 0$이므로 구하는 넓이는

$$\int_{-2}^{2} |x^4 - 5x^2 + 4|\,dx$$

$$= \int_{-2}^{-1} (-x^4 + 5x^2 - 4)\,dx + \int_{-1}^{1} (x^4 - 5x^2 + 4)\,dx$$

$$\qquad\qquad\qquad + \int_{1}^{2} (-x^4 + 5x^2 - 4)\,dx$$

$$= \left[-\frac{1}{5}x^5 + \frac{5}{3}x^3 - 4x \right]_{-2}^{-1} + \left[\frac{1}{5}x^5 - \frac{5}{3}x^3 + 4x \right]_{-1}^{1}$$

$$\qquad\qquad\qquad + \left[-\frac{1}{5}x^5 + \frac{5}{3}x^3 - 4x \right]_{1}^{2}$$

$$= \frac{22}{15} + \frac{76}{15} + \frac{22}{15} = 8$$

9 곡선 $y = x^2 - 1$과 x축의 교점의 x좌표는

$x^2 - 1 = 0$에서 $x = -1$ 또는 $x = 1$

구간 $[-1, 1]$에서 $y \leq 0$이고 구간

$[1, 3]$에서 $y \geq 0$이므로 구하는 넓이는

$$\int_{-1}^{3} |x^2 - 1|\,dx$$

$$= \int_{-1}^{1} (-x^2 + 1)\,dx + \int_{1}^{3} (x^2 - 1)\,dx$$

$$= \left[-\frac{1}{3}x^3 + x \right]_{-1}^{1} + \left[\frac{1}{3}x^3 - x \right]_{1}^{3}$$

$$= \frac{4}{3} + \frac{20}{3} = 8$$

10 곡선 $y = x^2 + x - 2$와 x축의 교점의 x좌표는

$x^2 + x - 2 = 0$에서

$(x+2)(x-1) = 0$

즉 $x = -2$ 또는 $x = 1$

구간 $[0, 1]$에서 $y \leq 0$이고 구간 $[1, 2]$에서 $y \geq 0$이므로 구하는 넓이는

$$\int_{0}^{2} |x^2 + x - 2|\,dx$$

$$= \int_{0}^{1} (-x^2 - x + 2)\,dx + \int_{1}^{2} (x^2 + x - 2)\,dx$$

$$= \left[-\frac{1}{3}x^3 - \frac{1}{2}x^2 + 2x \right]_{0}^{1} + \left[\frac{1}{3}x^3 + \frac{1}{2}x^2 - 2x \right]_{1}^{2}$$

$$= \frac{7}{6} + \frac{11}{6} = 3$$

11 곡선 $y = x^3 - x$와 x축의 교점의 x좌표는

$x^3 - x = 0$에서 $x(x+1)(x-1) = 0$

즉 $x = -1$ 또는 $x = 0$ 또는 $x = 1$

구간 $[-1, 0]$에서 $y \geq 0$, 구간 $[0, 1]$

에서 $y \leq 0$이고 구간 $[1, 2]$에서 $y \geq 0$이므로 구하는 넓이는

$$\int_{-1}^{2} |x^3 - x|\,dx$$

$$= \int_{-1}^{0} (x^3 - x)\,dx + \int_{0}^{1} (-x^3 + x)\,dx + \int_{1}^{2} (x^3 - x)\,dx$$

$$= \left[\frac{1}{4}x^4 - \frac{1}{2}x^2 \right]_{-1}^{0} + \left[-\frac{1}{4}x^4 + \frac{1}{2}x^2 \right]_{0}^{1} + \left[\frac{1}{4}x^4 - \frac{1}{2}x^2 \right]_{1}^{2}$$

$$= \frac{1}{4} + \frac{1}{4} + \frac{9}{4} = \frac{11}{4}$$

12 $a > 0$이므로 $y = ax^3$의 그래프는 오른쪽 그림과 같다.

이때 구간 $[-1, 0]$에서 $y \leq 0$이고 구간 $[0, 2]$에서 $y \geq 0$이므로 구하는 넓이는

$$\int_{-1}^{2} |ax^3|\,dx$$

$$= \int_{-1}^{0} (-ax^3)\,dx + \int_{0}^{2} ax^3\,dx$$

$$= \left[-\frac{1}{4}ax^4 \right]_{-1}^{0} + \left[\frac{1}{4}ax^4 \right]_{0}^{2}$$

$$= \frac{1}{4}a + 4a = \frac{17}{4}a$$

따라서 $\frac{17}{4}a = \frac{17}{2}$이므로 $a = 2$

02

두 곡선 사이의 넓이

원리확인

❶ $-1,\ x^2,\ -1,\ 2x,\ -1,\ \dfrac{9}{2}$

❷ $1,\ x^2,\ 1,\ 2x^2,\ x^2,\ 1,\ \dfrac{1}{3}$

1 $\left(\mathscr{Q}\ 4,\ 4,\ \leq,\ 4,\ 4,\ 4x,\ 4,\ \dfrac{125}{6} \right)$ **2** $\dfrac{1}{6}$

3 $\dfrac{8}{3}$ **4** $\dfrac{32}{3}$ **5** $\dfrac{256}{3}$

6 $\left(\mathscr{Q}\ 2,\ 2,\ 2,\ 4x,\ 2,\ 9 \right)$ **7** $\dfrac{1}{3}$ **8** $\dfrac{8}{3}$

9 $\dfrac{8}{3}$

10 $\left(\mathscr{Q}\ 0,\ \geq,\ \leq,\ 0,\ 0,\ 0,\ 0,\ \dfrac{1}{2}x^2,\ 0,\ \dfrac{1}{2}x^2,\ 0,\ \dfrac{1}{2} \right)$

11 $\dfrac{1}{2}$ **12** 16 **13** $\dfrac{37}{6}$ ☺ x좌표, 위치

14 $\left(\mathscr{Q}\ x,\ 2,\ 2,\ 2,\ 2,\ \dfrac{4}{3} \right)$ **15** $\dfrac{1}{3}$ **16** $\dfrac{1}{3}$

17 $\dfrac{2}{3}$ **18** $\left(\,\mathscr{O}\,\dfrac{3}{4}x^2,\ 3,\ -4,\ -4,\ -4,\ -4,\ 27\right)$

19 $\dfrac{27}{4}$ **20** $\dfrac{64}{3}$ **21** ③

22 $\left(\,\mathscr{O}\,-\sqrt{3},\ \sqrt{3},\ -\sqrt{3},\ \sqrt{3},\ 3x,\ -\sqrt{3},\ x,\ 3x,\ \sqrt{3},\ 4\sqrt{3}-\dfrac{8}{3}\right)$

23 $\dfrac{44}{3}$ **24** 4 **25** 8

---

2 곡선과 직선의 교점의 x좌표는

$x^2-2x=3x-6$에서

$x^2-5x+6=0,\ (x-2)(x-3)=0$

즉 $x=2$ 또는 $x=3$

구간 $[2,\,3]$에서 $x^2-2x\leq 3x-6$이

므로 구하는 도형의 넓이는

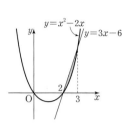

$\displaystyle\int_2^3 \{3x-6-(x^2-2x)\}dx$

$=\displaystyle\int_2^3 (-x^2+5x-6)dx$

$=\left[-\dfrac{1}{3}x^3+\dfrac{5}{2}x^2-6x\right]_2^3$

$=-\dfrac{9}{2}-\left(-\dfrac{14}{3}\right)=\dfrac{1}{6}$

---

3 곡선과 직선의 교점의 x좌표는

$-2x^2+4x-6=-4x$에서

$x^2-4x+3=0,\ (x-1)(x-3)=0$

즉 $x=1$ 또는 $x=3$

구간 $[1,\,3]$에서

$-2x^2+4x-6\geq -4x$이므로 구하는

도형의 넓이는

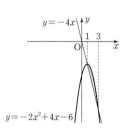

$\displaystyle\int_1^3 \{(-2x^2+4x-6)-(-4x)\}dx$

$=\displaystyle\int_1^3 (-2x^2+8x-6)dx$

$=\left[-\dfrac{2}{3}x^3+4x^2-6x\right]_1^3$

$=0-\left(-\dfrac{8}{3}\right)=\dfrac{8}{3}$

---

4 곡선과 직선의 교점의 x좌표는

$x^2-x=x+3$에서

$x^2-2x-3=0,\ (x+1)(x-3)=0$

즉 $x=-1$ 또는 $x=3$

구간 $[-1,\,3]$에서 $x^2-x\leq x+3$이

므로 구하는 도형의 넓이는

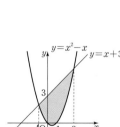

$\displaystyle\int_{-1}^3 \{x+3-(x^2-x)\}dx$

$=\displaystyle\int_{-1}^3 (-x^2+2x+3)dx$

$=\left[-\dfrac{1}{3}x^3+x^2+3x\right]_{-1}^3$

$=9-\left(-\dfrac{5}{3}\right)=\dfrac{32}{3}$

---

5 곡선과 직선의 교점의 x좌표는

$-x^2+5x=-x-7$에서

$x^2-6x-7=0,\ (x+1)(x-7)=0$

즉 $x=-1$ 또는 $x=7$

구간 $[-1,\,7]$에서

$-x^2+5x\geq -x-7$이므로 구하는 도형의 넓이는

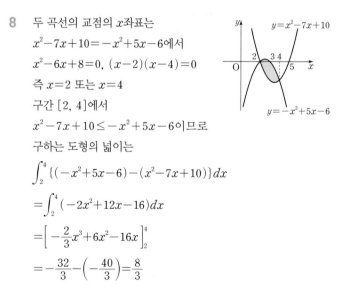

$\displaystyle\int_{-1}^7 \{-x^2+5x-(-x-7)\}dx$

$=\displaystyle\int_{-1}^7 (-x^2+6x+7)dx$

$=\left[-\dfrac{1}{3}x^3+3x^2+7x\right]_{-1}^7$

$=\dfrac{245}{3}-\left(-\dfrac{11}{3}\right)=\dfrac{256}{3}$

---

7 두 곡선의 교점의 x좌표는

$x^2-2x+3=-x^2+4x-1$에서

$x^2-3x+2=0,\ (x-1)(x-2)=0$

즉 $x=1$ 또는 $x=2$

구간 $[1,\,2]$에서

$x^2-2x+3\leq -x^2+4x-1$이므로

구하는 도형의 넓이는

$\displaystyle\int_1^2 \{(-x^2+4x-1)-(x^2-2x+3)\}dx$

$=\displaystyle\int_1^2 (-2x^2+6x-4)dx$

$=\left[-\dfrac{2}{3}x^3+3x^2-4x\right]_1^2$

$=-\dfrac{4}{3}-\left(-\dfrac{5}{3}\right)=\dfrac{1}{3}$

---

8 두 곡선의 교점의 x좌표는

$x^2-7x+10=-x^2+5x-6$에서

$x^2-6x+8=0,\ (x-2)(x-4)=0$

즉 $x=2$ 또는 $x=4$

구간 $[2,\,4]$에서

$x^2-7x+10\leq -x^2+5x-6$이므로

구하는 도형의 넓이는

$\displaystyle\int_2^4 \{(-x^2+5x-6)-(x^2-7x+10)\}dx$

$=\displaystyle\int_2^4 (-2x^2+12x-16)dx$

$=\left[-\dfrac{2}{3}x^3+6x^2-16x\right]_2^4$

$=-\dfrac{32}{3}-\left(-\dfrac{40}{3}\right)=\dfrac{8}{3}$

---

9 두 곡선의 교점의 x좌표는

$x^2+3x+1=-x^2+3x+3$에서

$x^2-1=0,\ (x+1)(x-1)=0$

즉 $x=-1$ 또는 $x=1$

구간 $[-1,\,1]$에서

$x^2+3x+1\leq -x^2+3x+3$이므로 구하

는 도형의 넓이는

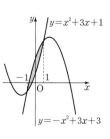

$$\int_{-1}^{1}\{(-x^2+3x+3)-(x^2+3x+1)\}dx$$

$$=\int_{-1}^{1}(-2x^2+2)dx$$

$$=\left[-\frac{2}{3}x^3+2x\right]_{-1}^{1}$$

$$=\frac{4}{3}-\left(-\frac{4}{3}\right)=\frac{8}{3}$$

$$\int_{-1}^{1}\{(x^3-4x^2+4)-(-x^3+2x)\}dx$$

$$+\int_{1}^{2}\{(-x^3+2x)-(x^3-4x^2+4)\}dx$$

$$=\int_{-1}^{1}(2x^3-4x^2-2x+4)dx+\int_{1}^{2}(-2x^3+4x^2+2x-4)dx$$

$$=\left[\frac{1}{2}x^4-\frac{4}{3}x^3-x^2+4x\right]_{-1}^{1}+\left[-\frac{1}{2}x^4+\frac{4}{3}x^3+x^2-4x\right]_{1}^{2}$$

$$=\frac{16}{3}+\frac{5}{6}=\frac{37}{6}$$

11 두 곡선의 교점의 x좌표는

$-x^3+2x^2=-x^2+2x$에서

$x^3-3x^2+2x=0$

$x(x-1)(x-2)=0$

즉 $x=0$ 또는 $x=1$ 또는 $x=2$

구간 $[0,\,1]$에서

$-x^3+2x^2\leq -x^2+2x$이고 구간 $[1,\,2]$에서

$-x^3+2x^2\geq -x^2+2x$이므로 구하는 도형의 넓이는

$$\int_{0}^{1}\{(-x^2+2x)-(-x^3+2x^2)\}dx$$

$$+\int_{1}^{2}\{(-x^3+2x^2)-(-x^2+2x)\}dx$$

$$=\int_{0}^{1}(x^3-3x^2+2x)dx+\int_{1}^{2}(-x^3+3x^2-2x)dx$$

$$=\left[\frac{1}{4}x^4-x^3+x^2\right]_{0}^{1}+\left[-\frac{1}{4}x^4+x^3-x^2\right]_{1}^{2}$$

$$=\frac{1}{4}+\frac{1}{4}=\frac{1}{2}$$

12 두 곡선의 교점의 x좌표는

$x^3-6x=-x^3+2x$에서

$x^3-4x=0$, $x(x+2)(x-2)=0$

즉 $x=-2$ 또는 $x=0$ 또는 $x=2$

구간 $[-2,\,0]$에서

$x^3-6x\geq -x^3+2x$이고 구간 $[0,\,2]$에서 $x^3-6x\leq -x^3+2x$이

므로 구하는 도형의 넓이는

$$\int_{-2}^{0}\{(x^3-6x)-(-x^3+2x)\}dx$$

$$+\int_{0}^{2}\{(-x^3+2x)-(x^3-6x)\}dx$$

$$=\int_{-2}^{0}(2x^3-8x)dx+\int_{0}^{2}(-2x^3+8x)dx$$

$$=\left[\frac{1}{2}x^4-4x^2\right]_{-2}^{0}+\left[-\frac{1}{2}x^4+4x^2\right]_{0}^{2}$$

$$=8+8=16$$

13 두 곡선의 교점의 x좌표는

$x^3-4x^2+4=-x^3+2x$에서

$x^3-2x^2-x+2=0$

$(x+1)(x-1)(x-2)=0$

즉 $x=-1$ 또는 $x=1$ 또는 $x=2$

구간 $[-1,\,1]$에서 $x^3-4x^2+4\geq -x^3+2x$이고 구간 $[1,\,2]$에

서 $x^3-4x^2+4\leq -x^3+2x$이므로 구하는 도형의 넓이는

15 $f(x)=-x^2+2$로 놓으면

$f'(x)=-2x$

이 곡선 위의 점 $(-1,\,1)$에서의 접선의

기울기는 $f'(-1)=2$이므로 접선의 방

정식은 $y=2x+3$

따라서 구하는 도형의 넓이는

$$\int_{-1}^{0}\{(2x+3)-(-x^2+2)\}dx$$

$$=\int_{-1}^{0}(x^2+2x+1)dx$$

$$=\left[\frac{1}{3}x^3+x^2+x\right]_{-1}^{0}=0-\left(-\frac{1}{3}\right)=\frac{1}{3}$$

16 $f(x)=x^2-4x+5$로 놓으면

$f'(x)=2x-4$

이 곡선 위의 점 $(1,\,2)$에서의 접선의 기

울기는 $f'(1)=-2$이므로 접선의 방정식

은 $y=-2x+4$

따라서 구하는 도형의 넓이는

$$\int_{0}^{1}\{(x^2-4x+5)-(-2x+4)\}dx$$

$$=\int_{0}^{1}(x^2-2x+1)dx$$

$$=\left[\frac{1}{3}x^3-x^2+x\right]_{0}^{1}$$

$$=\frac{1}{3}-0=\frac{1}{3}$$

17 $f(x)=-2x^2-3$으로 놓으면

$f'(x)=-4x$

이 곡선 위의 점 $(-1,\,-5)$에서의 접선의

기울기는 $f'(-1)=4$이므로 접선의 방정

식은 $y=4x-1$

따라서 구하는 도형의 넓이는

$$\int_{-1}^{0}\{(4x-1)-(-2x^2-3)\}dx$$

$$=\int_{-1}^{0}(2x^2+4x+2)dx$$

$$=\left[\frac{2}{3}x^3+2x^2+2x\right]_{-1}^{0}$$

$$=0-\left(-\frac{2}{3}\right)=\frac{2}{3}$$

19 $f(x)=-x^3+2$로 놓으면

$f'(x)=-3x^2$

이 곡선 위의 점 $(1, 1)$에서의 접선의

기울기는 $f'(1)=-3$이므로 접선의 방

정식은 $y=-3x+4$

곡선과 직선의 교점의 x좌표는

$-x^3+2=-3x+4$에서

$x^3-3x+2=0$, $(x-1)^2(x+2)=0$

즉 $x=1$ 또는 $x=-2$

따라서 구하는 도형의 넓이는

$\int_{-2}^{1}\{(-3x+4)-(-x^3+2)\}dx$

$=\int_{-2}^{1}(x^3-3x+2)dx$

$=\left[\dfrac{1}{4}x^4-\dfrac{3}{2}x^2+2x\right]_{-2}^{1}$

$=\dfrac{3}{4}-(-6)=\dfrac{27}{4}$

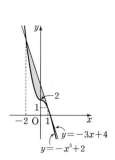

20 $f(x)=x^3-x^2$으로 놓으면

$f'(x)=3x^2-2x$

이 곡선 위의 점 $(-1, -2)$에서의 접선

의 기울기는 $f'(-1)=5$이므로 접선의

방정식은 $y=5x+3$

곡선과 직선의 교점의 x좌표는

$x^3-x^2=5x+3$에서 $x^3-x^2-5x-3=0$, $(x+1)^2(x-3)=0$

즉 $x=-1$ 또는 $x=3$

따라서 구하는 도형의 넓이는

$\int_{-1}^{3}\{(5x+3)-(x^3-x^2)\}dx$

$=\int_{-1}^{3}(-x^3+x^2+5x+3)dx$

$=\left[-\dfrac{1}{4}x^4+\dfrac{1}{3}x^3+\dfrac{5}{2}x^2+3x\right]_{-1}^{3}$

$=\dfrac{81}{4}-\left(-\dfrac{13}{12}\right)=\dfrac{64}{3}$

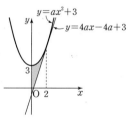

21 $f(x)=ax^2+3$으로 놓으면

$f'(x)=2ax$

이 곡선 위의 점 $(2, 4a+3)$에서

의 접선의 기울기는 $f'(2)=4a$이

므로 접선의 방정식은

$y=4ax-4a+3$

따라서 주어진 도형의 넓이는

$\int_{0}^{2}\{(ax^2+3)-(4ax-4a+3)\}dx$

$=\int_{0}^{2}(ax^2-4ax+4a)dx$

$=\left[\dfrac{1}{3}ax^3-2ax^2+4ax\right]_{0}^{2}=\dfrac{8}{3}a$

따라서 $\dfrac{8}{3}a=16$이므로 $a=6$

23 $y=|-x^2+4|$

$=\begin{cases} x^2-4 & (x\le-2 \text{ 또는 } x\ge2) \\ -x^2+4 & (-2<x<2) \end{cases}$

곡선 $y=|-x^2+4|$와 직선 $y=5$의

교점의 x좌표는 $x^2-4=5$에서

$x=-3$ 또는 $x=3$

따라서 구하는 도형의 넓이는

$\int_{-3}^{-2}\{5-(x^2-4)\}dx+\int_{-2}^{2}\{5-(-x^2+4)\}dx$

$\qquad\qquad\qquad+\int_{2}^{3}\{5-(x^2-4)\}dx$

$=\int_{-3}^{-2}(-x^2+9)dx+\int_{-2}^{2}(x^2+1)dx+\int_{2}^{3}(-x^2+9)dx$

$=\left[-\dfrac{1}{3}x^3+9x\right]_{-3}^{-2}+\left[\dfrac{1}{3}x^3+x\right]_{-2}^{2}+\left[-\dfrac{1}{3}x^3+9x\right]_{2}^{3}$

$=\dfrac{8}{3}+\dfrac{28}{3}+\dfrac{8}{3}=\dfrac{44}{3}$

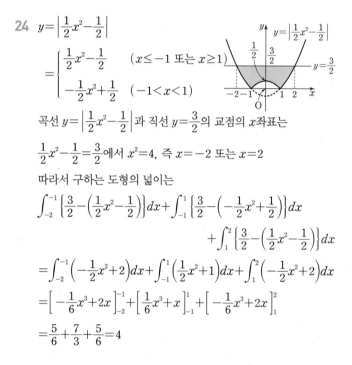

24 $y=\left|\dfrac{1}{2}x^2-\dfrac{1}{2}\right|$

$=\begin{cases} \dfrac{1}{2}x^2-\dfrac{1}{2} & (x\le-1 \text{ 또는 } x\ge1) \\ -\dfrac{1}{2}x^2+\dfrac{1}{2} & (-1<x<1) \end{cases}$

곡선 $y=\left|\dfrac{1}{2}x^2-\dfrac{1}{2}\right|$과 직선 $y=\dfrac{3}{2}$의 교점의 x좌표는

$\dfrac{1}{2}x^2-\dfrac{1}{2}=\dfrac{3}{2}$에서 $x^2=4$, 즉 $x=-2$ 또는 $x=2$

따라서 구하는 도형의 넓이는

$\int_{-2}^{-1}\left\{\dfrac{3}{2}-\left(\dfrac{1}{2}x^2-\dfrac{1}{2}\right)\right\}dx+\int_{-1}^{1}\left\{\dfrac{3}{2}-\left(-\dfrac{1}{2}x^2+\dfrac{1}{2}\right)\right\}dx$

$\qquad\qquad\qquad+\int_{1}^{2}\left\{\dfrac{3}{2}-\left(\dfrac{1}{2}x^2-\dfrac{1}{2}\right)\right\}dx$

$=\int_{-2}^{-1}\left(-\dfrac{1}{2}x^2+2\right)dx+\int_{-1}^{1}\left(\dfrac{1}{2}x^2+1\right)dx+\int_{1}^{2}\left(-\dfrac{1}{2}x^2+2\right)dx$

$=\left[-\dfrac{1}{6}x^3+2x\right]_{-2}^{-1}+\left[\dfrac{1}{6}x^3+x\right]_{-1}^{1}+\left[-\dfrac{1}{6}x^3+2x\right]_{1}^{2}$

$=\dfrac{5}{6}+\dfrac{7}{3}+\dfrac{5}{6}=4$

25 $y=|-x^2+1|$

$=\begin{cases} x^2-1 & (x\le-1 \text{ 또는 } x\ge1) \\ -x^2+1 & (-1<x<1) \end{cases}$

곡선 $y=|-x^2+1|$과 직선 $y=3$의

교점의 x좌표는

$x^2-1=3$에서 $x^2=4$, 즉 $x=-2$ 또는 $x=2$

따라서 구하는 도형의 넓이는

$\int_{-2}^{-1}\{3-(x^2-1)\}dx+\int_{-1}^{1}\{3-(-x^2+1)\}dx$

$\qquad\qquad\qquad+\int_{1}^{2}\{3-(x^2-1)\}dx$

$=\int_{-2}^{-1}(-x^2+4)dx+\int_{-1}^{1}(x^2+2)dx+\int_{1}^{2}(-x^2+4)dx$

$=\left[-\dfrac{1}{3}x^3+4x\right]_{-2}^{-1}+\left[\dfrac{1}{3}x^3+2x\right]_{-1}^{1}+\left[-\dfrac{1}{3}x^3+4x\right]_{1}^{2}$

$=\dfrac{5}{3}+\dfrac{14}{3}+\dfrac{5}{3}=8$

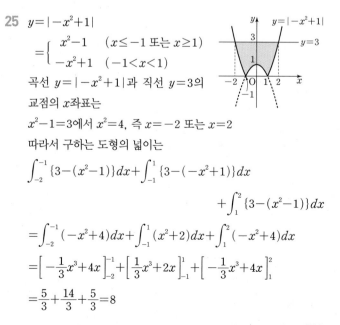

두 도형의 넓이가 같을 조건

1 (✏️ $-1, -1, 2, 2$)   2 1   3 4

4 0   5 (✏️ $a, a, a, a, 1, 1$)   6 -1

7 0   8 3   9 (✏️ $0, 0, 0, 0, -1$)

10 $-\dfrac{1}{2}$ 11 $\dfrac{3}{2}$ 12 3   ☺ $S, 0, S, 2S$

---

2 곡선 $y=-x^2-2x$와 x축의 교점의 x좌표는

$-x^2-2x=0$에서 $x(x+2)=0$

즉 $x=-2$ 또는 $x=0$

이때 색칠한 두 도형의 넓이가 같으므로

$$\int_{-2}^{a}(-x^2-2x)dx=0$$

$$\left[-\frac{1}{3}x^3-x^2\right]_{-2}^{a}=0$$

$$-\frac{1}{3}a^3-a^2+\frac{4}{3}=0$$

$$a^3+3a^2-4=0$$

$$(a+2)^2(a-1)=0$$

$a>0$이므로 $a=1$

3 곡선 $y=\frac{1}{2}x^2-2$와 x축의 교점의 x좌표는

$\frac{1}{2}x^2-2=0$에서 $x^2-4=0$

즉 $x=-2$ 또는 $x=2$

이때 색칠한 두 도형의 넓이가 같으므로

$$\int_{-2}^{a}\left(\frac{1}{2}x^2-2\right)dx=0$$

$$\left[\frac{1}{6}x^3-2x\right]_{-2}^{a}=0$$

$$\frac{1}{6}a^3-2a-\frac{8}{3}=0$$

$$a^3-12a-16=0$$

$$(a+2)^2(a-4)=0$$

$a>2$이므로 $a=4$

4 곡선 $y=x^2-4x+3$과 x축의 교점의 x좌표는

$x^2-4x+3=0$에서 $(x-1)(x-3)=0$

즉 $x=1$ 또는 $x=3$

이때 색칠한 두 도형의 넓이가 같으므로

$$\int_{a}^{3}(x^2-4x+3)dx=0$$

$$\left[\frac{1}{3}x^3-2x^2+3x\right]_{a}^{3}=0$$

$$-\frac{1}{3}a^3+2a^2-3a=0$$

$$a^3-6a^2+9a=0$$

$$a(a-3)^2=0$$

$a<1$이므로 $a=0$

6 곡선과 x축의 교점의 x좌표는 $-x(x+2)(x-a)=0$에서

$x=-2$ 또는 $x=0$ 또는 $x=a$

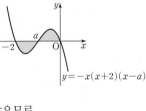

이때 색칠한 두 도형의 넓이가 같으므로

$$\int_{-2}^{0}\{-x(x+2)(x-a)\}dx=0$$

$$\int_{-2}^{0}\{-x^3+(a-2)x^2+2ax\}dx=0$$

$$\left[-\frac{1}{4}x^4+\frac{a-2}{3}x^3+ax^2\right]_{-2}^{0}=0$$

$$-\frac{4}{3}a-\frac{4}{3}=0$$

따라서 $a=-1$

7 곡선과 x축의 교점의 x좌표는 $(x-3)(x+3)(x-a)=0$에서

$x=-3$ 또는 $x=3$ 또는 $x=a$

이때 색칠한 두 도형의 넓이가 같으므로

$$\int_{-3}^{3}(x-3)(x+3)(x-a)dx=0$$

$$\int_{-3}^{3}(x^3-ax^2-9x+9a)dx=0$$

$$\left[\frac{1}{4}x^4-\frac{a}{3}x^3-\frac{9}{2}x^2+9ax\right]_{-3}^{3}=0$$

$$36a=0$$

따라서 $a=0$

8 곡선과 x축의 교점의 x좌표는 $(x-1)(x-2)(x-a)=0$에서

$x=1$ 또는 $x=2$ 또는 $x=a$

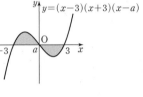

이때 색칠한 두 도형의 넓이가 같으므로

$$\int_{1}^{a}(x-1)(x-2)(x-a)dx=0$$

$$\int_{1}^{a}\{x^3-(a+3)x^2+(3a+2)x-2a\}dx=0$$

$$\left[\frac{1}{4}x^4-\frac{a+3}{3}x^3+\frac{3a+2}{2}x^2-2ax\right]_{1}^{a}=0$$

$$-\frac{a^4}{12}+\frac{a^3}{2}-a^2+\frac{5}{6}a-\frac{1}{4}=0$$

$$a^4-6a^3+12a^2-10a+3=0$$

$$(a-1)^3(a-3)=0$$

$a>2$이므로 $a=3$

10 두 곡선의 교점의 x좌표는

$x^2(x+1)=ax(x+1)$에서

$x(x+1)(x-a)=0$

즉 $x=-1$ 또는 $x=a$ 또는 $x=0$

이때 색칠한 두 도형의 넓이가 같으므로

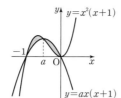

$$\int_{-1}^{0}\{x^2(x+1)-ax(x+1)\}dx=0$$

$$\int_{-1}^{0}\{x^3+(1-a)x^2-ax\}dx=0$$

$$\left[\frac{1}{4}x^4+\frac{1-a}{3}x^3-\frac{1}{2}ax^2\right]_{-1}^{0}=0$$

$$\frac{a}{6}+\frac{1}{12}=0$$

따라서 $a=-\frac{1}{2}$

11 두 곡선의 교점의 x좌표는

$-x^2(x+3)=ax(x+3)$에서

$x(x+3)(x+a)=0$

즉 $x=-3$ 또는 $x=-a$ 또는 $x=0$

이때 색칠한 두 도형의 넓이가 같으므로

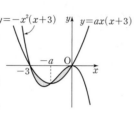

$$\int_{-3}^{0}\{-x^2(x+3)-ax(x+3)\}dx=0$$

$$\int_{-3}^{0}\{-x^3-(a+3)x^2-3ax\}dx=0$$

$$\left[-\frac{1}{4}x^4-\frac{a+3}{3}x^3-\frac{3}{2}ax^2\right]_{-3}^{0}=0$$

$$\frac{9}{2}a-\frac{27}{4}=0$$

따라서 $a=\frac{3}{2}$

12 두 곡선의 교점의 x좌표는

$x^2(x-6)=ax(x-6)$에서

$x(x-a)(x-6)=0$

즉 $x=0$ 또는 $x=a$ 또는 $x=6$

이때 색칠한 두 도형의 넓이가 같으므로

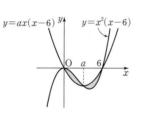

$$\int_{0}^{6}\{x^2(x-6)-ax(x-6)\}dx=0$$

$$\int_{0}^{6}\{x^3-(a+6)x^2+6ax\}dx=0$$

$$\left[\frac{1}{4}x^4-\frac{a+6}{3}x^3+3ax^2\right]_{0}^{6}=0$$

$36a-108=0$

따라서 $a=3$

두 곡선 사이의 넓이의 활용

1 (✏ $m+4$, $m+4$, 4, $m+4$, 4, $m+4$, 4, $\frac{32}{3}$, 32)

2 108 **3** 16 **4** 54 ☺ a, 2

5 (✏ $-2x$, $-2a$, $-2a$, $-2a$, $-2a$, $-2a$, $2a$, a, 9, 9, $\frac{3}{2}$,

$\frac{3}{2}$, $\frac{9}{4}$)

6 $\frac{2}{3}$ **7** (✏ 0, 0, 0, 0, 8, 8) **8** 128

9 ④

2 곡선 $y=-x^2+6x$와 직선 $y=mx$

의 교점의 x좌표는

$-x^2+6x=mx$에서

$x(x+m-6)=0$이므로

$x=0$ 또는 $x=6-m$

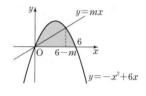

곡선 $y=-x^2+6x$와 직선 $y=mx$로 둘러싸인 도형의 넓이의 2

배가 곡선 $y=-x^2+6x$와 x축으로 둘러싸인 도형의 넓이와 같

으므로

$$2\int_{0}^{6-m}\{(-x^2+6x)-mx\}dx=\int_{0}^{6}(-x^2+6x)dx$$

$$2\int_{0}^{6-m}\{-x^2+(6-m)x\}dx=\int_{0}^{6}(-x^2+6x)dx$$

$$2\left[-\frac{1}{3}x^3+\frac{6-m}{2}x^2\right]_{0}^{6-m}=\left[-\frac{1}{3}x^3+3x^2\right]_{0}^{6}$$

$$\frac{(6-m)^3}{3}=36$$

따라서 $(6-m)^3=108$

3 곡선 $y=x^2-2x$와 직선 $y=mx$의 교

점의 x좌표는 $x^2-2x=mx$에서

$x(x-m-2)=0$이므로

$x=0$ 또는 $x=m+2$

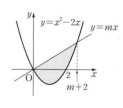

곡선 $y=x^2-2x$와 x축으로 둘러싸인

도형의 넓이의 2배가 곡선 $y=x^2-2x$와 직선 $y=mx$로 둘러싸

인 도형의 넓이와 같으므로

$$\int_{0}^{m+2}\{mx-(x^2-2x)\}dx=2\int_{0}^{2}\{-(x^2-2x)\}dx$$

$$\int_{0}^{m+2}\{-x^2+(m+2)x\}dx=2\int_{0}^{2}(-x^2+2x)dx$$

$$\left[-\frac{1}{3}x^3+\frac{m+2}{2}x^2\right]_{0}^{m+2}=2\left[-\frac{1}{3}x^3+x^2\right]_{0}^{2}$$

$$\frac{(m+2)^3}{6}=\frac{8}{3}$$

따라서 $(m+2)^3=16$

4 곡선 $y=-x^2+3x$와 직선 $y=mx$의
교점의 x좌표는 $-x^2+3x=mx$에서
$x(x+m-3)=0$이므로
$x=0$ 또는 $x=3-m$

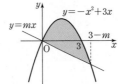

곡선 $y=-x^2+3x$와 x축으로 둘러싸
인 도형의 넓이의 2배가 곡선 $y=-x^2+3x$와 직선 $y=mx$로
둘러싸인 도형의 넓이와 같으므로

$$\int_0^{3-m}\{(-x^2+3x)-mx\}dx=2\int_0^3(-x^2+3x)dx$$

$$\int_0^{3-m}\{-x^2+(3-m)x\}dx=2\int_0^3(-x^2+3x)dx$$

$$\left[-\frac{1}{3}x^3+\frac{3-m}{2}x^2\right]_0^{3-m}=2\left[-\frac{1}{3}x^3+\frac{3}{2}x^2\right]_0^3$$

$$\frac{(3-m)^3}{6}=9$$

따라서 $(3-m)^3=54$

6 $f(x)=x^2-4$라 하면 $f'(x)=2x$
곡선 $y=f(x)$ 위의 점 $A(a, a^2-4)$에서의 접선의 기울기는
$f'(a)=2a$이므로 접선의 방정식은
$y-(a^2-4)=2a(x-a)$
$y=2ax-a^2-4$

곡선 $y=x^2-4$와 직선 $y=2ax-a^2-4$
및 두 직선 $x=0$, $x=2$로 둘러싸인 도형
의 넓이를 $S(a)$라 하면

$$S(a)=\int_0^2\{x^2-4-(2ax-a^2-4)\}dx$$
$$=\int_0^2(x^2-2ax+a^2)dx$$
$$=\left[\frac{1}{3}x^3-ax^2+a^2x\right]_0^2$$
$$=2a^2-4a+\frac{8}{3}$$

$S'(a)=4a-4=0$에서 $a=1$
따라서 $S(a)$는 $a=1$일 때 극소이면서 최소가 되므로 구하는 넓
이의 최솟값은 $S(1)=\frac{2}{3}$

8 두 곡선 $y=k^2x^3$, $y=-\frac{1}{k^2}x^3$의 교점
의 x좌표는 0이므로 구하는 도형의 넓
이는

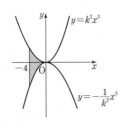

$$\int_{-4}^0\left(-\frac{1}{k^2}x^3-k^2x^3\right)dx$$
$$=\int_{-4}^0\left\{-\left(k^2+\frac{1}{k^2}\right)x^3\right\}dx$$
$$=\left[-\frac{1}{4}\left(k^2+\frac{1}{k^2}\right)x^4\right]_{-4}^0$$
$$=64\left(k^2+\frac{1}{k^2}\right)$$

$k^2>0$이므로 산술평균과 기하평균의 관계에 의하여
$64\left(k^2+\frac{1}{k^2}\right)\geq128$ $\left($단, 등호는 $k^2=\frac{1}{k^2}$일 때 성립한다.$\right)$
따라서 구하는 도형의 넓이의 최솟값은 128이다.

9 곡선 $y=x^2-ax$와 x축 및 직선 $x=1$로 둘러싸인 도형의 넓이
를 $S(a)$라 하면

$$S(a)=\int_0^a(-x^2+ax)dx+\int_a^1(x^2-ax)dx$$
$$=\left[-\frac{1}{3}x^3+\frac{a}{2}x^2\right]_0^a+\left[\frac{1}{3}x^3-\frac{a}{2}x^2\right]_a^1$$
$$=\frac{1}{3}a^3-\frac{a}{2}+\frac{1}{3}$$

$S'(a)=a^2-\frac{1}{2}=0$에서 $0<a<1$이므로 $a=\frac{\sqrt{2}}{2}$

따라서 $S(a)$는 $a=\frac{\sqrt{2}}{2}$일 때 극소이면서 최소가 된다.

05
본문 302쪽

역함수의 그래프와 넓이

1 (✏ 2, 3, 3, 3, 3)   **2** $\frac{16}{3}$ **3** $\frac{2}{3}$

4 $\frac{9}{5}$ **5** $\frac{1}{2}$ ☺ $y=x$, 2, x

6 (✏ 20, 80)   **7** 20   **8** 5

9 150   ☺ ab, a **10** ⑤

2 두 곡선 $y=f(x)$, $y=g(x)$로 둘러싸인 도형의 넓이는 곡선
$y=f(x)$와 직선 $y=x$로 둘러싸인 도형의 넓이의 2배와 같다.
곡선 $y=f(x)$와 직선 $y=x$의 교점의
x좌표는

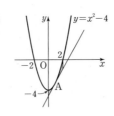

$-\frac{1}{4}x^2=x$에서 $x^2+4x=0$
$x(x+4)=0$
즉 $x=-4$ 또는 $x=0$
따라서 구하는 넓이는

$$2\int_{-4}^0\left(-\frac{1}{4}x^2-x\right)dx=2\left[-\frac{1}{12}x^3-\frac{1}{2}x^2\right]_{-4}^0$$
$$=\frac{16}{3}$$

3 두 곡선 $y=f(x)$, $y=g(x)$로 둘러싸인 도형의 넓이는 곡선
$y=f(x)$와 직선 $y=x$로 둘러싸인 도형의 넓이의 2배와 같다.
곡선 $y=f(x)$와 직선 $y=x$의 교점의 x
좌표는

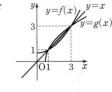

$\frac{1}{4}x^2+\frac{3}{4}=x$에서 $x^2-4x+3=0$
$(x-1)(x-3)=0$
즉 $x=1$ 또는 $x=3$
따라서 구하는 넓이는

$$2\int_1^3\left\{x-\left(\frac{1}{4}x^2+\frac{3}{4}\right)\right\}dx=2\int_1^3\left(-\frac{1}{4}x^2+x-\frac{3}{4}\right)dx$$
$$=2\left[-\frac{1}{12}x^3+\frac{1}{2}x^2-\frac{3}{4}x\right]_1^3$$
$$=\frac{2}{3}$$

4 두 곡선 $y=f(x)$, $y=g(x)$로 둘러싸인 도형의 넓이는 곡선 $y=f(x)$와 직선 $y=x$로 둘러싸인 도형의 넓이의 2배와 같다.

곡선 $y=f(x)$와 직선 $y=x$의 교점의 x좌표는

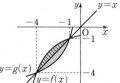

$-\dfrac{1}{5}x^2-\dfrac{4}{5}=x$에서 $x^2+5x+4=0$

$(x+4)(x+1)=0$

즉 $x=-4$ 또는 $x=-1$

따라서 구하는 넓이는

$2\displaystyle\int_{-4}^{-1}\left\{\left(-\dfrac{1}{5}x^2-\dfrac{4}{5}\right)-x\right\}dx$

$=2\displaystyle\int_{-4}^{-1}\left(-\dfrac{1}{5}x^2-x-\dfrac{4}{5}\right)dx$

$=2\left[-\dfrac{1}{15}x^3-\dfrac{1}{2}x^2-\dfrac{4}{5}x\right]_{-4}^{-1}$

$=\dfrac{9}{5}$

5 두 곡선 $y=f(x)$, $y=g(x)$로 둘러싸인 도형의 넓이는 곡선 $y=f(x)$와 직선 $y=x$로 둘러싸인 도형의 넓이의 2배와 같다.

곡선 $y=f(x)$와 직선 $y=x$의 교점의 x좌표는

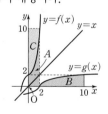

$x^3=x$에서 $x^3-x=0$

$x(x+1)(x-1)=0$

$x\geq0$이므로 $x=0$ 또는 $x=1$

따라서 구하는 넓이는

$2\displaystyle\int_0^1(x-x^3)dx=2\left[\dfrac{1}{2}x^2-\dfrac{1}{4}x^4\right]_0^1$

$=\dfrac{1}{2}$

7 함수 $f(x)=x^3+2$의 역함수가 $g(x)$이므로 $y=f(x)$의 그래프와 $y=g(x)$의 그래프는 직선 $y=x$에 대하여 대칭이다.

따라서 오른쪽 그림에서

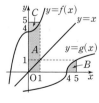

(B의 넓이)=(C의 넓이)이므로

$\displaystyle\int_0^2 f(x)dx+\int_2^{10} g(x)dx$

$=$(A의 넓이)+(B의 넓이)

$=$(A의 넓이)+(C의 넓이)

$=2\times10=20$

8 함수 $f(x)=x^3+4$의 역함수가 $g(x)$이므로 $y=f(x)$의 그래프와 $y=g(x)$의 그래프는 직선 $y=x$에 대하여 대칭이다.

따라서 오른쪽 그림에서

(B의 넓이)=(C의 넓이)이므로

$\displaystyle\int_0^1 f(x)dx+\int_4^5 g(x)dx$

$=$(A의 넓이)+(B의 넓이)

$=$(A의 넓이)+(C의 넓이)

$=1\times5=5$

9 함수 $f(x)=\sqrt{10x}+5$의 역함수가 $g(x)$이므로 $y=f(x)$의 그래프와 $y=g(x)$의 그래프는 직선 $y=x$에 대하여 대칭이다.

따라서 오른쪽 그림에서

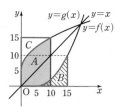

(B의 넓이)=(C의 넓이)이므로

$\displaystyle\int_0^{10} f(x)dx+\int_5^{15} g(x)dx$

$=$(A의 넓이)+(B의 넓이)

$=$(A의 넓이)+(C의 넓이)

$=10\times15=150$

10 오른쪽 그림과 같이 구하는 도형의 넓이는 직선 $y=x$에 의하여 이등분된다.

이때 빗금 친 도형의 넓이는

$\displaystyle\int_2^6 f(x)dx-(\text{사다리꼴 ACDB})$

$=\displaystyle\int_2^6 f(x)dx-\dfrac{1}{2}\times(2+6)\times4$

$=18-16=2$

따라서 구하는 도형의 넓이는 빗금 친 도형의 넓이의 2배이므로

$2\times2=4$

TEST 개념 확인　　　　　　본문 304쪽

1 ④	2 ②	3 ⑤	4 8
5 ①	6 ③	7 $-\dfrac{8}{3}$	8 ②
9 ④	10 1	11 ①	12 ③

1 곡선 $y=ax(x-2)$와 x축이 만나는 교점의 x좌표는

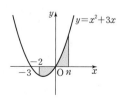

$ax(x-2)=0$에서 $x=0$ 또는 $x=2$

따라서 곡선 $y=ax(x-2)$와 x축으로 둘러싸인 도형의 넓이는

$\displaystyle\int_0^2\{-ax(x-2)\}dx=\int_0^2(-ax^2+2ax)dx$

$=\left[-\dfrac{a}{3}x^3+ax^2\right]_0^2$

$=\dfrac{4}{3}a$

즉 $\dfrac{4}{3}a=8$이므로 $a=6$

2 구간 $[-2, 0]$에서 $y\leq0$이고 구간 $[0, n]$에서 $y\geq0$이므로 주어진 도형의 넓이는

$\displaystyle\int_{-2}^0(-x^2-3x)dx+\int_0^n(x^2+3x)dx$

$=\left[-\dfrac{1}{3}x^3-\dfrac{3}{2}x^2\right]_{-2}^0+\left[\dfrac{1}{3}x^3+\dfrac{3}{2}x^2\right]_0^n$

$$=\frac{10}{3}+\frac{n^3}{3}+\frac{3}{2}n^2$$

즉 $\frac{10}{3}+\frac{n^3}{3}+\frac{3}{2}n^2=12$이므로

$$2n^3+9n^2-52=0$$

$$(n-2)(2n^2+13n+26)=0$$

따라서 $n=2$

3 곡선 $y=f(x)$는 점 $(-2,\ 0)$에서 접하고 점 $(0,\ 0)$을 지나므로 $f(x)=ax(x+2)^2$ $(a>0)$로 놓으면 $y=f(x)$의 그래프와 x축으로 둘러싸인 도형의 넓이는

$$\int_{-2}^{0}\{-ax(x+2)^2\}dx$$

$$=-\int_{-2}^{0}(ax^3+4ax^2+4ax)dx$$

$$=-\left[\frac{1}{4}ax^4+\frac{4}{3}ax^3+2ax^2\right]_{-2}^{0}=\frac{4}{3}a$$

이 도형의 넓이가 4이므로

$\frac{4}{3}a=4$에서 $a=3$

따라서 $f(x)=3x(x+2)^2$이므로

$f(2)=96$

4 곡선 $y=x^3-x$와 직선 $y=3x$의 교점의 x좌표는 $x^3-x=3x$에서

$$x^3-4x=0$$

$$x(x+2)(x-2)=0$$

즉 $x=-2$ 또는 $x=0$ 또는 $x=2$

따라서 구하는 넓이는

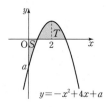

$$\int_{-2}^{0}(x^3-x-3x)dx+\int_{0}^{2}\{3x-(x^3-x)\}dx$$

$$=\int_{-2}^{0}(x^3-4x)dx+\int_{0}^{2}(-x^3+4x)dx$$

$$=\left[\frac{1}{4}x^4-2x^2\right]_{-2}^{0}+\left[-\frac{1}{4}x^4+2x^2\right]_{0}^{2}$$

$$=4+4=8$$

5 두 곡선 $y=-x^2+2x$와 $y=x^2-4x$의 교점의 x좌표는 $-x^2+2x=x^2-4x$에서

$$2x^2-6x=0,\ 2x(x-3)=0$$

즉 $x=0$ 또는 $x=3$

두 곡선 $y=-x^2+2x$와 $y=x^2-4x$로 둘러싸인 도형의 넓이는

$$\int_{0}^{3}\{(-x^2+2x)-(x^2-4x)\}dx$$

$$=\int_{0}^{3}(-2x^2+6x)dx$$

$$=\left[-\frac{2}{3}x^3+3x^2\right]_{0}^{3}=9$$

즉 $S+T=9$이고

$$S=\int_{0}^{2}(-x^2+2x)dx=\left[-\frac{1}{3}x^3+x^2\right]_{0}^{2}=\frac{4}{3}$$

이므로 $T=9-\frac{4}{3}=\frac{23}{3}$

따라서 $\frac{4T}{S}=4\times\frac{23}{3}\div\frac{4}{3}=23$

6 곡선 $y=|x^2+2x|$와 $y=x+6$의 교점의 x좌표는 $x^2+2x=x+6$에서 $x^2+x-6=0$

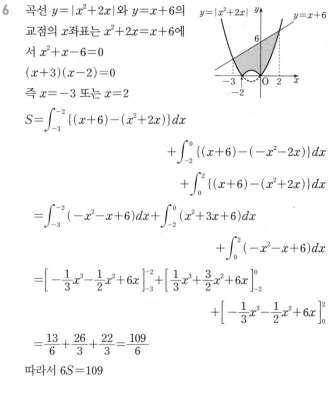

$$(x+3)(x-2)=0$$

즉 $x=-3$ 또는 $x=2$

$$S=\int_{-3}^{-2}\{(x+6)-(x^2+2x)\}dx$$

$$+\int_{-2}^{0}\{(x+6)-(-x^2-2x)\}dx$$

$$+\int_{0}^{2}\{(x+6)-(x^2+2x)\}dx$$

$$=\int_{-3}^{-2}(-x^2-x+6)dx+\int_{-2}^{0}(x^2+3x+6)dx$$

$$+\int_{0}^{2}(-x^2-x+6)dx$$

$$=\left[-\frac{1}{3}x^3-\frac{1}{2}x^2+6x\right]_{-3}^{-2}+\left[\frac{1}{3}x^3+\frac{3}{2}x^2+6x\right]_{-2}^{0}$$

$$+\left[-\frac{1}{3}x^3-\frac{1}{2}x^2+6x\right]_{0}^{2}$$

$$=\frac{13}{6}+\frac{26}{3}+\frac{22}{3}=\frac{109}{6}$$

따라서 $6S=109$

7 함수 $y=-x^2+4x+a$의 그래프의 축은 직선 $x=2$이므로 넓이 T는 직선 $x=2$에 의하여 이등분된다.

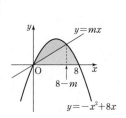

이때 $T=2S$이므로 $\int_{0}^{2}(-x^2+4x+a)dx=0$

$$\left[-\frac{1}{3}x^3+2x^2+ax\right]_{0}^{2}=0$$

$$\frac{16}{3}+2a=0$$

따라서 $a=-\frac{8}{3}$

8 오른쪽 그림에서 주어진 두 곡선으로 둘러싸인 두 도형의 넓이가 서로 같으므로

$$\int_{0}^{4}\{ax(x-4)^2-(-x^2+4x)\}dx=0$$

$$\int_{0}^{4}\{ax^3+(1-8a)x^2+(16a-4)x\}dx=0$$

$$\left[\frac{1}{4}ax^4+\frac{1-8a}{3}x^3+(8a-2)x^2\right]_{0}^{4}=0$$

$$\frac{64}{3}a-\frac{32}{3}=0$$

따라서 $a=\frac{1}{2}$

9 곡선 $y=-x^2+8x$와 직선 $y=mx$의 교점의 x좌표는 $-x^2+8x=mx$에서

$$x(x+m-8)=0$$

즉 $x=0$ 또는 $x=8-m$

곡선 $y=-x^2+8x$와 직선 $y=mx$로

둘러싸인 도형의 넓이의 2배가 곡선 $y=-x^2+8x$와 x축으로

둘러싸인 도형의 넓이와 같으므로

$$2\int_0^{8-m}\{(-x^2+8x)-mx\}dx=\int_0^8(-x^2+8x)dx$$

$$2\left[-\frac{1}{3}x^3+\frac{8-m}{2}x^2\right]_0^{8-m}=\left[-\frac{1}{3}x^3+4x^2\right]_0^8$$

$$\frac{(8-m)^3}{3}=\frac{256}{3}$$

따라서 $(8-m)^3=256$

10 오른쪽 그림에서 두 곡선 $y=2kx^3$,

$y=-\dfrac{2}{k}x^3$과 직선 $x=1$로 둘러싸인

도형의 넓이는

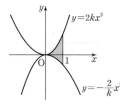

$$\int_0^1\left\{2kx^3-\left(-\frac{2}{k}x^3\right)\right\}dx$$

$$=\left(2k+\frac{2}{k}\right)\int_0^1 x^3\,dx$$

$$=\left(2k+\frac{2}{k}\right)\left[\frac{1}{4}x^4\right]_0^1$$

$$=\frac{k}{2}+\frac{1}{2k}$$

이때 $\dfrac{k}{2}>0$, $\dfrac{1}{2k}>0$이므로 산술평균과 기하평균의 관계에 의하여

$$\frac{k}{2}+\frac{1}{2k}\geq 2\sqrt{\frac{k}{2}\times\frac{1}{2k}}=1\left(\text{단, 등호는 }\frac{k}{2}=\frac{1}{2k}\text{일 때 성립한다.}\right)$$

따라서 구하는 넓이의 최솟값은 1이다.

11 두 곡선 $y=f(x)$, $y=g(x)$로 둘러싸인 도형의 넓이는 곡선 $y=f(x)$와 직선 $y=x$로 둘러싸인 도형의 넓이의 2배와 같다.

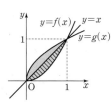

곡선 $y=f(x)$와 직선 $y=x$의 교점의

x좌표는 $x^3-x^2+x=x$에서 $x^2(x-1)=0$이므로

$x=0$ 또는 $x=1$

따라서

$$S=2\int_0^1\{x-(x^3-x^2+x)\}dx$$

$$=2\int_0^1(-x^3+x^2)dx$$

$$=2\left[-\frac{1}{4}x^4+\frac{1}{3}x^3\right]_0^1=\frac{1}{6}$$

이므로 $6S=1$

12 함수 $f(x)=x^3+2x-2$의 역함수가 $g(x)$이므로 두 함수

$y=f(x)$, $y=g(x)$의 그래프는 직선 $y=x$에 대하여 대칭이다.

따라서 오른쪽 그림에서

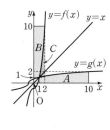

(A의 넓이)$=$(B의 넓이)이고,

(C의 넓이)$=\displaystyle\int_1^2(x^3+2x-2)dx-1$

$$=\left[\frac{1}{4}x^4+x^2-2x\right]_1^2-1$$

$$=\frac{15}{4}$$

이므로

$$\int_1^{10}g(x)dx=(B\text{의 넓이})$$

$$=2\times 9-(C\text{의 넓이})$$

$$=18-\frac{15}{4}=\frac{57}{4}$$

속도와 거리

1 (1) $\left(\mathscr{l}\ 0,\ 0,\ 2t,\ \dfrac{2}{3}\right)$ (2) $\left(\mathscr{l}\ 2t,\ \dfrac{15}{2}\right)$

(3) $(\mathscr{l}\ 1,\ 1)$ (4) $\left(\mathscr{l}\ 1,\ 1,\ 1,\ 1,\ \dfrac{7}{6},\ \dfrac{59}{6}\right)$

2 (1) 24 (2) 24 (3) $t=5$ (4) 26

3 (1) $\dfrac{17}{4}$ (2) 32 (3) $t=2$ (4) 40

4 (1) $(\mathscr{l}\ 0,\ 0,\ 40t,\ 60)$ (2) $(\mathscr{l}\ 4,\ 4,\ 4,\ 4,\ 80)$

(3) $(\mathscr{l}\ 4,\ 4,\ 4,\ 4,\ 80,\ 85)$

5 (1) 170 m (2) 190 m (3) 260 m

6 (1) $\left(\mathscr{l}\ 3,\ 2,\ 1,\ \dfrac{3}{2}\right)$ (2) $\dfrac{3}{2}$ (3) 3 (4) $t=2$

7 × **8** ○ **9** ○ **10** ○

11 × **12** ×

2 (1) $t=0$에서의 점 P의 위치가 0이므로 $t=4$에서의 점 P의 위치는

$$0+\int_0^4(10-2t)dt=\left[-t^2+10t\right]_0^4=24$$

(2) $\displaystyle\int_0^6 v(t)dt=\int_0^6(10-2t)dt$

$$=\left[-t^2+10t\right]_0^6$$

$$=24$$

(3) $v(t)=0$일 때이므로 $v(t)=10-2t=0$에서

$t=5$

(4) $\displaystyle\int_0^6|v(t)|dt=\int_0^6|10-2t|dt$

$$=\int_0^5(10-2t)dt+\int_5^6(-10+2t)dt$$

$$=\left[-t^2+10t\right]_0^5+\left[t^2-10t\right]_5^6$$

$$=25+1=26$$

3 (1) $t=0$에서의 점 P의 위치가 2이므로 $t=3$에서의 점 P의 위치는

$$2+\int_0^3(t^3-4t)dt=2+\left[\frac{1}{4}t^4-2t^2\right]_0^3$$

$$=2+\frac{9}{4}=\frac{17}{4}$$

(2) $\int_0^4 v(t)dt = \int_0^4 (t^3-4t)dt$

$\qquad = \left[\dfrac{1}{4}t^4-2t^2\right]_0^4$

$\qquad = 32$

(3) $v(t)=0$일 때이므로 $v(t)=t^3-4t=0$에서

$\quad t(t+2)(t-2)=0$

$\quad t>0$이므로 $t=2$

(4) $\int_0^4 |v(t)|dt = \int_0^4 |t^3-4t|dt$

$\qquad = \int_0^2 (-t^3+4t)dt+\int_2^4 (t^3-4t)dt$

$\qquad = \left[-\dfrac{1}{4}t^4+2t^2\right]_0^2+\left[\dfrac{1}{4}t^4-2t^2\right]_2^4$

$\qquad = 4+36=40$

5 (1) $t=0$에서의 점 P의 위치가 10이므로 $t=4$에서의 점 P의 위치는

$10+\int_0^4 (60-10t)dt=10+\left[-5t^2+60t\right]_0^4$

$\qquad\qquad\qquad\qquad\quad =170(\text{m})$

(2) 물체가 최고 높이에 도달할 때는 $v(t)=0$일 때이므로

$60-10t=0$, 즉 $t=6$일 때이다.

물체의 최고 높이는 $t=6$일 때의 위치이므로

$10+\int_0^6 (60-10t)dt=10+\left[-5t^2+60t\right]_0^6$

$\qquad\qquad\qquad\qquad\quad =190(\text{m})$

(3) $\int_0^{10} |v(t)|dt = \int_0^{10} |60-10t|dt$

$\qquad = \int_0^6 (60-10t)dt+\int_6^{10} (-60+10t)dt$

$\qquad = \left[-5t^2+60t\right]_0^6+\left[5t^2-60t\right]_6^{10}$

$\qquad = 180+80=260(\text{m})$

6 (2) 점 P의 처음 위치는 0이므로 $t=3$에서의 점 P의 위치는

$0+\int_0^3 v(t)dt=\dfrac{3}{2}$

(3) 오른쪽 그림에서

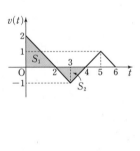

$\int_0^4 |v(t)|dt$

$= \int_0^2 |v(t)|dt+\int_2^4 |v(t)|dt$

$= S_1+S_2$

$= \dfrac{1}{2}\times 2\times 2+\dfrac{1}{2}\times 2\times 1$

$= 2+1=3$

(4) $v(t)=0$일 때이므로

그래프를 보면 $t=2$ 또는 $t=4$일 때, $v(t)=0$

따라서 점 P가 처음으로 운동 방향을 바꾼 시각은 $t=2$

7 출발 후 운동 방향을 바꿀 때는 $v(t)=0$일 때이다. 그래프에서 $t=6$일 때 $v(t)=0$이므로 점 P는 출발 후 운동 방향을 1번 바꾼다.

8 $t=0$일 때, 처음 위치가 -7이므로 $t=3$에서의 점 P의 위치는

$-7+\int_0^3 v(t)dt$이다.

오른쪽 그림에서

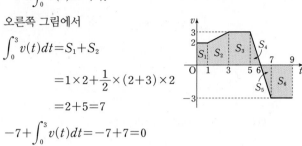

$\int_0^3 v(t)dt=S_1+S_2$

$\qquad\quad = 1\times 2+\dfrac{1}{2}\times(2+3)\times 2$

$\qquad\quad = 2+5=7$

$-7+\int_0^3 v(t)dt=-7+7=0$

9 $t=1$에서 $t=5$까지 점 P의 시각 t에서의 속도 $v(t)$의 부호가 양수이므로

$\int_1^5 v(t)=\int_1^5 |v(t)|$

10 오른쪽 그림에서

$\int_5^7 v(t)$

$= \int_5^6 v(t)dt+\int_6^7 v(t)dt$

$= S_4-S_5$

$= \dfrac{1}{2}\times 1\times 3-\dfrac{1}{2}\times 1\times 3=0$

즉 $t=5$에서 $t=7$까지의 점 P의 위치의 변화량이 0이므로 $t=5$에서의 점 P의 위치는 $t=7$에서의 점 P의 위치와 같다.

11 $v(t)=0$에서 $t=6$

따라서 출발 후 처음으로 운동 방향을 바꾸는 시각은 $t=6$이므로 $t=0$에서 $t=6$까지 움직인 거리는

오른쪽 그림에서

$\int_0^6 |v(t)|dt$

$= \int_0^1 |v(t)|dt+\int_1^3 |v(t)|dt$

$\quad +\int_3^5 |v(t)|dt+\int_5^6 |v(t)|dt$

$= S_1+S_2+S_3+S_4$

$= 1\times 2+\dfrac{1}{2}\times(2+3)\times 2+2\times 3+\dfrac{1}{2}\times 1\times 3$

$= 2+5+6+\dfrac{3}{2}=\dfrac{29}{2}$

12 그래프에서 점 P의 속도는 $0\le t\le 6$에서 양수이고 $6\le t\le 9$에서 음수이다.

따라서 점 P가 원점에서 가장 멀리 떨어진 경우는 $t=6$ 또는 $t=9$

$0\le t\le 6$에서 점 P의 위치의 변화량은 **11**에서 구한 움직인 거리 $\dfrac{29}{2}$와 같으므로 $t=6$에서 점 P의 위치는 $-7+\dfrac{29}{2}=\dfrac{15}{2}$

$$\int_6^9 v(t)dt = \int_6^7 v(t)dt + \int_7^9 v(t)dt$$
$$= -S_5 - S_6$$
$$= -\frac{1}{2} \times 1 \times 3 - 2 \times 3$$
$$= -\frac{15}{2}$$

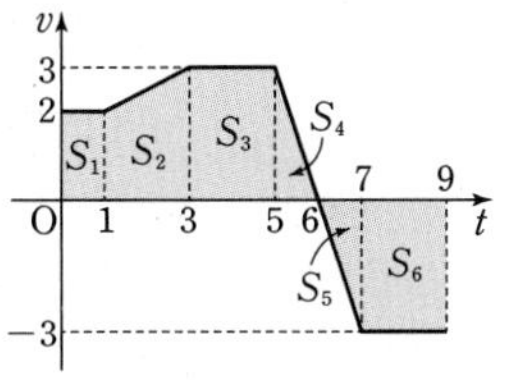

$t=9$에서의 점 P의 위치는 $-7+\int_0^9 v(t)dt$이다.

$$\int_0^9 v(t)dt = \int_0^6 v(t)dt + \int_6^9 v(t)dt$$
$$= \frac{29}{2} - \frac{15}{2} = 7$$

$t=9$에서 점 P의 위치는 $-7+7=0$

따라서 $t=6$에서 점 P는 원점에서 가장 멀리 떨어져 있다.

1 ④   2 ③   3 ③   4 ②
5 ①   6 2

1   $v(t) = a-2t = 0$에서 $t=\frac{a}{2}$이므로 $t=\frac{a}{2}$에서 점 P의 운동 방향이 바뀐다.

따라서 $t=\frac{a}{2}$에서의 점 P의 위치는

$$0+\int_0^{\frac{a}{2}}(a-2t)dt = \left[at - t^2 \right]_0^{\frac{a}{2}}$$
$$= \frac{a^2}{2} - \frac{a^2}{4} = \frac{a^2}{4}$$

즉 $\frac{a^2}{4} = 16$이므로 $a^2 = 64$

$a=-8$ 또는 $a=8$

따라서 $a>0$이므로 $a=8$

2   점 P가 원점으로 되돌아오는 시각을 $t=a \ (a>0)$라 하면

$\int_0^a v(t)dt = 0$이므로

$$\int_0^a (6-2t)dt = 0, \left[6t - t^2 \right]_0^a = 0$$

$6a - a^2 = 0$, $a(a-6) = 0$

이때 $a>0$이므로 $a=6$

따라서 점 P가 원점으로 되돌아올 때까지 걸리는 시간은 6이다.

3   $x(t) = t^3 - 8t^2 + kt$의 양변을 t에 대하여 미분하면

$x'(t) = v(t) = 3t^2 - 16t + k$

이 식의 양변을 t에 대하여 미분하면

$v'(t) = a(t) = 6t - 16$

$a(t) = 6t - 16 = 20$이므로 $t=6$

즉 $t=6$에서 점 P가 원점을 지나므로

$x(6) = 216 - 288 + 6k = 0$

따라서 $k=12$

4   공이 최고 높이에 도달할 때 $v(t)=0$이므로

$12-4t=0$, 즉 $t=3$

따라서 공이 최고 높이에 도달할 때의 지면으로 부터의 높이는

$$0+\int_0^3 v(t)dt = \int_0^3 (12-4t)dt$$
$$= \left[12t - 2t^2 \right]_0^3$$
$$= 18(\text{m})$$

5   오른쪽 그림에서

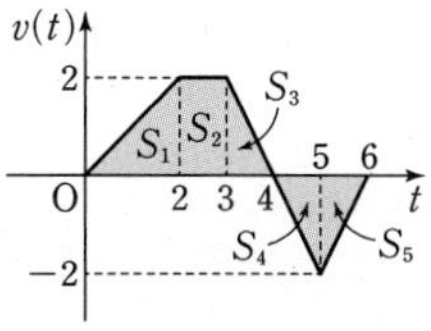

$S_1 = \frac{1}{2} \times 2 \times 2 = 2$

$S_2 = 1 \times 2 = 2$

$S_3 = \frac{1}{2} \times 1 \times 2 = 1$

$S_4 = \frac{1}{2} \times 1 \times 2 = 1$

$S_5 = \frac{1}{2} \times 1 \times 2 = 1$

$$\int_0^3 v(t)dt = \int_0^2 v(t)dt + \int_2^3 v(t)dt$$
$$= S_1 + S_2 = 2+2 = 4$$

따라서 $t=3$에서의 점 P의 위치는

$-4 + \int_0^3 v(t)dt = -4+4 = 0$이므로 원점이다.

$$\int_3^5 v(t)dt = \int_3^4 v(t)dt + \int_4^5 v(t)dt$$
$$= S_3 - S_4 = 1-1 = 0$$

$$\int_0^5 v(t)dt = \int_0^3 v(t)dt + \int_3^5 v(t)dt = 4+0 = 4$$

따라서 $t=5$에서의 점 P의 위치는

$-4+\int_0^5 v(t)dt = -4+4 = 0$이므로 원점이다.

그러므로 점 P가 출발 후 $t=5$일 때, 두 번째로 원점을 지난다.

따라서

$\int_0^5 |v(t)|dt$

$= \int_0^2 |v(t)|dt + \int_2^3 |v(t)|dt + \int_3^4 |v(t)|dt + \int_4^5 |v(t)|dt$

$= S_1 + S_2 + S_3 + S_4$

$= 2+2+1+1$

$= 6$

6   오른쪽 그림에서

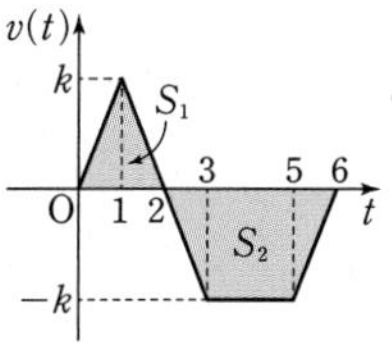

$\int_0^6 v(t)dt$

$= \int_0^2 v(t)dt + \int_2^6 v(t)dt = S_1 - S_2$

$= \frac{1}{2} \times 2 \times k - \frac{1}{2} \times (4+2) \times k = -2k$

$t=6$에서의 점 P의 위치는 $a + \int_0^6 v(t)dt$이다.

$a + \int_0^6 v(t)dt = a - 2k = 0$이므로

$\frac{a}{k} = 2$

TEST 개념 발전

1 ③	**2** ③	**3** ①	**4** $\sqrt[3]{16}-2$
5 ④	**6** ④	**7** $\frac{96}{5}$	**8** ②
9 ⑤	**10** $\frac{8}{3}$	**11** ①	

1 곡선 $y=2x^2-ax$와 x축의 교점의 x좌표
는

$2x^2-ax=0$에서
$x(2x-a)=0$이므로
$x=0$ 또는 $x=\frac{a}{2}$

곡선 $y=2x^2-ax$와 x축으로 둘러싸인 도형의 넓이가 9이므로
$\int_{\frac{a}{2}}^{0}(-2x^2+ax)dx=\left[-\frac{2}{3}x^3+\frac{a}{2}x^2\right]_0^{\frac{a}{2}}=9$
$\frac{a^3}{24}=9$, $a^3=216$
$a>0$이므로 $a=6$

2 곡선 $y=x^2-2x$와 직선 $y=mx$의 교
점의 x좌표는

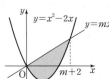

$x^2-2x=mx$에서 $x(x-m-2)=0$
이므로
$x=0$ 또는 $x=m+2$
구하는 도형의 넓이는
$\int_0^{m+2}\{mx-(x^2-2x)\}dx$
$=\int_0^{m+2}\{-x^2+(m+2)x\}dx$
$=\left[-\frac{1}{3}x^3+\frac{m+2}{2}x^2\right]_0^{m+2}$
$=\frac{1}{6}(m+2)^3$

이때 도형의 넓이가 $\frac{125}{6}$이므로
$\frac{1}{6}(m+2)^3=\frac{125}{6}$, $(m+2)^3=125$
$m+2=5$
따라서 $m=3$

3 $f(x)=2x^2-8x$라 하면
$f'(x)=4x-8$

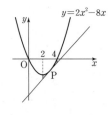

곡선 $y=f(x)$ 위의 점 $P(t, 2t^2-8t)$에
서의 접선의 기울기는 $f'(t)=4t-8$이
므로 접선의 방정식은
$y-(2t^2-8t)=(4t-8)(x-t)$
즉 $y=(4t-8)x-2t^2$
$S=\int_2^4\{2x^2-8x-(4t-8)x+2t^2\}dx$
$=\int_2^4(2x^2-4tx+2t^2)dx$

$=\left[\frac{2}{3}x^3-2tx^2+2t^2x\right]_2^4$
$=4t^2-24t+\frac{112}{3}$
$=4(t-3)^2+\frac{4}{3}$

$2<t<4$에서 $t=3$일 때, S는 최소이고 그때의 $S=\frac{4}{3}$
따라서 $a+S=3+\frac{4}{3}=\frac{13}{3}$

4 $x^2-2x=kx$에서 $x(x-k-2)=0$
$x=0$ 또는 $x=k+2$

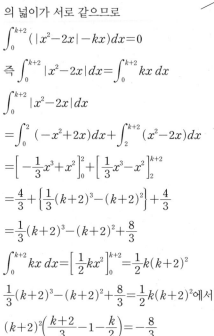

$y=|x^2-2x|$의 그래프와 직선
$y=kx$ $(0<k<2)$로 둘러싸인 두 도형
의 넓이가 서로 같으므로
$\int_0^{k+2}(|x^2-2x|-kx)dx=0$
즉 $\int_0^{k+2}|x^2-2x|dx=\int_0^{k+2}kx\,dx$
$\int_0^{k+2}|x^2-2x|dx$
$=\int_0^2(-x^2+2x)dx+\int_2^{k+2}(x^2-2x)dx$
$=\left[-\frac{1}{3}x^3+x^2\right]_0^2+\left[\frac{1}{3}x^3-x^2\right]_2^{k+2}$
$=\frac{4}{3}+\left\{\frac{1}{3}(k+2)^3-(k+2)^2\right\}+\frac{4}{3}$
$=\frac{1}{3}(k+2)^3-(k+2)^2+\frac{8}{3}$
$\int_0^{k+2}kx\,dx=\left[\frac{1}{2}kx^2\right]_0^{k+2}=\frac{1}{2}k(k+2)^2$
$\frac{1}{3}(k+2)^3-(k+2)^2+\frac{8}{3}=\frac{1}{2}k(k+2)^2$에서
$(k+2)^2\left(\frac{k+2}{3}-1-\frac{k}{2}\right)=-\frac{8}{3}$
$(k+2)^3=16$
$k+2=\sqrt[3]{16}$
따라서 $k=\sqrt[3]{16}-2$

5 곡선 $y=x^3-ax^2-4x+4a$와 x축의 교점의 x좌표는
$x^3-ax^2-4x+4a=0$에서 $(x+2)(x-2)(x-a)=0$이므로
$x=-2$ 또는 $x=2$ 또는 $x=a$

곡선 $y=x^3-ax^2-4x+4a$와 x축
으로 둘러싸인 두 도형의 넓이가 서
로 같으므로
$\int_{-2}^a(x^3-ax^2-4x+4a)dx=0$
$\left[\frac{1}{4}x^4-\frac{1}{3}ax^3-2x^2+4ax\right]_{-2}^a=0$
$-\frac{1}{12}a^4+2a^2+\frac{16}{3}a+4=0$
$a^4-24a^2-64a-48=0$
$(a+2)^3(a-6)=0$에서 $a=-2$ 또는 $a=6$
$a>2$이므로 $a=6$

6 곡선 $y=x^2-4$를 x축의 방향으로 1만큼, y축의 방향으로 3만큼 평행이동하면

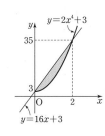

$$y=(x-1)^2-1$$

다시 이 곡선을 x축에 대하여 대칭이동하면

$y=-(x-1)^2+1$, 즉 $g(x)=-x^2+2x$

두 곡선 $y=f(x)$, $y=g(x)$가 만나는 점의 x좌표는

$$x^2-4=-x^2+2x$$

$$2x^2-2x-4=0,\ 2(x+1)(x-2)=0$$

$x=-1$ 또는 $x=2$

따라서 두 곡선 $y=f(x)$와 $y=g(x)$로 둘러싸인 도형의 넓이는

$$\int_{-1}^{2}|f(x)-g(x)|dx=\int_{-1}^{2}\{g(x)-f(x)\}dx$$
$$=\int_{-1}^{2}\{-x^2+2x-(x^2-4)\}dx$$
$$=\int_{-1}^{2}(-2x^2+2x+4)dx$$
$$=\left[-\frac{2}{3}x^3+x^2+4x\right]_{-1}^{2}$$
$$=\frac{20}{3}-\left(-\frac{7}{3}\right)=9$$

7 함수 $y=f(x)$와 그 역함수 $y=g(x)$의 그래프는 직선 $y=x$에 대하여 대칭이다.

함수 $y=\frac{1}{16}(x-3)$의 역함수는 $y=16x+3$이므로 곡선

$y=g(x)$와 직선 $y=\frac{1}{16}(x-3)$으로 둘러싸인 도형의 넓이는

곡선 $y=f(x)$와 직선 $y=16x+3$으로 둘러싸인 도형의 넓이와 같다.

이때 곡선 $y=f(x)$와 직선 $y=16x+3$이 만나는 점의 x좌표는

$2x^4+3=16x+3$에서 $x^4-8x=0$, $x(x^3-8)=0$

이때 $x\geq0$이므로

$x=0$ 또는 $x=2$

따라서 구하는 도형의 넓이는

$$\int_{0}^{2}\{(16x+3)-(2x^4+3)\}dx$$
$$=\int_{0}^{2}(-2x^4+16x)dx$$
$$=\left[-\frac{2}{5}x^5+8x^2\right]_{0}^{2}$$
$$=\frac{96}{5}$$

8 $x'(t)=v(t)=3t^2-12t+9$

$v(0)=9$이므로 $v(0)>0$

점 P가 출발할 때의 운동 방향과 반대 방향으로 움직일 때는 $v(t)<0$일 때이다.

따라서 $v(t)<0$에서

$3t^2-12t+9<0$, $3(t-1)(t-3)<0$

$1<t<3$

따라서 $1<t<3$에서 움직인 거리는

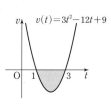

$$\int_{1}^{3}|v(t)|dt$$
$$=\int_{1}^{3}|3t^2-12t+9|dt$$
$$=3\int_{1}^{3}(-t^2+4t-3)dt$$
$$=3\times\left[-\frac{1}{3}t^3+2t^2-3t\right]_{1}^{3}$$
$$=3\times\frac{4}{3}=4$$

9 ㄱ. 점 P의 좌표는 $x(t)=\int_{0}^{t}v(s)ds$이고 그림에서

$0\leq t\leq2$에서 $v(t)\geq0$

$2\leq t\leq6$에서 $v(t)\leq0$

$6\leq t\leq10$에서 $v(t)\geq0$

$\int_{0}^{2}v(t)dt=1$, $\int_{2}^{6}v(t)dt=-4$, $\int_{6}^{10}v(t)dt=4$

$x(t)$는 $t=2$, $t=10$일 때 최댓값 1을 갖는다. (참)

ㄴ. 운동 방향이 바뀌는 순간은 $v(t)=0$이고 $v(t)$의 부호가 바뀔 때이므로 $t=2$, $t=6$

즉 점 P는 출발 후 운동 방향이 2번 바뀐다. (참)

ㄷ. $v(t)$의 부호가 같은 구간 별로 나누었을 때, 점 P의 좌표의 절댓값이 큰 순간들은 $t=2$, 6, 10일 때이다.

$\int_{0}^{2}v(t)dt=1$, $\int_{0}^{6}v(t)dt=-3$, $\int_{0}^{10}v(t)dt=1$

이므로 $t=6$일 때, 점 P와 원점 사이의 거리가 3으로 최대이다. (참)

이상에서 옳은 것은 ㄱ, ㄴ, ㄷ이다.

10 두 함수 $y=f(x)$, $y=g(x)$의 그래프가 점 $(-2,\ f(-2))$에서 접하고 원점에서 만나므로 방정식 $f(x)-g(x)=0$은 중근 $x=-2$와 중근이 아닌 실근 $x=0$을 갖는다.

그러므로 $f(x)-g(x)=2x(x+2)^2$

곡선 $y=f(x)$와 직선 $y=g(x)$의 교점의 x좌표는

$x=-2$ 또는 $x=0$

따라서 곡선 $y=f(x)$와 직선 $y=g(x)$로 둘러싸인 도형의 넓이를 S라 하면

$$S=\int_{-2}^{0}\{g(x)-f(x)\}dx$$
$$=\int_{-2}^{0}\{-2x(x+2)^2\}dx$$
$$=\int_{-2}^{0}(-2x^3-8x^2-8x)dx$$
$$=\left[-\frac{x^4}{2}-\frac{8}{3}x^3-4x^2\right]_{-2}^{0}$$
$$=0-\left(-\frac{8}{3}\right)=\frac{8}{3}$$

11 함수 $f(x)=\frac{2}{3}x^3+ax\ (x\geq0)$가 점 $(1,\ 1)$을 지나므로

$$1=\frac{2}{3}+a,\ a=\frac{1}{3}$$

$$f(x)=\frac{2}{3}x^3+\frac{1}{3}x$$

곡선 $y=f(x)$와 직선 $y=6$의 교점을 구해 보면

$\dfrac{2}{3}x^3+\dfrac{1}{3}x=6$에서 $2x^3+x-18=0$

$(x-2)(2x^2+4x+9)=0$

즉 $x=2$

따라서 곡선 $y=f(x)$와 직선 $y=6$의 교점은 $(2,\ 6)$이고, 곡선 $y=g(x)$와 직선 $x=6$의 교점은 $(6,\ 2)$이다.

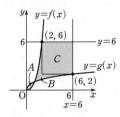

위의 그림에서

$$\begin{aligned}
S_2-S_1 &= (B+C)-A\\
&= (B-A)+C\\
&= 2\int_0^2 \{f(x)-x\}dx+4\times4\\
&= 2\int_0^2 \left(\dfrac{2}{3}x^3-\dfrac{2}{3}x\right)dx+16\\
&= \dfrac{4}{3}\int_0^2 (x^3-x)dx+16\\
&= \dfrac{4}{3}\left[\dfrac{1}{4}x^4-\dfrac{1}{2}x^2\right]_0^2+16\\
&= \dfrac{56}{3}
\end{aligned}$$

문제를 보다!

함수의 극한과 연속

본문 84쪽

[수능 기출 변형] ②   **0** ④

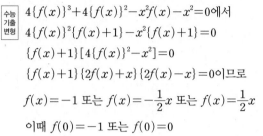

[수능 기출 변형]

$4\{f(x)\}^3+4\{f(x)\}^2-x^2f(x)-x^2=0$에서

$4\{f(x)\}^2\{f(x)+1\}-x^2\{f(x)+1\}=0$

$\{f(x)+1\}[4\{f(x)\}^2-x^2]=0$

$\{f(x)+1\}\{2f(x)+x\}\{2f(x)-x\}=0$이므로

$f(x)=-1$ 또는 $f(x)=-\dfrac{1}{2}x$ 또는 $f(x)=\dfrac{1}{2}x$

이때 $f(0)=-1$ 또는 $f(0)=0$

(i) $f(0)=-1$일 때

함수 $f(x)$가 실수 전체의 집합에서 연속이고 최솟값이 -1이므로 $f(x)=-1$

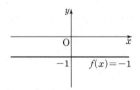

이때 함수 $f(x)$의 최댓값이 0이 아니므로 주어진 조건을 만족시키지 못한다.

(ii) $f(0)=0$일 때

함수 $f(x)$가 실수 전체의 집합에서 연속이고 최솟값이 -1이므로

$$f(x)=\begin{cases}-\dfrac{1}{2}|x| & (\,|x|\le2)\\ -1 & (\,|x|>2)\end{cases}$$

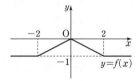

(i), (ii)에서

$$f(x)=\begin{cases}-\dfrac{1}{2}|x| & (\,|x|\le2)\\ -1 & (\,|x|>2)\end{cases}$$

따라서

$$f(-1)+f\left(\dfrac{1}{2}\right)+f(2)=\left(-\dfrac{1}{2}\right)+\left(-\dfrac{1}{4}\right)+(-1)=-\dfrac{7}{4}$$

복잡한 식의 인수분해   [중3 인수분해]

① 두 항씩 묶기

$xy+x+y+1$

$=x(y+1)+(y+1)$ ← 공통인수로 묶기

$=(x+1)(y+1)$ ← 인수분해

② A^2-B^2의 꼴로 변형하기

$x^2+2x+1-y^2$

$=(x+1)^2-y^2$ ← 완전제곱식으로 인수분해

$=(x+1+y)(x+1-y)$ ← 인수분해

0 $\{f(x)\}^3-x^3\{f(x)\}^2-f(x)+x^3=0$에서

$\{f(x)\}^2\{f(x)-x^3\}-\{f(x)-x^3\}=0$

$[\{f(x)\}^2-1]\{f(x)-x^3\}=0$

$\{f(x)+1\}\{f(x)-1\}\{f(x)-x^3\}=0$이므로

$f(x)=-1$ 또는 $f(x)=1$ 또는 $f(x)=x^3$

이때 함수 $f(x)$의 최댓값이 1이고 최솟값이 -1이므로

$|x|<1$에서 $f(x)=1$ 또는 $f(x)=-1$ 또는 $f(x)=x^3$

(ⅰ) $|x|<1$에서 $f(x)=-1$일 때

함수 $f(x)$가 실수 전체의 집합에서 연속이고, 최솟값이 -1
이므로 $f(x)=-1$

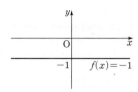

이때 함수 $f(x)$의 최댓값이 1이 아니므로 주어진 조건을 만
족시키지 못한다.

(ⅱ) $|x|<1$에서 $f(x)=1$일 때

함수 $f(x)$가 실수 전체의 집합에서 연속이고, 최댓값이 1이
므로 $f(x)=1$

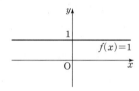

이때 함수 $f(x)$의 최솟값이 -1이 아니므로 주어진 조건을
만족시키지 못한다.

(ⅲ) $|x|<1$에서 $f(x)=x^3$일 때

함수 $f(x)$가 실수 전체의 집합에서 연속이므로

$$f(x)=\begin{cases} -1 & (x\le-1) \\ x^3 & (-1<x\le1) \\ 1 & (x>1) \end{cases}$$

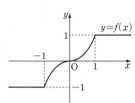

(ⅰ), (ⅱ), (ⅲ)에서

$$f(x)=\begin{cases} -1 & (x\le-1) \\ x^3 & (-1<x\le1) \\ 1 & (x>1) \end{cases}$$

따라서 $f(-2)+f\left(\dfrac{1}{2}\right)+f(1)=-1+\dfrac{1}{8}+1=\dfrac{1}{8}$

Ⅱ 다항함수의 미분법

[수능 기출 변형] ②　　　　　**0** ①

수능기출변형 $f(x)+|f(x)+x|=k$의 서로 다른 실근의 개수는

좌변을 함수 $g(x)=f(x)+|f(x)+x|$, 우변을 함수 $y=k$라 할

때, 두 함수 $y=g(x)$와 $y=k$의 그래프의 교점의 개수와 같다.

$g(x)=f(x)+|f(x)+x|$에 대하여

$f(x)=\dfrac{1}{2}x^3-3x^2+4x$이므로

$$g(x)=\begin{cases} 2f(x)+x & (f(x)\ge-x) \\ -x & (f(x)<-x) \end{cases}$$

$$=\begin{cases} x^3-6x^2+9x & (f(x)\ge-x) \\ -x & (f(x)<-x) \end{cases}$$

이때 함수 $g(x)$를 x의 값의 범위로 나타내기 위해 $f(x)+x=0$
이 되게 하는 x의 값을 찾으면

$\dfrac{1}{2}x^3-3x^2+5x=0$

$\dfrac{1}{2}x(x^2-6x+10)=0$

$\dfrac{1}{2}x\{(x-3)^2+1\}=0$

이때 모든 x에 대하여 $(x-3)^2+1>0$이므로

$f(x)+x=0$이 되게 하는 x의 값은 $x=0$

$x\ge0$일 때 $f(x)+x\ge0$이므로 $f(x)\ge-x$

$x<0$일 때 $f(x)+x<0$이므로 $f(x)<-x$

따라서

$$g(x)=\begin{cases} x^3-6x^2+9x & (x\ge0) \\ -x & (x<0) \end{cases}$$

$x\ge0$일 때 $g(x)=x^3-6x^2+9x$에 대하여

$g'(x)=3x^2-12x+9$

　　　$=3(x^2-4x+3)$

　　　$=3(x-1)(x-3)$

$g'(x)=0$에서 $x=1$ 또는 $x=3$

$x\ge0$일 때 함수 $g(x)$의 증가와 감소를 표로 나타내면 다음과
같다.

x	0	$\cdots$	1	$\cdots$	3	$\cdots$
$g'(x)$		$+$	0	$-$	0	$+$
$g(x)$	0	$\nearrow$	4	$\searrow$	0	$\nearrow$

또한 $x<0$일 때 $g(x)=-x$이므로

함수 $y=g(x)$의 그래프는 다음 그림과 같다.

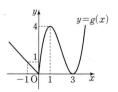

이때 주어진 방정식의 서로 다른 실근의 개수가 4가 되기 위해
서는 곡선 $y=g(x)$와 직선 $y=k$의 교점의 개수가 4이어야 하
므로 실수 k의 값의 범위는 $0<k<4$

따라서 모든 정수 k의 값은 1, 2, 3이므로 그 합은
$1+2+3=6$

0 $f(x)+|f(x)|=19x+k$의 서로 다른 실근의 개수는
$f(x)+|f(x)|-19x=k$이므로
좌변을 함수 $g(x)=f(x)+|f(x)|-19x$, 우변을 함수 $y=k$라 할 때, 두 함수 $y=g(x)$, $y=k$의 그래프의 교점의 개수와 같다.
$g(x)=f(x)+|f(x)|-19x$에 대하여
$f(x)=\dfrac{1}{2}x^3-\dfrac{9}{2}x^2+17x$이므로
$$g(x)=\begin{cases} 2f(x)-19x & (f(x)\geq 0) \\ -19x & (f(x)<0) \end{cases}$$
$$=\begin{cases} x^3-9x^2+15x & (f(x)\geq 0) \\ -19x & (f(x)<0) \end{cases}$$
이때 함수 $g(x)$를 x의 값의 범위로 나타내기 위해 $f(x)=0$이 되게 하는 x의 값을 찾으면
$\dfrac{1}{2}x^3-\dfrac{9}{2}x^2+17x=0$
$x^3-9x^2+34x=0$
$x(x^2-9x+34)=0$
$x\left\{\left(x-\dfrac{9}{2}\right)^2+\dfrac{55}{4}\right\}=0$
이때 모든 x에 대하여 $\left(x-\dfrac{9}{2}\right)^2+\dfrac{55}{4}>0$이므로
$f(x)=0$이 되게 하는 x의 값은 $x=0$
$x\geq 0$일 때 $f(x)\geq 0$, $x<0$일 때 $f(x)<0$
따라서
$$g(x)=\begin{cases} x^3-9x^2+15x & (x\geq 0) \\ -19x & (x<0) \end{cases}$$
$x\geq 0$일 때 $g(x)=x^3-9x^2+15x$에 대하여
$g'(x)=3x^2-18x+15$
$\qquad =3(x^2-6x+5)$
$\qquad =3(x-1)(x-5)$
$g'(x)=0$에서 $x=1$ 또는 $x=5$
$x\geq 0$일 때 함수 $g(x)$의 증가와 감소를 표로 나타내면 다음과 같다.

x	0	$\cdots$	1	$\cdots$	5	$\cdots$
$g'(x)$		$+$	0	$-$	0	$+$
$g(x)$	0	↗	7	↘	-25	↗

또한 $x<0$일 때 $g(x)=-x$이므로
함수 $y=g(x)$의 그래프는 다음 그림과 같다.

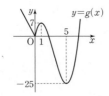

이때 주어진 방정식의 서로 다른 실근의 개수가 3이 되기 위해서는 곡선 $y=g(x)$와 직선 $y=k$의 교점의 개수가 3이어야 하므로 정수 k의 값의 개수는 0, 7의 2이다.

[수능 기출 변형] ② **0** ④

수능
기출
변형 함수 $f(x)$가 실수 전체의 집합에서 연속이므로
$n-1\leq x<n$일 때
$f(x)=(x-n+1)(x-n)$
또는 $f(x)=-(x-n+1)(x-n)$
즉 구간 $[0, 4)$에서 함수 $f(x)$는
$n=1$이면
$0\leq x<1$에서 $f(x)=x(x-1)$ 또는 $f(x)=-x(x-1)$
$n=2$이면
$1\leq x<2$에서 $f(x)=(x-1)(x-2)$ 또는
$f(x)=-(x-1)(x-2)$
$n=3$이면
$2\leq x<3$에서 $f(x)=(x-2)(x-3)$ 또는
$f(x)=-(x-2)(x-3)$
$n=4$이면
$3\leq x<4$에서 $f(x)=(x-3)(x-4)$ 또는
$f(x)=-(x-3)(x-4)$
이때 함수 $g(x)$가 $x=2$에서 최댓값 0을 가지므로
$g(2)=0$에서 $\displaystyle\int_0^2 f(t)dt-\int_2^4 f(t)dt=0$
$\displaystyle\int_0^2 f(t)dt=\int_2^4 f(t)dt$
즉 함수 $f(x)$는 $x=2$를 기준으로 열린 구간 $(0, 2)$와 열린 구간 $(2, 4)$에서의 정적분의 값이 같다.
이때 함수 $g(x)$가 $x=2$에서 최댓값 0을 가지면 함수 $g(x)$는 $x=2$에서 극대이므로 $g'(2)=0$이고 $g'(x)$의 부호가 $x=2$의 좌우에서 양에서 음으로 바뀌어야 한다.
$g'(x)=\dfrac{d}{dx}\displaystyle\int_0^x f(t)dt-\dfrac{d}{dx}\int_x^4 f(t)dt$
$\qquad =\dfrac{d}{dx}\displaystyle\int_0^x f(t)dt+\dfrac{d}{dx}\int_4^x f(t)dt$
$\qquad =f(x)+f(x)=2f(x)$
이므로 함수 $f(x)$는 $x=2$의 좌우에서 $f(x)$의 부호가 양에서 음으로 바뀐다.
따라서 구간 $[0, 4)$에서 함수 $y=f(x)$의 그래프는 오른쪽 그림과 같다.

그러므로
$6\displaystyle\int_{\frac{1}{2}}^3 f(x)dx=6\int_{\frac{1}{2}}^1 f(x)dx$
$\qquad =6\displaystyle\int_{\frac{1}{2}}^1 \{x(x-1)\}dx$
$\qquad =\displaystyle\int_{\frac{1}{2}}^1 (6x^2-6x)dx$
$\qquad =\Big[2x^3-3x^2\Big]_{\frac{1}{2}}^1$
$\qquad =(2-3)-\left(\dfrac{1}{4}-\dfrac{3}{4}\right)$
$\qquad =-\dfrac{1}{2}$

0 $(x-2n-1)^2-1=(x-2n-1+1)(x-2n-1-1)$
$=(x-2n)(x-2n-2)$

함수 $f(x)$가 실수 전체의 집합에서 연속이므로

$2n \leq x < 2n+2$일 때

$f(x)=(x-2n)(x-2n-2)$

또는 $f(x)=-(x-2n)(x-2n-2)$

즉 구간 $[0, 8)$에서 함수 $f(x)$는

$n=0$이면

$0 \leq x < 2$에서 $f(x)=x(x-2)$ 또는

$f(x)=-x(x-2)$

$n=1$이면

$2 \leq x < 4$에서 $f(x)=(x-2)(x-4)$ 또는

$f(x)=-(x-2)(x-4)$

$n=2$이면

$4 \leq x < 6$에서 $f(x)=(x-4)(x-6)$ 또는

$f(x)=-(x-4)(x-6)$

$n=3$이면

$6 \leq x < 8$에서 $f(x)=(x-6)(x-8)$ 또는

$f(x)=-(x-6)(x-8)$

이때 함수 $g(x)$가 $x=4$에서 최솟값 0을 가지므로

$g(4)=0$

$\displaystyle\int_0^4 f(t)dt-\int_4^8 f(t)dt=0$

$\displaystyle\int_0^4 f(t)dt=\int_4^8 f(t)dt$

즉 함수 $f(x)$는 $x=4$를 기준으로 열린 구간 $(0, 4)$와 열린 구간 $(4, 8)$에서의 정적분의 값이 같다.

이때 함수 $g(x)$가 $x=4$에서 최솟값 0을 가지면 $g(x)$는 $x=4$에서 극소이므로 $g'(4)=0$이고 $g'(x)$의 부호가 $x=4$의 좌우에서 음에서 양으로 바뀌어야 한다.

$g'(x)=\dfrac{d}{dx}\displaystyle\int_0^x f(t)dt-\dfrac{d}{dx}\int_x^8 f(t)dt$

$=\dfrac{d}{dx}\displaystyle\int_0^x f(t)dt+\dfrac{d}{dx}\int_8^x f(t)dt$

$=f(x)+f(x)=2f(x)$

이므로 함수 $f(x)$는 $x=4$의 좌우에서 $f(x)$의 부호가 음에서 양으로 바뀐다.

따라서 구간 $[0, 8)$에서 함수 $y=f(x)$의 그래프는 오른쪽 그림과 같다.

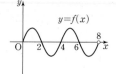

그러므로

$\displaystyle\int_4^7 f(x)dx=\int_4^6 f(x)dx+\int_6^7 f(x)dx$

$=\displaystyle\int_0^2 f(x)dx+\int_2^3 f(x)dx$

$=\displaystyle\int_0^2 f(x)dx-\int_0^1 f(x)dx$

$=\displaystyle\int_1^2 f(x)dx$

$=\displaystyle\int_1^2 (-x^2+2x)dx$

$=\left[-\dfrac{1}{3}x^3+x^2\right]_1^2$

$=\dfrac{4}{3}-\dfrac{2}{3}=\dfrac{2}{3}$